HOMINIDAE
Pongo pygmaeus

Alfred Edmund Brehm

# *Brehms Tierleben*

Die schönsten Tiergeschichten,
ausgewählt, eingeleitet und mit einem
Nachwort versehen
von Roger Willemsen.

Illustriert
von Klaus Ensikat

S. Fischer

Editorische Notiz:
Der Text der vorliegenden Ausgabe folgt der zweiten aktualisierten Auflage in zehn Bänden von 1882–1887, die zu großen Teilen von Alfred Brehm selbst verfasst wurde. Die Texte wurden für diese Ausgabe zum Teil behutsam gekürzt, aber in der ursprünglichen Rechtschreibung belassen.


Satz: H & G Herstellung, Hamburg
Druck und Bindung: Kösel, Altusried-Krugzell
Printed in Germany 2006
ISBN-13: 978-3-10-992101-7
ISBN-10: 3-10-092101-1

# *Inhalt*

## Vögel

## Kriechthiere



## Lurche



## Fische



## Insekten

## Niedere Thiere

# Geleitwort

Sie treten gerade in ein Buch ein, so groß, so eigenständig und reich wie die Tierwelt selbst. Es kann sein, dass Sie nach der Lektüre nur einiger Seiten dieses Werkes diese Tierwelt anders sehen werden als zuvor. Jedenfalls dichter, vermutlich warmherziger und so, als würden Sie neuerlich und anders in den Kreis der Kreaturen eingeschlossen. Dann spätestens werden Sie entdecken, wie bereichernd es ist, zu schauen, wie Brehm es konnte.

Schließlich ist dieses Buch zu seiner Eigenheit, seinem stupenden Wissen, seiner Fabulierfreude und seinem Bilderreichtum auch noch ein volkstümliches, ein Volksbuch im besten Sinne. Es ist außerdem ein spannendes, komisches, unterhaltsames und informatives, eines, in das man vielleicht hineinstolpert, und plötzlich kann man nicht mehr von ihm lassen, weil das Treiben eines Maulwurfs im finsteren Erdreich, das melancholische Brüten eines Menschenaffen im Baumwipfel, das Gieren des Fischchens nach seinem Nachbarfischchen in einem Teich als die interessantesten Sachen der Welt erscheinen. Vielleicht stellt sich diese Wirkung ein, weil in all diesen Bizarrerien doch eigentlich vom Leben gesprochen wird und man sie wie einen symbolischen Ausdruck für alles Existieren nimmt, das nicht nur biologisch ist, sondern beseelt.

Brehms Blick auf die Tierwelt ist der eines Enthusiasten. Er weiß unendlich viel, hat in Afrika wie in der Arktis Tiere in Freiheit beobachtet, viele davon zum ersten Mal nicht eingesperrt, nicht ausgestopft, nicht als Präparat, sondern in ihrem eigenen Lebensraum beobachtet, er hat die Forschung bereichert und in Teilen erneuert, und bei alledem ist ihm die Qualität des Staunens nie abhanden gekommen. Sein Blick ist immer noch grundiert von einer Anteilnahme, einer neugierigen, manchmal fassungslosen Aufmerksamkeit, die genau so zuerst bei Kindern beobachtet werden kann, zutraulich, doch respektvoll, innig, doch wissbegierig. Genau so, in dieser Hinwendung, ist Brehm selbst ein besonders schönes Tier seiner Sammlung.

Forscher und Liebhaber der Zoologie überall auf der Erde haben mit Brehm sehen und für Tiere empfinden gelernt. Ja, man weiß gar nicht, wie wir in die Natur blicken würden, wenn dieser einzigartige Forscher und Prosaist uns nicht beigebracht hätte, die Natur auf seine Weise zu beleben.

Es war für den Forscher nicht leicht, sich diesen Blick zu bewahren, diesen Blick, der so viel lebendiger ist als der so vieler vor Brehm, die vor allem Naturwissenschaftler sein wollten, Honoratioren im Pantheon des Naturerkennens und -sezierens. Brehm dagegen wollte zwar erkennen, wollte immer mehr erkennen, aber er wollte zugleich auch lieben und mitempfinden dürfen, er wollte diese Brücke schlagen, ohne die kein Nicht-Wissenschaftler ein Tier sehen kann. Die Individualität dieses Mannes färbt sein Naturbetrachten. Während andere versuchten und immer noch versuchen, die Natur in ihrem An-Sich zu beschreiben, ist sie für Brehm eine Herzenssache, also persönlich.

Und gilt das nicht auch für uns Nicht-Wissenschaftler: Immer identifiziert sich der Betrachter mit dem Lebewesen und mit der Form, in der dieses sein eigenes Leben interpretiert. Die Faszination gegenüber der Qualle, die Furcht vor dem Hai, das Entzücken über das Eichhörnchen, das Verlangen nach der Berührung mit der Pferdeschnauze, sie alle sind doch nicht separat von der biologischen Existenz des Tieres, sie sind eine Eigenschaft dieses Tieres, seiner Erscheinung für uns, und in dieser Eigenschaft schließen sich Kinder und Erwachsene, Männer und Frauen, Landsleute und ferne Fremde oft in einer Solidargemeinschaft ein und desselben Gefühls zusammen.

Brehm nahm das Tier von dort. Er sah es mitten im Gemeinschaftsgefühl. Nicht zuletzt hat ihn das so populär werden lassen. Was immer man über eine Kreatur wissen konnte, sollte hier versammelt werden; was man in Erfahrung bringen konnte, das sollte man ausgebreitet finden; aber es sollte eben Erfahrung sein, durchlebte, persönlich angeeignete und interpretierte Natur. Das ist es, was an Brehms Werk nicht altern konnte, mag es auch in einzelnen Resultaten überholt scheinen, und deshalb braucht jede Zeit dieses Kompendium, in dem sich auf so mannigfaltige Weise die Sprache der Tierliebe bewahrt hat.

Und was für ein Werk, nicht nur im Umfang, in der Vielfalt, in der Ausbreitung und Deutung der Quellen! Auch in seinen sprachlichen Mitteln steht dieser Naturforscher turmhoch über Vorläufern und Zeitgenossen. Ja, er ist einzigartig in der gesamten Wissenschaftsprosa. Wie er die Natur erfahrbar macht, das hat hohen literarischen Eigenwert, und der poetische Reiz, den diese Natur im Text besitzt, hat große Autoren und ein großes Publikum gleichermaßen fasziniert.

Dieser Klassiker unter den deutschen Volksbüchern sucht wieder seinen Weg ins Volk. Über zweihundert Auflagen hat »Brehms Tierleben« erlebt, in alle Weltsprachen wurde es übersetzt, ganze Forscherteams haben selbst in Kriegszeiten, noch nach Brehms Tod und in seinem Geist an der Fortsetzung seiner Arbeit und der Aktualisierung seiner Ergebnisse gesessen. Kein Wunder, gibt es doch kein schöneres Dokument der Tierliebe als dieses Werk.

*Roger Willemsen*

# *Säugethiere*

# Die Affen

Die erste Ordnung der Primaten lehrt uns Menschen unseren nächsten Verwandten kennen: die Affen. Wagler nennt die Affen »umgewandelte Menschen« und wiederholt damit die uralte und doch immer neue Ansicht aller Völker, welche mit diesen fratzenhaften Wesen verkehrt haben und verkehren; das Gegentheil seines Ausspruches würde heutzutage gültigen Anschauungen entsprochen haben. Nicht die Affen sind umgewandelte Menschen, sondern diese vollkommener entwickelte Affen oder, falls ein solcher Ausdruck anstoßen sollte, höher stehende Handthiere.

Von den alten Völkern scheinen nur die Egypter und Inder eine gewisse Zuneigung für die Affen gezeigt zu haben. Die alten Egypter, auf deren Affenwürdigung ich zurückkommen werde, gruben ihre Bildnisse in den unvergänglichen Porphyr ein und schufen nach ihnen die Abbilder ihrer Götter; die alten Inder erbauten ihnen, wie ihre Nachkommen es heute noch thun, Häuser und Tempel. Salomo ließ sich zwar ebenfalls Affen aus Ophir kommen, und die Römer hielten solche zu ihrem Vergnügen, studirten, ihren Leib zergliedernd, an ihnen den inneren Bau des Menschen, freuten sich der drolligen Nachahmungssucht der Thiere, ließen sie wohl auch mit Raubthieren kämpfen, befreundeten sich aber nie recht mit ihnen und verkannten, ebensowenig wie Salomo, das »Thier« in ihnen. Die Araber gehen noch weiter; denn sie sehen in ihnen Söhne, Enkel, Urenkel und Nachkommen des Ungerechten, denen nichts heilig, nichts achtbar, nichts zu gut und nichts zu schlecht ist, welche keine Freundschaft halten mit anderen Geschöpfen des Herrn und verflucht sind seit dem Tage, an welchem sie durch das Strafgericht des Gerechten aus Menschen zu Affen verwandelt wurden, von Allah Verdammte, welche jetzt das Bild des Teufels und des Adamssohnes in wunderlicher Vereinigung zur Schau tragen.

Wir denken nicht viel anders als die Araber. Anstatt unserer nächsten Verwandten und vielleicht Vorgänger wollen auch wir kaum mehr in ihnen erkennen als Zerrbilder unserer selbst und schleudern das Urtheil der Verdammnis auf sie. Daraus erklärt sich mindestens theilweise der mit gelindem Entsetzen gemischte Abscheu aller nicht naturwissenschaftlich Gebildeten oder Verbildeten vor den Folgerungen, zu denen Darwins Lehre Veranlassung gegeben hat. Der Mensch, leiblich ein veredelter Affe, geistig ein Halbgott, will nur das letztere sein und versucht mit kindischer Ängstlichkeit seine nächsten Verwandten von sich abzustoßen, als könne er durch sie irgendwie beeinträchtigt werden.

Unser Widerwille gegen die Affen begründet sich ebensowohl auf deren leibliche wie geistige Begabungen. Sie ähneln dem Menschen zu viel und zu wenig. In der Gestalt des Menschen zeigt sich das vollendete Ebenmaß, in der Affengestalt gibt sich oft widerliche Fratzenhaftigkeit kund. Es ist unrichtig, die Affen als mißgebildete Geschöpfe zu bezeichnen, wie gewöhnlich zu geschehen pflegt und auch von mir selbst geschehen ist. Es gibt bildschöne, und es gibt sehr häßliche Affen; mit dem Menschen aber ist dies nicht im geringsten anders. An und für sich sind die Affen sehr wohl ausgestattete Thiere; mit dem höchststehenden Menschen verglichen, erscheinen sie als Zerrbilder des vollendeteren Wesens. Doch hüte man sich vor aller Überschwenglichkeit; denn der Affenmensch spiegelt sich selbst in den Augen des salbadernden Menschenverherrlichers als Bruder des Menschenaffen.

Die Leibesgröße der Affen spielt in weiten Grenzen: der Gorilla kommt einem starken Manne, das Seidenäffchen einem Eichhorne gleich. Auch der Bau des Leibes ist sehr verschieden, wie die im allgemeinen richtigen Bezeichnungen »Menschen-, Hund- und Eichhornaffe« besser als lange Beschreibungen darthun. Einige sind massig, andere schlank, diese plump, jene zierlich gebaut; die einen haben stämmige, die anderen schmächtige Gliedmaßen, die meisten lange, einige kurze, einzelne gar keine Schwänze. Ebenso verhält es sich mit der Behaarung: bei diesen deckt ein spärliches Haarkleid, bei jenen ein ziemlich dichter Pelz den Leib. Die Farben des Felles, im ganzen düster, können doch zuweilen lebhaft und ansprechend sein, während die der nackten Theile oft geradezu grell, für unser Auge abstoßend erscheinen.

Die Übereinstimmung des inneren Leibesbaues der Affen ist größer als man, von ihrer äußeren Erscheinung folgernd, vermuthen möchte. Das Geripp enthält 12 bis 16 Brustwirbel, 4 bis 9 Lendenwirbel, 2 bis 5 Kreuzbein- und 3 bis 33 Schwanzwirbel; die Unterarmknochen sind getrennt und sehr beweglich, die Handwurzelknochen gestreckt. Der Schädel ist sehr verschieden gestaltet, je nachdem der Schnauzentheil vor- oder zurücktritt und der Hirnkasten sich erweitert. Das Gebiß enthält alle Zahnarten in ununterbrochenen Reihen, d. h. ohne Lücken zwischen den verschiedenen Zähnen: vier Schneidezähne, zwei oft außerordentlich und wie bei Raubthieren entwickelte Eckzähne, zwei oder drei Lück- und drei Mahlzähne in jedem Kiefer pflegen es zu bilden. Unter den Muskeln verdienen die der Hände unsere Beachtung, weil sie im Vergleiche zu denen der Menschenhand außerordentlich vereinfacht erscheinen. Der Kehlkopf befähigt nicht zu einer Sprache im menschlichen Sinne; die sackartigen Erweiterungen der Luftröhre dagegen begünstigen gellende, heulende Laute. Besonderer Erwähnung werth sind die Backentaschen, welche einige Affensippen besitzen: Ausbuchtungen der Mundhöhlenwände, welche durch eine hinter dem Mundwinkel gelegene Öffnung mit der Mundhöhle in Verbindung stehen und zur zeitweiligen Aufspeicherung der Nahrung dienen.

Man nennt die Affen oft auch Vierhänder und stellt ihnen die Zweihänder oder Menschen wegen des abweichenden Hand- und Fußbaues als grundverschiedene Thiere gegenüber. Beides ist falsch: die Affen sind keine Vierhänder, und die Zweihänder unterscheiden sich durch ihren Hand- und Fußbau wohl merklich, aber nicht grundsätzlich.

Oken beschreibt die Affen im Vergleiche zu dem Menschen mit folgenden Worten: »Die Affen sind dem Menschen ähnlich in allen Unsitten und Unarten. Sie sind boshaft, falsch, tückisch, diebisch und unanständig, sie lernen eine Menge Possen, sind aber ungehorsam und verderben oft den Spaß mitten im Spiele, indem sie dazwischen einen Streich machen wie ein tölpelhafter Hanswurst. Es gibt keine einzige Tugend, welche man einem Affen zuschreiben könnte, und noch viel weniger irgend einen Nutzen, den sie für den Menschen hätten. Wachestehen, Aufwarten, verschiedene Dinge holen, thun sie bloß so lange, bis sie die Narrheit anwandelt. Sie sind nur die schlechte Seite des Menschen, sowohl in leiblicher wie in sittlicher Hinsicht.«

Es läßt sich nicht leugnen, daß diese Schilderung im wesentlichen nicht unrichtig ist. Wir wollen jedoch auch gegen die Affen gerecht sein und dürfen deshalb wirklich gute Seiten derselben nicht vergessen. Über ihre geistigen Eigenschaften in Einem abzuurtheilen, ist nicht gerade leicht, weil die ganze Sippschaft zu viele sich widersprechende Eigenthümlichkeiten zeigt. Man muß freilich anerkennen, daß die Affen boshaft, listig, tückisch, zornig oder wüthend, rachsüchtig, sinnlich in jeder Hinsicht, zänkisch, herrsch- und raufsüchtig, reizbar und grämlich, kurz leidenschaftlich sind, darf aber auch die Klugheit und Munterkeit, die Sanftheit und Milde, die Freundlichkeit und Zutraulichkeit gegen den Menschen, ihre Unterhaltungsgaben, ihre erheiternde Ernsthaftigkeit, ihre Geselligkeit, ihren Muth und ihr Einstehen für das Wohl der Gesammtheit, ihr kräftiges Vertheidigen der Gesellschaft, welcher sie angehören, selbst gegen ihnen überlegene Feinde, und ihre oft sehr unschuldige Lust an Spielereien und Neckereien nicht vergessen. Und in einem Punkte sind sie alle groß: in ihrer Liebe gegen ihre Kinder, in dem Mitleiden gegen Schwache und Unmündige nicht allein ihrer Art und Familie, sondern selbst anderer Ordnungen, ja sogar anderer Klassen des Thierreichs. Der Affe in seiner sinnlichen Liebe ist ein Scheusal; er kann aber in seiner sittlichen Liebe manchem Menschen ein Vorbild sein!

Die geistige Ausbildung, welche die Affen erreichen können, erhebt sie zwar nicht so hoch über die übrigen Säugethiere, mit Ausschluß des Menschen, stellt sie aber auch nicht so tief unter den Menschen, als von der einen Seite angenommen, von der anderen behauptet worden ist. Die Hand, welche der Affe besitzt, gewährt ihm vor anderen Thieren so große Vorzüge, daß seine Leistungen theilweise größer erscheinen, als sie sind. Er ist gelehrig, und der Nachahmungstrieb, welchen viele seines Geschlechtes besitzen, erleichtert es ihm, irgend eine Kunst oder Fertigkeit zu erlernen. Deshalb eignet er sich nach kurzer Übung die verschiedenartigsten Kunststücke an, welche einem Hunde z. B. nur mit großer Mühe gelingen. Allein man darf nie verkennen, daß er das ihm Gelehrte immer nur mit einem gewissen Widerstreben, niemals aber mit Freude und Bewußtsein ausführt. Es hält nicht schwer, einen Affen daran zu gewöhnen, mit Messer und Gabel zu essen, aus Gläsern zu trinken, Kleider anzuziehen, ihn zum Drehen des Bratspießes oder zum Wasserholen usw. abzurichten; allein er wird solches nie mit derselben Sorgfalt, ich möchte sagen Gewissenhaftigkeit, thun wie ein wohlerzogener Hund. Dafür haben wir den Hund aber auch Jahrtausende hindurch gepflegt, gelehrt, unterrichtet und ein ganz anderes Geschöpf aus ihm gebildet als er war, während der Affe keine Gelegenheit hatte, mit dem Menschen in nähere Verbindung zu kommen. Was Affen leisten können, wird aus dem nachfolgenden hervorgehen und damit der Beweis geliefert werden, daß man Recht hat, sie zu den klügsten aller Thiere zu zählen. Ein hoher Grad von Überlegung ist ihnen nicht abzusprechen. Sie besitzen ein vortreffliches Gedächtnis und wissen ihre Erfahrungen verständig zu benutzen, mit wirklicher Schlauheit und List ihre Vortheile immer wahrzunehmen, bekunden überraschendes Geschick in der Verstellung und lassen es sich oft nicht merken, welche heillose Absicht sie in ihrem Gehirne ausbrüten, wissen sich Gefahren gewandt zu entziehen und finden trefflich die Mittel auf, gegen sie sich zu wahren. Auch Gemüth muß ihnen zuerkannt werden. Sie sind der Liebe und Zuneigung fähig, besitzen Dankbarkeit und äußern ihr Wohlwollen gegen diejenigen, welche ihnen Gutes thaten. Ein Pavian, welchen ich besaß, bewahrte mir unter allen Umständen seine unverbrüchliche Zuneigung, obgleich er leicht mit jedermann Freundschaft schloß. Sein Herz schien jedoch bloß für die Liebe zu mir Raum zu haben; denn er biß seinen eben gewonnenen Freund, sobald ich mich ihm und diesem nahte. Eine ähnliche Engherzigkeit habe ich bei allen Arten der Ordnung, welche ich beobachten konnte, wahrgenommen. Die Liebe, welche alle Affen gegen ihresgleichen bethätigen, spricht ebenfalls für ein tiefes Gemüth. Sehr viele Thiere verlassen die Kranken ihres Verbandes, einige tödten, andere fressen sie sogar: die Affen versuchen selbst ihre Todten wegzuschleppen. Doch ist ihre Zuneigung oder Liebe im allgemeinen ebenso wetterwendisch, wie sie selbst es sind. Man braucht bloß das Affengesicht zu studiren, um sich hierüber klar zu werden. Seine Beweglichkeit ist unglaublich groß. In ebenso rascher wie unregelmäßiger Folge durchlaufen es alle nur denkbaren Ausdrücke: Freundlichkeit und Wuth, Ehrlichkeit und Tücke, Lüsternheit, Genußsucht und andere Eigenschaften und Leidenschaften mehr. Und noch will es scheinen, als könne das Gesicht den Kreuz- und Quersprüngen des Affengeistes kaum folgen.

Hervorgehoben zu werden verdient, daß alle Affen, trotz ihres Verstandes, auf die albernste Weise überlistet und getäuscht werden. Ihre Leidenschaften tragen häufig einen vollständigen Sieg über ihre Klugheit davon. Sind jene rege geworden, so achten sie auch die plumpeste Falle nicht mehr und vergessen ihre Sicherheit gänzlich über der Absicht, ihrer Gier zu fröhnen. Die Malaien höhlen harte Kürbisse durch eine kleine Öffnung aus und füllen sie mit Stücken von Nahrung, namentlich mit Zucker oder mit Früchten, welche die Affen gern fressen. Diese zwängen, um zu ihrer Lieblingsspeise zu gelangen, ihre Hände durch die enge Öffnung und erfassen eins der Stücke mit solcher Gier, daß sie sich lieber fangen als das einmal Erfaßte wieder loslassen. In solcher Weise beherrschen die Leidenschaften auch die klügsten Affen – just wie so manche Menschen. Ob man deshalb berechtigt ist, ihren Verstand zu unterschätzen, möchte zu bezweifeln sein.

Die Affen waren in früheren Schöpfungsabschnitten über einen größeren Theil der Erde verbreitet als gegenwärtig; denn sie hausten im südlichen Europa, in Frankreich und England. Gegenwärtig beschränkt sich ihr Vaterland auf die warmen Theile der Erde. Gleichmäßige Wärme scheint Lebensbedingung für sie zu sein. Einige Paviane steigen zwar ziemlich hoch im Gebirge empor und ertragen geringere Wärmegrade, als man vermuthen möchte; fast alle übrigen Affen aber sind gegen Kälte höchst empfindlich. Jeder Erdtheil besitzt seine eigenen Arten, Asien mit Afrika wenigstens eine gemeinschaftlich. In Europa kommt nur eine Art vor, und zwar in einem einzigen Trupp, welcher an den Felsenwänden Gibraltars unter dem Schutze der Besatzung dieser Festung lebt.

Die Mehrzahl der Affen gehört dem Walde an; nur ein kleiner Theil lebt auf felsigen Gebirgen. Ihre Ausrüstung weist sie auf das Klettern hin: Bäume bilden daher ihren Lieblingsaufenthalt. Alle Felsenaffen bewegen sich auf diesen ungeschickt, besteigen sie auch bloß im Nothfalle.

Die Affen gehören unstreitig zu den lebendigsten und beweglichsten Säugethieren. So lange sie auf Nahrungserwerb ausgehen, sind sie nicht einen Augenblick lang ruhig. Schon die Mannigfaltigkeit ihrer Nahrung bedingt dies. Ihnen ist alles Genießbare recht. Früchte, Zwiebeln, Knollen, Wurzeln, Sämereien, Nüsse, Knospen, Blätter und saftige Pflanzenstengel bilden den Hauptheil ihrer Mahlzeiten; ein Kerbthier aber wird auch nicht verschmäht, und Eier, junge Vögelchen usw. sind Leckerbissen. Da gibt es nun immer etwas zu begucken, zu erhaschen oder abzupflücken, zu beriechen und zu kosten, um es entweder zu genießen oder auch wegzuwerfen. Solche Untersuchungen erfordern viel Bewegung; deshalb ist die ganze Bande niemals ruhig. Die Sorge um das liebe Futter scheint groß zu sein: sogar der gewaltige Elefant soll seine Prügel bekommen, wenn er so dreist ist, an der Affentafel – und das ist der ganze, große Wald – schmausen zu wollen. Von Eigenthum haben die Schelme äußerst mangelhafte Begriffe: »Wir säen, aber die Affen ernten«, sagen die Araber Ost-Sudâns. Felder und Gärten werden von allen Affen als höchst erquickliche Orte angesehen und nach Möglichkeit gebrandschatzt. Jeder einzelne Affe verwüstet, wenn er dies thun kann, zehnmal mehr, als er frißt. Gegen solche Spitzbuben hilft weder Schloß noch Riegel, weder Hag noch Mauer; sie öffnen Schlösser und steigen über Mauern hinweg, und was nicht gefressen werden kann, wird wenigstens mitgenommen, Gold und Edelsteine auch. Man muß eine Affenherde selbst gesehen haben, wenn sie auf Raub auszieht, um begreifen zu können, daß ein Landwirt sich halb todt über sie ärgern kann. Für den Unbetheiligten ist die Beobachtung der sich während des Raubzuges in ihrer ganzen Regsamkeit zeigenden Geschöpfe freilich ein höchst unterhaltendes Schauspiel. Alle Künste gelten. Es wird gelaufen, gesprungen, geklettert, gegaukelt, im Nothfalle auch geschwommen. Die Künsteleien auf dem Gezweige übersteigen allen Glauben. Nur die Menschenaffen und Paviane sind schwerfällig, die übrigen vollendete Gaukler: sie scheinen fliegen zu können. Sätze von sechs bis acht Meter Sprungweite sind ihnen Spaß; von dem Wipfel eines Baumes springen sie zehn Meter tief hernieder auf das Ende eines Astes, beugen denselben durch den Stoß tief herab und geben sich, während der Ast zurückschnellt, noch einen mächtigen Schwung, strecken Schwanz oder Hinterbeine als Steuer lang aus, und durchfliegen wie ein Pfeil die Luft. Sofort nach glücklicher Ankunft geht es weiter, auch durch die fürchterlichsten Dornen, als wandele man auf getäfeltem Fußboden. Eine Schlingpflanze ist eine höchst bequeme Treppe für die Affen, ein Baumstamm ein gebahnter Weg. Sie klettern vor- und rückwärts, oben auf einem Aste hin oder unten an ihm weg; wenn man sie in einen Baumwipfel wirft, erfassen sie mit einer Hand ein Zweiglein und hängen an ihm geduldig, bis der Ast zur Ruhe kommt, steigen dann an ihm empor und so unbefangen weiter, als hätten sie sich stets auf ebenem Boden befunden. Bricht der Zweig, so fassen sie im Fallen einen zweiten, hält dieser auch nicht, so thut es doch ein dritter, und im Nothfalle bringt sie ein Sturz auch nicht außer Fassung. Was sie mit der Vorderhand nicht ergreifen können, fassen sie mit der Hinterhand oder die neuweltlichen Arten mit dem Schwanze. Dieser wird von allen als Steuer angewandt, wenn weite Sprünge ausgeführt werden sollen, dient auch sonst noch zu den verschiedensten Zwecken, sei es selbst als eine Leiter für den nächsten. An ihm hängt sich der ganze Affe auf und wiegt und schaukelt sich nach Belieben; mit ihm holt er sich Nahrung aus Spalten und Ritzen; ihn benutzt er als Treppe für sich selbst; er dient anstatt der Hängematte, wenn sein Eigner Mittagsruhe halten will.

Die Leichtigkeit und Zierlichkeit ihrer Bewegungen zeigt sich übrigens nur beim Klettern. In dieser Beziehung leisten selbst die Menschenaffen erkleckliches, obgleich sie, wenigstens die höher begabten, mehr nach Art eines Menschen als nach

SIMIAE

*Gorilla gorilla*

Art anderer Ordnungsverwandten klettern. Der Gang der Affen ist immer mehr oder weniger plump und schwerfällig. Meerkatzen, Makaken, Roll- und Krallenaffen gehen noch am besten, schon die Paviane aber humpeln in spaßhafter Weise dahin und bewegen ihren dicken Hintern dabei so ausdrucksvoll, daß es aussieht, als wollten sie einen deutschen Bauerntanz aufführen. Der Gang der Menschenaffen ist kaum noch Gang zu nennen. Während jene mit der ganzen Sohle auftreten, stützen diese sich auf die eingeschlagenen Knöchel der Finger ihrer Hände und werfen den Leib schwerfällig vorwärts, so daß die Füße zwischen die Hände zu stehen kommen. Einige Sippen der Ordnung schwimmen vortrefflich, andere gehen im Wasser unter wie Blei. Zu ersteren gehören die Meerkatzen, von denen ich einige mit der größten Schnelligkeit und Sicherheit über den Blauen Nil schwimmen sah, zu den letzteren die Paviane und vielleicht auch die Brüllaffen; von jenen ertrank uns einer, als wir ihn baden wollten. Die Schwimmunkundigen scheuen das Wasser in hohem Grade: man hat eine fast verhungerte Familie von Brüllaffen auf einem Baume gefunden, dessen Fuß durch Überschwemmung unter Wasser gesetzt worden war, ohne daß die Affen es gewagt hätten, nach anderen, kaum sechzig Schritte entfernten Bäumen sich zu retten. Ulloa, welcher über brasilianische Thiere schrieb, hat daher für die armen, schwimmunkundigen Thiere eine hübsche Brücke erfunden, welche gewiß sehr gute Dienste leisten würde – wenn die Affen sie benutzen wollten. Er erzählt, daß je ein Brüllaffe mit seinen Händen den Schwanz eines anderen packe, und daß in dieser Weise die ganze Gesellschaft eine lange Kette aus lauter Affengliedern bilde, welche vermittels des Schwanzes des Endgliedaffen am Wipfel eines Unterbaumes befestigt und hierauf durch vereinigte Kraft aller Glieder in Schwingungen gesetzt werde, bis das Vorderglied den Zweig eines Baumes des jenseitigen Ufers erfassen und sich dort festhalten könne. Auf der solchergestalt hergerichteten Brükke sollen nun zuerst die Jungen und Schwächeren auf das andere Ufer übersetzen, dann aber der Vorderaffe die ganze Kette, deren Endglied seine Klammer löst, zu sich hinüberziehen. Prinz von Wied, ein sehr gewissenhafter Beobachter, nennt diese Erzählung bei ihrem rechten Namen: »eine spaßhafte Fabel«.

Alle Affen sind außerordentlich starkgliedrig und heben Lasten, welche verhältnismäßig für unsere schwachen Arme zu schwer sein würden: ein Pavian, den ich besaß, hing sich viele Minuten lang an einem Arme auf und hob seinen dicken Leib daran in die Höhe, so hoch es der Arm zuließ.

Das gesellige Leben der Affen ist ein für den Beobachter sehr anziehendes. Wenige Arten leben einsiedlerisch, die meisten schlagen sich in Banden zusammen. Von diesen erwählt sich jede einzelne ihren festen Wohnsitz, welcher größeren oder geringeren Umfang haben kann. Die Wahl fällt regelmäßig auf Gegenden, welche in jeder Hinsicht günstig scheinen. Etwas zu knacken und zu beißen muß es geben, sonst wandert die Bande aus. Waldungen in der Nähe menschlicher Ansiedelungen sind

Paradiese: der verbotene Baum in ihnen kümmert die Affen nicht, wenn nur die Äpfel auf ihm gut sind. Mais- und Zuckerrohrfelder, Obst-, Melonen-, Bananen- und Pisanganpflanzungen gehen über alles andere; Dorfschaften, in denen jeder, welcher die unverschämten Spitzbuben züchtigt, den Aberglauben der Bewohner zu fürchten hat, sind auch nicht übel. Wenn sich die Bande erst über den Wohnort geeinigt hat, beginnt das wahre Affenleben mit all seiner Lust und Freude, seinem Kampf und Streit, seiner Noth und Sorge. Das stärkste oder älteste, also befähigtste männliche Mitglied einer Herde schwingt sich zum Zugführer oder Leitaffen auf. Diese Würde wird ihm nicht durch das allgemeine Stimmrecht übertragen, sondern erst nach sehr hartnäckigem Kampfe und Streite mit anderen Bewerbern, d. h. mit sämmtlichen übrigen alten Männchen, zuertheilt. Die längsten Zähne und die stärksten Arme entscheiden. Wer sich nicht gutwillig unterordnen will, wird durch Bisse und Püffe gemaßregelt, bis er Vernunft annimmt. Dem Starken gebührt die Krone: in seinen Zähnen liegt seine Weisheit. Der Leitaffe verlangt und genießt unbedingten Gehorsam und zwar in jeder Hinsicht. Ritterliche Artigkeit gegen das schwächere Geschlecht übt er nicht: im Sturme erringt er der Minne Sold. Das jus primae noctis gilt ihm heute noch. Er wird Stammvater eines Volkes, und sein Geschlecht mehrt sich, gleich dem Abrahams, Isaaks und Jakobs, »wie der Sand am Meere«. Kein weibliches Glied der Bande darf sich einer albernen Liebschaft mit irgend welchem Grünschnabel hingeben. Seine Augen sind scharf, und seine Zucht ist streng; er versteht in Liebessachen keinen Spaß. Auch die Äffinnen, welche sich oder besser ihn vergessen sollten, werden gemaulschellt und zerzaust, daß ihnen der Umgang mit anderen Helden der Bande gewiß verleidet wird; der betreffende Affenjüngling, welcher die Harêmsgesetze des auf sein Recht stolzen Sultâns verletzt, kommt noch schlimmer weg. Die Eifersucht macht diesen furchtbar. Es ist auch thöricht von einer Äffin, solche Eifersucht heraufzubeschwören; denn der Leitaffe ist Manns genug für sämmtliche Äffinnen seiner Herde. Wird diese zu groß, dann sondert sich unter der Führung eines inzwischen stark genug gewordenen Mitbruders ein Theil vom Haupttrupp ab und beginnt nun für sich den Kampf und den Streit um die Oberherrschaft in der Leitung der Herde und in der Liebe. Kampf findet immer statt, wo mehrere nach gleichem Ziele streben; bei den Affen vergeht aber sicher kein Tag ohne Streit und Zank. Man braucht eine Herde nur kurze Zeit zu beobachten und wird gewiß bald den Streit in ihrer Mitte und seine wahre Ursache kennen lernen.

Im übrigen übt der Leitaffe sein Amt mit Würde aus. Schon die Achtung, welche er genießt, verleiht ihm Sicherheit und Selbständigkeit, welche seinen Untergebenen fehlt; auch wird ihm von diesen in jeder Weise geschmeichelt. So sieht man, daß selbst die Äffinnen sich bemühen, ihm die höchste Gunst, welche ein Affe gewähren oder nehmen kann, zu theil werden zu lassen. Sie beeifern sich, sein Haarkleid stets von den lästigen Schmarotzern möglichst rein zu halten, und er läßt sich diese Huldigung mit dem Anstande eines Pascha's gefallen, welchem eine Lieblingssklavin die Füße kraut. Dafür sorgt auch er treulich für die Sicherheit seiner Bande und ist deshalb in beständiger Unruhe. Nach allen Seiten hin sendet er seine Blicke, keinem Wesen traut er, und so entdeckt er auch fast immer rechtzeitig eine etwaige Gefahr.

Die Affensprache darf ziemlich reichhaltig genannt werden; wenigstens verfügt jeder Affe über sehr wechselnde Laute für verschiedenartige Erregungen. Auch der Mensch erkennt bald die Bedeutung dieser Laute. Der Ausruf des Entsetzens, welcher stets die Mahnung zur Flucht in sich schließt, ist besonders bezeichnend. Sobald dieser Warnungston laut wird, nimmt die Herde eiligst die Flucht. Die Mütter rufen ihre Kinder zusammen; diese hängen im Nu an ihr fest, und mit der süßen Bürde beladen, eilen sie so schnell als möglich nach dem nächsten Baume oder Felsen. Der alte Affe zieht voran und bezeichnet den Weg, welcher stets in der kühnsten Weise ausgeführt wird. Erst wenn er sich ruhig zeigt, sammelt sich die Herde und beginnt dann nach kurzer Zeit den Rückweg, um die unterbrochene Plünderung wieder aufzunehmen.

Jedoch nicht alle Affen flüchten vor Feinden; die stärkeren stellen sich vielmehr selbst furchtbaren Raubthieren und dem noch gefährlicheren Menschen kühn zur Wehre und lassen sich auf Kämpfe ein, deren Ausgang für den Angreifer mindestens zweifelhaft ist. Alle größeren Affen, namentlich Menschenaffen und Paviane, besitzen in ihren Zähnen so furchtbare Waffen, daß sie es mit einem Feinde wohl aufnehmen können, zumal sie im Kampfe außerordentlich treu und fest zusammenhalten. Weibliche Affen lassen sich nur, wenn sie sich ihrer Haut wehren oder ihr Junges vertheidigen müssen, in Streit ein, bethätigen dann aber ebenso große Tapferkeit wie die Männchen. Die meisten Arten kämpfen mit Händen und Zähnen: sie kratzen und beißen; allein es wird von vielen Seiten einstimmig versichert, daß sie auch mit abgebrochenen Baumästen sich vertheidigen, und es ist gewiß, daß sie Steine, Früchte, Holzstücke und dergleichen von oben herab auf ihre Gegner schleudern. Schon mit dem Pavian beginnt ohne Feuergewehr kein Eingeborener Kampf und Streit; dem Gorilla gegenüber wird er nicht einmal durch das Feuergewehr in allen Fällen zum überlegenen Gegner. Jedenfalls ist die beispielslose Wuth der Affen, welche deren Stärke noch bedeutend steigert, sehr zu fürchten, und die Gewandtheit, welche sie alle besitzen, nimmt ihrem Feinde nur zu häufig die Gelegenheit, ihnen einen entscheidenden Schlag beizubringen.

In der Gefangenschaft halten fast alle Affenarten gute Freundschaft; doch bildet sich bald ein ähnliches Herrschafts- und Abhängigkeitsverhältnis wie unter einer freilebenden Bande. Der Stärkste erringt auch hier die Oberherrschaft und knechtet und peinigt den Schwächeren so lange, bis dieser sich fügt. Zarte Rücksicht zu nehmen, ist nicht der Affen Art; Übermuth macht sich jederzeit geltend, selbst inniggeliebten Pfleglingen gegenüber. Größere Arten, und zwar die Männchen ebensowohl wie die Weibchen, nehmen sich der kleineren, hülfloseren regelmäßig an; starke Äffinnen zeigen selbst Gelüste nach kleinen Menschenkindern oder allerlei jungen Thieren, welche sich tragen lassen. So abscheulich der Affe sonst gegen Thiere ist, so liebenswürdig beträgt er sich gegen Thierjunge oder Kinder, am liebenswürdigsten natürlich gegen die eigenen, und daher ist die Affenliebe sprichwörtlich geworden.

Die Affen gebären ein Junges, wenige Arten zwei. Dies ist regelmäßig ein kleines, häßliches Geschöpf, ausgestattet mit doppelt so lang erscheinenden Gliedmaßen, wie seine Eltern sie besitzen, und einem Gesichte, welches, seiner Falten und Runzeln halber, dem eines Greises ähnlicher sieht als dem eines Kindes. Dieser Wechselbalg ist aber der Liebling der Mutter, und sie hätschelt und pflegt ihn in rührender oder – lächerlicher Weise; denn die Liebe streift, mindestens in unseren Augen, an das lächerliche. Das Kind hängt sich bald nach seiner Geburt mit beiden Vorderhänden an dem Halse, mit beiden Hinterhänden aber an den Weichen der Mutter fest, in der geeignetsten Lage, die laufende Mutter nicht zu behelligen und ungestört zu saugen. Ältere Affenkinder springen bei Gefahr auch wohl auf Schulter und Rücken ihrer Eltern.

Anfangs ist der Affensäugling gefühl- und theilnahmslos, um so zärtlicher aber die Mutter. Sie hat ohne Unterlaß mit ihm zu thun; bald leckt sie ihn, bald laust sie ihn wieder, bald drückt sie ihn an sich, bald nimmt sie ihn in beide Hände, als wolle sie sich an seinem Anblicke weiden, bald legt sie ihn an die Brust, bald schaukelt sie ihn hin und her, als wolle sie ihn einwiegen. Plinius versichert ernsthaft, daß Äffinnen ihre Jungen aus Liebe zu Tode drücken; in der Neuzeit ist dies niemals beobachtet worden. Nach einiger Zeit beginnt der junge Affe mehr oder weniger selbständig zu werden, verlangt namentlich ab und zu ein wenig Freiheit. Diese wird ihm gewährt. Die Alte läßt ihn aus ihren Armen, und er darf mit anderen Affenkindern scherzen und spielen; sie aber verwendet keinen Blick von ihm und hält ihn in beständiger Aufsicht, geht ihm übrigens willig auf allen Schritten nach und erlaubt ihm, was sie gewähren kann. Bei der geringsten Gefahr stürzt sie auf ihn zu, läßt einen eigenthümlichen Ton hören und ladet ihn durch denselben ein, sich an ihre Brust zu flüchten. Etwaigen Ungehorsam bestraft sie mit Kniffen und Püffen, oft mit förmlichen Ohrfeigen. Doch kommt es selten dazu; denn das Affenkind ist so gehorsam, daß es manchem Menschenkinde zum Vorbilde dienen könnte, und gewöhnlich genügt ihm der erste Befehl seiner Mutter. In der Gefangenschaft theilt sie, wie ich mehrfach beobachtet habe, jeden Bissen treulich mit ihrem Sprößlinge und zeigt an seinem Geschicke einen solchen Antheil, daß man sich oft der Rührung nicht erwehren kann. Der Tod eines Kindes hat in vielen Fällen das Hinscheiden der gefangenen Mutter zur Folge. Stirbt eine Äffin, so nimmt das erste beste Mitglied der Bande die Waise an Kindesstatt an, und die Zärtlichkeit gegen ein Pflegekind der eigenen Art ist kaum geringer als die, welche dem eigenen Kinde zu theil wird. Bei anderartigen Pfleglingen ist dies anders: hier zeigt sich der Affe oft als unerklärliches Räthsel. Er pflegt seinen angenommenen Liebling nach Möglichkeit, drückt ihn an sich, reinigt ihn, behält ihn unter steter Aufsicht usw., gibt ihm aber gewöhnlich nichts zu fressen, sondern nimmt das für das Pflegekind bestimmte Futter ohne Gewissensbisse zu sich, hält jenes auch, während er frißt, sorgsam vom Napfe weg. So habe ich es an Pavianen beobachtet, wenn sie junge Hunde oder Katzen zu Pfleglingen erkoren hatten.

Ich weiß nicht, ob ich irgend einen Affen als Hausgenossen anrathen darf. Die munteren Gesellen bereiten viel Vergnügen, verursachen aber noch weit mehr Ärger. Auf lose Streiche aller Art darf man gefaßt sein, und wenn man eben nicht die Geisteskräfte des Affen studiren will, bekommt man jene doch bald gründlich satt. Die größeren Arten werden auch mitunter gefährlich; denn sie beißen und kratzen fürchterlich. Als frei herumgehendes Hausthier ist der Affe nicht zu dulden, weil sein ewig regsamer Geist beständig Beschäftigung verlangt. Wenn sein Herr solche ihm nicht gewährt, schafft er sie sich selbst und dann regelmäßig nicht eben zum Vortheile des Menschen. Einige Arten sind schon wegen ihrer Unanständigkeit nicht zu ertragen; sie beleidigen jedes sittliche Gefühl fortwährend in der abscheulichsten Weise. In Anbetracht der Untugenden, welche der Affe zeigt, der Tollheiten, welche er verübt, verschwindet der geringe Nutzen, welchen er gewährt.

Bei der außerordentlichen Wichtigkeit, welche die Erforschung der Affen und ihrer Beziehungen zum Menschen neuerdings gewonnen hat, darf ein nochmaliger Rückblick auf ein vergangenes Volk und seine Anschauungen über unsere nächsten Verwandten als der beste Schluß des vorstehenden erachtet werden. Ich verdanke das folgende meinem verehrten Freunde Dümichen, einem der kenntnisreichsten unserer Alterthumsforscher, welcher die Güte gehabt hat, mir in kurzer Zusammenfassung mitzutheilen, was die Denkmäler der Pharaonenzeit in Bezug auf die den alten Egyptern bekannt gewesenen und von ihnen zur Darstellung gebrachten Thiere uns berichten.

»Unter den lebensvollen Bildern, welche, überall an den Wänden egyptischer Grabkapellen uns entgegentretend, von einer in nebelhafter Ferne hinter uns liegenden Vergangenheit uns erzählen, nehmen fast immer einen hervorragenden Platz die in mannigfachster Abwechselung dargestellten Scenen aus dem Thierleben ein. In den Wandgemälden der Grabkapellen, welche dem Todtenacker des alten Memphis angehören, in den Felsengräbern von Beni-Hassan, in der thebanischen Nekropolis und anderen Grabdenkmälern begegnen uns Darstellungen des Mantelpavian, ebenso auf Tempelwänden. Doch sehen wir hier fast immer nur das Männchen, dessen Bedeutung hier stets eine mythologische ist und zwar meistens in Beziehung zum Monde steht, natürlich abgesehen davon, wo das Bild desselben in den Inschriften der Tempel als einfaches Schriftzeichen von mancherlei Bedeutung erscheint. Ganz allerliebst, mitunter geradezu meisterhaft ausgeführt sind die kleinen aus verschiedenen Steinen geschnittenen Figuren, einen sitzenden Hamadryas darstellend, von denen man in allen ägyptischen Museen Europas mehrfache Stücke findet. Da weder der Hamadryas noch der Babuin in Egypten heimisch sind, und ebensowenig die beiden Meerkatzen der Thierwelt des unteren Nillandes angehören, sind wir durch das Vorkommen derselben schon auf solchen Denkmälern zu dem Schlusse berechtigt, daß bereits in jenen Urzeiten der Geschichte, ein Verkehr zwischen Egypten und dem Heimatslande unserer vier Affenarten bestanden haben muß. Das Vorkommen unseres Affen auf den ältesten egyptischen Denkmälern liefert also den Beweis von einer uralten Verbindung Egyptens mit dem fernen Süden und Südosten und von einer vielleicht schon im dritten Jahrtausend vor unserer Zeitrechnung stattgehabten Schiffahrt auf dem Rothen Meere. Bemerkenswerth ist, daß in der späteren Zeit unter der Ptolemäerherrschaft, wo man sich mit den Bilderschriftzeichen allerlei Schreibspielereien erlaubte, in den Inschriften zuweilen geradezu das Bild eines sitzenden Mantelpavians, welcher den Griffel oder die Rohrfeder in der rechten Hand hält, für das Wort Schreiben, Schreiber, Schrift, eintritt. Die alten Egypter versäumten es selten, ihre Wandgemälde durch hieroglyphische Beischriften noch besonders zu erläutern; so finden wir denn auch eben zur Seite der Schiffe eine Erklärung, in welcher uns unter anderem ein sorgfältiges Verzeichnis der Schiffsladungen gegeben wird. Diese Inschrift lautet in wörtlicher Übersetzung: Das Belasten der Schiffe mit einer großen Menge von Kostbarkeiten des Landes Arabien, allerlei wohlriechenden Hölzern, Haufen von Weihrauchharz, mit grünenden Weihrauchbäumen (man sieht, wie dieselben, in Holzkübel gepflanzt, von je sechs Männern auf die Schiffe getragen werden), mit Ebenholz, mit reinem Elfenbein, mit Gold und Silber aus dem Lande der Hirten, mit dem kostbaren Taschepholze und Kassiarinde, mit Ahemweihrauch und Mestemschminke, mit Ananaffen (Hamadryas), Kafuaffen (Babuin) und Tasemthieren (Wüstenluchsen), mit Fellen von Panthern des Südens, mit Weibern und ihren Kindern. Niemals ist eine Zufuhr gemacht worden gleich dieser von irgend einem Könige seit Erschaffung der Welt.

Die meisterhafte Vollendung in der Ausführung dieser Wandskulpturen und die überraschende treue Nachbildung der beiden Affen, welche den Worten ›Anan‹ und ›Kafu‹ hier nachgesetzt sind, stellen es außer Zweifel, daß wir in dem Anan den Hamadryas und in dem Kafu den Babuin vor uns haben.

In den astronomischen Darstellungen, welche zumeist an den Decken der Tempel angebracht sind, wird der Mantelpavian in deutlichste Beziehung zum Monde gesetzt. Bald tritt er zur Bezeichnung des Mondes selbst ein, bald erscheint er in aufrechter Stellung mit erhobenen Händen, in freudiger Erregung den aufgehenden

Mond begrüßend, und ebenso wird das Bild eines sitzenden Hamadryas zur Bezeichnung der Tag- und Nachtgleichen gebraucht. Wie weit nun diesen Auffassungen eine richtige Naturbeobachtung von Seiten der alten Egypter zu Grunde liegt, was es mit dem Einflusse des Mondes auf den Hamadryas, mit der Freude über dessen Wiedererscheinung, mit der Trauer des Männchens und seinem Verstecken, wenn er des Mondlichtes beraubt ist, mit dem Blutflusse des Weibchens zu eben jener Zeit, mit dem häufigen und regelmäßigen Wasserabschlagen dieser Affenarten, was es mit alledem für eine Bewandnis habe: darauf zu antworten, kommt nicht der Alterthums-, sondern der Naturkunde zu.

Während der Mantelpavian, wie wir sahen, vorzugsweise in mythologischer Auffassung auf egyptischen Denkmälern uns entgegentritt, treffen wir die anderen drei Arten seiner Ordnung, den Babuin und beide Meerkatzen, im altegyptischen Hause an. Musik und Tanz, Zwerge, Hunde und Affen bildeten die ergötzliche Unterhaltung in dem Hause des vornehmen Egypters; und so finden wir denn in Darstellungen, welche uns derartige Scenen vorführen, ziemlich häufig eins von letzteren lustigen Äffchen abgebildet, wie es, an dem Lehnstuhle seines Herrn angebunden, diesen durch seine komischen Sprünge und Grimassen erheitert.

›Der Affe gar possirlich ist,
Zumal, wenn er vom Apfel frißt.‹

Auch dieser gewiß wahre Ausspruch ist bereits auf den altegyptischen Denkmälern wiederholt bildlich dargestellt, nur mit dem Unterschiede, daß es dort nicht Äpfel, sondern Feigen sind, deren Vertilgung der bald auf, bald unter dem Baume sitzende Affe sich angelegen sein läßt.«

# *Der Makak*

Der Makak (Macacus cynomolgus) erreicht eine Länge von 1,15 Meter. Sein Backenbart ist sehr kurz, das Kopfhaar beim Männchen flach niedergedrückt, beim Weibchen kammartig in der Mitte gescheitelt; der übrige Pelz hat auf der Oberseite olivenbräunlichgrüne mit Schwarz untermischte, auf der dünner behaarten Unterseite weißlichgraue, die Innenseite der Gliedmaßen graue, Hände, Füße und Schwanz schwärzliche Färbung; das Gesicht sieht bleigrau, zwischen den Augen weißlich aus; die Ohren sind schwärzlich.

Der Verbreitungskreis des gemeinen Makaken erstreckt sich über ganz Ostasien. Der eine oder andere Reisende erwähnt beiläufig, daß der Makak und andere Affen in größeren Gesellschaften sich in der Nähe von Flußufern aufhalten, läßt es hierbei aber auch bewenden, und es will fast scheinen, als ob Jeder glaube, daß die Lebensweise eines so bekannten Thieres längst ausführlich geschildert sein müsse, es sich daher auch gar nicht lohne, über dasselbe noch etwas zu sagen. Wie häufig der Makak in seiner Heimat sein muß, geht am besten daraus hervor, daß unsere Thierhändler selten mehr als acht Thaler für ihn fordern, auch jederzeit im Stande sind, ihn in fast beliebiger Menge zu liefern, weil beinahe jedes von Indien ankommende Schiff eine größere oder geringere Anzahl dieser Affen an Bord hat. Wie mir Schiffer erzählen, bieten die Eingeborenen ihnen in jedem Hafen des Festlandes und der Inseln gezähmte Javaneraffen zum Kaufe an und verlangen für dieselben in der Regel so niedrige Preise, daß sich jeder Matrose entschließt, einen oder mehrere zu erwerben.

Die ausführlichsten, mir bekannten Bemerkungen über den Monjet verdanken wir Junghuhn: »Der Monjet ißt gern die Früchte von Feigen- wie von vielen anderen Bäumen und kommt daher in den Urwäldern bis zu einer Höhe von 1600 Meter ebenso häufig vor wie in den Rhizophorawaldungen des Seestrandes, wo man ihn oft genug umherspazieren sieht, um die Krabben und Muscheln aufzulesen und zu verzehren, welche die Flut auf dem Gestade zurückließ. Er ist ein guter Gesellschafter, liebt die Einsamkeit nicht, sondern hält sich stets in kleinen Trupps von zehn bis fünfzig Stücken zusammen. Oft kann man sich an den Kapriolen dieses fröhlichen, auch in der Wildnis durchaus nicht scheuen Affen belustigen, wenn man die Weibchen mit ihren Jungen, welche sich fest an die Brust der Mutter angeklammert haben, dort in den Bäumen umherspringen sieht, oder wenn man andere erblickt, welche, unbekümmert um den zuschauenden Reisenden, sich auf den weit über den Spiegel eines Baches herüberhängenden Zweigen schaukeln.«

Wahrscheinlich bezieht sich auch folgende Bemerkung Junghuhns auf unseren Affen: »Man führte uns auf ein kleines rundes Plätzchen im Walde, wo man einige Stühle für uns niedergesetzt hatte. Hier wurde auf ein großes Stück Bambusrohr geschlagen, was einen hohlen Ton hervorbrachte. Die Javaner sagten uns, das sei die Trommel für die Affen. Kaum war die Trommel geschlagen, als es auf einmal im Walde anfing zu rauschen, und von allen Seiten her mehr als hundert graue Affen herbeisprangen. Groß und Klein, alte bärtige Väter, flinke Junge und Mütterchen mit dem an ihrem Leibe angeklammerten Säuglinge – alle kamen aus dem Baumdickicht herab auf das Plätzchen, wo sie sich an unsere Gegenwart wenig kehrten, sondern wie alte Bekannte um uns herumsprangen. Sie waren so wenig scheu, daß sie Reis und Pisang, Geschenke, welche wir für sie mitgebracht hatten, aus unseren Händen nahmen. Zwei sehr schöne und große männliche Stücke zeichneten sich durch ihr dreistes Betragen besonders aus. Sie öffneten ohne weitere Umstände die Körbe, welche sich in den Händen der Javaner befanden, und nahmen dasjenige heraus, was ihnen am besten gefiel. Wie Kavaliere stolzierten sie zwischen den anderen Affen umher, welche einen hohen Grad von Achtung vor ihnen zu erkennen gaben. Freilich war ihre Art, sich in Achtung zu setzen, etwas handgreiflich. Wurde ihnen das Gedränge um sie herum zu groß, so packten sie einige ihrer Kameraden mit den Händen, andere mit den Zähnen, weshalb die übrigen unter Angstgeschrei und mit solcher Bestürzung zur Seite flohen, daß sie erst von den Zweigen der Bäume aus zurückzusehen wagten, und sich dem Reise erst dann wieder näherten, wenn die großen Herren gesättigt sich zurückgezogen hatten.«

Diese Schilderung paßt vollkommen auf das Wesen unseres Affen; denn genau so benehmen sie sich auch im Käfige: der Stärkste behält unter allen Umständen Recht. Durch Martens erfahren wir, daß die Europäer in Java oft Affen und Papageien halten, und daß der Affe, welchen man am häufigsten zu sehen bekommt, eben unser Makake ist. »Auch im wilden Zustande ist er einer der gemeinsten im Indischen Archipel. Man hält ihn oft in Pferdeställen, wie bei uns Böcke und Kaninchen, wohl aus ähnlichen Gründen. Die Javaner sagen, die Pferde langweilen sich dann nicht so sehr und gedeihen dadurch besser.«

In unseren Thiergärten und Thierschaubuden bildet der Makak einen wesentlichen Theil der Bewohnerschaft, und hier wie dort erwirbt er sich Freunde. Wie in seiner Gestalt, ähnelt er auch in seinem Wesen den Meerkatzen. Ich habe im Verlaufe der Zeit sicherlich gegen hundert dieser Affen gepflegt und vielleicht die zehnfache Anzahl gesehen und beobachtet, fühle mich aber außer Stande, etwas Wesentliches anzugeben, wodurch der Makak von den Meerkatzen sich unterscheidet.

Auch er ist ein ununterbrochen munterer, gutmüthiger Affe, verträgt sich ausgezeichnet mit Seinesgleichen und den ihm verwandten Arten, weiß ebenso mit größeren Affen trefflich auszukommen und sich sogar in die Laune der Paviane zu fügen oder ihren Grobheiten zu begegnen, wenn er in die Lage kommt, mit ihnen sich abgeben zu müssen. Daß er seinerseits Hülflose nach Kräften bemuttert, kleinere aber ebenso schlecht behandelt, als er von größeren sich behandeln läßt, eine zuweilen widerwärtige Selbstsucht, und zuweilen wiederum eine hingebende Aufopferung an den Tag legt, unterscheidet ihn nicht von den Meerkatzen, da diese ja ebenfalls genau in derselben Weise verfahren. Überhaupt bekundet er dieselbe Wetterwendigkeit des Wesens wie die eben genannten Affen. Eben noch äußerst gemüthlich und gutmüthig, ist er im nächsten Augenblicke einer Kleinigkeit halber höchst entrüstet, erzürnt und boshaft; eben noch überfließend vor lauter Zärtlichkeit gegen einen Mitaffen oder seinen Wärter, maulschellirt er in der nächsten Minute jenen und versucht, diesen zu beißen. Doch muß ich zu seinem Ruhme sagen, daß auch er für gute Behandlung in hohem Grade empfänglich sich zeigt. Es verursacht deshalb seine Zähmung kaum nennenswerthe Mühe. Derjenige, welcher ihn einige Male fütterte oder ihm einen Leckerbissen zusteckte, erringt bald seine vollste Freundschaft und zuletzt eine wirklich dauernde Anhänglichkeit. Denn wenn auch kleine Zerwürfnisse zwischen ihm und dem Pfleger an der Tagesordnung sind, stellt sich das alte Verhältnis doch sofort wieder her, sobald irgend eine andere Einwirkung von außen sich geltend macht und unseren Affen in einige Verlegenheit setzt. Neugierig in vollem Maße, der Langenweile entschieden abhold, und für jede Änderung der Lage äußerst empfänglich, läßt der Makak leichter noch als die in dieser Hinsicht gleichgearteten Paviane durch Erregung seiner Aufmerksamkeit nach Belieben sich leiten und lenken und selbst im höchsten Zorne sofort versöhnen, so daß seine Behandlung auch in dieser Hinsicht zu einer sehr leichten wird.

Im Freileben wird sich der Makak wahrscheinlich von eben denselben oder ähnlichen Pflanzenstoffen ernähren wie seine Verwandten; in der Gefangenschaft nimmt er mit dem einfachsten Futter vorlieb, wie er sich beim Fressen überhaupt als ein höchst anspruchsloser Gesell zeigt, obgleich seine Ansprüche vielleicht nichts weniger als bescheiden sind. Ein Stück Brod, im rechten Augenblicke ihm dargebracht, erscheint als ein ausgezeichneter Leckerbissen, während es, wenn er sich gesättigt hat, achtlos fortgeworfen wird; eine Hand voll Körner, vor ihn auf den Boden gestreut, erregt ihn zum eifrigsten Aufsuchen derselben und zum schleunigsten Anfüllen der Backentaschen, selbst wenn er den Futternapf eben verlassen hat; ein Zweig mit grünen Blättern, Knospen oder Blüten, vom ersten besten

CERCOPITHECIDAE
Macaca fuscata

Baume gebrochen, wird mit Behagen entblättert und Blatt und Blüte, Knospe und Zweigspitze anscheinend mit demselben Vergnügen verzehrt. Milch trinkt der Makak, so lange er jung ist, leidenschaftlich gern; Milchbrod genießt er noch im Alter mit Vorliebe. An Fleischkost läßt er sich gewöhnen, überhaupt bald dahin bringen, die Gerichte der menschlichen Tafel zu theilen. Auch geistigen Getränken ist er keineswegs abhold, und einmal an dieselben gewöhnt, zieht er sie allen anderen vor. Je reicher man ihm seine Tafel beschickt, um so wählerischer zeigt er sich. Trotzdem kann man ihn kaum verwöhnen, weil er im Nothfalle sich wiederum mit dem einfachsten Futter begnügt und dasselbe scheinbar mit demselben Behagen verspeist wie die beste Leckerei.

Gefangene Makaken pflanzen sich ziemlich regelmäßig im Käfige fort, paaren sich zuweilen auch mit Verwandten und erzeugen dann lebenskräftige Blendlinge. Die Dauer ihrer Trächtigkeit beträgt ungefähr sieben Monate; genauer kann die Zeit nicht bestimmt werden, weil man nicht im Stande ist, ein Pärchen nach der befruchtenden Begattung zu trennen. Ich selbst habe von den Makaken, welche ich pflegte, wiederholt Junge erhalten. Einmal wurde einer in einem Käfige geboren, in welchem sich außer der betreffenden Mutter noch ein anderer Makak und das Weibchen eines Mantelpavians befanden. Letzteres hatte geraume Zeit vorher ebenfalls geboren, das Junge aber bald eingebüßt. Wenige Minuten nach der Geburt des Makaken bemerkten die Wärter das Junge in den Armen des gedachten Hamadryasweibchens und schlossen daraus, daß dieses ein nachgeborenes Junge zur Welt gebracht habe. Aus diesem Grunde ließen sie auch der anscheinenden Mutter das Junge. Erst in den Nachmittagsstunden fiel ihnen auf, daß sich die Pflegemutter wenig mütterlich betrage, daß Junge oft auf das Stroh lege und sich zeitweilig kaum um dasselbe kümmere. Nunmehr erst sahen sie, daß der alte Makak, die wirkliche Mutter, sehr abgefallen war, fingen dieselbe, untersuchten sie, und fanden ihre Brüste strotzend von Milch. Jetzt erhielt die Alte ihr Kind; letzteres saugte auch, war aber doch schon zu lange ohne Pflege und Nahrung gewesen; denn am anderen Morgen fand man es todt.

Wie innig Makaken an ihren Kindern hängen, mag aus einer anderen Beobachtung von mir hervorgehen. Gelegentlich der Wintereinrichtungen sollten einige Affen aus ihrem Käfige entfernt werden, und es wurde deshalb Jagd auf sie gemacht. Unter der Gesellschaft jenes Käfigs befand sich auch das Junge eines Makakenweibchens, welches von der Mutter bereits seit Monaten getrennt worden war. Letztere bewohnte einen anderen Käfig, von welchem aus sie jenen übersehen konnte, und war von ihrem Kinde getrennt worden, weil sie eine bessere Pflege erhalten sollte. Als die Jagd auf die Affen begann, folgte die Alte mit ängstlichen Blicken jeder Bewegung des Wärters und schrie laut auf, so oft dieser ihrem Kinde sich näherte. Das fiel auf, und sie erhielt infolge ihrer Theilnahme das Kind zurück. Augenblicklich ergriff sie es, nahm es in die Arme und liebkoste es auf das zärtlichste. Sie hatte also das Junge niemals aus den Augen verloren, und dieses, wie es schien, auch die Mutter im Gedächtnis behalten.

In unseren Affentheatern spielt der Makak eine bestimmte, nicht allzu eng begrenzte Rolle, gewöhnlich als Aufwärter, Diener usw., seltener als Reiter. Einzelne bringen es zu einer bemerkenswerthen Künstlerschaft.

# *Die Flughunde*

Noch ehe bei uns an schönen Sommertagen die Sonne zur Rüste gegangen ist, beginnt eine der merkwürdigsten Ordnungen unserer Klasse ihr eigenthümliches Leben. Aus allen Ritzen, Höhlen und Löchern hervor kriecht eine düstere, nächtige Schar, welche sich bei Tage scheu zurückgezogen hatte, als dürfte sie sich im Lichte der Sonne nicht zeigen, und rüstet sich zu ihrem nächtlichen Werke. Je mehr die Dämmerung hereinbricht, um so größer wird die Anzahl dieser dunklen Gesellen, bis mit eintretender Nacht alle munter geworden sind und nun ihr Wesen treiben. Halb Säugethier, halb Vogel, stellen sie ein Bindeglied zwischen einer Klasse zur anderen dar, und dieser Halbheit entspricht auch ihr Leibesbau und ihre Lebensweise. Sie sind eben weder das eine noch das andere ganz: sie, die Fledermäuse, sind gleichsam ein Zerrbild der vollendeten Fluggestalt des Vogels, aber auch ein Zerrbild des Säugethiers. Unser Vaterland liegt an der Grenze ihres Verbreitungskreises und beherbergt bloß noch kleine, zarte, schwächliche Arten. Im Süden ist es anders.

Unter allen Merkmalen die ein Flatterthier besitzt, ist die Entwickelung der Haut das merkwürdigste, weil sie nicht nur die ganze Körpergestaltung, sondern namentlich auch den Gesichtsausdruck bedingt und somit die Ursache wird, daß viele Fledermaus- also auch Flughundgesichter ein geradezu ungeheuerliches Aussehen haben. Die breit geöffnete Schnauze trägt allerdings auch mit bei, daß der Gesichtsausdruck ein ganz eigenthümlicher wird: die Hautwucherung an den Ohren und der Nase aber ist es, welche dem Gesichte sein absonderliches Gepräge und – nach der Ansicht der Meisten wenigstens – seine Häßlichkeit gibt. Die Flughaut verdient eine eingehendere Betrachtung. Sie ist die Fortsetzung der Oberhaut, der Pigmentschichten und der Lederhaut beider Leibesseiten. Außer diesen beiden Platten enthält die Flatterhaut noch eine neue, elastische Haut und zwei Muskelfaserschichten, welche zwischen den äußeren Theilen liegen. Die erst vor kurzem aufgefundene, in hohem Grade dehnbare oder besser zusammenziehbare elastische Haut zeigt bei etwa dreihundertmaliger Vergrößerung ein filzartiges Gewebe und ist für die ganze Flughaut von größter Wichtigkeit, weil durch sie die Ernährung derselben geschieht. Außerdem aber reibt das Flatterthier die äußere Flughaut auch noch mit einer schmierigen, öligen, starkriechenden Flüssigkeit besonders ein. Diese Schmiere wird von gelben, plattgedrückten Drüsen abgesondert. Jedesmal nach dem Erwachen und unmittelbar vor dem Flattern erhält sie es so geschmeidig und fettig.

Wahrscheinlich steht der Geschmackssinn auf der tiefsten Stufe; doch ist auch er keineswegs stumpf zu nennen. Man hat Versuche gemacht, welche die Schärfe des Sinnes beweisen. Wenn man nämlich schlafenden, selbst halb erstarrten Fledermäusen einen Tropfen Wasser in die geöffnete Schnauze flößt, nehmen sie denselben ohne weiteres an und schlucken ihn hinter. Gibt man ihnen dagegen Branntwein oder sonst eine übelschmeckende Flüssigkeit, so wird alles regelmäßig zurückgewiesen. Nicht minder ausgebildet ist das Auge. Im Verhältnis zur Größe des Körpers muß man es klein nennen; doch ist der Stern einer bedeutenden Erweiterung fähig. Einige Sippen haben besonders kleine Augen und diese stehen, wie Koch hervorhebt, mitunter so in den dichten Gesichtshaaren versteckt, daß sie unmöglich dem Zwecke des Sehens entsprechen können. Allein das Auge kann gänzlich außer Thätigkeit gesetzt werden, ohne daß sie eine bemerkliche Beeinträchtigung dadurch erleiden. Der Gesichtssinn wird überhaupt durch Geruch, Gehör und Gefühl wesentlich unterstützt. Man hat mehrfach den Versuch gemacht, Fledermäuse zu blenden, indem man ihnen einfach ein Stückchen englisches Pflaster über die Augen klebte: sie flogen hierauf trotz ihrer Blindheit noch genau ebenso geschickt im Zimmer umher als sehend, und verstanden es meisterhaft, allen möglichen Hindernissen, z. B. vielen, in verschiedenen Richtungen durch das Zimmer gezogenen Fäden, auszuweichen. Der Sinn des Gefühls mag wohl größtentheils in der Flatterhaut liegen; wenigstens scheint dies aus allen Beobachtungen hervorzugehen.

Die geistigen Fähigkeiten der Flatterthiere sind keineswegs so gering, als man gern annehmen möchte, und strafen den auf ziemliche Geistesarmut hindeutenden Gesichtsausdruck Lügen. Ihr Gehirn ist groß und besitzt Windungen. Hierdurch ist schon angedeutet, daß ihr Verstand kein geringer sein kann. Alle Flatterthiere zeichnen sich durch einen ziemlich hohen Grad von Gedächtnis und einige sogar durch verständige Überlegung aus. Daß sie nach dem Flattern stets dieselben Orte wieder aufsuchen und für den Winterschlaf sich immer äußerst zweckmäßige Orte wählen: dies allein schon beweist, daß sie nicht so dumm sind, als sie aussehen. Mit der bequemen Ausflucht gläubiger und denkfauler Naturerklärer, daß der sogenannte Instinkt die maßgebende geistige Kraft der Fledermäuse sei, kommt man bei genauerer Beobachtung der Thiere nicht aus. Auch ihre Feinde kennen sie sehr gut und verstehen, ihnen schlau zu begegnen, wie sie ihrerseits wieder die kleineren Thiere, denen sie nachstellen, zu überlisten wissen. So erzählt Kolenati, daß eine Fledermaus, welche in einer Lindenallee jagte, das Weibchen eines Schmetterlings verschonte, weil sie bemerkt hatte, daß dieses viele Männchen heranlockte, welche sie nun nach und nach wegschnappen konnte. Wenn man Schmetterlinge an Angeln hängt, um Fleder-

PTEROPODIDAE
Syconycteris australis

mäuse damit zu fangen, wird man sich stets vergeblich bemühen. Sie kommen heran, untersuchen das schwebende Kerbthier, bemerken aber auch sehr bald das feine Roßhaar, an welches die Angel befestigt ist, und lassen alles vorsichtig unberührt, selbst wenn sie wenig Futter haben sollten.

Mit Eintritt der Kälte fallen alle Fledermäuse, welche in höheren Breiten leben, in einen mehr oder weniger tiefen Winterschlaf von längerer oder kürzerer Dauer, entsprechend dem strengeren oder milderen Klima ihrer Heimat. Mit Beginn der rauhen Jahreszeit suchen sie Kellergewölbe, warme Dächer, Dachsparren und dergleichen auf. Diejenigen Arten, welche noch am wenigsten empfindlich gegen Kälte sind, unterbrechen den Winterschlaf bisweilen, erwachen und fliegen in ihren geschützten Schlupfwinkeln hin und her, anscheinend weniger um Beute als um sich Bewegung zu machen. Einzelne kommen wohl auch ins Freie und flattern eine Zeitlang über der schneebedeckten Erde umher; die Mehrzahl aber schläft ununterbrochen. Schon wenige Wochen nach dem Ausfliegen macht die Liebe sich geltend. Nachdem die Fledermäuse ihren Winteraufenthalt verlassen haben, locken die verschiedenen Geschlechter, laut Koch, sich durch einen eigenthümlichen Ruf, welcher von dem ärgerlichen Bellen, Angriffen gegenüber, wesentlich verschieden ist. In warmen Ländern sollen die großen Arten so laut werden, daß sie lästig fallen können. Bei der Liebeswerbung jagen und necken die Männchen die Weibchen, stürzen sich mit ihnen aus der Luft herab und treiben allerlei Kurzweil; doch geht dieses Schwärmen und Paaren nicht bei allen Arten der Fledermäuse der Begattung voraus – letztere erfolgt vielmehr bei einzelnen auffallend frühzeitig im Jahre. Wenige Wochen nach der Begattung (man nimmt an, nach fünf bis sechs) werden die Jungen geboren. Das kreisende Weibchen hängt sich, laut Blasius und Kolenati, gegen seine Gewohnheit mit der scharfen Kralle beider Daumen der Hände auf, krümmt den Schwanz mit seiner Flatterhaut gegen den Bauch und bildet somit einen Sack oder ein Becken, in welches das zu Tage kommende Junge fällt. Sogleich nach der Geburt beißt die Alte den Nabelstrang durch, und das Junge häkelt sich, nachdem es von der Mutter abgeleckt worden ist, an der Brust fest und saugt. Die blattnasigen Fledermausweibchen haben in der Nähe der Schamtheile zwei kurze, zitzenartige Anhängsel von drüsiger Beschaffenheit, an welche sich die Jungen während der Geburt sofort ansaugen, um nicht auf die Erde zu fallen, weil diese Fledermäuse während des Gebärens ihren Schwanz zwischen den beiden eng an einander gehaltenen Beinen zurück auf den Rücken schlagen und keine Tasche für das an das Licht tretende Junge bilden. Später kriechen auch diese Jungen zu den Brustzitzen hinauf und saugen sich dort fest.

Eine noch ungeborene Fledermaus hat ein sehr merkwürdiges Ansehen. Wenn sie so weit ausgebildet ist, daß man ihre Glieder erkennen, die Flughaut aber noch nicht wahrnehmen kann, hat sie mit einem ungeborenen Menschenkinde eine gewisse

Ähnlichkeit. Die Hinterfüße sind noch viel kleiner als die vorderen, und die vortretende Schnauze zeigt das Thierische; aber der Bau des Leibes, der kurze, auf dem Brustkorbe sitzende Hals, die breite Brust, die ganze Gestalt der Schulterblätter und besonders die Beschaffenheit der Vorderfüße, welche mit ihren noch kurzen Fingern halbe Hände bilden, erinnert lebhaft an den menschlichen Keimling im ersten Zustande seiner Entwickelung.

Betrachten wir endlich die Flughunde oder fruchtfressenden Fledermäuse (Pteropina). Alle zu dieser Gruppe gehörigen Flatterthiere bewohnen ausschließlich die wärmeren Gegenden der alten Welt, namentlich Südasien und seine Inseln, Mittel- und Südafrika, Australien und Oceanien. Ihrer Größe wegen sind sie seit den ältesten Zeiten als wahre Ungeheuer verschrien worden. Sie, die harmlosen und gemüthlichen Thiere, hat man als scheußliche Harpyien und furchtbare Vampire angesehen; unter ihnen suchte man die greulichen Wesen der Einbildung, welche sich auf schlafende Menschen setzen und ihnen das Herzblut aussaugen sollten; in ihnen sah man die zur ewigen Verdammnis verurtheilten Geister Verworfener, welche durch ihren Biß unschuldige Lebende ebenfalls wieder zu Verworfenen verwandeln könnten. Kurz, der blühendste Aberglaube beschäftigte sich mit wahrem Behagen mit diesen Säugethieren, welche weiter nichts verschuldet haben, als etwas eigenthümlich gebildet zu sein, und in ihrer Ordnung einige kleine und eben wegen ihrer geringen Größe ziemlich unschädliche Mitglieder zu besitzen, welche sich des Frevels der Blutaussaugung allerdings schuldig machen.

Die Naturwissenschaft kann die abergläubischen Leute – denn heute noch gibt es gerade genug der Natur vollkommen entfremdete Unwissende, welche in unseren Thieren scheußliche Vampire zu sehen glauben – besser über die fruchtfressenden Fledermäuse oder Flughunde belehren. Sie haben so ziemlich die Fledermausgestalt, aber eine viel bedeutendere Größe und einen gemüthlichen Hunde- oder Fuchskopf, welcher ihnen den Namen Flughunde oder fliegende Füchse verschafft hat. Die Flatterhaut, und deshalb auch die Gliederung der Arme und Beine ist der anderer Fledermäuse ähnlich; der Nase fehlt der Hautansatz, und die Ohren sind niemals mit einer Klappe versehen. Hierdurch kennzeichnen sie sich also leicht von den übrigen Fledermäusen. Sie bewohnen am liebsten dunkle Waldungen und bedecken bei Tage oft in unzählbarer Menge die Bäume, an deren Ästen sie, Kopf und Leib mit den Flügeln umhüllt, reihenweise sich anhängen. In hohlen Bäumen findet man sie wohl auch, und zwar zuweilen in einer Anzahl von mehreren hundert Stücken. In düsteren Urwäldern fliegen sie manchmal auch bei Tage umher; ihr eigentliches Leben beginnt aber, wie das aller Flatterthiere, erst mit der Dämmerung. Ihr scharfes Gesicht und ihre vortreffliche Spürnase lassen sie die Bäume ausfindig machen, welche gerade saftige und reife Früchte besitzen; zu diesem kommen sie einzeln, sammeln sich bald in große Scharen und sind im Stande, einen solchen Baum vollkommen kahl zu fressen. In Weinbergen erscheinen sie ebenfalls nicht selten in bedeutender Anzahl und richten dann großen Schaden an; denn sie nehmen bloß die reifen und süßen Früchte: die anderen überlassen sie den übrigen Fruchtfressern. Die Früchte saugen sie mehr aus, als sie dieselben fressen; den Faserstoff speien sie aus. Süße und duftige Früchte werden anderen entschieden vorgezogen, und deshalb bilden Bananen, Feigen und dergleichen, ebenso auch wohlschmeckende Beeren, zumal Trauben, ihre Lieblingsnahrung. Wenn sie einmal in einem Fruchtgarten eingefallen sind, fressen sie die ganze Nacht hindurch und verursachen dabei ein Geräusch, daß man sie schon aus weiter Entfernung vernehmen kann. Durch Schüsse und dergleichen lassen sie sich nicht vertreiben; denn so geschreckt fliegen sie höchstens von einem Baume auf den anderen und setzen dort ihre Mahlzeit fort.

Bei Tage sind sie sehr furchtsam und ergreifen die Flucht, sobald sie etwas Verdächtiges bemerken. Ein Raubvogel bringt sie in Aufregung, ein heftiger Donnerschlag geradezu in Verzweiflung. Sie stürzen ohne weiteres von oben zur Erde herab, rennen hier im tollsten Eifer aus einander, klettern an allen erhabenen Gegenständen, selbst an Pferden und Menschen, gewandt in die Höhe, ohne sich beirren zu lassen, hängen sich fest, breiten die Flügel, thun einige Schläge und fliegen dahin, um sich ein anderweitiges Versteck zu suchen. Ihr Flug ist rasch und lebhaft, aber nicht eben hoch; doch treibt sie ihre Furchtsamkeit bei Tage ausnahmsweise in eine Höhe von über hundert Meter empor. Sie können nur von erhabenen Gegenständen, nicht aber von der Erde abfliegen, sind jedoch ganz geschickt auf dieser und laufen wie die Ratten umher. Sie schreien viel, auch wenn sie ruhig an Bäumen hängen, und zwar eigenthümlich knarrend und kreischend, lassen zuweilen auch ein Zischen vernehmen wie Gänse.

Das Weibchen bringt einmal im Jahre ein oder zwei Junge zur Welt, welche sich an der Brust festhalten und von der Mutter längere Zeit umhergetragen, sehr geliebt und sorgfältig rein gehalten werden.

In der Gefangenschaft werden sie nach geraumer Zeit zahm, gewöhnen sich auch einigermaßen an die Personen, welche sie pflegen, zeigen sogar eine gewisse Anhänglichkeit an solche. Sie nehmen ihnen bald das Futter aus der Hand und versuchen weder zu beißen noch zu kratzen. Anders ist es, wenn man sie flügellahm geschossen hat oder sie plötzlich fängt: dann wehren sie sich heftig und beißen ziemlich derb. Man nährt sie in der Gefangenschaft mit gekochtem Reis, allerlei frischen oder getrockneten Früchten, dem Marke des Zuckerrohrs und dergleichen.

Es ist anziehend und unterhaltend, die Ansichten verschiedener Völker über diese Thiere kennen zu lernen. Schon Herodot spricht von großen Fledermäusen in Arabien, welche auf der in Sümpfen wachsenden Pflanze Casia sich aufhalten, sehr stark sind und fürchterlich schwirren. Die Leute, welche die Casia sammeln, bedecken ihren ganzen Leib und das Gesicht bis auf die Augen mit Leder, um sie hierdurch von ihren Gesichtern abzuhalten, und können dann erst Ernte halten. Strabo erzählt, daß es in Mesopotamien, in der Nähe des Euphrat, eine ungeheuere Menge Fledermäuse gäbe, welche viel größer wären als an anderen Orten, gefangen und gegessen würden. Der Schwede Köping erwähnt zuerst, daß die Flatterhunde des Nachts in ganzen Herden hervorkämen, sehr viel Palmensaft tränken, davon berauscht würden und dann wie todt auf den Boden fielen. Er selbst habe einen solchen gefangen und an die Wand genagelt; das Thier aber habe die Nägel benagt und sie so rund gemacht, als wenn man sie befeilt hätte. Jeder unkundige Europäer, namentlich die weibliche Hälfte der Menschheit, erblickt in den Flederhunden entsetzliche Vampire und fürchtet sich fast vor den Ungeheuern. Die Hindus dagegen sehen in ihnen heilige Wesen. Als sich Hügel bei Nurpur befand und abends durch die Straßen ging, sah er über sich ein Thier fliegen, schoß mit seiner Doppelflinte nach ihm und erlegte eine Fledermaus von der Größe eines Marders. Augenblicklich rotteten sich die Leute zusammen, erhoben furchtbares Geschrei und wüthendes Geheul und hielten ihm das gellende, kreischende Thier vor. Er sicherte sich dadurch, daß er sich mit dem Rükken an die Wand lehnte und die Flinte vorstreckte, konnte aber den Aufruhr nur durch eine Unwahrheit beschwichtigen, indem er sagte, er habe das Thier für eine Eule gehalten. Man glaubt vielfach, daß die Flughunde Begleiter und Träger der bösen Geister seien. Ein junger, gebildeter Spanier behauptete mit aller Zuversicht, gehört zu haben, daß sie fluchen, wenn sie mit einem brennenden Span gereizt werden. Dergleichen Wunderlichkeiten kann man mehr hören, wenn man sich mit dem weniger gebildeten Volke über die allerdings eigenthümlich gestalteten Hautflügler unterhält. Wo Fledermäuse gereizt wurden, haben wir auch schon gehört, daß geflucht wurde, nicht aber von der Fledermaus, sondern von dem, welcher seinen Muthwillen an derselben auslassen wollte; denn namentlich die großen Arten verstehen keinen Spaß: wenn sie gefangen werden, beißen sie kräftig zu, und ihr Gebiß wie ihre Krallen sind scharf, und einige von ihnen können tiefe Wunden beibringen. Wenn sie nicht mehr im Stande sind, ihren Nachstellern zu entgehen, werden sie zornig und mitunter muthig und wissen ihre natürlichen Waffen sehr gewandt zu gebrauchen; aus freien Stücken greifen sie aber niemals an und zeigen sich in ihrem ganzen Wesen als äußerst harmlose Geschöpfe.

# Der Löwe

Ein einziger Blick auf den Leib des Löwen, auf den Ausdruck seines Gesichtes genügt, um der uralten Auffassung aller Völker, welche das königliche Thier kennen lernten, vom Grunde des Herzens beizustimmen. Der Löwe ist der König der vierfüßigen Räuber, der Herrscher im Reiche der Säugethiere. Und wenn auch der ordnende Thierkundige diese königliche Würde eben nicht achten will und in dem Löwen nur eine Katze von besonders kräftigem Baue erkennen muß: der Gesammteindruck, welchen das herrliche Thier macht, wird auch den Forscher zwingen, ihm unter allen seinen Verwandten die höchste Stelle einzuräumen.

Die Löwen (Leo) sind leicht von sämmtlichen übrigen Katzen zu unterscheiden. Ihre Hauptkennzeichen liegen in dem stark gebauten, kräftigen Leibe mit der kurzen, glatt anliegenden, einfarbigen Behaarung, in dem breiten, kleinäugigen Gesichte, in dem Herrschermantel, welcher sich um ihre Schultern schlägt, und in der Quaste, welche ihre Schwanzspitze ziert. Beim Vergleiche mit anderen Katzen erscheint der Rumpf der Löwen kurz, der Bauch eingezogen, und der ganze Körper deshalb sehr kräftig, nicht aber plump. An der Spitze des Schwanzes, in der Quaste verborgen, steckt ein horniger Nagel, den schon Aristoteles beachtete, aber viele der neueren Naturforscher leugneten. Die Augen sind klein und haben einen runden Stern, die Schnurren ordnen sich in sechs bis acht Reihen. Vor allem ist es die Mähne, welche die männlichen Löwen auszeichnet und ihnen das stolze, königliche Ansehen verleiht.

»Ein Königsmantel, dicht und schön,
Umwallt des Löwen Brust und Mähn',
Eine Königskrone wunderbar,
Sträubt sich der Stirne straffes Haar.«

Diese Mähne bekleidet in vollster Ausbildung den Hals und die Vorderbrust, ändert aber so verschieden ab, daß man aus ihr allein die Heimat des Löwen erkennen kann, und daß man nach ihr, ob mit Recht oder Unrecht bleibe dahingestellt, mehrere Arten des Thieres unterschieden hat. Für unseren Zweck darf die vielfach beregte

Frage als ziemlich bedeutungslos erscheinen, da im wesentlichen alle Löwen in ihrer Lebensweise sich gleichen.

Die Zeiten, in denen man sechshundert Löwen zum Kampfe in der Arena zusammenbringen konnte, liegen um Jahrtausende hinter uns. Seitdem hat sich der König der Thiere vor dem Herrn der Erde stetig mehr und mehr zurückgezogen. Aristoteles gibt die Flüsse Ressus und Acheolus als die Grenze des Löwengebietes in Europa an und sagt ausdrücklich, daß es in Europa nirgends weiter als hier Löwen gäbe. Wann diese in unserem Erdtheile ausgerottet wurden, läßt sich nicht feststellen; sicherlich aber ist mehr als ein Jahrtausend seitdem vergangen. Daß der Löwe, und zwar unzweifelhaft die persische Spielart, vormals in Syrien und Palästina lebte, wissen wir durch die Bibel; über die Zeit der Ausrottung in dem heiligen Lande aber haben wir keine Kunde. Wie hier oder dort ergeht es dem gefährlichen Feinde der Herden allerorten: der Mensch tritt überall nach besten Kräften gegen ihn in die Schranken und wird ihn ebenso stetig wie bisher zurückdrängen und endlich vernichten. Auch der dunkelfarbige Mensch drängt den Löwen mehr und mehr zurück. Demungeachtet beherbergen die weiten Steppenländer Innerafrika's noch Löwen in ungezählter Menge und werden sie behalten, so lange neben den zahmen noch die wilden Herden, neben Hunderttausenden von Rindern noch Millionen von Antilopen jene weiten Gebiete durchstreifen.

Der Löwe lebt einzeln, und nur während der Brunstzeit hält er sich zu seinem Weibchen. Außer der Paarzeit bewohnt jeder Löwe sein eigenes Gebiet, ohne jedoch der Nahrung wegen mit anderen seiner Art in Streit zu gerathen. Vielmehr kommt es häufig vor, daß sich zu größeren Jagdzügen mehrere Löwen vereinigen. Nach Livingstone, dessen Berichte durchaus den Stempel der Wahrheit tragen, schweifen Trupps von sechs bis acht Stücken, wahrscheinlich zwei Löwinnen mit ihren Jungen, gemeinschaftlich jagend umher; Heuglins Leute sahen eines Morgens ihrer sechs oder sieben bei einander. Unter außergewöhnlichen Umständen gesellen sich, zumal im Süden Afrika's, noch zahlreichere Trupps. »Wenn die trockene Jahreszeit vorschreitet«, schreibt mir Eduard Mohr, »also in den Monaten Mai bis September, verlassen zahllose Antilopen- und Quaggaherden die trockenen Einöden der Kalaharisteppe oder die einsamen Hochebenen des Transvaal und suchen jene weiten Grasebenen auf, welche um Lucia-Bai sich ausbreiten, unterwegs oder hier zu unschätzbaren Scharen anwachsend. Solchen Wildherden folgt der Löwe mitunter in förmlichen Rudeln. Der mir innig befreundete Jäger John Dunn traf, wie er mir berichtete, mit seinem Gefährten Oswell im Jahre 1861 in der Anatonga-Einöde eine wandernde Blaugnuherde, vermischt mit Quaggas und Impallah-Antilopen, welche nach seiner Schätzung in einer Breite von dreiviertel Meilen (englisch) dahinzog und fünfunddreißig Minuten zum Vorübertraben gebrauchte. Dieser Herde folgten einige zwanzig große und kleine, zu einem Rudel vereinigte Löwen.« Da auch Anderson von Löwenherden spricht, müssen wir zunächst wohl an die Wahrheit dieser Angaben glauben.

Während der Paarzeit bejagen Löwe und Löwin, nach der Brunstzeit gewöhnlich ihrer zwei oder drei, gemeinschaftlich ein je nach dem Wildstande mehr oder weniger ausgedehntes Gebiet, welches sie verlassen, wenn sie ihre Beute zu sehr gelichtet oder vertrieben haben. Jeder Löwe bedarf so viele Nahrung, daß eine größere Anzahl Seinesgleichen in einer Gegend nicht lange sich ernähren können würde. Breite waldige Thäler an Flüssen sind Lieblingsorte des Löwen; im Gebirge scheint es ihm weniger zu behagen; doch steigt er nach eigenen Erfahrungen immerhin bis zu 1500 Meter an den Bergen empor.

An irgend einem geschützten Orte, im Sudân gerne in den Gebüschen, im Süden Afrika's mit Vorliebe in den breiten Gürteln hochstengeliger Schilfgräser, welche die Betten der zeitweilig fließenden Ströme begrenzen, wählt sich der Löwe eine flache Vertiefung zu seinem Lager und ruht hier einen oder mehrere Tage lang, je nachdem die Gegend arm oder reich, unruhig oder ruhig ist. In den größeren Waldungen bewohnt er oft lange ein und denselben Platz und verläßt ihn erst dann, wenn er hier seinen Wildstand gar zu sehr gemindert hat. Auf der Wanderung bleibt er liegen, wo ihn bei seinen Streifzügen der Morgen überrascht, immer aber in den verborgensten Theilen des Dickichts.

Im ganzen ähneln seine Gewohnheiten denen anderer Katzen; doch weicht er in vielen Stücken nicht unwesentlich von denselben ab. Er ist träger als alle übrigen Mitglieder seiner Familie und liebt größere Streifzüge durchaus nicht, sondern sucht es sich so bequem zu machen, als irgend möglich. Deshalb folgt er z. B. im Ostsudân regelmäßig den Nomaden, sie mögen sich wenden, wohin sie wollen. Er zieht mit ihnen in die Steppe hinaus und kehrt mit ihnen nach dem Walde zurück; er betrachtet sie als seine steuerpflichtigen Unterthanen und erhebt von ihnen in der That die drückendsten aller Abgaben.

Seine Lebensweise ist eine rein nächtliche; denn nur gezwungen verläßt er am Tage sein Lager. Bei Tage begegnet man ihm äußerst selten, im Walde kaum zufällig, sondern erst dann, wenn man ihn ordnungsmäßig aufsucht und durch Hunde von seinem Lager auftreiben läßt. Die Araber behaupten, daß er um die Mittagszeit entsetzlich vom kalten Fieber gepeinigt werde und deshalb so faul sei. Wolle man ihn jagen, so müsse man ihn vorher durch Steinwürfe auftreiben; er selbst rühre sich nicht. So arg ist es freilich nicht, eine große Trägheit aber kann ihm nicht abgesprochen werden, wenigstens so lange, als die Sonne am Himmel steht. Wie mich meine letzte Reise nach Habesch belehrte, kommt es doch vor, daß man ihn auch bei Tage im Dickicht umherschleichen oder ruhig und still auf einem erhabenen Punkte sitzen sieht, von wo aus er das Treiben der Thiere seines Jagdgebietes beobachten will. So brachte mir einer unserer Leute die Nachricht, daß er in der Mittagsstunde einen Löwen in dem von Mensah nach dem Ain-Saba abfallenden Thale habe sitzen sehen. Der Löwe betrachtete ihn und sein Kamel mit großer Theilnahme, ließ aber beide ungefährdet ihres Weges ziehen. Man hat dieses Umschauhalten, welches schon von Levaillant beobachtet und von späteren Reisenden wiederholt berichtet wurde, für unwahr gehalten; allein auch wir haben uns davon überzeugt. Denn ein anderer Löwe, welchen wir in der Samchara auf der Spitze eines nackten, kiesbedeckten Hügels liegen sahen, konnte offenbar nur die eine Absicht haben, sein Jagdgebiet zu überschauen, um den Ort zu ermitteln, welcher ihm bei dem abendlichen Ausgange am ehesten Beute liefern könne.

In die Nähe der Dörfer kommt er nicht vor der dritten Nachtstunde. »Drei Mal«, so sagen die Araber, »zeigt er durch Brüllen seinen Aufbruch an und warnt hierdurch alle Thiere, ihm aus dem Wege zu gehen.« Diese gute Meinung ruht leider auf schwachen Füßen; denn ebenso oft, als ich das Brüllen des Löwen vernahm, habe ich in Erfahrung gebracht, daß er lautlos zum Dorfe herangeschlichen war und irgend ein Stück Vieh weggenommen hatte. Ein Löwe, welcher kurz vor unserer ersten Ankunft in Mensah vier Nächte hinter einander das Dorf betreten hatte, war einzig und allein daran erkannt worden, daß er beim versuchten Durchbruch einer Umzäunung einige seiner Mähnenhaare verloren hatte. Es wurde als sehr wahrscheinlich angenommen, daß er auch in den ersten Nächten unseres Aufenthaltes das Dorf umschlich; dennoch vernahmen wir sein Gebrüll nur zweimal und zwar in weiter Ferne, während ich dasselbe früher in Kordofân nicht allein vor dem Dorfe, sondern mitten in demselben ertönen gehört hatte. Auch andere Beobachter erzählen, daß der Löwe sehr oft lautlos herbeigeschlichen kommt, »wie ein Dieb in der Nacht«.

Und doch sagen die Araber nicht die Unwahrheit; sie deuten das Thatsächliche nur falsch. Fritsch hörte drei Löwen in nächster Nähe seines Wagens, an welchem die Zugochsen angebunden waren, bald brüllen, bald grunzen; ich selbst vernahm in Kordofân und in den Urwaldungen am Blauen Flusse den Donner aus des Löwen Brust bald nach Einbruch der Nacht mehr als hundert Male, habe in diesem Gebrülle aber nicht eine Warnung an die Beutethiere erkennen gelernt, bin vielmehr zu der Meinung geführt worden, daß es bezwecken soll, das Jagdgebiet aufzuregen, die Thiere zur Flucht zu veranlassen und dadurch einem oder dem anderen Löwen, wenn nicht dem brüllenden, so vielleicht dem gemeinschaftlich mit ihm jagenden, irgendwo auf der Lauer liegenden Gefährten ein Wild zuzuführen. Daß der Löwe angesichts eines Viehgeheges, heiße dasselbe nun Krâl oder Serîba, in der Absicht brüllt, das eingepferchte Vieh womöglich zum furchtblinden Ausbrechen zu verleiten, glaube ich mit Bestimmtheit annehmen zu dürfen. Ich will versuchen, den Überfall eines solchen Geheges durch den Löwen aus eigener Erfahrung zu schildern.

Mit Sonnenuntergang hat der Nomade seine Herde in der sicheren Serîba eingehürdet, in jenem bis drei Meter hohen und etwa einem Meter dicken, äußerst dichten, aus den stachlichsten Ästen der Mimosen geflochtenen Zaune, dem sichersten Schutzwalle, welchen er bilden kann. Dunkel senkt sich die Nacht auf das geräuschvolle Lager herab. Die Schafe blöken nach ihren Jungen, die Rinder, welche bereits gemolken wurden, haben sich niedergethan. Eine Meute wachsamer Hunde hält die Wacht. Mit einem Male läutet hell sie auf; im Nu ist sie versammelt und stürmt nach einer Richtung in die Nacht hinaus. Man hört den Lärm eines kurzen Kampfes, wüthend bellende Laute und grimmig heiseres Gebrüll, sodann Siegesgeläut: eine Hiäne umschlich das Lager, mußte aber vor den muthigen Wächtern der Herden nach kurzer Gegenwehr die Flucht ergreifen. Einem Leoparden würde es kaum besser ergangen sein. Es wird stiller und ruhiger; der Lärm verstummt; der Frieden der Nacht senkt sich auf das Lager herab. Weib und Kind des Herdenbesitzers haben in dem einen Zelte die Ruhe gesucht und gefunden. Die Männer haben ihre letzten Geschäfte abgethan und wenden sich ebenfalls ihrem Lager zu. Von den nächsten Bäumen herab spinnen die stufenschwänzigen Ziegenmelker ihren Nachtgesang oder tragen fliegend ihre Federschleppe durch die Lüfte, nähern sich oft und gern der Serîba und huschen wie Geister über die schlafende Herde hinweg. Sonst ist alles still und ruhig. Selbst die kläffenden Hunde sind verstummt, nicht aber auch lässig oder schlaff geworden in ihrem treuen Dienste.

Urplötzlich scheint die Erde zu dröhnen: in nächster Nähe brüllt ein Löwe! Jetzt bewährt er seinen Namen »Essed«, d. i. der Aufruhrerregende; denn ein wirklicher Aufruhr und die größte Bestürzung zeigt sich in der Serîba. Die Schafe rennen wie unsinnig gegen die Dornhecken an, die Ziegen schreien laut, die Rinder rotten sich mit lautem Angstgestöhn zu wirren Haufen zusammen, das Kamel sucht, weil es gern entfliehen möchte, alle Fesseln zu zersprengen, und die muthigen Hunde, welche Leoparden und Hiänen bekämpften, heulen laut und kläglich und flüchten sich jammernd in den Schutz ihres Herrn, welcher selbst rath- und thatlos, an seiner eigenen Stärke verzweifelnd, sie der ihm übermächtigen Gewalt unterordnend, in seinem Zelte zittert, es nicht wagt, nur mit seiner Lanze bewaffnet einem so furchtbaren Feinde gegenüberzutreten, und es geschehen lassen muß, daß der Löwe näher und näher herankommt, daß die leuchtenden Augen zu dem Schrecken der Stimme noch einen neuen fügen, der es geschehen lassen muß, daß das Raubthier auch noch einen zweiten seiner arabischen Namen »Sabaa«, d. i. »Würger der Herden«, bethätigt.

Mit gewaltigem Satze überspringt der Mächtige die Dornenmauer, um sich ein Opfer auszuwählen. Ein einziger Schlag seiner furchtbaren Pranken fällt ein zweijähriges Rind; das kräftige Gebiß zerbricht dem widerstandslosen Thiere die Wirbelknochen des Halses. Dumpfgrollend liegt der Räuber auf seiner Beute; die lebhaften Augen funkeln hell vor Siegeslust und Raubbegier; mit dem Schwanze peitscht er die Luft. Er läßt das verendende Thier auf Augenblicke los und faßt es mit seinem zermalmenden Gebisse von neuem, bis es sich endlich nicht mehr regt. Dann tritt er seinen Rückzug an. Er muß zurück über die hohe Umzäunung und will auch seine Beute nicht lassen. Seine ganze ungeheuere Kraft ist erforderlich, um mit dem Rinde im Rachen den Rücksprung auszuführen. Aber er gelingt: ich selbst habe eine fast drei Meter hohe Serîba gesehen, über welche der Löwe mit einem zweijährigen Rinde im Rachen hinweggesetzt war; ich selbst habe den Eindruck wahrgenommen, welchen die schwere Last auf der Firste des Zaunes bewirkt hatte, und auf der anderen Seite die Vertiefung im Sande bemerkt, welche das herabstürzende Rind zurückließ, bevor es der Löwe weiter schleppte. Mit Leichtigkeit trägt er eine solche Last seinem Lager zu, und man sieht die Furche, welche ein so geschleiftes Thier im Sande zog, oft mit der größten Deutlichkeit bis zum Platze, an welchem es zerrissen wurde.

Erst nach Abzug des Löwen athmet alles Lebende in dem Lager freier auf; denn es schien geradezu durch die Furcht gebannt zu sein. Der Hirte ergibt sich gefaßt in sein Schicksal: er weiß, daß er in dem Löwen einen König erkennen muß, welcher ihn fast ebenso arg brandschatzt als der Menschenkönig, unter dessen Botmäßigkeit er steht.

Man begreift, daß alle Thiere, welche diesen fürchterlichen Räuber kennen, vor Entsetzen fast die Besinnung verlieren, sobald sie ihn nur brüllen hören. Dieses Gebrüll ist bezeichnend für das Thier selbst. Man könnte es einen Ausdruck seiner Kraft nennen: es ist einzig in seiner Art und wird von keiner Stimme eines anderen lebenden Wesens übertroffen. Die Araber haben ein sehr bezeichnendes Wort dafür: »raad«, d. h. donnern. Beschreiben läßt sich das Löwengebrüll nicht. Tief aus der Brust scheint es hervorzukommen und diese zersprengen zu wollen. Es ist schwer, die Richtung zu erkennen, von woher es erschallt; denn der Löwe brüllt gegen die Erde hin, und auf dieser pflanzt sich der Schall wirklich wie Donner fort. Das Gebrüll selbst besteht aus Lauten, welche zwischen O und U in der Mitte liegen und überaus kräftig sind. In der Regel beginnt es mit drei oder vier langsam hervorgestoßenen Lauten, welche fast wie ein Stöhnen klingen; dann folgen diese einzelnen Laute immer schneller und schneller; gegen das Ende hin aber werden sie wieder langsamer und dabei nehmen sie auch mehr und mehr an Stärke ab, so daß die letzten eigentlich mehr einem Geknurr gleichen. Sobald ein Löwe seine gewaltige Stimme erhebt, fallen alle übrigen, welche es hören, mit ein, und so kommt es, daß man im Urwalde zuweilen eine wirklich großartige Musik vernehmen kann.

Unbeschreiblich ist die Wirkung, welche des Königs Stimme unter seinen Unterthanen hervorruft. Die heulende Hiäne verstummt, wenn auch nur auf Augenblikke; der Leopard hört auf, zu grunzen; die Affen beginnen laut zu gurgeln und steigen angsterfüllt zu den höchsten Zweigen empor; die Antilopen brechen in rasender Flucht durchs Gezweige; die blökende Herde wird todtenstill; das beladene Kamel zittert, gehorcht keinem Zurufe seines Treibers mehr, wirft seine Lasten, seinen Reiter ab und sucht sein Heil in eiliger Flucht; das Pferd bäumt sich, schnauft, bläst die Nüstern auf und stürzt rückwärts; der nicht zur Jagd gewöhnte Hund sucht winselnd Schutz bei seinem Herrn – kurz, zur vollen Wahrheit wird Freiligraths Schilderung:

»Dem Panther starrt das Rosenfell,
Erzitternd flüchtet die Gazell',
Es lauscht Kamel und Krokodil
Des Königs zürnendem Gebrüll«.

Und selbst der Mann, in dessen Ohr zum ersten Male diese Stimme schlägt in der Nacht des Urwaldes, selbst er fragt sich, ob er auch Held genug ist dem gegenüber, welcher diesen Donner hervorruft. Livingstone freilich meint, daß das Geschrei des Straußes nicht minder laut sei als das Gebrüll des Löwen und doch Niemanden Furcht einflöße, und daß sich das Löwengebrüll von einem sicheren Hause oder vom Wagen aus recht gut anhöre, ist aber doch so ehrlich zuzugestehen, daß sich die Verhältnisse wesentlich ändern, wenn es sich gesellt zu dem furchtbaren Donner eines Gewitters Innerafrika's, dessen Blitze die dunkle Nacht nur noch schwärzer erscheinen lassen und dessen Regen das Feuer auslöscht, oder aber, wenn man sich einem Löwen gegenüber waffen- und wehrlos fühlt. Ich darf versichern, daß auch ich den Donner aus des Löwen Brust, welcher anfänglich einen gewaltigen Eindruck auf mich machte, später gern zu hören und als großartig schauerliche Nachtmusik des Urwaldes zu würdigen gelernt, daß ich aber doch gerade im Urwalde muthige Türken, welche Kugeln und Speeren ihrer Feinde ruhig entgegengetreten waren, vor diesen gewaltigen Lauten erbleichen gesehen habe.

Dasselbe Angstgefühl, welches das Löwengebrüll hervorruft, bemächtigt sich der Thiere, wenn sie den Löwen durch einen anderen Sinn wahrnehmen, schon, wenn sie ihn bloß wittern, ohne ihn zu sehen: sie wissen alle, daß seine Gegenwart für sie Tod bedeutet.

Wo es der Löwe haben kann, siedelt er sich in der Nähe der Dörfer an und richtet seine Streifzüge einzig und allein nach diesen hin. Er ist ein unangenehmer Gast und läßt sich nicht so leicht vertreiben, umsoweniger als er bei seinen Überfällen einen nicht unbedeutenden Grad von Schlauheit zeigt. »Wenn der Löwe zu alt wird, um auf die Jagd nach Wild zu gehen«, meint Livingstone, »so kommt er in die Dörfer nach Ziegen, und wenn ihm hierbei ein Weib oder Kind in den Weg tritt, wird es ebenfalls seine Beute. Die Löwen, welche Menschen angreifen, sind immer alte, und die Eingeborenen sagen, wenn einer der gefährlichen Räuber erst einmal im Dorfe eingebrochen ist und Ziegen weggeholt hat: seine Zähne sind abgenutzt; er wird nun bald einen Menschen tödten.« Auch ich glaube, daß nur alte, erfahrene Löwen in die Dörfer kommen, bin aber der Ansicht, daß ihre Zähne dann noch in vortrefflichem Stande sind. Der Mensch ist häufig genug der alleinige Ernährer des Löwen, und wenn dieser erst einmal die ihm innewohnende Scheu vor menschlichen Niederlassungen verloren und erprobt hat, wie leicht gerade hier sich Beute erlangen läßt, wird er immer dreister und kühner. Dann siedelt er sich in möglichster Nähe des Dorfes an und betreibt von hier aus seine Jagd so lange, als der Mensch ihm es gestattet. Einzelne werden, nach glaubwürdigen Mittheilungen, so kühn, daß sie auch bei Tage sich zeigen; ja, sie sollen, wie wiederholt behauptet worden ist, unter Umständen nicht einmal durch die Lagerfeuer sich zurückhalten lassen. Gegen diese Angabe spricht die feste Überzeugung aller Innerafrikaner, mit denen ich verkehrt habe, von der erwünschten Wirksamkeit des Feuers. Sie versichern, daß letzteres stets genüge, den Löwen abzuhalten, und wissen kein Beispiel zu erzählen, daß das Raubthier ein durch sorgsam unterhaltene Wachtfeuer geschütztes Lager überfallen habe. Vom Leoparden erzählen sie das Gegentheil.

Ganz anders, als bei Angriffen auf zahme Thiere, benimmt sich der Löwe, wenn er es mit Wild zu thun hat. Er weiß, daß dieses ihn auf ziemliche Entfernung hin wittert und schnellfüßig genug ist, ihm zu entkommen. Deshalb lauert er auf die wildlebenden Thiere oder schleicht sich, oft in Gesellschaft mit anderen seiner Art, äußerst vorsichtig unter dem Winde an sie heran, und zwar keineswegs nur zur Nachtzeit, sondern auch angesichts der Sonne. »Eine kleine Herde von Zebras«, so erzählt ein englischer Löwenjäger, »weidete ruhig und unbesorgt in einer Ebene, nicht ahnend, daß ein Löwenpaar mit seinen Jungen lautlos mehr und mehr sich näherte. Der Löwe und die Löwin hatten einen ordentlichen Schlachtplan entworfen und stahlen sich so sacht und unbemerklich durch das hohe Gras, daß sie der scharfen Aufmerksamkeit der Thiere entgingen. So krochen sie heran, bis sie fast zum Sprunge nahe waren; da bemerkte das Wachtthier plötzlich den fürchterlichen Feind und gab das Zeichen zur Flucht. Aber es war zu spät. Mit einem einzigen Sprunge setzte der männliche Löwe über Gras und Büsche hinweg und fiel mit der ganzen Wucht seines Leibes auf das eine Zebra, welches augenblicklich unter ihm zusammenbrach. Die anderen stiebten angsterfüllt in alle Winde.«

Diese Angabe stimmt mit dem, was ich im Sudân und in Habesch erfuhr, recht gut überein. Trotzdem bilden solche Tagjagden immer Ausnahmen von der Regel. Gewöhnlich wartet der Löwe wenigstens die Dämmerung ab, bevor er an seine Jagd denkt. Wie dem zahmen Vieh zieht er den wilden Herden nach, und wie andere Katzen legt er sich in der Nähe der begangensten Wechsel auf die Lauer. Wasserplätze in den Steppen z. B., zu denen die Thiere der Wildnis kommen, um zu trinken, werden auch von ihm aufgesucht, in der Absicht, Beute zu machen.

Wenn der heiße Tag vorüber ist und die kühle Nacht sich allmählich herabsenkt, eilt die zierliche Antilope oder die mildäugige Girafe, das gestreifte Zebra oder der gewaltige Büffel, um die lechzende Zunge zu erfrischen. Vorsichtig nahen sie sich alle der Quelle oder der Lache; denn sie wissen, daß gerade diejenigen Orte, welche ihnen

*Panthera leo*
FELIDAE

die meiste Labung bieten sollen, für sie die gefährlichsten sind. Ohne Unterlaß witternd und lauschend, scharf in die dunkle Nacht äugend, schreitet das Leitthier der Antilopenherde dahin. Keinen Schritt thut es, ohne sich zu versichern, daß alles still und ruhig sei. Die Antilopen sind meistens schlau genug, ebenfalls unter dem Winde an die Quelle zu gehen, und so bekommt das Leitthier die Witterung oft noch zur rechten Zeit. Es stutzt, es lauscht, es äugt, es wittert – noch einen Augenblick – und plötzlich wirft es sich herum und jagt in eiliger Flucht dahin. Die anderen folgen; weitaus greifen die zierlichen Hufe, hochauf schnellen die federnden Läufe der anmuthigen Thiere. Über Busch und Grasbüschel setzen die Behenden dahin und sind gerettet. So naht sich auch das kluge Zebra, so naht sich die Girafe: aber wehe ihnen, wenn sie diese Vorsicht versäumen. Wehe der Girafe, wenn sie mit dem Winde zur umbuschten Lache schreitet; wehe ihr, wenn sie über der Begierde, die heiße, schlaffe Zunge zu kühlen, ihre Sicherheit auch nur einen Augenblick vergißt! Dann wird Freiligraths hochdichterische Beschreibung fast zur vollen Wahrheit:

»Plötzlich regt es sich im Rohre; mit Gebrüll auf ihren Nacken
Springt der Löwe. Welch ein Reitpferd! Sah man reichere Schabracken
In den Marstallkammern einer königlichen Hofburg liegen,
Als das bunte Fell des Renners, den der Thiere Fürst bestiegen?

In die Muskeln des Genickes schlägt er gierig seine Zähne,
Um den Bug des Riesenpferdes weht des Reiters gelbe Mähne.
Mit dem dumpfen Schrei des Schmerzes springt es auf und flieht gepeinigt;
Sieh, wie Schnelle des Kameles es mit Pardelhaut vereinigt!

Sieh, die mondbestrahlte Fläche schlägt es mit den leichten Füßen!
Starr aus ihrer Höhlung treten seine Augen; rieselnd fließen
An dem braun gefleckten Halse nieder schwarzen Blutes Tropfen,
Und das Herz des flücht'gen Thieres hört die stille Wüste klopfen.

Ihrem Zuge folgt der Geier; krächzend schwirrt er durch die Lüfte;
Ihrer Spur folgt die Hiäne, die Entweiherin der Grüfte;
Folgt der Panther, der des Kaplands Hürden räuberisch verheerte;
Blut und Schweiß bezeichnen ihres Königs grausenvolle Fährte.

Zagend auf lebend'gem Throne sehn sie den Gebieter sitzen,
Und mit scharfer Klaue seines Sitzes bunte Polster ritzen.
Rastlos, bis die Kraft ihr schwindet, muß ihn die Girafe tragen;
Gegen einen solchen Reiter hilft kein Bäumen und kein Schlagen.«

Ich sage, diese Beschreibung enthält fast die volle Wahrheit! Den Geier muß der Forscher aus ihr streichen; denn er folgt dem Löwen nicht zur Nacht, sondern kommt bloß bei Tage, um die Überreste der königlichen Tafel zu beanspruchen. Im übrigen hat der Dichter schwerlich wesentlich übertrieben. Livingstone behauptet freilich, daß es dem Löwen nicht möglich sei, auf den Rücken einer Girafe zu springen oder einen Büffel niederzureißen und unterstützt seine Angabe durch die Erzählung zweier Löwenjäger, welche sahen, wie sich drei Löwen längere Zeit vergeblich abmüheten, einen verwundeten Kafferbüffel niederzureißen: ich aber habe auf dem Aase eines Kameles, welches ein Löwe in der vorhergehenden Nacht niedergeschlagen, Geier erlegt und sehe nicht ein, warum der gewaltige Räuber seine Kraft und Gewandtheit nicht auch an einer Girafe versuchen sollte. Ob es ihm öfters möglich wird, ein solches »Reitpferd zu besteigen«, ist allerdings eine andere Frage.

Gewöhnlich erliegt ein von dem Löwen erfaßtes Thier schon dem ersten Angriffe. Die gewaltige Last, welche plötzlich auf seine Schultern fällt, die Todesangst, welche es erfaßt, und die Wunden, welche es im nächsten Augenblicke erhält, verhindern es, noch weit zu laufen. Kraft- und muthlos bricht es zusammen; ein Biß des Löwen genügt, die Halswirbelknochen zu zermalmen, den Nerv des Lebens abzuschneiden. Und der Räuber liegt nun auf seiner Beute, wie ich es schon oben beschrieb, grollend, mit dem Schwanze peitschend, die Augen starr auf sie geheftet, jede Bewegung verfolgend und durch neue Bisse noch das letzte Zucken beendend. Mislingt aber der Sprung, so verfolgt er seinen Raub nicht, sondern kehrt, als echte Katze, fast wie beschämt nach seinem Hinterhalte zurück, Schritt für Schritt, als ob er die rechte Länge abmessen wolle, bei welcher ihm der Sprung gelungen wäre. Nach Livingstone packt er seine Beute gewöhnlich am Halse, sonst aber auch in den Weichen, wo er am liebsten zu fressen beginnt. »Zuweilen trifft man auf eine Elandantilope, welche er vollständig ausgeweidet hat.«

Ein erbeutetes Thier wird, wenn dies angeht, einem Verstecke zugeschleppt und erst dort gefressen. Die ungeheuere Kraft des königlichen Thieres zeigt sich wohl am besten gerade bei diesem Fortschaffen der Beute. Wenn man bedenkt, was dazu gehören will, mit einem Rinde im Rachen über einen breiten Graben oder über einen hohen Zaun zu setzen, kann man einen richtigen Schluß auf die unglaubliche Stärke des Löwen machen. Erwachsene Büffel und Kamele fortzuschleppen, ist er nicht im Stande, und die Behauptung, daß er fähig wäre, einen Elefanten durch die Gewalt seines Sprunges niederzuwerfen, gehört in das Bereich der Fabel.

Der Löwe zieht größere Thiere den kleineren unbedingt vor, obgleich er diese, wenn er sie haben kann, auch nicht verschmäht. Soll er doch, wie bestimmt versichert wird, bisweilen sogar mit Heuschrecken sich begnügen. Nach Livingstone soll er sich, alt oder krank geworden, auf die Jagd von Mäusen und anderen kleinen

Nagern legen. Dies würde als seltene Ausnahme zu betrachten sein; er erscheint auch kaum geeignet, so kleines Wild zu erbeuten. Seine Jagd richtet sich auf große Beute, wie am besten daraus hervorgeht, daß er da am häufigsten auftritt, wo es viel Wild oder zahlreiches Großvieh gibt. Alle Herdenthiere des Menschen, die wilden Zebras, sämmtliche Antilopen sowie die Wildschweine sind und bleiben seine Hauptnahrung. Gewöhnlich frißt dieser bloß selbsterlegte Beute; unter Umständen verschmäht er jedoch auch Aas nicht. Zu selbsterlegter Beute kehrt der Löwe in der nächstfolgenden Nacht, nicht aber ebenso in der dritten Nacht zurück, würde dann wohl auch vergeblich sich bemühen. Denn gewöhnlich finden sich schon in der Nacht, in welcher die Beute gemacht wurde, eine namhafte Anzahl von Schmarotzern ein, welche die günstige Gelegenheit wahrnehmen, um von des Königs Tafel zu schmausen. Die faule und feige Hiäne und alle eigentlichen Hundearten erachten es für sehr bequem, einen anderen für sich Beute machen zu lassen, und fressen, sobald der Löwe das Mahl verläßt, sich daran toll und voll. Freilich duldet sie der König nicht immer an seinem Tische; es kommen vielmehr, wie bestimmt erwiesen, zuweilen ernste Raufereien vor. So feig auch die Hiänen dem Löwen ausweichen, wenn sie ihm begegnen, so tolldreist werden sie, wenn ihnen ein leckeres Mahl winkt. Einer meiner Jäger im Ostsudân beobachtete einmal bei hellem Tage zwischen einem Löwen und drei Hiänen einen Kampf, welchem eine derartige Ursache zu Grunde liegen mochte. Der Löwe saß nach Hundeart an einer Waldlichtung hart am Flußufer und erwartete mit der größten Seelenruhe drei gefleckte Hiänen, welche knurrend und kläffend ihm mehr und mehr sich näherten. Nach und nach wurden sie immer unverschämter und gingen näher und näher an den Gewaltigen heran. Endlich fiel es einer von ihnen ein, ihm beißend nach der Brust zu fahren. In demselben Augenblicke bekam sie einen Schlag mit der linken Pranke, daß sie augenblicklich auf den Rücken stürzte und wie leblos liegen blieb; die übrigen zogen sich in das Dickicht des Waldes zurück. Mohr ist zu der Ansicht gekommen, daß Hiänen und Schakals dem Löwen ebenso oft nützen als beeinträchtigen. Obgleich ursprünglich Schmarotzer, verhelfen sie ihm durch Aufnehmen und Verfolgen der Spur verwundeten Wildes wiederum zu mancher Beute. Daß der Löwe ihnen deshalb nicht Dank weiß, braucht besonders nicht erwähnt zu werden.

Den Menschen greift der Löwe äußerst selten an. Die hohe Gestalt eines Mannes scheint ihm Ehrfurcht einzuflößen. Im Sudân wenigstens, wo der »Aufruhrerregende« in manchen Gegenden häufig auftritt, sind so gut wie keine Fälle bekannt, daß ein Mensch von einem Löwen gefressen worden wäre. Dort fallen den Krokodilen und selbst den Hiänen mehr Menschen zum Opfer als dem Löwen. In Südafrika soll es anders sein; doch fügt man auch hinzu, daß die Kaffern daran hauptsächlich selbst schuld wären. Bei den beständigen Kriegen dieser Völkerschaften geschieht es regelmäßig, daß die oft genug heimtückisch erschlagenen Feinde mitten im Walde liegen bleiben, da, wo sie das tödtliche Geschoß ereilte. Kommt nun der Löwe des Nachts an einen solchen Leichnam, so lange dieser noch frisch ist, so findet er es erklärlicher Weise bequem, an ihm seinen Hunger zu stillen; hat er aber einmal Menschenfleisch gekostet, so erfährt er, daß dasselbe dem anderen doch vorzuziehen sei, und nunmehr wird er ein »Mannesser«, wie die Kaffern sich auszudrücken pflegen. Diese sind es, welche versichern, daß solche menschenfressende Löwen mitten zwischen die Lagerfeuer stürzen und einen der schlafenden Männer mit sich nehmen. Unter Eingeborenen wie unter Ansiedlern herrscht der Glaube, daß dunkelfarbige Menschen mehr seinen Angriffen ausgesetzt seien als der Weiße.

Man behauptet, der Löwe morde, während er alle von ihm angefallenen Thiere augenblicklich tödte, den Menschen, welchen er überwältigt und unter sich in seinen Krallen hat, nicht alsogleich, sondern versetze ihm erst später und zwar unter fürchterlichem Gebrüll den tödtlichen Schlag mit der Tatze auf die Brust.

Fritsch erzählt: »Ein von einem Löwen furchtbar zerfleischter Bakalahari«, wegen dessen man sich die ärztliche Hülfe unseres Reisenden erbat, »war mit mehreren anderen durch das Gebüsch gegangen, als plötzlich zwei Löwen über ihn herfielen, von denen jeder eine Schulter erfaßte; der Mann wurde zu Boden geworfen, während die Kameraden davonliefen. Auf sein erbärmliches Geschrei ließen ihn die feigen Raubthiere los und zogen sich etwas zurück. Thörichter Weise versuchte das Opfer sich aufzurichten und zu entfliehen, infolge dessen die Löwen sofort wieder auf ihn einstürzten und ihn aufs neue zu Boden rissen, wo er besinnungslos liegen blieb und endlich von den herankommenden Gefährten aufgenommen wurde.« Als Fritsch den Verunglückten sah, waren bereits mehrere Wochen vergangen und die zahlreichen Wunden (gegen dreißig), welche die Zähne und Klauen gerissen hatten, befanden sich in verhältnismäßig gutem Zustande.

Ich habe nach allen im Sudân erhaltenen Nachrichten Ursache, daran zu zweifeln, daß sich der Löwe jedesmal vor seinem Angriffe in einer Entfernung von etwa drei oder vier Meter niederlege, um den Sprung abzumessen. Die Araber jener Gegenden versichern, daß der Mensch, welcher einen ruhenden Löwen treffe, denselben durch einen einzigen Steinwurf verscheuchen könne, falls er Muth genug habe, auf ihn loszugehen. Wer dagegen entfliehe, sei unrettbar verloren. »Zweimal«, so sagen sie, »weicht jeder Löwe dem Manne aus, weil er weiß, daß dieser das Ebenbild Gottes des Allbarmherzigen ist, den auch er, als ein gerechtes Thier, in Demuth anerkennt. Frevelt jedoch der Mensch gegen die Gebote des Erhaltenden, welche bestimmen, daß Niemand sein Leben tollkühn wage, und geht er dem Löwen zum dritten Male entgegen, so muß er sein Leben lassen.«

Daß die Löwen vor dem Menschen wirklich zurückweichen, sagen fast alle glaubwürdigen Beobachter. Man behauptet, daß er selbst dann, nachdem er schon zum Sprunge sich niedergelegt, nicht wage, denselben auszuführen, wenn ihm der

Mensch unbeweglich ins Auge sieht. Falls er den leichten Kampf mit einem Manne nicht schon einmal versucht hat, flößt ihm die hohe Gestalt desselben Furcht und Mißtrauen in seine eigene Stärke ein, und eine ruhige Haltung des Körpers, ein muthiges Auge kräftigt diesen Eindruck mit jedem Augenblicke. Seine Flucht vor dem ruhig dastehenden Menschen ist ein Beweis, daß er ebenso sich gefürchtet hat wie jener sich vor ihm.

Anders ist es freilich, wenn der Löwe schon mehrmals mit Menschen gekämpft hat, oder wenn er sehr hungrig ist. Es kommt wirklich vor, daß er einen Menschen mit großer Hartnäckigkeit verfolgt. »Am Kamiesberge im Lande der Namaken«, erzählt Barrow, »wollte ein Hottentott eine Herde Rindvieh zum Wasser treiben, als er einen Löwen erblickte. Er floh mitten durch die Herde, in der Hoffnung, daß der Löwe eher ein Stück Vieh ergreifen als ihm nacheilen würde. Doch er irrte. Der Löwe brach durch die Herde und folgte dem Hottentotten, welcher jedoch noch so glücklich war, auf einen Aloëbaum zu klettern und sich hier hinter einen Haufen Nester des Sidelsperlings (Philetaerus socius) zu verstecken. Der Löwe that einen Sprung nach ihm hinauf, verfehlte jedoch, sank zurück und fiel zu Boden. In mürrischem Schweigen ging er um den Baum, warf dann und wann einen schrecklichen Blick hinauf, legte sich endlich nieder und ging nun vierundzwanzig Stunden nicht von der Stelle. Endlich kehrte er zur Quelle zurück, um seinen Durst zu stillen. Der Hottentott stieg herunter und lief nach seinem Hause, welches nur eine Viertelmeile entfernt war. Der Löwe folgte ihm aber und kehrte erst dreihundert Schritte vor dem Hause um.«

Unter allen Umständen bleibt es mißlich, vor dem Löwen zu fliehen, denn er ist schnell genug zu Fuße. Man hat beobachtet, daß er verwegene Jäger fast eingeholt hätte, obgleich sie auf guten Jagdpferden saßen. Wer bei einem Zusammentreffen mit dem Löwen Herz genug hat, ruhig stehen zu bleiben, den greift er so leicht nicht an. Aber zu einem solchen Wagstücke gehört ein besonnener Mannesmuth, welcher eben nicht jedem gegeben ist.

Beachtenswerth erscheint, daß der Löwe, wie viele Beobachtungen dargethan haben, auch Kinder selten angreift. Man kennt Beispiele, daß das furchtbare Raubthier an die Häuser heran kam, ohne dort irgend Jemandem etwas zu Leide zu thun. Livingstone und andere Reisende wollen ihm Größe des Charakters nicht zugestehen, ihm vielmehr nur die Eigenschaften aller Katzen überhaupt zuschreiben; ich aber möchte nach meinen eigenen Erfahrungen doch nicht solcher Herabsetzung des Wesens dieses königlichen Thieres beistimmen.

Die Ehrfurcht einflößende Gestalt des Löwen, seine gewaltige Kraft, sein kühner Muth ist von jeher anerkannt und bewundert worden. Und wenn nun auch die Bewunderung oft das rechte Maß überschritten und dem Löwen Eigenschaften angedichtet hat, welche er wirklich nicht besitzt: gänzlich ungerechtfertigt ist sie nicht.

Der Löwe erscheint neben den übrigen Katzen und selbst neben den meisten wilden Hundearten stolz, großmüthig und edel. Er ist bloß dann ein Räuber, wenn er es sein muß, und nur dann ein Wütherich, wenn er selbst zum Kampfe auf Leben und Tod herausgefordert wird. Man hat Unrecht, wenn man behauptet, daß »das Stolze und Edle seines Ausdrucks nichts anderes als ernste und besonnene Überlegung sei«, und mit diesen Worten der allgemeinen Auffassung der Löwenseele, welche Andere ausgesprochen haben, entgegentreten will. In den von den geachtetsten Naturforschern dem Löwen zuerkannten Eigenschaften liegt meiner Ansicht nach Adel genug. Und wer den Löwen näher kennen lernte, wer, wie ich, jahrelang tagtäglich mit einem gefangenen verkehrte, dem wird es ergehen, wie mir es erging. Er wird ihn lieben und achten, wie nur jemals der Mensch ein Thier lieben und achten kann. Ich will weiter unten von meinem Lieblingsthiere, einer gefangenen Löwin, erzählen, welche mir manche Stunde versüßt und erheitert hat, und zunächst nur bemerken, daß ich mich hinsichtlich der geistigen Fähigkeiten des Löwen zu der Ansicht von Scheitlin hinneige. Dieser möge selbst sprechen:

»Wer will des Löwen, des Helden, des Königsthieres Seele beschreiben! Welch ein Thier voll des kräftigsten Selbstbewußtseins! Welche Gestalt! Welche Majestät! Welcher Körper! Welche Brust! Welcher Leib! Welch ein Anblick der sechshundert Löwen, die Pompejus aus Afrika zu einem großen Römerspiele vorführte, und welch ein Überfall von einer Herde Löwen in das Heer des Xerxes!

Der Löwe wird vollkommen so zahm wie ein guter Pudel. Sein Gedächtnis ist wie das eines solchen. Er erkennt nach vielen Jahren ehemalige Wärter augenblicklich, und kennt er ihr Gesicht und ihren Blick nicht mehr, so erkennt er doch schnell und sogleich ihr Wort, ihren Ton, die alte, geliebte Stimme, wie auch der Mensch alte Bekannte länger an der Stimme als an dem Aussehen erkennt. Besonders gut ist sein Gedächtnis für Wohlthaten, wodurch er das alte Sprichwort der Menschen: ›Undank ist der Welt Lohn‹, zur Unwahrheit macht; denn der Löwe gehört, wie wir, zur Welt. Unleugbar hat der Löwe Launen. Tiefere Thiere haben keine, wohl aber die höheren. Solche haben selbst die Menschen, die Kinder alle, nur wenig Männer nicht. Nur sind die Launen der Könige und des Starken gefährlich, die der Schwachen verlacht man. Eitel ist der Löwe nicht, und zu Künsten läßt er sich nicht abrichten. Er ist zu stolz und zu ernst. Er will nur, wann und wie er will. So sind die Königsnaturen. Er wäre verständig und gelehrig genug zur Abrichtung; er wäre zum Lernen ganz in Besitz der Zeit- und Raumkenntnisse und deren Maße; denn er mißt, wenn er lauert, vollkommen genau: aber er thut Niemandem etwas zu Gefallen. Man bezichtigt ihn auch der Feigheit. Feigheit und Löwe passen nie zusammen. Ernste sind nie feig, und wenn der Löwe dem Menschen weicht, so ist es nicht Feigheit. Er fürchtet nichts und muß nichts fürchten. Selbst in der Gefangenschaft benimmt er sich edler als der Tiger und andere Katzen.

Löwe und Löwin mögen das muntere, liebende Necken, wie Hunde und Katzen, wohl leiden. Es macht ihnen kleinen Spaß, den sie lieben. Auch liebkosen und streicheln lassen sie sich gern wie alle vollkommeneren Thiere. Zupft man den Löwen am Barte, so macht er Geberden und Blicke wie die Katzen. Wir haben unzählige Bilder von Löwen, doch noch kein vollkommenes. Seine ernste Seele hat noch kein Künstler befriedigend dargestellt. Das Bild eines Schmetterlings ist leicht wiederzugeben, das eines Löwen ist vielleicht unmöglich. Gerade dies deutet auf seine hohe Stellung. Gewiß hat auch der Schmetterling seine Physiognomie, nur entgeht sie uns. Der Löwe muß in solcher Seelensphäre ganz wie der Mensch in der seinigen behandelt werden. Er ist ein Menschenthier, so gewiß es unter den Menschen noch Thiermenschen gibt.«

Ich gebe zu, daß diese Beschreibung fast allzuviel von der großen Liebe Scheitlins zu den Thieren athmet und hier und da mit der trockenen Auffassung der zergliedernden Thierkundigen nicht übereinstimmen mag: im großen ganzen aber ist sie richtig, und Jeder, welcher den Löwen kennt, wird dies zugestehen müssen.

Die Zeit, in welcher sich der Löwe zu der Löwin findet, ist sehr verschieden nach den Gegenden, welche er bewohnt; denn die Wurfzeit hängt mit dem Frühling zusammen. Zur Zeit der Paarung folgen oft zehn bis zwölf männliche Löwen einer Löwin, und es gibt auch unter ihnen viel Kampf und Streit um die Liebe. Hat jedoch die Löwin ihren Gatten einmal sich erwählt, so ziehen die anderen ab, und beide leben nun treu zusammen. Die Brunst ist zwar minder heftig als bei anderen großen Katzen; die Begattung erfolgt jedoch ebenfalls unzählige Male nacheinander: nach den Beobachtungen meines Berufsgenossen Schöpff begattete sich ein Löwenpaar des Dresdener Thiergartens innerhalb acht Tagen dreihundertundsechszig Male. Der männliche Löwe bewahrt auch während der Brunst seine Würde und Ruhe; die Löwin zeigt sich begehrender. Sie ist es, welche schmeichelnd und liebkosend an den ernsten Gemahl heranzukommen pflegt und ihn aufzufordern scheint; er liegt gewöhnlich ruhig ihr gegenüber, die Augen starr auf sie gerichtet, und erhebt sich erst, wenn sie ihm sich naht. Die Begattung selbst erfolgt, indem die Löwin sich niederlegt und der Löwe sie übertritt und im Nacken packt. Ohne einiges Knurren und Fauchen von ihrer Seite geht es nicht ab; so toll und wüthend wie andere große Katzen aber geberdet sie sich nicht, theilt namentlich nicht so oft Tatzenschläge aus wie jene. Fünfzehn bis sechszehn Wochen oder hundert bis hundertundacht Tage nach der Begattung wirft die Löwin ein bis sechs, gewöhnlich aber nur zwei bis drei Junge. Die Thiere kommen mit offenen Augen zur Welt und haben, wenn sie geboren werden, etwa die Größe von einer halb erwachsenen Katze. Zu ihrem Wochenbette sucht sich die Mutter gern ein Dickicht in möglichst großer Nähe von einem Tränkplatze, um nicht weit gehen zu müssen, wenn sie Beute machen will. Der Löwe soll ihr Nahrung herbeischaffen helfen und sie und ihre Jungen, wenn es Noth thut, mit eigener Aufopferung schützen. Die Löwin behandelt die Jungen gewöhnlich mit großer Zärtlichkeit, und man kann wohl kaum ein schöneres Schauspiel sich denken als eine Löwenmutter mit ihren Kindern. Die kleinen, allerliebsten Thierchen spielen wie muntere Kätzchen mit einander, und die Mutter sieht ernsthaft zwar, aber doch mit unendlichem Vergnügen diesen kindlichen Spielen zu. Man hat dies in der Gefangenschaft oft beobachtet, weil es gar nichts seltenes ist, daß eine Löwin hier Junge wirft. In einem gut eingerichteten und geleiteten Thiergarten züchtet man gegenwärtig Löwen fast ebenso sicher und regelmäßig wie Hunde; selbst in Thierschaubuden, wo die Thiere bekanntlich einen nur sehr geringen Spielraum zur Bewegung haben und oft nicht einmal genügende Nahrung erhalten, werden solche geboren und großgezogen.

Junge Löwen sind in der ersten Zeit ziemlich unbeholfen. Sie lernen erst im zweiten Monat ihres Lebens gehen und beginnen noch später ihre kindlichen Spiele. Anfangs miauen sie ganz wie die Katzen, später wird ihre Stimme stärker und voller. Bei ihren Spielen zeigen sie sich tölpisch und plump; aber die Gewandtheit kommt mit der Zeit. Nach etwa sechs Monaten werden sie entwöhnt; schon vorher folgen sie ihrer Mutter, beziehentlich beiden Eltern, wenn auch nur auf geringe Strecken hin, bei ihren Ausflügen. Gegen Ende des ersten Jahres haben sie die Größe eines starken Hundes erreicht. Anfänglich gleichen sich beide Geschlechter vollkommen; bald aber zeigt sich der Unterschied zwischen Männchen und Weibchen in den stärkeren und kräftigeren Formen, welche sich bei ersterem ausprägen. Gegen das dritte Jahr hin machen sich die Anfänge der Mähne bei dem Männchen bemerklich; doch erst im sechsten oder siebenten Jahre sind beide vollkommen erwachsen und ausgefärbt. Das Alter, welches sie erreichen, steht im Verhältnis zu diesem langsamen Wachsthum. Man kennt Fälle, daß Löwen sogar in der Gefangenschaft siebenzig Jahre gelebt haben, obwohl sie dort auch bei der besten Pflege ziemlich bald greisenhaft werden und viel an ihrer Schönheit verlieren.

Jung eingefangene Löwen werden bei verständiger Pflege sehr zahm. Sie erkennen in dem Menschen ihren Pfleger und gewinnen ihn um so lieber, jemehr er sich mit ihnen beschäftigt. Man kann sich kaum ein liebenswürdigeres Geschöpf denken als einen so gezähmten Löwen, welcher seine Freiheit, ich möchte sagen, sein Löwenthum, vergessen hat und dem Menschen mit voller Seele sich hingibt.

Ich habe eine Löwin zwei Jahre lang gepflegt. Bachída, so hieß die Löwin, hatte früher Latíf-Pascha, dem egyptischen Statthalter im Ostsudân, angehört und war einem meiner Freunde zum Geschenke gemacht worden. Sie gewöhnte sich in kürzester Zeit in unserem Hofe ein und durfte dort frei umherlaufen. Bald folgte sie mir wie ein Hund, liebkoste mich bei jeder Gelegenheit und wurde bloß dadurch lästig, daß sie zuweilen auf den Einfall kam, mich nachts auf meinem Lager zu besuchen und dann durch ihre Liebkosungen aufzuwecken.

Nach wenigen Wochen hatte sie sich die Herrschaft über alles Lebende auf dem Hofe angemaßt, jedoch mehr in der Absicht, mit den Thieren zu spielen, als um ihnen Leid zu thun. Nur zweimal tödtete und fraß sie Thiere; einmal einen Affen, das andere Mal einen Widder, mit welchem sie vorher gespielt hatte. Die meisten Thiere behandelte sie mit dem größten Übermuthe und neckte und ängstigte sie auf jede Weise. Ein einziges Thier verstand es, sie zu bändigen. Dies war ein Marabu, welcher, als beide Thiere sich kennen lernten, ihr mit seinem gewaltigen Keilschnabel zu Leibe ging und sie dergestalt abprügelte, daß sie ihm, wenn auch nach langem Kampfe, den Sieg zugestehen mußte. Oft machte sie sich das Vergnügen, nach Katzenart auf den Boden sich zu legen und einen von uns auf das Korn zu nehmen, über welchen sie dann plötzlich herfiel wie eine Katze über die Maus, aber bloß in der Absicht, um uns zu necken. Gegen uns benahm sie sich stets liebenswürdig und ehrlich. Falschheit kannte sie nicht; selbst als sie einmal gezüchtigt worden war, kam sie schon nach wenigen Minuten wieder und schmiegte sich ebenso vertraulich an mich an wie früher. Ihr Zorn verrauchte augenblicklich, und eine Liebkosung konnte sie sogleich besänftigen.

Auf der Reise von Chartum nach Kairo, welche wir auf dem Nile zurücklegten, wurde sie, solange das Schiff in Fahrt war, in einen Käfig eingesperrt, sobald wir aber anlegten, jedesmal freigelassen. Dann sprang sie wie ein übermüthiges Füllen lange Zeit umher und entleerte sich stets zunächst ihres Unraths; denn ihre Reinlichkeitsliebe war so groß, daß sie niemals ihren Käfig während der Fahrt beschmutzte. Bei diesen Ausflügen ließ sie sich mehrere Male dumme Streiche zu Schulden kommen. So erwürgte sie unter anderem in einem Dorfe ein Lamm und fing sich in einem zweiten einen kleinen Negerknaben; doch vermochte ich zum Glück den Bedrängten zu befreien, da sie gegen mich überhaupt nie widerspenstig sich zeigte. In Kairo konnte ich, sie an der Leine führend, mit ihr spazieren gehen, und auf der Überfahrt von Alexandrien nach Triest holte ich sie tagtäglich auf das Verdeck herauf, zur allgemeinen Freude der Mitreisenden. Sie kam nach Berlin, und ich sah sie zwei Jahre nicht wieder. Nach dieser Zeit besuchte ich sie und wurde augenblicklich von ihr erkannt. Ich habe nach allem diesen keinen Grund, an den vielen ähnlichen anderen Berichten, welche wir schon über gefangene Löwen haben, zu zweifeln.

Bei guter Nahrung dauert, wie schon bemerkt, der Löwe viele Jahre in der Gefangenschaft aus. Er bedarf etwa acht Pfund gutes Fleisch täglich. Dabei befindet er sich wohl und wird beleibt und fett.

Über wenige Thiere ist von jeher so viel gefabelt worden und wird noch heutigen Tages so viel gefabelt wie über den Löwen. Die Nachrichten über ihn laufen, wie leicht begreiflich, bis in das graueste Alterthum zurück. Die altegyptischen Denkmäler stellen ihn in den verschiedensten Lagen seines Lebens dar und überzeugen uns, daß die alten Egypter ihn sehr gut gekannt, auch schon ganz richtig eingeordnet haben. Die Bibel erwähnt den Löwen an vielen Stellen, und die Hebräer haben nicht weniger als zehn Namen für ihn. Griechen und Römer erzählen sehr ausführlich von dem königlichen Thiere und berichten dabei eine Masse von Märchen mit. Des Löwen Knochen sollen so hart sein, daß sie Feuer geben; er soll die kleinen Thiere verachten, die Weiber schonen usw.; die starke und grausame Löwin soll nur ein einziges Junges in ihrem ganzen Leben werfen, weil dasselbe mit seinen scharfen Krallen den Tragsack zerreiße, genau wie es der Viper auch gehe. Aristoteles weiß, daß die Löwin mehrmals Junge wirft, und daß die jungen Löwen sehr klein sind und erst im zweiten Monate gehen können. Plinius sagt, daß die jungen Löwen anfänglich unförmliche Fleischklumpen seien, nicht größer als ein Wiesel, daß sie nach zwei Monaten kaum sich rühren könnten und erst nach dem sechsten gehen lernten. Sie tränken selten, fräßen nur einen Tag um den anderen und könnten dann wohl drei Tage fasten, verschlängen alles ganz, und zögen das, was der Magen nicht fassen könne, mit den Klauen wieder aus dem Rachen, um nöthigenfalls entfliehen zu können. Unter allen reißenden Thieren sei der Löwe allein gnädig gegen Bittende, verschone die, welche sich vor ihm niederwerfen, und ließe seinen Grimm mehr gegen die Männer als gegen die Weiber, gegen die Kinder nur beim ärgsten Hunger aus. In Libyen glaube man, daß er das Bitten verstehe; denn eine gefangene Frau erzählte, sie sei von vielen Löwen angefallen worden, habe sie aber alle durch Zureden besänftigt und immer gesagt, daß sie nur eine Frau wäre, flüchtig und krank, eine Bittende vor dem Großmüthigsten, über alle übrigen Thiere Befehlenden, eine Beute, welche seines Ruhmes nicht würdig wäre: da habe sie der Löwe gehen lassen.

Den ersten Löwenkampf gab der Ädil Scävola, einen zweiten der Diktator Sylla. Dieser hatte schon hundert Löwen, Pompejus ließ aber sechshundert und Julius Cäsar wenigstens vierhundert kämpfen. Der Fang war früher eine böse Arbeit und geschah meistens in Gruben. Unter Claudius aber entdeckte ein Hirt durch Zufall ein leichtes Mittel, den Löwen zu fangen. Er warf ihm seinen Rock über den Kopf, und der Löwe wurde hierdurch so verblüfft, daß er sich ruhig fangen ließ. Hanno, der bekannte Karthager, war der erste, welcher einen gezähmten Löwen mit seinen Händen regierte. Er wurde deshalb jedoch aus seinem Vaterlande vertrieben, weil man glaubte, daß derjenige, welcher sich mit der Zähmung eines Löwen abgebe, auch die Menschen sich zu unterwerfen strebe; Hadrian tödtete im Cirkus oft hundert Löwen auf einmal; Marcus Aurelius ließ ihrer hundert mit Pfeilen erschießen. Auf diese Weise wurden die Löwen so vermindert, daß man die Einzeljagden in Afrika verbot, um immer hinlänglich viele für die Kampfspiele zu haben. Doch erst mit der Erfindung des Feuergewehres schlug dem königlichen Thiere die Stunde des Verderbens.

# *Der Leopard*

Der Leopard ist unzweifelhaft die vollendetste aller Katzen auf dem Erdenrund. Wohl flößt uns die Majestät des Löwen alle Achtung vor der gesammten Familie ein, wohl sehen wir in ihm den König der Thiere; wohl erscheint uns der Tiger als der grausamste unter der grausamen Gesellschaft; wohl besitzt der Ozelot ein farbenreicheres und bunteres Kleid als alle übrigen Pardel: hinsichtlich der Einhelligkeit des Leibesbaues, der Schönheit der Fellzeichnung, der Kraft und Gewandtheit, Anmuth und Zierlichkeit der Bewegungen aber stehen sie und alle übrigen Katzen hinter dem Leoparden zurück. Er vereinigt alles in sich, was die einzelnen Katzen im besonderen auszeichnet, weil er deren Eigenschaften in leiblicher wie in geistiger Hinsicht in vollkommenster Weise zur Geltung bringt. Seine sammtne Pfote wetteifert an Weiche mit der unseres Hinz: aber sie birgt eine Klaue, welche mit jeder anderen sich messen kann; sein Gebiß ist verhältnismäßig viel gewaltiger als das seines königlichen Verwandten. Ebenso schön wie gewandt, ebenso kräftig wie behend, ebenso klug wie listig, ebenso kühn wie verschlagen zeigt er das Raubthier auf der höchsten Stufe, welche es zu erlangen vermag.

Schon seit Aristoteles und Plinius besteht unter den Forschern ein noch heutigen Tages nicht ausgefochtener Streit, hinsichtlich der genauen Bestimmung dreier altweltlichen Katzen, welche man Leopard, Pardel oder Parder, Panther und Sundapanther genannt und bald als Abänderungen ein und desselben Thieres, bald als besondere Arten betrachtet hat. Zwei dieser Katzen, Leopard und Panther, wurden bereits von den Alten unterschieden, und darf man hierauf mehr Gewicht legen, als gemeiniglich geschieht. Uns möchte es schwer werden, auch nur halb so viele Felle zusammenzubringen, als die Römer lebende Leoparden und Panther bei einem einzigen ihrer Kampfspiele verwendeten; wir haben daher nicht das Recht, die von ihnen ausgesprochene Ansicht unbedingt in Abrede zu stellen. Sie zu widerlegen, dürfte nach unserer heutigen Kenntnis der lebenden Thiere unmöglich sein. Schlecht ausgestopfte Pardel wird man nur sehr schwer bestimmen können, lebende dagegen erkennen erfahrene Thiergärtner, Händler und Thierbändiger auf den ersten Blick. Ich habe mich seit geraumer Zeit angelegentlich mit den altweltlichen Pardeln beschäftigt und glaube die Behauptung aussprechen zu dürfen, daß sie unter sich mindestens in demselben Grade von einander abweichen wie der Jaguar von ihnen, hoffe auch im Stande zu sein, diese Unterschiede durch nachstehende Beschreibungen, welche von lebenden Thieren entnommen wurden, genügend hervorzuheben.

Der Leopard (Leopardus antiquorum) ähnelt im Bau, nicht aber auch in der Färbung und Zeichnung, dem Jaguar am meisten. Seine Gesammtlänge beträgt ungefähr 2,4 Meter, wovon der Schwanz etwa ein Drittel wegnimmt. Die Grundfärbung, ein blasses Röthlichgelb, dunkelt auf dem Rücken und geht in der Kehlgegend und auf der Vorderbrust in Licht- oder Weißgelb, auf der Unter- nebst Innenseite der Gliedmaßen in Gelblichweiß über.

Als Heimgebiet des Leoparden haben wir Afrika anzusehen. Ob er auch in Asien vorkommt, weiß ich nicht, halte es jedoch nicht für wahrscheinlich. Noch gegenwärtig bewohnt er fast alle Länder und Gegenden seines heimatlichen Erdtheils.

Auf den ersten Blick hin will es scheinen, als wäre das Kleid des Leoparden viel zu bunt für einen Räuber, welcher durch lauerndes Verstecken und Anschleichen seine Beute gewinnen und vor dem scharfen Auge derselben sich decken muß. Allein bei einer oberflächlichen Betrachtung der Gegenden, welche das Thier bewohnt, muß jede derartige Meinung verschwinden. Wer Innerafrika aus eigener Erfahrung kennen lernte, erstaunt über das bunte Gewand, welches dort die Erde trägt, und findet es ganz natürlich, daß in derselben ein so farbenreiches Geschöpf, selbst in sehr geringer Entfernung, übersehen werden kann. Das Fell des Leoparden und der Pflanzenüberzug des Bodens stimmen in ihrer Färbung auf das genaueste überein.

Fast ganz Afrika ist die Heimat des Leoparden. Er findet sich überall, wo es zusammenhängende, wenn auch nur dünn bestandene Waldungen gibt, und zwar in verhältnismäßig großer Menge. Unter den Waldungen behagen ihm besonders diejenigen, welche zwischen den höheren Bäumen mit dichtem Unterholze bestanden sind. Grasige Ebenen liebt er nicht, obwohl er in der Steppe eine keineswegs seltene Erscheinung ist. Sehr gern zieht er sich in das Gebirge zurück, dessen reichbewachsene Höhen ihm nicht nur treffliche Versteckplätze, sondern auch reichliche Beute gewähren. In Habesch bietet ihm noch ein Höhengürtel von 2000 bis 3000 Meter über dem Meere alle Annehmlichkeiten, welche er sich wünschen kann. Gar nicht selten sucht er sich seinen Aufenthaltsort nahe an den menschlichen Wohnungen oder in diesen selbst und unternimmt von hier aus seine Raubzüge. So erzählte mir Schimper, daß ein Leopard in einem Hause der Stadt Adoa in Habesch sogar Junge warf. Unter allen Umständen aber wählt sich der schlaue Räuber Plätze, welche ihn soviel wie möglich dem Auge entziehen. In den Wäldern weiß er sich so vortrefflich zu bergen, daß man gewöhnlich bloß an den Bäumen seine Spur auffindet: die eingekratzten Streifen, welche er beim Klettern in der Rinde zurückläßt. Seine Fährte sieht man nur äußerst selten, höchstens auf dem feuchten Sande in der Nähe seiner Tränkplätze, wo der leise aufgesetzte Fuß sich abdrückt; auf dem harten Waldboden dagegen nimmt auch das geübteste Jägerauge nicht eine Spur von dem Schleicher wahr. Wie seine Verwandten hat er keinen bestimmten Aufenthaltsort, sondern streift weit umher und verändert seinen Wohnsitz nach Umständen, verläßt auch eine Gegend vollständig, nachdem er sie ausgeraubt oder in ihr wiederholte Nachstellungen erfahren hat.

Ungeachtet seiner nicht eben bedeutenden Größe ist der Leopard ein wahrhaft furchtbarer Feind aller Thiere und selbst des Menschen, obgleich er diesem so lange ausweicht, wie es angeht. In allen Leibesübungen Meister und listiger als andere Raubthiere, versteht er es, selbst das flüchtigste oder scheueste Wild zu berücken. Sein Lauf ist nicht schnell, kann jedoch durch gewaltige Sprünge das ersetzen, was ihm vor hochbeinigen Thieren abgeht. Im Klettern steht er nur wenig anderen Katzen nach. Man trifft ihn fast ebenso oft auf Bäumen wie in einem Busche versteckt. Bei Verfolgung bäumt er regelmäßig. Wenn es sein muß, steht er nicht an, über ziemlich breite Ströme zu schwimmen, obgleich er sonst das Wasser scheut. Erst bei seinen Bewegungen zeigt er sich in seiner vollen Schönheit. Jede einzelne ist so biegsam, so federnd, gewandt und behend, daß man an dem Thiere seine wahre Freude haben muß, so sehr man auch den Räuber hassen mag. Da kann man nichts gewahren, was irgend eine Anstrengung bekundet. Der Körper windet und dreht sich nach allen Richtungen hin, und der Fuß tritt so leise auf, als ob er den leichtesten Körper trüge. Jede Biegung ist zierlich, gerundet und weich: kurz, ein laufender oder schleichender Leopard wird für Jedermann zu einer wahren Augenweide.

Leider steht sein geistiges Wesen mit seiner Leibesschöne, wenigstes nach unseren Anforderungen, nicht im Einklange. Der Leopard ist listig, verschlagen, tückisch, boshaft, wild, raub- und mordlustig, blutdürstig und rachsüchtig. In Afrika nennt man ihn geradezu Tiger, weil man unter diesem Namen das Urbild eines blutdürstigen Wesens bezeichnet. Und wahrhaftig, keine andere altweltliche Katze kann den Namen des furchtbarsten Gliedes der Familie mehr als er verdienen. Er mordet alle Geschöpfe, welche er bewältigen kann, gleichviel, ob sie groß oder klein sind, ob sie sich wehren oder ihm ohne Abwehr zur Beute fallen. Antilopen, Ziegen und Schafe bilden wohl seine Hauptnahrung; aber er klettert auch den Affen auf den Bäumen, den Klippschliefern in dem Gefelse nach. Den Pavianen ist er beständig auf den Fersen. Er verhindert ein gefährliches Überhandnehmen dieser Thiere: dies sieht man in jenen Höhen, wo er nicht hinkommt. Nicht einmal das Stachelschwein ist vor ihm gesichert; denn er legt sich, wie Jules Gerard in Algerien beobachtete, auf den Wechsel dieses Nagers, lauert mit der größten Geduld und faßt, wenn der wohlbewehrte Stachelheld nächtlich seines Weges geht, blitzschnell zu, gibt ihm einen Schlag auf die Nase und zermalmt ihm hierauf rasch den Kopf. Die Antilopen soll er, wie die Kaffern erzählen, durch einen eigenthümlichen Kunstgriff zu berücken versuchen, im Grase an sie heranschleichen und in einiger Entfernung absonderliche Bewegungen zu machen beginnen, um die Neugierde dieser Thiere zu erregen. Läßt es sich ein Stück des Rudels beikommen, dieser Neugierde Folge zu geben, so hat seine letzte Stunde geschlagen. Etwas ist jedenfalls an der Sache, wenn auch die Deutung jener Bewegung kaum die richtige sein dürfte.

Unter den Herden richtet er oft ein fürchterliches Blutbad an. Manche Leoparden haben in einer einzigen Nacht dreißig bis vierzig Schafe getödtet. Deshalb wird er von den Viehzüchtern auch weit mehr gefürchtet als der Löwe, welcher sich meist mit einem Wildpret begnügt. Den Hühnern schleicht er ohne Unterlaß nach, und Ziegen und Schafe haben ihren ärgsten Feind an ihm. Nach den Erfahrungen der Ansiedler im Kaplande zieht er Ziegen den Schafen vor. »Der Farmer«, sagt Fritsch, »sieht es daher nicht ungern, wenn sein Hirt sich einige Ziegen hält, weil er weiß, daß, wenn Ziegen mit seinen Schafen weiden, der Leopard sicher die ersteren holen und sein Vieh verschonen wird.« Aber nicht einmal der Mensch ist vor ihm gesichert, und namentlich Kinder finden durch ihn häufig ihren Tod. So erzählte mir der Pater Filippini, ein sehr sorgsam beobachtender Jäger, welcher länger als zwanzig Jahre in Habesch gelebt hat, daß unser, von ihm grimmig gehaßtes Raubthier binnen drei Monaten aus dem Bogosdorfe Mensa allein acht Kinder weggetragen und verspeist hatte.

Mit der Kühnheit, Raublust und Mordgier verbindet der Leopard überdies die größte Frechheit. Dreist und unverschämt kommt er bis in das Dorf oder bis in die Stadt, ja selbst bis in die bewohnten Hütten hinein. Als sich Rüppell in der abessinischen Provinz Simen befand, packte ein großer Leopard unfern des Lagerplatzes und bei hellem Tage einen der Esel, wurde indessen noch zeitig genug durch das Geschrei der Hirtenknaben verscheucht. »Bei Gondar«, sagt derselbe Naturforscher, »wurden wir durch das Geschrei einer in unserem Haushofe befindlichen Ziege aus dem Schlafe geweckt. Es zeigte sich, daß ein Leopard über die neun Schuh hohe Hofmauer geklettert war und die schlafende Ziege an der Kehle gepackt hatte. Ein Pistolenschuß, der aber nicht traf, verscheuchte das Raubthier aus dem Hofe, in welchem es die sterbende Ziege zurückließ. Nach zwei Stunden kam der Leopard wieder in den Hof gesprungen und drang sogar bis in mein Schlafzimmer, wo die todte Ziege lag! Als er uns aufspringen hörte, entfloh er abermals unverletzt. Sieben Tage später wurden wir nachts durch das Jammergeschrei unserer Haushühner geweckt, welche hoch oben an der Decke des Vorzimmers auf einer schwebend hängenden Stange saßen. Drei Leoparden auf einmal hatten uns einen Besuch zugedacht. Während nun mein Begleiter Abdallah mit gespanntem Gewehre das Knurren einer dieser Bestien in dem Vorhofe bei den Maulthieren belauschte, sah ich die beiden anderen auf der Mauer des Hinterhofes, wohin ich mich begeben hatte, umhergehen und zwar mit leisem, aber so sicherem Tritte, daß ich darüber ganz erstaunt war. Die zu große

Dunkelheit der Nacht machte einen sicheren Schuß unmöglich. Da es den Leoparden gelungen war, einige Hühner zu erhaschen, so konnten wir einer baldigen Wiederholung ihres Besuches gewiß sein. Wirklich erschienen sie auch schon in der nächsten Nacht wieder. Einer aber, welcher bereits zwei Stück Geflügel ertappt hatte, mußte mit dem Leben büßen, indem Abdallah ihm durch einen glücklichen Schuß die Wirbelsäule zerschmetterte.«

Von seiner kühnen Mordlust lieferte der Leopard auch mir einen schlagenden Beweis. Wir ritten vormittags durch einen Theil des Bogosgebirges. Da hörten wir über uns wieder einmal das stets zur Jagd herausfordernde Gebell der großen Paviane, und beschlossen sofort, unsere Büchsen an ihnen zu erproben. Unsere Leute, unter denen sich der egyptische Koch meines Freundes van Arkel d'Ablaing befand, blieben unten im Thale stehen, um die Maulthiere zu halten; wir kletterten langsam an der Bergwand empor, wählten uns einen ziemlich passenden Platz und feuerten von da aus nach den oben sitzenden Affen. Es war ziemlich hoch, und mancher von den Schüssen ging fehl; einige hatten jedoch getroffen: die Opfer derselben brachen entweder zusammen oder suchten verwundet das Weite. So sahen wir einen uralten Mantelpavian, welcher leicht am Halse verletzt worden war, taumelnd und unsicher den Felsen herabkommen und an uns vorüberschwanken, mehr und mehr dem Thale sich zuwendend, woselbst wir ihn als Leiche zu finden hofften. Wir beachteten ihn deshalb nicht weiter, sondern ließen ihn ruhig seines Weges ziehen und feuerten unsere Büchsen wieder nach anderen Hamadryaden ab, welche noch da oben saßen.

Urplötzlich entstand ein wahrer Aufruhr unter den Affen und wenige Sekunden später ein wüster Lärm unten im Thale. Sämmtliche männliche Mantelpaviane rückten auf der Felskante vor; grunzten, brummten, brüllten und schlugen wüthend mit den Händen auf den Boden. Aller Augen richteten sich zur Tiefe, die ganze Bande rannte hin und her; einige besonders grimmige Männchen begannen an der Felswand herabzuklettern. Wir glaubten schon, daß wir jetzt angegriffen werden sollten, und beeilten uns etwas mehr als gewöhnlich mit dem Laden der Büchsen. Da machte uns der Lärm unten auf die Tiefe aufmerksam. Wir hörten unsere Hunde bellen, die Leute rufen und vernahmen endlich die Worte: zu Hülfe! zu Hülfe! ein Leopard! An der Bergwand hinabschauend, erkannten wir denn auch wirklich das Raubthier, welches auf geradem Wege unseren Leuten zueilte, sich aber bereits mit einem Gegenstande beschäftigte, welcher uns unkenntlich blieb, weil er durch den Leoparden verdeckt war. Gleich darauf fielen unten zwei Schüsse. Die Hunde bellten laut auf, und die bis auf den Egypter wehrlosen Leute riefen von neuem mehrmals zu Hülfe. Dann wurde es bis auf das fort und fort dauernde Gebell der Hunde still.

Die ganze Geschichte war so schnell vorübergegangen, daß wir noch immer nicht wußten, um was es sich eigentlich handelte. Wir stiegen deshalb ziemlich eilfertig an der Bergwand hinunter in das Thal. Hier trafen wir unsere Leute in den verschiedensten Stellungen. Der Egypter hatte sich auf einen Felsblock gestellt, hielt krampfhaft die Doppelbüchse seines Herrn in der Hand und starrte nach einem ziemlich dichten Busche hin, vor welchem die Hunde, jedoch in achtungsvoller Entfernung, standen; der eine Abessinier war noch immer beschäftigt, die aufs äußerste erregten Maulthiere zu beruhigen; der dritte Diener, ein junger Mensch von etwa fünfzehn Jahren, war an der anderen Thalseite emporgeklettert und schien von dort aus das Ganze überwachen zu wollen, seine eigene Sicherheit natürlich nebenbei ebenfalls im Auge behaltend.

»Im Busche liegt der Leopard«, sagte mir der Egypter; »ich habe auf ihn geschossen.«

»Er ist, auf einem Affen reitend, den Berg heruntergekommen«, fügte der Abessinier hinzu; »gerade auf uns los kam er: wahrscheinlich wollte er die Maulthiere oder uns auch noch verschlingen.«

»Dicht an Euch ist er vorüber gelaufen«, schloß der dritte; »ich habe ihn schon oben auf dem Berge gesehen, als er auf den Affen sprang.«

Vorsichtig die gespannte und abgestochene Büchse in der Hand haltend, näherte ich mich dem Busche bis auf zehn, acht, fünf Schritte, aber ich konnte, so sehr ich mich auch anstrengte, noch immer nichts von dem Leoparden gewahren. Endlich verließ der Wächter oben, welcher durch mein Vorgehen Muth gefaßt zu haben schien, seine Warte und deutete mit der Hand auf einen bestimmten Fleck. Hier, dicht vor mir, sah ich den Leoparden endlich liegen. Er war todt. Etwa zehn Schritte weiter thalwärts lag der ebenfalls getödtete Hamadryas.

Nun klärte sich der Hergang auf. Beim Hinaufklettern waren wir unzweifelhaft außerordentlich nahe am Lagerplatze des Raubthieres vorübergegangen. Dann waren von uns etwa zehn Schüsse abgefeuert worden, deren Knall stets ein vielfaches Echo hervorgerufen hatte. Der von uns verwundete Affe war, den Berg herunterkommend, jedenfalls auch nicht weit von dem Lager des Raubthieres vorübergehumpelt. Auf ihn hatte der Leopard sich gestürzt, ungeachtet der Menschen, welche er gesehen und gehört, ungeachtet der alle Thiere schreckenden Schüsse, ungeachtet des hellen, sonnigen Tages. Wie ein Reiter auf dem Rosse sitzend, war er auf dem Pavian in das Thal hinabgeritten, und nicht einmal das Schreien und Lärmen der Leute hatte ihn zurückgeschreckt. Der Koch unten, welcher mit den Anderen weniger für das Leben des Affen als für das eigene fürchtete, hatte, wie er zugestand, »in der Todesangst« die zweite Büchse seines Herrn aufgenommen, nach der Gegend hingehalten und dem Leoparden glücklich eine Kugel mitten durch die Brust gejagt. Dann hatte er auch den Hamadryas erlegt, wahrscheinlich ohne eigentlich zu wissen, in welcher Absicht.

Wie sich später ergab, hatte der Leopard den Affen mit den beiden Vordertatzen gerade vorn am Maule gepackt und hier tiefe Löcher eingerissen, mit den Hinterbeinen aber im Gesäße des Thieres fest sich einzuklammern versucht oder sie, stellenweise wenigstens, nachschleifen lassen. Unbegreiflich war es uns, daß der Mantelpavian, trotz der früher erhaltenen Verwundung, von seinem furchtbaren Gebisse nicht Gebrauch gemacht hatte.

Die Bewohner Mittelafrika's und die Reisenden wissen ähnliche Geschichten zu erzählen. So kam ein Leopard an Gordon Cummings Wagen heran, holte neben dem Feuer ein großes Stück Fleisch weg, und als die Hunde ihm nachsprangen, zerkratzte und zerbiß er zwei derselben so fürchterlich, daß sie bald nachher starben.

In Städten und Dörfern, welche nah am Walde liegen, besucht der Leopard die Häuser nur allzu oft, raubt hier vor den Augen der Menschen irgend ein Thier und schleppt es fort, ohne sich durch das Geschrei der Leute beirren oder sein Wild sich entreißen zu lassen. Ihm ist jedes Hausthier recht; er nimmt auch die Hunde mit, obgleich diese tüchtig sich wehren. Genau dasselbe berichtet man vom Panther. Tennent erzählt, daß ein solcher einstmals einen Hund aus der Mitte seiner schlafenden Gebieter raubte, bemerkt auch, daß die Jäger auf Ceilon kein Raubthier mehr hassen als ihn, weil die Hunde auf der Jagd durch ihn aufs höchste gefährdet werden. In Abessinien kann man des Leoparden halber weder Hunde oder Katzen noch Hühner behalten und muß für die Ziegen und Schafe mindestens ebenso gute Wohnungen herrichten als für die Menschen. Glaubwürdige Männer erzählen, daß er die Hunde erst förmlich von den Orten, welche sie bewachen sollten, weglocke und sich dann plötzlich von der anderen Seite nähere, um seinen Raub ungestört ausführen zu können. Während ich mich in den Walddörfern Ostsudâns befand, kamen die Leoparden in einer Woche beinahe jede Nacht bis an das Dorf heran, wurden aber von den in sehr großer Anzahl vorhandenen und vortrefflich eingeschulten Windspielen jedesmal zurückgetrieben. In den Urwäldern am Blauen Flusse hörte ich die eigenthümlich grunzende Stimme des Thieres mit Beginn der Nacht fast regelmäßig, auch die Fährten der nächtlich jagenden Räuber bemerkte ich sehr oft bei Streifereien, hatte jedoch damals nie das Glück, einen Leoparden selbst zu sehen. Als ich den Arabern mein Befremden hierüber aussprach, erklärten sie mir die Sache nach ihrer Weise einfach durch die große Schlauheit des Thieres. Der Leopard, sagten sie, wisse sehr wohl, daß ich für ihn ein weit gefährlicherer Gegner sei als sie selbst und ihn todtschießen würde, wenn er sich mir zeigen wolle, während sie ihm mit ihren Lanzen nicht viel anhaben könnten, und er deshalb vor ihnen nicht sonderlich sich in Acht zu nehmen brauche. Mehrmals habe ich auf dem Anstande gelegen, und an solchen Orten, welche der Leopard nachts vorher besucht hatte, lebende Ziegen für ihn als Köder angebunden: allein immer lauerte ich vergebens. Hieraus glaube ich schließen zu dürfen, daß er bei seinen Streifereien doch nicht so oft an denselben Ort zurückkehrt, als man gewöhnlich glaubt.

In der Regel greift der Leopard den Menschen nicht an: er ist zu klug, vielleicht auch zu feig, als daß er es auf einen Kampf mit dem ihm Ehrfurcht einflößenden Gegner ankommen lassen sollte. Als ich eines schönen Nachmittags mit Pater Fillipini unweit des Dorfes Mensa ein Dickicht durchstreifte, winkte mich mein Jagdgenosse zu sich heran und fragte mich leise, warum ich auf den Leoparden, welcher soeben kaum dreißig Schritte von mir vorübergelaufen sei, nicht geschossen habe; ihm selbst sei dies unmöglich gewesen, weil sein Zündhütchen abgefallen und er einige Augenblicke waffenlos gewesen wäre. Ich mußte bekennen, daß ich von dem schleichenden Räuber auch nicht das Geringste wahrgenommen hatte. Wir durchsuchten das nicht eben umfangreiche Dickicht sehr sorgfältig, jedoch vergeblich: die schlaue Katze hatte sich eiligst aus dem Staube gemacht. Ähnliche Begegnungen mögen oft genug vorkommen, ohne daß der eine Theil eine Ahnung davon hat. Ein noch näheres Zusammentreffen mit einem Panther schildert Skinner, ein Beamter in brittischen Diensten, welcher, Straßen anlegend und andere Bauten ausführend, Jahre lang die Waldungen Ceilons durchkreuzte. Durch ein leises Rascheln aufmerksam gemacht, sah er zu nicht geringem Schrecken in einer Entfernung von wenigen Fußen von sich, einen mächtigen Panther, welcher die Augen starr auf ihn gerichtet hatte und vielleicht mit sich zu Rathe ging, ob es gewagt werden dürfe, den Zweifüßler anstatt eines erwarteten Vierfüßlers anzuspringen. Skinner verlor die Geistesgegenwart nicht, blieb stehen und heftete seine Augen auf den Gegner, bis diesem die Lage unheimlich wurde und er sich zu unseres Mannes unsäglichem Vergnügen zur Flucht wandte.

Ganz anders zeigt sich der Leopard, wenn er angegriffen oder verwundet wurde. Unter solchen Umständen stürzt er sich wie rasend auf seinen Gegner. So erzählt Cumming, daß einer seiner Freunde, welcher einen Pardel nur verwundete, augenblicklich von ihm angesprungen, niedergeworfen und gräßlich zerfleischt, aber zum Glück doch gerettet wurde, weil der Gegner den nächsten Augenblick schon seiner eigenen Wunde erlag. Der Diener des Geistlichen Stella in den Bogosländern wurde, wie man mir mittheilte, durch einen einzigen Schlag eines Leoparden, auf welchen er geschossen hatte, getödtet. Man kennt übrigens auch Beispiele, daß der Leopard, ohne irgend gereizt zu sein, den Menschen angriff. Kolbe berichtet, daß der Bürgermeister der Kapstadt unversehens von einem Leoparden angesprungen wurde. Dieser schlug dem Manne die Klauen in den Kopf und fuhr mit dem Maule nach dem Halse, um ihm die Schlagadern zu durchbeißen. Der Angegriffene aber wehrte sich tapfer, rang mit seinem Gegner, und beide fielen zu Boden. Schon ermattet, strengte der Mann seine letzten Kräfte an, drückte dem grimmigen Thiere den Kopf fest auf den Boden, zog sein Schnappmesser heraus und schnitt ihm den Hals ab; er selbst aber hatte an seinen Wunden noch lange zu leiden. In Abessinien kommen alljährlich Unglücksfälle vor, d. h. auch erwachsene, wehrhafte Leute werden von dem

Leoparden angegriffen und umgebracht. Kinder gehören, wie bemerkt, unter das Wild, auf welches er geradezu Jagd macht.

Die Paarungszeit des Leoparden fällt in die Monate, welche dem Frühlinge der betreffenden Länder vorausgehen. Dann sammeln sich oft mehrere Männchen an einem Orte, schreien abscheulich nach Art verliebter Katzen, aber viel lauter und tiefer, und kämpfen ingrimmig unter einander. Wie man an Gefangenen erfuhr, wirft das Weibchen nach neunwöchentlicher Tragzeit drei bis fünf Junge, welche blind zur Welt kommen und am zehnten Tage ihre Augen öffnen. Es sind dies kleine, allerliebste Geschöpfe, ebenso wohl was ihre schöne Zeichnung als ihr hübsches Betragen betrifft. Sie spielen lustig, wie die Katzen, unter einander und mit ihrer Mutter, welche sie zärtlich liebt und muthvoll vertheidigt. Freilebend verbirgt diese ihre Nachkommenschaft in einer Felsenhöhle, unter den Wurzeln eines starken Baumes, in dichten Gebüschen oder in Baumhöhlen selbst; sobald die Kleinen aber einmal die Größe einer starken Hauskatze erreicht haben, begleiten sie die Alte bei ihren nächtlichen Raubzügen und kommen, Dank des guten Unterrichts, welchen sie genießen, bald dahin, sich selbst ihre Nahrung zu erwerben. Eine säugende Alte wird zu einer Geisel für die ganze Gegend. Sie raubt und mordet mit der allergrößten Kühnheit, ist aber dennoch vorsichtiger als je, und so kommt es, daß man nur in seltenen Fällen ihrer oder der Jungen habhaft werden kann.

Übrigens thun die Leoparden auch schon während ihrer Paarungszeit an ein und demselben Orte viel Schaden, obschon sie, so lange sie durch die Liebe beschäftigt werden, weniger blutgierig und räuberisch sein sollen. Man hat nicht selten ihrer sechs bis acht zu gleicher Zeit bemerkt. Ein holländischer Kapbauer hatte das Vergnügen, gegen sein Erwarten mit einer solchen Gesellschaft zusammenzukommen. Er reiste in der im Lande gebräuchlichen Weise mit Ochsenwagen von einer Ortschaft zur anderen. Während die Genossen in einem anmuthigen Thale ihr Lager aufschlugen, ging er auf die Jagd hinaus, um ein Wildpret für die Küche zu erbeuten. Nach einem längeren, vergeblichen Streifzuge wollte er eben zum Lager zurückkehren, war auch bereits in dessen Nähe angelangt: da erblickte er zu seinem nicht geringen Entsetzen plötzlich sieben Leopardenköpfe zwischen dem zerklüfteten Gesteine und dem Riedgrase eines Hügels. In der Überraschung handelte er so albern wie er nur immer konnte: er schoß sein einfaches Gewehr auf das Gerathewohl nach der Gruppe ab! Glücklicherweise machte sich das Ende besser, als zu vermuthen gewesen wäre. Die Leoparden blieben ruhig; nur ein einziger sprang auf und focht in der Luft umher, gleichsam, als wolle er nach der Kugel fangen, welche wahrscheinlich recht nahe an ihm vorbeigepfiffen war. Der Bauer schlich sachte davon.

Wo der Leopard vorkommt, führt man einen Vernichtungskrieg gegen ihn. Die Jagdarten sind natürlich höchst verschieden, weil das Feuergewehr nur hier und da eine Rolle spielt; im allgemeinen aber ist dieses doch die einzige Waffe, welche den

Jäger sichert und ihm zugleich Erfolg verspricht. Wer scharfe Hunde besitzt und die Jagd des Leoparden bei Tage betreibt, braucht sich nicht vor ihm zu fürchten. Die Hunde, welche freilich im höchsten Grade gefährdet werden, beschäftigen ihn und geben dem Jäger Zeit, mit aller Muße eine gute Ladung Rehposten oder eine sichere Kugel ihm auf das bunte Fell zu brennen. Le Vaillant berichtet uns in ergötzlicher Weise von einer derartigen Jagd, bei welcher man mit vielen Hunden einen großen Busch umstellte und auf gut Glück hineinschoß, bei jeder Bewegung des Parders zurückprallte und endlich doch noch zum Ziele kam, indem er, der Erzähler, einen guten Schuß anbringen konnte. Nur sehr wenige Jäger sind so tollkühn, ohne Hunde auf die Leopardenjagd zu gehen. Sie umwickeln sich dann gewöhnlich den einen Arm dick mit Fellen und tragen ein scharfes, breites Dolchmesser bei sich. Das Raubthier stürzt sich, wenn es gefehlt wurde, sofort auf den Angreifer, und dieser hält ihm den geschützten Arm entgegen. In demselben Augenblicke, wo jener in den Fellen sich verkrallt, stößt der Jäger ihm das breite Messer in das Herz.

Es verdient der Erwähnung, daß auch unter den einfachsten Naturkindern über solche Jagden die köstlichsten Münchhausiaden umlaufen. So erzählte mir ein Schech in Roseres:

»In der Umgegend unserer Stadt sind die Leoparden zwar sehr häufig, aber doch nicht gefürchtet, weil unsere Leute Söhne der Stärke sind und mit Leichtigkeit jedes wilde Thier zu bewältigen verstehen. Die Jagd des Leoparden ist nun vollends eine Kleinigkeit. Wenn man weiß, wo er aufgebäumt hat, braucht man einfach in den Wald zu gehen und den Leoparden aufzufordern, vom Baume herabzukommen; dann sticht man ihn todt.«

Ich sprach meine Verwunderung über die Folgsamkeit des Thieres unverhohlen aus; mein Berichterstatter blieb mir jedoch die Antwort nicht schuldig.

»Es ist ganz leicht«, sagte er, »einen Leoparden vom Baume herabzubringen. Er betrachtet nämlich seinen schönen Namen ›Nimmr‹ als eine Verhöhnung und entrüstet sich auf das äußerste, wenn man ihn so ruft. Unsere vortrefflichen Knaben nun nehmen zwei scharfe Lanzen, gehen unter seinen Baum, halten beide Lanzen neben sich über ihren Köpfen in die Höhe, so daß die Spitzen das Haupt decken, und rufen laut: ›Komm herab, Nimmr, komm herab, du Sohn der Feigheit, du Fleckiger, du Schelm, komm, wenn du Muth hast!‹ Hierüber wird das Thier wüthend, vergißt alle Vorsicht und springt blind auf den Angreifer, natürlich aber in beide Lanzen, welche ihm in das Herz dringen.«

Pater Fillipini hat während seines langjährigen Aufenthaltes in Habesch und den Bogosländern viele Leoparden erlegt oder in den von ihm gestellten Fallen getödtet. Unter allen Jagdberichten, welche er mir gab, hat mich einer besonders angesprochen.

In Keren, dem Hauptdorfe des eigentlichen Bogoslandes, hat die katholische Mission einen festen Wohnsitz gegründet. Sie hält, wie die ganze Gebirgsbevölkerung, ihre Herden, welche, wenigstens das kleine Vieh, nachts immer in einen wohlverwahrten Stall gebracht werden. Der Ziegenhirt, ein junger Bursche von fünfzehn Jahren, schläft auf einer etwa anderthalb Meter über dem Boden erhöhten Lagerstätte im Stalle.

In einer Regennacht vernimmt unser in der nächsten Hütte ruhende Pater den lauten Angstschrei aller in dem Stalle eingepferchten Ziegen und die Hülferufe ihres Hirten. Er schließt ganz richtig, daß ein Leopard irgendwie eingedrungen sein müsse, und eilt mit seinem treuerprobten Schweizerstutzen an den gefährdeten Stall.

»Was ist bei dir los, Knabe?«

»O, Vater, ein Leopard ist in dem Stalle! Er hat eine Ziege zusammengewürgt und wird wahrscheinlich auch über mich herfallen wollen. Seine Augen funkeln gräßlich.«

»Wie ist er eingedrungen?«

»Er hat die Wand mit seinen Tatzen aus einander geschlagen und so eine Thüre sich gebildet; auf der anderen Seite ist sie.«

Unser Pater geht auf die andere Seite, findet glücklich das Eingangsloch, holt einen großen Stein und legt diesen vor die Öffnung.

»Sei ruhig, mein Sohn! dir wird nichts geschehen; zünde aber Licht an, damit ich sehen kann.«

»Ich habe kein Feuer, mein Vater!«

»Ich werde dir solches bringen.«

Der Jäger geht zurück, holt ein Wachslicht und Streichhölzchen, macht eine kleine Öffnung durch die Strohwand und reicht beides dem Knaben mit der Aufforderung, Licht anzuzünden. Der arme Bursche ist durch den Überfall des gefürchteten Thieres so erschreckt, daß er unter seinen Fellen, welche er als schützende Decke über sich ausgebreitet hat, nicht hervorkommt. Pater Filippini muß also ein zweites Loch öffnen, durch welches er die zweite Hand steckt. Er bittet den Knaben, ihm wenigstens die Hand zu reichen und die Kerze zu fassen, streicht Licht an, und einen Augenblick später ist der nicht allzugroße Raum, wenn auch dürftig genug, erhellt.

Jetzt wird es dem Leoparden bedenklich. Er läßt die gemordete Ziege liegen und schleicht, den Leib dicht an die Wand des Stalles gedrückt, unhörbar dahin, seinem Ausgangsloche zu. Ein allgemeines Flüchten der geängstigten Ziegen zeigt seine Bewegung dem Ohre unseres Paters an, welcher mit der Büchse in der Hand vor einem dritten durch die Wand gebohrten Schießloche steht.

»Leuchte mehr nach dieser Seite, Talla!«

Es geschieht; allein der Jäger sieht nur einen Schatten, ohne im Stande zu sein, ihn aufs Korn zu nehmen. Der Junge fackelt mit dem Lichte hin und her; der Leopard wird ängstlich und läßt ein leises Knurren vernehmen. Nun strengt der Pater auch sein Gehör an, um das Raubthier zu erspähen. Da fällt ein Lichtstrahl gerade in die glänzenden Feueraugen des Leoparden: im Nu ist die Büchse an der Wange – der Schuß kracht in das Innere des Stalles; alle Ziegen rennen entsetzt umher; der Junge läßt vor Schreck das Licht zu Boden fallen, daß es erlischt: dann wird es still.

»Lebt der Leopard noch, Talla?«

»Ich weiß es nicht, mein Vater; die Ziegen aber sind ruhig geworden.«

»Nun, dann ist er auch getroffen«, sagte der muthige Geistliche, ladet, holt sich neues Licht, öffnet die Thür und tritt, allerdings immer noch mit gespannter Büchse, in den Stall. An der gegenüberstehenden Wand liegt der Leopard; die Kugel ist ihm zwischen den Augen in den Kopf gedrungen.

Bei weitem die wenigsten Leoparden, welche getödtet werden, enden ihr Leben durch die Kugel. Verschiedene Fallen sind weit ergiebiger als das Feuergewehr. Wo Europäer hausen, wendet man starke Tellereisen und Schlagfallen an oder hängt ein Stück Fleisch in ziemlicher Höhe an einem Baumaste auf und spickt den Boden darunter mit ziemlich langen, eisernen Spitzen. Das Raubthier springt nach dem Fleische, welches zu sicherem Sprunge zu hoch hängt, und stürzt oft in eine der dort aufgepflanzten Spitzen. Pater Filippini hat gegen ein Viertelhundert Leoparden in Fallen gefangen, welche nach Art der Mäusefallen eingerichtet, aber selbstverständlich viel größer sind. Eine Henne oder eine junge Ziege wurde in der hintersten Abtheilung der Falle als Köder ausgesetzt. Früher oder später überwog die Raublust doch alle Schlauheit, und der Räuber saß im Kerker, wo ihn der Pater dann am anderen Morgen mit aller Ruhe und Sicherheit todtschoß. Einmal fing sich auch ein Löwe in einer solchen Falle; für ihn aber war noch keine Kugel gegossen. Er schlug erzürnt mit einem Prankenschlage die Fallthüre entzwei und entwich!

Genau dieselbe Falle wendet man am Vorgebirge der guten Hoffnung an. Es ist für die ganze Umgegend ein Fest, wenn eine von ihnen ihren Zweck erfüllt und den gehaßten Räuber in die Gewalt des Menschen gebracht hat. Drayson schildert in lebendiger Weise einen derartigen Fang.

»Ein Haus in der Nähe von Natal wurde mehrmals von einem Leoparden besucht und nach Möglichkeit ausgeplündert. Das Thier hatte in kurzer Zeit einen Hund, unzählbare Hühner und ein Ferkel weggetragen und bezeigte eine so außerordentliche Freßlust, daß es geradezu unersättlich schien. Man baute also eine Falle und setzte eine alte Henne in den hintersten Theil des Käfigs. Der Leopard war zu schlau, als daß er bei der ersten Gelegenheit, welche ihn mit der Falle bekannt gemacht hatte, in dieselbe gegangen wäre, kehrte jedoch wenige Nächte später zurück, vergaß seine List über der Begierde nach der Henne und wurde gefangen. Man erzählte mir, daß er kurz nach seiner Einschließung ganz rasend gewesen sei und, obwohl vergeblich, die allerkräftigsten Anstrengungen gemacht habe, um sich aus dem verhaßten Kerker einen Ausweg zu bahnen.

Panthera pardus
FELIDAE

Ich besuchte ihn am Morgen nach seiner Gefangennahme und wurde mit dem abscheulichsten Zähnefletschen und den wüthendsten Blicken empfangen; doch konnte er seinerseits auch meine Blicke nicht vertragen und suchte denselben sobald als möglich zu entgehen. Wenn ich ihn stetig ansah, drückte er sich in eine Ecke. Wahrscheinlich war er über seine Ohnmacht und die Unfähigkeit, sich zu rächen, äußerst wüthend.

Verschiedene Kaffern, welche viel von seinen spitzbübischen Besuchen zu leiden gehabt hatten, kamen, um jetzt bei ihm vorzusprechen. Sie schütteten ihren ganzen reichen Schatz von Verwünschungen auf sein verruchtes Haupt. Rund um den Käfig stellten sie sich und begrüßten ihn etwa mit folgenden Redensarten: ›O, du niederträchtiger, feiger Hund, du erbärmlicher Hühnerfresser, bist du endlich gefangen, bist du es? Erinnerst du dich noch an das roth und weiße Kalb, welches du mir letzten Monat todtgeschlagen hast? Dies Kalb war mein! Du muthloser Lump, warum hast du denn nicht gewartet, bis ich mit meinem Speer und Stecken kam? Du hast wohl geglaubt, daß dein Fell besser werden möchte, wenn du dich vorher hättest dick und voll fressen können? So, jetzt bist du gefangen!‹

›Schau nach meinem Speer‹, sagte ein anderer, ›den will ich dir ins Herz stoßen, wie ich ihn jetzt in den Grund stoße. Ach, zeige mir nur deine Zähne, sie sollen mir zum Halsbande werden, und dein Herz will ich rösten.‹

Plötzlich, inmitten der rührenden Ansprache, machte der Leopard einen mächtigen Satz und rüttelte an dem Gitter des Käfigs: – und in alle Winde zerstoben die Helden!

Man hatte sich vorgenommen, das Thier nach der Kapstadt zu bringen, um es nach Europa zu versenden; aber während der zweiten Nacht wäre es beinahe entkommen, und als mehrere Tage vergangen, ehe man einen zur Fortschaffung geeigneten Käfig fertig brachte, wurde es notwendig, den jetzt sehr gedemüthigten Schelm zu erschießen.«

Reiche Ansiedler am Kap machen sich ein besonderes Vergnügen daraus, gefangene Pardel durch Hunde todtbeißen zu lassen. »Einer von ihnen«, so erzählt Lichtenstein, »fing einen großen, lebendigen Parder und machte dies allen seinen Freunden bekannt, welche sich nach Landessitte an einem bestimmten Nachmittage in großer Anzahl bei ihm versammelten, um das Thier zu beschauen und Zeugen von dem Kampfe mit den Hunden zu sein, die es zu Tode beißen sollten. Nach vorhergegangener guter Bewirtung wurden die Gäste zur Falle geführt, in welcher das Thier noch steckte und woraus es erst sehr vorsichtig geholt werden mußte, um auf den Kampfplatz gebracht zu werden. Diese Falle lag in der Tiefe einer Bergschlucht und war von rohen Felsstücken aufgemauert, doch so, daß zwei große, dem übrigen Gemäuer ähnliche Felsen, den Eingang bildeten, übrigens in Hinsicht der Bauart ganz wie eine gewöhnliche Mäusefalle, nur alles in sehr großem Verhältnis. Oben war die Falle mit rohem Gebälke bedeckt, durch dessen Zwischenräume man das wüthende, schön gefärbte Thier beobachten konnte. Die Leute, welche es jetzt fesseln sollten, suchten erst eine Pfote nach der anderen in Schlingen zu fangen, dann zog man den Leoparden heraus und band ihm, trotz seines entsetzlichen Brüllens und vergeblichen Wüthens, die vier Beine an einander. Hierauf begab sich Jemand in die Grube und warf auch eine Schlinge über den Kopf, damit es möglich werde, ihm einen festen Maulkorb anzulegen. Nun erst war man im Stande, den Leoparden nach dem Werft – so heißt bei allen Ansiedlern ein großer, freier Platz zwischen dem Wohnhause und den Wirtschaftsgebäuden – zu schaffen, woselbst jetzt der eine Hinterlauf, den man zwischen der Hackensehne und dem Unterschenkelbein durchstach, vermittels eines Ringes an einer Kette befestigt ward, welche in einem freistehenden Pfahl eingeklammert war. Nach und nach löste man einen Riemen nach dem anderen und ließ das Thier endlich frei an der Kette sich bewegen. Es erlangte bald seine ganze Kraft und Geschmeidigkeit wieder und gewährte in dem Wechsel seiner wilden Sprünge und seiner behenden Seitenbewegungen in der That ein sehr schönes Schauspiel. Mehr kriechend als schleichend pflegt der Parder seiner Beute nachzustellen, drückt den Bauch dabei fast auf die Erde, den Kopf mit aufwärts gerichteten Augen zwischen den Vordertatzen ausgestreckt. In dieser Lage bewegte er sich auch jetzt und, festgehalten von der Kette, streckte er sich so lang aus, daß man ein ganz anderes Thier vor sich zu sehen glaubte. Dabei wandt sich der Leib unaufhörlich seit- und aufwärts, so daß man seine Bewegungen denen einer kriechenden Schlange zu vergleichen geneigt war. Fest überzeugt, daß die vorher untersuchte Kette nicht brechen könne, wagten sich die Zuschauer ganz nahe hinzu und reizten ihn durch Würfe mit kleinen Kieseln und andere Neckereien zum Aufspringen und Brüllen. Darüber ward es Abend. Man berathschlagte, ob man ihn jetzt den Hunden preisgeben sollte, die inzwischen sämmtlich in einem Stalle eingesperrt waren, und eben gingen die Meisten hinweg, um den Kampf vorzubereiten, als plötzlich bei einem starken Rucke der Ring sich öffnete, und das nunmehr freie Raubthier auf den Landdrost und nach denen, die sich am vorwitzigsten genähert hatten, unbändig losstürzte. Wir ergriffen in der ersten Bestürzung die Flucht und hörten schon das glücklicherweise etwas abgemattete und seiner vollen Sprungkraft beraubte Ungethüm dicht hinter uns schnauben, als unsere eigenen mitgebrachten Hunde an uns vorbeistürmten und es auch sogleich an Ohren und Kehle packten. Den besten von ihnen, welcher vor Alter einen Eckzahn verloren hatte, schüttelte es leicht von den Ohren ab und tödtete ihn mit einem einzigen kräftigen Bisse nach dem Kopfe. Indessen kamen auch die übrigen Hunde herbei, welche den Parder desto sicherer packten, und von denen sich zwei in die Gurgel so verbissen, daß er in weniger als einer Viertelstunde, ohne weiter ein Lebenszeichen zu geben, erwürgt war. Bis dahin wehrte er sich verzweifelt mit seinen Krallen und verwundete noch einen der Hunde so schwer, daß dieser ebenfalls am anderen Tage starb. Bei dem Zerlegen des Thieres fanden sich alle Muskeln am Halse und Nacken zerbissen, aber in dem Felle selbst, welches äußerst zäh und von dichten Haaren geschützt ist, war auch nicht das kleinste Loch.«

Wohl nirgends benutzt man von dem erlegten Raubthiere etwas mehr als das bunt gezeichnete Fell, welches seiner Schönheit halber überall in hohem Werthe steht, selbst in Europa zu Schabrackendecken noch Verwendung findet und einen Preis von fünfzehn bis zwanzig Thaler hat. Auch im Sudân wird es sehr geschätzt und zwar mehr von den Negern als von den Mahammedanern, welche es höchstens zu Fußdecken gebrauchen, während die Neger in ihm ein Siegeszeichen erkennen. Ich erwähne dies besonders aus dem Grunde, weil auch die Kaffern genau dieselben Ansichten hegen. Der Krieger des Kaffernlandes, welcher so glücklich gewesen ist, einen Leoparden zu tödten, wird mit Ehrfurcht und Bewunderung betrachtet. Er schmückt sich stolz mit seinem Siegeszeichen, und Jeder, welcher nicht eine ähnliche Probe seines Muthes aufweisen kann, betrachtet jenen mit Neid und Schelsucht. Die Zähne werden in eigenthümlicher Weise mit Faden und Draht zusammengeschlungen und in Gemeinschaft mit Perlen zu einer Kette aufgereiht, welche über die Brust des Kriegers herabhängt und von der dunkeln Haut des Mannes lebhaft absticht. Die Klauen verwendet man in ähnlicher Weise, das Fell endlich verarbeitet man zu dem Karroß oder Deckmantel. Die Schwanzenden werden aufgeschnitten und an einer Schnur befestigt, welche sich der Held um den Leib schlingt. Wenn ein Kaffer etwa acht oder zehn solcher Schwänze aufzuweisen hat, welche rings um seinen Körper hängen, dünkt er sich der Höchsten einer zu sein und blickt fast verachtend auf seine Gefährten herab, welche bloß, wie es allgemein gebräuchlich ist, Affenschwänze tragen können.

Obgleich nur die allerwenigsten Leoparden, welche man jung oder alt fängt, nach Europa gebracht werden, ist die schöne Katze doch in allen Thiergärten und Thierschaubuden eine gewöhnliche und unter den drei verwandten Arten jedenfalls die häufigste Erscheinung. Bei gehöriger Pflege hält der Leopard die Gefangenschaft lange aus. Er verlangt, wie alle Katzen, einen warmen und reinlichen Käfig und täglich etwas mehr als ein Kilogramm gutes Fleisch, ist aber im übrigen sehr anspruchslos. Bei besonders guter Laune springt er in eigenthümlich künstlichen Sätzen, welche gewöhnlich zwei durch einander geschlungene Kreise bilden, unaufhörlich in seinem Käfige auf und ab, so schnell meist, daß das Auge seinen Bewegungen kaum folgen kann. Zur Ruhe wählt er, so lange er mit seiner Umgebung noch nicht sich befreundet hat, die dunkelste Ecke seines Käfigs, später mit Vorliebe einen erhöheten Baumast und dergleichen. Ungestört hält er einen mehrere Stunden währenden Mittagsschlaf; so fest er aber auch zu schlafen scheint, so sicher vernimmt er jedes Geräusch: die Ohren spitzen, die geschlossenen Augen öffnen sich, um nach der Ursache desselben zu forschen, und seine volle Aufmerksamkeit wird rege. Jedes Thier, welches an seinem Käfige vorübergeht, erweckt seine Raublust: lautlos duckt er sich nieder, legt sich zum Sprunge zurecht und verfolgt alle Bewegungen der ersehnten Beute, auch wenn er durch unzählige Versuche erprobt hat, daß das Gitter des Käfigs jeden Raubversuch vereitelt. Seine Raubthiernatur macht sich eben geltend; er versucht wenigstens, einen Raub auszuführen. Gewährt man ihm mehr Freiheit, als er zeitweilig genoß, so macht sich der alte sündhafte Adam sofort wieder bemerklich, und man lernt jetzt in ihm das Raubthier kennen, wie es war und ist.

Während meines Aufenthaltes in Afrika hielt ich einen männlichen Parder geraume Zeit in Gefangenschaft, konnte es aber niemals zu einem erträglichen Verhältnisse zwischen mir und ihm bringen. Sobald ich mich dem Käfige näherte, drückte er durch Grinsen und Zähnefletschen, wohl auch durch ein heiseres Fauchen seine Unzufriedenheit aus, und wenn ich mich ihm nur einen Zoll weiter als gewöhnlich näherte, durfte ich sicher darauf rechnen, daß er mit einer seiner Tatzen nach mir schlug, natürlich regelmäßig dann, wenn ich es mir am wenigsten versah. Ich hatte ihn, wie alle die Raubthiere, welche ich bei mir führte, mittels einer langen Kette noch besonders fesseln lassen, und so durfte ich mir schon das Vergnügen gewähren, ihn zuweilen aus dem Käfige herauszulassen. Sobald er auf den Hof trat, begann er förmlich zu rasen, sprang wie toll empor, dehnte sich, zog Gesichter, fauchte und warf die wildesten Blicke nach allen Seiten. Dabei ging er Jedem, welcher sich ihm näherte, sofort zu Leibe und geberdete sich so sprechend, daß wir wohl wußten, er würde uns niederreißen, wenn er uns erlangen könnte. Jemehr ich die Kette durch einen angebundenen Strick verlängerte, um so toller wurden seine Bewegungen, um so mehr steigerte sich seine Wuth. Die ganze Wildheit des freilebenden Thieres, welche lange gewaltsam unterdrückt worden war, schien durchzubrechen, der Blutdurst regte sich, und seine Augen drohten der ganzen übrigen Thiergesellschaft Tod und Verderben. Gurgelnd flogen die Affen an den Wänden, Stöcken und Säulen empor, ängstlich meckerten die Ziegen, wie toll rannten die Strauße in ihrem Käfige auf und nieder, grollend blickte der Löwe auf den rasenden Roland. Dieser versuchte auf alle nur mögliche Weise freizukommen, und mehrmals wurde es uns angst und bange bei diesen Beobachtungsproben. Das allerschwierigste war, den Leoparden wieder in seinen Käfig zurückzubringen. Aus freien Stücken ging er nicht hinein, und gezwungen konnte er kaum werden. Das einfachste wäre gewesen, ihn an dem Stricke, bezüglich der Kette, wieder in den Käfig zu ziehen; allein dieser stand so, daß man in den Bereich seiner Sprünge hätte kommen müssen, wenn man die Kette erreichen wollte. Drohungen vermochten gar nichts über ihn: wenn wir ihm die Peitsche vorhielten, zeigte er uns dagegen seine Tatzen; wenn wir ihn anschrien, fauchte er; wenn wir auf ihn losgingen, legte er sich zum Sprunge zurecht. Es galt, seinen Trotz zu brechen, ohne ihn dabei zu mißhandeln; denn er war nicht mein Eigenthum, und ich mußte ihn schonen. Ich wagte nicht einmal, mich der aus dem Felle des Nilpferdes geschnittenen Peitsche zu bedienen, welche bei anderen Thieren gewöhnlich vollkommen ausreichte; ich wagte es auch im Grunde nicht, weil mir die Peitsche nicht lang genug erschien, und ich doch das Thier bis zum Käfige treiben mußte. Deshalb nahm ich einen neuen Stallbesen und befestigte diesen an einer langen dünnen Stange: damit bekam er seine Prügel; aber sie fruchteten nichts, und ich mußte auf andere Mittel denken. Das beste von allen war, wie ich zufällig entdeckte, ihn mit Wasser zu begießen, und dabei leistete mir nun wieder eine große Spritze die vortrefflichsten Dienste. Sobald er einen Eimer Wasser über den Kopf bekommen hatte oder durch den Strahl der Spritze dauernd eingenäßt wurde, suchte er so schleunig als möglich in seinen Käfig zu kommen; und später brachte ich ihn so weit, daß ich ihm bloß die Spritze und den Besen zu zeigen brauchte, um ihn augenblicklich dahin zu vermögen, seinen Schlupfwinkel zu suchen.

Und doch läßt der Leopard sich ebenfalls zähmen, fast ebenso gut wie Löwe oder Tiger, wenn auch in der Regel nicht in derselben Zeit. Ich habe bisher allerdings niemals einen wirklich zahmen Leoparden, sondern immer nur zahme Panther gesehen und gepflegt; Kreuzberg aber versicherte mir auf das bestimmteste, daß auch der Leopard sich abrichten lasse, ja, daß er kaum einen Unterschied zwischen ihm und einem Panther mache. Gerade die wildesten Stücke sollen oft, wenn auch nicht die zahmsten werden, so doch die gelehrigsten sein. Doch ist das Wesen der Thiere sehr verschieden geartet: einzelne lernen in acht bis vierzehn Tagen ihre sogenannten Kunststücke, andere nehmen keine Lehre an, werden deshalb von den Thierbändigern als »Dumme« bezeichnet und baldmöglichst abgeschafft. Panther, welche von Jugend auf mit verständigen Pflegern Umgang hatten, werden ebenso zahm wie andere große Katzen, nehmen gern Liebkosungen von bekannten Personen entgegen, schnurren dabei behaglich nach Katzenart und schmiegen sich, den gelenken Leib schlangenartig biegend, zärtlich an ihren Gebieter an oder reiben sich wenigstens behaglich an den Gittern ihres Käfigs. Ein Panther, welchen ich pflegte, antwortete durch ein absonderliches Schnauben auf den Anruf, sprang mir und anderen Bekannten freudig entgegen, langte mit der Tatze nach mir, in der Absicht, mich an sich heranzuziehen, ließ sich streicheln und liebkosen, und leckte mit großer Zartheit die ihm gereichte Hand – ganz wie ein wohlerzogener Hund. Niemals dachte er daran, von seinen Klauen Gebrauch zu machen: die gefährlichen Tatzen blieben in der Hand seines Freundes immer weich und sammetig. Kreuzberg besaß einen anderen Panther, welcher so artig war, daß man ihm gestatten durfte, mit der Familie das Zimmer zu theilen und mit den Kindern zu spielen. Eines der letzteren, ein vierjähriges Mädchen, stand in hoher Gunst bei dem Thiere und durfte mit ihm verkehren wie mit einem Hunde, beispielsweise auf seine Brust sich legen und in solcher Stellung einschlafen, ohne irgendwelche Tücke befürchten zu müssen. Daß Leoparden ebenso zahm werden können, erscheint mir, ungeachtet der mir fehlenden Belege, mindestens höchst wahrscheinlich zu sein; denn mit Hunden schließen sie unter Umständen ein nicht minder inniges Freundschaftsverhältnis, als Panther pflegen, und mit letzteren oder mit Ihresgleichen leben sie, kleine Scharmützel gelegentlich der Paarzeit oder angesichts des Futters abgerechnet, in Frieden. Volles Vertrauen aber erwirbt sich der Leopard wohl nur in den seltensten Fällen: sein unbändiges Wesen, sein Jähzorn und eine ihm kaum abzusprechende Tücke, welche klar und deutlich in dem Gesichte ausgedrückt ist, läßt stets einen hinterlistigen, bösen Streich befürchten.

Darstellungen des Leoparden finden sich häufig auf egyptischen Denkmälern. »Das älteste, mir bekannte Bild«, belehrt mich Professor Dümichen, »gehört dem bei Besprechung des Löwen bereits erwähnten Grabe des Ptahhotep auf dem Pyramidenfelde an und stammt aus dem dritten Jahrtausend vor unserer Zeitrechnung. Unter den Darstellungen und Inschriften dieses Grabes, welche ich in meinen ›Resultaten usw.‹ veröffentlicht habe, sieht man auf der einen Wand in der zweiten Reihe von oben einen Leoparden im Käfige, welcher von Männern getragen wird. Im Grabe des Nomarchen Nehera zu Beni Hassan ist an der einen Wandseite eine prächtige Jagdscene abgebildet: unter den dort dargestellten Thieren, auf welche Fürst Nehera und sein Sohn Necht ihre Pfeile abdrücken, erblicken wir auch den Leoparden. Dagegen sieht man in dem unter der Thutmosis-Herrschaft im siebenzehnten Jahrhundert vor unserer Zeitrechnung errichteten Terrassentempel von Deïr-el-Bahheri, dessen hauptsächlichste Bilder ich in meiner ›Flotte einer egyptischen Königin‹ veröffentlicht habe, mehrere wohlgelungene Abbildungen, welche, nach Ihrer Versicherung, ganz unverkennbar den Panther darstellen. Höchst bezeichnend für das mildere Wesen dieses Thieres ist, daß es von Männern am Stricke geführt wird. Ein an der linken Schulter befestigtes Leopardenfell war das besondere Abzeichen hoher priesterlicher Würde; aber auch die Göttin Safech, ›die Herrin der Schrift und Vorsteherin der Bibliotheken‹, wie sie in den Inschriften genannt wird, trägt gewöhnlich das Fell des Pardels. Unter den Tributen aus südlichen Ländern, welche auf verschiedenen Denkmälern durch Bild und Schrift bezeichnet werden, gewahrt man wiederholt große Haufen von Fellen, welche in den begleitenden Inschriften ›Felle von Pardeln des Südens‹ genannt werden. Geschichtliche Texte endlich, welche die Heldenthaten eines Königs erzählen, erwähnen nicht selten, daß Seine Majestät allerhöchst in Wuth geriethen ›gleich einem Leoparden‹.

Von den Römern wurden Leopard und Panther vielfach zu den Kampfspielen in Rom benutzt. Letzterer war zu der Römer Zeiten in Kleinasien viel häufiger als gegenwärtig, und Caelius schrieb an Cicero, welcher damals Landvogt in Sicilien war: ›Wenn ich in meinen Spielen nicht ganze Herden von Pardeln zeige, wird man die Schuld auf Dich werfen.‹ Scaurus war der erste, welcher unter seiner Ädilitätswürde

150 gescheckte Thiere schickte; dann sandte Pompejus 410, Augustus aber 420 Stück. Früher war es durch einen alten Senatsbeschluß verboten, die sogenannten ›afrikanischen Thiere‹ nach Italien zu bringen; der Tribun Aufidius aber stellte einen Antrag an das Volk und erwirkte die Erlaubnis, daß sie zu den circensischen Spielen kommen dürften. Dies geschah im Jahre 670 nach Erbauung Roms. Den Namen Leopard hat zuerst der Geschichtsschreiber Iulius Capitolinus am Ende des dritten Jahrhunderts gebraucht, weil man glaubte, daß das Thier ein Bastard von Panther und Löwe sei. Hierauf bezieht sich wohl auch eine Stelle des Plinius, welcher die Thiere ziemlich gut kennt, aber sagt, daß es der Löwe rieche, wenn ein Panther mit einer Löwin zu thun gehabt habe, und sich dann räche. Derselbe Naturforscher erzählt, daß die Parder durch ihre Witterung alle vierfüßigen Thiere anlocken, durch ihren garstigen Kopf aber wieder abschrecken; deshalb verstecken sie sich, um die durch den Wohlgeruch herangezogenen Thiere zu fangen. An einer anderen Stelle heißt es, daß die Löwen, Parder und alle anderen des Geschlechts rauhe Zungen haben wie eine Feile und damit die Haut des Menschen ablecken. Daher werden auch die gezähmten wüthend, wenn sie bis auf das Blut gekommen sind. Die Griechen nennen den Leoparden Pardalis; Aristoteles spricht einige Male von ihm. Er erzählt, daß er vier Zitzen habe, daß er gescheckt sei, daß er in Asien, niemals aber in Europa vorkomme, daß die Weibchen mehr Muth hätten als die Männchen, und daß sie sich zu heilen wüßten, wenn sie mit dem Kraute Pardalianches sich vergiftet hätten, da sie dann Menschenkoth suchten und dieser ihnen hälfe. Das Kraut tödte auch die Löwen, und deshalb hingen die Jäger Menschenkoth an einen Baum, damit das Thier nicht weit weggehe; springe es darnach in die Höhe, so gehe es zu Grunde. Oppian unterscheidet zwei Arten von gefährlichen Pardalis, größere, derbere (Panther), und kleinere (Leoparden), welche aber jenen an Stärke nichts nachgeben. Nach dem Dichter sind sie die Amme des Bacchus gewesen, und deshalb lieben sie auch den Wein.

# Die Hunde

»Durch den Verstand des Hundes besteht die Welt.« So steht es im Vendidad, eines der ältesten Bücher der Menschheit. Für die erste Bildungsstufe des Menschengeschlechts waren und sind noch heute diese Worte eine goldene Wahrheit. Der wilde, rohe, ungesittete Mensch ist undenkbar ohne den Hund, der gebildete, gesittete Bewohner des angebautesten Theiles der Erde kaum minder. Mensch und Hund ergänzen sich hundert- und tausendfach; Mensch und der Hund sind die treuesten aller Genossen. Kein einziges Thier der ganzen Erde ist der vollsten und ungetheiltesten Achtung, der Freundschaft und Liebe des Menschen würdiger als der Hund. Er ist ein Theil des Menschen selbst, zu dessen Gedeihen, zu dessen Wohlfahrt unentbehrlich.

»Der Hund«, sagt Friedrich Cuvier, »ist die merkwürdigste, vollendetste und nützlichste Eroberung, welche der Mensch jemals gemacht hat. Die ganze Art ist unser Eigenthum geworden; jedes Einzelwesen derselben gehört dem Menschen, seinem Herrn, gänzlich an, richtet sich nach seinen Gebräuchen, kennt und vertheidigt dessen Eigenthum und bleibt ihm ergeben bis zum Tode. Und alles dieses entspringt weder aus Noth noch aus Furcht, sondern aus reiner Liebe und Anhänglichkeit. Die Schnelligkeit, die Stärke des Geruchs haben für den Menschen aus ihm einen mächtigen Gehülfen gemacht, und vielleicht ist er sogar nothwendig zum Bestande der Gesellschaft des Menschenvereins. Der Hund ist das einzige Thier, welches dem Menschen über den ganzen Erdboden gefolgt ist.« Der Hund ist wohl würdig, daß ich ihn ausführlich behandle, und trotz seiner scheinbaren Allbekanntschaft hier sehr mit Lust und Liebe seiner gedenke. Jedermann glaubt ihn zu kennen, gründlich und hinlänglich zu kennen, und nur der Naturforscher gesteht zu, daß er, trotz aller Nachforschungen und Vergleichungen, eigentlich noch äußerst wenig und kaum irgend etwas sicheres über den Hund weiß.

Der Hund hat sich mit dem Menschen über die ganze Erde verbreitet. Soweit sich das Menschengeschlecht ausgedehnt hat, findet man auch ihn, und selbst die armseligsten, ungesittetsten und ungebildetsten Völker haben ihn zu ihrem Genossen, Freunde und Vertheidiger. Aber in keinem Lande der Erde wird er noch wild, überall vielmehr nur gezähmt, in Gesellschaft des Menschen, höchstens verwildert gefunden. Weder die dunkelste Sage noch die sorgfältigste Forschung hat uns bisher über seine Vorfahren genügenden Aufschluß gegeben: über der Abstammung des wichtigsten aller Hausthiere liegt ein scheinbar undurchdringliches Dunkel. Es gibt kein anderes Thier weiter, über welches so viele Muthmaßungen, so viele Annahmen herrschen wie über den Hund. Nach der Ansicht der einen gehören alle Hunde der ganzen Erde nur zu einer einzigen Art, die anderen nehmen mehrere Stammeltern an; die ersteren betrachten alle Hunde als Abkömmlinge vom Wolf, vom Schakal, vom Dingo, vom Dole und Buansu, die anderen glauben, daß er ein Erzeugnis mehrfacher Kreuzungen zwischen diesen oder jenen der genannten, ein Blendling verschiedener wilder Hunde sei.

Das naturgeschichtliche Schicksal des Hundes gleicht dem des Menschen. Daß der Hund sich dem Herrn der Erde ganz unterworfen und angeeignet hat, ist von Folgen gewesen, wie wir ihresgleichen in der Thierwelt nicht finden. Das Vorhandensein des Hundes ist mit dem des Menschen so eng verschmolzen; der Hund hat sich, wie der Mensch, den mannigfaltigsten und gegensätzlichsten Natureinflüssen in einem solchen Maße unterwerfen müssen, um den ganzen Erdkreis erobern und beherrschen zu helfen, daß von seinem ursprünglichen Naturzustande wie von dem des Menschen nur willkürliche Vermuthungen uns Kunde geben können. Doch gilt dies bloß von seinen leiblichen Eigenthümlichkeiten. Über sein geistiges Wesen können die Stimmen nicht getheilt sein.

Der Hund ist nach seinem Gerippe, nach Schädel und nach Gebiß ein Wolf; doch ist es nach Schädel noch nach Gebiß weder möglich, ihn mit irgend einer wild vorkommenden Wolfsart zu vereinigen, noch von den bekannten Wolfsarten scharf zu trennen. Die Amerikaner haben Hunde gehabt, ehe durch die Spanier der europäische Hund nach Amerika gebracht wurde. In Mejiko fanden die Spanier stumme Hunde vor. Humboldt führt an, daß von den Indianern die Hunde göttlich verehrt wurden. Ihre Priester bliesen auf skelettirten Hundeköpfen, und Hundeschädel und Hundemumien fanden sich in den peruanischen Grabmälern der ältesten Zeit.

Merkwürdig ist es, daß da, wo keine Vertreter der Wölfe wild vorkommen, auch der Haushund gefehlt zu haben scheint. Es scheint, daß, ungeachtet der Einwirkung des Menschen, die Verbreitung der Hunde mit den wilden Wolfsarten in einem genaueren Zusammenhange steht. Fragt man sich nun nach diesen Andeutungen, ob der Hund eine Art, eine selbständige und getrennte Art ist, wie der Wolf, Schakal und Fuchs, so hält es schwer, die Frage zu bejahen. Kein einziges wildes Thier zeigt solche Abweichungen im Schädel, im ganzen Körperbau, in den Verhältnissen der absoluten Größe. Aber auch die Hausthiere, bei denen wir annehmen müssen, daß die Art an und für sich noch unverfälscht erhalten, nur durch Zähmung und Kultur verändert ist, wie Pferd, Esel, Rind, Ziege, Schwein, haben solche Gegensätze nicht aufzuweisen. Ebenso willkürlich, wie die Aufstellung verschiedener Menschenarten, würde es bleiben, mehrere Hundearten unterscheiden zu wollen. Es liegt offenbar hier eine Thatsache vor, welche mit den sonst in der Natur und Kultur beobachteten nicht gleichlaufend ist.

Und so bleibt darin, so lange man diese Fragpunkte auf dem Gebiete der Naturforschung erhalten will, kaum ein anderer Ausweg, als sich zu der Ansicht zu bekennen, welcher Pallas huldigt: daß in der Zähmung und Vermischung der in verschiedenen Ländern ursprünglichen Wolfsarten der Ursprung des Haushundes zu suchen sei. Diese Ansicht ist natürlich wie jede andere über diesen Punkt nur eine Annahme.

Darwin gelangt zu derselben Annahme wie Blasius. »Wahrscheinlich werden wir niemals im Stande sein, ihren Ursprung mit Sicherheit zu bestimmen. Die Vorweltskunde wirft nicht viel Licht auf diese Frage. Einige gehen soweit, zu behaupten, daß jede Hauptrasse ihren wilden Stammvater gehabt haben müsse. In Europa wurde der Hund lange vor der Zeit irgend welcher geschichtlichen Urkunde gefangen gehalten. Die Knochen eines hundeartigen Thieres, welche in den dänischen Küchenabfällen der neueren Steinzeit gefunden wurden, gehörten, nach Steenstrup, wahrscheinlich einem Haushunde an. Diesem alten Hunde folgten während der Bronzezeit eine größere, etwas verschiedene und letzterem wiederum während der Eisenzeit eine noch größere Art oder Rasse. Man nimmt an, daß die Aufeinanderfolge verschiedener Hunderassen in der Schweiz und in Dänemark von der Einwanderung erobernder Stämme herrühre, welche ihre Hunde mitbrachten, und diese Ansicht stimmt auch mit der Meinung überein, daß verschiedene wilde, hundeartige Thiere in verschiedenen Gegenden gezähmt worden seien.«

Es besteht zwischen der Lebensweise der Haushunde der nordamerikanischen Indianer und der Wölfe dieses Landes oder zwischen dem morgenländischen Pariahunde und dem Schakal oder zwischen den in verschiedenen Gegenden verwilderten Hunden und den natürlichen Arten dieser Familie kein großer Unterschied. Die Gewohnheit zu bellen jedoch, welche bei gezähmten Hunden fast allgemein ist, scheint eine Ausnahme zu bilden; diese Gewohnheit aber geht leicht verloren und wird leicht wieder erlangt. Es ist schon oft angeführt worden, daß die verwilderten Hunde auf der Insel Juan Fernandez stumm geworden sind, und man hat Grund zur Annahme, daß die Stummheit in dem Verlaufe von dreiunddreißig Jahren eintrat. Andererseits erlangten Hunde, welche Ulloa von dieser Insel mitnahm, nach und nach die Gewohnheit zu bellen wieder. Dem Heulwolfe ähnliche Hunde lernten nie ordentlich bellen. Ein im Londoner Thiergarten geborener aber ließ seine Stimme so laut erschallen wie irgend ein anderer Hund desselben Alters und derselben Größe. Ein von einer Hündin aufgesäugter junger Wolf, welchen Nilsson beobachtete, und ein Schakal, von welchem Geoffroy St. Hilaire berichtete, bellten mit derselben Stimme wie irgend ein gewöhnlicher Hund. Dagegen hatten, nach Clarke, Hunde, welche auf Juan de Nova im Indischen Weltmeere verwildert waren, das Vermögen zu bellen vollständig verloren, erhielten auch ihre Stimme während einer Gefangenschaft von mehreren Monaten nicht wieder. Sie zeigten keine Neigung zur Geselligkeit mit anderen Hunden, vereinigten sich unter sich zu großen Haufen und fingen Vögel mit ebensoviel Geschick, wie Füchse es thun würden.

Cuvier meinte, daß der Schakal wegen seines widrigen Geruches nicht gezähmt worden wäre; Wilde sind jedoch in dieser Beziehung nicht empfindlich, und der Grad der Ausdünstung bei verschiedenen Schakalarten ändert ebenfalls wesentlich ab, sowie dies andererseits bei rauh- und glatthaarigen Hunden der Fall ist. Isidore Geoffroy St. Hilaire brachte einen Hund, welchen er nur mit rohem Fleische fütterte, dahin, daß er ebenso stank wie ein Schakal.

Der Haushund also ist nichts anderes als ein Kunsterzeugnis des Menschen. Erwiesen ist diese Annahme freilich nicht; erst durch sorgfältig überwachte Kreuzungen mit Vorbedacht ausgewählter Wildhundarten und Haushundrassen und deren Abkömmlingen können uns der Lösung der Abstammungsfrage unseres wichtigsten Hausthieres näher führen.

Gehen wir zu den Hunden über, welche zwar herrenlos sind, immer aber noch in einem gewissen Abhängigkeitsverhältnisse zu dem Menschen stehen. Die Engländer haben ihnen den Namen Pariahunde beigelegt, und diese Bezeichnung verdient von uns angenommen zu werden; denn Parias, elende, verkommene, aus der besseren Gesellschaft verstoßene Thiere sind sie, die armen Schelme, trotz der Freiheit, zu thun und zu lassen was ihnen beliebt, Parias, welche dankbar die Hand lecken, die ihnen das Joch der Sklaverei auflegt, welche glücklich zu sein scheinen, wenn der Mensch sie würdigt, ihm Gesellschaft zu leisten und ihm zu dienen.

Schon im Süden Europa's leben die Hunde auf ganz anderem Fuße als bei uns zu Lande. In der Türkei, in Griechenland und in Südrußland umlagern Massen von herrenlosen Hunden die Städte und Dörfer, kommen wohl auch bis in das Innere der Straßen herein, betreten aber niemals einen Hof und würden auch von den Haushunden sofort vertrieben werden. Sie nähren sich hauptsächlich von Aas oder jagen bei Gelegenheit wohl auch auf eigene Faust kleinere Thiere, namentlich Mäuse und dergleichen. Auch die Hunde der südspanischen Bauern werden nur sehr wenig zu Hause gefüttert, streifen zur Nachtzeit weit und breit umher und suchen sich selbst ihre Nahrung. Auf den Kanaren ist es nach Bolle noch neuerdings vorgekommen, daß einzelne Hunde verwilderten und unter den Schafherden bedeutenden Schaden anrichteten. So selbständig werden die verwilderten Hunde des Morgenlandes nicht; aber sie müssen durchaus für sich selbst sorgen und werden von keinem Menschen irgendwie unterstützt. Ich habe diese Thiere vielfach in Egypten beobachtet und will in möglichster Kürze mittheilen, was mir von ihrem Leben besonders merkwürdig erschien.

Alle egyptischen Städte stehen zum Theil auf den Trümmern der alten Ortschaften, also gewissermaßen auf Schutthaufen. Wahre Berge von Schutt umgeben auch die meisten und die größeren, wie Alexandrien oder Kairo, in sehr bedeutender Ausdehnung. Diese Berge nun sind es, welche den verwilderten Hunden hauptsächlich zum Aufenthalte dienen. Die Thiere selbst gehören einer einzigen Rasse an. Sie kommen in der Größe mit einem Schäferhunde überein, sind von plumper Gestalt und haben einen widerwärtigen Gesichtsausdruck; ihre lange und ziemlich buschige Ruthe wird in den meisten Fällen hängend getragen. Die Färbung ihres rauhen, struppigen Pelzes ist ein schmutziges, röthliches Braun, welches mehr oder weniger in das Graue oder in das Gelbe ziehen kann.

Sie leben in vollkommenster Selbständigkeit an den genannten Orten, bringen dort den größten Theil des Tages schlafend zu und streifen bei Nacht umher. Jeder besitzt seine Löcher, und zwar sind diese mit eigenthümlicher Vorsorge angelegt. Jedenfalls hat jeder einzelne Hund zwei Löcher, von denen eins nach Morgen, das andere nach Abend liegt; streichen die Berge aber so, daß sie dem Nordwinde auf beiden Seiten ausgesetzt sind, so graben sich die Thiere auch noch auf der Südseite ein besonderes Loch, welches sie jedoch bloß dann beziehen, wenn ihnen der kalte Wind in ihrem Morgen- oder Abendloche lästig wird. Morgens bis gegen zehn Uhr findet man sie regelmäßig in dem nach Osten hin gelegenen Loche; sie erwarten dort nach der Kühle des Morgens die ersten Strahlen der Sonne, um sich wieder zu erwärmen. Nach und nach aber werden diese Strahlen ihnen zu heiß, und deshalb suchen sie jetzt Schatten auf. Einer nach dem anderen erhebt sich, klettert über den Berg weg und schleicht sich nach dem auf der Westseite gelegenen Loche, in welchem er seinen Schlaf fortsetzt. Fallen nun die Sonnenstrahlen nachmittags auch in diese Höhlung, so geht der Hund wieder zurück nach dem ersten Loche, und dort bleibt er bis zum Sonnenuntergang liegen.

Um diese Zeit wird es in den Bergen lebendig. Es bilden sich größere und kleinere Gruppen, ja selbst Meuten. Man hört Gebell, Geheul, Gezänk, je nachdem die Thiere gestimmt sind. Ein größeres Aas versammelt sie immer in zahlreicher Menge, ein todter Esel oder ein verendetes Maulthier wird von der hungerigen Meute in einer einzigen Nacht bis auf die größten Knochen verzehrt. Aas bleibt unter allen Umständen der Hauptheil ihrer Nahrung; doch sieht man sie auch katzenartig vor den Löchern der Rennmäuse lauern und schakal- oder fuchsartig diesen oder jenen Vogel beschleichen. Wenn ihre Aastafel einmal nicht gespickt ist, machen sie weite Wanderungen, kommen dann in das Innere der Städte herein und streifen in den Straßen umher. Dort sind sie, weil sie allen Unrath wegfressen, geduldete, wenn auch nicht gern gesehene Gäste, und gegenwärtig kommt es wohl nur sehr selten vor, daß einzelne gläubige Mahammedaner sie, wie vormals geschehen sein soll, in ihren Vermächtnissen bedenken und für ihre Erhaltung gewissermaßen Sorge tragen.

Die Paarungszeit fällt in dieselben Monate wie bei den übrigen Hunden, einmal in das Frühjahr, das andere Mal in den Herbst. Die Hündin wölft in eines ihrer Löcher, gräbt es aber etwas tiefer aus und bildet daraus einen förmlichen Bau, in welchem man das ganze Gewölfe nach einiger Zeit lustig mit der Alten spielen sieht. Nicht selten kommt es vor, daß eine solche Hündin, wenn die Wölfzeit kommt, sich in das Innere der Städte begibt und dort, mitten in der Straße oder wenigstens in einem nur einigermaßen geschützten Winkel derselben, eine Grube sich gräbt, in welcher sie dann ihre Nachkommenschaft zur Welt bringt. Es scheint fast, als ob sie wisse, daß sie auf die Mildthätigkeit und Barmherzigkeit der mahammedanischen Bevölkerung zählen dürfe, und wirklich rührend ist es zu sehen, wie die gastfreien Leute einer solchen Hundewöchnerin sich annehmen. Ich habe mehr als einmal beobachtet, daß vornehme Türken oder Araber, welche durch solche Straßen ritten, in denen Hündinnen mit ihren Jungen lagen, sorgfältig mit ihrem Pferde auf die Seite lenkten, damit dieses ja nicht die junge Brut beschädige. Wohl selten geht ein Egypter vorüber, ohne der Hundemutter einen Bissen Brod, gekochte Bohnen, einen alten Knochen und dergleichen zuzuwerfen. Die Mahammedaner halten es für eine Sünde, ein Thier unnöthiger Weise zu tödten oder zu beleidigen; aber die Barmherzigkeit geht zuweilen auch zu weit. Man findet nämlich oft räudige und kranke Hunde im größten Elende auf der Straße liegen, ohne daß eine mitleidige Hand sich fände, ihrem trauerigen Dasein ein Ende zu machen. So sah ich in einer Stadt Oberegyptens einen Hund in der Straße liegen und sich herumquälen, welchem durch einen unglücklichen Zufall beide Hinterbeine zerschmettert waren. Ganz unzweifelhaft hatten alle Bewohner des Ortes dieses unglückliche, erbärmliche Thier schon Monate lang täglich gesehen, Niemandem aber war es eingefallen, ihm einen Gnadenstoß zu geben. Ich zog eine Pistole und schoß ihm eine Kugel durch den Kopf, mußte mich jedoch ordentlich gegen die Leute vertheidigen wegen meiner That.

Fängt man sich junge Hunde und hält sie lange Zeit in der Gefangenschaft, so werden sie vollständig zu Haushunden und sind dann als wachsame und treue Thiere sehr geschätzt. Bei weitem der größte Theil der jungen Straßenhunde aber findet keinen Herrn und begibt sich, nachdem er halberwachsen ist, mit der Alten ins Freie und lebt dort genau in derselben Weise wie seine Vorfahren.

Innerhalb ihrer eigentlichen Wohnkreise sind die verwilderten Hunde ziemlich scheu und vorsichtig, und namentlich vor dem fremdartig Gekleideten weichen sie jederzeit aus, sobald sich dieser ihnen nähert. Beleidigt man einen, so erhebt sich ein wahrer Aufruhr. Aus jedem Loche schaut ein Kopf heraus, und nach wenigen Minuten sind die Gipfel der Hügel mit Hunden bedeckt, welche ein ununterbrochenes Gebell ausstoßen. Ich habe mehrmals auf solche Hunde förmlich Jagd gemacht. Dabei habe ich mich von dem Zusammenleben und Zusammenhalten der Thiere hinreichend überzeugen können und dabei auch unter anderem die Beobachtung gemacht, daß sie mich schon nach kurzer Zeit vollständig kennen und fürchten gelernt hatten. Mit den Mahammedanern oder morgenländisch gekleideten Leuten leben sie in guter Freundschaft; sie fürchten dieselben nicht im geringsten und kommen oft so nahe an sie heran, als ob sie gezähmt wären; mit den Haushunden dagegen liegen sie beständig im Streite, und wenn ein einzelner Hund aus der Stadt in ihr Gebiet kommt, wird er gewöhnlich so gebissen, daß er sich kaum mehr rühren kann. Auch die Hunde eines Berges verkehren nicht friedlich mit denen eines anderen, sondern gerathen augenblicklich mit allen in Streit, welche nicht unter ihnen groß geworden und sich sozusagen mit ihnen zusammengebissen haben.

Manchmal vermehren sich die verwilderten Hunde in das Unglaubliche und werden zur wirklichen Landplage. Mahammed Aali ließ einmal, um dieser Pest zu steuern, ein Schiff förmlich mit Hunden befrachten und diese dann auf hoher See über Bord werfen, um sie sicher zu ertränken. Zum größten Glück sind sie der Wasserscheu nur äußerst selten ausgesetzt, ja man kennt wirklich kaum Beispiele, daß Jemand von einem tollen Hunde gebissen worden wäre. Die verwilderten Hunde gelten den Mahammedanern, wie alle Thiere, welche Aas fressen, für unrein in Glaubenssachen, und es ist deshalb dem Gläubigen verwehrt, näher mit ihnen sich zu befassen. Wird ein solches Thier aber gezähmt, so ändert sich die Sache: dann gilt bloß seine beständig feuchte Nase noch für unrein.

In Konstantinopel soll das Verhältnis des Menschen zu den Hunden ein ganz ähnliches sein. »Unzertrennlich von den Gassen der Hauptstadt«, sagt Hackländer, »ist der Gedanke an ihre beständigen Bewohner, die herrenlosen Hunde, welche man in zahlloser Menge auf ihnen erblickt. Gewöhnlich macht man sich von Dingen, von denen man oft liest, eine große Vorstellung und findet sich getäuscht. Nicht so bei diesen Hunden. Obgleich alle Reisenden darüber einig sind, sie als eine Plage der Menschen darzustellen, so sind doch die meisten bei der Beschreibung dieses Unwesens zu gelinde verfahren.

Wenn sie faul und träge umherschleichen oder in der Sonne liegen, muß man gestehen, daß kein Thier frecher, ich möchte sagen, pöbelhafter aussieht. Alle Gassen, alle Plätze sind mit ihnen bedeckt; sie stehen entweder an den Häusern gereiht und warten auf einen Bissen, welcher ihnen zufällig zugeworfen wird, oder sie liegen mitten in der Straße, und der Türke, welcher sich äußerst in Acht nimmt, einem lebenden Geschöpfe etwas zu Leide zu thun, geht ihnen aus dem Wege. Auch habe ich nie gesehen, daß ein Muselman eines dieser Thiere getreten oder geschlagen hätte. Vielmehr wirft der Handwerker ihnen aus seinem Laden die Überreste seiner Mahlzeit zu. Nur die türkischen Kaikschi und die Matrosen der Marine haben nicht diese Zartheit, weshalb mancher Hund im goldenen Horn sein Leben endet.

Jede Gasse hat ihre eigenen Hunde, welche sie nicht verlassen, wie in unseren großen Städten die Bettler ihre gewissen Standorte haben, und wehe dem Hunde, der es wagt, ein fremdes Gebiet zu besuchen. Ich möchte sie mit den Straßenjungen in gesitteten Ländern vergleichen; wie diese, wissen sie ganz gut den Fremden vom Einheimischen zu unterscheiden. Wir brauchten nur in einer Ecke des Bazars etwas Eßbares zu kaufen, so folgten uns alle Hunde, an denen wir vorbeikamen, und verließen uns erst wieder, wenn wir in eine andere Gasse traten, wo uns eine neue ähnliche Begleitung zu Theil wurde.

So ruhig bei Tage diese Ablösung vor sich geht, so gefährlich werden die Hunde zuweilen dem einzelnen Franken, welcher sich bei der Nacht in den Gassen Stambuls verirrt, besonders wenn er keine Laterne trägt. Wir haben oftmals gehört, daß ein solcher, den die Bestien förmlich anfielen, nur durch Muselmänner gerettet wurde, welche sein Hülferuf herbeizog; und obgleich wir stets in ziemlicher Gesellschaft und abends nie ohne Laterne ausgingen, hatten wir es doch oft nur unseren guten Stöcken zu danken, mit denen wir kräftig dreinschlugen, daß wir nicht mit zerrissenen Kleidern heimkamen.

Sultan Mahmud ließ vor mehreren Jahren einige Tausend dieser Hunde auf einen bei den Prinzeninseln liegenden kahlen Fels bringen, wo sie einander auffraßen. Diese Verminderung hat aber nichts genützt; denn die Fruchtbarkeit dieser Geschöpfe ist großartig.«

Am Asow'schen Meere lebt der Hund, nach Schlatters Bericht, unter ähnlichen Verhältnissen wie in Egypten und der Türkei. Er genießt bei den nogaischen Tataren geringere Werthschätzung als die Katze, welche das Recht hat, im Hause zu wohnen, an allem herumzunaschen, aus einer Schüssel mit den Kindern und Erwachsenen zu essen und wohl auch auf einer Matratze mit dem Menschen zu schlafen. Sie wird zu den reinen Thieren gezählt, und der Tatar läßt es ihr, als dem Liebling des großen Propheten Mahammed, an nichts fehlen. Der Hund hingegen darf sich nicht im Hause blicken lassen.

Von den Hunden des südlichen Rußlands erzählt Kohl. »Im Winter«, sagt er, »ziehen sich die Hunde scharenweise nach den Städten, stören im weggeworfenen Unrathe und zerren an verrecktem Vieh herum. In einigen Städten, wie Odessa, gehen Wächter umher, die ein beständiges Blutbad unter den herrenlosen Hunden anrichten. Allein es hilft wenig, da man die Hundequellen in den Dörfern und Städten nicht verstopfen kann. Die Hunde sind eine wahre Landplage, sie sind Allen zur Last und fressen selbst den Gärtnern Obst und Trauben weg.«

In etwas besseren Verhältnissen leben die Hunde Brasiliens, welche uns neuerdings Hensel in ansprechender Weise geschildert hat. »Schon von Jugend auf sind sie an Entbehrungen, aber auch zugleich an Stehlen und Rauben gewöhnt. Meilenweit durchstreifen sie das Feld, von dem Verwesungsgeruche gefallener Thiere gelockt, und machen Aasgeiern und Füchsen die Beute streitig. Daher ist auch die Anhänglichkeit an den Herrn gering und von Treue und Gehorsam wenig zu erkennen. Haben sie ihren Herrn verloren, so suchen sie sich gern einen anderen, und mit etwas Futter mag sie Jeder an sich fesseln.«

Für den Reisenden sind Hunde unentbehrlich. Wenn die Sonne zum Untergange sich neigt, wird an geeigneter Stelle, d. h. wo sich Holz und Wasser findet, das Nachtlager aufgeschlagen. Die Hunde liegen im Kreise umher, wo möglich bei einem Strauche oder dichten Grasbusche, um sich gegen die Kühle der Nacht oder gegen die Anfälle der Mücken zu schützen, und der Reisende, wenn er seine Reit- und Lastthiere versorgt, d. h. frei auf den Camp getrieben hat, kann sich sorglos dem Schlafe überlassen. Die treuen Wächter halten jede Gefahr fern, welche durch Menschen oder reißende Thiere drohen könnte.

Die Beschreibung des Wesens und Lebens der Haushunde mag die unübertreffliche Kennzeichnung des Thieres eröffnen, welche der Altvater der Thierkunde, Linné, in seiner eigenthümlich kurzen und schlagenden Weise gegeben hat. Ich bin bemüht gewesen, dieselbe so treu als möglich im Deutschen wiederzugeben, obgleich dies keine leichte Sache ist. Manche Stellen lassen sich gar nicht übersetzen; das übrige lautet etwa also: »Frißt Fleisch, Aas, mehlige Pflanzenstoffe, kein Kraut, verdaut Knochen, erbricht sich nach Gras. Trinkt leckend; wässert seitlich, in guter Gesellschaft oft hundertmal, beriecht des nächsten After; Nase feucht, wittert vorzüglich; schwitzt sehr wenig, in der Hitze läßt er die Zunge hängen; vor dem Schlafengehen umkreist er die Lagerstätte; hört im Schlafe ziemlich scharf, träumt. Die Hündin ist grausam gegen eifersüchtige Freier; in der Laufzeit treibt sie es mit vielen; sie beißt dieselben; in der Begattung innig verbunden; trägt neun Wochen, wölft vier bis acht, die Männchen dem Vater, die Weibchen der Mutter ähnlich. Treu über alles; Hausgenosse des Menschen; wedelt beim Nahen des Herrn, läßt ihn nicht schlagen; geht jener, läuft er voraus, am Kreuzweg sieht er sich um; gelehrig, erforscht er Verlorenes, macht nachts die Runde, meldet Nahende, wacht bei Gütern, wehrt das Vieh von den Feldern ab, hält Renthiere zusammen, bewacht Rinder und Schafe vor wilden Thieren, hält Löwen im Schach, treibt das Wild auf, stellt Enten, schleicht im Sprunge an das Netz, bringt das vom Jäger Erlegte, ohne zu naschen, zieht in Frankreich den Bratspieß, in Sibirien den Wagen. Bettelt bei Tische; hat er gestohlen, kneift er ängstlich den Schwanz ein; frißt gierig. Zu Hause Herr unter den Seinigen; Feind der Bettler, greift ungereizt Unbekannte an. Mit Lecken heilt er Wunden, Gicht und Krebs. Heult zur Musik, beißt in einen vorgeworfenen Stein; bei nahem Gewitter unwohl und übelriechend. Hat seine Noth mit dem Bandwurm; Verbreitung der Tollwuth. Wird zuletzt blind und benagt sich selbst. Der amerikanische vergißt das Bellen. Die Mahammedaner verabscheuen ihn; Opfer der Zergliederer für Blutumlauf usw.«

Wir haben diese Beschreibung bloß weiter auszuführen. Alle Haushunde kommen in der Lebensweise und in ihrem Betragen so ziemlich überein, solange nicht die Beeinflussung, welche sie von den Sitten und Gewohnheiten des Menschen nothwendig mit erdulden müssen, ihnen eine andere Lebensart vorschreibt.

Die Hunde sind ebensowohl Tag- als Nachtthiere und für beide Zeiten gleich günstig ausgerüstet, auch ebensowohl bei Tage wie bei Nacht munter und lebendig. Sie jagen, wenn sie es dürfen, bei hellem Tage wie bei Nacht und vereinigen sich dazu gern in größeren Gesellschaften. Geselligkeit ist überhaupt ein Grundzug ihres Wesens und hat auf ihre Sitten den entschiedensten Einfluß. Sie fressen alles, was der Mensch ißt, thierische Nahrung ebensowohl wie pflanzliche, und beide im rohen Zustande nicht minder gern als zubereitet. Vor allem aber lieben sie Fleisch, und zwar etwas fauliges mehr noch als das frische. Wenn sie es haben können, verzehren sie Aas mit wahrer Leidenschaft; Wasser ist zur Erhaltung ihrer Gesundheit unbedingt nothwendig.

In gewissen Gegenden haben die Hunde natürlich ihre eigene Nahrung. So fressen sie, wie bemerkt, auf Kamtschatka und auch im größten Theile Norwegens bloß Fische, hingegen gewöhnen sie sich da, wo viel Trauben gezogen werden, leicht an solche Kost und thun dann großen Schaden. Bei Bordeaux haben, wie Lenz angibt, die Winzer das Recht, jeden Hund, welcher sich ohne Maulkorb in den Weinbergen sehen läßt, auf eine beliebige Art vom Leben zum Tode zu bringen. Man sieht daher dort viele Hundegalgen, an denen die Verbrecher aufgehängt werden. Auch in den ungarischen Weinbergen sollen die Haushunde erheblichen Schaden anrichten, weil dort die Trauben fast ganz bis auf die Erde herabhängen.

Wenn die Hunde überflüssige Nahrung besitzen, verscharren sie dieselbe, indem sie ein Loch in den Boden graben und dieses mit Erde zudecken. Bei Gelegenheit kehren sie zurück und graben sich den verborgenen Schatz wieder aus; aber es kommt auch vor, daß sie derartige Orte vergessen.

Der Hund kann vortrefflich laufen und schwimmen, ja auch bis zu einem gewissen Grade klettern, aber nicht leicht, ohne Schwindel zu bekommen, an steilen Abgründen hingehen. In der Ruhe sitzt der Hund entweder auf den Hinterbeinen oder legt sich auf die Seite oder den Bauch, indem er die Hinterfüße auswärts, die Vorderfüße vorwärts und zwischen dieselben seinen Kopf legt; selten streckt er die Hinterbeine dabei auch nach rückwärts aus. Große, schwere Hunde legen sich im Sommer gern in den Schatten und zuweilen auf den Rücken. Bei Kühle ziehen sie die Füße an sich und stecken die Schnauze zwischen die Hinterbeine. Die Wärme lieben alle, ebenso eine weiche Unterlage; dagegen vertragen nur wenige eine Decke, welche sie birgt, und die Nase mindestens muß stets unter einer solchen hervorschauen. Ehe sich der Hund niederlegt, geht er einige Male im Kreise umher und scharrt sein Lager auf, oder versucht dies wenigstens zu thun. Das Scharren macht ihm Vergnügen; er kratzt oft mit Vorder- oder Hinterbeinen gleichsam zu seiner Unterhaltung.

Alle Hunde schlafen gern und viel, aber in Absätzen, und ihr Schlaf ist sehr leise und unruhig, häufig auch von Träumen begleitet, welche sie durch Wedeln mit dem Schwanze, durch Zuckungen, Knurren und leises Bellen kundgeben. Reinlichkeit lieben sie über alles: der Ort, wo sie gehalten werden und namentlich, wo sie schlafen sollen, muß immer sauber sein. Ihren Unrath setzen sie gern auf kahlen Plätzen, besonders auf Steinen ab und decken ihn zuweilen mit Erde zu, welche sie mit den Hinterfüßen nach rückwärts werfen. Ihr Schweiß sondert sich auf der Zunge ab, welche sie, wenn sie erhitzt sind, keuchend aus dem Munde strecken.

Die Sinne des Hundes sind scharf, aber bei den verschiedenen Arten nicht gleichmäßig ausgebildet. Geruch, Gehör und Gesicht scheinen obenanzustehen, und zwar zeichnen sich die einen durch feineres Gehör, die anderen durch besseren Geruch vor den übrigen aus. Auch der Geschmack ist ihnen nicht abzusprechen, obwohl derselbe in eigenthümlicher Weise sich äußert. Alle Reizungen, welche ihre Sinneswerkzeuge zu sehr anregen, sind ihnen verhaßt. Am wenigsten empfänglich zeigen sie sich gegen das Licht, sehr empfindlich aber gegen laute und gellende Töne oder scharfe Gerüche. Glockengeläute und Musik bewegt sie zum Heulen; kölnisches Wasser, Salmiakgeist, Äther und dergleichen ruft wahres Entsetzen bei ihnen hervor, wenn man solche Dinge ihnen unter die Nase hält. Der Geruch ist bei manchen in außerordentlicher Weise entwickelt und erreicht eine Höhe, welche wir geradezu nicht begreifen können.

Über das geistige Wesen der Hunde lassen sich Bücher schreiben; es dürfte also sehr schwer sein, dasselbe mit kurzen Worten zu schildern. Die mir am meisten zusagende Beschreibung der Hundeseele hat Scheitlin gegeben. »So groß die leibliche Verschiedenheit der Hunde ist«, sagt er, »die geistige ist noch viel größer; denn die einen Hundearten sind völlig ungelehrig, die anderen lernen alles mögliche augenblicklich. Die einen kann man nicht, die anderen schnell ganz zähmen, und was die einen hassen, das lieben andere. Der Pudel geht von selbst ins Wasser, der Spitz will immer zu Hause bleiben. Die Dogge läßt sich auf den Mann, der Pudel nicht hierzu abrichten. Nur der Jagdhund hat eine solche feine Spürnase; nur der Bärenhund beißt den Bären zwischen die Hinterbeine; nur der lange Dachshund, dem in der Mitte ein paar Beine zu mangeln scheinen, ist so niedrig gebaut und so krummbeinig, um in Dachslöcher hineinkriechen zu können, und thut dies mit derselben Wollust, mit welcher der Fleischerhund in Bogen läuft und hinter den Kälbern und Rindern herhetzt. Der Hund von Neufundland ist es, welcher den Wolf nicht fürchtet, daher vortrefflich zur Herdenbewachung dient und meisterhaft gräbt, schwimmt, taucht und Menschen herausholt. Dem Windhunde wird beinahe aller Verstand, Erziehungsfähigkeit und Treue an seinem Herrn ab-, dafür kindische Neigung, von Unbekannten sich schmeicheln zu lassen, zugesprochen; doch kann man ihn zur Jagd auf Hasen usw. abrichten. Die Wachtelhunde deuten mit ihrem Namen auf das, wozu sie

CANINAE
canis familiaris

von Natur taugen. Denn der Hund und jedes andere Thier muß durch irgend etwas von sich aus kund thun, wozu es Lust hat, ehe man es abrichten will. Zum bloßen Vergnügen, sich im Arme sanft tragen zu lassen, mit der Dame auf dem Sopha zu schlafen, am warmen Busen zu liegen, Ungünstlinge anzuknurren, in der Stube zu bleiben, mit der Dame aus einem Glase zu trinken, von einem Teller zu speisen und sich küssen zu lassen, dazu wird das Bologneser- und Löwenhündchen gehalten. Am Jagdhunde wird ein scharfer Geruch und viel Verstand und die größte Gelehrigkeit nebst treuer Anhänglichkeit an seinen Herrn gelobt. Der Spitz oder Pommer soll klüger, gelehriger, lebhafter und geschickter Art sein und gern beißen, als Haushund wachsam und in einzelnen Abarten tückisch und falsch sein. Dem Menschen ergeben, aber ohne seinen Herrn zu kennen, Schläge nicht fürchtend, unersättlich und doch mit Geschicklichkeit lange zu hungern fähig, gehört zur Kennzeichnung des Nordhundes. Der Doggen Art ist Treue bei wenig Verstand; sie sind gute Wächter, wilde, muthige Gegner; sie achten auch ihr eigenes Leben fast für nichts, merken auf jeden Wink des Auges und der Hand, wie vielmehr auf das Wort ihres Herrn, lassen auf den Mann sich abrichten, nehmen es mit drei, vier Mann auf, berücksichtigen Schüsse, Stiche und zerrissene Glieder nicht und balgen sich mit ihresgleichen greulich herum. Sie sind sehr stark, reißen den stärksten Menschen zu Boden, erdrosseln ihn, bannen ihn, auf ihm herumspringend, auf eine Stelle, bis er erlöst wird. Sie haben ein wenig mehr Verstand, als man meint. Am tiefsten unter den Hunden steht unleugbar der Mops. Er ist durch geistige Versinkung entstanden und kann sich begreiflich durch sich selbst nicht heben. Er erfaßt den Menschen nicht und der Mensch ihn nicht.

Der Hundeleib ist für die Zeichnung und Ausstopfung schon zu geistig. Seine Seele ist unleugbar so vollkommen, wie die eines Säugethieres sein kann. Von keinem Thiere können wir so oft sagen, daß ihm vom Menschen nichts mehr als die Sprache mangelt, von keinem Säugethiere haben wir so viele Darstellungen aller Abänderungen, von keinem so eine außerordentliche Menge von Erzählungen, welche uns seinen Verstand, sein Gedächtnis, seine Erinnerungskraft, sein Schließungsvermögen, seine Einbildungskraft oder sogar sittliche Eigenschaften, als da sind: Treue, Anhänglichkeit, Dankbarkeit, Wachsamkeit, Liebe zum Herrn, Geduld im Umgange mit Menschenkindern, Wuth und Todeshaß gegen die Feinde seines Herrn usw., kund thun sollen, weswegen kein Thier so oft als er dem Menschen als Muster vorgestellt wird. Wie viel wird uns von seiner Fähigkeit, zu lernen, erzählt! Er tanzt, er trommelt, er geht auf dem Seile, er steht Wache, er erstürmt und vertheidigt Festungen, er schießt Pistolen los; er dreht den Bratspieß, zieht den Wagen; er kennt die Noten, die Zahlen, Karten, Buchstaben; er holt dem Menschen die Mütze vom Kopfe, bringt Pantoffeln und versucht Stiefel und Schuhe wie ein Knecht auszuziehen; er versteht die Augen- und Mienensprache und noch gar vieles andere.

Gerade seine Verderbtheit, gerade seine List, sein Neid, Zorn, Haß, Geiz, seine Falschheit, Zanksucht, Geschicklichkeit, sein Leichtsinn, seine Neigung zum Stehlen, seine Fähigkeit, aller Welt freundlich zu sein usw. bringen ihm den gewöhnlichen Menschen nahe. Würmer, Käfer und Fische lobt und tadelt man nicht, aber den Hund! Man denkt, es lohne sich der Mühe, ihn zu strafen und zu belohnen. Man gebraucht in Urtheilen über ihn gerade die Ausdrücke, welche man von dem Menschen braucht. Man macht ihn wegen seiner geistigen und sittlichen Vorzüge zum Reise- und Hausgenossen, zum Lebensgefährten und lieben Freunde; man lohnt ihm seine Liebe und Anhänglichkeit durch Anhänglichkeit und Liebe; man macht ihn zum Tischgenossen, man räumt ihm wohl gar eine Stelle im Bette ein; man kost ihn, pflegt ihn sorgfältig, gibt ihn an den Arzt, wenn er leidend ist, trauert mit ihm, um ihn und weint, wenn er gestorben; man setzt ihm ein Denkmal.

Nicht ein einziger Hund ist dem anderen weder körperlich noch geistig gleich. Jeder hat eigene Arten und Unarten. Oft sind sie die ärgsten Gegensätze, so daß die Hundebesitzer an ihren Hunden einen unersetzlichen Stoff zu gesellschaftlichen Gesprächen haben. Jeder hat einen noch gescheiteren! Doch erzählt etwa einer von seinem Hunde hundsdumme Streiche, dann ist jeder Hund ein großer Stoff zu einer Charakteristik, und wenn er ein merkwürdiges Schicksal erlebt, zu einer Lebensbeschreibung. Selbst in seinem Sterben kommen Eigenheiten vor.

Nur wer kein Auge hat, sieht die ihm ursprünglichen und entstandenen Eigenschaften nicht. Und welche Verschiedenheit einer und derselben Hundeart! Einige können nicht hassen, andere nicht lieben; einige können verzeihen, andere nie. Sie können einander in Gefahren und zu Verrichtungen beistehen, zu Hülfe eilen, Mitleid fühlen, lachen und weinen oder Thränen vergießen, zur Freude jauchzen, aus Liebe zum verlorenen Herrn trauern, verhungern, alle Wunden für ihn verachten, den Menschen ihresgleichen weit vorziehen, und alle Begierden vor den Augen ihres Herrn in dem Zügel halten oder schweigen. Der Pudel kann sich schämen, kennt Raum und Zeit vortrefflich, kennt die Stimme, den Ton der Glocke, den Schritt seines Herrn, die Art, wie er klingelt, kurz er ist ein halber, ein Zweidrittelmensch. Er benutzt ja seinen Körper so gescheit wie der Mensch den seinigen und wendet seinen Verstand für seine Zwecke vollkommen an; doch mangelt ihm das letzte Drittheil.

Wir müssen wesentlich verschiedene Geister, welche nicht in einander verwandelt werden können, unter den Hunden annehmen. Der Geist des Spitzes ist nicht der des Pudels; der Mops denkt und will anders als der Dachshund. Der Mops ist dumm, langsam, phlegmatisch, der Metzgerhund melancholisch, bittergallig, blutdurstig, der Spitz heftig, jähzornig, engherzig, bis in den Tod gehässig, der Pudel immer lustig, immer munter, alle Zeit durch der angenehmste Gesellschafter, aller Welt Freund, treu und untreu, dem Genusse ergeben, wie ein Kind nachahmend, zu Scherz und Possen stets aufgelegt, der Welt und Allen ohne Ausnahme angehörig, während der Spitz nur seinem Hause, der Metzgerhund nur dem Thiere, der Dachshund nur der Erdhöhle, der Windhund nur dem Laufe, die Dogge nur dem Herrn, der Hühnerhund nur dem Feldhuhn angehört. Bloß der Pudel befreundet sich mit allen Dingen, mit der Katze, dem Gegensatze, mit dem Pferde, dem Gefährten, mit dem Menschen, dem Herrn, mit dem Hause, es bewachend, mit dem Wasser, aus dessen Tiefe er gern Steine holt, mit dem Vogel des Himmels, zu welchem er hoch hinaufspringt, ihn zu fangen, mit der Kutsche und dem Wagen, indem er unter ihnen herläuft. Doggen vertreten Wächter, Soldaten, Mörder, bannen und erdrosseln Menschen. Die Windspiele und Jagdhunde vertreten die Jäger mit angeborenen Jägerbegabungen. Wie leicht sind sie an das Horn zu gewöhnen, wie achtsam sind sie auf den Schuß und jedes Jagdzeichen! Wie verstehen sie so genau alle Stimmen und Bewegungen des Wildes; wie geschickt ist der Hühnerhund, zu lernen, wie er das gefundene Thier anzeigen, festbannen, welches Bein er erheben oder vorstrecken muß, je nachdem er dieses oder jenes erblickt. Zwar lehrt ihm schon viel die Natur, und er muß gar nicht alles vom Menschen lernen, er lehrt sich manches selbst. Aber der Pudel lehrt sich selbst noch weit mehr, an ihm ist alles Seele, er macht nichts Dummes, oder nur, wenn er selbst es will. In allen Hundearten ist mehr Trieb, in ihm mehr Verstand. Wie rast der Jagdhund der Jagd zu, wie tobt er keuchend athemlos dem Wilde nach! Wie wüthet die Dogge auf den Feind los! Wie niederträchtig umrennt der Metzgerhund mit lechzender, herabhängender Zunge und falschem Auge im Halbkreise die vor ihm angstvoll trippelnden Kälber! Wie roh fällt er sie an, wenn sie auf die Seite sich verirren, wie gleichgültig ist er gegen ihren Schmerz, ja er scheint ihm noch zu gefallen! Wie stürzt der Hühnerhund auf die erlegten Vögel, hingerissen von der Wuth, sie zu erdrosseln! Nichts von allem diesem Unedlen, Unwürdigen, Schimpflichen am Pudel, wenn er nicht verzogen wurde, wenn man ihn, sei es auch nur naturgemäß, seinem eigenen Genius überlassen hat. Der Pudel ist von Natur gut, jeder schlechte ist durch Menschen schlecht gemacht worden.«

Was ließe sich über den Verstand des Hundes nicht alles noch sagen! Fürwahr, man darf es Zoroaster nicht verdenken, wenn er in diesem Thiere den Begriff alles thierisch Edlen und Vollkommenen vereinigt sieht. Müssen wir doch alle am Hunde unseren treuesten Freund, unseren liebsten Gesellschafter aus dem ganzen Thierreiche erblicken; sind wir doch im Stande, uns mit ihm förmlich zu unterhalten.

»Ich habe Hunde gekannt«, sagt Lenz, »welche fast jedes Wort ihres Herrn zu verstehen schienen, auf seinen Befehl die Thür öffneten und verschlossen, den Stuhl, den Tisch oder die Bank herbeibrachten, ihm den Hut abnahmen oder holten, ein verstecktes Schnupftuch und dergleichen aufsuchten und brachten, den Hut eines ihnen bezeichneten Fremden unter anderen Hüten durch den Geruch hervorsuchten usw. Überhaupt ist es eine Lust, einen klugen Hund zu beobachten, wie er die Ohren und Augen wendet, wenn er den Befehl seines Herrn erwartet, wie entzückt er ist, wenn er ihm folgen darf, und wie jämmerlich dagegen sein Gesicht, wenn er zu Hause bleiben muß; wie er ferner, wenn er voraus gelaufen und an einen Scheideweg gekommen, sich umsieht, um zu erfahren, ob er links oder rechts gehen müsse; wie glückselig er ist, wenn er einen recht klugen, wie beschämt, wenn er einen dummen Streich gemacht hat; wie er, wenn er ein Unheil angestellt hat und nicht gewiß weiß, ob sein Herr es merkt, sich hinlegt, gähnt, den Halbschlafenden und Gleichgültigen spielt, um jeden Verdacht von sich abzuwälzen, dabei aber doch von Zeit zu Zeit einen ängstlichen, ihn verrathenden Blick auf seinen Herrn wirft; wie er ferner jeden Hausfreund bald kennen lernt, unter den Fremden Vornehm und Gering leicht unterscheidet, vorzüglich einen Ingrimm gegen Bettler hegt usw. Hübsch sieht sichs auch mit an, wenn ein Hund seinem Herrn zu Gefallen Trüffeln sucht, für die er doch von Natur eigentlich gar keine Liebhaberei hat; wie ein anderer seinem Herrn den Schubkarren ziehen hilft und sich umsomehr anstrengt, jemehr er sieht, daß sein Herr es thut.«

Aus diesem allen geht hervor, daß die Hundearten unter einander in eben demselben Grade geistig verschieden sind, wie sie leiblich von einander abweichen. Unerschütterliche Treue und Anhänglichkeit an den Herrn, unbedingte Folgsamkeit und Ergebenheit, strenge Wachsamkeit, Sanftmuth, Milde im Umgang, dienstfertiges und freundliches Betragen: dies sind die hervorragendsten Züge ihres geistigen Wesens. Kein einziger Hund vereinigt sie alle in gleich hoher Ausbildung: der eine Zug tritt mehr zurück, der andere mehr hervor. Mehr, als man annimmt, thut dabei die Erziehung. Nur gute Menschen können Hunde gut erziehen, nur Männer sind fähig, sie zu etwas Vernünftigem und Verständigem abzurichten. Frauen sind keine Erzieher, und Schoßhunde deshalb auch stets verzogene, verzärtelte, launenhafte und nicht selten heimtückische Geschöpfe. Der Hund ist ein treues Spiegelbild seines Herrn: je freundlicher liebreicher, aufmerksamer man ihn behandelt, je besser, reinlicher man ihn hält, jemehr und je verständiger man sich mit ihm beschäftigt, um so verständiger und ausgezeichneter wird er, und genau das Gegentheil geschieht, wenn umgekehrt seine Behandlung eine schlechte war. Der Bauernhund ist ein roher, plumper, aber ehrlicher Gesell, der Schäferhund ein verständiger Hirt, der Jagdhund ein vortrefflicher Jäger, welcher die Kunst der Jagd selbst auf eigene Faust betreibt, der Hund eines vornehmen Nichtsthuers ein üppiger Faullenzer und eigentlich weit ungezogener als der rohe, ungebildete des Bauern. Jeder Hund nimmt den Ton des Hauses an, in welchem er lebt, ist verständig, wenn er bei vernünftigen Leuten wohnt, wird zum hochmüthigen Narren, wenn sein Herr durch Stolz die Hohlheit seines Kopfes ausfüllen muß, beträgt sich freundlich gegen Jedermann, wenn es in seinem Hause gesellig hergeht, oder ist ein grämlicher Einsiedler, wenn er bei einem alten Junggesellen, bei einer älteren Jungfrau wohnt, welche wenig Zuspruch hat. Unter allen Umständen fügt er sich in die verschiedenartigsten Verhältnisse, und immer gibt er sich dem Menschen mit ganzer Seele hin. Diese hohe Tugend wird leider gewöhnlich nicht erkannt, und deshalb gilt heute noch das Wort »hündisch« für entehrend, während es eigentlich gerade das Gegentheil bedeutet. Die Allseitigkeit der Befähigung erhebt den Hund auf die höchste Stufe, die Treue zum Menschen macht ihn zu dessen unentbehrlichstem Genossen. Er gehört ganz und gar seinem Herrn an und opfert ihm zu Liebe sich selbst auf. In seinem Gehorsam, mit welchem er alle Befehle seines Gebieters ausführt, in der Bereitwilligkeit, mit welcher er sich den schwersten Arbeiten unterzieht, sich in Lebensgefahr begibt, kurz, in dem beständigen Bestreben, dem Herrn unter allen Umständen zu nützen und zu dienen: darin liegt sein Ruhm, seine Größe. Wenn man ihn Speichellecker und Schwanzwedler schimpft, vergesse man nicht, daß der Hund sich dieser Kriecherei und Erniedrigung nur seinem Herrn und Wohlthäter gegenüber schuldig macht; gegen diesen wedelnd und kriechend, weist er sofort dem eintretenden Fremden die Zähne und ist sich jeden Augenblick seiner Stellung bewußt.

Manche eigenthümliche Sitten sind fast allen Arten gemein. So heulen und bellen sie den Mond an, ohne daß man dafür eigentlich einen Grund auffinden könnte. Sie rennen allem, was schnell an ihnen vorübereilt, nach, seien es Menschen, Thiere, rollende Wagen, Kugeln, Steine oder dergleichen, suchen es zu ergreifen und festzuhalten, selbst wenn sie recht wohl wissen, daß es ein durchaus unnützbarer Gegenstand für sie ist. Sie sind gegen gewisse Thiere im höchsten Grade feindlich gesinnt, ohne daß dazu ein sicherer Grund vorhanden wäre. So hassen alle Hunde die Katzen und den Igel; sie machen bei letzterem sich förmlich ein Vergnügen daraus, sich selbst zu quälen, indem sie wüthend in das Stachelkleid beißen, obgleich sie wissen, daß dies erfolglos ist und ihnen höchstens blutige Nasen und Schnauzen einbringt.

Beachtenswerth erscheint das sehr starke Vorgefühl des Hundes bei Veränderung der Witterung. Er sucht deren Einflüssen im voraus zu begegnen, zeigt sogar dem Menschen schon durch einen widerlichen Geruch, den er ausdünstet, kommenden Regen an.

In seinem Umgange mit Menschen beweist der Hund ein Erkennungsvermögen, welches uns oft Wunder nehmen muß. Daß alle Hunde den Abdecker kennen lernen und mit äußerstem Hasse verfolgen, ist sicher; ebenso gewiß aber auch, daß sie augenblicklich wissen, ob ein Mensch ein Freund von ihnen ist oder nicht. Wohl nicht zu bezweifeln dürfte sein, daß die Ausdünstung gewisser Personen ihnen besonders angenehm oder unangenehm ist; allein dies würde immer noch nichts für diesen Fall beweisen. Manche Menschen werden, sobald sie in ein Haus treten, augenblicklich mit größter Freundlichkeit von allen Hunden begrüßt, selbst wenn ihnen diese noch nicht vorgestellt worden und ganz fremd sind. Ich kenne Frauen, welche sich nirgends niederlassen können, ohne nach wenigen Minuten von sämmtlichen Haushunden umlagert zu werden. Bei dem Umgange des Hundes mit dem

Menschen kann man sehr gut den wechselnden Ausdruck des Hundegesichts beobachten. Die hohe geistige Fähigkeit des Thieres spricht sich in seinem Gesichte ganz unverkennbar aus, und es wird wohl Niemand leugnen wollen, daß jeder Hund seinen durchaus besonderen Ausdruck hat, daß man zwei Hundegesichter ebensowenig wird verwechseln können wie zwei Menschengesichter.

Der Geschlechtstrieb ist bei den Hunden sehr ausgeprägt und zeigt sich bei allen Arten als Äußerung einer heftigen Leidenschaft, als ein Rausch, welcher sie mehr oder weniger närrisch macht. Wird jener nicht befriedigt, so kann der Hund unter Umständen krank, sogar toll werden. Dabei ist der männliche Hund nicht ärger betheiligt als der weibliche, obgleich bei diesem die Sache in einem anderen Lichte sich zeigt. Die Hündin ist zweimal im Jahre läufisch, zumeist im Februar und im August, und zwar währt dieser Zustand jedesmal neun bis vierzehn Tage. Um diese Zeit versammelt sie alle männlichen Hunde der Nachbarschaft um sich, selbst solche, welche eine Viertelmeile weit von ihr entfernt wohnen. Wie diese von einer begattungslustigen Hündin Kunde bekommen, ist geradezu unbegreiflich. Man kann nicht wohl annehmen, daß sie durch den Geruch so weit geleitet würden, und gleichwohl läßt sich eine andere Erklärung ebensowenig geben. Das Betragen beider Geschlechter unter sich ist ebenso anziehend wie abstoßend, erregt ebenso unsere Heiterkeit wie unseren Widerwillen. Der männliche Hund folgt der Hündin auf Schritt und Tritt und wirbt mit allen möglichen Kunstgriffen um deren Zuneigung. Jede seiner Bewegungen ist gehobener, stolzer und eigenthümlicher; er sucht sich mit allen ihm zu Gebote stehenden Mitteln liebenswürdig zu machen. Dahin gehören das Beschnuppern, das freundliche Anschauen, das sonderbare Aufwerfen des Kopfes, die wirklich zärtlichen Blicke, das bittende Gekläff und dergleichen. Gegen andere Hunde zeigt er sich mißgelaunt und eifersüchtig. Finden sich zwei gleich starke auf gleichem Wege, so gibt es eine tüchtige Beißerei; sind mehrere vereinigt, so geschieht dies nicht, aber nur aus dem Grunde, weil alle übrigen männlichen Hunde sofort auf ein paar Zweikämpfer losstürzen, tüchtig auf sie hineinbeißen und sie dadurch auseinandertreiben. Gegen die Hündin benehmen sich alle gleich liebenswürdig, gegen ihre Mitbewerber gleich abscheulich, und deshalb hört auch das Knurren und Kläffen, Zanken und Beißen nicht auf. Die Hündin selbst zeigt sich äußerst spröde und beißt beständig nach den sich ihr nahenden Bewerbern, knurrt, zeigt die Zähne und ist sehr unartig, ohne jedoch dadurch die hingebenden Liebhaber zu erzürnen oder zu beleidigen. Endlich scheint sie doch mit ihnen Frieden zu schließen und gibt sich den Forderungen ihres natürlichen Triebes hin. Wie alle Säugethiere lebt sie in Vielmännigkeit und gestattet mehr als einem Hunde die Beiwohnung: es ist also unrichtig, wenn Scheitlin behauptet, daß nur unter den Menschen, diesen »Unnaturen«, hier und da ein Weib viel Männer habe. Sobald die Laufzeit vorüber ist, sind alle Hunde, wenn auch nicht gleichgültig, so doch weit weniger für den Gegenstand ihrer so heißen Liebe eingenommen. Doch bewahren Hund und Hündin die Erinnerung an ihre erste Liebe oft mit überraschender Treue, wie schon daraus hervorgeht, daß Hündinnen noch im reiferen Alter Junge werfen, welche ihrem ersten Liebhaber täuschend ähnlich sind. Englische Hundezüchter wissen dies wohl zu verwerthen und nehmen sich sorgfältig in Acht, eine junge Hündin mit einem ihr an Schönheit und Tugend nicht ebenbürtigen Hunde zusammenzubringen. Ihre Liebe zu den Sprößlingen ist wahrhaft rührend: man kennt Geschichten, welche nicht nur unsere vollste Hochachtung, sondern unsere Bewunderung erregen müssen. So erzählt Bechstein eine Thatsache, welche fast unglaublich scheint. »Ein Schäfer in Waltershausen kaufte regelmäßig ihm Frühjahre auf dem Eichsfelde Schafe ein, und seine Hündin mußte ihn natürlich auf dem achtzehn Meilen weiten Geschäftswege begleiten. Einst kam dieselbe in der Fremde mit sieben Jungen nieder, und der Schäfer war genöthigt, sie deshalb zurückzulassen. Aber siehe, anderthalb Tage nach seiner Rückkehr zu Hause findet er die Hündin mit ihren sieben Jungen vor seiner Hausthüre. Sie hatte streckenweise ein Hündchen nach dem anderen die weite Reise fortgeschleppt und so den langen Weg vierzehnmal zurückgelegt und, trotz ihrer Entkräftung und Erschöpfung, das überaus schwere Werk glücklich beendet.«

Man sagt, daß die Hundemutter unter ihrem Gewölfe immer einige bevorzugte Lieblinge habe, und daß man genau zu erkennen vermöge, welcher Hund eines Gewölfes der vorzüglichste sein werde, wenn man der Hündin ihre sämmtlichen Jungen wegtrage und dann beobachte, welches von ihren Kindern sie zuerst aufnehme und nach ihrem alten Lager zurückbringe. Dieser Erstling soll, wie man versichert, immer der vorzüglichste Hund sein. Wahrscheinlich ist diese Annahme nicht begründet; denn die Hündin liebt alle ihre Kinder mit gleicher Zärtlichkeit. So lange die Hündin säugt, scheint ihr Herz einer umfassenden Liebe fähig zu sein, deshalb duldet sie es auch, wenn man ihr fremde Hunde, ja sogar andere Thiere, wie Katzen und Kaninchen, anlegt. Ich habe letzteres oft bei Hunden versucht, jedoch bemerkt, daß säugende Katzen noch viel freundlicher gegen Pflegekinder waren als die Hundemütter, welche bei aller Herzensgüte ein Zusammenrunzeln der Nasenhaut selten unterdrücken konnten.

Gewöhnlich läßt man die jungen Hunde sechs Wochen lang an der Alten saugen. Ist sie noch kräftig und wohlbeleibt, so kann man auch noch ein paar Wochen zugeben; es kann dies den Jungen nur nützen. Wenn man diese entwöhnen will, füttert man die Alte einige Zeitlang sehr mager, damit ihr die Milch ausgeht; dann duldet sie selbst nicht, daß ihre Jungen noch länger an ihr saugen. Nunmehr gewöhnt man letztere an leichtes Futter und hält sie vor allen Dingen zur Reinlichkeit an. Junge Hunde sollen behandelt werden wie Kinder, nicht wie verstockte Sklaven. Sie sind ausnahmslos willige und gelehrige Schüler, achten sehr bald verständig auf jedes Wort ihres Erziehers und leisten aus Liebe mehr und tüchtigeres als aus Furcht. Abrichter junger Hunde, welche ohne Stachelhalsband und Hetzpeitsche nichts ausrichten können, sind ungeschickte Peiniger, nicht aber denkende Erzieher.

Der Hund tritt schon im zwölften Jahre in das Greisenalter ein. Dieses zeigt sich an seinem Leibe ebensowohl als an seinem Betragen. Namentlich auf der Stirn und der Schnauze ergrauen die Haare, das übrige Fell verliert seine Glätte und Schönheit, das Gebiß wird stumpf, oder die Zähne fallen aus; das Thier zeigt sich träge, faul und gleichgültig gegen alles, was es früher erfreute oder entrüstete; manche Hunde verlieren die Stimme fast gänzlich und werden blind.

Das untrüglichste Kennzeichen von der Gesundheit eines Hundes ist seine kalte und feuchte Nase. Wird diese trocken und heiß, und trüben sich die Augen, zeigt sich Mangel an Freßlust usw., so kann man überzeugt sein, daß der Hund sich unwohl befindet.

Der Nutzen, welchen der Hund als Hausthier leistet, läßt sich kaum berechnen. Was er den gesitteten und gebildeten Völkern ist, weiß jeder Leser aus eigener Erfahrung; fast noch mehr aber leistet er den ungebildeten oder wilden Völkerstämmen. Auf den Südseeinseln wird sein Fleisch gegessen, ebenso bei den Tungusen, Chinesen, Njamnjams, Grönländern, Eskimos und den Indianern Nordamerika's. In dem nördlichen Asien gibt sein Fell Kleidungsstoffe her, und selbst in Deutschland werden Hundefelle zu Mützen, Taschen und Muffen verarbeitet. Aus Knochen und Sehnen bereitet man Leim; das zähe und dünne Hundeleder wird sogar zu Tanzschuhen und weißgar zu Handschuhen, das Haar zum Ausstopfen von Polstern benutzt.

Schon seit den frühesten Zeiten wurde der Nutzen der Hunde gewürdigt; die Behandlung, welche sie erfuhren, und die Achtung, in der sie standen, war aber eine sehr verschiedene. Sokrates hatte die Gewohnheit, bei dem Hunde zu schwören; Alexander der Große war über den frühzeitigen Tod eines Lieblingshundes so betrübt, daß er ihm zu Ehren eine Stadt mit Tempeln bauen ließ; Homer besingt den Argus, den Hund des Ulysses, in wahrhaft rührender Weise; Plutarch rühmt Melampithos, den Hund des Handelsmannes von Korinth, welcher seinem Herrn durch das Meer nachschwamm; der treue Phileros ist durch griechische Grabschriften verewigt worden; in römischen Schriften wird des Hundes eines Verurtheilten gedacht, welcher dem in den Tiber geworfenen Leichnam seines Herrn unter traurigem Geheul schwimmend nachfolgte; Soter, der einzige überlebende von den hündischen Wächtern, welche Korinth vertheidigten, empfing auf Kosten des Staates ein silbernes Halsband mit den darauf gestochenen Worten: »Korinths Vertheidiger und Erretter«. Plinius stellt die Rüden sehr hoch und erzählt viel merkwürdiges von ihnen. Gar nicht zu zählen sind die Schriftsteller, welche die Treue des Hundes rühmen. Die Spartaner opferten dem Gott des Krieges auch einen Hund; junge, säugende Hunde durften von dem Opferfleische fressen. Die Griechen errichteten ihnen Bildsäulen; demungeachtet war bei ihnen das Wort Hund ein Schimpfwort. Bei den Juden hingegen war der Hund verachtet, was viele Stellen aus der Bibel beweisen; und heutigen Tages ist dies bei den Arabern kaum anders. Hoch geehrt war der Hund bei den alten Deutschen. Als die Cimbern im Jahre 108 v. Chr. von den Römern besiegt worden waren, mußten letztere erst noch einen harten Kampf mit den Hunden bestehen, welche das Gepäck bewachten. Bei den alten Deutschen galt ein Leithund zwölf Schillinge, ein Pferd dagegen nur sechs. Wer bei den alten Burgundern einen Leithund oder ein Windspiel stahl, mußte öffentlich dem Hunde den Hintern küssen oder sieben Schillinge zahlen. In Peru wurde, nach Humboldt, der Hund bei einer Mondfinsternis so lange geschlagen, bis die Finsternis vorüber war.

Ergötzlich ist es, was die alten Schriftsteller noch alles von der Benutzung des Hundes zu Arzneizwecken aufgeführt haben. Der ganze Hund war eigentlich nur ein Arzneimittel. Namentlich Plinius ist unermüdlich in Aufzählung der verschiedenen Heilkräfte des Hundes; außer ihm leisten Sextus, Hippokrates, Galen, Faventius, Marellus, Bontius, Äskulap und Amatos jedoch auch das Ihrige. Ein lebender Hund, bei Brustschmerzen aufgelegt, thut vortreffliche Dienste; wird er aufgeschnitten und einer schwermüthigen Frau auf den Kopf gebunden, so hilft er sicher gegen die Schwermuth. Nach Sextus heilt er sogar Milzkrankheiten. Mit allerlei Gewürz gekocht und gegessen, dient er als Mittel gegen fallende Sucht; doch muß es dann ein säugender Hund sein, welcher mit Wein und Myrrhen zubereitet wurde. Ein junger Jagdhund hilft gegen Leberkrankheiten. Wird eine Frau, welche früher schon Kinder geboren hatte, unfruchtbar, dann befreit sie gekochtes Hundefleisch, welches sie in reichlicher Menge genießt, von ihrer Schwäche. Sehniges Fleisch dagegen ist ein Vorkehrmittel gegen Hundebiß. Die Asche eines zu Pulver gebrannten Hundes dient gegen Augenleiden, und werden mit ihr die Augenbrauen gestrichen, so erhalten sie die schönste Schwärze. Die Asche vom Schädel eines gesunden Hundes vertreibt alles wilde Fleisch, heilt den Krebs, schützt gegen Wasserscheu, mildert, wenn man sie mit Wasser zu sich nimmt, Seitenstechen und Geschwülste aller Art usw.; die Asche von dem Schädel eines tollen Hundes ist gut gegen Gelbsucht und Zahnschmerz. Das Hundeblut wird vielfach angewandt. Gegen die Krätze ist es vortrefflich, den Pferden vertreibt es das Keuchen; wird es in reichlicher Menge getrunken, so ist es ein Gegengift, welches für alles brauchbar ist; wird ein Haus damit angestrichen, so schützt es gegen die verschiedensten Krankheiten. Das Hundefett wird benutzt, um Muttermäler und Gesichtsblüten zu vertreiben, unfruchtbare Weiber fruchtbar zu machen: dazu muß aber der ganze Hund gekocht und das Fett oben von der Brühe abgeschöpft werden; gegen Lähmung wird es zu einer Salbe verwandt: doch darf es dann bloß von jungen Hunden herrühren; mit Wermut versetzt heilt es die Taubheit. Hundegehirn auf Leinwand gestrichen leistet bei Beinbrüchen gute Dienste, hilft aber auch für Blödigkeit der Augen. Hundemark vertreibt Überbeine und Geschwülste. Die Milz ist gegen Milzbrand und Milzschmerzen vortrefflich; am besten wirkt sie, wenn sie aus einem lebenden Hunde ausgeschnitten worden ist. Die rohe Leber wird gegen die Wuthkrankheit empfohlen; doch muß sie stets von einem Hunde von demselben Geschlechte genommen werden, welches der Beißende hatte. Das Leder wird angewandt gegen schweißige Füße; ein dreifaches Halsband davon schützt gegen Bräune; ein Gurt von Hundeleder vertreibt das Leibschneiden. Das Haar des Hundes in ein Tuch gewickelt und auf die Stirn gebunden, lindert Kopfschmerzen, schützt auch gegen Wasserscheu und heilt dieselbe, wenn es auf die Wunde gelegt wird, welche ein toller Hund verursachte. Die Galle mit Honig versetzt ist eine Augensalbe, hilft ebenso gegen Flechten, und wenn sie mit einer Feder anstatt mit der Hand aufgestrichen wird, gegen die Fußgicht, thut auch zur Bestreichung von Flechten treffliche Dienste. Die Milch ist sehr gut, wenn sie getrunken wird; mit Salpeter versetzt hilft sie gegen den Aussatz; mit Asche vermischt erzeugt sie Haarwuchs oder befördert schwere Geburten. Der Harn von jungen Hunden ist, wenn er gereinigt worden, ein Mittel, überflüssigen Haarwuchs zu vertreiben. Mit den Zähnen reibt man kleinen Kindern die Kinnlade und erleichtert dadurch das Zahnen. Wirft man den linken Oberreißzahn ins Feuer, so vergehen die Zahnschmerzen, sobald der Rauch vergangen ist; wird der Zahn zu Pulver gerieben und mit Honig versetzt, so bildet diese Mischung ein Mittel gegen dieselben Schmerzen – doch wer wollte das alles noch zusammenzählen! Bemerkenswerth ist es, daß noch heutigen Tages manche dieser Mittel in Gebrauch sind, namentlich bei den Landleuten, schade dagegen, daß sich die Homöopathie bis jetzt dieser vortrefflichen Mittel noch nicht in wünschenswerther Vollständigkeit bediente.

# *Der Fuchs*

Unter den in unserem Vaterlande wildlebenden Säugethieren steht der Fuchs (Canis vulpes) unzweifelhaft obenan. Kaum ein einziges anderes Mitglied dieser Klasse genießt einen so hohen Ruhm und erfreut sich einer so großen Bekanntschaft wie Freund Reineke, das Sinnbild der List, Verschlagenheit, Tücke, Frevelhaftigkeit und, wie ich sagen möchte, gemeinen Ritterlichkeit. Ihn rühmt das Sprichwort, ihn preist die Sage, ihn verherrlicht das Gedicht; ihn hielt einer unserer größten Meister für würdig, seinen Gesang ihm zu widmen. Es ist gar nicht anders möglich: der Gegenstand einer so allgemeinen Theilnahme muß ein ausgezeichnetes Geschöpf sein. Und das ist denn auch unser Schlaukopf und Strauchdieb in jeder Hinsicht. Wir müssen ihm seiner geistigen wie leiblichen Eigenschaften wegen unsere Achtung zollen, ihn gewissermaßen liebgewinnen. Gleichwohl erfreut sich Reineke keineswegs unserer Freundschaft. Trotz aller Anerkennung, welche seine Fähigkeiten uns einflößen, wird er von uns verfolgt und befehdet, wo sich nur immer Gelegenheit dazu bietet. Es scheint fast, als bestände zwischen dem Menschen und Thiere ein Wettstreit, als bemühe sich der Mensch, ihm gegenüber zu zeigen, daß die geistigen Fähigkeiten des Erdenbeherrschers denn doch noch die des Fuchses überträfen: und Reineke seinerseits läßt es sich angelegen sein, seinem Verfolger immer und immer wieder zu beweisen, daß man auch trotz aller Hindernisse noch zu leben verstehe.

Der Fuchs ist ein vollendetes Thier in seiner Art. »Zierlicher, als seine Verwandten in Tracht und Haltung«, sagt Tschudi, »feiner, vorsichtiger, berechnender, biegsamer, von großem Gedächtnis und Ortssinn, erfinderisch, geduldig, entschlossen, gleich gewandt im Springen, Schleichen, Kriechen und Schwimmen, scheint er alle Erfordernisse des vollendeten Strauchdiebes in sich zu vereinigen und macht, wenn man seinen geistreichen Humor hinzunimmt, den angenehmen Eindruck eines abgerundeten Virtuosen in seiner Art.« Reineke ist unbedingt der allervollendetsten Spitzbuben einer. Mit seinen leiblichen Begabungen stehen seine geistigen Fähigkeiten nicht bloß im Einklange, sondern helfen ihm gewissermaßen über manche Mängel seiner leiblichen Ausrüstung, im Vergleiche zu anderen, besser begabten Raubthieren hinweg. Reineke versteht sein Handwerk zu treiben und läßt sich kaum von einem zweiten Geschöpfe übertreffen. Ihm scheint nichts unerreichbar, seiner List und Tücke kein Wild zu schnell oder zu stark, seiner Behendigkeit nichts zu rasch und zu gewandt zu sein. Gefahr würdigt er vollkommen, aber fürchtet sie nicht; denn für ihn sind alle Netze, Fallen, Schlingen und Jagdwaffen eigentlich kaum da; für ihn findet sich aus jeder Verlegenheit noch ein Ausweg, und nur die größere Menschenlist oder die durch Verbindung mit des Fuchses eigenen Familiengenossen unberechenbar vermehrte Macht des Erdenbeherrschers kostet unserem Strauchdiebe Haut und Haar.

Reineke lebt, hundertfach durch Wort und Bild gezeichnet, in Jedermanns Anschauung und ist wohl bekannt. Demungeachtet verdient er den weniger mit der Natur Vertrauten besonders vorgestellt zu werden. Seine Länge beträgt bis 1,3 Meter, wovon freilich 40 Centim. auf den Schwanz kommen, die Höhe am Widerrist dagegen nur 35, höchstens 38 Centim., das Gewicht sieben bis zehn Kilogramm. Der Kopf ist breit, die Stirn platt, die Schnauze, welche sich plötzlich verschmälert, lang und dünn. Die Seher stehen schief und die Lauscher, welche am Grunde sich verbreitern und nach oben zuspitzen, aufrecht. Der Leib erscheint seines ziemlich dichten Haarkleides wegen dick, ist in Wahrheit aber ungemein schlank, jedoch äußerst kräftig und der umfassendsten Bewegung fähig. Die Läufe sind dünn und kurz, die Standarte oder Lunte aber ist lang und buschig, der Balg sehr reichlich, dicht, weich, und hinsichtlich seiner Färbung ein wirklich vollendeter zu nennen. Reineke sammt seiner ganzen edlen Sippschaft trägt ein Kleid, welches seinem Räuberthume in der allervortrefflichsten Weise entspricht. Die Färbung, ein fahles, grauliches Roth, welches sich der Bodenfärbung förmlich anschmiegt, paßt ebenso zum Laubwalde wie zum Nadelholzbestande, er sei hoch oder niedrig, oder ist für die Heide wie für das Feld und für das Stein- oder Felsengeklüfte gleich geeignet.

In der Weidmannssprache heißt nur das Männchen Fuchs, die Füchsin »Fähin« oder »Betze«; die Augen nennt man »Seher«, die Ohren »Lauscher«, die Beine »Läufe«, die Zehen »Branten«, den Schwanz »Standarte, Stange, Lunde oder Lunte und Ruthe«, die Schwanzspitze »Blume«, die Afterdrüse »Viole«, das Fell »Balg«, das Grannenhaar »Haar«, das Wollhaar »Wolle«. Der Fuchs »schleicht, trabt und schnürt, wird flüchtig«, er »läuft« vor den Hunden oder aufs Reizen, »bellt, kriecht zu Baue, steckt im Baue, fährt aus demselben, raubt, mauset, reißt und frißt den Raub«, nimmt die »Schleppe, den Brocken, Vorwurf oder Abzugsbissen«; er »ranzt« oder »rollt«, d. h. begattet sich; die Füchsin »rennt« während der »Ranz- oder Rollzeit« und »wirft« oder »wölft« ihre Jungen.

Reineke bewohnt den größten Theil der nördlichen Hälfte unserer Halbkugel. Er geht durch ganz Europa, Nordafrika, West- und Nordasien. Man vermißt ihn nirgends gänzlich und trifft ihn in manchen Gegenden häufig an. Seine Allseitigkeit läßt ihn aller Orten passende Wohnplätze finden, wo andere Raubthiere, aus Mangel an solchen, sich nicht aufhalten können, und seine List, Schlauheit und Gewandtheit befähigen ihn, diese Wohnsitze mit einer Beharrlichkeit und Hartnäckigkeit zu behaupten, welche geradezu ohne Beispiel dasteht.

Seine Wohnplätze werden immer mit äußerster Vorsicht gewählt. Es sind tiefe, gewöhnlich verzweigte Höhlen im Geklüft, zwischen Wurzeln oder anderen günstigen Stellen, welche am Ende in einen geräumigen Kessel münden. Wenn es nur irgend angeht, gräbt er sich diese Baue nicht selbst, sondern bezieht alte, verlassene Dachsbaue oder theilt sie mit Grimbart, trotz der Abneigung desselben, mit anderen Thieren Geselligkeit zu pflegen.

Der Fuchs zieht, um zu rauben, die Nacht dem Tage vor, jagt jedoch auch recht gern angesichts der Sonne, an stillen Orten über Tages lieber noch als in der Dunkelheit. In den langen Tagen der Sommermonate zieht er an gedeckten Stellen seines Gebietes oft mehrere Stunden vor Sonnenuntergang mit seinen Jungen auf Raub aus, und bei anhaltender Kälte und tiefem Schnee scheint er nur in den Morgenstunden zu ruhen; denn schon von zehn Uhr vormittags an sieht man ihn in den Feldern umherstreichen. Wie der Hund hält er die Wärme sehr hoch. Bei schönem Wetter legt er sich auf einen alten Baumstamm oder Stein, um sich zu sonnen, und verträumt in behaglichster Gemüthsruhe manches Stündchen. Da, wo er sich sicher fühlt, überläßt er sich auch an wenig oder nicht gedeckten Stellen ziemlich sorglos dem Schlafe, schnarcht laut wie ein Hund und schläft so tief, daß es bisweilen selbst dem durch einen klugen Hund aufmerksam gemachten Jäger gelingt, ihn in solcher Lage zu überraschen und zu beobachten. Mit Einbruch der Dämmerung oder schon in den Nachmittagsstunden beginnt er einen seiner Schleich- und Raubzüge. Seine Jagd gilt allem Gethier von dem jungen Reh an bis zum Käfer herab, vorzüglich aber den Mäusen, welche wohl den Hauptheil seiner Mahlzeiten bilden. Er schont weder Jung noch Alt, verfolgt die Hasen und Kaninchen aufs eifrigste, wagt es sogar, ein Reh- oder Hirschkälbchen zu beschleichen, wenn er glaubt, daß dieses einen Augenblick lang unbewacht ist, obgleich er weiß, daß ihn die Mutter, sobald sie ihn bemerkt, abtreibt und, wenn sie ihn erreichen kann, mit den starken Vorderläufen dergestalt durchprügelt, daß er lendenlahm davonhinkt. Er plündert nicht allein die Nester aller auf dem Boden brütenden Vögel, indem er Eier und Junge verzehrt, sondern versucht auch die flugbegabten, alten Vögel zu überlisten und kommt nicht selten zum Ziele. Er schwimmt und wadet durch Sumpf und Moor, um den auf dem Wasser brütenden Vögeln beizukommen: es sind Fälle bekannt, daß er brütende Schwäne erwürgt hat. Außerdem überfällt er die Herden des zahmen Geflügels und stiehlt sich zur Nachtzeit bis in die Höfe einzelnstehender Bauerngüter: wenn er ein gutes Versteck besitzt, schleicht er dem Hausgeflügel selbst bei hellem Tage nach.

Bei seinen Jagdzügen gilt ihm die eigene Sicherheit als erstes Gesetz; ihr ordnet er alle Lüste und Begierden unter, und eben deshalb entgeht er so vielfachen Nachstellungen. Niemals wagt er sich auf einen von scharfen Hunden geschützten Hof oder in ein Gehege, welches mit Scheuchen umstellt ist. Alles ihm nicht bekannte erregt seinen Verdacht, und wenn er erst mißtrauisch geworden ist, bekundet er erstaunliche Selbstbeherrschung. Verdächtige Beute untersucht er vorher genau und läßt sie weit lieber im Stiche, als daß er sich der Gefahr aussetzt; deshalb schleppt er nur sehr ausnahmsweise todte Körper weg oder besinnt sich lange, Köder anzunehmen, welche man ihm stellt, um ihn zu berücken. Erst nachdem er alles sorgfältig geprüft hat, wendet er sich rascher, doch auch jetzt noch auf Umwegen, seinem Ziele zu.

Ganz anders benimmt er sich, wenn er sich vollkommen sicher weiß. Dann verwandelt sich seine Vorsicht in eine wirklich unverschämte Frechheit. Er erscheint bei hellem Tage in dem Hofe, holt sich angesichts der Bewohner ein Huhn, eine Gans, macht sich mit seiner Beute offen davon und trägt sie ruhig seines Weges, selbst wenn ihm die Hunde auf den Balg kommen. Nur im äußersten Nothfalle läßt er so schwer errungenes im Stiche, und regelmäßig kehrt er dann zurück, um zu sehen, ob er es nicht noch wegbringen könne.

Der Lauf des Fuchses ist schnell, ausdauernd, behend und im höchsten Grade gewandt. Er versteht zu schleichen, unhörbar auf dem Boden dahinzugleiten, aber auch zu laufen, zu rennen und außerordentlich weite Sätze auszuführen. Selbst gute Jagdhunde sind selten im Stande, ihn einzuholen. Bei rascherem Laufe trägt er die Lunte gerade nach rückwärts gestreckt, während er sie beim Gehen fast auf dem Boden schleppt. Wenn er lauert, liegt er fest auf dem Bauche, wenn er ruht, legt er sich nicht selten, wie der Hund, zusammengerollt auf die Seite oder auch selbst auf den Rücken; sehr häufig sitzt er auch ganz nach Hundeart auf den Keulen und schlägt dabei die buschige Standarte zierlich um seine Vorderläufe. Vor dem Wasser scheut er sich nicht im geringsten, schwimmt vielmehr leicht und rasch über Flüsse von der Größe der Elbe; auch im Klettern zeigt er sich nicht ungeschickt, da man ihn zuweilen auf Bäumen bis fünf Meter über dem Boden antrifft.

Die Stimme des Fuchses ist ein kurzes Gekläff, welches mit einem stärkeren und höheren Kreischen endet. Erwachsene Füchse »bellen« bloß vor stürmischem Wetter, bei Gewittern, bei großer Kälte und zur Zeit der Paarung; die Jungen dagegen schreien und kläffen, sobald sie hungerig sind oder sich langweilen. Im Zorne oder bei großer Gefahr knurrt oder heult der Fuchs; einen Schmerzenslaut vernimmt man von ihm nur dann, wenn er von einer Kugel getroffen oder ihm durch einen Schrotschuß ein Knochen zertrümmert worden ist: bei jeder anderen Verwundung schweigt er hartnäckig still. Im Winter, namentlich bei Schnee und Frost, schreit er laut und klagend; am meisten aber hört man ihn zur Zeit der Paarung.

CANIDAE

*Vulpes vulpes*

Reineke zählt nicht zu den geselligen Thieren und unterscheidet sich auch dadurch von Urhunden, Wölfen und Schakalen. Zwar trifft man nicht selten mehrere Füchse in einem Dickichte und selbst in einem und demselben Baue an; sie aber vereinigte, in den meisten Fällen wohl gewohnheitsmäßig, die Örtlichkeit, nicht der Wunsch mit anderen ihresgleichen gemeinsam zu leben und zu wirken. Unter Umständen, namentlich in Zeiten der Noth, geschieht es wohl, daß Füchse gesellschaftlich jagen; ob jedoch hierbei gemeinschaftlich gehandelt wird, dürfte fraglich sein. In der Regel geht jeder Fuchs seinen eigenen Weg und bekümmert sich um andere seiner Art nur in so weit, als es sein Vortheil angemessen erscheinen läßt. Selbst die verliebten Füchse halten nur so lange zusammen, als ihre Liebe währt, und trennen sich sofort nach der Ranzzeit wieder. Freundschaft gegen andere Thiere kennt der Fuchs ebensowenig wie Geselligkeit. Man hat allerdings wiederholt beobachtet, daß er sogar mit seinem Todfeinde, dem Hunde, freundlich verkehrte: dies aber geschah jedenfalls nur in seltenen Ausnahmsfällen. Auch das Verhältnis zu Vetter Grimbart darf nicht als ein freundschaftliches aufgefaßt werden, da es Reineken keineswegs um den Dachs, sondern nur um dessen Wohnung zu thun ist.

Die Ranzzeit fällt in die Mitte des Februar und dauert einige Wochen. Um diese Zeit gesellen sich gewöhnlich mehrere Rüden zu einer Fähin, folgen ihr auf Schritt und Tritt und machen ihr nach Hundeart den Hof. Jetzt vernimmt man ihr Gekläff öfter als je; auch werden unter den verschiedenen Mitbewerbern lebhafte Händel ausgekämpft. Zwei Füchse beißen sich oft mit größter Wuth einer Füchsin wegen. In Egypten, wo sie bei weitem nicht so vorsichtig sind als bei uns, treiben sie die Paarung offen im Felde und vergessen in der Liebesaufregung sich nicht selten so weit, daß sie den Menschen nahe herankommen lassen. Ich selbst habe einmal den Fuchs eines sich gerade begattenden Paares mit der Kugel erlegt und dasselbe von einem meiner dortigen Jagdgefährten gesehen. Auch bei uns zu Lande geschieht die Paarung zuweilen im freien Felde, »auf offener Wüstung«, wie Adolf Müller, welcher sie mit angesehen hat, sich ausdrückt, in der Regel aber wohl im Innern des Baues. Es findet, wie man von außen recht gut vernehmen kann, ein fortwährendes Hin- und Herjagen im Baue statt, wobei gepoltert, geknurrt und »gegäkkert« wird, als ob ein Dachshund den Fuchs im Baue umherhetze. Wenn die Fähin sich trächtig fühlt, verläßt sie, wahrscheinlich um den Nachstellungen noch verliebter Füchse besser entgehen und ihre ungestümen Zumuthungen leichter abweisen zu können, das Hochzeitsgemach wieder und hält sich in schützenden Dickichten auf, welche in der Nähe der von ihr zur Wochenstube ersehenen Baue liegen. Während der Trächtigkeitsdauer besucht und erweitert sie, laut Beckmann, verschiedene Baue ihres Wohngebietes und bezieht zuletzt in aller Stille denjenigen, dessen Umgebung in der letzten Zeit am seltensten von Menschen und Hunden betreten wurde.

Schon während der Tragzeit rupft sich die Füchsin, wie Bischofshausen feststellte, ihre Bauchhaare aus, in der Nabelgegend beginnend und bis zum Halse damit fortfahrend, hauptsächlich wohl, um das Gesäuge für die erwarteten Jungen freizulegen und gleichzeitig diesen ein weiches und warmes Lager bereiten zu können. Sechszig bis dreiundsechszig Tage oder neun Wochen nach der Begattung, Ende Aprils oder anfangs Mai, wölft die Füchsin. Die Anzahl ihrer Jungen schwankt zwischen drei und zwölf; am häufigsten dürften ihrer vier bis sieben in einem Neste gefunden werden. Sie kommen nach Pagenstechers Untersuchungen mit verklebten Augen und Ohren zur Welt, haben ein durchaus glattes, kurzes, braunes, mit gelblichen und graulichen Spitzen gemischtes Haar, eine fahle, ziemlich scharf abgesetzte Stirnbinde, eine weiße Schwanzspitze und einen kleinen weißen undeutlichen Fleck auf der Brust, sehen äußerst plump aus, erscheinen höchst unbeholfen und entwickeln sich anfänglich sehr langsam. Frühestens am vierzehnten Tage öffnen sie die Augen; schon um diese Zeit aber sind bereits alle Zähnchen durchgebrochen. Die Mutter behandelt sie mit großer Zärtlichkeit, verläßt sie in den ersten Tagen ihres Lebens gar nicht, später nur auf kurze Zeit in tiefer Dämmerung, und scheint ängstlich bestrebt zu sein, ihren Aufenthalt zu verheimlichen. Ein oder einundeinhalb Monate nach ihrer Geburt wagen sich die netten, mit röthlichgrauer Wolle bedeckten Raubjunker in stiller Stunde heraus vor den Bau, um sich zu sonnen und unter einander oder mit der gefälligen Alten zu spielen. Diese trägt ihnen Nahrung in Überfluß zu, von allem Anfange an auch lebendiges Wildpret: Mäuse, Vögelchen, Frösche und Käfer, und lehrt die hoffnungsvollen Sprößlinge, gedachte Thiere zu fangen, zu quälen und zu verzehren. Sie ist jetzt vorsichtiger als je, sieht in dem unschuldigsten Dinge schon Gefahr für ihr Gewölfe und führt es bei dem geringsten Geräusche in den Bau zurück, schleppt es auch, sobald sie irgend eine Nachstellung merkt, im Maule nach einem anderen Baue, ergreift selbst hartbedrängt noch ein Junges, um es in Sicherheit zu bringen. Selten nur gelingt es dem Beobachter, die spielende Familie zu bemerken. Wenn die Kleinen eine gewisse Größe erlangt haben, liegen sie bei gutem Wetter morgens und abends gern vor der Eingangsröhre und erwarten die Heimkunft der Alten: währt ihnen diese zu lange, so bellen sie und verrathen sich hierdurch zuweilen selbst. Schon im Juli begleitet das Gewölfe die jagende Alte oder geht allein auf die Jagd, sucht bei Tage oder in der Dämmerung ein Häschen, Mäuschen, Vögelchen oder ein anderes Thierchen zu überraschen, und wäre es auch nur ein Käfer. »Sie haben«, sagt Tschudi, »schon ganz die Art der Alten. Die längliche, spitze Schnauze folgt emsig am Boden der Fährte, die feinen Öhrchen stehen gerade aufgerichtet, die kleinen, graugrünen, schief blitzenden Äuglein visiren scharf das Revier, die reichwollige Standarte folgt leise dem leisen Auftritte der Sohlen. Bald steht der junge Jäger mit den Vorderfüßen auf einem Steine und spürt umher, bald duckt er sich in den Busch, um die Ankunft der Nestvögel zu erwarten, bald steht er heuchlerisch harmlos am Bergstalle, um den nächtlicher Weile das muntere Volk der Mäuse das Heugesäme durchsucht.« Ende Juli's verlassen die jungen Füchslein den Bau gänzlich, und beziehen mit ihrer Mutter die Getreidefelder, welche ihnen reichen Fang versprechen und vollkommene Sicherheit gewähren. Nach der Ernte suchen sie dichte Gebüsche, Heiden und Röhricht auf, bilden sich inzwischen zu vollkommen gerechten Jägern und schlauen Strauchdieben aus, und trennen sich endlich im Spätherbste gänzlich von der Mutter, um auf eigene Faust ihr Heil zu versuchen.

Der Fuchs bekümmert sich, so lange die Füchsin am Leben ist, nicht im geringsten um seine Nachkommen, deren Vaterschaft er, entsprechend der Vielehigkeit, welche unter seinem Geschlechte gilt, auch freilich kaum für sich allein beanspruchen kann. Während die Fähin sich redlich abmüht, ihre zahlreichen Sprößlinge standesgemäß zu ernähren, bei ihrer Jagd geradezu tolldreist verfährt, und angesichts des in gerechten Zorn gerathenden Besitzers am hellen Tage die Ente aus dem Bache, vor den Augen des Hundes das Huhn aus dem Garten, vor dem Rohre des Jägers den Hasen, in Gegenwart der Rike das Rehkälbchen überfällt, abwürgt und fortschleppt, in und vor dem Baue eine wahre Schlachtbank anlegend, bummelt er gemächlich durch Wald und Feld und erscheint, laut Adolf Müller, höchstens dann vor dem Baue, wenn ihm einige leckere Reste besagter Schlachtbank allzu verführerisch in die Nase duften, um solche Reste zu stehlen. Von einer Unterstützung des schwierigen Erziehungsgeschäftes seinerseits kann also nicht gesprochen werden, es sei denn, daß man ihm Spiele mit den Jungen, in welche er sich in einem Anfalle besonders guter Laune zuweilen einlassen soll, als Verdienst anrechnen wolle. Dagegen scheint, übereinstimmenden Angaben verschiedener Beobachter zufolge, wirklich festzustehen, daß er ebensogut wie eine ledige Füchsin sich verwaister Jungen annimmt und, durch das klägliche Bellen der hungerigen Thierchen gerührt, ihnen Nahrung zuschleppt. In der Freundlichkeit, mit welcher alte Füchse beiderlei Geschlechts junge, hülflose und, was wohl zu beachten, gesunde Füchschen behandeln, offenbart sich ein edler Zug des Wesens dieses nicht mit Unrecht als im höchsten Grade selbstsüchtig bezeichneten Raubthieres.

Außer dem Menschen hat der Fuchs immer noch eine Anzahl von Feinden. Nicht allein der Wolf fängt und verspeist ihn, sondern auch die Hunde haben so großen Groll auf ihn, daß sie ihn wenigstens zerreißen. Merkwürdig ist es, daß trächtige oder säugende Füchsinnen häufig von den männlichen Hunden geschont und gar nicht verfolgt werden. Die übrigen Säugethiere können Reineke nichts anhaben: unter den Vögeln hat er aber mehrere sehr gefährliche Feinde. Der Habicht nimmt junge Füchse ohne Zögern weg, der Steinadler sogar erwachsene, obgleich ihm dies zuweilen schlecht bekommt. Tschudi berichtet einen solchen Fall. »Ein Fuchs lief über den Gletscher und wurde blitzschnell von einem Steinadler gepackt und hoch in die

Lüfte geführt. Der Räuber fing bald an, sonderbar mit den Flügeln zu schlagen und verlor sich hinter einem Grat. Der Beobachter stieg zu diesem heran, da lief zu seinem Erstaunen der Fuchs pfeilschnell an ihm vorbei: – auf der anderen Seite fand er den sterbenden Adler mit aufgebissener Brust. Dem Fuchse war es gelungen, den Hals zu strecken, seinen Räuber bei der Kehle zu packen und diese durchzubeißen. Wohlgemuth hinkte er nun von dannen, mochte aber wohl sein Leben lang die sausende Luftfahrt nicht vergessen.« In den übrigen Thierklassen hat der Fuchs keine Feinde, welche ihm gefährlich werden könnten, wohl aber solche, welche ihn belästigen, so namentlich viel Flöhe. Daß er diese durch ein sorgfältig genommenes Bad in ein im Maule getragenes Bündel Moos treibe und dann durch Wegwerfen dieses Bündels sich jene unangenehme Gäste vom Halse schaffe, ist eine Fabel.

Es ist erwiesen, daß der Fuchs fast alle Krankheiten des Hundes theilt und auch von der fürchterlichen Tollwuth befallen wird. Ja, man kennt sogar Beispiele, daß er, von dieser entsetzlichen Seuche getrieben, bei hellem Tage in das Innere der Dörfer kam und hier alles biß, was ihm in den Weg lief. »Im kleinen österreichischen Kronlande Kärnten«, so schreibt man mir, »wurde zuerst vor fünf Jahren eine Krankheit der Füchse bemerkt, welche seither an Umfang zuzunehmen scheint, über deren Ursprung und Wesen man aber heute noch nicht im Klaren ist. Unzweifelhaft verhält sich die aufgetretene Krankheit der Hundswuth sehr ähnlich, theilt sich das Krankheitsgift durch den in die Bißwunde dringenden Geifer der Füchse den Gebissenen mit, wie das Wuthgift toller Hunde, und ruft Erscheinungen wie dieses hervor. Allen Beobachtungen zufolge, zieht der kranke Fuchs planlos, in einer Art Irrsinn, welcher ja beim wüthenden Hunde ebenfalls auftritt, umher, weicht menschlichen Wohnungen auch bei hellem Tage nicht aus, geht dort in ebenerdige Vorlauben, selbst Wohnzimmer oder in Stallungen und läßt sich von seiner Richtung oft selbst durch Schläge nicht abbringen. Seine Gangart ist Schritt oder langsamer Trapp; Thiere mit vorgeschrittener Krankheit schleppen das mehr und mehr gelähmte Hintertheil. Kommt dem kranken Fuchse ein Thier in den Wurf, so sucht er ihm einen Biß beizubringen und setzt dann seinen Marsch wieder fort, aus dessen Richtung ihn das Ansichtigwerden von Menschen nicht abwendet, wenn schon bisher kein Fall bekannt wurde, daß er auch auf Menschen so losginge, um sie zu beißen, wie auf Thiere. Schicken sich Leute an, ihn zu erschlagen, so flieht er nicht, setzt sich aber auch nur schwach zur Wehre. In den Mägen so erschlagener Füchse, die stets ganz abgemagert waren, fanden sich Gräser, Holztheile, thierischer Koth, doch keine Fleischfressern zukommenden Nahrungsreste. Die von kranken Füchsen gebissenen Hausthiere: Rinder, Schweine, Schafe, sind in allen uns bekannt gewordenen Fällen dem Bisse erlegen, und zwar stets unter Anzeichen, wie sie der Biß eines wüthenden Hundes hervorruft.«

# Die Streifenhiäne

Unter den Thieren der Schaubuden finden sich regelmäßig einige, denen sich, dank den Erläuterungen des trinkgeldheischenden Thierwärters, die besondere Aufmerksamkeit der Schaulustigen zuzuwenden pflegt. Der Erklärer verfehlt nie, diese Thiere als wahre Scheusale darzustellen, und dichtet ihnen die fürchterlichsten Eigenschaften an. Mordlust, Raubgier, Grausamkeit, Blutdurst, Hinterlist und Tücke ist gewöhnlich das geringste, was der Mann ihnen, den Hiänen, zuschreibt; er lehrt sie regelmäßig auch noch als Leichenschänder und Todtenausgräber kennen und erweckt sicherlich ein gerechtes Entsetzen in den Gemüthern aller naturunkundigen Zuschauer. Die Wissenschaft hat es bis jetzt noch nicht vermocht, solchen Unwahrheiten zu steuern, diese haben sich vielmehr, allen Belehrungen zum Trotze, seit uralter Zeit frisch und lebendig erhalten.

Es gibt wenige Thiere, deren Kunde mit so vielen Fabeln und abenteuerlichen Sagen ausgeschmückt worden wäre wie die Geschichte der Hiänen. Schon die Alten haben die unglaublichsten Sachen von ihnen erzählt. Man behauptete, daß die Hunde Stimme und Sinne verlören, sobald sie der Schatten einer Hiäne träfe; man versicherte, daß die scheußlichen Raubthiere die Stimme des Menschen nachahmen sollten, um ihn herbeizulocken, dann plötzlich zu überfallen und zu ermorden; man glaubte, daß ein und dasselbe Thier beide Geschlechter in sich vereinige, ja selbst nach Belieben das Geschlecht ändern und sich bald als männliches, bald als weibliches Wesen zeigen könne. Das merkwürdigste bei der Sache ist, daß diese Fabelei Wiederklang findet bei allen Völkerschaften, welche die Hiänen kennen lernten. Namentlich die Araber sind reich an Sagen über diese Thiere. Man glaubt steif und fest, daß Menschen von dem Genusse des Hiänengehirnes rasend werden, und vergräbt den Kopf des erlegten Raubthieres, um bösen Zauberern die Gelegenheit zu übernatürlichen Beschwörungen zu nehmen. Ja, man ist sogar fest überzeugt, daß die Hiänen selbst nichts anderes sind als verkappte Zauberer, welche bei Tage in Menschengestalt umherwandeln, bei Nacht aber die Hiänenmaske annehmen, allen Gerechten zum Verderben.

Ich selbst bin mehrere Male von meinen arabischen Dienern herzlich und dringend gewarnt worden, auf Hiänen zu schießen, und schauerliche Geschichten wurden mir über die Gewalt der verlarvten, höllischen Geister mitgetheilt.

»Diese verzauberten Menschen, die von Allah, dem Erhabenen, Verdammten«, so sagte mir mein Diener Aali, »können durch den bloßen Blick ihres bösen Auges das Blut in den Adern des Gottseligen zum Stocken und das Herz zum Stillstehen bringen, die Eingeweide austrocknen und den Verstand verwirren. Einer unserer Herrscher, Churschid Pascha, ließ viele von den Dörfern verbrennen, – Gott segne ihn dafür! – in denen sich solche Zauberer befanden, und dennoch ist ihre Anzahl immer noch groß genug, und sie sind übermächtig, zum Schaden der Gläubigen. Zwar wird sie Allah in den tiefsten Pfuhl der Hölle schleudern; allein während sie leben, thut der Gläubige wohl, ihnen aus dem Wege zu gehen und den Bewahrer zu bitten, daß er ihn vor den aus seinem Himmel herabgeschleuderten Teufeln in Gnaden bewahre. Jener Fürst starb eines frühen Todes, denn er verfuhr hart gegen alle Zauberer, und wahrlich! – nur der Blick des bösen Auges hat ihn unter die Erde gebracht.«

Das Märchen und die Sage sucht sich immer seine Gestalten. Ein Thier, von welchem so viel wunderbares berichtet oder geglaubt wird, muß irgend etwas absonderliches in seiner Gestalt zeigen. Dies finden wir denn auch bei den Hiänen (Hyaenidae) bestätigt. Sie ähneln den Hunden und unterscheiden sich gleichwohl in jedem Stücke von ihnen; sie reihen sich an jene Familie an und stehen vereinzelt für sich da. Ihr Anblick ist keineswegs anmuthig, sondern entschieden abstoßend. Alle Hiänen sind häßlich, weil sie bloß Andeutungen von einer Gestalt sind, welche wir in vollendeterer Weise kennen. Einzelne Forscher sehen sie als Zwittergestalten zwischen Hund und Katze an; wir aber können dieser Anschauung nicht beipflichten, weil die Hiänen eine ganz eigenthümliche Gestalt für sich selbst haben. Der Leib ist gedrungen, der Hals dick, der Kopf stark und die Schnauze kräftig und unschön. Die krummen, vorderen Läufe sind länger als die hinteren, wodurch der Rücken abschüssig wird. Die Lauscher sind nur spärlich behaart und unedel geformt; die Seher liegen schief, funkeln unheimlich, unstet, und zeigen einen abstoßenden Ausdruck. Der dicke, scheinbar steife Hals, die buschig behaarte Lunte, welche nicht über das Fersengelenk hinabreicht, und der lange, lockere, rauhe Pelz, welcher sich längs des Rückens in eine schweinsborstenähnliche Mähne verlängert, die düstere, nächtige Färbung der Haare endlich: dies alles vereinigt sich, den ganzen Eindruck zu einem unangenehmen zu machen. Zudem sind alle Hiänen Nachtthiere, besitzen eine widerwärtige, mißtönende, kreischende oder wirklich gräßlich lachende Stimme, zeigen sich gierig, gefräßig, verbreiten einen üblen Geruch und haben nur unedle, fast hinkende Bewegungen, offenbaren auch gewöhnlich etwas ganz absonderliches in ihrem Wesen: kurz, man kann sie unmöglich schön nennen. Die außerordentliche Stärke der plumpen Zähne setzt das Thier in den Stand, die Überbleibsel der Nahrung anderer Fleischfresser noch für sich nutzbar zu machen und die stärksten Knochen

HYAENDAE
Hyaena hyaena

zu zerbrechen. Das Geheul der gewöhnlichen (gestreiften) Hiäne ist sehr mißtönend, aber nicht so widerlich, als man gesagt hat. Ich und meine ganze Reisegesellschaft sind durch dasselbe stets in hohem Grade belustigt worden. Es ist sehr verschieden. Heisere Laute wechseln mit hochtönenden, kreischende mit murmelnden oder knurrenden ab. Dagegen zeichnet sich das Geheul der gefleckten Art durch ein wahrhaft fürchterliches Gelächter aus, ein Lachen, wie es die gläubige Seele und die rege Phantasie etwa dem Teufel und seinen höllischen Gesellen zuschreibt, scheinbar ein Hohnlachen der Hölle selbst. Wer diese Töne zum ersten Male vernimmt, kann sich eines gelinden Schauders kaum entwehren, und der unbefangene Verstand erkennt in ihnen sofort einen der hauptsächlichsten Gründe für die Entstehung der verschiedenen Sagen über unsere Thiere. Es ist sehr wahrscheinlich, daß sich die Hiänen mit ihren Nachtgesängen gegenseitig zusammenheulen, und soviel sicher, daß die Musik augenblicklich in einer Gegend verstummt, sobald einer der Heuler irgendwelchen Fraß gefunden hat. Besondere Erscheinungen, welche Verwunderung erregen oder Schrecken verursachen, werden von der gestreiften Hiäne immer mit Geheul, von der gefleckten mit Gelächter begrüßt. So erschien, als wir in der Neujahrsnacht von 1850 zu 1851 mitten im Urwalde am Blauen Flusse ein großes Feuer angezündet hatten, um nach unserer Weise das Fest zu feiern, auf der Höhe des steilen Uferrandes eine gestreifte Hiäne, trat so weit vor, daß sie grell von den Flammen beleuchtet und hierdurch Allen sichtbar wurde, begann ein wahrhaft jämmerliches Geheul, blieb aber ganz fest stehen und starrte in das Feuer. Erst die Antwort, welche wir ihr durch ein schallendes Gelächter gaben, vertrieb sie von ihrem Schauplatze und jagte sie in das Dunkel der Wälder zurück. Das Hiänengeheul ist geradezu unzertrennlich von einer Nacht im Urwalde, weil immer das tonangebende, welches die einzelnen anderen Stimmen gleichsam begleitet; denn die übrigen Raub- oder Nachtthiere des Waldes, wie Löwe, Panther, Elefant, Wolf und Nachteule, stimmen bloß zuweilen in das endlose Nachtlied der Hiänen ein.

Solange die Nacht währt, sind die umherstreifenden Thiere in steter Bewegung, und erst gegen den Morgen hin ziehen sie sich wieder nach ihren Ruheplätzen zurück. In die Städte und Dörfer kommen sie, nach meinen Beobachtungen, selten vor zehn Uhr nachts, dann aber auch ohne Scheu, selbst ohne sich durch die Hunde beirren zu lassen. In der Stadt Sennâr am Blauen Flusse traf ich, von einem Gastmahle heimkehrend, um Mitternacht eine sehr zahlreiche Gesellschaft von Hiänen an und hielt sie, weil mich die Thiere sehr nahe an sich herankommen ließen, zuerst für Hunde, bis mich der kreischende, heisere Laut, den die eine ausstieß, belehrte, mit welchen Gästen ich es zu thun hatte. Ein einziger Steinwurf verjagte sie augenblicklich, und sie stoben nun wie dunkle Geister nach allen Seiten hin durch die Straßen der Stadt.

Bei ihren Wanderungen werden die Hiänen ebensowohl durch den Geruch wie durch das Gehör und Gesicht geleitet. Ein stinkendes Aas versammelt regelmäßig zwei oder mehrere von ihnen. Ebenso werden die häßlichen Gesellen durch eine eingezäunte Herde von Schafen, Ziegen oder Rindern herbeigelockt und umschleichen dann mit lüsternen Blicken, bezüglich mit unheimlich grünlichfunkelnden Augen ärgerlich die dichte Umzäunung, welche sie nicht zu durchdringen vermögen, und setzen durch ihr Geheul die eingeschlossenen Hausthiere in gewaltigen Schrecken. Alle Hiänen greifen nur Thiere an, welche sich gar nicht wehren, namentlich Schafe, Ziegen, Antilopen, junge Schweine und dergleichen, und auch diese regelmäßig von der Seite. Einen Ochsen oder ein Pferd zerreißen sie äußerst selten, und häufig genug sind Fälle vorgekommen, daß sogar ein muthiger Esel sie in die Flucht geschlagen hat. Sie richten also bloß unter den schwächeren Hausthieren Schaden an. In diesem Kreise aber sind die Verwüstungen, welche sie verursachen, sehr bedeutend. Am liebsten ist es ihnen unter allen Umständen, wenn sie ein Aas finden. Um dieses herum beginnt regelmäßig ein Gewimmel, welches kaum zu schildern ist. Sie sind die Geier unter den Säugethieren, und ihre Gefräßigkeit ist wahrhaft großartig. Dabei vergessen sie alle Rücksichten und auch die Gleichgültigkeit, welche sie sonst zeigen. Man hört es sehr oft, daß die Fressenden in harte Kämpfe gerathen; es beginnt dann ein Krächzen, Kreischen und Gelächter, daß Abergläubische wirklich glauben können, alle Teufel der Hölle seien los und ledig.

Die Streifenhiäne (Hyaena striata) endlich ist das uns wohlbekannte Mitglied der Thierschaubuden. Sie kommt, weil sie uns am nächsten wohnt und überall gemein ist, auch am häufigsten zu uns und wird gewöhnlich zu den beliebten Kunststücken abgerichtet, welche man in Thierbuden zu sehen bekommt. Eine Beschreibung des Thieres erscheint seiner Allbekanntschaft halber kaum nöthig, läßt sich mindestens auf wenige Worte beschränken. Der Pelz ist rauh, straff und ziemlich langhaarig, seine Färbung ein gelbliches Weißgrau, von welchem sich schwarze Querstreifen abheben. Die Mähnenhaare haben ebenfalls schwarze Spitzen, und der Vorderhals ist nicht selten ganz schwarz, die Standarte bald einfarbig, bald gestreift. Der Kopf ist dick, die Schnauze verhältnismäßig dünn, obgleich immer noch plump genug; die aufrechtstehenden Lauscher sind groß und ganz nackt. Die Jungen ähneln den Alten. Ein Meter, etwas mehr oder weniger, ist das gewöhnliche Maß der Leibeslänge.

Das Verbreitungsgebiet der Streifenhiäne erstreckt sich von der Sierra Leona an quer durch Afrika und fast ganz Asien, östlich bis zum Altai. Sie bewohnt Nordafrika, Palästina, Syrien, Persien und Indien, ebenso die meisten Länder Südafrikas, tritt nirgends selten, an menschenleeren Orten sogar außerordentlich häufig auf; aber sie ist auch die am wenigsten schädliche unter allen Hiänen und wird deshalb wohl nirgends besonders gefürchtet. In ihrer Heimat gibt es gemeiniglich so viel Aas oder wenigstens Knochen, daß sie nur selten durch den Hunger zu kühnen Angriffen auf lebendige Thiere gezwungen wird. Ihre Feigheit übersteigt alle Grenzen; doch kommt auch sie in das Innere der Dörfer herein und in Egypten wenigstens bis ganz nahe an dieselben heran. Auf dem Aase, welches wir auslegten, um später Geier auf ihm zu schießen, erschienen des Nachts regelmäßig Hiänen und wurden uns deshalb lästig. Wenn wir im Freien rasteten, kamen sie häufig bis an das Lager geschlichen, und mehrmals haben wir von unserer Lagerstätte aus, ohne aufzustehen, auf sie feuern können. Bei einem Ausfluge nach dem Sinai erlegte mein Freund Heuglin eine gestreifte Hiäne vom Lager aus mit Hühnerschroten. Trotz ihrer Zudringlichkeit fürchtet sich kein Mensch vor ihr, und sie wagt wirklich niemals auch nur Schlafende anzugreifen. Ebensowenig gräbt sie Leichen aus, es sei denn, daß diese eben nur mit ein wenig Sand oder Erde überdeckt seien; an den schauerlichen Erzählungen also, welche man in Schaubuden von ihr hört, ist sie unschuldig. In ihrer Lebensweise ähnelt sie übrigens den vorhin genannten Arten vollständig und bedarf deshalb einer besonderen Schilderung nicht; dagegen kann ich aus eigener Erfahrung einiges über gezähmte mittheilen, welche ich in Afrika längere Zeit besaß.

Wenige Tage nach unserer ersten Ankunft in Charthum kauften wir zwei junge Hiänen für eine Mark unseres Geldes. Die Thierchen waren etwa so groß wie ein halb erwachsener Dachshund, mit sehr weichem, feinem, dunkelgrauem Wollhaare bedeckt und, obschon sie eine Zeitlang die Gesellschaft der Menschen genossen hatten, noch sehr ungezogen. Wir sperrten sie in einen Stall, und hier besuchte ich sie täglich. Der Stall war dunkel; ich sah deshalb beim Hineintreten gewöhnlich nur vier grünliche Punkte in irgend einer Ecke leuchten. Sobald ich mich nahte, begann ein eigenthümliches Fauchen und Kreischen, und wenn ich unvorsichtig nach einem der Thierchen griff, wurde ich regelmäßig tüchtig in die Hand gebissen. Schläge fruchteten im Anfange wenig; jedoch bekamen die jungen Hiänen mit zunehmendem Alter mehr und mehr Begriffe von der Oberherrschaft, welche ich über sie erstrebte, bis ich ihnen eines Tages ihre und meine Stellung vollkommen klar zu machen suchte. Mein Diener hatte sie gefüttert, mit ihnen gespielt und war so heftig von ihnen gebissen worden, daß er seine Hände in den nächsten vier Wochen nicht gebrauchen konnte. Die Hiänen hatten inzwischen das Doppelte ihrer früheren Größe erreicht und konnten deshalb auch eine derbe Lehre vertragen. Ich beschloß, ihnen diese zu geben, und indem ich bedachte, daß es weit besser sei, eines dieser Thiere todtzuschlagen, als sich der Gefahr auszusetzen, von ihnen erheblich verletzt zu werden, prügelte ich sie beide so lange, bis keine mehr fauchte oder knurrte, wenn ich mich ihnen wieder näherte. Um zu erproben, ob die Wirkung vollständig gewesen sei, hielt ich ihnen eine halbe Stunde später die Hand vor die Schnauzen. Eine beroch dieselbe ganz ruhig, die andere biß und bekam von neuem ihre Prügel. Denselben Versuch machte ich noch einmal an dem nämlichen Tage, und die stöckische biß zum zweiten Male. Sie bekam also ihre dritten Prügel, und diese schienen denn auch wirklich hinreichend gewesen zu sein. Sie lag elend und regungslos in dem Winkel und blieb so während des ganzen folgenden Tages liegen, ohne Speise anzurühren. Etwa vierundzwanzig Stunden nach der Bestrafung ging ich wieder in den Stall und beschäftigte mich nun längere Zeit mit ihnen. Jetzt ließen sie sich alles gefallen und versuchten gar nicht mehr, nach meiner Hand zu schnappen. Von diesem Augenblicke an war Strenge bei ihnen nicht mehr nothwendig; ihr trotziger Sinn war gebrochen, und sie beugten sich vollkommen unter meine Gewalt. Nur ein einziges Mal noch mußte ich das Wasserbad, bekanntlich das beste Zähmungsmittel wilder Thiere überhaupt, bei ihnen anwenden. Wir hatten nämlich eine dritte Hiäne gekauft, und diese mochte ihre schon gezähmten Kameraden wieder verdorben haben; indessen bewiesen sie sich nach dem Bade, und nachdem sie von einander getrennt worden waren, wieder freundlich und liebenswürdig.

Nach Verlauf eines Vierteljahres, vom Tage der Erwerbung an gerechnet, konnte ich mit ihnen spielen wie mit einem Hunde, ohne befürchten zu müssen, irgendwelche Mißhandlung von ihnen zu erleiden. Sie gewannen mich mit jedem Tage lieber und freuten sich ungemein, wenn ich zu ihnen kam. Dabei benahmen sie sich, nachdem sie mehr als halberwachsen waren, höchst sonderbar. Sobald ich in den Raum trat, fuhren sie unter fröhlichem Geheul auf, sprangen an mir in die Höhe, legten mir ihre Vorderpranken auf beide Schultern, schnüffelten mir im Gesichte herum, hoben endlich ihre Standarte steif und senkrecht empor und schoben dabei den umgestülpten Mastdarm gegen fünf Centimeter weit aus dem After heraus. Diese Begrüßung wurde mir stets zu theil, und ich konnte bemerken, daß der sonderbarste Theil derselben jedesmal ein Zeichen ihrer freudigsten Erregung war.

Wenn ich sie mit mir auf das Zimmer nehmen wollte, öffnete ich den Stall, und beide folgten mir; die dritte hatte ich infolge eines Anfalles ihrer Raserei todtgeschlagen. Wie etwas zudringliche Hunde sprangen sie wohl hundertmal an mir empor, drängten sich zwischen meinen Beinen hindurch und beschnüffelten mir Hände und Gesicht. In unserem Gehöfte konnte ich so mit ihnen überall umhergehen, ohne befürchten zu müssen, daß eine oder die andere ihr Heil in der Flucht suchen würde. Später habe ich sie in Kairo an leichten Stricken durch die Straßen geführt zum Entsetzen aller gerechten Bewohner derselben. Sie zeigten sich so anhänglich, daß sie ohne Aufforderung mich zuweilen besuchten, wenn einer meiner Diener es vergessen hatte, die Stallthüre hinter sich zu verschließen. Ich bewohnte den zweiten Stock des Gebäudes, der Stall befand sich im Erdgeschoß. Dies hinderte die Hiänen aber gar nicht; sie kannten die Treppen ausgezeichnet und kamen regelmäßig auch ohne mich in das Zimmer, welches ich bewohnte. Für Fremde war es ein ebenso überraschender als unheimlicher Anblick, uns beim Theetische sitzen zu sehen. Jeder von uns hatte eine Hiäne zu seiner Seite, und diese saß so verständig, ruhig auf ihrem Hintern, wie ein wohlerzogener Hund bei Tische zu sitzen pflegt, wenn er um Nahrung bettelt. Letzteres thaten die Hiänen auch, und zwar bestanden ihre zarten

Bitten in einem höchst leisen, aber ganz heiserklingenden Kreischen und ihr Dank, wenn sie sich aufrichten konnten, in der vorhin erwähnten Begrüßung oder wenigstes in einem Beschnüffeln der Hände.

Sie verzehrten Zucker leidenschaftlich gern, fraßen aber auch Brod, zumal solches, welches wir mit Thee getränkt hatten, mit vielem Behagen. Ihre gewöhnliche Nahrung bildeten Hunde, welche wir für sie erlegten. Die große Menge der im Morgenlande herrenlos umherschweifenden Hunde machte es uns ziemlich leicht, das nöthige Futter für sie aufzutreiben; doch durften wir niemals lange an einem Orte verweilen, weil wir sehr bald von den Kötern bemerkt und von ihnen gemieden wurden. Auch während der dreihundert Meilen langen Reise von Charthum nach Kairo, welche wir allen Stromschnellen des Nils zum Trotze in einem Boote zurücklegten, wurden unsere Hiänen mit herrenlosen Hunden gefüttert. Gewöhnlich bekamen sie bloß den dritten oder vierten Tag zu fressen; einmal aber mußten sie freilich auch acht Tage lang fasten, weil es uns ganz unmöglich war, ihnen Nahrung zu schaffen. Da hätte man nun sehen sollen, mit welcher Gier sie über einen ihrer getödteten Verwandten herfielen. Es ging wahrhaft lustig zu: sie jauchzten und lachten laut auf und stürzten sich dann wie rasend auf ihre Beute. Wenige Bisse rissen die Bauch- und Brusthöhle auf, und mit Wollust wühlten die schwarzen Schnauzen in den Eingeweiden herum. Eine Minute später erkannte man keinen Hiänenkopf mehr, sondern sah bloß zwei dunkle, unregelmäßig gestaltete und über und über mit Blut und Schleim bekleisterte Klumpen, welche sich immer von neuem wieder in das Innere der Leibeshöhle versenkten und frisch mit Blut getränkt auf Augenblicke zum Vorschein kamen. Niemals hat mir die Ähnlichkeit der Hiänen mit den Geiern größer scheinen wollen als während solcher Mahlzeiten. Sie standen dann in keiner Hinsicht hinter den Geiern zurück, sondern übertrafen sie womöglich noch an Freßgier. Eine halbe Stunde nach Beginn ihrer Mahlzeiten fanden wir regelmäßig von den Hunden bloß noch den Schädel und die Lunte, alles übrige, wie Haare und Haut, Fleisch und Knochen, auch die Läufe, waren verzehrt worden. Sie fraßen alle Fleischsorten mit Ausnahme des Geierfleisches. Dieses verschmähten sie hartnäckig, selbst wenn sie sehr hungrig waren, während die Geier selbst es mit größter Seelenruhe verzehrten. Ob sie, wie behauptet wird, auch das Fleisch ihrer eigenen Brüder fressen, konnte ich nicht beobachten; Fleisch blieb immer ihre Lieblingsspeise, und Brod schien ihnen nur als Leckerbissen zu gelten.

Unter sich hielten meine Gefangenen gute Freundschaft. Manchmal spielten sie lange Zeit nach Hundeart miteinander, knurrten, kläfften, grunzten, sprangen übereinander weg, warfen sich abwechselnd nieder, balgten, bissen sich usw. War eine von der anderen längere Zeit entfernt gewesen, so entstand jedesmal großer Jubel, wenn sie wieder zusammenkamen; kurz, sie bewiesen deutlich genug, daß auch Hiänen heiß und innig lieben können.

# Das Hermelin

Der nächste Verwandte des Wiesels ist das Hermelin (Foetorius Erminea). Die Gesammtlänge beträgt 32 bis 33 Centim., wovon der Schwanz 5 bis 6 Centim. wegnimmt. Oberseite und Schwanzwurzelhälfte sehen im Sommer braunroth, im Winter weiß aus und haben zu jener Zeit braunröthliches, zu dieser weißes Wollhaar, die Unterseite hat jederzeit weiße Färbung mit gilblichem Anfluge, und die Endhälfte des Schwanzes ist immer schwarz.

Die Veränderung der Färbung des Hermelins im Sommer und Winter hat unter den Naturforschern zu Meinungsverschiedenheiten Veranlassung gegeben. Einige sonst trefflich beobachtende Schriftsteller nehmen an, daß eine doppelte Härung stattfinde, andere, zu denen ich zähle, sind der Ansicht, daß das Sommerhaar gegen den Winter hin und beziehentlich bei Eintritt starker Kälte einfach verbleicht, sowie wir dies bei dem Eisfuchse und dem Schneehasen beobachten können. Denn nicht selten sieht man das Hermelin bis spät in den Winter hinein in seinem Sommerkleide umherlaufen; wenn aber plötzlich Kälte eintritt, verändert es oft in wenigen Tagen seine Färbung. Bei allen Marderarten bedarf das Wachsthum des Pelzes eine beträchtliche Zeit; es läßt sich also kaum annehmen, daß das Hermelin eine Ausnahme von der Regel machen und binnen wenigen Tagen ein verhältnismäßig ebenso dichtes Kleid erhalten kann wie seine Verwandten, da letztere doch Monate gebrauchen, bevor sie dasselbe anlegen.

Das Hermelin hat eine sehr ausgedehnte Verbreitung im Norden der Alten Welt. Wie dem Wiesel, ist auch dem Hermelin jede Gegend, ja fast jeder Ort zum Aufenthalte recht, und es versteht, sich überall so behaglich als möglich einzurichten. Erdlöcher, Maulwurf- und Hamsterröhren, Felsklüfte, Mauerlöcher, Ritzen, Steinhaufen, Bäume, unbewohnte Gebäude und hundert andere ähnliche Schlupforte bieten ihm Obdach und Verstecke während des Tages, welchen es größtentheils in seinem einmal gewählten Baue verschläft, obwohl es gar nicht selten auch angesichts der Sonne im Freien lustwandelt und sich dreist den Blicken des Menschen aussetzt. Seine eigentliche Jagdzeit beginnt jedoch erst mit der Dämmerung. Schon gegen Abend wird es lebendig und rege. Wenn man um diese Zeit an passenden Orten vorübergeht, braucht man nicht lange zu suchen, um das klugäugige, scharfsinnige Wesen zu entdecken. Findet man in der Nähe einen geeigneten Platz, um sich zu verstecken, so kann man sein Treiben leicht beobachten. Ungeduldig und neugierig, wie es ist, vielleicht auch hungrig und sehnsüchtig nach Beute, kommt es hervor, zunächst bloß um die unmittelbarste Nähe seines Schlupfwinkels zu untersuchen. Alle Behendigkeit, Gewandtheit und Zierlichkeit seiner Bewegungen offenbaren sich jetzt. Bald windet es sich wie ein Aal zwischen den Steinen und den Schößlingen des Unterholzes hindurch; bald sitzt es einen Augenblick bewegungslos da, den schlanken Leib in der Mitte hoch aufgebogen, viel höher noch, als es die Katze kann, wenn sie den nach ihr benannten Buckel macht; bald bleibt es einen Augenblick vor einem Mauseloche, einer Maulwurfshöhle, einer Ritze stehen und schnuppert da hinein. Auch wenn es auf einer und derselben Stelle verharrt, ist es nicht einen Augenblick ruhig; denn die Augen und Ohren, ja selbst die Nase, sind in beständiger Bewegung, und der kleine Kopf wendet sich blitzschnell nach allen Richtungen. Man darf wohl behaupten, daß es in allen Leibesübungen Meister ist. Es läuft und springt mit der größten Gewandtheit, klettert vortrefflich und schwimmt unter Umständen rasch und sicher über Ströme, ja selbst durch das Meer.

Mit seiner Leibesgewandtheit stehen die geistigen Eigenschaften des Hermelins vollständig im Einklange. Es besitzt denselben Muth wie sein kleiner Vetter und eine nicht zu bändigende Mordlust, verbunden mit dem Blutdurste seiner Sippschaft. Auch das Hermelin kennt keinen Feind, welcher ihm wirklich Furcht einflößen könnte; denn selbst auf den Menschen geht es unter Umständen tolldreist los. Man sollte nicht glauben, daß es dem erwachsenen Manne ein wenigstens lästiger Gegner sein könnte: und doch ist dem so. »Ein Mann«, so erzählt Wood, »welcher in der Nähe von Cricklade spazieren ging, bemerkte zwei Hermeline, welche ruhig auf seinem Pfade saßen. Aus Übermuth ergriff er einen Stein und warf nach den Thieren, und zwar so geschickt, daß er eines von ihnen traf, und es durch den kräftigen Wurf über und über schleuderte. In demselben Augenblicke stieß das andere einen eigenthümlichen, scharfen Schrei aus und sprang sofort gegen den Angreifer seines Gefährten, kletterte mit einer überraschenden Schnelligkeit an seinen Beinen empor und versuchte, in seinem Halse sich einzubeißen. Das Kriegsgeschrei war von einer ziemlichen Anzahl anderer Hermeline, welche sich in der Nähe verborgen gehalten hatten, erwidert worden, und diese kamen jetzt ebenfalls herbei, um dem muthigen Vorkämpfer beizustehen. Der Mann raffte zwar schleunigst Steine auf, in der Hoffnung, jene zu vertreiben, mußte sie aber bald genug fallen lassen, um seine Hände zum Schutze seines Nackens frei zu bekommen. Er hatte gerade hinlänglich zu thun; denn die gereizten Thierchen verfolgten ihn mit der größten Ausdauer, und er verdankte es bloß seiner dicken Kleidung und einem warmen Tuche, daß er von den boshaften Geschöpfen nicht ernstlich verletzt wurde. Doch waren seine Hände, sein Gesicht und ein Theil seines Halses immer noch mit Wunden bedeckt, und er behielt diesen Angriff in so gutem Andenken, daß er hoch und theuer gelobte, niemals wieder ein Hermelin zu beleidigen. Seinen Freunden versicherte er steif und fest, ganz deutlich gehört zu haben, daß das erste Raubthier, welches ihn angriff, nach seinem Steinwurfe entrüstet das Wort ›Mörder‹ ausgerufen habe, – und wir wollen unserem Manne diese Übertreibung auch gern verzeihen, da das Geknurr eines wüthenden Hermelins wenigstens die beiden ›r‹ jenes Wortes entschieden ausdrückt. Daß der Mann mindestens hinsichtlich des Angriffes keine Unwahrheit berichtet hat, beweist nachstehende Angabe des Kreisphysikus Hengstenberg. ›Ich erlaube mir‹, schreibt derselbe unterm 8. August 1869 an mich, Mittheilung von einer Thatsache zu machen, welche Ihnen vielleicht nicht unwichtig erscheinen dürfte. Vorgestern gegen Abend spielt das fünfjährige Kind des Bahnhofsinspektors Braun in Bochum am Rande eines Grabens, gleitet aus und fällt mit der Hand in diesen. Mit Blitzesschnelle schießt ein Hermelin auf das Kind zu und beißt es zweimal in die Hand. Heftig blutend eilt dieses nach Hause, wo eine zufällig gegenwärtige barmherzige Schwester den ersten Verband übernimmt. Ich werde hinzugerufen und finde die Speichenschlagader vollständig durchgerissen und bogenförmig spritzend. Die Wunde hatte ganz die halbkreisförmige Gestalt des Kiefers des Thieres; etwas höher, nach dem Ballen des Daumens zu, fand sich eine regelmäßig eingerissene Hautwunde vor. Ich vermuthe, daß das Thierchen in der Nähe der Stelle, an welcher das Kind fiel, Junge hatte, dieselben bedroht glaubte, sie vertheidigen wollte und deshalb die Wunde beibrachte.«

Das Hermelin jagt und frißt fast alle Arten kleiner Säugethiere und Vögel, die es erlisten kann, und wagt sich gar nicht selten auch an Beute, welche es an Leibesgröße bedeutend übertrifft. Mäuse, Maulwürfe, Hamster, Kaninchen, Sperlinge, Lerchen, Tauben, Hühner, Schwalben, welche es aus den Nestern holt, Schlangen und Eidechsen werden beständig von ihm befehdet, und selbst Hasen sind nicht vor ihm sicher. Vor einigen Jahren sah Lenz einmal fünf Hermeline bei einem Gartenzaune auf einem kranken Hasen sitzen, um diesen zu erwürgen. Derselbe Beobachter fügt hinzu, daß gesunde und große Hasen natürlich vor dem Wiesel sicher seien und bloß kranke und junge ihm zur Beute fielen; jedoch versichern englische Naturforscher, daß das freche Thier auch gesunde überfalle. Hope hörte Lampes lauten Angstschrei und wollte nach dem Orte hingehen, um sich von der Ursache zu überzeugen. Er sah einen Hasen dahinhinken, welcher offenbar von irgend etwas auf das äußerste gequält wurde. Dieses etwas hing ihm an der Seite der Brust, wie ein Blutegel angesaugt, und beim Näherkommen erkannte unser Beobachter, daß es ein Wiesel war. Der Hase schleppte seinen furchtbaren Feind noch mit sich fort und verschwand im Unterholze; wahrscheinlich kam er nicht mehr weit. Man hat auch diese Thatsache bestreiten wollen; doch unterliegt sie keinem Zweifel. Ein solches Vorkommnis ge-

MUSTELIDAE
Mustela erminea

hört übrigens, wie ich bemerken will, immer zu den Ausnahmen; es sind stets bloß einzelne Hermeline, welche sich derartige Übergriffe erlauben, nachdem sie einmal erfahren haben, wie leicht es für sie ist, selbst dieses unverhältnismäßig große Wild zu tödten. »Es ist eine eigenthümliche Thatsache«, bemerkt Bell, welcher das erst erwähnte Beispiel mittheilt, »daß ein Hase, welcher von dem Hermeline verfolgt wird, seine natürliche Begabung nicht benutzt. Selbstverständlich würde er mit wenigen Sprüngen aus dem Bereiche aller Angriffe gelangen, wie er einem Hunde oder Fuchse entkommt; aber er scheint das kleine Geschöpf gar nicht zu beachten und hüpft gemächlich weiter, als gäbe es kein Hermelin in der Welt, obwohl ihm diese stumpfe Gleichgültigkeit zuweilen zum Verderben wird.«

Allerliebst sieht es aus, wenn ein Hermelin eine seiner Lieblingsjagden unternimmt, nämlich eine Wasserratte verfolgt. Gedachtem Nager wird von dem unverbesserlichen Strolche zu Wasser und zu Lande nachgestellt und, so ungünstig das eigentliche Element dieser Ratten dem Hermeline auch zu sein scheint, zuletzt doch der Garaus gemacht. Zuerst spürt das Raubthier alle Löcher aus. Sein feiner Geruch sagt ihm deutlich, ob in einem von ihnen eine oder zwei Ratten gerade ihrer Ruhe pflegen oder nicht. Hat das Hermelin nun eine beuteversprechende Höhle ausgewittert, so geht es ohne weiteres hinein. Die Ratte hat natürlich nichts eiligers zu thun, als sich entsetzt in das Wasser zu werfen, und ist im Begriff, durch das Schilfdickicht zu schwimmen; aber das rettet sie nicht vor dem unermüdlichen Verfolger und ihrem ärgsten Feinde. Das Haupt und den Nacken über das Wasser emporgehoben, wie ein schwimmender Hund es zu thun pflegt, durchgleitet das Hermelin mit der Behendigkeit des Fischotters das ihm eigentlich fremde Element und verfolgt nun mit seiner bekannten Ausdauer die fliehende Ratte. Diese ist verloren, wenn nicht ein Zufall sie rettet. Kletterkünste helfen ihr ebensowenig wie Versteckenspielen. Der Räuber ist ihr ununterbrochen auf der Fährte, und seine Raubthierzähne sind immer noch schlimmer als die starken und scharfen Schneidezähne des Nagers. Der Kampf wird unter Umständen selbst im Wasser ausgeführt, und mit der erwürgten Beute im Maule schwimmt dann das behende Thier dem Ufer zu, um sie dort gemächlich zu verzehren. Wood erzählt, daß einige Hermeline eine zahlreiche Ansiedelung von Wasserratten in wenig Tagen zerstörten.

Die Paarungszeit des Hermelins fällt bei uns in den März. Im Mai oder Juni bekommt das Weibchen fünf bis acht Junge. Gewöhnlich bereitet die Alte ihr weiches Bett in einem günstig gelegenen Maulwurfsbaue oder in einem anderen ähnlichen Schlupfwinkel. Sie liebt ihre Kinder mit der größten Zärtlichkeit, säugt und pflegt sie und spielt mit ihnen bis in den Herbst hinein; denn erst gegen den Winter hin trennen sich die fast vollständig ausgewachsenen Jungen von ihrer treuen Pflegerin. Sobald Gefahr droht, trägt die besorgte Mutter die ganze Brut im Maule nach einem anderen Verstecke, sogar schwimmend durch das Wasser. Wenn die Jungen erst einigermaßen erwachsen sind, macht sie Ausflüge mit ihnen und unterrichtet sie auf das gründlichste in allen Künsten des Gewerbes. Die kleinen Thiere sind auch so gelehrig, daß sie schon nach kurzer Lehrfrist der Alten an Muth, Schlauheit, Behendigkeit und Mordlust nicht viel nachgeben.

Man fängt das Hermelin in Fallen aller Art, oft auch in Rattenfallen, in welche es zufällig geräth; kommt man dann hinzu, so läßt es ein durchdringendes Gezwitscher hören; reizt man es, so fährt es mit einem quiekenden Schrei auf einen zu, sonst aber gibt es seine Angst bloß durch leises Fauchen zu erkennen. In der Regel lebt auch ein alt gefangenes Hermelin nicht lange, weil es, ebenso reizbar wie das Wiesel, sich weder an den Käfig, noch an den Pfleger gewöhnen will und entweder Nahrung verschmäht oder sich so aufregt, daß es infolge dessen zu Grunde geht. Ich habe viele Hermeline gefangen, sorgsam gepflegt, niemals aber eines von ihnen am Leben erhalten können. Jung aus dem Neste gehobene Wiesel dieser Art dagegen werden sehr zahm und bereiten ihrem Pfleger viel Vergnügen; einzelne soll man dazu gebracht haben, nach Belieben aus- und einzugehen und ihrem Herrn wie ein Hund zu folgen. Aber auch alt gefangene machen zuweilen von dem eben gesagten eine Ausnahme. »Einige Tage vor Weihnachten 1843«, erzählt Grill, »bekam ich ein Hermelinmännchen, welches in einem Holzhaufen gefangen wurde. Es trug sein reines Winterkleid. Es war ein hübsches, allerliebstes, äußerst bewegliches Thierchen. Ich setzte es anfangs in ein größeres, unbewohntes Zimmer, worin sich bald der dem Mardergeschlechte eigene üble Geruch verbreitete. Seine Fertigkeit, zu klettern, zu springen und sich zu verbergen, war bewundernswerth. Mit Leichtigkeit kletterte es die Fenstervorhänge hinauf, und wenn es dort oben auf seinem Platze erschreckt wurde, stürzte es sich oft plötzlich mit einem Angstschrei auf den Fußboden herunter. Am zweiten Tage lief es an der Ofenröhre hinauf und blieb dort, ohne etwas von sich hören zu lassen, bis es endlich, nach mehreren Stunden, mit Ruß bedeckt wieder zum Vorscheine kam. Oft foppte es mich stundenlang, wenn ich es suchte, bis ich es zuletzt an einem Orte versteckt fand, wo ich es am wenigsten vermuthete. Es drängte sich hinter einem dicht an der Wand stehenden Schranke empor und ruhte dort ohne irgend eine Unterlage. In seinem Zimmer hing hoch an der freien Wand eine Pendeluhr. Einmal, als ich hineinkam, bemerkte ich zu meiner Verwunderung, daß die Uhr ging; und bei näherer Untersuchung fand ich, daß mein ›Kisse‹ in guter Ruhe hinter der Uhrtafel auf dem Rande des Werkes lag. Es war vom Fußboden hinaufgeklettert oder gesprungen, und die dadurch verursachte Erschütterung hatte wohl den Pendel in Gang gesetzt. Da das Zimmer nicht geheizt wurde, suchte es sich bald sein Lager in einer Bettstelle und wählte sich einen besonderen Platz, den es jedoch gleich verließ, wenn Jemand in die Thüre trat. Das Bett blieb aber von nun an sein liebstes Versteck. Gewöhnlich sucht es dieses auf, wenn man rasch auf es zugeht; aber wenn man ihm freundlich zuredet und sich sonst still hält, bleibt es oft in seinem Laufe stehen oder geht neugierig einige Schritte vorwärts, indem es seinen langen Hals ausstreckt und den einen Vorderfuß aufhebt. Diese seine Neugier ist auch allgemein bekannt, so daß das Landvolk zu sagen pflegt: ›Wieselchen freut sich, wenn man es lobt.‹ – Wenn es sehr aufmerksam, oder wenn ihm etwas verdächtig ist, so daß es weiter sehen will, als sein niedriger Leib ihm erlaubt, setzt es sich auf die Hinterbeine und richtet den Körper hoch auf. Es liegt oft mit erhobenem Halse, gesenktem Kopfe und aufwärts gekrümmtem Rücken. Wenn es läuft, trägt es den ganzen Körper so dicht dem Boden entlang, daß die Füße kaum zu bemerken sind. Wenn man ihm nahe kommt, bellt es, ehe es die Flucht ergreift, mit einem heftigen und gellenden Tone, welcher dem des großen Buntspechtes am ähnlichsten ist; man könnte den Laut auch mit dem Fauchen einer Katze vergleichen, doch ist er schneidender. Noch öfter läßt es ein Zischen wie das einer Schlange hören.

Als das Hermelin am dritten Tage in einen großen Bauer gesetzt worden war, wo es sah, daß es nicht herauskommen konnte und sich sicher fühlte, ließ es sich nichts nahe kommen, ohne ans Gitter zu springen, heftig mit den Zähnen zu hauen und den vorhin erwähnten Laut in einem langen Triller zu wiederholen, welcher dann dem Schackern einer Elster sehr ähnlich war. Dort ist es auch nicht bange vor dem Hunde, und beide bellen, jeder dicht an seiner Seite des Gitters, gegen einander. Wenn man z. B. den Finger eines Handschuhs durchs Gitter steckt, beißt es hinein und reißt heftig daran. Wenn es sehr böse ist – und dazu ist nicht mehr erforderlich, als daß es von seinem Lager aufgejagt wird – sträubt es jedes Haar seines langen Schwanzes.

Im allgemeinen ist es sehr boshaft. Musik ist ihm zuwider. Wenn man vor dem Bauer die Guitarre spielt, springt es wie unsinnig gegen das Gitter und bellt und zischt so lange, als man damit fortfährt. Es versucht niemals, die Klauen zum Zerreißen seiner Beute zu gebrauchen, sondern fällt immer mit den Zähnen an.

Während der beiden ersten Tage verbreitete sich der üble Geruch oft, nachher jedoch äußerst selten, weshalb ich ohne Unannehmlichkeit den Bauer immer in meinem Arbeitszimmer haben konnte.

Wenn es zur Ruhe geht, dreht es sich wohl mehrere Male rund um, und wenn es schläft, liegt es kreisförmig, die Nase dicht bei der Schwanzwurzel aufwärts gerichtet, wobei der Schwanz rund um den Körper gebogen wird, so daß die ganze Länge beinahe zwei Kreise bildet. Gegen Kälte zeigt es sich sehr empfindlich. Wenn es nur etwas kalt im Zimmer ist, liegt es beständig in dem Neste, welches es sich aus Moos und Federn und mit zwei Ausgängen selbst eingerichtet hat, und wenn man es hinausjagt, zittert es sichtlich. Ist es dagegen warm, so sitzt es gern hoch oben auf dem Tannenbüschel, welcher im Bauer steht. Zuweilen putzt es sich den ganzen Körper bis zum Schwanzende; aber es behelligt seinen Reinlichkeitssinn durchaus nicht, daß nach der Mahlzeit beinahe immer die eine oder andere Feder auf der Nase sitzen bleibt. Wenn ein Licht dem Käfige nahe steht, schließt es, von dem Scheine belästigt, die Augen; eine dichte Ratzenfalle, worin ich es im Zimmer fing, wollte es aber durchaus nicht gegen den hellen Bauer vertauschen. Im Halbdunkel glänzen seine Augen in einer grünen, klaren und schönen Farbe. Die ziemlich dichten Stahldrähte an dem Bauer biß es öfters paarweise zusammen, und wenn es allein im Zimmer war, entschlüpfte es auch wohl dem Gebauer. Einen Beweis seiner Klugheit gab es in den ersten Tagen, indem es sorgfältig seine liebsten Verstecke vermied, sobald es merkte, daß man es von dort in den Bauer locken wollte. Es hatte einen bestimmten Platz für die Losung, und die Einrichtung, wozu dieses Veranlassung gab, erleichterte sehr das Reinhalten des Bauers. In den beiden ersten Tagen fraß das Hermelin Kopf und Füße von einigen Birkhühnern. Milch leckte es gleich anfangs mit großer Begier, und diese war, nebst kleinen Vögeln, seine liebste Speise. Zwei Goldammern reichten kaum für einen Tag aus. Es verzehrte den Kopf zuerst und ließ nichts als die Federn übrig. Von größeren Vögeln, als von Hehern und Elstern, ließ es Kopf und Füße zurück. Rohe Hühnereier blieben mehrere Tage unberührt, obgleich es sehr hungrig war, bis ich Löcher hinein machte, worauf es den Inhalt schnell ausgetrunken hatte. Frisches Fleisch von Hornvieh nimmt es nicht gern. Es ißt und trinkt mit einem schmatzenden Laute, wie wenn junge Hunde oder Ferkel saugen. Seine Beweglichkeit in der unteren Kinnlade ist bemerkenswerth: wenn es frißt, gähnt usw. stellt es sie beinahe senkrecht gegen die Oberkinnlade, wie Schlangen, was unter anderem Veranlassung gegeben hat, eine Ähnlichkeit zwischen ihm und diesen Thieren zu finden. Beim Fressen hält es die Augen fast geschlossen und runzelt Nase und Lippen so auf, daß das ganze Gesicht eine platte Fläche bildet. Wenn es dann das geringste Geräusch hört, wird es aufmerksam und mordet oder frißt nicht, so lange es sich beobachtet glaubt. Einen kleinen lebendigen Vogel fällt es gewöhnlich nicht gleich an, sondern erst dann, wenn alles still ist und der Vogel aus Furcht wie unbeweglich dasitzt; dann untersucht es ihn und, wenn es ein Zeichen von Leben sieht, tödtet es denselben durch Zerquetschen des Kopfes, aber selten schnell und auf einmal, läßt ihn vielmehr fast immer lange im Todeskampfe zappeln: eine Grausamkeit, welche es auch gegen eine große Wanderratte bewies, die ich lebendig zu ihm hineinließ. Zuerst sprangen beide lange um einander herum, ohne sich anzufallen: sie schienen sich vor einander zu fürchten. Die ungewöhnlich große Ratte war sehr dreist, biß boshaft in ein durchs Gitter gestecktes Stäbchen und hatte in wenigen Minuten die Milch des Hermelins ausgetrunken. Dieses saß ganz still am anderen Ende des meterlangen Bauers. Es sah aus, als wäre die Ratte dort schon lange zu Hause und das Hermelin eben erst hineingekommen. Nach vollendeter Mahlzeit wollte indessen die erstere sich auch soweit wie möglich von dem Hermelin entfernt halten; als ich sie aber zwang, näher zu kommen, war immer sie die angreifende, und wären Größe und Bosheit allein entscheidend gewesen, hätte ich gewiß mit den übrigen

Zuschauern geglaubt, daß der Ausgang sehr ungewiß sei. Das Hermelin schien sogar einige Male zu unterliegen: daß es doch überlegen war, sah man an den schnelleren und sicheren Hieben, womit es sich vertheidigte. Wie eine Schlange zog es sich zurück nach den Anfällen, welche so schnell geschahen, daß man nicht Zeit hatte, den geöffneten Rachen zu sehen. Es war ein Kampf auf Leben und Tod. Die Ratte knirschte und piepte beständig, das Hermelin bellte nur bei der Vertheidigung. Beide sprangen um einander und gegen das Dach des fast meterhohen Bauers hinauf. Als ich sie lange gegen einander aufgereizt hatte und die Ratte weniger kampflustig wurde, begann auch das Hermelin mit seinen Angriffen. Alle Anfälle geschahen offen, von vorn und nach dem Kopfe gerichtet. Keines schlich sich hinter das andere. Bei dem letzten Zusammentreffen kam das Hermelin auf den Rücken der Ratte, preßte die Vorderfüße dicht hinter den Schultern der Ratte fest um ihren Leib zusammen, und da diese sich folglich nicht mehr vertheidigen konnte, lagen beide längere Zeit auf der Seite, wobei der Sieger sich in den Oberhals der Ratte hineinfraß, bis diese endlich starb.

Erst am 7. Mai, nachdem ich das Thier ungefähr 4½ Monate gehabt hatte, versuchte ich, ihm zu schmeicheln, obwohl mit Handschuhen versehen. Wohl biß es in diese hinein, aber ich fühlte keine Zahnspitzen, und noch weniger ließ es Spuren zurück. Zuerst suchte es meinen Liebesbezeigungen auszuweichen, zuletzt aber schienen sie ihm sichtbar zu behagen: es legte sich auf den Rücken und schloß die Augen. Am folgenden Tage wiederholte ich meine Versuche, da ich mir fest vorgenommen hatte, es so zahm wie möglich zu machen. Bald zog ich den Handschuh ab und beschäftigte mich mit ihm, doch mit gleicher Sicherheit als vorher. Es ließ sich willig streicheln und krauen, so viel ich wollte, die Füße aufheben usw., ja, ich konnte ihm sogar den Mund öffnen, ohne daß es böse wurde. Wenn ich es aber um den Leib faßte, glitt es mir leicht und schnell wie ein Aal aus den Händen. Man mußte ihm leise nahen, wenn es nicht bange werden sollte, und die Hauptregel bei dieser sowie der Behandlung anderer wilden Thiere beachten: zu gleicher Zeit zu zeigen, daß man nicht bange ist, und dem Thiere nichts böses thun will.

Doch bald war es aus mit meiner Freude. Das Hermelin schien mit größerer Schwierigkeit als vorher kleine Mäuse und Vögel zu verzehren, und am 15. Juli lag mein hübscher ›Kisse‹ todt in seinem Bauer, nachdem er mir sieben Monate so manches Vergnügen geschenkt hatte. Ich sah nun deutlich, was ich schon lange zu bemerken geglaubt hatte, daß alle Zähne, außer den Raubzähnen in der Oberkinnlade, beinahe ganz abgenutzt waren, die Eckzähne am meisten. Kam dies vom hohen Alter? Oder hat das Hermelin sie durch das Beißen in das Eisengitter abgenutzt beim Arbeiten für seine Freiheit? Wahrscheinlich hat beides zusammengewirkt.

Weil man anzuführen pflegt, daß das Hermelin, wenn es gereizt oder erschreckt wird, eine übelriechende Feuchtigkeit aus den Schwanzdrüsen ergießt, will ich noch mittheilen, daß mein Hermelin dieses niemals aus reiner Bosheit, auch nicht, wenn es sehr gereizt wurde, sondern nur beim Erschrecken that. Wenn es bellend und zischend mit gesträubten Schwanzhaaren hervorstürzte – und dies that es immer, wenn es böse war – verbreitete sich niemals dieser Geruch, nicht einmal während der Kämpfe mit den größten Ratten, aber wohl, wenn es die Flucht ergriff. Im Anfange der Gefangenschaft traf letzteres oft ein, weil es da bei jedem Geräusche oder jeder eingebildeten Gefahr gleich bange ward, aber nachdem es daran gewöhnt und heimisch geworden war, sehr selten, und nach zwei oder drei Monaten erinnere ich mich nur einer einzigen Gelegenheit, nämlich, als ich die Thüre seines Käfigs heftig zuschlug. Es ward darüber so erschreckt, daß es bis an die Decke hinaufsprang, und der Geruch verbreitete sich augenblicklich so stark wie in den ersten Tagen. Ich bin daher geneigt, anzunehmen, daß diese Ergießung nicht von dem freien Willen des Thieres abhängt, sondern durchaus unfreiwillig geschieht. Es ist wahrscheinlich, daß das Hermelin bei großem Schrecken die Schließmuskeln der Afterdrüsen nicht zu schließen vermag, und daß deshalb die Flüssigkeit frei wird. Dasselbe Verhältnis möchte auch wohl bei allen verwandten Thieren, welche mit derartigen Drüsen versehen sind, stattfinden. Es ist auch natürlich! Wenn das Thier Grund hat, sich zu fürchten, bedarf es dieser kleinen Hülfe in der Stunde der Gefahr; aber wozu sollte sie dienen, wenn das Thier überlegen ist oder im Vertrauen auf seine Kraft es zu sein glaubt?«

Das Fell des Hermelins gibt ein zwar nicht theueres, seiner Schönheit halber jedoch geschätztes Pelzwerk. Früher wurde dasselbe nur von Fürsten getragen, gegenwärtig ist es allgemeiner geworden. Nach Lomer gelangen jährlich etwa 400 000 Hermelinfelle im Gesammtwerthe von 300 000 Mark in den Handel, die besten von Barabinsk und Ischim, minder gute vom Jenisei und Jakutsk. In Südostsibirien wird das Hermelin, laut Radde, erst in neuester Zeit eifriger gejagt und seit 1856 zehn bis fünfzehn Kopeken Silber für das Fell bezahlt, während man früher des geringen Preises halber das Thier gar nicht verfolgte.

# Die Wanderratte

Die Mäuse sind infolge ihrer Zudringlichkeit als Gäste des Menschen in ihrem Treiben und Wesen nur zu bekannt. Unter ihnen finden sich jene Arten, welche sich mit den Menschen über die ganze Erde verbreitet und gegenwärtig auch auf den ödesten Inseln angesiedelt haben. Es ist noch nicht so lange her, daß diese Weltwanderung der Thiere stattfand; ja man kennt an vielen Orten noch genau die Jahreszahl, in welcher sie zuerst auftraten: gegenwärtig aber haben sie ihre Rundreise um den Erdball vollendet. Nirgends dankt ihnen der Mensch die unverwüstliche Anhänglichkeit, welche sie an seine Person, an sein Haus und seinen Hof an den Tag legen, überall verfolgt und haßt er sie auf das schonungsloseste, alle Mittel setzt er in Bewegung, um sich von ihnen zu befreien: und dennoch bleiben sie ihm zugethan, treuer noch als der Hund, treuer als irgend ein anderes Thier. Leider sind diese anhänglichen Hausfreunde abscheuliche Hausdiebe, wissen sich mit ihren spitzbübischen Werkzeugen überall einzunisten und bereiten ihrem Gastfreunde nur Schaden und Verlust. Hieraus erklärt sich, daß alle wahren Mäuse schlechtweg häßliche, garstige Thiere genannt werden, obgleich sie dies in Wahrheit durchaus nicht sind, im Gegentheile vielmehr als schmucke, anmuthige, nette Gesellen bezeichnet werden müssen.

Schon im gewöhnlichen Leben unterscheidet man zwei Hauptgruppen, die Ratten und Mäuse, und diese Unterscheidung nimmt auch die Wissenschaft an. Die Ratten sind die plumperen und häßlicheren, die Mäuse die leichteren und zierlicheren Gestalten. Bei jenen hat der Schwanz zwischen 200 und 260 Schuppenringe, bei diesen nur zwischen 120 und 180; dort sind die Füße dick und kräftig, hier schlank und fein; die Ratten werden im ausgewachsenen Zustande über 30 Centim., die Mäuse nur gegen 24 Centimeter lang.

Mit ziemlicher Sicherheit dürfen wir annehmen, daß die Ratten, welche gegenwärtig in Europa hausen, ursprünglich hier nicht heimisch waren, vielmehr einwanderten. In den Schriften der Alten findet sich nur eine einzige Stelle, welche auf Ratten bezogen werden kann; es bleibt aber unklar, welche Art Amyntas, dessen Mittheilungen Älian widergibt, gemeint haben mag. Nachweislich fand sich die

Hausratte zuerst in Europa und Deutschland ein oder vor; ihr folgte die Wanderratte und dieser endlich in der neuesten Zeit die aus Egypten stammende Dachratte (Mus alexandrinus). Zur Zeit wohnen die erstgenannten beiden, hier und da auch wohl alle drei Arten noch nebeneinander; die Wanderratte, als die stärkste von allen, vertreibt und vernichtet jedoch die beiden Verwandten und bemächtigt sich mehr und mehr der Alleinherrschaft. Hoffen wir, daß wir es nicht noch mit anderen reiselustigen Gliedern der Familie zu thun bekommen, daß wir insbesondere verschont bleiben von einer Einwanderung der Hamsterratte, welche unsere Ratten nicht allein an Größe, sondern auch hinsichtlich ihrer Thätigkeit bei weitem übertrifft und gegenwärtig den Kaufleuten Sansibars mehr zu schaffen macht als alle europäischen Ratten zusammengenommen: wir würden, käme dieses Thier zu uns, erst erfahren, was eine Ratte zu leisten vermag!

Einstweilen genügt es, wenn ich die bekannteste Art, die Wanderratte, schildere, so gut ich vermag.

Die Wanderratte (Mus decumanus) ist einschließlich des 18 Centim. messenden Schwanzes 42 Centim. lang, und der Obertheil des Körpers und Schwanzes ist bräunlichgrau, die Unterseite scharf abgesetzt grauweiß; auch kommen Weißlinge mit rothen Augen vor.

Mit großer Wahrscheinlichkeit läßt sich annehmen, daß das ursprüngliche Vaterland der Wanderratte Mittelasien, und zwar Indien oder Persien gewesen ist. Möglicherweise hat bereits Älian ihrer gedacht, indem er erzählt, daß die »kaspische Maus« zu gewissen Zeiten in unendlicher Menge einwandert, ohne Furcht über die Flüsse schwimmt und sich dabei mit dem Maule an den Schwanz des Vordermannes hält. »Kommen sie auf die Felder«, sagt er, »so fällen sie das Getreide und klettern auf die Bäume nach den Früchten, werden aber häufig von Raubvögeln, welche wie Wolken herbeifliegen, und von der Menge der dortigen Füchse vertilgt. Sie geben in der Größe dem Ichneumon nichts nach, sind sehr wild und bissig und haben so starke Zähne, daß sie damit selbst Eisen zernagen können, wie die Mäuse Canautanes bei Babylon, deren zarte Felle nach Persien geführt werden und zum Füttern der Kleider dienen.« Erst Pallas beschreibt die Wanderratte mit Sicherheit als europäisches Thier und berichtet, daß sie im Herbste 1727 nach einem Erdbeben in großen Massen aus den kaspischen Ländern und von der kumänischen Steppe aus in Europa eingerückt sei. Sie setzte bei Astrachan in großen Haufen über die Wolga und verbreitete sich von hier rasch nach Westen hin. Fast zu derselben Zeit, im Jahre 1732 nämlich, wurde sie auf Schiffen von Ostindien aus nach England verschleppt, und nunmehr begann sie auch von hier aus ihre Weltwanderung. In Ostpreußen erschien sie im Jahre 1750, in Paris bereits 1753, in Deutschland war sie schon 1780 überall häufig; in Dänemark kennt man sie erst seit ungefähr siebzig Jahren und in der Schweiz erst seit dem Jahre 1809 als einheimisches Thier.

Im Jahre 1755 wurde sie nach Nordamerika verschleppt und erlangte hier ebenfalls in kürzester Zeit eine unglaublich große Verbreitung; doch war sie im Jahre 1825 noch nicht weit über Kingston hinaus in Oberkanada vorgedrungen, und noch vor wenigen Jahren hatte sie den oberen Missouri noch nicht erreicht. Wann sie in Spanien, Marokko, Algerien, Tunis, Egypten, am Kap der guten Hoffnung und in anderen Häfen Afrikas erschien, läßt sich nicht bestimmen; soviel aber steht fest, daß sie gegenwärtig auch über alle Theile des großen Weltmeeres verbreitet und selbst auf den ödesten und einsamsten Inseln zu finden ist. Größer und stärker als die Hausratte, bemächtigt sie sich überall der Orte, wo diese früher ruhig lebte, und nimmt in demselben Grade zu, wie jene abnimmt. Glaubwürdige Beobachter versichern, daß sie noch gegenwärtig zuweilen in Scharen von einem Orte zum anderen zieht. »Mein Schwager«, schreibt mir Dr. Helms, »traf einmal an einem frühen Herbstmorgen im Vördenschen einen solchen wandernden Zug, den er auf mehrere tausend Stück schätzen mußte.«

In der Lebensweise, in den Sitten und Gewohnheiten, im Vorkommen usw. stimmen beide Ratten so sehr überein, daß man die eine schildert, indem man die andere beschreibt. Wenn man festhalten will, daß die Wanderratte mehr in den unteren Räumlichkeiten der Gebäude und namentlich in feuchten Kellern und Gewölben, Abzugsgräben, Schleußen, Senkgruben, Flethen und an Flußufern sich eingenistet hat, während die Hausratte den obern Theil des Hauses, die Kornböden, Dachkammern usw. vorzieht, wird nicht viel mehr übrig bleiben, was beiden Arten nicht gemeinsam wäre. Die eine wie die andere Art dieses Ungeziefers bewohnt alle nur möglichen Räumlichkeiten der menschlichen Wohnungen und alle nur denkbaren Orte, welche Nahrung versprechen. Vom Keller an bis zum Dachboden hinauf, vom Prunkzimmer an bis zum Abtritt, vom Palast an bis zur Hütte, überall sind sie zu finden. An den unsaubersten Orten nisten sie sich ebenso gern ein als da, wo sie sich erst durch ihren eigenen Schmutz einen zusagenden Wohnort schaffen müssen. Sie leben im Stalle, in der Scheuer, im Hofe, im Garten, an Flußufern, an der Meeresküste, in Kanälen, den unterirdischen Ableitungsgräben größerer Städte usw., kurz überall, wo sie nur leben können, obschon die Hausratte ihrem Namen immer Ehre zu machen sucht und sich möglichst wenig von der eigentlichen Wohnung der Menschen entfernt. Ausgerüstet mit allen Begabungen in leiblicher und geistiger Hinsicht, welche sie zu Feinden des Menschen machen können, sind sie unablässig bemüht, diesen zu quälen, zu plagen, zu peinigen, und fügen ihm ohne Unterbrechung den empfindlichsten Schaden zu. Gegen sie schützt weder Hag noch Mauer, weder Thüre noch Schloß: wo sie keinen Weg haben, bahnen sie sich einen; durch die stärksten Eichenbohlen und durch dicke Mauern nagen und wühlen sie sich Gänge. Nur, wenn man die Grundmauern tief einsenkt in die Erde, mit festem Cement alle Fugen zwischen den Steinen ausstreicht und vielleicht zur Vorsorge noch zwischen dem Gemäuer eine Schicht von Glasscherben einfügt, ist man vor ihnen ziemlich sicher. Aber wehe dem vorher geschützten Raume, wenn ein Stein in der Mauer locker wird: von nun an geht das Bestreben dieser abscheulichen Thiere sicher dahin, nach dem bisher verbotenen Paradiese zu gelangen.

Und dieses Zerstören der Wohnungen, dieses abscheuliche Zernagen und Durchwühlen der Wände ist doch das geringste Unheil, welches die Ratten anrichten. Weit größern Schaden verursachen sie durch ihre Ernährung. Ihnen ist alles genießbare recht. Der Mensch ißt nichts, was die Ratten nicht auch fräßen, und nicht beim Essen bleibt es, sondern es geht auch an das, was der Mensch trinkt. Es fehlt bloß noch, daß sie sich in Schnaps berauschten, dann würden sie sämmtliche Nahrungs- und Genußmittel, welche das menschliche Geschlecht verbraucht, aufzehren helfen. Nicht zufrieden mit dem schon so reichhaltigen Speisezettel, fallen die Ratten ebenso gierig über andere Stoffe, zumal auch über lebende Wesen her. Die schmutzigsten Abfälle des menschlichen Haushaltes sind ihnen unter Umständen noch immer recht; verfaulendes Aas findet an ihnen Liebhaber. Sie fressen Leder und Horn, Körner und Baumrinde, oder besser gesagt, alle nur denkbaren Pflanzenstoffe, und was sie nicht fressen können, zernagen sie wenigstens. Es sind verbürgte Beispiele bekannt, daß sie kleine Kinder bei lebendigem Leibe angefressen haben, und jeder größere Gutsbesitzer hat erfahren, wie arg sie seinen Hofthieren nachstellen. Sehr fetten Schweinen fressen sie Löcher in den Leib, dicht zusammengeschichteten Gänsen die Schwimmhäute zwischen den Zehen weg, junge Enten ziehen sie ins Wasser und ersäufen sie dort, dem Thierhändler Hagenbeck tödteten sie drei junge afrikanische Elefanten, indem sie diesen gewaltigen Thieren die Fußsohlen zernagten.

Wenn sie mehr als gewöhnlich an einem Orte sich vermehren, ist es wahrhaftig kaum zum Aushalten. Und es gibt solche Orte, wo sie in einer Menge auftreten, von welcher wir uns glücklicherweise keinen Begriff machen können. In Paris erschlug man während vier Wochen in einem einzigen Schlachthause 16 000 Stück, und in einer Abdeckerei in der Nähe dieser Hauptstadt verzehrten sie binnen einer einzigen Nacht fünfunddreißig Pferdeleichen bis auf die Knochen. Sobald sie merken, daß der Mensch ihnen gegenüber ohnmächtig ist, nimmt ihre Frechheit in wahrhaft erstaunlicher Weise zu; und wenn man sich nicht halb zu Tode ärgern möchte über die nichtswürdigen Thiere, könnte man versucht sein, über ihre alles Maß überschreitende Unverschämtheit zu lachen. Während meiner Knabenzeit hatten wir in unserer baufälligen Pfarrwohnung einige Jahre lang keine Katzen, welche auf Ratten gingen, sondern nur schlechte, verwöhnte, welche höchstens einer Maus den Garaus zu machen wagten. Da vermehrten sich die Ratten derart, daß wir nirgends mehr Ruhe und Rast vor ihnen hatten. Wenn wir mittags auf dem Vorsale speisten, kamen sie lustig die Treppe herabspaziert, bis dicht an unsern Tisch heran und sahen, ob sie nicht etwas wegnehmen könnten. Standen wir auf, um sie zu vertreiben, so rannten sie zwar weg, waren aber augenblicklich wieder da und begannen das alte Spiel von neuem. Nachts rasselte es unter allen Dächern und unter dem Fußboden, als ob ein wildes Heer in Bewegung wäre. Im ganzen Hause spukte es. Das waren Hausratten, also noch immer die bessere Sorte dieses Ungeziefers; denn die Wanderratten treiben es noch viel schlimmer. Las Cases erzählt, daß Napoleon am 27. Juni 1816 nebst seinen Gefährten ohne Frühstück bleiben mußte, weil die Ratten in der vergangenen Nacht in die Küche eingedrungen waren und alles fortgeschleppt hatten. Sie waren dort in großer Menge vorhanden, sehr böse und außerordentlich unverschämt. Gewöhnlich brauchten sie nur wenige Tage, um die Mauern und Bretterwände der armseligen Wohnung des Kaisers zu durchnagen. Während der Mahlzeit Napoleons kamen sie in den Saal, und nach dem Essen wurde förmlich Krieg mit ihnen geführt. Als der Kaiser einst abends seinen Hut wegnehmen wollte, sprang eine große Ratte aus diesem heraus. Die Stalleute wollten gern Federvieh halten, mußten aber darauf verzichten, weil die Ratten es wegfraßen. Diese holten das Geflügel nachts sogar von den Bäumen herunter, auf welchen es schlief. Seeleute sind dieser Nager halber oft sehr übel daran. Es gibt kein größeres Schiff ohne Ratten. Auf den alten Fahrzeugen sind sie nicht auszurotten, und die neuen besetzen sie augenblicklich, sobald die erste Ladung eingenommen wird. Auf langen Seereisen vermehren sie sich, zumal, wenn sie genug zu fressen haben, in bedeutender Menge, und dann ist kaum auf dem Schiffe zu bleiben. Als Kane's Schiff bei seiner Polarreise in der Nähe des 80. Breitengrades festgefroren war, hatten die Ratten so überhand genommen, daß sie fürchterlichen Schaden thaten. Endlich beschloß man, sie zu Tode zu räuchern. Man schloß alle Luken und brannte unten im Schiffe ein Gemisch von Schwefel, Leder und Arsenik an. Die Mannschaft brachte die kalte Nacht des letzten Septembers auf dem Deck zu. Am nächsten Morgen sah man, daß dieses furchtbare Mittel gar nichts geholfen hatte. Die Ratten waren noch munter. Jetzt brannte man eine Menge von Holzkohlen an und gedachte, die Thiere durch das sich entwickelnde Gas zu vergiften. In kurzen Zeit war auch der geschlossene Raum so stark mit Gas erfüllt, daß zwei Leute, welche sich unvorsichtiger Weise hinabgewagt hatten, sofort besinnungslos zu Boden fielen und nur mit großer Mühe aufs Deck gebracht werden konnten. Eine hinabgesenkte brennende Laterne verlosch augenblicklich; allein plötzlich gerieth an einer andern Stelle des Fahrzeugs ein Kohlenvorrath und mit ihm ein Theil des Schiffes ins Glühen, und nur mit der größten Anstrengung, ja mit wirklicher Lebensgefahr des Schiffsführers, gelang es, das Feuer zu löschen. Am folgenden Tage fand man bloß achtundzwanzig Rattenleichen, und die überlebenden vermehrten sich bis zum nächsten Winter in so großer Menge, daß man nichts mehr vor ihnen retten konnte. Sie zerfraßen Pelze, Kleider, Schuhe, nisteten sich in die Betten, zwischen die Decken und Handschuhe ein, nahmen Herberge in Mützen und Vorrathskisten, verzehrten die Vorräthe und wichen allen Nachstellungen mit List und Schlauheit aus. Man verfiel auf ein neues Mittel. Der klügste und tapferste Hund wurde in ihre eigentliche Herberge, in den Schiffsraum hinabgelassen, um dort Ordnung zu stiften; aber bald verrieth sein jämmerliches Heulen, daß nicht er über die Ratten, sondern sie über ihn Herr wurden. Man zog ihn heraus und fand, daß die gehaßten Nager ihm die Haut von den Fußsohlen abgefressen hatten. Später erbot sich ein Eskimo, die Ratten allmählich mit Pfeilen zu erschießen, und war auch so glücklich, daß Kane, welcher sich die Beute kochen ließ, während des langen Winters beständig frische Fleischbrühe hatte. Zufällig fing man einen Fuchs und sperrte ihn in den Schiffsraum: dieser endlich räumte auf.

In allen Leibesübungen sind die Ratten Meister. Sie laufen rasch und geschickt, klettern vortrefflich, sogar an ziemlich glatten Wänden empor, schwimmen meisterhaft, führen mit Sicherheit ziemlich weite Sprünge aus und graben recht leidlich, wenn auch nicht gern ausdauernd nacheinander. Die stärkere Wanderratte scheint noch geschickter zu sein als die Hausratte, wenigstens schwimmt sie bei weitem besser. Ihre Tauchfähigkeit ist beinahe eben so groß wie die echter Wasserthiere. Sie darf dreist auf den Fischfang ausgehen; denn sie ist im Wasser behend genug, den eigentlichen Bewohnern der feuchten Tiefe nachzustellen. Manchmal thut sie gerade, als ob das Wasser ihre wahre Heimat wäre. Erschreckt, flüchtet sie sich augenblicklich in einen Fluß, Teich oder Graben, und, wenn es sein muß, schwimmt sie in einem Zuge über die breiteste Wasserfläche oder läuft minutenlang auf dem Grunde des Beckens dahin. Die Hausratte thut dies bloß im größten Nothfalle, versteht jedoch die Kunst des Schwimmens ebenfalls recht gut.

Unter den Sinnen der Ratten stehen Gehör und Geruch obenan; namentlich das erstere ist vortrefflich, aber auch das Gesicht nicht schlecht, und der Geschmack wird nur allzuoft in Vorrathskammern bethätigt, wo die Ratten sicher immer die lekkersten Speisen auszusuchen wissen. Über ihre geistigen Fähigkeiten brauche ich nach dem Angegebenen nicht mehr viel zu sagen. Verstand kann man ihnen wahrlich nicht absprechen, noch viel weniger aber eine berechnende List und eine gewisse Schlauheit, mit welcher sie sich den Gefahren der verschiedensten Art zu entziehen wissen.

Wie bereits bemerkt, herrscht zwischen den beiden Rattenarten ein ewiger Streit, welcher regelmäßig mit dem Untergange der schwächeren Art endet; doch auch die einzelnen Ratten unter sich kämpfen und streiten beständig. Nachts hört da, wo sie häufig sind, das Poltern und Lärmen keinen Augenblick auf; denn der Kampf währt auch dann noch fort, wenn ein Theil bereits die Flucht ergreift. Recht alte, bissige Männchen werden zuweilen von der übrigen Gesellschaft verbannt und suchen sich dann einen stillen, einsamen Ort auf, wo sie mürrisch und griesgrämig ihr Leben verbringen.

Die Paarung geht unter lautem Lärmen und Quieken und Schreien vor sich; denn die verliebten Männchen kämpfen heftig um die Weibchen. Ungefähr einen Monat nach der Begattung werfen die letzteren fünf bis einundzwanzig Junge, kleine, allerliebste Thierchen, welche jedermann gefallen würden, wären sie nicht Ratten. »Am 1. März 1852«, berichtet Dehne, »bekam ich von einer weißen Ratte sieben Junge. Sie hatte sich in ihrem Drahtkäfige ein dichtes Nest von Stroh gemacht. Die Jungen hatten die Größe der Maikäfer und sahen blutroth aus. Bei jeder Bewegung der Mutter ließen sie ein feines, durchdringendes Piepen oder Quietschen hören. Am 8. waren sie schon ziemlich weiß; vom 13. bis 16. wurden sie sehend. Am 18. abends kamen sie zum ersten Male zum Vorschein; als aber die Mutter bemerkte, daß sie beobachtet wurden, nahm sie eine nach der anderen ins Maul und schleppte sie in das Nest. Einzelne kamen jedoch wieder aus einem andern Loche hervor. Allerliebste Thierchen von der Größe der Zwergmäuse, mit ungefähr drei Zoll langen Schwänzen! Am 21. hatten sie schon die Größe gewöhnlicher Hausmäuse, am 28. die der Waldmäuse. Sie saugten noch dann und wann (ich sah sie sogar noch am 2. April saugen), spielten miteinander, jagten und balgten sich auf die gewandteste und unterhaltendste Weise, setzten sich auch wohl zur Abwechselung auf den Rükken der Mutter und ließen sich von derselben herumtragen. Sie übertrafen an Possirlichkeit bei weitem die weißen Hausmäuse. Am 9. April trennte ich die Mutter von ihren Jungen und setzte sie wieder zum Männchen; am 11. Mai warf sie abermals eine Anzahl Junge.

Von den am 1. März zur Welt gekommenen hatte ich seit Anfang April ein Pärchen in einem großen Glase mit achtzölliger Mündung abgesondert gehalten, und schon am 11. Juni nachmittags, also im Alter von hundert und drei Tagen, gebar das Weibchen sechs Junge. Trotz der Weite des Glases schien der Mutter doch der Raum für ihre Jungen zu eng zu sein. Sie bemühte sich vergebens, ein weiteres Nest zu machen, wobei sie öfters die armen Kleinen so verscharrte, daß man nichts mehr von ihnen sah; doch fand sie dieselben immer bald wieder zusammen. Sie säugte ihre Jungen bis zum 23. ganz gut, und sie wurden bereits etwas weiß; auf einmal aber waren sie alle verschwunden: die Mutter hatte sie sämmtlich gefressen!

Am Tage und nach Mitternacht schlafen die Wanderratten; früh und abends sieht man sie in größter Thätigkeit. Sehr gern trinken sie Milch; Kürbiskörner und Hanf gehören zu ihren Leckerbissen. Für gewöhnlich bekommen sie Brod, welches mit Wasser oder Milch oberflächlich angefeuchtet wurde; dann und wann erhalten sie auch gekochte Kartoffeln; letztere fressen sie sehr gern. Fleisch und Fett, Lieblingsgerichte für sie, entziehe ich ihnen sowie allen anderen Nagern, welche ich in der Gefangenschaft ernähre, gänzlich, da nach solchen Speisen ihr Harn und selbst ihre Ausdünstung stets einen widrigen, durchdringenden Geruch bekommt. Der eigenthümliche, so höchst unangenehme Geruch, welchen die gewöhnlichen Mäuse verbreiten und allen Gegenständen, die damit in Berührung kommen, dauernd mittheilen, fehlt den weißen Wanderratten gänzlich, wenn man sie in der angegebenen Weise hält.

Die Wanderratten verrathen viel List. Wenn ihre hölzernen Käfige von außen mit Blech beschlagen sind, versuchen sie das Holz durchzunagen, und wenn sie eine Zeitlang genagt haben, greifen sie mit den Pfoten durch das Gitter, um die Stärke des Holzes zu untersuchen und zu sehen, ob sie bald durch sind. Beim Reinmachen der Käfige wühlen sie mit Rüssel und Pfoten den Unrath an die Öffnung, um auf diese Weise desselben sich zu entledigen.

Sie lieben die Gesellschaft ihres Gleichen. Oft machen sie sich ein gemeinschaftliches Nest und erwärmen sich gegenseitig, indem sie darin dicht zusammenkriechen; stirbt aber eine von ihnen, so machen sich die übrigen gleich über sie her, beißen ihr erst den Hirnschädel auf, fressen den Inhalt und verzehren dann nach und nach die ganze Leiche mit Zurücklassung der Knochen und des Felles. Die Männchen muß man, wenn die Weibchen trächtig sind, sogleich absperren; denn sie lassen diesen keine Ruhe und fressen auch die Jungen am ersten. Die Mutter hat übrigens viel Liebe zu ihren Kindern; sie bewacht dieselben sorgfältig, und diese erwidern ihr die erwiesene Zärtlichkeit auf alle nur mögliche Weise.

Außerordentlich groß ist die Lebenszähigkeit dieser Thiere. Einst wollte ich eine ungefähr ein Jahr alte weiße Wanderratte durch Ersäufen tödten, um sie von einem mir unheilbar scheinenden Leiden, einer offenen, eiternden Wunde, zu befreien. Nachdem ich sie bereits ein halbes Dutzend Mal in eiskaltes Wasser mehrere Minuten lang getaucht hatte, lebte sie noch und putzte sich mit ihren Pfötchen, um das Wasser aus den Augen zu entfernen. Endlich sprang sie, indem ich den Topf öffnete, in den Schnee und suchte zu entfliehen. Nun setzte ich sie in einen Käfig auf eine Unterlage von Stroh und Heu und brachte sie in die warme Stube. Sie erholte sich bald so weit, daß man sah, das kalte Bad habe ihr nichts geschadet. Ihre Freßlust hatte gegen früher eher zu-, als abgenommen. Nach einigen Tagen setzte ich sie wieder aus der warmen Stube in ein ungeheiztes Zimmer, gab ihr aber Heu, und sie bereitete sich daraus auch alsbald ein bequemes Lager. Zu meinem Erstaunen bemerkte ich nun, daß der offene Schaden von Tag zu Tag kleiner wurde; die Entzündung schwand immer mehr, und nach ungefähr vierzehn Tagen war die Heilung vollständig erfolgt. Hier hatte also offenbar das eiskalte Bad die Entzündung gehoben und dadurch die Genesung bewerkstelligt. Kaum glaube ich, daß ein anderer verwandter Nager ein solches wiederholtes Bad ohne tödtlichen Ausgang überstanden haben würde, und nur aus der Lebensweise und Lebenszähigkeit der Wanderratten, deren zweites Element das Wasser ist, läßt sich ein so glücklicher Erfolg erklären.

Die unteren Nagezähne wachsen zahmen Ratten oft bis zu einer unglaublichen Länge und sind dann schraubenförmig gewunden. Ich habe auch gesehen, daß sie

*Rattus norvegicus*
MURIDAE

durch das Backenfell gewachsen waren und die Thiere derart am Fressen verhinderten, daß sie endlich verhungern mußten.«

Solche, im engen Gewahrsam gehaltene, gut gepflegte Ratten werden so zahm, daß sie sich nicht bloß berühren oder von Kindern als Spielzeug verwenden, sondern auch zum Aus- und Eingehen in Haus, Hof und Garten gewöhnen lassen, ihren Pflegern wie Hunde nachfolgen, auf den Ruf herbeikommen, kurz zu Haus- oder Stubenthieren im besten Sinne werden.

Im Freileben kommt unter den Ratten zuweilen eine eigenthümliche Krankheit vor. Mehrere von ihnen verwachsen unter einander mit den Schwänzen und bilden dann den sogenannten Rattenkönig, den man sich in früheren Zeiten freilich ganz anders vorstellte als gegenwärtig, wo man ihn in diesem oder jenem Museum sehen kann. Früher glaubte man, daß der Rattenkönig, geschmückt mit goldner Krone, auf einer Gruppe innig verwachsener Ratten throne und von hier aus den ganzen Rattenstaat regiere. Soviel ist sicher, daß man zuweilen eine größere Anzahl fest mit den Schwänzen verwickelter Ratten findet, welche, weil sie sich nicht bewegen können, von Mitleidigen ihrer Art ernährt werden müssen. Man glaubt, daß eine eigenthümliche Ausschwitzung der Rattenschwänze ein Aufeinanderkleben derselben zur Folge habe, ist aber nicht im Stande, etwas sicheres darüber zu sagen. In Altenburg bewahrt man einen Rattenkönig auf, welcher von siebenundzwanzig Ratten gebildet wird; in Bonn, bei Schnepfenthal, in Frankfurt, in Erfurt und in Lindenau bei Leipzig hat man andere aufgefunden. Der letztere ist von Amtswegen genau beschrieben worden, und ich halte es nicht für überflüssig, den Inhalt der betreffenden Akten hier folgen zu lassen.

»Am 22. Februar 1774 erscheint bei der Landstube Christian Kaiser, Mühlknappe zu Lindenau, und sagt aus:

Es sei wirklich der Wahrheit gemäß, daß er am 12. Januar einen Rattenkönig von sechszehn Stück Ratten in der Mühle zu Lindenau gefangen habe. Besagten Tages habe er in der Mühle und zwar bei einer Treppe in einem Unterzuge ein Geräusch gehört, worauf er da die Treppe hinaufgegangen, einige Ratten bei sothanem Unterzuge gucken sehen, welche er mit einem Stück Holz todtgeschlagen. Hierauf hätte er eine Leiter an gedachten Ort angelegt, um zu sehen, ob noch mehr Ratten wären, und diesen Rattenkönig mit Beihülfe einer Axt auf den Platz geschmissen, und hätten viele noch gelebt, weil sie heruntergefallen, welche er aber nach einiger Zeit auch todtgeschmissen. Sechszehn Stück Ratten wären aneinander feste geflochten gewesen, und zwar funfzehn Stück mit den Schwänzen, die sechszehnte aber mit einer anderen auf dem Rücken mit dem Schwanze in ihren Haaren eingeflochten gewesen. Durch das Herunterfallen von dem berührten Unterzuge wäre keine von der anderen abgelöst gewesen; auch hätten nachher noch viele einige Zeit gelebt und gesprungen, sich aber nicht von einander durch das Springen losmachen können. So feste wären sie ineinander geflochten gewesen, daß er nicht glaubte, daß es möglich gewesen, wenigstens mit schwerer Mühe, sie von einander zu reißen usw.«

Nun folgen noch einige andere Zeugenberichte, welche wesentlich dasselbe feststellen. Und endlich findet sich die Beschreibung des Arztes und des Wundarztes, welche aus Wunsch der Landstube die Sache genauer untersuchten. Der betreffende Arzt theilt darüber folgendes mit:

»Ich untersuchte bloß die Körper und Schwänze der Ratten und fand 1) daß alle diese Ratten an ihrem Kopfe, Rumpfe und vier Füßen ihre natürliche Gestalt hatten; 2) daß sie ihrer Farbe nach einige aschgrau, andere etwas dunkler und wieder andere fast ganz schwarz waren; 3) daß einige ihrer Größe nach einer guten Spanne; 4) daß ihre Dicke und Breite nach ihrer Länge proportionirt war, doch so, daß sie mehr abgehungert als gemästet zu sein schienen; 5) daß ihre Schwänze von ¼ bis ½ Leipziger Elle lang, wenig darüber oder darunter gerechnet werden konnten, an welchen etwas Unreinigkeit und Feuchtigkeit anzutreffen war.

Als ich vermittels eines Stückchen Holzes den Knoten und die an demselben hängenden Ratten in die Höhe heben wollte: so bemerkte ich gar deutlich, daß es mir nicht schwer fallen würde, einige der verwickelten Schwänze auseinander zu zerren, wovon ich aber von dem dabeistehenden Maler mit einigem Unwillen abgehalten wurde. An der oben erwähnten sechszehnten Ratte habe ich deutlich wahrgenommen, daß ihr Schwanz, ohne die geringste Verletzung erlitten zu haben, noch an ihr befindlich, und sie also mit leichter Mühe von dem Knoten der übrigen losgelöst worden.

Nachdem ich nun alle diese Umstände mit vielem Fleiß erwogen, so bin ich vollkommen überzeugt worden, daß besagte sechszehn Ratten kein aus einem Stück bestehender Rattenkönig, sondern daß es eine Anzahl von Ratten, so von verschiedener Größe, Stärke und Farbe und (nach meiner Meinung) auch von verschiedenem Alter und Geschlecht gewesen. Die Art und Weise, wie oft gedachte Ratten sich miteinander so verwickelt haben, stelle ich mir also vor. In der wenig Tage vor der Entdeckung dieser häßlichen Versammlung eingefallenen sehr strengen Kälte haben diese Thiere sich in einem Winkel zusammenrottirt, um durch ihr Neben- und Übereinanderliegen sich zu erwärmen; ohnfehlbar haben sie eine solche Richtung genommen, daß sie die Schwänze mehr nach einer freien Gegend und die Köpfe nach einer vor Kälte mehr geschützten Gegend zugewendet haben. Sollten nicht die Excrementa der oben gesessenen Ratten, welche nothwendig auf die Schwänze der unteren gefallen, Gelegenheit gegeben haben, daß die Schwänze haben zusammenfrieren müssen? Ist es auf diese Art nicht möglich, daß die an den Schwänzen aneinandergefrorenen Ratten, sobald sie nach ihrer Nahrung gehen wollen und mit ihren angefrorenen Schwänzen nicht loskommen können, eine so feste Verwickelung bewerkstelligt haben müssen, daß sie auch bei bevorstehender Lebensgefahr sich nicht mehr losreißen können?

Auf Verlangen der Hochlöblichen Landstube E. E. Hochweisen Rathes allhier habe diese meine Gedanken nebst dem, was ich laut dieses Berichts zugleich mit Herrn Eckolden bei der Untersuchung angetroffen, hiermit aufrichtigst anzuzeigen nicht anstehen wollen, so ich mit ihm eigenhändig unterschrieben habe.«

Es ist möglich, daß derartige Verbindungen öfter vorkommen, als man annimmt; die wenigsten aber werden gefunden, und an den meisten Orten ist der Aberglaube noch so groß, daß man einen etwa entdeckten Rattenkönig gewöhnlich sobald als möglich vernichtet. Hierzu gibt Lenz einen für sich selbst redenden Beleg. In Döllstedt, einem zwei Meilen von Gotha gelegenen Dorfe, wurden im December des Jahres 1822 zwei Rattenkönige zu gleicher Zeit gefangen. Drei Drescher, welche in der Scheuer des Forsthauses ein lautes Quieken vernahmen, suchten mit Hülfe des Knechtes nach und fanden, daß der starke Tragbalken des Stalles von oben ausgehöhlt war. In dieser Höhle sahen sie eine Menge lebender Ratten, wie sich nachher herausstellte, ihrer zweiundvierzig Stück. Das Loch im Balken war offenbar von den Ratten hineingenagt worden. Es hatte ungefähr funfzehn Centim. an Tiefe, war reinlich gehalten und auch nicht von Überbleibseln der Nahrung und dergleichen umgeben. Der Zugang war für die alten Ratten, welche dort ihre Brut gefüttert haben mußten, sehr bequem, weil das ganze Jahr hindurch über dem Stalle und seinem Tragbalken eine große Masse Stroh gelegen hatte. Der Knecht übernahm das Geschäft, die Ratten, welche ihren Wohnsitz nicht verlassen wollten oder nicht verlassen konnten, hervorzuholen und auf die Scheuertenne hinabzubringen. Dort sahen dann die vier Leute mit Staunen, daß achtundzwanzig Ratten mit ihren Schwänzen fest verwachsen und um diesen Schwanzknäuel regelmäßig vertheilt im Kreise waren. Die übrigen vierzehn Ratten waren genau ebenso verwachsen und vertheilt. Alle zweiundvierzig schienen von argem Hunger geplagt zu sein und quiekten fortwährend, sahen aber durchaus gesund aus; alle waren von gleicher und zwar so bedeutender Größe, daß sie jedenfalls vom letzten Frühjahre sein mußten. Ihrer Färbung nach zu schließen, waren es Hausratten. Sie sahen rein und glatt aus, und man konnte kein Anzeichen bemerken, daß etwa vorher welche gestorben waren. Ihrer Gesinnung nach waren sie vollkommen friedlich und gemüthlich, ließen alles über sich ergehen, was das vierköpfige Gericht über sie beschloß, und musicirten bei jeder über sie verhängten Handlung in gleicher Melodie. Der Vierzehnender ward lebend in die Stube des Forstaufsehers getragen, und dahin kamen dann unaufhörlich Leute, um das wunderbare Ungeheuer zu beschauen. Nachdem die Schaulust der Dorfbewohner befriedigt war, endete das Schauspiel damit, daß die Drescher ihren Gefangenen im Triumph auf die Miststätte trugen und ihn dort unter dem Beifall der Menge so lange draschen, bis er seine vierzehn Geister aufgab. Sie packten die Ratten nun noch mit zwei Mistgabeln, stachen fest ein und zerrten mit großer Gewalt nach zwei Seiten, bis sie drei von den übrigen losgerissen. Die drei Schwänze zerrissen dabei nicht, hatten auch Haut und Haare noch, zeigten aber die Eindrücke, welche sie von den anderen Schwänzen bekommen hatten, ganz wie Riemen, welche lange miteinander verflochten gewesen sind. Den Achtundzwanzigender trugen die Leute in den Gasthof und stellten ihn dort den immer frisch andrängenden Neu- und Wißbegierigen zur Schau aus. Zum Beschluß des Festes wurde auch dieser Rattenkönig jämmerlich gedroschen, todt auf den Düngerhaufen geworfen und nicht weiter beachtet. Hätten die guten Leute gewußt, daß diese Rattenkönige sie sammt und sonders zu reichen Leuten hätten machen können, sie würden sicherlich ängstlich über das Leben der so eigenthümlich verbundenen gewacht und sie öffentlich zur Schau Deutschlands gestellt haben!

Unzählbar sind die Mittel, welche man schon angewandt hat, um die Ratten zu vertilgen. Fallen aller Art werden gegen sie aufgestellt, und eine Zeitlang hilft auch die eine und die andere Art der Rattenjagd wenigstens etwas. Merken die Thiere, daß sie sehr heftig verfolgt werden, so wandern sie nicht selten aus, kommen aber wieder, wenn die Verfolgung nachläßt. Und wenn sie sich einmal von neuem eingefunden haben, vermehren sie sich in kurzer Zeit so stark, daß die alte Plage wieder in voller Stärke auftritt. Die gewöhnlichsten Mittel zu ihrer Vertilgung bleiben Gifte verschiedener Art, welche man an ihren Lieblingsorten aufstellt; aber ganz abgesehen davon, daß man die vergifteten Thiere auf eine greuliche Weise zu Tode martert, bleiben diese Mittel immer gefährlich; denn die Ratten brechen gern einen Theil des Gefressenen wieder aus, vergiften unter Umständen Getreide oder Kartoffeln und können dadurch anderen Thieren und auch den Menschen sehr gefährlich werden. Besser ist es, ihnen ein Gemisch von Malz und ungelöschtem Kalk vorzusetzen, welches, wenn sie es gefressen haben, ihren Durst erregt und den Tod herbeiführt, sobald sie das zum Löschen des Kalkes erforderliche Wasser eingenommen haben.

Die besten Vertilger der Ratten bleiben unter allen Umständen ihre natürlichen Feinde, vor allen Eulen, Raben, Wiesel, Katzen und Pintscher, obgleich es oft vorkommt, daß die Katzen sich nicht an Ratten, zumal an Wanderratten, wagen. Dehne sah in Hamburg vor den Flethen Hunde, Katzen und Ratten unter einander herumspazieren, ohne daß eines der betreffenden Thiere daran gedacht hätte, dem andern den Krieg zu erklären, und mir selbst sind viele Beispiele bekannt, daß die Katzen sich nicht um die Ratten bekümmern. Es gibt, wie unter allen Hausthieren, auch unter den Katzen gute Familien, deren Glieder mit wahrer Leidenschaft der Rattenjagd obliegen, obgleich sie anfangs viele Mühe haben, die bissigen Nager zu überwältigen. Eine unserer Katzen fing bereits Ratten, als sie kaum den dritten Theil ihrer Größe erreicht hatte, und verfolgte dieselben mit solchem Eifer, daß sie sich einstmals von einer starken Ratte über den ganzen Hof weg und an einer Mauer emporschleppen ließ, ohne ihren Feind loszulassen, bis sie endlich mit einem geschickten Bisse denselben kampfunfähig machte. Von jenem Tage an ist die Katze der unerbittlichste Feind der Ratten geblieben und hat den ganzen Hof von ihnen fast gereinigt. Übrigens ist es gar nicht so nothwendig, daß eine Katze wirklich eifrig Ratten fängt; sie vertreibt dieselben schon durch ihr Umherschleichen in Stall und Scheuer, Keller und Kammer. Es ist sicherlich höchst ungemüthlich für die Ratten, diesen Erzfeind in der Nähe zu haben. Sie sind da keinen Augenblick lang sicher. Unhörbar schleicht er herbei im Dunkel der Nacht, kein Laut, kaum eine Bewegung verräth sein Nahen, in alle Löcher schauen seine unheimlich leuchtenden, grünlichen Augen, neben den bequemsten Gangstraßen sitzt und lauert er, und ehe sie es sich recht versehen, fällt er über sie her und packt mit den spitzen Klauen und den scharfen Zähnen so fest zu, daß selten Rettung möglich. Das erträgt selbst eine Ratte nicht: sie wandert lieber aus und an Orte, wo sie unbehelligter wohnen kann. Somit bleibt die Katze immer der beste Gehülfe des Menschen, wenn es gilt, so lästige Gäste zu vertreiben. Kaum geringere Dienste leisten Iltis und Wiesel, ersterer im Hause, letzteres im Garten und an den hinteren Seiten der Ställe. Gegen diese Raubgesellen, welche sich ab und zu auch ein Ei, ein Küchlein, eine Taube oder auch wohl eine Henne holen, kann man sich schützen, wenn man den Stall gut verschließt, gegen die Ratten aber ist jeder Schutz umsonst, und deshalb sollte man die schlanken Räuber hegen und schirmen, wo man nur immer kann.

An einzelnen Ratten hat man bei großer Gefahr eine besondere List beobachtet. Sie stellen sich todt, wie das Opossum thut. Mein Vater hatte einst eine Ratte gefangen, welche, ohne sich zu rühren, in der Falle lag und sich in derselben hin- und herwerfen ließ. Das noch glänzende Auge war aber zu auffallend, als daß solch ein Meister in der Beobachtung sich hätte täuschen sollen. Mein Vater schüttete die Künstlerin auf dem Hofe aus, aber in Gegenwart ihrer schlimmen Feindin, der Katze, und siehe da – die scheinbar Todte bekam sofort Leben und Besinnung, wollte auch so schnell als möglich davon laufen, allein Miez saß ihr auf dem Nacken, noch ehe sie zwei Meter durchmessen hatte.

Schließlich will ich zu Nutz und Frommen mancher meiner Leser eine Falle beschreiben, welche zwar dem menschlichen Herzen nicht eben Ehre macht, aber wirksam ist. An besuchten Gangstraßen der Ratten, etwa zwischen Ställen, in der Nähe von Abtritten, Schleußen und an ähnlichen Orten legt man eine anderthalb Meter tiefe Grube an und kleidet sie innen mit glatten Steinplatten aus. Eine viereckige Platte von einem Meter im Geviert bildet den Grund, vier andere, oben schmälere, stellen die Seiten her. Die Grube muß oben halb so weit sein als unten, so daß die Wände nach allen Seiten hin überhangen und ein Heraufklettern der hineingegangenen Ratten unmöglich machen. Nun gießt man auf dem Boden geschmolzenes Fett, mit Wasser verdünnten Honig und andere stark riechende Stoffe aus, setzt ein thönernes Gefäß, welches oben eine enge Öffnung hat, hinein, tränkt es mit Honig und füllt es mit Mais, Weizen, Hanf, Hafer, gebratenem Speck und anderen Leckerbissen an. Dann kommt etwas Heckerling auf den Boden der Grube und endlich ein Gitter über den Eingang, damit nicht zufällig ein Huhn oder ein anderes junges, ungeschicktes Hausthier hineinfalle. Nunmehr kann man das Ganze sich selbst überlassen. »Der liebliche Duft und der warme Heckerling«, sagt Lenz, »verleiten den bösen Feind, lustig und erwartungsvoll in den Abgrund zu springen. Dort riecht alles gar schön nach Speck, Honig, Käse, Körnern; man muß sich aber mit dem bloßen Geruche begnügen, weil das Innere nicht zugänglich ist, und so bleibt nichts anderes übrig, als daß ein Gefangener immer den anderen auffrißt.« Die erste Ratte, welche hinabfällt, bekommt selbstverständlich bald Hunger und müht und mattet sich vergeblich ab, dem entsetzlichen Gefängnisse zu entgehen. Da stürzt eine zweite von oben hernieder. Man beschnoppert sich gegenseitig, berathet wohl auch gemeinschaftlich, was da zu thun ist; aber der erste Gefangene ist viel zu hungrig, als daß er sich auf lange Verhandlungen einlassen könnte. Ein furchtbares Balgen, ein Kampf auf Leben und Tod beginnt, und einer der Gefangenen mordet den anderen. Blieb der erste Sieger, so macht er sich augenblicklich über die Leiche des Gefährten her, um ihn aufzufressen; siegte der zweite, so geschieht dasselbe wenige Stunden später. Nur höchst selten findet man drei Ratten zu gleicher Zeit in dieser Falle, am folgenden Tage aber sicherlich immer eine weniger. Kurz, ein Gefangener frißt den anderen auf, und die Grube bleibt ziemlich reinlich, obgleich sie eine Mordhöhle in des Wortes furchtbarster Bedeutung ist.

# Das Stinkthier

Man kann nicht sagen, daß irgend ein Mitglied aus der Familie der Marder Wohlgerüche verbreite; wir finden im Gegentheile schon unter den bei uns hausenden Arten solche, welche »Stänker« benannt werden und diesen Namen mit Fug und Recht tragen. Was aber ist unser Iltis gegen einige seiner Verwandten, welche in Amerika und Afrika leben! Sie sind die wahren Stänker. Wenn man liest, welches Entsetzen sie verbreiten können, sobald sie sich nur zeigen, begreift man erst, was eine echte Stinkdrüse besagen will. Alle Berichte von amerikanischen Reisenden und Naturforschern stimmen darin überein, daß wir nicht im Stande sind, die Wirkung der Drüsenabsonderung dieser Thiere uns gehörig ausmalen zu können. Keine Küche eines Scheidekünstlers, keine Senkgrube, kein Aasplatz, kurz, kein Gestank der Erde soll an Heftigkeit und Unleidlichkeit dem gleichkommen, welchen die äußerlich so zierlichen Stinkthiere zu verbreiten und auf Wochen und Monate hin einem Gegenstande einzuprägen vermögen. Man bezeichnet den Gestank mit dem Ausdruck »Pestgeruch«; denn wirklich wird Jemand, welcher das Unglück hatte, mit einem Stinkthiere in nähere Berührung zu kommen, von Jedermann gemieden, wie ein mit der Pest Behafteter. Die Stinkthiere sind trotz ihrer geringen Größe so gewaltige und mächtige Feinde des Menschen, daß sie Denjenigen, welchen sie mit ihren furchtbaren Safte bespritzten, geradezu aus der Gesellschaft verbannen und ihm selbst eine Strafe auferlegen, welche so leicht von keiner anderen übertroffen werden dürfte. Sie sind fähig, ein ganzes Haus unbewohnbar zu machen oder ein mit den kostbarsten Stoffen gefülltes Vorrathsgewölbe zu entwerthen.

Die Stinkthiere, nach Ansicht Gray's eine besondere Unterfamilie bildend, unterscheiden sich von den Dachsen, ihren nächsten Verwandten, durch merklich schlankeren Leib, langen, dicht behaarten Schwanz, große aufgetriebene Nase, schwarze Grundfärbung und weiße Bandzeichnung. Der Kopf ist im Verhältnis zum Körper klein und zugespitzt, die Nase auffallend häßlich, kahl und dick, wie aufgeschwollen; die kleinen Augen haben durchdringende Schärfe; die Ohren sind kurz und abgerundet; die kurzen Beine haben mäßig große Pfoten. Das Gebiß wird also aus 34

Zähnen zusammengesetzt. Durch die Eigenthümlichkeiten der Kauzähne läßt sich das Gebiß leicht und scharf von dem anderer Marder unterscheiden. Die Stinkdrüsen haben bedeutende Größe, öffnen sich innen in dem Mastdarme und können durch einen besonderen Muskel zusammengezogen werden. Jede Drüse stellt, laut Hensel, einen etwa haselnußgroßen Hohlraum vor, dessen Wand mit einer Drüsenschicht ausgekleidet und an der Außenseite mit einer starken Muskellage umgeben ist. Den Hohlraum füllt eine gelbe ölähnliche Flüssigkeit, welche von dem Thiere durch Zusammenpressen des Muskels mehrere Meter weit weggespritzt werden kann, unmittelbar hinter dem After einen dünnen, gelblichen Strahl bildet, bald in einen feinen Staubregen sich verwandelt, wie wenn Jemand Wasser aus dem Munde hervorsprudelt, und somit einen großen Raum bestreicht. Bei älteren Thieren und bei Männchen soll dieser fürchterliche Saft stärker als bei jungen und Weibchen sein, seine Wirkung auch während der Begattungszeit sich steigern.

Als eigentliche Waldthiere kann man die Stinkmarder nicht bezeichnen; sie ziehen steppenartige Gegenden, in Amerika das Camposgebiet, in Afrika die Steppen, dem Urwalde vor. Bei Tage liegen sie in hohlen Bäumen, in Felsspalten und in Erdhöhlen, welche sie sich selbst graben, versteckt und schlafen; nachts werden sie munter und springen und hüpfen höchst beweglich hin und her, um Beute zu machen. Ihre gewöhnliche Nahrung besteht in Würmern, Kerbthieren, Lurchen, Vögeln und Säugethieren; doch fressen sie auch Beeren und Wurzeln. Nur wenn sie gereizt werden oder sich verfolgt sehen und deshalb in Angst gerathen, gebrauchen sie ihre sinnbetäubende Drüsenabsonderung zur Abwehr gegen Feinde, und wirklich besitzen sie in ihrer stinkenden Flüssigkeit eine Waffe wie kein anderes Thier. Sie halten selbst die blutdürstigsten und raubgierigsten Katzen nöthigenfalls in der bescheidensten Entfernung, und nur in sehr scharfen Hunden, welche, nachdem sie bespritzt worden sind, gleichsam mit Todesverachtung sich auf sie stürzen, finden sie Gegner. Abgesehen von dem Pestgestanke, welche sie zu verbreiten wissen, verursachen sie dem Menschen keinen erheblichen Schaden; ihre Drüsenabsonderung aber macht sie entschieden zu den von Allen am meisten gehaßten Thieren. Gegenwärtig unterliegt es keinem Zweifel mehr, daß die vielen Arten von Stinkthieren, welche man unterschieden hat, auf wenige zurückgeführt werden müssen, weil sich die außerordentliche Veränderlichkeit derselben zur Genüge herausgestellt hat. In der Lebensweise ähneln sich alle bekannten Arten. »In der Lebensweise«, sagt Hensel, »unterscheidet sich das Stinkthier nicht wesentlich von den Mardern. Er lebt in den Camposgegenden des Tieflandes und der Serra und vermeidet durchaus den dichten Urwald; doch ist er immer an den Wald gebunden, denn er findet sich bloß in vereinzelten Waldstellen der Campos. Hier erkennt man seine Anwesenheit sehr leicht an kleinen trichterförmigen Löchern, welche er nahe am Waldrande in dem Grasboden macht, um Mistkäfer zu suchen. Diese Löcher gleichen denen des Dachses, wenn er

›sticht‹, wie der Jäger sagt; nur sind sie weiter als diese, werden aber ohne Zweifel, wie auch vom Dachse, mit seinen Vorderpfoten, nicht mit der Nase gemacht. Den Tag über ruhen die Stinkthiere wie der Iltis in unterirdischen Bauen unter Felsstükken oder Baumwurzeln. Mit der Dämmerung aber gehen sie ihrer Nahrung nach, welche bloß in Mistkäfern zu bestehen scheint; wenigstens habe ich niemals etwas anderes in ihrem Magen gefunden.«

Der Erste, welcher eine ausführliche Beschreibung des Stinkthieres gibt, ist Kalm. »Das Thier«, sagt er, »ist wegen seiner besonderen Eigenschaft bekannt. Wird es von Hunden oder Menschen gejagt, so läuft es anfangs so schnell, als es kann, oder klettert auf einen Baum; findet es keinen Ausweg mehr, so wendet es noch ein Mittel an, welches ihm übrig ist: es spritzt seinen Feinden seinen Harn entgegen, und zwar auf große Entfernung. Einige Leute haben mir erzählt, daß ihnen von diesem schändlichen Safte das Gesicht ganz bespritzt worden wäre, obwohl sie noch gegen achtzehn Fuß davon entfernt gewesen seien. Diese Feuchtigkeit hat einen so unerträglichen Gestank, daß kein schlimmerer gedacht werden kann. Ist Jemand dem Thiere zur Zeit des Ausspritzens nahe, so kann er wohl kaum Athem holen, und es ist ihm später zu Muthe, als wenn er ersticken sollte. Ja, kommt dieser Pestsaft in die Augen, so läuft man Gefahr, das Gesicht zu verlieren, und aus Kleidern ist der Geruch fast gar nicht wieder herauszubringen, man mag sie waschen, so oft man will. Viele Hunde laufen davon, sobald sie der Guß trifft; richtige Fänger hören aber nicht eher auf, dem Flüchtigen nachzusetzen, als bis sie ihn todt gebissen haben. Sie reiben jedoch ihre Schnauze auf der Erde, um den Gestank einigermaßen zu vertreiben.

Der widrige Geruch geht selten vor einem Monate aus den Kleidern; doch verlieren sie das meiste davon, wenn man sie vierundzwanzig Stunden lang mit Erde bedeckt. Auch die Hand und das Gesicht muß man wenigstens eine Stunde mit Erde reiben, weil das Waschen nichts hilft. Als ein angesehener Mann, welcher unvermuthet gespritzt wurde, sich in einem Hause waschen wollte, schloß man die Thüre, und die Leute liefen davon. Bespritzte Hunde läßt man Tage lang in kein Haus. Wenn man in einem Walde reiset, muß man sich oft lange Zeit die Nase zuhalten, falls das Thier an einer Stelle seinen Pestgeruch verbreitet hat. Ich schlief einmal auf einem Hofe, wo ein Lamm getödtet lag, und es schlich sich solch ein Thier heran; der Hund sah und verjagte es. Da entstand plötzlich ein solcher Gestank, daß ich glaubte, ersticken zu müssen; sogar die Kühe blökten aus vollem Halse. Die Köchin bemerkte, daß verschiedene Tage nacheinander das Fleisch im Keller benascht worden war; sie versperrte deshalb alle Zugänge, um die Katzen abzuhalten. Allein in der folgenden Nacht hörte sie einen Lärm in dem Keller und ging hinab. Da sah sie ein Thier mit feurigen Augen, welches sie ganz ruhig zu erwarten schien. Sie faßte sich jedoch ein Herz und schlug es todt. Plötzlich aber entstand solch ein abscheulicher Gestank, daß sie einige Tage krank wurde und man alle Eßwaaren im Keller sammt Brod und Fleisch wegwerfen mußte.«

Das Stinkthier ist sich seiner furchtbaren Waffe so wohl bewußt, daß es keineswegs scheu oder feig ist. Alle seine Bewegungen sind langsam. Es kann weder springen, noch klettern, sondern nur gehen und hüpfen. Beim Gehen tritt es fast mit der ganzen Sohle auf, wölbt den Rücken und trägt den Schwanz nach abwärts gerichtet. Ab und zu wühlt es in der Erde oder schnüffelt nach irgend etwas genießbarem herum. Trifft man nun zufällig auf das Thier, so bleibt es ruhig stehen, hebt den Schwanz auf, dreht sich herum und spritzt nöthigenfalls den Saft gerade von sich. Wenn die Hunde es stellen, legt es, laut Hensel, den Schwanz wie ein sitzendes Eichhörnchen über den Rücken, kehrt das Hintertheil den andrängenden Rüden entgegen und führt zornig sonderbare, hüpfende Bewegungen aus, wie man sie zuweilen in den Käfigen von Bären sieht. Die Hunde kennen die gefährliche Waffe ihres Gegners sehr gut und halten sich meist in achtungsvoller Entfernung. Nur wenige von ihnen haben den Muth, das Stinkthier zu greifen und zu tödten: unter Hensels Hunden war ein einziger, welcher jeden Surilho, und zwar ohne Rücksicht auf die Lage, in welcher er sich befand, zu packen wagte, während alle anderen erst zugriffen, wenn der Feind todt war. Niemals verschießt das angegriffene Thier seinen Pestsaft voreilig, sondern drohet bloß, so lange die Hunde einige Schritte sich entfernt halten; rückt ihm aber einer derselben zu nahe auf den Leib, dann stülpt es den weiten, ringsum haarlosen After so um, daß die Mündungen der beiden Stinkdrüsen zum Vorscheine kommen, und spritzt den Inhalt derselben auf den Feind.

Zuweilen greift das Stinkthier an, ohne daß es irgendwie gereizt wurde, vielleicht weil es meint, in Gefahr zu kommen, möglicherweise aber auch aus reinem Übermuthe. »Als mein Sohn«, so erzählt Siedhof, »eines Abends langsam im Freien umherging, kam plötzlich ein Stinkthier auf ihn los und biß sich in seinen Beinkleidern fest. Er schüttelte es mit Mühe ab und tödtete es durch einen Fußtritt. Als er aber nach Hause kam, verbreitete sich von seinen durch das gefährliche Thier benetzten Kleidern ein so durchdringender, abscheulicher Knoblauchsgeruch, daß augenblicklich das ganze Haus erfüllt wurde, die befreundeten Familien, welche gerade zu Besuch anwesend waren, sofort davonliefen und die Einwohner, welche nicht flüchten konnten, sich erbrechen mußten. Alles Räuchern und Lüften half nichts; selbst nach einem Monate war der Geruch noch zu spüren. Die Stiefel rochen, so oft sie warm wurden, noch vier Monate lang, trotzdem sie in den Rauch gehängt und mit Chlorwasser gewaschen wurden. Das Unglück hatte sich im Dezember ereignet; das Thier war im Garten vergraben worden: aber noch im nächsten August konnte man seine Ruhestätte durch den Geruch auffinden.«

Auch Audubon erfuhr die Furchtbarkeit des Stinkthieres an sich selbst. »Dieses kleine, niedliche, ganz unschuldig aussehende Thierchen«, sagt er, »ist doch im Stan-

MEPHITINAE
Mephitis mephitis

de, jeden Prahlhans auf den ersten Schuß in die Flucht zu schlagen, so daß er mit Jammergeschrei Reißaus nimmt. Ich selbst habe einmal, als kleiner Schulknabe, solch Unglück erlitten. Die Sonne war eben untergegangen. Ich ging mit einigen Freunden langsam meinen Weg. Da sahen wir ein allerliebstes, uns ganz unbekanntes Thierchen, welches gemüthlich umherschlich, dann stehen blieb und uns ansah, als warte es, wie ein alter Freund, um uns Gesellschaft zu leisten. Das Ding sah gar zu unschuldig und verführerisch aus, und es hielt seinen buschigen Schwanz hoch empor, als wolle es, daran gefaßt, und in unseren Armen nach Hause getragen sein. Ich war ganz entzückt, griff voller Seligkeit zu – und patsch! da schoß das Höllenvieh seinen Teufelssaft mir in die Nase, in den Mund, in die Augen. Wie vom Donner gerührt, ließ ich das Ungeheuer fallen und nahm in Todesangst Reißaus.«

Fröbel hörte einmal ein Geräusch hinter sich und bemerkte, als er sich umwandte, das ihm unbekannte Stinkthier, welches, als er sich nach ihm hinkehrte, augenblicklich zu knurren begann, mit dem Fuße stampfte und, sobald er seinen Stock ergriff, ihm Kleider, Gesicht und Haare mit seiner entsetzlichen Flüssigkeit bespritzte. Voller Wuth schlug er das Thier todt, eilte über den Platz und wollte dem Hause zu, verursachte aber allgemeine Furcht. Die Thür wurde verrammelt, und nur aus dem Fenster rief man ihm guten Rath zu. Wasser, Seife, kölnisches Wasser half nichts; endlich wurde ein kräftiges Feuer angebrannt, und der arme, verstänkerte Reisende legte die ihm von einem Ansiedler geborgten Kleider an und räucherte die bespritzten, nebst Gesicht und Haar, im dichten Qualm einige Stunden lang, worauf dann wirklich der Geruch verschwand.

Ein an einem Zaune dahinlaufendes Stinkthier wurde durch eine vorbeifahrende Kutsche erschreckt, versuchte zu fliehen, kam aber nicht gleich durch den Zaun und spritzte jetzt seinen Saft gegen die Kutsche, an welcher unglücklicherweise die Fenster offen standen. Die volle Ladung drang in das Innere und dort verbreitete sich dann augenblicklich ein so fürchterlicher Gestank, daß mehrere von den mitfahrenden Damen sofort in Ohnmacht fielen.

Die in Südamerika lebenden Stinkthiere unterscheiden sich, was die Güte ihres Pestsaftes anlangt, durchaus nicht von den nordamerikanischen. Azara fand eines in Paraguay, wo er Yaguaré, zu deutsch »stinkender Hund« genannt wird, und berichtet, daß er im Freien von Kerfen, Eiern und Vögeln lebt, und sowohl bei Tage als bei Nacht still umherschleicht. Er ergreift niemals die Flucht, nicht einmal vor dem Menschen. Sobald er bemerkt, daß man ihm nachstellt, macht er Halt, sträubt sein Haar, hebt den Schwanz in die Höhe, wartet, bis man nahe gekommen ist, dreht sich plötzlich um und schießt los. Selbst der Jaguar soll augenblicklich zurückweichen, wenn er eine gehörige Ladung von dem teuflischen Gestank bekommt, und vor Menschen und Hunden ist das Thier fast gänzlich gesichert. Selbst nach zwanzigmaligem Waschen bleibt der Gestank noch so stark, daß er das ganze Haus erfüllt.

Ein Hund, welcher acht Tage vorher bespritzt und mehr als zwanzigmal gewaschen und noch öfter mit Sand gerieben worden war, verpestete eine Hütte noch derartig, daß man es nicht in ihr aushalten konnte. Azara glaubt, daß man den Gestank wohl eine halbe englische Meile weit riechen könne.

Ein hier geborener Deutscher, welcher aber zufälligerweise niemals Gelegenheit gehabt hatte, das Stinkthier kennen zu lernen, sah einst ein solches bei einem Ritte in der Dämmerung, hielt es für einen jungen Fuchs und stieg vom Pferde, um es seiner Zahmheit wegen zu fangen. Das Thier ließ sich auch ruhig greifen; in demselben Augenblicke aber, als der Mann es mit den Händen erfaßte und aufhob, spritzte es ihm den ganzen Inhalt seiner Stinkdrüsen auf die Brust und traf Hemd und Weste. Eiligst ließ der Erschreckte das gefährliche Geschöpf fallen, warf sich aufs Pferd und ritt im vollsten Jagen dahin, um durch den Luftzug die Einwirkung des Pestsaftes auf seine Geruchswerkzeuge etwas zu mildern. Gleichwohl konnte er es nicht aushalten und mußte während des schnellsten Reitens der Kleider des Oberkörpers sich so viel als möglich entledigen, so daß er halb nackt zu Hause ankam.

Ganz besonders haftet der Pestgeruch an Tuchkleidern, welche man in den Rauch zu hängen pflegt, um sie wieder zu reinigen. Wahrscheinlich wirkt dabei nicht der Rauch, sondern die Hitze des Feuers, durch welche der flüssige Stoff verdunstet. Der Geruch des Drüsensaftes eines Stinkthieres ist, wie jede Sinneswahrnehmung, nicht zu beschreiben; allein man kann sich ihn vorstellen als einen Iltisgestank in vielfacher Verstärkung. Ungereizt riecht das Thier durchaus nicht.«

Ungeachtet des abscheulichen Geruches ist das Stinkthier doch nützlich. Aus seinem Pelze machen sich die Indianer weiche und schöne Decken, welche man trägt, obgleich sie sehr schlecht riechen. Um es zu fangen, gebrauchen dieselben eine eigene List. Sie nähern sich ihm mit einer langen Gerte und reizen es damit, bis es wiederholt seine Drüsen entleert hat; hierauf springen sie plötzlich zu und heben es beim Schwanze empor. In dieser Lage soll es dann nicht weiter spritzen können und somit gefahrlos sein. Ein einziger Schlag auf die Nase tödtet es augenblicklich. Dann werden die Drüsen ausgeschnitten und die Indianer essen das Fleisch ohne Umstände. Aber auch Europäer nützen das Thier, und zwar das allerfürchterlichste von ihm, nämlich die stinkende Flüssigkeit selbst. Sie wird in derselben Weise gebraucht, wie unsere Damen wohlriechende Wasser anwenden, als nervenstärkendes Mittel. Aber da der Aberglaube in Amerika noch etwas stärker ist als bei uns in Deutschland, so glaubt man, wunder welch ein vortreffliches Mittel erhalten zu haben, wenn man stinkende Flüssigkeit sich vor die Nase hält. Daß dabei Unannehmlichkeiten mancherlei Art vorkommen können, zumal in Gesellschaft, ist leicht zu erklären. So erzählt man, daß ein Geistlicher einmal während der Predigt sein Fläschchen herausgezogen habe, um seine Nerven zu stärken, die Riechwerkzeuge seiner andächtigen Zuhörer dabei aber dergestalt erregte, daß die gesammte Versammlung augenblicklich aus der Kirche hinausstürmte, gleichsam als wäre der Teufel, welchen der würdige »Diener am Worte« mit ebensoviel Achtung als Liebe vorher behandelt hatte, leibhaftig zwischen den frommen Schafen erschienen, und zwar mit vollem Pomp und allen höllischen Wohlgerüchen, welche ihm als Fürsten der Unterwelt zukommen.

Es ist noch nicht ausgemacht, ob die Stinkthiere auch einander anspritzen, und es wäre jedenfalls wichtig, dies genau zu erfahren. Freilich finden wir, daß die Gerüche, welche ein Thier verbreitet, ihm gewöhnlich durchaus nicht lästig fallen, ja sogar gewissermaßen wohlriechend erscheinen: demungeachtet wäre es doch möglich, daß ein Stinkthiermännchen durch eine gehörige Ladung Pestsaft von einem spröden Weibchen hinlänglich abgeschreckt werden könnte.

In der Gefangenschaft entleeren die Stinkthiere ihre Drüsen nicht, falls man sich sorgfältig hütet, sie zu reizen. Sie werden nach kurzer Zeit sehr zahm und gewöhnen sich einigermaßen an ihren Pfleger, obgleich sie anfangs mit dem Hintertheile vorangehen, den Schwanz in die Höhe gerichtet, um ihr Geschütz zum Losschießen bereit zu halten. Nur durch Schlagen oder sehr starke Beängstigung sollen sie veranlaßt werden, von ihrem Vertheidigungsmittel Gebrauch zu machen. Einzelne lassen sich, wie ihre Pfleger versichern, ohne alle Fährlichkeit behandeln. Heu ist ihr liebstes Lager. Sie bereiten sich ein ordentliches Bettchen und rollen sich dann wie eine Kugel zusammen. Nach dem Fressen putzen sie sich die Schnauze mit den Vorderfüßen; denn sie sind reinlich und halten sich stets zierlich und glatt, legen auch ihren Unrath niemals in ihrem Lager ab. Man füttert sie mit Fleisch; am liebsten fressen sie Vögel. Sie verzehren oft mehr, als sie verdauen können, und erbrechen sich dann gewöhnlich nach einer solchen Überladung. Ihre Gier ist aber immer noch so groß, daß sie das Erbrochene wieder auffressen, wie es die Hunde auch thun. Bei reichlicher Nahrung schlafen sie den ganzen Tag und gehen erst des Abends herum, selbst wenn sie keinen Hunger haben.

# Die Bären

Die Bären (Ursidae) sind so ausgezeichnete Thiere, daß wohl Jeder sie augenblicklich erkennt; seltener zu uns kommende Arten weichen jedoch in mancher Hinsicht von dem allgemeinen Gepräge ab, und bei einzelnen Sippen muß man schon einiges Verständnis der thierischen Verwandtschaften besitzen, wenn man zurechtkommen will.

Der Leib der Bären ist gedrungen oder selbst plump, der Hals verhältnismäßig kurz und dick; die Ohren sind kurz und die Augen beziehentlich klein; die Beine sind mäßig lang, die Vorder- und Hinterfüße fünfzehig und mit großen, gebogenen, unbeweglichen, d. h. nicht einziehbaren, deshalb an der Spitze oft sehr stark abgenutzten Krallen bewaffnet, die Fußsohlen, welche beim Gehen den Boden ihrer vollen Länge nach berühren, fast ganz nackt. Die Schneidezähne sind verhältnismäßig groß; der Fleisch- oder Reißzahn ist sehr schwach, fehlt sogar einigen Sippen vollständig. Die Zunge ist glatt, der Magen ein schlichter Schlauch.

Soweit die Vorwesenkunde uns Aufschluß gewähren kann, läßt sich feststellen, daß die Bären schon in der Vorzeit vertreten waren, wie es scheint, sich aber allgemach vermehrt haben. Gegenwärtig verbreiten sie sich über ganz Europa, Asien und Amerika, ebenso auch über einen Theil von Nordwestafrika. Sie bewohnen ebensogut die wärmsten wie die kältesten Länder, die Hochgebirge wie die von dem eisigen Meere eingeschlossenen Küsten. Fast sämmtliche Arten hausen in dichten, ausgedehnten Wäldern oder in Felsengegenden, zumeist in der Einsamkeit. Die einen lieben mehr wasserreiche oder feuchte Gegenden, Flüsse, Bäche, Seen und Sümpfe und das Meer, während die anderen trockenen Landstrichen den Vorzug geben. Eine einzige Art ist an die Küsten des Meeres gebunden und geht niemals tiefer in das Land hinein, unternimmt dagegen, auf Eisschollen fahrend, weitere Reisen als alle übrigen, durchschifft das nördliche Eismeer und wandert von einem Erdtheile zum anderen.

Alle übrigen Arten schweifen innerhalb eines weniger ausgedehnten Kreises umher. Die meisten Bären leben einzeln, d. h. höchstens zur Paarungszeit mit einem Weibchen zusammen; einige sind gesellig und vereinigen sich zu Gesellschaften.

Diese graben sich Höhlen in der Erde oder in dem Sande, um dort ihr Lager aufzuschlagen, jene suchen in hohlen Bäumen oder in Felsklüften Schutz. Die meisten Arten sind nächtliche oder halbnächtliche Thiere, ziehen nach Untergang der Sonne auf Raub aus und bringen den ganzen Tag über schlafend in ihren Verstecken zu.

Mehr als die übrigen Raubthiere scheinen die Bären, Allesfresser im vollsten Sinne des Wortes, befähigt zu sein, lange Zeit allein aus dem Pflanzenreiche sich zu ernähren. Nicht nur eßbare Früchte und Beeren werden von ihnen verzehrt, sondern auch Körner, Getreide im reifen und halbreifen Zustande, Wurzeln, saftige Gräser, Baumknospen, Blütenkätzchen usw. Gefangene hat man längere Zeit bloß mit Hafer gefüttert, ohne eine Abnahme ihres Wohlbefindens zu bemerken. In der Jugend dürften sie ihre Nahrung ausschließlich aus dem Pflanzenreiche wählen, und auch später ziehen sie Pflanzennahrung dem Fleische vor. Sie sind keine Kostverächter; denn sie fressen fast alles, was genießbar ist: außer den angeführten Pflanzen auch Thiere, und zwar Krebse und Muscheln, Würmer, Kerbthiere und deren Larven, Fische, Vögel und deren Eier, Säugethiere und Aas. In der Nähe menschlicher Wohnsitze fügen sie dem Haushalte Schaden zu, und die stärkeren Arten werden zuweilen zu höchst gefährlichen Raubthieren, welche, wenn der Hunger sie quält, größere Thiere anfallen und namentlich unter unserem Viehstande bedeutende Verwüstungen anrichten können. Einzelne sind dabei so dreist, daß sie bis in die Dörfer hineinkommen, um Hausgeflügel zu würgen und Eier zu verzehren oder Ställe aufzubrechen, und dort sich mit leichter Mühe Beute zu holen. Dem Menschen werden die größten bloß dann gefährlich, wenn er sich mit ihnen in Kampf einläßt und ihren Zorn reizt.

Man irrt, wenn man die Bewegungen der Bären für plump und langsam hält. Die großen Arten sind zwar nicht besonders schnell und auch nicht geschickt, aber im hohen Grade ausdauernd und demnach fähig, den Mangel an Beweglichkeit zu ersetzen; auf die kleinen Arten aber leidet jene Meinung gar keine Anwendung, denn diese bewegen sich außerordentlich behend und rasch. Der Gang auf der Erde ist fast immer langsam. Die Bären treten mit ganzer Sohle auf und setzen bedächtig ein Bein vor das andere; gerathen sie aber in Aufregung, so können sie tüchtig laufen, indem sie einen absonderlichen, jedoch fördernden Galopp einschlagen. Die plumperen Arten vermögen außerdem auf den Hinterbeinen sich aufzurichten und, schwankenden Ganges zwar, aber doch nicht ungeschickt, in dieser Stellung eine gewisse Strecke zu durchmessen. Das Klettern verstehen fast alle ziemlich gut, wenn sie ihrer Schwere wegen es auch nur in untergeordneter Weise ausüben können. Einige meiden das Wasser, während die übrigen vortrefflich schwimmen und einige tief und anhaltend tauchen können. Den Eisbären trifft man oft viele Meilen weit vom Lande entfernt, mitten im Meere schwimmend, und hat dann Gelegenheit, seine Fertigkeit und erstaunliche Ausdauer zu beobachten. Eine große Kraft erleichtert den Bären die Bewegungen, läßt sie Hindernisse überwinden, welche anderen Thieren im höchsten Grade störend sein würden, und kommt ihnen auch bei ihren Räubereien sehr wohl zu statten: sie sind im Stande, eine geraubte Kuh oder ein Pferd mit Leichtigkeit fortzuschleppen oder aber einem anderen Thiere durch eine kräftige Umarmung alle Rippen im Leibe zu zerbrechen. Unter ihren Sinnen steht der Geruch oben an; das Gehör ist gut, das Gesicht mittelmäßig, der Geschmack nicht besonders und das Gefühl ziemlich unentwickelt, obwohl einige in ihrer verlängerten Schnauze ein förmliches Tastwerkzeug besitzen. Einige Arten sind verständig und klug; doch fehlt ihnen die Gabe, listig etwas zu berechnen und das einmal Beschlossene schlau auszuführen. Sie lassen in gewissem Grade sich abrichten, erreichen jedoch nicht entfernt die geistige Ausbildung, welche wir bei unserem klügsten Hausthiere, dem Hunde, zu bewundern gelernt haben. Einzelne werden leicht zahm, zeigen jedoch keine besondere Anhänglichkeit an den Herrn und Pfleger. Dazu kommt, daß das Vieh im Alter immermehr sich herauskehrt, d. h. daß sie tückisch und reizbar, zornig und boshaft und dann äußerst gefährlich werden. Die unbedeutenden Kunststücke, zu denen sich die eine oder die andere Art abrichten läßt, kommen kaum in Betracht, und bei vielen ist von einer Abrichtung überhaupt keine Rede. Gemüthsstimmungen geben die Bären durch verschiedene Betonung ihrer an und für sich merkwürdigen, aus dumpfem Brummen, Schnauben und Murmeln oder grunzenden und pfeifenden, zuweilen auch bellenden Tönen bestehenden Stimme zu erkennen.

Alle nördlich wohnenden größeren Bärenarten schweifen bloß während des Sommers umher und graben sich vor dem Eintritte des Winters eine Höhle in den Boden oder benutzen günstig gestaltete Felsenspalten und andere natürliche Höhlungen, um dort den Winter zuzubringen. Immer bereiten sie sich im Hintergrunde ihrer Wohnung aus Zweigen und Blättern, Moos, Laub und Gras ein weiches Lager und verschlafen hier in Absätzen die kälteste Zeit des Jahres. In einen ununterbrochenen Winterschlaf fallen die Bären nicht, sie schlafen vielmehr in großen Zeiträumen, ohne jedoch eigentlich auszugehen. Dabei erscheint es auffallend, daß bloß die eigentlichen Landbären Winterschlaf halten, während die Eis- oder Seebären auch bei der strengsten Kälte noch umherschweifen, oder sich höchstens bei dem tollsten Schneegestöber ruhig niederthun und sich hier durch den Schnee selbst ein Obdach bauen, d. h. einfach einschneien lassen.

Das trächtige Weibchen zieht sich in eine Höhlung zurück und wirft in ihr, gewöhnlich frühzeitig im Jahre, ein bis sechs Junge, welche blind geboren und von der Mutter mit aller Sorgfalt genährt, gepflegt, geschützt und vertheidigt werden. Sie gelten, nachdem sie einigermaßen beweglich geworden sind, als überaus gemüthliche, possirliche und spiellustige Thierchen.

Der Schaden, welchen die Bären bringen, wird durch den Nutzen, den sie uns gewähren, ungefähr aufgehoben, zumal sie theilweise nur in dünn bevölkerten Gegenden sich aufhalten, wo sie den Menschen ohnehin nicht viel Schaden zufügen können. Von fast allen Arten wird das Fell benutzt und als vorzügliches Pelzwerk hochgeschätzt. Außerdem genießt man das Fleisch und verwendet selbst die Knochen, Sehnen und Gedärme.

Während Jedermann den Bären zu kennen vermeint, muß der Thierkundige sagen, daß es noch fraglich ist, ob man in den verschiedenen Formen, welche man bald vereinigt, bald getrennt hat, Spielarten eines und desselben Geschöpfes oder selbständige Arten zu erkennen hat. Nehmen wir nur eine Bärenart an, so haben wir festzuhalten, daß diese, der Landbär, gemeine oder Aasbär (Ursus arctos), ungemein abändert, nicht allein, was die Behaarung und Färbung, sondern auch was die Gestalt und zumal die Form des Schädels anlangt. Der im allgemeinen dichte Pelz, welcher um das Gesicht, an dem Bauche und hinter den Beinen länger als am übrigen Körper ist, kann aus längeren oder kürzeren, aus schlichten oder gekräuselten Haaren bestehen; seine Färbung durchläuft alle Schattirungen von Schwarzbraun bis zu Dunkelroth und Gelbbraun, oder von Schwärzlichgrau und Silbergrau bis zum Isabellfahl; das bei jungen Thieren oft vorhandene weiße Halsband erhält sich bis ins hohe Alter usw. So unterscheidet man denn zunächst zwei in Europa lebende Formen als verschiedene Arten, den hochgestellten, langbeinigen, gestreckten, hochstirnigen, langköpfigen und langschnauzigen Aasbären und den niedriger gestellten, dickbeinigen, gedrungen gebauten, breitköpfigen, flachstirnigen und kurzschnauzigen Braun- oder Ameisenbären (U. formicarius), verwechselt aber auch wohl die Namen des einen und des anderen und vermehrt dadurch die Verwirrung. Ein bestimmtes Urtheil über diese Frage zu fällen, halte ich gegenwärtig noch für unmöglich: die Angelegenheit ist noch nicht spruchreif.

An Länge kann der Bär, bei 1 bis 1,25 Meter Höhe am Widerrist, 2 bis 2,2 Meter erreichen, wovon 8 Centim. auf das Stumpfschwänzchen kommen. Das Gewicht schwankt zwischen 150 bis 250 Kilogramm.

In der Weidmannssprache unterscheidet man Haupt-, Mittel- und Jungbären; die Füße heißen Branten oder Tatzen, das Fell Decke oder Haut, das Fett Feist, die Augen Seher, die Ohren Gehör, der Schwanz Pürzel. Ferner sagt man: der Bär geht von oder zu Holze, verläßt oder sucht sein Lager oder Loch, erhebt sich, wenn er sein Lager verläßt oder sich aufrichtet, erniedrigt sich, wenn er aus seiner aufrechten Stellung niederfällt oder sich zur Ruhe begibt, schlägt seine Feinde, schlägt sich ein, indem er sich im Winterlager niederlegt, bäret, setzt oder bringt Junge, wird erlegt, aufgeschärft, seine Haut abgeschärft usw. Übrigens gebraucht man dieselben Ausdrücke wie bei Erwähnung anderer großen Raubthiere. Sieht man in den genannten Formen nur Spielarten des Landbären, so hat man dessen Verbreitungsgebiet von Spanien bis Kamtschatka und von Lappland und Sibirien bis zum Atlas, Libanon und dem nördlichen Himalaya auszudehnen.

In Europa bewohnt er noch gegenwärtig alle Hochgebirge: die Pyrenäen, Alpen, Karpathen, transsylvanischen Alpen, den Balkan, die skandinavischen Alpen, den Kaukasus und Ural, nebst den Ausläufern und einem Theile der Umgebung dieser Gebirge, ebenso ganz Rußland, ganz Nord- und Mittelasien, mit Ausnahme der kahlen Steppen, Kaukasien, Syrien, Palästina, Persien, Tibet und endlich den Atlas. Er ist häufig in Rußland, Schweden und Norwegen, Siebenbürgen und den Donautiefländern, der Türkei und Griechenland, nicht selten in Krain und Kroatien, in dem gebirgigen Spanien und Italien, schon sehr selten geworden in der Schweiz und Tirol, fast gänzlich ausgerottet in Frankreich wie in den österreichisch-deutschen Ländern und gänzlich vertilgt in Deutschland, Belgien, Holland, Dänemark und Großbrittanien. Einzelne Überläufer erscheinen dann und wann im bayerischen Hochgebirge, in Kärnten, Steiermark, Mähren und vielleicht noch im Böhmerwalde. Bedingung für seinen Aufenthalt sind große, zusammenhängende, schwer zugängliche oder doch wenig besuchte, an Beeren und sonstigen Früchten reiche Waldungen. Höhlen unter Baumwurzeln oder in Baumstämmen und im Felsengeklüfte, dunkle, undurchdringliche Dickichte und Brüche mit trockenen Inseln bieten hier ihm Obdach und Ruhe vor seinem Erzfeinde, dem Menschen.

Der Bär, das plumpeste und schwerste Raubthier Europas, ist wie die meisten seiner engeren Verwandten ein tölpelhafter und geistloser Gesell. Doch sehen seine Bewegungen ungeschickter aus, als sie wirklich sind; denn er läuft, trotz seines gemächlichen Ganges auf Streifzügen, sehr schnell, sofern er beunruhigt wird, und ist jedenfalls im Stande, einen Menschen bald einzuholen, wie er ja auch ein langsameres Wild oft erst nach längerer Verfolgung erbeutet. Bergauf geht sein Lauf verhältnismäßig noch schneller als auf der Ebene, weil ihm seine langen Hinterbeine hier trefflich zustattenkommen; bergunter dagegen kann er nur langsam laufen, weil er sich sonst leicht überschlagen würde. Bloß im Februar, in welcher Zeit sich seine Sohlen häuten, geht er nicht gut. Außerdem versteht er vortrefflich zu schwimmen und geschickt zu klettern. Schon ganz junge Bären werden von ihren Müttern gelehrt, die Bäume zu besteigen; sie lernen diese Fertigkeit aber auch ganz von selbst, wie ich an Gefangenen vielfach beobachten konnte. Es ist spaßhaft anzusehen, wie sie von Bäumen rücklings wieder herunterkommen: sie klammern sich beim Klettern mit wahrer Angst an die Äste und zeigen eine lebhafte Furcht vor dem Herunterfallen. Die gewaltige Kraft und die starken, harten Nägel erleichtern dem Bären das Klettern ungemein; er vermag selbst an steilen Felsenwänden emporzusteigen, falls er nur irgend einen Anhaltspunkt an denselben findet. Vor dem Wasser scheut er sich gar nicht; er sucht es häufig im Sommer auf, um sich zu kühlen, und verweilt dann lange Zeit und gern darin. Bei Verfolgung wirft er sich dreist in einen Strom und setzt schnurgerade über. Unter seinen Sinnen scheint der Geruch am vorzüglichsten zu sein; wahrscheinlich dient dieser ihm auch am besten beim Aufsuchen der Beute. Einen sich ihm nähernden Menschen soll er auf zwei- bis dreihundert Schritte Entfernung wittern und eine Fährte sicher verfolgen können. Auch das Gehör ist trotz der kurzen Lauscher scharf, das Gesicht dagegen ziemlich schlecht, obschon die Augen nicht blöde genannt werden dürfen; der Geschmack endlich scheint recht gut ausgebildet zu sein.

Das geistige Wesen des Bären ist von jeher sehr günstig beurtheilt worden. »Kein anderes Raubthier«, sagt Tschudi, »ist so drollig, von so gemüthlichem Humor, so liebenswürdig, wie der gute Meister Petz. Er hat ein gerades, offenes Naturell ohne Tücke und Falsch. Seine List und Erfindungsgabe ist ziemlich schwach. Was der Fuchs mit Klugheit, der Adler mit Schnelligkeit zu erreichen sucht, erstrebt er mit gerader, offener Gewalt. An Plumpheit dem Wolfe ähnlich, ist er doch von ganz anderer Art, nicht so gierig, reißend, häßlich und widerwärtig. Er lauert nicht lange, sucht den Jäger nicht zu umgehen oder von hinten zu überfallen, verläßt sich nicht in erster Linie auf sein furchtbares Gebiß, mit dem er alles zerreißt, sondern sucht die Beute erst mit seinen mächtigen Armen zu erwürgen und beißt nur nöthigenfalls mit, ohne daß er am Zerfleischen eine blutgierige Mordlust bewiese, wie er ja überhaupt, als von sanfterer Art, gern Pflanzenstoffe frißt. Seine ganze Erscheinung hat etwas edleres, zutraulicheres, menschenfreundlicheres als die des mißfarbigen Wolfes. Er rührt keine Menschenleiche an, frißt nicht seines Gleichen, lungert nicht des Nachts in dem Dorfe herum, um ein Kind zu erhaschen, sondern bleibt im Walde, als seinem eigentlichen Jagdgebiete. Doch macht man sich öfters von ihm, in Bezug auf seine Langsamkeit, unrichtige Vorstellungen, und namentlich wenn er in Gefahr geräth, verändert sich sein ganzes Naturell bis zur reißendsten Wuth.«

Ich vermag nicht, mich dieser Charakterzeichnung anzuschließen. Der Bär erscheint allerdings komisch, ist aber nichts weniger als gutmüthig oder liebenswürdig, auch nur dann muthig, wenn er keinen anderen Ausweg sieht, vielmehr geistig wenig begabt, ziemlich dumm, gleichgültig und träge. Alle Katzen und Hunde sind gescheiter als er. Seine Gutmüthigkeit ist einzig und allein in seiner geringen Raubfertigkeit begründet, sein drolliges Wesen vorzugsweise durch seine Gestalt bedingt. Die Katze ist muthig, der Hund listig fein, der Bär dumm, grob und ungeschliffen. Sein Gebiß weist ihm beschränkte Nahrung an; er raubt daher nur selten und bloß in beschränktem Grade. Dieses Verdienst ist gering und nicht ihm zuzurechnen. Lehre und Unterricht nimmt er nur in geringem Maße an; wirklicher Freundschaft zu dem Menschen ist er nicht fähig. Den Fraß liebt er mehr als seinen Pfleger. Er bleibt auch diesem gegenüber immer grob und gefährlich. Der Wolf steht ganz entschieden höher als er, muß also edler genannt werden.

Ein einziger Blick auf das Gebiß des Bären lehrt, daß er Allesfresser und mehr auf pflanzliche als auf thierische Nahrung angewiesen ist. Am besten läßt er sich mit dem Schweine vergleichen: wie diesem ist ihm alles Genießbare recht. Für gewöhnlich bilden Pflanzenstoffe seine Hauptmahlzeit, kleine Thiere, namentlich Kerfe, Schnecken und dergleichen die Zukost. Monatelang begnügt er sich mit solcher Nahrung, äst sich wie ein Rind von jung aufkeimenden Roggen oder von fettem Grase, frißt reifendes Getreide, Knospen, Obst, Waldbeeren, Schwämme und dergleichen, wühlt nebenbei Ameisenhaufen auf und erlabt sich an den Larven wie an den Alten, deren eigenthümliche Säure seinem Gaumen behagen mag, oder wittert, zumal im Süden, einen Bienenstock aus, welcher ihm dann leckere und höchst willkommene Kost gewährt. Im südlichen Kärnten trägt man die Bienenstöcke im Sommer ins Gebirge, um sie, je nachdem die Blüte der Alpenpflanzen eintritt, niedriger oder höher an den Bergen aufzustellen. Hier findet sich zuweilen ein aus Krain herübergekommener Bär ein und thut dann großen Schaden, indem er die Stöcke zerbricht und ihres Inhaltes entleert. Vor einigen Jahren zog ein solcher Irrling von einem Bienenstande zum anderen und vernichtete über hundert Stöcke, unter ihnen acht meines Gewährsmannes, des Försters Wippel. Auch in Sibirien und Turkestan wird er den Immenzüchtern sehr schädlich. In den Waldungen des Burejagebirges kehrt er im Juni und Juli, wenn es ihm noch an Beeren fehlt, vom Winde umgebrochene Bäume um, deren Mulm er nach Käfern und ihren Larven durchsucht. An solchen umgewälzten Windfällen und an den zerwühlten Ameisenhaufen erkennt man überall im Gebirge sein Vorhandensein. Sobald die Reife der Beeren beginnt, zieht er diesen nach, biegt auch junge, beerentragende Bäume, namentlich Traubenkirschenstämme, zum Boden herab, um zu deren Früchten zu gelangen; wenn das Getreide, insbesondere Hafer und Mais, Körner ansetzt, findet er in den Feldern sich ein, läßt sich nieder und rutscht, in einer einzigen Nacht manchmal einen ganzen Acker verwüstend, sitzend auf und ab, um in aller Bequemlichkeit die Ähren und Rispen zum Maule führen zu können; in den Herbstmonaten geht er den abfallenden Bücheln oder in den Waldungen Sibiriens den Zirbelnüssen nach, soll auch, nach Radde gewordenen Mittheilungen, die Zirbelfichten besteigen und deren Wipfel abbrechen, um zu den körnerreichen Zapfen zu gelangen. In den Ostsibirischen Gebirgen unternimmt er weite Wanderungen von einem Waldtheile zum anderen oder von der Höhe zur Tiefe, einzig und allein der schossenden Alpenpflanzen, reifenden Beeren und Wildäpfel halber. So lange er Pflanzenkost in reichlicher Menge zur Verfügung hat, hält er sich an diese; wenn die Noth ihn treibt oder wenn er sich an thierische Nahrung gewöhnt hat, wird er zum Raubthiere in der eigentlichen Bedeutung des Wortes. Nunmehr stellt er allen größeren Thieren, am liebsten Schafen, doch auch Ochsen, Pferden und verschiedenem Wilde nach. Größeres Vieh greift er von hinten an, nachdem er es durch Umherjagen ermüdet hat, oder sucht dasselbe, zumal wenn es auf höheren Bergen weidet, durch das schreckerregende Brüllen zu versprengen und es zu vermögen, sich freiwillig in den Abgrund zu stürzen, klettert sodann behuthsam nach und frißt sich unten satt. Glückliche Erfolge mehren seinen Muth oder seine Dreistigkeit. Er unternimmt größere und immer weitere Streifzüge und kommt nachts kühn selbst bis an die Dörfer oder einzelnen Ställe heran, um dort mit noch größerer Bequemlichkeit zu rauben. Einzelne Alpenbären sollen mit bemerkenswerthem Geschick einen Ort zum Hinterhalte wählen, von welchem aus sie eine Weide überblicken und den günstigsten Zeitpunkt wahrnehmen können, auf sie herunterzustürzen. Hat sich ein Herdenthier von den übrigen getrennt, so wird es gewöhnlich die Beute des lauernden Bären, welcher plötzlich hervorkommt und das Thier, es mag so behend sein als es will, so lange umherjagt, bis es ermüdet ihm sich hingibt oder in den Abgrund springt.

Im Ural gilt der Bär als der schlimmste Feind der Pferde. Fuhrleute und Postkutscher weigern sich zuweilen, nachts durch einen Wald zu fahren, und scheinen hierzu alle Ursache zu haben, so selten es auch vorkommen mag, daß ein Bär Pferde vor dem Wagen angreift. Solche aber, welche frei im Walde weiden, sind niemals vor ihm sicher. Ein mir befreundeter Bärenjäger, von Beckmann, erzählte mir als Augenzeuge, wie das Raubthier bei seinem Angriffe verfährt. In der Nähe eines sumpfigen Dickichts weideten mehrere Pferde, angesichts des auf dem Anstande regungslos verharrenden Jägers. Da erschien, aus dem Dickicht kommend, ein Bär und näherte sich, langsam schleichend, den Pferden mehr und mehr, bis diese ihn wahrnahmen und in höchster Eile die Flucht ergriffen. Mit mächtigen Sätzen folgte der Bär, holte das eine der Pferde in überraschend kurzer Zeit ein, schlug es mit der einen Brante auf den Rücken, packte es mit der zweiten vorn im Gesichte, warf es zu Boden und zerriß ihm die Brust. Als er sah, daß unter den geflüchteten Thieren eines lahm war und nicht zu entkommen vermochte, lief er, die geschlagene Beute verlassend, auch dem zweiten Opfer nach, erreichte es rasch und tödtete es ebenfalls. Beide Pferde schrien entsetzlich; der Bär antwortete mit lautem Gebrülle.

Ist Meister Braun einmal dreist geworden, so kommt er auch an Ställe heran, und versucht, deren Thüren zu erbrechen oder, wie in Skandinavien mehrmals geschehen sein soll, deren Dächer abzudecken. Gelangt er glücklich in den Viehstall, so schlachtet er hier eine Kuh ab, reißt sie vom Stricke los, umklammert sie mit einem Vorderlaufe, faßt mit der anderen Tatze in das Dachgebälk hinein und ist stark genug, um auf diese Weise die Kuh durch die Öffnung zu ziehen. Dann wird das Opfer mit Leichtigkeit weiter geschafft. Hierbei überwindet er Hindernisse aller Art, überklettert, wie man vielfach beobachtet hat, mit einem erwürgten Pferde oder Rinde im Arme sogar jene gefährlichen Alpenstege, zwei neben einander liegende Baumstämme, welche über einen Abgrund führen. In den Alpen wird er, namentlich an nebeligen Tagen, sehr gefährlich, weil er sich dann der Herde unbemerkt nähern und, ohne daß es die anderen Thiere merken, einer Kuh auf den Rücken springen kann. Hat er ein Rind gepackt und wird er von den anderen bemerkt, so sammelt sich die ganze Herde schnaubend und brüllend um ihn her, und die muthigen Stiere gehen mit niedergebeugten Hörnern wohl auf ihn los und schlagen ihn in die Flucht.

Hirsche, Rehe oder Gemsen entgehen ihm, Dank ihrer Schnelligkeit, fast regelmäßig; gleichwohl jagt er auch im Norden Skandinaviens den Renthieren längere Zeit eifrig nach. Selbst den Fischen stellt er nach und verfolgt, ihnen zu gefallen, den Lauf der Flüsse auf weite Strecken.

In der Regel frißt der Bär nicht sogleich von einer größeren Beute, welche er schlug, läßt das Opfer vielmehr erst einige Zeit liegen und umgeht es, schnüffelnd und leise brummend, mehrere Male, deckt es auch wohl mit aufgerafftem Moose zu und kehrt später zu ihm zurück, um sein Mahl zu halten. In den Wäldern des Ural findet man nicht selten Pferde, deren Kopf, Hals, Schenkel und Schwanz in dieser Weise verhüllt sind, vergräbt hier auch, um Bären anzulocken, verendete Pferde bis auf ein Bein und setzt sich, oft mit gutem Erfolge, nebenbei auf den Anstand. Daß der Bär unter Umständen Aas angeht, ist durch die reichen Erfahrungen russischer Jäger hinlänglich verbürgt. Wenn Viehseuchen wüthen und die sibirischen Bauern zwingen, die gefallenen Stücke einzugraben, wühlen Bären diese wieder hervor, um an ihnen sich zu sättigen; es erscheint deshalb auch glaublich, daß Meister Braun zuweilen zum Leichenräuber wird. So erlegte man in dem sibirischen Dorfe Makaro einen Bären auf dem Friedhofe, als er gerade beschäftigt war, einen kurz vorher beerdigten Leichnam auszugraben.

Mit der hier oder da bevorzugten Nahrung steht, wie erklärlich, das Wesen des Thieres vollständig im Einklange: der pflanzenfressende Bär ist ein feiger und furchtsamer Gesell, der räuberisch auftretende wird zu einem gefährlichen Gegner der Menschen und der von ihm bedrohten Thiere. »Auf Kamtschatka«, erzählt Steller, »gibt es Bären in unbeschreiblicher Menge, und man sieht solche herdenweise auf den Feldern umherschweifen. Ohne Zweifel würden sie längst ganz Kamtschatka aufgerieben haben, wären sie nicht so zahm und friedfertig und leutseliger als irgendwo in der Welt. Im Frühjahre kommen sie haufenweise von den Quellen der Flüsse aus den Bergen, wohin sie sich im Herbste der Nahrung wegen begeben, um daselbst zu überwintern. Sie erscheinen an der Mündung der Flüsse, stehen an den Ufern, fangen Fische, werfen sie nach dem Ufer und fressen zu der Zeit, wenn die Fische im Überflusse sind, nach Art der Hunde nichts mehr von ihnen als den Kopf. Finden sie irgend ein stehendes Netz, so ziehen sie solches aus dem Wasser und nehmen die Fische heraus. Gegen den Herbst, wenn die Fische weiter in dem Strome aufwärts steigen, gehen sie allmählich mit denselben nach den Gebirgen. – Wenn ein Itällman einen Bären ansichtig wird, spricht er ihn von weitem an und beredet ihn, Freundschaft zu halten. Mädchen und Weiber lassen sich, wenn sie auf dem Torflande Beeren aufsammeln, durch die Bären nicht hindern. Geht einer auf sie zu, so geschieht es nur um der Beeren willen, welche er ihnen abnimmt und frißt. Sonst fallen sie keinen Menschen an, es sei denn, daß man sie im Schlafe stört. Selten geschieht es, daß der Bär auf einen Schützen losgeht, er werde angeschossen oder nicht. Sie sind so frech, daß sie wie Diebe in die Häuser einbrechen und, was ihnen vorkommt, durchsuchen.«

Vor dem Eintritte des Winters bereitet sich der Bär eine Schlafstätte, entweder zwischen Felsen oder in Höhlen, welche er vorfindet, sich selbst gräbt, beziehentlich erweitert, oder in einem hohlen Baume, oft auch in einer dunkeln Dickung, wo er entweder unter einem Windbruche sich verbirgt oder die um das zu erwählende Lager stehenden Stämme abbricht, auf sich herabzieht und so ein Obdach bildet, unter welchen er sich einschneien läßt. Das Lager der Bärin wird sorgfältig mit Moos, Laub, Gras und Zweigen ausgepolstert und ist in der That ein sehr bequemes, hübsches Bett. In den galizischen Karpathen, woselbst man diese Winterwohnung »Gaura« nennt, zieht die Bärin, laut Knaur, Höhlen in sehr starken Bäumen anderen Lagerplätzen vor, falls das »Thor«, das heißt die Eingangsöffnung, nicht zu groß ist. Noch vor dem ersten Schneefalle ordnet sie ihr Winterlager, indem sie die Gaura von Erdtheilen, faulem Holze und anderen unsauberen Stoffen reinigt und sodann das Innere mit Reisig auspolstert, welches sie, unter sorgsamer Auswahl der Zweigspitzen, von dem Unterwuchse der nächsten Umgebung abbricht. Mit Eintritt strengerer Kälte bezieht der Bär seinen Schlupfwinkel und hält hier während der kalten Jahreszeit Winterschlaf. Die Zeit des »Einschlagens« oder Beziehens der Wohnung richtet sich wesentlich nach dem Klima der betreffenden Gegend und nach der Witterung. Während die Bärin meist schon anfangs November sich zurückzieht, schweift der Bär, wie ich in Kroatien durch Abspüren einer Fährte selbst erfuhr, noch Mitte Decembers umher, gleichviel ob Schnee liegt und strenge Kälte herrscht oder nicht. Nach Versicherung russischer Bärenjäger soll er vor dem Schlafengehen die Umgebung seines Lagers genau untersuchen und dasselbe mit einem anderen vertauschen, wenn er nach verschiedenen Seiten hin auf menschliche Spuren stößt. Tritt mitten im Winter Thauwetter ein, so verläßt er sogar in Rußland und Sibirien zuweilen sein Lager, um zu trinken oder auch Nahrung zu nehmen. Gleichmäßige Kälte und tiefer Schnee fesseln ihn an das Lager, und er kann so fest und tief schlafen, daß ihn selbst das Fällen von Bäumen in der Nähe seines Lagers nicht stört. Bei gelinder Witterung dagegen währt seine Winterruhe vielleicht nur wenige Wochen und unter milderen Himmelsstrichen denkt er wahrscheinlich gar nicht an einen derartigen Rückzug. Hierauf deuten Beobachtungen, welche ich und andere an gefangenen Bären angestellt haben. Sie halten keinen Winterschlaf, benehmen sich im Winter überhaupt kaum anders als im Sommer. Solange ihnen regelmäßig Nahrung gereicht wird, fressen sie fast ebensoviel wie sonst, und in milden Wintern schlafen sie wenig mehr als im Sommer. Die Bärin ist, wenn die Zeit des Gebärens herannaht, vollständig wach und munter, schläft aber im Freien vor und nach der Geburt der Jungen ebenso tief und fest wie der Bär und frißt, wie ich durch eigene Beobachtungen mich überzeugt habe, während der eben angegebenen Zeit, selbst in der Gefangenschaft, nicht das geringste. Da der Bär im Laufe des Sommers und Herbstes gewöhnlich sich gut genährt hat, ist er, wenn er sein Winterlager bezieht, regelmäßig sehr feist, und von diesem Fette zehrt er zum Theile während des Winters. Im Frühjahre kommt er wie die meisten anderen Winterschläfer in sehr abgemagertem Zustande zum Vorscheine. Die Alten, denen dies bekannt war, bemerkten auch, daß der ruhende Bär, wie es seine Gewohnheit überhaupt ist, zuweilen seine Pfoten beleckt, und glaubten deshalb annehmen zu müssen, daß er das Fett aus seinen Tatzen sauge. Das letzteres unwahr ist, sieht jedes Kind ein; gleichwohl werden selbst heutigen Tages noch diese Märchen gläubig weiter erzählt. Zum endlichen Verlassen seines Winterlagers zwingt ihn immer und überall das Thauwetter, welches sein Bett mit Wasser füllt und dadurch ihn aus dem Schlafe schreckt.

Über die Fortpflanzungsgeschichte des Bären bekunden selbst die neuesten naturwissenschaftlichen Werke noch eine um so auffallendere Unsicherheit, als der Bär ja doch zu den Raubthieren gehört, welche oft zahm gehalten werden. Es liegt jetzt über die Bärzeit, die Begattung und Geburt unseres Thieres eine Reihe von Beobachtungen vor, welche allerdings sämmtlich an gefangenen Bären angestellt wurden, aber unter sich so übereinstimmend sind, daß sie es rechtfertigen, wenn man von ihnen auf das Freileben schließt. Die Bärzeit ist der Mai und der Anfang des Juni; denn die Aufregung der Geschlechter währt einen ganzen Monat lang. Von mir gepflegte Bären begatteten sich zum ersten Male anfangs Mai, von nun ab aber täglich zu wiederholten Malen bis zur Mitte Juni; andere Beobachter erfuhren genau dasselbe. Nur wenn man ein lange getrenntes Bärenpaar erst später zusammenbringt, kann es vorkommen, daß die Brunst auch noch im Juli, August und September eintritt. Die Paarung geschieht nach Hundeart. Gänzlich falsch ist es, wenn gesagt wird, daß der Bär in strenger Ehe lebe und eine Untreue gegen die einmal gewählte Bärin sich nicht zu Schulden kommen lasse. Unter den vorstehend erwähnten Bären herrschte scheinbar ein sehr treues und zärtliches Verhältnis; als ich jedoch ein zweites Bärenpaar in den Zwinger bringen ließ, welchen bisher das erste eingenommen hatte, entstand zwischen den Männern sofort ein ernsthafter Kampf, keineswegs aber um die Liebe einer Bärin, sondern einzig und allein um die Herrschaft über beide zusammen. Der stärkere Bär, welcher den anderen bald besiegte, begattete auch die zweite Bärin und zwar vor den Augen seiner rechtmäßigen Gemahlin, welche, oben auf dem Baume sitzend, dem Schauspiele zusehen mußte.

Die Kämpfe zwischen den beiden Bären bewiesen deren Feigheit schlagend genug. Beide Recken gingen vorsichtig gegeneinander los, beschnüffelten sich mit zur Seite gesenkten Köpfen, schielten bedenklich auf einander hin und zogen sich gleichzeitig zurück, sobald einer die Tatze erhob. Das Gefecht selbst wurde durch

*Ursus maritimus* URSIDAE

einige blitzschnell gegebene Brantenschläge eröffnet, bei welchen der empfangende Theil sich jedesmal scheu zur Seite bog, dann aber ebenso rasch zum angreifenden wurde. Hierauf erhoben sich beide Bären, packten sich wie zwei ringende Männer und brüllten sich mit weit geöffneten Rachen an, ohne sich jedoch zu beißen. Nach einigem Hin- und Herschütteln ließen sie wiederum los, und das Kampfspiel begann von neuem.

Linné gab die Tragzeit der Bärin zu hundertundzwölf Tagen an, weil er den Oktober für die Bärzeit annahm. In Wirklichkeit beträgt die Trächtigkeitsdauer mindestens sechs Monate, wahrscheinlich noch etwas mehr. Knaur fand in den Karpathen am 11. März in einer nach dem Tode der Bärin von ihm untersuchten »Gaura« zwei Junge von Kaninchengröße und sprach ihnen ein Alter von fünf bis sechs Wochen zu, bestätigt damit aber nur die obige Angabe über die Geburtszeit der Jungen, welche anfänglich so langsam wachsen, daß selbst ein tüchtiger Weidmann über ihr Alter um einige Wochen sich täuschen kann. Pietruvsky beobachtete an seinen gefangenen Bären, daß die Mutter in den ersten zwei Wochen nach der Geburt ihrer Jungen diese gar nicht verließ, nicht einmal, wenn der Hunger oder Durst sie quälte. Erst nach vierzehn Tagen trank sie etwas Milch, welche ihr jedoch sehr nahe gestellt werden mußte. Sie legte ihre vier Tatzen um die kleinen Bären, deckte sie auch mit der Schnauze zu und bildete ihnen so eine sehr warme Wiege. Drei Wochen nach der Geburt richtete sie sich öfters auf, und von nun an ging sie auch einige Schritte von den Jungen weg. Diese blieben vier Wochen lang blind und begannen erst nach Verlauf von zwei Monaten langsam umherzugehen. Im April spielten sie auf dem Hofe, im Mai hatten sie die Größe eines jungen Pudels erreicht und sprangen hurtig umher.

Auch eine von mir gepflegte Bärin brachte in der vorletzten Woche des Januar zwei Junge. Wir bereiteten ihr im Inneren des Zwingers ein weiches Strohlager, und sie nahm dies dankbar entgegen. Das eine der Jungen starb kurz nach der Geburt an Nabelverblutung, das andere war ein kräftiges und munteres kleines Thier von 25 Centimeter Länge. Ein silbergrauer, sehr kurzer Pelz bekleidete es; die Augen waren dicht geschlossen; das Gebaren deutete auf große Hülflosigkeit; die Stimme bestand in einem kläglichen, jedoch kräftigen Gewinsel. Die Bärin, welche von ihrem Eheherrn getrennt wurde, legte sehr wenig Zärtlichkeit gegen das Junge an den Tag, zeigte dagegen eine um so größere Sehnsucht nach ihrem Bären. Sobald dieser der Thüre ihrer Zelle sich nahte, verließ sie ihr Junges augenblicklich und schnüffelte und schnaufte den Herrn Gemahl an. Ihren Sprossen behandelte sie mit beispiellosem Ungeschick, ja mit förmlicher Roheit. Sie schleppte ihn in der Schnauze wie ein Stück Fleisch umher, ließ ihn achtlos ohne weiteres zu Boden fallen, trat ihn nicht selten und mißhandelte ihn, so daß er schon am dritten Tage starb. Dies geschah einzig und allein aus überwiegender Hinneigung zu dem Bären; denn sie wurde, als beide Thiere wieder zusammengebracht werden konnten, augenblicklich ruhig, während sie früher im höchsten Grade unruhig gewesen war.

Zwei Jahre später brachte dieselbe Bärin wieder Junge und zwar bereits am 5. Januar. Diesmal benahm sie sich im wesentlichen ganz so, wie Pietruvsky es geschildert hat. Schon etwa drei Wochen vor der Geburt zog sie sich in ihre Zelle zurück, ordnete das Stroh zu einem Lager, war träge und unlustig und fraß kaum noch. Einige Tage später nahm sie keine Nahrung mehr zu sich und ließ selbst das ihr gereichte Wasser unberührt. Die neugeborenen Jungen schützte sie in der angegebenen Weise, legte sich jedoch manchmal auf die andere Seite, immer so, daß sie den Rücken der Thüre ihrer Zelle zukehrte. Um den Bären im benachbarten Raume bekümmerte sie sich nicht, beschäftigte sich überhaupt nur mit ihren Jungen. Am 17. Februar verließ sie, so viel beobachtet werden konnte, zum ersten Male ihr Lager, um zu trinken; gefressen hatte sie bis dahin nicht, nahm von nun an aber wieder etwas Nahrung an. Ein Junges war gestorben; das überlebende hatte um diese Zeit die Größe eines halbwüchsigen Kaninchens erreicht. Im Alter von etwa fünf Wochen öffneten sich seine Augen; Ende Februar begann es sich zu bewegen, war aber noch ungemein täppisch und ungeschickt, Ende März spazierte es in der Zelle auf und ab, im April versuchte es weitere Ausflüge zu machen. Die Alte hielt den Sprößling in strenger Zucht, achtete auf jeden seiner Schritte und holte ihn mit der Brante gewaltsam herbei, wenn er sich entfernen wollte; für seine Reinigung sorgte sie dadurch, daß sie ihn zuweilen in das Wasserbecken warf und, nachdem er sich gebadet, wieder mit der Brante herauszog. Der erste gegen den Willen der Mutter gelungene Ausflug kostete dem niedlichen Geschöpfe das Leben: es verirrte sich beim Zurückkehren in den Zwinger der Eisbären und wurde von diesen sofort zerrissen. Die Alte bekundete wenig Kummer über den Verlust des Jungen, benahm sich wenigstens gegen den Bären, zu welchem sie gebracht worden war, ebenso zärtlich oder hingebend wie je.

Von denen, welche Bären in der Freiheit beobachteten, wird nun ferner angegeben, daß die Alte ihre Jungen bis zur nächsten Bärzeit mit sich umherführe, dann aber verstoße und sie zur Selbständigkeit zwinge. Ich bin überzeugt, daß die freilebende Bärin nicht alljährlich, sondern nur ein Jahr um das andere Junge bringt. Im Mai, der auf die Geburt der letzteren folgenden Bärzeit, sind die Jungen noch zu klein, als daß die Mutter sie verstoßen könnte, und es läßt sich kaum annehmen, daß die Bärin sich dann schon wieder paaren sollte. Beobachtungen an gefangenen Bären sprechen für meine Behauptung, obschon auch mehrere Fälle des Gegentheils in Erfahrung gebracht wurden. Aber immer hatte man dann der Bärin die Jungen genommen, oder es waren diese bei oder bald nach der Geburt zu Grunde gegangen. Unter solchen Umständen werden alle Säugethiere früher brünstig als sonst. Eine Bärin, welche Forstmeister Soucha gefangen hielt, brachte innerhalb vier Jahren viermal Junge, im Laufe des Jahres 1869 sogar zweimal, am 6. Januar und am 29. December nämlich. Aber sie erdrückte diese Jungen das erste und das zweite Mal, und die des dritten Wurfes wurden künstlich aufgezogen. Das sind unnatürliche Verhältnisse, welche für das freilebende Thier nicht maßgebend sein können. Erfahrene russische Bärenjäger, welche ich befragte, waren mit mir derselben Ansicht, verwunderten sich sogar, als ich ihnen sagte, daß man noch nicht wisse, ob die freilebende Bärin alljährlich oder nur ein Jahr um das andere gebäre.

Die von der Alten endlich verstoßenen jungen Bären sollen sich hierauf während des Sommers in der Nähe des alten Lagers umhertreiben und dieses bei schlechtem Wetter so lange benutzen, als sie nicht vertrieben werden, auch gern mit anderen Jungen ihrer Art vereinigen. Eine zuerst von Eversmann veröffentlichte Beobachtung der russischen Bauern und Jäger läßt solche Vereinigungen in eigenthümlichem Lichte erscheinen. Jene haben erfahren, daß die Bärenmutter ihre älteren Kinder zur Wartung der jüngeren benutzt und bezüglich preßt, weshalb auch solche zweijährigen, mit der Mutter und Geschwistern umherlaufenden Bären geradezu »Pestun«, das heißt Kinderwärter, genannt werden. Von einer Bärenfamilie, welche die Kama durchkreuzt hatte, erzählt Eversmann folgendes: »Als die Mutter am jenseitigen Ufer angekommen, sieht sie, daß der Pestun ihr langsam nachschleicht, ohne den jüngeren Geschwistern, welche noch am anderen Ufer waren, behülflich zu sein. Sowie er ankommt, erhält er von der Mutter stillschweigend eine Ohrfeige, kehrt sofort nach eröffnetem Verständnisse wieder um und holt das eine Junge im Maule herüber. Die Mutter sieht zu, wie er wieder zurückkehrt, um auch das andere herbeizuholen, bis er dasselbe mitten im Flusse ins Wasser fallen läßt. Da stürzt sie hinzu und züchtigt ihn aufs neue, worauf er seine Schuldigkeit thut und die Familie in Frieden weiter zieht.« Unter den Bauern und Jägern Rußlands und Sibiriens ist allgemein bekannt, daß jede Bärin ihren kleinen Jungen einen Pestun zugesellt. Ihm fällt unter anderen die Aufgabe zu, die im Dickicht verborgenen Jungen zu überwachen, während die Alte eine Beute beschleicht oder an einem erschlagenen Opfer, welches sie nicht wegschleppen mag, sich sättigt; er theilt im Winter mit ihr dasselbe Lager, wird auch erst dann seines Dienstes entlassen und freigegeben, wenn ein anderer zu seinem Ersatze gefunden wurde. Daher sieht man unter Umständen auch wohl einen vierjährigen Pestun in Gesellschaft einer Bärenfamilie.

Junge, etwa fünf bis sechs Monate alte Bären sind höchst ergötzliche Thiere. Ihre Beweglichkeit ist groß, ihre Tölpelhaftigkeit nicht geringer, und so erklärt es sich, daß sie fortwährend die drolligsten Streiche ausführen. Ihr kindisches Wesen zeigt sich in jeder Handlung. Sie sind spiellustig im hohen Grade, klettern aus reinem Übermuthe oft an den Bäumen empor, balgen sich wie muntere Buben, springen ins Wasser, rennen zweck- und ziellos umher und treiben hunderterlei Possen. Ihrem Wärter beweisen sie keine besondere Zärtlichkeit, sind vielmehr gegen jedermann gleich freundlich und unterscheiden nicht zwischen dem einen oder dem anderen.

Wer ihnen etwas zu fressen gibt, ist der rechte Mann; wer sie irgendwie erzürnt, wird als Feind angesehen und womöglich feindlich behandelt. Sie sind reizbar wie Kinder; ihre Liebe ist augenblicklich gewonnen, ebenso rasch aber auch verscherzt. Grob und ungeschickt, vergeßlich, unachtsam, täppisch, albern, wie ihre Eltern, sind auch sie; nur treten bei ihnen alle diese Eigenschaften schärfer hervor. Wenn sie allein gelassen werden, können sie sich stundenlang damit beschäftigen, unter sonderbarem Gebrumme und Geschmatze ihre Tatzen zu belecken. Jedes ungewohnte Ereignis, jedes fremde Thier erschreckt sie; entsetzt richten sie sich auf und schlagen ihre Kinnladen klappend aufeinander. Schon im zweiten Halbjahre ihres Lebens nehmen sie das Wesen der Alten an, werden roh und bissig, mißhandeln, so feig sie sind, schwächere Hausthiere, beißen oder kratzen selbst den Gebieter und können nur durch Prügel in Ordnung gehalten werden. Mit zunehmendem Alter werden sie ungeschickter, roher, freßgieriger, raublustiger und gefährlicher. Man kann auch sie lehren, ihnen etwas beibringen, sie zu einfachen Kunststücken abrichten, darf ihnen jedoch niemals trauen; denn sie sind, wie alle geistlosen Geschöpfe, unberechenbar und ihre gewaltige Stärke, Bosheit und Tücke stets zu fürchten. So eignen sie sich wohl für den Zwinger im Thiergarten oder, so lange sie noch nicht vollständig erwachsen sind, zum Schauthiere eines umherziehenden Bärenführers, niemals aber zu einem innigeren Verkehre mit dem gesitteten Menschen. Diese Erfahrung haben alle gemacht, welche den Versuch wagten, das ungebärdige und unverläßliche Thier zu erziehen, und mehr als ein Lehrmeister hat dabei Gesundheit und Leben verloren.

Wir wissen nicht bestimmt, wie lange das Wachsthum des Bären währt, dürfen aber annehmen, daß mindestens sechs Jahre vergehen, bevor er zum Hauptbären wird. Das Alter, welches er überhaupt erreichen kann, scheint ziemlich bedeutend zu sein. Man hat Bären funfzig Jahre in der Gefangenschaft gehalten und beobachtet, daß die Bärin noch in ihrem einunddreißigsten Jahre Junge geworfen hat.

Die Bärenjagd gehört zu dem gefährlichen Weidwerke; doch werden gerade neuerdings von geübten Bärenjägern die schauerlichen Geschichten, welche man früher erzählt hat, in Abrede gestellt. Ruhige und kalte Jäger behaupten, daß für sichere Schützen die Jagd fast gefahrlos ist.

Gute Hunde bleiben unter allen Umständen die besten Gehülfen des Jägers. Sie suchen den Bären nicht bloß auf, sondern stellen ihn auch so fest, daß er gar nicht Zeit gewinnt, sich mit dem Jäger zu beschäftigen. Nur, wenn er in die Enge getrieben ist, wird er zum furchtbaren Gegner der Menschen; sonst trabt er, selbst verwundet, eilig seines Weges. Anders verhält es sich, wenn man die Jungen einer Bärin angreift; denn angesichts der letzteren zeigt sie wirklich erhabenen Muth.

Im südöstlichen Europa erlegt man den Bären hauptsächlich während der Feistzeit auf Treibjagden, seltener auf dem Anstande und nur ausnahmsweise in oder vor seinem Winterlager; in Rußland dagegen sucht man ihn gerade hier mit Vorliebe auf.

Da der Bär sich treiben läßt und seinen Wechsel einhält, kann man, nachdem er durch kundige Jäger bestätigt worden ist, bei Treibjagden ebensowohl wie auf dem Anstande mit ziemlicher Sicherheit auf Erfolg rechnen, vorausgesetzt natürlich, daß man die Wechsel kennt. Kühles Blut und sichere Hand sind unerläßliche Eigenschaften, gute und erprobte Waffen unerläßliche Erfordernisse eines Bärenjägers; denn Meister Petz verlangt einen wohlgezielten, sofort und unbedingt tödtlich wirkenden Schuß und kämpft, wenn er nicht anders kann und vielleicht schmerzhaft verwundet wurde, mit Todesverachtung um sein gefährdetes Leben, läßt sich auch, nachdem er einmal den Schützen angenommen hat, durch die muthigsten und bissigsten Hunde, welche ihn sonst sehr behelligen, nicht beirren, sondern erhebt sich auf die Hinterbeine, geht wackelnden Ganges auf den Gegner zu und versucht, ihn durch Umarmen zu erdrücken oder mittels einiger Tatzenschläge zu fällen. Oft ist unter solchen Umständen das Weidmesser die einzige Rettung des Jägers, nicht allzu selten aber gibt es für diesen überhaupt keine Rettung mehr. Aus diesem Grunde zieht man ebensowenig oder doch ebenso selten allein zur Bärenjagd aus, wie man ohne erprobte Jagdgenossen eine Löwen- oder Tigerjagd unternimmt, während man in Gesellschaft solcher wenig zu fürchten hat. In den meisten Fällen rettet der Nachbarschütz einen vom Bären bedrohten Jäger, und schon das Bewußtsein, nicht ohne Hülfe zu sein, verleiht jedem einzelnen Jagdgenossen Ruhe und Muth. Unglücksfälle sind allerdings auch bei Treibjagden nicht ausgeschlossen, in der Regel aber doch nur Folge der Ungeschicklichkeit und Unachtsamkeit von Schützen oder der Voreiligkeit von Treibern, welche für die Bärenjagd nicht taugen.

Hier und da tritt man dem Bären mit der Lanze und dem Weidmesser entgegen und kämpft mit ihm auf Tod und Leben. So jagen einzelne Russen, Skandinavier, Siebenbürger und namentlich die spanischen »Oseros« oder zünftigen Bärenjäger, deren Gewerbe vom Vater auf den Sohn erbt. Unter Mithülfe von zwei starken und tüchtigen Hunden sucht der Osero sein Wild in den fast undurchdringlichen Dikkichten der Gebirgswälder auf und stellt sich ihm, sobald er es gefunden, zum Zweikampfe gegenüber. Er führt ein breites, schweres und spitziges Weidmesser und einen Doppeldolch, welcher in zwei sich gegenüberstehende, dreiseitig ausgeschliffene und nadelscharfe Klingen ausläuft und den Griff in der Mitte trägt. Den linken Arm hat er zum Schutze gegen das Gebiß und die Krallen des Bären mit einem dikken, aus alten Lumpen zusammengenähten Ärmel überzogen; der Doppeldolch wird mit der linken Hand geführt, das Weidmesser ist die Waffe der rechten. So ausgerüstet tritt der Jäger dem von den Hunden aufgestörten Bären entgegen, sobald dieser sich anschickt, ihn mit einer jener Umarmungen zu bewillkommnen, welche alle Rippen im Leibe zu zerbrechen pflegen. Furchtlos läßt er den brummenden, auf den Hinterbeinen auf ihn zuwandelnden Bären herankommen; im günstigen Augenblicke aber setzt er ihm den Doppeldolch zwischen Kinn und Brust und stößt ihm denselben mit der oberen Spitze in die Gurgel. Sobald der Bär sich verwundet fühlt, versucht er, das Eisen herauszuschleudern, und macht zu diesem Zwecke mit dem Kopfe eine heftige Bewegung nach unten. Dabei stößt er sich aber die zweite Klinge in die Brust, und jetzt rennt ihm der Osero das breite Weidmesser mehrere Male in den Leib. In dem Dorfe Morschowa im Ural lebt zur Zeit ein Bauermädchen, welches in ähnlicher Weise über dreißig Bären erlegt und durch ihre kühnen Heldenthaten einen weitverbreiteten Ruf sich erworben hat.

Der Nutzen, welchen eine glückliche Bärenjagd abwirft, ist nicht unbeträchtlich. Des von den Regierungen festgesetzten, sehr niedrigen Schußgeldes halber würde freilich kein Jäger sein Leben wagen, übte die Jagd nicht an und für sich selbst einen unwiderstehlichen Reiz auf den muthvollen Mann, und verschaffte sie ihm nicht Nebeneinnahmen, welche ungleich bedeutender sind als jene, welche die Regierungen aus Nützlichkeitsrücksichten zu zahlen sich bewogen finden. Die zweihundert Kilogramme Fleisch geben einen hübschen Ertrag; die Decke ist ihre dreißig bis hundert Mark werth; das Bärenfett wird sehr gesucht und gut bezahlt. Dieses Fett ist weiß, wird nie hart, in verschlossenen Gefäßen selten ranzig, und sein in frischem Zustande widerlicher Geschmack verliert sich, wenn man es vorher mit Zwiebeln abgedämpft hat. Das Wildpret eines jungen Bären hat einen feinen, angenehmen Geschmack; die Keulen alter, feister Bären gelten, gebraten oder geräuchert, als Leckerbissen. Am meisten werden die Branten von den Feinschmeckern gesucht; doch muß man sich erst an den Anblick derselben gewöhnen, weil sie, abgehärt und zur Bereitung fertig gemacht, einem auffallend großen Menschenfuße in widerlicher Weise ähneln. Ein mit Champignons zubereiteter Bärenkopf endlich gilt als ein vortreffliches Gericht.

Die Bäuerinnen im Ural legen der Klaue, die Ostjaken dem Reißzahne geheimnisvolle Kräfte bei. Ein Bärenjäger im Ural muß die Decke eines von ihm erlegten Bären wohl in Acht nehmen, will er nicht erleben, daß die jungen Mädchen alle an ihr haftenden Klauen stehlen. Denn solche Klaue, insbesondere die vierte der rechten Vorderbrante, zwingt jeden Jüngling, das Mädchen, welches ihn heimlich mit ihr kratzte, inbrünstig zu lieben, ist deshalb auch wohl einen bis drei Rubel werth. Der Bärenzahn aber wird dem rechtlichen Ostjaken zu einem Talisman, welcher vor Krankheit und Gefahr schützt und Falschheit und Lüge an das Licht bringt. Kein Wunder daher, daß der Ostjake, welcher einen Bären erlegte, das glückliche Ereignis durch einen absonderlichen Tanz verherrlicht.

Noch zu Anfange des vorigen Jahrhunderts galt es als ein fürstliches Vergnügen, gefangene Bären mit großen Hunden kämpfen zu lassen. Die deutschen Fürsten fütterten jene bloß zu diesem Zwecke in eigenen Gärten. »August der Starke«, so erzählt von Flemming, »hatte deren zwei, und es ereignete sich, daß einstmals aus dem Garten zu Augustusburg ein Bär entsprang, bei einem Fleischer ein Kalbsviertel herunterriß und, da ihn die Frau verjagen wollte, diese sammt ihren Kindern erwürgte, worauf Leute herbeieilten und ihn todtschossen.« Auf den Platz wurde der für den Kampf bestimmte Bär in einem Kasten gefahren, welcher durch einen Zug aus der Ferne so geöffnet werden konnte, daß er sich nach allen Seiten niederlegte und den Bären dann plötzlich befreite. Hierauf ließ man große, schwere Hunde gegen ihn los. Packten ihn diese fest, so konnte er ohne besondere Schwierigkeiten von einem Manne abgefangen werden. Im Dresdener Schloßhofe wurden im Jahre 1630 binnen acht Tagen drei Bärenhetzen abgehalten. In den beiden ersten mußten sieben Bären mit Hunden, im dritten aber mit großen Keulern kämpfen, von denen fünf auf dem Platze blieben; unter den Bären war nur einer von acht Centner Gewicht. Die Bären wurden noch außerdem durch Schwärmer gereizt und vermittels eines ausgestopften rothen Männchens genarrt. Gewöhnlich fingen die großen Herren selbst die von den Hunden festgemachten Bären ab; August der Starke aber pflegte ihnen den Kopf abzuschlagen.

Selbst in der Neuzeit werden noch hier und da ähnliche Kämpfe abgehalten. Auf dem Stiergefechtsplatze in Madrid läßt man bisweilen Bären mit Stieren kämpfen, und in Paris hetzte man noch im Anfange dieses Jahrhundertes angekettete Bären mit Hunden. Kobell, welcher einem derartigen Schauspiele beiwohnte, erzählt, daß der Bär die auf ihn anstürmenden Hunde mit seinen mächtigen Branten rechts und links niederschlug und dabei fürchterlich brummte. Als die Hunde aber hitzig wurden, ergriff er mehrere nacheinander, schob sie unter sich und erdrückte sie, während er andere mit schweren Wunden zur Seite schleuderte.

# Der Waschbär

Der Waschbär oder Schupp (Procyon Lotor) erreicht 65 Centim. Leibeslänge. Der Pelz ist gelblichgrau, schwarz gemischt. Weil die Grannen am Grunde braun, in der Mitte bräunlichgelb und darüber schwarz gefärbt sind, bringt er eine höchst eigenthümliche Gesammtfärbung zu Stande. Der graugelbe Schwanz ist sechsmal schwarzbraun geringelt und endet in eine schwarzbraune Spitze. Keine einzige dieser Farben sticht besonders von den anderen ab, und so wird die Gesammtfärbung zu einem schwer zu bestimmenden und bezeichnenden Grau, welches sich der Rindenfärbung ebenso vortrefflich anschließt wie dem mit frischem oder trockenem Grase bewachsenen Boden. Ausartungen des Waschbären sind selten, kommen jedoch vor. So steht im Britischen Museum ein Weißling, dessen Behaarung mit dem blendenden Felle des Hermelins wetteifern kann.

Die Heimat des Waschbären ist Nordamerika und zwar der Süden des Landes ebensowohl wie der Norden, wo er wenigstens in den südlichen Pelzgegenden vorkommt. Heutigen Tages ist er in den bewohnteren Gegenden infolge der unaufhörlichen Nachstellungen, die er erleiden mußte, weit seltener geworden, als er es früher war; doch konnte man ihn immerhin auch hier nicht gänzlich vertreiben. Im Innern des Landes, namentlich in den Waldgegenden, findet er sich noch in Menge. Wälder mit Flüssen, Seen und Bächen sind seine Lieblingsplätze; hier treibt er so ziemlich ungestört sein Wesen bei Tage und bei Nacht. In der Regel pflegt er seine Jagden erst mit Einbruch der Dämmerung zu beginnen und den hellen Sonnentag in hohlen Bäumen oder auf dicken, belaubten Baumästen zu verschlafen; wo er aber ganz ungestört ist, hat er eigentlich keine besondere Zeit zur Jagd, sondern lustwandelt ebensowohl bei Tage wie bei Nacht durch sein weites Gebiet.

Er ist ein munterer, schmucker Bursche, welcher durch große Regsamkeit und Beweglichkeit sehr erfreut. Bei gleichgültigem Dahinschlendern senkt er den Kopf, wölbt den Rücken, läßt den Schwanz hängen und schleicht schiefen Ganges ziemlich langsam seines Weges fort; sowie er jedoch eine der Theilnahme würdige Entdeckung macht, z. B. eine Fährte auffindet oder ein unbesorgtes Thierchen in großer Nähe spielen sieht, verändert sich sein Wesen gänzlich. Das gestruppte Fell glättet sich, die breiten Lauscher werden gespitzt, er stellt sich spähend auf die Hinterbeine und hüpft und läuft nun leicht und behend weiter oder klettert mit einer Geschicklichkeit, welche man schwerlich vermuthet hätte, nicht bloß an schiefen und senkrechten Stämmen hinan, sondern auch auf wagerechten Zweigen fort und zwar von oben oder unten. Oft sieht man ihn wie ein Faulthier oder einen Affen mit gänzlich nach unten hängendem Leibe rasch an den wagerechten Zweigen fortlaufen, oft und mit unfehlbarer Sicherheit Sprünge von einem Aste zum anderen ausführen, welche eine nicht gewöhnliche Meisterschaft im Klettern bekunden. Auch auf der Erde ist er vollkommen heimisch und weiß sich durch satzweise Sprünge, bei denen er auf alle vier Pfoten zugleich tritt, schnell genug fortzubewegen. In seinem geistigen Wesen hat er etwas affenartiges. Er ist heiter, munter, neugierig, neckisch und zu lustigen Streichen aller Art geneigt, aber auch muthig, wenn es sein muß, und beim Beschleichen seiner Beute listig wie der Fuchs. Mit seines Gleichen verträgt er sich ausgezeichnet und spielt selbst im Alter noch stundenlang mit anderen Gesinnungsgenossen oder, in der Gefangenschaft z. B., mit jedem Thiere, welches sich überhaupt zum Spielen mit ihm einläßt.

Der Schupp frißt alles, was genießbar ist, scheint aber ein Leckermaul zu sein, welches sich, wenn es nur angeht, immer die besten Bissen auszusuchen weiß. Obst aller Art, Kastanien, wilde Trauben, Mais, so lange die Kolben noch weich sind, liefern ihm schätzbare Nahrungsmittel; aber er stellt auch den Vögeln und ihren Nestern nach, weiß listig ein Hühnchen oder eine Taube zu beschleichen, versteht es meisterhaft, selbst das verborgenste Nest aufzuspüren, und labt sich dann an den Eiern, welche er erstaunlich geschickt zu öffnen und zu leeren weiß, ohne daß irgend etwas von dem Inhalte verloren geht. Nicht selten kommt er bloß deshalb in die Gärten oder in die Wohnungen herein, um Hühner zu rauben und Hühnernester zu plündern, steht auch aus diesem Grunde bei den Farmern nicht eben in gutem Ansehen. Selbst die Gewässer müssen ihm Tribut zollen. Gewandt fängt er Fische, Krebse und Schalthiere und wagt sich bei der Ebbe, solchem Schmause zu Liebe, oft weit in das Meer hinaus. Die dicken Larven mancher Käfer scheinen wahre Leckerbissen für ihn zu sein, die Heuschrecken fängt er mit großer Geschicklichkeit, und den maikäferartigen Kerfen zu Gefallen klettert er bis in die höchsten Baumkronen hinauf. Er hat die Eigenthümlichkeit, seine Nahrung vorher in das Wasser zu tauchen und hier zwischen seinen Vorderpfoten zu reiben, sie gleichsam zu waschen. Das thut er jedoch nur dann, wenn er nicht besonders hungrig ist; in letzterem Falle lassen ihm die Anforderungen des Magens wahrscheinlich keine Zeit zu der ihm sonst so lieben, spielenden Beschäftigung, welcher er seinen Namen verdankt. Übrigens geht er bloß bei gutem Wetter auf Nahrungserwerb aus; wenn es stürmt, regnet oder schneit, liegt er oft mehrere Tage lang ruhig in seinem geschützten Lager, ohne das Geringste zu verzehren.

Im Mai wirft das Weibchen seine vier bis sechs sehr kleinen Jungen auf ein ziemlich sorgfältig hergerichtetes Lager in einem hohlen Baume; ausführlicheres über das Jugendleben des freigeborenen Waschbären scheint nicht bekannt zu sein. Im Berliner Thiergarten brachte eine Waschbärin im Frühjahre 1871 fünf Junge zur Welt. Zum Wochenbett hatte sie ein wagerechtes Bret erwählt, ohne daran zu denken, dasselbe mit einem weichen Lager zu versehen. Hier lag sie, die kleinen Jungen anfänglich sorgsam zwischen den Beinen verdeckend, wochenlang fast auf einer Stelle. Als die Jungen etwas größer wurden und umherzukriechen begannen, holte sie dieselben fortwährend mit den handartigen Füßen wieder herbei und bedeckte sie nach wie vor. Schließlich wuchsen ihr die Sprossen über den Kopf, ließen sich nicht mehr wie Unmündige behandeln, kletterten auf ihr, bald auch mit ihr auf den Bäumen umher, nahmen alle ihrem Geschlechte geläufigen Stellungen an und trieben es im Alter von drei Monaten schon ganz wie die Alten. Im sechsten Monate ihres Alters waren sie halbwüchsig, nach Jahresfrist erwachsen.

Der Waschbär wird nicht bloß seines guten Pelzes wegen verfolgt, sondern auch aus reiner Jagdlust aufgesucht und getödtet. Wenn man bloß seinem Felle nachstrebt, fängt man ihn leicht in Schlageisen und Fallen aller Art, welche mit einem Fische oder einem Fleischstückchen geködert werden. Weniger einfach ist seine Jagd. Die Amerikaner üben sie mit wahrer Leidenschaft aus, und dies wird begreiflich, wenn man ihre Schilderungen liest. Man jagt nämlich nicht bei Tage, sondern bei Nacht, mit Hülfe der Hunde und unter Fackelbeleuchtung. Wenn der Waschbär sein einsames Lager verlassen hat und mit leisen, unhörbaren Schritten durch das Unterholz gleitet, wenn es im Wald sonst sehr still geworden ist unter dem Einflusse der Nacht, macht man sich auf, um sich des Schupp zu bemächtigen. Ein guter, erfahrener Hund nimmt die Fährte auf, und die ganze Meute stürzt jetzt dem sich flüchtenden, behenden Bären nach, welcher zuletzt mit Affengeschwindigkeit einen Baum ersteigt und sich hier im dunkelsten Gezweige zu verbergen sucht. Ringsum unten bilden die Hunde einen Kreis, bellend und heulend; oben liegt das gehetzte Thier in behaglicher Ruhe, gedeckt von dem dunkeln Mantel der Nacht. Da nahen sich die Jäger. Die Fackeln werden auf einen Haufen geworfen, trockenes Holz, Kienspäne, Fichtenzapfen aufgelesen, zusammengetragen, und plötzlich flammt, die Umgebung zauberisch beleuchtend, unter dem Baume ein gewaltiges Feuer auf. Nunmehr ersteigt ein guter Kletterer den Baum und übernimmt das Amt der Hunde oben im Gezweige. Mensch und Affenbär jagen sich wechselseitig in der Baumkrone umher, bis endlich der Schupp auf einem schwankenden Zweige hinausgeht, in der Hoffnung, sich dadurch auf einen anderen Baum flüchten zu können. Sein Verfolger eilt ihm nach, soweit, als er es vermag, und beginnt plötzlich den betreffenden Ast mit Macht zu schütteln. Der beklagenswerthe Gesell muß sich nun gewaltsam festhalten, um nicht zur Erde geschleudert zu werden. Doch dies hilft ihm nichts. Näher und näher kommt ihm sein Feind, gewaltsamer werden die Anstrengungen, sich zu halten, – ein Fehlgriff und er stürzt sausend zu Boden. Jauchzendes Gebell der Hunde begleitet seinen Fall, und wiederum beginnt die Jagd mit erneuter Heftigkeit. Zwar sucht sich der Waschbär noch ein- oder zweimal vor den Hunden zu retten und erklettert also nochmals einen Baum, endlich aber muß er doch die Beute seiner eifrigen vierfüßigen Gegner werden und unter deren Bissen sein Leben verhauchen.

Audubon schildert das Ende solcher Hetze in seiner lebendigen Weise wie folgt: »Und weiter geht die Jagd. Die Jagdgehülfen mit den Hunden sind dem Waschbären hart auf den Fersen, und dieser rettet sich endlich verzweiflungsvoll in eine kleine Lache. Wir nähern uns ihm rasch mit den Fackeln. Nun Leute, gebt Acht und schaut! Das Thier hat kaum noch Grund unter den Füßen und muß schon beinahe schwimmen. Unzweifelhaft ist ihm der Glanz unserer Lichter im höchsten Grade unangenehm. Sein Fell ist gesträubt, der gerundete Schwanz erscheint dreimal so dick als gewöhnlich, die Augen blitzen wie Smaragde. Mit schäumendem Rachen erwartet er die Hunde, fertig jeden anzugreifen, welcher ihm sich zu nähern versuchen will. Dies hält einige Minuten auf, das Wasser wird schlammig, sein Fell tropft und sein im Kothe geschleifter Schwanz schwimmt auf der Oberfläche. Sein tiefes Knurren, in der Absicht, seine Angreifer zu verscheuchen, feuert diese nur noch mehr an, und näher und näher rückt ihm der Haufe, ohne Umstände auf ihn sich werfend. Einer ergreift ihn am Rumpfe und zerrt, wird aber schnell genöthigt, ihn gehen zu lassen. Ein zweiter packt ihn an der Seite, erhält aber augenblicklich einen wohlgerichteten Biß in seine Schnauze. Da aber packt ihn doch ein Hund an dem Schwanze – der Schupp sieht sich verloren, und kläglich sind die Schreie des hülflosen Geschöpfes. Den einmal gepackten Gegner will er nicht fahren lassen; aber gerade hierdurch bekommen die anderen Hunde Gelegenheit, sich auf ihn zu werfen und ihn zu würgen; doch auch jetzt läßt er den ersten Angreifer nicht gehen. Ein Axtschlag auf den Kopf erlegt ihn endlich; er röchelt zum letzten Male, und qualvoll hebt sich noch einmal die Brust. Währenddem stehen die übrigen Jäger als Zuschauer neben ihm in der Lache, und in der ganzen Runde glänzen die Fackeln und lassen die herrschende Dunkelheit nur noch um so dichter erscheinen.«

Ein jung eingefangener Waschbär wird gewöhnlich sehr bald und im hohen Grade zahm. Seine Zutraulichkeit, Heiterkeit, die ihm eigene Unruhe, die niemals endende Lust an der Bewegung sowie sein komisches, affenartiges Wesen machen ihn den Leuten angenehm. Er liebt es sehr, wenn man ihm schmeichelt, zeigt jedoch niemals große Anhänglichkeit. Auf Scherz und Spiel geht er sofort mit Vergnügen ein und knurrt dabei leise vor Behagen, ganz so, wie junge Hunde dies zu thun pflegen. Sein Benehmen erinnert in jeder Hinsicht an das Gebaren der Affen. Er weiß sich immer mit etwas zu beschäftigen und ist auf alles, was um ihn her vorgeht, sehr achtsam. Bei seinen Spaziergängen in Haus und Hof stiftet er viel Unfug an. Er untersucht und benascht alles, in der Speisekammer sowohl, wie im Hof und Garten. Der Hausfrau guckt er in die Töpfe, und wenn diese mit Deckeln versehen sind, versucht er, dieselben auf irgend eine Weise zu öffnen, um sich des verbotenen Inhaltes zu bemächtigen. Eingemachte Früchte sind besondere Leckerbissen für ihn; er verschmäht aber auch Zucker, Brod und Fleisch im verschiedensten Zustande nicht. Im Garten besteigt er die Kirch- und Pflaumenbäume und frißt sich da oben an den süßen Früchten satt oder stiehlt Trauben, Erdbeeren und dergl.; im Hofe schleicht er zu den Hühnerställen oder Taubenschlägen, und wenn er in sie eindringen kann, würgt er alle Insassen binnen einer einzigen Nacht. Er kann sich wahrhaft marderartig durch sehr enge Ritzen drängen und benutzt seine Pfoten außerordentlich geschickt nach Art der Hände. Bei diesem fortwährenden Kundschaften und Umherschnüffeln durch das Haus und Gehöft wirft er selbstverständlich eine Menge von Gegenständen um, welche ihn sonst nicht fesseln konnten, oder zerbricht Geschirre, welche nichts Genießbares enthalten. Seine Haltung hat nicht die geringsten Schwierigkeiten; er frißt, was man ihm gibt, rohes und gekochtes Fleisch, Geflügel, Eier, Fische, Kerbthiere, zumal Spinnen, Brod, Zucker, Sirup, Honig, Milch, Wurzeln, Körner usw. Auch in der Gefangenschaft behält der sonderbare Kauz die Gewohnheit bei, alles, was er frißt, vorher ins Wasser einzutauchen und zwischen den Vorderpfoten zu reiben, obgleich ihm dabei manche Leckerbissen geradezu verloren gehen, wie z. B. der Zucker. Das Brod läßt er gern lange weichen, ehe er es zu sich nimmt. Über das Fleisch fällt er gieriger als über alle andere Nahrung her. Alle festen Nahrungsstoffe bringt er mit beiden Vorderpfoten zum Munde, wie denn überhaupt eine aufrechte Stellung auf den Hinterbeinen ihm nicht die geringsten Schwierigkeiten macht. Mit anderen Säugethieren lebt er in Frieden und versucht niemals ihnen etwas zu Leide zu thun, solange jene auch ihn unbehelligt lassen. Falls ihm aber eine schlechte Behandlung wird, sucht er sich die Urheber derselben sobald wie möglich vom Halse zu schaffen, und es kommt ihm dabei auf einen Zweikampf mehr oder weniger nicht an. Bei guter Pflege hält er auch in Europa die Gefangenschaft ziemlich lange aus.

»Ich habe«, sagt Weinland, »einen Schupp einst jung aufgezogen und ihn fast ein Jahr lang im freien Zimmer wie einen Hund umherlaufen lassen. Hier hatte ich täglich Gelegenheit, seinen Gleichmuth zu bewundern. Er ist nicht träge, vielmehr sehr lebendig, sobald er seiner Sache sicher ist. Aber wie kein anderes Thier und wie wenige Menschen schickt er sich ins Unvermeidliche. An einem Käfig, in welchem ich einen Papagei hatte, kletterte er dutzendmale auf und nieder, ohne auch nur den Vogel anzusehen; kaum aber war dieser aus seinem Käfige und ich aus dem Zimmer, so machte mein Waschbär auch schon Jagd auf den Papagei. Dieser wußte sich freilich seines Verfolgers gewandt zu erwehren, indem er, den Rücken durch die Wand

Procyon lotor
PROCYONIDAE

gedeckt, dem langsam und von der Wand heranschleichenden Bären immer seinen offenen Hakenschnabel entgegenstreckte.

Neugierig bis zum äußersten, zog er sich doch, so oft die Thür sich öffnete, unter meinen Lehnstuhl zurück, gewiß aber nie anders als rückwärts, d. h. den Kopf gegen die Thüre gekehrt. Auch vor dem größten Hund ging er nie im schnellen Laufe, sondern stets in dieser spartanischen Weise zurück, dem Feinde Kopf und Brust entgegenhaltend. Kam ihm ein mächtiger Gegner zu nahe, so suchte er durch Haarsträuben und Brummen, auch wohl durch einen schnell hervorgestoßenen Schrei für Augenblicke Achtung einzuflößen und so den Rückzug zu decken, und das glückte ihm auch immer. War er aber in einem Winkel angekommen, so vertheidigte er sich wüthend. Vögel und Eier waren ihm Leckerbissen, Mäuse zeigten sich nie, solange ich ihn besaß, und er dürfte sich so gut wie die Katze zum Hausthiere eignen und dieselben Dienste thun, würde aber freilich ein mindestens ebenso unabhängiges Leben zu wahren wissen wie jene. Anhänglich wurde mein Waschbär nie. Doch kannte er seinen Namen, folgte aber dem Rufe nur, wenn er etwas zu bekommen hoffte. Selten zeigte er sich zum Spielen aufgelegt. Er versuchte dies einmal mit einer Katze, die ihn dafür ins Gesicht kratzte. Dies erbitterte ihn nicht nur nicht im geringsten, sondern, nachdem er bedächtig das Gesicht abgewischt, nahte er sich der Katze sofort wieder, betastete sie aber diesmal nur mit der Tatze und mit vorsichtig weit abgewendetem Kopfe.

Daß er sich, wie das Opossum, todt stellt, habe ich selbst nie beobachtet, obwohl man es auch von ihm behauptet hat. Allerdings läßt er, sobald man ihn beim Pelze im Genicke packt, alle Glieder schlaff fallen und hängt herunter wie todt; nur die kleinen, klugen Augen lugen aller Orten nach einem Gegenstande umher, welcher mit den Zähnen oder Füßen erreicht werden könnte. Hat der Schupp glücklich einen solchen erfaßt, so hält er ihn mit außerordentlicher Zähigkeit fest. Bei Nacht machte er anfangs viel Lärm, während er bei Tag schlief; aber als er den Tag über immer im hellen Zimmer sich aufhalten und erst nachts in seinen Behälter kriechen mußte, lernte er bald nach ehrlicher Bürgersitte am Tage wachen und bei Nacht schlafen.

Mit anderen seiner Art lebt der Schupp in vollster Einigkeit. Bekanntlich ist eine Nuß im Stande, den Frieden eines Affenpaares in einem Augenblicke in Hader und Gewaltthätigkeit umzuwandeln; bei dem Waschbär ist dem nicht also. Ruhig verzehrt derjenige, dem eben das Glück wohl will, vorn am Käfig zu sitzen, den dargebotenen Leckerbissen, ohne daß ihn die kurz davor sitzende Ehehälfte im geringsten behelligt, freilich, wie es scheint, auch nicht erfreut wurde. Sie ist einfach gleichgültig.«

Letztere Beobachtung bezieht sich übrigens, wie ich ergänzend bemerken muß, doch nur auf Waschbären, welche von Jugend auf zusammengewöhnt oder verschiedenen Geschlechtes sind. Zwei erwachsene Männchen, welche ich zusammenbrachte, bewiesen wenigstens durch Zähnefletschen, Knurren und Kläffen, daß sie gegenseitig nicht besonders erfreut waren über den ihnen gewordenen Gesellschafter. Zu wirklichen Thätlichkeiten kam es allerdings nicht, Lust dazu aber zeigten sie entschieden.

»Zu den hervorstechendsten Eigenschaften des Schupp«, schildert L. Beckmann, »zählt seine grenzenlose Neugierde und Habsucht, sein Eigensinn und der Hang zum Durchstöbern aller Ecken und Winkel. Im schroffsten Gegensatz hierzu besitzt er eine Kaltblütigkeit, Selbstbeherrschung und viel Humor. Aus dem beständigen Kampfe dieser Gegensätze gehen selbstverständlich oft die sonderbarsten Ergebnisse hervor. Sobald er die Unmöglichkeit einsieht, seine Zwecke zu erreichen, macht die brennendste Neugierde sofort einer stumpfen Gleichgültigkeit, hartnäckiger Eigensinn einer entsagenden Fügsamkeit Platz. Umgekehrt geht er aus träger Verdrossenheit oft ganz unerwartet mittels eines Purzelbaums zur ausgelassensten Fröhlichkeit über, und trotz aller Selbstbeherrschung und Klugheit begeht er die einfältigsten Streiche, sobald seine Begierden einmal aufgestachelt sind.

In den zahlreichen Mußestunden, welche jeder gefangene Schupp hat, treibt er tausenderlei Dinge, um sich die Langeweile zu verscheuchen. Bald sitzt er aufrecht in einem einsamen Winkel und ist mit dem ernsthaftesten Gesichtsausdrucke beschäftigt, sich einen Strohhalm über die Nase zu binden, bald spielt er nachdenklich mit den Zehen seines Hinterfußes oder hascht nach der wedelnden Spitze der langen Ruthe. Ein anderes Mal liegt er auf dem Rücken, hat sich einen ganzen Haufen Heu oder dürre Blätter auf den Bauch gepackt und versucht nun, diese lockere Masse niederzuschnüren, indem er die Ruthe mit den Vorderpfoten fest darüberzieht. Kann er zum Mauerwerk gelangen, so kratzt er mit seinen scharfen Nägeln den Mörtel aus den Fugen und richtet in kurzer Zeit unglaubliche Verwüstung an. Wie Jeremias auf den Trümmern Jerusalems, hockt er dann mitten auf seinem Schutthaufen nieder, schaut finstern Blickes um sich und lüftet sich, erschöpft von der harten Arbeit, das Halsband mit den Vorderpfoten.

Nach langer Dürre kann ihn der Anblick einer gefüllten Wasserbütte in Begeisterung versetzen, und er wird alles aufbieten, um in ihre Nähe zu gelangen. Zunächst wird nun die Höhe des Wasserstandes vorsichtig untersucht, denn nur seine Pfoten taucht er gern ins Wasser, um spielend verschiedene Dinge zu waschen; er selbst liebt es keineswegs, bis zum Halse im Wasser zu stehen. Nach der Prüfung steigt er mit sichtlichem Behagen in das nasse Element und tastet im Grunde nach irgend einem waschbaren Körper umher. Ein alter Topfhenkel, ein Stückchen Porzellan, ein Schneckengehäuse sind beliebte Gegenstände und werden sofort in Angriff genommen. Jetzt erblickt er in einiger Entfernung eine alte Flasche, welche ihm der Wäsche höchst bedürftig erscheint; sofort ist er draußen, allein die Kürze der Kette hindert ihn, den Gegenstand seiner Sehnsucht zu erreichen. Ohne Zaudern dreht er sich um, genau wie es die Affen auch thun, gewinnt dadurch eine Körperlänge Raum und rollt die Flasche nun mit dem weit ausgestreckten Hinterfuße herbei. Im nächsten Augenblicke sehen wir ihn, auf den Hinterbeinen aufgerichtet, mühsam zum Wasser zurückwatscheln, mit den Vorderpfoten die große Flasche umschlingend und krampfhaft gegen die Brust drückend. Stört man ihn in seinem Vorhaben, so geberdet er sich wie ein eigensinniges, verzogenes Kind, wirft sich auf den Rücken und umklammert seine geliebte Flasche mit allen Vieren so fest, daß man ihn mit derselben vom Boden heben kann. Ist er der Arbeit im Wasser endlich überdrüssig, so fischt er sein Spielzeug heraus, setzt sich quer mit den Hinterschenkeln darauf und rollt sich in dieser Weise langsam hin und her, während die Vorderpfoten beständig in der engen Mündung des Flaschenhalses fingern und bohren.

Um sein eigenthümliches Wesen gebührend würdigen zu können, muß man ihn im freien Umgange mit Menschen und verschiedenen Thierarten beobachten. Sein übergroßes Selbständigkeitsgefühl gestattet ihm keine besondere Anhänglichkeit, weder an seinen Herrn noch an andere Thiere. Doch befreundet er sich ausnahmsweise mit dem einen wie mit den andern. Sobald es sich um Verabfolgung einer Mahlzeit, um Erlösung von der Kette oder ähnliche Anliegen handelt, kennt und liebt er seinen Herrn, ruft ihn durch ein klägliches Gewimmer herbei und umklammert seine Knie in so dringlicher Weise, daß es schwer hält, ihm einen Wunsch abzuschlagen. Harte Behandlung fürchtet er sehr. Wird er von fremden Leuten beleidigt, so sucht er sich bei vorkommender Gelegenheit zu rächen. Jeder Zwang ist ihm zuwider, und deshalb sehen wir ihn im engen Käfig der Thierschaubuden meist mit stiller Entsagung in einem Winkel hocken.

Ein Waschbär, welcher nebst anderen gezähmten Vierfüßlern auf einem Gehöfte gehalten wurde, hatte eine besondere Zuneigung zu einem Dachse gefaßt, der in einem kleinen, eingefriedigten Raume frei umherwandelte. An heißen Tagen pflegte Grimmbart seinen Bau zu verlassen, um auf der Oberwelt im Schatten eines Fliederbusches sein Schläfchen fortzusetzen. In solchem Falle war der Schupp sofort zur Stelle; weil er aber das scharfe Gebiß des Dachses fürchtete, hielt er sich in achtungsvoller Entfernung und begnügte sich damit, jenen mit ausgestreckter Pfote in regelmäßigen Zwischenräumen leise am Hintertheile zu berühren. Dies genügte, den trägen Gesellen beständig wach zu erhalten und fast zur Verzweiflung zu bringen. Vergebens schnappte er nach seinem Peiniger: der gewandte Waschbär zog sich bei Seite, auf die Einfriedigung des Zwingers zurück, und kaum hatte Grimmbart sich wieder zur Ruhe begeben, so begann ersterer seine sonderbare Thätigkeit aufs neue. Sein Verfahren hatte keineswegs einen Anstrich von Tücke oder Schadenfreude, sondern wurde mit gewissenhaftem Ernst und mit unerschütterlicher Ruhe betrieben, als hege er die feste Überzeugung, daß seine Bemühungen zu des Dachses Wohlergehen durchaus erforderlich seien. Eines Tages ward es dem letztern doch zu arg, er sprang grunzend auf und rollte verdrießlich in seinen Bau. Der Hitze wegen streckte er den bunten Kopf aber bald wieder aus der engen Höhle heraus und schlief in dieser Lage ein. Der Schupp sah augenblicklich ein, daß er seinem Freunde die üblichen Aufmerksamkeiten in dieser Stellung unmöglich erweisen konnte, und wollte eben den Heimweg antreten, als der Dachs zufällig erwachte und, seinen Peiniger gewahrend, das schmale, rothe Maul sperrweit aufriß. Dies erfüllte unsern Schupp dermaßen mit Verwunderung, daß er sofort umkehrte, um die weißen Zahnreihen Grimmbarts von allen Seiten zu betrachten. Unbeweglich verharrte der Dachs in seiner Stellung und steigerte hierdurch die Neugierde des Waschbärs aufs äußerste. Endlich wagte der Schupp dem Dachse vorsichtig von oben herab mit der Pfote auf die Nase zu tippen – vergebens, Grimmbart rührte sich nicht. Der Waschbär schien diese Veränderung im Wesen seines Gefährten gar nicht begreifen zu können, seine Ungeduld wuchs mit jedem Augenblicke, er mußte sich um jeden Preis Aufklärung verschaffen. Unruhig trat er eine Weile hin und her, augenscheinlich unschlüssig, ob er seine empfindlichen Pfoten oder seine Nase bei dieser Untersuchung aufs Spiel setzen solle. Endlich entschied er sich für letzteres und fuhr plötzlich mit seiner spitzen Schnauze tief in den offenen Rachen des Dachses. Das Folgende ist unschwer zu errathen. Grimmbart klappte seine Kinnladen zusammen, der Waschbär saß in der Klemme und quiekte und zappelte, wie eine gefangene Ratte. Nach heftigem Toben und Gestrampel gelang es ihm endlich, die bluttriefende Schnauze der unerbittlichen Falle des Dachses zu entreißen, worauf er zornig schnaufend über Kopf und Hals in seine Hütte flüchtete. Diese Lehre blieb ihm lange im Gedächtnisse, und so oft er an dem Dachsbau vorüberging, pflegte er unwillkürlich mit der Tatze über die Nase zu fahren; gleichwohl nahmen die Neckereien ihren ungestörten Fortgang.

Sein Zusammentreffen mit Katzen, Füchsen, Stachelschweinen und anderen wehrhaften Geschöpfen endete meistens ebenso. Eine alte Füchsin, welche ihn einmal übel zugerichtet, mißachtete er später gänzlich und suchte sie dadurch zu ärgern, daß er immer hart im Bereich ihrer Kette vorüberging, ohne sie eines Blickes zu würdigen. Als er bei einer solchen Gelegenheit einst heftig quer über die Ruthe gebissen wurde, zeigte er kaum durch ein Zucken Schreck oder Zorn, sondern setzte mit scheinbarer Gleichgültigkeit seinen Weg fort, ohne auch nur den Kopf zu wenden.

Mit einem großen Hühnerhunde hatte jener Waschbär dagegen ein Schutz- und Trutzbündnis geschlossen. Er ließ sich gern mit ihm zusammenkoppeln, und beide folgten ihrem Herrn Schritt für Schritt, während der Waschbär allein selbst an der Leine stets seinen eignen Weg gehen wollte. Sobald er morgens von der Kette befreit wurde, eilte er in freudigen Sprüngen, seinen Freund aufzusuchen. Auf den Hinterfüßen stehend, umschlang er den Hals des Hundes mit seinen geschmeidigen Vorderpfoten und schmiegte den Kopf höchst empfindsam an; dann betrachtete und betastete er den Körper seines vierbeinigen Freundes neugierig von allen Seiten. Es schien, als ob er täglich neue Schönheiten an ihm entdecke und bewundere. Etwaige Mängel in der Behaarung suchte er sofort durch Lecken und Streichen zu beseitigen. Der Hund stand während dieser oft über eine Viertelstunde dauernden Musterung unbeweglich mit würdevollem Ernste und hob willig einen Lauf um den andern empor, sobald der Waschbär dies für nöthig erachtete. Wenn letzterer aber den Versuch machte, seinen Rücken zu besteigen, ward er unwillig, und nun entspann sich eine endlose Rauferei, wobei der Waschbär viel Muth, Kaltblütigkeit und erstaunliche Gewandtheit zeigte. Seine gewöhnliche Angriffskunst bestand darin, dem ihm an Größe und Stärke weit überlegenen Gegner in einem unbewachten Augenblicke unter die Gurgel zu springen. Den Hals des Hundes von unten auf mit den Vorderpfoten umschlingend, schleuderte er im Nu seinen Körper zwischen jenes Vorderbeinen hindurch und suchte sich sofort mit den beweglichen Hinterpfoten auf dessen Rücken oder an den Seiten fest anzuklammern. Gelang ihm letzteres, so war der Hund kampfunfähig und mußte nun versuchen, durch anhaltendes Wälzen auf dem Rasen sich von der inbrünstigen Umarmung seines Freundes zu befreien. Zum Lobe des Schupp sei erwähnt, daß er den Vortheil seiner Stellung niemals mißbrauchte. Er begnügte sich damit, den Kopf fortwährend so dicht unter die Kehle des Hundes zu drängen, daß dieser ihn mit dem Gebisse nicht erreichen konnte.

Mit den kleinen, bissigen Dachshunden hatte er nicht gern zu schaffen; doch wandelte ihn mitunter plötzlich die Laune an, ein solches Krummbein von oben herab zu umarmen. War der Streich geglückt, so machte er vor Wonne einen hohen Bocksprung nach rückwärts und schnappte dabei in der Luft zwischen den weitgespreizten Vorderbeinen hindurch nach dem rundgeringelten, baumelnden Schweife. Dann aber suchte er, steifen Schrittes rückwärts gehend und den zornigen Dächsel fortwährend im Auge behaltend, sich den Rücken zu decken und kauerte sich schließlich unter dumpfem Schnurren und unruhigem Schweifwedeln wie eine sprungbereite Katze platt auf dem Erdboden nieder. Von verschiedenen Seiten angegriffen, warf er sich sofort auf den Rücken, strampelte mit allen Vieren und biß unter gellendem Zetergeschrei wüthend um sich.

Kleinere Säugethiere und jede Art Geflügel fiel er mörderisch an, und äußerst schwer hielt es, ihm den Raub zu entreißen. Mäuse, Ratten und anderes Gethier tödtete er durch einen raschen Biß ins Genick und verzehrte sie mit Haut und Haar, da ihm das Abstreifen des Felles trotz alles Zerrens und Reibens nur unvollständig gelingen wollte. An schönen Sommertagen schlich er gern in der Frühe im hohen, thaubedeckten Grase umher. Es war eine Lust, ihn hierbei zu beobachten. Hier und da hält er an, wie ein vorstehender Hühnerhund, plötzlich springt er ein: er hat einen Frosch erwischt, den er nun durch heftiges Hin- und Herreiben auf dem Boden vorläufig außer Fassung zu bringen sucht. Dann setzt er sich vergnügt auf die Hinterschenkel, hält seinen Frosch, wie ein Kind sein Butterbrod, zwischen den Fingern, beißt ihm wohlgemuth den Kopf herunter und verzehrt ihn bis auf die letzte Zehe. Während des Kauens summt die erste Biene heran. Der Schupp horcht auf, schlägt beide Pfoten in der Luft zusammen und steckt das so gefangene Kerbthier nach Entfernung des Stachels in die Schnauze. Im nächsten Augenblick richtet er sich am nahen Gemäuer auf, klatscht eine ruhende Fliege mit der flachen Pfote breit und kratzt seinen Fang sorgfältig mit den Nägeln ab. Schneckengehäuse knackt er wie eine Haselnuß mit den Zähnen, worauf der unglückliche Bewohner durch anhaltendes Reiben im nassen Grase von den Scherben seiner Behausung gründlich befreit und dann ebenfalls verspeist wird. Die große Wegeschnecke liebt er nicht; die großen, goldgrünen Laufkäfer aber scheinen ihm besonderes Vergnügen zu gewähren, denn er spielt lange und schonend mit ihnen, ehe er sie auffrißt. Im Aufsuchen und Plündern der Vogel- und Hühnernester ist er Meister. Als Allesfresser geht er auch der Pflanzennahrung nach: reifes Obst, Waldbeeren, die Früchte der Eberesche und des Hollunders weiß er geschickt zu pflücken. Es gewährt einen drolligen Anblick, wenn der rauhhaarige, langgeschwänzte Gesell mit einer großen Aprikose im Maule langsam rückwärts von einem Geländer herabsteigt, ängstlich den Kopf hin und her wendend, ob sein Diebstahl auch bemerkt worden sei.«

Der auf der Jagd erlegte Waschbär gewährt einen nicht unbedeutenden Nutzen. Sein Fleisch wird nicht nur von den Urbewohnern Amerikas und von den Negern, sondern auch von den Weißen gegessen, und sein Fell findet eine weite Verbreitung: Schuppenpelze sind allgemein beliebt. Die Grannenhaare geben gute Pinsel, aus den Wollhaaren macht man Hüte, die ganzen Schwänze benutzt man zu Halswärmern.

# Unser Igel

Unser Igel (Erinaceus europaeus) ist bald beschrieben. Der ganze Körper mit all seinen Theilen ist sehr gedrungen, dick und kurz, der Rüssel spitzig und vorn gekerbt, der Mund weit gespalten; die Ohren sind breit, die schwarzen Augen klein. Wenige schwarze Schnurren stehen im Gesichte; hinter den Augen liegt ein weißer Fleck. Das Haar am Halse und Bauche ist lichtrothgelblichgrau oder weißgrau; die Stacheln sind gelblich, in der Mitte und an der Spitze dunkelbraun; in ihre Oberfläche sind feine Längsfurchen, 24 bis 25 an der Zahl, eingegraben, zwischen denen sich gewölbte Leisten erheben. Die Länge des Thieres beträgt 25 bis 30 Centim., die des Schwanzes 2,5 Centim., die Höhe am Widerrist ungefähr 12 bis 15 Centim. Das Weibchen unterscheidet sich vom Männchen außer seiner etwas bedeutenderen Größe durch spitzigere Schnauze, stärkeren Leib und lichtere, mehr grauliche Färbung; auch ist die Stirn bei ihm gewöhnlich nicht so tief herab mit Stacheln besetzt, und der Kopf erscheint hierdurch etwas länger. An den meisten Orten unterscheiden die Leute zwei Abarten des Igels: den Hundsigel, welcher eine stumpfere Schnauze, dunklere Färbung und geringere Größe haben soll, und den Schweinsigel, dessen hauptsächlichste Kennzeichen in der spitzigeren Schnauze, der helleren Färbung und der bedeutenderen Größe liegen sollen. Diese Unterschiede beruhen offenbar bloß auf zufälligen Eigenthümlichkeiten; auch sind die Ansichten der so fein unterscheidenden naturkundigen Alleswisser keineswegs dieselben, und wenn man der Sache genau auf den Grund geht, wird man regelmäßig mit geheimnisvollen Bemerkungen abgespeist, aus denen, trotz aller Bemühungen, kein Sinn zu entnehmen ist. »Ich erinnere mich noch sehr wohl«, sagt Vogt, »daß mir die Bauern in der Wetterau, in dem Geburtsdorfe meines Vaters, wo wir gewöhnlich die Ferien zubrachten, mit Abscheu von den Franzosen erzählten, sie hätten sogar Hundsigel am Spieße gebraten und mit großer Befriedigung verzehrt. Wir suchten damals alle Igel zusammen, deren wir habhaft werden konnten, um den Unterschied kennen zu lernen: der alte Bauer aber, welcher unser Orakel war, erklärte sie insgesammt für uneßbare Hundsigel und fügte endlich mit boshaftem Lächeln hinzu, daß die Schweinsigel wohl viel eher an anderen Orten als im Felde zu finden seien.«

Das Verbreitungsgebiet des Igels erstreckt sich nicht bloß über ganz Europa, mit Ausnahme der kältesten Länder, sondern auch über den größten Theil von Nordasien: man findet ihn in Syrien wie in West- und Südostsibirien, und zwar in einem Zustande, welcher von großer Behäbigkeit zeigt; denn er erlangt dort wie in der Krim eine viel bedeutendere Größe als bei uns. In den europäischen Alpen kommt er bis über 2000 Meter über dem Meere vor, im Kaukasus steigt er noch um tausend Meter höher empor. Er findet sich ebensowohl in flachen wie in bergigen Gegenden, in Wäldern, Auen, Feldern, Gärten, und ist in ganz Deutschland eigentlich nirgends selten, aber auch nirgends häufig. Laubholz mit dichtem Gebüsch oder faule, an der Wurzel ausgehöhlte Bäume, Hecken in Gärten, Haufen von Mist und Laub, Löcher in Umhegungsmauern, kurz Orte, welche ihm Schlupfwinkel gewähren, wissen ihn zu fesseln, und hier darf man auch mit ziemlicher Sicherheit darauf rechnen, ihn jahraus jahrein zu finden. Will man ihn hegen und pflegen, so muß man sein hauptsächlichstes Augenmerk auf Anlegung derartiger Zufluchtsorte richten. »Früher«, sagt Lenz, »hatte ich in meinem Garten mit Stroh gefüllte, in Abtheilungen gebrachte und mit niederen Gängen versehene Häuschen für die Igel, stellte ihnen auch Milch zum Trinken hin und kaufte zu ihrer Vermehrung neue. Sie zogen aber meinen Zaun und noch mehr einen großen, aus Reisich und Dornen aufgebauten Haufen vor, und durch das Anschaffen neuer brachte ich gar keine Vermehrung zu Stande, wahrscheinlich weil sie, ihre Heimat suchend, entflohen. Später habe ich in dem genannten Garten ein zweihundert Schritt langes Wäldchen angelegt, dessen Buschwerk dicht in einander schließt und wo alle geringen Lücken jährlich mit Dornen beworfen werden, so daß sich weder ein Mensch, noch ein Hund darin herumtreiben kann. Hier steht eine Anzahl Kästchen, welche unten und an einer Seite offen sind und den Igeln eine gute Winterherberge geben. Dieses Wäldchen behagt ihnen gar sehr, und neben ihnen tummeln sich Drosseln, Rothkehlchen, Zaunkönige, Goldammern und Grasmücken lustig herum. Ich möchte anrathen, da, wo es angeht, ähnliche Schlupfwinkel für den unschuldig Geächteten anzulegen. Aus dem folgenden mag hervorgehen, warum.

Der Igel ist ein drolliger Kauz und dabei ein guter, furchtsamer Gesell, welcher sich ehrlich und redlich, unter Mühe und Arbeit durchs Leben schlägt. Wenig zum Gesellschafter geeignet, findet er sich fast stets allein oder höchstens in Gemeinschaft mit seinem Weibchen. Unter den dichtesten Gebüschen, unter Reisichhaufen oder in Hecken hat sich jeder einzeln sein Lager aufgeschlagen und möglichst bequem zurechtgemacht. Es ist ein großes Nest aus Blättern, Stroh und Heu, welches in einer Höhle oder unter dichtem Gezweige angelegt wird. Fehlt es an einer schon vorhandenen Höhle, so gräbt er sich mit vieler Arbeit eine eigne Wohnung und füttert diese aus. Sie reicht etwa 30 Centim. tief in die Erde und ist mit zwei Ausgängen versehen, von denen der eine in der Regel nach Mittag, der andere gegen Mitternacht gelegt ist. Allein diese Thüren verändert er wie das Eichhorn, zumal bei heftigem Nord- oder Südwinde. In hohem Getreide gräbt er sich selten eine Höhle, sondern macht sich bloß ein großes Nest. Die Wohnung des Weibchens ist fast immer nicht weit von der des Männchens, gewöhnlich in einem und demselben Garten. Es kommt wohl auch vor, daß beide Igel in der warmen Jahreszeit in ein Nest sich legen; ja zärtliche Igel vermögen es gar nicht, von ihrer Schönen sich zu trennen, und theilen regelmäßig das Lager mit ihr. Dabei spielen sie allerliebst miteinander, nekken und jagen sich gegenseitig, kurz, kosen zusammen, wie Verliebte überhaupt zu thun pflegen. Wenn der Ort ganz sicher ist, sieht man die beiden Gatten wohl auch bei Tage ihre Liebesspiele und Scherze treiben, an halbwegs lauten Orten aber erscheinen sie bloß zur Nachtzeit. Man hört, wie ich oben andeutete, ein Geraschel im Laube und sieht den Igel plötzlich in schnurgerader Richtung weglaufen, trotz der schnell trippelnden Schritte langsam und ziemlich schwerfällig. Dabei schnuppert er mit der Nase wie ein Spürhund auf dem Boden und beriecht jeden Gegenstand, welchen er unterwegs trifft, sehr sorgfältig. Bei solchen Wanderungen trieft ihm beständig Speichel aus Mund und Nase, und man behauptet, daß er den Rückweg nach seiner Wohnung durch das Wittern dieser Flüssigkeit wieder auffinde. Ich glaube nicht daran, weil ich die große Ortskenntnis des Thieres oft bemerken konnte. Hört unser Stachelheld auf seinem Wege etwas verdächtiges, so bleibt er stehen, lauscht und wittert, und man sieht dabei recht deutlich, daß der Sinn des Geruchs bei weitem der schärfste ist, zumal im Vergleiche zum Gesicht. Nicht selten kommt es vor, daß ein Igel dem Jäger auf dem Anstande geradezu bis vor die Füße läuft, dann aber plötzlich stutzt, schnüffelt und nun eiligst Reißaus nimmt, falls er nicht vorzieht, sogleich seine Schutz- und Trutzwaffe zu gebrauchen, nämlich zur Kugel sich zusammenzuballen. Von der früheren Gestalt des Thieres bemerkt man sodann nichts mehr; es bildet jetzt vielmehr einen eiförmigen Klumpen, welcher an einer Seite eine Vertiefung zeigt, sonst aber ringsum ziemlich regelmäßig gerundet ist. Die Vertiefung führt nach dem Bauche zu, und in ihr liegen dicht an denselben gedrückt die Schnauze, die vier Beine und der kurze Stummelschwanz. Zwischen den Stacheln hindurch hat die Luft ungehinderten Zutritt, und somit wird es dem Igel leicht, selbst bei längerem Aushalten in seiner Stellung zu athmen. Diese Zusammenrollung verursacht ihm keine Anstrengung; denn Hautmuskeln, welche dieselbe bewirken, sind bei ihm in einer Weise ausgebildet wie bei keinem anderen Thiere und wirken gemeinschaftlich mit solcher Kraft, daß ein an den Händen gehörig geschützter Mann kaum im Stande ist, den zusammengekugelten Igel gewaltsam aufzurollen. Einem solchen Unternehmen bieten nun auch die Stacheln empfindliche Hindernisse. Während bei der ruhigen Bewegung des Thieres das Stachelkleid hübsch glatt aussieht und die tausend Spitzen, im ganzen dachziegelartig geordnet, glatt übereinander liegen, sträuben sie sich, sobald der Igel die Kugelform annimmt, nach allen Seiten hin und lassen ihn jetzt als eine furchtbare Stachelkugel erscheinen. Einem einigermaßen Geübten wird es gleichwohl nicht schwer, auch dann noch einen Igel in den Händen fortzutragen. Man setzt die Kugel in die Lage, welche das Thier beim Gehen einnehmen würde, streicht von vorn nach hinten leise die Stacheln zurück und wird nun nicht im mindesten von ihnen belästigt. Will man sich einen Spaß machen, so setzt man den Igel auf einen Gartentisch und sich still daneben, um das Aufrollen zu beobachten. Nicht leichter kann man eine größere Abwechselung in den Gesichtszügen wahrnehmen, als sie jetzt stattfindet. Obgleich der Geist natürlich sehr wenig mit diesen Veränderungen des Gesichtsausdrucks zu thun hat, sieht es doch so aus, als durchliefen das Igelgesicht in kürzester Zeit alle Ausdrücke von dem finstersten Unmuthe an bis zur größten Heiterkeit. Falls man sich ruhig verhält, denkt der zusammengerollte Igel nach geraumer Zeit daran, sich wieder auf den Weg zu machen. Ein eigenthümliches Zucken des Felles verkündet den Anfang seiner Bewegung. Leise schiebt er den vorderen und hinteren Theil des Stachelpanzers auseinander, setzt die Füße vorsichtig auf den Boden und streckt sachte das Schweineschnäuzchen vor. Noch ist die Kopfhaut dick gefaltet, und finsterer Zorn scheint auf seiner niederen Stirne sich auszudrücken; selbst das so harmlose Auge liegt unter buschigen Brauen tief versteckt. Mehr und mehr glättet sich das Gesicht, weiter und weiter wird die Nase vorgeschoben, weiter und weiter der Panzer zurückgedrückt, endlich hat man auf einmal das gemüthliche Gesicht in seiner gewöhnlichen, behäbigen oder harmlosen Ruhe vor sich, und in diesem Augenblicke beginnt auch der Igel seine Wanderung, gerade so, als ob es für ihn niemals eine Gefahr gegeben hätte. Stört man ihn jetzt zum zweiten Male, so rollt er sich blitzschnell wieder zusammen und bleibt etwas länger als das vorige Mal gekugelt. Sehr hübsch sieht es aus, wenn man von Zeit zu Zeit einen abgebrochenen, kurzen Ruf ausstößt. Der Laut berührt den Igel wie ein elektrischer Schlag; er zuckt bei jedem zusammen, auch wenn man ihm zehnmal in der Minute zuruft. Der bereits ganz an den Menschen gewöhnte Igel macht es geradeso, selbst wenn er eben beim Ausleeren einer Milchschüssel sein sollte. Wiederholt man aber die Neckerei, so kriegt er das Ding endlich satt und rollt sich entweder für eine ganze Viertelstunde lang zusammen, oder aber – gar nicht mehr, gerade als wisse er, daß man ihn doch nur foppen wolle. Anders ist es freilich, wenn man sein Ohr mit gellenden Tönen beleidigt. Ein Igel, vor dessen Ohr man mit einem Glöckchen klingelt, zuckt fort und fort bei jedem Schlage gleichsam krampfhaft zusammen. Klingelt man nah bei einem Ohre, so zuckt er seinen Panzer auf der betreffenden Seite herab, bei größerer Entfernung zieht er die Stirnhaut gerade nach vorn. Immer erfolgt dieses Zucken in demselben Augenblicke, in welchem der Klang laut wird; man kann ihn ganz nach Belieben sich verneigen lassen. Wenn ihn einer seiner Hauptfeinde, ein Hund oder ein Fuchs aufstöbert, kugelt er sich eiligst ein und bleibt unter allen Umständen in seiner Lage.

Er merkt an dem wüthenden Bellen oder Knurren der Verfolger, daß sie ihm in ernster Absicht zu Leibe gehen, und hütet sich wohl, irgend eines seiner anererbten Vorrechte sich zu entäußern. Mittel gibt es freilich noch genug, den Igel augenblicklich dahin zu bringen, daß er seine Kugelgestalt aufgibt. Wenn man ihn mit Wasser begießt oder in das Wasser wirft, rollt er sich sofort auf: das weiß nicht bloß der Schelm Reinecke, sondern auch mancher Hund zum Nachtheile unseres Thieres anzuwenden. Auch Tabaksrauch, den man ihm zwischen den Stacheln durch in die Nase bläst, bewirkt dasselbe; denn seinem empfindlichen Geruchswerkzeuge ist der Rauch etwas ganz entsetzliches: er wird förmlich berauscht von ihm, streckt sich augenblicklich, hebt die Nase hoch auf und taumelt wankenden Schrittes davon, bis ihn einige Züge reiner, frischer Luft wieder einigermaßen erquickt haben. In seiner Zusammenkugelung besteht die einzige ihm mögliche Abwehr gegen Gefahren, denen er ausgesetzt ist. Auch wenn er, wie es bei dem täppischen Gesellen häufig vorkommt, einmal einen Fehltritt thut, über eine hohe Gartenmauer herunterfällt oder plötzlich an einem steilen Abhange ins Rollen kommt, kugelt er sich augenblicklich zusammen und stürzt jetzt mit erstaunlicher Schnelligkeit den Abhang oder die Mauer hinab, ohne sich im geringsten weh zu thun. Man hat beobachtet, daß er von mehr als sechs Meter hohen Wallmauern herabgefallen ist, ohne sich zu schaden.

Der Igel ist keineswegs ein ungeschickter und tölpischer Jäger, sondern versteht Jagdkunststücke auszuführen, welche man nimmermehr ihm zutrauen möchte. Allerdings besteht die Hauptmasse seiner Nahrung aus Kerbthieren, und eben hierdurch wird er so nützlich. Allein er begnügt sich nicht mit solcher, so wenig nährenden Kost, sondern erklärt auch anderen Thieren den Krieg. Kein einziger der kleinen Säuger oder Vögel ist vor ihm sicher, und unter den niederen Thieren haust er in arger Weise. Außer der Unmasse von Heuschrecken, Grillen, Küchenschaben, Mai- und Mistkäfern, anderen Käfern aller Art und deren Larven, verzehrt er Regenwürmer, Nacktschnecken, Wald- oder Feldmäuse, kleine Vögel und selbst Junge von großen. Man sollte nicht denken, daß er wirklich im Stande wäre, die kleinen, behenden Mäuse zu fangen; aber er versteht sein Handwerk und bringt selbst das unglaublich scheinende fertig. Ich habe ihn einmal bei seinem Mäusefang beobachtet und mich über seine Pfiffigkeit billig gewundert. Er strich im Frühjahre im niederen Getreide hin und blieb plötzlich vor einem Mäuseloche stehen, schnupperte und schnüffelte daran herum, wendete sich langsam hin und her und schien sich endlich überzeugt zu haben, auf welcher Seite die Maus ihren Sitz hatte. Da kam ihm nun sein Rüssel vortrefflich zu statten. Mit großer Schnelligkeit wühlte er den Gang der Maus auf und holte sie so auch wirklich nach kurzer Zeit ein; denn ein Quieken von Seiten der Maus und behagliches Murmeln von Seiten des Igels bewies, daß dieser sein Opfer gefaßt hatte. Nun wurde mir freilich sein Mausefang klar; wie er es aber anstellt, in Scheunen und Ställen das behende Wild zu übertölpeln, erfuhr ich erst neuerdings durch meinen Freund Albrecht. Beim Umherlaufen im Zimmer wurde ein von diesem Beobachter gepflegter Igel plötzlich eine naseweise Maus gewahr, welche sich aus ihrem Loche hervorgewagt hatte. Mit unglaublicher Schnelligkeit, obschon mit einem gewissen Ungeschick, schoß er auf dieselbe los und packte sie, bevor sie Zeit hatte, zu entrinnen. »Die fabelhaft flotte Bewegung des anscheinend so plumpen Thieres, welche ich später noch öfters beobachtete«, schreibt mir mein Freund, »brachte mich stets zum Lachen; ich weiß sie mit nichts richtig zu vergleichen. Fast war es wie ein abgeschossener Pfeil von Rohr, welcher vom Winde rechts und links getrieben wird, aber trotzdem wieder an die rechte Bahn kommt.«

Weit bedeutsamer als solche Räubereien sind die Gefechte, welche er den Schlangen liefert. Er beweist dabei einen Muth, den man ihm nicht zutrauen sollte. Lenz hat hierüber vortreffliche Beobachtungen gemacht. »Am 24. August«, berichtet er, »that ich einen Igel in eine große Kiste, in welcher er zwei Tage später sechs mit kleinen Stacheln versehene Junge gebar, welche er fortan mit treuer Mutterliebe pflegte. Ich bot ihm, um seinen Appetit zu prüfen, recht verschiedenartige Nahrung an und fand, daß er Käfer, Regenwürmer, Frösche, selbst Kröten, diese jedoch nicht so gern, Blindschleichen und Ringelnattern mit großem Behagen verzehrte. Mäuse waren ihm das allerliebste; Obst aber fraß er nur dann, wenn er keine Thiere hatte, und da ich ihm einst zwei Tage gar nichts als Obst gab, fraß er so spärlich, daß zwei seiner Jungen aus Mangel an Milch verhungerten. Hohen Muth zeigte er auch gegen gefährliche Thiere. So ließ ich einmal acht tüchtige Hamster in seine Kiste, bekanntlich bitterböse Thiere, mit denen nicht zu spaßen ist. Kaum hatte er die neuen Gäste gerochen, als er zornig seine Stacheln sträubte und, die Nase tief am Boden hinziehend, einen Angriff auf den nächsten unternahm. Dabei ließ er ein eignes Trommeln, gleichsam den Schlachtmarsch, ertönen, und seine gesträubten Kopfstacheln bildeten zum Schutz und Trutz einen Helm. Was half es dem Hamster, daß er fauchend auf den Igel biß: er verwundete sich nur den Rachen an den Stacheln, so daß er von Blut triefte, und bekam dabei soviel Stöße vom Stachelhelm in die Rippen und soviel Bisse in die Beine, daß er erlegen wäre, wenn ich ihn nicht entfernt hätte. Nun wandte sich der Stachelheld auch gegen die anderen Feinde und bearbeitete sie ebenso kräftig, bis ich sie entfernte.

Doch wir gehen zur Hauptsache über und folgen unserem Helden zum Otternkampfe. Staunend über seine Thaten, müssen wir zugestehen, daß wir nicht den Muth haben, ihm es nachzuthun. Am 30. August ließ ich eine große Kreuzotter in die Kiste des Igels, während er seine Jungen ruhig säugte. Ich hatte mich im voraus davon überzeugt, daß diese Otter an Gift keinen Mangel litt, da sie zwei Tage vorher eine Maus sehr schnell getödtet hatte. Der Igel roch sie sehr bald (er folgt nie dem Gesicht, sondern immer dem Geruch), erhob sich von seinem Lager, tappte unbehutsam bei ihr herum, beroch sie, weil sie ausgestreckt dalag, vom Schwanze bis zum Kopfe und beschnupperte vorzüglich den Rachen. Sie begann zu zischen und biß ihn mehrmals in die Schnauze und in die Lippen. Ihrer Ohnmacht spottend, leckte er sich, ohne zu weichen, behaglich die Wunde und bekam dabei einen derben Biß in die herausgestreckte Zunge. Ohne sich beirren zu lassen, fuhr er fort, das wüthende und immer wieder beißende Thier zu beschnuppern, berührte sie auch öfter mit der Zunge, aber ohne anzubeißen. Endlich packte er schnell ihren Kopf, zermalmte ihn, trotz ihres Sträubens, sammt Giftzähnen und Giftdrüsen zwischen seinen Zähnen und fraß dann weiter bis zur Mitte des Leibes. Jetzt hörte er auf und lagerte sich wieder zu seinen Jungen, die er säugte. Abends fraß er das noch übrige und eine junge, frischgeborene Kreuzotter. Am folgenden Tage fraß er wieder drei frischgeborene Ottern und befand sich nebst seinen Jungen sehr wohl. Auch war an den Wunden weder eine Geschwulst noch sonst derartiges zu sehen.

Am 1. September ging es wieder zur Schlacht. Er näherte sich, wie früher, der Otter, beschnupperte sie und bekam mehrere Bisse ins Gesicht, in die Borsten und Stacheln. Während er so schnupperte, besann sich die Otter, welche sich bis jetzt vergeblich bemüht und auch tüchtig an seinen Stacheln gestochen hatte, und suchte sich aus dem Staube zu machen. Sie kroch in der Kiste umher; der Igel folgte ihr schnuppernd nach und erhielt, so oft er ihrem Kopfe nahe kam, tüchtige Bisse. Endlich hatte er sie in der Ecke, wo seine Jungen lagen, ganz in der Enge; sie sperrte den Rachen mit gehobenen Giftzähnen weit auf, er wich nicht zurück, sie fuhr zu und biß so heftig in seine Oberlippe, daß sie eine Zeitlang hängen blieb. Er schüttelte sie ab, sie kroch weg, er wieder nach, und dabei bekam er wieder einige Bisse. Dies hatte wohl zwölf Minuten gedauert; ich hatte zehn Bisse gezählt, welche er in die Schnauze erhalten, und zwanzig, welche seine Borsten oder die Luft getroffen hatten. Ihr Rachen, von den Stacheln verletzt, war vom Blute geröthet. Er faßte jetzt ihren Kopf mit den Zähnen, aber sie riß sich wieder los und kroch weg. Ich hob sie nun am Schwanze heraus, packte sie hinter dem Kopfe und sah, da sie sogleich den Rachen aufsperrte, um mich zu beißen, daß ihre Giftzähne noch in gutem Stande waren. Als ich sie wieder hineingeworfen, ergriff er ihren Kopf nochmals mit den Zähnen, zerknirschte ihn und fraß ihn dann langsam, ohne sich viel um ihr Krümmen und Winden zu kümmern, auf, worauf er zu seinen Jungen eilte und sie säugte. Alte und Junge blieben gesund, und keine Spuren von üblen Folgen waren zu sehen.

Seitdem hat der Igel oftmals mit demselben Erfolge gekämpft, und immer zeigte es sich, daß er den Kopf jedesmal zuerst zermalmte, während er dies bei giftlosen Schlangen ganz und gar nicht berücksichtigte. Was von der Mahlzeit übrig blieb, trug er gern in sein Nest und verspeiste es dann zu gelegnerer Zeit.«

Diese Beobachtungen sind unzweifelhaft in jeder Hinsicht merkwürdig. Nach physiologischen Gesetzen läßt es sich nicht einsehen, wie ein warmblütiges Thier so ruhig Bisse aushalten kann, deren Wirkung bei anderen seiner Klasse sogleich Zersetzung des Blutes hervorruft und dadurch den Tod nach sich zieht. Man muß nur bedenken, daß der Biß einer Kreuzotter Säugethiere tödtet, welche wenigstens die dreißigfache Größe und das dreißigfache Gewicht des Igels haben, anscheinend also auch weit stärker sein müßten, als er es ist. Aber unser Stachelheld scheint wirklich giftfest zu sein; denn er verzehrt nicht bloß Giftschlangen, deren Gift bekanntlich nur dann schadet, wenn es unmittelbar in das Blut übergeführt wird, sondern auch Thiere, welche dann giftig wirken, wenn sie in den Magen kommen, wie z. B. die allbekannten spanischen Fliegen, deren Leib ja schon auf der äußeren Haut heftige Entzündungen hervorruft, und deren Genuß anderen Thieren unfehlbar den Tod bringen würde.

Der geringe Schaden, welchen der Igel anrichtet, kann gegenüber dem von ihm gebrachten Nutzen kaum in Betracht kommen, zumal jener noch keineswegs genügend erwiesen ist. Man behauptet, daß der Igel leidenschaftlich gern Hühnereier fresse und diese nicht nur sehr geschickt aufzufinden verstehe, sondern auch höchst pfiffig ausschlürfe, ohne von ihrem Inhalt etwas zu verschütten; denn man will gesehen haben, daß er das Ei vorsichtig auf den Boden lege, mit seinen Vorderbeinen halte, eine kleine Öffnung durch die Schale beiße und den Inhalt sodann bedächtig auslecke. Außerdem geben ihm Hühnerzüchter schuld, daß er, wenn er zu gelegener Zeit in einen Hühnerstall kommen könne, unter dem Hausgeflügel Schaden anrichte, und Einer will sogar einen Igel gefunden haben, welcher fünfzehn Hühner in einer Nacht umgebracht und eine davon gefressen haben soll. Der Beweis für die Wahrheit dieser Angabe ist nicht stichhaltig. Nachdem nämlich der Eigenthümer den Schaden gemerkt hatte, legte er rings um den Stall Tellereisen, und am folgenden Morgen fand man drei Igel in diesen Fallen, welche nun die Missethat irgend eines schlauen Marders auf sich nehmen mußten; denn jedenfalls war letzterer der Urheber jener Schandthat gewesen, welche jetzt den wahrscheinlich auf Mäusefang umherstreifenden, ungeschickt genug in die Falle tappenden Igeln zur Last gelegt wurde. Daß unser Stachelritter ein Küchlein verzehrt oder selbst ein erwachsenes Huhn, ein Kaninchen und sonst ein anderes kleines Thier abzuwürgen vermag, wenn er es erlangen kann, auch gute Lust zeigt, gelegentlich solche Beute zu machen, soll nicht in Abrede gestellt werden. Erst vor kurzem empfing ich von Becker, einem ostfriesischen Arzte, Bericht über einen Igel, welcher am hellen Tage einer Schar von erwachsenen Hühnern in eiligem, schnurgeraden Laufe nachjagte. Aber die Hühner bekundeten nicht eben Angst vor diesem Feinde. »Wenn der Igel«, sagt Becker, »die ersehnte Beute fast erreicht hatte, flog die betreffende Henne gackernd in die Höhe, und der borstige Held kollerte dann jedesmal vier bis fünf Schritte über sein Ziel hinaus, was unendlich komisch aussah. Unter Ausstoßung eines Lautes, welchen ich am besten mit dem Schnarren einer Kindertrompete vergleichen möchte, raffte sich der geprellte Igel ärgerlich wieder auf, um die Verfolgung fortzusetzen,

*Erinaceus europaeus*
ERINACEIDAE

und trieb so die Hühner durch den ganzen, großen Garten. Der Hahn, an welchen jener sich übrigens niemals wagte, schien in den mindestens zwanzigmal wiederholten Angriffen des beutesüchtigen Räubers etwas besonders gefährliches nicht zu sehen; er warnte seine Schutzbefohlenen zwar von Zeit zu Zeit, unternahm jedoch sonst nichts gegen den Ruhestörer.« Ein Räuber also ist der Igel freilich, aber durchaus kein schädlicher gegenüber den von uns gepflegten und gehegten Thieren.

Die Paarzeit des Igels währt von Ende März bis zu Anfang Juni. Auch er zeigt sich, wenn er mit seinem Weibchen zusammen ist, sehr erregt. Er spielt nicht nur mit seiner Gattin, sondern stößt außerdem Laute aus, welche man sonst nur bei der größten Aufregung vernimmt. Ein dumpfes Gemurmel oder heiser quiekende Laute oder auch ein helles Schnalzen scheint behagliche Stimmung auszudrücken, während ein eigenthümliches Trommeln, wie der Dachs es hören läßt, ein Zeichen von gestörter Gemüthlichkeit, Wuth oder Angst ist. Alle diese Laute werden aber gerade bei der Paarungszeit vernommen; denn der Igel hat ebenfalls seine Noth, um ein Weib an sich zu fesseln. Unberufene Nebenbuhler drängen sich auch in sein Gehege und machen ihm den Kopf warm, zumal sein Weibchen sich keineswegs in den Schranken einer gebührenden Treue hält. Sieben Wochen nach der Paarung wirft letzteres seine drei bis sechs, in seltenen Fällen wohl auch acht, blinden Jungen in einem besonders hierzu errichteten, schönen, großen und gut ausgefütterten Lager unter dichten Hecken, Zäunen, Laub- und Mooshaufen oder in Getreidefeldern. Die neugeborenen Igelchen sind etwa 6,5 Centim. lang, sehen anfangs weiß aus und erscheinen fast ganz nackt, da die Stacheln erst später zum Vorschein kommen. Daß sie schon bei der Geburt vorhanden sind, hat Lenz bei den Igeln gesehen, welche in seinem Zimmer geboren wurden. »Die Sache«, sagt er, »gibt auch bei der Geburt gar keinen Anstoß. Die Stacheln stehen auf einer sehr weichen, federnden Unterlage; der Rücken ist noch ganz zart, und jeder Stachel, den man z. B. mit dem Finger berührt, sticht Einen gar nicht, sondern drückt sich rückwärts in den weichen Rücken, aus dem er jedoch gleich wieder hervorkommt, sobald man die Fingerspitze wegthut. Nur wenn man den Stachel von der Seite mit dem Nagel oder mit einem eisernen Zängelchen faßt, fühlt man, daß er hart ist. Da nun die Thierchen gewöhnlich mit dem Kopfe vorweg geboren werden und die Stacheln etwas nach hinten gerichtet sind, ist an eine Verletzung der Alten nicht zu denken.«

Um das Maul haben die Neugebornen Borsten, im übrigen sind sie unbehaart und ihre Augen und Ohren geschlossen. Schon binnen den ersten vierundzwanzig Stunden treten die Stacheln auf eine Länge von 9 Millim. hervor. Anfangs sind sie ganz weiß, nach einem Monate aber hat der junge Igel ganz die Farbe des alten. Dann frißt er schon allein, obgleich er auch noch saugt. Erst ziemlich spät erlangt er die Fertigkeit, sich zusammenzurollen und die Kopfhaut bis gegen die Schnauze herabzuziehen. Die Mutter trägt schon frühzeitig Regenwürmer und Nacktschnecken sowie abgefallenes Obst als Nahrung in das Lager und führt die kleine Brut später wohl auch abends mit sich aus. Im Freileben beweist sie sich gegen ihre Jungen jedenfalls zärtlicher als in der Gefangenschaft; denn hier frißt sie, wie ich zu meinem Befremden erfahren mußte, zuweilen die ganze Schar ihrer Kinder mit der ihr überhaupt eignen Seelenruhe auf, der reichlichsten und leckersten Speise ungeachtet!

Gegen den Herbst hin sind die jungen Igel soweit erwachsen, daß sich jeder einzelne selbst seine Nahrung aufsuchen kann, und ehe noch die kalten Tage kommen, hat jeder sich ein Schmerbäuchlein angelegt und denkt jetzt, wie die Alten, daran, sich seine Winterwohnung herzurichten. Diese ist ein großer, wirrer, aus Stroh, Heu, Laub und Moos bestehender, im Innern aber sehr sorgfältig ausgefütterter Haufen. Die Stoffe trägt der Igel auf seinem Rücken nach Hause und zwar auf sehr sonderbare Weise. Er wälzt sich nämlich in dem Laube herum, dort, wo es am dichtesten liegt, und spießt sich hierdurch eine Ladung auf die Stacheln, welche ihm dann ein ganz großartiges Ansehen verleiht. In ähnlicher Weise schafft er auch Obst nach Hause. Man hat dies oft bezweifelt, Lenz aber hat es gesehen, und einem solchen Beobachter gegenüber wäre fernerer Zweifel ein Frevel, dessen wir uns nicht schuldig machen wollen.

Mit Eintritt des ersten, starken Frostes vergräbt sich der Igel tief in sein Lager und bringt hier die kalte Winterzeit in einem ununterbrochenen Winterschlafe zu. Die Fühllosigkeit des Thieres, welche schon, wenn es am regsten sich bewegt, bedeutend ist, steigert sich jetzt noch in merkwürdiger Weise. Nur wenn man ihm sehr arg mitspielt, erwacht es, wankt ein wenig hin und her und fällt dann augenblicklich wieder in seinen Todtenschlaf zurück. Der Winterschlaf währt gewöhnlich bis zum März.

Die jungen Igel sind im ersten Jahre noch nicht fortpflanzungsfähig, sondern treiben sich während des ganzen nächsten Sommers einzeln umher. Im zweiten Lebensjahre aber paaren sie sich und leben in lockerem Verbande mit ihren Weibchen bis zum Winter, wo dann jeder abgesondert für sich ein Lager bezieht. Unter günstigen Verhältnissen dürfte der freilebende Igel sein Alter auf acht bis zehn Jahre bringen.

Um einen Igel zu zähmen, braucht man ihn bloß wegzunehmen und an einen ihm passenden Ort zu bringen. Hier gewöhnt er sich bald ein und verliert in kürzester Zeit alle Scheu vor dem Menschen. Nahrung nimmt er ohne weiteres zu sich, sucht auch selbst in Haus und Hof oder noch mehr in Scheunen und Schuppen nach solchen umher. Tschudi bezweifelt zwar, daß er zum Mäusefang gebraucht werden kann, weil er einen Igel besaß, welcher mit einer Maus zugleich aus einer Schüssel fraß. Dies beweist jedoch nichts, da zahlreiche Beobachtungen dargethan haben, daß der Igel ein ganz tüchtiger Mäusejäger ist. In manchen Gegenden wird er zu diesem Geschäft gerade sehr gesucht und namentlich in Niederlagen verwendet, in denen man keine Katze halten mag, weil diese oft die üble Gewohnheit hat, mit ihrem stinkenden Harn kostbare Zeuge zu verderben. Auch ich habe Igel im Käfige gehalten, welche tagelang mit Mäusen zusammenlebten und mit ihnen Semmelmilch fraßen; schließlich fiel es ihnen aber doch ein, ihre Kameraden abzuwürgen und zu verspeisen. Zur Vertilgung lästiger Kerbthiere, zumal zum Aufzehren der häßlichen Küchenschaben, eignet sich der Igel vortrefflich, liegt seinem Geschäfte auch mit größtem Eifer ob. Wenn er nur einigermaßen freundlich und verständig behandelt wird, und für ein verborgenes Schlupfwinkelchen gesorgt worden ist, verursacht die Gefangenschaft ihm durchaus keinen Kummer.

»Ein Igel«, erzählt Wood, »welcher einige Jahre in unserem Hause lebte, mußte ein wirkliches Nomadenleben führen, weil er beständig von unseren Freunden zur Vertilgung von Küchenschaben entliehen wurde und so ohne Unterlaß von einem Hause zum anderen wanderte. Das Thier war bewundernswürdig zahm, und kam selbst bei hellem lichten Tage, um seine Milchsemmeln zu verzehren. Nicht selten unternahm er kleine Lustwanderungen im Garten, steckte hier, nach Nahrung spürend, seine scharfe Nase in jedes Loch, in jeden Winkel oder drehte jedes abgefallene Blatt auf seinem Wege um. Sobald er einen fremden Fußtritt hörte, kugelte er sich sofort zusammen und verharrte mehrere Minuten in dieser Lage, bis die Gefahr vorüber schien. Vor uns fürchtete er sich bald nicht im geringsten mehr und lief auch in unserer Gegenwart ruhig auf und nieder. Wahrscheinlich würde das hübsche Thier noch länger gelebt haben, hätte nicht ein unvorhergesehener Zufall ihm sein Leben genommen. In dem Gartenschuppen wurden nämlich stets eine große Menge von Bohnenstangen aufbewahrt und gewöhnlich sehr liederlich übereinander geworfen. Der hierdurch entstehende Reisichhaufen übte auf unseren Igel eine besondere Anziehungskraft. Wir durften, wenn er einige Tage verschwunden war, sicher darauf rechnen, ihn dort zu finden. Als wir ihn eines Morgens ebenfalls suchten, fanden wir den armen Burschen an der Gabel einer Stange erhängt. Er hatte wahrscheinlich auf den Haufen klettern wollen, war aber heruntergefallen, zwischen die Gabel eingepreßt worden, und hatte sich nicht befreien können. Der Kummer über diesen Verlust war groß, und niemals haben wir wieder einen so gemüthlichen Hausgenossen gehabt als ihn.«

Unangenehm wird der im Hause gehaltene Igel durch sein langweiliges Gepolter bei Nacht. Sein täppisches Wesen zeigt sich bei seinen Streifereien wie bei jeder Bewegung. Von dem geisterhaften Gange der Katzen bemerkt man bei ihm nichts. Auch ist er ein unreinlicher Gesell, und der widrige, bisamähnliche Geruch, den er verbreitet, keineswegs angenehm. Dagegen erfreut er wieder durch seine Drolligkeit. Leicht gewöhnt er sich an die allerverschiedenartigste Nahrung und ebenso an ganz verschiedenartige Getränke. Milch liebt er ganz besonders, verschmäht aber auch geistige Getränke nicht und thut nicht selten hierin des Guten zu viel. Dr. Ball erzählt von seinen gefangenen Igeln mancherlei lustige Dinge, unter anderen auch, daß er dieselben mehr als einmal in Rausch versetzte. Er gab einem starken Wein oder Branntwein zu trinken, und der Igel nahm davon solche Mengen zu sich, daß er sehr bald vollkommen betrunken wurde. Ein frisch gefangener Igel soll nach dem ersten Rausche, den er gehabt, augenblicklich zahm geworden sein, und der genannte Beobachter hat deshalb späterhin alle seine Igel zunächst mit süßem Branntwein, Rum oder Wein bewirtet. »Mein stacheliger Freund«, sagt er, »benahm sich ganz wie ein trunkener Mensch. Er war vollkommen von Sinnen, und sein sonst so dunkles, aber harmloses Auge bekam einen eigenthümlichen, unsicheren Blick und einen merkwürdigen Glanz, kurz, ganz und gar den Ausdruck, welchen man bei Trunkenen überhaupt wahrnimmt. Er stolperte, ohne uns im geringsten zu beachten, in der merkwürdigsten und lächerlichsten Weise, wankte, fiel bald auf diese, bald auf jene Seite und geberdete sich in einer Weise, als wollte er sagen: geht mir nur Alle aus dem Wege, denn ich brauche heute viel Platz. Mehr und mehr nahm dann seine Hülflosigkeit überhand; er wankte häufiger, fiel öfter und war schließlich so vollkommen betrunken, daß er alles über sich ergehen ließ. Wir konnten ihn hin- und herdrehen, seinen Mund aufmachen, ihn an den Haaren zupfen, er rührte sich nicht. Nach zwölf Stunden sahen wir ihn wieder umherlaufen. Er war vollkommen gebändigt, und seine Stacheln blieben jetzt, wenn wir uns ihm näherten, stets in schönster Ordnung liegen.«

Auch Albrecht hat seinen gefangenen Igel öfters durch Vorsetzen geistiger Getränke in einen Rausch versetzt und ähnliche Beobachtungen gemacht wie Ball.

Der Igel hat außer dem unwissenden, böswilligen Menschen noch viele andere Feinde. Die Hunde hassen ihn aus tiefster Seele und verkünden dies durch ihr anhaltendes, wüthendes Gebell. Sobald sie einen Igel entdeckt haben, versuchen sie alles mögliche, um dem Stachelträger ihren Grimm zu zeigen. Der aber verharrt in seiner leidenden Stellung, solange sich der Hund mit ihm beschäftigt, und überläßt es diesem, sich eine blutige Nase zu holen. Die Wuth des Hundes ist wahrscheinlich größtentheils in dem Ärger begründet, dem Gepanzerten nicht nur nichts anhaben zu können, sondern sich selbst zu schaden. Manche Jagdhunde achten die Stacheln übrigens nicht, wenn sie ihren Grimm an dem Igel auslassen wollen. So besaß ein Freund von mir eine Hühnerhündin, welche alle Igel, die sie auffand, ohne weiteres todt biß. Als mit zunehmendem Alter ihre Zähne stumpf wurden, konnte sie diese Heldenthaten der Jugend nicht mehr vollbringen; ihr Haß blieb aber derselbe, und sie nahm fortan jeden Igel, welchen sie entdeckte, in das Maul, trug ihn nach einer Brücke und warf ihn dort wenigstens noch ins Wasser. Der Fuchs soll, wie versichert wird, dem Igel eifrig nachstellen und ihn auf niederträchtige Weise zum Aufrollen bringen, indem er die Stachelkugel mit seinen Vorderpfoten langsam dem Wasser zuwälzt und sie da hineinwirft oder sie so dreht, daß der Igel auf den Rücken zu liegen kommt, und ihn sodann mit seinem stinkenden Harn bespritzt, worauf sich der arme Geselle verzweifelt aufrollt, im gleichen Augenblicke aber von dem Erzschurken an der Nase gefaßt und getödtet wird. Auf diese Weise gehen viele Igel zu Grunde, zumal in der Jugend. Aber sie haben einen noch gefährlicheren Feind, den Uhu. »Nicht weit von Schnepfenthal«, erzählt Lenz, »steht ein Felsen, der Thorstein, auf dessen Höhe Uhus ihr Wesen zu treiben pflegen. Dort habe ich öfters außer dem Miste und den Federn dieser Eulen auch Igelhäute, und nicht bloß diese, sondern selbst die Stacheln der Igel in den Gewöllen, welche die Uhus ausspeien, gefunden. Wir heben hier eins dieser Gewölle als eine Seltenheit im Kabinet auf, welches fast ganz aus Stacheln des Igels besteht. Die Krallen und der Schnabel des Uhu sind lang und unempfindlich, so daß er mit großer Leichtigkeit durch das Stachelkleid des Igels greifen kann. Vor nicht gar langer Zeit gingen unsere Zöglinge unweit Schnepfenthal bei trübem Wetter spazieren. Da kam ein Uhu angeflogen, welcher einen großen Klumpen in den Füßen hielt. Die Knaben erhoben ein lautes Geschrei, und siehe, der Vogel ließ seine Beute fallen. Es war ein großer, frischblutender, noch lebenswarmer Igel.« Noch mehr Igel, als den genannten Feinden zum Opfer fallen, mögen eine Beute des Winters werden. Die unerfahrenen Jungen wagen sich oft, vom Hunger getrieben, noch im Spätherbste mit der beginnenden Nacht aus ihren Verstecken hervor und erstarren in der Kühle des Morgens. Viele sterben auch während des Winters, wenn ihr Nest dem Sturm und Wetter zu sehr ausgesetzt ist. So geht in manchem Garten oder Wäldchen in einem Winter zuweilen die ganze Brut zu Grunde.

Auch noch nach seinem Tode muß der Igel dem Menschen nützen, wenigstens in manchen Gegenden. Sein Fleisch wird wahrscheinlich bloß von Zigeunern verzehrt, also doch gegessen, und man hat sogar eine eigne Zubereitungsweise erfunden. Der Igel wird von dem wahren Kochkünstler mit einer dicken Lage gut durchgekneteten, klebrigen Lehms überzogen und mit dieser Hülle übers Feuer gebracht, hierauf sorgfältig in gewissen Zeiträumen gedreht und gewendet. Sobald die Lehmschicht trokken und hart geworden ist, nimmt man den Braten vom Feuer, läßt ihn etwas abkühlen und bricht dann die Hülle ab, hierdurch zugleich die sämmtlichen Stacheln, welche in der Erde stecken bleiben, entfernend. Bei dieser Zubereitungsart wird der Saft vollkommen erhalten und ein nach dem Geschmacke der genannten Leute ausgezeichnetes Gericht erzielt. In Spanien wurde er früher, zumal während der Fastenzeit, häufig genossen, weil ihm von den Pfaffen seine Stellung in der Klasse der Säugethiere abgesprochen, und er wer weiß für welches Thier erklärt wurde. Bei den Alten spielte er auch in der Arzneikunde seine Rolle. Man gebrauchte sein Blut, seine Eingeweide, ja selbst seinen Mist als Heilmittel oder brannte das ganze Thier zu Asche und verwendete diese in ähnlicher Weise wie die Hundeasche. Selbst heutzutage wird sein Fett noch als besonders heilkräftig angesehen. Die Stachelhaut benutzten die alten Römer zum Karden ihrer wollenen Tücher, und man trieb deshalb mit Igelhäuten lebhaften Handel, welcher so bedeutenden Gewinn abwarf, daß er durch Senatsbeschlüsse geregelt werden mußte. Außerdem wandte man den Stachelpelz als Hechel an. Heutigen Tags noch sollen manche Landwirte von dem Igelfell Gebrauch machen, wenn sie ein Kalb absetzen wollen, dem noch sauglustigen Thiere nämlich ein Stückchen Igelfell mit den Stacheln auf die Nase binden und es dann der Mutter selbst überlassen, den Säugling, welcher ihr äußerst beschwerlich fällt, von sich abzutreiben und an anderes Futter zu gewöhnen.

# *Der Maulwurf*

Der Maulwurf oder Mull (Talpa europaea) läßt sich mit wenigen Worten beschreiben. Die Leibeslänge beträgt, einschließlich des 2,5 Centim. langen Schwanzes, 15, höchstens 17 Centim. Das Gebiß besteht aus 44 Zähnen; der Leibeswalze stehen die sehr kurzen Beine ziemlich wagerecht ab; die sehr breite, handförmige Pfote kehrt die Fläche, welche bei anderen Thieren die innere ist, immer nach außen und rückwärts. Die kurzen, durch breite Krallen bewehrten, Zehen sind fast vollständig mit einander durch Spannhäute verbunden, ja beinahe verwachsen. An den kleinen und kurzen Hinterfüßen sind die Zehen getrennt. Die Augen haben etwa die Größe eines Mohnkornes, liegen in der Mitte zwischen der Rüsselspitze und den Ohren und sind vollkommen von den Kopfhaaren überdeckt, besitzen aber Lider und können willkürlich hervorgedrückt und zurückgezogen, also benutzt werden. Die kleinen Ohren haben keine äußeren Ohrmuscheln, sondern werden außen bloß von einem kurzen Hautrande umgeben, welcher ebenfalls unter den Haaren verborgen liegt und zur Öffnung und Schließung des Gehörganges dient. Die gleichmäßig schwarze Behaarung ist überall sehr dicht, kurz und weich, sammetartig; auch die glänzenden Schnurren und Augenborsten zeichnen sich durch Kürze und Feinheit aus. Mit Ausnahme der Pfoten, der Sohlen, der Rüsselspitze und des Schwanzendes bedeckt der Pelz den ganzen Körper. Sein bald mehr ins Bräunliche, bald mehr ins Bläuliche oder selbst ins Weißliche schillernder Glanz ist ziemlich lebhaft. Die Augen sind schwarz wie kleine einfarbige Glasperlen. Äußerst selten findet man gelbe und weiße Maulwürfe.

Der Verbreitungskreis des Maulwurfes erstreckt sich über ganz Europa, mit Ausnahme weniger Länder, und reicht noch bis in den östlichen Theil von Nord- und Mittelasien hinüber. Er ist überall gemein und vermehrt sich da, wo man ihm nicht nachstellt, in überraschender Weise.

Von seinem Aufenthalte gibt er selbst sehr bald die sicherste Kunde, da er beständig neue Hügel aufwerfen muß, um leben zu können. Diese Hügel bezeichnen immer die Richtung und Ausdehnung seines jedesmaligen Jagdgrundes. Bei seiner außerordentlichen Gefräßigkeit muß er diesen fortwährend vergrößern und daher auch beständig an dem Ausbaue seines unterirdischen Gebietes arbeiten. Ohne Unterlaß gräbt er wagerechte Gänge in geringer Tiefe unter der Oberfläche und wirft, um den losgescharrten Boden zu entfernen, die bekannten Hügel auf. »Unter allen einheimischen, unterirdischen Thieren«, schildert Blasius, »bereitet sich der gemeine Maulwurf am mühsamsten seine kunstreichen Wohnungen und Gänge. Er hat nicht allein für die Befriedigung seiner lebhaften Freßlust, sondern auch für die Einrichtung seiner Wohnung und Gänge, für Sicherheit gegen Gefahr mancherlei Art zu sorgen. Am kunstreichsten und sorgsamsten ist die eigentliche Wohnung, sein Lager, eingerichtet. Gewöhnlich befindet es sich an einer Stelle, welche von außen schwer zugänglich ist, unter Baumwurzeln, unter Mauern und dergleichen und meist weit entfernt von dem täglichen Jagdgebiete. Mit letzterem, in welchem die täglich sich vermehrenden Nahrungsröhren mannigfaltig sich verzweigen und kreuzen, ist die Wohnung durch eine lange, meist ziemlich gerade Laufröhre verbunden. Außer diesen Röhren werden noch eigenthümliche Gänge in der Fortpflanzungszeit angelegt. Die eigentliche Behausung besteht im Innern aus einer rundlichen, reichlich acht Centim. weiten Kammer, welche zum Lagerplatze dient, und aus zwei kreisförmigen Gängen, von denen der größere dieselbe ringsum einschließt, und der kleinere, etwas oberhalb der Kammer, mit dem größeren ziemlich gleichartig verläuft. Aus der Kammer gehen gewöhnlich drei Röhren schräg nach oben in die kleinere Kreisröhre und aus dieser fünf bis sechs Röhren schräg abwärts in die größere Kreisröhre; von letzterer aus strecken sich strahlenförmige etwa acht bis zehn einfache oder verzweigte Gänge nach allen Richtungen hin. Auch aus der Kammer abwärts führt eine Sicherheitsröhre in einem wieder ansteigenden Bogen in diese Laufröhre. Die Wände der Kammer und der zu der Wohnung gehörigen Röhren sind sehr dicht, fest zusammengestampft und glatt gedrückt. Die Kammer selbst ist zum Lager ausgepolstert mit weichen Blättern von Gräsern, meist jungen Getreidepflänzchen, Laub, Moos, Stroh, Mist oder zarten Wurzeln, welche der Maulwurf größtentheils von der Oberfläche der Erde herbeiführt. Kommt ihm Gefahr von oben, so schiebt er das weiche Lagerpolster zur Seite und fällt nach unten, sieht er sich von unten oder von der Seite bedroht, so bleiben ihm die Verbindungsröhren zu der kleineren Kreisröhre theilweise offen. Die Wohnung bietet ihm zu Schlaf und Ruhe unter allen Umständen Sicherheit dar und ist deshalb auch sein gewöhnlicher Aufenthalt, wenn er nicht auf Nahrung ausgeht. Sie liegt 30 bis 60 Centim. unter der Erdoberfläche. Die Laufröhre ist weiter als die Körperdicke, so daß das Thier schnell und bequem vorwärts kommen kann. Äußerlich zeichnet sie sich nicht wie die übrigen Gänge durch aufgeworfene Haufen aus, da die Erde nur zur Seite gepreßt wird. Sie dient bloß zu einer möglichst raschen und bequemen Verbindung mit dem täglichen Jagdgebiete und wird nicht selten von anderen unterirdischen Thieren, Spitzmäusen, Mäusen und Kröten, benutzt, welche sich aber sehr zu hüten haben, dem

Maulwurf in ihr zu begegnen. Von außen kann man sie daran erkennen, daß die Gewächse über ihr verdorren und der Boden über ihr sich etwas senkt. Solche Laufröhren sind nicht selten 30 bis 50 Meter lang. Das Jagdgebiet liegt meist weit von der Wohnung ab und wird tagtäglich Sommer und Winter in den verschiedensten Richtungen durchwühlt und durchstampft. Die Gänge in ihm sind bloß für den zeitweiligen Besuch zum Aufsuchen der Nahrung gegraben und werden nicht befestigt, so daß die Erde von Strecke zu Strecke haufenweise an die Oberfläche der Erde geworfen wird und auf diese Weise die Richtung der Röhren bezeichnet. Die Maulwürfe besuchen ihr Jagdgebiet gewöhnlich dreimal des Tages, morgens früh, mittags und abends. Sie haben daher in der Regel sechsmal täglich von ihrer Wohnung aus und wieder zurück die Laufröhre zu durchlaufen und können bei dieser Gelegenheit, sobald gedachtes Rohr aufgefunden ist, mit Sicherheit in Zeit von wenigen Stunden gefangen werden.«

Das Innere der Baue steht nie unmittelbar mit der äußeren Luft in Verbindung; doch dringt diese in hinreichender Menge ein, um dem Thiere den nöthigen Sauerstoff zuzuführen. Außer der Luft zur Athmung bedarf der Maulwurf aber auch Wasser zum Trinken, und deshalb errichtet er sich stets besondere Gänge, welche zu nahen Pfützen oder Bächen führen, oder gräbt, wo solche ihm mangeln, besondere Schächte, worin sich dann Regenwasser sammelt. Ein alter Maulwurfsfänger hat häufig an der untersten Stelle tiefer Röhren ein senkrechtes Loch gefunden, welches den Brunnen bildet, aus dem der Maulwurf trinkt. »Manche dieser Löcher«, beschreibt er, »sind von beträchtlicher Größe. Bei nassem Wetter sind alle seine Brunnen bis an den Rand gefüllt und ebenso in manchen Arten von Boden auch bei trockner Witterung. Wie sehr der Maulwurf des Wassers benöthigt ist, ergibt sich übrigens aus dem Umstande, daß man bei anhaltender Trockenheit in einer Röhre, welche nach dem Loche oder Wasserbehälter führt, ihrer sehr viele fangen kann.«

Das Graben selbst wird dem Maulwurfe sehr leicht. Mit Hülfe seiner starken Nakkenmuskeln und der gewaltigen Schaufelhände, mit denen er sich an einem bestimmten Orte festhält, bohrt er die Schnauze in den lockeren Boden ein, zerscharrt um sich herum die Erdschollen mit den Vorderpfoten und wirft sie mit außerordentlicher Schnelligkeit hinter sich. Durch die Schließfähigkeit seiner Ohren ist er vor dem Eindringen von Sand und Erde in dieselben vollkommen geschützt. Die aufgescharrte Erde läßt er in seinem eben gemachten Gange so lange hinter sich liegen, bis die Menge ihm unbequem wird. Dann versucht er an die Oberfläche zu kommen und wirft die Erde nach und nach der Schnauze heraus. Dabei ist er fast immer mit einer 12 bis 15 Centim. hohen Schicht lockerer Erde überdeckt. In leichtem Boden gräbt er mit einer wirklich verwunderungswürdigen Schnelligkeit. Oken hat einen Maulwurf ein Vierteljahr lang in einer Kiste mit Sand gehabt und beobachtet, daß sich das Thier fast ebenso schnell, wie ein Fisch durch das Wasser gleitet, durch den Sand wühlt, die Schnauze voran, dann die Tatzen, den Sand zur Seite werfend, die Hinterfüße nachschiebend. Noch schneller bewegt sich der Maulwurf in den Laufgängen, wie man durch sehr hübsche Beobachtungen nachgewiesen hat.

Überhaupt sind die Bewegungen des Thieres schneller, als man glauben möchte. Nicht bloß in den Gängen, sondern auch auf der Oberfläche des Bodens, wo er gar nicht zu Hause ist, läuft er verhältnismäßig sehr rasch, so daß ihn ein Mann kaum einholen kann. In den Gängen aber soll er so rasch gehen wie ein trabendes Pferd. Auch im Wasser ist er, wie bemerkt, sehr zu Hause, und man kennt Beispiele, daß er nicht bloß breite Flüsse, sondern sogar Meeresarme durchschwommen hat. So erzählt Bruce, daß mehrere Maulwürfe an einem Juniabend bei Edinburg gegen zweihundert Meter weit durch das Meer nach einer Insel geschwommen sind, um sich daselbst anzusiedeln. Auch in großen Teichen bemerkt man ihn zuweilen; er schwimmt hier, den Rüssel sorgfältig in die Höhe gehalten, scheinbar ohne alle Noth und zwar mit der Schnelligkeit einer Wasserratte. Da er nun noch außerdem unter dem Bette selbst großer Flüsse sich durchwühlt und dann am anderen Ufer lustig weitergräbt, gibt es für seine Verbreitung eigentlich kein Hindernis, und mit der Zeit findet er jedes gut gelegene Örtchen sicher auf.

Die Hauptnahrung des Maulwurfs besteht in Regenwürmern und Kerbthierlarven, welche unter der Erde leben. Namentlich der Regenwürmer halber legt er seine großen und ausgedehnten Baue an, wie man sich sehr leicht überzeugen kann, wenn man einen Pfahl in lockeres Erdreich stößt und an ihm rüttelt. Die Würmer wissen, daß sie an dem Maulwurfe einen Feind haben. Sobald sie die Bewegung verspüren, kommen sie von allen Seiten eilfertig aus der Erde hervor und versuchen, auf der Oberfläche sich zu retten, ganz offenbar, weil sie glauben, daß die Erschütterung von einem wühlenden Maulwurfe herrührte. Außer diesen Würmern und Larven frißt dieser noch Käfer, namentlich Mai- und Mistkäfer, Maulwurfsgrillen und alle übrigen Kerbthiere, welche er erlangen kann, wie ihm auch Schnecken und Asseln besonders zu behagen scheinen. Sein ungewöhnlich feiner Geruch hilft ihm die Thiere aufspüren, und er folgt ihnen in größeren oder kleineren Tiefen, je nachdem sie selbst höher oder niedriger gehen. Aber er betreibt nicht bloß in seinen Bauen die Jagd, sondern holt sich auch ab und zu von der Oberfläche, ja wie man sagt, sogar aus dem Wasser eine Mahlzeit. Die Spitzmaus oder die Wühlmaus, der Frosch, die Eidechse oder Blindschleiche und Natter, welche sich in seinen Bau verirren, sind verloren. Der Hunger des Maulwurfs ist unstillbar. Er bedarf täglich so viel an Nahrung, als sein eignes Körpergewicht beträgt, und hält es nicht über zwölf Stunden ohne Fraß aus. Flourens, welcher überhaupt wissen wollte, was das Thier am liebsten fräße, setzte zwei Maulwürfe in ein Gefäß mit Erde und legte eine Meerrettigwurzel vor. Am anderen Tage fand er die Wurzel unversehrt, von einem Maulwurfe

*Talpa europaea* TALPIDAE

aber bloß die Haut, das übrige, selbst die Knochen aufgefressen. Er that sodann den lebenden in ein leeres Gefäß. Das Thier sah schon wieder sehr unruhig und hungrig aus. Nun brachte der Beobachter einen Sperling mit ausgerupften Schwungfedern zu dem Maulwurfe. Dieser näherte sich dem Vogel augenblicklich, bekam aber einige Schnabelhiebe, wich zwei- bis dreimal zurück, stürzte sich dann plötzlich auf den Spatz und hatte in kurzer Zeit die Hälfte unter der Haut mit einer Art von Wuth aufgefressen. Flourens setzte nunmehr ein Glas Wasser in das Gefängnis. Als der Maulwurf es bemerkte, stellte er sich aufrecht mit den Vordertatzen auf das Glas und trank mit großer Begierde, dann fraß er nochmals von dem Sperlinge, und jetzt war er vollständig gesättigt. Es wurde ihm nun Fleisch und Wasser weggenommen; er war aber schon sehr bald wieder hungrig, höchst unruhig und schwach, und der Rüssel schnüffelte beständig umher. Kaum kam ein neuer lebender Sperling hinzu, so fuhr er auf ihn los, fraß die Hälfte, trank wieder gierig, sah sehr strotzend aus und wurde vollkommen ruhig. Am anderen Tage hatte er das übrige bis auf den umgestülpten Balg aufgefressen und war schon wieder hungrig. Er fraß sogleich einen Frosch, welcher aber auch bloß bis Nachmittag anhielt. Da gab man ihm eine Kröte; sobald er an sie stieß, blähte er sich auf und wandte wiederholt die Schnauze ab, als wenn er einen unüberwindlichen Ekel empfände, fraß sie auch nicht. Am anderen Tage war er Hungers gestorben, ohne die Kröte oder etwas von einer Möhre, Kohl oder Salat angerührt zu haben. Drei andere Maulwürfe, welche Flourens bloß zu Wurzeln und Blättern gesperrt hatte, starben sämmtlich vor Hunger. Diejenigen, welche mit lebendigen Sperlingen, Fröschen oder mit Rindfleisch und Kellerasseln genährt wurden, lebten lange. Oken fütterte seinen Gefangenen mit geschnittenem Fleische und zwar mit rohem wie mit gekochtem, so wie es gerade zur Hand war. Als dieser Forscher einen zweiten Gefangenen zu dem ersten brachte, entstand augenblicklich Krieg; beide gingen sofort auf einander los, packten sich mit den Kiefern und bissen sich minutenlang gegenseitig. Hierauf fing der Neuling an zu fliehen, der Alte suchte ihn überall und fuhr dabei blitzschnell durch den Sand. Oken machte nun dem Verfolgten in einem Zuckerglase eine Art von Nest zurecht und stellte es während der Nacht in den Kasten. Am anderen Morgen lag der Schützling aber doch todt im Sande. Wahrscheinlich war er aus dem Glase gekommen und von dem früheren Eigner des Gefängnisses erbissen worden, und zwar jedenfalls nicht aus Hunger, sondern aus angeborener Böswilligkeit.

Recht deutlich kann man sich an gefangenen Maulwürfen von der Schärfe ihrer Sinne überzeugen. Ich brachte einen Mull in eine Kiste, welche etwa 16 Centim. hoch mit Erde bedeckt war. Er wühlte sich sofort in die Tiefe. Nun drückte ich die Erde fest und legte fein geschnittenes, rohes Fleisch in eine Ecke. Schon nach wenig Minuten hob sich hier die Erde, die feine, höchst biegsame Schnauze brach durch, und das Fleisch wurde verzehrt. Der Geruch befähigt ihn, die Nahrung zu entdekken, ohne sie zu sehen oder zu berühren, und führt ihn erfolgreich durch seine verwickelten, unterirdischen Gänge. Alle Maulwurfsfänger wissen, wie scharf dieser Sinn ist, und nehmen deshalb, wenn sie Fallen stellen, gern einen todten Maulwurf zur Hand, mit dem sie die Rasenstücke oder Fallen abreiben, welche sie vorher in ihrer Hand gehabt haben. Die spitzige, äußerst bewegliche Nase dient ihm zugleich als Tastwerkzeug. Dies sieht man hauptsächlich dann, wenn der Mull zufällig auf die Oberfläche der Erde gekommen ist und hier eine Stelle erspähen will, welche ihm zu raschem Eingraben geeignet scheint. Er rennt eilig hin und her und untersucht tastend überall den Grund, bevor er seine gewaltigen Grabwerkzeuge in Thätigkeit setzt. Auch während er eifrig gräbt, ist diese Nase immer sein Vorläufer nach jeder Richtung hin. Das Gehör ist vortrefflich. Wahrscheinlich wird es besonders benutzt, um Gefahren zu entgehen; denn der Maulwurf vernimmt nicht bloß die leiseste Erschütterung der Erde, sondern hört auch jedes ihm bedenklich erscheinende Geräusch mit aller Sicherheit und sucht sich dann so schnell als möglich auf und davon zu machen. Daß der Geschmack hinter diesem Sinne zurücksteht, geht schon aus der Vielartigkeit der Nahrung und aus der Gier hervor, mit welcher er frißt. Er gibt sich keine Mühe, erst zu untersuchen, wie eine Sache schmeckt, sondern beginnt gleich herzhaft zu fressen, scheint auch zu zeigen, daß ihm so ziemlich alles Genießbare gleich sei. Deshalb ist jedoch noch nicht abzuleugnen, daß auch sein Geschmackssinn rege ist, nur freilich in einem weit untergeordneteren Grade als die vorher genannten Sinne.

Schon aus dem bis jetzt Mitgetheilten ist hervorgegangen, daß der Maulwurf im Verhältnis zu seiner Größe ein wahrhaft furchtbares Raubthier ist. Dem entsprechen auch seine geistigen Eigenschaften. Er ist wild, außerordentlich wüthend, blutdürstig, grausam und rachsüchtig, und lebt eigentlich mit keinem einzigen Geschöpfe im Frieden, außer mit seinem Weibchen, mit diesem aber auch bloß während der Paarungszeit, und so lange die Jungen klein sind. Während des übrigen Jahres duldet er kein anderes lebendes Wesen in seiner Nähe, am allerwenigsten einen Mitbewohner in seinem Baue, ganz gleichgültig, welcher Art dieser sein möge. Falls überlegene Feinde, wie Wiesel oder Kreuzotter, seine Gänge befahren, und zwar in der Absicht, auf ihn Jagd zu machen, muß er freilich unterliegen, wenn er auf diese ungebetenen Gäste trifft; mit ihm gleich kräftigen oder schwächeren Thieren aber kämpft er auf Leben und Tod. Nicht einmal mit anderen seiner Art, seien sie nun von demselben Geschlecht wie er oder nicht, lebt er in Freundschaft. Zwei Maulwürfe, die sich außer der Paarungszeit treffen, beginnen augenblicklich einen Zweikampf miteinander, welcher in den meisten Fällen den Tod des einen, in sehr vielen anderen Fällen aber auch den Tod beider herbeiführt. Am eifersüchtigsten und wüthendsten kämpfen erklärlicherweise zwei Maulwürfe desselben Geschlechts miteinander, und der Ausgang solcher Gefechte ist dann auch sehr zweifelhaft. Der eine unterliegt, verendet und wird von dem anderen sofort aufgefressen. So ist es sehr begreiflich, daß jeder Maulwurf für sich allein einen Bau bewohnt, sich hier auf eigne Faust beschäftigt und vergnügt, entweder mit Graben und Fressen oder mit Schlafen und Ausruhen. Fast alle Landleute, welche ihre Betrachtungen über das Thier angestellt haben, sind darin einig, daß der Maulwurf drei Stunden »wie ein Pferd« arbeite und dann drei Stunden schlafe, hierauf wieder dieselbe Zeit zur Jagd verwende und die nächstfolgenden drei Stunden wieder dem Schlafe widme u.s.f.

Ein anderes Leben beginnt um die Paarungszeit. Jetzt verlassen die liebebedürftigen Männchen und Weibchen zur Nachtzeit häufig ihren Bau und streifen über der Erde umher, um andere Maulwurfspaläste aufzusuchen und hier Besuche abzustatten. Es ist erwiesen, daß es weit mehr Männchen als Weibchen gibt, und daher treffen denn auch gewöhnlich ein Paar verliebte Männchen eher zusammen als ein Maulwurf mit einer Maulwürfin. So oft dies geschieht, entspinnt sich ein wüthender Kampf und zwar ebensowohl über als unter der Erde oder hier und dort nacheinander, bis schließlich der eine sich für besiegt ansieht und zu entfliehen versucht. Endlich, vielleicht nach mancherlei Kampf und Streit, findet der männliche Maulwurf ein Weibchen auf und versucht nun, es mit Gewalt oder Güte an sich zu fesseln. Er bezieht also mit seiner Schönen entweder seinen oder ihren Bau und legt hier Röhren an, welche den gewöhnlichen Jagdröhren ähneln, aber zu einem ganz anderen Zwecke bestimmt sind, nämlich um das Weibchen darin einzusperren, wenn sich ein anderer Bewerber für dasselbe findet. Sobald er seine liebe Hälfte derartig in Sicherheit gebracht hat, kehrt er sofort zu dem etwaigen Gegner zurück. Beide erweitern die Röhren, in denen sie sich getroffen haben, zu einem Kampfplatze, und nun wird auf Tod und Leben gefochten. Das eingesperrte Weibchen hat inzwischen sich zu befreien gesucht und, neue Röhren grabend, weiter und weiter entfernt; der Sieger, sei es jetzt der erste oder zweite Bewerber, eilt ihm jedoch nach und bringt es wieder zurück, und nach mancherlei Kämpfen gewöhnen sich die beiden mürrischen Einsiedler auch wirklich aneinander. Jetzt graben sie gemeinschaftlich Sicherheits- und Nahrungsröhren aus, und das Weibchen legt ein Nest für ihre Jungen an, in der Regel da, wo drei oder mehr Gänge in einem Punkte zusammenstoßen, damit bei Gefahr möglichst viele Auswege zur Flucht vorhanden sind. Das Nest ist eine einfache, dicht mit weichen, meist zerbissenen Pflanzentheilen, hauptsächlich mit Laub, Gras, Moos, Stroh, Mist und anderen derartigen Stoffen ausgefütterte Kammer und liegt gewöhnlich in ziemlich weiter Entfernung von dem früher geschilderten Kessel, mit dem es durch die Laufröhre verbunden ist. Nach etwa vierwöchentlicher Tragzeit wirft das Weibchen in dieses Nest drei bis fünf blinde Junge, welche zu den unbehülflichsten von allen Säugern gerechnet werden müssen. Sie sind anfangs nackt und blind und etwa so groß wie eine derbe Bohne. Aber schon in der frühesten Jugend zeigen sie dieselbe Unersättlichkeit wie ihre Eltern und wachsen deshalb sehr schnell heran. Die Mutter gibt die größte Sorgfalt für die Erhaltung ihrer Kinderschar kund und scheut keine Gefahr, wenn es deren Rettung gilt. Wird sie zufällig mit den Jungen aus dem Boden gepflügt oder gegraben, so schleppt sie dieselben im Maule in ein nahes Loch oder in einen Moos-, Mist- oder Laubhaufen usw., und verbirgt sie hier vorläufig so eilig als möglich. Aber auch das Männchen nimmt sich, wie behauptet wird, ihrer an, trägt ihnen Regenwürmer und andere Kerbthiere zu, theilt bei Überfluthungen redlich die Gefahr und sucht die Jungen im Maule an einen sicheren Ort zu schaffen. Nach etwa fünf Wochen haben diese ungefähr die halbe Größe der Alten erreicht, liegen jedoch immer noch im Neste und warten, bis eines von den Eltern ihnen Atzung zuträgt, welche sie dann mit unglaublicher Gier in Empfang nehmen und verspeisen. Wird ihre Mutter ihnen weggenommen, so wagen sie sich wohl auch, gepeinigt vom wüthendsten Hunger, in die Laufröhre, wahrscheinlich um nach der Pflegerin zu suchen; werden sie nicht gestört, so gehen sie endlich aus dem Neste heraus und selbst auf die Oberfläche, wo sie sich necken und miteinander balgen. Ihre ersten Versuche im Wühlen sind noch sehr unvollkommen: sie streichen ohne alle Ordnung flach unter der Oberfläche des Bodens hin, oft so dicht, daß sie kaum mit Erde bedeckt sind, und versuchen es nur selten, Haufen aufzuwerfen. Aber die Wühlerei lernt sich mit den Jahren, und im nächsten Frühjahre sind sie schon vollkommen geschult in ihrer Kunst.

Der Maulwurf hält keinen Winterschlaf wie mancher andere Kerbthierjäger, sondern ist Sommer und Winter in ewiger Bewegung. Er folgt den Regenwürmern und Kerbthieren und zieht sich mit ihnen in die Tiefe der Erde oder zur Oberfläche des Bodens empor, gerade so, wie sie steigen oder fallen. Nicht selten sieht man Maulwürfe im frischen Schnee oder in tief gefrorenem Boden ihre Haufen aufwerfen, und unter dem weichen Schnee unmittelbar über dem vereisten Boden machen sie oft große Wanderungen. Glaubwürdige Fänger haben berichtet, daß sie sich sogar Wintervorräthe anlegen sollen: eine große Menge Würmer. Diese Thatsache bedarf der Bestätigung, wie es überhaupt über den Maulwurf noch viel zu beobachten gibt.

Wie, wird man fragen, ist es möglich, ein so versteckt lebendes Thier überhaupt zu beobachten? Darauf muß ich antworten, daß die Naturforscher einen großen Theil ihres Wissens alten, erprobten Maulwurfsfängern verdanken, welche sie auf diese oder jene Eigenschaften des Thieres aufmerksam gemacht haben und geradezu die ersten Lehrmeister geworden sind. Von der Art und Weise der Beobachtung will ich bloß ein Beispiel anführen. Lecourt wollte die Schnelligkeit des Maulwurfs in seinen Gängen untersuchen, und wandte zu diesem Zwecke ein ebenso geeignetes als ergötzliches Mittel an. Er steckte eine Menge von Strohhalmen reihenweise in die Laufröhre, so, daß sie von dem dahineilenden Maulwurf berührt und in Erschütterung gebracht werden mußten. An diese Strohhalme befestigte er oben kleine Papierfähnchen und ließ jetzt den in seinem Jagdgebiete beschäftigten Maulwurf durch einen Hornstoß in die Laufröhre schrecken. Da fielen denn die Fähnchen der Reihe nach in demselben Augenblicke ab, in welchem sie der Maulwurf berührte, und der Beobachter mit seinem Gehülfen bekam hierdurch Gelegenheit, die Schnelligkeit des Laufens für eine gewisse Strecke mit aller Sicherheit zu ermitteln. Die Baue kann man sehr leicht kennen lernen, indem man sie einfach ausgräbt; die Art des Wühlens sieht man bei gefangenen Maulwürfen; die ausgewühlten Kampfplätze und Zweikämpfe zwischen liebenden Bewerbern hat man entdeckt, indem man den Lärm des Kampfes vernahm und die Thiere schnell ausgrub usw.

Es läßt sich nicht leugnen, daß der Maulwurf durch Wegfangen der Regenwürmer, Maulwurfsgrillen, Engerlinge und anderer verderblicher Kerbthiere großen Nutzen stiftet, und er wird deshalb an allen Orten, wo man seine aufgeworfenen Haufen leicht wegschaffen kann, immer eines der wohlthätigsten Säugethiere bleiben. Allein ebenso gewiß ist, daß er in Gärten nicht geduldet werden darf, weil er hier durch das Durchwühlen der Erde, aus welcher theure Pflanzen ihre Nahrung ziehen, oder durch das Herauswerfen der letzteren den geordneten Pflanzenstaat wesentlich gefährden kann. Auf Wiesen, in Laubwäldern, in Feldfruchtstücken ist er ein Gast, welcher unbedingt geschützt werden sollte, an anderen Orten verursacht er unsäglichen Ärger und Schaden. Man kennt viele Mittel, um ihn zu vertreiben, thut aber jedenfalls am besten, wenn man letzteres einem alten, erfahrenen Maulwurfsfänger überträgt, da dieser bekanntlich auf jedem Dorfe zu finden ist, und die Kunst, ihn auszurotten, weit besser versteht, als Beschreibungen sie lehren können. Nur ein einziges Mittel will ich angeben, weil dasselbe noch ziemlich unbekannt und von großem Nutzen ist. Wenn man einen Garten oder einen anderen gehegten Platz mit Sicherheit vor dem Maulwurfe schützen will, braucht man weiter nichts zu thun, als ringsum eine Masse klar gehackter Dornen, Scherben oder andere spitze Dinge, etwa bis zu einer Tiefe von 60 Centim. in die Erde einzugraben. Eine solche Schutzmauer hält jeden Maulwurf ab; denn wenn er sie wirklich durchdringen will, verwundet er sich an irgend einer Spitze im Gesicht und geht dann regelmäßig sehr bald an dieser Verwundung zu Grunde.

Außer dem Menschen hat der Maulwurf viele Verfolger. Iltis, Hermelin, Eulen und Falken, Bussard, Raben und Storch lauern ihm beim Aufwerfen auf, das kleine Wiesel verfolgt ihn sogar in seinen Gängen, wo er, wie oben bemerkt, auch der Kreuzotter nicht selten zum Opfer fällt. Pinscher machen sich ein Vergnügen daraus, einem grabenden Maulwurf aufzulauern, ihn mit einem plötzlichen Wurfe aus der Erde zu schleudern und durch wenige Bisse umzubringen. Nur die Füchse, Marder, Igel und die genannten Vögel verzehren ihn, die anderen Feinde tödten ihn und lassen ihn liegen.

Bei uns zu Lande bringt der getödtete Maulwurf fast gar keinen Nutzen. Sein Fell wird höchstens zur Ausfütterung von Blaserohren oder zu Geldbeuteln verwendet.

Die Russen verfertigen aus demselben kleine Säckchen, mit denen sie bis nach China Handel treiben.

Der Maulwurf hat ebenfalls zu fabelhaften Geschichten Anlaß gegeben. Die Alten hielten ihn für stumm und blind und schrieben seinem Fette, seinem Blute, seinen Eingeweiden, ja selbst dem Felle wunderbare Heilkräfte zu. Heutigen Tages noch besteht an vielen Orten der Aberglaube, daß man von dem Wechselfieber geheilt werde, wenn man einen Maulwurf auf der flachen Hand sterben lasse, und manche alte Weiber sind fest überzeugt, daß sie Krankheiten durch bloßes Auflegen der Hand heilen könnten, wenn sie diese vorher durch einen auf ihr sterbenden Maulwurf geheiligt hätten.

Ich finde es sehr erklärlich, daß ein Thier, welches in seinem Leben so wenig bekannt ist, dem gewöhnlichen Menschen als wunderbar oder selbst heilig erscheinen muß: denn eben da, wo das Verständnis aufhört, fängt das Wunder an.

# *Die Wüstenspringmaus*

Die Wüstenspringmäuse sind allerliebste Thierchen von 17 Centimeter Leibes- und 21 Centimeter Schwanzlänge. Sie waren schon den Alten wohlbekannt. Wir finden sie häufig bei griechischen und römischen Schriftstellern erwähnt, immer unter dem Namen der »zweibeinigen Mäuse«. Plinius sagt, daß es in Egypten Mäuse gibt, welche auf zwei Beinen gehen; Theophrast und Älian erwähnen, daß diese großen zweibeinigen Mäuse ihre kürzeren Vorderfüße wie Hände gebrauchen, auf den Hinterfüßen aber aufrecht gehen und hüpfen, wenn sie verfolgt werden. Auch in der Bibel werden die Thiere erwähnt: Jesaias droht denen, welche sie genießen, Strafe an. Die Araber sind natürlich vernünftiger als die Hebräer und betrachten sie nicht nur als reine Thiere, sondern beschreiben sie ihrem Werthe nach und erzählen viele hübsche Dinge von ihrer Lebensweise.

Die Wüstenspringmaus verbreitet sich über den größten Theil Nordostafrikas sowie das angrenzende westliche Asien und kommt nach Süden hin bis Mittelnubien vor. Offene, trockene Ebenen, Steppen und Sandwüsten sind ihre Wohnplätze: sie bevölkert die dürrsten und ödesten Landschaften und bewohnt Orte, welche kaum die Möglichkeit zum Leben zu bieten scheinen. Auf jenen traurigen Flächen, welche mit dem scharfschneidigen Riedgrase bedeckt sind, findet man sie zuweilen in größeren Gesellschaften. Sie theilt diese Orte mit dem Wüstenhuhne, der kleinen Wüstenlerche und dem isabellfarbenen Läufer, und man begreift kaum, daß auch sie dort Nahrung findet, wo jene, welche neben dem Gesäme doch auch viele Kerbthiere fressen, sich nur dürftig ernähren. In dem harten Kiesboden gräbt sie sich viel verzweigte, aber ziemlich seichte Gänge, in welche sie sich bei der geringsten Gefahr zurückzieht. Nach den Versicherungen der Araber arbeitet der ganze Trupp an diesen unterirdischen Wohnungen. Die Thiere graben mit den scharfen Nägeln ihrer Vorderfüße und benutzen wohl auch die Nagezähne, wenn es gilt, den harten Kiesboden zu durchbrechen.

Trotz ihrer Häufigkeit gewahrt man die schmucken Geschöpfe ziemlich selten. Man kann nicht gerade sagen, das sie sehr scheu wären; aber sie sind unruhig und furchtsam und eilen bei dem geringsten Geräusche und beim Sichtbarwerden eines fremden Gegenstandes schleunigst nach ihren Löchern. Auch fallen sie nur in geringer Entfernung ins Auge, weil ihre Färbung der des Sandes vollständig gleicht, und man ziemlich nahe herankommen muß, ehe man sie bemerkt, während ihre scharfen Sinne sie die Ankunft des Menschen schon auf große Entfernungen hin wahrnehmen lassen. Wohl darf man sagen, daß es schwerlich ein anmuthigeres Geschöpf geben kann als diese Springmäuse. So sonderbar und scheinbar mißgestaltet sie aussehen, wenn man sie todt in der Hand hat oder regungslos sitzen sieht, so zierlich nehmen sie sich aus, wenn sie in Bewegung kommen. Erst dann zeigen sie sich als echte Kinder der Wüste, lassen sie ihre herrlichen Fähigkeiten erkennen. Ihre Bewegungen erfolgen mit einer Schnelligkeit, welche geradezu ans unglaubliche grenzt: sie scheinen zu Vögeln zu werden. Bei ruhigem Gange setzen sie ein Bein vor das andere und laufen sehr rasch dahin, bei großer Eile jagen sie in Sprungschritten davon, welche sie so schnell fördern, daß ihre Bewegung dann dem Fluge eines Vogels gleicht; denn ein Sprung folgt so rasch auf den anderen, daß man kaum den neuen Ansatz wahrnimmt. Wenn man das Thier aus einiger Entfernung laufen sieht, glaubt man einen pfeilartig durch die Luft schießenden Gegenstand zu gewahren. Kein Mensch ist im Stande, einer im vollen Laufe begriffenen Springmaus nachzukommen, und der sicherste Schütze muß sich zusammennehmen, will er sie im Laufe erlegen. Sogar in einem eingeschlossenen Raume bewegt sich das zierliche Thierchen noch so schnell, daß ein Jagdhund es kaum einholen kann.

Fühlt sich die Springmaus ungestört und sicher, so sitzt sie aufrecht auf dem Hintertheile wie ein Känguru, oft auf den Schwanz gestützt, die Vorderpfoten an die Brust gelegt, ganz wie Springbeutelthiere es auch zu thun pflegen. Sie weidet in ähnlicher Weise wie Kängurus und obgleich sie ein echtes Nachtthier ist und ihre Wanderungen erst nach Sonnenuntergang beginnt, sieht man sie doch auch zuweilen im hellsten Sonnenscheine, selbst während der größten Hitze vor ihrem Baue sitzen und spielen. Sie zeigt dann eine Gleichgültigkeit gegen die Mittagsglut der afrikanischen Sonne, welche wahrhaft bewunderungswürdig ist; denn man muß wissen, daß kaum ein einziges anderes Thier um diese Zeit in der Wüste sich bewegt, weil die brennende Hitze selbst den eingeborenen Kindern jener erhabenen Landschaft geradezu unerträglich wird. Gegen Kälte und Nässe dagegen ist sie im höchsten Grade empfindlich, bleibt daher bei schlechtem Wetter stets in ihrem Baue verborgen und verfällt wohl auch zeitweilig in eine Erstarrung, welche an den Winterschlaf der nördlichen Thiere erinnert.

Über die Fortpflanzung der Wüstenspringmaus ist nichts sicheres bekannt. Die Araber erzählten mir, sie baue sich in einem tieferen Kessel ihrer Höhle ein Nest, kleide dasselbe wie Kaninchen mit Haaren ihres Unterleibes aus, und darin finde man zwei bis vier Junge: – ob dies richtig ist, wage ich nicht zu behaupten, obwohl ich anerkennen muß, daß jedenfalls die Araber diejenigen Leute sind, welche das

Jaculus jaculus
JACULINAE

Thier am besten kennen. Sie stellen ihm, weil sie das Fleisch genießen und ziemlich hochschätzen, eifrig nach und fangen es ohne sonderliche Mühe lebendig oder erschlagen es beim Herauskommen aus den Bauen.

Außer dem Menschen haben diese Thiere wenig andere Feinde. Unter sich sind die Springmäuse auch in der Gefangenschaft bewunderungswürdig friedlich und gesellig. Sie schmiegen sich dicht aneinander und verschlingen sich zuweilen förmlich ineinander, namentlich wenn es am Morgen kühl ist; denn schon die geringste Abnahme der Wärme wird ihnen auffallend und lästig. Wenn ihnen trockene Nahrung gänzlich fehlt, werden sie traurig, verkümmern sichtlich und sterben endlich dahin. Gibt man ihnen Weizen, Reis, etwas Milch und dann und wann eine Weinbeere, ein Stückchen Apfel, eine Möhre oder sonst eine andere Frucht, so befinden sie sich wohl und halten sich sehr lange.

Jede Springmaus schläft den ganzen Tag, vom frühen Morgen an bis zum späten Abend, kommt, wenn man sie nicht stört, auch nicht einen Augenblick aus ihrem Neste hervor, sondern schläft gute zwölf Stunden in einem Zuge fort. Aber auch während der Nacht ruht sie noch mehrere Male halbe Stündchen aus. Wenn man sie bei Tage aus dem Neste nimmt, zeigt sie sich schläfrig, fällt in der Hand hin und kann sich längere Zeit nicht ermuntern. Ihre Stellung beim Schlafen ist eigenthümlich. Gewöhnlich sitzt sie im Neste auf den ziemlich eng zusammengestellten Fersen so, daß die weiter auseinander stehenden Fußspitzen in der Luft schweben. Den Kopf biegt sie ganz herab, sodaß die Stirn unten auf dem Boden ruht und die Schnauze an den Unterleib angedrückt wird. Der Schwanz liegt in großem Bogen über die Fußspitzen weg. So gleicht das Thier einem Balle, über dessen Oberfläche bloß die übermäßig langen Beine hervorragen. Manchmal legt sich die Springmaus aber auch auf die Seite oder selbst auf den Rücken und streckt dann die Beine sonderbar nach oben; immer aber bleibt sie in dieser zusammengerollten Stellung. Die Ohren werden beim Schlafen dicht an den Kopf gedrückt und an ihrer Spitze theilweise eingerollt, sodaß sie faltig, gleichsam wie zerknittert aussehen. Bewegungslos liegt das Thier in dem warmen Nestchen, bis der Abend ordentlich hereingebrochen. Nunmehr macht sich ein leises Rascheln und Rühren im Neste bemerklich. Die Langschläferin putzt sich, glättet die Ohren, läßt einen leisen, wie schwacher Husten klingenden Ton vernehmen, springt plötzlich mit einem einzigen Satze durch die Nestöffnung hervor und beginnt nun ihr eigenthümliches Nachtleben. Das erste Geschäft, welches sie jetzt besorgt, ist das Putzen. In der Reinlichkeit übertrifft die Springmaus kein anderer Nager. Fast alle ihre freie Zeit wird verwandt, um das seidenweiche Fell in Ordnung zu halten. Härchen für Härchen wird durchgekämmt und durchgeleckt, jeder Theil des Körpers, selbst der Schwanz, gehörig besorgt. Einen wesentlichen Dienst leistet ihr dabei feiner Sand. Dieser ist ihr überhaupt ganz unentbehrlich; sie wälzt sich mit förmlicher

Wollust in ihm herum, kratzt und wühlt in ihm und kann sich gar nicht von ihm trennen.

Nach einer Streckung und Dehnung beginnt das eigentliche Putzen. Viele Mühe, Arbeit und Zeit kostet ihr das Reinigen des Mundes und der Wangen, namentlich des Theiles, wo die langen Schnurrenhaare sitzen, und erst nachdem sie hierauf zu Stande gekommen, setzt sie sich vollends auf und nimmt nun auch das übrige Fell ihres Leibes vor. Sie packt ein Stückchen Fell mit beiden Händen, kämmt es mit den Zähnen des Unterkiefers durch und leckt es dann mit der Zunge gehörig glatt.

Nun setzt die Springmaus in rascher Folge ein Bein um das andere vor. Die Vorderhände werden, in der gewöhnlichen Weise zusammengelegt, unter dem Kinne getragen. Da sich die gefangene Springmaus an den Menschen gewöhnt, macht sie nur höchst selten einen größern Sprung, hauptsächlich dann, wenn es gilt, ein Hindernis zu überwinden, z. B. über ein großes ihr vorgehaltenes Buch zu springen. Dabei schwingt sie sich ohne den geringsten Ansatz durch bloßes Aufschnellen ihrer Hinterbeine fußhoch und noch mehr empor. Als ich eine bei ihren Nachtwandelungen durch eine plötzliche Bewegung erschreckte, sprang sie senkrecht über einen Meter in die Höhe. Wenn man sie auf den Tisch setzt, läuft sie rastlos umher und sieht sorgsam prüfend in die Tiefe hinab, um sich die beste Stelle zum Herunterspringen auszuwählen. Kommt sie an die Kante, so stemmt sie sich mit ihren beiden Vorderarmen auf, sonst aber nie.

Beim Fressen setzt sie sich auf die ganzen Fußsohlen nieder, biegt aber den Leib vorn weit herab und nimmt nun die Nahrung mit einem raschen Griffe vom Boden auf. Aus einem Näpfchen mit Weizenkörnern holt sie sich in jeder Minute mehrere Körner. Allerliebst sieht es aus, wenn man ihr eine Weinbeere oder ein Stückchen fein geschnittene Möhre, Apfel und dergleichen Früchte hingibt. Sie packt solche Nahrung sehr zierlich mit den Händen, dreht sie beständig hin und her und frißt sie auf, ohne sie fallen zu lassen. Ein Kohlblatt nimmt sie mit beiden Händen, dreht es hin und her und schneidet dann am Rande in zierlicher Weise Stückchen nach Stückchen ab. Besonders hübsch ist auch ihre Weise, Milch zu trinken. Sie bedarf nur höchst wenig Getränk, und kann solches, falls man ihr nebenbei saftige Wurzeln reicht, monatelang entbehren; täglich ein halber Theelöffel voll Milch genügt ihr. Auch Flüssigkeiten muß sie mit den Händen zu sich nehmen, taucht daher in rascher Folge ihre Hände ein und leckt die Milch dann ab.

Es scheint, daß alle Sinne des Thieres hoch entwickelt sind. Welchen unter den drei edleren ich als den höchsten ansehen soll, weiß ich nicht. Die Springmaus sieht und hört, wie die großen Augen und Ohren bekunden, sehr gut, riecht und fühlt aber auch fein. Denn wenn sie ein Korn oder ein Stückchen Möhre oder andere Nahrung zu Boden fallen läßt, sucht sie es immer vermittels des Geruchs, vielleicht auch der tastenden Schnurrhaare, und nimmt es dann mit größter Sicherheit wieder auf.

Süße Früchte verzehrt sie mit so viel Vergnügen, daß man gar nicht in Zweifel bleiben kann, wie angenehm ihr Geschmacksinn gekitzelt wird. Das Gefühl offenbart sich als Empfindung und Tastsinn in jeder Weise. Die Springmaus tastet sehr fein mit den Schnurren auf den Lippen und dann noch mit ihren Vorderhänden, hauptsächlich wohl mit Hülfe der Fingerkrallen. Ihre geistigen Fähigkeiten will ich nicht eben hoch stellen; so viel aber ist zweifellos, daß sie sehr bald sich an einem bestimmten Orte eingewöhnt, Leute, welche sich mit ihr abgeben, gut kennen lernt und eine gewisse berechnende Kunstfertigkeit an den Tag legt. Der Bau ihres Nestes beschäftigt sie an jedem Morgen längere Zeit. Wenn man ihr Heu, Baumwolle und Haare gibt und den Grundbau des Nestes vorzeichnet, arbeitet sie verständig weiter, holt sich die Baumwollenklumpen herbei, zieht sie mit den Vorderhänden auseinander und legt sie sich zurecht, schiebt die Haare an den betreffenden Stellen ein und putzt und glättet die runde Nesthöhle, bis sie den erforderlichen Grad von Ordnung und Sauberkeit zu haben scheint. Hervorspringende Halme werden dann auch wohl noch ausgezogen oder abgebissen, bis das Ganze in einen möglichst behaglichen Zustand versetzt worden ist.

Unter allen Nagern, welche ich bis jetzt in der Gefangenschaft hielt, hat mir die Springmaus das meiste Vergnügen gewährt. Ihrer Eigenschaften wegen muß sich jedermann mit ihr befreunden. Sie ist so außerordentlich harmlos, so freundlich, zahm, reinlich und, wenn einmal vom Schlafe erwacht, so munter und so lustig, jede ihrer Stellungen so eigenthümlich, und sie weiß so viel Abwechselung in dieselben zu bringen, daß man sich stundenlang mit ihr beschäftigen kann. Sonini beobachtete, daß seine gefangenen Springmäuse eifrig nagten, um sich aus ihrem Käfige zu befreien; ich habe dies nur dann bemerkt, wenn ich meine Gefangenen frei im Zimmer herumlaufen ließ. Hier versuchten sie wohl auch, ein Loch durch die Dielen zu schneiden; im Käfige aber dachten sie nie daran, ihre scharfen Nagezähne zu etwas anderem als zum Fressen zu gebrauchen.

Gegen ihren Pfleger benimmt sich die Springmaus sehr liebenswürdig. Niemals fällt es ihr ein, den zu beißen, welcher sie aufhebt. Man darf sie berühren, streicheln, umhertragen: sie läßt sich alles gefallen. Nur wenn man ihr abends den Finger durch das Gitter hält, faßt sie denselben zuweilen und schabt mit den Zähnen ein wenig an der Spitze, wahrscheinlich weil sie glaubt, daß man ihr irgend etwas zum Fressen reichen wolle; zu einem ernstlichen Beißen aber kommt es auch dann nicht. Man könnte, glaube ich, die Springmaus in jedem Putzzimmer halten, so groß ist ihre Gutmüthigkeit, Harmlosigkeit und Reinlichkeit. Ob sie ihren Pfleger von anderen Leuten unterscheiden lernt, steht dahin; eins aber ist sicher: gegen Liebkosungen zeigt sie sich sehr empfänglich. Nichts ist ihr unangenehmer, als wenn man sie in der Lust ihrer abendlichen Lustwandlungen außerhalb des Käfigs stört, und nur höchst ungern bleibt sie dann in der Hand. Setzt man sie aber auf die eine Hand und streichelt sie sanft mit dem Finger, so schließt sie wie verzückt die Augen zur Hälfte, rührt minutenlang kein Glied und vergißt Freiheit und alles andere.

Der Nutzen, welchen die Wüstenspringmäuse bringen, ist nicht unbedeutend. Die Araber essen ihr ziemlich schmackloses Fleisch sehr gern und bereiten sich wohl auch aus den glänzenden Fellen kleine Pelze für Kinder und Frauen oder verwenden sie sonst zur Verzierung von Sätteln, zum Besatz von Decken usw. Schaden bringen die Springmäuse natürlich nicht, sie nutzen höchstens diejenige Stelle der Wüste aus, welches sonst von keinem andern Geschöpfe besucht wird.

# *Das Alpenmurmelthier*

Das Alpenmurmelthier (Arctomys Marmota), erreicht etwa 62 Centim. Gesammtlänge bei 15 Centim. Höhe. Die Behaarung, welche aus kürzerem Woll- und längerem Grannenhaar besteht, ist dicht, reichlich und ziemlich lang, ihre Färbung auf der Oberseite mehr oder weniger braunschwarz, auf Scheitel und Hinterkopf durch einige weißliche Punkte unterbrochen, an der Schnauze und an den Füßen rostgelblichweiß. Augen und Krallen sind schwarz, die Vorderzähne braungelb.

Die neueren Untersuchungen haben ergeben, daß das Murmelthier ausschließlich in Europa lebt. Das Hochgebirge der Alpen, Pyrenäen und Karpaten beherbergt es, und zwar bewohnt es die höchst gelegenen Stellen. Je einsamer das Gebirge, um so häufiger wird es gefunden; da wo der Mensch schon mehr mit ihm verkehrt hat, ist es bereits ausgerottet. In der Regel wohnt es nur auf den nach Süden, Osten und Westen zu gelegenen Bergflächen und Anhängen, weil es, wie die meisten Tagthiere, die Sonnenstrahlen liebt. Hier hat es sich seine Höhlen gegraben, kleinere, einfachere, und tiefere, großartig angelegte, die einen für den Sommer bestimmt, die anderen für den Winter, jene zum Schutz gegen vorübergehende Gefahren oder Witterungseinflüsse, diese gegen den furchtbaren, strengen Winter, welcher da oben seine Herrschaft sechs, acht, ja zehn Monate lang festhält. Mindestens zwei Drittel des Jahres verschläft das merkwürdige Geschöpf, oft noch weit mehr; denn an den höchst gelegenen Stellen, wo es sich findet, währt sein Wachsein und Umhertreiben vor dem Baue kaum den sechsten Theil des Jahres.

Das Sommerleben ist, laut Tschudi, sehr kurzweilig. Mit Anbruch des Tages kommen zuerst die Alten aus der Röhre, strecken vorsichtig den Kopf heraus, spähen, horchen, wagen sich dann langsam ganz hervor, laufen etliche Schritte bergan, setzen sich auf die Hinterbeine und weiden hierauf eine Weile lang mit unglaublicher Schnelligkeit das kürzeste Gras ab. Bald darauf strecken auch die Jungen ihre Köpfe hervor, huschen heraus, weiden ein wenig, liegen Stunden lang in der Sonne, machen Männchen und spielen artig miteinander. Alle Augenblicke sehen sie sich um und bewachen mit der größten Aufmerksamkeit die Gegend. Das erste, welches etwas verdächtiges bemerkt, einen Raubvogel oder Fuchs oder Menschen, pfeift tief und laut durch die Nase, die übrigen wiederholen es theilweise, und im Nu sind alle verschwunden. Bei mehreren Thierchen hat man statt des Pfeifens ein lautes Kläffen gehört, woher wahrscheinlich der Name »Mistbelleri« kommt. Ob sie aber überhaupt eigentliche Wachen ausstellen, ist nicht entschieden. Ihre Kleinheit sichert sie mehr vor der Gefahr, bemerkt zu werden, und ihr Auge, besonders aber ihr Ohr und Geruch sind sehr scharf.

Während des Sommers wohnen die Murmelthiere einzeln oder paarweise in ihren eigenen Sommerwohnungen, zu denen ein bis vier Meter lange Gänge mit Seitengängen und Fluchtlöchern führen. Diese sind oft so enge, daß man kaum eine Faust glaubt durchzwängen zu können. Die losgegrabene Erde werfen sie nur zum kleinsten Theile hinaus; das meiste treten sie oder schlagen sie in den Gängen fest, welche dadurch hart und glatt werden. Die Ausgänge sind meist unter Steinen angebracht. In ihrer Nähe findet man oft eine ganze Anzahl kurzer, bloß zum Verstecken bestimmter Löcher und Röhren. Der Kessel ist wenig geräumig. Hier paaren sie sich, wahrscheinlich im April, und das Weibchen wirft nach sechs Wochen zwei bis vier Junge, welche sehr selten vor die Höhle kommen, bis sie etwas herangewachsen sind, und bis zum nächsten Sommer mit den Alten den Bau theilen.

Gegen den Herbst zu graben sie sich ihre weiter unten im Gebirge liegende Winterwohnung, welche jedoch selten tiefer als anderthalb Meter unter dem Rasen liegt. Sie ist immer niedriger im Gebirge gelegen als die Sommerwohnung, welche oft sogar 2600 Meter über dem Meere liegt, während die Winterwohnung (im Kanton Glarus »Schübene« genannt) in der Regel in dem Gürtel der obersten Alpenweiden, oft aber auch tief unter der Baumgrenze liegt. Diese nun ist für die ganze Familie, die aus fünf bis fünfzehn Stück besteht, berechnet und daher sehr geräumig. Der Jäger erkennt die bewohnte Winterhöhle sowohl an dem Heu, welches vor ihr zerstreut liegt, als auch an der gut mit Heu, Erde und Steinen von innen verstopften, aber bloß faustgroßen Mündung der Höhleneingänge, während die Röhren der Sommerwohnungen immer offen sind. Nimmt man den Baustoff aus der Röhrenmündung weg, so findet man zuerst einen aus Erde, Sand und Steinen wohlgemauerten, mehrere Fuß langen Eingang. Verfolgt man nun diesen sogenannten Zapfen einige Meter weit, so stößt man bald auf einen Scheideweg, von welchem aus zwei Gänge sich fortsetzen. Der eine, in dem sich gewöhnlich Losung und Haare befinden, führt nicht weit und hat wahrscheinlich den Baustoff zur Ausmauerung des Hauptganges geliefert. Dieser erhöht sich jetzt allmählich, und nun stößt der Jäger an seiner Mündung auf einen weiten Kessel, oft acht bis zehn Meter bergwärts, das geräumige Lager der Winterschläfer. Er bildet meist eine eirunde backofenförmige Höhle, mit kurzem, weichem, dürrem, gewöhnlich röthlichbraunem Heu angefüllt, welches zum Theile jährlich erneuert wird. Vom August an fangen nämlich diese klugen

SCIURIDAE

*Marmota marmota*

Thierchen an, Gras abzubeißen und zu trocknen und mit dem Maule zur Höhle zu schaffen und zwar so reichlich, daß es oft von einem Manne auf einmal nicht weggetragen werden kann. Man fabelte früher von dieser Heuernte sonderbare Sachen. Ein Murmelthier sollte sich auf den Rücken legen, mit Heu beladen lassen und so zur Höhle wie ein Schlitten gezogen werden. Zu dieser Erzählung veranlaßte die Erfahrung, daß man oft Murmelthiere findet, deren Rücken ganz abgerieben ist, was jedoch bloß vom Einschlüpfen in die engen Höhlengänge herrührt.

Außer diesen beiden Wohnungen hat das Murmelthier noch besondere Fluchtröhren, in welche es sich bei Gefahr versteckt, oder es eilt unter Steine und Felsenklüfte, wenn es seine Höhle nicht erreichen kann.

Die Bewegungen des Murmelthieres sind sonderbar. Der Gang namentlich ist ein höchst eigenthümliches, breitspuriges Watscheln, wobei der Bauch fast oder wirklich auf der Erde schleift. Eigentliche Sprünge habe ich die Murmelthiere, meine gefangenen wenigstens, niemals ausführen sehen: sie sind zu schwerfällig dazu. Höchst sonderbar sieht das Thier aus, wenn es einen Kegel macht; es sitzt dann kerzengerade auf dem Hintertheile, steif, wie ein Stock, den Schwanz senkrecht vom Leibe abgebogen, die Vorderarme schlaff herabhängend, und schaut aufmerksam in die Welt hinaus. Beim Graben arbeitet es langsam, gewöhnlich nur mit einer Pfote, bis es einen hübschen Haufen Erde losgekratzt hat; dann wirft es diese durch schnellende Bewegungen mit den Hinterfüßen weiter zurück, und endlich schiebt es sie mit dem Hintern vollends zur Höhle hinaus. Während des Grabens erscheint es häufig vor der Mündung seiner Röhre, um sich den Sand aus dem Felle zu schütteln; hierauf gräbt es eifrig weiter.

Frische und saftige Alpenpflanzen, Kräuter und Wurzeln bilden die Nahrung des Murmelthieres. Zur Tränke geht es selten; auch trinkt es viel auf einmal, schmatzt dabei und hebt nach jedem Schlucke den Kopf in die Höhe, wie die Hühner oder Gänse. Seine ängstliche Aufmerksamkeit während der Weide läßt es kaum einen Bissen in Ruhe genießen; fortwährend richtet es sich auf und schaut sich um, und niemals wagt es, einen Augenblick zu ruhen, bevor es sich nicht auf das sorgfältigste überzeugt hat, daß keine Gefahr droht.

Nach allen Beobachtungen scheint es festzustehen, daß das Alpenmurmelthier ein Vorgefühl für Witterungsveränderungen besitzt. Die Bergbewohner glauben steif und fest, daß es durch Pfeifen die Veränderungen des Wetters anzeigt, und sind überzeugt, daß am nächsten Tage Regen eintritt, wenn das Thier trotz des Sonnenscheins nicht auf dem Berge spielt.

Wie die meisten Schläfer, sind die Alpenmurmelthiere im Spätsommer und Herbst ungemein fett. Sobald nun der erste Frost eintritt, fressen sie nicht mehr, trinken aber noch viel und oft, entleeren sich sodann und beziehen nun familienweise die Winterwohnungen. Vor Beginn des Winterschlafes wird der enge Zugang zu dem geräumigen Kessel auf eine Strecke von ein bis zwei Meter, von innen aus mit Erde und Steinen, zwischen welche Lehm, Gras und Heu eingeschoben werden, geschickt und fest verstopft, so daß das Ganze einem Gemäuer gleicht, bei welchem das Gras gleichsam den Mörtel abgibt. Durch diese Vermauerung wird die äußere Luft abgeschlossen und im Innern durch die Ausstrahlung des Körpers selbst eine Wärme hergestellt, welche etwa 8 bis 9° R. beträgt. Der mit dürrem, rothen Heu ausgepolsterte und ringsum ausgefütterte Kessel bildet für die ganze Gesellschaft das gemeinsame Lager. Hier ruht die Familie dicht bei einander. Alle Lebensthätigkeit ist aufs äußerste herabgestimmt, jedes Thier liegt regungslos und kalt in todesähnlicher Erstarrung in der einmal eingenommenen Lage, keines bekundet Leben. Die Blutwärme ist herabgesunken auf die Wärme der Luft, welche in der Höhle sich findet, die Athemzüge erfolgen bloß funfzehn Mal in der Stunde. Nimmt man ein Murmelthier im Winterschlafe aus seiner Höhle und bringt es in die Wärme, so zeigt sich erst bei 17 Graden das Athmen deutlicher, bei 20 Graden beginnt es zu schnarchen, bei 22 streckt es die Glieder, bei 25 Graden erwacht es, bewegt sich taumelnd hin und her, wird nach und nach munterer und beginnt endlich zu fressen. Im Frühjahre erscheinen die Murmelthiere in sehr abgemagertem Zustande vor der Öffnung ihrer Winterwohnung, sehen sich sehnsüchtig nach etwas Genießbarem um, und müssen oft weit wandern, um an den Ecken und Kanten der Berge, da, wo der Wind den Schnee weggetrieben hat, etwas verdorrtes Gras aufzutreiben. Dieses überwinterte Gras dient ihnen im Anfange zur hauptsächlichsten Nahrung, bald aber sprossen die jungen, frischen, saftigen Alpenpflanzen und verschaffen ihnen wieder Kraft und Fülle.

Jagd und Fang des Murmelthieres haben mancherlei Schwierigkeiten. Der herannahende Jäger wird fast regelmäßig von irgend einem Gliede der Gesellschaft bemerkt und den übrigen durch helles Pfeifen angezeigt. Dann flüchten alle nach dem Baue, und erscheinen so bald nicht wieder; man muß also vor Sonnenaufgang zur Stelle sein, wenn man ein solches Wild erlegen will. Schon in alten Zeiten wurde ihnen eifrig nachgestellt, und in der Neuzeit ist es nicht besser geworden. Die Fallen liefern, so einfach sie sind, immer guten Ertrag und vermindern die Murmelthiere um ein Beträchtliches; die Nachgrabungen im Winter rotten sie familienweise aus. Mit Recht ist deshalb in vielen Kantonen der Schweiz das Graben auf Murmelthiere verboten; denn dadurch würde in kurzer Zeit ihre vollständige Vernichtung herbeigeführt werden, während die einfache Jagd ihnen nie sehr gefährlich wird. Im äußersten Nothfalle vertheidigen sich die Murmelthiere mit Muth und Entschlossenheit gegen ihre Feinde, indem sie stark beißen oder auch ihre kräftigen Krallen anwenden. Wird eine Gesellschaft gar zu heftig verfolgt, so zieht sie aus und wandert, um sicher zu sein, von einem Berge zum anderen. Hier und da sind, wie Tschudi berichtet, die Bergbewohner vernünftig und bescheiden genug, ihre Fallen bloß für die alten Thiere einzurichten, so z. B. an der Gletscheralp im Walliser Saaßthale, wo die Thiere in größerer Menge vorhanden sind, weil die Jungen stets geschont werden. Dem Alpenbewohner ist das kleine Thier nicht allein der Nahrung wegen wichtig, sondern dient auch als Arzneimittel für allerlei Krankheiten. Das fette, äußerst wohlschmeckende Fleisch gilt als besonderes Stärkungsmittel für Wöchnerinnen; das Fett soll Schwangeren das Gebären erleichtern, Leibschneiden heilen, dem Husten abhelfen, Brustverhärtungen zertheilen; der frisch abgezogene Balg wird bei gichtischen Schmerzen angewandt, und dergleichen mehr. Frischem Fleische haftet ein so starker erdiger Wildgeschmack an, daß es dem an diese Speise nicht Gewöhnten Ekel verursacht; deshalb werden auch die frisch gefangenen Murmelthiere, nachdem sie wie ein Schwein gebrüht und geschabt worden sind, einige Tage in den Rauch gehängt und dann erst gekocht oder gebraten. Ein derart vorbereitetes Murmelthierwildpret gilt für sehr schmackhaft. Die Mönche im St. Galler Stift hatten schon um das Jahr 1000 einen eigenen Segensspruch für dieses Gericht: »Möge die Benediktion es fett machen!« In damaliger Zeit wurde das Thierchen in den Klöstern Cassus alpinus genannt, und gelehrte Leute beschäftigten sich mit seiner Beschreibung. Der Jesuit Kircher hielt es, nach Tschudi, für einen Blendling von Dachs und Eichhorn; Altmann aber verwahrt sich gegen solche Einbildungen und kennzeichnet das Murmelthier als einen kleinen Dachs, welcher mit den wahren, echten zu den Schweinen gehöre, erzählt auch, daß es vierzehn Tage vor dem Winterschlafe nichts mehr zu sich nehme, wohl aber viel Wasser trinke und dadurch seine Eingeweide ausspüle, damit sie über Winter nicht verfaulten!

Für die Gefangenschaft und Zähmung wählt man sich am liebsten die Jungen, obgleich es schwierig ist, diese der Mutter wegzuhaschen, wenn sie den ersten Ausgang machen. Sehr jung eingefangene und noch säugende Murmelthiere sind schwer aufzuziehen und gehen auch bei der besten Pflege gewöhnlich bald zu Grunde, während die halbwüchsigen sich leicht auffüttern und lange erhalten lassen. Ihre Nahrung besteht in der Gefangenschaft aus verschiedenen Pflanzenstoffen und Milch. Gibt man sich Mühe mit ihnen, so werden sie bald und in hohem Grade zahm, zeigen sich folgsam und gelehrig, lernen ihren Pfleger kennen, auf seinen Ruf achten, allerlei Stellungen annehmen, auf den Hinterbeinen aufgerichtet umherhüpfen, an einem Stocke gehen u.s.w. Das harmlose und zutrauliche Thier ist dann die Freude von Jung und Alt, und seine Reinlichkeitsliebe und Nettigkeit erwirbt ihm viele Freunde. Im Hause kann man es nicht umherlaufen lassen, weil es alles zernagt, und der Käfig muß auch stark und innen mit Blech beschlagen sein, wenn man das Durchbrechen verhindern will. Im Hofe oder im Garten läßt es sich ebenso wenig halten, weil es sich doch einen Ausweg verschafft, indem es sich unter den Mauern durchgräbt. Im warmen Zimmer lebt es im Winter wie im Sommer, in kalten Räumen rafft es alles zusammen, was es bekommen kann, baut sich ein Nest und schläft, aber mit Unterbrechung. Während des Winterschlafes kann man ein wohl in Heu eingepacktes Murmelthier in gut verschlossenen Kisten weit versenden. Mein Vater erhielt von Schinz eins zugesandt, noch ehe die Eisenbahn eine schnelle Beförderung möglich machte; aber das Thier hatte die Reise aus der Schweiz bis nach Thüringen sehr gut vertragen und kam noch im festen Schlafe an. Übrigens erhält man selbst bei guter Pflege das gefangene Murmelthier selten länger als fünf bis sechs Jahre am Leben.

# *Das Stachelschwein*

Die Stachelschweine (Hystrix) lassen sich an dem außer allem Verhältnisse entwickelten Stachelkleide leicht erkennen. Die Stacheln sind die größten, welche überhaupt vorkommen; eine genaue Beschreibung derselben erscheint mir aber unnöthig, weil sie so vielfache Verwendung finden, daß sie wohl den meisten meiner Leser aus eigener Anschauung bekannt sein dürften. Bezeichnend für sie sind außerdem die kleinen, rundlichen Ohren, die breiten Oberlippen und die gespaltenen Nasenlöcher. Das Stachelschwein (Hystrix cristata) übertrifft unsern Dachs an Größe, nicht aber an Länge und erscheint wegen seines Stachelkleides viel dicker und umfangreicher, als es wirklich ist. Seine Länge beträgt 65 Centim..

Die Stachelschweine führen ein trauriges, einsames Leben. Bei Tage ruht das Stachelschwein in langen, niedrigen Gängen, welche es sich selbst in den Boden wühlt; nachts kommt es heraus und streift nach seiner Nahrung umher. Diese besteht in Pflanzenstoffen aller Art, Disteln und anderen Kräutern, Wurzeln und Früchten, der Rinde verschiedener Bäume und mancherlei Blättern. Es beißt die Nahrung ab, faßt sie mit den Vorderzähnen und hält sie mit den Vorderpfoten fest, so lange es frißt. Alle Bewegungen sind langsam und unbeholfen; der Gang ist träge, bedächtig, der Lauf nur wenig rasch. Bloß im Graben besitzt das plumpe Thier einige Fertigkeit, aber keineswegs genug, um einem gewandten und behenden Feinde zu entfliehen. Im Winter soll es mehr als gewöhnlich im Baue verweilen und manchmal tagelang dort schlafend zubringen. Einen wirklichen Winterschlaf hält es nicht.

Überrascht man ein Stachelschwein außerhalb seines Baues, so richtet es Kopf und Nacken drohend auf, sträubt alle Stacheln seines Körpers und klappert in eigenthümlicher Weise mit ihnen, zumal mit den hohlen Stacheln des Schwanzes, welche es durch seitliche Bewegungen so aneinander reibt, daß ein absonderliches Gerassel entsteht, durchaus geeignet, einen unkundigen oder etwas furchtsamen Menschen in Angst zu jagen. Bei hoher Erregung stampft es mit den Hinterfüßen auf den Boden, und wenn man es erfaßt, läßt es ein dumpfes, dem des Schweines ähnliches Grunzen vernehmen. Bei diesen Bewegungen fallen oft einzelne Stacheln aus. Trotz des furchtbaren Klapperns und Rasselns ist das Thier ein vollkommen ungefährliches, harmloses Geschöpf, welches leicht erschrickt, jedem aus dem Wege geht und kaum daran denkt, von seinen scharfen Zähnen Gebrauch zu machen. Auch die Stacheln sind keineswegs Angriffswaffen, sondern nur das einzige Vertheidigungsmittel, welches der arme Gesell besitzt. Wer ihm unvorsichtig naht, kann durch sie verwundet werden; der gewandte Jäger ergreift das Thier an der Nackenmähne und trägt es mit Leichtigkeit fort. Freilich biegt es sich, wenn man herankommt, mit dem Kopfe zurück, hebt die Stacheln des Rückens vorwärts und läuft einige Schritte auf den Gegner los; allein ein vorgehaltener Stock wehrt die Lanzen ab, und ein großes Tuch genügt, um das Thier zu entwaffnen. In der äußersten Noth rollt es sich wie ein Igel zusammen, und dann ist es allerdings schwierig, es aufzuheben. Im allgemeinen aber kann man sagen, daß es, so furchtbar bewehrt es auch scheint, jedem geschickten Feinde erliegt. Der Leopard z. B. tödtet den armen Stachelhelden durch einen einzigen Tatzenschlag auf den Kopf, ohne sich Schaden zuzufügen.

Die geistigen Eigenschaften unseres Stachelschweines sind ebenso gering wie die seiner Verwandten; man kann kaum von Verstand reden, obgleich eine gewisse Begabung sich nicht verkennen läßt. Unter den Sinnen dürfte der Geruch der entwickeltste sein; Gesicht und Gehör sind stumpf.

Nach dem verschiedenen Klima der Heimatsorte ändert sich auch die Zeit der Paarung. Um diese Zeit suchen die Männchen ihre Weibchen auf, und beide leben mehrere Tage zusammen. Sechzig bis siebzig Tage nach der Begattung wirft das Weibchen in seiner Höhle auf ein ziemlich weiches und mit Blättern, Wurzeln und Kräutern ausgepolstertes Nest zwei bis vier Junge. Die Thierchen kommen mit offenen Augen und kurzen, weichen, eng an dem Körper anliegenden Stacheln zur Welt, diese aber erhärten sehr bald und wachsen außerordentlich rasch, obschon sie ihre volle Länge erst mit dem höheren Alter erreichen. Sobald die Jungen fähig sind, ihre Nahrung sich zu erwerben, verlassen sie die Mutter.

Auch gefangene Stachelschweine pflanzen sich nicht selten fort; ich selbst habe jedoch eigene Beobachtungen hierüber nicht angestellt und gebe deshalb anderer Berichte wieder. »Der immer mehr zunehmende Umfang des Weibchens unseres Paares«, so schreibt mir Bodinus, »erweckte bei mir die Hoffnung auf Vermehrung, und eines Tages ward zu meiner Freude ein junges, soeben geborenes Thierchen im Käfige gefunden. Dasselbe hatte etwa die Größe eines starken Maulwurfes, war mit sparsamen, sehr kurzen Stacheln bedeckt und kroch mit einiger Mühe, obwohl noch naß und an der Nabelschnur hängend, im Käfige umher. Meine Sorge, daß der Vater sich unnatürlich beweisen möchte, war unnöthig; er betrachtete den jungen Sprößling zwar neugierig, bekümmerte sich dann aber nicht besonders um ihn. Die Mutter leckte ihr Junges, welches sogleich die Brustwarzen suchte. Bekanntlich liegen diese vorn an der Seite des Schulterblattes; die sie umgebenden Stacheln sind aber durchaus kein Hindernis für das Sauggeschäft. Das Junge saugte noch, als es über die Hälf-

Hystrix cristata L.
HYSTRICIDAE

te der Größe seiner Eltern erreicht hatte, während sich die Eltern bereits wieder begattet hatten. Auch dafür sind die Stacheln kein Hindernis, wie man wohl vermuthen sollte.«

»Die Alte«, so berichtet mir Mützel, welcher die Stachelschweinfamilie eingehend beobachtete, »ist eine ausgezeichnete Mutter; denn sie nährt nicht allein, sondern schützt auch ihre Kinder nach Kräften. Sobald man ihr sich naht, jagt sie die Kleinen in den Hintergrund des Käfigs, stellt sich quer vor sie hin und geht, nachdem sie den Beschauer einige Zeitlang angeglotzt, nach Art der Strandkrabben seitlich vorschreitend, Kamm und Stacheln sträubend, fauchend, mit dem Schwanze rasselnd, ab und zu auch wohl mit einem Hinterbeine aufstampfend, herausfordernd auf den Störenfried los. Verhält man sich ruhig, so läßt die Erregung nach; Kamm und Stacheln legen sich zurück, Fauchen, Rasseln und Stampfen enden, und alle Furcht oder Besorgnis scheint vergessen zu sein: eine einzige Bewegung aber, und das alte Spiel beginnt von neuem. Da bringt der Wärter Futter, Brod oder Rüben. Sie ergreift ein Stück Brod mit den Zähnen, trägt es ihren Jungen zu, welche bisher, dumm in die Weite glotzend, den Ereignissen zugeschaut und höchstens bei der Flucht nach hinten ihre stummelhaften Stacheln zu sträuben versucht hatten, legt es vor jenen auf den Boden und hält es mit beiden Vorderfüßen fest. Die Jungen lassen sich nicht lange nöthigen, sondern beginnen sofort knabbernd ihr Mahl; eines aber unterbricht dieses, nach der Muttermilch verlangend, nähert es sich der erbsengroßen Brustzitze, welche von ungefähr zwei Centimeter langen, strahlenförmig dem Leibe anliegenden, gelbbraun und schwarz gefärbten Stacheln umgeben ist, und saugt mit kräftigen Zügen. Noch immer traut die sorgende Alte dem Beschauer nicht und bekundet dies bei jeder Bewegung desselben in der geschilderten Weise; endlich aber gelangt sie doch zu der Überzeugung, daß ihren Sprossen keinerlei Gefahr drohe, und nun bringt sie diese in den Vordergrund des Behälters. An jeder Seite der langstacheligen Mutter hängt eines der kurzbestachelten Jungen, ohne die einmal gefaßte Zitze loszulassen; denn die Kleinen geben sich mit ganzer Seele dem Genusse hin, und nur die Mutter zeigt auch jetzt noch einige Unruhe. Endlich lösen sich die Jungen, versuchen schüchtern auch ihrerseits Bekanntschaft mit dem Fremdlinge anzuknüpfen, erschrecken über irgend welche Bewegung desselben, eilen, durch eigenartige Kopfbewegungen, durch Schnauben und Rasseln der Alten gewarnt, im vollen Laufe der Tiefe des Käfigs zu und gewinnen glücklich das dort für sie gebettete Strohlager; die Alte folgt rasselnd, schnaubend und stampfend nach, deckt sie mit ihrem eigenen Leibe und bekundet fortan für geraume Zeit ein tieferes Mißtrauen als je.«

Man kann eigentlich nicht sagen, daß das Stachelschwein dem Menschen Schaden bringt; denn es ist nirgends häufig, und die Verwüstungen, welche es zeitweilig in den seiner Höhle nahegelegenen Gärten anrichtet, kommen kaum in Betracht. Da, wo es lebt, hält es sich in Einöden auf und wird deshalb selten lästig. Gleichwohl verfolgt man es eifrig. Die Stacheln finden vielfache Anwendung, und auch das Fleisch wird hier und da benutzt.

Italiener ziehen mit gezähmten Thieren von Dorf zu Dorf und zeigen das auffallende Geschöpf dort für Geld. Bei nur einiger Pflege ist es leicht, das Stachelschwein acht bis zehn Jahre lang in der Gefangenschaft zu erhalten. Man kann sogar ein Beispiel aufführen, daß es achtzehn Jahre lang aushielt. Wenn man es gut behandelt, wird es auch leicht zahm. Jung eingefangene lernen ihre Pfleger kennen und folgen ihnen nach wie ein Hund. Die dem Thiere angeborene Furchtsamkeit und Scheu kann es jedoch niemals ablegen, und oft bekundet es über die unschädlichsten Dinge Angst und Schrecken und rasselt nach Kräften mit dem Panzer. Mißhandlungen erträgt es nicht, wie es überhaupt leicht in Zorn geräth. Möhren, Kartoffeln, Salat, Kohl und andere Pflanzenstoffe bilden seine Nahrung in der Gefangenschaft; am liebsten frißt es Obst.

Man kann eben nicht behaupten, daß das Thier ein gemüthlicher Gesellschafter des Menschen wäre. In der Stube ist es kaum zu halten. Es läuft ohne Verstand umher und verletzt einen wohl auch ab und zu mit den Stacheln, benagt Tischbeine, Thüren und anderes Holzwerk, und bleibt immer ein langweiliger Gesell. Am hübschesten macht es sich, wenn man ihm einen eigenen Stall aus Steinen errichtet, wie es gegenwärtig in den Thiergärten geschieht. Es packt alle Nahrung hübsch mit den Vorderfüßen, versteht es ganz gut, eingewickelte Stoffe zu enthülsen und zu verwerthen, knackt niedlich Nüsse auf, nimmt artig ein Stückchen Zucker usw.

Die in Europa hausenden Stachelschweine sollen aus Nordafrika stammen und erst durch die Römer übergeführt worden sein. Die Alten kannten das Stachelschwein recht gut, verdunkeln aber seine Naturgeschichte durch Fabeln. Aristoteles gibt an, daß es Winterschlaf halte, Plinius, daß es seine Stacheln durch eine Spannung der Haut fortschleudern könne, und Oppian führt diese Behauptung aus, wie folgt: »Die Stachelschweine sehen erschrecklich aus und sind die allergefährlichsten Thiere. Werden sie verfolgt, so fliehen sie mit Windesschnelle, nicht aber, ohne zu kämpfen; denn sie schießen ihre todbringenden Stacheln gerade hinter sich gegen den Feind. Der Jäger darf daher keinen Hund gegen sie loslassen, sondern muß sie mit List fangen.« Claudian endlich widmet dem Thiere ein Gedicht, in welchem er alles ihm bekannte zusammenstellt.

In ähnlich alter Zeit spielte eine vom Stachelschwein stammende Bezoarkugel in der Arzneiwissenschaft eine wichtige Rolle. Sie galt als ein untrügliches Heilmittel für mancherlei hartnäckige Krankheiten und wurde oft wegen ihrer Seltenheit mit hundert Kronen bezahlt. Diese Kugeln, unter den Namen »Piedra del Porco« bekannt, kamen aus Ostindien von dem dort lebenden Stachelschweine, waren schmierig anzufühlen und hatten einen außerordentlich bitteren Geschmack, welcher die damaligen Ärzte hinlänglich zu berechtigen schien, von ihnen großes zu erwarten.

# *Unser Meerschweinchen*

Unser allbekanntes Meerschweinchen (Cavia cobaya) theilt das Schicksal vieler Hausthiere: man vermag seine Stammeltern mit Sicherheit nicht zu bestimmen. So viel wir wissen, ist das Thierchen bald nach der Entdeckung Amerikas, im sechszehnten Jahrhundert also, und zwar durch die Holländer zu uns gebracht worden. Von jener Zeit an hat man es fort und fort gezüchtet, noch heutigen Tages aber über den Stammvater nicht sich entscheiden können. Die englischen Naturforscher nehmen ziemlich allgemein die Aperea (Cavia Aperea) als Stammart an, und es ist deshalb wohl am Orte, wenn wir zunächst mit dieser uns bekannt machen. Azara sagt Folgendes:

»Die Aperea ist häufig in Paraguay und ebenso in den Pampas von Buenos Ayres, ja wie man sagt, in ganz Amerika. Sie bewohnt die Gräser und Gebüsche an den Feldern, ohne in die Wälder einzudringen. Höhlen gräbt sie nicht, und von ihrem Standorte entfernt sie sich nicht gern weit. In Gärten richtet sie Schaden an, weil sie die verschiedensten Pflanzen verzehrt. Bei Tage hält sie sich verborgen, mit Sonnenuntergang kommt sie zum Vorscheine. Man kann sie nicht scheu nennen. Wenn man sich ihr nähert, versteckt sie sich unter irgend einem Gegenstande. Gefangen, schreit sie laut auf. Ihr Lauf ist ziemlich schnell, sie selbst aber so dumm, daß alle Raubvögel und Raubthiere sie mit Leichtigkeit wegnehmen. Dem ungeachtet ist sie häufig, wahrscheinlich, weil das Weibchen mehrmals im Jahre Junge wirft, wenn auch gewöhnlich nur ein oder höchstens zwei Stück. Das Fleisch wird von den Indianern gern gegessen.«

Diesen Bericht vervollständigt Rengger. »Man erkennt ihren Aufenthalt an den kleinen und schmalen, geschlängelten Wegen, welche sie sich zwischen den Bromelien bahnt, und welche gewöhnlich einen Meter weit ins Freie hinauslaufen. Früh und abends kommt sie aus ihrem Schlupfwinkel hervor, um ihrer Nahrung, welche aus Gras besteht, nachzugehen, entfernt sich aber nie weit, höchstens sechs Meter von ihrem Wohnorte. Sie ist so wenig scheu, daß man sich ihr leicht auf halbe Schußweite nähern kann. Ihre Bewegungen, die Art zu fressen, die Laute, welche sie von sich gibt, sind die nämlichen wie beim Meerschweinchen.

Das Weibchen wirft nur einmal im Jahre und zwar im Frühjahre ein oder zwei sehende Junge, welche gleich nach der Geburt laufen und ihrer Mutter folgen können. Der Pelz kann zu nichts benutzt werden. Außer den Menschen hat es noch alle Raubthiere, welche zum Katzen- und Hundegeschlechte gehören, zu Feinden, besonders aber die größeren Schlangen, welche sich gewöhnlich auch in der Nähe der Bromelien und zwischen denselben aufhalten.«

»Auf der Reise an der Villa Rica sah ich bei einem Landmanne vierzehn zahme Apereas. Sie waren sehr zahm, kannten ihren Herrn, kamen auf seinen Ruf aus ihrem Schlupfwinkel hervor, fraßen aus seiner Hand und ließen sich von ihm auf den Arm nehmen. Gegen fremde Personen zeigten sie einige Furcht. Ihre Färbung stimmte mit der wildlebender überein, ebenso ihre Lebensweise, indem sie, wenn sie nicht gerufen wurden, den Tag hindurch sich versteckt hielten und nur morgens und abends ihre Nahrung aufsuchten.«

Man kann es Rengger nicht verargen, wenn er nach diesen Beobachtungen die Aperea und das Meerschweinchen für verschiedene Thiere erklärt. Die Aperea wird 26 Centim. lang und 9 Centim. hoch. Der Pelz besteht aus geraden, harten, glänzenden, borstenartigen Haaren, welche ziemlich glatt auf der Haut liegen. Im Winter sind die Haare der Oberseite braun und gelb mit röthlichen Spitzen; im Sommer wird die Färbung blässer, und alle oberen und äußeren Theile erscheinen graubraun mit einer röthlichen Schattirung. Das Meerschweinchen dagegen zeigt immer nur dreierlei Farben in bunter, unregelmäßiger Mischung: Schwarz, Rothgelb und Weiß. Diese Farben sind bald in größere, bald in kleinere Flecken vertheilt. Einfarbige sind weit seltener als bunte. Hierzu kommen noch innerliche Unterschiede. Der Schädel der Aperea läuft nach vorn spitzer zu als beim Meerschweinchen, ist hinten breiter und an der Hirnschale gewölbt. Waterhouse hält diese von Rengger hervorgehobenen Unterschiede nicht für maßgebend, Hensel dagegen stimmt Rengger bei und bemerkt ausdrücklich, daß sie um so mehr ins Gewicht fallen, als man dabei nicht an Folgen der Zähmung denken könne. So wissen wir also immer noch nicht, ob wir die Aperea wirklich als Stammvater des Meerschweinchens ansehen dürfen.

Dieses gehört zu den beliebtesten Hausthieren aus der ganzen Ordnung der Nager, ebensowohl seiner Genügsamkeit wie seiner Harmlosigkeit und Gutmüthigkeit halber. Wenn man ihm einen luftigen und trockenen Stall gibt, ist es überall leicht zu erhalten. Es frißt die verschiedensten Pflanzenstoffe, von der Wurzel an bis zu den Blättern, Körner ebenso gut wie frische, saftige Pflanzen, und verlangt nur etwas Abwechselung in der Nahrung. Wenn es saftiges Futter hat, kann es Getränk ganz entbehren, obwohl es namentlich Milch recht gern zu sich nimmt. Es läßt sich überaus viel gefallen und verträgt selbst Mißhandlungen mit Gleichmuth. Deshalb ist es ein höchst angenehmes Spielzeug für Kinder, welche sich überhaupt am eifrigsten mit seiner Zucht abgeben. In seinem Wesen erinnert es in mancher Hinsicht an die Ka-

*Cavia aperea porcellus* CAVIIDAE

ninchen, in anderer wieder an die Mäuse. Der Gang ist eben nicht rasch und besteht mehr aus Sprungschritten; doch ist das Thier nicht tölpelhaft, sondern ziemlich gewandt. In der Ruhe sitzt es gewöhnlich auf allen vier Füßen, den Leib platt auf den Boden gedrückt; es kann sich aber auch auf dem Hintertheile aufrichten. Beim Fressen führt es oft seine Nahrung mit den Vorderfüßen zum Munde. Es läuft ohne Unterbrechung in seinem Stalle umher, am liebsten längs der Mauern hin, wo es sich bald einen glatt getretenen Weg bahnt. Recht hübsch sieht es aus, wenn eine ganze Anzahl beisammen ist. Dann folgt eines dem andern, und die ganze Reihe umkreist den Stall vielleicht hundertmal ohne Unterbrechung. Die Stimme besteht aus einem Grunzen, welches ihm wohl den Namen Schwein verschafft hat, und aus einem eigenthümlichen Murmeln und Quieken. Das Murmeln scheint Behaglichkeit auszudrücken, während das Quieken immer Aufregung anzeigt.

Männchen und Weibchen halten sich zusammen und behandeln einander zärtlich. Reinlich, wie die meisten Nager es sind, leckt eines das andere und benutzt auch wohl die Vorderfüße, um dem Gatten das Fell glatt zu kämmen. Schläft eines von dem Paare, so wacht das andere für seine Sicherheit; währt es ihm aber zu lange, so sucht es durch Lecken und Kämmen den Schläfer zu ermuntern, und sobald dieser die Augen aufthut, nickt es dafür ein und läßt nun sich bewachen. Das Männchen treibt sein Weibchen oft vor sich her und sucht ihm seine Liebe und Anhänglichkeit auf jede Weise an den Tag zu legen. Auch die gleichen Geschlechter vertragen sich recht gut, so lange die Freßsucht nicht ins Spiel kommt, oder es sich nicht darum handelt, den besten Platz beim Fressen oder Ruhen zu erhalten. Zwei verliebte Männchen, welche um eine Gattin streiten, gerathen oft in Zorn, knirschen mit den Zähnen, stampfen auf den Boden und treten sich gegenseitig mit den Hinterfüßen, packen sich auch wohl an den Haaren; ja es kommt sogar zu Kämpfen, bei denen die Zähne tüchtig gebraucht werden und manchmal ernste Verwundungen vorkommen. Der Streit und jeder Kampf enden erst dann, wenn sich ein Männchen entschieden in den Besitz eines Weibchens gesetzt hat oder in dem Kampfe Sieger geblieben ist.

Wenige Säugethiere kommen dem Meerschweinchen an Fruchtbarkeit gleich. Bei uns wirft das Weibchen zwei- oder dreimal im Jahre zwei bis drei, oft auch vier bis fünf Junge, in heißen Ländern sogar deren sechs bis sieben. Die Kleinen kommen vollständig entwickelt zur Welt, werden mit offenen Augen geboren und sind schon wenige Stunden nach ihrer Geburt im Stande, mit ihrer Mutter umherzulaufen. Am zweiten Tage ihres Lebens sitzen sie manchmal bereits mit bei der Mahlzeit und lassen sich die grünen Pflanzen, ja sogar die Körner, fast ebenso gut schmecken wie jene. Gleichwohl säugt sie die Mutter vierzehn Tage lang und zeigt während dieser Zeit viel Liebe und Sorgfalt für sie, vertheidigt sie, hält sie zusammen, leitet sie zum Fressen an usw. Sowie die Kleinen verständiger werden, erkaltet diese heiße Liebe, und nach ungefähr drei Wochen, zu welcher Zeit die Alte regelmäßig schon wieder sich gepaart hat, bekümmert sie sich gar nicht mehr um die früheren Sprößlinge. Der Vater zeigt sich von allem Anfang an sehr gleichgültig, sogar feindselig, und oft kommt es vor, daß er sie todt beißt und auffrißt. Nach ungefähr fünf bis sechs Monaten sind die Jungen ausgewachsen und fortpflanzungsfähig, nach acht bis neun Monaten haben sie ihre vollkommene Größe erreicht. Bei guter Behandlung können sie ihr Leben auf sechs bis acht Jahre bringen.

Wenn man sich viel mit Meerschweinchen beschäftigt, kann man sie ungemein zahm machen, obwohl sie ihre Furchtsamkeit nie gänzlich ablegen, und bei ihrer geringen geistigen Fähigkeit auch kaum dahin gelangen, den Wärter von Anderen zu unterscheiden. Niemals versuchen sie zu beißen oder sonst von ihren natürlichen Waffen Gebrauch zu machen. Das kleinste Kind kann unbesorgt mit ihnen spielen. Oft legen sie eine wahrhaft merkwürdige Gleichgültigkeit gegen äußere Gegenstände an den Tag. So lieb und angenehm ihnen auch ihr Stall zu sein pflegt, so wenig scheinen sie nach ihm zu verlangen, wenn sie wo anders hingebracht werden; sie lassen sich warten und pflegen, auf den Schoß nehmen, mit umherschleppen usw., ohne sich deshalb mißvergnügt zu zeigen. Wenn man ihnen etwas zu fressen gibt, sind sie überall zufrieden. Aber dafür bekunden sie auch nie wahre Anhänglichkeit, sondern sind so recht aller Welt Freund. Gegen kalte und nasse Witterung sehr empfindlich, erkranken sie, wenn man sie rauhem Wetter aussetzt und gehen dann leicht zu Grunde.

Eigentlichen Schaden können die Meerschweinchen nie bringen; es müßte denn sein, daß man sie im Zimmer hielte, wo sie vielleicht manchmal durch Benagen unangenehm werden können. Doch kommt dies nicht in Betracht gegenüber ihren guten Eigenschaften, durch welche sie viele Freude und somit auch Nutzen gewähren. Einen besondern Vorschub haben sie, freilich gegen ihren Willen, der Wissenschaft geleistet. Bischoff hat sie zu Untersuchungen über die thierische Entwickelung verwendet und ihnen dadurch einen ehrenvollen Platz in unserem wissenschaftlichen Schriftthume gesichert.

# *Das Faulthier*

Verglichen mit den bisher beschriebenen und den noch zu schildernden Säugethieren erscheinen die Faulthiere (Bradypoda) freilich als sehr niedrigstehende, stumpfe und träge, einen wahrhaft kläglichen Eindruck auf den Menschen machende Geschöpfe, gleichsam nur als ein launenhaftes Spiel der Natur oder als Zerrbild der vollkommenen Gestalten, welche sie erschuf. Die vorderen Gliedmaßen sind bedeutend länger als die hinteren, die Füße mehr oder weniger mißgebildet, aber mit gewaltigen Sichelkrallen bewehrt; der Hals ist verhältnismäßig lang und trägt einen runden, kurzen affenähnlichen Kopf mit kleinem Munde, welcher von mehr oder minder harten, wenig beweglichen Lippen umschlossen ist, und kleinen Augen und Ohrmuscheln, welche vollständig im Pelze verborgen sind; der Schwanz ist ein kaum sichtbarer Stummel; die Haare sind im Alter lang und grob wie dürres Heu und haben den Strich umgekehrt wie bei anderen Thieren von der Unterseite nach dem Rücken zu. Ganz auffallend und einzig unter den Säugethieren dastehend ist der Bau der Wirbelsäule. Anstatt der sieben Wirbel, welche sonst den Hals zu bilden pflegen, finden sich bei einzelnen Faulthieren ihrer sechs, bei anderen neun, ausnahmsweise sogar ihrer zehn, und die Zahl der rippentragenden Wirbel steigt von vierzehn auf vierundzwanzig. Im Unterkiefer stehen meist vier Zähne oder eigentlich bloß Anfänge von Zähnen. Sie bestehen aus Knochenmasse, welche zwar von einer dünnen Schmelzschicht umschlossen, äußerlich aber noch von Cement umgeben ist, sind also ihrem Wesen und ihrer Färbung nach eher Hornstifte als wirkliche Zähne. Nicht minder eigenthümlich ist der Bau mancher Weichtheile. Das Gehirn ist klein und zeigt nur wenige Windungen, deutet also auf geringe geistige Fähigkeiten dieser Stiefkinder der Natur.

Die Übereinstimmung des Wesens aller genauer beobachteten Faulthiere läßt es thunlich erscheinen, einer Schilderung ihrer Lebensweise die Beschreibung zweier Arten als Vertreter der Sippen der Familie vorauszuschicken: Der Unau oder das Zweizehenfaulthier und der Ai oder das Dreizehenfaulthier.

Das Verbreitungsgebiet der Faulthiere beschränkt sich auf Südamerika. Jene großen Wälder in den feuchten Niederungen, in denen die Pflanzenwelt zur höchsten

Entwickelung gelangt, bilden die Wohnorte der merkwürdigen Geschöpfe. Je öder, je dunkler und schattiger der Wald, je undurchdringlicher das Dickicht, um so geeigneter scheinen solche Örtlichkeiten für das Leben der verkümmerten Wesen. Auch sie sind echte Baumthiere wie der Affe oder das Eichhorn; aber diese glücklichen Geschöpfe beherrschen die Baumkronen, während jene sich abmühen müssen, um kriechend von einem Zweige zum anderen zu gelangen. Eine Strecke, welche für das leichte und übermüthige Volk der Höhe eine Lustwandlung ist, muß dem Faulthiere als eine weite Reise erscheinen.

Höchstens zu einer Familie von wenigen Mitgliedern vereinigt, führen die trägen Geschöpfe ein langweiliges Stillleben und wandern langsam von Zweig zu Zweig. Im Verhältnis zu den Bewegungen auf dem Erdboden besitzen sie freilich noch eine ausnehmende Geschicklichkeit im Klettern. Ihre langen Arme erlauben ihnen, weit zu greifen, und die gewaltigen Krallen gestatten ihnen ein müheloses Festhalten an den Ästen. Sie klettern allerdings ganz anders als alle übrigen Baumthiere; denn bei ihnen ist das die Regel, was bei diesen als Ausnahme erscheint. Den Leib nach unten hängend, reichen sie mit ihren langen Armen nach den Ästen empor, haken sich hier mittels ihrer Krallen fest und schieben sich gemächlich weiter von Zweig zu Zweig, von Ast zu Ast. Doch erscheinen sie träger, als sie thatsächlich sind. Als Nachtthiere bringen sie freilich ganze Tage zu, ohne sich zu bewegen; schon in der Dämmerung aber werden sie munter, und nachts durchwandern sie, langsam zwar, jedoch nicht faul, je nach Bedürfnis ein größeres oder kleineres Gebiet. Sie nähren sich ausschließlich von Knospen, jungen Trieben und Früchten, und finden in dem reichlichen Thau, welchen sie von den Blättern ablecken, hinlänglichen Ersatz für das ihnen fehlende Wasser. Eine nicht in Abrede zu stellende Trägheit bekundet sich auch beim Erwerbe und bei der Aufnahme ihrer Nahrung: sie sind genügsam, anspruchslos und befähigt, Tage lang, wie einige behaupten, sogar Wochen lang zu hungern und zu dursten, ohne irgend welchen Schaden zu nehmen. Solange ihnen ein Baum Nahrung gewährt, verlassen sie denselben nicht; erst wenn die Weide knapp wird, denken sie daran, eine Wanderung anzutreten, steigen sodann langsam zwischen die tiefen Zweige hernieder, suchen sich eine Stelle aus, wo das Geäst der benachbarten Bäume mit dem ihres Weidebaumes sich verbindet und haken sich auf der luftigen Brücke zu jenem hinüber. Übrigens würden sie unbeschadet ihrer geringen Erwerbsfähigkeit mit ihrer Nahrung wählerisch sein dürfen; denn der Reichthum ihrer Heimatsorte an den allerverschiedenartigsten Pflanzen ist so groß, daß sie ohne bedeutende Anstrengung leicht die ihnen lecker erscheinende Kost sich würden aussuchen können. Jener üppige Waldsaum, welcher sich in der Nähe der Ströme dahinzieht und ununterbrochen bis tief in das Innere des Waldes reicht, besteht zumeist aus Baumarten, deren Kronen aufs vielfältigste miteinander sich verschlingen und ihnen gestatten, ohne jemals den Boden berühren zu müssen, von einer Stelle zu einer anderen sich zu begeben. Zudem bedürfen sie bloß ein kleines Weidegebiet; denn ihr geringer Verbrauch an Blättern steht mit der Erzeugungsthätigkeit jener bevorzugten Länderstriche gar nicht im Verhältnis. Beim Fressen bedienen sie sich gewöhnlich ihrer langen Vorderarme, um entferntere Zweige an sich zu ziehen und Blätter und Früchte von denselben mit den Krallen abzureißen; dann führen sie die Nahrung mit den Vorderpfoten zum Munde. Außerdem erleichtert ihnen ihr langer Hals das Abweiden der Blätter, durch welche sie sich hindurchwinden müssen, sobald sie sich bewegen. Man sagt, daß sie auf dicht belaubten Bäumen viele Nahrung und während der Regenzeit auch viel Wasser zu sich nehmen können, und dies würde mit der Stumpfheit ihrer Werkzeuge nicht im Widerspruche stehen; denn diese gestattet ihnen die beiden äußersten des Überflusses und der Entsagung. Je höher ein Thier ausgebildet ist, um so gleichmäßiger werden alle Verrichtungen des Leibes vor sich gehen; je tiefer es steht, um so weniger abhängig ist es von dem, was wir Bedürfnisse des Lebens nennen. So können die Faulthiere ohne Beschwerde entbehren und schwelgen in dem einzigen Genusse, welchen sie kennen, in der Aufnahme ihrer Nahrung nämlich. Sie, welche sich sonst bloß mit dem Blätterthau laben, sollen nach der Aussage der Indianer während der Regenzeit verhältnismäßig rasch von den Bäumen herabsteigen, um sich den Flüssen zu nähern und dort ihren Durst zu stillen.

Auf dem Boden sind die armseligen Baumsklaven fremd. Ihr Gang ist ein so mühseliges Fortschleppen des Leibes, daß er immer das Mitleid des Beschauers wach ruft. Der langsamen Landschildkröte vergleichbar, sucht das Faulthier seine plumpe Leibesmasse fortzuschaffen. Mit weit von sich gestreckten Gliedern, auf die Elnbogen gestützt, die einzelnen Beine langsam im Kreise weiter bewegend, schiebt es sich höchst allmählich vorwärts; der Bauch schleppt dabei fast auf der Erde, und Kopf und Hals bewegen sich fortwährend langsam von einer Seite zur anderen, als müßten sie das Gleichgewicht des so überaus unbeholfenen Geschöpfes vermitteln. Die Zehen der Füße werden während des Ganges in die Höhe gezogen und die Krallen nach innen geschlagen; der Fuß berührt also mit dem Außenrande und fast nur mit dem Handballen den Boden. Es leuchtet ein, daß solche Bewegung mit unglaublicher Langsamkeit vor sich gehen muß. Auf dem Boden erkennt das Faulthier seine hülflose Lage wohl. Überrascht man es zufällig bei seinem Gange, oder setzt man ein gefangenes auf die flache Erde, so streckt es den kleinen Kopf auf seinem langen Halse empor, richtet den Vordertheil des Leibes etwas auf und bewegt langsam und mechanisch einen seiner Arme im Halbkreise gegen seine Brust, als wolle es seinen Feind mit den gewaltigen Krallen umklammern. Die Unbeholfenheit und Langsamkeit verleiht ihm einen eigenthümlich kläglichen Ausdruck. Man sollte nicht meinen, daß dieses Geschöpf, welches so traurig dahinhaspelt, fähig wäre, sich aus dem Wasser zu retten, wenn es durch irgend ein Mißgeschick in dasselbe geräth. Aber das Faulthier schwimmt leidlich gut; indem es sich rascher als beim Klettern bewegt, den Kopf hoch über den Wasserspiegel emporhält, die Wellen ziemlich leicht durchschneidet und wirklich das feste Land wieder gewinnt; Bates und Wallace sahen ein Faulthier über einen Fluß schwimmen und zwar an einer Stelle, wo derselbe über dreihundert Yards breit war. Hieraus geht hervor, daß der Name Faulthier, so richtig er im Grunde auch ist, sich doch eigentlich bloß auf die Gehbewegungen unseres Thieres bezieht; denn auf den Bäumen erscheint seine Trägheit, wie bemerkt, keineswegs so groß, als man früher annehmen zu müssen glaubte, irregeleitet durch die übertriebenen Schilderungen der ersten Beobachter. Bemerkenswerth ist die staunenswerthe Sicherheit, mit welcher alle Kletterbewegungen ausgeführt werden. Das Faulthier ist im Stande, mit einem Fuße an einem höheren Aste sich festzuhaken und dann ganz sicher daran frei zu hängen, indem es nicht nur die volle Last des Leibes an einem Gliede tragen, sondern auch bis zum Anhaltepunkt emporziehen kann. Gleichwohl strebt es immer darnach, für alle seine Glieder sichere Stützpunkte zu finden, und scheut sich fast, mit einem Fuße loszulassen, bevor es für ihn wieder einen verläßlichen Punkt zum Anhalten gefunden hat.

Außerordentlich schwer hält es, ein Faulthier, welches sich fest an einen Ast geklammert hat, von demselben los zu machen. Ein Indianer, welcher Schomburgk begleitete, bemerkte ein dreizehiges Faulthier auf den hervorragenden Wurzelästen einer Rhizophora, welches dort ausruhte und, als man es ergreifen wollte, nur wehmüthig bittende Blicke zur Abwehr zu haben schien. Aber man bemerkte bald, daß die Ergreifung leichter ward als die wirkliche Gefangennahme. Es schien unmöglich, das Thier von den Wurzelästen zu trennen, an welchen es sich mit einer Kralle festgeklammert hatte. Erst nachdem man die beiden Vorderfüße, seine einzige, aber wegen der scharf hervorstehenden Klauen nicht ungefährliche Vertheidigungswaffe, gebunden hatte, gelang es drei Indianern, unter Aufbietung aller Kräfte, es von dem Baume loszureißen.

Beim Schlafen und Ruhen nimmt das Faulthier eine ähnliche Stellung an wie gewöhnlich. Es stellt die vier Beine dicht aneinander, beugt den Leib fast kugelförmig zusammen und senkt den Kopf gegen die Brust, ohne ihn jedoch auf derselben ruhen zu lassen oder ihn darauf zu stützen. In dieser Lage hängt es übertages genau auf derselben Stelle, ohne zu ermüden. Nur ausnahmsweise sucht es mit den Vorderarmen einen höheren Zweig zu fassen, hebt den Körper dadurch vorn empor und stützt vielleicht seinen Rücken auf einen anderen Ast.

So unempfindlich das Thier gegen Hunger und Durst zu sein scheint, so empfindlich zeigt es sich gegen die Nässe und die damit verbundene Kühle. Bei dem schwächsten Regen sucht es sich so eilig wie möglich unter die dichteste Bedachung der Blätter zu flüchten und macht dann sogar verzweifelte Anstrengungen, seinen Namen zu widerlegen. In der Regenzeit hängt es oft tagelang traurig und kläglich an einer

*Bradypus tridactylus* BRADYPODIDAE

und derselben Stelle, sicherlich im höchsten Grade durch das herabstürzende Wasser belästigt.

Nur höchst selten, gewöhnlich bloß des Abends oder bei anbrechendem Morgen, oder auch wenn sich das Faulthier beunruhigt fühlt, vernimmt man seine Stimme. Sie ist nicht laut und besteht aus einem kläglichen, geradeaus gehaltenen, feinen, kurzen und schneidenden Tone, welcher von einigen mit einer oftmaligen Wiederholung des Lautes I wiedergegeben wird. Die neueren Beobachter haben niemals von einem Faulthiere Töne vernommen, welche Doppel-Lauten gleichen, oder gar, wie frühere Beobachter ebenfalls behaupten, aus einem auf- und absteigenden Akkord bestehen. Bei Tage hört man von dem Faulthiere höchstens tiefe Seufzer. Beim Gehen oder Humpeln auf der Erde schreit es nicht, selbst wenn es auf das äußerste gereizt wird.

Aus dem bereits Mitgetheilten geht hervor, daß die höheren Fähigkeiten der Faulthiere nicht hoch entwickelt sein können. Die Sinne scheinen gleichmäßig stumpf zu sein. Das Auge ist blöde und ausdruckslos wie kein zweites Säugethierauge; daß das Gehör nicht ausgezeichnet ist, ergibt sich schon aus der geringen Größe und versteckten Lage der Ohrmuscheln; von der Stumpfheit des Gefühls hat man sich mehr als einmal überzeugen können; über den Geruch haben wir kein Urtheil, und nur der Geschmack dürfte als einigermaßen entwickelt gelten. Sehr tief stehen die geistigen Fähigkeiten der Faulthiere. Sie zeigen wenig Verstand, vielmehr Stumpfheit, Dummheit und Gleichgültigkeit. Man nennt sie harmlos, will damit aber ausdrükken, daß sie überhaupt geistiger Regungen nicht fähig sind. Sie haben, so sagen die Reisenden, keine heftigen Leidenschaften, kennen keine Furcht, besitzen aber auch keinen Muth, scheinen keine Freude zu haben, aber auch der Traurigkeit unzugänglich zu sein. Diese Angaben sind nach meinen Erfahrungen nicht begründet. So tief, wie die meisten Beobachter glauben machen wollen, stehen die Thiere nicht. Man pflegt zu vergessen, daß man in ihnen Nachtthiere vor sich hat, über deren Fähigkeiten Beobachtung in den Tagesstunden kein Urtheil gewähren kann. Das schlafende Faulthier ist es, welchem sein Name gebührt; das wach und rege gewordene bewegt sich in einem engen Kreise, beherrscht diesen aber genügend. Sein wenig entwickeltes Hirn bietet einem umfassenden Verstande oder weit gehenden Gedanken und Gefühlen keine Unterlage; daß ihm aber Verständnis für seine Umgebung und die herrschenden Verhältnisse abgehe, daß es weder Liebe noch Haß bekunde, weder Freundschaft gegen Seinesgleichen noch Feindschaft gegen andere Thiere zeige, daß es unfähig wäre, in veränderte Umstände sich zu fügen, wie man behauptet hat, ist falsch.

Es läßt sich von vornherein erwarten, daß die Faulthiere nur ein einziges Junges werfen. Vollkommen behaart, ja sogar mit bereits ziemlich entwickelten Krallen und Zehen kommt dieses zur Welt und klammert sich sofort nach seiner Geburt mit diesen Krallen an den langen Haaren der Mutter fest, mit den Armen ihren Hals umschlingend. Nun schleppt es die Alte immer in derselben Weise überall mit sich herum. Anfangs scheint es, als betrachte sie ihr Kind mit großer Zärtlichkeit; doch die Mutterliebe erkaltet bald, und die stumpfsinnige Alte gibt sich kaum die Mühe, ihr Kind zu füttern und zu reinigen oder ihm andere Ammendienste zu leisten. Gleichgültig läßt sie es sich von der Brust wegreißen, und nur vorübergehend zeigt sie eine gewisse Unruhe, als vermisse sie etwas und wolle sich nun bemühen, es wieder aufzusuchen. Aber sie erkennt ihren Sprößling nicht eher, als bis er sie oder sie ihn berührt, und wenn derselbe auch durch Schreien seine Nähe verrathen sollte. Oft kommt es vor, das sie ein paar Tage lang hungert, oder sich wenigstens nicht nach Nahrung bemüht; demungeachtet säugt sie ihr Junges ununterbrochen, und dieses klebt mit derselben Zähigkeit an ihr, wie sie an dem Baumaste. So erzählen die Reisenden, vielleicht Berichte der Indianer wiedergebend; es fragt sich jedoch sehr, ob oder inwieweit dieselben richtig sind. Seitdem ich Faulthiere jahrelang gepflegt und beobachtet habe, bin ich zu wesentlich anderen Anschauungen über sie gelangt und glaube nicht mehr an alle Angaben früherer Beobachter.

Die Trägheit der Faulthiere zeigt sich auch, wenn sie gemißhandelt oder verwundet werden. Es ist eine bekannte Erfahrung, daß die niedrigsten Thiere verhältnismäßig die größten Mißhandlungen, Verletzungen und Schmerzen erleiden können; bei den Faulthieren nun scheint diese allgemeine Thatsache ebenfalls sich zu bestätigen. Die Berichte lauten allerdings nicht ganz übereinstimmend; doch behaupten anerkannt tüchtige Naturforscher, daß jene die unempfindlichsten aller Säugethiere wären. Es kommt nicht selten vor, daß diese Geschöpfe viele Tage und Wochen lang hungern: Caffer z. B. theilte der Versammlung der Naturforscher in Turin mit, daß er ein dreizehiges Faulthier in der Gefangenschaft gehabt habe, welches einen ganzen Monat lang nicht das geringste zu sich nahm. Eine auffallende Lebenszähigkeit der Thiere läßt sich nicht bestreiten.

Sie ertragen schwere Verwundungen mit der Gleichgültigkeit eines Leichnams. Oft verändern sie nach einem tüchtigen Schrotschusse, welchen man ihnen in den Leib jagt, nicht einmal die Stellung. Nach Schomburgk widerstehen sie auch dem furchtbaren Urarigift der Indianer am längsten. »Mag dieses nun in ihrem eigenthümlichen Gefäßsystem und dem dadurch so gehemmten und langsamen Blutumlaufe seinen Grund haben, kurz, die Wirkungen treten bei ihnen am spätesten ein und sind dabei auch am kürzesten in ihrer Dauer. Ebenso werden nur sehr schwache Zukkungen bemerkbar, wie sie doch bei den übrigen Thieren bei Beginn der Wirkung des Giftes immer sichtbar sind.« Wenn man bedenkt, daß die vergiftete schwache Dornspitze dem Jaguar, welchem sie der Indianer auf den Pelz blies, kaum die Haut ritzt und ihn doch in wenigen Minuten zu einem Opfer des Todes macht, bekommt man erst einen Maßstab zur Beurtheilung der Lebenszähigkeit der Faulthiere.

Man kann nicht sagen, daß die hülflosen Geschöpfe viele Feinde haben. Durch ihr Baumleben entgehen sie den gefährlichsten, welche sie bedrohen, den Säugethieren nämlich, und höchstens die großen Baumschlangen mögen ihnen zuweilen nachstellen. Dazu kommt, daß ihr Pelz im allgemeinen ganz die Färbung der stärkeren Äste zeigt, an denen sie unbeweglich, wie die Frucht an einem Baume hängen, so daß schon das geübte Falkenauge der Indianer dazu gehört, um ein schlafendes Faulthier aufzufinden. Übrigens sind die Thiere doch nicht so ganz wehrlos, als es auf den ersten Blick hin scheinen mag. Auf dem Baume ist ihnen natürlich schwer beizukommen, und wenn sie auf dem Boden überrascht und angegriffen werden, werfen sie sich schnell genug noch auf den Rücken und fassen ihren Angreifer mit den Krallen. Man erzählt ein Beispiel, daß ein gefangenes und an einer wagerecht stehenden Stange aufgehängtes Faulthier den Hund, welchen man auf dasselbe gehetzt hatte, plötzlich mit seinen Armen umklammerte und ihn vier Tage lang fest hielt, bis er starb, ohne daß es möglich gewesen wäre, ihm das Opfer zu entreißen. Soviel steht fest, daß die Kraft der Arme des Faulthieres eine sehr beträchtliche ist. Selbst ein starker Mann hat Mühe, sich wieder von ihm zu befreien oder es von dem Baumast loszureißen, an welchen es sich angeklammert hat, falls man nicht einen Fuß nach dem anderen loshakt und sodann festhält, gelingt letzteres überhaupt nicht.

Über das Gefangenleben der Faulthiere war bis jetzt wenig bekannt. Man mußte glauben, daß es überaus schwer wäre, sie längere Zeit am Leben zu erhalten, und hielt daher, wenn auch nicht alle, so doch sehr viele von den Fabeln, welche über diese merkwürdigen Geschöpfe im Umlaufe sind, für wahr. Buffon erzählt, daß der Marquis von Montmirail ein Faulthier in Amsterdam kaufte, welches man bisher im Sommer mit zartem Laube und im Winter mit Schiffszwieback ernährt hatte. Der Marquis erhielt das Thier drei Jahre am Leben und fütterte es mit Brod, Äpfeln und Wurzeln, welche Gegenstände sein Gefangener mit den Klauen seiner Vorderfüße nahm und so zum Munde führte. Gegen Abend wurde das Thier munter, ohne übrigens je eine Leidenschaft zu zeigen, und niemals bewies es, daß es seinen Wärter kennen gelernt habe. Von den Reisenden erfahren wir, daß man sich kaum ein ungemüthlicheres Geschöpf denken könne als ein gefangenes Faulthier. Tagelang hänge es an einem Stocke oder Stricke, ohne auch nur das geringste Verlangen nach Nahrung auszudrücken. Einer fügt sogar hinzu, daß es lieber verhungern als eine einzige Bewegung machen würde, um die vorgehaltene Nahrung zu erlangen. Hierauf scheinen sich die älteren Beobachtungen zu beschränken.

Man wird sich nun meine Freude vorstellen können, als ich nach allen vergeblichen Versuchen, mehr über das Faulthier zu erfahren, auf einer Rundreise durch die Thiergärten Englands, Frankreichs, Hollands, Belgiens und der Rheinlande in Amsterdam ein lebendes Faulthier und somit Gelegenheit fand, eigene Beobachtungen anzustellen. Freilich erlaubte mir der große Reichthum des Gartens nicht, meine Aufmerksamkeit in erwünschter Weise dem Faulthiere ausschließlich zu widmen, und leider konnte ich nur ein paar Stunden am Käfige des wundersamen Thieres verweilen. Aber auch dieser kurze Aufenthalt genügte, um mir zu beweisen, daß die bisher gegebenen Beschreibungen zum großen Theil sehr übertrieben sind. Später gelang es mir, mehrere Faulthiere zu erwerben und meine Beobachtungen zu vervollständigen. Ich will nicht so kühn sein, zu behaupten, daß letztere auch für das Freileben entscheidend sein sollen; mit anderen Worten: ich will das, was ich an gefangenen sah, durchaus nicht auf das Freileben der Thiere übertragen; soviel aber kann ich behaupten, daß die Faulthiere nichts weniger als traurige, langweilige Geschöpfe, sondern im Gegentheile ungemein fesselnde und in jeder Hinsicht würdige Mitglieder einer Thiersammlung sind.

Kees, so hieß das in Amsterdam lebende Faulthier, bewohnte seinen Käfig bereits seit neun Jahren und befand sich jedenfalls so wohl in der Gefangenschaft wie andere Thiere auch. Wer jemals Säugethiere lebend gehalten hat, weiß, daß er sehr froh sein kann, wenn seine Gefangenen durchschnittlich neun Jahre am Leben bleiben, und wer noch einigermaßen die zahnarmen Thiere kennt, wird zugestehen müssen, daß solche Zeit für ein Mitglied dieser Ordnung sicherlich eine hohe ist.

Wenn man bei Tage den Thieren einen Besuch abstattet, sieht man in diesem Glaskasten nur einen Ballen, welcher lebhaft an einen Haufen von trockenem Riedgrase erinnert. Dieser Ballen erscheint formlos, weil man von den Gliedmaßen der Faulthiere eigentlich so gut als nichts gewahrt. Bei genauerer Betrachtung ergibt sich, daß sie ihre gewöhnliche Ruhe- oder Schlafstellung angenommen haben. Der Kopf ist auf die Brust herabgebogen, so daß die Schnauzenspitze unten auf dem Bauche aufliegt, und wird durch die vorgelegten Arme und Beine vollständig verdeckt. Die Gliedmaßen nämlich liegen dicht auf einander, ein Bein immer mit dem anderen abwechselnd, und sind so ineinander verschränkt, daß man zwischendurch nicht sehen kann. Gewöhnlich sind die Krallen eines oder zweier Füße um eine Stange des Gerüstes geschlagen; nicht selten aber faßt das Faulthier mit den Krallen des einen Fußes den anderen Oberarm oder Schenkel und verschlingt sich hierdurch in eigenthümlicher Weise. So sieht man von den Kopftheilen nicht das geringste, kann nicht einmal unterscheiden, wo der Rumpf in den Hals und dieser in den Kopf übergeht: kurz, man hat eben nur einen Haarballen vor sich, und muß schon recht scharf hinsehen, wenn man erkunden will, daß dieser Ballen sich langsam auf- und niedersenkt. Gegen die Zuschauer ringsum, welche durch Klopfen, Rufen und schnelle Bewegungen mit den Händen irgend welche Wirkungen hervorzubringen suchen, beweist sich der Ballen vollkommen theilnahmlos; keine Bewegung verräth, daß er lebt, und gewöhnlich gehen die Beschauer mißmuthig von dannen, nachdem sie verdutzt den Namen des Thieres gelesen und einige, nicht eben schmeichelhafte Bemerkungen über dieses »garstige Vieh« gemacht haben.

Aber der Haarballen bekommt, wenn man es recht anfängt, sehr bald Leben; denn das Faulthier ist keineswegs so stumpfsinnig, als man behauptet, sondern ein netter, braver Gesell, welcher nur richtig behandelt sein will. Sein Wärter braucht bloß an den Käfig zu treten und ihn zu rufen: da sieht man, wie der Ballen nach und nach Leben bekommt. Bedächtig oder, wie man auch wohl sagen kann, langsam und etwas schwerfällig, entwirrt sich der Knäuel, und nach und nach entwickelt sich aus ihm ein, wenn auch nicht gerade wohlgebildetes Thier, so doch keineswegs eine Mißgestalt, wie man gesagt hat, keineswegs ein aller höheren Fähigkeiten und Gefühle bares Wesen. Langsam und gleichmäßig erhebt das Thier einen seiner langen Arme und hängt die scharfen Krallen an eine der Querleisten des Gerüstes. Dabei ist es ihm vollkommen gleich, welches von seinen Beinen es zuerst aufhob, ob das hintere oder das vordere, ebenso ob es die Krallen in der natürlichen Lage des Vorderarmes anhängen, oder ob es den Arm herumdrehen muß; denn alle seine Glieder erscheinen wie Stricke, welche kein Gelenk haben, sondern ihrer ganzen Länge nach beweglich sind. Jedenfalls ist die Beweglichkeit der Speiche und Elle eine so große, wie wir sie vielleicht bei keinem Geschöpfe wieder finden. Das Faulthier vermag mit allen vier Beinen sich derart fest zu hängen, daß die Krallen von jedem einzelnen in einer von denen der anderen abweichenden Richtung gestellt sind. Der eine Hinterfuß richtet sich vielleicht nach außen, der eine Vorderfuß nach innen, der entgegengesetzte Vorderfuß nach vorn und der letzte Hinterfuß nach hinten oder umgekehrt: man kann sich die verschiedenen Möglichkeiten der Stellung ausmalen wie man will, das Faulthier verwirklicht alle. Es kann seine Beine gerade um sich herumdrehen, etwa wie ein geübter Gaukler, und es zeigt dabei, daß es ihm nicht die geringste Anstrengung macht. Deshalb krallt es sich an, wie es ihm eben paßt, und es kann sich auch, wenn es einmal festhält, förmlich um sich selbst herumdrehen, ohne die Stellung der angehängten Krallen irgendwie zu verändern. Ob dabei der Kopf tief oder hoch hängt, ist ihm ebenfalls gleichgültig; denn es greift ebenso oft mit den Hinterbeinen nach oben wie mit den Vorderbeinen nach unten, hängt mit dem rechten Vorderbeine oder mit dem linken Hinterbeine oder umgekehrt, streckt sich oft gemüthlich hin, indem es sich mit den Hinterkrallen anhängt und den Rücken unten auflegt, wie faule Hunde es zu thun pflegen. Bei solchen Gelegenheiten, welche jedenfalls vollste Seelenruhe ausdrücken, kratzt sich das Thier wohl auch mit einem der eben unbeschäftigten Beine an allen Stellen des Körpers, indem es das Bein geradezu um den Leib schlingt. Es kann Stellen seines Körpers mit den Krallen erreichen, welche jedem anderen Säuger unzugänglich sein würden, kurz eine Beweglichkeit zeigen, welche wahrhaft in Erstaunen setzt. Bei seiner gemüthlichen Faullenzerei macht es die Augen bald auf und bald wieder zu, gähnt, streckt die Zunge heraus und öffnet dabei die kleine Stumpfschnauze soweit als möglich. Hält man ihm an das obere Gitter eine Leckerei, zumal ein Stückchen Zucker, so klimmt es ziemlich rasch nach oben, um diese Lieblingsspeise zu erhalten, schnüffelt an der Wand herum und öffnet die Schnauze soweit, als es kann, gleichsam bittend, daß man ihm doch das Stückchen Zucker gleich in das Maul hinein fallen lasse. Dann frißt es schmatzend mit zugemachten Augen und beweist deutlich genug, wie sehr ihm die Süßigkeit behagt.

Am eigenthümlichsten sieht das Faulthier aus, wenn man es gerade von vorn betrachtet. Die Kopfhaare sind in der Mitte gescheitelt, stehen zu beiden Seiten vom Scheitel ab und verleihen dem Kopfe ein eulenartiges Aussehen. Die kleinen Augen erscheinen blöde, weil der Stern kaum die Größe eines Stecknadelknopfes hat und keinen Ausdruck gibt. Beim ersten Anblicke ist man versucht zu glauben, das Faulthier müsse blind sein. Die Schnauze tritt eigenthümlich aus dem Gesichte hervor und stumpft sich in einen abgestutzten Kegel zu, auf dessen Spitze die Nasenlöcher liegen. Die beständig feuchten Lippen glänzen, als ob sie mit Fett bestrichen wären. Die Lippen des Unau sind nicht so unbeweglich, als man gesagt hat, auch nichts weniger als hornähnlich, wie behauptet wurde, obschon sie nicht die Biegsamkeit der Lippen anderer Säugethiere haben mögen; sie sind auch ziemlich unwesentlich bei der Arbeit des Fressens, denn die lange, schmale, spitze Zunge ersetzt die ihnen fehlende Beweglichkeit. Diese Zunge erinnert an die Wurmzungen der verwandten Zahnlosen, zumal an die der Ameisenbären. Das Faulthier kann sie weit aus dem Halse hervorstrecken und fast handartig gebrauchen.

In Amsterdam fütterte man Kees mit verschiedenen Pflanzenstoffen; gekochter Reis und Möhren blieben aber seine Hauptspeise. Den Reis reichte man ihm auf einem Teller, die Möhren legte man ihm irgendwo auf das Heu hin. Gewöhnlich wurde Kees zum Fressen gerufen. Er kannte die Zeit seiner Mahlzeiten genau und richtete sich alsbald auf, wenn er seinen Namen hörte. Anfangs tappte er höchst ungeschickt und schwerfällig mit den langen Armen umher; hatte er aber einmal eine Möhre erwischt, so kam sofort Ruhe und Sicherheit in die Bewegung. Er zog die Wurzel zu sich heran, faßte sie mit dem Maule, dann mit den beiden Pfoten oder besser mit den Krallen, klemmte sie fest dazwischen und biß nun, die Möhre stetig weiter in das Maul schiebend, verhältnismäßig sehr große Bissen von ihr ab, beleckte dabei auch beständig die Lippen und die Möhre, welche er bald auf der einen, bald auf der anderen Seite in das Maul steckte. Gewöhnlich fing er bei der Spitze der Wurzel an zu fressen; aber selten verzehrte er eine Möhre auf einmal, sondern versuchte lieber alle, welche ihm vorgelegt wurden. An dem Abbiß sieht man deutlich die Eigenthümlichkeit der Zähne. Das Faulthier ist nicht im Stande, ein Stückchen glatt zu beißen und die Zähne brechen mehr, als sie schneiden. Man bemerkt in der Möhre die Eindrücke von allen, welche benutzt wurden, in unregelmäßigen Zwischenräumen. Ein kleiner Teller voll Reis und drei Möhren genügen zur täglichen Nahrung.

Die Gefangenen, welche ich gepflegt habe, wurden stets durch einen Wärter gefüttert, weil ich ihnen zutraute, einen vorgesetzten Futternapf zu verkennen und unberücksichtigt zu lassen, wie dies bei mehr als einem Pfleger geschehen zu sein scheint. Der Wärter begab sich zweimal täglich in den Käfig, hakte das hängende Faulthier los, legte es sich in den Schoß und steckte ihm die Nahrung in den Mund. Letztere besteht vorherrschend, nicht aber ausschließlich, aus Pflanzenstoffen. Am liebsten fressen Faulthiere Früchte, namentlich Birnen, Äpfel, Kirschen und dergleichen; eines von meinen Gefangenen aber war unterwegs auch mit hartgekochten Eiern gefüttert worden, schien an diese Nahrung sich gewöhnt zu haben und kam in so vortrefflichem Zustande an, daß ich ihm dieselbe nicht entziehen mochte. Der Erfolg rechtfertigte dies vollständig; denn das allgemein für sehr hinfällig gehaltene Thier befand sich Jahre lang im besten Wohlsein, schien auch etwas zu vermissen, wenn ihm einmal kein Ei gereicht wurde. Möglicherweise verzehrt es während seines Freilebens ebenfalls thierische Nahrung, Kerbthiere z. B., und ist ihm somit Ei als Ersatzmittel der letzteren geradezu Bedürfnis. Jedes Faulthier gewöhnt sich in kurzer Frist an solche Fütterung, legt sich mit dem Rücken in den Schoß des Wärters, dreht alle vier Beine nach außen, um sich an Leib und Schenkel des Pflegers anzuklammern, und läßt sich mit ersichtlichem Wohlbehagen die Nahrung in das Maul stopfen. Jedenfalls trägt eine derartige Behandlung wesentlich dazu bei, das Thier soweit zu zähmen, als es überhaupt gezähmt werden kann. Meine Gefangenen achteten, wie das geschilderte Faulthier in Amsterdam, nicht allein auf den Ruf des Pflegers, sondern erhoben den Kopf schon, wenn sie den Wärter kommen hörten, kletterten ihm auch wohl entgegen und versuchten an ihm sich fest zu hängen, bewiesen also deutlich genug, daß sie in die veränderten Verhältnisse sich zu fügen wußten.

Hiervon gaben meine Gefangenen aber auch noch anderweitige Belege. Die Käfige, in denen sie gehalten wurden, waren eigentlich für Schlangen bestimmt und ihr Boden deshalb geheizt. In den ersten Tagen nach ihrer Ankunft hingen sie sämmtlich oben an den ihnen hergerichteten Querstangen; bald aber folgten sie der von unten ausstrahlenden Wärme, und bereits nach achttägiger Gefangenschaft hielten sie ihren Tagesschlaf nicht mehr hängend, sondern liegend, unten auf dem warmen Boden im Heu eingewühlt, und in der Regel so vollständig dazwischen versteckt, daß man nicht viel mehr als die Schnauzenspitze zu sehen bekam. In den Wintermonaten suchten sie stets dieses für sie doch entschieden unpassende Lager auf, während sie im Sommer oft auch an ihre Querstangen sich hingen.

In der Regel verschlafen die Faulthiere den ganzen Tag, es sei denn, daß trübes Wetter sie an der Tageszeit irre werden läßt. Bei regelmäßigem Verlaufe der Dinge ermuntern sie sich in den letzten Nachmittagsstunden, kriechen, wenn sie im Heu lagen, mühselig auf dem Boden fort, ihre Beine nicht als Gehfüße, sondern nur als Greifwerkzeuge benutzend, bis sie mit einem Fuße eine Kletterstange erreichen und an dieser sich in die Höhe schwingen können. So ungeschickte Werkzeuge ihre Klauen und Füße zu sein scheinen, so vortrefflich erfüllen sie ihren Zweck. Die Fertigkeit eines Faulthieres, sich in jeder beliebigen Stellung an einem Aste oder selbst einer glatten Stange anzuklammern, setzt in Erstaunen. Man kann eine solche Stange wagerecht oder senkrecht im Kreise herumdrehen, ohne daß dies das Faulthier im geringsten behelligt, ohne daß es auch nur um eines Centimeters Weite seinen Anhalt ändert. Jeder Ast, welcher stark genug ist, um es zu tragen, gibt ihm Gelegenheit, die wundersame Beweglichkeit seiner Gliedmaßen wie seines ganzen übrigen Körpers zu zeigen. In dieser Fertigkeit scheint ein Faulthier das andere überbieten zu wollen, und namentlich das Dreizehenfaulthier, über welches ich noch einiges mitzutheilen haben werde, leistet geradezu Unglaubliches. Nachdem das ermunterte Faulthier an seiner Stange sich befestigt hat, beginnt es zunächst sein Haarkleid zu ordnen. Zu diesem Ende hängt es sich in der Regel mit den beiden Beinen einer Seite auf und bearbeitet mit den anderen das Fell auf das sorgfältigste und gewissenhafteste, kratzt sich an den verschiedensten Stellen seines Körpers und zieht kämmend die einzelnen Haarbündel zwischen den Sichelkrallen seiner Füße durch. Hat es die eine Seite ordentlich bearbeitet, so wechselt es die Stellung, hängt sich wie früher, aber mit den beiden anderen Beinen auf und kratzt und kämmt von neuem, bis endlich die zeitraubende Arbeit zu seiner Befriedigung ausgeführt zu sein scheint. Nunmehr unternimmt es verschiedene Turnübungen, klettert an den Stangen hin und her, erklimmt das Gitter, hängt sich hier an und bewegt sich geraume Zeit anscheinend nur zu seinem Vergnügen. Wenn jetzt der Pfleger mit Futter kommt, wird er mit ersichtlicher Befriedigung empfangen; bleibt er aus, so sucht das Thier früher oder später seinen alten Platz wieder und verträumt hier ein oder mehrere Stündchen, thut solches auch wohl mitten in der Nacht, seiner eigentlichen Arbeitszeit.

Die stumpfe Gleichgültigkeit, von welcher die Reisenden berichten, kann, wenigstens bei dem Unau, auch einer ersichtlichen Erregung weichen. So bestimmt ein Faulthier sich mit seinem Pfleger befreundet, so bestimmt unterscheidet es andere Persönlichkeiten und zeigt diesen gelegentlich die Zähne oder bedroht sie mit den Klauen, während es sich von dem Wärter jede Berührung und Behandlung widerstandslos gefallen läßt. Noch unfreundlicher benimmt sich das Zweizehenfaulthier anderen Geschöpfen gegenüber. Meine Absicht, Unau und Ai in einem und demselben Käfige zu halten, wurde durch ersteren, den älteren Bewohner des Raumes, vereitelt, und der Versuch, beide Verwandten einander zu nähern, mußte sofort aufgegeben werden. Alle ihm zugeschriebene Faulheit vollständig verläugnend, fiel der Unau beim ersten Anblick des Verwandten über diesen her, gab ihm zunächst einige wohlgezielte Schläge mit der wehrhaften Pfote und packte ihn sodann so ingrimmig mit den Zähnen, daß der Wärter beide Thiere schleunigst trennen und den harmloseren Ai in Sicherheit bringen mußte: nicht ohne daß er von dem erbosten Unau einige Hiebe mit den Klauen wegbekommen hätte.

Wesentlich verschieden von dem geschilderten Betragen des Unau ist das Benehmen des Ai. Schon beim Schlafen nimmt letzterer eine andere Stellung an. In tiefster Ruhe hängt das absonderliche Geschöpf an seiner Stange, wie ein mit weichen Stoffen gefüllter, an den Tragriemen aufgehangener Ranzen an einem Nagel. Von dem Kopfe sieht man nicht die geringste Spur, weil er, bis tief auf die Brust herabgebogen, zwischen den vier Beinen verborgen wird; nur der Schwanzstummel unterbricht die Rundung des Bündels, als welches man das schlafende Thier ansehen möchte. Jetzt ermuntert sich der Ai, streckt den dünnen Hals mit dem kleinen Kopfe weit von sich und beweist bald darauf, daß er nicht umsonst neun Halswirbel besitzt. Denn mit der Leichtigkeit, mit welcher man die Hand wendet, dreht er den Kopf so weit herum, daß das Hinterhaupt vollständig in die Brust-, das Gesicht in die Rückenlinie zu stehen kommt. Kein Säugethier weiter ist im Stande, eine derartige Drehung auszuführen; der Anblick des dreizehigen Faulthieres wirkt daher im allerhöchsten Grade überraschend, und man muß sich erst an das sonderbare Bild gewöhnen, bevor man es richtig aufzufassen und zu verstehen vermag. Ein zweizehiges Faulthier macht, so gelenkig es sonst ist, niemals einen Versuch zu solcher Verdrehung: der Ai wechselt mit der Haltung seines Kopfes nach Belieben, trägt ihn aber meistens in der anscheinend unnatürlichen Lage. Dabei sehen die kleinen Augen dumm gutmüthig ins weite, und der Kopf zittert auch wohl wie der eines Greises hin und her. So leicht diese Drehung des Halses vor sich geht, so schwerfällig erscheinen, verglichen mit denen des Unau, alle übrigen Bewegungen des Thieres. Auf den Ai beziehen sich die meisten Schilderungen der Reisenden, und er entspricht in der That in vieler Hinsicht den von ihnen mitgetheilten Berichten. Man kann nicht im Zweifel bleiben, daß er weit weniger begabt ist als sein Verwandter. Jedenfalls beweist eine Vergleichung der beiden Thiere, daß die einzelnen Arten der Gruppe keineswegs in allem und jedem miteinander übereinstimmen.

Der Nutzen, welchen die Faulthiere den menschlichen Bewohnern ihrer Heimat gewähren, ist außerordentlich gering. In manchen Gegenden essen Indianer und Neger das Fleisch, dessen unangenehmer Geruch und Geschmack den Europäer anekeln, und hier und da bereitet man aus dem sehr zähen, starken und dauerhaften Leder Überzüge und Taschen. Schaden können die Thiere nicht verursachen, da sie in demselben Maße verschwinden, als der Mensch sich ausbreitet. Auch sie stehen auf der Liste der Thiere, welche einem sichern Untergange entgegengehen. Nur in den tiefsten und undurchdringlichsten Wäldern vermögen sie sich zu halten, und solange noch die herrlichen Bäume, welche ihnen Obdach und Nahrung gewähren, verschont bleiben von der mörderischen Axt des immer weiter und weiter sich ausbreitenden Europäers, solange werden auch sie ihr Leben fristen. Jeder Ansiedler in solchem Walde aber verdrängt schon durch sein Erscheinen, durch das Fällen der Bäume die Faulthiere, welche sonst dort gehaust haben, und der frevelnde Muthwille des Jägers trägt redlich dazu bei, sie auszurotten.

Es darf uns nicht wundern, daß über die absonderlichen Thiere die wunderbarsten Sagen und Märchen verbreitet wurden. Die ersten Nachrichten, welche wir haben, stammen von Gonsalvo Ferdinando Oviedo, welcher ungefähr folgendes sagt: »Der Perico ligero ist das trägste Thier, welches man in der Welt sehen kann. Es ist so schwerfällig und langsam, daß es einen ganzen Tag braucht, um nur funfzig Schritte weit zu kommen. Die ersten Christen, welche es gesehen, gaben ihnen spottweise den Namen ›hurtiges Hündchen‹. Es ist eins der seltsamsten Thiere wegen seines Mißverhältnisses mit allen anderen. Weder die Klauen noch die Füße sind so beschaffen, daß sie den schweren Körper tragen können, und daher schleppt der Bauch fast auf der Erde. Der Hals steht aufrecht und gerade, ist gleich dick, wie der Stößel eines Mörsers, und der Kopf sitzt fast ohne Unterschied oben darauf, mit einem runden Gesicht, welches dem einer Eule ähnelt und kreisförmig von Haaren umgeben ist, so daß es nur etwas länger erscheint als breit. Es bewegt den Hals von einer Seite zur andern, als ob es staune. Sein einziger Wunsch und sein Vergnügen ist, sich an die Bäume zu hängen. Sehr verschieden ist seine Stimme von der anderer Thiere; es singt immer nur bei Nacht, und zwar von Zeit zu Zeit, allemal sechs Töne, einen höher als den andern, und immer tiefer, als wenn Jemand mit fallender Stimme spräche: la, la, sol, fa, mer, re, at. So sagt es sechs Mal: ha ha ha ha ha ha, daß man sehr wohl von ihm sagen kann, es hätte zur Erfindung der Tonleiter Veranlassung geben können. Hat es einmal gesungen, so wartet es eine Zeitlang und wiederholt dann dasselbe, aber nur bei Nacht, und darum, sowie seiner kleinen Augen wegen, halte ich es für ein Nachtthier. Bisweilen fangen es die Christen und tragen es nach Hause; dann läuft es mit seiner natürlichen Langsamkeit und läßt sich weder durch Drohungen noch Stöße zu größerer Schnelligkeit bewegen als es ohne äußere Anreizung sonst zu besitzen pflegt. Ich habe es auch zu Hause gehabt, und nach meiner Erfahrung muß es von der Luft leben; dieser Meinung sind auch noch viele Andere auf diesem Festlande, denn niemand hat es irgend etwas fressen sehen. Es wendet auch meistens den Kopf und das Maul nach der Gegend, woher der Wind weht, woraus folgt, daß ihm die Luft sehr angenehm sein muß. Übrigens habe ich bis zur Stunde kein so dummes und kein so unnützes Thier gesehen wie dieses.«

Man sieht, daß der genannte Berichterstatter im ganzen gut beobachtet hat; denn vieles von dem, was er sagt, ist vollkommen begründet, und das übrige Fabelhafte von ihm eben auch nur als glaubhaft aufgenommen. Übertreibungen werden erst später vorgebracht, beispielsweise von Stedmann. Dieser sagt, daß das Faulthier oft zwei Tage brauche, um auf den Wipfel eines mäßigen Baumes zu gelangen, und daß es denselben nicht verlasse, solange es etwas zu fressen finde. Während des Hinaufklimmens verzehre es nur, was ihm zur Reise nöthig sei, im Wipfel angekommen, entblöße es diesen aber gänzlich. So thue es, um nicht zu verhungern, wenn es wieder auf die unteren Äste komme, um einen andern Baum aufzusuchen; denn hätte es den untern Theil des Wipfels abgefressen, so müsse es den Beschwerden der Reise nach anderen Bäumen natürlich unterliegen. Einige sagen auch, daß es, um sich die Mühe zu ersparen, seine Glieder zu bewegen, sich zusammenkugele und vom Baume falle. Spätere Reisebeschreiber erwähnen noch hier und da des merkwürdigen Geschöpfes, und jeder bemüht sich, die alten Fabeln wieder aufzuwärmen und womöglich mit neuen Zusätzen zu bereichern. Erst der Prinz von Wied gibt klare und vorurtheilsfreie Beobachtungen; nach ihm unterrichten uns hauptsächlich Quoy und Gaimard und endlich Schomburgk.

# *Das Gürtelthier*

Die Gürtelthiere (Dasypodina) sind, wie die Faulthiere, eine verkommene Familie. Im Vergleiche zu dem, was in der Vorzeit sie waren, kann man sie höchstens Zwerge nennen. Das Glyptodon oder Riesengürtelthier erreichte die Größe des Nashorns, dieser und jener Vertreter anderer Sippen wenigstens den Umfang des Ochsen, während in der Jetztzeit die Gürtelthiere im ganzen höchstens 1½ Meter, ohne Schwanz aber nur 1 Meter lang werden. Alle Gürtelthiere oder Armadille (Dasypus) sind plumpe Geschöpfe mit gestrecktem, langschnäuzigem Kopfe, großen Schweinsohren, langem, starkem Schwanze und kurzen Füßen, welche sehr starke Grabklauen tragen. Ihren Namen haben sie von der eigenthümlichen Beschaffenheit ihres Panzers; derselbe ist nämlich durch die, mitten auf dem Rücken aufliegenden Gürtelreihen besonders ausgezeichnet und unterscheidet sich gerade durch die Reihenordnung der Schilder von dem Schuppenkleide anderer Säugethiere. Die mittelsten Gürtel, welche zur Unterscheidung der Arten dienen, obgleich sie auch bei einer und derselben Art nicht immer in gleicher Anzahl vorkommen, bestehen aus länglich viereckigen Tafeln, während das Schulter- und Kreuzschild aus Querreihen vier- oder sechseckiger Platten gebildet wird, zwischen denen sich kleine unregelmäßige Platten einschieben. Auch der Scheitelpanzer ist aus meist fünf- oder sechseckigen Schildchen zusammen gesetzt. Unsere Thiere tragen übrigens nur auf ihrer Oberseite einen Panzer; die Unterseite ihres Leibes wird von gröberen oder feineren borstenartigen Haaren bedeckt, und solche Borsten treten auch überall zwischen den Schildern hervor.

Der innere Leibesbau zeigt manches eigenthümliche. Die Rippen, deren Anzahl zwischen zehn und zwölf schwankt, haben außerordentliche Breite und berühren sich bei manchen Arten gegenseitig. In der Wirbelsäule verwachsen oft die Halswirbel mehr oder weniger mit einander. Bemerkenswerth ist ferner die Stärke der Gliedmaßenknochen und Zehen. Das Gebiß ändert so ab, daß man nach ihm mehrere Unterfamilien gebildet hat. Bei keiner einzigen Familie schwankt die Anzahl der Zähne so außerordentlich wie bei den Gürtelthieren. Man hat bis jetzt kaum mit hinreichender Sicherheit feststellen können, wie viele Zähne dieses oder jenes Gürtelthier eigentlich besitze; denn auch innerhalb derselben Art schwankt die Anzahl erheblich. Im allgemeinen läßt sich sagen, daß diese Anzahl nie unter acht in jeder Reihe beträgt und bis sechsundzwanzig in der einen und vierundzwanzig in der andern Reihe steigen kann, wodurch dann ein Gebiß von sechsundneunzig bis hundert Zähnen gebildet wird. Hier kann man allerdings nicht von Armut reden; allein die Werthlosigkeit dieser Unmasse ist so groß, daß sie eigentlich aufgehört haben, Zähne zu sein. Sie haben die Form seitlich zusammengedrückter Walzen; zudem sind sie ungemein schwach. Sie greifen zwar in einander ein, allein das Thier ist nicht im Stande, kräftig zuzubeißen oder zu kauen. Die Zunge ähnelt bereits der bandförmigen der Ameisenfresser, kann jedoch nicht soweit aus dem Maule hervorgestreckt werden und ist auch viel kürzer als bei diesem, dreikantig zugespitzt und mit kleinen pilz- und fadenförmigen Wurzeln besetzt. Außerordentlich große Speicheldrüsen im Unterkiefer überziehen sie beständig mit klebrigem Schleime.

Alle Gürtelthiere sind Bewohner Amerikas, namentlich des Südens. Sie leben in freien und sandigen Ebenen, auf Feldern und dergleichen, und kommen bloß am Saume der Wälder vor, ohne in dieselben einzudringen. Nur während der Paarung finden sich mehrere der gleichen Art zusammen; während der übrigen Jahreszeit lebt jedes Gürtelthier für sich, ohne um die übrigen Geschöpfe, mit Ausnahme derer, welche zu seiner Nahrung dienen sollen, sich viel zu kümmern. Alle Arten verbergen sich bei Tage soviel als möglich und wühlen sich deshalb Gänge, die meisten nicht eben solche von großer Ausdehnung; eine Art aber lebt wie der Maulwurf unterirdisch. Die übrigen graben sich ihre Baue am allerliebsten am Fuße großer Ameisen- und Termitenhaufen, und dies aus dem sehr leicht einleuchtenden Grunde, weil ihre Nahrung vorzugsweise in Kerbthieren und deren Larven, namentlich auch in Ameisen, besteht. Würmer und Schnecken werden gelegentlich mit aufgenommen; in Fäulnis übergegangenes Aas wird ebensowenig verschmäht; bloß die allergrößte Noth aber treibt sie, Wurzeln und Samen zu genießen.

Mit Beginn des Abenddunkels erscheinen die gepanzerten Feiglinge vor ihren tiefen unterirdischen Bauen und strolchen eine Zeitlang umher, langsamen Schrittes von einem Orte zu dem andern sich bewegend. Der flache Boden ist ihr eigentliches Element; hier sind sie zu Hause wie wenig andere Thiere. So langsam und träge sie scheinen, wenn sie gehen oder sich sonst bewegen, so schnell und behend sind sie, wenn es gilt, sich in die Erde zu graben. Aufgescheucht, erschreckt und verfolgt wissen sie nichts anderes zu thun, als sich so recht im eigentlichen Sinne des Wortes der Erde anzuvertrauen. Und sie verstehen das Graben wirklich so meisterhaft, daß sie buchstäblich vor sichtlichen Augen sich versenken können. Ihre außerordentliche Wehrlosigkeit würde sie ihren Feinden schutzlos überliefern, wenn sie nicht diese Art der Flucht auszuführen verständen. Eine Art besitzt das Vermögen, sich in eine Kugel zusammenzurollen, wie unser Igel, thut dies jedoch bloß im alleräußersten

Nothfalle und beginnt wieder sobald als möglich sich in die Erde zu vergraben und zu verstecken. Im Wasser wissen die anscheinend so ungefügen Thiere übrigens ebenfalls sich zu behelfen: Hensel sagt, daß sie sogar recht gut schwimmen und zwar mit schnellem Rudern nach Art eines Maulwurfs.

Die Gürtelthiere sind harmlose, friedliche Geschöpfe von stumpfen Sinnen, ohne irgendwelche hervorragende geistige Fähigkeiten, also durchaus nicht geeignet, mit den Menschen zu verkehren. Jeder, welcher sie gesehen hat, muß nach kurzer Beobachtung überzeugt sein, daß sich mit solchen gleichgültigen, dummen und langweiligen Geschöpfen nichts anfangen läßt. Entweder liegen sie stumpf auf einer und derselben Stelle, oder sie kratzen und scharren, um sich bald eine Höhle in die Erde zu graben. Ihre Stimme besteht in knurrenden Lauten, ohne Klang und Ausdruck.

Auch die Gürtelthiere gehen ihrer gänzlichen Ausrottung entgegen. Ihre Vermehrung ist gering. Einige Arten werfen zwar bis neun Junge; allein das Wachsthum derselben geht so außerordentlich langsam vor sich, und die Thiere sind den vielen Feinden, welche sie haben, so wenig gewachsen, daß an häufigwerden der Arten nicht gedacht werden kann.

Wir haben durch Azara, Rengger, Prinz von Wied, Tschudi, Hensel u.a. vortreffliche Lebensbeschreibungen der Gürtelthiere erhalten und sind hierdurch bis auf Geringfügigkeiten bekannt mit ihnen geworden.

Gürtelthiere leben nicht in einem bestimmten Gebiete, sondern ändern öfters ihr Lager. Dieses besteht in einer gangförmigen, ein bis zwei Meter langen Höhle. In solchen Höhlen bringen die Gürtelthiere alle Zeit zu, welche sie nicht zum Aufsuchen ihrer Beute verbrauchen. In den Wildnissen gehen sie, wenn der Himmel bewölkt und das grelle Sonnenlicht ihnen nicht beschwerlich fällt, auch bei Tage aus, in bewohnten Gegenden verlassen sie die Baue nicht vor einbrechender Dämmerung, streifen dann aber während der ganzen Nacht umher. Es scheint ihnen ziemlich gleichgültig zu sein, ob sie zu ihrer Höhle sich zurückfinden oder nicht; denn sie graben sich, falls sie den Weg verfehlt haben sollten, ohne weitere Umstände eine neue. Hiermit verbinden sie zugleich einen doppelten Zweck. Azara beobachtete, und andere Naturforscher bestätigen dies, daß die Gürtelthiere ihre Baue hauptsächlich unter Ameisen- oder Termitenhaufen anlegen, weil sie hierdurch in den Stand gesetzt werden, ihre hauptsächlichste Nahrung mit größter Bequemlichkeit auch bei Tage einzusammeln. Sie unterwühlen solche Haufen und bringen es schließlich dahin, daß der Bau, für eine gewisse Zeit wenigstens, ausgenutzt wird. Dann kann ihnen nichts mehr an der alten Höhle liegen, und sie sind gewissermaßen gezwungen, sich eine neue zu graben, um einen erschöpften Boden mit einem frischen zu vertauschen. Nächst den Ameisen oder Termiten besteht ihre Nahrung vorzüglich aus Käfern und deren Larven, aus Raupen, Heuschrecken und Erdwürmern. Rengger bemerkte, daß ein Gürtelthier Mistkäfer, welche sich in die Erde eingegraben, heraus-

DASYPODIDAE
Dasypus novemcinctus

scharrte und hervorkommende Regenwürmer begierig aufsuchte und verzehrte, berichtigt aber die Meinung von Azara, welcher glaubte, daß kleine Vögel, nämlich Erdnister, sowie Eidechsen, Kröten und Schlangen vor den Nachstellungen der Gürtelthiere nicht sicher seien, und glaubt auch, daß das Aas von ihnen bloß zu dem Zwecke aufgesucht werde, um die dort sich findenden Kerbthiere aufzufressen. Unzweifelhaft fest dagegen steht, daß Gürtelthiere Pflanzennahrung zu sich nehmen: Rengger hat solche in dem Magen der von ihm getödteten Thiere gefunden.

Höchst wahrscheinlich geht das Gürtelthier, solange es einen ergiebigen Bau unter einem Termitenhaufen bewohnt, mehrere Nächte gar nicht nach Nahrung aus, sondern verweilt Tage lang im Baue, nimmt die von oben herabfallenden Ameisen gemächlich mit seiner Zunge auf und schluckt sie hinab. Sobald aber die Weide im Hause anfängt knapp zu werden, unternimmt es Streifzüge, besucht Gärten und Pflanzungen, um Raupen, Larven und Schnecken aufzulesen, unterwühlt einen oder den andern Ameisenhaufen usw. Zwei verschiedene, sich gerade antreffende Gürtelthiere geben sich bei gelegener Zeit wohl auch ein Stelldichein und verweilen ein paar Minuten mit einander. Auf solchen nächtlichen Streifereien findet, wie Rengger bei Mondscheine beobachtete, die Paarung statt. Männchen und Weibchen begegnen sich zufällig, beschnuppern sich ein paar Minuten lang, befriedigen ihren Geschlechtstrieb und trollen weiter, so gleichgültig, als hätte es für das eine oder das andere kein zweites Gürtelthier in der Welt gegeben.

Es läßt sich erwarten, daß die geschilderten Streifereien immer nur innerhalb eines kleinen Kreises stattfinden können. Der gewöhnliche Gang aller Armadille ist ein langsamer Schritt, die größte Beschleunigung, deren sie fähig sind, ein etwas schnellerer Wechsel der Beine, welcher sie immerhin so rasch fördert, daß ein Mensch sie nicht einholen kann. Sätze zu machen oder sich schnell und gewandt herum zu drehen, sind ihnen Dinge der Unmöglichkeit. Ersteres verwehrt die Schwerleibigkeit, das letztere der enge Anschluß des Panzers. So können sie also, wenn sie ihren Lauf auf das äußerste beschleunigen wollen, nur in gerader Richtung oder in einem sehr großen Bogen dahintrollen, und sie würden ihren verschiedenen Feinden geradezu widerstandslos preisgegeben sein, wenn sie nicht andere Kunststücke verständen. Was ihnen an Gewandtheit gebricht, wird durch ihre große Muskelkraft ersetzt. Diese zeigt sich besonders in der Schnelligkeit, mit welcher sie sich in die Erde eingraben, und zwar an Stellen, wo eine Haue nur mit Mühe eindringt, z. B. am Fuße von Termitenhügeln. Ein ausgewachsenes Gürtelthier, welches einen Feind in der Nähe wittert, braucht nur drei Minuten, um einen Gang zu graben, dessen Länge die seines Körpers schon um ein beträchtliches übertrifft. Beim Graben kratzen die Gürtelthiere mit den Nägeln der Vorderfüße die Erde auf und scharren mit den Hinterfüßen den aufgelockerten Theil derselben hinter sich. Sobald sie sich über Körperlänge eingegraben haben, ist selbst der stärkste Mann nicht mehr im

Stande, sie, am Schwanze sie packend, rückwärts aus dem Gange herauszuziehen. Da ihre Höhlen niemals größer sind, als zum Einschlüpfen eben erforderlich, brauchen sie nur ihren Rücken etwas zu krümmen, dann leisten die Ränder der Binden nach oben und die scharfen Klauen nach unten hin so starken Widerstand, daß alle Manneskraft vergeblich ist, ihn zu bewältigen. Oft befreien sie sich auch, wenn man sie bereits aus der Höhle herausgezerrt hat, indem sie sich plötzlich zusammenbiegen und, einer Springfeder gleich, wieder ausstrecken. Hensel bestätigt diese Angabe älterer Forscher und fügt hinzu, daß ein gefangenes Gürtelthier sich absichtlich verstelle, scheinbar voller Entsagung in sein Schicksal ergäbe, sofort aber zu befreien suche, falls es fühle, daß der eiserne Druck der Hand nachgelassen habe.

Je nach dem Zeitpunkte der Begattung wirft das Weibchen im Winter oder im Frühjahre, trotz seiner geringen Zitzenzahl, vier bis sechs Junge und hält sie während einiger Wochen sorgsam in seiner Höhle versteckt. Die Jungen lassen sich schwer unterscheiden, und die Brasilianer glauben deshalb, daß alle eines Wurfes desselben Geschlechtes seien. Wahrscheinlich dauert die Säugezeit nicht lange; denn man sieht die Jungen bald im Felde umherlaufen. Sobald sie einigermaßen erwachsen sind, geht jedes seinen eigenen Weg, und die Alte bekümmert sich nicht im geringsten mehr um ihre Sprößlinge. Überhaupt findet man die Gürtelthiere immer einzeln und höchstens die Mutter mit ihren saugenden Jungen in einem und demselben Baue.

Man jagt das Gürtelthier gewöhnlich bei Mondscheine. Der Jäger bewaffnet sich mit einem dicken Stocke von hartem Holze, welcher am Ende spitz oder auch keulenförmig zuläuft, und sucht mit einigen Hunden das Wild auf. Bemerkt es die Hunde noch rechtzeitig, so flieht es augenblicklich nach seiner eigenen Höhle oder gräbt sich so schnell als möglich und zwar viel lieber, als er in einem fremden Baue seine Zuflucht sucht, eine neue. Kommen ihm die Hunde aber auf den Leib, ehe er die Höhle gewinnt, so ist er verloren. Da sie ihn mit den Zähnen nicht anpacken können, halten sie ihn mit der Schnauze und den Pfoten fest, bis der Jäger hinzukommt und ihn durch einen Schlag auf den Kopf erlegt. Geübte Hunde suchen, laut Hensel, das laufende Gürtelthier mit der Nase umzuwenden, um es an der Unterseite angreifen zu können, und zerreißen es, sobald dies geschehen ist, augenblicklich im buchstäblichen Sinne des Wortes, wobei der Panzer unter ihren Zähnen kracht, als wenn Eierschalen zerdrückt werden. Wenn es von den Hunden gepackt ist, denkt es nie daran, sich irgendwie zu vertheidigen, obgleich es augenscheinlich mit seinen Krallen bedeutende Verletzungen beibringen könnte. Azara sagt, daß es durchaus kein streitbares Wesen habe, sondern im Gegentheil friedlicher noch sei als selbst das Opussum, welches, so feig es sich auch anstelle, doch zuweilen tüchtig beiße.

Alle Gürtelthiere sind den Südamerikanern verhaßte Geschöpfe, weil sie vielfache Unglücksfälle verschulden. Die kühnen Reiter der Steppen, welche den größten

Theil des Lebens auf dem Pferde zubringen, werden durch die Arbeit der Gürtelthiere hier und da arg belästigt. Das Pferd, welches in gestrecktem Galopp dahinjagt, tritt plötzlich in eine Höhle und wirft den Reiter ab, daß er in weitem Bogen dahinschießt, bricht auch wohl ein Bein bei solchen Gelegenheiten. Deshalb verfolgen die Eigenthümer aller Meiereien die armen Panzerträger auf das erbittertste und grausamste. Außer den Menschen stellen ihnen die größeren Katzenarten, der brasilianische Wolf und der Schakalfuchs nach; doch scheinen ihnen alle diese Feinde nicht eben viel Schaden zu thun, da sie an den Orten, wo der Mensch sie in Ruhe läßt, immer in großer Anzahl vorkommen.

Die Nahrung der gefangenen Gürtelthiere, welche man auch häufig nach Europa bringt und in den meisten Thiergärten mit den Affen zusammensperrte, besteht aus Würmern, Kerbthieren, Larven und rohem oder gekochtem Fleische, welches letztere man ihnen aber in kleinen Stücken vorwerfen muß, weil sie von größeren nichts abbeißen können. Sie ergreifen die Speise mit den Lippen oder mit ihrer sehr ausdehnbaren Zunge. Bei einigermaßen entsprechender Pflege halten sie sich im besten Wohlsein jahrelang, dienen willig oder willenlos den Affen zu Reitthieren und Spielkameraden, lassen sich alles gefallen, gewöhnen sich an Spaziergänge bei Tage und schreiten auch wohl zur Fortpflanzung. Junge, welche im Londoner Thiergarten geboren wurden, kamen blind zur Welt, und ihre noch weiche Haut zeigte alle Falten und Felder des erwachsenen Thieres. Ihr Wachsthum ging außerordentlich schnell vor sich; eines hatte in Zeit von zehn Wochen 52 Unzen an Gewicht gewonnen und 25 Centim. an Größe zugenommen. Im Kölner Thiergarten warf ein Weibchen zweimal je zwei Junge. »Über die Fortpflanzungsgeschichte dieser merkwürdigen Thiere«, schreibt mir Bodinus, »bin ich, trotzdem ich die Gefangenen täglich vor Augen habe, noch ziemlich im Dunkel geblieben. Ich kann nur sagen, daß die Begierde des Männchens zur Begattungszeit geradezu ungezügelt ist. Es überfällt sein Weibchen in jeder Lage und treibt es lange umher. Die Geburt der Jungen überraschte mich; denn die Geschlechter sind schwer zu unterscheiden, und ich hatte durchaus keine Änderung in dem Umfange des Weibchens wahrgenommen. Ihre verhältnismäßig sehr großen Jungen wurden halbtodt vor Kälte in der Streu des Käfigs gefunden. Das Weibchen bemühte sich, dort sie zu verscharren. Dabei stieß es die Jungen in der rohesten Weise umher, kratzte und schlug mit seinen Nägeln auf die armen Geschöpfe los, daß sie blutrünstig wurden, und erneuerte dieses Verfahren immer wieder, nachdem die Jungen, als sie fortgenommen und wieder erwärmt worden waren, hingelegt wurden, um sich saugend an der Mutter zu ernähren. Daran war aber nicht zu denken. Es war mir unmöglich, irgend eine Spur von Milch zu entdecken; die Milchdrüsen waren auch nicht im geringsten angeschwollen.

Was die Mutter zu so unerträglichem Verfahren gegen die Jungen veranlaßt, konnte ich bis jetzt nicht ergründen, und fernere Beobachtung wird nöthig sein. Sobald es mir gelingt, den trächtigen Zustand des Weibchens wahrzunehmen, will ich eine eigene Vorkehrung treffen, um dem Thiere in einer mit warmem Sande ausgelegten Holzröhre ein möglichst naturgemäßes Geburtslager zu bereiten.«

Der Nutzen der Gürtelthiere ist nicht unbedeutend. Bei reichlicher Weide werden die Thiere so feist, daß der ganze Leib gleichsam in Fett eingewickelt scheint. Die Indianer essen deshalb das Fleisch aller Arten leidenschaftlich gern, die Europäer dagegen bloß das von zwei derselben. Rengger versichert, daß gebratenes und mit spanischem Pfeffer und Citronensaft versetztes Gürtelthierfleisch eines der angenehmsten Gerichte sei. Alle übrigen Reisenden stimmen hiermit überein. »Das Fleisch des Gürtelthiers«, sagt Hensel, »ein Leckerbissen, ist zart und weiß wie das der Hühner, und das reichliche Fett gleicht im Geschmack vollständig dem von den Nieren des Kalbes.« Seine Zubereitung geschieht, laut Tschudi, in höchst einfacher Weise. Im übrigen weiß man mit dem erlegten Tatu wenig anzufangen. Die Indianer Paraguays verfertigten aus dem Panzer kleine Körbe, die Botokuden aus dem abgestreiften Schwanzpanzer Sprachrohre; früher benutzte man die Panzerstücke auch wohl, um daraus Guitarrenböden zu machen.

# *Das Erdferkel*

Die Erdferkel (Orycteropina) sind plumpe Thiere mit dickem, ungeschicktem, dünnborstig behaartem Leibe, dünnem Halse, langem, schmächtigem Kopfe, walzenförmiger Schnauze, mittellangem, kegelförmigem Schwanze und kurzen, verhältnismäßig dünnen Beinen, von denen die vorderen vier, die hinteren fünf Zehen haben, welche mit sehr starken, fast geraden und platten, an den Rändern schneidenden, hufartigen Nägeln bewehrt sind. Das Maul ist für Ameisenfresser ziemlich groß, die Augen stehen weit nach hinten, die Ohren sind sehr lang. Im Oberkiefer finden sich walzenähnliche, wurzellose, faserige und aus unzähligen feinen, senkrecht dicht neben einanderstehenden Röhren zusammengesetzte Zähne, welche auf der Kaufläche ausgefüllt, am entgegengesetzten Ende aber hohl sind, als wenn sie aus zwei zusammengewachsenen Cylindern zusammengesetzt wären. Das Erdferkel erreicht eine Gesammtlänge von 1,9 Meter, wovon der Schwanz etwa 85 Centim. wegnimmt, bei einem Gewichte von 50 bis 60 Kilogramm. Die Haut ist sehr dick, mit glatt anliegenden und ziemlich spärlich vertheilten Haaren.

Die holländischen Ansiedler am Vorgebirge der guten Hoffnung haben dem Thiere, weil dessen Fleisch im Geschmack dem des wilden Schweines nahe kommt, den Namen Erdferkel (Ardvarkens) beigelegt, auch von jeher eifrig Jagd auf dasselbe gemacht und es daher gut kennen gelernt. Noch zu Buffons Zeit galt es für ein durchaus fabelhaftes Geschöpf.

Das Erdferkel bewohnt Süd- und Mittelafrika, hier von der Ost- bis zur Westküste reichend, nach Art der Gürtelthiere vorzugsweise das flache Land, Wüsten und Steppen bevölkernd, wo Ameisen und Termiten das große Wort führen. Es ist ein einsames Geschöpf, kaum geselliger als die Gürtelthiere, obgleich man zuweilen ihrer mehrere beisammen findet; denn streng genommen lebt jedes einzelne Erdschwein für sich, bei Tage in großen, selbstgegrabenen Höhlen sich verbergend, bei Nacht umherschweifend. In den Steppen Kordofâns, und zwar ebensowohl in den mit dünnem Walde bestandenen Niederungen wie in den weiten, mit hohem Grase bewachsenen Ebenen, wo nur wenige Büsche sich finden, habe ich seine Höhlen oft gesehen und viel von seiner Lebensweise vernommen, das Thier selbst jedoch niemals zu Gesicht bekommen. Die Nomaden nennen es Abu-Delâf oder Besitzer der Nägel, und jagen ihm eifrig nach. Erst Heuglin war so glücklich, eines dieser Thiere lebendig zu erhalten, und konnte auch über die Lebensweise genauere Nachrichten geben. Von ihm erfuhr ich ungefähr folgendes: Das Erdschwein schläft den Tag über in zusammengerollter Stellung in tiefen, selbstgegrabenen Erdlöchern, welche es gewöhnlich hinter sich zuscharrt. Gegen Abend begibt es sich ins Freie, um seiner Nahrung nachzugehen. Sein Lauf ist keineswegs besonders rasch, aber es führt während desselben ganz eigenthümliche und ziemlich weite Sprünge aus. Dabei berührt es mit der ganzen Sohle den Boden, trägt den Kopf mit am Nacken zurückgelegten Ohren senkrecht gegen die Erde gerichtet, den Rücken gekrümmt, und schleppt den Schwanz zur Erhaltung des Gleichgewichts mehr oder weniger auf dem Boden fort. Die Schnauzenspitze geht so dicht über letzterem hin, daß der Haarkranz, welcher die Nasenlöcher umgibt, ihn förmlich fegt. Von Zeit zu Zeit steht es still, um zu horchen, ob kein Feind in der Nähe ist, dann geht es weiter. Dabei wird augenscheinlich, daß Geruch und Gehör die ausgebildetsten Sinne sind; denn ebensoviel, wie es mit den Ohren arbeitet, gebraucht es die Nase. Den Nasenkranz schnellt es durch eine rasche Bewegung der Nasenhaut beständig hin und her, und hier und dort richtet es prüfend die lange Schnauze empor, um schnoppernd seiner Beute nachzuspüren. So geht es fort, bis es die Spur einer Ameisenheerstraße findet. Diese wird verfolgt bis zum Baue der Ameisen, und dort beginnt nun die Jagd, ganz nach Art der Gürtelthiere oder noch mehr der eigentlichen Ameisenfresser.

Es besitzt eine unglaubliche Fertigkeit im Graben. Wenige Augenblicke genügen ihm vollkommen, um sich gänzlich in die Erde einzuwühlen, der Boden mag so hart sein, wie er will. Beim Graben arbeitet es mit den starken Krallen der Vorderfüße und wirft große Erdklumpen mit gewaltiger Kraft rückwärts; mit den Hinterfüßen schleudert es dann die losgeworfene Erde soweit hinter sich, daß es in einen förmlichen Staubregen eingehüllt wird. Wenn es an einen Ameisen- oder Termitenbau kommt, beschnoppert es ihn zuerst sorgfältig von allen Seiten; dann geht das Graben los, und das Thier wühlt sich in die Erde, bis es auf das Hauptnest oder wenigstens einen Hauptgang der Kerfe geräth. In solche Hauptgänge, welche bei den Termitenhügeln meist 2 Centim. im Durchmesser haben, steckt nun das Erdferkel seine lange, klebrige Zunge, läßt sie voll werden, zieht sie dann mit den Ameisen zurück, und wiederholt dies so lange, bis es sich vollkommen gesättigt hat. Manchmal schlürft es auch geradezu mit den Lippen hunderte von Ameisen auf einmal ein; in dem eigentlichen Neste der Termiten aber, in welchem Millionen dieser Kerfe durch einander wimmeln, frißt es fast, wie ein Hund, mit jedem Bissen hunderte zugleich verschlingend. So geht es von einem Baue zum andern und richtet unter den alles verwüstenden Termiten nun seinerseits die größte Verheerung an. Mit dem Grauen des Morgens zieht es sich in die Erde zurück, und da gilt es ihm nun ganz gleich, ob es seine

Orycteropus afer
V
ORYCTEROPODIDAE
H

Höhle findet oder nicht; denn in wenig Minuten hat es sich so tief eingegraben, als es für nöthig findet, um den Tag in vollster Sicherheit zu verpassen. Erscheint die Höhle noch nicht tief genug, so gräbt es bei herannahender Gefahr weiter. Es ist keinem Feinde möglich, ihm nach in die Höhle einzudringen, weil es die ausgescharrte Erde mit so großer Kraft nach hinten wirft, daß jedes andere Thier sich bestürzt zurückzieht. Selbst für den Menschen hält es schwer, ihm nachzugraben, und jeder Jäger wird nach wenigen Minuten vollständig von Erde und Sand bedeckt.

Das Erdferkel ist außerordentlich vorsichtig und scheu und vergräbt sich auch nachts bei dem geringsten Geräusche unverzüglich in die Erde. Sein Gehör läßt ihm die Ankunft eines größeren Thieres oder eines Menschen von weitem vernehmen, und so ist es fast regelmäßig in Sicherheit, ehe die Gefahr sich naht. Seine große Stärke befähigt es übrigens auch, mancherlei Gefahren abzuwehren. Der Jäger, welcher ein Erdferkel wirklich überrascht und festhält, setzt sich damit noch keineswegs in den Besitz der erwünschten Beute. Wie das Gürtelthier stemmt es sich, selbst wenn es nur halb in seiner Höhle ist, mit aller Kraft gegen die Wandungen derselben, gräbt die scharfen Klauen fest ein, krümmt den Rücken und drückt ihn mit solcher Gewalt nach oben, daß es kaum möglich wird, auch nur ein einziges Bein auszulösen und das Thier herauszuziehen. Ein einzelner Mann vermag dies nie; selbst mehrere Männer haben genug mit ihm zu thun. Man verfährt daher ganz ähnlich wie in Amerika mit den Gürtelthieren. Die Eingeborenen Ostsudâns nähern sich vorsichtig dem Bau, sehen an der in der Mündung liegenden Erde, ob ein Erdferkel darin ist oder nicht, und stoßen nun plötzlich mit aller Kraft ihre Lanze in die Tiefe der Höhle. Ist diese gerade, so wird auch regelmäßig das Schwein getroffen, ist sie krumm, so ist die Jagd umsonst. Im entgegengesetzten Falle aber haben die Leute ein ziemlich leichtes Spiel; denn wenn auch das Erdschwein nicht gleich getödtet werden sollte, verliert es doch sehr bald die nöthige Kraft zum Weiterscharren, und neue Lanzenstiche enden sein Leben. Gelingt es, das Thier lebend aus seinem Gange herauszureißen, so genügen ein paar Schläge mit dem Stocke auf den Kopf, um es zu tödten. Am Kongo fängt man es in eisernen Schlagfallen und jagt es nachts mit Hunden. Diese sind selbstverständlich nicht im Stande, das Thier festzuhalten, denn das Erdferkel vergräbt sich vor ihren Augen in die Erde, sie bezeichnen aber den Ort, wo man es aufzusuchen hat.

Über die Paarung und Fortpflanzung fehlen noch genauere Nachrichten. Im Mai und Juni wirft das Weibchen ein einziges Junges, welches nackt zur Welt kommt und sehr lange von der Alten gesäugt wird. Nach Jahresfrist ist dasselbe am stärksten behaart; später reiben sich die Haare durch das Arbeiten unter der Erde mehr und mehr ab.

Heuglin fütterte ein von ihm gefangen gehaltenes Erdferkel mit Milch, Honig, Ameisen, Datteln und anderen Früchten. Das Thier wurde bald zahm, gewöhnte sich an den Pfleger und folgte ihm nach, wenn dieser im Hofe umherging. Durch seine sehr komischen Sprünge gewährte es Vergnügen, war jedoch im ganzen ein stumpfer und langweiliger Gesell, welcher, sobald er konnte, sich vergrub und fast den ganzen Tag über schlief. Für seine Losung, welche einen sehr durchdringenden Geruch besitzt, scharrte er stets, bevor er derselben sich entledigte, mit den Hinterfüßen eine kleine Grube aus, welche mittels der Vorderfüße wieder mit Erde überdeckt wurde.

Neuerdings ist das Erdferkel wiederholt nach Europa gebracht worden, hat sich hier auch bei entsprechender Pflege über Jahresfrist gehalten. Ich habe es in den Thiergärten von London und Berlin sowie in der kaiserlichen Menagerie zu Schönbrunn gesehen. Ungeachtet seiner Schlaftrunkenheit bei Tage verfehlt es nicht, die Aufmerksamkeit eines jeden Thierfreundes auf sich zu lenken. Zu Heuglins Angabe habe ich hinzuzufügen, daß es auch sitzend zu schlafen pflegt, indem es sich auf die langen Hinterfüße und den Schwanz wie auf einen Dreifuß stützt und den Kopf mit der langen Schnauze zwischen den Schenkeln und Vorderbeinen zu verbergen sucht. Störungen berühren es in empfindlicher Weise, und es sucht sich auch jeder Behelligung seitens Unbekannter möglichst zu erwehren. Hat es Erde zu seiner Verfügung, so wirft es in solchem Falle diese scharrend hinter sich, um damit den sich Nähernden abzutreiben; läßt man sich trotzdem nicht abschrecken, so gebraucht es seinen Schwanz als Vertheidigungswaffe, indem es mit demselben nach rechts und links Schläge austheilt, welche kräftig und wegen der harten, fast spitzigen Borsten ziemlich fühlbar sind. Nach Versicherung eines Wärters soll es im Nothfalle auch die Hinterfüße zur Abwehr benutzen. Man füttert das Thier mit feingehacktem Fleische, rohem Ei, Ameisenpuppen und Mehlbrei, ersetzt ihm damit seine natürliche Nahrung jedoch nur sehr unzureichend. Auch unter dem Mangel an Bewegung scheint es zu leiden, bekommt leicht Geschwüre und wunde Stellen und geht infolge dessen früher zu Grunde, als dem Pfleger lieb ist.

Nur in Gegenden, welche oft Karawanen durchziehen, wird das Erdschwein dem Menschen durch sein Graben schädlich, sonst verursacht es eher Nutzen als Schaden. Nach seinem Tode findet es vielfache Verwendung. Das Fleisch ist dem des Schweines ähnlich und geschätzt; die dicke, starke Haut wird zu Leder verarbeitet.

# *Der Beutelmarder*

Wie bereits bemerkt, bewohnen die Beutelthiere gegenwärtig Australien und einige benachbarte Inseln sowie Süd- und Nordamerika. Das Festland von Australien darf als das eigentliche Vaterland derselben angesehen werden, da alle übrigen gegenwärtig hier lebenden Säugethiere, einige Fledermäuse, der Dingo und mehrere Nager, unzweifelhaft als später eingewanderte gelten müssen. In Amerika finden sich nur wenige Mitglieder einer kleinen Familie, diese aber ebensowohl im Norden wie im Süden des Erdtheils. Ähnlich verhält es sich mit den höheren Fähigkeiten der Beutelthiere; sie kommen auch in dieser Hinsicht anderen Säugern nicht gleich. Höchstens die Sinnesfähigkeiten dürften bei ihnen annähernd auf derselben Stufe stehen wie bei anderen Krallenthieren, der Verstand dagegen ist immer unverhältnismäßig gering. Jedes einzelne Beutelthier erscheint, verglichen mit einem, ihm etwa entsprechenden Krallenthiere, als ein geistloses, weder der Ausbildung noch der Veredelung fähiges, der Lehre und dem Unterrichte unzugängliches Geschöpf. Niemals würde es möglich gewesen sein, aus dem Beutelwolfe ein Menschenthier zu schaffen, wie der Hund es ist; kein einziger anderer Beutler überhaupt würde zum Hausthiere sich eignen. Die Unvollkommenheit, Roheit und Plumpheit der Beutelthiere offenbart sich namentlich, wenn man die geistigen Fähigkeiten in Betracht zieht. Aus dem Auge, mag es auch groß und klar sein, spricht geistige Öde und Leere, und die eingehendste Beobachtung straft diesen Eindruck nicht Lügen. Gleichgültigkeit gegen die Umgebung, so weit es sich nicht um eine vielleicht zu bewältigende Beute handelt, also soweit der Magen nicht ins Spiel kommt, Theilnahmlosigkeit gegenüber den verschiedenartigsten Verhältnissen, Mangel an Zuneigung, Liebe und Freundschaft, scheinen allen Beutelthieren gemeinsam zu sein. Von einem Sichfügen in die Verhältnisse, von einem An- und Eingewöhnen bemerkt man bei diesen rückständigen Geschöpfen wenig oder nichts. Man nennt einzelne Raubbeutler bösartig und bissig, weil sie, in die Enge getrieben, ihre Zähne rücksichtslos gebrauchen, einzelne pflanzenfressende Beutler dagegen sanft und gutmüthig, weil sie sich kaum oder nicht zu wehren versuchen, bezeichnet damit aber weder das Wesen der einen noch der anderen richtig. Aus dem wehrhaftesten Krallenthiere, welches im Anfange seiner Gefangenschaft wüthend und grimmig um sich beißt, wird bei guter Behandlung nach und nach ein menschenfreundliches, zuthunliches Wesen: das Beutelthier bleibt sich immer gleich und lernt auch nach jahrelanger Gefangenschaft den ihn pflegenden Wärter kaum von anderen Leuten unterscheiden. Ebensowenig als es sich dem Menschen unterwirft, ihm etwas zu Gefallen thut, seinen Wünschen sich fügt, Zuneigung und Anhänglichkeit an ihn gewinnt, befreundet es sich mit anderen Thieren, kaum mit Seinesgleichen. Liebe und Haß scheinen in der Seele des Beutelthieres nur angedeutet zu sein; Gleichgültigkeit und Theilnahmlosigkeit bekundet selbst die Mutter den Jungen gegenüber, mit welchen sie sich mehr und länger beschäftigt als irgend ein anderes entsprechendes Krallenthier. Zeigt sie wirklich Regungen der Mütterlichkeit und Zärtlichkeit, so erscheinen diese dem aufmerksamen Beobachter als mechanische, nicht aber als selbstbewußte Handlungen. Von dem mütterlichen Stolze angesichts des Sprossen, von der Freude, welche die höherstehende Säugethiermutter an ihrem Nachkömmlinge hat, bemerkt man bei dem Beutelthiere nichts. Keine Beutelthiermutter spielt, so weit mir bekannt, mit ihren Jungen, keine belehrt, keine unterrichtet dieselben. Das Junge lernt, schon solange es sich im Beutel befindet, nach und nach in dem engen Kreise seines Wirkens sich zurecht finden und bewegen, flüchtet, einigermaßen selbständig geworden, bei Gefahr in den Beutel zurück, wird auch wohl von der Mutter hierzu eingeladen, und verläßt den Beutel endlich, wenn der Mutter die Last zu groß, vielleicht indem es von seiner Erzeugerin vertrieben wird, kehrt jedoch auch dann noch, selbst wenn es bereits Mutterfreuden genießt und für eigene Nachkommenschaft zu sorgen hat, zeitweilig zu der Alten zurück, um womöglich mit den nachgeborenen Geschwistern zu saugen, erlangt also eine wirkliche Selbständigkeit erst in einem sehr späten Abschnitte seines Lebens.

Die Nahrung der Beutelthiere ist, wie schon wiederholt bemerkt, eine höchst verschiedene. Alle Arten, welche Raubthieren entsprechen, stellen anderen Thieren nach, fressen Muscheln, Fische und was sonst die See auswirft oder Aas von Landthieren; die kleineren Arten jagen auf Vögel, Kerbthiere und Würmer; die Grasfresser endlich nähren sich von Blättern, Gräsern und Wurzeln, welche sie abpflücken und abweiden. Jene verursachen mancherlei Schaden und Ärger, indem sie den Herden nachstellen, nachts sich in die Hühnerställe einschleichen und sonstigen Unfug verüben, die übrigen werden schon aus dem Grunde kaum lästig, weil der einwandernde Weiße, welcher das Land in Besitz nimmt, sie sobald als möglich ausrottet, weniger einen bestimmten Zweck verfolgend, als ungezügelter Jagdlust genügend. Im allgemeinen ist weder der Nutzen noch der Schaden, welchen die Beutelthiere bringen, von erheblichem Belange. Man benutzt das Fleisch und das Fell nur von wenigen und weiß mit den übrigen nichts anzufangen.

Dasyurus maculatus
DASYURIDAE

Entsprechend der großen Verschiedenheit der Beutelthiere hat man die Ordnung in Unterabtheilungen zerfällt. Eine solche enthält die Raubbeutelthiere (Sarcophaga) oder diejenigen Arten, welche in beiden Kinnladen alle drei Arten von Zähnen und einen einfachen Magen haben.

Unter den hierher gehörigen Thieren stellt man die Beutelmarder (Dasyuridae) obenan. Die Kennzeichen liegen in dem Gebisse, welches in jeder Kinnlade oben vier, unten drei Schneidezähne, einen Eckzahn, zwei bis vier Lück- und vier bis sechs Backenzähne enthält, in den vierzehigen Hinterfüßen und in dem behaarten Schwanze. Alle zu dieser Familie zählenden Arten leben gegenwärtig nur noch in Australien.

Die Beutelmarder halten sich ebensowohl in Wäldern wie in felsigen Gegenden oder an den Ufern des Meeres auf und leben hier entweder in tiefen Erdhöhlen und Erdlöchern, unter Baumwurzeln und im Steingeklüft der Felsen oder in hohlen Bäumen. Die einen bewegen sich bloß auf dem Boden, die anderen klettern vortrefflich, und einige halten sich fast ausschließlich auf den Bäumen auf. Ihr Gang ist schleichend und bedächtig, weil sie mit ganzer Sohle auftreten. Fast alle sind nächtliche Thiere, welche den Tag in ihren Zufluchtsorten verschlafen und mit der Dämmerung auf Raub ausgehen. Bei diesen Streifzügen suchen sie die Küsten des Meeres ab und verzehren hier alle von der See ausgeworfenen Thiere, dieselben mögen frisch oder faul sein; die, welche auf den Bäumen wohnen, nähren sich hauptsächlich von Kerfen und jagen höchstens kleinen Säugethieren sowie deren Eiern nach; die größten Arten besuchen auch wohl die menschlichen Wohnungen und erwürgen dort nach Marderart oft in einer einzigen Nacht den ganzen Hühnerbestand oder plündern, wie die frechen Füchse des Nordens, Speicher und Vorrathskammern und stehlen hier Fleisch und Speck. Die kleineren Arten zwängen sich durch die engste Öffnung und sind deshalb ebenso verhaßt wie Marder und Iltis, die größeren fallen die Schafherden an und holen sich ab und zu ein Stück aus ihrer Mitte. Viele führen die Nahrung mit den Vorderpfoten zum Munde. Ihre Stimme besteht in einem eigenthümlichen Knurren und einem helltönenden Gebell. Die größeren sind sehr wild, bissig und unzähmbar, vertheidigen sich auch, wenn sie angegriffen werden, wüthend mit ihren scharfen Zähnen, die kleineren dagegen erscheinen als sanft und gutmüthig, einzelne können auch leicht in der Gefangenschaft erhalten und ohne große Mühe gezähmt werden, bekunden jedoch niemals ersichtliche Anhänglichkeit oder überhaupt wärmere Zuneigung gegenüber ihrem Pfleger.

Im Frühlinge werfen die Mütter vier bis fünf Junge, welche wenigstens in verhältnismäßig vollkommenem Zustande zur Welt kommen.

Der Schaden, welchen die Mitglieder der Familie verursachen, überwiegt den Nutzen, den sie bringen, bei weitem und rechtfertigt die eifrigste Verfolgung, welche sie zu erleiden haben.

# *Das Zuckereichhorn*

Als den bekanntesten Flugbeutelbilch darf man wohl das Zuckereichhorn (Petaurus sciureus) betrachten; denn schon aus dem Namen geht hervor, daß diese Art ein volksthümliches Thier geworden ist. Man kann nicht leugnen, daß der Name, welchen die ersten Einsiedler gaben, passend gewählt ist; denn nicht bloß in der Gestalt, sondern auch in der Größe ähnelt das Thier unserem Eichkätzchen und noch mehr dem Taguan.

Man findet das Zuckereichhorn hauptsächlich in Neusüdwales. Es ist ein echtes Baumthier und, wie die meisten der ihm ähnlich gestalteten Geschöpfe, bei Nacht lebendig. Während des Tages verbirgt es sich in den dichtesten Baumkronen, wo es entweder eine Höhlung oder einen Gabelast aufsucht und, zu einer Kugel zusammengerollt und gleichsam in seine Flatterhaut eingewickelt, dem Schlafe sich hingibt; mit der Nacht beginnt seine Thätigkeit. Nunmehr klettert es mit der Gewandtheit eines Eichhorns auf den Bäumen umher, immer von unten nach oben; denn von oben nach unten zu springt es mit Hülfe seiner Flatterhaut, welche es wie einen Fallschirm ausbreitet. Bei Tage erkennt man das Thier, welches man während der Nacht beobachtete, nicht wieder. Es scheint eher ein lebloses Wesen als der behende Baumbewohner zu sein. Mürrisch und lichtscheu schläft es; nur gelegentlich wacht es auf, um etwas zu fressen; wankend, unsicher bewegt es die Glieder, und ängstlich meidet es die Strahlen des ihm verhaßten allbelebenden Lichtes. Ganz anders zeigt es sich in einer jener klaren, zaubervollen Mondnächte seiner Heimat. Das Auge folgt überrascht seinem Treiben. Alle Bewegungen sind jetzt ebenso lebhaft, behend und gewandt wie die des übermüthigsten Affen, wie die des erregtesten Eichhorns. Nur auf dem Boden erscheint es tölpisch und schwankt hier unsichern Schrittes dahin; aber es betritt die ihm fast feindliche Erde auch nur in der höchsten Noth, bloß dann, wenn die Bäume so weit von einander stehen, daß nicht einmal seine Flughaut die Brücke bilden kann. Es ist im Stande, außerordentlich weite Sprünge auszuführen und dabei die Richtung beliebig zu ändern. Schon wenn es aus einer Höhe von zehn Meter abspringen kann, ist es fähig, einen zwanzig bis dreißig Meter von ihm entfernten Baum zu erreichen. Am Bord eines an der Küste Neuhollands segelnden Schiffes befand sich ein Flugbeut-

*Petaurus sciureus*
PETAURIDAE

ler, welcher bereits so gezähmt war, daß man ihm gestatten durfte, frei auf dem Schiffe umher zu laufen. Das muntere Geschöpf, die Freude der ganzen Schiffsmannschaft, war am Bord so vertraut geworden, daß es bald auf den höchsten Mastspitzen, bald unten im Raume gesehen werden konnte. Eines Tages kletterte es bei heftigem Wehen nach seinem Lieblingsplatze, der Mastspitze, empor. Man besorgte, daß es während eines seiner Sprünge vom Sturme erfaßt und in das Meer geworfen werden möchte, und einer der Matrosen entschloß sich, seinen Liebling von oben herunter zu holen. Als er dem Thiere nahe auf den Leib rückte, suchte sich dieses der ihm unangenehmen Gefangennahme zu entziehen und vermittels eines seiner herrlichen Luftsprünge das Deck zu erreichen. In demselben Augenblicke legte sich das Schiff, von einem heftigen Windstoße erfaßt, derart auf die Seite, daß aller Berechnung nach der Flugbeutler in die Wellen geschleudert werden mußte. Man gab ihn bereits verloren, er aber wußte sich zu helfen. Plötzlich änderte er durch eine geschickte Wendung seines vortrefflichen Steuerruders die Richtung seines Fluges und schoß, in großen Bogen sich drehend, weit aus nach vorn, glücklich das sichere Deck erreichend. Alle Beobachter sind einstimmig in der Bewunderung dieser Flugbewegung und versichern, daß sie mit ebensoviel Zierlichkeit als Anmuth ausgeführt würde, und schwerlich ihres Gleichen haben könne. Überhaupt ist der Flugbeutler ein sehr nettes Thier, wenn auch nicht gerade harmlos, so doch leicht zähmbar, dabei in der Nacht überaus lebendig, munter und lustig, nur leider immer etwas furchtsam. Während seines Schlafes kann er von einem geschickten Kletterer leicht gefangen werden, zumal wenn mehrere zu solcher Jagd sich verbinden; denn das Licht blendet ihn so, daß er, auch wenn er von seiner Fluggabe Gebrauch macht, den ins Auge gefaßten Zweig verfehlt, und anstatt auf dem sicheren Baume, auf dem Boden anlangt, wo ihn der Mensch sehr bald erreicht. Man findet ihn gar nicht selten in den Häusern der Ansiedler, welche ihn mit großer Sorgfalt pflegen. Sein Verstand ist gering, aber er ersetzt durch seine Lustigkeit und Heiterkeit, durch Sanftmuth und Zierlichkeit einigermaßen den Mangel an geistigen Fähigkeiten. Im Käfige springt er während der ganzen Nacht ohne Unterlaß umher und nimmt dabei oft die wunderlichsten Stellungen ein. Ohne große Mühe gewöhnt er sich an allerlei Kost, wenn ihm auch Früchte, Knospen und Kerbthiere das liebste bleiben, schon weil diese Stoffe seiner natürlichen Nahrung entsprechen. Besonders gern frißt er den Honig der Eucalypten oder Gummibäume, und sicherlich bilden auch die Kerbthiere einen nicht unbedeutenden Theil seines Futters. Bei Gefangenen im Londoner Thiergarten hat man beobachtet, daß sie todte Sperlinge und Fleischstücke, welche man ihnen brachte, sehr gern verzehrten, und deshalb glaubt man mit Recht, daß sie in der Nacht geräuschlos nach Art der Faulaffen an schlafende Vögel und andere kleine Thiere sich anschleichen und sie umbringen. In manchen Gegenden thun sie unter den Pfirsichen und Apfelsinen erheblichen Schaden.

Die Geselligkeit ist bei dem Zuckereichhorn sehr ausgeprägt. Man findet in den Wäldern immer mehrere derselben Art vereinigt, obgleich es nicht scheint, als ob eines das andere besonders freundschaftlich und liebevoll behandele. In der Gefangenschaft befreundet es sich wohl auch mit anderen kleineren Thieren und zeigt selbst gegen den Menschen eine gewisse Anhänglichkeit. Über das Gefangenleben gibt Bennett einige Mittheilungen. Er erhielt ein junges Weibchen und brachte es mit sich nach Europa. »Obgleich noch jung«, sagt er, »fand ich es doch sehr wild und garstig. Es spuckte, knurrte und schrie, wenn man es nahm, und begleitete dabei jeden Ton mit Kratzen und Beißen. Die Nägel waren scharf und verursachten Wunden, wie die, welche einem die Katzen beizubringen pflegen; die kleinen Zähne dagegen waren nicht hinreichend, etwas auszurichten. So viel ist sicher, daß ein Thier, welches in seiner frühen Jugend sich so wüthend geberdet, im Alter ein schlimmer Beißer sein muß. Nach und nach wurde mein Gefangener zahmer und litt, daß man ihn in die Hand nahm, ohne daß er kratzte und zubiß. Auch leckte er die Hand, wenn man ihm Süßigkeiten reichte, welche er außerordentlich liebte, und erlaubte, daß man seine kleine Nase berührte und sein Fell untersuchte. Aber sowie es sich jemand herausnahm, ihn beim Körper zu erfassen, wurde er außerordentlich wüthend und biß und kratzte in wildem Zorne, dabei sein schnurrendes, schnaubendes und spukkendes Knurren ausstoßend. Ruhiger war er, wenn man ihn beim Schwanze packte und ihn nicht zu lange festhielt. Dabei breitete er seine Fallhaut aus, als wolle er sich vor einem Sturze sichern. In dieser Lage konnte man sein wundervolles Fell oben und unten viel besser als in jeder anderen Stellung sehen. Obgleich er zahm geworden war, schien er doch nicht die geringste Zuneigung gegen diejenigen zu zeigen, welche ihn fütterten; denn er benahm sich gegen Fremde oder gegen die ihm bekannten Personen gleich gut oder gleich schlecht.

Während des Tages lag er zu einem Ball zusammengerollt, seinen buschigen Schwanz über sich gedeckt, still und ruhig. Nur zuweilen wachte er auf und fraß ein wenig. Bei solchen Gelegenheiten erschien er halb blind oder bewies wenigstens deutlich, daß ihm das helle Tageslicht höchst unangenehm war. Aber in der Dämmerung des Abends und in der Nacht begann sein volles Leben und seine Thätigkeit. Dann war er ein ganz anderes Geschöpf. In seinem Käfige lief er oben und unten herum, ruh- und rastlos stieg er an den Stäben in die Höhe, ohne nur einen Augenblick stillzuhalten. Im Zimmer frei gelassen, kletterte er sofort auf die höchsten Stellen der Einrichtungsgegenstände, und je mehr er sich bewegen konnte, um so zufriedener und behaglicher schien er sich zu fühlen. Er zeigte sich jetzt als das gerade Gegentheil des hülflosen Wesens, welches er bei Tage war. Nur einmal habe ich ihn auch während des Tages lebendig gesehen. Das war im Thiergarten zu London, wo ihm der düstere Himmel der Riesenstadt wohl glauben lassen mochte, daß bereits die Nacht hereingebrochen wäre.

Wir fütterten ihn mit Milch, Rosinen und Mandeln. Süßigkeiten aller Art, eingemachte Früchte sowohl als Zucker, zog er allem übrigen vor. Die Früchte sog er aus, daß bloß noch die Schale übrig blieb. Er bedurfte wenig, wurde aber fett und befand sich sehr wohl.

Eine Nacht entkam er seinem Gefängnisse, wurde aber am nächsten Tage in den höchsten Zweigen eines lustigen Weidenbaums gesehen, wo er sich in einer der Gabeln gemüthlich ausruhete. Ein Knabe mußte ihm nachklettern und fand ihn oben im tiefen Schlafe. Er näherte sich ihm, ohne gehört oder gesehen zu werden, ergriff ihn beim Schwanze und warf ihn etwa zwanzig Meter tief herab. Der Bilch breitete sofort seinen Fallschirm aus und kam wohlbehalten und gesund unten an, wo er augenblicklich wieder gefangen wurde. Oft sieht man ihn, wenn er frißt, behaglich auf dem Rücken liegen; beim Trinken aber hält er das kleine Gefäß zwischen seinen Vorderfüßen und leckt wie eine junge Katze. Auf der Reise nach London konnten wir ihm glücklicher Weise fortwährend Milch verschaffen, und so befand er sich stets wohl. Nach und nach war er so zahm geworden, daß wir ihn gelegentlich abends auf dem Deck umherlaufen lassen konnten. Dort spielte er mit sich selbst wie eine junge Katze und schien sich sehr zu freuen, wenn man ihn krauete. Doch auch jetzt noch ließ er sich ungern gefangen nehmen und spuckte und schnappte augenblicklich nach der Hand, welche ihn aufnahm.«

Über seine Fortpflanzung scheint noch nichts bekannt zu sein, wenigstens finde ich in keinem der mir zugänglichen Werke darüber etwas sicheres mitgetheilt.

# Das Opossum

Unter den Beutelratten ist das Opossum (Didelphys virginiana) wohl das bekannteste. Weder die Färbung, noch irgend welche Anmuth oder Annehmlichkeit in seinen Sitten zeichnen es aus, und so gilt es mit Recht als ein höchst widriges Geschöpf. In der Vorzeit fanden sich Beutelratten auch in Europa; gegenwärtig bewohnen sie Amerika. Sie leben fast sämmtlich in Wäldern oder in dichtem Gebüsch und suchen sich hier in hohlen Bäumen, Erdhöhlen, zwischen dichten Gräsern und Büschen einen Aufenthalt. Eine Art bevölkert die Ufer kleiner Flüsse und Bäche, schwimmt vortrefflich und sucht in Erdlöchern Schutz. Alle sind Nachtthiere und führen durchgehends ein einsames, herumschweifendes Leben, halten sich auch bloß während der Paarungszeit mit ihrem Weibchen zusammen. Ihr Gang auf ebenem Boden, wobei sie mit ganzer Sohle auftreten, ist ziemlich langsam und unsicher; die meisten vermögen aber, wenn auch nicht ohne alle Mühe, Bäume zu erklettern und sich mittels ihres zum Greifwerkzeuge gewordenen Schwanzes aufzuhängen und stundenlang in solcher Stellung zu verbleiben. Unter ihren Sinnen scheint der Geruch am besten ausgebildet zu sein. Die geistigen Fähigkeiten sind sehr gering, obgleich sich eine gewisse Schlauheit nicht leugnen läßt; namentlich wissen sie Fallen aller Art zu vermeiden. Ihre Nahrung besteht in kleinen Säugethieren, Vögeln und deren Eiern, auch wohl in kleinen Lurchen, in Kerbthieren und deren Larven, sowie in Würmern; im Nothfalle fressen sie auch Früchte. Die im Wasser lebenden Schwimmbeutler verzehren hauptsächlich Fische, die größeren Arten besuchen die Wohngebäude des Menschen und würgen hier alle schwächeren Thiere ab, deren sie habhaft werden können, laben sich an deren Blute und berauschen sich förmlich darin. Ihre aus eigenthümlich zischenden Lauten bestehende Stimme lassen sie bloß dann ertönen, wann sie gemißhandelt werden. Bei Verfolgung setzen sie sich niemals zur Wehre, pflegen vielmehr sich zu verstellen, wenn sie sich nicht mehr verbergen können. In der Angst verbreiten sie einen starken, widrigen, fast knoblauchähnlichen Geruch.

Die Beutelratten, in vielen Arten über ganz Amerika verbreitet, haben in tüchtigen Naturforschern eifrige und sorgfältige Beobachter gefunden, und das hauptsächlichste, was wir über die Fortpflanzung der Beutelthiere überhaupt, zumal über die Entwickelung der Jungen wissen, beruht auf den Mittheilungen jener Forscher. »In der Mitte des Winters«, sagt Rengger von den in Paraguay lebenden Arten der Beutelratten, »im Augustmonat nämlich, scheint bei ihnen die Begattungszeit einzutreten; wenigstens trifft man in diesem Monate häufig die beiden Geschlechter bei einander an und findet im darauffolgenden Monate trächtige Weibchen. Diese werfen nur einmal im Jahre. Die Anzahl ihrer Jungen ist weder bei den Arten, noch bei den verschiedenen Weibchen einer Art dieselbe. Ich fand bei einer Art bis vierzehn Junge, oft aber nur acht oder vier und einmal bloß ein einziges. Die Tragzeit dauert etwas mehr als drei Wochen. Anfang des Weinmonats kommen die Jungen zur Welt und treten sogleich unter den Beutel oder unter die Hautfalten am Bauche der Mutter, wo sie an den Zitzen sich ansaugen und so lange in diesem Zustande bleiben, bis sie ihre vollkommene Ausbildung erreicht haben. Dies geschieht nach funfzig und einigen Tagen. Alsdann verlassen sie den Beutel, nicht aber die Mutter, indem sie sich, auch wenn sie schon fressen können, in dem Pelze derselben festhalten und so von ihr noch einige Zeit herumgetragen werden.«

Rengger berichtet nun, daß er bloß über eine Art Beobachtungen machen konnte, von dieser aber die Weibchen theils während ihrer Tragzeit oder im Augenblicke des Gebärens, theils nach der Geburt untersucht habe, und fährt dann fort: »Die Tragzeit der betreffenden Art fällt in den Herbstmonat und dauert etwa fünfundzwanzig Tage. Während dieser Zeit bemerkt man einen Zufluß der Säfte gegen die Wände des Beutels, ein Anschwellen seiner Ränder und eine Erweiterung desselben. Die Embryonen oder Thierkeime liegen in der Gebärmutter, nie aber in den henkelförmigen Fortsätzen derselben. Nach den ersten Tagen der Empfängnis erscheinen sie bloß als gallertartige, runde Körperchen, bei denen man selbst durch das Vergrößerungsglas keine Verbindung mit der Gebärmutter, wohl aber als erste Spur der Ausbildung des Leibes einen feinen, blutigen Streifen bemerkt. Gegen das Ende der Tragzeit hingegen, wo die Keimlinge eine Länge von beinahe 1 Centim. erreicht haben, findet man sie von einer Haut umgeben und mit einem Nabelstrange, welcher sich vermittels mehrerer Fasern an die Gebärmutter ansetzt. An der Frucht selbst nimmt man auch mit unbewaffnetem Auge deutlich den Kopf, die vier Beine und den Schwanz wahr. Übrigens sind in diesem Zeitpunkte nicht alle Jungen gleich ausgebildet; es herrscht im Gegentheil unter ihnen eine Art von Stufenreihe.

Über die Art, wie der Embryo aus der Gebärmutter in die Scheide gelangt, habe ich folgendes beobachtet: Bei einem Weibchen fand ich in seinem verschlossenen Beutel zwei ganz kleine Junge, dann aber in dem linken henkelförmigen Fortsatze der Gebärmutter einen ausgewachsenen Embryo, welcher von keinem Häutchen mehr umgeben war und dessen Nabelstrang in keiner Verbindung mit den Wänden des Fortsatzes stand. In dem Körper der Gebärmutter lagen noch zwei andere Keimlinge, deren Nabelstrang sich aber von denselben noch nicht abgelöst hatte. Übrigens war die Gebärmutter sowie ihr Fortsatz außer der gewöhnlichen Ausdehnung nicht im geringsten verändert. Die Embryonen treten also bei dieser Beutelratte aus dem Körper der Gebärmutter in die henkelförmigen Fortsätze derselben und erst von diesen in die Scheide.

Wie man sieht, werden die Jungen nicht alle zugleich geboren; es verstreichen vielmehr drei bis vier Tage zwischen der Geburt des ersten und des letzten Jungen. Wie sie in den Beutel gelangen, habe ich nie beobachten können. Möglich ist, daß der Beutel während der Geburt gegen die Scheide zurückgezogen wird, so daß die Jungen durch die Geburtsarbeit selbst in den Beutel geschoben werden. Die neugebornen Thierchen sind und bleiben noch einige Zeit wahre Embryonen. Ihre Größe beträgt höchstens 12 Millimeter; ihr Körper ist nackt, der Kopf im Verhältnisse zu den übrigen Theilen groß; die Augen sind geschlossen, die Nasenlöcher und der Mund hingegen offen; sie zeigen auch auf äußere Reize nicht die geringste Bewegung. Nichtsdestoweniger findet man sie kurze Zeit, nachdem sie in den Beutel gelangt sind, an den Zitzen angesogen. Es ist nun kaum denkbar, daß die Thiere in einem solchen Embryonenzustande ohne alle Hülfe eine Zitze aufsuchen und sich ansaugen können; ich vermuthe dagegen, daß sie von der Mutter an die Zitzen gelegt werden, wozu derselben ohne Zweifel die entgegensetzbaren Daumen dienen. Die Jungen bleiben nun beinahe zwei Monate in dem Beutel, ohne die Zitzen zu verlassen, ausgenommen in den letzten Tagen. In den ersten zwei Monaten bemerkt man keine andere Veränderung an ihnen, als daß sie bedeutend zunehmen und daß sich die Borstenhaare am Munde zu zeigen anfangen. Nach vier Wochen werden sie ungefähr die Größe einer Hausmaus erreicht haben, der Pelz tritt über den ganzen Körper hervor, und sie können einige Bewegung mit den Vorderfüßen machen. Nach Azara sollen sie sich in diesem Alter schon auf den Füßen halten können. Etwa in der siebenten Woche werden sie fast so groß wie eine Ratte; dann öffnen sich die Augen. Von dieser Zeit an hängen sie nicht mehr den ganzen Tag an den Zitzen und verlassen auch zuweilen den Beutel, kehren aber sogleich wieder in denselben zurück, sowie ihnen Gefahr droht. Bald aber verschließt ihnen die Mutter den Beutel, welcher sie nicht mehr alle fassen kann, und trägt sie dagegen während mehrerer Tage, bis sie ihren Unterhalt zu finden selbst im Stande sind, mit sich auf dem Rücken und den Schenkeln herum, wo sie sich an den Haaren festhalten.

Während der ersten Tage nach der Geburt sondern die Milchdrüsen bloß eine durchsichtige, etwas klebrige Flüssigkeit ab, welche man im Magen der Jungen findet; später wird diese Flüssigkeit immer stärker und endlich zu wahrer Milch. Haben die Jungen einmal die Zitzen verlassen, so hören sie auf, zu saugen, und die Mutter theilt ihre Beute mit ihnen, besonders wenn diese in Vögeln oder Eiern besteht.

DIDELPHINAE
Didelphis marsupialis virginiana

Alle Beutelratten, welche ich in Paraguay angetroffen habe, lassen sich einigermaßen zähmen, d. h. sie gewöhnen sich an den Menschen, daß man sie berühren und herumtragen kann, ohne von ihnen gebissen zu werden; nie aber lernen sie ihren Wärter kennen und zeigen überhaupt nicht den geringsten Verstand. In Paraguay fällt es nicht leicht jemandem ein, eine Beutelratte zu zähmen. Ihr Aussehen ist zu häßlich und der Geruch, den sie von sich geben, zu abschreckend. Auch werden sie mit als die gefährlichsten Feinde des zahmen Geflügels angesehen, selbst wenn sie sich in der Gefangenschaft befinden. Des Schadens wegen, den sie anrichten, werden sie überall von den Menschen verfolgt. Man fängt sie entweder in Fallen oder lauert ihnen des Nachts auf und tritt, sowie sie sich dem Hühnerhof nähern, ihnen plötzlich mit einem Lichte entgegen. Dadurch geblendet, wissen sie nicht zu entfliehen und werden leicht todtgeschlagen.« Nach Burmeister fängt man sie in Brasilien mittels Branntweins, den man ihnen an einer geeigneten Stelle vorsetzt. Sie trinken davon und berauschen sich so vollständig, daß man sie mit leichter Mühe aufnehmen kann. Da auch andere Thiere sich betrinken, hat diese Angabe nichts auffallendes. Das Fleisch essen nur die Neger; der Pelz ist unbrauchbar, das Haar aber findet Verwendung.

»Mir ist«, sagt Audubon, »als sähe ich noch jetzt eines dieser Thiere über den schmelzenden Schnee langsam und vorsichtig dahintrippeln, indem es am Boden hin nach dem schnoppert, was seinem Geschmack am meisten zusagt. Jetzt stößt es auf die frische Fährte eines Huhnes oder Hasens, erhebt die Schnauze und schnüffelt. Endlich hat es sich entschieden und eilt auf dem gewählten Wege so schnell wie ein guter Fußgänger vorwärts. Nun sucht es und scheint in Verlegenheit, welche Richtung es weiter verfolgen soll; denn der Gegenstand seiner Verfolgung hat entweder einen beträchtlichen Satz gemacht oder wohl einen Haken geschlagen, ehe das Opossum seine Spur aufgenommen hatte. Es richtet sich auf, hält sich ein Weilchen auf den Hinterbeinen, schaut sich um, spürt aufs neue und trabt dann weiter. Aber jetzt, am Fuße eines alten Baumes, macht es entschieden Halt. Es geht rund um den gewaltigen Stamm über die schneebedeckten Wurzeln und findet zwischen diesen eine Öffnung, in welche es im Nu hineinschlüpft. Mehrere Minuten vergehen, da erscheint es wieder, schleppt ein bereits abgethanes Erdeichhörnchen im Maule heraus und beginnt den Baum zu ersteigen. Langsam klimmt es empor, es steigt höher, bis es die dichteren Zweige bergen können, welche mit Weinranken durchflochten sind. Hier setzt es sich zur Ruhe, schlingt seinen Schwanz um einen Zweig und zerreißt mit den scharfen Zähnen das unglückliche Eichhörnchen, welches es dabei immer mit den Vorderpfoten hält.

Die lieblichen Frühlingstage sind gekommen, und kräftig schossen die Blätter; das Opossum aber muß immer noch Hunger leiden und ist fast gänzlich erschöpft. Der Morgenruf des wilden Truthahns entzückt das Ohr des listigen Geschöpfes; denn es weiß sehr wohl, daß es bald auch die Henne hören und ihre Spur bis zum Neste ausfindig machen wird: dort gedenkt es dann mit Wonne die Eier auszuschlürfen. Auf seinen Reisen durch den Wald, bald auf dem Boden, bald in der Höhe von Baum zu Baum, hört es einen Hahn krähen, und sein Herz schwillt bei der Erinnerung an die saftige Speise, mit welcher es sich im vorigen Sommer am benachbarten Meierhofe eine Güte that. Höchst vorsichtig jedoch rückt es vor und birgt sich endlich im Hühnerhaus selbst.

Biederer Bauer! Warum hast du vorigen Winter so viele Krähen weggeschossen und Raben dazu? Nun, du hast deinen Spaß gehabt: jetzt aber eile ins nahe Dorf und verschaffe dir hinreichenden Schießvorrath, putze deinen rostigen Kuhfuß, stelle deine Fallen auf und lehre deine trägen Köter, um dem Opossum aufzulauern. Dort kommt es! Die Sonne ist kaum schlafen gegangen, aber des Strolches Hunger ist längst wach. Hörst du das Kreischen deiner besten Henne, welche es gepackt hat? Das listige Thier ist auf und davon mit ihr. Jetzt ist nichts weiter zu thun; höchstens kannst du dich hinstellen und auch noch auf Füchse und Eulen anstehen, welche bei dem Gedanken frohlocken, daß du ihren Feind und deinen Freund, die arme Krähe, weggeputzt hast. Wärst du barmherziger und gescheiter gewesen, so wäre das Opossum wohl im Walde geblieben und hätte sich mit einem Eichhörnchen begnügt oder mit einem Häslein, mit den Eiern des Truthahns oder mit den Trauben, welche so reichlich die Zweige unserer Waldbäume schmücken: aber ich rede dir vergeblich vor! Doch auch angenommen, der Bauer hätte das Opossum über der That ertappt, – dann spornt ihn sein Ärger an, das arme Thier mit Fußtritten zu mißhandeln. Dieses aber, wohlbewußt seiner Widerstandsunfähigkeit, rollt sich zusammen wie eine Kugel. Je mehr der Bauer rast, desto weniger läßt sich das Thier etwas von seiner Empfindung merken. Zuletzt liegt es da, nicht todt, aber erschöpft, die Kinnladen geöffnet, die Zunge heraushängend, die Augen getrübt, und so würde es daliegen, bis die Schmeißfliege ihre Eier auf den Pelz legte, wenn nicht sein Quälgeist fortginge. ›Sicherlich‹, sagt der Bauer, ›das Vieh muß todt sein.‹ Bewahre, Leser, es ›opossumt‹ ihm nur etwas vor. Und kaum ist sein Feind davon, so macht es sich auf die Beine und trollt sich wieder in den Wald.«

Das Opossum ist, wie seine ganze Ausrüstung beweist, ein Baumthier, auf dem Boden dagegen ziemlich langsam und unbehülflich. Es tritt beim Gehen mit ganzer Sohle auf. Alle Bewegungen sind träge und selbst der Lauf fördert nur wenig, obgleich er aus einer Reihe von paßartigen Sprüngen besteht. In den Baumkronen dagegen klettert das Thier mit großer Sicherheit und ziemlich hurtig umher. Dabei kommen ihm der abgesonderte Daumen seiner Hinterhände, mit welchem es die Äste umspannen und festhalten kann, und der Rollschwanz gut zu statten. Nicht selten hängt es sich an letzterem auf, und verbleibt stundenlang in dieser Lage. Sein schwerfälliger Bau hindert es freilich, mit derselben Schnelligkeit und Gewandtheit zu klettern, wie Vierhänder oder Nager es vermögen; doch ist es auf dem Baume so ziemlich vor Feinden geborgen. Unter seinen Sinnen ist der Geruch besonders ausgebildet und das Spürvermögen soll sehr groß sein. Gegen blendendes Licht zeigt es Empfindlichkeit und vermeidet es deshalb sorgfältig. Dies genügt also, um anzunehmen, daß auch das Gesicht ziemlich gut sein muß. Die anderen Sinne aber stehen unzweifelhaft auf einer sehr niedrigen Stufe.

In den großen, dunklen Wäldern schleicht das Opossum bei Tag und Nacht umher, obgleich es die Dunkelheit dem Lichte vorzieht. Da aber, wo es Gefahr befürchtet, ja schon da, wo ihm die Helle beschwerlich fällt, erscheint es bloß nachts und verschläft den ganzen Tag in Erdlöchern oder Baumhöhlungen. Nur zur Zeit der Paarung lebt es mit seinem Weibchen zusammen; im übrigen Jahre führt es ein einsames, ungeselliges Leben nach Art aller ihm nahe verwandten Thiere. Es hat keine bestimmte Wohnung, sondern benutzt jeden Schlupfwinkel, welchen es nach vollbrachter Nachtwanderung mit Anbruch des Morgens entdeckt. Ist ihm das Glück besonders günstig und findet es eine Höhlung auf, in welcher irgend ein schwacher Nager wohnt, so ist ihm das natürlich um so lieber; denn dann muß der Urbewohner einer solchen Behausung ihm gleich zur Nahrung dienen. Es verzehrt, wie wir aus Audubons Schilderung annehmen können, alle kleinen Säugethiere und Vögel, welche es erlangen kann, ebenso auch Eier, mancherlei Lurche, größere Kerfe, deren Larven und selbst Würmer, begnügt sich aber in Ermangelung thierischer Nahrung ebenso mit Baumfrüchten, z. B. mit Mais und nahrungshaltigen Wurzeln. Blut zieht es allen übrigen Speisen vor, und deshalb wüthet es da, wo es kann, mit unbeschreiblicher Mordgier. In den Hühnerställen tödtet es oft sämmtliche Bewohner und saugt dann bloß deren Blut aus, ohne ihr Fleisch anzurühren. Dieser Blutgenuß berauscht es, wie unsere Marder, so daß man es morgens nicht selten unter dem todten Geflügel schlafend antrifft. Im ganzen vorsichtig, wird es, so lange es seiner Blutgier fröhnen kann, blind und taub, vergißt jede Gefahr und läßt sich, ohne von seinem Morden abzustehen, von den Hunden widerstandslos erwürgen oder von dem erbosten Bauer todtschlagen.

Wegen des Schadens, welchen das Opossum unter dem Hausgeflügel anrichtet, wenn es einmal in einen Meierhof einbricht, wird es überall gehaßt und schonungslos verfolgt. Zumal die Neger sind eifrige Feinde des Thieres und erlegen es, wann und wo sie nur können, wissen es auch am besten zu benutzen. Das Wildpret des Thieres, für europäische Gaumen ungenießbar, weil ein äußerst widriger, stark knoblauchartiger, aus zwei Drüsen stammender Geruch sich dem Fleische mittheilt und es verdirbt, behagt den Negern sehr und entschädigt sie für die Mühe des Fangens.

Das Gefangenleben des Opossums entspricht Voraussetzungen, zu denen man sich durch Audubons malerische Feder veranlaßt sehen könnte, durchaus nicht. Ich muß nach meinen Erfahrungen behaupten, daß dieses Thier noch langweiliger ist als alle Raubbeutler oder Beutelmarder. Regungslos in sich zusammengerollt liegt es den ganzen Tag über in seinem Käfige, und nur wenn man es reizt, bequemt es sich wenigstens zu einer Bewegung: es öffnet den Rachen so weit als möglich und so lange, als man vor ihm steht, gerade, als ob es die Maulsperre hätte. Von dem Verstande, welchen Audubon dem wildlebenden Thiere zuschreibt, bemerkt man keine Spur. Es ist träge, faul, schlafsüchtig und erscheint abschreckend dumm: mit diesen Worten ist sein Betragen in der Gefangenschaft am besten beschrieben.

# *Der Koala-Bär*

Denkt euch«, sagt Owen, »einen unserer wilden Vierfüßler, meinetwegen einen Fuchs, eine Wildkatze: sie machen ihr Nest, sie haben ihr Lager. Nehmt an, die säugende Mutter müsse, getrieben von dem furchtbaren Durste, ein- oder zweihundert Meilen wandern, um ihre lechzende Zunge zu erfrischen, müsse ihre kleine Familie zu Hause lassen: was würde aus der jungen, blinden, verwaisten, armen Gesellschaft geworden sein, wenn sie zurückkehrte von ihrem hundertmeiligen Wege? Nun, verschmachtet, verkommen. Thiere, welche ein Land wie Australien bewohnen, müssen im Einklange mit seinen klimatischen und allen übrigen Verhältnissen gebaut sein. Und so ist es: die jenem großen Festlande eingeborenen und zur Nothwendigkeit des Wanderns bestimmten Thiere besitzen den anderen Säugern überflüssigen Beutel und geschlechtliche Eigenthümlichkeiten, welche Gaben sie befähigen, ihre Brut mit sich zu nehmen, wohin immer sie gehen.«

Demjenigen, welcher sich durch vorstehende Berufung an das Gefühl des geneigten Lesers nicht bestechen läßt, wird es leicht, die Haltlosigkeit dieses sogenannten Beweises darzulegen. Es ist eine wohl bekannte Thatsache, daß alle Säugethiere Junge bringen in derjenigen Zeit des Jahres, welche die Aufzucht, die erste Ernährung der letzteren am meisten begünstigt, in den wasserreichen Monaten des Jahres nämlich, mögen dieselben nun Frühling oder Sommer, oder sonstwie genannt werden. Wenn es sich bei Erschaffung der Beutelthiere wirklich darum gehandelt hätte, die säugende Mutter eines Thieres zu versorgen, wäre es entschieden zweckmäßiger und einfacher gewesen, ein Hochgebirge in Australien zu schaffen, um den Wolken dadurch Gelegenheit zu geben, sich verdichten und die Tiefe mit Wasser versorgen zu können. Erklärungsversuche, wie Owen sie aufstellt, fördern unsere Erkenntnis um keinen Schritt und leiden noch außerdem unter dem Fluche der Lächerlichkeit.

Genauere Betrachtung der Beutelthiere und Vergleichung derselben mit den Mitgliedern anderer Ordnungen ergibt, daß die Ungleichmäßigkeit ihrer Gestalt nicht minder auffällig ist als die Unvollkommenheit derselben, verglichen mit Thieren, denen sie ähneln. Vergleicht man nun ein Beutelthier mit dem ihm verwandten Raubthiere oder Nager, so macht sich sofort auch dem blödesten Auge bemerklich, daß das Beutelthier unter allen Umständen minder ausgebildet, entwickelt und vollendet ist als der ihm ähnliche Räuber oder Nager. Dieses Rückständige, nicht selten sogar Verkümmerte des Beutlers bekundet sich entweder in der Gestaltung des ganzen Leibes oder in der Bildung einzelner Glieder oder im Gebisse. Man spricht mit Befriedigung vom anmuthigen Bau vieler Raub- und Nagethiere, gelangt aber bei Betrachtung eines Beutelthieres nur selten zu ähnlichen Empfindungen. Das eine erregt höchstens unsere Verwunderung, nicht aber unsern Beifall, das andere vielleicht unsere Lachlust, das dritte stößt uns geradezu ab. Irgend etwas fehlt unserem, durch andere Thiergestalten verwöhnten Auge stets, wenn es das Beutelthier mustert. Der Kopf desselben ist entweder zu groß oder zu klein, der Fuß zu lang oder zu kurz, seine Gliederung unvollkommen, der Schwanz entweder zu gewaltig oder zu schwach, oft auch nackt und widerwärtig, die Schnauze zu stumpf oder zu spitzig, das Haar entweder zu borstig und ungleich oder zu dürftig, das Auge zu klein oder zu geistlos. Vereinigt ein Beutler mehrere dieser Mängel in sich, so erregt er unabwendbar unsern Widerwillen. Untersuchen wir den Zahnbau, so gestaltet sich unsere Ansicht über die Bedeutung des Thieres nicht günstiger; denn auch das Gebiß erscheint, verglichen mit dem entsprechender Raub- und Nagethiere, unvollständig und rückständig.

Gemeinsam allen Mitgliedern der Ordnung ist nur eins: der Beutel. Die Sehne des äußern schiefen Bauchmuskels, welche sich vorn auf dem Schambeine aufsetzt, verknöchert und wird somit zu dem sogenannten Beutelknochen, welcher zur Unterstützung einer Tasche dient, die sich vorn am Bauche befindet. In dieser liegen die Milchzitzen, an denen die frühgeborenen Jungen sich ansaugen. Die Tasche kann ein vollkommener Beutel sein, aber auch bis auf zwei Hautfalten verkümmern, genügt jedoch unter allen Umständen ihrem Zwecke, indem sie sich innig über die an den Zitzen hängenden Jungen hinweglegt. Diese kommen in einem Zustande zur Welt wie kein einziges anderes Säugethier. Sie sind nicht bloß nackt, blind und taub, sondern haben noch nicht einmal einen After und nur stummelartige Gliedmaßen. Nachdem sie geboren sind, saugen sie sich an einer der Zitzen, welche gewöhnlich wie eine lange, keulenförmige Warze aussieht, fest und wachsen nun in der nächsten Zeit beträchtlich. Dann bilden sie sich rasch aus und verlassen zeitweilig den Beutel, welchen sie später bloß noch bei drohender Gefahr aufsuchen, falls sie nicht vorziehen, auf den Rücken der Mutter zu flüchten und sich so von ihr wegtragen zu lassen.

Wir müssen, um diesen ohne Beispiel dastehenden Geburtshergang weiter zu verfolgen, vorher nothwendig einen Blick auf den innern Bau der Fortpflanzungswerkzeuge werfen. Die weiblichen Geschlechtstheile bestehen aus zwei Eierstöcken, zwei Muttertrompeten, zwei Fruchthaltern und zwei Scheiden. Die Eierstöcke sind klein und einfach oder groß und traubig und jeder Eileiter erweitert sich zu einem besondern Fruchthalter, welcher in seine eigene Scheide mündet. In diesem Frucht-

*Phascolarctos cinereus*

halter bildet sich für das ungeborne Junge kein Mutterkuchen, und hiermit mag die Frühgeburt wohl zusammenhängen.

Nach einer sehr kurzen Tragzeit im Fruchthalter wirft das Beutelthier seine Jungen, welche noch gänzlich unausgebildet sind, nimmt sie mit dem Maule auf, bringt sie in den Beutel und legt sie dort an eine Zitze, an welcher sie sich festsaugen. Hier bleiben sie hängen, bis sich die Sinneswerkzeuge und Gliedmaßen entwickelt haben, und der Beutel ist so lange nicht allein Nest und Zufluchtsort, sondern auch gleichsam ein zweiter Fruchthalter, noch einmal der Mutterleib. Von hier aus macht das junge Beutelthier später größere und immer größere Ausflüge; seine ganze Kindheit aber verbringt es in dem Beutel; die Tragzeit währt im Beutel sechs bis acht Monate.

Nun machen wir uns mit einem der merkwürdigsten aller Beutelthiere, dem Koala oder Australischen Bären (Phascolarctus cinereus) bekannt. Der schwanzlose Leib ist gedrungen, der Kopf sehr dick und das große Ohr buschig behaart; die vorn und hinten fünfzehigen Pfoten bilden wahre Greiffüße.

Der wissenschaftliche Name, welcher »Beutelbär« bedeutet, ist bezeichnend; denn wirklich hat der Koala in der Gestalt wie in seinem Gange und in der ganzen Haltung entschiedene Ähnlichkeit mit einem jungen Bären. Seine Länge beträgt etwa 60 Centim., die Höhe am Widerriste ungefähr die Hälfte. Der Gesammteindruck ist ein eigenthümlicher, hauptsächlich wegen des dicken Kopfes mit den auffallend rauh behaarten, weit auseinander stehenden Ohren, den lebhaften Augen und der breiten und stumpfen Schnauze. Die Zehen der Vorderfüße sind wie bei dem Chamäleon in zwei Bündel getheilt und die Hinterfüße durch die Verwachsung der zweiten und dritten Zehe sehr merkwürdig. Der Schwanz besteht aus einem warzenartigen Höcker, welcher leicht übersehen werden kann. Die Behaarung ist sehr lang, fast zottig und dicht, dabei aber fein, weich und wollig, das Gesicht längs des Nasenrückens und von der Schnauze bis zu den Augen beinahe nackt, die Behaarung der Außen- und Innenseite der Ohren und die des übrigen Leibes um so dichter, die Färbung der Oberseite röthlichaschgrau, die der Unterseite gelblichweiß, die der Außenseite der Ohren schwarzgrau.

Neusüdwales und zwar die südwestlich von Port Jackson gelegenen Wälder sind die Heimat des Beutelbären. Er ist nirgends häufig und deshalb auch noch ziemlich unbekannt. Paarweise, mit seinem Weibchen, bewegt er sich auf den höchsten Bäumen mit einer Langsamkeit, welche ihm auch den Namen »Australisches Faulthier« eingetragen hat. Was ihm an Schnelligkeit abgeht, ersetzt er reichlich durch die unglaubliche Sorgsamkeit und Sicherheit, mit welcher er klettert, und welche ihn befähigt, selbst die äußersten Äste zu betreten. Nur höchst selten, jedenfalls bloß gezwungen durch den Mangel an Weide, verläßt er die Baumkronen und wandert über den Boden, womöglich noch langsamer, träger und unbehülflicher als auf den Ästen, zu einem andern Baume, welcher ihm neue Nahrung verspricht. Er ist ein halb nächtliches Thier, wenigstens verschläft er die größte Helle und Hitze des Tages tief versteckt in den Kronen der Gummibäume, welche seinen bevorzugten Aufenthalt bilden. Gegen Abend beginnt er seine Mahlzeit. Ruhig und unbehelligt von den übrigen Geschöpfen der Wildnis, weidet er äußerst gemächlich die jungen Blätter und Schößlinge der Äste ab, indem er sie mit den Vorderpfoten festhält und mit seinen Schneidezähnen abbeißt. In der Dämmerung steigt er wohl auch zuweilen auf den Boden herab und wühlt hier nach Wurzeln. In seinem ganzen Wesen und Treiben offenbart er eine mehr als gewöhnliche Stumpfheit. Man nennt ihn ein überaus gutmüthiges und friedliches Thier, welches nicht so leicht in den Harnisch zu bringen ist und schweigsam seinen Geschäften nachgeht. Höchstens dann und wann läßt er seine Stimme vernehmen, ein dumpfes Gebell, welches bloß, wenn er sehr hungerig ist oder hartnäckig gereizt wird, in ein gellendes, schrillendes Geschrei übergeht. Bei großem Zorne kann es wohl auch vorkommen, daß er eine wilddrohende Miene annimmt; dann funkeln auch die lebhaften Augen böswillig dem Störenfriede entgegen. Aber es ist nicht so schlimm gemeint, denn er denkt kaum daran, zu beißen oder zu kratzen.

Stumpfsinnig, wie er ist, läßt er sich ohne große Mühe fangen und fügt sich gelassen in das Unvermeidliche, somit auch in die Gefangenschaft. Hier wird er nicht nur bald sehr zahm, sondern lernt auffallender Weise auch rasch seinen Pfleger kennen und gewinnt sogar eine gewisse Anhänglichkeit an ihn. Man füttert ihn mit Blättern, Wurzeln u. dgl. Seine Speisen führt er mit den Vorderpfoten zum Munde, wobei er sich auf das Hintertheil setzt, während er sonst die Stellung eines sitzenden Hundes annimmt.

So viel man weiß, wirft das Weibchen bloß ein Junges. Es schleppt dieses, nachdem es dem Beutel entwachsen, noch lange Zeit mit sich auf dem Rücken oder den Schultern herum und behandelt es mit großer Sorgfalt und Liebe. Das Junge klammert sich fest an den Hals der Mutter an und sieht theilnahmslos in die Welt hinaus, wenn die Alte mit anerkennenswerther Vorsicht in den Kronen der Bäume umherklettert.

Die Europäer kennen den Koala erst seit dem Jahre 1803; die Eingebornen, welche ihn Goribun nennen, haben ihn von jeher als ein geschätztes Jagdthier betrachtet. Sie verfolgen ihn seines Fleisches wegen mit großem Eifer, und zwar kletternd, wie er, auf den Bäumen. Einen Koala jagend, lassen sie es sich nicht verdrießen, an den schlanken, über zwanzig Meter hohen Stämmen emporzuklimmen und in der Krone des Baumes eine Verfolgung zu beginnen, welche einem kletternden Affen Ehre machen könnte. So treiben sie das Thier bis zu dem höchsten Aste hinauf und werfen es von dort aus ihren Gefährten herab oder schlagen es oben mit Keulen todt.

# *Das Känguru*

Die Kängurus, gewissermaßen Vertreter der Wiederkäuer unter den Beutelthieren, sind höchst auffallend gestaltete Geschöpfe. Ihr Leib nimmt von vorn nach hinten an Umfang zu; denn der entwickeltste Theil des Körpers ist die Lendengegend, wegen der in merkwürdigem Grade verstärkten Hinterglieder. Diesen gegenüber sind Kopf und Brust ungemein verschmächtigt. Das Känguru vermag seine schwachen Vorderbeine nur in sehr untergeordneter Weise zum Fortbewegen und zum Ergreifen der Nahrung zu benutzen, während die sehr verlängerten Hinterläufe und der mächtige Schwanz ihm eine satzweise Bewegung möglich machen. Hinterbeine und Schwanz sind unbedingt das bezeichnendste am ganzen Thiere. Die Läufe haben starke Schenkel, lange Schienbeine und unverhältnismäßig verlängerte Fußwurzeln mit starken und langen Zehen, von denen die mittelste einen gewaltigen hufartigen Nagel trägt. Im Vergleiche zu diesen Gliedern sinken die vorderen zu stummelhaften Greifwerkzeugen herab, obwohl hiermit keineswegs gesagt sein soll, daß sie auch hinsichtlich ihrer Beweglichkeit verkümmert wären. Die Vorderfüße des Kängurus, welche gewöhnlich fünf mit runden Nägeln bekrallte Zehen haben, sind gewissermaßen zu Händen geworden und werden von dem Thiere auch handartig gebraucht. Der Kopf erscheint als ein Mittelding zwischen dem eines Hirsches und dem eines Hasen.

Australien ist die Heimat der Springbeutelthiere; die weiten, grasreichen Ebenen inmitten des Erdtheiles bilden ihre bevorzugten Aufenthaltsorte. Einige Arten ziehen buschreiche Gegenden, andere felsige Gebirge den parkähnlichen Grasflächen vor, noch andere haben sich zu ihrem Aufenthalte undurchdringliche Dickichte erkoren, in denen sie sich erst durch Abbrechen von Ästen und Zweigen Laufgänge bereiten müssen, oder leben, so unglaublich dies auch scheinen mag, auf den Felsen und Bäumen selbst.

In den meisten Gegenden Australiens, welche von Europäern besiedelt wurden, hat man die Kängurus zurückgedrängt. »Schon gegenwärtig«, erzählt der ›alte Buschmann‹, »sieht man im Umkreise von dreißig Meilen um Melbourne kaum ein einziges Känguru mehr. Die Thiere sind der zweck- und rücksichtslosen Verfolgung der Ansiedler bereits erlegen. Häufig finden sie sich überall, wo der Europäer noch nicht sich festgesetzt hat. Ich meinestheils traf sie in Port Philipp in so großer Anzahl an, daß ich mit meiner Reisegesellschaft während unseres zweijährigen Aufenthaltes über zweitausend Stücke erlegen konnte. Ihre liebsten Weideplätze sind grasreiche Ebenen, welche von buschigen Waldungen umgeben werden oder solche umschließen. Im Sommer bevorzugen sie feuchte, im Winter trockene Gegenden. Das Wasser scheinen sie entbehren zu können; ich habe wenigstens oft Ansiedelungen von ihnen gefunden, welche meilenweit von einem Gewässer entfernt waren, und auch nicht beobachtet, daß sie des Nachts regelmäßig zu bestimmten Wasserlachen gekommen wären. Dagegen ist es mir aufgefallen, daß sie sich gern in der Nähe der weidenden Rinder aufhalten. Jede Herde behauptet einen bestimmten Weideplatz oder mehrere derselben, welche durch wohl ausgetretene Pfade verbunden werden. Die Stückzahl der Herden ist verschieden. Ich habe oft solche von hundert Stück, meist aber ihrer funfzig zusammen gesehen; denn sie sind sehr gesellig. Eine und dieselbe Herde bleibt stets bei einander und vermischt sich mit anderen nicht. Jeder Gesellschaft steht ein altes Männchen vor, und diesem folgen die übrigen blindlings nach, auf der Flucht ebensowohl als wenn es sich um die Äsung handelt, ganz so wie die Schafe ihrem Leithammel. Am frühen Morgen und in der Abenddämmerung weiden, während des Tages ruhen sie, wenn sie sich ungestört fühlen, oft stundenlang. Manchmal gewähren sie einen reizenden Anblick; einige weiden langsam das dürre Gras ab, andere spielen mit einander, andere liegen halb schlafend auf der Seite.

Bis zur Brunstzeit lebt jede Herde im tiefsten Frieden. Die Liebe aber erregt auch diese Geschöpfe und zumal die Männchen, welche dann oft ernsthafte Kämpfe unter einander ausfechten. Nach der Brunstzeit pflegen sich die ältesten von der Herde zu trennen und im dichteren Walde ein einsames Leben zu führen.«

Die Kängurus gehören unbedingt zu den beachtenswerthesten Säugethieren. An ihnen ist eigentlich alles merkwürdig: ihre Bewegungen und ihr Ruhen, die Art und Weise ihres Nahrungserwerbes, ihre Fortpflanzung, ihre Entwickelung und ihr geistiges Wesen. Der Gang, welchen man namentlich beim Weiden beobachten kann, ist ein schwerfälliges, unbehülfliches Forthumpeln. Das Thier stemmt seine Handflächen auf und schiebt die Hinterbeine dann an den Vordergliedern vorbei, so daß sie zwischen diese zu stehen kommen. Dabei muß es sich hinten auf den Schwanz stützen, weil es sonst die langen Hinterläufe nicht so hoch heben könnte, daß solche Bewegungen möglich wären. Aber das Känguru verweilt in dieser ihm höchst unbequemen Stellung auch niemals länger, als unumgänglich nothwendig ist. Selbst beim Abbeißen sitzt es regelmäßig auf Hinterbeinen und Schwanz und läßt die Vorderarme schlaff herabhängen. Sobald es irgend eine Lieblingspflanze abgerupft hat, steht es auf, um sie in der gewöhnlichen Stellung zu verzehren. Bei dieser stützt es den Leib auf die Sohle und gleichzeitig auf den nach hinten fest angestemmten

Schwanz, wodurch der Körper sicher und bequem wie auf einem Dreifuße ruht. Seltener steht es auf drei Beinen und dem Schwanze; dann hat es mit der einen Hand irgend etwas am Boden zu thun. Halb gesättigt, legt es sich, die Hinterläufe weit von sich gestreckt, der Länge nach auf den Boden. Fällt es ihm in dieser Stellung ein, zu weiden, so bleibt es hinten ruhig liegen und stützt sich vorn höchstens mit den kurzen Armen auf. Beim Schlafen nehmen die kleineren Arten eine ähnliche Stellung an wie der Hase im Lager: sie setzen sich, dicht auf den Boden gedrückt, auf alle vier Beine und den der Länge nach unter den Leib geschlagenen Schwanz. Diese Stellung befähigt sie, jederzeit sofort die Flucht zu ergreifen. Das geringste Geräusch schreckt ein ruhendes Känguru augenblicklich auf, und namentlich die alten Männchen schnellen sich dann, um sich zu sichern, so hoch als möglich empor, indem sie auf die Zehenspitzen treten und sich mehr auf die Spitze des Schwanzes stützen.

Wenn ein Känguru irgend etwas verdächtiges bemerkt, denkt es zunächst an die Flucht. Hierbei zeigt es sich in seiner ganzen Beweglichkeit. Es springt, wie bei jeder Beschleunigung seines Ganges, ausschließlich mit den Hinterbeinen, macht aber Sätze, welche die aller übrigen Thiere hinsichtlich ihrer Weite übertreffen. Es legt seine Vorderfüße dicht an die Brust, streckt den Schwanz gerade und nach rückwärts aus, schnellt mit aller Kraft der gewaltigen Schenkelmuskeln seine langen, schlanken und federnden Hinterbeine gegen den Boden, wirft sich empor und schießt nun in einem flachen Bogen wie ein Pfeil durch die Luft. Ungeschreckt macht das Thier nur kleine Sprünge von höchstens drei Meter Weite; sobald es aber ängstlich wird, verdoppelt und verdreifacht es seine Anstrengungen. Es springt mit dem rechten Fuße ein klein wenig eher als mit dem linken ab und auf, ebenso tritt es mit jenem etwas weiter vor. Bei jedem Satze schwingt der gewichtige Schwanz auf und nieder, und zwar um so heftiger, je größer die Sprünge sind. Drehungen aller Art führt das Känguru mit zwei bis drei kleinen Sätzen aus, ohne dabei ersichtlich mit dem Schwanze zu steuern. Immer tritt es nur mit den Zehen auf, und niemals fällt es auf die Vorderarme nieder. Diese werden von verschiedenen Arten verschieden getragen, bei den einen vom Leibe gehalten, bei den anderen mehr angezogen und gekreuzt. Ein Sprung folgt unmittelbar dem anderen, und jeder ist mindestens drei Meter, bei den größeren Arten nicht selten aber auch sechs bis zehn Meter weit und dabei zwei bis drei Meter hoch. Schon Gefangene springen, wenn man sie in einer größern Umhegung hin- und herjagt, bis acht Meter weit. Es ist erklärlich, daß ein ganz vortrefflicher Hund dazu gehört, einem Känguru zu folgen, und in der That gibt es nur wenige Jagdhunde, welche dies vermögen. Auf bedecktem Boden hört die Verfolgung sehr bald auf, denn das flüchtige Känguru schnellt leicht über die im Wege liegenden Büsche weg, während der Hund dieselben umgehen muß. Aus unebenem Boden bewegt es sich langsamer; namentlich wird es ihm schwer, an Abhängen hinunterzueilen, weil es sich hier bei der Heftigkeit des Sprunges leicht überschlägt. Übrigens hält das laufende Thier stundenlang aus, ohne zu ermüden.

Unter den Sinnen der Kängurus dürfte das Gehör obenan stehen; wenigstens bemerkt man an Gefangenen ein fortwährendes Bewegen der Ohren nach Art unseres Hochwildes. Das Gesicht ist schwächer und der Geruch wahrscheinlich ziemlich unentwickelt. Der ›alte Buschmann‹ behauptet zwar, daß sie ausgezeichnet äugen, vernehmen und wittern, fügt jedoch hinzu, daß sie, wie die Hasen, Gegenstände vor sich schlecht wahrnehmen, und sozusagen blindlings auf den Menschen losstürmen, falls dieser sich nur nicht bewegt, woraus also hervorgeht, daß ihre Sinne keineswegs besonders entwickelt sein können. Noch viel weniger läßt sich dies von den geistigen Fähigkeiten sagen. Die Kängurus machen unter den Beutelthieren keine Ausnahme, sondern sind im hohen Grade geistlose Geschöpfe. Man schilt den braven Esel einen geistlosen Gesellen, spricht von der Hirnthätigkeit des Rindes mit Geringschätzung; beide aber erscheinen uns als Weise dem Känguru gegenüber; denn diesem ist selbst das Schaf geistig bei weitem überlegen. Alles Ungewohnte bringt es außer Fassung, weil ihm ein rasches Übersehen neuer Verhältnisse abgeht. Sein Hirn arbeitet langsam; jeder Eindruck, welchen es empfängt, wird ihm nur ganz allmählich verständlich; es bedarf einer geraumen Zeit, ihn sich zurecht zu legen. Das freilebende Känguru stürmt bei Gefahr, oder wenn es solche vermuthet, blindlings geraden Weges fort, läßt sich kaum aufhalten und führt unter Umständen Sätze aus, bei denen es nach Versicherung des ›alten Buschmanns‹ die starken Knochen seiner Beine zerbricht; dem gefangenen Känguru erscheint ein neues Gehege im allerhöchsten Grade bedenklich. Es kann zwischen Eisengittern groß geworden sein und, auf einen andern Platz gebracht, an demselben den Kopf sich zerschellen, wenn sein Pfleger nicht die Vorsicht gebraucht, es vorher tagelang in einen Stall zu sperren, in welchem es sich den schwachen Kopf nicht einrennen kann und gleichzeitig Gelegenheit findet, den neuen Raum sich anzusehen. Nach und nach begreift es, daß ein solcher dem frühern Aufenthaltsorte doch wohl in allem wesentlichen entspricht, nach und nach gewöhnt es sich ein, nach und nach hüpft es sich seine Gangstraße zurecht. Nebenan sind vielleicht andere Kängurus eingestellt worden; der Neuling aber sieht in diesen anfangs entsetzliche Geschöpfe, und letztere denken genau ebenso wie er. Später freilich kämpfen Kängurus derselben oder verschiedener Art durch die Gitter hindurch heftig mit einander; denn für niedere Leidenschaften, wie Neid und Eifersucht, ist selbst ein Känguruhirn hinreichend entwickelt. Seinen Wärter lernt das gefangene Springbeutelthier ebenfalls kennen; doch bezweifle ich, daß es ihn von anderen Leuten unterscheidet. Es tritt mit den Menschen überhaupt, nicht aber mit einem einzelnen, in ein gewisses Umgangsverhältnis, legt mindestens seine anfängliche Ängstlichkeit allmählich ab, gelangt aber niemals dahin, einen wirklichen Freundschaftsbund einzugehen.

Macropus giganteus
MACROPODINAE

Diese Ängstlichkeit ist der hervorstechendste Zug im Wesen unseres Thieres; ihr fällt es gar nicht selten zum Opfer. Nicht bloß durch Anrennen ans Gitterwerk tödten sich gefangene Springbeutelthiere: sie sterben im buchstäblichen Sinne des Wortes vor Entsetzen. Ihre Gefühle bekunden sie zunächst durch starkes Geifern. Dabei laufen sie wie toll umher, setzen hierauf sich nieder, schütteln und zucken mit dem Kopfe, bewegen die Ohren, geifern und schütteln wieder. So geberden sie sich, so lange ihre Angst anhält. Ein Känguru, welches ich beobachtete, starb kurz nach einem heftigen Gewitter an den Folgen des Schrecks. Ein Blitzstrahl war Ursache seiner unsäglichen Bestürzung. Scheinbar geblendet, sprang es sofort nach dem Aufleuchten des Blitzes empor, setzte sich dann auf die Hinterbeine und den Schwanz, neigte den Kopf zur Seite, schüttelte höchst bedenklich und fassungslos mit dem durch das gewaltige Ereignis übermäßig beschwerten Haupte, drehte die Ohren dem rollenden Donner nach, sah wehmüthig auf seine von Regen und Geifer eingenässten Hände, beleckte sie mit wahrer Verzweiflung, athmete heftig und schüttelte das Haupt bis zum Abend, um welche Zeit ein Lungenschlag, der schneller als das Verständnis des fürchterlichen Ereignisses gekommen zu sein schien, seinem Leben ein Ende machte.

Bei freudiger Erregung geberdet sich das Känguru anders. Es geifert zwar auch und schüttelt mit dem Kopfe, trägt aber die Ohren stolz und versucht durch allerlei Bewegungen der Vorderglieder sowie durch ein heiseres Meckern seinen unklaren Gefühlen Ausdruck zu geben. In freudige Erregung kann es gerathen, wenn es nach länger währender Hirnarbeit zur Überzeugung gelangt, daß es auch unter Kängurus zwei Geschlechter gibt. Sobald eine Ahnung der Liebe in ihm aufgedämmert ist, bemüht es sich, dieser Ausdruck zu geben, und das verliebte Männchen macht nunmehr dem Weibchen in der sonderbarsten Weise den Hof. Es umgeht oder umhüpft den Gegenstand seiner Liebe mit verschiedenen Sprüngen, schüttelt dabei wiederholt mit dem Kopfe, läßt das erwähnte heisere Meckern vernehmen, welches man am besten mit unterdrücktem Husten vergleichen könnte, folgt der sehr gleichgültig sich geberdenden Schönen auf Schritt und Tritt, beriecht sie von allen Seiten und beginnt dann den Schwanz, dieses wichtigste Werkzeug eines Kängurus, zu krabbeln und zu streichen. Eine große Theilnahme schenkt es auch der Tasche des Weibchens; es befühlt oder beriecht sie wenigstens, so oft es solches thun kann. Wenn dies eine geraume Zeit gewährt hat, pflegt sich das Weibchen spröde umzudrehen und vor dem zudringlichen Männchen aufzurichten. Das hüpft augenblicklich herbei und erwartet, scheinbar gelassen, eine verdiente Züchtigung, benutzt aber den günstigen Augenblick, um das Weibchen zu umarmen. Letzteres nimmt diese Gelegenheit wahr, um dem Zudringlichen mit den Hinterbeinen einen Schlag zu versetzen, findet aber, nachdem es wiederholt umarmt worden ist, daß es wohl auch nichts besseres thun könne, und so stehen denn endlich beide Thiere innig umschlungen neben einander, schütteln und wackeln mit dem Kopfe, beschnoppern sich und wiegen sich, auf den Schwanz gestützt, behaglich hin und her. Sobald die Umarmung beendet ist, beginnt die alte Geschichte von neuem, und eine zweite Umarmung endet sie wieder. Das ganze Liebesspiel sieht im höchsten Grade komisch aus und erregt, wie billig, die Lachlust eines jeden Beschauers.

Etwas anders gestaltet sich die Sache, wenn mehrere verliebte Männchen um ein Weibchen werben. Dann kommt es selbstverständlich zu Kampf und Streit. Die zarten Liebesbeweise, welche dem Schwanze gespendet werden, bleiben weg. Beide Gegner umhüpfen sich drohend, und streben, sobald als möglich sich zu umarmen. Ist dies ihnen geglückt, so stemmen sie sich beide zugleich auf den Schwanz und schlagen mit den hierdurch frei gewordenen Hinterbeinen auf einander los, versuchen, sich gegenseitig mit den scharfen Nägeln den Bauch aufzuritzen, prügeln sich auch gleichzeitig mit den Vorderhänden. Derartige Zweikämpfe sind keineswegs ungefährlich, weil die Kraft der Hinterbeine bedeutend ist und die großen Nägel tiefe Wunden verursachen können. Einige Beobachter haben angegeben, daß sie hauptsächlich mit dem starken Schwanze kämpfen; ich habe dies zwar niemals gesehen, halte es aber für möglich, weil einer meiner Wärter von einem Känguru wiederholt mit dem Schwanze geschlagen wurde. Besonders unverträglich scheinen die kleineren Arten zu sein: sie liegen sich beständig in den Haaren und kratzen sich gegenseitig halb oder ganz kahl.

Die Vermehrung aller Springbeutelthiere ist schwach. Die großen Arten werfen selten mehr als ein Junges. Trotz der bedeutenden Größe einiger Kängurus tragen die Weibchen erstaunlich kurze Zeit, die Riesenkängurus z. B. nur neununddreißig Tage. Nach Ablauf dieser Zeit wird das Junge im eigentlichen Sinne des Wortes geboren. Die Mutter nimmt es mit dem Munde ab, öffnet mit beiden Händen den Beutel und setzt das kleine, unscheinbare Wesen an einer der Zitzen fest. Zwölf Stunden nach der Geburt hat das junge Riesenkänguru eine Länge von etwas mehr als drei Centimeter. Es kann nur mit den Keimlingen anderer Thiere verglichen werden; denn es ist vollkommen unreif, durchscheinend, weich, wurmartig; seine Augen sind geschlossen, die Ohren und Nasenlöcher erst angedeutet, die Gliedmaßen noch nicht ausgebildet. Zwischen ihm und der Mutter scheint nicht die geringste Ähnlichkeit zu bestehen. Gerade die Vorderglieder sind um ein Drittheil länger als die hinteren. In stark gekrümmter Lage, den kurzen Schwanz zwischen den Hinterbeinen nach aufwärts gebogen, hängt es an der Zitze, ohne wahrnehmbare Bewegung, unfähig, selbst zu saugen. So viel man bis jetzt weiß, saugt das junge Känguru gar nicht, sondern wird ohne eigene Anstrengung mit Milch versorgt, indem ihm diese aus den Zitzen geradezu in das Maul spritzt. Fast acht Monate lang ernährt es sich ausschließlich im Beutel; doch schon etwas eher streckt es ab und zu einmal den Kopf hervor, ist aber auch dann noch immer nicht im Stande, selbständig sich zu bewegen. Owen beobachtete an einem sehr jungen Riesenkänguru, daß es eifrig, aber langsam athmete und die Vorderfüße nur bewegte, wenn sie berührt wurden. Vier Tage nach der Geburt ließ der genannte Naturforscher das Junge von der Zitze entfernen, um zu bestimmen, wieweit es mit der Mutter zusammenhänge, um die Milch kennen zu lernen und um zu sehen, ob ein so unvollkommenes Thier eigene Kraft entwickelt, wenn es sich darum handelt, die verlorene Zitze wieder zu erlangen, oder ob es von der Alten wiederum an die Zitze angeheftet werden müsse. Als die Frucht abgenommen worden war, erschien ein Tropfen weißlicher Flüssigkeit vorn an der Zitze. Das Junge bewegte die Glieder heftig, nachdem es entfernt war, machte aber keine ersichtliche Anstrengung, um seine Füße an die Haut der Mutter zu heften oder um fortzukriechen, sondern zeigte sich vollkommen hülflos. Es wurde nun auf den Grund der Tasche gelegt und die Mutter freigegeben. Sie zeigte entschiedenes Mißbehagen, bückte sich, kratzte an den Außenwänden des Beutels, öffnete denselben mit den Pfoten, steckte den Kopf hinein und bewegte ihn darin nach verschiedenen Richtungen mit Leichtigkeit. Hieraus folgerte Owen, daß die Mutter ihr Junges nach der Geburt mit dem Munde wegnimmt und solange an der Zitze am Beutel hält, bis es fühlt, daß das Junge angesogen ist. Doch muß bemerkt werden, daß das künstlich entfernte Junge starb, weil weder die Mutter es wieder ansetzte, noch ein Wärter dies zu thun vermochte.

Inzwischen ist aber bekannt geworden, daß ein junges Känguru, welches gewaltsam von der Zitze abgerissen wurde oder zufällig abfiel, nach längerer Zwischenzeit sich wieder ansaugte. Geoffroy St. Hilaire hat auch einen Muskel nachgewiesen, welcher über dem Euter liegt und dem noch kraftlosen Jungen die Milch zu den Mund preßt oder wenigstens pressen kann, denn eigentlich fehlt die Bestätigung dieser Angabe. Aus den übrigen und neuesten Beobachtungen geht hervor, daß das Känguru, wenn es einmal eine gewisse Größe erreicht hat, sehr schnell wächst, namentlich von der Zeit an, in welcher es Haare bekommt. Es ist dann fähig, seine langen Ohren, welche bis dahin schlaff am Köpfchen herabhingen, aufzurichten. Von nun an zeigt es sich sehr häufig, wenn die Mutter ruhig dasitzt. Der ganze Kopf wird vorgestreckt, und die hellen Augen blicken lebhaft um sich, ja, die Ärmchen stöbern auch schon im Heu herum, und das Thierchen beginnt bereits zu fressen. Die Alte zeigt sich noch äußerst vorsorglich gegen das Junge, jedoch nicht mehr so ängstlich als früher. Anfangs gestattet sie nur mit dem größten Widerstreben irgendwelche Versuche, das Junge im Beutel zu sehen oder zu berühren. Selbst gegen das Männchen, welches eine lebhafte Neugierde an den Tag legt und sich beständig herbeidrängt, um seinen Sprößling zu sehen, benimmt sie sich nicht anders als gegen den Menschen. Sie beantwortet Zudringlichkeiten dadurch, daß sie sich abwendet, weist fortgesetzte Behelligung durch ein ärgerliches, heiseres Knurren zurück und versucht wohl auch, sich durch Schlagen derselben zu erwehren. Von dem Augenblicke an, wo das Junge den Kopf zum Beutel herausstreckt, sucht sie es weniger zu verbergen. Das Kleine ist auch selbst äußerst furchtsam und zieht sich bei der geringsten Störung in den Beutel zurück. Hier sitzt es übrigens keineswegs immer aufrecht, sondern nimmt alle möglichen Lagen an. Man sieht es mit dem Kopfe herausschauen und gar nicht selten neben diesem die beiden Hinterbeine und den Schwanz hervorstrecken, bemerkt aber auch diese Glieder allein, ohne vom Kopfe etwas zu sehen. Sehr hübsch sieht es aus, wenn die Mutter, welche weiter zu hüpfen wünscht, das aus dem Beutel herausschauende Junge zurücktreibt: sie gibt dem kleinen Dinge, falls es nicht ohne weiteres gehorcht, einen gelinden Schlag mit den Händen. Geraume Zeit nach dem ersten Ausschauen verläßt das Junge ab und zu seinen Schutzort und treibt sich neben der Alten im Freien umher; noch lange Zeit aber flüchtet es, sobald es Gefahr fürchtet, in den Beutel zurück. Es kommt mit gewaltigen Sätzen einhergerannt und stürzt sich, ohne auch nur einen Augenblick anzuhalten, kopfüber in den halbgeöffneten Beutel der ruhig auf ihren Hinterläufen sitzenden Mutter, kehrt im Nu sich um und schaut dann mit einem unendlich komischen Ausdrucke des beneidenswerthesten Sicherheitsbewußtseins aus der Beutelöffnung hervor.

»Ende Septembers«, sagt Weinland, welchem ich vorstehendes nacherzählt habe, »bemerkten wir das im Januar geborene, weibliche Junge des Bennett'schen Kängurus zum letzten Male in dem Beutel; aber wenn die Tochter nunmehr auch auf den Schutz der Mutter verzichtete, hörte sie doch nicht auf, Nahrung von ihr zu fordern. Noch am 22. Oktober sahen wir das Junge an der Mutter saugen, und zu unserer nicht geringen Überraschung beobachteten wir an demselben Tage jenes eigenthümliche Zittern und Zucken in seinem Beutel, welches uns über den eigenen Zustand keinen Zweifel ließ. Der sonderbare, unseres Wissens noch nie beobachtete Fall steht fest: selbst schon Mutter, ja bereits ein Junges im Beutel säugend, verlangt dieses Thier noch immer die nährende Milch seiner Alten! Aber noch mehr Enthüllungen lieferte die leider nothwendig gewordene Zergliederung des Mutterthieres, welches sich durch Anrennen an das Gitter den Tod zugezogen hatte: Es fand sich in dem Beutel ein bereits todtes, noch nacktes Junge von sieben Centim. Länge, welches also mindestens vor zwei Monaten schon geboren worden war, und somit stellte sich heraus, daß das Känguruweibchen unter Umständen zugleich die Kinder zweier Würfe und mittelbar noch sein Enkelchen säugte: das erwähnte herangewachsene, selbst schon tragende und säugende, und dessen Kind, sowie das kleine nackte im Beutel.«

Reisende in Australien berichten, daß Kängurumütter ihr Junges bei großer Gefahr, namentlich wenn sie sich verwundet fühlen, in eigenthümlicher Weise zu retten suchen. Falls sie sich nicht mehr im Stande sehen, dem drohenden Verderben zu entrinnen, heben sie das Junge schnell aus dem Beutel, setzen es auf den Boden und fliehen, beständig traurig nach ihrem Sprößlinge sich umsehend, weiter, solange sie können: sie geben sich also gern zu Gunsten ihrer Jungen preis und erreichen wirklich nicht selten ihren Zweck, indem die hitzig gewordenen Verfolger ihr Augenmerk ausschließlich auf die Alte richten und an den Jungen vorbeistürmen.

Die Nahrung ist gemischter Art. Gras und Baumblätter bleiben die bevorzugteste Speise, außerdem verzehren die Thiere aber auch Wurzeln, Baumrinden und Baumknospen, Früchte und mancherlei Kräuter. Ihre Lieblingsnahrung ist ein gewisses Gras, welches geradezu Kängurugras genannt wird und ihren Aufenthalt bedingt; außerdem äsen sie sich von den Spitzen der Heide und von den Blättern und Knospen gewisser Gesträuche. Einzelne Naturforscher haben geglaubt, daß die Sprungbeutelthiere Wiederkäuer wären; ich habe jedoch trotz sorgfältiger Beobachtung das Wiederkäuen noch bei keinem Känguru bemerken können.

Die Springbeutelthiere vertreten in ihrer Heimat gewissermaßen das dort fehlende Wild, und werden auch, wie dieses, leidenschaftlich gejagt, von den Raubthieren wie von den Menschen, von den Eingebornen wie von den Weißen. Die Schwarzen suchen sich so unbemerkt als möglich an eine Gesellschaft weidender Kängurus heranzuschleichen und verstehen es meisterhaft, sie derart zu umstellen, daß wenigstens einige des Trupps ihnen zum Opfer fallen. Bei Hauptjagden legen sich die einen in den Hinterhalt, und die anderen treiben jenen das Wild zu, indem sie erst so nahe als möglich an die weidenden Herden herankriechen, dann aber plötzlich mit Geschrei aufspringen. Schreckerfüllt wenden sich die Thiere nach der ihnen offen erscheinenden Seite hin und fallen somit ziemlich sicher in die Gewalt der versteckten Jäger. Außerdem verstehen es die Australier, Schlingen aller Art und Fangnetze anzufertigen und geschickt zu stellen. Weit größere Verluste als die eingeborenen Australier fügen die Weißen den Kängurus zu. Man gebraucht, sagt ›ein alter Buschmann‹, alle dankbaren Mittel, um sie auszurotten, fängt sie in Schlingen, erlegt sie mit dem Feuergewehre, jagt sie mit Hunden zu Tode und zwar aus reinem Übermuthe, nur um sie zu tödten; denn die erlegten läßt man im Walde verfaulen. »Dies ist der Grund, weshalb die Kängurus in der Umgebung aller größeren Städte und Ansiedelungen bereits ausgerottet sind. Und wenn diese wüste Jagd so fortdauert, wird es nicht lange währen, bis sie auch im Innern zu den seltneren Säugethieren zählen. Ich kann den Schaden, welchen sie auf den weiten, grasbewachsenen Ebenen anrichten sollen, nicht einsehen. In der Nähe von Ansiedelungen werden sie allerdings lästiger als unsere Hasen und Kaninchen; dies aber berechtigt wahrlich nicht zu unvernünftigen Verfolgungen. Sie kommen nachts über die Umzäunungen herein und fressen einfach Pflanzen ab; aber schon ein paar Scheuchen genügen, um sie abzuhalten. Mich will es bedünken, daß diejenigen, welche die Kängurus in solcher rücksichtslosen Weise verfolgen, gar nicht im Stande sind, die Thiere zu würdigen. Ich will nicht in Abrede stellen, daß Fell und Fleisch weniger Werth haben als die Decke und das Wildpret unseres Hirsches: so werthlos aber als man beides in Australien hält, ist es denn doch nicht. Viele erachten das Fleisch für nicht viel besser als Aas, wollen es kaum umsonst, selbst an Plätzen, wo das Ochsen- und Hammelfleisch verhältnismäßig theuer bezahlt wird, und für das Fell mögen die Händler auch nicht mehr geben als 1½ Schilling oder Mark. Ich aber kann aus eigner Erfahrung versichern, daß das Fleisch durchaus nicht schlecht und das Fell wenigstens eben so gut, ja feiner als Kalbleder ist. Die Leute behaupten zwar, das Fleisch sei nicht nahrhaft; ich aber muß diese Angabe für einen entschiedenen Irrthum halten. Mein alter Zeltgenosse und ich lebten von Kängurufleische, so lange wir im Walde waren, und thaten unsere Arbeit so gut als irgend ein anderer. ›Spart das Mehl, aber fallt über die Kängurus her‹, pflegten die Buschmänner zu sagen, wenn das Mehl zur Neige ging. Zwar will ich nicht bestreiten, daß das besagte Fleisch nur ein untergeordnetes Wildpret, weil trocken und fade, sehr blutreich und dunkel von Farbe ist, auch nicht so gut schmeckt wie Hammelfleisch; wohl aber behaupte ich, daß man es nicht zu verachten braucht, und daß namentlich der Schwanz eine ganz ausgezeichnete Suppe liefert.

Das große Geheimnis beim Känguruschießen, welches von vielen für überaus schwierig gehalten wird, beruht darin, sich nie zu übereilen. Man muß niemals eher schießen, als bis das Känguru in guter Schußweite angelangt ist und dann nach dem Halse zielen. Doch will ich nicht verkennen, daß die eigenthümliche Art der Thiere zu springen, Anfänger sehr verwirrt, und es auch für den ausgelernten Schützen keineswegs leicht ist, ein in voller Flucht dahinjagendes Känguru zu erlegen.

Wohlhabende Ansiedler pflegen die Kängurus mit Hunden zu jagen und benutzen hierzu eine Art Birschhunde, welche man geradezu Känguru-Hunde nennt. Gute Hunde jagen Kängurus bald nieder, besonders wenn der Grund feucht ist und wissen auch den gefährlichen Waffen der Thiere geschickt zu entgehen. Nicht immer nämlich geht die Kängurujagd so ungehindert von statten, als man meinen möchte; denn auch dieses friedliche Thier weiß sich zu vertheidigen. Seine Stärke liegt in den kräftigen Hinterläufen, deren Mittelzehe, wie bekannt, einen scharfen Nagel trägt. Mit diesem bringt es seinen Feinden gefährliche Wunden bei. Junge Hunde gerathen regelmäßig in den Bereich der Hinterklauen; einige tiefe Verwundungen oder von dem mit den Hinterfüßen ausschlagenden Känguru empfangene Hiebe machen sie jedoch sehr bald vorsichtig. Im Nothfalle sucht sich das Thier auch durch Beißen zu wehren: ich habe gesehen, daß ein altes Männchen einen Hund mit den Vorderarmen umklammerte und ihn zu beißen versuchte. Auch der Mensch hat sich vorzusehen, um nicht die Kraft der Klauen an sich zu erfahren. Ich bin zweimal in Gefahr gewesen, von einem Känguru verwundet zu werden, und beide Male mit einer Kraft zu Boden geworfen worden, daß mir Hören und Sehen verging, war aber jedesmal glücklicher Weise dem Känguru ganz nahe, so daß ich die Schläge anstatt mit der Klaue nur mit der Sohle empfing. Einmal wurde ich von einem alten Männchen förmlich angegriffen und war herzlich froh, als das Thier vor Erschöpfung zusammenbrach, ehe es seine Kräfte an mir auslassen konnte.«

Befindet sich in der Nähe des Weidegrundes ein Fluß oder See, so eilen, wie wir von früheren Beobachtern wissen, die gejagten Kängurus regelmäßig dem Wasser zu und stellen sich hier ruhig auf, die ankommenden Hunde erwartend. Ihre große Leibeshöhe erlaubt ihnen, zu stehen, wenn die Hunde bereits schwimmen müssen, und gerade hierdurch erlangen sie Vortheile. Der erste Hund, welcher ankommt, wird augenblicklich von dem Känguru gepackt und zunächst mit den Vorderfüßen, dann aber mit den Hinterfüßen unter das Wasser gedrückt und hier solange festgehalten, bis er ertränkt ist. Ein starkes Männchen der größeren Arten kann selbst einer zahlreichen Meute zu schaffen machen. Es läßt mit der größten Seelenruhe einen der Feinde nach dem andern schwimmend an sich kommen und nimmt geschickt den günstigen Augenblick wahr, um sich der Angreifer zu entledigen. Der einmal angepackte Hund ist regelmäßig verloren, wenn ihm nicht ein zweiter zu Hülfe kommt, und derjenige, welcher wirklich gerettet wird, eilt nach dem wider Willen genommenen Bade so schnell, als er kann, dem Ufer zu, ist auch durch kein Mittel zu bewegen, den mißlungenen Angriff zu erneuern. Erfahrene Hunde stürmen in Menge herbei, umstellen das Thier von allen Seiten, stürzen plötzlich vereint auf dasselbe los, packen es an der Kehle, reißen es zu Boden, schleppen es immer nach vorwärts, so daß es seine gefährlichen Waffen kaum brauchen kann, und würgen es entweder ab oder halten es solange fest, bis die Jäger herbeikommen.

Etwas besser lohnt aber der Fang, vor allem der Jungen, welche in allen Küstenstädten von Thierhändlern gekauft und ziemlich gut bezahlt werden. Um Kängurus lebend zu erhalten, legt man ihnen Schlingen auf die erkundeten Wechsel im Walde. Diese Fangweise erfordert jedoch der weidenden Hausthiere halber große Aufmerksamkeit. Leichter ist es, sich der Jungen zu bemächtigen, indem man mit der Büchse in der Hand an die weidende Herde sich anbirscht und die Weibchen, welche Junge im Beutel tragen, aus dem Haufen wegschießt, hierauf rasch zur Stelle eilt, das Junge aus dem Beutel hebt und einstweilen in einen Sack steckt. Die so erbeuteten Kängurus werden in den ersten Tagen der Gefangenschaft sorgfältig warm gehalten und mit lauwarmer Milch gefüttert. Um die Mittagszeit läßt man sie einige Stunden ins Freie, damit sie sich Bewegung machen. So pflegt man sie, bis sie Gras abzuweiden beginnen; dann sind sie zur Rücksendung nach Europa reif.

In die Gefangenschaft fügen sich alle Arten ohne viele Umstände, lassen sich mit grünem Futter, Blättern, Rüben, Körnern, Brod u. dgl. auch ohne Mühe erhalten, verlangen oder bedürfen im Winter keinen sonderlich warmen Stall und pflanzen sich bei geeigneter Pflege ohne Umstände fort. Obwohl sie der Wärme zugethan sind und sich gern behaglich im Strahle der Sonne dehnen und recken, schaden ihnen doch auch strengere Winterkälte und Schnee nicht, falls sie nur ein trockenes und gegen Wind geschütztes Plätzchen haben, nach welchem sie sich zurückziehen können. Dank dieser Genügsamkeit und Unempfindlichkeit gegen Witterungseinflüsse sieht man Kängurus gegenwärtig in allen Thiergärten als regelmäßige Erscheinungen, züchtet auch alljährlich viele von ihnen. Trotzdem dürften sie im allgemeinen wohl kaum jemals Hoffnungen erfüllen, welche auf sie gesetzt worden sind. Meiner Ansicht nach eignen sich nur sehr wenige von ihnen zur Einbürgerung bei uns, beziehentlich zur Bewilderung größerer Jagdgebiete. Ganz abgesehen davon, daß die meisten von ihnen, vollständig sich selbst überlassen, in unserem Klima kaum ausdauern dürften, ist ihre Vermehrung doch zu schwach und ihr Nutzen zu gering, als daß man sie zum Ersatz unseres mehr und mehr abnehmenden Wildes empfehlen könnte. Dagegen würden sie kleineren, umhegten und geschützten Parks, in denen sie keinen Schaden anrichten können, sicherlich zur Zierde gereichen.

# *Der Wombat*

Der Wombat (Phascolomys Wombat) gehört zu den Nagern unter den Beutelthieren. Man kennt zur Zeit drei Arten von Wombats, welche sich sämmtlich in Gestalt und Wesen ähneln. Ihr Bau ist in hohem Grade plump, der Leib ist schwer und dick; die Gliedmaßen sind kurz, krumm, die Füße fünfzehig, bewehrt mit langen, starken Sichelkrallen, welche bloß an den Hinterdaumen fehlen, die Sohlen breit und nackt und die Zehen sind zum großen Theil mit einander verwachsen. Sehr auffallend ist das Gebiß, weil die vorderen breiten Schneidezähne, von denen je einer in jedem Kiefer steht, Nagezähnen entsprechen. Der Wombat erreicht etwa 95 Centim. an Länge und hat kurze und gerundete Ohren. Die Färbung ist ein gesprenkeltes, dunkles Graubraun, welches durch die an der Wurzel dunkelbraunen, an der Spitze zumeist silberweißen, hier und da aber schwarzen Haare hervorgebracht wird.

Vandiemensland und die Südküste von Neusüdwales sind die Heimat des Wombats, Südaustralien die seines letzterwähnten Verwandten. Beide Arten leben in dichten Wäldern, graben sich hier weite Höhlen und sehr tiefe Gänge in den Boden und verbringen in ihnen schlafend den ganzen Tag. Erst nachdem die Nacht vollständig eingetreten ist, humpelt der Wombat ins Freie, um Nahrung zu suchen. Diese besteht zumeist aus einem harten, binsenartigen Grase, welches weite Strecken überzieht, sonst aber auch in allerlei Kräutern und Wurzeln, welch letztere durch kraftvolles Graben erworben werden. Alle Arten der Gruppe scheinen in ihrer Lebensweise sich zu gleichen und das von dem einen Gesagte auch für den andern zu gelten.

Der Wombat sieht noch unbehülflicher aus, als er ist. Seine Bewegungen sind langsam, aber stätig und kräftig. Ein so stumpfsinniger und gleichgültiger Gesell, wie er ist, läßt sich nicht leicht aus seiner Ruhe bringen. Er geht seinen Weg gerade und unaufhaltsam fort, ohne vor irgend einem Hindernisse zurückzuschrecken. Die Eingebornen erzählen, daß er bei seinen nächtlichen Streifereien oft wie ein rollender Stein in Flüsse falle, an deren Ufern er trabt, dann aber, ohne sich beirren zu lassen, in der einmal genommenen Richtung auf dem Boden des Flußbettes fortlaufe, bis er irgendwo wieder freies Land gewinne, auf dem er dann mit einer Gleichgültigkeit seinen Weg fortsetze, als hätte es niemals ein Hindernis für ihn gegeben. Gefangene, welche ich beobachtete, lassen mir solche Erzählungen durchaus nicht so unglaublich erscheinen, als man meinen möchte. Es hält wirklich schwer, einen Wombat irgendwie zu erregen, obgleich man ihn unter Umständen erzürnen kann. So viel ist sicher, daß man ihn einen Trotzkopf ohne gleichen nennen muß, falls man es nicht vorziehen will, seine Beharrlichkeit zu rühmen. Was er sich einmal vorgenommen hat, versucht er, aller Schwierigkeit ungeachtet, auszuführen. Eine Höhle, welche er einmal begonnen, gräbt er mit Ruhe eines Weltweisen hundertmal wieder aus, wenn man sie ihm verstopft. Die australischen Ansiedler sagen, daß er höchst friedlich wäre und sich, ohne Unruhe oder Ärger zu verrathen, vom Boden aufnehmen und wegtragen ließe, dagegen ein nicht zu unterschätzender Gegner würde, wenn ihm plötzlich einmal der Gedanke an Abwehr durch seinen Querkopf schösse, weil er dann wüthend und in gefährlicher Weise um sich beiße. Ich kann diese Angabe bestätigen. Gefangene, welche ich pflegte, benahmen sich nicht anders. Namentlich wenn man ihnen die Füße zusammenschnürte oder sie auch nur an den Füßen packte, zeigten sie sich sehr erbost und bissen, wenn ihnen die Sache zu arg wurde, sehr boshaft zu.

Wie die meisten australischen Thiere, hält auch der Wombat bei uns in der Gefangenschaft vortrefflich aus. Bei guter Pflege und geeigneter Nahrung scheint er sich sehr wohl zu befinden, wird dann auch leidlich zahm, d. h. gewöhnt sich insofern an den Menschen, daß man ihm gestatten darf, frei im Hause umherzulaufen.

Seine Gleichmüthigkeit läßt ihn die Gefangenschaft vergessen und macht ihn mit seinem Loose bald zufrieden; wenigstens kommt er nie auf den Gedanken, zu entfliehen. Auf Vandiemensland soll er der gewöhnliche Genosse der Fischer sein und wie ein Hund zwischen den Hütten umherlaufen. Doch darf man deshalb nicht glauben, daß er sich jemals mit seinem Pfleger befreunde. Der Mensch ist ihm ebenso gleichgültig wie die ganze übrige Welt. Wenn er zu fressen hat, kümmert er sich um nichts, was um ihn her vorgeht; jeder Ort ist ihm dann recht und jede Gegend angenehm.

Bei uns zu Lande ernährt man den blöden, geistig theilnahmlosen Gesellen mit grünem Futter, Möhren, Rüben, Früchten, Körnern und Getreide ohne Mühe, und wenn man ihm etwas Milch geben will, verschafft man ihm einen besondern Genuß. Zu viel von dieser, den meisten Thieren höchst angenehmen Flüssigkeit darf man ihm freilich nicht vorsetzen; denn sonst kommt er, wie englische Naturforscher erfahren mußten, einmal auch wohl auf den Gedanken, gleich in den Milchnapf sich zu legen und hier ein Bad zu nehmen. In England hat man beide Arten bereits zur Fortpflanzung gebracht und dabei beobachten können, daß das Weibchen drei bis vier Junge wirft und sie, wenigstens so lange sie noch im Beutel sich befinden, mit

# VOMBATIDAE

*Vombatus ursinus*

großer Sorgfalt und Liebe pflegt und erzieht. Ob diese Versuche berechtigen, den Wombat auf die Liste der bei uns einzubürgernden Thiere zu setzen, wie die Franzosen es gethan haben, überlasse ich dem Urtheile meiner Leser. In Australien hält man allerdings das Fleisch des Wombats für wohlschmeckend und benutzt auch sein Fell, bei uns zu Lande dürfte aber weder das eine noch das andere gerade als besonders werthvoll betrachtet werden.

# *Der Tasmanische Schnabeligel*

Australien ist das eigentliche Vaterland der Beutelthiere. Das allbekannte Känguru, die Raubbeutler und Beutelbilche mögen es kennzeichnen. Außerdem wohnen in Australien noch der Dingo, das Schnabelthier und der Ameisenigel – sämmtlich echte Charakterthiere des merkwürdigen Erdtheils.

Betrachtet man die Schnabelthiere und Ameisenigel nur flüchtig, so darf man wohl in Zweifel sein, welcher Klasse man sie beizuzählen hat und verwundert sich nicht mehr, daß die ersten Bälge der Schnabelthiere, welche nach England kamen, nicht als Erzeugnisse der Natur, sondern als die eines Schwindlers galten. Man erblickte ein Maulwurfsfell mit den Freßwerkzeugen einer Ente, und mußte sich fast mit Widerstreben daran gewöhnen, das Vorhandensein solcher Räthselgeschöpfe für möglich zu halten. Der viel später (erst im Jahre 1824) entdeckte Ameisenigel verursachte weniger Kopfzerbrechen; denn ihm war ja das Schnabelthier vorausgegangen.

Der Ameisenigel (Echidna hystrix), kennzeichnet sich durch seinen plumpen, größtentheils mit Stacheln oder Borsten bedeckten Leib, den walzenförmigen, nur am untern Ende gespaltenen Schnabel, den kurzen Schwanz und die langgestreckte, dünne, wurmartige Zunge, welche, wie bei den Ameisenfressern, weit aus dem Munde hervorgestoßen werden kann. An der Ferse des Hinterfußes befindet sich beim Männchen der einen Centimeter lange, starke, spitzige, durchbohrte Hornsporen, welcher mit einer Absonderungsdrüse von Erbsengröße in Verbindung steht und zu dem Glauben veranlaßt hat, daß er die hauptsächlichste Waffe des Thieres sei und wie der Schlangenzahn Gift ausfließen lasse. Von Zähnen findet sich keine Spur; im Gaumen aber stehen sieben Querreihen kleiner, derber, spitziger, rückwärts gerichteter, hornartiger Stacheln, welche die Stelle der Zähne vertreten. Bei vollkommen erwachsenen Thieren beträgt die Leibeslänge etwa 45 Centim., wovon etwas mehr als ein Centimeter auf den Schwanz kommt.

Der Ameisenigel bewohnt mehr die gebirgigen Gegenden als die Ebenen, und trockene Wälder, wo er sich unter den Wurzeln der Bäume Höhlen und Gänge graben kann, sagen ihm besonders zu. Hier verbirgt er sich bei Tage; nachts kommt er

Tachyglossus setosus
TACHYGLOSSIDAE

hervor und geht schnüffelnd und grabend der Nahrung nach. Seine Bewegungen sind lebhaft, zumal beim Scharren, welche Kunst er meisterhaft versteht. Beim Graben setzt er alle vier Beine gleichzeitig in Bewegung und vermag, wie die Gürtelthiere, sich geradezu vor sichtlichen Augen in die Erde zu versenken.

Es ist nicht eben leicht, in der Dämmerung dieses erdfarbige Thier wahrzunehmen, und man findet es eigentlich bloß zufällig auf, wenn es in seiner ruhelosen Weise von einem Orte zum andern läuft. Dabei untersucht es jede Höhle, jede Ritze, und wenn es etwas genießbares in ihr wittert, setzt es augenblicklich die kräftigen Füße in Bewegung, um die Höhle zu erweitern. Kerbthiere und Würmer, hauptsächlich aber Ameisen und Termiten, bilden seine Hauptnahrung. Diese sucht er mit Hülfe der sehr empfindlichen Schnauzenspitze auf, welche weniger zum Wittern als zum Tasten geeignet scheint. Er frißt nach Art der Wurmzüngler, indem er die Zunge ausstreckt und, wenn sie sich mit Ameisen gefüllt hat, schnell wieder zurückzieht.

Wenn man einen Ameisenigel ergreift, rollt er sich augenblicklich in eine Kugel zusammen, und es ist dann sehr schwer, ihn festzuhalten, weil die scharfen Stacheln bei der heftigen Bewegung des Zusammenkugelns gewöhnlich empfindlich verwunden. Ein zusammengerollter Ameisenigel läßt sich nicht leicht fortschaffen, am besten noch, wenn man ihn an den Hinterbeinen packt und sich um alle Anstrengungen und Bewegungen nicht weiter kümmert. Hat er einmal eine Grube von wenigen Centimetern fertig gebracht, so hält es außerordentlich schwer, ihn fortzuziehen. Nach Art der Gürtelthiere spreizt er sich aus und drückt seine Stacheln so fest gegen die Wände, daß er an ihnen förmlich zu kleben scheint. Die starken Klauen seiner Füße werden hierbei selbstverständlich auch mit angewendet, um sich soviel als möglich zu befestigen. An anderen Gegenständen weiß er sich ebenfalls anzuklammern. »Wenn mir«, sagt Bennett, »ein Stacheligel gebracht und in die Pflanzenbüchse gesteckt wurde, um so am leichtesten fortgeschafft zu werden, fand ich, zu Hause angekommen, daß das Thier an den Seiten der Büchse wie eine Schüsselmuschel auf dem Felsen angeklebt war. Man sah nur einen wüsten Stachelhaufen. Die Spitzen des Stachelkleides sind so scharf, daß auch die leiseste Berührung ein empfindliches Schmerzgefühl hervorruft. Ganz unmöglich war es, einen dergestalt eingepferchten Ameisenigel herauszubringen, und nur dasselbe Verfahren, welches man bei den Schüsselmuscheln anwendet, konnte ihn bewegen, loszulassen: Wir brachten einen Spaten langsam unter seinen Leib und hoben ihn dann mit Gewalt empor. Hat man ihn einmal in der Hand, so zeigt er sich völlig harmlos.«

Die Behauptung der Eingebornen, daß das Männchen seinen Angreifer mit dem Sporn am Hinterfuße verwunde und eine giftige Flüssigkeit aus demselben in die Wunde strömen lasse, ist nach allen angestellten Versuchen als eine Fabel anzusehen. Der männliche Stacheligel versucht gar nicht, sich seines Sporns zur Vertheidigung zu bedienen, wie er überhaupt kaum an Abwehr denkt. Gegen die vierfüßigen Feinde vertheidigt er sich wie der Igel durch Zusammenrollen, und wenn er Zeit hat, gräbt er sich so schleunig als möglich in die Erde ein. Dennoch wird der Beutelwolf seiner Meister und frißt ihn mit Haut und Stacheln.

Die Stimme, welche man von dem sonderbaren Gesellen vernimmt, wenn er sich sehr beunruhigt fühlt, besteht in einem schwachen Grunzen. Unter den Sinnen stehen Gehör und Gesicht obenan; die übrigen sind sehr stumpf. Von geistigen Fähigkeiten ist kaum zu reden, obgleich man solche selbstverständlich als vorhanden annehmen muß.

Über die Fortpflanzung des Thieres ist noch höchst wenig bekannt. Das Weibchen soll im December mehrere Junge werfen und sie längere Zeit säugen, wie man annehmen muß, in ganz absonderlicher Weise. Die Kälte übt auf ihn einen großen Einfluß aus; denn er verfällt schon bei sehr geringem Herabsinken der Wärme in Erstarrung oder in tiefen Schlaf. Über das Betragen gefangener Ameisenigel haben Garnot und später Quoy und Gaimard berichtet. Letztere bekamen in Hobarttown ein lebendes Männchen. Im ersten Monate fraß es nicht das geringste und magerte zusehends ab, schien sich aber wohl zu befinden. Es war ganz gefühllos und dumm, lag bei Tage mit dem Kopfe zwischen den Beinen, seine Stacheln ringsum ausgestreckt, aber nicht zusammengekugelt, suchte auch dunkle Stellen auf. Die Freiheit liebte es sehr, machte wenigstens alle Anstrengungen, um aus seinem Käfige zu kommen. Setzte man es auf einen großen Pflanzenkübel mit Erde, so hatte es sich in weniger als zwei Minuten bis auf den Boden gegraben, und zwar mit den starken Füßen, wobei es ab und zu mit der Schnauze half. Später fing es an zu lecken und fraß zuletzt ein flüssiges Gemenge von Wasser, Mehl und Zucker. Es starb, weil man es zu stark gewaschen hatte.

Garnot kaufte einen Stacheligel in Port Jackson. Dieses Thier brachte gewöhnlich zwanzig Stunden des Tages schlafend zu und schwärmte die übrige Zeit umher. Begegnete es einem Hindernisse in seinem Wege, so suchte es dasselbe wegzuschaffen und nahm nicht eher eine andere Richtung, als bis es die Erfolglosigkeit seiner Bestrebungen bemerkte, wahrscheinlich weil es sich an sein Graben in der Freiheit erinnern mochte. Im Zimmer wählte es eine Ecke, um seinen Unrath dort zu lassen; einen andern dunklen Winkel, welcher von einer Kiste verstellt war, suchte es zum Schlafen auf. Oft schien es sich gewisse Grenzen zu wählen und lief lange Zeit hin und her, ohne sie zu überschreiten. Es ging mit hängendem Kopfe, als wenn es in Betrachtungen vertieft wäre und legte in einer Minute, obgleich sein Gang sehr schwerfällig und schleppend war, doch über zehn Meter zurück. Seine keineswegs weiche, aber bewegliche, lange Nase diente ihm als Fühler. Wenn es lauschen wollte, öffnete es die Ohren, wie es Eulen zu thun pflegen, und dann schien sein Gehör recht fein zu sein. Sein Wesen war mild und zärtlich. Es ließ sich gern streicheln, war aber doch sehr furchtsam und kugelte sich, wie der Igel, bei dem geringsten Geräusche zusammen, so daß die Nase nicht sichtbar war. Dies that es, so oft man neben ihm mit dem Fuße stampfte, und erst nach längerer Zeit, wenn dies Geräusch vollständig aufgehört hatte, streckte es sich langsam wieder aus. Eines Tages unterließ es seine gewöhnliche Lustwandelung; Garnot zog es deshalb aus seinem Winkel hervor und rüttelte es derb. Es zeigte so schwache Bewegungen, daß er glaubte, es würde sterben; daher trug er es in die Sonne, rieb ihm den Bauch mit einem warmen Tuche, und siehe da, es erholte sich und bekam nach und nach seine frühere Munterkeit wieder. Bald darauf blieb es achtundvierzig, später zweiundsiebenzig und zuletzt sogar achtzig Stunden hintereinander liegen; allein man kannte es nun und störte es nicht mehr in seinem Schlafe. Weckte man es auf, so wiederholte sich derselbe Vorgang wie das erstemal, während es sich, wenn es selbst aufwachte, sofort munter zeigte. Manchmal lief es auch des Nachts umher, aber so still, daß man es nicht bemerkt haben würde, wenn es nicht ab und zu an den Füßen geschnüffelt hätte.

# *Die Girafe*

Die Girafe ist durch den alles gewohnte Maß überschreitenden langen Hals, die hohen Beine, den dicken Rumpf mit abschüssigem Rücken, den zierlich gebauten, feinen Kopf mit großen, schönen, klaren Augen und durch zwei sonderbare, mit Haut überkleidete hornartige Knochenzapfen gekennzeichnet. Die hohen Läufe und der lange Hals machen die Girafe zu den höchsten und verhältnismäßig kürzesten aller Säugethiere. Ihre Leibeslänge beträgt nämlich bloß 2,25 Meter, die Schulterhöhe dagegen bereits 3 Meter und die Höhe des Kopfes 5 bis 6 Meter. Der Schwanz wird mit der Haarquaste 1,1 Meter, ohne dieselbe nur 80 Centim. lang. Die Entfernung von der Schnauzenspitze bis zur Schwanzwurzel beträgt 4 Meter, das Gewicht 500 Kilogramm. Aus diesen Maßen allein schon geht hervor, daß die Girafe hinsichtlich ihrer Gestaltung von allen übrigen Säugethieren abweicht; der Leibesbau ist aber so merkwürdig, daß er eine eingehende Beschreibung erfordert.

Der Kopf und der Leib scheinen vom Pferde, der Hals und die Schultern vom Kamele, die Ohren vom Rinde, der Schwanz vom Esel, die Beine von einer Antilope entlehnt zu sein, während Färbung und Zeichnung des glatten Felles an den Panther erinnern. Eine solche Zusammensetzung kann nur Mißgestaltung des ganzen Thieres zur Folge haben, und wirklich wird niemand die Girafe schön oder ebenmäßig nennen mögen. Der kurze Leib steht mit den hohen Beinen und dem langen Hals in keinem Verhältnisse; der auffallend abschüssige Rücken muß nach allen kunstgerechten Begriffen häßlich genannt werden, und die ungeheure Höhe des Thieres trägt durchaus nicht zu seiner Zierde bei. Schön ist der Kopf, wundervoll das Auge, angenehm die Zeichnung, alles übrige auffallend und sonderbar. Der langgestreckte Kopf der Girafe erscheint, der ziemlich dünnen Schnauze wegen, noch länger als er ist, trägt sehr große, lebhaft glänzende und doch ungemein sanfte, wirklich geistige Augen, große, zierlich gebaute, äußerst bewegliche Ohren von etwa 15 Centim. Länge und die zwei erwähnten Stirnzapfen, welche entfernt an Hörner erinnern und etwas kürzer sind als die Ohren. Der Hals ist etwa ebenso lang wie die Vorderbeine, dünn, seitlich zusammengedrückt und hinten mit einem hübschen Haarkamme geziert. Ein fahles Sandgelb, welches auf dem Rücken etwas dunkler wird und

GIRAFFIDAE
Giraffa camelopardalis

auf der Unterseite ins Weißliche übergeht, bildet die Grundfärbung; auf ihr stehen ziemlich große, unregelmäßig gestaltete, meist eckige Flecken von dunklerer oder lichterer rostbrauner Färbung.

Ungeborne, noch nicht völlig ausgetragene Girafen haben ein sehr weiches, mausgrau gefärbtes Fell ohne Flecken; zur Zeit der Geburt sind diese aber schon vorhanden. Sehr alte Männchen sehen oft sehr dunkel, die alten Weibchen regelmäßig licht aus, als ob ihr Fell verblichen wäre.

Gegenwärtig bewohnt die Girafe das mittlere und südliche Afrika. Im Norden beginnt ihre Heimat an der südlichen Grenze der Sahara, im Süden verschwindet sie in der Nähe des Orangenflusses. Am Kongo und in Senegambien fehlt sie gänzlich, wahrscheinlich weil das Land dort gebirgig ist; denn sie hält sich nur in ebenen Steppengegenden, niemals in den Gebirgen oder in den dichteren Urwäldern auf. Ihr Vorkommen ist an das Vorhandensein verschiedener Mimosen gebunden. Gewöhnlich trifft man die Girafe in kleinen Trupps von sechs bis acht Stück; da hingegen, wo sich das edle Thier sicher weiß, kommt es häufiger vor.

Alle Bewegungen der Girafe sind sonderbar. Am vortheilhaftesten nimmt sie sich bei ruhigem Gange aus: sie erscheint dann würdig und anmuthig. Der Gang selbst ist ein langsamer und gemessener Paßschritt, da sie beide Läufe einer Seite gleichmäßig bewegt. Ganz anders sieht sie aus, wenn sie flüchtend in Galopp fällt. Lichtenstein schildert in sehr anschaulicher Weise den Eindruck, welchen das Thier dann auf den Beobachter macht. »Ich hatte mich«, so erzählt er, »zwei Girafen beinahe auf bequeme Schußweite genähert, als sie mich bemerkten und entflohen. Aber dieses Entfliehen war so über alle meine Erwartungen wunderbar, daß ich vor Lachen, Staunen und Freude fast die ganze Jagd vergessen hätte. Bei dem sonderbaren Mißverhältnisse der vordern zur hintern Höhe und der ganzen Höhe zur Länge hat nämlich die schnelle Fortbewegung des Thieres große Schwierigkeiten. Wenn Levaillant behauptet, er habe es traben gesehen, erspart er mir dadurch die Mühe, ihm zu beweisen, daß das Thier ihm nie lebendig vor Augen gekommen. Wie in aller Welt soll ein Girafe bei der großen Ungleichheit der Vorder- und Hinterläufe traben? Nur galoppiren kann sie, wie ich aus Erfahrung versichern kann. Aber dieser Galopp ist so schwerfällig, lahm und plump, daß man in einem Abstande von mehreren hundert Schritten, welcher es erschwert, den zurückgelegten Raum mit der Größe des Thieres und der umgebenden Gegenstände zu vergleichen, aus der Langsamkeit, mit welcher die Bewegung geschieht, fast schließen sollte, ein Mensch könnte es zu Fuße einholen. Diese Langsamkeit wird aber ersetzt durch die Weite des Schrittes, indem nach einer ungefähren Messung ein jeder Sprung vier bis fünf Meter beträgt. Wegen der Größe und Schwere des Vordertheiles ist die Girafe nicht im Stande, sich durch die Kraft der Muskeln allein vorn zu heben, sondern dazu muß eine Zurückbiegung des Halses, wodurch der Schwerpunkt mehr nach hinten gerückt wird, zu Hülfe kommen;

dann erst ist es ihr möglich, die Vorderbeine von der Erde zu bringen. So bewegt sich der Hals in stetem Hin- und Herschwunge fast wie der Mast eines auf den Wellen tanzenden oder nach der Schiffersprache stampfenden Schiffes.« Während der Flucht schlägt sie mit dem langen Schwanze wie mit einer Reitgerte klatschend über den Rücken; auch dreht sie den Kopf mit den schönen, klugen Augen oft rückwärts, um nach ihren Verfolgern hinzusehen.

Höchst eigenthümlich ist eine Stellung, welche das Thier annimmt, wenn es etwas von dem Boden aufnehmen, oder wenn es trinken will. In älteren Beschreibungen wird behauptet, daß die Girafe zu diesem Ende auf die vorderen Fußwurzelgelenke (Knie) niederfalle. Dies ist falsch. Sie bewirkt die Erniedrigung ihres Vordertheiles, indem sie beide Vorderläufe so weit auseinander stellt, daß sie bequem mit dem langen Halse auf den Boden herabreichen kann. Wer dies nicht selbst gesehen hat, hält es geradezu für unmöglich. Während des Schlafes liegt sie zum Theil auf der Seite und schlägt dabei beide oder nur eins ihrer Vorderbeine ein; den Hals wendet sie rückwärts, den Kopf läßt sie gern auf den Hinterschenkeln ruhen. Ihr Schlaf ist sehr leise und dauert nur kurze Zeit. Sie kann auch viele Tage lang den Schlaf entbehren und scheint sich dann stehend auszuruhen.

Es versteht sich von selbst, daß die Nahrung der Girafe im Einklange steht mit ihrer Gestalt und ihrem Wesen. Das Thier ist wenig geeignet, Gras vom Boden abzuweiden, umsomehr aber befähigt, Laub von den Bäumen zu brechen. Hierbei unterstützt es seine ungemein bewegliche Zunge sehr wesentlich. Wie bekannt, gebrauchen die meisten Wiederkäuer die Zunge zum Abpflücken ihrer Nahrung; kein einziger aber bedarf dieses Werkzeug so ausschließlich wie die Girafe. Was dem Elefanten der Rüssel, ist ihr die Zunge. Sie vermag die kleinsten Gegenstände damit aufzunehmen, das zarteste Blatt zu pflücken und in den Mund zu ziehen. In der Freiheit sind es hauptsächlich die Zweige, Knospen und Blätter der Mimosen, welche der Girafe zur Nahrung dienen. Bei saftiger Nahrung kann sie, wie das Kamel, lange Zeit des Wassers entbehren. Für gewöhnlich genügt ihr die Feuchtigkeit der frischen Blätter und Schößlinge, und man trifft sie daher auch in Gegenden, wo auf Meilen hin kein Wasser zu finden ist. In der trockenen Jahreszeit aber, wenn die Bäume größtentheils ihres Blätterschmuckes beraubt sind und die hohen, verdorrten Gräser ihr dürftige Kost bieten, geht sie oft meilenweit nach pfuhligen Wasserbecken oder zu den übrig gebliebenen Tümpeln der während der Regenzeit fließenden Ströme herab, um sich zu tränken.

Die höheren Begabungen stellen die Girafe sehr hoch. Ihre Sinne, zumal Gesicht und Gehör, sind vortrefflich entwickelt, die geistigen Fähigkeiten nicht minder ausgebildet. Sie ist klug und verständig, auch äußerst liebenswürdig und im Verhältnisse zu ihrer Größe ein höchst gutmüthiges, friedliches und sanftes Geschöpf, welches nicht bloß verträglich mit seines Gleichen, sondern auch mit anderen Thieren lebt, so lange ihr diese nicht beschwerlich oder gefährlich werden. Im Nothfalle weiß sie sich recht gut zu vertheidigen, – nicht mit ihren Hörnern, welche überhaupt bloß zum Schmucke zu dienen scheinen, sondern mit kräftigen Schlägen ihrer langen, sehnigen Füße. In dieser Weise kämpfen die verliebten Männchen unter sich um die Weibchen; durch Ausschlagen beschützt die Girafenmutter ihr Junges vor der tückisch herbeischleichenden Katze, und die Kraft des Schlages ist so gewaltig, daß er selbst einen Löwen fällen kann. Wärter in den Thiergärten müssen sich manchmal sehr in Acht nehmen vor den Girafen, obgleich sie sonst recht gut mit diesen auskommen.

Über die Fortpflanzung der Girafe hat erst die Neuzeit uns belehrt. Aus den bisherigen, in verschiedenen Thiergärten gesammelten Beobachtungen geht hervor, daß die Paarung im März oder anfangs April, der Wurf im Mai oder Juni stattfindet, die Dauer der Tragzeit also 431 bis 444 Tage beträgt. Während der Paarungszeit vernahm man von beiden Geschlechtern ein sanftes Blöken. Die Männchen sprangen ohne besondere Heftigkeit auf einander los und rieben sich gegenseitig mit ihren Stirnzapfen den Rücken und die Seiten. Ernste Kämpfe wurden nicht ausgefochten. Die Geburt ging schnell und leicht von statten. Das junge Thier kam zuerst mit den Vorderfüßen und dem Kopfe zur Welt. Nach seiner Geburt lag es etwa eine Minute bewegungslos, dann begann die Athmung; nach einer halben Stunde versuchte es aufzustehen, zwanzig Minuten später wankte es nach der Mutter hin. Diese blickte ziemlich gleichgültig auf ihren Sprößling herab, und man mußte am andern Tage eine Kuh herbeibringen, an welcher die junge Girafe etwa einen Monat lang saugte. Zehn Stunden nach der Geburt lief das Junge umher, am dritten Lebenstage übte es sich bereits in Sätzen. Bei seiner Geburt war es 2,1 Meter lang, die Vorderglieder hatten eine Höhe von 1,5 Meter, der Schwanz maß bereits 50 Centimeter. Etwa neun Monate nach der Geburt dieses Jungen nahm die Mutter das Männchen von neuem an und warf nach 431 Tagen wiederum ein Junges, welches zwölf Stunden nach seiner Geburt kräftig an dem Euter der Alten saugte. Nach drei Wochen genoß es Pflanzen, und mit dem Alter von vier Monaten begann es wiederzukäuen. In der ersten Woche seines Lebens war es zwei, nach neun Monaten bereits drei Meter hoch.

Leider ertragen die nach Europa gebrachten Girafen die Gefangenschaft nur bei bester Pflege längere Zeit. Die meisten gehen an einem eigenthümlichen Knochenleiden zu Grunde, welches man »Girafenkrankheit« genannt hat. Ursachen der letztern dürften Mangel an Bewegung und ungeeignete Nahrung sein. Nach den Erfahrungen, welche ich an Elchen gemacht habe, glaube ich, daß namentlich Gerbsäure dem Girafenfutter zugesetzt werden muß, um ihr Wohlbefinden zu fördern; denn gerade die Mimosenblätter sind besonders reich an diesem Stoffe. Ein großer Raum vor und ein warmer Fußboden in dem Stalle der Girafe sind außerdem unerläßliche Bedingungen für ein erträgliches Gefangenleben des theilnahmswerthen Geschöpfes.

# Die Gazelle

Die Gazelle erreicht nicht ganz die Größe unseres Rehes, ist aber viel zarter und schlanker gebaut, auch schöner gezeichnet als dieses. Alte Böcke messen 1,1 Meter in der Länge und die Beine sind außerordentlich zart, schlank und höchst zierlich behuft. Der Bock trägt immer stärkere Hörner als die Rike, und die Wachsthumsringe sind dort stets mehr ausgeprägt als hier.

Nordostafrika ist die Heimat der Gazelle. Der ganze Wüstenzug und das ihn begrenzende Steppengebiet kann als ihre Heimat betrachtet werden. Je pflanzenreicher die Einöde, um so häufiger findet man das Thier; jedoch muß hierbei festgehalten werden, daß eine pflanzenreiche Gegend nach afrikanischen Begriffen von einer gleichbezeichneten in unserem Klima sehr verschieden ist. Man würde sich irren, wenn man die Gazelle in wirklich fruchtbaren Thalniederungen als ständigen Bewohner vermuthen wollte. Sie zieht Niederungen den durchglühten Hochebenen vor, aber nur Niederungen der Wüste: in Flußthälern findet man sie ebenso selten wie auf dem Hochgebirge. Mimosenhaine und noch mehr jene sandigen Gegenden, in denen Hügelreihen mit Thälern abwechseln und die Mimosen überall sich finden, ohne eigentlich einen Hain oder Buschwald zu bilden, sind ihre Lieblingsplätze, weil die Mimose als ihre eigentliche Nährpflanze angesehen werden muß. In den Steppen kommt sie ebenfalls und zwar an manchen Orten sehr häufig vor; allein auch hier bevorzugt sie dünnbestandene Buschgegenden dem wogenden Halmenwalde. In den Steppen Kordofâns sieht man Rudel von vierzig bis funfzig Stücken, welche, vielleicht nicht das ganze Jahr hindurch, ziemlich weit umherstreifen; an ihren Lieblingsplätzen gewahrt man sie jedoch nur in kleinen Trupps von zwei, drei bis acht Stücken, sehr oft auch einzeln. Die schwachen Rudel sind gewöhnlich Familien, bestehend aus einem Bocke mit seinem Thiere und dem jungen Nachkommen, welcher bis zur nächsten Brunstzeit bei den Eltern verweilen darf. Ebenso häufig aber findet man auch Trupps, welche nur aus Böcken und zwar wohl aus solchen bestehen, die von den stärkeren abgetrieben wurden. Diese Junggesellen halten bis gegen die Brunstzeit hin treu zusammen.

Als Tagthier zeigt sich die Gazelle gerade zur günstigsten Zeit dem Auge. Nur während der größten Hitze des Tages, in den Mittagsstunden bis etwa vier Uhr

*Gazella thomsoni* BOVIDAE

abends, ruht sie gern wiederkäuend im Schatten einer Mimose; sonst ist sie fast immer in Bewegung.

Es läßt sich nicht verkennen, daß man in der Gazelle ein hoch begabtes Thier vor sich hat. Sie ist so bewegungsfähig wie irgend eine andere Antilope, dabei lebhaft, behend und überaus anmuthig. Ihr Lauf ist außerordentlich leicht; sie scheint kaum den Boden zu berühren. Ein flüchtiges Rudel gewährt einen wahrhaft prachtvollen Anblick; selbst wenn die Gefahr ihm nahe kommt, scheint es noch mit seiner Befähigung zu spielen. Oft springt mit zierlichen Sätzen von ein bis zwei Meter Höhe eine Gazelle, gleichsam aus reinem Übermuthe, über die andere hinweg, und ebenso oft sieht man sie über Steine und Büsche setzen, welche ihr gerade im Wege liegen, aber sehr leicht umgangen werden könnten. Alle Sinne sind vortrefflich ausgebildet. Sie wittert ausgezeichnet, äugt scharf und vernimmt weit. Dabei ist sie klug, schlau und selbst listig, besitzt ein vortreffliches Gedächtnis und wird, wenn sie Erfahrung gesammelt hat, immer verständiger. Ihr Betragen hat viel ansprechendes. Sie ist ein harmloses und etwas furchtsames Geschöpf, keineswegs aber so muthlos, als man gewöhnlich glaubt. Unter dem Rudel gibt es oft Streit und Kampf, wenn auch bloß unter den gleichgeschlechtigen Gliedern desselben, zumal unter Böcken, welche gern zu Ehren der Schönheit einen Strauß ausfechten, während sie die Riken bis gegen die Brutzeit hin mit Liebenswürdigkeit, ja mit Zärtlichkeit behandeln und gleiches von diesen empfangen. Mit allen übrigen Thieren lebt die Gazelle in Frieden; deshalb sieht man sie auch gar nicht selten in Gesellschaft anderer, ihr nahestehender Antilopen.

Man kann nicht eben sagen, daß die Gazelle scheu wäre; aber sie ist vorsichtig und meidet jeden ihr auffallenden Gegenstand oder jedes ihr gefährlich scheinende Thier mit Sorgfalt. Die Verschiedenheit der klimatischen Verhältnisse Nordostafrikas bedingt auch eine sehr verschiedene Brunstzeit der Gazellen. Im Norden fällt sie etwa in die Monate August bis Oktober, in den Gleicherländern beginnt sie erst Ende Oktober und währt dann bis Ende December. Die Böcke fordern einander mit laut blökendem Schrei zum Kampfe auf und streiten sich so heftig, daß sie sich gegenseitig die Hörner abstoßen: ich habe viele von ihnen erlegt, bei denen die eine Stange an der Wurzel abgebrochen worden war. Von dem Thiere vernimmt man nur ein sanftes, helles Mahnen. Der stärkste Bock wird natürlich von ihm bevorzugt, duldet auch keinen Nebenbuhler. Traulich zieht das Thier mit ihm hin und her, und gern nimmt es Liebkosungen von Seiten des Herrn Gemahls entgegen. Dieser folgt seiner Schönen auf Schritt und Tritt nach, beriecht sie von allen Seiten, reibt den Kopf zart an ihrem Halse, beleckt ihr das Gesicht und sucht ihr überhaupt seine Liebe auf alle Weise zu erkennen zu geben. Beim Beschlage hebt er sich plötzlich auf die Hinterläufe und geht auf diesen dem Thiere nach, welches vorwärts rückt und, spröde thuend, mit einer raschen Bewegung sich seitwärts wendet. Jener läßt sich aber nicht sogleich abweisen, folgt vielmehr der Erkorenen immer wieder, treibt sie hin und her und kommt endlich zum Ziele. Im Norden setzt die Rike Ende Februar oder Anfang März, im Süden zwischen den Monaten März und Mai, also nach etwa fünf- oder sechsmonatlicher Tragzeit, ein einziges Kalb. Zu Ende des März und im Anfange des April waren die meisten weiblichen Gazellen, welche ich erlegte, hoch beschlagen, und manche trugen bereits ein sehr ausgebildetes Junge. Das zur Welt gekommene Kälbchen ist in den ersten Tagen seines Lebens ein verhältnismäßig unbehülfliches Geschöpf. Je hülfsbedürftiger das Thierchen ist, umsomehr wird es von der Mutter geliebt. Nicht allzumächtigen Feinden geht sie muthig entgegen: so weiß sie einen etwa heranschleichenden Fuchs, welcher schlimme Absichten verrathen sollte, mit den scharfen Hufen abzutreiben. Doch hat das junge Thier viele Gefahren auszustehen, ehe es so flüchtig wird, daß es mit den Eltern gleichen Schritt halten kann. Man dürfte schwerlich übertreiben, wenn man sagt, daß die Hälfte der Nachkommenschaft unserer Gazellen und anderer Schwächlinge ihrer Verwandtschaft den zahllosen Räubern, welche sie beständig umlauern, zum Opfer fällt. Freilich würden sich die Gazellen ohne diese, das Gleichgewicht herstellenden Glieder der Thierwelt, auch so vermehren, daß sie, wie im Süden Afrikas die Springböcke und andere in Herden lebende Antilopen, die niedere Pflanzenwelt so gut als vernichten könnten.

Jung ins Haus gebrachte Gazellen werden nach wenigen Tagen zahm, ertragen auch, zumal in ihrer Heimat, leicht und dauernd die Gefangenschaft. Die Schönheit der Augen dieser Thiere ist unter allen morgenländischen Völkern so vollständig anerkannt, daß schwangere Frauen Gazellen nur aus dem Grunde zu halten pflegen, um ihrer Frucht die Schönheit des Thieres einzuprägen. Oft setzen sie sich längere Zeit vor das Thier hin und sehen ihm in die schönen Augen, streichen ihm mit den Fingern über die weißen Zähne, berühren dann die ihrigen und sagen dabei verschiedene Sprüche her, denen sie noch besondere Kraft zutrauen. In den europäischen Häusern der größeren Städte Nord- und Ostafrikas sieht man regelmäßig gezähmte Gazellen, und unter ihnen findet man viele, welche sich so an den Menschen gewöhnt haben, daß sie als echte Hausthiere angesehen werden können. Sie folgen ihrem Herrn wie Hunde nach, kommen in die Zimmer herein, betteln bei Tische um Nahrung, unternehmen Ausflüge in die benachbarten Felder oder in die Wüste und kehren, wenn der Abend kommt, oder wenn sie die Stimme ihres geliebten Pflegers vernehmen, gern und freudig wieder nach Hause zurück. Auch bei uns zu Lande kann man Gazellen jahrelang am Leben erhalten, falls man ihnen die nöthige Pflege angedeihen läßt. Wie zu erwarten, müssen die höchst empfindlichen Kinder des Südens vor allen Einflüssen der rauhen Witterung sorgfältig behütet werden; ein warmer Stall für den Winter und eine größere Parkanlage für den Sommer sind deshalb zu ihrem Wohlbefinden unentbehrlich. Ein Rudel Gazellen verleiht jedem größern

Garten oder Parke eine Zierde, welche schwerlich von einer andern übertroffen werden kann. Das schmucke Reh erscheint der Gazelle gegenüber plump und schwerfällig; steht ihr ja doch fast jeder andere Wiederkäuer an Anmuth und Lieblichkeit nach! Zahme Gazellen zeigen sich auch gegen fremde Leute sanft und zutraulich; nur die Böcke gebrauchen bisweilen ihr Gehörn, doch immer mehr um zu spielen, als in der Absicht zu verletzen.

Die Gazelle bildet in ihrer Heimat einen Gegenstand der eifrigsten, ja der leidenschaftlichsten Jagd. Alle Völkerschaften, welche mit ihr denselben Wohnkreis theilen, wetteifern mit einander in Ausübung dieses herrlichen Vergnügens. Der edle Perser und der vornehme Türke jagen die Gazelle mit derselben Lust wie der Beduinenhäuptling und der Sudâner. Im Norden Afrikas bildet das Feuergewehr die Hauptwaffe; in Persien und im Herzen der Wüste, auch schon in Egypten, beizt man das Wild mit Falken oder hetzt es mit den Windhunden zu Tode. Außer den Menschen stellen der erwachsenen Gazelle wenige Feinde nach, vor allen Leopard und Jagdpanther, Hiänenhunde, Schakalwölfe und andere Windhunde und vielleicht noch ein und der andere Adler.

# *Der Hausbüffel*

Der noch heutigen Tages in Indien lebende Wildbüffel ist der Stammvater der in den Hausstand übergegangenen und vollständig gezähmten Rinder. Er erreicht, einschließlich des 50 bis 60 Centim. langen Schwanzes, bis 2,8 Meter Gesammtlänge bei 1,4 Meter Schulterhöhe. In Indien lebende Europäer stellen den Wildbüffel nächst dem Tiger als das furchtbarste Thier der indischen Urwälder und seine Jagd als die gefährlichste von allen dar. Williamson erzählt, daß ein indischer Wildbüffel in blinder Wuth auf einen Jäger losstürzte, welcher sich auf dem Rücken eines Elefanten sicher wähnte, zu seiner großen Verwunderung aber sehen mußte, wie der rasende Büffel den Elefanten auf die Hörner zu nehmen suchte und nur durch eine gut gerichtete Kugel von ihm abgehalten werden konnte.

Wie alle Arten seines Geschlechtes ein großer Wasserfreund, findet sich der Wildbüffel nur in sumpfigen Gegenden seines Wohngebietes, entweder in Flußniederungen, oder in unmittelbarer Nähe kleiner Seen oder in der Umgebung seichter Lagunen am Meeresgestade. Seine Bewegungen sind zwar plump, aber kräftig und ausdauernd; namentlich im Schwimmen erweist er sich als Meister. Unter den Sinnen scheinen Geruch und Gehör obenan zu stehen, Gesicht und Gefühl dagegen wenig entwickelt und der Geschmack eben auch nicht besonders ausgebildet zu sein, da er sich mit dem schlechtesten Futter, welches andere Rinder verschmähen, begnügt. Seine Stimme ist ein tief dröhnendes Gebrüll. An blinder Wuth und rasendem Zorn steht er keinem anderen Rinde nach; selbst in der Gefangenschaft verliert er diese Eigenschaften nicht ganz. Wie Stolz berichtet, werden die Büffel in Indien zum Theil alt gefangen. Man umzäunt zu diesem Zwecke einen Platz und setzt vor dem Eingange in zwei nach außen aus einander laufenden Linien Leute auf die Bäume, welche Bündel dürren Reisigs in den Händen halten und fürchterlich zu lärmen beginnen, wenn eine Büffelherde zwischen sie getrieben wird. So gelangen die Thiere in den Pferch, in welchem sie später mit Schlingen umstrickt werden. Nachdem man ihnen die Augen verbunden und die Ohren verstopft hat, führt man sie weg und läßt sie entweder arbeiten, oder gegen Tiger kämpfen. Der Büffel ist schon vom Hause aus ein furchtbarer Feind dieser gewaltigen Katze und bleibt bei Kämpfen mit ihr fast regelmäßig Sieger. Wenn ein Büffel überfallen wird, eilen ihm die anderen zu Hülfe und jagen dann den Angreifer regelmäßig in die Flucht.

Das Wesen des Wildbüffels ist, laut Tennent, mürrisch und unsicher, seine Kraft und sein Muth so groß, daß ihn das indische Gedicht als dem Tiger ebenbürtig zur Seite stellt. Derjenige, welcher ihn beim Weiden oder Baden stört, darf niemals wähnen, sicher zu sein. Bei solchen Gelegenheiten bilden die Wildbüffel eine Linie, nehmen eine Vertheidigungsstellung an, wobei sich einige der ältesten Stiere in das Vordertreffen stellen, laufen wüthend im Kreise umher und drängen sich dabei so dicht an einander, daß das Zusammenschlagen ihrer Gehörne ein lautes, klapperndes Geräusch hervorbringt, und rüsten sich so zum Angriffe. Gewöhnlich lassen sie es bei solchen Drohungen bewenden, rennen ein Stück weg, bilden dann eine neue Angriffslinie, sichern und kehren ihre bewehrten Häupter wiederum gegen den Störenfried. Der wirkliche Jäger behelligt sie selten, weil ein so plumpes Geschöpf seiner Geschicklichkeit unwürdig erscheint, und ein leichtfertiges Schlachten der Thiere nicht einmal zu erwünschter Nahrung verhilft.

In denjenigen Gegenden Ceilons, wo die Singalesen Büffel zähmen und zum Reisbau verwenden, haben die Dörfler durch die wilden oft viel auszustehen, weil diese unter die weidenden Herden sich mischen und sie zum Ungehorsam verleiten, ja gar nicht selten sich an die Spitze einer zahmer Herde stellen und alle Anstrengungen der Besitzer, diese gegen Sonnenuntergang heimzutreiben, mit dem entschiedensten Erfolge vereiteln.

Wann und auf welchem Wege der zahme Büffel sich weiter verbreitet hat, wissen wir nicht, nehmen jedoch an, daß er wahrscheinlich im Gefolge der großen Kriegsheere oder wandernden Völker nach Persien kam, woselbst ihn die Begleiter Alexanders des Großen bereits antrafen. Später mögen ihn die Mahammedaner nach Egypten und Syrien verpflanzt haben. Im Jahre 596 unserer Zeitrechnung, unter der Regierung Agilulfs, gelangte er, zu nicht geringem Erstaunen der Europäer, nach Italien. Anfangs scheint er sich sehr langsam verbreitet zu haben; denn der »heilige« Gilibald, welcher zu Anfang des achtzehnten Jahrhunderts Sicilien und Italien durchwanderte, kannte ihn noch nicht und staunte, als er ihn später am Jordan antraf.

Man kann die Meisterschaft im Schwimmen, welche die Büffel zeigen, nicht genug bewundern. Sie gebaren sich, als ob das Wasser ihr eigentliches Element wäre, spielen mit einander, während sie schwimmen, tauchen unter, legen sich auf die Seite, halb auf den Rücken, lassen sich von der Strömung, ohne ein Glied zu rühren, gemächlich treiben und schwimmen auch wieder in schnurgerader Richtung, bloß durch die Strömung abwärts geführt, quer über den Strom. Mindestens sechs bis acht Stunden bringen sie täglich im Wasser zu, besorgen hier, behaglich ausgestreckt, das Wiederkäuen und erscheinen mindestens ebenso selbstzufrieden wie ihre im gleichen Geschäft dahingestreckten Herren Vettern auf dem Lande. Jeder

Büffel wird unruhig und sogar bösartig, wenn er geraume Zeit das Wasser entbehren mußte. Mit Schlamm erfüllte Lachen behagen ihm weit weniger als die tiefen Fluten eines gut angelegten Büffelteiches oder die kühlen Wellen des Stromes; deshalb sieht man während der trockenen Zeit in Egypten die satten Büffel oft im plumpen Galopp, zu dem sie sich sonst nur in der höchsten Wuth versteigen, herbeigeeilt kommen und kopfüber in die Fluten des Stromes sich stürzen. In Indien und auch in Italien sind durch diese Wassersehnsucht schon mehrmals Menschen um das Leben gekommen, weil die an Wägen geschirrten Büffel wie besessen dem Strome zurannten, sich und ihr Fahrzeug in den Wellen begrabend.

Auf dem festen Lande erscheint der Büffel entschieden unbeholfener als im Wasser. Sein Gang ist schwerfällig und der Lauf, obgleich ziemlich fördernd, doch nur ein mühseliges Sichfortbewegen. Bei großer Wuth oder, wie bemerkt, bei lebhafter Wassersehnsucht fällt das schwerfällige Thier zuweilen auch in Galopp, falls man die Reihenfolge plumper und ungeschickter Sätze mit diesem Ausdrucke bezeichnen darf. Weiter als hundert oder zweihundert Schritte legt er in dieser Gangart nicht zurück, beginnt vielmehr bald wieder zu traben und läuft kurze Zeit darauf in seiner gewöhnlichen ruhigen Weise fort.

Wenn man zahmen Büffeln zum erstenmal begegnet, erschrickt man förmlich vor ihnen. Der Ausdruck ihres Gesichts deutet auf unbändigen Trotz und auf versteckte Wildheit; in den Augen scheint man Tücke und Niederträchtigkeit lesen zu dürfen. Bald überzeugt man sich, daß man sich täuschen würde, wenn man den Büffel nach dem Aussehen beurteilen wollte. In Egypten wenigstens ist er ein überaus gutmüthiges Thier, welches jeder Bauer, ohne etwas zu besorgen, der Leitung des schwächsten Kindes anvertraut. Mehr als zwanzigmal habe ich gesehen, wie kleine Mädchen, welche auf mit Klee gefüllten, dem Thiere auf den Sattel geschnallten Netzballen saßen, Büffel vermittels eines Stockes nach Hause trieben, unter Umständen Gräben und Nilarme übersetzend; aber niemals habe ich gehört, daß ein Büffel Unglück angerichtet hätte. Unerschütterliche Gleichgültigkeit gegen alles, was nicht Wasser oder Fressen anlangt, vielleicht mit noch alleiniger Ausnahme des Kalbes, welches eine Büffelkuh vor kurzem geboren hat, kennzeichnen das geistige Wesen des Thieres. Es ergibt sich mit einem geradezu stumpfen Gleichmuthe in das Unvermeidliche, zieht den Pflug oder den Wagen gleichgültig fort, läßt sich nach Hause treiben und wieder auf das Feld geleiten und verlangt nichts anderes als sein gehöriges Wasserbad mehrere Stunden nach einander. Außer zum Lasttragen und zum Reiten beim Übersetzen des Nils verwendet man übrigens den Büffel wenig zum Feldbau, gewöhnlich bloß dann, wenn es einem Fellah einfällt, mit dem Kamele pflügen zu wollen. Dieses edle Thier erkennt selbstverständlich in einer so gemeinen Arbeit die grenzenloseste Mißachtung seiner Erhabenheit und übernimmt mit allen Zeichen des höchsten Mißmuthes das ihm unendlich verdrießliche Werk. Da ist nun der Büf-

BOVINAE
Bubalus arnee bubalis

fel der beste Kamerad. Er geht mit denselben ruhigen Schritten seinen Weg fort wie sonst, und ihm ist es vollkommen gleichgültig, ob das Kamel an seiner Seite rast, ob es davoneilen will oder nicht: bedeutsam und gewichtig stemmt er sich dem ärgerlichen Zugkumpan entgegen, so daß dieser wohl oder übel mit ihm die Tagesarbeit verrichten muß.

Eine außerordentliche Tugend des Büffels ist seine wirklich beispiellose Genügsamkeit. Das Kamel, welches als ein Muster aller wenig beanspruchenden Geschöpfe gepriesen wird, der Esel, welcher in der Distel ein gutes Gericht erblickt, erreichen den Büffel nicht; denn dieser verschmäht geradezu saftige, anderen Rindern wohlschmeckende Kräuter und wählt dafür die dürrsten, härtesten und geschmacklosesten Pflanzenstoffe aus. Ein Büffel, welcher sich im Sommer draußen nach eigener Auswahl beköstigte, läßt, wenn ihn im Stalle saftiges Gras, Klee und Kraut vorgeworfen wird, alles liegen und sehnt sich nach einfacherer Kost. Sumpfgräser und Sumpfpflanzen aller Art, junges Röhricht, Schilf und dergleichen, kurz Stoffe, welche jedes andere Geschöpf verschmäht, frißt er mit demselben Behagen, als ob er die leckerste Speise genieße. Und er weiß diese Nahrung zu verwerthen, denn er liefert dafür wohlschmeckende, sehr fette Milch, aus welcher man vortreffliche Butter in reichlicher Menge bereitet. Der Egypter erklärt seinen »Djamús« geradezu für sein nützlichstes Hausthier und hat wirklich nicht Unrecht.

Unangenehm wird der Büffel durch seine Unreinlichkeit. Manchmal sieht er aus wie ein Schwein, welches sich eben in einer Kothlache gesuhlt hat; denn genau so, wi dieser bekannte Dickhäuter sich zu erquicken pflegt, hat er seines Herzens Gelüste Genüge geleistet. Ob ihm dann der Koth liniendick auf den dünnstehenden Ha ren hängt, oder ob diese durch ein stundenlanges Bad im frischen Nile gereinigt, ge ›rig durchwaschen und gesäubert sind, scheint ihm ebenfalls vollkommen gleichgü ıg zu sein; wenigstens weiß er auch solche Wechselfälle seines Daseins mit Ruhe u Würde zu ertragen. Dagegen sagt man ihm nach, daß er zu gewissen Zeiten in d rothen Fahne des Propheten einen Gegenstand erblicke, welcher seinen Zorn er- r , und zuweilen blindwüthend auf den geheiligten Lappen losstürze. Deshalb be- t hten ihn strenggläubige Türken als ein verworfenes Thier, welches die Gesetze Höchsten in greulicher Weise mißachtet, wogegen die Egypter ihm, eingedenk Nutzens, den er bringt, solche Übertretungen einer guten Sitte, ohne weiter ızugrübeln, verzeihen oder vielleicht glauben, daß die Gnade des Allbarmherzi- selbst an solchem Höllenbrande sich erweisen werde. Auch die Tudas, ein indi- r Volksstamm, welcher die Nilgerrihöhen bewohnt und sich in den Glaubens- en und Sitten wesentlich von den Hindus unterscheidet, denken anders als die ken. Sie verehren den Büffel fast göttlich, halten zahlreiche Herden von ihm, be- hten ihn als das wichtigste Hausthier und bringen ihren Göttern als das Heiligste felmilch dar, weshalb auch ganze Herden ausschließlich für die Tempel benutzt und in den heiligen Hainen geweidet werden. Nach ihrer Ansicht ist das Büffelkalb der allgemeine Sündenbock, wie nach der sinnbildlichen Redeweise unserer Priester das Lamm als Träger christlicher Sünden erscheint. Beim Tode eines wohlhabenden Mannes schlachtet man einen Büffelstier, damit dieser den biederen Tuda in die andere Welt begleite und auch dort freundlichst dessen Sündenlast auf sich nehme, wogegen das Kalb die Sünden der ganzen Gemeinde weiter trägt. Demungeachtet wird der Büffel von den Tudas während seiner Lebzeiten vielfach benutzt und oft mit schweren Bürden beladen, vielleicht in der guten Absicht, daß er sich hier für die noch schwerere Sündenlast gehörig vorbereiten möge.

Der Büffel ist zudem ein schweigsames Geschöpf. Wenn er in seinem kühlen Wasserbade ruht, thut er das Maul nicht auf, und auch während er weidet oder arbeitet, geht er still und ruhig seines Weges. Nur Kühe, welche säugende Kälber haben, oder Stiere, welche in Wuth versetzt worden sind, lassen ihre Stimme zuweilen ertönen. Sie ist ein höchst unangenehmes und widriges, lautes Gebrüll, ungefähr ein Mittelding zwischen dem bekannten Geschrei unseres Rindes und dem Grunzen des Schweines.

In den nördlicheren Gegenden paart sich der Büffel, wenn er sich selbst überlassen wird, im April und Mai. Zehn Monate nach der Paarung kalbt die Kuh. Das Junge ist ein ungestaltetes Geschöpf, wird aber von der Mutter zärtlich geliebt und bei Gefahr mit dem bekannten Heldenmuthe der Rinder vertheidigt. Im vierten oder fünften Jahre ist es erwachsen; sein Alter bringt es auf etwa achtzehn bis zwanzig Jahre. Mit dem Buckelochsen oder Zebu paart sich der Büffel ohne große Umstände, mit dem zahmen Rinde dagegen ungern und niemals freiwillig. Solche Kreuzung hat bis jetzt auch noch keinen Erfolg gehabt, weil das Junge, dessen Vater der Büffelstier ist, schon im Mutterleibe eine so bedeutende Größe erreichen soll, daß es bei der Geburt entweder getödtet wird, oder aber die Mutter gefährdet.

Der Nutzen des Büffels ist verhältnismäßig größer als der unseres Rindes, weil er so gut als gar keine Pflege beansprucht und sich mit Pflanzen sättigt, welche von allen übrigen Hausthieren verschmäht werden. Für Sumpfgegenden erweist er sich als ein ausgezeichnet nützliches Geschöpf auch zum Bestellen der Feldarbeiten; denn was ihm an Verstand abgeht, ersetzt er durch seine gewaltige Kraft. In Ceilon benutzt man ihn ebensowohl als Last- wie als Zugthier, im ersteren Falle, um schwere Ladungen Salz von der Küste nach dem Innern zu bringen, im letzterem Falle, um Karren auf Wegen fortzuschieben, für welche die schwache Kraft anderer Rinder nicht ausreichen würde. Ebenso gebraucht man sie zur Nachtjagd auf Wild aller Art von den Hirschen und Wildschweinen an bis zum Leoparden hinauf. Zu diesem Zwecke bindet man dem Thiere eine Glocke an den Hals und einen Kasten oder Korb so auf dem Rücken, daß die Öffnung nach einer Seite hin gerichtet ist. Dieser Hohlraum dient als Schutz für Fackeln aus Wachs, welche in ihm brennen und ihr

Licht nur nach einer Seite hin werfen dürfen, um den Jäger, welcher im Dunkeln geht, desto sicherer zu verbergen. Nach Sonnenuntergang treibt man den so ausgerüsteten Büffel langsam in die Wälder, schreckt durch den Glockenklang das Wild auf, erregt durch das Licht dessen Neugier oder verdutzt es förmlich und kommt so zum Schusse auf die allerverschiedensten Thiere, lockt aber ebenso Nachtschlangen, also gerade die giftigen, herbei.

Das Fleisch des Büffels wird seiner Zähigkeit und des ihm anhaftenden Moschusgeruches halber wenigstens von Europäern nicht gegessen, das der Büffelkälber dagegen soll gut sein, und das Fett an Wohlgeschmack und Zartheit dem Schweinsfette fast gleichstehen. Die dicke, starke Haut liefert treffliches Leder; aus den Hörnern endlich fertigt man dauerhafte Geräthschaften verschiedener Art.

# *Die Elefanten*

Unsere Elefanten, die einzigen gegenwärtig noch lebenden Vertreter der gleichnamigen Familie (Elephantina), kennzeichnen der lange, bewegliche Rüssel und die Zähne, namentlich die Stoßzähne, welche man als umgebildete Schneidezähne betrachtet.

Das wichtigste Glied des Elefanten ist eben der Rüssel, eine Verlängerung der Nase, ausgezeichnet durch seine Beweglichkeit, Empfindlichkeit und vor allem durch den fingerartigen Fortsatz an seinem Ende. Er ist zugleich Geruchs-, Tast- und Greifwerkzeug. Ring- und Längsmuskeln, nach Cuvier etwa vierzigtausend einzelne Bündel, setzen ihn zusammen und befähigen ihn nicht allein zu jeder Wendung, sondern auch zur Streckung und Zusammenziehung. Dem Munde ersetzt er die fehlende Oberlippe, dem Thiere selbst ermöglicht er das Leben. Der Leibesbau erlaubt dem Elefanten nicht, den Kopf bis zur Erde herabzubringen, und es würde dem Dickhäuter deshalb schwer werden, sich zu ernähren, würde nicht jenes sonderbare Werkzeug ihm zur Lippe, zum Finger, zur Hand und zum Arme zugleich. Dieser Rüssel heftet sich an der platten Gesichtsfläche des Schädels, auf den Stirnbeinen, dem Oberkiefer, dem Nasenbein und dem Zwischenkiefer an, ist oben gerundet, unten verflacht, und verdünnt sich allmählich von der Wurzel zur Spitze.

Alle übrigen Glieder und selbst die Sinneswerkzeuge des Elefanten erscheinen weniger beachtenswerth. Die Augen sind klein und von blödem, aber gutmüthigem Ausdrucke, die Ohren dagegen sehr groß, Lederlappen vergleichbar. Der mittellange, ziemlich gerundete Schwanz reicht bis an das Beugegelenk und endet mit einem aus sehr dichten, groben, drahtähnlichen Borsten bestehenden Büschel.

Sehr merkwürdig ist das Gebiß. Der Elefant trägt im Oberkiefer zwei außerordentlich entwickelte Stoßzähne, aber weder Schneidezähne, noch Eckzähne, sondern bloß noch einen einzigen gewaltigen Backenzahn in jedem Kiefer. Dieser Zahn besteht aus einer ziemlich bedeutenden Anzahl einzelner Schmelzplatten, welche mit einander verbunden sind. Wenn er sich durch das Kauen soweit abgenutzt hat, daß er nicht vollständig mehr seine Dienste thut, bildet sich hinter ihm ein neuer Zahn, welcher allmählich weiter nach vorn rückt und vor dem Ausfallen des letzten

Stummels in Thätigkeit tritt. Man hat beobachtet, daß dieser Zahnwechsel sechsmal vor sich geht und darf deshalb von vierundzwanzig Backenzähnen sprechen, welche das Thier während seines Lebens besitzt. Die Stoßzähne haben ein ununterbrochenes Wachsthum und können daher eine ungeheure Länge, sowie ein Gewicht von fünfundsiebzig bis neunzig Kilogramm erreichen.

Der Elefant (Elephas indicus) ist ein mächtiges, plumpes, vierschrötiges Thier mit massigem, breitstirnigem Haupte, kurzem Halse, gewaltigem Leibe und säulenartigen Beinen. Sein Kopf, welcher fast senkrecht gehalten wird, trägt wesentlich dazu bei, den überwältigenden Eindruck, welchen das riesige Thier auf den Beschauer ausübt, zu erhöhen. Gewaltig in seinen Verhältnissen, erscheint derselbe bei aller Einfachheit der Formen reich gegliedert.

Die Maße des Elefanten werden gewöhnlich überschätzt. Es beträgt bei sehr großen Männchen die Gesammtlänge von der Rüssel- bis zur Schwanzspitze ungefähr 7 Meter, wovon etwa 2,25 Meter auf den Rüssel und 1,4 Meter auf den Schwanz kommen, und die Höhe am Widerriste 3,5 bis höchstens 4 Meter; größere Stücke dürften kaum gefunden werden. Das Gewicht soll zwischen drei- und viertausend Kilogramm schwanken.

Es kann keinem Zweifel unterliegen, daß der Afrika bewohnende Elefant von dem indischen unterschieden werden muß. Derselbe, der so genannte Fihl der Araber, übertrifft seinen indischen Verwandten wahrscheinlich an Größe, steht jedoch insofern hinter ihm zurück, als er auf den Beschauer bei weitem nicht den majestätischen Eindruck ausübt wie die indische Art. Seine Erscheinung ist unschöner, der Leib kürzer, aber höher gestellt als bei dem Verwandten; auch sein flacher Kopf mit dem dünnen Rüssel und den ungeheuren Ohren, seine ausdruckslos geschwungene Rückenlinie, seine schmale Brust und seine häßlichen Beine bilden eine Vereinigung von Merkmalen, welche ihn bestimmt von jenem unterscheiden.

Beide Elefantenarten waren den Alten wohlbekannt und wurden schon in früher Zeit oft lebend nach Europa gebracht. »Die alten Egypter«, fügt Dümichen hier an, »kannten nicht bloß die afrikanische Art, sondern auch den Elefanten des fernen Indien und schätzten beide hoch. Die so werthvollen Stoßzähne dieser Riesen der Thierwelt bildeten zu allen Zeiten des egyptischen Reiches einen Hauptbestandtheil des jährlichen Tributes, welchen die Bewohner ›des elenden Kusch‹ und die noch südlicher wohnenden Neger wie die unter egyptischer Oberhoheit stehenden Völker Asiens an den Pharao zu entrichten hatten.«

Wie bei den alten Egyptern waren auch bei anderen Völkern des Alterthums der Name des Elefanten und die Bezeichnung des Elfenbeins gleichlautend. Erst Herodot meint unter dem Namen »Elephas« wirklich das Thier. Ktesias, der Leibarzt von Artaxerxes von Nemon, war der erste Grieche, welcher einen Elefanten nach eigener Anschauung beschrieb. Er sah einen lebenden in Babylon, wohin derselbe aus Indien gekommen sein mochte; er war es auch, welcher zuerst das Märchen verbreitete, daß der Elefant keine Gelenke in den Beinen habe, weder sich legen noch aufstehen könne und deshalb stehend schlafen müsse. Darius ist geschichtlich der erste, welcher die Elefanten in der Schlacht und zwar gegen Alexander den Großen verwendete. Von den durch letzteren erbeuteten Elefanten bekam Aristoteles einige zu Gesicht und konnte nunmehr das Thier ziemlich genau beschreiben. Von dieser Zeit an kommen die Elefanten oft in der Geschichte vor. Fast dreihundert Jahre nach einander werden sie selbst in Europa in den endlosen Kriegen verwendet, welche die verschiedenen Völker um die Weltherrschaft führen, bis die Römer endlich siegreich aus den Kämpfen hervorgehen. Neben den indischen Elefanten aber wurden auch afrikanische gebraucht, und namentlich die Karthager verstanden es, diese Thiere, welche man später für unzähmbar erklären wollte, zum Kriege abzurichten und in derselben Weise zu verwenden wie die indischen.

Die Römer brauchten ihre Elefanten hauptsächlich zu den Kampfspielen, und schon ihnen sollen wir die Schuld zuzuschreiben haben, daß die Thiere im Norden des Atlas ausgerottet wurden. Wie weit die afrikanischen Elefanten abgerichtet wurden, mag daraus hervorgehen, daß die römischen Schauspieler sie gelehrt hatten, Buchstaben mit einem Griffel zu zeichnen, auf einem schräg gespannten Seile auf- und abzugehen, zu Viert auf einer Sänfte einen Fünften zu tragen, welcher den Kranken vorstellte, nach dem Takte zu tanzen, von einer prächtig besetzten Tafel aus Gold- und Silbergeschirr mit aller Beobachtung der feinen Sitte und des Anstandes zu speisen. Soviel Gelegenheit aber auch die Alten hatten, Elefanten im Leben zu beobachten, so wenig zuverlässig sind die Beschreibungen, welche auf uns gekommen sind. Sonderbarerweise haben sich gewisse Märchen und Fabeln hartnäckig erhalten, und eigentlich kennen wir erst seit der allerneuesten Zeit die riesigen Dickhäuter wirklich. Gegenwärtig liegen eine Reihe vortrefflicher Beobachtungen über beide Arten vor, und es läßt sich somit ein eingehendes und richtiges Lebensbild der Thiere zeichnen.

Tennent schreibt: »Der gewöhnlichen Meinung entgegen, meidet der Elefant das Sonnenlicht so viel als möglich und bringt deshalb den Tag in den dichtesten Gehegen des Waldes zu, während er gerade die kühle, dunkle Nacht zu seinen Ausflügen erwählt. Er ist, wie fast alle Dickhäuter, mehr Nacht- als Tagthier; denn obgleich er bei Tage ab und zu weidet, bildet doch die stille, ruhige Nacht die eigentliche Zeit, in welcher er des Lebens sich freut. Wenn der Wanderer zufällig oder der Jäger auf vorsichtigem Schleichgange bei Tage einer Herde nahe kommt, sieht er sie in der größten Ruhe und Gemüthlichkeit bei einander stehen. Ihre ganze Erscheinung ist geeignet, alle die Erzählungen von ihrer Bosheit, Wildheit und Rachsucht zu widerlegen. Im Schatten des Waldes hat die Herde in den verschiedenartigsten Stellungen sich gelagert und aufgestellt. Einige brechen mit dem Rüssel Blätter und Zweige von den Bäumen, andere fächeln sich mit Blättern, welche sie abbrechen, und einige liegen und schlafen, während die jungen spiellustig unter der Herde umherlaufen: das anmuthigste Bild der Unschuld, wie die Alten das der Friedfertigkeit und des Ernstes sind. Dabei bemerkt man, daß jeder Elefant, wie die zahmen auch thun, in einer sonderbaren Bewegung sich befindet. Einige wiegen ihr Haupt einförmig in einem Kreise oder in Bogen von der rechten zur linken Seite, andere schwingen einen ihrer Füße vor- und rückwärts, andere schlagen ihre Ohren an das Haupt oder bewegen sie hin und her, andere heben oder senken in gleichen Zeiträumen ihre Vorderbeine auf und nieder. Mehrere Reisebeschreiber haben geglaubt, daß die sonderbaren Bewegungen, welche man alle auch an den Gefangenen beobachten kann, nur eine Folge von der langen Seereise wäre: sie haben aber niemals Elefanten in der Wildnis gesehen. Sobald eine Herde von Menschen überrascht wird oder sie auch nur wittert, entflieht die ganze Gesellschaft furchtsam in die Tiefe des Waldes und zwar gewöhnlich auf einen der von ihr gebahnten Pfade.«

Großes Geschick und unermüdliche Ausdauer beim Besteigen hoher Berge wird auch von gezähmten Elefanten bethätigt. Reisende Thierschausteller führen, wie Wallis mir mittheilt, solche bis zu den am höchsten gelegenen Städten Kolumbiens und Ecuadors hinauf, obgleich sie, um auf die dreitausend Meter über dem Meere gelegenen Hochebenen zu gelangen, Pässe von viertausend Meter unmittelbarer Höhe und darüber übersteigen müssen. Den Chimborassopaß erklimmt selbst der abgehärtetste Reisende nicht immer ohne Schaden, und doch sind Elefanten über ihn hinweggeführt worden.

Eine Bedingung muß der von Elefanten gewählte Aufenthaltsort stets erfüllen: an Wasser darf es nicht fehlen. Von einem Regenstrome zum anderen, von diesem Sumpfe oder Pfuhle zum nächsten führen die Wechsel, und jede Lache unterwegs bildet einen Ort der Ruhe, der Erquickung, weil sie stets benutzt wird, die Haut durch Bäder oder wenigstens durch Überspritzen zu nässen, zu säubern und von Kerbthieren zu reinigen

So häufig die Elefanten im Inneren Afrikas auch sind, so schwierig ist es zuweilen, ihren augenblicklichen Aufenthalt ausfindig zu machen, da sie ein sehr unstetes Leben führen. In hellen Mondscheinnächten hört man, wie Heuglin bemerkt, einen Trupp scheinbar in nächster Nähe, muß aber schon vor Tagesgrauen zu Stelle sein, wenn man ihn noch antreffen will, weil die Thiere, nachdem sie sich gesättigt haben, in der Regel einen anderen Theil ihres Gebietes aufsuchen und so rasch sich bewegen, daß sie heute hier, morgen zweihundert Kilometer weiter sein können. Bei solchen Ortsveränderungen folgen sie regelmäßig bestimmten Wechseln oder bahnen sich neue, gleichviel ob sie ihren Weg durch Wälder oder Sümpfe, über steile Höhen oder durch enge Schluchten nehmen müssen. Bodenhindernisse scheint es für sie überhaupt nicht zu geben: sie durchschwimmen Ströme und Seen, arbeiten sich ohne Mühe durch den dicksten Urwald, an steilen, steinigen und felsigen Höhen hinan, auf festem Boden oft förmliche Straßen herstellend, weil sie bei ihren Zügen nicht allein geschlossene Gesellschaften bilden, sondern sich auch in lange Reihen zu ordnen pflegen, welche dann verhältnismäßig schmale Wechsel hinterlassen. Solche Straßen bemerkte ich in allen dichteren Waldungen Innerafrikas, welche noch von ihnen bewohnt werden. In allen größeren Urwaldungen zu beiden Seiten des oberen Blauen Nils konnte ich nur auf diesen Wegen in den Urwald eindringen: dort waren die Elefanten geradezu als Straßenbauer anzusehen. Das leitende Mitglied einer Herde geht ruhig durch den Wald, unbekümmert um das Unterholz, welches es unter seinen breiten Füßen zusammentritt, unbekümmert auch um die Äste, welche von stärkeren Bäumen herabhängen; denn diese werden einfach mit dem Rüssel abgebrochen und bis auf die stärkeren Theile verspeist. Auf freien, sandigen oder auch staubigen Flächen des Waldes scheint die Elefantenherde gewöhnlich Rast zu halten und ein Staubbad zu nehmen, wie die Hühner es thun. Ich beobachtete an solchen Orten tiefe, der Größe des Elefanten entsprechende Kessel, welche wahrscheinlich mit Hülfe der Stoßzähne ausgewühlt worden waren und deutlich zeigten, daß die gewaltigen Thiere hier sich gepaddelt hatten. In der freien Steppe dürften sie, laut Schweinfurth, mit Vorliebe die schmalen Wege begehen, welche der Mensch im Hochgrase gebahnt hat, obgleich sie kaum zur Ausnahme eines Viertheils ihrer Körperbreite ausreichen; im Gebirge dagegen legen sie sich, ebenso wie im Walde, Pfade an, und zwar mit einer Klugheit, welche selbst menschliche Straßenbauer in Erstaunen setzt.

Der Elefant ist nur scheinbar plump, in Wirklichkeit sehr geschickt. Für gewöhnlich geht er einen ruhigen, gleichmäßigen Paß, wie das Kamel und die Girafe; dieser ruhige Gang aber kann so beschleunigt werden, daß ein Reiter Mühe hat, dem trabenden Elefanten nachzukommen. Anderseits versteht dieser es, so leise durch den Wald zu schleichen, daß man ihn kaum noch gehen hört. »Anfangs«, sagt Tennent, »stürzt eine wilde Herde mit lautem Geräusche durch das Unterholz; bald aber sinkt der Lärm zur vollständigen Geräuschlosigkeit herab, so daß ein Neuling glauben muß, die flüchtenden Riesen hätten nur wenige Schritte gethan und sich dann ruhig wieder aufgestellt.« Beim Überschreiten sehr bedeutender Steilungen wird der Elefant geradezu zum kletternden Thiere. An einem Gefangenen, welchen ich pflegte, habe ich mit wahrem Vergnügen gesehen, wie geschickt er es anfängt, schroffe Gehänge zu überwinden. Er biegt zunächst sehr klug seine Vorderläufe in den Handgelenken ein, erniedrigt also den Vorderleib und bringt den Schwerpunkt nach vorn, dann rutscht er auf den eingeknickten Beinen vorwärts, während er hinten mit gerade ausgestreckten Beinen geht. Bergauf also fördert die Wanderung noch ziemlich gut, bergab dagegen hat das schwere Thier selbstverständlich wegen seines ungeheuren Gewichtes größere Schwierigkeiten zu überwinden. Wollte der Elefant in seiner

ELEPHANTIDAE
Loxodonta africana

gewöhnlichen Weise fortgehen, so würde er unbedingt das Gleichgewicht verlieren, nach vorn sich überschlagen und solchen Sturz vielleicht mit seinem Leben bezahlen. Das kluge Geschöpf thut dies jedoch nicht, kniet vielmehr am Rande des Abhanges nieder, so daß seine Brust auf den Boden zu liegen kommt und schiebt nun seine Vorderbeine höchst bedächtig vor sich her, bis sie irgendwo wieder Halt gewonnen haben, zieht hierauf die Hinterbeine nach und gelangt so, gleitend und rutschend, nach und nach in die Tiefe hinab. Zuweilen kommt es übrigens doch vor, daß der Elefant auf seinen nächtlichen Wanderungen einen schweren Fall thut. Im oberen Mensathale sah ich hiervon unverkennbare Spuren. Eine starke Herde war beim Übergang des Hauptthales längs einer Bergwand hingegangen und dabei auf einen schmalen Weg gerathen, welchen das Regenwasser hier und da unterwaschen hatte. Ein theilweise überragender Stein war von einem Elefanten betreten und dadurch zur Tiefe herabgestürzt worden, hatte aber auch zugleich das schwere Thier aus dem Gleichgewichte gebracht und nach sich gezogen. Dieses mußte einen gewaltigen Burzelbaum geschossen haben; denn Gras und Büsche waren in einer Breite, welche der Länge eines Elefanten etwa entsprach, auf mindestens sechzehn Meter nach unten niedergebrochen und theilweise ausgerissen. Ein stärkeres und dichteres Gebüsch hatte den Rollenden endlich aufgehalten; denn von dort aus führte die Fährte wieder zum Hauptwege empor. Einige Kreuzschmerzen mochte das gute Thier wohl davon getragen haben, ernstlichen Schaden aber hatte es nicht erlitten.

Der alte Glaube, daß der Elefant sich nicht niederlegen könne, wird von jedem, den wir in Thierschaubuden sehen, aufs gründlichste widerlegt. Allerdings schläft unser Dickhäuter nicht immer im Liegen, sondern oft auch im Stehen; wenn er es sich aber bequem machen will, läßt er sich mit derselben Leichtigkeit, mit welcher er sich anderweitig bewegt, nieder oder erhebt sich vom Lager. Nicht minder leicht schwimmt der ungeschlachte Gesell, er wirft sich daher mit wahrer Wollust in das Wasser und versenkt sich nach Belieben in die Tiefe desselben. Falls es ihm gefällt, schwimmt er in gerader Richtung über die breitesten Ströme, und manchmal lagert er sich förmlich unter Wasser, wobei er dann einzig und allein die Spitze seines Rüssels über die Oberfläche emporstreckt.

Die wunderbarsten Bewegungen, deren der Elefant überhaupt fähig ist, führt er mit seinem Rüssel aus. Dieses vorzügliche Werkzeug erscheint ebenso ausgezeichnet wegen seiner gewaltigen Kraft als wegen der Mannigfaltigkeit der Biegungen und Drehungen, deren es fähig ist, oder der Geschicklichkeit, mit welcher es etwas angreifen kann. Mit dem fingerartigen Fortsatze am Ende erfaßt der Elefant die kleinsten Dinge, leichte Silbermünzen oder Papierschnitzel zum Beispiel, mit ihm bricht er aber auch starke Bäume um. Man kann wohl sagen, daß der Rüssel zu jeder Arbeit und in jeder Richtung verwendet werden kann; denn es würde geradezu unmöglich sein, alles aufzuzählen, was das Thier mit seiner langen Nase auszuführen im Stande ist.

Nächst dem Rüssel benutzt der Elefant auch die Zähne zu mancherlei Arbeiten. Er hebt mit ihnen Lasten auf, wälzt Steine um, wühlt Löcher und gebraucht sie endlich wohl auch als Waffen zur Abwehr oder zum Angriffe, schont sie übrigens so viel als möglich; denn in ihnen liegt seine wahre Stärke nicht! Mercer sandte an Tennent die Spitze eines Elefantenzahns von zwölf Centimeter im Durchmesser und zwölf Kilogramm Gewicht, welche im Kampfe von einem anderen Elefanten abgeschlagen worden war. Eingeborene hatten ein eigenthümliches Geräusch gehört, waren dem Schalle nachgegangen und an zwei kämpfende Elefanten gekommen, einen Zahntragenden und ein Weibchen ohne Zahn, welches jenem mit einem Rüsselschlage den halben Zahn abbrach.

Alle höheren Fähigkeiten des Elefanten stehen im Einklange mit den bereits erwähnten Begabungen. Das Gesicht scheint nicht besonders entwickelt zu sein; wenigstens hegen alle Jäger die Meinung, daß das Gesichtsfeld des Thieres ein sehr beschränktes ist. Um so besser aber sind Geruch und Gehör ausgebildet, und Geschmack und Gefühl, wie man an Gefangenen leicht sich überzeugen kann, wenigstens verhältnismäßig fein. Von dem scharfen Gehöre des Thieres wissen alle Jäger zu berichten. Der geringste Laut ist hinreichend, um einen Elefanten aufmerksam zu machen; das Brechen eines kleinen Zweiges genügt, um seine Behaglichkeit zu unterbrechen. Der Geruch ist fast ebenso scharf wie bei den Wiederkäuern: jeder geübte Jäger vermeidet es sorgfältig, weidenden Elefanten mit dem Winde sich zu nähern. Im Rüssel hat auch der Tastsinn seinen bevorzugten Sitz, und zumal der fingerförmige Fortsatz an der Spitze desselben wetteifert an Feinheit der Empfindung mit dem geübten Finger eines Blinden.

Die geistigen Fähigkeiten der Elefanten werden von allen, welche mit den Thieren zu thun haben, in ihrem vollen Werthe anerkannt. Scharfer, überlegener Verstand läßt sich nicht verkennen. Der Blick verräth allerdings wenig von hervorragenden geistigen Eigenschaften, wohl aber nur deshalb, weil das verhältnismäßig kleine Auge der gewaltigen Leibesmasse gegenüber kaum zur Geltung kommt. Jede Beobachtung lehrt bald erkennen, welch ein ausgezeichnet kluges Geschöpf man in dem Elefanten vor sich hat. Wie Heuglin mittheilt, erkennen alle Neger den hohen Verstand des Thieres willig an, und schätzen ihn so hoch, daß sie den Glauben hegen, ursprünglich von diesem Riesen abzustammen, ebenso, wie viele Muselmanen des Sudân in ihm den Urvater des Menschengeschlechtes erblicken wollen und aus diesem Grunde sein Fleisch nicht genießen. Im Umgange mit dem Menschen entwickelt sich der Verstand unseres Dickhäuters zuletzt zu einer wahrhaft bewunderungswürdigen Höhe. Der Elefant steht den klügsten Säugethieren, einem Affen, Hunde oder Pferde, ziemlich gleich. Er überlegt, bevor er handelt, verbessert und vervollkommnet sich mehr und mehr, ist für Lehre empfänglicher als jedes andere Thier und erwirbt sich mit der Zeit einen wahren Schatz von Kenntnissen. Für diese Behauptung ließen sich aus den vielen Geschichten, welche von Elefanten erzählt wurden, die nöthigen Beweise leicht finden. Zwei Belege mögen genügen. Raxava, ein Kaffeepflanzer, erzählte Tennent, daß er mehr als einmal beobachtet habe, wie die wilden Elefanten bei Gewittern plötzlich die Wälder verließen und sich fern von allen Bäumen auf freie Wiesenflächen lagerten, so lange die Blitze leuchteten und der Donner noch rollte! Diese einzige Angabe spricht besser als die ausführlichste Geschichte für einen sehr scharfen Verstand: sie zeigt uns den Elefanten, wie er sich benimmt, wenn er einzig und allein auf sich selbst angewiesen ist. In der Gefangenschaft, im Umgange mit dem Menschen, tritt die hohe Begabung des Thieres noch schärfer hervor. »Eines Abends«, sagt Tennent, »ritt ich in der Nähe von Kandy durch den Wald. Plötzlich stutzte mein Pferd über ein Geräusch, welches aus dem ziemlich dichten Wald herübertönte und in einer Wiederholung von dumpfen, wie ›urmf, urmf‹ klingenden Lauten bestand. Dieses Geräusch erklärte sich beim Näherkommen. Es rührte von einem zahmen Elefanten her, welcher eben mit harter Arbeit beschäftigt und ganz auf sich selbst angewiesen, d. h. ohne Führer war. Er bemühte sich nach Kräften, einen schweren Balken, welchen er über seine Zähne gelegt hatte und wegen des engen Weges nicht gut fortbringen konnte, wegzutragen. Die Enge des Pfades zwang ihn, um überhaupt durchzukommen, sein Haupt beständig bald nach dieser, bald nach jener Seite zu kehren, und diese Anstrengung erpreßte ihm die beschriebenen mißwilligen Töne. Als das kluge Thier uns erblickte, erhob es sein Haupt, besah uns einen Augenblick, warf plötzlich den Balken weg und schob sich rückwärts gegen das Unterholz, um uns den Weg frei zu machen. Mein Pferd zögerte. Der Elefant bemerkte dies, drückte sich noch tiefer in das Dickicht und wiederholte sein ›Urmf‹, aber entschieden in viel milderem Tone, offenbar in der Absicht, uns zu ermuthigen. Noch zitterte mein Pferd. Ich war viel zu neugierig auf das Beginnen der beiden klugen Geschöpfe, als daß ich mich eingemengt hätte. Der Elefant wich weiter und weiter zurück und wartete ungeduldig auf unseren Vorüberzug. Endlich betrat mein Pferd den Weg, zitternd vor Furcht. Wir kamen vorüber, und augenblicklich trat der Elefant aus dem Dickicht hervor, erhob seine Last von neuem und setzte seinen mühseligen Weg fort wie vorher.«

Der wildlebende Elefant bekundet mehr Einfalt als Klugheit. Seine Geistesfähigkeiten erheben sich kaum zur List, weil die reiche Natur, welche ihn umgibt und ernährt, ihn der Nothwendigkeit überhebt, seinen Verstand anzustrengen. Anfänglich will es dem Beobachter scheinen, als wäre er das stumpfsinnigste aller Geschöpfe. Das Gemessene und die Bedachtsamkeit seines Auftretens, die Ruhe und Harmlosigkeit seines Wesens werden verkannt oder unterschätzt, und erst, wenn üble Erfahrungen ihn mißtrauisch gemacht haben, Gefahr und Noth, welche ihm bisher fremd waren, durch den Menschen über ihn verhängt wurden, offenbart er seine herrlichen Geistesgaben. Es ist falsch, wenn von ihm behauptet wird, daß er ein reizbares Thier sei. Sein Wesen ist mild und ruhig. Er lebt mit jedem Geschöpfe in Freundschaft und Frieden. Ungereizt greift er niemals an, weicht im Gegentheile allen Thieren, selbst kleinen, ängstlich aus. »Der ärgste Feind des Elefanten«, sagt Tennent, »ist – die Fliege.« »Eine Maus«, behauptet Cuvier, »entsetzt den zahmen Elefanten, daß er zittert.« Alle die so schön ausgedachten Erzählungen von Kämpfen zwischen Elefant und Nashorn oder Elefant, Löwe und Tiger müssen unerbittlich in das Reich der Fabeln geworfen werden. Jedes Raubthier hütet sich, den Elefanten anzugreifen, und dieser gibt keinem Geschöpfe Veranlassung zum Zorn oder zur Rachsucht. Einzelne Thiere, namentlich einzelne Vögel, leben in besonderer Freundschaft mit ihm. Im Inneren Afrikas folgt seinen Herden regelmäßig ein Wildschwein nach, im Süden des Erdtheils begleiten jene die Madenhacker, in Nordostafrika die kleinen Kuhreiher, in Indien ähnliche gutmüthige Vögel, welche das große Säugethier beständig von Ungeziefer zu reinigen suchen. Insbesondere der Kuhreiher gehört wesentlich zum Bilde des afrikanischen Elefanten. Schwerlich kann man sich einen hübscheren Anblick denken als einen der gewaltigen, dunklen, ruhig dahinschreitenden Riesen, auf welchem ein ganzes Dutzend der anmuthigen, blendend weißen Vögel sitzt oder umherwandelt, der eine ruhend, der andere sich putzend, der dritte alle Falten der Haut untersuchend und hier und dort jagend, ein Kerbthier oder einen Egel, welchen sich der Dickhäuter bei seinem nächtlichen Bade geholt, aufnehmend. Ebenso verträglich und friedlich würde der Elefant auch mit dem Menschen leben, verdiente dieser das Vertrauen des edlen Geschöpfes. Noch heutigen Tages geschieht es, wie Heuglin angibt, im Inneren Afrikas, zumal in Gegenden, wo Elefanten wenig Verfolgung erleiden, daß diese einen Menschen, welcher sich zufällig mitten unter ihnen befindet, kaum zu beachten scheinen, und ebenso trifft man, nach Kirks Versicherung, in Südafrika zuweilen auf zahlreiche Herden, welche bei Annäherung des Menschen nicht entfliehen; die Erfahrung eines Tages aber genügt, um sie für immer mißtrauisch zu machen. Ängstlich meiden sie dann die Nähe des Erzfeindes aller Thiere und seine Niederlassungen, ja sogar die nur zeitweilig von ihm begangenen Pfade, und wandern deshalb Gegenden zu, welche ihnen Sicherheit, Frieden und Ruhe gewähren. »Bei dem hohen Alter, welches sie erreichen«, meint Schweinfurth, »mag es wohl kein bejahrtes Stück mehr geben, welches nicht öfters in seinem Leben von Menschen angegriffen wurde.« Solche Erfahrungen lassen die ängstliche Scheu der Thiere begreiflich erscheinen und erklären es, daß der Elefant sofort flüchtet, wenn er die Nähe seines furchtbaren Feindes auch nur ahnt. Wittert einer Unrath, so hebt er, laut Heuglin, den Rüssel hoch, windet und legt, indem er den Kopf seitlich umbiegt oder hoch aufrichtet, ein Ohr zurück, um sich genau zu überzeugen, woher Gefahr naht, stößt, so bald er diese erkannt, einen Warnungslaut aus, und gibt damit das Zeichen zur Flucht, auf welcher alle Glieder des Rudels ihm folgen.

Jede Elefantenherde ist eine große Familie und umgekehrt, jede Familie bildet ihre eigene Herde. Kein anderer Elefant findet Zutritt und derjenige, welcher so unglücklich war, durch irgend welchen Zufall von einer Herde getrennt zu werden, vielleicht übrig zu bleiben oder aus der Gefangenschaft zu entfliehen, ist gezwungen, ein Einsiedlerleben zu führen. Er mag weiden in der Nähe der Herde, dieselben Trink- und Badeplätze besuchen, der Familie nachziehen, wohin sie will: immer muß er in einer gewissen Entfernung sich halten, und niemals wird er in den eigentlichen Familienkreis aufgenommen. Wagt er sich einzudrängen, so gibt es Schläge und Stöße von allen Seiten; selbst das harmloseste Elefantenweibchen schlägt mit seinem Rüssel auf ihn los. Solche Elefanten werden von den Indianern Gundâs, oder, falls sie sich bösartig zeigen, Rogues genannt. Sie sind vorzugsweise gefürchtet. Während die Herde ruhig und still ihres Weges geht, dem Menschen immer ausweicht und nur im äußersten Nothfalle an ihm sich vergreift, während sie sogar sein Besitzthum achtet, kennen die Rogues derartige Rücksichten nicht: das einsame, unnatürliche Leben hat sie erbittert und wüthend gemacht. Auf sie werden in Indien besondere Jagden angestellt, und niemand hat mit einem Rogues Mitleid; man mag ihn nicht einmal in der Gefangenschaft haben. Die Indier, welche wir unbedingt als die größten Elefantenkenner betrachten müssen, versichern, daß jede Familie durch ihre Ähnlichkeit sich auszeichnet, und die Engländer bestätigen, daß einzelne Hindus Familienangehörige einer Herde mit aller Sicherheit erkennen, die Familie mag zerstreut sein, wie sie will. In allen Herden überwiegen die Weibchen; in manchen gibt es gar keine männlichen Elefanten, wahrscheinlich, weil sie der größeren Zähne wegen den Nachstellungen bereits zum Opfer gefallen waren. Durchschnittlich kann man annehmen, daß auf einen männlichen sechs bis acht weibliche Elefanten kommen.

Der klügste Elefant pflegt der Herde vorzustehen. Sein Amt ist, die Herde zu führen, auf alle Gefahren zu achten, die Gegend zu untersuchen, kurz für die Sicherheit derselben Sorge zu tragen. Alle wilden Elefanten sind, wie bemerkt, im höchsten Grade scheu und vorsichtig; der Leitelefant aber zeigt diese Eigenschaften gleichsam verzehnfacht. Sein Amt ist ein sehr mühevolles: er ist sozusagen ununterbrochen in Thätigkeit. Aber dafür lohnt ihn auch der unbedingteste Gehorsam seiner Untergebenen. Widerspruch gegen seine Anordnungen kommt niemals vor; er geht voran, und alle übrigen folgen ihm rücksichtslos nach und sei es in das Verderben. »In der Höhe der dürren Jahreszeit«, erzählt Major Skinner, »trocknen bekanntlich alle Ströme aus, und die Teiche und Lachen ebenso. Die indischen Thiere leiden dann des Wassers wegen bittere Noth, und sammeln sich massenhaft um diejenigen Teiche und Tümpel, welche das ihnen so nothwendige Element am längsten behalten. In der Nähe eines solchen Teiches hatte ich einmal Gelegenheit, die erstaunliche Vorsicht der Elefanten zu beobachten. An der einen Seite des Pfuhles und hart an seinem Ufer begann ein dichter Urwald, auf der anderen umgab ihn offenes Land. Es war eine jener prachtvollen, klaren Mondlichtnächte, die fast ebenso hell sind als unser nordische Tag, in welcher ich beschloß, die Elefanten zu beobachten. Die Örtlichkeit war meinem Zwecke günstig. Ein gewaltiger Baum, dessen Zweige über den Teich weg hingen, bot mir ein sicheres Unterkommen in seiner Höhe. Ich begab mich bei Zeiten an meinen Platz und achtete mit der gespanntesten Aufmerksamkeit auf alles, was vorging. Die Elefanten waren keine fünfhundert Schritte von mir entfernt; aber doch mußte ich zwei volle Stunden warten, bevor ich einen von ihnen zu sehen bekam. Endlich schlüpfte, etwa drei hundert Schritte vom Teiche entfernt, ein großer Elefant aus dem dunkeln Walde, ging mit höchster Vorsicht beiläufig zweihundert Schritte vor und stand dann still, um zu lauschen. Er war so ruhig gekommen, daß nicht das leiseste Geräusch gehört werden konnte, und blieb mehrere Minuten stehen, bewegungslos wie ein Felsblock. Dann erst rückte er in drei Absätzen weiter und weiter vor, zwischen jedem Vorrücken mehrere Minuten lang anhaltend und die mächtigen Ohren nach vorwärts öffnend, um auch das leiseste Geräusch aufzufangen. So bewegte er sich langsam bis an das Wasserbecken. Er dachte nicht daran, seinen Durst zu löschen, obgleich er dem Wasser so nahe stand, daß seine gewaltige Gestalt in ihm sich widerspiegelte. Minutenlang verweilte er lauschend, ohne ein Glied zu rühren. Dann drehte er sich vorsichtig und leise um und ging nach derselben Stelle des Waldes zurück, von woher er gekommen war. Nach einer kleinen Weile zeigte er sich wieder nebst fünf anderen, mit denen er wiederum ebenso vorsichtig, aber weniger lautlos als früher, auf das Wasser losging. Die fünf wurden als Wächter aufgestellt. Er kehrte in den Wald zurück und erschien nochmals, umgeben von der ganzen aus etwa achtzig bis hundert Stück bestehenden Herde und führte diese über die Blöße mit solcher Stille, daß ich trotz der Nähe die Thiere nur sich bewegen sah, nicht aber auch bewegen hörte. In der Mitte der Blöße blieb die Herde stehen. Der Leitelefant ging von neuem vor, verkehrte mit den Wächtern, untersuchte alles, überzeugte sich von der vollständigen Sicherheit, kehrte zurück und gab nun Befehl zum Vorrücken. In demselben Augenblick stürzte die Herde gegen das Wasser los und warf sich ohne jede Scheu und ohne an Gefahr zu denken, mit aller Wollust in die Fluten. Von ihrer Schüchternheit und Furchtsamkeit war keine Spur zu bemerken. Alle vertrauten ihrem Führer so vollkommen, daß sie sich um nichts mehr zu kümmern schienen. Nachdem die verschmachteten Thiere den Teich eingenommen hatten und als auch der letzte, der Leitelefant, eingetreten war, überließen sie sich gleichsam frohlockend der Wonne, ihren Durst zu stillen sowie der Wohlthat des Badens. Niemals hatte ich solche Menge von thierischem Leben in einem so engen Raume gesehen. Es wollte mir erscheinen, als tränken die Elefanten den ganzen Teich trocken. Ich beobachtete sie mit der größten Theilnahme, bis sie sich mit Trinken und Baden Genüge gethan hatten. Dann versuchte ich, welche Wirkung ein unbedeutendes Geräusch auf sie ausüben würde. Nur einen kleinen Zweig brauchte ich zu brechen, und die ganze feste Masse kam augenblicklich in Aufruhr und floh dahin wie eine Herde aufgescheuchten Wildes in toller Hast und Eile.«

Kommt eine Elefantenherde auf einen mit saftigem Grase bewachsenen Platz, so weidet sie davon, packt mit dem Rüssel einen Busch, reißt ihn sammt den Wurzeln aus dem Boden, klopft diese Wurzeln gegen einen Baum, um sie von der ihnen anhängenden Erde zu befreien, und steckt sich dann einen nach dem anderen in den Schlund. Auf den nächtlichen Weidegängen wird wohl auch ab und zu einmal ein Feld besucht, und dann freilich thut die Herde in ihm großen Schaden. Aber schon das einfachste Scheusal oder die leichteste Umzäunung genügt, um unsere Dickhäuter von den Feldern abzuhalten. Die Indier lassen zwischen ihren Pflanzungen breite Wege für die zur Tränke gehenden Elefanten und umzäunen die Felder mit leichten Rohrstäben; ein einziger Schlag mit dem gewaltigen Rüssel würde eine ganze Wand dieser Pfähle niederwerfen, aber niemals kommt es vor, daß die Elefantenherde die Umzäunung durchbricht; nur die Gondahs thun dies zuweilen. Dieselbe Herde geht aber sofort auf die Felder, wenn die Thüre dazu geöffnet ist. Nach der Ernte des Reises zum Beispiel überlassen die Indier den Elefanten das leere Stroh und halten deshalb die Umhegungen nicht mehr verschlossen. Sobald dies geschieht, dringen die Thiere ein und fressen alles übriggebliebene auf.

»Elefanten«, sagte mir ein Schëich am Blauen Flusse, »werden dir nichts zu leide thun, wenn du sie in Frieden läßt, wie sie mir und meinen Vorfahren nie etwas gethan haben. Wenn die Zeit der Ernte herankommt, hänge ich an hohen Stangen Schutzbriefe auf, und diese genügen den gerechten Thieren; denn sie achten das Wort des Gottgesandten Mahammed – über welchem der Friede des Allbarmherzigen walten möge! sie fürchten die Strafe, welche den Gotteslästerer ereilen wird: sie sind eben gerechte Thiere!« Jedenfalls hindert diese Gerechtigkeitsliebe die Elefanten nicht, dann und wann ein Feld zu plündern und Büschelmais oder Kafferhirse zu fressen, gleichviel ob die Ähren reif sind oder nicht.

Wie die Nahrung, führt der Elefant auch seine Getränke mit Hülfe des Rüssels zum Munde: er saugt beide Röhren desselben voll und spritzt sich den Inhalt dann in das Maul. Sobald eine Herde an das Wasser kommt, ist dies ihr wichtigstes Geschäft, und erst wenn der Durst gestillt ist, denken die Thiere daran, in derselben Art und Weise auch ihren Körper zu nässen. Der Rüssel ist übrigens nicht bloß zum Aufsaugen des Wassers, sondern auch zur Aufnahme von Sand und Staub geeignet. Diese Stoffe werden angewendet, um die so lästigen Kerbthiere zu verscheuchen.

Wie leicht erklärlich, ist die Vermehrung unserer Landriesen eine geringe. Man erkennt den Zustand des brünstigen Elefanten zunächst daran, daß zwei Drüsen neben den Ohren eine übelriechende Flüssigkeit in reichlicher Menge ausschwitzen. Das Thier selbst ist sehr erregt; sogar das gezähmte wird oft furchtbar wild gegen seine

Treiber, welche es sonst vortrefflich behandelt. Früher glaubte man, daß die Elefanten im Freien, fern von allem menschlichen Treiben, sich paarten, und wollte deshalb von einer großen Schamhaftigkeit des Thieres reden; Corse aber beobachtete, daß zwei frisch gefangene Elefanten vor einer Menge Zuschauer sich begatteten. Vorher erwiesen sie sich mit ihren Rüsseln Liebkosungen; dann paarten sie sich in sechszehn Stunden viermal ganz nach Art der Pferde. Die Brunstzeit ist nicht bestimmt. Das eine Mal zeigte sie sich im Februar, das andere Mal im April, ein drittes Mal im Juni, ein viertes Mal im September und ein fünftes Mal im Oktober. Aufgeregt sind die paarungslustigen Thiere immer, und die kleinste Veranlassung kann sie in Zorn bringen. Drei Monate nach der Paarung bemerkte Corse die ersten Anzeichen der Trächtigkeit des Weibchens. Nach einer Tragzeit von zwanzig Monaten und achtzehn Tagen warf es ein Junges, welches sofort nach seiner Geburt zu saugen anfing. Die Mutter stand dabei, das Junge legte den Rüssel zurück und ergriff das Euter mit seinem Maule. Fast alle Beobachter stimmen darin überein, daß die Liebe der Mutter zu ihrem eigenen Kinde nicht besonders groß ist; dagegen bemerkte man, daß sich alle weiblichen Elefanten eines jungen mit gleicher Zärtlichkeit annehmen. Die wilden sollen sämmtlichen Kleinen ohne Ausnahme ihr Euter bieten. Letztere, welche bei der Geburt etwa 90 Centim. hoch sind, nehmen rasch an Größe zu und sind bereits nach Ablauf des ersten Jahres 1,2 Meter hoch geworden. Sie erscheinen vom Anfange an verhältnismäßig weniger plump als andere junge Thiere, sogar als niedliche und drollige Geschöpfe, halten sich in der ersten Zeit ihres Lebens vorzugsweise unter dem Leibe und zwischen den Beinen ihrer Mutter auf und verlassen diesen sicheren Platz auch dann nicht, wenn letztere einen rascheren Gang einschlägt. Wie es scheint, stehen sie mehrere Jahre, jedenfalls bis zur Geburt eines Geschwisters, unter Obhut der Alten, welche sie bald zum Fressen anleitet und ihnen nöthigenfalls durch Abbrechen von Ästen oder Bäumen ihr Lieblingsfutter, laubige Zweige, verschafft.

Ein Elefant wächst zwanzig bis vierundzwanzig Jahre, ist aber wahrscheinlich schon im sechzehnten Jahre zur Fortpflanzung geeignet. Der erste Zahnwechsel findet im zweiten, der zweite im sechsten, der dritte im neunten Lebensjahre statt. Später dauern seine Zähne länger aus.

Der Elefant zählt leider ebenfalls zu denjenigen Thieren, welche ihrem Untergange entgegengehen. Man jagt die edlen Geschöpfe nicht, um wegen des von ihnen verübten Schadens sich zu rächen, sondern des kostbaren Elfenbeins halber und hat deshalb von jeher einen Vernichtungskrieg gegen sie geführt. Der Schaden, welchen die Vielhufer anrichten, ließe sich ertragen, obgleich diese zuweilen durch sonderbare Gelüste unangenehm werden. So zogen sie den indischen Straßenbaumeistern wiederholt die Merkpfähle aus dem Boden, welche die Leute mühsam zur Bezeichnung der anzulegenden Straßen gesetzt hatten, und andere fielen hartnäckig immer und immer wieder in eine und dieselbe Pflanzung ein, so daß der Besitzer genöthigt war, die berüchtigtsten Jäger zu sich zu erbitten. Wenn ich die Jäger, anstatt berühmt, berüchtigt nenne, habe ich leider guten Grund dazu. Die meisten von ihnen betragen sich der Jagd, welche sie betreiben, vollkommen unwürdig. Es sind hauptsächlich Engländer, welche der Elefantenjagd obliegen, und dies sagt genug. Aber die Jäger in Indien verfahren nicht besser: Tennent läßt dies deutlich genug merken. Sie sind ebenso schamlos, wie unsere Großen früher es waren, wenn sie hunderte von edlen Thieren in einen engen Raum zusammentreiben ließen und sie dann von einem hohen Sitze aus niedermeuchelten. Die prahlenden Elefantenjäger Indiens haben einen guten Theil ihrer Beute in den Corrals oder Fangplätzen, welche wir bald kennen lernen werden, erlegt. Sie haben die in einem engen Raume eingepferchten Thiere kaltblütig niedergeschossen und dann verfaulen lassen, aus dem einfachen Grunde, um in ihr schändliches Jagdregister einige Zahlen mehr eintragen zu können. Sie haben Alte und Junge zusammengeschossen, ohne die Leichname nützen zu können. Zu solchen Scheußlichkeiten sind von den sogenannten gebildeten Völkern wahrhaftig nur Engländer fähig! Aber die Jäger in Indien verfahren nicht besser.

Die Zähmung des Elefanten ist ziemlich einfach. Nach etwa drei Tagen beginnt er ordentlich zu fressen und bekommt dann in der Regel einen zahmen zum Gesellschafter. Zwei Männer streicheln ihm den Rücken und reden ihm in sanften Tönen zu. Anfangs ist er wüthend und schlägt mit seinem Rüssel nach allen Seiten; vorn aber stehen andere Männer, welche alle seine Schläge mit der Spitze ihrer Eisenstangen auffangen, bis das Vorderende des Rüssels so wund wird, daß das Thier ihn endlich einzieht und dann selten wieder zum Angriffe benutzt. So lernt er zuerst die Macht des Menschen fürchten. Später helfen die zahmen Elefanten seine Erziehung weiter führen.

Während ihre Größe keinen besonderen Einfluß auf die Dauer ihrer Abrichtung zu haben scheint, sind die Männchen gewöhnlich minder leicht zu behandeln als die Weibchen. Die, welche anfangs die heftigsten und widerspenstigsten sind, werden am schnellsten und wirksamsten gezähmt und bleiben gewöhnlich gehorsam unterworfen; die mürrischen oder tückischen aber langsamer, und es ist ihnen selten zu trauen. Überhaupt darf man einem gefangenen Elefanten nie mit unbegrenztem Vertrauen begegnen. Auch die zahmsten und sanftesten bekommen mitunter Anfälle von Halsstarrigkeit, und selbst nach jahrelangem Gehorsam macht sich ihre Reizbarkeit und Rachsucht bemerklich.

Im allgemeinen kann die Gegenwart der zahmen Elefanten nach zwei Monaten entbehrt und der eingefangene allein geritten werden; nach drei bis vier Monaten läßt er sich zur Arbeit verwenden; nur darf man ihn nicht zeitig dazu bringen, da es oft vorgekommen ist, daß ein werthvolles Thier beim ersten Mal Anschirren sich niedergelegt hat und, wie die Einwohner sagen, ›am gebrochenen Herzen gestorben ist‹, jedenfalls verendet ist, ohne daß irgend eine Ursache nachgewiesen werden konnte.

Als Lastthier muß der Elefant zart behandelt sein; denn seine Haut ist äußerst empfindlich und Eiterungen in hohem Grade ausgesetzt. Ebenso bekommt er leicht böse Füße und ist dann monatelang nicht zu gebrauchen. Auch von Augenentzündungen wird er häufig heimgesucht, und gerade in dieser Beziehung leisten die Elefantenärzte wirklich so viel, daß sie seit den Zeiten der alten Griechen berühmt geworden sind.

Die alte Angabe, daß der Elefant ein Alter von zwei- bis dreihundert Jahren erreiche, wird durch einzelne Beispiele auf Ceilon allerdings bestätigt, wo einzelne in der Gefangenschaft länger als hundertundvierzig Jahre zugebracht haben. Indeß glaubt man jetzt, daß ihre eigentliche Lebensdauer etwa siebzig Jahre betrage. Der Glaube an ihr fast unbegrenztes Alter kommt jedenfalls daher, daß der Leichnam selten oder nie in den Wäldern gefunden wird. Nur nach einer verheerenden Seuche finden sich solche vor. Ein Europäer, welcher sechsunddreißig Jahre lang ununterbrochen in dem Dschungel gelebt und die Elefanten fleißig beobachtet hat, pflegte oft seine Verwunderung auszusprechen, daß er, der doch viele tausende lebendiger Elefanten gesehen, noch nie das Geripp eines einzigen todten gefunden habe, ausgenommen solche, welche durch eine Krankheit gefallen waren. Diese Bemerkung gilt übrigens nur von den Elefanten auf Ceilon; denn in Afrika werden die Gebeine der in den Waldungen gestorbenen Elefanten häufig gefunden. Der Eingeborene in Ceilon glaubt, daß jeder Elefantentrupp seine Todten begrabe. Außerdem behauptet er auch, daß der Elefant, welcher seinen Tod herannahen fühle, stets ein einsames Thal zu seinem Sterbeplatze erwähle, welches zwischen den Bergen östlich von Adams Peak liegt und einen klaren See umschließt.

In unseren Thiergärten hält sich der afrikanische Elefant ebenso gut wie der indische, auch unter Umständen, welche seinen natürlichen Bedürfnissen wenig entsprechen. In der Regel höchst gutmüthig und folgsam, kann der eine wie der andere zuweilen doch alle Rücksichten gegen den sonst warm geliebten Wärter vergessen und dann sehr gefährlich werden. Die Brunstzeit erregt ihn stets im hohen Grade und macht äußerste Vorsicht des ihn bedienenden Mannes zur gebieterischen Nothwendigkeit. Freundliche Behandlung erkennt jeder Elefant und erweist sich derselben gegenüber dankbar; Unfreundlichkeit und Ungerechtigkeit vergibt er in den meisten, aber keineswegs in allen Fällen. Gleichwohl richtet er nur selten Unglück an und ist deshalb weniger zu fürchten als jeder bösartige Wiederkäuer, als jeder Wildstier, jeder größere Hirsch, jede stärkere Antilope. Seine vortrefflichen Sinne, sein scharfer Verstand, sein mildes Wesen machen sich jedem Beobachter in ersichtlicher Weise bemerkbar. Er lernt spielend leicht und »arbeitet« willig und gern, bildet deshalb auch eines der hervorragendsten Zugthiere jeder Thierbude, wie er bald zum erklärten Lieblinge der Besucher eines Thiergartens wird. Die Menge der Nahrung, deren er bedarf, ist sehr bedeutend: laut Schmidt erhält der im Frankfurter Thiergarten lebende, etwa funfzehn Jahre alte Elefant täglich acht Kilogramm Weizenkleie, fünf Kilogramm Brod, achtzehn Kilogramm Heu und einen Tag um den anderen je drei Kilogramm gekochten Reis, abgesehen von den ihm seitens der Besucher zugesteckten Leckerbissen, in Gestalt von Weiß- und Schwarzbrod, Rüben, Obst und ähnlichen Dingen. Dasselbe Thier leert, je nach der Jahreszeit, täglich vier bis achtzehn mit Wasser gefüllte Stalleimer.

# Das Nashorn

Die Nashörner (Nasicornia) sind plump gebaute, ungeschlachte Dickhäuter von ziemlich bedeutender Größe, ausgezeichnet durch einen auffallend gestreckten Kopf, dessen vorderer Gesichtstheil ein Horn oder zwei hinter einander stehende Hörner trägt, in eine panzerartige Haut gehüllten, fast gänzlich oder größtentheils unbehaarten Leib, kurzen Schwanz und kurze, stämmige, jedoch keineswegs plumpe Beine, deren Füße vorn wie hinten drei mit Hufen umkleidete Zehen haben. Jeder einzelne Leibestheil erscheint, auch wenn man ihn mit dem entsprechenden anderer Dickhäuter vergleicht, eigenthümlich und absonderlich.

Die Nashörner, welche gegenwärtig Südasien, die Sundainseln und alle Gleichenländer Afrikas bewohnen, waren in der Vorzeit weiter verbreitet und kamen ebenso im südlichen Deutschland, in Frankreich und England wie in Rußland und Sibirien vor. Unter den bis jetzt bekannt gewordenen ausgestorbenen Arten verdient namentlich eine der Erwähnung: das zweihörnige Vorweltsnashorn mit knöcherner Nasenscheidewand nämlich, weil es nicht bloß in einzelnen Knochen, sondern mit Haut und Haaren bis auf unsere Tage gekommen ist. Im nördlichen Asien vom Don an bis zur Behringsstraße gibt es keinen Fluß im ebenen Lande, an dessen Ufer nicht Knochen von vorweltlichen Thieren, namentlich solcher von Elefanten, Büffeln und Nashörnern, gefunden würden; auch habe ich schon erwähnt, daß man hier alljährlich beim Aufthauen Massen von vorweltlichem Elfenbein gewinnt und damit einen sehr bedeutenden Handel treibt. »Als ich«, so berichtet Pallas, »im März 1772 nach Jakutzk kam, zeigte mir der Statthalter des östlichen Sibirien den Vorder- und Hinterfuß eines Nashorns, welcher noch mit Haut überzogen war. Das Thier wurde im sandigen Ufer eines Flusses gefunden. Den Rumpf und die Füße ließ man liegen.« Nun bemühte sich Pallas, mehr zu erfahren, und brachte zunächst den Kopf und den Fuß nach Petersburg. Später hat Brandt die Reste untersucht, und so erfahren wir, daß dieses vorweltliche Nashorn, welches während der Schwemmzeit das mittlere und nördlichere Europa und den Norden Asiens bewohnte, neben dem Mammuth einer der gemeinsten Dickhäuter unseres Welttheils war. Außer in Sibirien fand man seine Knochen auch noch in Rußland,

Polen, Deutschland, England und Frankreich und zwar an manchen Orten in erstaunlicher Menge.

Unsere Kenntnis der jetzt lebenden Arten ist zwar in der neuesten Zeit wesentlich bereichert worden, darf aber keineswegs als befriedigend bezeichnet werden. Streng genommen kennen wir bloß diejenigen Arten wirklich, welche neuerdings lebend in unsere Thiergärten gelangt sind und von kundigen Forschern untereinander verglichen werden konnten. Das Nashorn oder Einhorn, gewöhnlich indisches Nashorn genannt (Rhinoceros unicornis), erreicht, einschließlich des 60 Centim. langen Schwanzes, 3,75 Meter Gesammtlänge, 1,7 Meter Schulterhöhe und etwa 2000 Kilogramm an Gewicht. Die Geschlechtstheile sind sehr groß, die männlichen höchst sonderbar gebildet; das Euter des Weibchens enthält nur ein einziges Zitzenpaar. Eine ungewöhnlich starke Haut, welche viel härter und trockener als beim Elefanten ist und auf einer dicken Schicht lockeren Zellgewebes liegt, so daß sie sich leicht hin- und herschieben läßt, deckt den Körper und bildet einen in Schilde getheilten, hornartigen Panzer, welcher durch mehrere regelmäßig verlaufende, tiefe, bereits bei neugeborenen Thieren vorhandene Falten unterbrochen wird. An den Rändern dieser Falten ist die Haut wulstig aufgeworfen, in ihrer Mitte aber sehr verdünnt und weich, während sie sich sonst wie ein dickes Brett anfühlt. Die bis auf wenige Stellen nackte Haut ist überall mit unregelmäßigen, rundlichen, mehr oder weniger glatten, hornartigen Warzenschilderchen bedeckt, welche auf der Außenseite der Beine so dicht zusammentreten, daß diese aussehen, als ob sie mit einem schuppigen Panzerhemde bekleidet wären, wogegen Bauch- und Innenseite der Beine durch mannigfach sich durchkreuzende Furchen in kleine Felder getheilt sind.

Wie schon aus der von Albrecht Dürer herrührenden und von Geßner wiedergegebenen, ersten bekannten Abbildung des Nashorns hervorgeht, finden sich bei einzelnen alten Nashörnern Hautwucherungen an verschiedenen Stellen des Leibes, welche mit dem auf der Nase sitzenden Horne eine größere oder geringere Ähnlichkeit haben. Zuweilen häufen sich diese Wucherungen in auffallender Weise. So lebt seit nunmehr sechzehn Jahren ein etwa achtzehn Jahre altes Nashorn im Thiergarten zu Antwerpen, bei welchem die Hauthörner sehr bemerklich sind. Veränderlich in Größe und Gestalt, gleichen sie sich doch darin, daß sie aus einer vollständig verhornten Hautmasse bestehen. Wie Mützel mir mittheilt, zeigte das Thier in diesem Jahre (1875) auf dem Kopfe wie auf allen bedeutenderen Erhebungen der Falten solche Hautwucherungen in ziemlicher Anzahl. Diejenigen, welche auf den Augenbrauenwülsten saßen, hatten nur Haselnußgröße, während alle übrigen viel augenfälliger waren.

Die Alten haben das Nashorn sehr wohl gekannt. Auf den altegyptischen Denkmälern kommt es, laut Dümichen, als erklärendes Bild hinter dem Worte »Ab« vor. »Die Zeichnung stellt außer Zweifel, daß nur dieses Thier dort gemeint sein kann, und führte es wohl wegen seiner an die Stoßzähne erinnernden, ebenfalls nach oben gebogenen Hörner bei den alten Egyptern denselben Namen wie der Elefant.« Für mich steht fest, daß es das Einhorn der Bibel ist, von welchem Hiob sagt: »Meinest du, das Einhorn werde dir dienen und werde bleiben an deiner Krippe? Kannst du ihm dein Joch anknüpfen, die Furchen zu machen, daß es hinter dir brache in Gründen? Magst du dich darauf verlassen, da es so stark ist, und wirst es dir lassen arbeiten? Magst du ihm trauen, daß es deinen Samen dir wiederbringe und in deine Scheunen sammle?« Der Urtext nennt dieses Thier Rêm und schreibt ihm bald ein Horn, bald zwei Hörner zu. Die Römer, welche das einhörnige ebensowohl wie das doppelhörnige kannten, ließen beide auf ihren Kampfplätzen arbeiten. Nach Plinius brachte Pompejus neben dem Luchs aus Gallien und dem Pavian aus Äthiopien das erste einhörnige Nashorn im Jahre 61 v. Chr. zu den Spielen nach Rom. »Das Nashorn«, erzählt Plinius, »ist der geborene Feind des Elefanten. Es wetzt das Horn an einem Steine und zielt im Kampfe vorzüglich nach dem Bauche, wohl wissend, daß er weicher ist, und so erlegt es den Elefanten.« Dem fügt er hinzu, daß man schon bei Meroe Nashörner finde, und dies ist ganz richtig; denn dort gibt es deren heutzutage noch. »In der Stadt Aduleton, dem größten Handelsplatze der Troglodyten und Äthiopier, fünf Tagereisen zu Schiffe von Ptolemais, werden Elfenbein, Hörner des Nashorns, Leder vom Flußpferde und andere derartige Handelsgegenstände verkauft.« Der erste, welcher von diesen Tieren spricht, ist Agatharchides; auf ihn folgt Strabo, welcher in Alexandrien ein Nashorn gesehen hat. Pausanias führt es unter dem Namen »äthiopischer Ochse« auf. Martial besingt beide Arten:

»Auf dem geräumigen Plan, o Cäsar, führet das Nashorn
Solcherlei Kampfe dir aus, als es sie nimmer verhieß.
Wie in erbittertem Rasen erglühete stürmend das Unthier!
Wie gewaltig durchs Horn, welchem ein Ball war der Stier!«

sagt er von dem einhörnigen und

»Während bekümmerte Hetzer zum Kampfe aufreizten das Nashorn
Und lange sammelnd den Zorn dieses gewaltigen Thieres,
Schwindet dem Volke die Hoffnung des Kampfes vor großer Erwartung,
Aber dem Unthier kehrt wieder die eigene Wuth;
Denn es erhebt mit doppeltem Horn den gewaltigen Bären,
Leicht, wie die Doggen der Stier wirft zu den Sternen empor.«

von dem zweihörnigen.

Die arabischen Schriftsteller sprechen schon sehr frühzeitig von beiden Arten und unterscheiden die indischen und afrikanischen; in ihren Märchen kommen sie nicht selten als zauberhafte Wesen vor. Marco Polo, der bekannte und für die Thierkunde so wichtige Schriftsteller, ist der erste, welcher nach langer Zeit, während man nichts von Nashörnern vernimmt, das Stillschweigen bricht. Er hat es auf seiner Reise im dreizehnten Jahrhundert in Indien und zwar auf Sumatra wieder gesehen. »Sie haben dort«, sagt er, »viel Elefanten und ›Löwenhörner‹, welche zwar gleiche Füße haben, aber viel kleiner sind als jene und in der Behaarung dem Büffel ähneln. Sie tragen ein Horn mitten auf der Stirne, thun damit aber niemandem etwas. Wenn sie jemanden angreifen wollen, werfen sie ihn vielmehr mit den Knien nieder und stoßen dann mit der Zunge, die mit einigen langen Stacheln besetzt ist, auf ihn los. Ihren Kopf, welcher dem des Wildschweins ähnelt, tragen sie immer gegen die Erde gekehrt. Sie halten sich gern im Schlamme auf und sind überhaupt rohes, garstiges Vieh.« Im Jahre 1513 erhielt Emanuel von Portugal aus Ostindien ein lebendes Nashorn. Sein Ruf erfüllte alle Länder. Albrecht Dürer gab den erwähnten Holzschnitt heraus, welchen er nach einer schlechten, ihm aus Lissabon zugekommenen Abbildung angefertigt hatte. Derselbe stellt ein Thier dar, welches aussieht, als ob es mit Schabracken bekleidet wäre und Panzerschuppen an den Füßen trage, zeigt auch ein kleines Horn auf der Schulter. Fast zweihundert Jahre lang war jener Holzschnitt des berühmten Meisters das einzige Bild, welches man von dem Nashorn besaß; kein Wunder daher, daß ihn auch der alte Geßner verwendete. Erst Chardin, welcher in Ispahan ein Nashorn sah, hat zu Anfange des vorigen Jahrhunderts eine bessere Abbildung gegeben. Die Lebensschilderung hatte Bontius um die Mitte des siebzehnten Jahrhunderts berichtigt. Von nun an beschreiben alle naturkundigen Reisenden die eine und andere Art, mit besonderer Ausführlichkeit aber die südafrikanischen Nashörner, so daß es gegenwärtig leichter ist, ein allgemeines Lebensbild der Thiere zu entwerfen, als die verschiedenen Arten selbst zu kennzeichnen.

Im großen und ganzen ähneln sich alle Nashörner in ihrer Lebensweise, in ihrem Wesen, in ihren Eigenschaften, Bewegungen und in ihrer Nahrung; doch scheint immerhin jede Art ihre Eigenthümlichkeiten zu haben. Unter den asiatischen Arten z. B. gilt das Nashorn als ein außerordentlich bösartiges Geschöpf; das Waranashorn wird schon als viel gutmüthiger und das auf Sumatra lebende als harmlos geschildert. Ähnlich verhält es sich mit den afrikanischen. Das Doppelnashorn wird trotz seiner geringen Größe als das wüthendste aller afrikanischen Thiere, das Stumpfnashorn dagegen als ein wirklich harmloses Wesen bezeichnet. Etwas wahres wird wohl an dieser Auffassung, die volle Wahrheit aber die sein, daß jedes Nashorn beim ersten Zusammentreffen mit dem Menschen, und so lange es nicht gereizt wurde, als gutmüthig, durch böse Erfahrungen gewitzigt oder erzürnt, aber als bösartig sich erweist. Im allgemeinen werden die riesenhaften Dickhäuter überall mehr gefürchtet als der Elefant. Die Araber des Sudân sind geneigt, in ihnen, wie im Nilpferde, Zaubergestalten zu erblicken: sie glauben, daß irgend ein böswilliger Hexenkünstler die Gestalt dieser Thiere annehmen könne, und versuchen ihre Ansicht damit zu begründen, daß Nashörner wie Nilpferde in ihrer blinden Wuth keine Grenzen kennen. »Der Elefant«, so sagen sie, »ist ein gerechtes Thier, welches das Wort des Gottgesandten Mahammed (über welchem der Friede des Allbarmherzigen sei) in Ehren hält und Schutzbriefe und andere erlaubte Mittel der Abwehr wohl achtet; Nilpferde und Nashörner aber kümmern sich nicht im geringsten um alle Amulete, welche unsere Geistlichen schreiben, um die Felder zu bewahren, und beweisen hierdurch, daß ihnen das Wort des Wahrheitsprechenden und Allmächtigen vollkommen gleichgültig ist. Sie sind verbannt und verworfen vom Anfange an. Nicht der Herr, der Allerschaffende, hat sie geschaffen, sondern der Teufel, der Allverderbende, und deshalb ist es den Gläubigen nicht gerathen, mit derartigen Wesen sich einzulassen, wie wohl die Heiden und christlichen Ungläubigen zu thun pflegen. Der Muselman gehe ihnen ruhig und still aus dem Wege, damit er seine Seele nicht beschmutze oder Schaden an ihr nehme und verworfen werde am Tage des Herrn.«

Ein möglichst wasserreiches Gebiet: Sumpfgegenden, Flüsse, welche auf weithin ihr Bett überfluten, Seen mit umbuschten, schlammigen Ufern, in deren Nähe grasreiche Weideplätze sich befinden, Waldungen mit Bächen und ähnliche Örtlichkeiten bilden die bevorzugten Aufenthaltsorte der Nashörner. So massigen und wohlgepanzerten Thieren gegenüber erweisen sich auch die furchtbarsten Dornen machtlos. Daher begegnen wir fast sämmtlichen Arten in besonderer Häufigkeit in Wäldern; es ersteigt sogar die höchsten Berge und nimmt über Gipfel von dreitausend Meter unbedingter Höhe seinen Pfad. Auch das Doppelnashorn, ein Bewohner der von den dornigsten Mimosen gebildeten Dickichte Innerafrikas, welcher diese ihm Sicherheit und Ruhe gewährenden Plätze nur verläßt, um in der freieren Steppe zu weiden, wird, wie Heuglin mittheilt, in Westabessinien nicht allzu selten noch in Höhen von dritthalbtausend Meter über dem Meere angetroffen. Entsprechend der Bildung seiner Lippen, welche ein Grasen nach Art der Rinder erleichtert, meidet dagegen das Stumpfnashorn den geschlossenen Wald und nimmt lieber in der offenen Steppe seinen Stand. Unbedingtes Erfordernis für die Wahl des Aufenthaltsortes unserer Thiere ist Wasser. Täglich einmal besucht wohl jedes Nashorn ein Gewässer, um hier zu trinken und im Schlamme sich zu wälzen. Ein Schlammbad ist allen auf dem Lande lebenden Dickhäutern geradezu Bedürfnis; denn so sehr auch ihr Fell ihren Namen besthätigt, so empfindlich zeigt es sich. Zumal im Sommer peinigen Fliegen, Bremsen und Mücken alle größeren Säugethiere in wirklich unglaublicher Weise, und nur durch Auflegen einer dicken Schlammlage verschaffen sich diese einigermaßen Schutz und Frieden. Ehe sie noch auf Nahrung ausgehen, eilen die Nashörner zu den weichen Ufern der Seen, Lachen und Flüsse, wühlen mit dem

Horne ein Loch und wälzen und drehen sich in diesem, bis Rücken und Schultern, Seiten und Unterleib mit Schlamm bedeckt sind. Das Wälzen im Schlamme thut ihnen so wohl, daß sie dabei laut knurren und grunzen und sich von dem behaglichen Bade sogar hinreißen lassen, die ihnen sonst eigene Wachsamkeit zu vernachlässigen. Gegen die bösen Fliegen und Mücken schützt die Schlammdecke jedoch immer nur kurze Zeit, weil sie zunächst an den Beinen, dann auf den Schultern und an den Schenkeln abspringt und diese Theile nun den Stichen der Fliegen bloßstellt, ohne daß sich das Nashorn dagegen zu schützen vermöchte. Gepeinigt von seinen Quälgeistern, rennt es, seiner Trägheit vergessend, eilig den Bäumen zu, um dort sich zu reiben und die Qual für einige Augenblicke zu verringern.

Die Nashörner sind mehr bei Nacht als bei Tage thätig. Groß Hitze ist ihnen sehr zuwider; deshalb schlafen sie um diese Zeit an irgend einem schattigen Orte, halb auf der Seite, halb auf dem Bauche liegend, den Kopf vorgestreckt und ebenfalls aufgelegt, oder stehen träge in einem stillen Theile des Waldes, wo sie durch die Kronen größerer Bäume gegen die Sonnenstrahlen geschützt sind. Solche Schlafplätze scheinen in der Regel wieder aufgesucht zu werden, weil man auf ihnen fast immer ungewöhnlich große Düngerhaufen der Thiere selbst bemerken kann. Und da nun auch diese bestäubende, gegen die Fliegen schützende Decke benutzt wird und beim Wälzen zur Unterlage dient, gewinnt es den Anschein, als ob die Nashörner absichtlich ihre Losung an bestimmten Stellen abzusetzen suchten. Alle Berichterstatter stimmen darin überein, daß der Schlaf der Thiere ein sehr gesunder ist. Mehrere von ihnen konnten ruhenden Nashörnern ohne besondere Vorsicht sich nähern: diese glichen fühllosen Felsblöcken und rührten sich nicht. Gordon Cumming erzählt, daß selbst die besten Freunde des Nashorns, mehrere kleine Vögel nämlich, welche stets mit ihm ziehen, vergeblich bemüht waren, ein Doppelnashorn, welches er erlegen wollte, zu wecken, und bereits die ältesten Berichterstatter erwähnen, daß gerade während der Mittagshitze das sonst vorsichtige Geschöpf am meisten beschlichen und getödtet würde. Gewöhnlich vernimmt man das dröhnende Schnarchen des schlafenden Nashorns auf eine gute Strecke hin und wird dadurch selbst dann aufmerksam gemacht, wenn man das versteckt liegende Thier nicht sieht. Doch kommt es auch vor, daß der Athem leise ein- und ausgeht, und man plötzlich vor einem der Riesen steht, ohne von dessen Vorhandensein eine Ahnung gehabt zu haben. So berichtet Sparrmann, daß zwei seiner Hottentotten dicht an einem schlafenden Nashorn vorbeigingen und dieses erst bemerkten, als sie bereits einige Schritte vorüber waren. Sie drehten sich sofort herum, setzten ihm ihre Gewehre dicht auf den Kopf und schossen beide mit Kugeln geladenen Läufe ab. Das Thier bewegte sich noch: sie luden ruhig wieder und erlegten es durch die nächsten Schüsse.

Mit Anbruch der Nacht, in vielen Gegenden aber auch schon in den Nachmittagsstunden, erhebt sich das plumpe Geschöpf, nimmt ein Schlammbad, reckt und dehnt sich dort behaglich und geht nun auf Weide aus. An den Quellen und Lachen erscheint es, in Afrika wenigstens, am häufigsten zwischen der dritten und sechsten Stunde der Nacht, und immer verweilt es dann mehrere Stunden an diesen so beliebten Orten. Später gilt es ihm allerdings ziemlich gleich, wohin es sich wendet. Es äst sich ebensowohl in den dichten, anderen Thieren kaum zugänglichen Wäldern wie auf offenen Ebenen, im Wasser nicht weniger als in dem Röhricht der Sümpfe, auf den Bergen ebenso gut wie in dem Thale. Selbst durch das verschlungenste Dickicht bahnt es sich mit der größten Leichtigkeit einen Weg. Die Zweige und dünneren Stämme müssen der in Bewegung gesetzten Masse weichen oder werden von ihr niedergebrochen, und nur um größere Stämme zu umgehen, beschreibt es eine kleine Biegung. Wo es mit Elefanten zusammenlebt, nimmt es gewöhnlich deren Wege an; doch verursacht es ihm keine Schwierigkeit, selbst solche zu bahnen. In den Dschungeln Indiens sieht man von ihm herrührende lange, schnurgerade Wege, auf denen alle Pflanzen seitlich niedergebrochen sind, während der Boden niedergestampft ist; im Inneren Afrikas gewahrt man ähnliche Gangstraßen, welche man als solche des Nashorns erkennt, wenn die Bäume rechts und links niedergebrochen sind, wogegen die von Elefanten herrührenden dadurch sich auszeichnen, daß die niederen hindernden Stämme ausgerissen, entlaubt und dann auf die Seite geworfen wurden. Nicht selten findet man in den indischen Gebirgsgegenden wohl ausgetretene Wege, welche über felsige oder steinige Abhänge von einem Walde zum anderen führen und durch das beständige Traben auf der gleichen Stelle förmlich in das Gestein eingegraben wurden, so daß schließlich tiefe Hohlwege entstehen. »Auf Java«, schreibt mir Haßkarl, »fand ich solche Wege noch auf Höhen von dreitausend Meter über dem Meere, ebenso wie in den feuchten Niederungen der Südküsten der Insel. Unter allen Umständen kann man, diesen Wegen folgend, mit Sicherheit darauf rechnen, schließlich zu einer Quelle oder Wasserlache zu gelangen. Hier und da ist ein Baumstamm quer über den oft mehr als einen halben Meter tief ausgetretenen Weg gestürzt, so daß das Nashorn nur mit Mühe darunter weglaufen kann; gleichwohl nimmt es nach wie vor den altgewohnten Wechsel an, denn man findet den unteren Theil des Stammes abgerieben, ja förmlich polirt.« Auch Heuglin hebt hervor, daß das Doppelnashorn regelmäßig seinen Wechsel einhält, nicht wie der Elefant ein umherschweifendes Leben führt, vielmehr seine Standorte nur selten, höchstens durch die Dürre gezwungen, verändert. Ein Begehen dieser Gangstraßen ist immer gefährlich, laut Haßkarl, selbst auf Java, wo man die im ganzen durchaus friedliche Wara keineswegs fürchtet und sich gleichwohl sehr in Acht nimmt, ihr im dichten Walde, welcher kein Ausweichen gestattet, unbewaffnet, beziehentlich nicht auf ein Nashorn gerüstet, auf derartigen Pfaden entgegenzutreten.

Hinsichtlich seiner Nahrung steht das Nashorn zum Elefanten in einem ähnlichen Verhältnisse wie der Esel zum Pferde. Am liebsten frißt es Baumzweige und harte

Stauden aller Art, Disteln, Ginster, Sträucher, Schilfarten, Steppengras und dergleichen. In Afrika besteht seine Hauptnahrung aus den dornigen Mimosen, zumal aus den niederen, buschigen, deren eine Art, ihrer krummen, sich an alles anhakenden Dornen halber von den Jägern so bezeichnend »Wart ein Bischen« genannt wird. Während der Regenzeit verläßt es die Wälder und zieht sich da, wo Feldbau in der Nähe seines Aufenthaltes betrieben wird, nach dem angebauten Lande. Hier richtet es gewöhnlich unglaubliche Verwüstungen an; denn ehe der Magen von 1,5 Meter Länge und 75 Centim. Querdurchmesser gefüllt werden kann, muß eine bedeutende Menge von Kraut vernichtet sein. Bei den in der Gefangenschaft lebenden Nashörnern hat man die tägliche Nahrung gewogen und gefunden, daß das Thier mindestens fünfundzwanzig Kilogramm zu sich nimmt. Im freien Zustande frißt es wahrscheinlich noch mehr. Aber freilich ist es auch kein Kostverächter. Nicht bloß die dürren Zweige und Schößlinge, nicht bloß die starrenden Theile der Mimosen und andere stachligen Gewächse der Wendekreisländer, sondern auch Äste von 3 bis 5 Centim. Durchmesser würgt es hinab. Die Nahrung wird mit dem breiten Maule abgepflückt oder mittels des handartigen Fortsatzes abgebrochen. An einem gefangenen indischen Nashorn beobachtete ich, daß es mit seiner Lippenspitze sehr kleine Stücke, Zuckerbrocken z. B., geschickt einklemmen und dann durch Umbiegen derselben auf die weit vorragende Zunge bringen kann. Alle Nahrung, welche das Thier aufnimmt, zerkaut es sogleich, aber in rohester Weise; denn seine Speiseröhre ist weit genug, um auch großen Stücken den Durchgang zu gestatten. Das indische Nashorn kann die rüsselartige Ausbuchtung der Oberlippe bis auf etwa 15 Centim. verlängern und damit einen dicken Grasbusch erfassen, ausreißen und in das Maul schieben. Ob das Gras rein ist oder ob etwas Erde an den Wurzeln hängt, scheint gleichgültig zu sein. Es schlägt allerdings erst den ausgerissenen Busch einmal gegen den Boden, um den größten Theil der erdigen Stoffe abzuschütteln, schiebt ihn dann aber mit Seelenruhe in den weiten Rachen und würgt ihn ohne Schlingbeschwerden hinab. Sehr gern frißt es auch Wurzeln, deren es sich mit Leichtigkeit bemächtigt. Bei guter Laune gefällt es sich, schon seines Vergnügens halber, darin, einen kleinen Baum oder Strauch aus dem Boden zu wühlen, und fegt zu diesem Zwecke mit dem gewaltigen Horne so lange unter den Wurzeln herum, bis es schließlich den Strauch erfassen und herausheben kann, worauf durch andere Schläge die Wurzeln losgebrochen und endlich verzehrt werden.

Das Wesen der Nashörner hat wenig anziehendes. Sie fressen entweder oder schlafen; um die übrige Welt bekümmern sie sich kaum. Im Gegensatze zu dem Elefanten leben sie nicht in Herden, sondern meist einzeln oder höchstens in kleinen Trupps von vier bis zehn Stück. Unter solcher Gesellschaft herrscht wenig Zusammenhang: jedes einzelne lebt in der Regel für sich und thut, was ihm beliebt. Gleichwohl kann man nicht behaupten, daß eins das andere mit stumpfer Gleichgültigkeit betrachte; es bilden sich vielmehr, ganz abgesehen von einer Nashornmutter und ihrem Kinde, nicht selten Freundschafts-, um nicht zu sagen Eheverhältnisse zwischen den verschiedenen Geschlechtern aus, welche sehr inniger Art sein können und vielleicht nur mit dem Tode endigen. In der Freiheit begegnet man öfters Paaren, welche alles gemeinschaftlich thun, und an gefangenen und an einander gewöhnten Nashörnern beiderlei Geschlechtes kann man eine wahrhaft zärtliche Liebe wahrnehmen. Schwerfällig wie der Leib erscheint auch das geistige Wesen, aber weder der eine noch das andere ist es wirklich. Für gewöhnlich schreitet ein Nashorn gewichtig und etwas plump dahin, und wenn es sich niederlegt oder wälzt, thut es dies anscheinend so ungeschickt als möglich; alle Bewegungen aber sehen unbeholfener aus, als sie thatsächlich sind. Behende Wendungen und Biegungen kann ein Nashorn freilich nicht ausführen, und auf den Bergen springt es auch nicht mit der Leichtigkeit einer Gemse umher; in ebenen Gegenden aber eilt es, wenn es einmal in Bewegung gekommen ist, sehr rasch davon. Es geht nicht, wie die anderen schweren Dickhäuter, durch fast gleichzeitiges Bewegen der Beine einer Seite, sondern schreitet mit den sich gegenüberstehenden Vorder- und Hinterbeinen aus. Beim Laufen hält es den Kopf gewöhnlich niedrig und gerade vor sich hin, in der Wuth aber schaukelt es ihn wiegend hin und her und reißt mit dem Horne tiefe und weite Furchen auf. Wenn es sehr erzürnt ist, springt es auch von einer Seite zur anderen und hebt dann den stumpfen Schwanz in die Höhe. Es kann einen sehr geschwinden und ausdauernden Trab laufen und selbst berittenen Jägern gefährlich werden, zumal in buschreichen Gegenden, wo Mann und Pferd nicht so leicht auszuweichen vermögen, während jenes alle ihm im Wege stehenden Bäume niedertritt. Das Schwimmen übt jedes Nashorn, hält sich jedoch mehr an der Oberfläche und taucht nicht ohne Noth unter. Einzelne Berichterstatter wollen jedoch beobachtet haben, daß es in Sümpfen oder Flüssen bis zum Grunde hinabtauche, dort mit dem Horne die Wurzeln und Ranken der Wasserpflanzen aushebe und mit sich emporbringe, um sie oben zu verzehren.

Unter den Sinnen der Nashörner steht das Gehör obenan, dann folgt der Geruch, und auf diesen das Gefühl. Das Gesicht ist sehr wenig ausgebildet. Es wird allgemein behauptet, daß ein Nashorn immer nur gerade nach vorn sehen könne und Menschen, welche von der Seite zu ihm hinschlichen, nicht wahrzunehmen vermöge. Ich bezweifle diese Angaben, weil ich das Gegentheil an zahmen bemerkt habe. In der Wuth folgt das Nashorn dem Geruche ebenso wie dem Gehöre; denn es nimmt die Fährte des Feindes auf und spürt dieser nach, ohne das Auge zu brauchen. Das Gehör muß sehr fein sein; denn das Thier vernimmt das leiseste Geräusch auf weite Entfernungen. Aber auch der Geschmack ist durchaus nicht zu leugnen; wenigstens beobachtete ich bei zahmen, daß ihnen Zucker ein höchst erwünschter Gegenstand war und mit besonderem Wohlgefallen von ihnen verzehrt wurde. Die Stimme besteht in einem dumpfen Grunzen, welches bei größerer Wuth in ein tönendes Blasen oder Pfeifen übergehen soll. In der Freiheit mag man dieses Pfeifen oft vernehmen; denn jedes Nashorn ist leicht in Wuth zu versetzen, und seine Gleichgültigkeit gegen alles, was nicht Futter heißt, kann sich sehr bald in das Gegentheil umwandeln. Raffles beobachtete, daß das Waranashorn vor einem einzigen Hunde die Flucht ergriff, und andere Reisende sahen, daß es, nachdem es sie bloß gewittert, eiligst davonging; allein dieses Betragen ändert sich, wenn das Thier gereizt wird. Es achtet dann weder die Anzahl noch die Wehrhaftigkeit seiner Feinde, sondern stürzt blindlings in gerader Linie auf den Gegenstand seines Zornes los. Ob dann eine Gesellschaft bewaffneter Leute dem rasenden Vieh entgegensteht, oder ob der Gegenstand seiner Wuth ein völlig harmloser und unbedeutender ist, scheint von ihm nicht in Betracht gezogen zu werden. Rothe Farben sollen ihm, wie dem Ochsen, zuwider sein; wenigstens hat man es Anfälle auf schreiend gekleidete Menschen ausführen sehen, welche ihm nicht das geringste zu Leide gethan haben. Seine Wuth übersteigt alle Grenzen. Es rächt sich nicht bloß an dem, welcher es wirklich gereizt hat, sondern an allem und jedem, was ihm vorkommt; selbst Steine und Bäume müssen seinen Zorn entgelten, und wenn es gar nichts findet, reißt es wenigstens zwei bis drei Meter lange, halbkreisförmige Furchen in die Erde. Glücklicherweise ist es nicht so schwer, einem in voller Wuth dahin rennenden Nashorne zu entgehen. Der geübte Jäger läßt es bis auf etwa zehn oder funfzehn Schritte herankommen und springt dann zur Seite; der tobende Gesell rennt an ihm vorüber, verliert die Witterung, welche er bisher hatte, und stürzt nun auf gut Glück vorwärts, vielleicht an einem anderen unschuldigen Gegenstande seinen Ingrimm auslassend. Man kennt, wie Lichtenstein erzählt, Beispiele, daß ein Nashorn bei Nacht einem Wagen oder einem davor gespannten Ochsen in die Seite gefallen ist und mit unbegreiflicher Kraft alles mit sich fortgeschleppt und zertrümmert hat. Für den gerade im Zuge begriffenen Reisenden ist ein Nashorn von allen Thieren das gefährlichste, weil es nicht selten ohne alle Ursache auf die Leute losrennt und in sinnloser Wuth gänzlich Unschuldige umbringt. Zumal das Doppelnashorn wird wegen seines ungeheuern Grimmes sehr gefürchtet. Manchmal arbeitet eins dieser Thiere stundenlang mit seinem Horne an einem Busche und wühlt schnaubend an ihm herum, bis es ihn mit sammt seinen Wurzeln aus der Erde gehoben hat; dann legt es sich vielleicht ruhig nieder, ohne weiter an die eben zerstörte Pflanze zu denken. Das Stumpfnashorn ist viel sanfter und harmloser als sein dunklerer Verwandter, steht ihm an Schnelligkeit bei weitem nach und greift, selbst wenn es verwundet worden ist, selten den Menschen an.

Die außerordentliche Reizbarkeit der Nashörner verdunkelt den wahren Ausdruck ihres geistigen Wesens und erschwert in hohem Grade eine richtige Beurtheilung und gerechte Würdigung ihres Verstandes. Ich wage meinem verehrten Freunde Westerman nicht zu widersprechen, wenn er das Nashorn als den geistig am wenigsten entwickelten aller großen Vielhufer erklärt, muß jedoch hierbei an den hohen Verstand der Elefanten, an die nicht zu unterschätzende geistige Begabung der Tapire und Schweine erinnern, um nicht die Meinung hervorzurufen, als erachte ich die Nashörner als geistlose, dumme Geschöpfe. Solche sind sie gewiß nicht. Sie stehen den aufgeführten Verwandten in geistiger Hinsicht nach, übertreffen aber sicherlich sämmtliche Nager und wahrscheinlich auch die meisten Wiederkäuer in dieser Beziehung. Im Zorne vergißt auch der Elefant seine Klugheit, das Schwein seine Vorsicht, der Hirsch seine Scheu; im Zorne handelt der listige Affe thöricht, sogar der weise Mensch oft unbedacht: das zornige Nashorn also ist nicht maßgebend für die Beurtheilung seiner geistigen Fähigkeiten. Ungeachtet aller bisher mitgetheilten Beobachtungen kennt man das freilebende Thier noch viel zu wenig, als daß man im Stande wäre, ein einigermaßen zutreffendes Urtheil zu fällen; man hat es aber auch kaum wirklich beobachtet, sondern bei der Begegnung entweder angegriffen oder geflohen. Die wenig entwickelte Hirnkapsel seines Schädels, sein kleines Gehirn, welches sich zu der Leibesmasse verhält wie 1:164, spricht allerdings nicht für eine hohe geistige Entwickelung, und seine leibliche Trägheit scheint die Annahme auch einer geistigen Schwerfälligkeit zu rechtfertigen; es fragt sich jedoch, ob die eine wie die andere Folgerung richtig ist. Gefangene Nashörner bekunden zwar ebenfalls wenig geistige Begabung, keineswegs aber eine so auffallende Verstandesarmut wie viele andere Mitglieder ihrer Klasse, beispielsweise alle Beutelthiere und die meisten Nager. Viel eher und bestimmter als diese und jene lernen sie ihre Wärter kennen, fügen sie sich in die ihnen auferlegten Verhältnisse, gewöhnen sie sich an eine gegen ihre frühere wesentlich veränderte Lebensweise; sie lassen sich daher keineswegs schwierig behandeln. Wahrscheinlich würden sie noch ganz andere Beweise ihres Verstandes liefern, wollte man sich überhaupt Mühe geben, mit ihnen zu verkehren, ihren Geist zu wecken und zu bilden, anstatt einfach für ihre unabweislichsten Bedürfnisse zu sorgen und sie im übrigen anzustaunen oder gleichgültig sich selbst zu überlassen.

Über die Fortpflanzung des Nashorns fehlen zur Zeit noch erschöpfende Berichte. Von der indischen Art weiß man, daß die Paarung in die Monate November und December fällt, und da nun der Wurf im April oder Mai erfolgt, hat man die Tragzeit auf siebzehn bis achtzehn Monate angeschlagen, aber wahrscheinlich ebenso wie bei dem Flußpferde erheblich geirrt. Der Paarung gehen zuweilen gewaltige Kämpfe unter den Männchen voraus. So sah Anderson vier männliche Nashörner im wüthendsten Kampfe, erlegte zwei und fand, daß sie mit Wunden bedeckt und infolge deren nicht im Stande waren, sich satt zu fressen. Mitten im Dickichte des Waldes bringt das Nashorn sein einziges Junge zur Welt: ein kleines, plumpes Vieh, von der Größe eines stattlichen Hundes, welches mit offenen Augen zur Welt kommt. Seine röthliche Haut ist noch faltenlos, der Keim zum Horne aber schon vorhanden.

Durch einen Zufall ist unsere Kunde über die ersten Tage des Kindeslebens eines Nashorns in der neuesten Zeit nicht unwesentlich bereichert worden. Am 7. December 1872 traf, wie Bartlett berichtet, das Dampfschiff Orchis, von Singapore kommend, mit einem alten weiblichen Badaknashorn am Bord, in den Victoria- Docks zu London ein. Das Thier war vor etwas mehr als sieben Monaten gefangen und, nach Aussage der Fänger, kurz vorher belegt worden. Am Tage seiner Ankunft, gegen sieben Uhr abends, vernahm der Wärter zu seiner Überraschung ein schwaches Quieken, welches aus dem Behälter des Nashorns zu kommen schien. Bei Besichtigung des Thieres ergab sich, daß es soeben ein Junges geworfen hatte und gerade beschäftigt war, die Nabelschnur, mittels welcher letzteres noch an ihm hing, zu zerbeißen. Zur Verwunderung des Wärters zeigte sich die bisher sehr ungeberdige Alte ruhig und sanft, erlaubte ihm sogar, nachdem er sie angerufen hatte, in den Verschlag zu treten, sie zu melken und ihr später das Junge an das Euter zu legen. In der Meinung, daß Ruhe und Stille der ermatteten und erschöpften Mutter willkommen sein werde, verließ er hierauf den Versandkäfig und deckte ihn sorgfältig mit Segeltuch zu. Das Junge schien jedoch nicht gewillt, in dieser Weise sich einsperren zu lassen; denn bald darauf lustwandelte es, trotz Dunkelheit und Regen, auf dem Decke des Schiffes umher, aber freilich nicht lange, weil infolge der Kälte und Nässe binnen kurzem die zarten Glieder ihm den Dienst versagten. Tüchtig gerieben und in wollene Decken gehüllt, erholte es sich zwar wieder, litt aber ersichtlich unter der Unwirtlichkeit des ihm feindlichen Klimas. Als Bartlett am anderen Morgen an Bord kam, war man eben beschäftigt, Mutter und Kind zu landen. Auf seinen Rath trennte man beide, um zu verhüten, daß die Alte beim Verkrahnen und Umladen des Behälters das Kleine erdrücke oder beschädige. Kaum aber stand der schwere Versandkäfig glücklich auf dem Wagen, als die Mutter so unruhig wurde, daß man sich genöthigt sah, ihr das Kind zurückzugeben. Der Wärter begab sich ebenfalls in den Käfig und verblieb hier während der ziemlich langen Fahrt von den Docks bis zu den Ställen des betreffenden Händlers und Besitzers. Hier verging eine geraume Zeit, bevor man die Alte abgeladen und im Stalle eingepfercht hatte, und man hielt es für gerathen, das Junge einstweilen in dem Geschäftszimmer unterzubringen, hatte jedoch seine liebe Noth mit ihm, um unerlaubten kindischen Gelüsten zu steuern. Sobald man die Mutter glücklich eingestellt hatte, gab man ihr das Junge zurück. Dasselbe begann auch sofort zu saugen, verließ, nachdem es sein Bedürfnis befriedigt hatte, die Alte, wandte sich einem dunklen Winkel zu und legte sich hier zur Ruhe nieder, ganz, wie viele Wiederkäuer zu thun pflegen, welche von ihren Müttern so lange versteckt werden, als diese ihrer Nahrung nachgehen. Besonders auffallend fand Bartlett die merkwürdige Friedfertigkeit der Alten. Während diese vor der Geburt des Jungen stets geneigt war, ihren Wärter und jeden anderen, welcher ihr sich näherte, anzugreifen, erlaubte sie jetzt dem Pfleger, in den Raum zu treten und sie zu melken, als wäre sie die zahmste Kuh, gestattete auch später, als sie sich bereits im Stalle befand, anderen, ihr fremden Leuten, zu ihr zu kommen, und nahm ihr gespendete Liebkosungen mit derselben Widerstandslosigkeit entgegen wie irgend ein von vielen Leuten verwöhntes und verhätscheltes Mitglied der vierbeinigen Bewohnerschaft eines Thiergartens. Nach Bartletts Meinung befand sie sich in einem Zustande von Geistesabwesenheit oder vielleicht in einem solchen der Erschöpfung; möglicherweise auch nahm sie Rücksichten auf ihr Kind und zeigte deshalb ein so vollständig verändertes Betragen; denn sie ließ sich Mißhandlungen oder Behelligungen gefallen, welche sie sonst sicherlich zurückgewiesen haben würde und wenige Tage später auch thatsächlich auf das kräftigste abwehrte.

Das junge Badaknashorn erinnerte wegen seines mageren Leibes, der langen Glieder und der Art und Weise, wie es den großen, gestreckten Kopf bewegte, an einen jungen Esel oder an ein verhungertes Ferkel. Sein vorderes Horn war bereits vorhanden und etwa 2 Centim. hoch, sein hinteres noch nicht sichtbar, dessen Stelle aber durch einen nackten Fleck angedeutet, sein beinahe schwarzhäutiger Leib dicht mit kurzem, schwarzem Haar bekleidet, das Ohr innen wie außen dichter, der Schwanz an der Spitze bürstenartig behaart. Besonders merkwürdig erschien die Beschaffenheit der Hufe, welche unter der weichen Sohle lagen und somit das Thier nöthigten, auf der Vorder- oder Außenseite der Hufe zu gehen. Seine Länge betrug ungefähr 1 Meter, die Schulterhöhe 60 Centim., das Gewicht 25 Kilogramm.

Leider lebte das Thierchen nicht lange. Laut Noll, welcher nach Hagenbecks Mittheilungen über das freudige Ereignis berichtet, wurde es zwar von der Alten treulich gepflegt und über Tags sieben- bis achtmal, des Nachts drei- bis viermal genährt, gedieh auch zusehends und wuchs merkwürdig schnell, lag aber bereits am Morgen des 10. December todt im Stalle, wahrscheinlich erdrückt von der eigenen Mutter, welche sich, als man ihr jetzt das Junge wegnahm, überaus wüthend geberdete.

Auch von freilebenden Nashörnern hat man erkundet, daß die Mutter warme Liebe für ihr Junges zeigt, es fast durch zwei Jahre säugt, während dieser Zeit mit der größten Sorgfalt bewacht und bei Gefahr mit beispiellosem Grimme gegen jeden Feind und jeden Angriff vertheidigt. Bontius erzählt, daß ein Europäer auf einem seiner Ritte ein indisches Nashorn mit seinem Jungen entdeckte. Als das Thier die Menschen erblickte, stand es auf und zog mit seinem Kinde langsam weiter in den Wald. Das Junge wollte nicht recht fort, da stieß es die Alte mit der Schnauze vorwärts. Nun fiel es einem Jäger ein, dem Thiere nachzureiten und ihm mit seinem Säbel einige Hiebe auf den Hinteren zu geben. Die Haut war zu dick, als daß er hätte durchdringen können; die Hiebe hinterließen nur einige weiße Streifen. Geduldig ertrug das alte Nashorn alle Mißhandlungen, bis sein Junges im Gesträuche verborgen war; dann wendete es sich plötzlich mit ungeheurem Grunzen und Zähneknirschen gegen den Reiter, stürzte auf ihn los und zerriß ihm mit dem ersten Streiche einen Stiefel in Fetzen. Es würde um ihn geschehen gewesen sein, wäre das Pferd nicht klüger gewesen als sein Leiter. Dieses sprang zurück und floh aus allen Kräften, das Nashorn aber jagte ihm nach, Bäume und alles, was ihm hinderlich war, krachend niederschmetternd. Als das Pferd zu den Begleitern des Weißen zurückkam, ging das Nashorn auf diese los; sie aber fanden glücklicherweise zwei nebeneinander stehende Bäume, hinter welche sie sich flüchteten. Das Nashorn, blind gemacht durch seine Wuth, wollte schlechterdings zwischen den Bäumen hindurch und gerieth in förmliche Raserei, als es sah, daß diese seinen Angriffen widerstanden. Die Stämme zitterten wie Rohr unter den Streichen und Stößen, welche das erboste Vieh führte; doch widerstanden sie, und die Leute gewannen Zeit, ihm einige Schüsse auf den Kopf zu geben, welche es fällten.

Wie lange das junge Nashorn bei seiner Mutter bleibt, weiß man nicht; ebensowenig kennt man das Verhältnis zwischen dem Vater und dem Kinde. Das Wachsthum des letzteren schreitet in den ersten Monaten rasch vor sich. Ein Nashorn, welches am dritten Tage etwa 60 Centim. hoch und 1,1 Meter lang war, wächst in einem Monate 13 Centim. in die Höhe, 15 Centim. in die Länge und ebensoviel im Umfange. Nach dreizehn Monaten hat es bereits eine Höhe von 1,2, eine Länge von 2 und einen Umfang von 2,1 Meter erreicht. Die Haut ist in den ersten Monaten von dunkelröthlicher Farbe und erhält später eine dunkle Schattirung auf hellerem Grunde. Bei den bezüglichen Arten ist bis zum vierzehnten Monate kaum eine Andeutung der Falten vorhanden; dann aber bilden sich diese so rasch aus, daß binnen wenigen Monaten kein Unterschied zwischen den Alten und Jungen vorhanden ist. Übrigens gehört mindestens ein achtjähriges Wachsthum dazu, bevor das Nashorn eine Mittelgröße erreicht hat, und erst nach zurückgelegtem dreizehnten Jahre nehmen gefangene nicht mehr an Größe und Umfang zu. Das Horn biegt sich durch das ewige Wetzen mehr nach hinten. Manche, zumal gefangene Nashörner haben die Gewohnheit, so viel mit ihm zu schleifen, daß es bis auf einen kleinen Stummel verkleinert wird. Gänzlich abgestoßene Hörner ersetzen sich wieder, verletzte nehmen zuweilen eine von der gewöhnlichen sehr verschiedene Gestalt an, woraus hervorgeht, daß man nicht berechtigt ist, auf die Hörner allein Arten zu begründen.

Man hat in alter Zeit viel von den Freundschaften und Feindschaften der Nashörner gefabelt. Namentlich der Elefant sollte aufs eifrigste von ihnen bekämpft werden und regelmäßig unterliegen müssen. Diese schon von Plinius herrührenden Geschichten werden von dem einen und anderen Reisebeschreiber gelegentlich aufgewärmt, sind jedoch sicherlich als Fabeln anzusehen. Daß ein gereiztes Nashorn sogar einen Elefanten angreifen kann, mag glaublich erscheinen; in solchem Falle aber weiß ein solcher sich auch zu wehren und bietet sich nicht ohne weiteres zur Zielscheibe für die Hornstöße des Gegners dar. Richtigeres erzählt man von der Freundschaft unseres Thieres mit schwächeren Geschöpfen. Anderson, Gordon Cumming und andere fanden fast regelmäßig auf dem Doppel- wie auf dem Stumpfnashorn einen dienstwilligen Vogel, den Madenhacker, welcher den Riesen während des ganzen Tages treu begleitet und gewissermaßen Wächterdienste bei ihm verrichtet. »Die Nashornvögel (Madenhacker)«, sagt Cumming, »sind fortwährende Begleiter des Nilpferdes und der beiden Arten des Nashorns. Sie nähren sich von dem Ungeziefer, von welchem diese Thiere wimmeln, und halten sich deshalb immer in unmittelbarer Nähe der Dickhäuter oder auf ihrem Leibe selbst auf. Oft haben diese stets wachsamen Vögel mich bei meiner vorsichtigsten Annäherung in meinen Erwartungen getäuscht und meine Mühe vereitelt. Sie sind die besten Freunde, welche das Nashorn hat, und verfehlen selten, es aus seinem tiefsten Schlafe aufzuwecken. Der alte Dickbauch versteht auch ihre Warnung vollkommen, springt auf seine Füße, sieht sich nach allen Richtungen um und ergreift dann jedesmal die Flucht. Ich habe oft zu Pferde ein Nashorn gejagt, welches mich viele Meilen weit lockte und eine Menge Kugeln empfing, ehe es stürzte. Auch während solcher Hatze blieben diese Vögel fortwährend bei ihrem Brodherrn. Sie saßen ihm auf dem Rücken und den Seiten, und als eine Kugel in die Schulter des Nashorns einschlug, flatterten sie ungefähr zwei Meter in die Höhe, einen gellenden Schrei ausstoßend, und nahmen dann wieder ihren früheren Platz ein. Zuweilen traf es sich, daß die unteren Zweige der Bäume, unter welchen das Nashorn dahinrannte, die Vögel wegfegten; aber sie fanden allemal ihren Platz wieder. Ich habe Nashörner geschossen, wenn sie um Mitternacht an den Quellen tranken; die Vögel aber, welche glauben mochten, daß das erlegte Nashorn schliefe, blieben bis zum Morgen bei ihm, und wenn ich mich näherte, bemerkte ich, daß sie, ehe sie fortflogen, alles mögliche aufboten, um das vermeintlich schlafende Nährthier aufzuwecken.« Wir haben keinen Grund, an der buchstäblichen Wahrheit dieser Mittheilung zu zweifeln, da wir ähnliche Freundschaften zwischen den Vögeln und den Säugethieren oft genug finden können. Zudem habe ich selbst in Habesch die Madenhacker wenigstens auf Pferden und Rindern beobachten können. Selbstverständlich finden die Vögel Anerkennung für solche treue Begleitung, und auch das stumpfeste Säugethier muß die Wohlthaten erkennen, welche sie ihm durch Auflesen der es peinigenden Kerfe bereiten. Ob aber bei Annäherung des Menschen die Vögel ihr Weidethier geradezu in das Ohr picken, um es aufzuwecken, will ich gern dahin gestellt sein lassen; ich glaube eher, daß schon die allgemeine Ursache, welche sie kundgeben, wenn sich ihnen etwas verdächtiges zeigt, hinreichend ist, um das Nashorn aufmerksam zu machen. Daß besonders vorsichtige Vögel von anderen Thieren als Vorposten und Warner anerkannt und beachtet werden, wissen wir bestimmt.

Außer dem Menschen dürfte das Nashorn nicht viele Feinde haben. Löwen und Tiger meiden das Thier, weil sie wissen, daß ihre Klauen doch zu schwach sind, um dessen dicke Panzerhaut zu zerreißen. Der Prankenschlag des Löwen, welcher einen

*Ceratotherium simum* RHINOCEROTIDAE

Stier im Nu zu Boden wirft, dürfte dem Nashorn gegenüber als zu schwach sich erweisen; denn dieses ist infolge der Kämpfe mit seines Gleichen noch ganz andere Schläge gewohnt. Weibliche Nashörner, welche Junge haben, lassen Tiger oder Löwen nicht leicht in ihre Nähe kommen, weil dem kleinen, noch weichlichen Nashorne ein so großes Raubthier wohl gefährlich werden mag. »Als ich einmal aus der Stadt an einem Flusse spazieren ging«, sagt Bontius, »um die lieblichen Pflanzen zu betrachten, fand ich am Ufer ein junges, noch lebendiges und jämmerlich heulendes Nashorn liegen, dem die Hinterbacken abgebissen waren, ohne Zweifel von einem Tiger. Was man von seiner Freundschaft mit dem Tiger sagt, scheint mir nur eine Heuchelei zu sein; denn wenn auch beide Thiere nebeneinander hergehen, so sehen sie einander mit schiefen Augen an, grunzen und blöken die Zähne, was sicher kein Zeichen von Freundschaft ist.«

Das Nashorn fürchtet andere kleine Thiere weit mehr als die großen Räuber und hat namentlich in einigen Bremsen und in den Mücken schlimme Feinde, gegen welche es kaum etwas unternehmen kann. Ihrethalber wälzt es sich so gerne im Schlamme, und infolge ihrer Stiche, welche es recht wohl fühlen mag, reibt es sich oft an den Stämmen, bis böse Geschwüre und Grinde entstehen, in denen dann wieder neue Kerbthiere sich ansiedeln. Auch mit dem Schlamme kommen eine Menge von Wasserthieren, namentlich Egel, an das Nashorn, welche ebenfalls unangenehm werden müssen und nur in den kleinen gefiederten Freunden des Thieres mächtige Gegner finden können.

Der Mensch ist wohl überall der gefährlichste Feind des Nashornes. Alle Völkerschaften, in deren Gebiete eine Art dieser plumpen Geschöpfe sich findet, stellen ihm mit dem größten Eifer nach, und auch die europäischen Jäger betreiben seine Jagd mit wahrer Leidenschaft. Man hat gefabelt, daß die Panzerhaut für Kugeln undurchdringlich wäre; doch haben schon frühere Reisende bezeugt, daß selbst eine Lanze oder ein kräftig geschleuderter Pfeil sie durchbohrt. Die Jagd ist gefährlich, weil der gewaltige Riese auf den rechten Fleck getroffen werden muß, wenn er der ersten Kugel erliegen soll. Verwundet nimmt er augenblicklich den Kampf mit dem Menschen auf und kann dann überaus furchtbar werden. Die eingeborenen Jäger suchen das Nashorn während des Schlafes unter dem Winde zu beschleichen und werfen ihm ihre Lanze in den Leib oder setzen ihm die Mündung des Gewehrlaufs fast auf den Rumpf, um den Kugeln ihre volle Kraft zu sichern. Die Abessinier gebrauchen Wurfspieße, schleudern davon aber manchmal funfzig bis sechzig auf ein Nashorn. Wenn es etwas erschöpft vom Blutverluste ist, wagt sich einer der Kühnsten an das Thier heran und versucht, mit dem scharfen Schwerte die Achillessehne durchzuhauen, um das Thier zu lähmen und zu fernerem Widerstande unfähig zu machen. In Indien zieht man mit Elefanten zur Jagd hinaus; aber selbst diese werden zuweilen von dem wüthenden Thiere gefährdet. »Als das Nashorn aufgejagt war«, sagte Borri, »ging es ohne anscheinliche Furcht vor der Menge der Menschen auf seine Feinde los, und als diese bei seiner Annäherung rechts und links auseinander prallten, lief es ganz gerade durch die aus ihnen gebildete Reihe, an deren Ende es auf den Statthalter traf, welcher auf einem Elefanten saß. Das Nashorn lief sogleich hinter diesem her und suchte ihn durch sein Horn zu verwunden, während der Elefant seinerseits alle Kraft aufbot, das angreifende Nashorn mit dem Rüssel zu fassen. Der Statthalter nahm endlich die Gelegenheit wahr und schoß ihm eine Kugel an die rechte Stelle.«

Auf die afrikanischen Arten wird im offenen, freien Felde Jagd gemacht. Der Jäger schleicht sich durch das Gebüsch heran und schießt aus geringer Entfernung. Fehlt er, so stürzt das Thier wüthend nach dem Orte hin, von welchem der Schuß fiel, und spürt und äugt nach dem Feinde umher. Sobald es denselben sieht oder wittert, senkt es den Kopf, drückt die Augen zu und rennt, mit der ganzen Länge des Horns die Erde streifend, vorwärts. Dann ist es noch ein leichtes, ihm auszuweichen. Geübte Nashornjäger haben stundenlang einem auf sie eindringenden Nashorn Stand gehalten, indem sie stets zur Seite sprangen, wenn das Nashorn auf sie losrannte, und es an sich vorbeirasen ließen, bis sie, nachdem es sich ausgetobt, es doch noch erlegten. Anderson ist mehrmals durch verwundete Nashörner in Todesgefahr gekommen. Eins derselben stürzte sich wüthend auf ihn, warf ihn nieder, glücklicherweise ohne ihn mit dem Horne zu treffen, schleuderte ihn aber ein gutes Stück mit seinen Hinterfüßen weg. Kaum war es an ihm vorüber gestürmt, als es sich schon herumdrehte und einen zweiten Angriff wagte, welcher dem Manne eine schwere Wunde in den Schenkel einbrachte. Damit war glücklicherweise seine Rache erfüllt: es eilte in ein benachbartes Dickicht, und Anderson konnte gerettet werden.

»Als ich einst auf der Rückkehr von einer Elefantenjagd begriffen war«, erzählte Oswell dem eben genannten, »bemerkte ich ein großes Stumpfnashorn in kurzer Entfernung vor mir. Ich ritt ein vortreffliches Jagdpferd, das beste und flotteste, welches ich jemals während meiner Jagdzüge besessen habe; doch war es eine Gewohnheit von mir, niemals ein Nashorn zu Pferde zu verfolgen, einfach deshalb, weil man sich dem stumpfsinnigen Vieh weit leichter zu Fuß als zu Pferde nähern kann. Bei dieser Gelegenheit jedoch schien es, als ob das Schicksal dazwischen treten wolle. Meinen Nachreitern mich zuwendend, rief ich aus: ›Beim Himmel, der Bursche hat ein gutes, feines Horn; ich will ihm einen Schuß geben.‹ Mit diesen Worten gab ich meinem Pferde die Sporen, war in kurzer Zeit neben dem ungeheuren Thiere und sandte ihm einen Augenblick später eine Kugel in seinen Leib, doch, wie sich zeigte, nicht mit tödtlicher Wirkung. Das Nashorn, anstatt, wie gewöhnlich, die Flucht zu ergreifen, blieb zu meiner größten Verwunderung sofort stehen, drehte sich rasch herum und kam, nachdem es mich ein oder zwei Augenblicke neugierig angesehen hatte, langsam auf mich los. Ich dachte noch gar nicht an die Flucht, dem ungeachtet versuchte ich, mein Pferd wegzulenken. Aber dieses Geschöpf, gewöhnlich so gelehrig und lenksam, welchem der kleinste Druck des Zügels genug war, verweigerte jetzt ganz entschieden, mir zu gehorchen. Als es zuletzt noch folgte, war es zu spät; denn das Nashorn war bereits so nahe zu uns gekommen, daß ich wohl einsah, ein Zusammentreffen mußte unvermeidlich sein. Und in der That, einen Augenblick später bemerkte ich, wie das Scheusal seinen Kopf senkte, und indem es denselben rasch nach oben warf, stieß es sein Horn mit solcher Kraft zwischen die Rippen meines Pferdes, daß es durch den ganzen Leib, durch den Sattel selber hindurch fuhr, und ich die scharfe Spitze in meinem Beine fühlte. Die Kraft des Stoßes war so furchtbar, daß mein Pferd einen wirklichen Burzelbaum in der Luft schoß und dann langsam nach rückwärts zurückfiel. Was mich anlangt, so wurde ich mit Gewalt gegen den Boden geschleudert, und kaum lag ich hier, als ich auch schon das Horn des wüthenden Thieres neben mir erblickte. Doch mochte es seine Wuth gekühlt und seine Rache erfüllt haben. Es ging plötzlich mit leichtem Galopp von dem Schauplatze seiner Thaten ab. Meine Nachreiter waren inzwischen näher gekommen. Ich eilte zu einem hin, riß ihn vom Pferde herab, sprang selbst in den Sattel und eilte, ohne Hut, das Gesicht von Blut strömend, rasch dem sich zurückziehenden Thiere nach, welches ich zu meiner großen Genugthuung wenig Minuten später leblos zu meinen Füßen hingestreckt sah.«

Auch Gordon Cumming berichtet, daß ein weißes, sonst als gutmüthig betrachtetes Nashorn, als es in die Enge getrieben worden war, wüthend zum Angriffe sich herumdrehte und ihn gefährdete. Von einem Doppelnashorn erzählt er, daß dasselbe, noch ehe er ihm Leides gethan, plötzlich auf ihn zukam und ihn lange Zeit um einen Busch herumjagte. »Wäre es ebenso flink als häßlich gewesen, so hätten meine Wanderungen wahrscheinlich ihre Beendigung erreicht. Aber meine überlegene Behendigkeit gab mir den Vortheil. Nachdem es mich eine Zeitlang durch den Busch angeschnaubt, stieß es plötzlich einen lauten Schrei aus, machte kehrt und ließ mich als Meister des Feldes zurück.«

Levaillant beschreibt in sehr lebhafter Weise eine Jagd auf das zweihörnige Nashorn. »Man beobachtete ein Paar dieser Thiere, welche ruhig in einem Mimosenwalde nebeneinander standen, die Nase gegen den Wind gerichtet und von Zeit zu Zeit hinter sich sehend, um zu sichern. Ein Eingeborener bat sich aus, die Thiere zu beschleichen. Die übrigen Jäger vertheilten sich, und ein Hottentotte nahm die Hunde unter seine Obhut. Der Eingeborene zog sich nackt aus und kroch mit der Flinte auf dem Rücken höchst langsam und vorsichtig wie eine Schlange auf dem Boden fort, hielt augenblicklich still, sobald sich die Nashörner umsahen, und glich dann täuschend einem Steinbrocken. Sein Kriechen dauerte fast eine Stunde. Endlich kam er bis zu einem, etwa zweihundert Schritte von den Thieren entfernten Busche, stand auf und sah sich um, ob seine Kameraden alle auf ihren Posten wären, legte an und verwundete das Männchen, welches im Augenblicke des Schusses einen fürchterlichen Schrei ausstieß und mit dem Weibchen wüthend auf ihn zukam. Er legte sich unbeweglich auf den Boden, die Nashörner eilten an ihm vorbei und stürzten auf die übrigen Jäger los. Jetzt befreite man die Hunde und feuerte von allen Seiten auf sie. Sie schlugen fürchterlich gegen die Hunde los, zogen mit ihren Hörnern tiefe Furchen in den Boden und schleuderten die Erde nach allen Seiten weg. Die Jäger rückten näher, die Wuth der Thiere steigerte sich fortwährend: sie boten einen wirklich entsetzlichen Anblick dar. Da plötzlich stellte sich das Männchen gegen die Hunde, und das Weibchen flüchtete, zur großen Freude der Jäger, welche es nicht gern mit zwei derartigen Ungeheuern aufnehmen wollten. Das Männchen kehrte endlich auch zurück, lief aber auf einen Busch zu, in welchem drei Jäger standen, und diese sandten ihm aus einer Entfernung von dreißig Schritt tödtliche Schüsse zu. Es schlug aber noch so heftig um sich, daß die Steine nach allen Seiten flogen und weder Menschen noch Hunde sich zu nähern wagten.« Levaillant wollte aus Mitleid ihm den Rest geben, wurde aber von den Wilden abgehalten, weil sie einen sehr großen Werth auf das Blut legen und es getrocknet gegen allerlei Krankheiten gebrauchen, namentlich gegen Verstopfung. Als es endlich todt war, liefen sie hurtig heran, schnitten ihm die Blase aus und füllten sie mit Blut an.

Ähnlich wie die vorstehend gegebenen Mittheilungen lauten alle Berichte über das Zusammentreffen mit Nashörnern und ihr Betragen und Gebaren während der Jagd. Bald entfliehen sie furchtsam vor dem sich nahenden Menschen, bald setzen sie sich mutig zur Wehre; bald lassen sie sich hetzen, bald hetzen sie den Jäger. Wo sie öfters beunruhigt worden sind, warten sie den Angriff nicht erst ab, sondern gehen sofort ihrerseits zu Feindseligkeiten über; in Gegenden, wo der Mensch ihnen als fremdes Wesen erscheint, lassen sie denselben entweder mit staunender Verwunderung an sich heran kommen, oder stehen von weitem. In die Enge getrieben und erzürnt, wehren sie sich tapfer ihrer Haut. Das allgemeine Urtheil erkennt in ihnen muthige, wehrhafte, streitlustige und ausdauernde Thiere, welche, einmal erregt, nicht so leicht nachlassen, vielmehr hartnäckig und mit Todesverachtung kämpfen, überhaupt ein ritterliches Wesen bekunden.

Schwieriger als die Jagd ist der Fang. Das Waranashorn erbeutet man, wie Haßkarl mir mittheilt, hauptsächlich seines Hornes wegen, welches man für fünfundzwanzig bis dreißig Gulden an die Chinesen verkaufen kann. Um es zu fangen, tieft man auf seinen Pfaden enge Gruben aus, versieht sie mit spitzigen Pfählen, bestimmt, das schwere Thier beim Herabfallen zu spießen, und deckt sie oben sorgfältig mit Zweigen zu. Das Nashorn nimmt, wie gewohnt, seinen Wechsel an, stürzt in die Grube, und ist, auch wenn es nicht an den spitzigen Pfählen sich verletzte, in der Regel außer Stande, sich herauszuhelfen und zu befreien. Erwachsene Thiere tödtet man ohne weiteres, weil man sie lebend nicht fortzuschaffen weiß, jüngere dagegen sucht man zu fesseln und in bewohnte Gegenden zu treiben, wo man sie zu verwerthen hofft. In Afrika erlangt man die jungen Doppelnashörner, welche gegenwärtig auf unseren Thiermarkt gebracht werden, dadurch, daß man während der Fortpflanzungszeit zur Jagd auszieht, alte Weibchen mit ihrem Kinde zu erkunden sucht, erstere tödtet und sich des letzteren dann mit leichter Mühe bemächtigt. Zuweilen spielt der Zufall seine Vermittlerrolle, so bei Erbeutung des ersten Rauhohrnashornes, über dessen Fang eine in Kalkutta erscheinende Zeitung berichtet. Officiere, welche im nördlichsten Theile des Meerbusens von Bengalen bemüht waren, Elefanten für das englische Heer aufzutreiben, erfuhren durch Eingeborene, daß ein Nashorn in den Treibsand gerathen, unfähig, sich herauszuhelfen, von mehr als zweihundert Männern mittels umgelegten Stricken aufs Land befördert und zwischen zwei Bäumen fest gebunden worden sei, woselbst es sich noch und zwar im besten Wohlsein befinde, so daß man es nicht loszubinden wage. Auf diese Nachricht hin brachen Hauptmann Hood und ein Herr Wickes mit acht Elefanten nach dem sechzehn Stunden entfernten Fangplatze auf, um das Thier zu holen. Bei Ankunft an Ort und Stelle fanden sie ein weibliches Nashorn von etwa 2,6 Meter Länge und 1,3 Meter Schulterhöhe mit noch wenig entwickelten Hörnern vor, ließen es mit Stricken zwischen Elefanten festbinden und führten es unter mancherlei Mühsalen, aber auch unter lebhafter Betheiligung des Volkes nach Tschittagong. Hier wurde es auf einem umzäunten Platze eingestellt, allmählich gezähmt und einige Jahre später nach Kalkutta gebracht, von wo es schließlich nach England gelangte.

Selbstverständlich vollzog sich das alles nicht ohne mancherlei Schwierig- und Fährlichkeiten. Zuerst weigerten sich die Elefanten, beim Fesseln des gefangenen Wildlings thätig zu sein, und als man ihre Bedenken beschwichtigt, und das Nashorn glücklich mittels einer um seinen Hinterfuß gelegten Schlinge mit dem einen Elefanten zusammengekoppelt hatte, genügte ein Aufschreien des furchterweckenden Geschöpfes, um die klugen, aber furchtsamen Rüsselträger von neuem in Schreck zu setzen. Endlich hatte man unser Nashorn doch zwischen zwei Elefanten befestigt, und der Marsch konnte beginnen; auf dem Wege aber waren zwei größere Flüsse zu überschreiten, von denen nur einer mit einem passenden Fährboote überschifft werden konnte: es blieb also nichts anderes übrig, als »Begum«, das Nashorn, zwischen den beiden Leitelefanten durch den breiten Songu schwimmen, beziehentlich schleppen zu lassen, da jenes sich geberdete, als ob es nicht schwimmen könne. Nicht wenig belästigte jetzt und später die Neugierde des sich herandrängenden Volkes, welches manchmal in meilenlangem Aufzuge vor und hinter dem Ungeheuer dahinschritt. Als man Begum später nach Kalkutta brachte, verbot die Behörde den Weg durch die Dörfer; man war also genöthigt, das Thier auf Umwegen seinem Ziele zuzuführen: der Wärter, an welchen sich das Nashorn nach und nach gewöhnt hatte, schritt, nachts mit der Laterne in der Hand, singend voraus, und Begum folgte gutwillig nach. Größere Schwierigkeiten verursachte die Verladung auf den kleinen Küstendampfer, auf welchem das Thier nach Kalkutta reiste, nicht geringere sein letzter Versand nach Europa, in einem der Größe und Stärke des Nashorns entsprechenden ungefügigen Käfige aus dem eisenfesten Tiekholze. Bei der Zähmung selbst ging man mit dem allen Indiern eigenen Verständnisse zu Werke. Durch sanfte Behandlung brach man den Trotz, durch Darreichung von Leckerbissen, namentlich Pisangblättern und Mangozweigen, erwarb man sich nach und nach die Zuneigung und Freundschaft des Wildlings.

Aus diesen Angaben und anderen Berichten geht hervor, daß alle Nashornarten, die eine früher, die andere später, gebändigt werden können und trotz ihres reizbaren Wesens verhältnismäßig leicht zahm werden, wenn man sie sanft und freundlich behandelt. Bei denen, welche sich auf Schiffen befanden, bemerkte man eine stumpfe Gleichgültigkeit, welche nicht einmal nach wiederholten Neckereien dem sonst auflodernden Zorne Platz machte, ganz im Einklange mit der bekannten Thatsache, daß alle Thiere, welche das weite Meer um sich sehen, wahrscheinlich im Gefühle ihrer zeitweiligen Schwäche, ausnehmend mild und fromm sich zeigen. Aber wir haben auch andere Belege dafür, daß gefangene Nashörner auffallend zahm wurden. Horsfield rühmt das Badaknashorn als ein sehr gutmüthiges Geschöpf. Ein Junges benahm sich im hohen Grade liebenswürdig, widerstrebte nicht, als man es in einem großen Karren fortschaffte, und zeigte sich, nachdem es seinen Bestimmungsort erreicht hatte, umgänglich wie zuvor. Man hatte ihm in dem Schloßhofe von Sura Kerta einen Platz eingeräumt und diesen durch einen tiefen Graben von ungefähr einem Meter abgegrenzt; hier blieb es mehrere Jahre, ohne daran zu denken, seine Grenze zu überschreiten. Es schien sich mit seiner Lage vollkommen ausgesöhnt zu haben, gerieth auch niemals in Zorn, trotzdem es bei seiner ersten Ankunft auf alle Weise geneckt wurde, weil die zahlreiche Bevölkerung der Stadt sich mit dem Fremden aus dem Walde irgend welchen Spaß machen wollte. Baumzweige, Schlingpflanzen der verschiedensten Art, Strauchwerk etc. wurde ihm in reichlicher Menge vorgeworfen; es zog aber den Pisang allem vor, und die zahlreichen Besucher, welche diese Neigung bald auskundschafteten, sorgten nun redlich dafür, daß es diese Lieblingsnahrung in Masse erhielt. Es erlaubte, daß man es berührte und von allen Seiten besah; ja, die kecken unter den Beschauern wagten es zuweilen, auf seinem Rücken zu reiten. Wasser war ihm Bedürfnis: wenn es nicht mit Fressen beschäftigt war oder durch die Eingeborenen aufgestört wurde, legte es sich regelmäßig in tiefe Löcher, welche es sich ausgegraben hatte. Als es nach verhältnismäßig sehr kurzer Zeit erwachsen war, genügte der schmale Graben nicht mehr, es abzuschließen. Da geschah es nicht selten, daß es in den Häusern der Eingeborenen Besuche abstattete und in den Pflanzungen, welche die Gebäude regelmäßig umgeben, oft recht bedeutende Zerstörungen sich zu Schulden kommen ließ. Die Eingeborenen, welche das Thier nicht kannten, wurden natürlich bei seinem Erscheinen in die peinlichste Furcht versetzt, die beherzteren aber trieben es ohne Umstände wieder nach seinem Behälter zurück. Als die Ausflüge in der Nachbarschaft immer häufiger und die Verwüstungen, welche es in den Gärten anrichtete, immer toller wurden, war man genöthigt, es nach einem benachbarten Dorfe zu treiben, und dort fand es schmählicher Weise sein Ende in einem kleinen Flüßchen.

Auch in unseren Thiergärten zeigen sich die meisten Nashörner gutmüthig und zahm, lassen sich berühren, hin und her treiben und sonstwie behandeln, ohne sich zur Wehre zu setzen, und gewinnen nach und nach eine entschiedene Zuneigung zu jedem Wärter, welcher verständig mit ihnen umgeht. Nur ein Fall ist bekannt, daß ein Nashorn zwei Leute, welche es wahrscheinlich gereizt haben mochten, angriff und tödtete. Das indische Nashorn im Thiergarten von Antwerpen war so gutmüthig, daß es Herrn Kretschmer, einen Zeichner von Thier-Abbildungen, gestattete, zu ihm in den Behälter zu gehen, als es sich darum handelte, es von allen Seiten bildlich darstellen zu können. Man ließ es täglich auf einen umzäumten Platz vor seinem Stalle, und dort konnte der Wärter mit ihm beginnen, was er wollte. Eine einfache Peitsche genügte, ihm einen heilsamen Schrecken einzujagen: es setzte sich augenblicklich in Galopp, wenn der Wärter klatschte. Viele Beschauer mochten es oft gefüttert haben, denn so bald jemand sich nahte, kam es sofort herbei, streckte seine plumpe Schnauze durch das Gitter, verlängerte die Oberlippe so weit es konnte und stieß ein dumpfes, aber leises Brüllen aus, in der Absicht, einige Naschereien zu erhalten. Wenn es eine Leckerei erhalten hatte, drückte es die Augen behaglich zu und zermalmte die erbettelte Speise mit einem einzigen Bisse. Ein Paar Nashörner aus Indien, welches gegenwärtig im Berliner Thiergarten gepflegt wird, zeigt sich ebenso lenksam und leutselig, ein ebendaselbst lebendes Doppelnashorn dagegen unfreundlich und eigenwillig, so daß es, nicht mit Unrecht, von den Wärtern gefürchtet wird. Während jene bei gutem Wetter täglich in dem äußeren Gehege ihres Stalles sich ergehen und stundenlang in dem geräumigen Badebecken behaglich liegen, ist dieses weder durch Güte noch durch Gewalt dazu zu bringen, den inneren Raum zu verlassen, und muß mittels einer Spritze gebadet werden. Keiner seiner Wärter wagt es, in seinen Stall zu treten, keiner es zu berühren, weil es jedes derartiges Entgegenkommen schnöde zurückweist und selbst seinen wohlbekannten Pfleger gelegentlich bedroht. Mit Strenge ist bei so gearteten Nashörnern nichts auszurichten; denn ihre Störrigkeit und Eigenwilligkeit übersteigt alle Begriffe. Selbst sonst folgsame Thiere geben hiervon zuweilen Beweise: so versagte, wie Bartlett gelegentlich mittheilt, auch Begum in Kalkutta einmal den Gehorsam, legte sich trotzig inmitten der Straße nieder und war durch kein Mittel zu bewegen, aufzustehen; hunderte von Eimern Wasser wurden über ihr ausgeschüttet: sie blieb liegen, als ob sie ein Klotz wäre, und mußte schließlich nach dem Stalle geschleift werden. Sanfte

Worte, freundliches Zureden, Anbieten und Darreichen von Leckerbissen, kurz, Mittel der Güte, fruchten unter solchen Umständen weit mehr als die Peitsche, welche sonst auch bei Nashörnern als nützliches und nothwendiges Werkzeug der Erziehung sich erweist.

Das Leben der gefangenen Nashörner fließt einförmig dahin. Wie in der Freiheit sind sie eigentlich nur in den Früh- und Abendstunden sowie während eines Theiles der Nacht vollkommen munter und so rege, als ihnen der Raum gestattet. Die Mittagsstunden bringen sie schlafend zu, nachdem sie vorher, falls dies ihnen möglich, ein Bad genommen haben. Beim Ruhen legen sie sich bald auf den Bauch und die zusammengebogenen Beine, bald auf die Seite, wälzen sich auch gern im Sande und bewegen dabei die schwere Masse ihres Leibes leichter, als man annehmen möchte. Beim Schlafen werden der Kopf und der lang ausgestreckte Hals auf den Boden gelegt und die Augen geschlossen, die Ohren dagegen auch in tiefster Ruhe noch bewegt; beim Baden verweilen sie stundenlang im Wasser, tauchen, falls das ihnen angewiesene Becken es erlaubt, bis zur Rückenfirste ins Wasser, strecken den Kopf vor und schließen die Augen ebenfalls. Wie sehr ein Begießen oder Benetzen ihrer dikken Haut ihnen Bedürfnis ist, sieht man an denen, welche nicht baden können oder wollen und deshalb täglich mittels einer Spritze eingenäßt werden: sie drängen sich, so lange der Wärter die Spritze handhabt, an das Gitter, drehen und wenden sich, legen sich nieder und auf den Rücken, wälzen sich auf dem benetzten Boden und geben überhaupt ihr hohes Behagen auf jede Weise zu erkennen, lassen auch währenddem unfriedliche Gedanken nicht aufkommen. Lauwarmes Wasser ist ihnen lieber als kaltes; doch baden sie noch bei vierzehn Grad Luft- und Wasserwärme, ohne Unbehaglichkeit zu bekunden. An die Beschaffenheit des Futters stellen sie, obwohl sie den Unterschied zwischen besserer und minder guter Nahrung zu würdigen wissen, geringe Ansprüche, verlangen aber ziemlich viel, etwa 20 Kilogramm Heu, 3 Kilogramm Hafer oder sonstiges Getreide und 15 Kilogramm Rüben täglich. Baumzweige mit Blättern und saftiges Kleeheu zählen unter ihre Leckerbissen; Weißbrod und Zucker schmeicheln ihrem Gaumen in unverkennbarer Weise; gewöhnliches Stroh oder Sumpfgräser werden übrigens auch nicht verschmäht. Bei regelmäßiger Pflege halten sie selbst in unserem Klima lange aus: man kennt Beispiele, daß sie zwanzig, dreißig, in Indien sogar fünfundvierzig Jahre in der Gefangenschaft lebten, und spricht ihnen daher, wohl nicht mit Unrecht, eine Lebensdauer von mindestens achtzig oder selbst hundert Jahren zu.

So viel mir bekannt, hat man noch niemals die Freude gehabt, gefangene Nashörner zur Fortpflanzung schreiten zu sehen; es liegt jedoch, meiner Ansicht nach, kein Grund vor, die Möglichkeit der Vermehrung gefangener Thiere dieses Geschlechts in Abrede zu stellen. Nur wenige Thiergärten vermochten bis jetzt, irgend eine Art der Familie paarweise zu erwerben, und wenn das wirklich der Fall war, fehlte es meist an genügenden Einrichtungen, um die Thiere zur Paarung zu treiben. Das bereits erwähnte Paar des Berliner Thiergartens läßt Nachzucht erhoffen. Den Thieren wohnt, wie schon Noll sehr richtig bemerkt hat, eine wahrhaft rührende Zuneigung gegen einander inne. Legt sich das eine nieder, so streckt sich auch das andere daneben hin, oft so, daß sein Kopf auf dem Leibe des Genossen ruht; steht das erste auf, so erhebt sich auch das zweite; geht dieses im Käfige auf und ab, so thut es auch jenes; beginnt das Männchen zu fressen, so verspürt auch das Weibchen das Bedürfnis, etwas zu sich zu nehmen; ruft letzteres, so antwortet ersteres und umgekehrt. Das Männchen hat schon wiederholt allerlei Paarungsgelüste gezeigt, bis jetzt aber williges Entgegenkommen noch nicht gefunden. Oft reibt es seinen Kopf an den Seiten des Weibchens, beschnüffelt es, versucht aufzusteigen; das Weibchen aber wich bisher stets aus und ließ sich selbst durch Hornstöße und Bisse seitens des ungestümen und keineswegs ungelenken Bewerbers zur Nachgiebigkeit nicht bewegen, wahrscheinlich einzig und allein deshalb, weil es das rechte Alter noch nicht erlangt hat.

Aller Nutzen, welchen das Nashorn gewähren kann, wiegt den Schaden, den es während seines Freilebens anrichtet, nicht entfernt auf. In Gegenden, wo ein regelmäßiger Anbau des Bodens stattfindet, läßt es sich nicht dulden; es ist so recht eigentlich nur für die Wildnis geschaffen. Von dem erlegten Thiere weiß man fast alle Theile zu verwenden. Nicht bloß das Blut, sondern auch das Horn steht in hohem Ansehen wegen seiner geheimnisvollen Kraft. Im Morgenlande sieht man in den Häusern der Vornehmen allerlei Becher und Trinkgeräthe, welche aus dem Horne des Thieres gedreht sind. Man schreibt diesen Gefäßen die Eigenschaft zu, aufzubrausen, wenn eine irgendwie giftige Flüssigkeit in sie geschüttet wird, und glaubt somit ein sicheres Mittel zu haben, vor Vergiftungen sich zu schützen. Die Türken der höheren Klassen führen beständig ein Täßchen von Rhinoceroshorn bei sich, und lassen es in allen zweifelhaften Fällen mit Kaffee füllen. Gar nicht selten kommt es vor, daß ein Türke, welcher einen anderen besucht, von dem er sich eben nicht viel gutes versieht, in dessen Gegenwart durch seinen Diener das Horntäßchen mit dem Kaffee füllen läßt, welcher als Freundschaftstrank jedem Ankommenden gereicht wird, und es scheint fast, als nähme der Wirt eine so beispiellose Ungezogenheit gar nicht übel. Noch häufiger wird das Horn zu den Griffen der kostbaren Säbel verwendet. Wenn es gut gewählt und geglättet ist, zeigt es eine unbeschreiblich schöne, sanft röthlichgelbe Farbe, welche mit Recht als ein besonderer Schmuck der Waffe betrachtet wird. Aus der Haut verfertigen sich die Eingeborenen gewöhnlich Schilde, Panzer, Schüsseln und andere Geräthschaften. Das Fleisch wird gegessen, das Fett hoch geachtet, obwohl Europäer das eine wie das andere als schlecht bezeichnen. Hier und da benutzt man, und sicherlich nicht ohne Erfolg, das Fett zu Salben der verschiedensten Art, wie auch das Mark der Knochen hier und da als Heilmittel gilt.

# Unser Hausschwein

Heutzutage ist das Hausschwein über den größten Theil der Erde verbreitet. So weit nach Norden hin Landbau betrieben wird, lebt es als Hausthier, in den südlichen Ländern mehr im Freien.

»Das Schwein«, so schreibt mir Dümichen, »obgleich zu den typhonischen (der bösen Gottheit Typhon geweiheten) Thieren gehörig, wurde sicher von den alten Egyptern als Hausthier gehalten. Die Inschriften sprechen von ihm, und herdenweise wie einzeln wird es abgebildet. Doch scheint man es nur gehalten zu haben zum Zwecke des Opferns an einzelnen Festen des Jahres.« In der Bibel wird seiner oft gedacht; die Odyssee spricht von ihm wie von einem allgemeinen bekannten Pfleglinge des Menschen. Seit jenen Zeiten sind unzählige Rassen entstanden und vergangen, und noch gegenwärtig entstehen neue und verschwinden ältere, je nach Bedürfnis oder Laune und Zufall.

Fitzinger wie Nathusius nehmen an, daß alle jetzt lebenden Rassen auf zwei verschiedene Formen oder Arten zurückgeführt werden können: auf unser Wildschwein und auf eine südasiatische Art (Sus cristatus) nämlich. Künstliche Erzeugnisse des Menschen sind sie alle, die gegenwärtig beliebten oder angestaunten Rassen: das stämmige Berkshire- wie das fettleibige Harrisson- oder das quappliche Zwergschwein; ein Kunsterzeugnis auch ist das Maskenschwein, in welchem die Laune japanesischer Züchter ihren Ausdruck gefunden hat. Wir überlassen es anderen, sie und alle übrigen Rassen zu schildern, und werfen noch flüchtig einen Blick auf Lebensweise und Eigenschaften des Thieres.

Mit Unrecht hat man geglaubt, daß dem Schweine zu seinem Wohlbefinden Koth und Schmutz unentbehrlich sei. Die neueren Erfahrungen haben erwiesen, daß auch dieses Hausthier bei reinlicher Haltung weit besser gedeiht, als wenn es beständig im Schmutze liegt; deshalb pferchen jetzt die gebildeten Thierzüchter ihre Schweine nicht mehr in die greulichen Gefängnisse ein, welche man Schweineställe nennt, weisen ihnen vielmehr weite, luftige Räume an, welche leicht gereinigt werden können und erziehen hier viel gesündere und kräftigere Hausschweine als in den kleinen unreinlichen Koben. Am besten ist es, wenn der Boden des Stalles mit großen Steinplatten ausgelegt wird.

Das Hausschwein ist gefräßig, widerspenstig, ungeschickt und zeigt wenig Anhänglichkeit an den Menschen. Doch gibt es Ausnahmen. Hausschweine, welche von Jugend auf mehr in der Familie des Menschen als für sich allein gelebt haben, wie dies auf dem Lande nicht selten geschieht, üben ihre geistigen Kräfte, und sind dann weit verständiger als andere ihrer Art. Ein Förster erzählte mir, daß er eine Zeitlang ein kleines, sogenanntes chinesisches Schweinchen besessen habe, welches ihm wie ein Hündchen auf dem Fuße nachlief, auf den Namen hörte, sogleich herbeikam, wenn es gerufen wurde, auf der Treppe mit ihm emporstieg, sich im Zimmer ganz gut betrug, Befehle und mancherlei Kunststücke ausführte. Es war gewöhnt worden, im Walde Morcheln zu suchen, und stand diesem Geschäfte mit großem Eifer vor. Als Ludwig XI. krank war, wurden von seinen Hofleuten alle nur erdenklichen Mittel hervorgesucht, um die trüben Gedanken, welche den König beherrschten, zu zerstreuen. Die meisten Versuche waren fruchtlos, einer aber brachte den trübsinnigen König doch zum Lachen. Ein erfindsamer Kopf verfiel darauf, Ferkel nach dem Tone eines Dudelsackes zum Tanzen und Springen abzurichten. Er bekleidete die Thiere vom Kopfe bis zum Scheitel und ließ sie einherstolziren in schön ausgeputzten Leibröcken, Beinkleidern mit Hut, Schärpe und Degen, kurz mit allen Anhängseln, welche die Stellung eines vornehmen Mannes erfordert. Sie waren sehr gut abgerichtet, sprangen und tanzten nach Befehl, verbeugten sich artig und betrugen sich musterhaft folgsam. Nur eins war ihnen unmöglich: der aufrechte Gang nämlich. So wie sie sich auf zwei Pfoten aufgerichtet hatten, fielen sie sofort unter Grunzen nieder und die ganze Gesellschaft schrie dann ihr: »Honn, honn, honn« auf eine so närrische Weise, daß der König des Lachens sich nicht enthalten konnte.

Andere abgerichtete Schweine hat man auf der Messe von St. Germain und auf dem Theater Astley zu Paris gesehen. In London stellte man ein gelehrtes Schwein aus. Man zeigte es in einem Saale, in welchem viele Menschen sich versammelten. Zwei Alphabete großer Buchstaben auf Karten lagen auf dem Boden. Einer aus der Gesellschaft wurde gebeten, ein Wort zu sagen. Der Herr und Besitzer des Schweines wiederholte es seinem Zöglinge, und dieser hob sofort die zu dem Worte nöthigen Buchstaben mit den Zähnen auf und legte sie in die gehörige Ordnung. Auch die Zeit verstand das Thier anzugeben, wenn man ihm eine Uhr vorhielt usw. Ein anderer Engländer hatte ein Schwein zur Jagd abgerichtet. Slud, wie das Thier genannt wurde, war ein warmer Freund von der Jagd und gesellte sich augenblicklich zu jedem Jäger. Er eignete sich für alle Arten der Jagd, mit Ausnahme der auf Hasen, welche er nicht zu beachten schien. Obgleich er sich mit den Hunden gut vertrug, waren diese doch so ärgerlich über solchen Jagdgenossen, daß sie ihre Dienste zu thun verweigerten, wenn das Schwein irgend ein Wild vor ihnen aufgespürt hatte, und schließlich konnte man die Rüden nicht mehr mitnehmen, sondern mußte Slud allein gebrauchen. Seine Nase war so fein, daß er einen Vogel schon in einer Entfernung von vierzig Schritten wahrnahm. Wenn derselbe sich erhob und wegflog, ging er gewöhnlich zu dem Platze, wo jener gesessen hatte, und wühlte dort die Erde auf, um den Jägern diesen Ort gehörig anzuzeigen. Lief aber der Vogel weg, ohne sich zu erheben, so folgte ihm Slud langsam nach und stellte ihn, ganz nach Art eines guten Vorstehhundes. Man gebrauchte Slud mehrere Jahre, mußte ihn aber zuletzt tödten, weil er die Schafe nicht leiden konnte und unter den Herden Schrecken verursachte. Andere Schweine hat man abgerichtet, einen Wagen zu ziehen. Ein Bauer in der Nähe der Marktstadt St. Alban kam oft mit seinen vier Schweinen gefahren, jagte in einem sonderbaren Galopp ein- oder zweimal um den Marktplatz herum, fütterte sein Gespann und kehrte einige Stunden später wieder nach Hause zurück. Ein anderer Bauer wettete, daß er auf seinem Schweine in einer Stunde von seinem Hause vier Meilen weit nach Norfolk reiten wollte und gewann die Wette.

Diese Geschichten beweisen, daß das Schwein der Abrichtung fähig ist, oder, was dasselbe, daß seine geistigen Fähigkeiten nicht unterschätzt werden dürfen. Hensel hat gewiß recht, wenn er sagt, daß die Fähigkeiten dieses Hausthieres aus Mangel an Beobachtung zu wenig gewürdigt werden, geht aber unzweifelhaft zu weit, wenn er den Verstand des Schweines höher als den des Pferdes schätzt. Ein von ihm mitgetheilter Beleg für seine Behauptung verdient hier wiedergegeben zu werden. »Die Bauern eines Dorfes«, so erzählt er, »hatten gemeinschaftlich einen Zuchteber, welcher bei einem unter ihnen eingestellt war. Zuweilen wandelte diesen Eber die Lust an, den Sauen im Dorfe einen Besuch abzustatten, namentlich, wenn er eine derselben längere Zeit vermißt hatte. Er begab sich dann in das betreffende Gehöft, eilte in schnellem Trabe nach den Schweineställen, blieb vor diesen stehen, hob den Kopf hoch in die Höhe, ergriff den langen keilförmigen Riegel, welcher gewöhnlich zwei Thüren zugleich auf die bekannte Weise schloß, mit den Zähnen und zog ihn stets nach der richtigen Seite hin heraus, so daß die Thüren sich öffneten, und die Sauen den Stall verlassen konnten.« Ich stimme Hensel vollkommen bei, wenn er sagt, daß man jeden Zug von Verstand bei dem in der Erziehung so vernachlässigten Hausschweine nicht hoch genug anschlagen kann, möchte aber doch an die geistigen Großthaten des Hundes und Pferdes, welche jedermann erfahren hat, erinnern, um vor einem ungerechten Urtheile über die Fähigkeiten der letztgenannten Hausthiere bewahrt zu bleiben.

Sonderbar ist die Thatsache, daß Schweine stets einen gewissen Abscheu gegen Hunde bekunden. Zahme wie wilde Schweine machen sich kein Gewissen daraus, unter Umständen Aas zu fressen, niemals aber gehen sie Hundefleisch an. »In dem bei Koburg gelegenen Saugarten«, sagt Lenz, »werden den Wildschweinen oft todte Pferde vorgeworfen, welche sie ohne Umstände gierig auffressen; wird aber ein todter Hund hingelegt, so genießen sie keinen Bissen davon. Viele ungarische Schweine-

*Sus scrofa domesticus*
SUIDAE

herden werden ohne Hunde von den Hirten gelenkt und zerreißen jeden Hund, welcher unter sie kommt. Im Jahre 1848 hatte einer meiner Verwandten auf der dem Baron Sina gehörigen Pusta Alsó Besnyö bei Erczin einen Hund, den er los sein, aber nicht gern selbst tödten wollte. Da erbot sich der Schweinehirt, die Hinrichtung zu übernehmen, band den Hund an einem Stricke fest und führte ihn zu seiner Herde. Diese überfiel ihn sogleich mit lautem und grimmigem Grunzen, riß und biß ihn nieder, bearbeitete ihn, bis er wie eine Wurst aussah, fraß aber keinen Bissen davon. Nun wurden die Schweine weggetrieben; als sie aber nach einer Stunde wiederkamen, fielen sie nochmals mit gleicher Wuth über den Hund her, fraßen jedoch wieder nichts von ihm.« Die eben mitgetheilte Thatsache erklärt sich vielleicht am richtigsten durch die zwischen Schwein und Wolf bestehende Feindschaft. Es handelt sich in solchen Fällen wahrscheinlich um Ausübung der Rache, welche Isegrim durch allerlei Übelthaten in dem zwar friedlichen, aber leicht erregbaren Herzen der Borstenträger heraufbeschwor.

Im allgemeinen zeigt sich das zahme Schwein als vollständiger Allesfresser. Es gibt wirklich kaum einen Nahrungsstoff, welchen dieses Thier verschmäht. Einige Pflanzen werden von ihm nicht berührt, und scharfe Gewürze können ihm den Tod bringen: im übrigen verzehrt es alles, was der Mensch genießt, und noch hundert andere Dinge mehr. Es wählt seine Nahrung ebenso gern aus dem Pflanzen-, wie aus dem Thierreiche. Auf Brach- und Stoppeläckern wird es sehr nützlich, weil es hier Mäuse, Engerlinge, Schnecken, Regenwürmer, Heuschrecken, Schmetterlingspuppen und allerlei Unkraut vertilgt, sich dabei vortrefflich mästet und auch noch den Boden aufwühlt.

Während man bei den Hausschweinen möglichst darauf hält, daß sie sich nicht bewegen, muß man den zur Zucht bestimmten Spielraum gönnen. Nothwendig ist auch, daß sie reine und warme Ställe bekommen. Die Paarung findet gewöhnlich zweimal im Jahre statt, anfangs April oder im September. Nach sechzehn bis achtzehn Wochen oder hundertundfunfzehn bis achtzehn Tagen wirft das Hausschwein vier bis sechs, zuweilen auch zwölf bis funfzehn, und in seltenen Fällen zwanzig bis vierundzwanzig Junge. Die Mutter bekundet für diese wenig Sorgfalt, bereitet sich oft nicht einmal ein Lager vor dem Ferkeln. Nicht selten kommt es vor, daß sie, wenn ihr die zahlreiche Kinderschar lästig wird, einige von den Kleinen auffrißt, gewöhnlich dann, wenn sie dieselben vorher erdrückt hat. Manche Mutterschweine muß man bewachen und sie schon lange Zeit vor dem Werfen von thierischer Nahrung abhalten. Die Jungen guter Mütter läßt man vier Wochen saugen, ohne sich weiter um sie zu bekümmern. Dann nimmt man sie weg und füttert sie mit leichten Nahrungsstoffen groß. Das Wachsthum geht sehr rasch vor sich, und bereits mit dem achten Monate ist das Schwein fortpflanzungsfähig.

Über die Benutzung des geschlachteten Thieres brauche ich hier nichts zu sagen; denn jedermann weiß, daß eigentlich kein Theil des ganzen Schweines verloren geht.

# *Das Nilpferd*

Ungleich plumper noch als Elefant und Nashorn ist das Nil- oder Flußpferd. Richtiger als die Araber, deren Namen »Djamús el Bahhr« Wasserbüffel bedeutet, bezeichneten die alten Egypter den ungeschlachten Riesen, welcher bei ihnen »Flußschwein« genannt wurde; denn, wenn überhaupt, nur mit den Schweinen darf der »Behemot« der Bibel verglichen werden.

Bei einer rein äußerlichen Betrachtung unterscheidet mehr als alles übrige der Kopf das Nilpferd von anderen Säugethieren. Ihn kennzeichnen die fast viereckige Gestalt, die unförmliche Schnauze, deren glatter und dicker, hinten auch ziemlich schmaler Obertheil vorn sich verbreitert und erhebt, hierauf aber in Gestalt der dikken Oberlippe seitlich tief herabfällt, das scheußliche Maul allseitig deckend und schließend. Der Bauch voll und rund, in seiner Mitte so tief herab gesenkt, daß er beim Gehen auf schlammigem Grunde den Boden berührt, der Schwanz kurz und dünn; die unverhältnismäßig kurzen, formlosen Beine haben breite, vorn und hinten vierhufige Füße, deren durch kurze Schwimmhäute verbundenen Zehen sämmtlich nach vorn gerichtet sind. Nur an der Schwanzspitze stehen kurze, drahtähnliche Borsten; im übrigen bemerkt man auf der über zwei Centimeter dicken Haut, welche zumal am Halse und vorn an der Brust einige tiefe Falten bildet, höchst spärlich kurze, borstenartige Haare. Durch sich kreuzende Furchen wird die Haut in schuppenartige Felder getheilt, welche bald größer, bald kleiner sind. Ihre Färbung ist ein eigenthümliches Kupferbraun.

Das Nilpferd war den Alten wohl bekannt, wie uns die egyptischen Denkmäler und die Bibel, die Schriften der Griechen und der Römer zur Genüge beweisen. »Das Flußpferd«, so schreibt mir mein gelehrter Freund Dümichen, »wird in den egyptischen Schriften nicht Nilpferd, sondern Flußschwein genannt: ›Rer‹, d. h. das sich wälzende Thier, womit man ebenso das sich im Wasser wie im Kothe wälzende, das Nilpferd wie das Schwein bezeichnete. Nach den Darstellungen und Inschriften zu schließen, muß in alten Zeiten das Flußpferd im egyptischen Nile sehr häufig gewesen sein. Die Jagd auf dieses Thier gehörte zu den beliebtesten Vergnügungen des vornehmen Egypters. Wiederholt finden sich an den Wänden der Gräber, namentlich der des alten Reiches, Darstellungen, welche uns in anschaulichem Bilde vorführen, wie man diesen Wasserriesen zu Leibe ging, indem man sie theils mit Harpunen erlegte, theils mittels Metallhaken, welche an zwei oder drei Stricken befestigt waren, sich ihrer bemächtigte.« Die Bibel nennt das Flußpferd Behemot und sagt von ihm, daß seine Knochen fest seien wie Erz und die Gebeine wie eiserne Stäbe, daß er gern im Schatten des Rohres und im Schlamme verborgen liege, von den Bachweiden gedeckt werde, den Strom in sich schlucke und sich dünken ließe, als wolle er den Jordan mit seinem Maule ausschöpfen. Griechische und römische Schriftsteller, von Herodot an bis zu Plinius, gedenken seiner oft, beschreiben ihn, so gut sie können und schildern, richtiger noch, seine Sitten und Gewohnheiten.

Gegenwärtig muß man schon ziemlich tief in das Innere Afrikas eindringen, ehe man den Thiergestalten begegnet, welche ich zurückgelassene aus der märchenhaften Vorzeit nannte. Namentlich an dem heiligsten Strome sind die altberühmten Thiere weit nach dem Herzen des Erdtheiles und nach den Jugendländern des Stromes, »welcher seine Quellen verbirgt«, gezogen. Erst wenn man in das tiefe Innere kommt, werden die viertausend Jahre alten Bilder der Heiligen Schrift auf den Tempeln Egyptens lebendig: dort finden sich heute noch wie vor Jahrtausenden dieselben Thiere unter den sich gleich gebliebenen Menschen; dort begegnen wir neben dem Pavian und dem Krokodil, dem heiligen Ibis und dem Tantalus jenen übriggebliebenen: dem Elefanten, dem Nashorn und dem Nilpferde. Wo der Mensch zur unbedingten Herrschaft gelangt ist, sind letztere der furchtbaren Feuerwaffe erlegen; da, wo ihn nur die Lanze oder der Bogen bewehrt, stehen sie ihm heute noch feindlich gegenüber. Noch im Sommer des Jahres 1600 konnte der neapolitanische Arzt Zerenghi in der Nähe von Damiât, also am Ausflusse des einen Nilarmes, zwei Flußpferde in Fallgruben fangen und so ihre Haut erbeuten, welche dann nach Rom gebracht wurde, wie früher die lebenden Vorfahren des Unthieres. Gegenwärtig ist das Nilpferd in ganz Egypten und auch in Nubien, wo es Rüppell noch anfangs dieses Jahrhunderts in ziemlicher Anzahl traf, ausgerottet worden. Anders ist es im Ostsudân. Erst hier zeigt sich überhaupt Afrika in seiner wahren Gestalt, und hier beherbergen die Wälder und die Ströme die eigentlich merkwürdigen Geschöpfe. In allen größeren Strömen und Seen des inneren Afrika ist das Nilpferd noch heute eine gewöhnliche Erscheinung.

Da ich während meines langen Reiselebens oft genug mit Flußpferden zusammengekommen bin, stütze ich mich im nachfolgenden vorzugsweise auf eigene Beobachtungen, füge diesen jedoch die nöthigen Ergänzungen nach den Angaben anderer glaubwürdiger Reisender bei.

Das Nilpferd ist mehr als jeder andere Dickhäuter an das Wasser gebunden; denn es geht eigentlich nur ausnahmsweise von ihm aus auf das Land. Dies geschieht da, wo der Strom nicht selbst reich an Pflanzen ist, regelmäßig des Nachts, der Äsung halber, ausnahmsweise aber auch bei Tage, um auf den Sandbänken sich zu sonnen. Wenige Meilen oberhalb der »Hauptstadt der Hölle«, wie die im Sudân Reisenden Charthum zu nennen pflegen, sieht man in den Schlammbänken der Stromufer häufig Spuren unseres Thieres, etwa 60 Centim. tiefe, baumstarke Löcher zu beiden Seiten einer muldenartig eingedrückten Furche. Dies sind die Fährten des Nilpferdes, welche dieses zurückläßt, wenn es auf seinen nächtlichen Weidegängen dem Strome entsteigt, um nach dem pflanzenreichen Urwalde oder nach einem Felde zu wandern. Die Löcher rühren von den Beinen her, die Furche von dem auf dem Schlamme dahingeschleppten Bauche, bis zu welchem das Unthier auf dem weichen, nachgiebigen Boden versinkt. Bei der im allgemeinen geringen Abflachung des Abiadt oder Weißen Stromes, welcher während der Regenzeit an vielen Orten meilenweit seine Ufer überschwemmt und ganze Waldungen unter Wasser setzt, kann man jene Fährten viertelmeilenweit verfolgen. Am oberen Blauen Flusse oder da, wo der Abiadt steiluferig ist, erkennt man den Aufenthalt des Nilpferdes leicht an den Ausstiegen, welche es sich bahnt, wenn es vom Wasser aus an dem steilen Ufer emporklimmt. Diese Stiegen stehen zu der Plumpheit des Thieres in keinem Verhältnisse; denn sie sind oft so steil, daß ein Mensch nur, wenn er sich rechts und links an den Zweigen festhält, auf ihnen emporklettern kann: man begreift also nicht, wie es dem schweren Dickhäuter möglich ist, solche Wege zu begehen. Von den Stiegen aus führt noch ein kurzer Gang in das Innere des Waldes.

An günstigen Stellen des Flusses, da, wo die Felder nahe an den Ufern liegen oder reiche Waldungen diese bedecken, am sichersten dort, wo das eigene Bett des Stromes zugleich als Weideplatz dienen kann, weil eine Menge von Wasserpflanzen in ihm wachsen, entdeckt man die Flußriesen bald. In Zwischenräumen von drei, höchstens vier Minuten, bemerkt man irgendwo einen dampfartigen Wasserstrahl, welcher sich etwa einen Meter über die Wasserfläche erhebt, und vernimmt zugleich ein eigenthümliches Schnauben und Brausen, vielleicht auch ein dumpfes Brummen, welches an das grollende Brüllen eines Bullen erinnert: dort ist soeben ein Flußpferd aufgetaucht, um Luft zu schöpfen. Wenn man nahe genug steht, kann man auch den ungeschlachten Kopf desselben wahrnehmen: eine formlose, rothe oder bräunlichrothe Masse, auf welcher man zwei Spitzen, die Ohren, und vier Hügel, die Augen und die Nasenlöcher, unterscheidet. Mehr als den Kopf wird man von einem im Wasser sich bewegenden Nilpferde selten zu Gesicht bekommen, und diesen Kopf kann man, wenn man ihn zum erstenmale sieht, leicht verkennen. Hält man sich unter dem Winde, und bleibt ruhig, vielleicht in einem Gebüsch verborgen, so kann man das auf- und niederschwimmende, im Wasser gleichsam spielende Thier mühelos beobachten. Man sieht dann auch, daß auf der eingedrückten Stirne zwischen Augen und Ohren ein kleiner Teich zurückbleibt, wasserreich genug, um einem Goldfischchen oder einem Paare Schmerlen das Leben zu fristen. Man darf es wagen, mit einem größeren Schiffe zu solchen Köpfen hinzufahren; denn das Thier scheut sich da, wo es nicht gereizt wurde, keineswegs vor der Barke, sondern glotzt sie höchstens mit dummer Verwunderung an, ohne sich durch sie und die auf ihr befindlichen Menschen in seinem Auf- und Niedertauchen stören zu lassen. Höchst selten bleibt es mehrere Minuten lang unter Wasser: die Angaben der Reisenden, welche von zehn Minuten oder einer Viertelstunde währendem Untertauchen des Thieres sprechen, sind dahin zu berichtigen, daß ein unverwundetes allerhöchstens vier Minuten unter dem Wasser verweilt, oft aber eben nur mit den Nasenlöchern über die Oberfläche emporsteigt und, nachdem es einen neuen Athemzug gethan hat, wieder im Wasser versinkt. Ich bezweifle, daß ein Nilpferd im Stande ist, länger als fünf Minuten unter dem Wasser auszuhalten.

Wie die meisten Dickhäuter, ist auch das Flußpferd ein geselliges Thier. Höchst selten findet man es einzeln. Einmal sah ich bei Tage vier Stück auf einer Sandinsel sich ergehen, ein andermal traf ich ihrer sechs in einem See, nahe am Ufer des Blauen Flusses. Größere Gesellschaften, welche als unmittelbar zusammengehörend angesehen werden konnten, fand ich nicht; wohl aber berichten andere Reisende, wie schon angegeben, von zahlreicheren Trupps. Der Wohnkreis einer Gesellschaft ist beschränkt, weil er stets in der Nähe guter Futterplätze liegt, und so genügt unter Umständen schon ein großer Tümpel mehreren Flußpferden zu längerem Aufenthalte: der erwähnte See, in welchem ich sechs Stück sah, hatte höchstens eine halbe Gehstunde im Umfange. Bewohnen sie engere, weniger tiefe Gewässer, in denen die dürre Jahreszeit viele Stellen trocken legt, so bemerkt man, laut Heuglin, daß sie den ganzen Tag über gewisse Plätze nicht verlassen. Dort haben sie sich auch wohl inmitten des Flußbettes Gruben angelegt: lange, tiefe Mulden in der Richtung des Stromstriches, in denen sie bequem tauchen und bei Verfolgung sich verbergen können. Mehrere solcher Mulden, von denen jede drei bis vier oder noch mehr Nilpferde aufnehmen kann, stehen zuweilen durch grabenartig eingetiefte Gangstraßen unter einander in Verbindung und bilden unter Wasser liegende Wechsel der Thiere. Ist an einer Stelle die Weide knapp geworden, so zieht sich das Nilpferd langsam nach einer anderen Stelle.

Bei Tage verläßt die Gesellschaft nur an ganz menschenleeren Orten das Wasser, um in der Nähe des Ufers theils auf seichten Stellen, theils auf dem Lande selbst, am liebsten im tiefen Schilfe, durch welches seine eigenthümlichen, grabenartigen, vom überhängenden Röhricht oft gänzlich verdeckten Wechsel führen, einem träumerischen Halbschlummer sich hinzugeben. Dabei zeigen die bequem dahingestreckten Thiere ganz die Behaglichkeit der Schweine, welche sich suhlen, oder der Büffel, welche im Strome sich baden. Von Zeit zu Zeit grunzen die männlichen Thiere nach Art der Schweine, und erhebt eins um das andere den Kopf ein wenig, um zu sichern. Mehrere Vögel treiben ungescheut ihr Wesen neben und auf den ruhenden

Ungeheuern. Der Regenvogel rennt ohne Unterlaß um sie herum und pickt Kerbthiere und Egel von deren Fellen weg; der kleine Kuhreiher spaziert ernsten Schrittes auf dem Rücken hin und her, um diesen selbst von dem Ungeziefer zu säubern. In Südafrika vertritt der bereits erwähnte Madenhacker die Stelle dieser wohlthätigen Freunde. Die Araber des Ostsudân behaupten, daß es der Regenvogel übernehme, bei Gefahr das Nilpferd zu warnen, und wirklich achtet dieses auf das Geschrei seines kleinen, aufmerksamen Gesellschafters und geht in das Wasser, wenn der Vogel durch irgend welche Erscheinung besonders aufgeregt wird. Sonst bekümmern sich die Nilpferde nicht viel um das Treiben um sich her, und bloß an solchen Orten, wo sie den Menschen und sein furchtbares Feuergewehr kennen lernten, nehmen sie sich vor ihrem Haupt-, ja alleinigen Feinde mehr in Acht, als dies in den Ost- und Westländern Afrikas der Fall sein soll. So wird der Tag zwischen Schlummern und Wachen verbracht. Unzweifelhaft schlafen die Nilpferde nach Art der Büffel auch im Wasser, indem sie sich mehr nach der Oberfläche desselben emporheben und durch regelmäßiges Bewegen ihrer Beine in gleicher Lage erhalten, so daß die Nasenlöcher, die Augen und die Ohren über dem Wasserspiegel erhoben sind und die Athmung ungestört besorgt werden kann.

Gegen Abend kommt Leben in die Gesellschaft. Das Grunzen der Männchen erstarkt zu einem Gebrüll, und die ganze Herde taucht spielend auf und nieder im Strome. Dann und wann beginnt sogar ein lustiges Jagen. Namentlich in der Nähe von Schiffen scheinen sie sich gern zu zeigen: ich wenigstens habe bemerkt, daß sie unser Boot bei abendlichen Fahrten regelmäßig auf größere Strecken hin begleiteten. Zuweilen verursachen sie einen Höllenlärm durch ihr Schnauben und Grunzen, Brüllen und Wassergurgeln, so daß sie förmlich ermüden können. Dann meint man manchmal, mitten unter ihnen zu sein, während sie in einer ziemlichen Entfernung vom Boote sich umhertreiben, wogegen man auch wiederum dicht neben ihnen hinsegeln kann, ohne etwas von ihnen wahrzunehmen. Sie schwimmen mit erstaunlicher Leichtigkeit in jeder Wassertiefe, tauchen auf und nieder, bewegen sich ruck- oder satzweise, wenden sich mit überraschender Gewandtheit nach allen Seiten und durchschneiden die Wellen mit dem besten Ruderboote um die Wette. Die dikken Fettlagen, welche ihren Leib allseitig umgeben, vermindern ihr Gewicht so, daß es dem des Wassers ganz oder ziemlich gleich kommt und sie befähigt werden, jede Tiefe des Stromes zu bewohnen. Wenn man den ungeheuren Körperumfang des Thieres betrachtet, nimmt es einen nicht mehr Wunder, daß durch solche Masse über zweitausend Kilogramm Wasser weggedrängt werden können. Ich habe bei ruhigem Schwimmen des Thieres niemals eine heftige Ruderbewegung desselben bemerken können: das Wasser um das schwimmende Nilpferd bleibt vielmehr glatt und unbeweglich; aber das Gegentheil findet statt, wenn das Vieh wüthend auf einen Feind stürzt oder nach einer Verwundung im Flusse umhertobt. Dann schnellt es die Hinterbeine überaus heftig zurück, schießt in förmlichen Sätzen vorwärts und bringt einen ganzen See in Aufruhr, so daß er hohe Wellen wirft; ja, die Gewalt seiner Bewegungen ist so groß, daß es, wie erwiesen, mittelgroße Schiffe emporheben und zertrümmern kann. Auch wenn Flußpferde, ruhig am Flußufer sich sonnend und schlafend, plötzlich aufgestört und erschreckt werden, beweisen sie, daß sie so plump nicht sind, als sie scheinen; denn sie springen unter Umständen mit einem mächtigen Satze selbst von einem erhöhten Platze aus in das Wasser, wie Baker behauptet, sogar dann, wenn dieses sechs Meter tief unter ihnen liegt, und werfen dabei Wellen auf, als ob ein kleiner Raddampfer in rascher Fahrt die Wellen durchschnitten habe.

»Die Stimme dieser Riesen einigermaßen annähernd zu beschreiben«, sagt Heuglin mit vollstem Rechte, »liegt wohl nicht in der Macht des Wortes. Sie besteht in einem Brüllen, welches entfernt mit dem des Büffelstieres verglichen werden kann, wird entweder in einem einzelnen gezogenen Tone oder mehrmals hinter einander ausgestoßen und ist ein tiefer, weithin hallender Baß, welcher aus einer großen hohlen Tonne zu kommen scheint. Man ist versucht, zu glauben, daß das Brüllen der höchsten Wuth und Gereiztheit Ausdruck geben solle, während das Thier doch ganz friedlich spielt. Das Gebrüll von mehreren wetteifernden Bullen, welches plötzlich durch die stille Nacht der Einsamkeit schallt, verbunden mit dem Rauschen, Blasen und Plumpen der tauchenden Flußpferde, macht einen unendlich großartigen Eindruck, den auch die Thiere der Wildnis zu empfinden scheinen: denn der Schakal, die Hiäne und selbst der Löwe schweigen und lauschen, wenn, dem Rollen des Erdbebens vergleichbar, Behemots Donnerstimme sich über die Wasserflächen wälzt und, vom fernen Urwalde gedämpft, auf fernhin widerhallt.«

In den seeartigen pflanzenreichen Stellen des Abiadt verläßt das Nilpferd auch zur Nachtzeit das Strombett nicht, oder nur höchst selten. Es frißt dort bei Tage und bei Nacht von den im Wasser selbst wachsenden Pflanzen. Wie das zarte und erhabene so oft dem rohen und gemeinen unterliegen muß, so auch hier: der durch die Sinnigkeit längst vergangener Völker geheiligte, als Bild der Gottheit betrachtete Lotos, der herrliche, königliche Bruder unserer stillen, lieblichen Wasserrose, dient zur Hauptnahrung der Nilpferde. Die Pflanzen, deren Gestalt allein schon ein Gedicht, und deren Blüten gleich ausgezeichnet sind durch ihre Farbe wie durch ihren Duft, werden von dem plumpesten, rohesten aller Säugethiere des festen Landes – gefressen. Außerdem nähren sich an solchen Orten die Flußpferde auch noch von anderen Wasserpflanzen, zumal von den rankenden, welche tief unten im schlammigen Grunde wurzeln und halb über, halb unter dem Wasser ihre Blätter entfalten. Schilf und selbst Rohr dienen unter Umständen ebenfalls zur willkommenen Nahrung. In jener Inselflur des Abiadt, wo dieser bald zum stillen, klaren See, bald zum faulenden Sumpfe und bald wieder zum Bruche mit paradiesischer Pflanzenpracht und aller Tücke solchen Reichthums wird, sich selbst nur hier und da als langsam dahin schleichender Fluß bekundend, leben Nilpferd und Krokodil zu hunderten ausschließlich im Strome, ohne sich um die Außenwelt viel zu bekümmern. Hier bieten der berühmte Papyrus, der Lotos, der flaumenleichte Ambakh, die Neptunwasserlilie und hundert andere Pflanzen dem Dickhäuter Nahrung in Hülle und Fülle. Man sieht ihn an solchen Stellen fortwährend auf- und niedertauchen, um sich Nahrung vom Grunde loszureißen. Ein solche Pflanzen fressendes Nilpferd ist eine wahrhaft ekelhafte Erscheinung. Auf die Entfernung einer Zehntelmeile kann man das Aufreißen des Rachens mit bloßen Augen sehen, auf ein paar hundert Schritte hin deutlich alle Bewegungen beim Fressen wahrnehmen. Der ungeschlachte Kopf verschwindet in der Tiefe, wühlt unter den Pflanzen herum, und auf weithin trübt sich das Wasser von sich auflösendem Schlamme; dann erscheint Behemot wieder mit einem großen, dicken Bündel abgerissener Pflanzen, welches für ihn eben ein Maul voll ist, legt das Bündel auf die Oberfläche des Wassers und zerkaut und zermalmt es hier langsam und behaglich. Zu beiden Seiten des Maules hängen die Ranken und Stengel der Gewächse weit heraus; grünlicher Pflanzensaft mit Speichel untermischt läuft beständig über die wulstigen Lippen herab; einige halb zerkaute Grasballen werden ausgestoßen und von neuem verschlungen; die blöden Augen glotzen bewegungslos ins Weite, und die ungeheuren Schneide- und Eckzähne zeigen sich in ihrer vollen Größe.

Im Urwalde sieht man seine Wege überall, wo der Reichthum der Pflanzenwelt fette Weide verspricht. In der Nähe bewohnter Ortschaften richten sich die Pfade nach den Fruchtfeldern. Hier fällt es verheerend ein und vernichtet in einer einzigen Nacht oft ein ganzes Feld. Seine Gefräßigkeit ist ungeheuerlich, und trotz der Fruchtbarkeit seiner Heimat kann es, wenn es nur einigermaßen zahlreich wird, zur wahren Landplage werden; denn weit mehr noch, als es wirklich zur Nahrung bedarf, zerstampft es mit den plumpen Füßen oder knickt es um, wenn es sich, nachdem es satt geworden, nach Schweineart behaglich in einer seichten Vertiefung hin und her wälzt. Es verzehrt alle Getreidearten und ebenso sämmtliche Gemüse, welche im Lande gebaut werden, so, laut Baker, auch Wassermelonen, von denen jede, trotzdem sie Kürbisgröße hat, eben nur einen einzigen Bissen ausmacht.

Auf seinen Weidegängen schadet das Flußpferd übrigens nicht bloß durch seine Verheerungen unter den Pflanzen, sondern wird auch zu einem das Leben des Menschen und der Thiere bedrohenden Ungethüme; denn mit blinder Wuth stürzt es auf alle sich bewegenden Gestalten und vernichtet sie, wenn es dieselben erreicht. Die vier gewaltigen Eckzähne der Kiefern sind, anderen Thieren gegenüber, furchtbare Waffen: mit ihnen zermalmt es ein Rind. Wo Nilpferde hausen, werden die Herden sorgfältig bewacht, weil auch die harmlosesten Geschöpfe das abscheuliche Vieh zu blindwüthendem Zorne reizen. Rüppell berichtet, daß ein Nilpferd vier

Zugochsen zermalmte, welche ruhig an einem Schöpfrade standen. Ich selbst habe mehrere ähnliche Geschichten vernommen, auch ebenso wie Baker erzählen hören, daß es mit Menschen nicht besser verfährt als mit Thieren. Wer sein Wesen als ein friedliches und gemüthliches bezeichnet, ist mit ihm nicht in gleicher Weise zusammengekommen wie ich, hat nicht vor ihm flüchten müssen, hat es vielleicht niemals in seiner vollen Wuth gesehen. Schon so lange es im Wasser sich befindet, ist ihm nicht gänzlich zu trauen. In der Regel greift es hier allerdings größere Boote nicht an, weicht ihnen vielmehr mit einer gewissen Scheu und Vorsicht aus; unter Umständen aber verfährt es auch umgekehrt und gefährdet dann leichtere Fahrzeuge nebst den in ihnen sich befindenden Menschen aufs äußerste. »Leutnant Vidal«, so erzählt Owen, »hatte in einem leichten Boote eben seine Fahrt auf dem Flusse Tembi in Südwestafrika begonnen, als er plötzlich einen überaus heftigen Stoß von unten fühlte, so daß der hintere Theil des Fahrzeuges fast über das Wasser emporgehoben und der Steuermann über Bord geschleudert wurde. Im nächsten Augenblicke erhob sich ein riesiges Flußpferd aus dem Wasser, stürzte wild und drohend mit offenem Rachen auf das Boot los, faßte es mit seinen fürchterlichen Kinnladen und riß sieben Bretter auf einmal los; hierauf verschwand es, kam jedoch wieder herauf, um seinen Angriff zu erneuern, und wurde nur durch einen Schuß ins Gesicht von seinem Vorhaben abgehalten. Das Boot, welches sich sofort mit Wasser füllte, war glücklicherweise so nahe am Ufer, daß man dieses noch erreichen konnte, bevor es unterging. Wahrscheinlich hatte der Kiel des Fahrzeuges den Rücken des Thieres gestreift und es dadurch zum Angriffe gereizt.« Ich finde keinen Grund, an der Wahrheit dieser Erzählung zu zweifeln; denn auch meine Schiffer berichteten ähnliches, wichen deshalb den Nilpferden gewöhnlich aus und sahen es nicht gern, wenn wir von Bord aus auf sie schossen. Viel gefährlicher aber als im Wasser sind die riesigen Dickhäuter auf dem Lande. Hier ergreifen sie, wie ich selbst erfuhr und weiter unten erzählen will, keineswegs immer, im gereizten oder auch nur erregten Zustande sogar ausnahmsweise, die Flucht, nehmen vielmehr, gleich einem erzürnten Schweine, ohne weiteres den Menschen an, packen, nach Versicherung der Eingeborenen, den Gegenstand ihrer Wuth mit dem Maule, zermalmen ihn mit ihrem furchtbaren Gebisse und zerstampfen ihn zu guter letzt mit den Füßen zu Brei. Ein Araber, welcher seinen Melonengarten gegen ein brandschatzendes Nilpferd vertheidigen wollte, wurde, wie Baker berichtet, von dem ungeschlachten Gesellen sofort angegriffen und mit einem einzigen Bisse getödtet. Hierdurch kühn und dreist gemacht, wagte es dasselbe Thier, bei verschiedenen Gelegenheiten Hirten und ihre Herden auch außerhalb des Wassers anzufallen, und hatte die umwohnenden Leute bald so in Furcht gesetzt, daß sich niemand mehr in die Nähe des von ihm beherrschten Flusses getraute.

Noch gefährlicher als gewöhnlich wird das Nilpferd, wenn es ein Junges zu schirmen hat. Über die Zeugung, die Geburt der Jungen und die Dauer der Tragzeit hat man erst in der Neuzeit an Gefangenen Beobachtungen gemacht, da diese sich schon einige Male fortgepflanzt haben. Von der Fortpflanzung der freilebenden Thiere weiß man nur so viel, daß ein Junges etwa im ersten Drittel der Regenzeit, welche die meiste und saftigste Nahrung bringt, demnach in den verschiedenen Ländern Afrikas zu sehr verschiedener Zeit geboren wird, je nachdem der Frühling der Wendekreisländer dort eintritt. Die für ihr Kind zärtlich besorgte Mutter sieht auch in den unschuldigsten Dingen Gefahr und stürzt sich mit furchtbarer Wuth auf jeden Feind. Es scheint, daß das Junge lange Zeit von der Mutter geführt und geleitet wird; denn Livingstone sah Junge, welche, wie er sagt, nicht viel größer waren als Dachshunde, während ich meinestheils niemals so kleine, sondern höchstens solche beobachtet habe, welche die Größe eines vollständig ausgewachsenen Ebers hatten, der bedeutend größeren, welche noch immer mit der Alten gingen, nicht zu gedenken. Ich glaube annehmen zu dürfen, daß auch der Vater seines Sprößlings schützend sich annimmt; wenigstens sah ich fast immer um ein Junges zwei Alte. Die Mutter ist leicht zu erkennen. Sie läßt ihr Kind keinen Augenblick aus den Augen und bewacht jede seiner Bewegungen mit mütterlicher Lust und zärtlichen Sorgen. Zuweilen spielt das ungefügige Thier lustig mit seinem Lieblinge: beide tauchen scherzend auf und nieder und unterhalten sich mit Brummen. Jedenfalls saugt das Junge im Wasser. Ich sah mehrmals ein altes Nilpferd ruhig an der gleichen Stelle liegen, nur den Kopf ein wenig über der Oberfläche des Wassers erhoben, während das Junge von Zeit zu Zeit neben ihm auf und nieder tauchte. Heuglin gibt an, daß das Weibchen auf dem Lande oder im Sumpfe auf einem möglichst versteckten Lager sein Junges zur Welt bringe, dasselbe aber nicht immer sogleich zum Flusse führe, sondern zuweilen auch in eine Grube stecke, welche das kleine Thier ohne Hülfe der Alten zu verlassen nicht im Stande ist, während die Mutter auf die Weide geht oder mit dem Männchen im tiefen Strome sich wälzt. »Oft«, bemerkt genannter Forscher noch, »sieht man die Eltern in der Strömung liegen, vielleicht mit den Eckzähnen an Wurzeln sich anklammernd und nur einen Theil des eckigen und plumpen Kopfes über dem Wasserspiegel haltend, während das Junge ohne Zweifel auf dem Rücken der Alten sitzt.« Daß letzteres wirklich der Fall ist, hat schon Livingstone beobachtet und außer diesem und Baker auch Schweinfurth gesehen. Die Hälfte der an einer tiefen, etwa eine halbe Meile langen Flußstelle versammelten Nilpferde erkannte Schweinfurth als Weibchen: »denn sie trugen ihre Jungen auf dem Nacken. Die letzteren schienen zu dieser Jahreszeit (Ende December) noch sehr unbeholfen und unentwickelt zu sein. Stets einzeln hafteten sie rittlings auf der Oberseite des kurzen Halses. Die Mütter schienen ihnen zu Liebe weit häufiger aus dem Wasser emporzutauchen, als sie dessen selbst bedurften. Dieses Auftauchen erfolgte in anderer Weise als bei den Männchen, von denen man gewöhnlich nur die Nüstern und Muffeln gewahrt; die Körper der Weibchen traten in der Weise zu Tage, daß nur die Jungen über dem Wasser erschienen, ihre eigenen Köpfe dagegen meist unsichtbar blieben.« Ob die Nilpferdmütter ihre Jungen auch bei Spaziergängen über Land mit sich nehmen, wie dies ein neuerer Reisender behauptet, lasse ich billig dahin gestellt sein.

Es ist nicht rathsam, einer Nilpferdmutter, welche ihr Kind bei sich hat, zu nahen; denn sie greift auch bei Tage Schiffe und Menschen an, wenn sie Gefahr für ihr Junges wittert. Livingstone's Kahn wurde von einem weiblichen Flußpferde, dessen Junges man Tags vorher mit dem Speere getödtet hatte, halb aus dem Wasser gehoben und einer seiner Leute herabgeschleudert, ohne daß die Mannschaft das Thier fernerhin gereizt hätte. In den Nilländern kennt man ähnliche Beispiele von derartig erzürnten Flußpferden und weiß auch von vielen Unglücksfällen zu berichten, welche sie verursacht haben. Ich selbst habe das Necken alter Nilpferde und ihrer Jungen einmal büßen müssen und will die Geschichte hier erzählen, weil sie zur Kennzeichnung des Thieres beiträgt.

Wir hatten unweit des linken Ufers des Asrak einen Regenteich aufgefunden, welcher vom Strome während seines Hochstandes gefüllt worden und noch bei unserer Ankunft im Februar ziemlich wasserreich war. Außer einer Menge von Vögeln lebten in ihm auch Krokodile und mehrere Flußpferde mit ihren Sprößlingen. Wahrscheinlich hatten letztere die noch sehr kleinen und verhältnismäßig niedlichen Jungen in ihm zur Welt gebracht; wenigstens schien mir der stille, ruhige, rings von Wäldern und an einer Seite sogar von Feldern eingefaßte See zu einem Wochenbette für Nilpferde wohl geeignet. Unsere Aufmerksamkeit und Jagdlust fesselten vorzüglich die Schlangenhalsvögel, obgleich wir, um auf diese geschickten Taucher feuern zu können, oft bis an die Brust in das Wasser waten mußten, – trotz der Krokodile und Nilpferde, um welche wir uns heute gar nicht kümmerten. Mein Jäger Tomboldo, welcher die Jagd in Vater Adams Kleidung ausführte, hatte eben den vierten Schlangenhalsvogel glücklich durch den Hals geschossen und watete auf ihn zu, um ihn aufzufischen. Da schreit plötzlich vom anderen Ufer her ein Sudâner laut auf und winkt und geberdet sich wie toll; Tomboldo schaut sich um und sieht ein wuthschnaubendes Nilpferd mit mächtigen Sätzen auf sich losstürmen. Das Vieh hat bereits festen Grund unter den Füßen und jagt wie ein angeschossener Eber durch die Fluten; der Nubier ergreift in Todesangst die Flucht und erreicht, bis zum Uferrande von seinem furchtbaren Feinde verfolgt, glücklich den Wald. Ich war mit meiner trefflichen, leider aber bloß leichte Kugeln schießenden Büchse dem treuen, höchst brauchbaren Diener zu Hülfe geeilt und fand ihn im Gebete und stöhnend auf der Erde liegen: »La il laha il Allah, Mahammed rassuhl Allah! – Es gibt nur einen Gott, und Mahammed ist sein Prophet! – Nur bei Allah, dem Starken, allein ist die Stärke; allein nur bei Gott, dem Helfenden, ist die Hülfe! – Behüte, o Herr, deinen Gläubigen vor den aus deinen Himmeln zur Hölle hinabgestürzten Teufeln! – Du Hund, du Hundesohn, Hundeenkel und Hundeurenkel, du von einem Hund Erzeugter und von einer Hündin Gesäugter – du willst einen Muslim fressen?! Verdamme dich der Allmächtige, und werfe er dich in das Innere der Hölle!« Diese und ähnliche Stoßseufzer und Flüche entrangen sich seinen bebenden Lippen. Dann aber sprang er wüthend auf, lud eine Kugel in sein Gewehr und sandte sie dem Nilpferde nach, welches noch immer vor uns tobte und lärmte. Die Kugel tanzte lustig auf dem Wasser hin und – an dem Ungethüme vorüber.

»Bei dem Barte des Propheten, bei dem Haupte deines Vaters, Effendi«, bat er mich, »sende du dem nichtswürdigen Gottesleugner aus deiner Büchse eine Kugel zu; – denn auch mein schöner Taucher ist ja verloren!«

Ich willfahrte seiner Bitte, schoß und hörte die Kugel auf den Schädel einschlagen. Das Nilpferd brüllte laut auf, tauchte einige Male unter und schwamm nach der Mitte des Sees zu, wie es schien, ohne durch den Schuß wesentlich gestört zu sein. Nur seine Wuth nahm von Stunde zu Stunde zu. Freilich ließ uns unsere Rachsucht fortan die hier und da erscheinenden Köpfe als Scheiben ansehen, nach denen wir, so oft es anging, eine Kugel entsendeten. Ich wußte aus Erfahrung, daß meine schwache Büchsenkugel selbst bei einer Entfernung von noch nicht vierzig Schritten kaum die Haut des Kopfes durchbohren konnte, wollte mir aber gleichwohl das Vergnügen nicht versagen, dem »Abgesandten der Hölle« unseren Ärger fühlen zu lassen.

Auf unserer Reise kamen wir, wenige Tage nach diesem Vorfalle, wieder zu demselben See und trieben während der Jagd das Zielschießen nach Nilpferdköpfen wie vorher. In das Wasser durften wir uns allerdings nicht mehr wagen; dafür aber schienen die Flußpferde auch das Land zu achten, und so herrschte jeder Gegner in seinem eigenen Kreise, wir auf dem Lande, die Nilpferde im Wasser. Nach einer sehr ergiebigen Jagd kehrten wir nachmittags auf das Boot zurück, mit der Absicht, die Jagd am anderen Morgen fortzusetzen. Da wurden wir gegen Sonnenuntergang benachrichtigt, daß soeben eine zahlreiche Herde von Pelekanen im See angekommen sei, um in ihm zu übernachten. Wir gingen deshalb nochmals aus und begannen unsere Jagd auf die Vögel, welche im letzten Strahle der Sonne auf dem dunkeln, hier und da vergoldeten Wasserspiegel wie große weiße Seerosen erschienen. In wenig Minuten hatte ich zwei Pelekane erlegt; Tomboldo jagte auf der anderen Seite und feuerte ebenfalls lebhaft. Ihn erwartend, verweilte ich bis nach Sonnenuntergang auf meinem Stande; als er jedoch nicht erschien, trat ich mit meinem nubischen Begleiter und Beuteträger den Rückweg an. Unser Pfad führte durch ein Baumwollenfeld, welches bereits wieder vom Urwalde in Besitz genommen, gänzlich verwildert und arg von Dornenranken und anderen Stachelgewächsen durchzogen war. Froh unserer Beute und der schönen lauen Nacht nach dem heißen Tage, zogen wir unseres Weges dahin.

*Hippopotamus amphibius*
HIPPOPOTAMIDAE

»Effendi, schau, was ist das?« fragte der Nubier. Er deutete dabei auf drei dunkle, hügelartige Gegenstände, welche ich, so viel ich mich erinnerte, bei Tage nicht gesehen hatte; ich blieb stehen und blickte scharf nach ihnen hin: da bekam plötzlich der eine der Hügel Bewegung und Leben, – das nicht zu verkennende Wuthgebrüll des Nilpferdes tönte uns grauenvoll nahe in die Ohren und belehrte uns vollständig über den Irrthum, seinen Urheber für einen Erdhaufen gehalten zu haben; denn in Sätzen stürzte sich derselbe auf uns zu. Weg warf der Nubier Büchse und Beute; – »Hauen âleïhna ja rabbi!« – »Hilf uns, o Herr des Himmels«, rief er schaudernd, »flieh, Effendi, bei der Gnade des Allmächtigen – sonst sind wir verloren!« Und verschwunden war die dunkle Gestalt im Gebüsche; ich aber wurde mir bewußt, daß ich in meiner lichten Jagdkleidung nothwendigerweise die Augen des Ungethüms auf mich lenken mußte, und, waffenlos wie ich war – denn meine Waffen waren eben keine Waffen gegen den hautgepanzerten Riesen! – stürzte ich mich blindlings in das dornige Gestrüpp. Hinter mir her brüllte, tobte und stampfte das wüste Vieh, vor mir und rechts und links verflochten sich Dornen und Ranken zu einem fast undurchdringlichen Gewirr; die Stacheln der Nilmimose oder Rharrat verwundeten mich an allen Theilen des Körpers, die gebogenen Dornen des Nabakh rissen mir Fetzen auf Fetzen von meiner Kleidung herab: und weiter floh ich keuchend, schweißtriefend, blutend, – immer geradeaus, ohne Ziel, ohne Richtung, gejagt von Verderben und Tod in Gestalt des Scheusals hinter mir. Es gab keine Hindernisse für mich. Wie sehr auch die Dornen mich verwundeten und die Wunden schmerzten: ich achtete ihrer nicht, sondern hetzte verzweiflungsvoll weiter, weiter, weiter! Ich weiß es nicht, wie lange die wilde Jagd gedauert haben mag; jedenfalls währte sie nicht lange: denn sonst hätte das rasende Ungeheuer mich doch wohl eingeholt; gleichwohl dünkte mich die dabei verlaufene Zeit eine Ewigkeit zu sein. Vor mir dunkle Nacht, hinter mir mein entsetzlicher Feind, – ich wußte nicht mehr, wo ich mich befand. Da, Himmel! ich stürzte, und stürzte tief. Aber ich fiel weich; ich lag im Strome. Als ich wieder an die Oberfläche des Wassers kam, sah ich oben auf der Höhe des Uferrandes, von welchem ich herabgestürzt war, das Nilpferd stehen. Auf der anderen Seite aber schimmerte mir das Feuer unserer Barke freundlich entgegen. Ich durchschwamm eine schmale Bucht und war gerettet, obwohl ich noch tagelang die Folgen dieser Flucht verspürte. Von meinem Anzuge hatte ich bloß noch Lumpen mit zu Schiffe gebracht.

Tomboldo war auf seinem Heimwege in dieselbe Lebensgefahr gekommen; er wurde ebenfalls von dem Nilpferde angenommen und bis zu derselben Stelle des Ufers verfolgt, über welche ich hinabgestürzt war. In höchster Aufregung langte er bei uns an und rief schon aus einiger Entfernung: »Brüder, meine Brüder, preist den Propheten, den Gottgesandten! Betet zwei ›Rakaat‹ mehr für das Wohl meiner Seele! Der Sohn der Hölle und des Teufels war mir nahe, und der Arm des Todes griff nach mir; aber Gott, der Erhabene, ist barmherzig und seine Gnade ohne Ende! Preiset den Propheten, ihr Brüder! Ich aber will, bin ich erst dem Verruchten entronnen, einen ganzen Sack Datteln zum Opfer bringen.«

Diese beiden Pröbchen mögen genügen, die blinde Wuth eines gereizten Nilpferdes zu beweisen. Sie zeigen auch klar genug, daß die Jagd des Thieres ohne Feuerwaffen, welche sehr schwere Kugeln schießen, eben kein Vergnügen für Sonntagsschützen ist. Leichte Büchsenkugeln haben, selbst wenn sie aus geringer Entfernung abgeschossen werden, so gut wie keinen Erfolg. Jede Büchsenkugel durchdringt den Panzer des Krokodils, aber sie ist zu schwach, als daß sie die mehr als centimeterdikke Haut und außerdem den noch dickeren Schädel des Nilpferdes durchbohren sollte. »Mit einem der Flußpferde, welches wir erlegten«, erzählt Rüppell, »kämpften wir vier Stunden lang. Wenig fehlte, daß die Bestie unsere große Barke und mit ihr uns alle vernichtet hätte. Die fünfundzwanzig Flintenkugeln, in einer Entfernung von etwa zwei Meter auf den Kopf des Unthieres abgeschossen, hatten nur die Haut und den Knochen bei der Nase durchbohrt. Alle anderen Kugeln waren in der dicken Haut stecken geblieben. Bei jedesmaligem Schnauben spritzte das Vieh reichliche Blutströme auf die Barke. Da bedienten wir uns endlich eines Standrohres, dessen Gebrauch uns in so kurzer Entfernung überflüssig erschien. Aber erst nach fünf seiner Kugeln, in einer Entfernung von wenigen Metern abgefeuert, welche die schrecklichsten Verwüstungen in dem Kopfe und dem Körper angerichtet hatten, gab der Riese seinen Geist auf. Die Dunkelheit der Nacht vermehrte noch das Schauerliche des Zweikampfes.« Derselbe hatte vier Stunden lang gedauert; das vorher angeworfene Thier riß einen kleinen Kahn unter das Wasser, zerschmetterte ihn und schleifte das große Schiff an der Leine des Wurfspießes nach Belieben hin und her. Das war freilich eines der größeren Männchen, von denen die Sudâner behaupten, daß sie von anderen Nilpferden vertrieben worden wären, verachtet würden und deshalb so großen Unmuth zeigten, unter Umständen sogar zur Landplage werden könnten; aber auch kleinere und weibliche Thiere machen dem unvorsichtigen Jäger zu schaffen, falls er nicht mit sehr schweren Büchsen ausgerüstet ist. Solchen gegenüber lernt Behemot bald die Oberherrlichkeit des Menschen erkennen und geräth um so eher und mehr in Angst, je sicherer die Wirkungen des ihm ohnehin verhaßten Feuergewehres sind. Ohne dieses würde er noch heutigen Tages in Egypten leben, durch dieses wird man ihn binnen wenigen Jahren in allen von Europäern regelmäßig besuchten Strömen Afrikas ausgerottet haben, und wäre es auch nur, um der viehischen Zerstörungssucht Genüge zu leisten, welche jedem rohen Menschen innewohnt und bei dem gebildet sein wollenden Engländer in der widerwärtigsten Weise zur Geltung gelangt. Ich glaube von einer Wiedergabe solcher Jagdgeschichten, wie sie die Bücher neuerer Reisenden enthalten, um so mehr absehen zu dürfen, als sie insgesammt die Rüppell'sche einfach schlichte Schilderung nicht erreichen, halte es auch für wichtiger, über die Jagdweise der Eingeborenen noch einiges mitzutheilen.

Der Bewohner des inneren Afrika, welcher kein Feuergewehr führte, war dem Nilpferde gegenüber so gut wie machtlos, obgleich er noch immer sein einziger gefährlicher Gegner blieb; denn außer Blutegeln, Mücken und Eingeweidewürmern wird Behemot von keinem Geschöpfe angegriffen, und alle die so schön ausgedachten Kämpfe zwischen ihm und dem Krokodile, dem Elefanten, dem Nashorn und dem Löwen müssen unerbittlich in das Reich der Fabel gewiesen werden. Höchstens ein junges Nilpferd würde eine der größeren Katzen vielleicht angreifen, wäre nicht die Alte beständig in der Nähe und zur Abwehr aller Gefahren vorbereitet. Der Mensch suchte auf verschiedene Weise des schädlichen Thieres sich zu erwehren. Während der Zeit der Fruchtreife sah man in den bevölkerten Stromgegenden an beiden Ufern Feuer leuchten: sie wurden einzig und allein als Schreckmittel gegen die Nilpferde angezündet und die ganze Nacht durch sorgfältig angefacht. An einigen Orten unterhielt man mit Trommeln einen beständigen Lärm, um die Flußriesen zu schrecken; und gleichwohl waren sie nicht selten so kühn, daß sie nur dann nach dem Strome zurückkehrten, wenn eine größere Menschenmenge schreiend, trommelnd und mit Feuerbränden in den Händen auf sie anstürmte. Leider läßt sich gegen das Nilpferd ein Mittel, welches bei anderen Thieren mit dem besten Erfolge gekrönt wird, nicht anwenden, und die höllische Natur des Unthieres geht daraus deutlich hervor. Das Wort des Gottgesandten, Mahammed – Frieden über ihn! – ist kräftig genug, fast alle übrigen Thiere von den Feldern abzuhalten, welche es in Gestalt eines dort aufgehangenen Amuletes schützt und schirmt; ein Nilpferd aber und andere der Gerechtbarkeit trotzende Thiere mißachten auch den kräftigsten und wirksamsten Gottesbrief, und sei er von dem Schêich el Islâm in Mekka selbst geschrieben. So blieb dem beklagenswerthen Gläubigen eben nur das Feuer übrig, um höllisches mit höllischem zu bannen.

Abgesehen von solchen Mitteln der Abwehr, ging man dem Unthiere übrigens von jeher auch mit Wurfspieß und Lanze zu Leibe und betrieb seine Jagd, so gut diese Waffen es erlaubten. Hierbei verfuhr und verfährt man im wesentlichen nach Art der alten Egypter, mit deren Flußpferdjagden die Darstellungen auf den Denkmälern wie einzelne alte Schriftsteller, namentlich Diodor von Sicilien, uns vertraut gemacht haben. Die Lanze und ein entsprechend hergerichteter Wurfspieß mit Leine und Schwimmklotz sind heutigen Tages noch die einzigen Waffen, welche die Bewohner der oberen Nilländer bei der Jagd des Nilpferdes gebrauchen. Von den sinnreich ausgedachten Speerfallen, welche man an Bäumen befestigen soll, so daß sie ein zur Weide gehendes Nilpferd selbst losschnellt, weiß man in Nordostafrika nichts, und nur die Neger des Abiadt graben diesem Fallöcher. Der Wurfspieß der Sudâner besteht aus einem Stück Eisen, einer Hornscheide, der

Haftschnur und der Wurfstange. Das Eisen ist wie ein Radirmesser zweiseitig zugeschliffen und besitzt einen starken Widerhaken, steckt fest in einer an beiden Enden dünner werdenden Hornscheide und wird durch eine starke, oftmals um Eisen und Scheide gewundene Schnur hinreichend befestigt. An dem einen Ende der Wurfstange befindet sich eine Höhlung, in welche die Hornscheide eingesetzt wird, am anderen Ende der Stange ist die Leine festgebunden. Beim Wurfe dringt die eiserne Spitze sammt ihrer Hornscheide bis zu der Lanze ein; diese wird durch den Wurf abgestoßen und hängt nun nur noch mit dem anderen Ende vermittels der dort angebundenen Schnur an der Harpunenspitze. Andere Jäger befestigen das eine Ende der Leine an der Harpune und das andere an einem leichten Holzklotze, ohne sie mit der Wurflanze zu verbinden.

Mit dieser Waffe und einigen gewöhnlichen Lanzen begibt sich der Sudâner auf die Jagd, um sein Wild entweder zu beschleichen, wenn es ein Mittagsschläfchen hält, oder ihm aufzulauern. Das Unternehmen erfordert nicht nur gewaltige Kraft, sondern auch List, Verschlagenheit und Gewandtheit. Etwa um Mitternacht schleicht der Spießwerfer längs des Ufers bis zu einer Ausgangsstelle der Thiere und versteckt sich hier im Gebüsche unter dem Winde. Kommt das Nilpferd erst nach seiner Ankunft aus dem Wasser, so läßt er es ruhig an sich vorübergehen und harrt bis zur Rückkehr. Niemals greift man ein zu Lande gehendes Nilpferd an, sondern wartet stets, bis es ungefähr halb im Flusse ist. Dann schleudert der Jäger ihm die Harpune mit aller Kraft in den Leib und flieht, in der Hoffnung, daß das durch den Wurf erschreckte Thier sich in den Fluß stürzen werde. So geschieht es auch gewöhnlich, wogegen das Ungethüm beim Heraussteigen ans Land in der Regel seinen Gegner anzunehmen pflegt. Nach dem Wurfe besteigt der Jäger mit seinen Gehülfen entweder sogleich oder am folgenden Morgen eines der bereit gehaltenen Boote und sucht das verwundete Thier, bezüglich das schwimmende Speerstangenende oder den Holzklotz auf. Sobald man diese Merkzeichen gefunden hat, rudert man höchst vorsichtig mit bereit gehaltenen Wurfspeeren und Lanzen herbei und nimmt nun die Leine auf. Beim geringsten Anziehen erscheint das Nilpferd in rasender Wuth an der Oberfläche des Wassers und stürmt auf das Schiff los, wird aber mit einem Hagel von Lanzen und Speeren empfangen, welcher es häufig zur Umkehr zwingt. Gleichwohl kommt es nicht selten vor, daß es die Barke erreicht und mit den Hauzähnen zerreißt. Dann haben die Jäger einen schweren Stand und müssen sich eiligst durch Schwimmen und Tauchen zu retten suchen. Livingstone erfuhr, daß es, um dem Flußpferde unter solchen Umständen zu entgehen, das beste sei, in die Tiefe des Stromes zu tauchen und hier einige Sekunden zu verweilen, »weil das Thier, wenn es einen Kahn zertrümmert hat, allemal nach den Menschen sich umschaut und, wenn es keinen bemerkt, davongeht«; mir hat man ähnliches erzählt. Im günstigeren Falle besteigt ein Theil der Jäger nach dem zweiten Angriffe auf den Flußriesen ein zweites Boot und fischt sich mit ihm das Ende einer zweiten Harpune auf. Nun wird das Ungethüm durch das schmerzerregende Anziehen der Harpunenleinen beliebig oft zur Oberfläche des Wassers heraufbeschworen und ihm im Verlaufe der Jagd der breite Rücken derartig mit Lanzen bespickt, daß er wie der Pelz eines Stachelschweines aussieht. Übrigens führt man die Jagd nur dann mit einem Male zu Ende, wenn man Feuergewehre zur Verfügung hat; im entgegengesetzten Falle läßt man den im Wasser natürlich viel stärkeren Blutverlust das Seinige zur Abmattung des Thieres thun und nimmt erst am folgenden Tage die Verfolgung desselben wieder auf, da ja die schwimmenden Merkzeichen seinen Aufenthalt immer wieder verrathen. Ein glücklicher Lanzenwurf oder Stoß in das Rückenmark oder zwischen den Rippen hindurch in die Brusthöhle bläst schließlich das Lebenslicht des sattsam gemarterten Höllensohnes aus. An Orten, wo die Flußpferde wenig oder nicht mit dem Menschen in Berührung gekommen sind, lauern ihnen besonders geschickte Jäger auch wohl bei Tage auf und werfen ihnen von der Höhe des Ufers aus den Wurfspieß in den Leib; nach Bakers Versicherung gibt es unter den Nomaden der Atbarasteppen einzelne Wagehälse, welche sogar schwimmend dem Ungethüme sich nahen, den Wurfspieß schleudern, hierauf sofort untertauchen, um sich dem Auge des infolge der Verwundung aufs höchste erbosten Gegners zu entziehen, und schleunigst das Land zu gewinnen suchen. Den Leichnam der glücklich vom Leben zum Tode gebrachten Beute schleift man stromabwärts bis zur nächsten Sandbank, um ihn hier, nachdem er mit Tauen ans Land gezogen worden ist, zu zerlegen.

Der Gewinn der Jagd ist nicht unbedeutend. Das Fleisch des Ungeheuers wird geschätzt und ebenso wie das Schmer überall gegessen. In den alten guten Zeiten konnten sich die Ansiedler des Kaplandes kaum ein größeres Fest denken als eine Nilpferdjagd. Man schnitt Fleisch und Speck an Ort und Stelle von dem erlegten Riesen ab und schaffte es wagenweise nach Hause, verkaufte nur aus Gefälligkeit die beliebte Speise an Freunde und ließ sich das Pfund dieses Fleisches theuer bezahlen. Junge Nilpferde sollen ein so wohlschmeckendes Fleisch haben, daß selbst Europäer bald an dasselbe sich gewöhnen. Die geräucherte Zunge gilt als Leckerbissen. Der Speck wird dem des Schweines überall vorgezogen, das aus ihm geschmolzene Schmer als das schmackhafteste aller thierischen Fette bezeichnet und zur Bereitung von Speisen aller Art benutzt oder auch mit dem Brode gegessen. Die Hottentotten trinken es ebenso gern wie die Europäer die Fleischbrühe. In Ostafrika gilt es als die allervorzüglichste Grundlage zur Haar- und Körpersalbe, Delka genannt, welche alle dunkelfarbigen Afrikaner zu gebrauchen scheinen. Aus der dicken Haut verfertigt man unübertreffliche Reitpeitschen oder Schilde; die riesigen Hauer werden fast dem Elfenbeine gleichgeschätzt und, wie bereits im Alterthume, zu allerlei Beinarbeiten verwendet, springen aber leicht. So nutzt man mit Ausnahme der massigen

Knochen jeden einzelnen Theil des Thieres und erzielt einen Ertrag, welcher hinter dem der Elefantenjagd wenig zurücksteht.

Der Fang des Unthieres ist mit der Jagd ein und dasselbe. Wie die Römer es anstellten, um Nilpferde zu fangen und fortzuschaffen, wissen wir nicht. Nach Angabe der alten Schriftsteller brachten sie nicht bloß junge und unerwachsene, sondern auch alte Thiere nach der Hauptstadt ihres Weltreiches, um sie bei ihren Kampfspielen und Triumphzügen zu verwenden. Der Ädil Scaurus führte im Jahre 58 vor unserer Zeitrechnung fünf Krokodile und ein großes Nilpferd dem römischen Volke vor; Commodus ließ ihrer fünf im Cirkus tödten. Von dieser Zeit an gelangte bis zur Mitte des sechzehnten Jahrhunderts unserer Zeitrechnung keines dieser Thiere nach Europa, und wiederum vergingen dann dreihundert Jahre, bevor man andere lebend zu uns brachte. Diejenigen, welche wir jetzt in Europa sehen können, sind fast ausnahmslos jung harpunirt worden. Es versteht sich von selbst, daß erst die Mutter des jungen Thieres erlegt werden muß, bevor man daran denken kann, auf dieses Jagd zu machen. Die blinde Anhänglichkeit des kleinen, plumpen Geschöpfes an seine Alte erleichtert aber den Fang. Der harpunirten Mutter folgt das Junge überall nach und verläßt selbst ihren Leichnam nicht. Man wirft ihm dann eine Harpune auf eine weniger empfindliche Stelle des Leibes oder sucht es in einem Netze zu verwickeln und zieht es so an das Land. Anfangs sucht es sich loszureißen, stößt, wie ein Schwein, welches geschlachtet werden soll, ein gellendes, durchdringendes Geschrei aus und macht den Leuten viel zu schaffen, gewöhnt sich aber bald an den Menschen und folgt ihm nach. Die Hottentotten streichen, wie uns Sparrmann berichtet, frisch gefangenen Nilpferden mehrmals mit der Hand über die Schnauze, um sie an ihre Ausdünstung zu gewöhnen, und sollen dadurch erreichen, daß sie sich an den Menschen anschmiegen wie früher an ihre Mutter. Das Euter der Kuh nimmt ein Nilpferd gern an; mit einer einzigen Saugamme ist es aber freilich bald nicht gethan: denn der junge Riese verlangt nach kurzer Zeit die Milch von zwei, drei und vier Kühen oder acht bis zwölf Ziegen.

Nach allen bisherigen Beobachtungen hält das Nilpferd die Gefangenschaft leicht und dauernd auch in Europa aus. Wird das Thier paarweise an einem Orte untergebracht, wo es sich seinem natürlichen Wesen gemäß bewegen, also bald ins Wasser, bald aufs Trockene gehen kann, so darf man auch auf Nachkommenschaft rechnen. Es nimmt mit jeder Kost vorlieb, namentlich mit allem, was man dem Hausschweine zu reichen pflegt.

Ich sah das erste gefangene Flußpferd, welches in der Neuzeit wieder nach Europa kam, in Kairo. Es hatte sich dort so an seinen Pfleger gewöhnt, daß es ihm wie ein Hund überall nachlief und sich mit Leichtigkeit behandeln ließ. Ein Gemengsel von Milch, Reis und Kleie bildete seine Nahrung; später nahm es mit frischen Pflanzenstoffen vorlieb. Man baute zur Überfahrt einen eigenen Kasten für das Thier und führte mehrere große Fässer Nilwasser mit sich, um dem Flußbewohner täglich mehrere Bäder geben zu können, brachte ihn auch glücklich nach London.

Später gelangten zwei Nilpferde nach Paris und im Jahre 1859 die ersten beiden nach Deutschland, wo sie überall umhergeführt und zur Schau gestellt wurden. Sie waren außerordentlich zahm, zeichneten sich durch eine plumpe, rohe Gemüthlichkeit aus, spielten lustig mit ihrem Wärter und mit einem Steppenhunde, welcher sich vergeblich Mühe gab, den dickfelligen Gesellen etwas anzuhaben. Später kamen beide Thiere nach Amsterdam, wo sie sich gegenwärtig noch befinden. Hier haben sie viel von ihrer früheren Gutmüthigkeit verloren. Sie sind zwar nicht gerade wild geworden, aber doch auch lange nicht mehr so zahm geblieben, als sie es waren. Nur mit ihrem Wärter stehen sie nach wie vor auf freundschaftlichem Fuße, achten auf dessen Anruf, nähern sich ihm vertraut, sperren auf Anfordern ihren scheußlichen Rachen so lange auf, bis der Mann ihnen einen Bissen in denselben steckt oder fallen läßt, gestatten, daß er ihr dickes Fell mit einem Holzstücke kraut etc. Im September des Jahres 1861 zeigten sie sich brünstig; Mitte des Monats erfolgte die Begattung. Sie wurde im Wasser vollzogen, oft nach einander, und währte, wie bei den Pferden, nur sehr kurze Zeit. Die Geburt erfolgte am 16. Juli 1862, die angenommene Trächtigkeitsdauer von zehn Monaten war jedoch zu hoch gegriffen. Auffallenderweise behandelte die Mutter ihr wohlausgebildetes, munteres Junges von der ersten Stunde an roh und hart, ließ es nicht saugen, warf es hin und her und zeigte sich, als sie vom Männchen getrennt worden war, höchst aufgeregt. Das Junge starb trotz aller Versuche, es künstlich zu ernähren, bereits zwei Tage nach seiner Geburt. Einen Tag später nahm die Alte schon wieder auf. Sie hatte sich um ihr Männchen, welches durch den Anblick des Jungen sehr wüthend geworden war, von Anfang an weit mehr bekümmert als um ihr Kind.

Westerman, der Vorstand des Amsterdamer Thiergartens, hat mir später mündlich mitgetheilt, daß dieselbe Alte noch andere Junge zur Welt brachte, und zwar regelmäßig sieben bis acht Monate (genau sieben Monate, zwanzig bis fünfundzwanzig Tage) nach beobachtetem Sprunge; die meisten dieser Jungen wurden von der Mutter schlecht behandelt. Der Vater schien stets eifersüchtig zu sein auf seinen Sprößling und geberdete sich wie toll, erregte dadurch die Alte ebenfalls und veranlaßte mittelbar die Entfernung des Säuglings, welcher in den drei ersten Fällen nicht lange lebte. Man versuchte zwar, das Junge mit Kuhmilch aufzuziehen, füllte letztere in große Saugflaschen und gewöhnte das Thierchen auch daran, die solcherart gebotene Nahrung anzunehmen, erhielt ihm jedoch im günstigsten Falle bloß zwei oder drei Wochen lang ein kümmerliches Dasein. Erst bei dem vierten Jungen, welches im August 1865 geboren wurde, war man glücklicher. Man verkaufte es später nach Nordamerika; es verunglückte jedoch beim Brande des Krystallpalastes, in welchem es eine Zeitlang ausgestellt war.

In den letzten Jahren ist es auch im Londoner Thiergarten gelungen, dasselbe Ergebnis zu erzielen. Über die erste sorgfältig beobachtete Geburt der im Regentspark gezüchteten Flußpferde erstattete Bartlett einen vortrefflichen Bericht, aus welchem ich das nachstehende entnehmen will: »Am 21. Februar bemerkten wir eine entschiedene Veränderung in dem Gebaren der Alten. Sie war überaus unruhig und blickte wild um sich. Bis zum Nachmittage des nächsten Tages bekundete es Unruhe und Aufregung, lief im Hause umher, legte sich nieder, um sofort wieder aufzustehen, warf sich auf diese oder jene Seite, ging rückwärts und vorwärts, sah gerade vor sich hin, erhob das Haupt, öffnete und schloß den mächtigen Rachen, knirschte mit den Zähnen und strengte sich dabei so an, daß ihm die blutige Ausschwitzung der Haargefäße über Gesicht und Seiten herabrann. Der Anblick des hin und her sich bewegenden, angsterfüllten Ungethüms wurde zuletzt wahrhaft ermüdend. Das geringste Geräusch erregte seine Aufmerksamkeit, und als der Wärter nothgedrungen in das Haus eintrat, stürzte es sich mit wilder Wuth auf denselben. Um das Männchen bekümmerte es sich wenig, gab ihm mindestens keine Antwort auf seinen Anruf, wie es bis dahin zu thun gewohnt war. Aus allem ging hervor, daß der Augenblick der Geburt sehr nahe sein müsse. Zuletzt erwählte es sich einen bestimmten Lagerplatz, legte sich nieder, verweilte einige Minuten vollkommen ruhig: und plötzlich, wie durch Zaubergewalt, war das junge Flußpferd, der Kopf voran, in die Welt geschleudert worden.

Unmittelbar nach der Geburt, welche wegen der Kürze ihrer Dauer besonders bemerkenswerth erschien, war die Mutter auf den Beinen, drehte sich herum, stürzte mit geöffneten Kinnladen auf das Junge und umschloß dasselbe theilweise mit ihrem Maule. Hätte sie in diesem bedenklichen und erregenden Augenblicke irgend jemanden gehört oder gesehen, sie würde, meiner Überzeugung nach, augenblicklich ihren Sprößling vernichtet haben. Erst mit Hülfe einer den Nilpferden in hohem Grade verhaßten Feuerspritze gelang die Absperrung und die Wegnahme des Jungen, welches zu unserem Erstaunen bereits seine hundert Pfund wog, so schlüpfrig und glatt war wie ein Aal und in unseren Armen tüchtig strampelte. In einem warmen Raume auf einem weichen Bette von Heu gelagert und mit einem wollenen Tuche bedeckt, schien es wieder aufzuleben, nahm auch ohne weiteres die mit lauer Ziegenmilch gefüllte Saugflasche an und schien uns Hoffnung auf Erhaltung seines Lebens zu geben. Doch schon nach der zweiten Mahlzeit wurde es von Krämpfen befallen, und plötzlich gab es seinen Geist auf. Es hatte nie an seiner Mutter gesaugt und war infolge dessen verkümmert. An der Mutter konnte die Schuld nicht gelegen haben, denn diese würde nicht allein das Saugen willig gestattet, sondern es auch ausreichend ernährt haben.«

»Niemals«, schließt Bartlett, »habe ich ein Thier kennen gelernt, welches seines Sprößlings wegen so mißtrauisch und wachsam und so entschieden gewillt ist, das

Junge zu vertheidigen, wie diese Flußpferdmutter. Sie liebt ihr Kind mit eifersüchtiger Sorge und erschwert dadurch dessen Aufzucht in der Gefangenschaft in hohem Grade; denn das Junge läuft beständig Gefahr, durch die wüthenden Bewegungen der Mutter über den Haufen gerannt und getödtet zu werden.«

Die ungeheuerliche Gestalt und das unfreundliche Wesen des Flußpferdes erklären es zur Genüge, daß das Thier bei den meisten Völkerschaften allerlei wunderliche Anschauungen und Sagen in das Leben gerufen hat. Der Sudâner sieht das wüste Vieh gar nicht für ein echtes, natürliches Wesen, sondern eher für einen Auswurf der Hölle an. Schon der sudânische Name Äésint, dessen Bedeutung niemand kennt, deutet auf etwas ungewöhnliches hin. Dazu kommt nun die Bedenken erregende Mißachtung aller, auch der kräftigsten Schutzbriefe seitens des Ungethüms. »Möge Gott die Affen verfluchen in seinem Zorne«, sagte mir ein Sudâner; »denn sie sind verwandelte Menschen und Spitzbuben, Söhne, Enkel, Nachkommen von Spitzbuben, aber möge er uns bewahren vor den Kindern der Hölle, jenen Nilpferden! Denn ihnen ist das heiligste Schaum und das Wort des Gottgesandten ein leerer Hauch; sie zerstampfen den ›Gottesbrief‹ mit ihren Füßen!« Das Nilungeheuer gilt in den Augen der Eingeborenen kaum als ein von Allah erschaffenes Wesen, sondern nur als Maske eines verruchten, dem Teufel – vor welchem der Bewahrer alle Gläubigen bewahren möge! – mit Leib und Seele angehörigen Zauberers und Sohnes der Hölle, welcher nur zu Zeiten diese Satansgestalt annimmt, sonst aber in seiner Hütte als Mensch erscheint, um andere Adamssöhne abzulocken vom Pfade des Heiles. Mit anderen Worten: das Nilpferd ist der Gottseibeiuns selber, wenn auch ohne Pferdefüße und Schwanz!

Dafür gibt es hundert Belege. Viele Menschen haben durch jenen Höllensohn ihr Leben verloren, und ihre Seele ist ihnen aus dem Körper gestampft worden, ohne daß der Leib gefressen worden wäre: und unter den Todten war sogar ein Fakïe oder Khorânverständiger!

# Unser Reh

Bei uns zu Lande lebt das Reh (Cervus Capreolus) gern in Vorhölzern, zieht sich auch im Vorsommer gänzlich in die Felder zurück und thut sich über Tages im hohen Getreide nieder. Standwild im strengsten Sinne des Wortes ist es nur da, wo es sich vollkommen sicher fühlt; aber auch hier unternimmt es gern weitere Streifzüge. Mehr als der Hirsch, ungleich mehr als der Damhirsch, liebt es Freiheit in jeder Beziehung, insbesondere Veränderung des Standes, der Äsung, selbst der Gesellschaft. Es ist nicht allein wählerisch, sondern förmlich launenhaft, gefällt sich heute hier, morgen dort, läßt sich unter Umständen allerlei Störungen gefallen und nimmt sie wiederum so übel, daß es gelegentlich gänzlich auswechselt.

Das Reh wird 1,3 Meter lang und am Kreuze bis 75 Centimeter hoch; das Stumpfschwänzchen erreicht kaum eine Länge von 2 Centim. Sein Gewicht beträgt 20 bis 25, in seltenen Fällen sogar bis 30 Kilogramm. Im Vergleiche zum Edelhirsche ist das Reh gedrungen gebaut, der Hals schlank und länger als der Kopf, die Lichter sind groß und lebhaft, am obern Lide lang gewimpert. Die Bewegungen des Rehes sind behend und anmuthig. Das Reh kann erstaunlich weite, bogenförmige Sätze ausführen und über breite Gräben, hohe Hecken und Sträuche ohne irgend welche bemerkbare Anstrengungen fallen, schwimmt sehr gut und klettert recht leidlich. Es vernimmt, wittert und äugt vortrefflich, ist listig, vorsichtig und sehr scheu. »Freundlichkeit, Zuthunlichkeit«, sagt Dietrich aus dem Winckell, »spricht aus jedem seiner Blicke, und doch läßt es nur, von der zartesten Jugend an von dem Menschen künstlich erzogen, sich zähmen; im entgegengesetzten Falle behält es selbst bei der besten Pflege die im wilden Zustande eigene Schüchternheit und Furcht vor Menschen und Thieren bei.

Im Bette wird keine andere Wildart häufiger überrascht als das Reh; wahrscheinlich muß es schlafen oder, wenn es sich wachend niedergethan hat, um das Geschäft des Wiederkäuens zu verrichten, unter einem dicken Strauche oder in hohem Grase vor den spähenden Blicken seiner Verfolger sich hinlänglich gesichert glauben.« Es ist ebensowenig ein kluges und ebensowenig ein liebenswürdiges Thier wie der

Hirsch, vielmehr ebenfalls heftig, reizbar und jähzornig, auch rauf- und kampflustig. Von der »Freundlichkeit und Zuthunlichkeit«, welche Winckell rühmend hervorhebt, nimmt man bei innigerem Umgange mit dem Rehe herzlich wenig wahr. So lange es jung ist, zeigt es sich allerdings höchst liebenswürdig, im Alter aber sehr eigenwillig, trotzig und bösartig. Schon die alte Rike hat ihre Mucken, jedoch zu wenig Kraft, um ihren Absichten den erwünschten Aus- und Nachdruck zu geben; der Bock aber ist ein unverträglicher, boshafter, selbst- und herrschsüchtiger Gesell, behandelt schwächere seiner Art stets, die Rike nicht selten ganz abscheulich, mißhandelt ohne Erbarmen seine Sprößlinge, sobald er meint, daß sie seinen Gelüsten im Wege stehen könnten, zeigt allen Geschöpfen, welche er nicht fürchten muß oder aus Gewohnheit nicht mehr fürchtet, das Gehörn und gebraucht es in höchst gefährlicher Weise. Zu trauen ist ihm nie; denn sein Sinn ist im höchsten Grade unbeständig und wetterwendisch, seine Reizbarkeit unglaublich groß und seine störrische Beharrlichkeit nicht zu unterschätzen. Wirkliche Anhänglichkeit, hingebende Aufopferung kennt er nicht: bei Gefahr ist er der erste, welcher sich, nicht ohne bemerkenswerthe List und Verschlagenheit, davon zu machen sucht; Vertheidigung der Rike und seines Sprößlings kommt ihm nicht in den Sinn. Er hält sich nicht immer, aber oft zu beiden, jedoch kaum aus warmer Zuneigung, sondern wohl hauptsächlich aus Liebe zur Geselligkeit und Bequemlichkeit, da er weiß, daß die vorsichtige Rike unablässig um die Sicherheit ihres Kälbchens besorgt ist, und er sich dies zu Nutze zu machen sucht. Selbst während der Brunstzeit bekundet er der Rike gegenüber eigentlich weder Liebe noch Zärtlichkeit, sondern nur Sinnlichkeit und Begierde. Vollendete Selbstsucht ist der Grundzug seines Wesens.

Während des größten Theiles des Jahres lebt es familienweise zusammen, ein Bock mit einer, seltener mit zwei bis drei Riken und deren Jungen; nur da, wo es an Böcken fehlt, gewahrt man Trupps von zwölf bis funfzehn Stücken. Der Bock trennt sich wahrscheinlich bloß dann von der Familie, wenn jüngere seine Stelle vertreten, und er es für gut befindet, grollend in die Einsamkeit sich zurückzuziehen. Dies geschieht hauptsächlich im Frühsommer, währt aber nie länger als bis zur Brunstzeit; dann trollt er unruhig umher, um Schmalrehe aufzusuchen. Nach der Blattzeit bleibt er meistens beim Schmalreh; wenn die nunmehrige Rike aber hochbeschlagen ist, sucht er sich eine andere, und diese bleibt bis zum nächsten Frühlinge seine bevorzugte Gefährtin. Im Winter vereinigen sich zuweilen mehrere Familien und leben längere Zeit mit einander.

Bei uns zu Lande ernährt sich das Reh von den Blättern und jungen Trieben, von jung aufschießendem Getreide, Erbsen, allerlei Gräsern, auch Eicheln und anderen Baumfrüchten; Salz leckt es sehr gern, und reines Wasser ist ihm Bedürfnis; es begnügt sich aber bei Regen oder starkem Thaufalle mit den Tropfen, welche auf den Blättern liegen. Hier und da kommt es zuweilen auch wohl in die Gärten herein, deren leckere Gemüse ihm behagen, und setzt dabei kühn und geschickt über ziemlich hohe Zäune weg. Vom Hirsche unterscheidet es sich dadurch, daß es die Kartoffeln nicht ausscharrt und in den Feldern nicht soviel Getreide durch Niederthun umlegt; dagegen verbeißt es in Forsten und Gärten die jungen Bäume oft in schlimmer Weise und wird dann empfindlich schädlich.

Die Fortpflanzungsgeschichte des Rehes ist kurz folgende. Nachdem das im Oktober oder November abgeworfene Geweih des ältern Bockes sich neu gebildet und vereckt, der Bock auch gefegt hat, was zu Ende März, spätestens im April zu geschehen pflegt, zeigt sich der Bock zwar nicht mehr so harmlos als während der Zeit seiner Waffenlosigkeit, aber doch auch noch nicht erregt, sondern benimmt sich eher als erträglicher Genosse der Rike und zuweilen selbst als theilnehmender Vater seiner oder anderer Böcke Sprößlinge. Um die Mitte des Juli endet dieses schöne Verhältnis. Unruhe, Rauf- und Kampflust machen sich geltend; der starke Bock trennt sich unter allen Umständen von den bisherigen Genossen, beziehentlich der Familie, schweift weit umher, tritt anderen Böcken herausfordernd entgegen, läßt öfters seine Stimme, ein dumpfes, kurz ausgestoßenes »bäö, bäö« oder »bö, bö, bö«, vernehmen und beginnt junge, zwar sehr verliebte, aber züchtige Riken zu treiben, d. h. hitzig hin und her zu jagen. Seine Erregung steigert sich von Tag zu Tage; er bekämpft mit oft sinnloser Wuth seine Nebenbuhler, bindet selbst mit anderen Geschöpfen, in seltenen Fällen sogar mit dem Menschen an, mißhandelt, ja tödtet die Kitzen, falls deren Vorhandensein ihm hinderlich zu sein scheint, und behandelt auch die Riken, welche sich seinen Wünschen nicht sofort fügen wollen, mit ebensoviel Ungestüm als Rücksichtslosigkeit. Seine Eifersucht und Raufsucht geht so weit, daß er die begehrte Schöne meist ob des Nebenbuhlers hintansetzt, indem er auf Böcke, welche gleich ihm eine Rike treiben, wüthend und kampfeifrig losstürzt, ohne sich um die Geis weiter zu bekümmern. Diese ist fast ebenso erregt als er, gibt ihren Gefühlen auch entsprechenden Ausdruck, indem sie den Bock durch einen »fippenden« Laut, welcher wie »i, i, ie, ie, i, ie« klingt, auf sich aufmerksam macht und zu sich einladet. Auf dieses Zeichen hin eilt der junge Bock hitzig und unbedacht, der ältere vorsichtiger, der alte, erfahrene schleichend wie ein Fuchs herbei, um der Minne Sold zu fordern. Die alte Rike gewährt letzterem meist ohne Umstände, das Schmalreh dagegen widerstrebt dem ungestümen Bewerber, läßt sich längere Zeit treiben, geräth auch meist in große Angst und gibt diese durch die Laute »i, ia, iaia« zu erkennen, fügt sich jedoch endlich ebenfalls dem Willen des Bockes. Da dieser, wenn er ein gewisses Alter erreicht hat, regelmäßig Schmalrehe treibt und die alten Riken mehr oder weniger vernachlässigt, finden gemeiniglich die jungen Böcke bei letzteren williges Entgegenkommen. Überwiegt in einem Reviere das eine Geschlecht, so wandert der nicht zur Paarung gelangende Theil aus, um anderswo sein Glück zu suchen.

*Capreolus capreolus*
CERVIDAE

Das befruchtete Ei geht in kurzer Zeit durch den Eileiter, furcht sich hier und gelangt in seiner ursprünglichen Größe in die Gebärmutter. In dieser verweilt es, ohne sich irgendwie zu verändern, etwa vier Monate, bis nach Mitte December, in demselben gänzlich unentwickelten Zustande, beginnt aber sodann mit ungewöhnlicher Schnelligkeit in regelrechter Weise sich auszubilden, bis der Keimling im Mai oder Juni seine vollständige Reife erlangt hat. Somit geht das Reh ungefähr vierzig Wochen hochbeschlagen, und die Entwickelung seiner Frucht unterscheidet sich, soviel bekannt, einzig und allein dadurch von der anderer Hirsche, daß der Keimling eine allerdings ungewöhnlich lange Zeit in einem sich gleichbleibenden Zustande verharrt.

Etwa vier oder fünf Tage vor dem Setzen sucht die Rike in einem einsamen, möglichst abgelegenen Theile des Waldes einen stillen Platz und bringt dort ihre Kälber zur Welt. Jüngere Riken setzen gewöhnlich nur ein einziges Kalb, ältere deren zwei, in seltenen Fällen selbst drei. Die Mutter verbirgt ihre Sprößlinge vor jedem sich nahenden Feind mit Sorgfalt und gibt ihnen bei der leisesten Ahnung einer Gefahr warnende Zeichen durch Aufstampfen mit dem einen Laufe oder durch einen kurzen zirpenden Laut. In der zartesten Jugend drücken sich die Kälber, sobald sie diesen vernehmen, auf der Stelle nieder; späterhin entfliehen sie mit der Mutter. Während der ersten Tage des Lebens, wann die Kälber noch zu unbehülflich sind, nimmt die Rike zur Verstellungskunst ihre Zuflucht und sucht den Feind von sich abzulenken. Wird ihr ein Junges geraubt, ohne daß sie es hindern kann, so folgt sie dem Räuber, auch dem Menschen, lange nach und gibt ihre Sorgen durch beständiges, ängstliches Hin- und Herlaufen und durch Rufen zu erkennen. »Mich hat diese Mutterzärtlichkeit«, sagt Dietrich aus dem Winckell, »mehr als einmal dahin vermocht, das Kalb, welches ich schon mitgenommen hatte, wieder in Freiheit zu setzen, und die Mutter belohnte mich reichlich dafür durch die sorgsamen Untersuchungen, ob dem Kinde ein Unfall zugestoßen sei oder nicht. Freudig sprang sie um das unbeschädigt gefundene Kleine herum und schien es mit Liebkosungen zu überhäufen, indem sie ihm zugleich das Gesäuge zur Nahrung darbot.« Etwa acht Tage nach der Geburt nimmt die Rike ihre Kälber mit auf die Weide, und nach zehn bis zwölf Tagen sind sie vollkommen stark genug, ihr nachzueilen. Nun kehrt sie mit ihnen auf den alten Stand zurück, gleichsam in der Absicht, dem Vater seine Sprößlinge jetzt vorzuführen. Diese besaugen ihre Mutter bis zum August, nehmen aber schon im zweiten Monate ihres Lebens feineres, grünes Geäse mit an; die Mutter lehrt sie die Auswahl treffen. Mit dem Alter von vierzehn Monaten sind sie fortpflanzungsfähig geworden und bilden nunmehr eine Familie für sich.

Schon zu Ende des vierten Monats wölbt sich das Stirnbein des jungen Bockes, in den folgenden vier Wochen bilden sich kleine, immer höher werdende Kolben, und in den Wintermonaten brechen dann die ersten, acht bis zehn Centimeter langen

Spieße hervor. Im März fegt der junge Bock »mit Wollust und wahrem Übermuthe«, im nächsten December wirft er die Spieße ab. Binnen drei Monaten hat sich das zweite Gehörn gebildet. Es wird seiner Zeit etwas früher als im vorigen Herbste abgeworfen und durch das dritte ersetzt. Alte Böcke werfen, wie bemerkt, schon im November ab.

Der Nutzen, welchen das Reh dem Menschen gewährt, ist beziehentlich derselbe wie der des übrigen Hochwildes, der Schaden, welchen es anrichtet, verhältnismäßig gering, jedoch immer noch viel bedeutender als der Nutzen. Namentlich in jungen Schlägen haust es oft schlimm und vereitelt in wenigen Tagen jahrelange sorgsame Arbeiten des Forstmannes. Bei uns zu Lande nützt man das köstliche Wildpret, das Gehörn und die Decke wie das Fell; in Sibirien verarbeitet man die Decke zu Pelzen, welche allgemein getragen werden, weil sie sehr leicht und billig sind.

Jung aufgezogen, wird das Reh leicht und in hohem Grade zahm, befreundet sich mit Menschen und Thieren, benimmt sich wie ein wirkliches Hausthier und gewährt dann viel Vergnügen. Doch erlebt man auf die Dauer nur an der Rike, nicht aber auch an dem Bocke Freude; denn letzterer bekundet mit der Zeit sein eigentliches Wesen, wird dreist, zudringlich und unverschämt, während die Rike in der Regel sanftmüthig bleibt.

»Einer meiner Brüder«, sagt Dietrich aus dem Winckell, »besaß eine gezähmte Rike, welche sich in der menschlichen Gesellschaft fast am besten zu gefallen schien. Oft lag sie zu unseren Füßen, und gern machte sie sich die Erlaubnis zu Nutze, auf dem Sofa an der Seite meiner Schwägerin zu ruhen. Hund und Katze waren ihre Gespielen. Fand sie sich von ihnen beleidigt, so wurden sie durch tüchtige Schläge mit den Läufen hart bestraft. Die liebe Rike ging mit uns oder auch für sich allein im Freien spazieren. Zur Brunstzeit blieb sie gewöhnlich, kurze Besuche abgerechnet, welche sie ihrem Wohlthäter abzustatten nicht vergaß, einige Tage und Nächte hindurch im Walde, kam dann, wenn sie sich hochbeschlagen fühlte, nach Hause und setzte zur gehörigen Zeit. Die Kälber aber, mit der Muttermilch dieses zahmen Rehes genährt, blieben wild und wurden deshalb im folgenden Oktober ausgesetzt. Sogar während der Brunstzeit verließ unsere Rike, wenn sie von ihrem Herrn beim Namen gerufen war, den Bock und folgte dem Gebieter bis ans Ende des Waldes; hier aber trennte sie sich von ihm und gab dem Gatten den gewöhnlichen Ruf, ein Zeichen zur Annäherung.«

Das Benehmen gezähmter Böcke ist regelmäßig ein anderes als der Riken. Die ihnen angeborne Furchtsamkeit wird durch Gewohnheit abgestumpft; sie kennen den Menschen und wissen, daß weder er noch die Hunde ihnen etwas thun dürfen, und zeigen sich dann nicht bloß anmaßend, sondern werden sogar gefährlich. Ein junger Rehbock, welchen der meinem Vater befreundete Oberförster Heerwart hielt, hatte sich in den Kopf gesetzt, daß die Hundehütte für ihn ein ganz bequemes Lager wäre, und ging, so oft es ihm einfiel, da hinein. Wenn nun der Hund gerade in der Hütte lag, schlug er mit seinen Vorderläufen kühn auf den gewaltigen Feind seines Geschlechtes los, bis dieser mit eingeklemmtem Schwanze die Hütte verließ und dem übermüthigen Gesellen Platz machte. Der vortreffliche Hund wußte recht wohl, daß er dem Liebling seines Herrn nichts abschlagen durfte, und ließ sich von ihm in wirklich lächerlicher Weise beherrschen. Ältere Böcke dürfen unter keiner Bedingung als Spielgenossen von Kindern angesehen werden. Sie fürchten sich nicht einmal vor erwachsenen Männern, geschweige denn vor Frauen und Kindern, nehmen bei der unbedeutendsten Veranlassung eine drohende Miene an, gehen auf denjenigen, welcher sie beleidigte oder auch nicht beleidigte, mit niedergebogenem Gehörn los und wissen dieses so kräftig zu gebrauchen, daß selbst starke Männer ihrer kaum sich erwehren, Frauen und Kinder aber durch sie ernstlich gefährdet, schwer verletzt und selbst getödtet werden können.

# *Das Walroß*

Das Walroß ist wohl die ungeheuerlichste aller Robben. Vollkommen erwachsen, erreicht dieses gewaltige Thier eine Länge von 6 bis 7 Meter bei einem Gewichte von 1000 bis 1500 Kilogramm. Aus diesem mächtigen Leibe ragen die Gliedmaßen wie große Lappen nach außen und unten hervor, so daß sowohl das Elnbogen- wie das Kniegelenk zu erkennen ist. Alle Füße haben fünf Zehen und diese kurze, stumpfe Krallen. Der Schwanz erscheint als ein unbedeutender Hautlappen. Allein nicht der Leib, sondern der verhältnismäßig kleine, runde und durch zwei kugelig aufgetriebene Zahnhöhlen am Oberkiefer unförmlich verdickte Kopf kennzeichnet das Walroß. Das merkwürdigste aber ist das Gebiß. Am vorderen Theile der Schnauze verdrängen zwei ungeheuere, 60 bis 80 Centim. lange Eckzähne, welche weit aus dem Maule hervorragen, die sechs Vorder- und die zwei Eckzähne, welche bei sehr jungen Thieren vorhanden sind. Schon in den ersten Lebenstagen des Walrosses fallen die unteren Schneidezähne aus, dann folgen die oberen, und nur die Eckzähne bilden sich fort. Die fast gänzlich nackte, sehr dicke Haut ist nicht allein faltig, sondern förmlich knorrig, zeigt auch häufig aussatzähnliche Erhöhungen, welche vielleicht nichts anderes sind als Narben, herrührend von Kämpfen zwischen zwei Walrossen selbst oder solchen mit dem Eisbären, ihrem Hauptfeinde, oder endlich von Schrammen, welche scharfe Eiskanten eingeritzt haben.

Wir kennen das Walroß seit Jahrhunderten durch Bild und Wort, aber freilich weder in seiner wahren Gestalt, noch hinsichtlich seiner Lebensweise. Die alten Bilder sind entweder Ausgeburten einer mehr als lebhaften Einbildungskraft oder erbärmliche Darstellungen zusammengedorrter Häute. Jene wurden offenbar nur nach Hörensagen gezeichnet, und den Künstlern schwebten dabei wunderbare Ungeheuer vor, wie sie eine Zeit hervorbrachte, in welcher Hölle, Teufel und anderweitige Mißgeburten des Aberglaubens auf Bauwerken wie auf Bildern lebendigen Ausdruck fanden. Den Bildern entsprechen die Beschreibungen der älteren Berichterstatter, welche ebenfalls weit zurückreichen. Olaus Magnus gibt dem Walroß bereits den noch heute gültigen Namen »Mors« und erzählt, daß es mittels seiner Zähne auf die Gipfel der Felsen wie auf einer Leiter emporsteige und sich von der Höhe wieder ins Meer wälze, falls es nicht, vom Schlafe überrascht, an den Felsen hängen bleibe. Ein Bischof von Drontheim ließ den Kopf eines Walrosses einsalzen und sandte ihn im Jahre 1520 an den Papst Leo X. nach Rom. Dieser Kopf wurde in Straßburg abgebildet, und der alte Geßner hat nach ihm eine ziemlich richtige Beschreibung geliefert.

Wie so viele andere Thiere ist auch das Walroß durch den Menschen allmählich weiter gegen den Nordpol hin gedrängt worden und vermag sich bloß da noch zu halten, wo nur in einzelnen Jahren zu überwindende Schwierigkeiten das Vordringen der Walschiffe hindern. Gewichtige Gründe sprechen dafür, daß zu Zeiten der Römer das Thier die Küsten von Schottland bevölkerte, und daß von ihnen die aus Elfenbein gefertigten Schmuck- und Gebrauchsgegenstände herrührten, welche die ersten Besucher Großbritanniens bei den alten Briten vorfanden. Im allgemeinen kann man sagen, daß es in allen rings um den Nordpol gelegenen Gewässern noch heutigen Tages vorkommt, keineswegs aber überall hier auftritt. Vor wenigen Jahrzehnten traf man es wenigstens hier und da noch in sehr bedeutender Anzahl, zuweilen in Herden von vielen tausenden, deren Gewicht nach Versicherung der Robbenschläger und Jäger große, sonst hoch über das Wasser hervorragende Treibeismassen bis zur Oberfläche des letzteren herabdrückten; gegenwärtig sieht man nur unter sehr günstigen Umständen dann und wann hunderte auf einer und derselben Stelle versammelt. Noch vor wenigen Jahren gehörte es zu den zahlreichsten Thranthieren Spitzbergens; heutzutage ist es, laut Heuglin, auch hier schon sehr selten geworden, und seine gänzliche Ausrottung binnen kurzem mit Sicherheit zu erwarten.

Im allgemeinen darf man das Walroß ansehen als entschiedenen Küstenbewohner, welcher soviel als möglich die hohe See meidet und, ganz gegen Art der Robben insgemein, ausgedehntere Reisen nur selten unternimmt. Alle Walfischfänger wissen, daß sie in nächster Nähe des Landes sich befinden, wenn sie Walrosse sehen; denn die Erfahrung hat sie belehrt, daß letztere wenigstens die Grenze des um die Inseln gelagerten festen oder angetriebenen Packeises nicht zu überschreiten pflegen. Nach Browns Ansicht zieht das Thier höchstens von einem seiner Weidegründe zum anderen und zeigt sich einzig und allein deshalb während der einen Jahreszeit hier, während der anderen dort. Unter Umständen entschließt es sich aber doch auch zu weitergehenden Wanderungen.

Der erste Eindruck, welchen das Walroß auf den Menschen macht, ist kein günstiger. Die ältesten Seefahrer wie unsere heutigen Schiffer und Reisenden finden es gleich abschreckend und häßlich. Unsere Nordfahrer sagen, daß, wenn irgend einem Thiere der Name »Ungeheuer« gebühre, dieses Thier das Walroß sein müsse, ebenso was sein Aussehen als was seine dämonische Stimme und sein unangenehmes Wesen anlange. Andere überbieten diese Schilderung noch durch die ihrige. »Unter dem östlichen Strande von Bäreneiland«, erzählt Keilhau, »gewahrte ich einen großen

Haufen röthlichgrauer, sackförmiger Massen, welche einige Ähnlichkeit mit schlafenden Schweinen von riesenhafter Größe hatten.« Er schließt mit den Worten: »Die rohe Masse der ungeheuerlichen Thiere schien nur ein vom Meere ausgeworfener organischer Stoff ohne irgend welches bestimmtes organisches Leben zu sein.« Weit entfernt, irgend jemandem die Freiheit solcher und ähnlicher Ausdrücke verkümmern zu wollen, muß ich doch bemerken, daß die Walrosse an dem letzterwähnten Satze unschuldig sind, sich auch in den Schriften aller mir bekannten übrigen Beobachter nicht die geringste Andeutung einer solchen Übertreibung findet.

Das Leben der Morse scheint ein sehr einförmiges zu sein, vielleicht schon aus dem Grunde, weil die Erbeutung ihrer Nahrung ihnen weniger Mühe verursacht und weniger Zeit kostet als anderen Robben. In kurze Worte gefaßt, läßt sich über ihr Thun und Treiben im Laufe des Tages und Jahres etwa folgendes sagen:

Je nach der Beschaffenheit der Küste vereinigen sich mehr oder minder zahlreiche Gesellschaften der Thiere, und zwar sollen die erwachsenen in gesonderten Herden leben, also die Männchen mit ihres Gleichen, die Weibchen mit ihren säugenden Jungen sich vereinigen. Ein einziges Eisfloß trägt, wie unsere Nordfahrer sagen, oft zwanzig und mehr Walrosse. Ihre dunklen Leiber lagern dicht nebeneinander, den Kopf, der langen Zähne wegen, zur Seite geneigt oder auf dem Leibe des Nachbars ruhend: »so pflegen sie, von dem monatelangen Anblicke der Sonne oder dem rauschenden Einerlei der Brandung gelangweilt, den größten Theil ihres Daseins zu verschlafen«. Nicht allzu selten begegnet man einer Gesellschaft, welche sich auf einem schwimmenden Eisfelde gelagert hat und mit demselben gemächlich treibt, anscheinend ohne sich viel um die Richtung der Reise zu kümmern. Unter den schlafenden Walrossen hält stets mindestens eins Wache und erweckt bei Wahrnehmung einer Gefahr die übrigen durch Ausstoßen seiner kräftigen Stimme, laut Scammon, nöthigenfalls auch durch einen gelinden Stoß mit den Hauzähnen, worauf die ganze Gesellschaft entweder zur Flucht oder zur Vertheidigung sich rüstet. Da, wo das Walroß den Menschen noch nicht kennen gelernt hat, erregt ein fremdes Schiff kaum die Aufmerksamkeit der Wache oder der Herde überhaupt, und nicht einmal ein Kanonenschuß stört sie, weil alle an das Knallen gewöhnt sind in den nördlichen Meeren, wo das Eis unter donnerähnlichem Getöse oft auf weite Strecken hin borstet. Auch kommt es wohl vor, daß ein ihnen geltender Schuß sie nicht aus ihrer Ruhe schreckt; schwerlich aber dürfte die Angabe einzelner Berichterstatter richtig sein, daß sie, selbst wenn sie verwundet wurden, nur überrascht sich umsehen und bald darauf wieder zur Ruhe niederlegen sollen. Allerdings lassen sie sich, wenn sie einmal auf dem Lande oder dem Eise liegen und schlafen, ungern stören, und es kann nach dem, was von anderen Robben bekannt geworden ist, nicht überraschen, daß sie zeitweilig wirklich tage- oder wochenlang nicht von der Stelle sich rühren: die Mehrzahl der Nordfahrer, Walfänger und Robbenschläger stimmt jedoch darin über-

*Odobenus rosmarus*

ODOBENIDAE

ein, daß sie eine ernstere Behelligung jederzeit mit ebensoviel Muth als Nachdruck von sich abzuweisen suchen.

Auf dem Lande fördert sich das Walroß schwerfällig und ungeschickt, aber doch noch gehend, nicht kriechend, indem es die Füße gleichzeitig übers Kreuz bewegt. Beim Erklettern steiler Eisblöcke soll es stets seine beiden langen Eckzähne zu Hülfe nehmen, mit ihnen in Klüfte und Spalten sich einhaken, den schweren Leib nachziehen, hierauf den Hals von neuem ausstrecken und so fortfahren, bis es die gewünschte Lagerstelle erklommen hat.

Vom Lande ins Wasser begibt sich das Walroß, indem es über abschüssige Stellen gleitend rutscht, oder aber, indem es, wie andere Robben auch, mit einem Sprunge in die Fluten sich stürzt. Hier nun schwimmt es nach Art seiner ganzen Verwandtschaft ebenso rasch und behend dahin, wie es auf dem Lande oder Eise langsam sich förderte, taucht in beträchtliche Tiefen hinab und ist im Stande, mehrere Minuten unter Wasser zu verweilen. Im Schwimmen überbietet das Thier jedes Ruderboot und bethätigt dabei auch eine kaum ermattende Ausdauer. Die Stimme soll bald dem Blöken einer Kuh, bald dem Bellen eines Hundes ähneln, im Zorne aber in ein furchtbares Gebrüll übergehen, welches, von fern gehört, an das Wiehern der Pferde erinnert. Während der Paarungszeit vernimmt man es so weit, daß Kapitän Cook und seine Leute bei Nacht und Nebel dadurch immer auf die Nähe der Küste aufmerksam gemacht wurden und das Schiff vor einem Zusammenstoße mit dem Eise sichern konnten.

Über das geistige Wesen läßt sich nach den bis jetzt vorliegenden Beobachtungen schwer ein Urtheil fällen, wohl aber annehmen, daß das Walroß nicht minder klug als andere Robben ist. So gleichgültig es beim ersten Zusammentreffen mit dem Menschen diesem gegenüber sich zeigt, sobald ändert es, infolge gesammelter Erfahrungen, sein Betragen, und so thatkräftig und verständig tritt es alsdann dem Gebieter der Erde entgegen. Unter den hervorragenden Eigenschaften ist nicht allein die allen Robben eigene Neugier, sondern auch ein für Flossenfüßler ungewöhnlicher Muth zu verzeichnen. Von jener bleichen Furcht, welche die riesenhaften See-Elefanten beschleicht, wenn ihr furchtbarster Feind, der Mensch, ihnen sich gegenüberstellt, wissen die Walrosse nichts, nehmen es vielmehr ohne Besinnen auch mit wohl bewaffneten Leuten auf und achten den Tod ihrer Genossen höchstens insofern, als sie durch ihn zu wilderer Wuth entflammt werden. Wie mit ihren Feinden kämpfen sie auch unter sich auf das heftigste, jedoch nur während der Paarungszeit, welche in die letzten Frühlingsmonate zu fallen pflegt. Um diese Zeit brüllen und toben die Männchen nicht allein zu jeder Stunde des Tages, sondern greifen sich auch gegenseitig an und reißen mit den Zähnen so tiefe Schrammen in das Fell des Gegners, daß sie zuweilen einen kaum weniger abschreckenden Anblick gewähren als andere infolge ihrer Zweikämpfe zerfetzte Robben. Nach etwa neunmonatlicher Tragzeit bringt das Weibchen sein einziges Junges zur Welt und gibt sich demselben nunmehr mit treuester Mutterliebe hin, sorgt in aufopfernder Weise für seine Ernährung und Erziehung und vertheidigt es bei Gefahren mit allem Muthe und Ingrimme, deren sein Geschlecht fähig ist. So lange als möglich sucht es sich und sein Kind allerdings der Gefahr zu entziehen, packt, wenn es eine solche wahrnimmt, das Kleine mit der Vorderflosse und stürzt sich mit ihm ins Meer, nimmt es hier auf den Rücken, um es in dieser Weise bestmöglichst zu sichern, und tritt nunmehr jedem Feinde mit Todesverachtung gegenüber. Das Kleine hängt mit innigster Zärtlichkeit an seiner Mutter und verläßt dieselbe auch im Tode nicht. Tödtet man das Junge, so hat man auf den zähesten Widerstand und unsühnbaren Rachedurst seitens der Alten zu rechnen. Selbst wenn eine Herde weiblicher Walrosse in die Flucht geschlagen werden sollte, tauchen die Mütter von Zeit zu Zeit unter fürchterlichem Gebrüll aus der Tiefe auf, schwimmen nach ihren getödteten, auf den Wellen treibenden Jungen hin, erfassen sie und verschwinden mit ihnen unter dem Wasser. Man kennt Beispiele, daß sie solche Leichname den Robbenschlägern noch in dem Augenblicke wegnahmen, als diese eben beschäftigt waren, sie in das Boot zu ziehen. Ein dem Jäger entrissenes junges Walroß ist verloren, wenn die Mutter nicht auch erlegt wird; denn diese schleift es meilenweit fort, versucht es sogar dann noch zu bergen, wenn sie auf dem Eise überrascht wurde. Schwerverwundete Junge sollen, damit sie Gelegenheit zum Athemholen finden, aus dem Wasser emporgehoben und hierauf wieder in der sicheren Tiefe versenkt werden. Erlegt man eine mit ihrem jungen Sprößlinge getrennt von der Herde schwimmende Walroßmutter, so ergibt sich das junge Ungeheuer widerstandslos seinen Feinden, kann sich wenigstens nicht entschließen, die Alte zu verlassen. Kapitän Williams, ein alter wohlerfahrener Walfänger und Robbenschläger, tödtete ein weibliches Walroß und schleppte dasselbe im Boote dem etwa zwei Meilen entfernten Schiffe zu. Das Junge folgte dem Leichname bis zum Fahrzeuge und gab sich, als man die Beute an Bord bringen wollte, die größte Mühe, auch dahin zu gelangen. Als man ihm eine Schlinge um den Leib gelegt und es ebenfalls an Bord gebracht hatte, watschelte es augenblicklich auf seine todte Mutter zu, erkletterte deren Rücken und verweilte hier, bis man es zwang, wiederum ins Meer sich zu stürzen. Aber auch jetzt noch blieb es, laut klagend über den Verlust seiner Erzeugerin, in der Nähe des Schiffes.

Wie die Forschungen Malmgreens und Browns ergeben haben, nährt sich das Walroß ausschließlich von thierischen Stoffen. Sie bestätigen die Beobachtungen des letzteren vollständig; beide fanden hauptsächlich Miesmuscheln in dem Magen der von ihnen untersuchten Stücke und kamen zu dem Schlusse, daß das Walroß seine mächtigen Zähne hauptsächlich dazu verwenden werde, um diese Muscheln von den Felsen abzulösen und aus dem Schlamme hervorzuwühlen. Die bloßgelegte Muschel dürfte ihrer Meinung nach dann mit den Lippen und der Zunge ergriffen, zwischen den Backenzähnen leicht zermalmt, das Weichthier selbst herausgeschält und zum Verschlingen zurecht gemacht werden. Außer niederen Seethieren frißt das Thier übrigens auch Fische und unter Umständen Fleisch von größeren Seesäugethieren.

Für die hochnordischen Völkerschaften, zumal für die Eskimos, hat das Walroß mindestens dieselbe, wenn nicht eine höhere Bedeutung als die Seehunde, und nicht selten zieht, wie unsere Nordfahrer versichern, die Unmöglichkeit, wegen zunehmender Vereisung der Küste desselben habhaft zu werden, den Untergang der armseligen Leute oder doch Hungersnoth nach sich. Aus diesem Grunde überwindet der Eskimo seine Furcht vor dem riesigen Thiere, welches in seinen Augen dasselbe ist, was dem Innerafrikaner der Löwe oder dem Hindu der Tiger, und in der That die Achtung, in welcher es steht, vollkommen verdient. Die Jagd auf Walrosse bleibt selbst für den Europäer ein gewagtes, weil immer mit Gefahr verbundenes Unternehmen, erfordert aber den kühnsten Mannesmuth eines schlecht bewehrten Gegners, wie der Eskimo es ist. Am Strande oder auf einem Eisfelde gelagerte Walrosse sind allerdings wenig zu fürchten, weil ihre Unbehülflichkeit erfolgreiche Angriffe verwehrt. Bei Annäherung eines Menschen brüllen sie zwar entsetzlich, erheben sich zum Kampfe, schlagen wüthend mit den Zähnen um sich, scheinen aber doch zu fühlen, daß es hier schwerlich gelingen könne, ihren Feinden etwas anzuhaben, und suchen deshalb baldmöglichst das Wasser auf, in welchem sie ihre volle Gewandtheit, Behendigkeit und Stärke zur Geltung bringen und ihrer Kampflust und nachhaltigen Wuth genügen können. »Gegenüber dieser Furchtbarkeit im Wasser«, so bemerken unsere Nordfahrer, »kann es nichts unschuldigeres und harmloseres geben als eine sich auf einer Eisscholle oder am Strande sonnende Herde dieser Thiere oder endlich ein im Wasser schlafendes Walroß; leider aber ist der Vergleich mit einem Torpedo, den man, um Unheil zu verhüten, nicht berühren darf, nur zu gerechtfertigt.« Kapitän Beezhey erzählt, daß eine Walroßschar, welche seine Leute ins Wasser jagten und dort verfolgten, sich plötzlich gegen die Kähne wandte, Axthiebe und Lanzenstiche nicht achtete und erst nachließ, als der Anführer durch einen Schuß in den Rachen getödtet war. Der Anblick der wüthenden Seethiere soll fürchterlich sein. Ihr steifer Hals verwehrt es ihnen, mit Leichtigkeit sich umzuschauen; aber die Beweglichkeit ihrer Augen ersetzt diesen Mangel, und sie verdrehen letztere so arg, daß ihr Blick dadurch etwas ungemein abschreckendes erhält.

Die hochnordischen Völkerschaften benutzen jeden einzelnen Theil des Walrosses mit alleiniger Ausnahme der Zähne welche sie, weil sie mit ihnen wenig anzufangen wissen, nur als Tauschartikel zu verwerthen pflegen. Haut und Knochen, Fleisch und Thran bringen ihnen um so höheren Nutzen. Aus der Haut, welche sich durch Gerben in ein weiches, lockeres Fell verwandeln läßt, fertigen sie Überzüge für ihre Segelstangen und ihre sonst nur noch aus dem Holzgerüste bestehenden Kähne oder Riemen, Taue, Seile und Fischnetze, benutzen sie auch wohl zur Bedeckung ihrer Sommerwohnungen; aus den Knochen gestalten sie sich allerlei Werkzeuge; aus den Sehnen zwirnen sie sich Fäden zum Nähen; das schwarze Fleisch dient ihnen als beliebtes Nahrungsmittel und der Speck zum Fetten ihrer Speisen oder zum Brennen, so daß eigentlich kein einziger Theil des Thieres verloren geht.

Abgesehen vom Menschen, hat das Walroß auch noch von anderen Feinden zu leiden oder wird wenigstens von solchen arg gepeinigt. Eskimos wie Walfischfänger behaupten, daß es mit dem Eisbären schwere Kämpfe zu bestehen habe, indem dieser nicht allein die Jungen bedrohe, sondern auch dann und wann ein altes überfalle. Die Eskimos erzählen allerlei Geschichten von solchen Zweikämpfen, aus denen bald das Walroß, bald der Eisbär als Sieger hervorgehen soll. So versichern sie, daß die Schrammen und Wunden auf der Haut der Walrosse von den Klauen des Bären herrühren, jene aber auch nicht selten ihren Feind für immer unschädlich machen, indem sie sich, noch nachdem er sie gepackt, mit ihm in das Wasser werfen, untertauchen und ihn ertränken. Es fragt sich, wie viel und ob überhaupt wahres an diesen Berichten ist.

Obgleich sein selbstbewußtes und reizbares Wesen das Walroß durchaus nicht geeignet erscheinen läßt, mit dem Menschen in ein freundliches Verhältnis zu treten, zeigten sich doch die Jungen, welche man gefangen hielt, fast ebenso leitsam wie andere Robben.

Gefangene Walrosse sind trotz der wenig geeigneten Pflege, welche ihnen auf dem Schiffe zu theil werden konnte, wiederholt nach Europa gebracht worden. Sie gelangten im vorigen Jahrhunderte, die letzten in den Jahren 1853 und 1867, nach England, nach Hammerfest und Ullapool, andere wurden längere Zeit auf Schiffen gehalten. Eins von diesen konnte Brown beobachten. Man hatte seine Mutter auf dem Eise getödtet und es, da es noch zu jung war, um das Wasser zu erreichen, ohne Schwierigkeit ergriffen. Seine Gefangennahme mußte wenige Stunden nach seiner Geburt erfolgt sein; gleichwohl hatte es bereits eine Länge von ungefähr einem Meter, und seine Hauzähne brachen schon durch das Zahnfleisch. »Als ich es zuerst sah«, sagt Brown, »lag es grunzend auf dem Deck und saugte bald an einem Stücke von dem Fette seiner Mutter, bald an deren Felle, in der Gegend der Zitzen.« Man fütterte es mit Hafer, Mehlbrei und Erbsensuppe, und es schien bei diesem außergewöhnlichen Futter auch zu gedeihen. Fische vermochte man ihm nicht zu verschaffen. Es zeigte Gefallen und Mißfallen an gewissen Leuten und Dingen und erkor sich Freunde und Lieblinge, welche es stets wieder erkannte. Wenn man ein Zeitungsblatt vor seinem Gesichte schüttelte, erregte man es auf das heftigste; denn es pflegte dann, sichtlich erzürnt, das Maul weit geöffnet, dem Störenfriede über das ganze Deck nachzufolgen. Wenn der »Fall« eines Walfisches ausgerufen wurde, rannte es, so eilig seine Schwerfälligkeit es erlaubte, zuerst in die Kajüte des Wundarztes, dann in die auf dem Quarterdeck gelegene des Kapitäns, anscheinend um sich zu vergewissern, daß beide munter seien, und lief hierauf, sein »Awuk awuk« grunzend, längere Zeit auf dem Decke umher; mußte das Schiff vom Eise geklärt werden, was dadurch zu geschehen pflegt, daß die gesammte Mannschaft bald an die Wände des Steuerbordes, bald an die des Backbordes rennt, um so das Schiff in eine schaukelnde Bewegung zu setzen, so versuchte es die Bewegungen der Mannschaft nachzuahmen, durchmaß dabei jedoch selten mehr als seine eigene Leibeslänge. Sonst lag es über Tags in der Regel behaglich in der Sonne, lässig eine um die andere seiner Flossen in die Luft streckend, in dieser Lage dem Anscheine nach außerordentlich wohl sich fühlend. Als der Kapitän es zum erstenmale in das Wasser warf, benahm es sich hier überaus ungeschickt, kam sofort unter die Eisschollen und bemühte sich vergeblich, die Höhe derselben wieder zu gewinnen. Geleitet durch sein klägliches Geschrei, begab sich sein Pfleger an die betreffende Stelle des Eises und versuchte, es durch Rufen an sich zu locken. Sogleich erschien es freiwillig am Rande der Scholle und bekundete die größte Freude, als es glücklich wieder an Bord gebracht worden war, schien auch des Elementes seiner Mutter herzlich überdrüssig geworden zu sein. Leider erreichte es England nicht lebend, sondern starb wenige Tage vor Ankunft des Schiffes im Hafen, nachdem es etwa drei Monate in Gefangenschaft gewesen war.

# Der Delfin

Kein anderer Wal, kein anderes Seethier überhaupt, hat die Dichter und Naturforscher der Alten in gleicher Weise beschäftigt, zu den glühendsten Schilderungen und zu der wunderlichsten Fabelei begeistert wie der Delfin. Er ist es, welcher Arion nach Tänarium zurückbringt, bezaubert von dem herrlichen Spiele und Gesange des Dichters, den räuberische Schiffer gezwungen hatten, ins Meer zu springen; er ist es, von dem Plinius die hübsche Geschichte des Knaben erzählt, welcher durch wiederholtes Füttern mit Brod in solchem Grade die Liebe eines Delfins sich erwarb, daß dieser ihn mehrere Jahre lang täglich über den Lucrinischen See nach Puteoli in die Schule trug und auf dieselbe Weise wieder nach Hause brachte. »Als der Knabe starb, erschien der Delfin noch immer am gewohnten Orte und grämte sich bald darauf über den Verlust seines Lieblings zu Tode.« Weiter wird gefabelt, daß im Alterthume die Delfine beim Fange der Meerbarben behülflich waren, indem sie dieselben scharenweise in die Netze trieben und für diesen Dienst mit einem Theile der Beute und mit Brod belohnt wurden, welches in Wein getränkt war. Als ein König von Carien einen gefangenen Delfin im Hafen festketten ließ, erschien eine große Anzahl der noch freien und gab durch deutliche Zeichen die Bitte kund, ihren Gefährten freizulassen, so daß der König nicht widerstehen konnte. Plinius erzählt ganz ernsthaft, daß jüngere Delfine stets von einem älteren begleitet würden, welcher als Leiter oder Hofmeister anzusehen wäre. Auch soll man Delfine gesehen haben, welche einen Todten wegtrugen, damit er nicht von anderen Fischen zerrissen würde etc. Der alte Geßner nimmt nicht allein die vorstehenden Angaben als unzweifelhafte Thatsachen gläubig hin, sondern weiß sie, dank seiner Belesenheit, noch durch viele andere zu vervollständigen, vergißt auch nicht zu erzählen »von würdigkeit der Delphinen und wie hoch sie geachtet«.

Der Delfin, Schnabelfisch oder Springer, von den alten Griechen »Delphis«, von den alten Römern »Delphinus«, von den Franzosen »Dauphin«, von den Engländern »Dolphin«, den Italienern »Delfino«, von den Spaniern »Delfin« und »Tonino« genannt (Delphinus Delphis), erreicht durchschnittlich eine Länge von 2 Meter, welcher eine etwa 30 Centim. hohe Rückenfinne und eine 55 bis 60 Centim. lange und

15 bis 18 Centim. breite Brustfinne entspricht. Der verhältnismäßig kleine Kopf nimmt ungefähr den vierten Theil der ganzen Körperlänge ein; die langgeschlitzten, herzsternigen Augen liegen in geringer Entfernung hinter und über den Mundwinkeln, das überaus kleine Ohr nahe hinter dem Auge, das Spritzloch zwischen den Augen. Die Anzahl der Zähne unterliegt bedeutenden Schwankungen. Gewöhnlich findet man zweiundvierzig bis funfzig in jedem Kiefer, hat jedoch auch schon Delfine erlegt, welche deren jederseits oben und unten dreiundfunfzig, also im ganzen die erstaunliche Anzahl von zweihundertundzwölf hatten. Die Zähne selbst stehen in gleichmäßigen Abständen, durch kleine Zwischenräume getrennt, neben einander, so daß die oberen zwischen die unteren und die unteren zwischen die oberen eingreifen.

Alle Meere der nördlichen Halbkugel sind die Heimat dieses berühmten Thieres, welches so erheblich zur Unterhaltung der Seefahrer und Reisenden beiträgt. In seinem Wesen und Treiben erinnert der Delfin in jeder Beziehung an seine begabteren Verwandten, nur zeigt er sich womöglich noch spiellustiger und launenhafter als alle. Bald treibt er sich, von der Küste entfernt, im hohen Meere herum, bald steigt er weit in den Flüssen empor. Seine Trupps kommen auf die Schiffe zu, umspielen diese lange Zeit, ehe sie wieder eine andere Richtung nehmen, tauchen ohne Unterlaß auf und nieder, erheben den Rücken des Kopfes auf Augenblicke über die Oberfläche des Wassers, wechseln unter schnaubendem Geräusche, indem sie einen dampfartigen Strahl ausstoßen, Luft und verschwinden wieder in der Tiefe. Sie schwimmen so außerordentlich rasch, daß sie nicht allein dem Gange des schnellsten Dampfschiffes mit Leichtigkeit folgen, sondern dabei noch allerlei Gaukeleien treiben und, wenn sie wollen, das Schiff nach Belieben umschwärmen, ohne dabei zurückzubleiben. Nach eigenen Beobachtungen halten sie sich meist nur in geringer Tiefe unter der Oberfläche und immer in einem dichtgedrängten Trupp, so daß der eine unmittelbar neben oder vor dem anderen dahineilt. Gelegentlich schnellt dieser oder jener über das Wasser empor, fällt, ohne lautes Geräusch zu verursachen, kopflings wieder in die Tiefe hinab und nimmt eilfertig seine frühere Stellung wieder ein. Lösche schildert, meine Beobachtungen bestätigend, aber wesentlich erweiternd, ihr heiteres Treiben in trefflicher Weise. »Jeder Seemann«, sagt er, »freut sich immer wieder, wenn er eine sogenannte ›Schule‹ oder Schar von Delfinen sieht. In einen langen und verhältnismäßig schmalen Zug geordnet, eilen die lustigen Reisenden durch die leicht bewegte See; mit hurtigen Sprüngen und einer Schnelligkeit, als gälte es ein Wettrennen, verfolgen sie ihren Weg. Ein bis zwei Meter weit schnellen sich die glänzenden Leiber in zierlichen Bogen durch die Luft, fallen kopfüber in das Wasser und schießen von neuem heraus, immer dasselbe Spiel wiederholend. Die Übermüthigsten der Schar überschlagen sich in der Luft, indem sie dabei in urkomischer Weise mit dem Schwanze wippen; andere lassen sich flach auf die Seite oder auf den

Rücken fallen; noch andere springen kerzengerade empor und tanzen, indem sie sich drei-, viermal mit Hülfe des Schwanzes vorwärts schnellen, aufrecht stehend oder wie Sprenkel gebogen über die Oberfläche dahin. Kaum sehen sie ein Schiff, welches unter allen Segeln vor der leichten Brise herläuft, so schwenken sie ab und kommen auf dasselbe zu. Nun beginnt erst die wahre Lust. In weitem Bogen umkreisen sie das Fahrzeug, hüpfen vor ihm her und an den Seiten entlang, kehren zurück und geben ihre schönsten Kunststücke zum besten. Je schneller das Schiff segelt, um so ausgelassener ist ihr Treiben.«

Sie bilden enggeschlossene Schulen von zehn, hundert und auch vielen hundert Mitgliedern. Lösche hat in den Meeren unter den Wendekreisen solche gesehen, welche vielleicht viele tausende zählten. Geselligkeit ist in der That ein Grundzug ihres Wesens, scheint aber mehr auf der Gemeinsamkeit der von ihnen verfolgten Zwecke als gegenseitiger Anhänglichkeit zu beruhen. Die Alten glaubten freilich das letztere und wußten die gegenseitige Liebe und Zuneigung der Delfine nicht hoch genug zu rühmen.

In Wirklichkeit scheint sich die Sache doch wohl anders zu verhalten. Daß die Delfine treu zusammenhalten und sich unter Umständen gegenseitig vielleicht auch vertheidigen und schützen, darf wohl nicht gänzlich in Abrede gestellt werden: ob aber die zarteren Gefühle wirklich auch den Sieg über ihre, hinter der keines anderen Delfines zurückstehende Gefräßigkeit und Raubgier in allen Fällen davontragen, dürfte sehr fraglich sein. Während unserer Reise auf dem Rothen Meere wurde unser Dampfschiff regelmäßig von Delfinen umschwärmt, und mehrmals kamen diese unmittelbar vor dem Buge des Schiffes so hoch zur Oberfläche empor, daß ein erfolgreicher Schuß auf sie abgegeben werden konnte. Sogleich nach dem Schusse färbte sich das Wasser roth von dem gewaltsam ausströmenden Blute; der getroffene Delfin drehte sich einige Male um sich selbst herum und kam dann langsam zur Oberfläche empor. Alle übrigen Mitglieder der Bande blieben augenblicklich beim Leichname zurück, nach Versicherung unseres erfahrenen Schiffsführers aber nur in der edlen Absicht, den liebwerthen Genossen aufzufressen. Das Gebiß bekundet deutlich genug, daß der Delfin zu den schlimmsten Räubern des Meeres gehört.

Seine Nahrung besteht aus Fischen, Krebsen, Kopffüßlern und anderen Seethieren. Am liebsten jagt er den Sardellen, den Häringen und mit besonderer Gier den fliegenden Fischen nach. Er ist es hauptsächlich, welcher diese sonderbaren Bewohner des Meeres über den Wasserspiegel emportreibt; denn gar nicht selten sieht man ihn selbst hinter den aufgestiegenen und dahinrauschenden Flugfischen emporschnellen und dann eilig in der von jenen angegebenen Richtung weiter schwimmen. Nach drei- bis viermaligem Auftreiben hat er die fliegenden Fische gewöhnlich so abgehetzt, daß sie ihm leicht zur Beute werden. Bei dieser Fangart sind Möven, Tölpel und andere Seevögel seine treuen Gehülfen, indem sie die aus dem Wasser in die

Delphinus delphis
DELPHINIDAE

Luft getriebenen Fische während des Fliegens verfolgen und sie wiederum dem unten auflauernden Räuber zutreiben.

Zehn Monate nach der Paarung, welche im Herbst geschieht, wirft das Weibchen ein Junges von 50 bis 60 Centim. Länge, und beweist ihm geraume Zeit die größte Zärtlichkeit. Wie behauptet wird, sind die Jungen erst nach zehn Jahren vollkommen erwachsen; dafür sollen sie aber auch, wie ein alter griechischer Schriftsteller angibt, bis hundertunddreißig Jahre alt werden. Fischer, welche gefangenen Delfinen Stücke aus der Schwanzfinne geschnitten hatten, wollen in Erfahrung gebracht haben, daß die Lebensdauer zwischen fünfundzwanzig bis dreißig Jahre beträgt.

Der Delfin hat in dem Schwertfische einen schlimmeren Feind als in dem Menschen; denn dieser verfolgt ihn nur, wenn ihn Mangel an frischem Fleisch dazu treibt. Noch heutigen Tages genießt unser Wal seitens des Menschen eine gewisse Verehrung. Doch vereinigen sich hier und da wohl einige Fischer, umringen mit ihren Booten nach altgriechischer Fangweise eine Schar von Delfinen, erschrecken sie durch plötzliches Geschrei und versuchen, sie nach dem Strande hinzutreiben, wo sie angsterfüllt auf das Trockene laufen. Dann vernimmt man ein seufzerartiges Gestöhn von den zu Tode geängstigten Thieren. Auch Walfänger, welche sich nach frischem Fleische sehnen, erlegen dann und wann einen Delfin, während dieser in gewohnter Weise das Schiff umspielt. »Die ganze Mannschaft«, so schildert Lösche, »versammelt sich am Buge und pfeift in allen Tonarten eine wahre Katzenmusik zu dem Tanze im Wasser; denn der sehr musikliebende Delfin soll hierdurch zum Bleiben ermuntert werden, bis die Harpune tückisch an eine kurze Leine befestigt und diese durch einen im oberen Tauwerke befestigten Block gezogen ist. Nun schwingt sich der Harpunier hinaus in das Tauwerk, während zwanzig bis dreißig Hände das innere Ende der Leine fassen. Ein halbes Dutzend Delfine schießt eben unter ihm vorüber; einen Augenblick folgt er, mit der Waffe zielend, einer der schlanken Gestalten: dann sendet er sie mit sicherem Wurfe in den Rücken derselben. ›Fest!‹ schreit er, und die das innere Ende der Leine haltenden Leute laufen trampelnd nach hinten und entreißen im Nu den Getroffenen seiner kristallenen Heimat. Eine Schlinge wird über des Zappelnden Schwanz geworfen, und bald liegt der lustige Springer todt auf dem Decke. Seine Genossen sind verschwunden: so schnöder Undank mußte sie vertreiben. Doch eine Meile vom Schiffe entfernt tauchen sie wieder auf und setzen in gleicher Weise, wie sie gekommen, die Reise fort. Vielleicht umspielen sie schon in der nächsten Stunde ein anderes Schiff.« Früher verzehrten auch die meisten Küstenbewohner das Fleisch erlegter Delfine mit Behagen; namentlich geschah dies in katholischen Ländern während der Fastenzeit, weil der Delfin als echter Fisch angesehen oder doch erklärt wurde. Engländer und Franzosen richteten das Fleisch in künstlicher Weise zu und erzielten dadurch eine wenigstens ziemlich schmackhafte Speise. Gegenwärtig ist man aber fast überall von dem Genusse abgekommen. Bei den alten Römern spielte der Delfin eine Rolle in der Heilkunde. Die Leber galt als ein vortreffliches Mittel bei Anfällen vom Wechselfieber; mit dem Leberthrane heilte man Geschwüre, mit dem Rauche des angezündeten Speckes Unterleibsbeschwerden. Es wurden ganze Delfine verbrannt, die gewonnene Asche und Honig vermischt, und die Salbe dann zu allerhand Quacksalbereien verwandt. Gegenwärtig will man auch von dieser Benutzung des Wales nichts mehr wissen.

Schon im Jahre 1819 veröffentlichte Humboldt Beobachtungen über einen die süßen Gewässer Südamerikas bewohnenden Delfin, ohne jedoch eine nähere Beschreibung desselben zu geben. Desmarest erhielt im folgenden Jahre das fragliche Thier aus dem Museum zu Lissabon und beschrieb es, aber noch immer sehr kurz und unvollständig. Genauere Nachrichten übergaben im Jahre 1831 unsere verdienstvollen Landsleute Spix und Martius der Öffentlichkeit; erst dem Franzosen D'Orbigny jedoch verdanken wir die endgültige Beschreibung. Dieser Forscher, welcher bald nach Spix und Martius Peru bereiste, war so glücklich, das Thier selbst zu erhalten. Mit den Forschungen unserer Landsleute unbekannt, erfuhr er zu seiner nicht geringen Verwunderung, daß tief im Inneren des südamerikanischen Festlandes, fünfhundert Meilen vom Atlantischen Weltmeere, ein großer »Fisch« lebe, welchen er, der Beschreibung nach, nur als Delfin zu deuten vermochte. Leider waren die Indianer mit dem Gebrauche der Harpune so wenig vertraut, daß sie ihm das fragliche Thier nicht zu liefern vermochten. Endlich erlangte er den Delfin bei dem brasilianischen Grenzposten Principe Dobeira, dessen Soldaten mit diesem Fange sich beschäftigten, und erhielt hierdurch Gelegenheit, ihn zu zeichnen und zu beschreiben.

Schomburgk beobachtete Flußdelfine, die »Inias«, in den Flüssen Tukutu und Zuruma in Guiana, wohin sie, seiner Meinung nach, leicht gekommen sein konnten, indem sie ihren Weg vom Amazonenstrome aus durch den Rio Negro und Rio Branco nach dem mit ihnen verbundenen Takutu genommen hatten. Sie erschienen besonders häufig während und kurz nach der Regenzeit, wenn die vermehrte Wassermasse die Stromschnellen noch bedeckt. »Nicht selten erschienen ihrer sechs bis acht, paarweise sich zusammenhaltend, zu gleicher Zeit, entweder pfeilschnell nahe der Oberfläche umherschwimmend, oder in ewigem Wechsel auf- und niedertauchend, wobei sie nicht allein ihre spitzige Schnauze, sondern meist auch einen großen Theil ihres Leibes über das Wasser erhoben. Sowie der Kopf über der Oberfläche sichtbar ward, trieben sie unter lautem Geräusche, welches viele Ähnlichkeit mit dem Schnauben der Pferde hatte, das beim Schlucken in die Schnauze getretene Wasser als feinen Regen aus den Spritzlöchern, was dem stillen Landschaftsbilde einen ungemeinen Reiz verlieh.«

Durch Bates erfahren wir, daß der Amazonenstrom von mindestens drei verschiedenartigen Delfinen bewohnt wird, und daß diese Wale überall zahlreich, hier und da aber in überraschender Menge auftreten. »An den breiteren Stellen des Strombettes«, sagt der treffliche Beobachter, »von seiner Mündung an bis zu funfzehnhundert englischen Meilen aufwärts, hört man beständig, namentlich aber bei Nacht, eine oder die andere Art rollen, blasen und schnarchen, und gerade diese Laute tragen nicht wenig dazu bei, im Busen des Reisenden das Gefühl der Meeresweite und Meeresöde hervorzurufen. Die Art und Weise des Auf- und Niedersteigens unterscheidet den Bonto sofort von dem mit ihm den unteren Lauf des Stromes theilenden Tucuxi (Steno Tucuxi). Während letzterer beim Emporkommen in wagerechter Lage sich erhebt, so daß seine Rückenfinne zuerst sichtbar wird, athmet und dann, den Kopf voran, gefällig oder sanft in die Tiefe zurücksinkt, zeigt ersterer beim Aufsteigen zunächst seinen Kopf, athmet und taucht unmittelbar darauf wieder den Kopf unter, worauf nach und nach die ganze Außenlinie des gebogenen Rückens und seine Finne zum Vorscheine kommt. Am liebsten halten sich die Inias in den klaren und tiefen Buchten ihrer Wohngewässer oder aber da auf, wo Flüsse in die Ströme münden, offenbar nur deshalb, weil solche Stellen die meisten Fische beherbergen. Sie verursachen argen Lärm und werden dadurch den Reisenden oft lästig. Wie man beobachtet hat, ziehen sie gern dem Feuer nach und sammeln sich manchmal um ein solches in so großer Menge, daß die am Ufer Lagernden genöthigt sind, das Feuer auszulöschen, um ruhig schlafen zu können.

Über die Zeit der Paarung und die Dauer der Tragzeit weiß man nichts. Das Weibchen welches D'Orbigny untersuchte, warf während der letzten sechs Stunden seines Lebens ein Junges von kaum mehr als einem Fuß Länge.

Die Inia wird von den Eingeborenen nicht verfolgt. Ihr Fleisch soll hart, ihr Speck gering, ihre Haut höchstens zur Verfertigung von Schilden geeignet, der Fang also wenig lohnend sein. Auf die Geringfügigkeit des Nutzens, welchen sie gewährt, begründet sich die ihr zu Theil werdende Schonung aber nicht, vielmehr auf absonderliche Anschauungen über ihr Wesen und Sein. Geheimnisvolle Erzählungen gehen, wie Bates noch mittheilt, über sie unter den Eingeborenen von Munde zu Munde. In den Augen der Bewohner Egas ist sie nichts anderes als eine verführerische Nixe, befähigt, in Gestalt eines wunderschönen, mit lang herabwallenden Haaren besonders geschmückten Weibes aufzutreten, um junge, unerfahrene Männer vom Pfade der Tugend ab- und ins Verderben zu locken. So zieht sie nachts durch die Straßen von Ega, und mehr als Einer ließ sich fesseln von ihren hohen Reizen. Hoffnungsvoll folgte er der Sirene bis zum Ufer des Stromes und liebestrunken sank er dort in ihre Arme; mit gellendem, siegjubelndem Schreie aber stürzte sie sich mit dem umstrickten Buhlen in die lebenvernichtenden Fluten. Über kein Thier des Amazonenstromes fabelt man mehr als über den Flußdelfin Bonto, ob nach eigener Erfindung, ob nach den Einflüsterungen der spanischen Geistlichen, vermag Bates nicht zu entscheiden. Niemand tödtet einen Flußdelfin absichtlich, niemand verwendet den zur Füllung der Lampen vorzüglich geeigneten Thran eines solchen, weii eine mit Bontofett genährte Lampe, anstatt zu leuchten, Blindheit verursacht, mindestens sonstwie gefährdet. Mehrere Jahre bemühte sich Bates vergeblich, einen Indianer zu überreden, Bontos für ihn zu fangen, und als er endlich, die Kassenebbe eines armen Schelmes benutzend, einen Fischer fand, welcher sich zu solcher Jagd überreden ließ, geschah dies nur auf Kosten der Seelenruhe des abergläubischen Mannes, welcher später reuevoll erklärte, seit der Zeit des verhängnisvollen Todtschlages vom Glücke verlassen worden zu sein.

# *Die Wale*

Unter den Säugethieren sind die Wale dasselbe, was die Fische unter den Wirbelthieren: ausschließlich dem Wasser angehörige und solchem Leben entsprechend gebaute Geschöpfe. Die Robben verbringen wenigstens noch ein Drittheil ihres Lebens auf dem Lande, werden dort geboren und suchen es auf, wenn sie die freundlichen Strahlen der Sonne genießen und schlafen wollen; bei den Sirenen ist mindestens noch die Möglichkeit des Landlebens vorhanden: die Wale dagegen sind ausschließlich dem Meere zugewiesen. Darauf deutet schon ihre Größe hin; denn nur das Wasser gestattet leichte Beweglichkeit solcher Riesen, und nur das unendlich reiche Meer gewährt ihnen die erforderliche Nahrung.

Warmes Blut und Lungenathmung, Lebendiggebären und Säugen der Jungen, vollkommene Entwickelung des Gehirns und der Nerven: diese wesentlichen Merkmale der Säugethiere sind die einzigen, welche die Wale mit den übrigen Ordnungen der Klasse theilen. In jeder anderen Hinsicht weichen sie weit von den höheren Säugethieren ab. Jeder wenig gebildete Mensch, jedes noch in der Kindheit stehende Volk hat sie den Fischen zugezählt und erst die genaue Erforschung ihres Wesens und Seins ihnen die Stellung angewiesen, welche ihnen gebührt.

In ihrem inneren Leibesbau zeigen die Riesen der See eigenthümliche Merkmale. Die Knochen des Geripps werden durch lockere, schwammige Zellen gebildet, welche von flüssigem Fette so innig durchdrungen sind, daß dieses ihnen niemals entzogen werden kann. An dem gewaltigen Schädel, welcher nur bei den wenigsten in einem regelrechten Verhältnisse zum Leibe steht, sind die Kopfknochen sonderbar verschoben, liegen lose auf einander oder hängen nur durch Weichtheile mit anderen Knochen zusammen. Im übrigen dürfte noch folgendes zu bemerken sein: die Zunge ist außerordentlich groß; Speicheldrüsen fehlen; die weite Speiseröhre geht in einen vielfach getheilten, d. h. in vier, fünf und selbst sieben Abtheilungen geschiedenen Magen über. Besonders merkwürdig sind die Athmungswerkzeuge. Die Nase hat ihre Bedeutung gänzlich verloren und ist ausschließlich Luftweg geworden. Ihre auf der höchsten Erhebung des Schädels gelegene Öffnung, das Spritzloch, führt senkrecht in die Nasenhöhle und durch diese in den Kehlkopf. Dieser ist nicht geeignet, eine wohllautende Stimme hervorzubringen, wohl aber eine Menge Luft mit einem Male durchgehen zu lassen. Die Luftröhre ist sehr weit, die Lunge hat einen beträchtlichen Umfang, und alle Luftröhrenäste stehen unter einander in Verbindung, so daß von einem aus die ganze Lunge gefüllt werden kann. Dazu kommen noch andere Hülfsmittel, welche die Athmungsfähigkeit erhöhen: so besitzen die Herz- und Lungenschlagader weite Säcke, in welchen sich gereinigtes und der Reinigung bedürftiges Blut ansammeln kann.

Die Muskeln sind einfach, der Größe der Thiere angemessen und ungemein kräftig. Die Nervenmasse ist äußerst gering: bei einem fünftausend Kilogramm schweren Walfisch von sechs Meter Länge wog das Gehirn noch nicht zwei Kilogramm, nicht mehr als bei dem selten über hundert Kilogramm schweren Menschen!

Es bedarf wohl kaum der Erwähnung, daß solcher Leibesbau für das Wasserleben der Wale durchaus geeignet ist. Die wagerecht gestellte Schwanzflosse befähigt zu spielendem Auf- und Niedertauchen oder müheloser Ausbeutung verschiedener Schichten der Höhe und Tiefe; die Glätte der Haut erleichtert die Fortbewegung der ungeheueren Masse, die Fettlage verringert ihr Gewicht, ersetzt das wärmende Haarkleid und gibt zugleich den nöthigen Widerstand für den kaum zu berechnenden Druck, welchen ein Wal auszuhalten hat, wenn er in die Tiefe des Meeres hinabsteigt; die sehr große Lunge ermöglicht, außerordentlich lange unter dem Wasser zu verweilen, und die erweiterten Schlagadern, welche Herz und Lunge verbinden, bewahren noch eine beträchtliche Menge gereinigten Blutes in sich auf, welches verwendet werden kann, wenn die Thiere längere Zeit als gewöhnlich verhindert werden, die zur Blutentkohlung nöthige Luft zu schöpfen.

Die Wale sind zu vollkommenen Meeresbewohnern geworden. Die meisten von ihnen meiden die Nähe der Küsten soviel wie möglich; denn das Land wird ihnen verderblich. Nur die Mitglieder einer Familie gehen zuweilen ziemlich hoch im süßen Wasser empor, jedoch nicht gern weiter, als die Wirkung der Flut sich bemerklich macht. Alle übrigen verlassen das Salzwasser nicht, durchwandern jedoch mehr oder minder regelmäßig kürzere oder weitere Strecken des Meeres.

Die Übereinstimmung der Wanderungen der Wale mit denen der Zugthiere zeigt sich am deutlichsten in der Regelmäßigkeit ihrer jährlichen Wiederholung, und zwar ebensowohl hinsichtlich der Zeit wie der Straßen und Ruheplätze. Im Herbste, besonders gegen Michaeli z. B., kommen an der südlichen Küste der Färöerinseln und an ihnen wieder vorzugsweise im Qualbon-Fjord, drei, vier bis sechs Döglinge vor. So war es bereits vor 180 Jahren, und damals schon lautete die Sage, daß es auch in den heidnischen Zeiten so gewesen. In der Davisstraße nähert sich namentlich bei Jakobshafen unter dem 62. Grade, bei Pisselbik unter dem 64. Grade und bei Friedrichshafen unter dem 62. Grade der Keporkak oder Buckelwal in jedem Sommer regelmäßig der Küste und soll sich von jeher dann an der Küste gezeigt haben. An der norwegischen Küste ist es fast ausschließlich der Skogsvaag und der Qualvaag unweit Bergen, in welche der Naagewal und Zwergwal jeden Sommer einzudringen wagen.

Diese Anhänglichkeit an gewisse Aufenthaltsorte ist um so merkwürdiger, als die Walthiere dort einer blutigen, schonungslosen Verfolgung ausgesetzt sind. Wenn aber letztere so weit getrieben wird, daß jedesmal jeder anlangende Wal sein Leben einbüßt, so kann eine solche Vorliebe offenbar nur auf gewissen Bedingungen der Örtlichkeit beruhen, und vielleicht darf man annehmen, daß eben durch die jedesmalige Niedermetzelung die Thiere verhindert werden, unter Anführung eines erfahrenen Alten ihrer Art andere, minder gefährliche Stellen aufzusuchen. Allein auch da, wo die Vernichtung nicht so vollständig wird, kommen die Scharen immer wieder an; ja, was hier am entscheidendsten ist, wenn die Jagd nur auf ein Stück ausging, und solches mit genauer Noth und nicht ohne Verwundungen davon kam, so hat es in manchen Fällen während der folgenden Jahre immer wieder dort sich blicken lassen, bis es endlich erlag. So war es mit dem an einem Loche in der Rückenflosse kenntlichen Finnwale, welchen die Fischer einer Bucht Schottlands zwanzig Jahre lang beobachteten und unter dem Namen ›Hollie Pyke‹ kannten, bis es ihnen endlich gelang, ihn zu erbeuten. Vielleicht gehört hierher auch der von Bennett erwähnte Fall von einem Potwale, welcher auf den Spermwalgründen bei Neuseeland den Walfischfängern als ›New Zealand Tom‹ lange bekannt gewesen war, und zwar ebensowohl seiner Größe und Wildheit wie auch der weißen Färbung seines Buckels halber. Am auffallendsten ist die Angabe Steenstrups, welche ich hier wörtlich wiedergeben will. ›Die Küstenbewohner Islands geben ihren Walfischen Namen, und die einzelnen Stücke sind ihnen überhaupt als Persönlichkeiten bekannt. Die Walfische wählen immer dieselbe Bucht, um ihre Kälber abzulegen; die Mutter kommt regelmäßig jedes zweite Jahr. Man nimmt die Jungen, verschont aber die Alte, deren Leben nur dann bedroht ist, wenn sie sich in eine fremde Bucht verirrt.‹

Was die Straßen anlangt, denen die Walthiere folgen, so kommen darin bei aller Regelmäßigkeit im allgemeinen doch mancherlei mehr oder weniger bedeutende Abweichungen vor, wie das ja wohl bei den Zugthieren überhaupt der Fall ist. Auf ihren Weg scheint nicht sowohl der Strom als vielmehr der Wind einen wesentlichen Einfluß zu haben, indem sie, wie es wenigstens viele erfahrene Leute behaupten, immer dem Winde entgegenschwimmen sollen. Gewiß ist, daß nicht nur einzelne Walthiere oft aus ihrer gewohnten Bahn verschlagen werden, sondern auch ganze Scharen, wie z. B. die zweiunddreißig Potwale, welche im Jahre 1784, und die siebzig Grindwale, welche im Jahre 1812 an der französischen Küste verunglückten. Ein merkwürdiges Beispiel von einer anhaltenden Abweichung von dem gewöhnlichen Wege findet sich auch in der Geschichte des letztgenannten Thieres, indem das Vorüberziehen der großen Scharen desselben an den Färöerinseln in den Jahren 1754 bis 1776, also zweiundzwanzig Jahre lang, fast gänzlich aufgehört hatte, seitdem aber jährlich wieder stattfindet und namentlich im letzten Jahrzehnt eher im Zunehmen begriffen ist.

Dieses Abweichen von der gewohnten Straße, vielleicht auch das beabsichtigte Eindringen in Flußmündungen sind Ursache, daß Walthiere von Zeit zu Zeit in größerer Anzahl stranden und eine Beute der Küstenbewohner werden, wie es in früheren Jahren zuweilen mit dem Grönlandswale, welcher jetzt nur noch im hohen Norden gefunden wird, der Fall war.

Die Walthiere sind, wie die meisten Zugthiere überhaupt, gesellige Thiere. Man findet da, wo Futter vorhanden ist, oft hunderte und über tausend nicht nur derselben, sondern selbst verschiedener Arten beisammen, und auch den großen ziehenden Scharen sollen sich, nach dem Zeugnis der Küstenbewohner, einzelne oder mehrere einer anderen Art anschließen oder beimischen. Da die Liebe der Weibchen zu den Jungen bei den Walen fast alles übertrifft, was wir sonst bei Thieren beobachten, und die Erziehung der Jungen wie deren Schutz fast allein der Mutter überlassen ist, so hat man die großen Scharen vorzugsweise aus Weibchen bestehend gefunden, welche von einzelnen alten Männchen angeführt werden. Das Zusammenhalten der Walthiere in kleineren oder größeren Truppen beruht also zum Theil auf der gemeinsamen Nahrung, zum Theil auf Gesellschafts- und Familienverhältnissen, bei manchen Arten aber offenbar noch, wie bei den Zugthieren überhaupt, auf einem Triebe, während der Wanderung einander sich anzuschließen.

Alle Wale sind im hohen Grade bewegungsfähige Thiere. Sie schwimmen mit der größten Meisterschaft, ohne irgend sichtbare Anstrengung, manche mit unvergleichlicher Schnelligkeit, und bethätigen, wenn sie wollen, eine so außerordentliche Kraft ihrer mächtigen Schwanzflosse, daß sie, trotz der ungeheueren Last ihres Leibes, über das Wasser sich emporzuschnellen und weite Sprünge auszuführen vermögen. Gewöhnlich halten sie sich nahe der Oberfläche, und vielleicht steigen sie in größere Tiefen des Meeres nur dann hinab, wenn sie verwundet werden. Die oberste Schicht des Wassers ist ihr eigentliches Gebiet, weil sie mit dem Kopfe und einem Theile des Rückens emporkommen müssen, wenn sie Athem schöpfen wollen. Ihr Luftwechsel geschieht in folgender Weise. Der emporgekommene Wal spritzt zuerst unter schnaubendem Geräusche das Wasser, welches in die nur unvollkommen verschlossenen Nasenlöcher eindrang, mit so großer Gewalt empor, daß es sich in seine Tropfen auflöst, aber dennoch bis zu fünf und sechs Meter Höhe emporgeschleudert wird. Dieser Wasserstrahl läßt sich am besten mit einer Dampfsäule vergleichen, welche aus einer engen Röhre entweicht; auch das Schnauben erinnert an das durch den Dampf unter gegebenen Umständen verursachte Geräusch. Einen Wasserstrahl, wie ihn ein Springbrunnen in die Höhe schleudert, wirft kein Wal aus, obgleich die

CETACEA
Megaptera novaeangliae

meisten Zeichner dies darstellen und noch viele Naturbeschreiber es angeben. Gleich nach dem Ausstoßen zieht das Thier unter ebenfalls laut hörbarem, stöhnendem Geräusche mit einem raschen Athemzuge die ihm nöthige Luft ein, und manchmal wechselt es drei, vier, auch fünfmal in der Minute den Athem, aber nur das erstemal nach dem Auftauchen wird ein Strahl emporgeschleudert. Die Nasenlöcher sind so günstig gelegen, daß der Wal beim Auftauchen immer mit ihnen zuerst ins Freie kommt, und somit wird ihm das Athmen ebenso bequem wie anderen Thieren. Er erhebt sich schwimmend bis zur Oberfläche des Wassers, reckt den vorderen Theil des Leibes über dieselbe empor, so daß etwa das vordere Drittel der Rückenfirste sichtbar wird, athmet und versinkt, den ganzen Leib krümmend, hierauf wiederum in der Tiefe wobei der hintere Theil seines Leibes beinahe ganz, die Schwanzflosse in der Regel gänzlich sichtbar zu werden pflegt. Man darf annehmen, daß ein ruhig dahinschwimmender, ungestörter Wal mindestens alle anderthalb Minuten einmal Luft schöpft; aber man hat auch beobachtet, daß er weit länger unter Wasser verweilen kann: erfahrene Walfänger behaupten übereinstimmend, daß gewisse Wale, wenn verwundet, bis achtzig Minuten unter Wasser aushalten können. Unter solchen Umständen leistet wahrscheinlich das in den Schlagadersäcken aufbewahrte, angesäuerte Blut der Athemnoth noch eine Zeitlang Vorschub; endlich aber macht sich das Säugethier doch geltend, und der Wal muß wieder zur Oberfläche emporsteigen, um dem unvermeidlichen Erstickungstode zu entrinnen. Bei unterbrochenem Luftwechsel stirbt der Wal so sicher wie jeder andere Säuger an Erstickung, nach den Beobachtungen der Waljäger sogar in sehr kurzer Zeit. Ein Wal, welcher sich in dem Taue verschlang, mit dem man einen seiner eben getödteten Gefährten behufs der Ausnutzung emporgewunden hatte, war nach wenigen Minuten eine Leiche. Schwerer zu begreifen ist, daß unsere Thiere, welche doch bloß Luft athmen, in verhältnismäßig sehr kurzer Zeit ebenfalls sterben, wenn sie auf das Trockene geschleudert werden. Dort fehlt es ihnen nicht an Luft, und auch der Hunger tödtet ein so gewaltiges Thier schwerlich so schnell; gleichwohl ist der gestrandete Wal, wie schon bemerkt, jedesmal dem Verderben preis gegeben.

Mehrfach ist als Streitfrage aufgeworfen worden, ob die Wale eine Stimme haben oder nicht. Die Frage darf, wie sich eigentlich von selbst versteht, von vorn herein bejaht werden, da eine Stimmritze vorhanden ist, und es sich nicht einsehen läßt, aus welchem Grunde diese nicht ihre Schuldigkeit thun sollte; es liegen jedoch auch hinreichend verbürgte Beobachtungen vor, welche entscheidend sind. Bei großer Gefahr, unter dem Schmerzgefühle schwerer Verwundungen, nach Strandungen, überhaupt in Todesnoth, schreien die Wale zuweilen laut. Nach Versicherung aller Ohrenzeugen, welche hierüber berichten, lassen sich die unter solchen Umständen ausgestoßenen Laute mit denen irgend eines anderen Thieres nicht vergleichen. Sie bestehen in einem Brüllen, welches als schrecklich, entsetzlich geschildert wird und diese Bezeichnung um so mehr verdienen soll, je größer der Wal ist, welcher brüllt. Ob die Thiere ihre Stimme auch behufs einer Benachrichtigung anderer ihrer Art verwenden, hat man, so viel mir bekannt, bisher noch nicht mit Sicherheit feststellen können; Beobachtungen, welche gelegentlich des Strandens gesellig lebender Walthiere gemacht wurden, sprachen jedoch auch hierfür.

Alle Wale nähren sich von Thieren und nehmen wahrscheinlich nur zufällig Pflanzen mit auf. Sämmtliche Zahnwale sind Raubthiere im eigentlichen Sinne des Wortes, und manche von ihnen verschonen selbst die Schwächeren ihrer eigenen Sippschaft nicht; dagegen begnügen sich die Bartenwale mit sehr kleinen Thieren, mit winzigen Fischen, Krebsen, schalenlosen Weichthieren, Quallen und dergleichen. Man kann sich leicht vorstellen, welch unschätzbare Massen von Nahrung die Riesen des Weltmeeres zu ihrer Erhaltung bedürfen: ein einziger Wal verzehrt wahrscheinlich täglich Millionen und selbst Milliarden winziger Geschöpfe.

Über die Zeit der Fortpflanzung fehlen noch genauere Nachrichten. Vielleicht geschieht sie zu jeder Jahreszeit, am häufigsten aber wohl gegen das Ende des Sommers. Es scheint, daß sich dann die Herden in bestimmte Paare auflösen, welche längere Zeit zusammenhalten. Vor der Begattung zeigt das Männchen seine Erregung durch Plätschern mit den gewaltigen Flossen an und verursacht bei stillem Wetter Donnergetöse. Gar nicht selten wirft es sich auf den Rücken, stellt sich senkrecht auf den Kopf und bewegt die Wogen auf weit hin, springt auch wohl, mit der riesigen Masse seines Leibes spielend, über die Oberfläche des Wassers heraus, taucht senkrecht in die Tiefe, erscheint von neuem und treibt andere Scherze zur Freude des Weibchens. Die Begattung geschieht in verschiedener Weise, indem sich das Männchen entweder auf das umgedrehte Weibchen legt, oder beide zur Seite geneigt sich aneinander schmiegen, oder endlich beide, Brust gegen Brust gekehrt, eine mehr oder weniger senkrechte Stellung im Wasser annehmen. Beider vereinigte Kraft ermöglicht, wie Scammon sagt, jede beliebige Stellung während der Begattung. Wie lange die Tragzeit währt, ist zur Zeit noch nicht ermittelt. Man nimmt zwar an, daß sie bloß sechs bis zehn Monate dauert, dürfte aber schwerlich diese Annahme beweisen können. Bei den kleineren mag die angegebene Zeit der wahren wohl ziemlich nahe kommen; die großen aber können ebenso gut einundzwanzig oder zweiundzwanzig wie neun oder zehn Monate trächtig gehen. Für letzteres spricht die mitgetheilte Beobachtung Steenstrups, daß die Mutter in jedem zweiten Jahre an gewissen Orten erscheint, um zu gebären. Über den Geburtshergang selbst fehlt jegliche Kunde; insbesondere wissen wir nicht, was die Alte thut, um das Junge zum Saugen zu veranlassen, ihm begreiflich zu machen, wo und wie es den Nahrungsquell zu finden und zu benutzen habe. Andere Seesäugethiere werden entweder auf dem festen Lande, welches ihnen unbehinderte Athmung gestattet, zur Welt gebracht, oder, wenn sie im Wasser geboren werden, wie dies bei den Sirenen der Fall ist, von der Alten mit Hülfe der Brustflossen an die Brüste gelegt und wahrscheinlich, so lange sie saugen, über dem Wasser gehalten; die Wale hingegen müssen, ihrem Leibesbaue entsprechend, vom ersten Augenblicke ihres wirklichen Lebens an dieselben Bewegungen ausführen wie die Alten, um nicht zu ersticken, also im wesentlichen deren Lebensweise theilen. Schon hieraus ergibt sich, daß sie in einem hoch entwickelten Zustande zur Welt kommen müssen, um überhaupt leben zu können. Nach mehrfachen Beobachtungen haben sie bei der Geburt bereits ein Viertheil der Größe ihrer Erzeuger, keineswegs aber auch deren Befähigung erlangt, ihren Lebensunterhalt zu gewinnen, müssen im Gegentheile sehr sorgfältig gepflegt und sehr lange gesäugt werden. Frühere Beobachter gaben an, daß die säugende Alte nach wie vor ihres Weges weiter schwimme und das an den Zitzen angehängte Junge einfach nachschleife; Scammon hingegen bemerkt ausdrücklich, daß sie, während sie ihren Mutterpflichten Genüge leistet, wie erschlafft in dem Wasser liege, fast den ganzen Hintertheil ihres Leibes über der Oberfläche erhebe und sich ein wenig zur Seite neige, um es dem säugenden Jungen möglichst bequem zu machen. Letzterem kommt die Lage der Milchdrüsen unzweifelhaft sehr zu statten, und es benutzt diese vielleicht schon, ehe der Nabelstrang zerrissen ist. Später packt es mit der Schnauzenspitze die große, ungemein milchreiche Zitze und saugt, nothwendigerweise in Absätzen, dazwischen von Zeit zu Zeit behufs des Luftwechsels aufsteigend und wiederum in die immerhin beträchtliche Tiefe sich versenkend. Die kleineren Arten können wahrscheinlich weit früher entwöhnt werden als die großen, welche kaum vor Ablauf ihres ersten Lebensjahres fähig sein dürften, ihre Nahrung selbst zu erwerben. Bis dahin pflegt sie die Mutter mit rührender Zärtlichkeit, gibt sich ihrethalben ohne Bedenken allen Gefahren preis, welche beider Leben bedrohen können, und verläßt sie, so lange sie leben, nie. Das Wachsthum der Jungen scheint verhältnismäßig langsam vor sich zu gehen: die Bartenwale zumal dürften, wie man annimmt, kaum vor dem zwanzigsten Jahre ihres Lebens zur Fortpflanzung geeignet sein. Wie lange ihr Dasein währt, weiß man nicht. Man behauptet, daß das hohe Alter sich durch Zunahme des Grau an Körper und Kopf, das Vergilben der weißlichen Farbe, die Abnahme des Thrans, die große Härte des Speckes und die Zähigkeit der sehnigen Theile bestimmen läßt; allein man ist durchaus nicht im Stande die Zeit anzugeben, in welcher diese Veränderungen beginnen.

Auch die Wale haben ihre Feinde, namentlich in den ersten Zeiten ihres Lebens. Mehrere Haie und der Schwertfisch sollen förmlich auf junge Walfische jagen, wie sie ja auch ältere angreifen, und dann tagelang mit Vergnügen von dem riesenhaften Leichname fressen. Weit gefährlicher als alle Seeungeheuer wird den Walen der Mensch. Er ist es, welcher bereits seit mehr als tausend Jahren fast sämmtliche Arten der Ordnung regelrecht verfolgt und einige von ihnen bereits der Vertilgung nahe gebracht hat.

Bei Gefahr vertheidigen die Wale sich gegenseitig, zumal die Mütter ihre Kinder mit großem Muthe. Die kleineren gebrauchen ihr starkes Gebiß; die größeren versuchen nur durch unbändige Bewegungen Angriffe abzuwehren. Im Verhältnisse zu ihrer Größe sind die ungeschlachten Thiere höchst ungefährliche Gegner desjenigen Feindes, welcher ihnen den größten Schaden zufügt. Der Mensch kümmert sich im ganzen wenig um das Toben und Wüthen der von ihm angegriffenen Riesen, weil er Mittel zu finden weiß, auch deren größte Anstrengungen zu vereiteln.

Im Anfange hat sich der Mensch wahrscheinlich bloß mit denjenigen Walen begnügt, welche ihm das Meer selbst zuführte, d. h. mit solchen, welche durch Stürme auf den Strand geworfen wurden. Erst später dachte er daran, mit den Riesen des Meeres im Kampfe sich zu messen. Man schreibt den Basken die Ehre zu, das erste Volk gewesen zu sein, welches im vierzehnten und funfzehnten Jahrhunderte eigentliche Schiffe für den Walfischfang ausrüstete. Anfangs begnügten sich diese kühnen Seefahrer, die Finnfische in dem nach ihrem Lande genannten Golfe aufzusuchen; aber schon im Jahre 1372, bald nach der Entdeckung des Kompasses, steuerten sie nach Norden und fanden hier die eigentlichen Walfischgründe auf. Es steht fest, daß sie schon, trotz aller Gefahr der unbekannten Meere und des furchtbaren Klimas, bis an die Mündung des Lorenzstromes und an die Küste von Labrador vordrangen. Um das Jahr 1450 rüsteten die Rheder von Bordeaux ebenfalls Walfischfahrer aus und suchten die werthvolle Beute in den östlichen Theilen des nördlichen Eismeeres auf. Bürgerkriege lähmten Schiffahrt und Handel der Basken, und der im Jahre 1633 erfolgte Einfall der Spanier in ihr Land beendete ihren Walfischfang für immer. Ihre großartigen Erfolge aber mochten die Habsucht anderer Seevölker erweckt haben; denn schon im sechzehnten Jahrhunderte zeigten sich englische und bald darauf holländische Walfischfahrer in den grönländischen Meeren. Man sagt, daß die ausgewanderten baskischen Fischer den beiden nördlichen Völkern die Kunst des Walfischfanges gelehrt haben. Die Stadt Hull rüstete im Jahre 1598 die ersten Schiffe aus; in Amsterdam wurde 1611 eine Gesellschaft gebildet, welche ihre Jagdfahrten nach den Meeren von Spitzbergen und Nowaja Semlja richteten. Bald nahm dieser Theil der Seefahrt einen bedeutenden Aufschwung. Schon sechzig Jahre später verließen hundertunddreiunddreißig Schiffe mit Walfischfängern die holländischen Häfen. Die Blütezeit des Fanges trat später ein. In den Jahren 1676 bis 1722 sendeten die Holländer fünftausendachthundertsechsundachtzig Schiffe aus und erbeuteten in dieser Zeit 32 907 Wale, deren Gesammtwerth damals mindestens dreihundert Millionen Mark unseres Geldes betragen haben mag. Noch zu Ende des vorigen Jahrhunderts wurde die gewinnreiche Jagd eifrig betrieben. Friedrich der Große ließ im Jahre 1768 Walfischfänger ausrüsten; die Engländer hatten etwa um dieselbe Zeit zweihundertzweiundzwanzig Schiffe auf den nördlichen Meeren.

Gegenwärtig sind die Amerikaner die eifrigsten Walfänger. Nach einer von Scammon gegebenen Zusammenstellung beschäftigten sich in dem Zeitraume von 1835 bis 1872, also in achtunddreißig Jahren, 19943 Fahrzeuge, und zwar 17685 Barks und Vollschiffe, 907 Briggs und 1351 Schoners und Sloops, mit dem Walfischfange, gewannen 3671772 Tonnen oder Fässer Walrat sowie 6553014 Tonnen Thran und erzielten dafür die Summe von 272274916 Dollars. Nach Scammons Schätzung wurden, um dies zu erreichen, alljährlich 3865 Pottfische und 2875 Bartenwale getödtet, wozu noch ein Fünftheil an verwundeten und verlorenen gerechnet werden muß, so daß man die Gesammtsumme aller innerhalb des gegebenen Zeitraumes erbeuteten oder doch vernichteten Wale auf nicht weniger als 292714 annehmen darf.

Bei dem ungeheueren Aufschwunge, welchen die Schiffahrt genommen hat, darf es uns nicht Wunder nehmen, daß zur Zeit alle Polarmeere, welche den kühnen Seefahrern nicht unüberwindliche Hindernisse entgegensetzen, besucht werden. Die Schiffe verlassen ihre heimischen Hafen schon im März oder im September, je nachdem sie mit Beginn des Sommers in dem nördlichen oder im südlichen Eismeere fischen wollen. Dort bleiben die meisten Fänger bis zum September, einige wohl auch bis zum Oktober, hier bis zum März oder spätestens bis zum April. Der Fang ist im ganzen wenig gefährlich, wohl aber die Fahrt. Jedes Jahr bringt der Walfischflotte schwere Verluste. Von dreiundsechzig Schiffen im Jahre 1819 gingen zehn, von neunundsiebzig im Jahre 1821 elf, von achtzig im Jahre 1830 einundzwanzig zu Grunde. Am gefährlichsten wird den Walfahrern die Ostküste der Baffinsbai, bezüglich der Versuch, die große Eisbarre zu durchdringen, welche diesen Meerestheil fast ganz erfüllt. »Wird«, sagt Hartwig, »auf dieser engen und gefährlichen Durchfahrt das Schiff vom Treibeise gegen die fest ansitzenden Eismassen gestoßen, so ist dessen Verlust unvermeidlich, den seltenen Fall ausgenommen, daß es durch den Druck aus dem Wasser gehoben und später, beim Auseinandergehen des Eises, wieder in die Fluten gesenkt wird. Zum Glück gehen bei solchen Schiffbrüchen nur selten Menschenleben verloren, da das Meer fast immer ruhig ist und die Mannschaft Zeit genug hat, auf andere Schiffe sich zu retten. Der Walfang überhaupt ist nicht nur ein sehr gefährliches und anstrengendes, sondern auch ein höchst unzuverlässiges Geschäft, so daß sich das Ostender Sprichwort: ›Vischerie – Lotterie‹ vollkommen bewährt. Oft gelingt es in kurzer Zeit, das ganze Schiff mit Thran und Fischbein zu beladen, wobei natürlich der Rheder ein glänzendes Geschäft macht und die ganze Bemannung sich eines reichlichen Lohnes erfreut; manchmal aber ist am Ende der Fahrt auch kein einziger Fisch gefangen worden, und dann hat die Mannschaft, welche für ihren Lohn auf einen Theil des Fanges angewiesen ist, alle Noth und Mühe umsonst gehabt, und der Unternehmer ist um eine bedeutende Summe ärmer.

Daß bei einer ebenso unumschränkten wie unvernünftigen Verfolgung auch die früher reichsten Jagdgründe verarmen müssen, ist selbstverständlich. Die Abnahme der Wale, welche von Jahrzehnt zu Jahrzehnt sich steigerte, erregt das lebhafte Bedauern des Thierfreundes, vermindert glücklicherweise aber auch die Anzahl der unmenschlichen Jäger. Der Gewinn erreicht die Kosten der Ausrüstung nur noch in einzelnen Fällen, und diese Erwägung steuert der sinnlosen Vertilgung der theilnahmswerthen, dem Menschen nur ausnahmsweise Schaden zufügenden Seethiere mehr als jede andere Rücksicht.

Der Fang der Wale ist schon so oft und so ausführlich beschrieben worden, daß ich mich auf die kürzeste Schilderung desselben beschränken darf. Wenn die Schiffe in den Walgründen angekommen sind, kreuzen sie entweder in bestimmten Breiten auf und nieder oder legen sich an irgend einer günstigen Stelle vor Anker und beobachten von nun an unablässig das Wasser. Der Ausruf des Mannes im Mastkorbe: »Dort blasen sie!« bringt die gesammte Mannschaft in eine unglaubliche Aufregung. Sorgfältig ausgerüstete Boote werden ausgesetzt, jedes von ihnen mit sechs bis acht tüchtigen Ruderern, einem Steuermanne und dem Harpunenwerfer bemannt, und alle jagen nun so eilig als möglich den ruhig ihren Weg schwimmenden Walen entgegen. Die Angriffswaffe, deren sich der Harpunier bedient, ist ein lanzenartig zugespitztes, scharfes, mit Widerhaken versehenes Eisen, welches an einer sehr langen und äußerst biegsamen Leine befestigt wurde. Letztere liegt auf einer leicht drehbaren Walze im Vordertheile des Bootes sorgfältig aufgerollt. Beim Näherkommen rudert man langsam und vorsichtig auf den Walfisch zu, je näher, um so besser, und der Harpunier wirft nun mit voller Kraft das scharfe Eisen in den Leib des riesigen Thieres. In demselben Augenblicke schlagen alle Ruder in das Wasser, um das Boot aus der gefährlichen Nähe des verwundeten Ungeheuers zu entfernen. Gewöhnlich taucht der Wal sofort nach dem Wurfe blitzschnell in die Tiefe und wickelt dabei die Leine so rasch ab, daß man Wasser auf die Rolle gießen muß, um die Entzündung derselben zu verhindern. Die große Schnelligkeit der ersten Schwimmbewegung hält jedoch nicht lange an. Der Wal schwimmt ruhiger, und seine furchtbaren Feinde sind jetzt im Stande, die Verfolgung wieder aufzunehmen. Freilich kommt es auch vor, daß das Boot von dem fliehenden Thiere mit rasender Schnelligkeit stunden-, ja halbe Tage lang nachgeschleift wird. Nach einer Viertelstunde etwa erscheint der Verwundete wieder an der Oberfläche, um zu athmen. Das eine oder andere Boot nähert sich ihm zum zweitenmale, und ein neuer Wurfspieß dringt in seinen Leib. »Die menschliche Einbildung«, sagt ein Augenzeuge, »kann sich nichts schrecklicheres vorstellen, als die Schlächterei, welche man hier sieht. Entsetzt stürzt sich der Walfisch von Woge zu Woge, springt im Todeskampfe aus dem Wasser heraus und bedeckt das Meer umher mit Blut und Schaum. Er taucht unter, indem er einen Wirbel auf seinem Pfade zurückläßt; er kommt empor, und die tödtliche Lanze dringt in einen noch unberührten Lebensquell; wohin er sich auch kehrt, das kalte Eisen stachelt ihn zur Verzweiflung auf. Im vergeblichen Aufwande seiner Stärke macht er die See kochen wie in einem Topfe; ein Zittern ergreift seinen ungeheueren Leib und schüttelt ihn wie der erwachende Vulkan die Wand des Berges. Endlich hat er sich verblutet, senkt sich auf die Seite und wird nun verächtlich von den Meereswogen umhergeschleudert, ein willkommenes Ziel für tausende von Vögeln, welche augenblicklich herbeikommen, in der Absicht, von dem riesigen Aase zu speisen.«

Der getödtete Wal geht rasch in Fäulnis über. Schon einen Tag nach seinem Tode ist er zu einer ungeheueren schwammigen Masse angeschwollen, und gar nicht selten treiben die sich entwickelnden Gase den Leichnam so auf, daß er unter heftigem Knalle berstet und dabei einen unerträglichen Gestank verbreitet. Gewöhnlich haben die Walfischfänger ihre Arbeit schon beendet, ehe die Fäulnis beginnt. Man schleppt den erlegten Riesen an einem starken Seile mit mehreren Booten nach dem Schiffe, befestigt ihn dort und schreitet nun zum Einschneiden. Am Hauptmaste hat man zwei schwere Rollen angebracht; durch diese laufen starke Taue, deren Enden auf der einen Seite an der Ankerwinde befestigt sind, auf der anderen über Bord herabhängen. Auf ihnen befestigt man den ungeheueren Kopf, um ihn bis zu den Halswirbeln emporzuwinden. Im Genick trennt man ihn von dem übrigen Körper, welchen man an großen Haken zum Zerschneiden aufhängt. Der Kopf wird mittlerweile auf das Deck gezogen und später dort des Fischbeins, der Zähne und bezüglich des Walrats beraubt. Die Speckschneider stehen auf schmalen Gerüsten, welche an den Seiten des Schiffes hängen. Sie stechen zuerst um den Körper herum, über den Rücken und Bauch meterbreite Streifen ab, befestigen einen solchen Streifen an einem Taue und geben das Zeichen zum Aufwinden. Während die einen die Ankerwinde in Bewegung setzen, helfen die untenstehenden mit ihren scharfen Spaten nach und trennen den Speck von dem infolge des Aufwindens sich drehenden Leibe ab. So fährt man fort, bis aller Speck in schraubenartig gewundenen Streifen vom Leibe abgeschält ist. Der Rumpf bleibt dem Meergethier überlassen.

Nach dem Aufwinden kommt der Speck in das Zwischendeck, wo er zuerst von mehreren Leuten in größere Stücke und sodann durch eine Maschine in dünne Scheiben geschnitten wird. Das Auskochen geschieht in großen, auf dem Verdecke eingemauerten Kesseln, deren Herd ringsum mit Wasser umgeben ist. Im Anfange verwendet man Steinkohlen zur Feuerung, später benutzt man die übrig bleibenden Stücke des ausgekochten Speckes zur Unterhaltung der Flamme. Der gewonnene Thran wird in einer Kühlpfanne abgekühlt und dann sofort in die Tonnen gefüllt, welche man im untersten Schiffsraume verladet. Kleine Wale weidet man aus, zerhackt sie sodann in Stücke und kocht diese. »In ihren schlechtesten Kleidern«, so schildert Pechuel-Lösche, »halbnackt, tanzend und singend, sich jagend und ihre Geräthschaften schwingend, triefend von Thran und rußig wie die Teufel, tummeln sich die Schiffsleute um den Herd. Ein doppelt reges Leben herrscht überall am Bord. Überraschend zumal ist der Anblick dieses Treibens des Nachts, wenn in einem erhöhten eisernen Korbe behufs der Beleuchtung ein Haufen ausgesottener Speckstücke lustig brennt und die lodernden Flammen grelle Streiflichter auf das Deck, die schwarzen Rauchwolken, die ragenden Masten mit ihren Segeln und weit hinaus auf die Wellen werfen. Am Tage verrathen mächtige Rauchmassen im Gesichtskreise einen auskochenden Walfänger lange, bevor man das Schiff selbst in Sicht bekommt.« War der Wal ein Bartenwal, so werden, nach Angabe des eben genannten Berichterstatters, die auf dem Vorderschiffe aufgestapelten, schon in kleinere Stücke zerlegten Fischbeinsiebe einer abermaligen Bearbeitung unterzogen, um sie in einzelne Platten zu zerlegen und von der anhängenden Gaumenhaut zu befreien. Nachdem man sie soweit gereinigt, verstaut man sie einstweilen im hinteren Raume des Zwischendeckes, um sie später, wenn das Schiff aus den hohen Breiten in wärmere Gewässer zurückkehrt, einer nochmaligen Behandlung durch Wasser zu unterziehen, nämlich mit Besen blank zu scheuern, an der Luft zu trocknen und endlich in Bündel zu packen.

# *Vögel*

# Die Araras

Unter den Langschwanzpapageien stellen wir wie billig die größten obenan. Es sind dies die Araras (Sittace), Papageien von Raben- bis Dohlengröße, welche durch den sehr kräftigen und außerordentlichen großen, auf der Firste stark gekrümmten und in eine weit überhängende Spitze ausgezogenen Schnabel sowie die nackte Stelle am Vorderkopfe, endlich auch durch den sehr langen Schwanz von allen übrigen Papageien sich unterscheiden. Das derbe, harte Gefieder prangt in lebhaft grüner, rother oder blauer Färbung. Beide Geschlechter unterscheiden sich nicht und die Jungen unerheblich von den Alten.

Die Araras, fälschlich auch wohl »Aras« genannt, verbreiten sich vom nördlichen Mejiko bis ins südliche Brasilien und Paraguay, reichen aber nicht bis Chile herüber. In den Andes steigen einzelne Arten bis zu dreitausendfünfhundert Meter unbedingter Höhe empor. Die meisten Arten bewohnen den Urwald fern von dem Menschen und seinem Treiben, ziehen sich vor dem Pflanzer auch weiter zurück und werden mit der zunehmenden Bevölkerung überall seltener. Abweichend von den meisten übrigen Papageien, leben sie paarweise, manchmal einzeln, von anderen Paaren ganz getrennt, öfter mit diesen insofern in einem gewissen Verbande, als sie sich nach der Paarzeit zu kleinen Gesellschaften scharen; aber nur selten wachsen diese Gesellschaften zu großen Haufen an. Jedes Paar scheint an seinem Wohnsitze treulich festzuhalten und wenig von demselben sich zu entfernen, wohl aber vom Mittelpunkte aus tagtäglich regelmäßige Streifzüge zu unternehmen. Als Mittelpunkt eines solchen Wohngebietes darf man wahrscheinlich den Nistbaum betrachten; denn ein solcher wird von einem und demselben Paare wenigstens alljährlich wieder aufgesucht. Diese Thatsache war schon den alten Peruanern bekannt und eine Quelle des Erwerbes für sie, wie noch heutigen Tages für viele Indianerstämme Guayanas und Brasiliens; solche Nistbäume waren es, welche vom Vater auf den Sohn erbten. So anspruchslos die Araras in Bezug auf ihren Nistbaum auch ist: eine weite Höhlung verlangt sie; Bäume aber, welche solche bieten, sind auch im Urwalde selten, die Vögel daher an gewisse Gegenden gebunden. Hinsichtlich ihres Wesens unterscheiden sich die Araras durch verhältnismäßige Ruhe und einen gewissen Ernst von anderen

Papageien, denen sie im übrigen beziehentlich ihrer Begabungen gleichstehen. Zur Nahrung dienen ihnen vor allem die verschiedenen Baumfrüchte ihrer heimatlichen Wälder. Doch fallen auch sie plündernd in die Felder ein und richten da, wo sie häufig auftreten, erklärlicherweise vielen Schaden an. In den Frühlingsmonaten ihrer Heimat legen sie in das altgewohnte Nest zwei Eier, welche, wie es scheint, nur vom Weibchen bebrütet werden, wogegen beide Eltern mit ebenso warmer Liebe an ihren Jungen hängen wie die treuen und zärtlichen Gatten aneinander. Die Jungen werden, wie schon seit alten Zeiten, von den Indianern ausgehoben und aufgezogen, die Alten, wie von jeher, noch heutigen Tages ihrer prachtvollen Federn halber verfolgt.

Unserem Zwecke genügt, wenn ich von den achtzehn dieser Sippe angehörigen Arten die größte und außerdem diejenigen beschreibe, welche als Gefangene am häufigsten zu uns gelangen.

Die Araras zählen zu den Charaktervögeln der Urwaldungen. Ebene, von Flüssen durchzogene Wälder bilden ihren bevorzugten Aufenthalt. Früher lebten sie in unmittelbarer Nähe auch der großen Städte; gegenwärtig haben sie sich vor der andringenden Bevölkerung längst zurückgezogen und verschwinden da, wo Pflanzer den Urwald lichten, früher oder später. Einzelne Arten beschränken sich nicht auf den Wald, sondern finden sich ebenso in jenen trockenen, höheren Gegenden, welche von der Hitze des Sommers verbrannt sind, und auch in den wilden, felsigen Gebirgen der Provinz Bahia bildet ihr Geschrei die Unterhaltung der Reisenden. »Während man auf den Flüssen der Küstenwälder schifft«, sagt der Prinz, »erblickt man die stolzen Vögel und erkennt sie an ihrer Stimme, Größe und dem langen Schweife sogleich, wenn sie mit ihren großen, langen Flügeln schlagend langsam durch die hohe dunkelblaue Luft dahinrudern.« Die Reisenden pflegen von solchen, den Europäer im höchsten Grade fesselnden Erscheinungen gewöhnlich in übertriebenen Ausdrücken zu reden. So sagt Waterton, ein großartiger Anblick sei, tausende von Araras in hoher Luft dahinfliegen zu sehen, während der Prinz und alle übrigen gewissenhaften Beobachter behaupten, daß eine solche Menge wohl noch von niemand vereinigt gesehen worden sei.

»Die Lebensweise dieser schönen Vögel«, fährt der Prinz fort, »ist im allgemeinen nicht verschieden von der anderer Papageien. Am Mittage während der größten Hitze sieht man sie auf den unteren starken Ästen eines schattenreichen Baumes ausruhend sitzen. Der Hals ist eingezogen, und der lange Schweif hängt gerade herab. Jedoch wird ihre Thätigkeit schon nach ein paar Stunden der Ruhe wieder rege. Sie ziehen außer der Paarzeit in Gesellschaften nach verschiedenen Früchten umher, die mehrerer Palmenarten, des Sapucajabaumes und anderer aufsuchend, an deren steinharten Schalen sie die Kraft ihrer gewaltigen Schnäbel zu versuchen pflegen. So laut sie sich gewöhnlich hören lassen, so verhalten sie sich doch nach Art aller Papageien still, sobald sie einen Baum mit ihnen angenehmen Früchten entdeckt und sich hierauf niedergelassen haben. In vielen Gegenden fanden wir sie namentlich in der kalten Jahreszeit mit der Aufsuchung der Frucht einer gewissen rankenden Pflanze beschäftigt, welche man dort Spinha nennt. Sie kletterten sehr geschickt an den verworrenen Ranken dieser Gewächse herum und waren alsdann dort leichter zu schießen als gewöhnlich. Die weißen Samenkörner dieser Frucht füllten ihren ganzen Kropf an, und zu anderen Zeiten fanden wir ihren Schnabel von gewissen Früchten blau gefärbt.

Levaillant sagt in seiner Naturgeschichte der Papageien, daß die Araras stumpfsinnige Vögel seien, welche den Schuß des Jägers nicht fürchteten; ich muß aber aus eigener Erfahrung bekennen, daß man in den menschenleeren Wäldern von Brasilien, wo diese Thiere sehr zahlreich sind, sie für die scheuesten und listigsten Vögel hält.«

Daß die Ansicht der Brasilianer berechtigt ist, beweisen die Gefangenen, welche zu uns gelangen. Man müßte blind sein, wenn man ihre höheren Begabungen verkennen wollte. Die Lebhaftigkeit und Regsamkeit vieler ihrer Verwandten geht ihnen allerdings ab; jedoch würde man ihnen Unrecht thun, wenn man sie als träge oder unbehülflich bezeichnen wollte. Im Vergleiche zu anderen Sittichen erscheinen sie als ruhige, bedächtige und ernste Vögel: Entwickelung der Sinne und Verstand aber kann ihnen nur derjenige absprechen, welcher sie nicht beobachtet hat. Auch sie gewöhnen sich leicht, leichter vielleicht als viele andere Papageien, an veränderte Umstände, gehen, ich will mich so ausdrücken, auf die Wünsche und Eigenheiten des Menschen ein, fügen sich zwar nicht jeder, aber doch einer sanften und verständigen Behandlung und machen nur dann von ihrer bedeutenden Kraft Gebrauch, wenn man sie reizt. Mit ihresgleichen leben sie in innigstem Verbande, mit anderen unschädlichen Vögeln oder Thieren in tiefstem Frieden. Ihr Wesen macht sie, wie ich schon an anderen Orten gesagt habe, angenehm und liebenswerth. Sie sind nicht allein gutmüthige und anhängliche, sondern auch gegen den Gatten und ihre Brut und ebenso dem geliebten Pfleger gegenüber hingebend zärtliche Vögel.

Wenn Araras auf einem Baume sitzen und fressen, schweigt gewöhnlich die ganze Gesellschaft; höchstens lassen sie leise Laute vernehmen, welche einer menschlichen Unterhaltung nicht unähnlich sind. Ihre kreischende Stimme hört man immer dann, wenn sie beunruhigt sind oder wenn sie fliegen; am lautesten schreien sie, wenn der Jäger sich leise herangeschlichen und durch einen Schuß die sorglos fressende Bande erschreckt ist. Dann erheben sie ein Geschrei, welches geradezu betäubend werden kann. Sie sind es, auf welche Humboldt die oben mitgetheilten Worte bezieht: ihr Geschrei ist es, welches das Brausen der Bergströme übertönt. Die laute Stimme selbst ist ein sehr rauher, ziemlich einsilbiger Laut, welcher mit der Stimme unserer Rabenkrähe Ähnlichkeit hat. Der Prinz sagt, daß man sie nicht durch die Silben »Aras« oder »Arara« wiedergeben könne; Burmeister dagegen versichert, Arara oder Aras auch aus dem Geschrei der Freilebenden herausgehört zu haben, und ich meinestheils kann ihm, soweit es sich um Gefangene handelt, nur zustimmen.

Ursprünglich auf die Früchte, Nüsse und Sämereien der Bäume des Urwaldes angewiesen und auch wohlbefähigt, mit ihrem gewaltigen Schnabel selbst die steinharten Schalen verschiedener Palmennüsse zu zertrümmern, erscheinen doch auch die Araras dann und wann als unliebsame Gäste in den Pflanzungen des Menschen. Wie so viele andere fruchtfressende Vögel des Urwaldes ziehen sie außer der Paarzeit reifenden Früchten nach, und bei dieser Gelegenheit mag es geschehen, daß sie ihre Wanderungen bis über die Grenzen des Urwaldes ausdehnen und plündernd in Feldern und Obstpflanzungen einfallen. Schomburgk schildert ihre Raubzüge in sehr anschaulicher Weise. »Finden sie ein reifes Feld, so werden rundherum auf den nächsten Bäumen Wachen ausgestellt. Das sonst immerwährende Lärmen und Gekreisch der rauhen Stimmen ist verstummt; nur hin und wieder hört man einen halb unterdrückten knurrenden oder murrenden Laut. Nähert sich der plündernden Gesellschaft ein verdächtiger Gegenstand, so läßt augenblicklich die Wache, welche diesen zuerst bemerkt hat, einen leisen Warnungsruf erschallen, welchen die Räuber, um jener anzuzeigen, daß er gehört worden ist, mit halb unterdrücktem Krächzen beantworten. Sowie die Gefahr dringender wird, fliegt die Wache unter lautem Aufkrächzen von ihrem Posten auf, und mit ihr zugleich erhebt sich die plündernde Herde unter wildem Geschrei, um ihr Heil in beschleunigter Flucht zu suchen.«

Wie alle Papageien, sind auch die Araras sehr treue Gatten. »Im Monat April des Jahres 1788«, erzählt uns Azara, »jagte Manuel Palomares eine Meile von der Stadt Paraguay, schoß eine Arara und befestigte sie am Sattel seines Pferdes. Der Gatte des Vogels folgte dem Jäger bis zu seinem, mitten in der Hauptstadt gelegenen Hause, stürzte sich dort auf seinen todten Genossen, verweilte mehrere Tage an derselben Stelle, und ließ sich endlich mit Händen greifen. Er blieb sodann als Gefangener in dem Hause.« Ähnliche Mittheilungen erhalten wir auch von anderen Forschern, welche Araras im Freien beobachteten. Die Gattenliebe ist bei ihnen so ausgeprägt, daß man sagen darf, zwei gepaarte Araras leben nur sich und ihrer Brut. Die gerühmten Zwergpapageien können gegen einander nicht zärtlicher sein als diese großen Vögel. Immer sieht man Männchen und Weibchen zusammen, und selbst wenn ihrer mehrere fliegen, kann man, wie bei anderen Papageien auch, die einmal verbundenen Paare unterscheiden. Diese gegenseitige Anhänglichkeit ist eine den Brasilianern so wohlbekannte Thatsache, daß sie der Jäger benutzt, um mehrere aus einem Fluge zu erlegen. Denn wenn einer herabgeschossen wurde, erscheint sofort der überlebende Gatte bei ihm, um sich über die Ursache des Trauerfalles aufzuklären, und sein Geschrei lockt dann auch wohl andere desselben Fluges herbei.

ARA

»In der Paarzeit«, erzählt Prinz von Wied weiter, »pflegen die Araras den Brutort oder Stand wieder aufzusuchen, welchen sie sich einmal erwählt haben, wenigstens dann, wenn sie daselbst nicht beunruhigt worden sind. Man sieht sie somit lange Jahre hindurch an einer und derselben Stelle. Sie wählen, um ihr Nest anzulegen, immer einen hohen Waldbaum von gewaltigem Umfange, an welchem ein hohler Ast oder eine eingefaulte Öffnung sich befindet, die sie dann mit ihrem starken Schnabel bis zu der gehörigen Weite öffnen. Hier legt das Weibchen zwei weiße Eier, wie die meisten Arten der Papageien.« Die Eier stehen einem Hühnereie an Größe wenig nach, sind ungleichhälftig, stumpf zugespitzt, nach dem dicken Ende sanft zugerundet und zeigen ein zartes Korn mit dichten, runden, mäßig tiefen Poren. Ob nur das Weibchen brütet oder dann und wann auch vom Männchen abgelöst wird, konnte bisher noch nicht festgestellt werden. Letzteres scheint mir glaublich, mindestens nicht unwahrscheinlich zu sein. Der lange Schwanz wird, wie Schomburgk angibt, beim Brüten zum Verräther, indem er weit aus der Öffnung hervorragt. Nach Azara's Versicherung verliert das Paar sein Nest nicht aus dem Auge und trägt deshalb abwechselnd Atzung zu. Wenn sich jemand naht, verräth es große Unruhe. Die Jungen schreien nicht nach Futter, sondern drücken ihr Begehren dadurch aus, daß sie mit dem Schnabel gegen die Wandung ihrer Nesthöhle klopfen. In ihrer ersten Jugend sind sie, wie alle Papageien, überaus häßlich und unbeholfen; aber auch nach dem Ausfliegen verlangen sie noch lange Zeit die Obhut und Pflege der Eltern. Die Eingeborenen pflegen sie auszunehmen, bevor sie ihr volles Gefieder erhalten haben; dann werden sie sehr zahm.

Gefangene Araras scheinen von jeher Lieblingsthiere der Indianer gewesen zu sein. »Mit reger Theilnahme«, sagt Humboldt, »sahen wir um die Hütten der Indianer zahme Araras, welche auf den Feldern umherflogen wie bei uns die Tauben. Diese Vögel sind eine große Zierde der indianischen Hühnerhöfe; sie stehen an Pracht den Pfauen, Goldfasanen, Baumhühnern und Hockos nicht nach. Schon Columbus war die Sitte aufgefallen, Papageien, Vögel aus einer dem Hühnergeschlecht so fern stehenden Familie, aufzuziehen; und gleich bei der Entdeckung Amerikas hatte er beobachtet, daß die Eingeborenen auf den Antillen, statt Hühner, Araras oder große Papageien essen.«

Etwas gefährliches bleibt es immer, Araras um sich zu haben; denn nur zu oft gebrauchen sie ihren furchtbaren Schnabel in unerwünschter Weise. Doch gibt es einzelne, welche sehr zahm werden. Mein Vater sah einen dieser Vögel in dem Arbeitszimmer des Prinzen von Wied. Die Arara hatte volle Freiheit, in den Gemächern umherzufliegen, hielt sich aber gern in der Nähe ihres Gebieters auf, ließ sich von diesem ruhig ergreifen, auf der Hand im Zimmer umhertragen und streichelte ihm mit ihrem gefährlichen Schnabel die Wangen in zärtlicher Weise. Fremde Besucher sah sie mit den kleinen lebhaften Augen so scharf an, daß es den Anschein hatte, als wolle sie sich deren Gesichtsbildung merken und die Züge tief einprägen. Ich habe mehrere gepflegt, welche kaum weniger zahm wurden, jedoch keinen einzigen kennen gelernt, welcher, wie Kakadus, gegen alle gleich freundlich sich bezeigte. Araras unterscheiden scharf zwischen Bekannten und Fremden, beweisen ihrem Pfleger Anhänglichkeit, zeigen sich Fremden gegenüber jedoch oft launisch und selbst tückisch, verlangen daher immer eine vorsichtige Behandlung. Der Wärter wird freudig begrüßt und darf sich alles mit ihnen erlauben; anderen gegenüber nehmen sie gewöhnlich eine zornige Miene an, indem sie die Kopffedern sträuben und den Schnabel in verdächtiger Weise bewegen.

»Was aus einer Arara werden kann«, schreibt mir Linden, »beweist mir eine Ararauna, welche jetzt zu meinen Lieblingsvögeln zählt. Ich bekam sie als einen scheuen, betäubend schreienden, bissigen Vogel, welchem ich selbst das nöthige Futter nur mit List beibringen konnte, um nicht währenddem von ihm gebissen zu werden. Eine Hungerkur, wie unverständige Pfleger wohl anrathen, nahm ich selbstverständlich nicht vor, weil ich erfahrungsmäßig wußte, daß Güte viel eher zum Ziele führt als derartige Maßregeln. Und in der That haben gute Worte und liebvolle Behandlung meiner Arara bald alle früheren Unarten abgewöhnt. Berühren der Schwanzfedern kann sie zwar auch jetzt noch nicht leiden; dagegen läßt sie sich gern Streicheln ihres Kopfes gefallen und streckt dabei nicht selten ihre große fleischige Zunge seitwärts zum Schnabel heraus, gleichsam, als wolle sie damit die ihr gespendete Liebkosung erwidern. Einmal hatte sie einen tüchtigen Schnupfen und infolge dessen verstopfte Nasenlöcher, welche ich ihr mit einer Feder reinigte; diese Maßnahme schien ihr offenbar Erleichterung zu verschaffen; denn sie verfehlte nicht in der unter Papageien üblichen Weise ihre Zufriedenheit zu äußern. Muthwillige Streiche mancher Art läßt sie sich freilich fortwährend zu Schulden kommen. An der Thüre ihrer Behausung war die Schließfeder zu schwach. Sie erkannte dies bald, untersuchte und fand, daß das Schloß aufsprang, wenn sie hinten die Thüre in die Höhe drückte. Nunmehr verließ sie sofort ihr Gebauer, flog im Vogelhause umher und spielte den Holzkäfigen übel mit. Endlich kam ich der Sache auf den Grund und änderte den Verschluß. Hierüber war sie anfänglich höchst verdrießlich, vergaß aber nach und nach die Angelegenheit und wurde im Verlaufe der Zeit so artig, daß ich sie jetzt herauslassen darf, ohne Muthwillen befürchten zu müssen. Sie bleibt einfach auf der Thüre sitzen, und wenn ich ihr sage: ›geh wieder in dein Haus!‹ gehorcht sie sogleich. Von einem großen Wassertopfe macht sie fleißig Gebrauch, um sich zu baden. Hatte ich ihr denselben früher leer in den Käfig gestellt und nicht sogleich gefüllt, so wurde der Topf sofort entzweigeschlagen, wogegen dies andernfalls niemals geschah. Beim Schlafen saß sie selten auf der Stange, sondern hielt sich mit Schnabel und Füßen am Gitter fest; oft auch scharrte sie sich den Sand zusammen und legte sich platt auf den Boden nieder. Anfänglich glaubte ich, daß ihr etwas fehle. Sie wurde aber sehr aufgebracht, wenn ich versuchte, sie vom Boden wegzujagen und bewies mir dadurch, daß sie jede Störung übel vermerkte. Seitdem ließ ich sie gewähren. Ihre Behausung ist so gestellt, daß sie den ganzen Garten vor sich hat und alle Wege übersehen kann. Infolge dessen hat sie sich zum Wächter und Warner meiner ganzen Papageiengesellschaft aufgeschwungen. Wenn ein Hund oder eine Katze des Weges kommt, verfehlt sie nie, dies mit einem eigenthümlichen Aufschrei anzuzeigen. Ihre Nachbarn, Kakadus und Amazonen, wiederholen den Warnungsruf, und es tritt dann plötzlich eine so tiefe, minutenlange Stille ein, daß man nicht zweifeln kann, die Warnung sei von jedem anderen Vogel vollkommen verstanden worden.«

Araras lernen selten so gut sprechen wie andere Papageien, entbehren jedoch durchaus nicht aller Begabung hierzu. »Meine Arara«, schreibt Siedhof meinem Vater, »hat eine große Befähigung zum Sprechen entwickelt und zwar unter der alleinigen Leitung meiner zahmen Elster, welche sehr gut spricht. Mehr als vier Monate nach dem Empfange war die Arara bis auf das entsetzliche Schreien vollständig stumm. Da mußte ich sie einst an eine andere Stelle bringen, wo sie meiner unaufhörlich schwatzenden Elster gegenüber hing. Sie hatte dort gerade zehn Tage gehangen, als sie begann, der Elster alles nachzusprechen. Jetzt ruft sie meine Kinder mit Namen und lernt sogleich, was man ihr noch vorsagt; nur hat sie das eigene, daß sie regelmäßig bloß dann spricht, wenn sie allein ist.« Auch die vorstehend geschilderte Ararauna hat sprechen gelernt, ohne von ihrem Pfleger unterrichtet worden zu sein. Hierüber berichtet mir Linden: »›Guten Tag, Aras‹, ist jetzt das erste des Morgens, wenn der Vogel mich sieht. Früher kam es ihm nicht darauf an, zu jeder Tagesstunde so zu grüßen; gegenwärtig bringt er seinen Gruß mit der Zeit vollständig in Einklang. ›Jakob ist ein Kakadu, nein, ein Papagei, ein Spitzbub. Polly, guter Polly komm zu mir.‹ Gebe ich ihm eine Feige, ein Stückchen Apfel, so verzehrt er es mit dem Ausspruche: ›Das ist gut, gelt Jakob.‹ Bei einem Stückchen Zucker dagegen sagt er ›Das ist ganz gut‹ und bekräftigt den Ausspruch noch außerdem mit verschiedenen Kopfbewegungen. Für Darreichen seines gewöhnlichen Futters gibt es keinen Dank, im Gegentheile oft einen Hieb, wogegen er bei Leckereien solchen niemals austheilt. Das auf dem Boden seines großen Kastenkäfigs stehende Futtergeschirr wurde von ihm oft umgeworfen und hin- und hergeschleppt, was ich ihm mit den Worten ›Keine solche Dummheiten machen‹ verwies. Jetzt sagt er, wenn er in die alte Gewohnheit verfällt, selbst ›das sind Dummheiten‹, und wenn ich ihm das Geschirr wegnehme, tröstet er sich, indem er mit dem Schnabel im Sande hin- und herstreicht, und sagt dazu mitunter ›Gelt, Dummheiten‹. Dem oben erwähnten Amazonenpapagei, welcher sehr deutlich und mit vielem Ausdrucke spricht ›Laura, du hast ja Augen wie Perlen; mein Schätzchen, was willst du noch mehr‹ hat er dieses abgelauscht, verwechselt jedoch noch oft Worte und Satzstellung.«

Zweckmäßig gepflegte Araras erreichen in Gefangenschaft ein hohes Alter. Azara verbürgt ein Beispiel, daß eine vierundvierzig Jahre in einer und derselben Familie lebte, zuletzt aber altersschwach wurde und schließlich nur gekochten Mais zu verdauen vermochte. Einer Angabe Bourjots zufolge soll im Jahre 1818 ein Pärchen Ararauna‌s, welches in Caen gefangen gehalten wurde, auch genistet haben.

Die Jagd der Araras wird von Eingeborenen und Weißen mit gleichem Eifer betrieben; auch der europäische Jäger schätzt sich glücklich, wenn ein wohlgezielter Schuß ihm den herrlichen rothen Vogel in die Hände liefert. »Vorsichtig«, sagt der Prinz, »und von dem dichten Gebüsche oder den Stämmen gedeckt, schleicht sich der Jäger an ihre Gesellschaften heran und erlegt dann zuweilen mehrere von ihnen auf einen Schuß. Ihre laute Stimme, welche, wie bemerkt, immer gehört wird, wenn sie fliegen oder beunruhigt sind, macht gewöhnlich den Jäger aufmerksam. Man erlegt sie mit schwerem Blei, da man meistens in die Wipfel der höchsten Waldbäume nach ihnen schießen muß. Verwundet klammert sich der Vogel mit seinem starken Schnabel und seinen Klauen oft fest an die Zweige an und bleibt noch eine Zeitlang in dieser Stellung. Erhält der Jäger aber die ersehnte Beute, so gibt sie ihm eine erwünschte Speise. Das Fleisch kocht gleich dem Rindfleische und ist an alten Vögeln hart, in der kalten Jahreszeit oft sehr fett, gibt aber eine kräftige Brühe. Die schönen Federn werden vielfältig benutzt; jeder Jäger, welcher eine Arara erlegte, wird seinen Hut mit schönen rothen und blauen Schwung- und Steuerfedern zieren. Die Brasilianer gebrauchen die Schwungfedern zum Schreiben, viele Stämme der Wilden alle übrigen zum Putze. Die bunten Schwungfedern nehmen sie am liebsten zur Befiederung ihrer Pfeile, und noch heutzutage schmücken sich viele von ihnen mit dem Prachtgefieder. Ehemals arbeiteten die jetzt wenigstens in einem gewissen Grade gebildeten Stämme der Lingoa geral mancherlei Putzgegenstände aus solchen Federn, welche sie in hohlen mit Wachs verklebten Büchsen bis zum jedesmaligen Gebrauche aufbewahrten. Die Tupinamben an der Ostküste, welche den von mir bereisten Strich bewohnten, begingen das Fest eines zu erschlagenden oder zu verzehrenden gefangenen feindlichen Kriegers auf feierliche Art. Der Todtschläger, welcher die Keule führte, war mit einem gewissen Gummi und darauf über und über mit kleinen Ararafedern beklebt. Auf dem Kopfe trug er eine Krone von den Schwanzfedern dieser schönen Vögel. Ararafedern waren bei diesen Wilden das Zeichen des Kriegers. Heutzutage noch lieben die Völker jenen ebenso natürlichen als schönen Putz, von dessen Gebrauch die Jesuiten nur nach langen Anstrengungen die jetzt entwilderten Küstenstämme entwöhnten.«

# *Der Mönchsittich*

Der Mönchsittich oder Quäkerpapagei ist ein Vogel von siebenundzwanzig Centimeter Länge. Das Gefieder ist grasgrün, in der Mantelgegend blaß olivenbräunlich, grau verwaschen; Stirn, Vorderkopf, Zügel, Backen, Hals und Brust sind hellgrau, die Federn des Kropfes bräunlich, die Handschwingen wie der Eckflügel indigoblau, alle Schwingen unterseits dunkel meerblau, grünlich verwaschen, die großen Unterflügeldecken gleich gefärbt, die kleinen aber grün, die Schwanzfedern endlich innen hellgrünlich, unterseits grünlich meerblau, innen gelbgrün gerandet. Die Iris ist braun, der Schnabel gelblich-, der Fuß bräunlichgrau.

Das Verbreitungsgebiet des Mönchsittichs erstreckt sich über Paraguay, Uruguay, den Argentinischen Freistaat und Bolivia. Über das Freileben sind eingehende Berichte noch nicht veröffentlicht worden; nur über das Brutgeschäft wissen wir mehr als von vielen anderen Papageien. Aus den wenigen Angaben der Reisenden, insbesondere Renggers und Darwins, geht hervor, daß der Mönchsittich in Paraguay wie in der Banda Oriental zu den gemeinsten Vögeln zählt. Rengger schildert diese Papageien als so zahlreich und zudringlich, daß es trotz eigener seinetwegen angestellter Wächter, welche während des ganzen Tages in den Feldern auf- und abgehen müssen, nicht möglich sei, sie gänzlich zu verscheuchen. Man gebraucht daher alle Mittel, um sich der gefräßigen Diebe zu erwehren, fängt sie in erstaunlicher Anzahl und zahlt dem Fänger für jedes Dutzend Köpfe eine gewisse Summe. Wie man Darwin erzählte, wurden in einem Jahre bei Colonia del Sacramiento am La Plata nicht weniger als dritthalbtausend Stück erbeutet.

Das Fortpflanzungsgeschäft des Mönchsittichs erscheint aus dem Grunde besonders beachtenswerth, weil er, soviel bis jetzt bekannt, der einzige Papagei ist, welcher große, freistehende Nester auf Bäumen errichtet. Die erste Mittheilung hierüber rührt von Azara her, welcher die Nester als sehr groß, oft über einen Meter im Durchmesser haltend, oben bedeckt, innen mit Gräsern ausgepolstert beschreibt und bemerkt, daß sich oft einige auf einem Baume befinden und eines von mehreren Weibchen gemeinsam benutzt wird. Die Angabe des gewissenhaften Reisenden war für einzelne Forscher so überraschend, daß diese sich für berechtigt hielten, sie zu bezweifeln. Andere Reisende bestätigen jedoch Azara's Bericht vollständig. Darwin fand auf einer Insel des Paraná viele Nester des Mönchsittichs und eine Anzahl von ihnen so dicht zusammen, daß sie eine große Masse von Reisern bildeten.

Castelnau beobachtete wie Azara, daß mehrere Weibchen in einem und demselben Neste brüten, da er in den Sümpfen von Jarayas auf ein außerordentlich großes, aus kleinen Holzstücken erbautes und mit vier bis fünf Öffnungen versehenes Nest stieß. Auch Burmeister sah solche Nester. »In Ermangelung anderer nützlicher Beschäftigung«, sagt er in seiner Reise durch die La Platastaaten, »betrachtete ich einzelne hohe, blattleere Bäume, welche ich für abgestorben halten mußte, an denen große Ballen ineinander gefilzten Strauchwerkes, Stroh und Reiser hingen, und deren Ursprung und Bedeutung ich mir nicht recht erklären konnte. Denn für Vogelnester waren sie offenbar zu groß, auch zu freihängend angebracht. Aber meine Begleiter behaupteten, daß es dennoch Vogelnester seien und zwar die Bauten des grünen Papageies mit grauer Kehle, den man im Lande ›Calita‹ nennt. Der Vogel habe die Gewohnheit, sein Nest gesellig anzulegen, und darum erschienen die Gebäude so umfangreich. Bald sah ich auch die Vögel paarweise ab- und zufliegen.« Schon Azara bemerkt, daß man letzteren in Südamerika gern im Gebauer halte und als einen sehr empfehlenswerthen Vogel bezeichnen müsse, welcher seines zierlichen und gefallsüchtigen Betragens halber den ihm beigelegten Namen »Junge Wittwe« verdiene, mit seinem angepaarten Genossen fortwährend in anmuthigster Weise kose und sich auch leicht zur Fortpflanzung im Gebauer entschließe. Alle diese Angaben sind richtig. In den letzten Jahren wurde der auf unserem Thiermarkte bis dahin spärlich anlangende Mönchsittich in größerer Menge eingeführt und hat sich trotz seines gellenden Geschreies manchen Liebhaber erworben. Schmidt war der erste, welcher über seine Fortpflanzung im Käfige berichten konnte. Als die Winterkälte begann, sah Schmidt, daß die Mönchsittiche trefflich gegen dieselbe sich zu schützen verstanden, indem sie jedesmal gegen Abend denjenigen Nistkasten des freistehenden Fluggebauers zur Nachtruhe aufsuchten, dessen Flugloch von dem Winde abgewendet war, bei sehr kalten Tagen solchen Nistkasten auch nur auf kurze Zeit verließen, um die nöthige Nahrung einzunehmen. Beim Eintritte des Frühjahres prangten sie in überraschend schönem und vollständigem Gefieder, zum Beweise, daß ihnen das freiere Leben in der frischen Luft trefflich bekommen war. Im April begannen sie hier und da Zweige von den im Fluggebauer freistehenden Gebüschen abzupflücken und gegen Erwartung des Beobachters in das Innere des Nistkastens zu tragen. Letzteren bauten sie innen vollständig aus und in ihm erzogen sie ihre Brut, auf welche ich zurückkommen werde. Bei anderen Liebhabern verfuhren sie in gleicher Weise, und fast wollte es den Anschein gewinnen, als ob auch sie Höhlungen mit Vorliebe benutzten. Da erfuhr ich durch Paare, welche ich selbst pflegte, das Gegentheil, und neuerdings brütete ein anderes Pärchen im zoologischen Garten zu Berlin. Es ist das-

Myiopsitta monachus
PSITTACINAE

selbe, welches Mützel sammt dem von ihm erbauten Neste gezeichnet und während seiner regelmäßigen Besuche im Thiergarten genau beobachtet hat. Hierüber berichtet er mir das nachstehende.

»Das Mönchsittichpaar bewohnt einen Gesellschaftskäfig zugleich mit afrikanischen und australischen Papageien, Steindrosseln und zwei jungen Schwarzspechten. In der frei in das Zimmer ragenden Ecke des Käfigs, offenbar der für seinen Zweck am geeignetsten Stelle, begann das Paar in ungefährer Höhe von drei Meter über dem Fußboden Besenreiser durch das Gitter zu flechten. Der aufmerksame Wärter kam, als er Nistgelüste erkannte, den Vögeln sofort zur Hülfe, indem er drei Holzknüppel querüber im Drahtnetze befestigte. Die Mönchsittiche erkannten dies dankbar an und benutzten sie sofort als Grundlage ihres zukünftigen Nestes. Der Bau wurde von jetzt an eifrig weitergeführt. Das Männchen schleppte eifrig Reiser herbei, und das Weibchen ordnete sie, zunächst um die Grundfläche zu bilden, welche möglichst glatt, rund und schüsselförmig hergestellt wurde. Hierauf wölbte es das Dach, und gleichzeitig damit wurde das Eingangsrohr angelegt, eine flach gedrückte, nach außen etwas gesenkte Röhre darstellend. Beides, Dach und Röhre, erschien anfänglich leicht gebaut und durchsichtig, gewann jedoch bald durch Überflechten an Haltbarkeit und Stärke. Je weiter der Bau vorschritt, um so mehr verschwand die erkennbare Form der Röhre, und das endlich fertige Nest bildete eine mächtige Stachelkugel von mehr als einem Meter Durchmesser, an welcher alle Reiser mit dem dicken Ende nach außen standen und nur eine wenig regelrechte Öffnung die Röhre noch andeutete.

Man glaube nicht, daß diese rührige und freudvolle Thätigkeit des liebenden Paares in ungestörter Behaglichkeit vor sich gegangen wäre. Im Gegentheile: jeden Augenblick mußten die fleißigen und sorglichen Gatten den Bau unterbrechen, um ihn gegen die Käfiggenossen zu vertheidigen. Fortwährend störten die Kameraden das Werk. Die Neugier aller übrigen Papageien war mächtig erregt worden: sie wollten sehen und bewundern, näherten sich dabei jedoch zu sehr und in Besorgnis erregender Weise der Baustätte. Sofort ließ das Weibchen seine Arbeit liegen, wandte sich den dreisten und zudringlichen Gesellen zu und kreischte sie laut und heftig an. Augenblicklich ließ auf solches Zeichen hin das Männchen ein Reis, welches es bereits im Schnabel hatte, fallen, flog den Feind an, und dicht neben ihm am Gitter Fuß fassend, bearbeitete es denselben mit Schnabelhieben und Flügelschlägen derartig, daß man das äußerste befürchten konnte. Das Männchen hält meistens auf einem, aus der Nestdachung hervorstehenden stärkeren Zweigende sitzend treue Wacht, begibt sich ab und zu in das Innere, um nach der brütenden Gattin zu sehen, oder holt eine Birkenruthe, um eine durch das Zusammentrocknen der Baustoffe locker gewordene Stelle nachzubessern. Das Weibchen sitzt fest im Inneren; doch sieht man seinen runden Kopf in der tiefen Dämmerung der Höhle sich bewegen, und manchmal, wenn der Gatte ihr zu lange Zeit auf dem Baue über ihrem Kopfe herumwirtschaftet, erscheint es auch wohl am Rande der Öffnung, um nachzusehen, was vorgeht.«

Über das Brutgeschäft und die Erziehung der Jungen konnten bis zum Abschluß dieser Zeilen Beobachtungen nicht gesammelt werden; es liegen solche über beides aber auch bereits vor. »Im Anfange des Mai«, so beschreibt Schmidt die Thätigkeit des oben erwähnten Paares, »zog sich das Weibchen in das Nest zurück und wurde nunmehr von dem Männchen fleißig gefüttert. Es zeigte sich sehr wenig am Flugloche und kam ganz selten und dann stets nur auf einige Augenblicke heraus. Das Männchen saß den größten Theil des Tages vor dem Flugloche auf der Sitzstange und schien das Nest zu bewachen; denn es erhob, sobald es eine Störung befürchten mochte, ein rätschendes Geschrei. Am achtundzwanzigsten Mai lag unter dem Nistkasten am Boden des Fluggebauers die Hälfte einer Eischale, aus welcher offenbar ein junger Vogel ausgeschlüpft war.

Höchst auffallend erschien hierbei, daß das Weibchen, welches allein und ohne unmittelbare Hülfe des Männchens das Brutgeschäft besorgte, nicht ruhiger und ununterbrochener auf den Eiern gesessen hatte, so daß wir trotz genauer Beobachtung diesen Vorgang ganz übersehen mußten. Ich vermuthete, daß der junge Vogel erst ganz kürzlich ausgeschlüpft sei, und daß von den anderen Eiern doch wohl noch etwas zu erwarten stünde. Auch jetzt sah man die Vögel nicht füttern, da das Weibchen sich zu diesem Behufe, wenn beide sich nicht beobachtet wähnten, in das Innere des Kastens begab, während das Männchen auf der Sitzstange vor dem Flugloche Wache hielt. Bemerkten sie, daß man selbst aus größerer Entfernung nach ihnen blickte, so kam auf den Ruf des Männchens sofort das Weibchen aus dem Neste, und beide erhoben ein häßliches Geschrei, welches erst aufhörte, wenn der unliebsame Späher sich zurückzog. Sie hatten quer vor das Flugloch ein ziemlich kräftiges Stückchen biegsamen Holzes gespannt, welches das Weibchen jedesmal beim Verlassen des Nestes mehr gegen die Mitte der Öffnung schob, als wolle es dadurch die Kleinen verhindern, das Nest zu verlassen, oder etwaigen Feinden den Eingang erschweren. Schalen von ausgeschlüpften Eiern wurden nicht herausbefördert; kein Ton verrieth die Anwesenheit eines jungen Vogels. Aber schon nach kurzer Zeit ließ sich aus der Menge der verwendeten Nahrung entnehmen, daß wohl mehrere tüchtige Fresser im Neste sein müßten. Die Alte fütterte anfänglich vorzugsweise Salat, von dem täglich zwei bis drei starke Köpfe verbraucht wurden; später nahm sie außerdem eingeweichtes Weißbrod und schließlich auch Hanfsamen.

Am siebenten August sah ich zum ersten Male, daß die Mutter fütterte. Sie würgte unter nickender Bewegung des Kopfes, welche sich dem ganzen Körper mittheilte, Nahrung aus dem Kropfe, und obwohl sie sich mit dem größten Theile ihres Leibes in dem Nistkasten befand, glaubte ich doch wahrzunehmen, daß sie an mehreren Stellen Futter austheilte. Jedenfalls mußten die Jungen schon ziemlich groß sein, da das Weibchen ihre Schnäbel erreichen konnte, ohne in den Kasten hinabzusteigen. Am Nachmittage des zehnten August ließen sich die Köpfe von zwei jungen Papageien am Flugloche des Nistkastens blicken, und am folgenden Tage flog der erste derselben aus und lief munter am Boden umher. Nach ziemlich kurzer Zeit saß er jedoch trübselig mit gesträubtem Gefieder in einer Ecke, und da die Witterung überdies regnerisch zu werden versprach, ließ ich ihn trotz des heftigen Schreiens der Eltern in den Nistkasten zurückversetzen, an dessen Flugöffnung bei dieser Gelegenheit die Köpfe von zwei weiteren Jungen zum Vorscheine kamen. Erst am funfzehnten August flog er abermals aus und diesmal in Gesellschaft eines seiner Geschwister. Man bemerkte sofort, welcher Vogel der ältere war, da er weit kräftiger und lebhafter schien als der andere, welcher nach kaum einer Stunde struppig wie frierend in einer Ecke hockte. Er wurde gegen Abend in das Nest zurückgesetzt, während der größere sich nach dem bedeckten Theile des Fluggebauers verfügte, wo er seitdem allnächtlich seinen Aufenthalt nahm. Am achtzehnten August flog ein Junger aus; doch vermag ich nicht zu sagen, ob es der zweite war, den wir in das Nest zurückgebracht hatten, oder der dritte Bruder, welcher seinen ersten Spaziergang wagte. Sein Zustand war vollkommen zufriedenstellend, so daß keine Sorge für ihn erforderlich wurde. Am zwanzigsten kam der letzte aus dem Nistkasten und zwar ebenfalls in augenscheinlich gesundem und kräftigem Zustande.

Die jungen Vögel befanden sich, als sie ausgeflogen, in vollständigem Gefieder; nur hatten die Schwanz- und Steuerfedern noch nicht die Länge wie bei den Alten. Ihre Färbung war dieselbe wie bei diesen, nur das Grün weniger lebhaft, die Schwungfedern sahen mehr grün als blau aus, und die hellen Ränder der grauen Federn am Kopfe und der Brust traten weniger hervor, so daß sie viel matter und einfarbiger erschienen. Der Körper hatte annähernd die Größe wie beim ausgewachsenen Vogel, der Kopf war verhältnismäßig, der Schnabel weniger gekrümmt. Sie waren anfänglich nicht sehr lebhaft, hockten vielmehr den größten Theil des Tages über dem Boden auf einem Baumaste, welcher ihnen zu diesem Zwecke dorthin gelegt worden war. Wenn die Alten ihnen sich näherten, verlangten sie durch Nicken mit dem Kopfe und Schlagen mit den Flügeln nach Nahrung, welche ihnen in der Regel auch gereicht wurde. Die Eltern, welche beide diesem Geschäfte sich unterzogen, nahmen den Schnabel des Jungen, indem sie den Kopf seitwärts wendeten, so in den ihrigen, daß sie die Seite desselben faßten, worauf sie mit der geschilderten Bewegung das Futter einflößten. Die Kleinen legten dabei den Kopf in den Nacken und wiederholten die Geberden, mit denen sie ihr Verlangen nach Nahrung auszudrükken pflegen. Nach wenigen Tagen wußten sie indeß auch die Futterschüssel zu finden und selbständig zu fressen. Doch erhielten sie noch Ende August einen großen Theil ihrer Nahrung von den Eltern. Allmählich wurden sie beweglicher und bald kletterten sie an dem Gitter des Fluggebauers empor. Diese Stellung wurde von den

Alten in der Regel benutzt, um das Gefieder der Kleinen in Ordnung zu bringen. Sie kletterten hinter diesen her und zogen eine Feder derselben nach der anderen durch den Schnabel, um sie zu reinigen und zu glätten, ganz wie sie es mit den eigenen thun.

Die Dauer der Brutzeit hat sich bei dieser ersten Beobachtung noch nicht ermitteln lassen, dagegen darf wohl als gewiß angenommen werden, daß die Jungen etwa vierzig Tage brauchen, bis sie flügge sind.

# Der Wellensittich

Unter allen Papageien, welche in unseren Käfigen gezüchtet werden, steht ein kleiner australischer Sittich unbedingt obenan. Schwerlich eignet sich auch ein Papagei in dem Maße zum Stubenvogel wie er. Andere Sittiche bestechen durch die Pracht ihrer Färbung, der Wellensittich, welchen ich meine, durch Anmuth und Liebenswürdigkeit, ich möchte sagen, durch seinen Liebreiz. Schönheit besitzt auch er im hohen Grade, aber seine Liebenswürdigkeit ist größer als die Pracht seines Gefieders. Er gereicht jedem Zimmer zur Zierde und erwirbt sich bald auch das sprödeste Herz.

Der Wellensittich (Melopsittacus undulatus), bis jetzt der einzig bekannte Vertreter der Singsittiche, gehört zu den kleineren Papageien; doch läßt ihn der lange Schwanz größer erscheinen, als er ist. Seine Länge beträgt zwanzig bis zweiundzwanzig, die Schwanzlänge fast zehn Centimeter. Seine Gestalt ist höchst zierlich, der Leib schlank; Stirn und Oberkopf sind schwefelgelb, seitlich geschmückt durch je vier hochblaue Flecke, von denen der auf den Wangen stehende der größte ist, während die drei übrigen wie runde Tüpfel erscheinen; Hinterkopf, Mantel, Schultern und der größte Theil der Flügeldecken haben grünlichgelbe Färbung, jede Feder aber wird durch vier feine, schwarze Querlinien gezeichnet; Hinterrücken, Bürzel und obere Schwanzdecken sind prachtvoll grasgrün, die beiden Spießfedern des Schwanzes düster dunkelblau, die übrigen Steuerfedern grünblau mit breitem, citrongelbem Mittelfleck.

Shaw war der erste Naturforscher, welcher den Wellensittich kennen lernte und beschrieb, Gould der erste Reisende, welcher uns einiges über das Freileben mittheilte. Gegenwärtig wissen wir, daß der Vogel in ungeheueren Scharen das ganze innere Australien und zwar hauptsächlich die mit Gras bewachsenen Ebenen bewohnt und hier von den Samen der Gräser sich nährt. Alle Beobachter, welche ihn im Freien sahen, sind ebenso einstimmig in ihrem Lobe wie die Liebhaber, welche ihn nur im Käfige beobachten konnten.

Als Gould im Anfange des December die Ebenen des Inneren besuchte, sah er sich von Wellensittichen umgeben und beschloß, längere Zeit an einer und derselben

Stelle zu verweilen, um ihre Sitten und Gewohnheiten zu beobachten. Sie erschienen in Flügen von zwanzig bis hundert Stück in der Nähe einer kleinen Lache, um sich zu tränken, und flogen von hier zu regelmäßigen Zeiten nach den Ebenen hinaus, um dort die Grassämereien, ihre ausschließliche Nahrung, aufzunehmen. Am häufigsten kamen sie frühmorgens und abends vor dem Dunkelwerden zum Wasser. Während der größten Tageshitze saßen sie bewegungslos unter den Blättern der Gummibäume, deren Höhlungen gerade jetzt von brütenden Paaren bewohnt wurden. So lange sie sich auf den Bäumen ruhig hielten, waren sie schwer zu entdecken; wenn sie aber zur Tränke gehen wollten, setzten sie sich frei und in Massen auf die abgestorbenen Zweige der Gummibäume oder auf die zum Wasser herniederhängenden Äste.

Ihre Bewegungen sind wundervoll. Der Flug ist gerade und reißend schnell, falken- oder schwalbenartig, dem anderer Papageien kaum ähnelnd, der Gang auf dem Boden verhältnismäßig gut, ihr Klettern im Gezweige wenigstens nicht ungeschickt. Im Fluge lassen sie eine kreischende Stimme vernehmen; im Sitzen unterhalten sie sich mit kosendem Gezwitscher, welches man nur deswegen nicht Gesang nennen kann, weil die einzelnen Töne der lautgebenden Vögel mit denen unzähliger anderer sich vermischen und hierdurch ein Wirrwarr von Tönen entsteht.

Auch während der Brutzeit halten sich die Wellenpapageien in Gesellschaften zusammen, obwohl die einzelnen Paare unter diesen, ihres treuinnigen Zusammenhanges wegen, leicht zu erkennen sind. Das Nest steht in den Löchern und Spalten der Gummibäume und enthält im December vier bis sechs Eier von rein weißlicher Farbe und ziemlich rundlicher Gestalt. Ende December sind die Jungen gewöhnlich ausgeflogen und im Stande, sich selbst zu versorgen. Sie sammeln sich dann in großen Flügen, welche mit den ungepaarten Alten umherschweifen; denn diese schreiten, wenn man von dem Benehmen der Gefangenen schließen darf, zu einer zweiten und dritten Brut.

Nach Beendigung des Brutgeschäftes treten die Scharen ihre Wanderung an. Sie ziehen regelmäßig von Süden nach Norden und kehren erst dann wieder zu ihrem Brutorte zurück, wenn die Grassamen reif sind. In ganz Südaustralien erscheinen sie im Frühlinge, unserem Herbste also, mit gleicher Regelmäßigkeit wie unsere Zugvögel.

Goulds Mittheilungen sind durch einen Bericht, welchen ich der Freundlichkeit Engelharts danke, wesentlich erweitert worden, und ich lasse denselben daher hier folgen, obgleich ich ihn bereits in den »Gefangenen Vögeln« veröffentlicht habe. »Jeder hohle Stamm, jedes Astloch, im Nothfalle sogar jeder geeignete Raum im Wurzelstocke, wird zum Nestbaue benutzt. In wenigen Wochen ist alles lebendig von Sittichen. Der reiche Grassamen dient als vortreffliche Atzung für die Jungen. Wer um diese Zeit zufällig in eine solche Gegend sich verirren sollte, könnte leicht hunderte dieser letzteren mit den Händen fangen. In zahlreichen Scharen fliegen sie vor seinem Fußtritte von dem Rasen auf, setzen sich in langen Reihen auf die nackten Zweige, mit zwitscherndem Gesange sich unterhaltend, und sehen harmlos zu, wie der mordsüchtige Mensch seine Flinte nimmt, um ihnen eine Ladung zuzusenden, welche oft Dutzende auf einmal fällt. Endlich sind die Vorräthe an Sämereien aufgezehrt; vielleicht ist auch Wassermangel eingetreten, und der Wandertrieb regt sich in den prächtigen Vögeln und führt sie weiter. Ihr nächstes Ziel sind die Alexandrina- und Wellingtonseen, welche beide vom Murray durchströmt werden, ehe er in das Meer mündet. Diese Schilderung gilt, wie nochmals zu bemerken, nur für die Jahre, in denen es reichlich regnet. In anderen dagegen, in denen der Regenfall hinter dem jährlichen Durchschnitte zurückbleibt, scheinen die Wellensittiche gänzlich verschwunden zu sein. Ohne Zweifel sind sie dann dem fernen Norden zugezogen, weil hier oft im heißen Sommer heftige Gewitterregen fallen und in kurzer Zeit aus einer vollständigen Sandwüste eine grasreiche Steppe zaubern. Es ist, als ob alle wandernden Papageien dies im voraus wüßten. Denn da, wo ihnen die Natur den Tisch gedeckt hat, ja man möchte fast sagen, da wo sie ihnen den Tisch decken wird, stellen sie sich ein.«

Nach Mittheilung eines anderen Deutschen, welcher viele Jahre in Australien lebte, werden die Wellensittiche gegen Abend in großen Beutelnetzen zu hunderten und tausenden gefangen, in rohe Kistenkäfige gesperrt und so den Händlern übermittelt. Nach Melbourne bringt man sie in unglaublicher Menge. Wenn ihrer viele auf dem Markte sind, kauft man das Paar im einzelnen mit ungefähr 2,5 Mark unseres Geldes, während bei Massenkäufen höchstens 1,5 Mark für das Pärchen gezahlt wird. Nach der Fangzeit füllt man mit ihnen alle größeren lichtvollen Räume der Schiffe, und mancher Kapitän tritt während der Heimreise von Australien nach Europa den Vögeln seine Kajüte ab. Noch vor zwei Jahrzehnten waren sie seltene Erscheinungen auf unserem Thiermarkte; gegenwärtig treffen sie alljährlich annähernd zu derselben Zeit in größerer oder geringerer Menge ein, je nachdem drüben der Fang günstig ausfiel, und ebenso, je nachdem ein Schiffsführer Glück oder Unglück mit ihnen gehabt hatte. Aufmerksamere Vogelhändler setzen sie in Australien gesellschaftsweise in kleine Käfige, deren Sitzstangen wie Treppenstufen hinter- und übereinander liegen, damit auf möglichst wenig Raum die größtmöglichste Anzahl von Vögeln Platz finden kann. Ein solches Reisegebauer gewährt ein überaus liebliches Bild. Die ganze Gesellschaft sitzt auf den Stangen in Reih und Glied, und eine Reihe Gesichter schaut über die Köpfe der anderen herüber; aller Augen richten sich nach dem Beschauer, und jedes scheint um Erlösung aus der engen Haft zu bitten. Streit und Zank, wie er bei anderen Papageien so häufig vorkommt, werden bei dem Wellensittich wohl auch, aber doch immer nur ausnahmsweise beobachtet. Bis zur Brutzeit leben tausende äußerst verträglich unter einander, und zwar die gleichen Geschlechter ebensowohl wie die Pärchen. Ich habe in London das große Zimmer eines Vogelhändlers, welcher eben eine neue Sendung der Wellensittiche erhalten hatte, mit mehr als tausend Paaren und große Zuchträume mit mehreren hunderten dieser Vögel erfüllt gesehen und auch hier dieselbe Eintracht bemerkt wie im Käfige.

Der Wellensittich gehört nicht zu denjenigen Papageien, welche aus Trauer über den Verlust ihres Gefährten oft dahinwelken und sterben, verlangt aber Gesellschaft und erklärlicherweise am liebsten die des entgegengesetzten Geschlechtes seiner eigenen Art. Im Nothfalle findet er auch in einem verschiedenartigen kleinen Papagei einen Ersatz; niemals jedoch behandelt er einen anderen Vogel mit jener liebenswürdigen Zärtlichkeit, welche er gegen seinesgleichen an den Tag legt. Es ist deshalb nothwendig, ihn immer paarweise zu halten; erst dann gibt er seine ganze Liebenswürdigkeit kund. Sollte einer der Gatten des Paares durch irgend welchen unglücklichen Zufall sein Leben verlieren, so ersetzt ein anderer Gefährte des betreffenden Geschlechtes den verlorenen rasch und vollständig wieder.

Ein wesentlicher Vorzug des Wellensittichs ist seine Genügsamkeit. Kein zweiter Stubenvogel verlangt so wenig Abwechslung in seinem Futter wie jener kleine Papagei. Ihm genügt ein und dieselbe Nahrung jahrelang. Wir ersetzen ihm die Grassämereien Australiens durch Hirse, Kanariensamen und Hanf: dabei befindet er sich wohl und zufrieden. Vielfache Versuche, ihn an andere Körner zu gewöhnen, haben keinen Erfolg gehabt. Dagegen nimmt er gern saftige Pflanzenblätter zu sich, vor allem Salat, Kohl, Kraut und ähnliches Grünzeug, Mäusegeschirr und dergleichen. Früchte, Zucker und andere Leckereien verschmäht er anfänglich gewiß, läßt sich jedoch nach und nach daran gewöhnen. Trotz seiner Liebhaberei für trockenes Futter trinkt er sehr wenig, zuweilen wochenlang nicht; demungeachtet darf man nicht versäumen, ihn fortwährend mit frischem Wasser zu versehen. Salz, Kalk und Sand gehören zu seinen unabweislichen Bedürfnissen. Es springt in die Augen, daß die Leichtigkeit der Erhaltung wesentlich dazu beiträgt, den Vogel beliebt zu machen.

Aber der Wellensittich versteht es auch noch in anderer Weise die Zuneigung des Menschen sich zu erwerben. An geistigen Begabungen steht er unzweifelhaft hinter den größeren Sittichen zurück, läßt jedoch diesen Mangel kaum merkbar werden. In seinen Bewegungen kommt er jedem seiner Ordnungsverwandten gleich. Sein Gang ist ein geschicktes, rennendes, trotz der kleinen Schritte förderndes Laufen, sein Klettern ein vollendetes Turnen, sein Flug ein köstliches, jeden Beobachter begeisterndes Durcheilen der Luft. Man muß gesehen haben, wie ein freigekommener und entfliehender Wellensittich dahinjagt, um seine volle Fluggewandtheit beurtheilen zu können. Er jagt mit einem Falken um die Wette, führt die zierlichsten Wendungen, Schwenkungen und Biegungen im Fluge aus, versteht es, die größten und geringsten Entfernungen abzumessen, und läßt sich mit einem

*Melopsittacus undulatus*

PSITTACINAE

Worte nur den vollendetsten Fliegern an die Seite stellen. Erwirbt schon diese Beweglichkeit dem Vogel unsere Zuneigung, so bewahrt er sich dieselbe dauernd durch seine Stimme. Die meisten anderen Papageien, selbst jene Arten, welche wahre Menschenvögel genannt werden können, werden, so liebenswürdig sie sonst sind, zuweilen unerträglich durch ihre Stimme. Diejenigen unter ihnen, welche sich in Worten mit ihren Pflegern unterhalten, können ihrem angeborenen Hange zum Lärmen oft nicht widerstehen, und zwischen den nachgeschwatzten Worten der menschlichen Sprache gellt das abscheuliche Kreischen hindurch. Es gibt wenige Menschen, welche diese Ungezogenheit der Papageien auf die Dauer ertragen können. Ganz anders ist es bei den Wellensittichen. Auch sie haben reiche Stimmmittel; aber sie verwenden diese niemals in lästiger, vielmehr in anmuthender Weise. Es ist nicht zuviel gesagt, wenn man behauptet, daß der männliche Wellenpapagei den Singvögeln beigezählt werden muß; denn sein Geplauder ist mehr als ein Gezwitscher: es wird zu einem, wenn auch bescheidenen, so doch recht ansprechenden Liedchen. Für mich hat der Gesang dieses Prachtvogels etwas höchst angenehmes, und andere Thierzüchter sind nicht bloß derselben Meinung, sondern haben auch erfahren, daß der Wellensittich Lehre annimmt, die reichen Lieder anderer guter Sänger nämlich, welche er hört, bald täuschend nachahmt. Einzelne haben sogar gelernt, Worte nachzusprechen.

Der Thierzüchter, welcher Wellensittiche paarweise hält, sie entsprechend pflegt, möglichst wenig stört und ihnen passende Nisthöhlen schafft, wird fast ausnahmslos die Freude erleben, daß sich seine Gefangenen vermehren. Geschieht dies nicht, so liegt die Schuld in der Regel am Pfleger. Es handelt sich dabei keineswegs um geringe Versehen, sondern in den meisten Fällen um unverantwortlich grobe Fehler. Man läßt es dem Pfleglinge an dem nöthigsten fehlen und ist dann thöricht genug, ihm aufzubürden, was man selbst verschuldet. Am vortheilhaftesten ist es freilich, wenn man einen Schwarm dieser Vögel zusammenbringen und ihm einen größeren, womöglich freistehenden und luftigen Raum gewähren kann. Dann erregt ein Männchen das andere, die Eifersucht thut das ihrige und läßt die Liebe eher und stärker zum Durchbruche kommen. Ein kleines Zimmer, welches, ohne die Vögel zu stören, beliebig gelüftet und geheizt werden kann, dessen Fußboden mit Sand bestreut ist, und dessen Wände mit Nistkästen behangen sind, genügt allen Erfordernissen, welche die bescheidenen Wellensittiche an einen Aufenthaltsort stellen. Nicht gerade nöthig, aber doch sehr zu empfehlen ist, wenn der Nistbaum außerdem noch durch lebende und durchaus unschädliche Pflanzen geziert werden kann; denn diese bieten der munteren Schar geeignete Orte zum Ruhen und Versteckespielen. Eine dauernde Annehmlichkeit bietet man den Vögeln dadurch freilich nicht. Denn sie verwüsten, wie alle Papageien, grüne Zweige oder Gewächse in kürzester Frist. Allein solche sind ihrem Wohlbefinden entschieden förderlich, und man thut deshalb wohl, ihnen zu bieten, was man im Sommer leicht und ohne Schaden gewähren darf. Ein Bündel frisch abgeschnittener Weiden- oder sonstiger Baumzweige überhaupt wird mit ersichtlicher Befriedigung, um nicht zu sagen, dankbar angenommen und binnen kürzester Frist entblättert und entschält. Dabei fressen die Vögel Knospen, Blatt und Schalentheile und verschaffen sich so eine unbedingt zuträgliche Abwechselung in dem Einerlei ihrer täglichen Nahrung. Selbst im Winter kann man ihnen solche Annehmlichkeit verschaffen; denn auch entblätterte Zweige behagen ihnen sehr. Noch mehr lieben sie unreife Ähren unserer Getreidearten, vor allem Hafer, so lange die Körner noch milchig sind. Schneidet man ihnen davon ein Büschel ab, so stürzen sie sich mit wahrer Gier auf dasselbe und verlassen es nicht, bevor das letzte Korn ausgeklaubt und verzehrt worden ist. Zu den Nisthöhlen eignen sich am besten hohle Weidenbäume, deren inneren Raum man an mehreren Stellen durch Bretter abgetrennt hat, um das ganze Stück für mehrere Paare bewohnbar zu machen. Es genügt aber auch schon ein gewöhnlicher Nistkasten mit entsprechend engem Loche, welcher dem brütenden Weibchen erwünschte Sicherheit vortäuscht. Da sie nach Art der meisten Papageien überhaupt ihre Eier einfach auf den Boden legen, empfiehlt es sich, solchen seicht auszuhöhlen und mit grobem Sägemehle zu bestreuen. Sie sorgen dann selbst für Herstellung einer geeigneten Mulde, indem sie nach eigenem Belieben so viel von dem Sägemehle aus dem Kasten werfen, als ihnen erforderlich erscheint. Ein derartig ausgerüstetes Brutzimmer liefert die günstigsten Ergebnisse; doch genügt in den meisten Fällen auch schon ein mittelgroßer Bauer. Wer es über sich gewinnen kann, Wellensittiche im Zimmer frei umherfliegen zu lassen, kann einer besonderen Vogelstube gänzlich entbehren. »Ich kenne«, so schreibt mir Oberforstinspektor von Hinkeldey, »keinen Vogel, welcher sich so dazu eignet, in einem großen Wohnzimmer frei umherzufliegen wie der Wellensittich. Man hänge das Gebauer, in welchem man sie beherbergt, an einen beliebigen Ort im Zimmer, lasse nach wenigen Tagen die Käfigthüre offen, das Futter aber im Bauer stehen, und man wird bemerken, daß die Sittiche zwar sehr bald aus ihrem Gebauer heraus, aber nach einigen Rundflügen im Zimmer auch wieder in ihn zurückfliegen. Binnen wenigen Tagen gewöhnen sie sich, ihr Futter im Bauer zu nehmen, setzen sich niemals an einen anderen Ort, und die Folge davon ist, daß sie fast gar keinen Schmutz im Zimmer verursachen und durch ihren raschen Flug und ihre prächtigen Bewegungen dem Liebhaber neues Vergnügen gewähren. Noch nie flog ein Wellensittich bei mir gegen ein Fenster an oder zur offenen Stubenthüre hinaus. Unmittelbar an mein Wohnzimmer grenzt eine Schlafkammer, welche durch eine Doppelthüre getrennt ist. Diese ist stets offen und in der Kammer, ja sehr oft auch in der Stube, ein Fenster unverschlossen; es ist mir aber noch nie ein Wellensittich entflogen. In diesem Frühjahre ließ ich drei von ihnen, welche kürzlich zu Schiffe angekommen waren, in meinem Wohnzimmer fliegen, und sie gewöhnten sich sofort an die vorbeschriebene Lebensart. Die täglichen Geschäfte im Wohnzimmer beeinträchtigen die Vögel nicht im mindesten. Ihre Nistkästen hängen an der Wand.«

Ich habe zu vorstehendem nur das eine zu bemerken, daß nicht alle Wellensittiche offen stehende Fenster so unbeachtet lassen wie die von Hinkeldey geschilderten; im übrigen glaube ich gern, daß sie unter den erwähnten Umständen noch mehr Vergnügen gewähren als sonst.

Man muß selbst die liebenswürdigen Thiere gepflegt und ihre Fortpflanzung beobachtet haben, um die Begeisterung verstehen zu können, mit welcher alle wahren Liebhaber von ihnen sprechen. Je länger man sie kennt, um so mehr gewinnt man sie lieb. Die Beobachtung ihres Treibens und Lebens, ihrer Sitten und Gewohnheiten ist eine unversiegliche Quelle von Vergnügen und Genuß. Während der Paarungszeit wird eigentlich ihre ganze Liebenswürdigkeit erst kund und offenbar. »Das Männchen«, sagt Devon, »ist ein Muster von einem Gatten, wie das Weibchen das Muster einer Mutter ist. Jenes beschäftigt sich ausschließlich mit seinem erwählten und nie mit einem anderen Weibchen, welches etwa zugleich in demselben Raume sein möge; es ist stets eifrig aufmerksam glühend, ja sogar sinnlich gegen sein Weibchen. Auf einem Zweige vor der Öffnung des Nestes sitzend, singt er ihr seine schönsten Lieder vor, und während sie brütet, atzt er sie mit ebensoviel Eifer als Vergnügen. Er ist niemals traurig, still oder schläfrig, wie so viele andere Papageien, sondern immer heiter und liebenswürdig.« Wer selbst Wellensittiche gepflegt hat, wird diesen Worten beistimmen. Alles, was man von der Zierlichkeit und Anmuth, der Liebenswürdigkeit, gegenseitigen Anhänglichkeit und Hingebung der Zwergpapageien sagen kann, gilt, und wohl in noch reicherem Maße, auch für die Wellensittiche. Das gegenseitige Benehmen beider Gatten ist das anmuthigste, welches man sehen kann. Jeder beeifert sich in ersichtlicher Weise, dem anderen zu Gefallen zu leben; insbesondere das werbende Männchen zeigt sich dem selten versagenden Weibchen gegenüber äußerst liebenswürdig. »Immer begehrlich«, sagt ein Liebhaber, »erzwingt es doch niemals seinen Willen wie andere Vögel, durch Verfolgung des Weibchens bis zu dessen Ermattung. Den Abweisungen der Gattin fügt es sich achtungsvoll und harrt geduldig, bis sich dieses seinen Zärtlichkeiten und Wünschen aus freiem Antriebe ergibt. Die Begattung selbst erinnert in ihrer Innigkeit an das Märchen der Alten von Leda und dem Schwane. Das Weibchen, den Kopf nach dem Männchen zurückgebogen und von demselben Schnabel in Schnabel erfaßt und mit seinen langen Schwingen umschlungen, empfängt seinen Eindruck in nachhaltiger Lust. In der Fütterung des Weibchens und in seiner Zärtlichkeit gegen dasselbe, wenn es auf Augenblicke die Nisthöhle verläßt, ist es unerschöpflich; aber freilich kommt seiner Zärtlichkeit auch seine Eifersucht gleich.«

Der Ausbau des Nestes ist ausschließlich Sache des Weibchens. Es arbeitet mit dem Schnabel so lange an dem Eingangsloche, bis dieses seinen Wünschen entspricht, nagt dann im Inneren größere oder kleinere Spänchen los und legt auf sie in Zwischenräumen von zwei Tagen seine vier bis acht kleinen, rundlichen, glänzend weißen Eier, welche das Gelege bilden. Dann brütet es sehr eifrig sechzehn bis zwanzig Tage, und während der ganzen Zeit wird es von dem Männchen gefüttert, verläßt deshalb auch nur seine Nisthöhle, um den dringlichsten Bedürfnissen zu genügen. Die Jungen, welche etwa dreißig bis fünfunddreißig Tage im Neste verweilen, verlassen letzteres erst dann, wenn sie ganz befiedert sind. Während der ganzen Zeit ist das Weibchen eifrig bemüht, das Nest rein zu halten; es kehrt wie eine ordentliche Hausfrau jeden Morgen sein Zimmer aus und putzt und reinigt seine Kinder mit unvergleichlicher Sorgfalt. Sofort nach dem Ausfliegen gehen die Jungen ans Futter, und wenige Tage später benehmen sie sich ganz wie die Alten; doch muß man um die Zeit des Ausfliegens eine gewisse Vorsicht anwenden, namentlich wenn man nur ein Paar Brutvögel im Käfige hat; denn die erwähnte Eifersucht des Vaters macht sich dann oft in unbegreiflicher Weise geltend. Derselbe Vogel, welcher seine Brut mit hingebender Zärtlichkeit fütterte, fällt zuweilen über die flügge gewordenen Kinder wüthend her, greift sie mörderisch an und verletzt sie nicht selten so, daß sie infolge der jetzigen Lieblosigkeit zu Grunde gehen. Noch unfreundlicher als die Männchen zeigen sich einzelne Weibchen, allerdings nicht gegen ihre eigenen, so doch ihresgleichen Kinder. Solche dürfen selbstverständlich nicht unter der Gesellschaft geduldet, sondern müssen sobald als möglich herausgefangen und verbannt werden.

Sofort, nachdem die erste Brut selbständig geworden ist, schreiten die Alten zu einer zweiten, und wenn diese ausgeflogen, gewöhnlich zu einer dritten und vierten; ja, Franz Schlegel, Vorsteher des Thiergartens zu Breslau, hat beobachtet, daß ein Paar ein volles Jahr lang ununterbrochen brütete! Solche Fälle gehören zu den Ausnahmen: Die großen Geschwister zeigen sich gleich von Anfang an ebenso liebenswürdig wie die Eltern. Sie haben eine wahre Sucht, ihre jüngeren Geschwister zu pflegen, und füttern diese trotz der Alten. Dabei äffen sie sich gegenseitig alles nach: was der eine thut, unternimmt auch der andere, im Klettern, Fliegen, Fressen und Schwatzen. Der Lärm in solchen Kinderzimmern wird oft betäubend und manchmal selbst den Alten zu toll, welche sich dann bemühen, ihm aus dem Wege zu gehen; und wenn nun erst ein ganzer Schwarm zusammengehalten wird, wenn vielleicht zehn Elternpaare zu gleicher Zeit Junge ausbrüten und in die Welt schicken, geht es meist lustig und erregt im Raume her. Dann wird auch der Frieden selten gestört; denn die Vorsicht des Männchens kommt kaum oder nicht zur Geltung, wahrscheinlich weil sie sich nicht auf einen Gegenstand richten kann, sondern auf hunderte richten müßte.

Wie nothwendig es ist, Wellensittiche paarweise zusammen zu halten, sieht man erst dann, wenn man längere Zeit zwei desselben Geschlechtes gepflegt hat. Wird zu solchen ein Genosse des anderen Geschlechtes gebracht, so gibt es augenblicklich ein Pärchen und brennende Eifersucht. Neubert, welcher zwei Paar Wellenpapageien besaß, verlor beide Männchen und erhielt erst nach geraumer Zeit Ersatz für eines von ihnen. Die beiden Wittwen hatten sich recht hübsch zusammen gefunden; sie waren munter und lebten gemüthlich miteinander, als ob sie Männchen und Weibchen wären. Als aber das neue Männchen in den Bauer gebracht wurde, änderte sich dieses schöne Verhältnis augenblicklich. »Die beiden Weibchen«, erzählt er, »saßen in der Höhe des Käfigs dicht beisammen, als das Männchen hineinflog, und beobachteten dasselbe sehr aufmerksam. Nach wenigen Augenblicken sah es zu ihnen empor, rührte sich aber nicht von der Stelle und gab einen eigenthümlichen Lockton von sich, welcher von dem einen Weibchen beantwortet wurde. Als es den Lockton wiederholte, schoß das antwortende Weibchen herab, und es gab jetzt eine Scene wie nach lang erwarteter Heimkehr. Das andere Weibchen sah ganz ruhig zu; als aber das Liebespärchen nach oben und in die Nähe der Wittwe kam, da wurde diese fast rasend, fuhr auf die beglückte Braut los, hing sich ihr an den Schwanz und zerrte so lange daran, bis die Federn ausgingen. Nun war es Zeit einzuschreiten. Sie wurden auseinander getrieben, die Xantippe gefangen und von ihrem neuen Herren, welcher sie vermählen wollte, mitgenommen. Spätere Nachrichten sagten aber, daß sie sich mit dem ihrer harrenden Bräutigam gar nicht in gutes Vernehmen setzen wollte, sondern, als seltene Ausnahme, ein sehr mürrisches Leben mit ihm führte.«

Wollte ich alle von mir und anderen gesammelten Beobachtungen über das Fortpflanzungsgeschäft der Wellensittiche hier wiedergeben, ich müßte noch mehrere Seiten füllen. Wer sich des genaueren hierüber unterrichten will, möge auf meine »Gefangenen Vögel« verwiesen werden. Sie enthalten alle Mittheilungen, welche angehenden Züchtern erwünscht sein mögen, auch Winke und Belehrungen, für welche das »Thierleben« nicht der Ort ist. Dafür will ich noch eine Beobachtung mittheilen, welche ich selbst an meinen Papageien machte. Das erste Pärchen, welches ich besaß, liebte sich ebenfalls sehr zärtlich, dachte aber nicht an die Fortpflanzung, weil die rechte Zeit hierzu noch nicht gekommen war. Es bewohnte einen großen Bauer und schien sich in demselben sehr wohl zu fühlen: die goldene Sonne aber, welche oft freundlich durch das Fenster hereinlachte, mochte doch in ihm Sehnsucht nach der Freiheit erweckt haben. Eines Tages hatte sich das Weibchen geschickt einen Ausgang zu verschaffen gewußt, und ehe wir es uns versahen, war es durch das Fenster hinaus ins Freie entflohen. Ich lernte es jetzt von einer ganz anderen Seite kennen als bisher; denn ich hatte Gelegenheit, den prachtvollen Flug zu beobachten. Und ich muß gestehen, dieser Flug entzückte mich so, daß mein Ärger über den wahrscheinlichen Verlust des Vogels mit jedem Augenblicke mehr zu schwinden begann. Das entflohene Weibchen stieg hoch auf in die Luft und schwirrte und schwebte mit unvergleichlicher Schnelligkeit über den benachbarten Garten dahin. Bald hatte es sich meinen Blicken gänzlich entzogen: aber siehe da, nach einigen Minuten war es wieder im Garten erschienen, wahrscheinlich infolge des eifrigen Rufens seines Gatten; denn diesen hatte ich selbstverständlich sofort ans Fenster gebracht. Jetzt antwortete es dem Genossen im Käfige und ließ sich dicht unter dem Fenster auf einem Baume nieder, eifrig rufend, lockend und zwitschernd. Dies hatte noch etwas anderes zur Folge, woran ich nicht gedacht. Der Liebhaber, welcher Wellenpapageien gehalten hat, wird erfahren haben, daß deren Lockton zuweilen täuschend dem unserer Sperlinge gleicht. Ich hatte früher darauf wenig geachtet, mußte dies aber jetzt wohl thun, weil mich neben dem Papagei bald auch die Sperlinge beschäftigten. Es war gerade Hochsommer und alle Dächer umher bedeckt mit jungen Spatzen. Unter ihnen nun zeigte sich sofort, nachdem der schöne Fremdling erschienen war, lebhafte Bewegung. Der Wellensittich hatte sich auf einem Pflaumenbaume unter dem Fenster niedergelassen und unterhielt sich von dort aus mit seinem Gatten. Die jungen Spatzen aber mochten meinen, daß sein lockendes »Tschilp« wohl ihnen gelten könne, und kamen in Scharen herbei, ungeachtet des warnenden und bedenklichen »Zerrrr« der älteren Weisen ihres Geschlechtes. Diese schienen allerdings auch verwundert zu sein, ließen sich jedoch als erfahrene Vögel durchaus nicht täuschen, sondern sahen sich zunächst den grünen Australier vor sich an; die jungen Sperlinge hingegen umringten ihn bald in Menge. Er beachtete sie nicht im geringsten; sie aber ließen sich deshalb nicht zurückhalten, wurden förmlich zudringlich, hüpften dicht an ihn heran, beschauten ihn scheinbar höchst erfreut und erwiderten sein »Tschilp« nach Kräften. Wenn er, ärgerlich hierüber, sich erhob und einem anderen Baume zuflog, folgte die ganze Rotte, und nur, wenn er einige seiner prächtigen Flugbewegungen ausführte, blieben die schwerfälligen Spatzen verdutzt unten sitzen. Dieses Schauspiel mochte wohl eine halbe Stunde währen, und der Garten war schließlich förmlich erfüllt von allen Sperlingen weit und breit, bis die Sehnsucht nach dem Gatten den Wellensittich bewog, ins Zimmer zurückzufliegen. Hier wurde er eingefangen, wieder in den Käfig gesperrt, höchst zärtlich von seinem Männchen begrüßt, und damit löste sich von selbst die Volksversammlung draußen im Garten.

Zum Schlusse will ich noch anführen, daß Wellenpapageien sich auch bei uns im Freien erhalten können. Auf dem Gute eines bedeutenden Thierliebhabers in Belgien entflogen im Frühlinge des Jahres 1861 zwei Paar Wellenpapageien aus einem Gebauer. Sie verloren sich alsbald in den Baumwipfeln einer großen Parkanlage und wurden längere Zeit gar nicht oder nur sehr flüchtig gesehen. Doch blieben sie in ihrem Gebiete wohnen, und wie sich später ergab, hatten sie hier sogar in Baumhöhlen genistet und eine Anzahl Junge erzogen. Der Besitzer überraschte im Herbste einen ganzen Flug von zehn bis zwölf Stück in einem Haferfelde, woselbst sie sich gütlich thaten. Von nun an wurden die Vögel durch vorsichtiges Füttern allgemach herbeigelockt und vor Eintritt des Winters zehn Stück von ihnen gefangen. Es kann keinem Zweifel unterliegen, daß Wellensittiche in unserem Klima vortrefflich gedeihen würden, und es erklärt sich daher, daß von dieser und jener Seite vorgeschlagen worden ist, ihre Einbürgerung bei uns zu Lande zu versuchen. Was aber würden wir damit gewinnen? Angenommen auch, daß die an das Wandern gewöhnten Vögel in einem ihnen sozusagen angewiesenen Gebiete während des Winters verbleiben und nicht, was wahrscheinlicher ist, davon und dem Süden zufliegen würden; angenommen ferner, daß die »erbärmlichen Flinten«, welche Buxtons Versuchen so hinderlich wurden, bei uns zu Lande nicht in Wirksamkeit treten sollten: würden wir in dem Wellensittiche einen zwar sehr schönen aber auch recht schädlichen Vogel uns erwerben und damit in noch höherem Grade als bisher das unverständige Geschrei unerfahrener Vielschreiber über schädliche und nützliche Vögel herausfordern.

# *Der Kukuk*

Eine arten- und gestaltenreiche Familie umfaßt die Kukuksvögel (Cuculidae), von denen fast zweihundert Arten beschrieben worden sind. Die Mitglieder dieser Familie verbreiten sich über die Alte Welt und Neuholland. Sie sind in Indien und Afrika besonders zahlreich, im Norden aber nur durch eine einzige Art vertreten. Alle, ohne Ausnahme, gehören dem Walde an und entfernen sich bloß zeitweilig aus der Nähe der Bäume. Den größeren Arten der Familie sagt man nach, daß sie kleine Wirbelthiere, Lurche z. B., nicht verschmähen, und alle gelten, vielleicht nicht ganz mit Unrecht, als Nesträuber, welche die Eier nicht bloß wegnehmen, sondern auch verschlingen. Dieses einigermaßen auffallende Raubgelüst erklärt sich durch die Fortpflanzung der Kukuke. Sämmtliche Arten der Familie unterziehen sich nämlich der Bebrütung ihrer Eier nicht selbst, sondern bürden die Pflege ihrer Brut anderen Vögeln auf, indem sie ihre Eier in deren Nester legen. Dabei pflegen sie meistens ein Ei aus dem Neste der erkorenen Pflegeeltern herauszunehmen, und dieses ist es, welches gelegentlich auch mit verschlungen wird. Die Thatsache ist oft geleugnet worden, unterliegt aber, vielfachen Beobachtungen zufolge, keinem Zweifel. Über die Ursache des Nichtbrütens hat man sehr verschiedene Annahmen aufgestellt und zu unterstützen gesucht, bis jetzt aber noch keinen schlagenden Grund zu entdecken vermocht.

Manchem scheint es fraglich, ob wir die Kukuke als nützliche oder schädliche Vögel anzusehen haben. Unbestreitbar leisten sie große Dienste durch Aufzehren der gegen die Angriffe anderer Kerbthierräuber gewappneten haarigen Raupen; aber ebenso unzweifelhaft verursachen sie durch das Unterschieben ihrer Eier einigen Schaden, da die Erziehung eines Kukuks regelmäßig, bei denjenigen Arten, welche ihre Eier in die Nester kleinerer Vögel legen, immer die Vernichtung der Stiefgeschwister nach sich zieht. Dagegen läßt sich nun freilich wieder einwenden, daß ein Kukuk in Vertilgung der Kerbthiere mehr leiste als fünf oder sechs kleine Sänger, und so wird es als wohlgethan erscheinen, wenn wir den Kukuken unseren vollsten Schutz gewähren.

Unser Kukuk oder Gauch (Cuculus canorus) ist auf der Oberseite aschgraublau oder dunkelaschgrau, auf der Unterseite grauweiß; die Schwingen sind bleischwarz, die Steuerfedern schwarz, weiß gefleckt. Das Auge ist hochgelb, der Schnabel schwarz.

Verwundern darf es nicht, daß ein so gewandter Flieger wie der Kukuk ebenso große Strecken durchreist wie andere weit minder flugbegabte Zugvögel. Nach meinen und allen übrigen Beobachtungen wandert er schnell, läßt sich wenigstens im Norden Afrikas oder in Syrien wie in Südeuropa nicht erheblich früher vernehmen als in Deutschland, und verzögert aus leicht begreiflichen Gründen erst weiter gegen den Norden hin seine Reise. Bei uns zu Lande erscheint er in der Regel um die Mitte des April: »Am achtzehnten kommt er, am neunzehnten muß er kommen«, heißt es im Volksmunde. Ausnahmsweise trifft er auch schon früher, unter Umständen sogar schon im Anfange des Monats ein, gleichviel ob die Witterung günstig ist oder nicht. So vernahm Schacht, ein in jeder Beziehung trefflicher Beobachter, im Jahre 1875 schon am fünften April, »als der Wald noch kahl war und selbst die Birke noch blätterlos dastand«, seinen Ruf. »Oft lag des Morgens wieder eine weiße Schneedecke auf Wald und Flur; doch der Kukuk schlug sich schlecht und recht durch. Wenn aber die Sonne das Gewölk durchbrach, dann rief er laut sein ›Kukuk‹, obschon immer nur einmal: ein Zeichen, daß es ihm doch noch nicht ganz wohl ums Herz war.«

Obwohl Baumvogel, ist er doch nicht an den Wald gebunden, ebenso wenig als sein Aufenthalt nach der Art des Baumbestandes sich richtet. Nach meinen in drei Erdtheilen und mit besonderer Vorliebe für den Gauch gesammelten Beobachtungen stellt er als erste Bedingung an seinen Aufenthaltsort, daß derselbe reich an kleinen Vögeln, den Zieheltern seiner Jungen, sei. Sieht er diese Bedingung erfüllt, so begnügt er sich mit äußerst wenigen Bäumen, mit niedrigen Sträuchern, Gestrüpp und Röhricht, und wenn selbst das letztere fehlt, fußt er auf einem Erdklumpen und erhebt von hier aus seine Stimme. Ausnahmsweise läßt er sich auch durch zeitweilig an einer Stelle ihm winkende reichliche Nahrung beeinflussen, in der Regel aber während seiner Fortpflanzungszeit nicht aus einem Gebiete weglocken, welches sein tolles Liebesleben besonders begünstigt. Stets wird man finden, daß die Anzahl der Kukuke in gleichem Verhältnisse mit der Anzahl der Pflegeeltern wächst.

Jedes Kukuksmännchen wählt sich ein Gebiet von ziemlichem Umfange und vertheidigt dasselbe hartnäckig gegen einen etwaigen Nebenbuhler. Wird ein Kukuk verdrängt, so siedelt er sich dicht neben dem Eroberer an und ficht mit diesem dann fast tagtäglich einen Strauß aus. Daß ein und derselbe Vogel zu demselben Orte zurückkehrt, hat Naumann durch Beobachtungen festgestellt: er kannte einen Kukuk, welcher sich durch seine auffallende Stimme vor den übrigen kennzeichnete, und erfuhr, daß derselbe während zweiunddreißig Jahren in jedem Frühlinge in demselben Gebiete sich seßhaft machte. Genau dasselbe gilt nach Walters Feststellung auch für das Weibchen, wie eigenthümlich gefärbte, von anderen abweichende Eier, welche man jedes Jahr in demselben Gebiete und bei derselben Vogelart wiederfindet, fast außer Zweifel stellen. Das Gebiet, in welchem das Weibchen sein erstes Ei untergebracht hat, wird ihm zur engeren Heimat; doch verweilt es in ihm immer kürzere Zeit als das Männchen. Seinen Standort durchschweift dieses ohne Unterlaß, und deshalb erscheint er mit einer gewissen Regelmäßigkeit auf bestimmten Bäumen tagtäglich mehrere Male. Nicht ebenso verhält es sich mit dem Weibchen, wie ich ebenfalls nach eigener Beobachtung mit aller Bestimmtheit behaupten darf. Meine Nekkereien mit den Kukuken, welche ich in jedem Frühjahre und bei jeder Gelegenheit wiederhole, haben mich belehrt, daß die Anzahl der Weibchen bei weitem geringer ist als der Bestand der Männchen. Mäßig angeschlagen, dürften auf jedes der ersteren mindestens doppelt so viele Männchen kommen. Während nun diese ein immerhin umgrenztes Gebiet behaupten und in der angegebenen Weise sich umhertreiben, achtet das Weibchen derartige Grenzen nicht, sondern schweift im Laufe des ganzen Sommers, beziehentlich so lange seine Legezeit währt, regellos durch verschiedene Gebiete der Männchen, bindet sich an keines von diesen, gibt sich vielmehr allen hin, welche ihm genehm sind, läßt sich nicht suchen, sondern zieht seinerseits auf Liebesabenteuer aus, und kümmert sich, nachdem seine Wünsche Befriedigung fanden, nicht mehr um den Liebhaber, welchen es eben begünstigt hatte. Ein an einer abgeschossenen Schwanzfeder kenntliches Weibchen, welches ich in der Nähe von Berlin beobachtete, besuchte, so weit ich ergründen konnte, die Gebiete von nicht weniger als fünf Männchen, wird seine Streifzüge jedoch wahrscheinlich noch weiter ausgedehnt haben. Jedes andere Weibchen verfährt nun unzweifelhaft ebenso, wie andere Beobachtungen fast bis zur Gewißheit beweisen. »Oft habe ich gesehen«, bemerkt Walter, »wie ein von einem Männchen begleitetes Weibchen bei seinen Streifereien in ein weiteres Gebiet, z. B. über einen großen See, plötzlich vom Männchen verlassen wurde, welches letztere zuerst in weitem Bogen, dann in gerader Richtung in sein eigentliches Revier zurückflog. Hatte das Weibchen in letzterem schon ein Ei untergebracht, dann kehrte es, wenn auch erst am anderen Tage, dorthin zurück. Nur in dem Falle, daß es in der Nähe des zuerst benutzten Nestes kein zweites auffinden konnte, blieb es länger aus und ließ sich mitunter tagelang nicht wieder sehen.« Dagegen durchstreifen nun fortwährend andere Weibchen dasselbe Gebiet, und so erntet dieser wie jener Kukuk, wenn auch nicht von jedem, so doch von irgend einem Weibchen heißbegehrter Minne Lohn. Auch auf gesellige Freuden braucht er nicht gänzlich zu verzichten. Denn Abends spät, wenn das Roth im Westen schon beinahe verglommen, findet im günstigen Falle ein Weibchen in seinem Gebiete sich ein, fliegt verstohlen bis in die Nähe des Baumes, von welchem er seinen Abendgruß herabruft, und läßt ihn, unerwartet laut und verheißend aufschreiend, ein erfreuliches Morgen erhoffen. Diese Ungebundenheit und Unstätigkeit des Weibchens erklärt nach meinem Dafürhalten gewisse bis jetzt noch räthselhafte Vorkommnisse beim Legen der Eier auf das einfachste und befriedigendste.

Unter den mir bekannten Verwandten ist der Kukuk der flüchtigste, unruhigste und lebhafteste. Er ist in Bewegung vom Morgen bis zum Abend, in Skandinavien sogar während des größten Theiles der Nacht. Es übte einen eigenthümlichen Eindruck auf mich, bei meinen nächtlichen Jagden den Kukuksruf noch nach elf Uhr abends und schon vor ein Uhr morgens zu vernehmen. Während seiner Streifereien frißt er beständig; denn er ist ebenso gefräßig als bewegungs- und schreilustig. Mit leichtem und zierlichem Fluge, welcher dem eines Falken ähnelt, ihn an Schnelligkeit jedoch nicht erreicht, nicht einmal mit dem einer Turteltaube zu wetteifern vermag, kommt er angeflogen, läßt sich auf einem Aste nieder und sieht sich nach Nahrung um. Hat er eine Beute erspäht, so eilt er mit ein paar geschickten Schwenkungen zu ihr hin, nimmt sie auf und kehrt auf denselben Ast zurück oder fliegt auf einen anderen Baum und wiederholt hier dasselbe. In Skandinavien sitzt er besonders gern auf den Geländern, welche die Wege von den Feldern abgrenzen, treibt sich überhaupt viel mehr in der Nähe der Ortschaften umher als bei uns. Übrigens ist der Kukuk nur im Fliegen geschickt, in allem übrigen täppisch. Obwohl dem Namen nach ein Klettervogel, vermag er in dieser Beziehung durchaus nichts zu leisten, ist aber auch im Gehen ein Stümper ohne gleichen, überhaupt nur hüpfend im Stande, auf flachem Boden sich zu bewegen. Gewandter zeigt er sich im Gezweige, obschon er auch hier einen einmal gewählten Sitz nur ungern und dann meist fliegend verläßt. Im Frühlinge versäumt er nie, nach dem Aufbäumen viele Male nacheinander seinen lauten Ruf erschallen zu lassen, und wenn die Liebe in ihm sich regt, treibt er so argen Mißbrauch mit seiner Stimme, daß er zuletzt buchstäblich heiser wird. Fast in allen Sprachen ist sein Name ein Klangbild dieses Rufes, so wenig richtig letzterer in der Regel auch wiedergegeben wird. Wie vielen anderen Vogelstimmen fehlen dem Kukuksrufe Mitlauter gänzlich, und wenn wir solche zu hören vermeinen, fügen wir sie den Selbstlautern zu. Der Ruf lautet nicht »Kukuk«, sondern in Wirklichkeit »u-uh«. Da nun aber das erste »U« schärfer ausgestoßen wird als das zweite, glauben wir »gu« zu vernehmen, ebenso wie wir das zweite gedehntere »U« zu Anfang und zu Ende durch einen G- oder K-Laut vervollständigen, obgleich derselbe nicht vorhanden ist. Wer wie ich jeden schreienden Kukuk durch Nachahmung seiner Stimme herbeiruft, weiß sehr genau, daß auf den Ruf »Kukuk« kein einziger kommt. Naumann sagt, daß man den Kukuksruf auf der Flöte durch die Töne Fis und D der mittleren Oktave täuschend nachahmen kann: ich habe die beiden Töne mir vorspielen lassen und muß zugestehen, daß sie dem Rufe ähneln, finde jedoch, daß die Klangfarbe der Flöte eine ganz andere ist als die des Kukuksrufes und bezweifle sehr, daß ein Kukuk durch letztere herbeigelockt werden würde oder könnte. Mit Bestimmtheit darf ich behaupten, daß der Ruf auf dem Klaviere sich nicht wiedergeben läßt und ebensowenig durch unsere Kukuksuhren richtig ausgedrückt wird, so zweckentsprechend auch erscheint, zwei verschiedene Pfeifen zu verwenden. Im Anfange seines Hierseins ruft der Kukuk selten eifrig; das wahre Feuer lodert erst dann auf, wenn er bereits die Freuden der Liebe gekostet hat. Während seiner Begattungszeit, welche freilich kaum länger währt, als er schreit, ruft er nicht allein nach dem Aufbäumen, sondern auch während des Fluges, in den Morgen- und Abendstunden wie unmittelbar vor oder nach Regen am eifrigsten, aber auch sonst zu allen Stunden des Tages, und bestimmt läßt er sich hören, wenn er durch Nachahmung seiner Stimme hierzu angereizt wird. Während er ruft, senkt er die etwas ausgebreiteten Flügel und hebt dafür den Schwanz ein wenig über die wagerechte Linie empor, bläst die Kehle auf, stößt sein »Gu-guh« aus und wendet sich nun, während er es funfzehn, zwanzig, dreißig, vierzig, selbst sechzig Mal nacheinander hören läßt, auf dem Aste hin und her, dreht sich in der Regel auch mehrmals um und schreit so seinen Ruf und Namen in alle Richtungen der Windrose hinaus. Wird er durch einen Nebenbuhler besonders erregt, so verdoppelt er den ersten, höheren Laut, und der ganze Ruf lautet dann nach gewöhnlicher Schreibweise »Guguguh«. Wird er während des Schreiens durch kleine Vögel geneckt, stößt namentlich einer von diesen auf ihn, während er sich blähend auf einem Aste sitzt, so bricht er im Schreien plötzlich ab und unterdrückt regelmäßig die letzte Silbe. Kommt ein Weibchen in Sicht, so wiederholt er den dreifachen Ruf zweimal oder verdoppelt, also viermal, nacheinander und fügt ihm dann fast unwandelbar heisere Laute bei, welche man durch die Silben »Quawawa« oder »Haghaghaghag« übertragen hat, in Wirklichkeit aber weder wiedergeben noch auch nachahmen kann. Ärgert er sich über einen Nebenbuhler, den er zunächst noch nicht sehen kann, so läßt er unmittelbar vor oder nach dem Aufbäumen einen ähnlichen, aber einzeln ausgestoßenen, obschon zwei- bis viermal wiederholten heiser würgenden Laut vernehmen, welcher mit dem Knarren eines Teichfrosches verglichen und durch »Quorr« oder »Quorrg« übertragen werden mag. Wird ihm das Necken des Kleingeflügels zu arg, und hilft das Beißen nach demselben nicht mehr, so vernimmt man endlich noch ein heiseres, ungefähr wie »Särrr« klingendes Zischen, welches er namentlich im Fluge ausstößt. Vorherrschend bleibt immer das »Gu-guh«. Es folgt bei längerem Schreien binnen fünf Sekunden viermal, selten aber öfter als zwanzig- bis dreißigmal unmittelbar nacheinander; denn in jedem längeren Satze treten kurze Stillstände ein, welche eine bis anderthalb Sekunden länger währen, als der gewöhnliche Zeitraum zwischen dem Verklingen des einen und dem Anheben des anderen Rufes beträgt. Nach dem ersten einleitenden Theile des ganzen Satzes tritt solche, dem unachtsamen Hörer vielleicht kaum merkliche Pause ein, wahrscheinlich nur, um einen Augenblick lang zu lauschen, ob ein anderer Gauch dem Rufe antwortet; hierauf folgt oft ein von dem nächsten ebensoweit geschiedener Ruf, manchmal auch noch einer; und nunmehr erst beginnt der zweite Theil des Satzes, welcher in der angegebenen Weise mehrmals unterbrochen werden kann, bis endlich der stattgefundene Aufwand an Kraft längere Ruhe erheischt.

Man hat den Kukuk als einen höchst unfriedfertigen Vogel verschrieen: ich kann dieser Ansicht jedoch nicht beistimmen. In Kampf und Streit liegt er nur mit anderen seiner Art: die ganze übrige Vogelwelt läßt ihn gleichgültig, insofern es sich nicht darum handelt, ihrer Angriffe sich zu erwehren oder einem Ziehvogel sein Ei aufzubürden. Gefangene, welche man unter Kleingeflügel hält, vertragen sich mit allen Genossen vortrefflich und denken nicht daran, mit ihnen zu streiten oder zu hadern. Aber freilich ein männlicher Kukuk ist dem anderen ein Dorn im Auge. So brutfaul der Vogel, so verliebt ist er. Obgleich er Entgegenkommen findet, scheint ihn die Liebe doch geradezu von Sinnen zu bringen. Er ist buchstäblich toll, so lange die Paarungszeit währt, schreit unablässig so, daß die Stimme überschnappt, durchjagt unaufhörlich sein Gebiet und sieht in jedem anderen einen Nebenbuhler, den hassenswerthesten aller Gegner.

Demjenigen, welcher den Gauch wirklich beobachtet hat, wird kein Zweifel aufstoßen, daß zwischen zwei männlichen Kukuken, welche sich gegenseitig hören, die ausgesprochenste Nebenbuhlerschaft besteht und bei jeder Gelegenheit zur Äußerung gelangt. Jeder Kukuk, welcher bis dahin harmlos seinen wohltönenden Namen in die Welt schrie, geräth in Aufregung, sobald er einen wirklichen oder vermeintlichen Nebenbuhler rufen hört. Lebhafter werden in solchem Augenblicke seine Bewegungen; ununterbrochen folgen sich die einzelnen Rufe eines Satzes; spähenden Auges und lauschenden Ohres beugt der Vogel sich weiter vor als gewöhnlich, und bei jedem einzelnen Rufe wendet er sich zur Rechten und zur Linken, um sich über die Richtung, aus welcher der unwillkommene Laut ihm entgegenschallt, auf das genaueste zu vergewissern. Zunächst verläßt er seinen Platz noch nicht, scheint im Gegentheile abwarten zu wollen, ob jenes Herz von demselben Muthe beseelt sei wie das seinige, ruft noch einigemal in langer Folge und späht und lauscht von neuem. Erscheint der Nebenbuhler nicht, so entschließt er sich, ihn zu suchen. Geradezu bewunderungswürdig ist die Sicherheit, mit welcher er Richtung und Entfernung zu bestimmen vermag. Wenn ich bei meinen Neckereien den Platz verändere, erscheint der Kukuk, dessen Eifersucht ich erregte, mit aller Bestimmtheit auf derselben Stelle, von welcher ihm der erste Ruf entgegentönte, und dennoch kommt er fast niemals in gerader Richtung, sondern regelmäßig in einem weiten Bogen an, welchen er offenbar zu dem Zwecke unternimmt, um des vermeintlichen Nebenbuhlers ansichtig zu werden. Hier nun setzt er sich von neuem nieder und ruft lauter und eifriger als zuvor. Gewahrt er keinen anderen Kukuk, so folgen auf die klangvollen Laute die einzelnen heiseren, ein untrügliches Zeichen seines Ärgers. Einmal erregt, folgt er dem vermeintlichen Nebenbuhler ein bis zwei Kilometer weit nach oder verweilt halbe Stunden lang in seiner Nähe. Naht sich, durch dieselbe Täuschung betrogen, ein zweiter Kukuk, so beginnt augenblicklich der Kampf. Mit vollstem Rechte sagt Naumann, daß der Kukuk kein anderes Männchen in seinem Bezirke oder in der

Nähe seines Weibchens dulde und mit grimmigen Bissen fortzujagen suche. Letzteres habe ich allerdings nicht gesehen, sondern immer nur bemerkt, daß die beiden Nebenbuhler einander in raschem Fluge verfolgen und dabei ab und zu aufeinander stoßen, hierauf wiederum sich niederlassen, von neuem zu rufen beginnen und nochmals eine ähnliche Verfolgung aufnehmen.

Der Ruf des Kukuks hat, wie meine Beobachtungen bestimmt mich annehmen lassen, zunächst den Zweck, das Weibchen anzulocken. Daß dieses sich herbeiziehen läßt, glaube ich unzählige Male ermittelt zu haben. Fliegt es in dringenden Geschäften durch das Gebiet eines Männchens, so achtet es scheinbar nicht im geringsten auf dessen Liebesseufzer, sondern schleicht sich durch das Gezweige, von einem Baume, einem Busche zum anderen sich wendend; hat es dagegen sein Ei glücklich untergebracht, und zieht es auf Liebesabenteuer aus, so antwortet es, in unmittelbare Nähe des rufenden Männchens gelangt, indem es seinen eigenthümlichen, volltönenden, kichernden oder lachenden Lockruf zu hören gibt. Dieser besteht aus den äußerst rasch auf einander folgenden Lauten »Jikikickick«, welche auch wohl wie »Quickwickwick« in unser Ohr klingen, einem harten Triller ähneln und durch ein nur in der Nähe hörbares, sehr leises Knarren eingeleitet werden. Der Ruf ist verlockend, verheißend, im voraus gewährend, seine Wirkung auf das Männchen eine geradezu zauberische. Augenblicklich verläßt es seinen Sitz, ruft »Guguh, guguguh, guguguh«, verdoppelt auch wohl diesen Ausdruck höchster Erregung, fügt ihm das »Quawawawa« hinzu und jagt hinter dem Weibchen her. Dieses wiederholt die Einladung, der verliebte Gauch antwortet wiederum, alle in Hörweite schreienden Männchen fliegen ebenfalls herbei, und eine tolle Jagd beginnt. Nicht allzu selten folgen einem Weibchen zwei, drei, selbst vier Männchen nach. Jenes feuert die Bewerber durch nochmaliges Kichern an und versetzt sie schließlich in Liebesraserei. Unter vielfachen Schwenkungen fliegt es zwischen Baumkronen und Gebüschen dahin, ein oder das andere Männchen unmittelbar hinter ihm drein, das zweite in wechselndem Abstande diesem nach, jedes voll Begierde, der nächste und voraussichtlich glücklichste Bewerber zu werden. Jedes einzelne vergißt des solchen Hochzeitszug neckend begleitenden Kleingeflügels, vergißt selbst des sonst üblichen Zweikampfes oder stößt doch nur ein und das andere Mal, gleichsam gelegentlich, auf den verhaßten Nebenbuhler; jedes bestrebt sich, ja keine Zeit zu verlieren. Das Weibchen ist nicht minder erregt als sein Gefolge, der eifrigste Liebhaber ihm auch sicherlich der willkommenste, sein scheinbares Sprödethun nichts anderes als das Bestreben, noch mehr anzufeuern. Willig und widerstandslos gibt es sich jedem Männchen hin; Schranken der Ehe kennt es eben nicht.

Die Begattung wird in der Regel auf einem dürren Baumwipfel oder einem sonstigen geeigneten freien und erhabenen Platze, in den Steppen Turkestans selbst auf ebenem Boden vollzogen, niemals ohne viel Lärmen, verdoppeltes Rufen und Ki-

CUCULINAE
Cuculus canorus

chern. Daß ein Männchen das andere hierbei stören sollte, habe ich bisher nicht beobachtet; das Männchen hat hierzu auch keine Veranlassung.

Erscheint das Weibchen spät abends auf dem Schlafplatze eines Männchens, so versetzt es, da es wohl nie versäumt, sich zu melden, den Gauch auch jetzt noch in Liebesrausch. Für heute aber verbleibt es beiderseitig beim Wünschen und Begehren. Weder der Kukuk noch das Weibchen verlassen nach Beginn der Dämmerung den gewählten Ruhesitz, ebensowenig als sie morgens vor eingetretener Helle umherfliegen. Auf geschehene Meldung der Buhlin antwortet er in üblicher Weise, sie wiederum in der ihrigen, und so währt das Rufen und Kichern fort, bis der Ziegenmelker zu spinnen beginnt, manchmal noch länger. Dann endlich wird es still: beide haben sich wohl verständigt – für morgen.

Wer bezweifelt, daß der Gauch in Vielehigkeit lebt, braucht bloß solche Schlafplätze wiederholt zu besuchen. Heute vernimmt man die Stimme des Weibchens, die heiße Werbung des Männchens, morgen nur noch den Ruf des letzteren: jenes beglückt dann vielleicht den Nachbar, vielleicht einen ganz anderen Werber. Deshalb gerade ist es so schwierig, ein klares Bild des tollen Liebeslebens unseres Kukuks zu gewinnen. Ich habe ihn während eines Menschenalters beobachtet, eine Wahrnehmung an die andere gefügt, ihn viel hundertmal herbeigerufen, mich noch in diesem Frühlinge halbe Wochen lang so gut als ausschließlich mit ihm beschäftigt und doch nur einen Theil seines Lebens zu erforschen vermocht.

Schon den Alten war bekannt, daß der Kukuk seine Eier in fremde Nester legt. »Das Bebrüten des Kukukseies und das Aufziehen des aus ihm hervorkommenden Jungen«, sagt Aristoteles, »wird von demjenigen Vogel besorgt, in dessen Nest das Ei gelegt wurde. Der Pflegevater wirft sogar, wie man sagt, seine eigenen Jungen aus dem Neste und läßt sie verhungern, während der junge Kukuk heranwächst. Andere erzählen, daß er seine Jungen tödte, um den Kukuk damit zu füttern; denn dieser sei in der Jugend so schön, daß seine Stiefmutter ihre eigenen Jungen deshalb verachte. Das meiste von dem hier erwähnten wollen Augenzeugen gesehen haben; nur in der Angabe, wie die Jungen des brütenden Vogels umkommen, stimmen nicht alle überein: denn die einen sagen, der alte Kukuk kehre zurück und fresse die Jungen des gastfreundlichen Vogels, die anderen behaupten, weil der junge Kukuk seine Stiefgeschwister an Größe übertreffe, so schnappe er ihnen alles weg, und sie müßten deshalb Hungers sterben; andere wieder meinen, er, als der stärkere, fresse sie auf. Der Kukuk thut gewiß gut daran, daß er seine Kinder so unterbringt; denn er ist sich bewußt, wie feige er ist, und daß er sie doch nicht vertheidigen kann. So feig ist er, daß alle kleinen Vögel sich ein Vergnügen daraus machen, ihn zu zwicken und zu jagen«. Wir werden sehen, daß an dieser Schilderung sehr viel wahres ist; ich will aber auch sogleich eingestehen, daß wir noch heutigen Tages keineswegs vollkommen unterrichtet sind. Daß ich auf Annahmen, Muthmaßungen, Folgerungen, Zweckmäßigkeitslehren und dergleichen, mit denen jede Naturgeschichte des Kukuks oder jede vogelkundige Zeitschrift überhaupt überfüllt ist, nicht eingehe, werden meine Leser begreiflich finden.

Wenn wir nun auch das Warum des Nichtbrütens noch nicht erkannt haben, so steht doch die Thatsächlichkeit desselben so unwiderleglich fest, daß man nur im höchsten Grade erstaunt sein kann, immer und immer noch die Meinung des Gegentheils aussprechen zu hören. Geradezu unbegreiflich mußte es erscheinen, noch neuerdings und zwar in einem unserer verbreitetsten Blätter von der Hand Adolf Müllers, eines keineswegs unerfahrenen Beobachters, zu lesen, daß ein Kukuk auf seinem Neste brütend gefunden worden sei. Nur eine Verwechselung dieses Vogels mit dem Nachtschatten erklärt einen so gröblichen Irrthum.

Das thatsächliche, d. h. durch Beobachtung festgestellte hinsichtlich des Fortpflanzungsgeschäftes unseres Vogels ist folgendes: Der Kukuk übergibt seine Eier einer großen Anzahl verschiedenartiger Singvögel zum Ausbrüten. Schon gegenwärtig kennen wir ungefähr siebzig verschiedene Pflegeeltern; es unterliegt aber keinem Zweifel, daß sich diese Kunde bei genauerer Durchforschung des gesammten Verbreitungsgebietes dieses merkwürdigen Vogels noch wesentlich erweitern wird.

Die Eier des Kukuks sind im Verhältnisse zur Größe des Vogels außerordentlich klein, kaum größer als die des Haussperlings, in frischem Zustande haben sie meist eine mehr oder weniger lebhafte gelbgrüne Grundfärbung, violettgraue oder mattgrünliche Unterflecke und braune, scharf begrenzte Pünktchen, sind aber bald größer, bald kleiner, überhaupt veränderlich gestaltet und so verschiedenartig gefärbt und gezeichnet wie bei keinem anderen Vogel, dessen Brutgeschäft man kennt. Jede, selbst die auffallendste Färbung der Eier ähnelt aber mehr oder weniger der Eifärbung derjenigen Vögel, in deren Nester jene gelegt werden, und deshalb ist je nach den verschiedenen Örtlichkeiten bald diese, bald jene Färbung vorherrschend. Jedes Weibchen legt nur ein Ei in dasselbe Nest und zwar in der Regel bloß dann, wenn sich bereits Eier des Pflegers in ihm befinden. Wahrscheinlich legt es auch bloß in die Nester ein und derselben Art und höchstens im Nothfalle in die anderer Vögel. Diese Thatsache hat zuerst Baldamus aufgeklärt und begründet, und ich habe sie deshalb auch fast mit seinen eigenen Worten gegeben.

Nach neuerlichen Beobachtungen trete ich den vorstehenden Sätzen im wesentlichen bei. Allerdings findet man in vielen Nestern Eier, welche von denen der Pflegeeltern abweichen, unter Umständen ihnen gar nicht ähnlich sind: sie rühren, wie ich annehmen zu dürfen glaube, von solchen Kukuksweibchen her, welche in ihrer Legenoth ein passendes Nest nicht zu finden vermochten und mit einem anderen vorlieb nehmen mußten. Vergleicht man die Eier nicht bloß mit denen sozusagen gezwungen gewählter Pflegeeltern, sondern mit denen aller kleinen Vögel überhaupt, welche in einer bestimmten Gegend zur Aufzucht der Jungen erwählt werden, so findet man sicher die Ähnlichkeit der Eier des Kukuks und irgend eines anderen Ziehvogels heraus. Dies hat schon vor nunmehr zwölf Jahren Päßler ausgesprochen. Auf seine reichen Erfahrungen gestützt, glaubt Päßler, daß das zuerst gelegte Ei eines Kukuks den Eiern der Nestinhaber ähnele, es jedoch, da das Kukuksweibchen in einem Jahre stets nur gleichgefärbte Eier hervorbringt, allerdings geschehen möge, daß es für dieselben nicht immer die passenden Pflegeeltern findet und somit auch in Nester von solchen Vögeln lege, deren Eier mit den seinigen nicht übereinstimmen. Daß ein und dasselbe Kukuksweibchen so viel als immer möglich die Nester einer Ziehvogelart erwählt, unterliegt kaum einem Zweifel, und es erscheint mindestens höchst wahrscheinlich, daß es solche aufsucht, in denen es selbst erwachsen ist. »Die Weibchen«, bemerkt Walter, »haben sich ihre Kinderstube von oben und unten, innen und außen betrachtet, als sie schon flugfähig waren und doch noch acht Tage im wohnlichen Neste blieben, haben auch ihre Pflegeeltern kennen und von anderen Vögeln unterscheiden gelernt. Denn in der letzten Woche ihres Verweilens im Neste hatte sich ihr Geist ebenso kräftig entwickelt wie ihr Körper, und diejenigen, welche beispielsweise glücklich einem Zaunkönigsneste entschlüpften, haben gewiß nicht Ursache, im nächsten Jahre einem anderen Vogel ihr Ei zu übergeben. Denn das wohnliche Häuschen des Zaunkönigs hatte sie sicher geschützt vor Sturm und Hagel, als zu Anfange des Juni das Unwetter losbrach, welches die ganze Umgegend verwüstete. Gegen den anprallenden Hagel zeigte sich das Häuschen bombenfest. Einer Bombe nicht unähnlich stand es am anderen Morgen da, als ich ringsum die Nester anderer Vögel vom Hagel zerschlagen, vom Sturme zerrissen auffand, und mein jüngst entdeckter junger Kukuk schaute äußerst vergnügt aus dem runden Fenster seiner Wohnung heraus.« Anderweitige Beobachtungen des genannten Berichterstatters lassen darauf schließen, daß dasselbe mehr oder weniger für alle übrigen Vögel gilt. Ein und derselbe Kukuk scheint also genau zwischen verschiedenen Nestern zu unterscheiden, und gerade dies läßt die vorstehend gegebene Annahme glaublich erscheinen. Meine Beobachtungen über das Durchstreifen verschiedener Gebiete seitens eines Kukuksweibchens lassen den Schluß zu, daß dasselbe hauptsächlich aus dem Grunde ein so wesentlich von dem der Männchen verschiedenes, umherschweifendes Leben führt, um in jeder Beziehung passende Nester aufzusuchen. Sind die Bedingungen für die Fortpflanzung des Kukuks besonders günstige, finden auf einer und derselben Örtlichkeit viele Pflegeeltern der gleichen Art Nahrung und Herberge: so wird man bemerken, daß die Kukukseier im großen und ganzen in überraschender Weise sich ähneln. Und dennoch darf man mit aller Bestimmtheit behaupten, jedes Brutgebiet werde von vielen Kukuksweibchen durchstreift.

Noch bevor das Ei legereif geworden ist, fliegt das Weibchen aus, um Nester zu suchen. Hierbei wird es vom Männchen nicht begleitet; denn letzteres scheint sich überhaupt um seine Nachkommenschaft nicht zu bekümmern. Das Nestersuchen geschieht auf sehr verschiedene Weise, entweder während das Weibchen fliegt oder indem es in den Büschen umherklettert oder endlich indem es den Vogel, welchem es die Ehre der Pflegeelternschaft zugedacht hat, beim Nestbaue beobachtet. »Zweimal in diesem, einmal im vorigen Jahre«, erzählt Walter, »konnte ich das Kukuksweibchen beim Nestersuchen belauschen. Das erste Mal sah ich, versteckt am Wasser stehend, einen Kukuk vom jenseitigen Ufer vorüberkommen und diesseits in einer nicht hohen Schwarzpappel aufbäumen. Von dort flog er bald darauf in einen nächsten Weidenstrauch, schon im Fluge von einem Schilfsänger heftig verfolgt, so heftig, daß er durch seitliche Schwenkungen dem stoßähnlichen Anfliegen des Schilfsängers auszuweichen suchte. Mit Vergnügen sah ich den kecken Angriffen des kleinen Sängers zu, welcher auch nicht von seiner Verfolgung abließ, als der Kukuk den ersten, dann den zweiten Strauch durchschlüpfte. Fünf Minuten später erhob sich der Kukuk und suchte das weite. Jetzt durchforschte ich sorgfältig den ersten, dann den zweiten Weidenbusch und fand in letzterem ein Nest des Uferschilfsängers mit zwei Eiern. Nachdem ich das Ergebnis an Ort und Stelle niedergeschrieben hatte, setzte ich meinen Weg fort und suchte am folgenden Tage um neun Uhr Vormittags dieselbe Stelle wieder auf. Es lagen nun im Neste zwei Schilfsängereier und ein Kukuksei, auf dem unmittelbar vor dem Neste herabhängenden Grase lag oder hing ein an einer Längsseite eingedrücktes, also offenbar vom Kukuk herausgeworfenes Schilfsängerei.« Im Gegensatze zu seiner sonstigen Scheu kommt dieser bei dieser Gelegenheit sehr oft in unmittelbare Nähe der Wohnungen, ja selbst in das Innere der Gebäude, z. B. in Schuppen und Scheuern. Die Zeit des Legens ist nicht bestimmt. In den meisten Fällen mag sie allerdings in die Vormittagsstunden fallen; doch liegen auch bestimmte Beobachtungen vor, daß Kukuksweibchen erst des Nachmittags und gegen Abend ihre Eier absetzten. Erlaubt es der Standort oder die Bauart des Nestes, so setzt sich das legende Weibchen auf das Nest, ist dies nicht der Fall, so legt es sein Ei auf die Erde, nimmt es in den Schnabel und trägt es in diesem zu Neste. Für die letztere Angabe liegen verschiedene, unter sich im wesentlichen übereinstimmende Beobachtungen vor. Adolf Müller hat mit bewaffnetem Auge deutlich gesehen, wie ein Kukuk in der Nähe eines Bachstelzennestes unter absonderlichem Gebaren, Nicken des Kopfes und Schlagen der Flügel und des Schwanzes auf einer kleinen Stelle umhertrippelte, mit einem Male zu zittern begann, die etwas ausgebreiteten Flügel senkte, eine Weile in niedergedrückter Stellung verharrte, sodann das währenddem gelegte Ei mit weit geöffnetem Schnabel bei etwas schief zu Boden geneigter Lage des Kopfes aufnahm und mit ähnlichen Kopfbewegungen wie zuvor dem Neste der Pflegeeltern zutrug. Nachdem die Alte das Ei gelegt hat, behält sie das Nest noch im Auge, kehrt wiederholt zu demselben zurück, und wirft Eier und selbst Junge, niemals aber ihre eigenen, aus dem Neste. Walter stellt diese Angaben in Abrede. »Der Kukuk«, sagt Baldamus, »ist als ein

Nesträuber verschrieen, welcher nicht nur die Eier aus dem Neste wirft, sondern auch gelegentlich eines oder das andere verschlingt. Geht man der Sache auf den Grund, dann ist er gar nicht der Barbar, welcher er zu sein scheint. Er macht es nicht anders als die übrigen Vögel. Jeder Vogel dreht sich beim Nestbau im Kreise herum, um Unebenheiten niederzudrücken und das Nest zu runden, und thut dies noch kurz vor dem Legen. Ebenso verfährt der Kukuk. Die im Neste liegenden fremden Eier sind für ihn nur Unebenheiten, welche nicht in sein Nest gehören. Er dreht sich also darin im Kreise mit angedrücktem Leibe herum und wirft durch dieses Drehen die Eier heraus oder drückt sie in den Boden des Nestes, vorausgesetzt, daß er sich in letzterem überhaupt drehen kann. Geht dies nicht, so entfernt er die Eier mit dem Schnabel, ebenso wie andere Vögel das nicht ins Nest gehörige mit dem Schnabel herausnehmen würden. Nun zerbrechen die Eier der kleinen Vögel sehr leicht, und wenn dies dem Kukuk schon mit seinen eigenen Eiern beim Hineintragen ins Nest geschieht, so kommt dies noch leichter mit den zerbrechlichen, fremden Eiern vor, welche er ja überdies nicht zu schonen hat. Zerbricht ihm ein Ei, und kommt der Inhalt ihm in den Schnabel, so schluckt er es auch wohl hinunter.« Baldamus ist der Ansicht, daß das Weibchen unseres Schmarotzers nicht täglich ein Ei des Pflegers aus dem Neste entfernt, dies mindestens nicht absichtlich thut; wohl aber, meint er, mag es infolge der steten Beunruhigung durch die Nesteigenthümer geschehen, daß ein oder einige Eier der letzteren verletzt und dann doch von dem Kukuksweibchen aus dem Neste geworfen werden. Bliebe ein zerbrochenes Ei im Neste zurück, so würde dies jedenfalls verlassen werden.

Bekundet sich nun schon hierein eine gewisse Fürsorge des Kukukweibchens seiner Nachkommenschaft gegenüber, so wird solche durch bestimmte Beobachtungen von Baldamus geradezu bewiesen. Wie dieser Naturforscher bereits in seinen »Vogelmärchen«, einem überaus anmuthenden Büchlein, erzählt hat, sind es namentlich zwei neuerdings gewonnene Beobachtungen, auf welche er dabei sich beruft. Gegen Ende Juni, abends sechs Uhr, befand sich Baldamus in der Nähe von Halle am linken Ufer der Saale, als er, durch eine alte Kopfweide gedeckt, vom rechten Ufer her, dicht über dem Wasser dahinfliegend, einen Kukuk nach dem dort steileren Lehmufer streichen und hier sich niederlassen sah. Baldamus merkte genau die Stelle, schlich sich hinter dem Ufergebüsch heran, beugte sich vorsichtig über und sah nun den Kukuk mit gesträubtem Gefieder und geschlossenen Augen, offenbar in schweren Wehen, dicht vor ihm auf einem Neste sitzen. Nach einigen Minuten glättete sich das Gefieder, der Vogel öffnete seine Augen, erblickte unmittelbar über sich ein Paar andere, erhob sich, strich nach dem jenseitigen Ufer zurück und verschwand im Ufergebüsche. In dem fertiggebauten Bachstelzenneste aber lag das noch ganz warme, durchsichtige, dem der Nesteigenthümer täuschend ähnliche Kukuksei. Nach kurzem Überlegen, ob das Ei zu behalten oder die äußerst günstige Gelegenheit zu weiteren Beobachtungen wahrzunehmen sei, siegte die letztere Erwägung. Baldamus legte das schöne Ei ins Nest zurück, verbarg sich so, daß er letzteres im Auge behielt und sah zu seiner Freude schon nach wenigen Minuten den Kukuk zurückkehren, das Ei mit dem Schnabel aus dem Neste nehmen und es auf das rechte Ufer hinübertragen.

Nach solchen, jeden Zweifel ausschließenden Beobachtungen läßt sich die beregte Fürsorge der Kukuksmütter kaum noch bestreiten. Ob sie von dieser in allen Fällen geübt wird, ist eine andere Frage. So spricht es nicht für unbedingte Fürsorge des Vogels, daß er sein Ei in Nester legt, welche gar nicht zum Brüten bestimmt oder bereits verlassen worden sind. Fast alle mit Aufmerksamkeit beobachtenden Vogelkundigen haben Kukukseier in verlassenen oder unfertigen Nestern gefunden, so außer Liebe unter anderen auch Päßler in einem Neste des Steinschmätzers, welches von den Brutvögeln verlassen worden war, so Walter in den ganz unbrauchbaren, nur zum Schlafen bestimmten Nestern, welche sich der Zaunkönig außer seinen Brutnestern errichtet.

Die Fortpflanzung des Kukuks richtet sich wie das ganze Leben des Vogels nach dem Brutgeschäft der kleinen Vögel. Mit einiger Überraschung vernahm ich auf der Höhe des Riesengebirges noch Ende Juli den Kukuksruf, während derselbe sechs- oder achthundert Meter tiefer schon längst verklungen war. Aber oben auf der kahlen, nur mit Knieholz bedeckten Höhe beschäftigten sich die Wasserpieper noch mit ihrer zweiten Brut, und dies war Grund und Ursache genug für den Kukuk, der Höhe sich zuzuwenden, welche er in den Monaten vorher zwar nicht gänzlich gemieden, aber doch weit spärlicher besucht hatte als jetzt. Aus dieser Beobachtung wage ich zu folgern, daß der Kukuk erforderlichenfalls während seiner Legezeit wandert, um neue für ihn noch brauchbare Nester aufzusuchen.

»Zu bewundern ist«, sagt Bechstein, »mit welchem großen Vergnügen die Vögel eine Kukuksmutter sich ihrem Neste nahen sehen. Anstatt daß sie dort ihre Eier verlassen, wenn ein Mensch oder sonstiges Geschöpf ihrem Neste zu nahe kommt, oder vor Betrübnis wie todt zur Erde niederfallen, so sind sie hier im Gegentheile ganz außer sich vor Freude. Das kleine Zaunkönigsmütterchen z. B., welches über seinen eigenen Eiern brütet, fliegt sogleich von denselben herab, wenn der Kukuk bei seinem Neste ankommt, und macht ihm Platz, damit er sein Ei um so bequemer einschieben könne. Es hüpft unterdessen um ihn herum und bewirkt durch sein frohes Locken, daß das Männchen auch herbeikommt und Theil an der Ehre und Freiheit nimmt, welche ihm dieser große Vogel macht.« An einer anderen Stelle fügt Bechstein vorstehendem noch folgendes hinzu. »Man könnte das Geschrei der kleinen Vögel, welches sie hören lassen, wenn sie einen Kukuk gewahr werden, nach dem, was ich alles von dem zwischen den eigentlichen Eltern, Pflegeeltern und ihm zur Erhaltung seiner Nachkommenschaft so unentbehrlichen Vögeln obwaltenden guten Einvernehmen gehört habe, vielmehr als ein Freudengeschrei betrachten, welches diese Vögel von sich geben. Vielleicht wollen sie ihn gar herbeilocken, um ihnen auch ein Junges zur Erziehung anzuvertrauen. Wer die Sprache der Vögel versteht, wird vielleicht diese Anmerkung begründeter und richtiger finden, als wenn man diese Töne für ein Angstgeschrei ausgeben wollte, welches die Täuschung hervorbrächte, weil sie den Kukuk wegen seiner Sperberschwingen und seines Sperberfluges beim ersten Anblick für einen Sperber hielten, welcher diesen kleinen Vögeln so fürchterlich ist.« Das klingt wunderschön, ist aber leider nicht wahr. Alle Vögel, denen die zweifelhafte Ehre zugedacht wird, Kukuke groß zu ziehen, bekunden im Gegentheile in nicht mißzudeutender Weise ihre Angst vor dem ihnen drohenden Unheile und bemühen sich nach allen Kräften, den Kukuk abzuwehren. Sie kennen den Gauch sehr wohl und irren sich in der Beurtheilung desselben durchaus nicht. Kein einziger von ihnen verwechselt ihn mit dem Sperber. Dies wird bei einigermaßen eingehender und vorurtheilsfreier Beobachtung auch dem blöderen und ungeübteren Auge ersichtlich. So gerne kleine Vögel Falken necken, mit so deutlichen Angst- und Lärmrufen einzelne von ihnen selbst den Sperber verfolgen, so verschieden benehmen sie sich hierbei im Vergleiche zu ihren Angriffen auf den Kukuk. Wie ich unzählige Male beobachtet habe, verfolgen sie den letzteren keineswegs bloß, wenn er fliegt, sondern auch dann, wenn er ruhig auf seinem Baume sitzt und ruft. Sie erscheinen, unzweifelhaft herbeigezogen durch den ihnen wohlbekannten Ruf, und stoßen fliegend auf den sitzenden herab, halten sich sogar, wie sie wohl Eulen, niemals aber Falken gegenüber thun, mit schwirrenden Flügelschlägen oder rüttelnd neben ihm in der Luft und führen so ihre Angriffe aus. Dies geschieht, im Vollbewußtsein der Sicherheit, mit so viel Keckheit und Ausdauer, daß der Kukuk nicht allein durch sie im Schreien gestört und gezwungen wird, seinen Ruf abzubrechen, sondern förmlich sich vertheidigen muß. Er thut dies, indem er unter Ausstoßung des beschriebenen heiseren, wie »Särr« klingenden Lautes nach ihnen beißt; seine Abwehr wird aber selten durch den erwünschten Erfolg gekrönt. Denn immer von neuem stoßen die kleinen Vögel auf den unwillkommenen Gesellen herab, und zuletzt zwingen sie ihn doch, seinen Standort zu verlassen, worauf dann die Jagd erst recht beginnt. Nähert sich der Kukuk aber einem Neste, so bekunden die Besitzer desselben durch Geschrei und Geberden, welche von niemand mißverstanden werden können, wie sehr besorgt sie sind um ihre gefährdete Brut. Der Kukuk liebt es auch gar nicht, in Gegenwart der Pflegeeltern sein Ei in deren Nest zu legen. Er kommt an »wie ein Dieb in der Nacht«, verrichtet sein Geschäft und fliegt eilig davon, sobald es vollendet. Auffallend bleibt es, daß dieselben Vögel, denen jede Störung ihres Nestes verhaßt ist, und welche infolge einer solchen aufhören zu brüten, das Kukuksei nicht aus dem Neste werfen, sondern im Brüten fortfahren. Sie hassen die Kukuksmutter, entziehen deren Ei oder Brut ihre Pflege aber nicht.

Der junge Kukuk entschlüpft dem Eie in einem äußerst hülflosen Zustande, »macht sich aber«, wie Naumann sagt, »an dem unförmlich dicken Kopfe mit den großen Augäpfeln sehr kenntlich. Er wächst anfangs schnell, und wenn erst Stoppeln aus der schwärzlichen Haut hervorkeimen, sieht er in der That häßlich aus. Mir wurde einige Male erzählt, daß man im zufälligen Vorübergehen und bei flüchtigem Ansehen geglaubt habe, es säße eine große Kröte im Neste.« Ein junger Kukuk, welchen Päßler fand, war drei Tage später noch einmal so groß und mit blauschwarzen Kielen und Stoppeln bedeckt, aber noch blind. Am elften Tage füllte er das ganze Nest aus, ja Kopf und Hals, sowie der Steiß ragten über den Rand des Nestes hinweg. Die Augen waren geöffnet. Er zeigte braune Flügeldeckfedern, blauschwarze Kiele mit dergleichen kurzen Federchen; unter dem Bauche war er ganz kahl. Am sechzehnten war er ausgeflogen. Die Entwickelung verläuft, wie leicht erklärlich, nicht bei allen Kukuken in derselben Weise. Der eine sitzt längere, der andere kürzere Zeit im Neste und der eine sieht auch vielleicht häßlicher aus als der andere; im allgemeinen aber sind die vorstehenden Angaben Naumanns und Päßlers vollkommen richtig. So unbehülflich der eben ausgekrochene Vogel auch ist, so freßlustig zeigt er sich. Er beansprucht mehr Nahrung als die Pflegeeltern beschaffen können, und er schnappt dieselbe, wenn wirklich noch Stiefgeschwister im Neste sind, diesen vor dem Schnabel weg, wirft sie auch, wenn sie nicht verhungern oder nicht durch seine Mutter entfernt oder umgebracht werden, schließlich aus dem Neste heraus. Hieraus erklärt sich, daß man immer nur einen einzigen bereits einigermaßen erwachsenen Kukuk im Neste findet. Von der Thatsache, daß der Gauch seine Stiefgeschwister absichtlich oder doch wirklich aus dem Neste wirft, hat sich Friderich durch zweckentsprechende Versuche überzeugen können. Der erste Fall betraf einen fast nackten jungen Kukuk, welcher höchstens drei Tage alt war. Ihm gesellte der Beobachter, weil jener bereits allein im Neste saß, achttägige Kanarienvögel. Der junge Kobold ruhte fortan nicht eher, als bis er einen durch heftiges Umdrehen und Unterschieben des Kopfes auf seinen Rücken gebracht hatte, richtete sich dann schnell und kräftig hoch auf, bewegte sich rückwärts und warf damit den eingelegten jungen Kanarienvogel hinaus. Genau ebenso verfuhr er mit den anderen. Anstatt junger Vögel nahm Friderich auch zusammengeknitterte Papierballen, legte sie in das Nest und konnte beobachten, wie diese ebenfalls über den Rand desselben geschleudert wurden. Spätere Versuche mit etwas älteren Kukuken ergaben immer dasselbe. Walter wiederholte und vervollständigte Friderichs Versuche. Er legte ein Ei in das Zaunkönigsnest, in welchem ein junger Kukuk saß: es wurde jedoch zu seiner Verwunderung ebenso wenig herausgeworfen wie Papierkugeln, welche er später beifügte. Als der Kukuk sieben Tage alt war, gesellte ihm Walter einen mehrere Tage jüngeren, noch nackten Neuntödter. »Sogleich kehrte sich der Kukuk, welcher bisher den Kopf nach dem Neste gerichtet hatte, um, schob seinen hinteren Theil unter den des Würgers und warf ihn sicher und geschickt zum Loche hinaus.« Wiederholte Versuche ergaben, daß die ins Nest gelegten Eier unbeachtet blieben, junge Vögel dagegen mit derselben Rücksichtslosigkeit hinausgeworfen wurden. Werden wirklich einmal zwei Kukuke in einem Neste ausgebrütet, so erleidet der schwächere dasselbe Schicksal wie sonst die Stiefgeschwister. Man mag dieses Verfahren als vererbte Selbstsucht oder mindestens doch als einen zur Erhaltung des Kukuks nothwendigen Naturtrieb bezeichnen: das Wort thut hierbei nichts zur Sache.

Die Barmherzigkeit der kleinen Vögel, welche sich auch äußert, zeigt sich bei Auffütterung des Kukuks im hellsten Lichte. Mit rührendem Eifer tragen sie dem gefräßigen Unholde, welcher an Stelle der vernichteten eigenen Brut verblieb, Nahrung in Hülle und Fülle zu, bringen ihm Käferchen, Fliegen, Schnecken, Räupchen, Würmer und plagen sich vom Morgen bis zum Abend, ohne ihm den Mund zu stopfen und sein ewiges heiseres »Zis zisis« verstummen zu machen. Auch nach dem Ausfliegen folgen sie ihm noch tagelang; denn er achtet ihrer Führung nicht, sondern fliegt nach seinem Belieben umher, und die treuen Pfleger gehen ihm nach. Zuweilen kommt es vor, daß er nicht im Stande ist, sich durch die enge Öffnung einer Baumhöhlung zu drängen; dann verweilen seine Pflegeeltern ihm zu Gefallen selbst bis in den Spätherbst und füttern ihn ununterbrochen. Man hat Bachstelzenweibchen beobachtet, welche noch ihre Pfleglinge fütterten, als schon alle Artgenossen die Wanderung nach dem Süden angetreten hatten. So weit aber, wie Bechstein es ausdehnt, geht es doch nicht. »Wenn er ausgeflogen ist, setzt er sich auf einen nahe stehenden Baum, streckt sich einige Male aus, zieht die Federn durch den Schnabel und läßt seine rauhe, schnarrende Stimme zum ersten Male hören. Sobald das rauhe, kreischende ›Girrke‹ nur einige Male in der Gegend erschollen ist, so kommen alle kleinen Vögel zusammengeflogen, das Rothkehlchen, die Grasmücke, der Weidenzeisig, die Bastardnachtigall, die Braunelle, schwärmen um ihn herum, begrüßen ihn, besehen ihn von allen Seiten, freuen sich über ihn und tragen ihm alsbald aus allen Kräften zu. Er kann nicht genug den Schnabel öffnen, so häufig wird ihm Futter gebracht. Es ist ein großes Vergnügen zu sehen, wie jeder Vogel vor dem anderen den Vorzug haben will, gegen diesen unbekannten gefällig zu sein, und sowie er nun von einem Baume zum anderen verzieht, um sich im Fluge zu üben, so ziehen auch diese Vögel nach und ernähren ihn so lange, bis er ihrer Unterstützung entbehren kann.« Leider ist diese Behauptung Bechsteins nicht wahr. Mein Vater setzte einen jungen Kukuk, als er recht hungrig war, auf das Hausdach. Es liefen Bachstelzen und Hausrothschwänze auf dem Dache herum: sie besahen ihn, brachten ihm aber nichts zu fressen. Ein anderer junger Kukuk wurde auf demselben Dache ausgesetzt und spärlich gefüttert, so daß er immer schrie. Aber kein Sänger, keine Bachstelze erbarmte sich seiner. »Um meiner Sache gewiß zu werden«, sagt mein Vater, »nahm ich ihn von meinem Dache herab und trug ihn hinaus in ein Thal, wo es in dem Gebüsche viele Sänger giebt. Hier setzte ich ihn auf einen Baumast, ohne ihn anzubinden; denn er konnte nur wenig fliegen. Ich wartete lange, während der Kukuk aus vollem Halse schrie. Endlich kam ein Laubsänger, welcher nicht weit davon Junge hatte, mit einem Kerbthiere im Schnabel, flog auf den Kukuk zu, besah ihn – und brachte das Futter seinen Jungen. Ein anderer Sänger näherte sich ihm nicht.« Schade um die hübschen Geschichten von Bechstein!

Junge, dem Neste entnommene Kukuke lassen sich leicht auffüttern, nehmen auch mit jeder geeigneten Nahrung vorlieb und verlangen nur eine genügende Menge derselben. Angenehme Stubenvögel aber sind sie nicht. Ihre Gefräßigkeit verleidet dem Pfleger alle Freude an ihnen. In frühester Jugend dem Neste entnommene Vögel werden sehr bald zahm, ältere wehren sich aus Angst gegen den ihnen nahenden Menschen, erheben die Flügel wie Raubvögel und beißen auch wohl mit dem Schnabel nach der Nahrung spendenden Hand. Bechstein und nach ihm andere Beobachter bezeichnen deshalb den jungen Kukuk als einen sehr boshaften Vogel, thun ihm hierin jedoch entschiedenes Unrecht an. Meine Gefangenen lebten mit Papageien, Kernbeißern, Kardinälen, Alpen- und Kalenderlerchen usw. zusammen, haben aber, so weit wir erfahren konnten, nicht einen einzigen von ihnen behelligt. Bemerkenswerth ist, daß der gefangene Kukuk im Käfige nicht schreit. Von allen, welche ich pflegte, und es waren derer eine keineswegs unbeträchtliche Anzahl, ließ nicht ein einziger einen Laut vernehmen.

Der erwachsene Kukuk hat wenig Feinde. Seine Fluggewandtheit sichert ihn vor der Nachstellung der meisten Falken, und den kletternden Raubthieren entgeht er wahrscheinlich immer. Zu leiden hat er von den Neckereien des Kleingeflügels, und nicht allein von jenen Arten, denen er regelmäßig seine Brut anvertraut, sondern auch von anderen. In erster Reihe machen sich hier, wie zu erwarten, die muthigen Bachstelzen mit ihm zu schaffen. Alle drei bei uns einheimische Arten verfolgen ihn in der angegebenen Weise, sowie er sich sehen läßt. Außer ihnen habe ich den Pirol, unsere Würger, den großen Fliegenfänger, Laubsänger, die Bastardnachtigall und endlich Grasmücken auf ihn stoßen sehen. Nach Walters Beobachtungen behelligt ihn selbst der Grünspecht und jedenfalls viel ernstlicher als die vorher genannten Vögel. Der stürmische Flieger holt den flüchtenden Kukuk bald ein und ängstigt ihn so, daß er zuletzt vor Angst kaum weiß, was er beginnen soll. Abgesehen von solchen Gegnern und verschiedenen ihn plagenden Schmarotzern hat der ausgewachsene Kukuk von den fluggewandten Raubvögeln zu leiden, jedoch weniger, als man von vorn herein annehmen möchte. Dagegen ist er, so lange er sich noch im Neste befindet, vielen Feinden ausgesetzt. Füchse, Katzen, Marder, Wiesel, Mäuse, Raben, Heher und andere Nestplünderer entdecken den großen Gesellen noch leichter als die rechtmäßige Brut eines solchen Nestes und nehmen ihn als gute Beute mit. Auch der Mensch gesellt sich hier und da aus Unkenntnis und Wahn zu den genannten

Feinden. Nach der Auffassung des Volkes verwandelt sich der Kukuk im Winter in einen Sperber, und solchen zu vertilgen erscheint eher als Verdienst denn als Vergehen. Erst wenn der Gauch glücklich dem Neste entronnen und selbständig geworden ist, führt er ein ziemlich gesichertes Dasein. Vor dem Menschen nimmt er sich jetzt in der Regel wohl in Acht, und dem, welcher seine Stimme nicht genau nachzuahmen versteht, wird es schwer, einen Kukuk zu berücken. Noch schwieriger ist es, einen erwachsenen Kukuk lebend in seine Gewalt zu bekommen. Mir ist keine einzige Fangart bekannt, welche sicher zum Ziele führt. Gleichwohl muß es solche geben; denn in Griechenland, woselbst man den Kukuk verspeist und als Leckerbissen betrachtet, bringt man gegen Ende des Juli fette Vögel auf den Markt, welche wahrscheinlich doch gefangen wurden.

Ich thue recht, wenn ich den Kukuk der allgemeinsten Schonung empfehle. Er darf dem Walde nicht fehlen, denn er trägt nicht bloß zu dessen Belebung, sondern auch zu dessen Erhaltung bei. Das Gefühl will uns glauben machen, daß der Frühling erst mit dem Kukuksrufe im Walde einzieht; der Verstand sagt uns, daß dieser klangvolle Ruf noch eine ganz andere, wichtigere Bedeutung hat. »Welches Menschenherz, wenn es nicht in schmählichster Selbstsucht verschrumpft ist«, sagt Eugen von Homeyer, »fühlt sich nicht gehoben, wenn der erste Ruf des Kukuks im Frühlinge ertönt? Jung und alt, arm und reich lauschen mit gleichem Wohlbehagen seiner klangvollen Stimme. Könnte man dem Kukuk auch nur nachsagen, der rechte Verkündiger des Frühlings zu sein, so wäre er dadurch allein des menschlichen Schutzes würdig. Er ist aber noch der wesentlichste Vertilger vieler schädlichen Kerbthiere, welche außer ihm keine oder wenige Feinde haben.« Der Kukuksruf bezeichnet den Einzug eines der treuesten unserer Waldhüter. Kerbthiere aller Art und nur ausnahmsweise Beeren bilden die Nahrung des Vogels. »Wie verschiedene andere Kerbthierfresser läßt er die Raupen unter fortwährendem Beißen sehr geschickt vorwärts und rückwärts quer durch den Schnabel laufen, um den Bissen bequemer schlucken zu können. Größere Raupen schleudert er in so eigenthümlicher Art, daß man die Bewegung dabei auf den ersten Blick hin steif und unbeholfen nennen möchte. Diese Art ist aber durchaus zweckmäßig. Er streckt den Kopf wagerecht weit vor, faßt die Raupe am Ende und schlägt sie nicht etwa gegen den Boden oder den Ast, auf welchem er sitzt, sondern führt Lufthiebe mit ihr, indem er mit dem Schnabel eine Linie beschreibt, die genau der entspricht, welche die Hand beim Rechts- und Linksklatschen mit der Peitsche beschreibt. Damit bezweckt er nicht allein vollständige Streckung und Tödtung der Raupe, sondern auch Beseitigung des wässerigen Inhaltes.« Trotz dieser sorgfältigen und zeitraubenden Zubereitung frißt er verhältnismäßig viel und wird dadurch sehr nützlich. Sein unersättlicher Magen gereicht dem Walde zur Wohlthat, seine Gefräßigkeit ihm selbst zur größten Zierde, mindestens in den Augen des verständigen Forstmannes. Wer im

Sommer in einem vom Raupenfraße heimgesuchten Walde verständig beobachtet, wird immer finden, daß die jetzt nicht mit der Fortpflanzung beschäftigten Kukuke von nah und fern herbeieilen, um an so reich gedeckter Tafel ihrer kaum zu stillenden Freßlust Genüge zu leisten. Wenn die Raupenpest einmal ausgebrochen ist, vermögen freilich auch die Kukuke ihr nicht mehr zu steuern; sie aber einzudämmen, zu mindern, vielleicht gar nicht zum Ausbruche gelangen zu lassen, das vermögen sie wohl. Und darum ist es die Pflicht jedes vernünftigen Menschen, dem Walde seinen Hüter, uns den Herold des Frühlings zu lassen, ihn zu schützen und zu pflegen, so viel wir dies im Stande sind, und blindem Wahne, daß dieser Vogel uns jemals Schaden bringen könnte, entgegenzutreten, wo, wann und gegen wen immer es sei.

# Der Zaunkönig

Unser Zaunkönig oder Schnee-, Winter-, Dorn-, Nessel-, Meisen- und Schlupfkönig, Zaunsänger, Zaunschlüpfer, Zaunschnerz, Thomas im Zaune (Troglodytes parvulus), vertritt würdig seine Familie. Das Gefieder der Oberseite ist auf rostbraunem oder rostgrauem Grunde mit dunkelbraunen Wellenlinien gezeichnet; die mittleren Flügeldeckfedern sind an der Spitze durch länglichrunde weiße, hinterwärts schwarz begrenzte Punkte geziert.

Man hat den Zaunkönig in allen Ländern Europas, vom nördlichen Skandinavien oder von Rußland an bis zur Südspitze Spaniens und Griechenlands und außerdem in Nordwest- und Mittelasien gefunden. In Deutschland gibt es keine Gegend, keinen Gau, in welchem er nicht beobachtet worden wäre, und an geeigneten Orten ist er überall häufig. Er bewohnt die verschiedensten Örtlichkeiten, am liebsten aber doch Thäler, deren Wände mit Gebüsch bedeckt sind, und in deren Grunde ein Wässerchen fließt. Nach Art seiner Familie kommt er bis in die Dörfer und selbst in die Gärten der Städte herein und siedelt sich in unmittelbarer Nähe der Wohnungen an, falls es hier dichte Gebüsche, Hecken oder wenigstens größere Hausen dürren Reisholzes gibt. Auf höheren Bäumen sieht man ihn selten, regelmäßig vielmehr nah am Boden das Gestrüpp durchkriechen, alle Winkel, Höhlungen durchspähen, meist über den Boden dahinhüpfen oder von einem Busche zum anderen fliegen, von Zeit zu Zeit aber auf einem höheren Punkte erscheinen und scheinbar mit Selbstbefriedigung sich zeigen. »An Munterkeit und froher Laune«, sagt Naumann, »an Geschicklichkeit und Schnelle im Durchschlüpfen des Gestrüppes und an einer gewissen Keckheit im Benehmen übertrifft der Zaunschlüpfer die meisten deutschen Vögel. Seine Keckheit ist jedoch ganz eigener Art; sie verschwindet bei dem geringsten Anscheine von Gefahr und verwandelt sich plötzlich in grenzenlose Furcht, kehrt aber bald wieder. Seine fröhliche Stimmung verläßt ihn selten. Immer hüpft er so keck einher, als wenn er an allem Überfluß hätte, selbst mitten im Winter, wenn es nicht allzusehr stürmt oder wenn die Sonne wenigstens dann und wann durch die Wolken bricht. Wenn sogar die treuesten aller Standvögel, unsere Sperlinge, unzufrieden mit strenger Kälte, ihr Gefieder sträuben und ihr trauriges Aussehen Mißmuth und großes Unbehagen verräth, so ist der Zaunschlüpfer doch noch fröhlich und singt sein Liedchen, als ob es bereits Frühling wäre.« Sein Wesen ist höchst anziehend. Er hüpft in geduckter Stellung überaus schnell über den Boden dahin, so daß man eher eine Maus als einen Vogel laufen zu sehen glaubt, kriecht mit staunenswerther Fertigkeit hurtig durch Ritzen und Löcher, welche jedem anderen unserer Vögel unzugänglich scheinen, wendet sich rastlos von einer Hecke, von einem Busche, von einem Reisighaufen zum anderen, untersucht alles und zeigt sich nur auf Augenblicke frei, dann aber in einer Stellung, welche ihm ein keckes Ansehen verleiht: die Brust gesenkt, das kurze Schwänzchen gerade empor gestelzt. Reizt etwas besonderes seine Aufmerksamkeit, so deutet er dies durch rasch nach einander wiederholte Bücklinge an und wirft den Schwanz noch höher auf als gewöhnlich. Fühlt er sich sicher, so benutzt er jeden freien Augenblick zum Singen oder wenigstens zum Locken; nur während der Mauser ist er stiller als gewöhnlich. Sobald aber sein Lied vollendet ist, beginnt das Durchschlüpfen und Durchkriechen der Umgebung von neuem. Zum Fliegen entschließt er sich nur, wenn es unbedingt nothwendig ist. Gewöhnlich streicht er mit zitternden Flügelschlägen ganz niedrig über dem Boden in gerader Linie dahin; beim Durchmessen größerer Entfernungen aber beschreibt er eine aus flachen, kurzen Bogen bestehende Schlangenlinie. Wie schwer ihm das Fliegen wird, bemerkt man deutlich, wenn man ihn im freien Felde verfolgt. Ein schnell laufender Mensch kann ihn, laut Naumann, so ermüden, daß er ihn mit den Händen zu fangen vermag. Der Zaunkönig ist sich seiner Schwäche im Fliegen übrigens so bewußt, daß er freiwillig niemals sein schützendes Gebüsch verläßt und selbst dann, wenn er nicht einmal weit von demselben entfernt ist, im Nothfalle lieber in eine Höhlung sich verkriecht als den gefährlichen Flug wagt. Die Stimme, welche man am häufigsten vernimmt, ist ein verschieden betontes »Zerr« oder »Zerz«, der Warnungsruf, auf welchen auch andere Vögel achten, eine Verlängerung dieser Laute oder auch wohl ein oft wiederholtes »Zeck zeck zeck.« Der vortreffliche und höchst angenehme Gesang besteht »aus vielen, anmuthig abwechselnden, hellpfeifenden Tönen, welche sich in der Mitte der eben nicht kurzen Weise zu einem klangvollen, gegen das Ende im Tone sinkenden Triller gestalten«; letzterer wird oft auch gegen das Ende des Gesanges wiederholt und bildet dadurch gewissermaßen den Schluß des ganzen. Die Töne sind so stark und voll, daß man erstaunt, wie ein so kleiner Vogel sie hervorbringen kann. In den Wintermonaten macht dieser Gesang einen außerordentlichen Eindruck auf das Gemüth des Menschen. Die ganze Natur still und todt, die Bäume entlaubt, die Erde unter Schnee und Eis begraben, alle anderen Vögel schweigsam und verdrießlich, nur er, der kleinste fast, heiter und wohlgemuth und immer das eine Lied im Munde: »Es muß doch Frühling werden« – das ungefähr sind die Gedanken, welche jedem kommen müssen, selbst dem erbärmlichsten, trokkensten Philister, der nie begreifen will, daß auch eine dichterische Anschauung der

Troglodytes troglodytes
TROGLODYTIDAE

Natur berechtigt ist. Wem im Winter beim Lied des Zaunkönigs das Herz nicht aufgeht in der Brust, ist ein trauriger, freudloser Mensch!

Kerbthiere in allerlei Zuständen ihres Lebens, Spinnen und anderes Kleingethier, im Herbste auch mancherlei Beeren bilden die Nahrung des Zaunkönigs. Im Sommer ist seine Tafel reichlich beschickt; denn er weiß überall etwas zu finden, auch da, wo andere Vögel, wie es scheint, vergeblich suchen; im Winter hingegen mag er wohl manchmal Noth leiden. Man sagt ihm nach, daß er in Island den Bauern beschwerlich falle, die Schornsteine besuche und von dem Rauchfleische nasche; diese Angabe Olafsens ist jedoch sicherlich gänzlich aus der Luft gegriffen. Daß er im Winter in die Häuser kommt, unterliegt keinem Zweifel; es geschieht aber gewiß nicht des Fleisches, sondern der hier schlafenden Fliegen wegen. Hat er einmal ein Schlupfloch erspäht, welches ihm Zutritt zu dem Inneren eines Gebäudes gestattet, so benutzt er es regelmäßig; denn er besitzt eine überaus große Ortskenntnis und weiß seinen Weg immer wieder zu finden.

Das Nest wird gebaut nach des Ortes Gelegenheit und deshalb außerordentlich verschiedenartig ausgeführt; auch der Standort wechselt vielfach ab. Bemerkenswerth ist, daß der Vogel zuweilen eine gewisse Örtlichkeit entschieden bevorzugt. So erzählt Trinthammer, daß ein im Gebirge lebender Zaunkönig mit den Köhlern oder Pechschmelzern wanderte, das heißt immer in der Hütte dieser Leute sich ansiedelte, und in ihr sein Nest baute, gleichviel ob die Hütte an derselben Stelle, wie im vorigen Jahre, oder an einem anderen Orte errichtet wurde. Die Köhler kannten den Vogel sehr genau: sie wußten, daß es der ihre war; denn er bekundete dies durch sein Benehmen. Ebenso muß bemerkt werden, daß der Zaunkönig Nester baut, welche nur als Schlafstellen, nicht aber zum Brüten dienen. Sie aber sind stets kleiner als die Brutnester, meist nur aus Moos errichtet und innen nicht mit Federn ausgefüttert. Boenigk hat einen Zaunkönig vom April an bis zum August beobachtet und das erfahrene sehr ausführlich, in wenig Worte zusammengedrängt, wie folgt, beschrieben: Ein Männchen baut viermal ein fast vollkommenes Nest, bevor es ihm gelingt, eine Gefährtin zu finden. Nachdem es endlich sich gepaart hat, müssen beide Gatten, verfolgt von Mißgeschick, dreimal bauen, ehe sie zum Eierlegen gelangen können, und als nun das Weibchen, erschreckt durch sein Unglück, flieht, vielleicht um sich einen anderen Gatten zu suchen, müht sich das verlassene Männchen noch mehrere Wochen ab und baut in dieser Zeit nochmals zwei Wohnungen fertig, welche es nicht benutzt. Dieses Einzelnarbeiten eines Zaunkönigs scheint mit einer anderen Eigenthümlichkeit des Vogels zusammenzuhängen. Durch Beobachtungen von Ogilby ist es nämlich festgestellt, daß die Zaunkönige sehr gern in ihren alten Nestern Nachtruhe halten und zwar nicht bloß einer oder ein Pärchen, sondern die ganze Familie. Dasselbe hat, nach Päßler, ein Bauer in Anhalt erfahren, welcher an einem Winterabende in den Viehstall geht, um in einem der dort hängenden Schwalbennester einen Sperling zu fangen, aber die ganze Hand voll Vögel bekommt und zu seiner Verwunderung fünf Zaunkönige erkennt, welche sich in Eintracht des Nestes als Schlafstätte bedient hatten; genau dasselbe hat auch Schacht beobachtet. Unter regelmäßigen Verhältnissen brütet das Zaunkönigspaar zweimal im Jahre, das erstemal im April, das zweitemal im Juli. Das Gelege besteht aus verhältnismäßig großen, rundlichen Eiern, welche auf rein- oder gelblichweißem Grunde mit kleinen Pünktchen von rothbrauner oder blutrother Farbe, am dicken Ende oft kranzartig gezeichnet sind. Beide Eltern brüten abwechselnd dreizehn Tage lang, füttern gemeinschaftlich die Jungen groß. Diese bleiben lange im Neste, halten, wenn sie schon ausgeflogen sind, noch geraume Zeit zusammen, besuchen auch wahrscheinlich allnächtlich ihre Kinderwiege wieder, um in ihr zu schlafen.

Man fängt den Zaunkönig zufällig in Netzen, in Sprenkeln oder auf Leimruthen, gewöhnt ihn aber nicht leicht an die Gefangenschaft. Gelingt dies, so hat man seine wahre Freude an dem auch im Käfige außerordentlich anmuthigen Geschöpfe. Ein Zaunkönig, welchen Gourcy hielt, begann schon im November mit seinem Gesange und endete erst im Spätsommer, nach Eintritt der Mauser. Gefangene, welche ich pflegte oder bei anderen sah, haben mich wahrhaft entzückt.

Wir kennen die Gefahren, welche der Zaunkönig zu bestehen hat, nur zum geringsten Theile, nicht einmal seine Feinde alle; daß er ihrer aber viele haben muß, unterliegt keinem Zweifel: denn er müßte, wäre dies nicht der Fall, ungleich häufiger sein, als er es ist.

# *Der wilde Kanarienvogel*

Der wilde Kanarienvogel, welcher auch in seiner Heimat von Spaniern und Portugiesen »Canario« genannt wird (Serinus canarius), ist merklich kleiner und gewöhnlich auch etwas schlanker, als derjenige, welcher in Europa gezähmt unterhalten wird. Seine Länge beträgt zwölf bis dreizehn Centimeter, die Fittiglänge zweiundsiebzig, die Schwanzlänge sechzig Millimeter. Beim alten Männchen ist der Rücken gelbgrün mit schwärzlichen Schaftstrichen und sehr breiten, hell aschgrauen Federrändern; Kopf und Nacken sind gelbgrün. Der Augenring ist dunkelbraun; Schnabel und Füße sind bräunlich fleischfarben. Bei dem Weibchen sind die Obertheile braungrau, die Stirnfedern grün, Brust und Kehle grünlich goldgelb, ihrer weißgrauen Federränder halber aber weniger schön als bei dem alten Männchen.

Die Nahrung besteht größtentheils, wenn nicht ausschließlich, aus Pflanzenstoffen, feinem Gesäme, zartem Grün und saftigen Früchten, namentlich Feigen. »Wasser ist für den Kanarienvogel gebieterisches Bedürfnis. Er fliegt oft, meist gesellig, zur Tränke und liebt das Baden, bei welchem er sich sehr naß macht, im wilden Zustande ebenso sehr als im zahmen.

Paarung und Nestbau erfolgen im März, meist erst in der zweiten Hälfte desselben. Für junge, noch schlanke Bäumchen scheint er besondere Vorliebe zu hegen und unter diesen wieder die immergrünen oder sehr früh sich belaubenden vorzüglich gern zu wählen. Der Birn- und der Granatbaum werden ihrer vielfachen und doch lichten Verästelung halber sehr häufig, der Orangenbaum seiner immer dunkeln Krone wegen schon seltener, der Feigenbaum, wie man versichert, niemals zur Brutstätte ausersehen. Das Nest wird sehr versteckt angebracht; doch ist es, namentlich in Gärten, vermöge des vielen Hin- und Herfliegens der Alten und ihres nicht großen Nistgebietes unschwer zu entdecken. Wir fanden das erste uns zu Gesicht gekommene in den letzten Tagen des März 1856 inmitten eines verwilderten Gartens der Villa Orotava, auf einem etwa vier Meter hohen Buchsbaume, welcher sich über einer Myrtenhecke erhob. Es stand, nur mit dem Boden auf den Ästen ruhend, in der Gabel einiger Zweige und war unten breit, oben sehr eng mit äußerst zierlicher Rundung, nett und regelmäßig gebaut, durchweg aus schneeweißer Pflanzenwolle zusammengesetzt und nur mit wenigen dürren Hälmchen durchwebt. Das erste Ei wurde am dreißigsten März, dann täglich eines hinzu gelegt, bis die Zahl von fünfen beisammen war, welches die regelmäßige Zahl des Geleges zu sein scheint, obwohl wir in anderen Fällen nur drei bis vier Eier, nie aber mehr als fünf, in einem Neste gefunden haben.

Die Eier sind blaß meergrün und mit röthlichbraunen Flecken besäet, selten einfarbig. Sie gleichen denen des zahmen Vogels vollkommen. Ebenso hat die Brutzeit durch die Zähmung keine Veränderung erlitten; sie dauert beim wilden Kanarienvogel ebenfalls ungefähr dreizehn Tage. Die Jungen bleiben im Neste, bis sie vollständig befiedert sind, und werden noch eine Zeitlang nach dem Ausfliegen von beiden Eltern, namentlich aber vom Vater, aufs sorgsamste aus dem Kropfe gefüttert. Die Anzahl der Bruten, welche in einem Sommer gemacht werden, beträgt in der Regel vier, mitunter auch nur drei.«

Sämmtliche Nester, welche Bolle beobachtete, waren auf gleich saubere Weise aus Pflanzenwolle zusammengesetzt; in einzelnen fand sich kaum ein Grashalm oder Rindenstückchen zwischen der glänzenden Pflanzenwolle. »Das Männchen sitzt, während das Weibchen brütet, in dessen Nähe, am liebsten hoch auf noch unbelaubten Bäumen, im ersten Frühlinge gern auf Akazien, Platanen oder echten Kastanien, Baumarten, deren Blattknospen erst spät sich öffnen, oder auch auf dürren Zweigspitzen, wie sie die Wipfel der in Gärten und in der Nähe der Wohnungen so allgemein verbreiteten Orangen nicht selten aufzuweisen haben. Von solchen Standpunkten aus läßt es am liebsten und längsten seinen Gesang hören.

Es ist viel über den Werth des Gesanges geredet worden. Von einigen überschätzt und allzuhoch gepriesen, ist er von anderen einer sehr strengen Beurtheilung unterzogen worden. Man entfernt sich nicht von der Wahrheit, wenn man die Meinung ausspricht, die wilden Kanarienvögel sängen wie in Europa die zahmen. Der Schlag dieser letzteren ist durchaus kein Kunsterzeugnis, sondern im großen ganzen geblieben, was er ursprünglich war. Einzelne Theile des Gesanges hat die Erziehung umgestalten und zu glänzenderer Entwickelung bringen, andere der Naturzustand in größerer Frische und Reinheit bewahren mögen: das Gepräge beider Gesänge aber ist noch jetzt vollkommen übereinstimmend und beweist, daß, mag ein Volk auch seine Sprache verlieren können, eine Vogelart dieselbe durch alle Wandlungen äußerer Verhältnisse unversehrt hindurchträgt. So weit das unbefangene Urtheil. Das befangene wird bestochen durch die tausend Reize der Landschaft, durch den Zauber des Ungewöhnlichen. Was wir vernehmen, ist schön; aber es wird schöner noch und klangreicher dadurch, daß es nicht im staubigen Zimmer, sondern unter Gottes freiem Himmel erschallt, da, wo Rosen und Jasmin um die Cypresse ranken und die im Raume verschwimmenden Klangwellen das Harte von sich abstreifen, welches an dem meist in zu großer Nähe vernommenen Gesange des zahmen Vogels tadelnswerth erscheint. Und doch be-

*Serinus canaria*
CARDUELINAE

gnügt man sich nicht, mit dem Ohre zu hören; unvermerkt vernimmt man auch durch die Einbildungskraft, und so entstehen Urtheile, welche später bei anderen Enttäuschungen hervorrufen. So wenig wie alle Hänflinge und Nachtigallen oder alle zahmen Kanarienvögel gleich gute Schläger sind, darf man dies von den wilden fordern. Auch unter ihnen gibt es stärkere und schwächere; das aber ist unsere entschiedene Ansicht, die Nachtigallentöne oder sogenannten Rollen, jene zur Seele dringenden tiefen Brusttöne, haben wir nie schöner vortragen hören als von wilden Kanarienvögeln und einigen zahmen der Inseln, die bei jenen in der Lehre gewesen. Nie werden wir in dieser Hinsicht die Leistungen eines wundervoll hochgelben Männchens von Gran Canaria, welches wir als Geschenk eines Freundes eine Zeitlang besaßen, zu vergessen im Stande sein. Am meisten möge man sich hüten, den Naturgesang des Kanarienvogels nach dem oft stümperhaften sehr jung gefangener, welche im Käfige ohne guten Vorschläger aufwuchsen, zu beurtheilen.

Der Flug des Kanarienvogels gleicht dem des Hänflings. Er ist etwas wellenförmig und geht meist in mäßiger Höhe von Baum zu Baum, wobei, wenn der Vogel schwarmweise fliegt, die Glieder der Gesellschaft sich nicht dicht aneinander drängen, sondern jeder sich in einer kleinen Entfernung von seinem Nachbar hält und dabei einen abgebrochenen, oft wiederholten Lockruf hören läßt. Die Scharen, in welche sie sich außer der Paarungszeit zusammenthun, sind zahlreich, lösen sich aber den größten Theil des Jahres hindurch in kleinere Flüge auf, welche an geeigneten Orten ihrer Nahrung nachgehen und sehr häufig längere Zeit auf der Erde verweilen, vor Sonnenuntergang aber gern wieder sich zusammenschlagen und eine gemeinschaftliche Nachtherberge suchen.

Der Fang dieser Thierchen ist sehr leicht; zumal die Jungen gehen fast in jede Falle, sobald nur ein Lockvogel ihrer Art daneben steht: ein Beweis mehr für die große Geselligkeit der Art. Ich habe sie in Canaria sogar einzeln in Schlagnetzen, deren Lokker nur Hänflinge und Stieglitze waren, sich fangen sehen. Gewöhnlich bedient man sich, um ihrer habhaft zu werden, auf den Kanaren eines Schlagbauers, welcher aus zwei seitlichen Abtheilungen besteht, den eigentlichen Fallen mit aufstellbarem Trittholze, getrennt durch den mitten inne befindlichen Käfig, in welchem der Lockvogel sitzt. Dieser Fang wird in baumreichen Gegenden, wo Wasser in der Nähe ist, betrieben und ist in den frühen Morgenstunden am ergiebigsten. Er ist, wie wir aus eigener Anschauung wissen, ungemein anziehend, da er dem im Gebüsche versteckten Vogelsteller Gelegenheit gibt, die Kanarienvögel in größter Nähe zu beobachten und sich ihrer anmuthigen Bewegungen und Sitten ungesehen zu erfreuen. Wir haben auf diese Weise binnen wenigen Stunden sechzehn bis zwanzig Stück, eines nach dem anderen, fangen sehen; die Mehrzahl davon waren indeß noch unvermauserte Junge. Besäße man, was nicht der Fall ist, auf den Inseln ordentlich eingerichtete Vogelherde, so würde der Ertrag natürlich noch ein weit lohnenderer sein.

Wir haben Kanarienwildlinge genug in der Gefangenschaft beobachtet und mitunter deren ein bis anderthalb Dutzend auf einmal besessen. Der Preis junger, bereits ausgeflogener Vögel pflegt in Santa Cruz, wenn man mehrere auf einmal nimmt, etwa fünfundzwanzig Pfennige für das Stück zu betragen. Frisch gefangene alte Männchen werden mit einer Mark bezahlt. In Canaria sind, trotz der daselbst herrschenden größeren Billigkeit, die Preise um vieles höher, was allein schon hinreichen würde, ihre größere Seltenheit dort darzuthun. Es sind unruhige Vögel, welche längere Zeit brauchen, ehe sie ihre angeborene Wildheit ablegen, und sich, besonders in engen Käfigen zu mehreren zusammengesperrt, das Gefieder leicht zerstoßen. Sie schnäbeln sich sehr gern unter einander, und die jungen Männchen geben sich binnen kurzem durch fortgesetztes lautes Zwitschern zu erkennen. Kaum gibt es einen weichlicheren Körnerfresser. Man verliert die meisten an Krämpfen, deren zweiter oder dritter Anfall mit dem Tode zu endigen pflegt. Die wilden Hähnchen gehen mit großer Leichtigkeit Verbindungen mit der gezähmten Art ein und werden äußerst treue, liebevolle Gatten, welche nicht aufhören, die Dame ihres Herzens aufs zärtlichste zu füttern, meist sogar die Nacht auf dem Neste derselben sitzend zuzubringen. Sie bieten jedem anderen Vogel, welcher ihnen zu nahe kommt, die Spitze; ja ein älteres Männchen, dem beim Kampfe mit einem Grünlinge von diesem doppelt stärkeren Gegner der Beinknochen durchbissen worden war, hörte in diesem beklagenswerthen Zustande nicht auf, durch schmetternden Gesang seinem Widersacher aufs neue den Handschuh vor die Füße zu schleudern und konnte nur durch rasche Entfernung aus dem Gesellschaftsbauer gerettet werden. Die Mischlinge beider Arten heißen in Teneriffa Verdegais und werden besonders hoch geschätzt. Wir haben von einer hochgelben Mutter gefallene gesehen, die sich durch große Schönheit und ganz ungewöhnliche Zeichnung empfahlen. Sie waren am Oberleibe dunkelgrün, unten von der Kehle an rein goldgelb gefärbt. Diese Vögel galten für etwas außerordentliches und seltenes. In den Hecken, die auf den Kanaren von zahmen und wilden angelegt werden, befolgt man den Grundsatz, einem Männchen letzterer Art seiner großen Thatkraft wegen stets zwei Weibchen zu gesellen.«

Eine Schilderung des zum Hausthiere gewordenen Kanarienvogels muß ich an dieser Stelle versagen, darf dies wohl auch unbedenklich thun, da in den letzten Jahren so viel über Kanarienvögel, Kanarienzucht und Kanarienhandel geschrieben worden ist, daß ich meine Leser mit dem zum Überdrusse abgehandelten Gegenstande nicht behelligen will.

# *Unser Mauersegler*

Unser Mauer- oder Thurmsegler, Mauerhäkler, die Mauer-, Thurm-, Stein-, Geier-, Feuer- und Spyrschwalbe (Cypselus apus), erreicht eine Länge von achtzehn Centimeter; die Fittiglänge beträgt siebzehn, die Schwanzlänge acht Centimeter. Das Gefieder ist einfarbig rauchbraunschwarz mit schwarzgrünem Erzschimmer, welcher am stärksten auf Mantel und Schultern hervortritt. Kinn und Kehle werden durch einen rundlichen weißen Fleck geziert. Das Auge ist tief braun, der Schnabel schwarz.

Der Mauersegler ist es, welchen wir vom ersten Mai an bis zum August unter gellendem Geschrei durch die Straßen unserer Städte jagen oder die Spitzen alter Kirchthürme umfliegen sehen. Der Vogel ist weit verbreitet. Ich fand ihn von der Domkirche Drontheims an bis zu der von Malaga in allen Ländern Europas, welche ich kennen gelernt habe. Den Winter verbringt er in Afrika und Südindien. Erstgenannten Erdtheil durchstreift er vom Norden bis zum Süden. Er trifft mit merkwürdiger Regelmäßigkeit bei uns ein, gewöhnlich am ersten oder zweiten Mai, und verweilt hier bis zum ersten August. Diejenigen, welche man später sieht, sind solche, welche im hohen Norden brüteten, durch schlechtes Wetter in ihrem Brutgeschäft gestört wurden und ihrer noch unselbständigen Kinder wegen einige Tage länger im Lande ihrer Heimat verweilen mußten. Da, wo viele Mauersegler brüten, wird die Beobachtung über ihr Kommen und Gehen erklärlicherweise erschwert; da, wo das entgegengesetzte der Fall, kommt man eher ins klare. So konnte ich im Jahre 1877 feststellen, daß das einzige Pärchen, welches den Kirchthurm meines heimatlichen Dorfes bewohnt, bereits am sechsundzwanzigsten Juli verschwunden war. Von dieser Zeit an bis Mitte August wanderten andere Mauersegler einzeln, in Paaren und Familien durch, umkreisten den erwähnten Kirchthurm einige Male und verschwanden dann wieder. Im Inneren Afrikas kommt er schon wenige Tage nach seinem Wegzuge an: ich sah ihn am dritten August das Minaret der Moschee Chartums umfliegen. Sein Zug hat viel eigenthümliches.

Wie es scheint, wandern die Mauersegler stets in großen Gesellschaften. Sie kommen gemeinschaftlich an, und man sieht da, wo man Tags vorher nicht einen einzigen bemerkte, mit einem Male dutzende oder selbst hunderte, und ebenso verlassen sie eine Stadt gewöhnlich in einer und derselben Nacht. Nach Naumann sollen sie ihre Reise kurz vor Mitternacht antreten.

Ursprünglich wohl ausschließlich Felsenbewohner, hat sich der Mauersegler im Laufe der Zeit zu den Behausungen der Menschen gefunden und ist allgemach zu einem Stadt- und Dorfvogel geworden. Hohe und alte Gebäude, namentlich Thürme, wurden zuerst zu Wohnsitzen oder, was dasselbe, zu Brutstätten erkoren; als die hier vorhandenen Löcher nicht mehr ausreichten, sah sich der Vogel genöthigt, auch natürlichen oder künstlichen Baumhöhlungen sich zuzuwenden, und wurde so zum Waldbewohner. Er gehört zu der keineswegs unbeträchtlichen Anzahl von Vögeln, welche sich bei uns zu Lande stetig vermehren, leidet daher schon gegenwärtig an vielen Orten und selbst in ganzen Gegenden unseres Vaterlandes an Wohnungsnoth. Da, wo für ihn passende Felsen sich finden, bewohnt er nach wie vor solche und steigt im Gebirge bis zu ungefähr zweitausend Meter unbedingter Höhe empor.

Es wird auch dem Laien nicht schwer, unseren Mauersegler zu erkennen. Seine Bewegungen, sein Gebaren, Wesen und Treiben sind gänzlich verschieden von denen der Schwalben. Er ist, wie seine Verwandten, ein im höchsten Grade lebendiger, unruhiger, bewegungslustiger und flüchtiger Vogel. Sein Reich ist die Luft; in ihr verbringt er sozusagen sein ganzes Leben. Vom ersten Morgenschimmer an bis zum letzten Glühen des Abends jagt er in weiten Bogen auf und nieder, meist in bedeutenden Höhen, nur abends oder bei heftigem Regen in der Tiefe. Wie hoch er sich in der Ebene erheben mag, läßt sich nicht feststellen; wohl aber kann dies geschehen, wenn man ihn im Gebirge beobachtet. Von der Spitze des Montserrat und von dem Rücken des Riesengebirges aus sah ich ihn so weit in die Ebene hinausfliegen, als das bewaffnete Auge ihm folgen konnte. Hier wie dort also durcheilt er Luftschichten von mehr als tausend Meter unbedingter Höhe. Seine Flugzeit richtet sich nach der Tageslänge. Zur Zeit der Hochsonnenwende fliegt er von morgens drei Uhr zehn Minuten an spätestens bis abends acht Uhr funfzig Minuten, wie es scheint, ohne Unterbrechung umher. Jedenfalls sieht man ihn bei uns zu Lande auch über Mittag seinen Geschäften nachgehen; in südlichen Ländern dagegen soll er um diese Zeit sich in seinen Höhlen verbergen. So berichtet Bolle von den Kanarischen Inseln, woselbst der Mauersegler von zehn Uhr vormittags an verschwindet und bis nachmittags in seinen Löchern verweilt. Wir kennen keinen deutschen Vogel, welcher ihn im Fluge überträfe. Dieser kennzeichnet sich durch ebenso viel Kraft und Gewandtheit wie durch geradezu unermüdliche Ausdauer. Der Mauersegler versteht zwar nicht die zierlichen und raschen Schwenkungen der Schwalben nachzuahmen, aber er jagt dafür mit einer unübertrefflichen Schnelligkeit durch die Luft. Seine schmalen, sichelartigen Flügel werden zeitweilig mit so großer Kraft und Hurtigkeit bewegt, daß

APODIDAE
Apus apus

man nur ein undeutliches Bild von ihnen gewinnt. Dann aber breitet der Vogel dieselben plötzlich weit aus und schwimmt und schwebt nun ohne jegliche sichtbare Flügelbewegung prächtig dahin. Der Flug ist so wundervoll, daß man alle uns unangenehm erscheinenden Eigenschaften des Seglers darüber vergißt und immer und immer wieder mit Entzücken diesem schnellsten Flieger unseres Vaterlandes nachsieht. Jede Stellung ist ihm möglich. Er fliegt auf- oder abwärts mit gleicher Leichtigkeit, dreht und wendet sich leicht, beschreibt kurze Bogen mit derselben Sicherheit wie sehr flache, taucht jetzt seine Schwingen beinahe ins Wasser und verschwindet dem Auge wenige Sekunden später in ungemessener Höhe. Doch ist er nur in der Luft wirklich heimisch, auf dem Boden hingegen fremd. Man kann sich kaum ein unbehülflicheres Wesen denken als einen Segler, welcher am Fliegen verhindert ist und auf dem Boden sich bewegen soll. Von Gehen ist bei ihm keine Rede mehr; er vermag nicht einmal zu kriechen. Man hat behauptet, daß er unfähig sei, sich vom Boden zu erheben; dies ist aber, wie ich mich durch eigene Beobachtung genügend überzeugt habe, keineswegs der Fall. Legt man einen frisch gefangenen Segler platt auf den Boden nieder, so breitet er sofort seine Schwingen, schnellt sich durch einen kräftigen Schlag derselben in die Höhe und gebraucht sodann seine Flügel mit gewohnter Sicherheit. Übrigens weiß der Mauersegler seine Füße immer noch recht gut zu benutzen. Er häkelt sich geschickt an senkrechten Mauern oder Bretterwänden an und verwendet die scharf bekrallten Zehen außerdem zur Vertheidigung.

Der Segler ist ein Schreivogel, nicht aber ein Sänger, seine Stimme ein schneidender, gellender Laut, welcher durch die Silben »Spi spi« oder »Kri« wiedergegeben werden kann. Bei Erregung irgend welcher Art vernimmt man letzteren oft zum Überdruß, und wenn eine zahlreiche Gesellschaft durch die Straßen hindurchjagt, ist es manchmal kaum zum Aushalten. In ihren Schlaf- oder Nisthöhlen zwitschern Alte und Junge.

Über die höheren Fähigkeiten des Mauersegler ist wenig günstiges zu sagen. Unter den Sinnen steht das große Auge unzweifelhaft obenan; auch das Gehör kann vielleicht noch als entwickelt betrachtet werden; die übrigen Sinne scheinen stumpf zu sein. Das geistige Wesen stellt den Vogel tief. Er ist ein herrschsüchtiger, zänkischer, stürmischer und übermüthiger Gesell, welcher streng genommen mit keinem Geschöpfe, nicht einmal mit seinesgleichen, in Frieden lebt und unter Umständen anderen Thieren ohne Grund beschwerlich fällt. Um die Nistplätze zanken sich die Mauersegler unter lautem Geschrei oft tagelang. Aus Eifersucht packen sich zwei Männchen wüthend in der Luft, verkrallen sich fest in einander und wirbeln nun von oben bis zum Boden herab. Ihre Wuth ist aber so groß, daß sie hier häufig noch fortkämpfen und sich mit Händen greifen lassen. Meinem Vater wurden Mauersegler gebracht, welche todt aus der Luft herabgefallen waren. Bei der Untersuchung zeigte sich, daß ihnen während der nebenbuhlerischen Kämpfe die Brust vollständig zerfleischt worden war. Auch andere Vögel werden von dem Segler zuweilen angegriffen. So sah ihn Naumann ohne weitere Veranlassung einen Sperling, welcher sich Maikäferlarven vom frischen Acker aufgesucht hatte, verfolgen, nach Art eines kleinen Edelfalken wiederholt auf ihn stoßen und dem erschrockenen Spatz zusetzen, daß dieser zwischen den Beinen der Feldarbeiter Schutz suchte. Nur seinen Jungen gegenüber legt der Mauersegler zärtliche Gefühle an den Tag.

Der Nistort wird je nach den Umständen gewählt. In Deutschland sind es entweder Kirchthürme und andere hohe Gebäude in deren Mauerspalten, oder Baumhöhlungen der verschiedensten Art, seltener Erdhöhlungen in steilen Wänden, in denen unser Segler sein Nest anbringt. Regelmäßig vertreibt er Staare oder Sperlinge aus den für sie auf Bäume gehängten Nistkasten und ist dabei so rücksichtslos, daß er sich selbst von den brütenden Staaren- oder Sperlingsweibchen nicht abhalten läßt, sondern ihnen oder ihrer Brut sein weniges Geniste im buchstäblichen Sinne des Worts auf den Rücken wirft und sie so lange quält, bis sie das Nest verlassen. Findet er ernsteren Widerstand, so greift auch er zu seinen natürlichen Waffen und kämpft verzweifelt um eine Stätte für seine Brut. »Ein Staar«, schreibt mir Liebe, »welcher bei Vertheidigung seiner Burg gegen einen Mauersegler von diesem arg verletzt worden war und zuletzt, als der Garteneigenthümer ihm zu Hülfe kommen wollte, verendet in dem Kasten gefunden wurde, zeigte tiefe Risse in der Haut der Flügelbeuge und des Rückens, namentlich aber auch am Kopfe, wo sogar die Haut theilweise abgelöst war. Solche Wunden kann der Segler unmöglich mit seinem weichen, biegsamen Schnabel beibringen; sie lassen sich nur erklären, wenn man annimmt, daß sie mit ihren zwar kleinen, aber scharf bekrallten Füßen kämpfen, falls Schnabel und Flügel nicht mehr ausreichen wollen.« Kein Wunder, daß vor einem so ungestümen und gefährlichen Gegner selbst der kräftige Staar seine Brut im Stiche und dem Mauersegler überlassen muß. Dieser kümmert sich nicht im geringsten um die Klagen der betrübten Eltern, wirft aus der Luft gefangene Federn, Läppchen und anderen Kram auf die Eier oder bereits erbrüteten Jungen, zerdrückt theilweise die ersteren, erstickt die letzteren, überkleistert mit seinem Speichel Eier, Junge und Genist.

Herr Daumerlang schildert in einem an mich gerichteten Briefe, nach mehrjährigen Beobachtungen die Kämpfe des Seglers mit Staaren wie folgt. »Am Bodenfenster über meiner Arbeitsstube befindet sich ein Staarenkasten, welcher seiner günstigen Lage halber regelmäßig bewohnt wird, wenn nicht von Staaren, so doch von Sperlingen und während des Sommers von Mauerseglern. Den Sperlingen gegenüber bleiben die Staare immer Sieger, nicht so aber in ihren Kämpfen mit den Seglern. Letztere lassen sich durch nichts abschrecken, von dem Kasten, in welchem bei ihrer Ankunft das Staarenweibchen brütet, der Niststätte halber Besitz zu ergreifen. Ohne mein Dazwischentreten werden die brütenden Staare nach langen, heftigen Kämpfen jedesmal vertrieben. Das eindringende Weibchen läßt es sich, allen

Schnabelhieben seitens der Staare trotzend, nur angelegen sein, nach unten zu kommen, um sich im Neste festzusetzen. Dann werden die Staare vertrieben und deren Eier zerstört oder deren Junge mittels der außerordentlich scharfen Krallen getödtet.

Da ich den Mauerseglern, ihrer unermüdlich regen Lebenskraft halber, sehr zugethan bin, brachte ich für sie neben dem Staarkübel einen besonderen Nistkasten an, fand aber, daß derselbe nicht angenommen wurde, und zwar einzig und allein deshalb, weil er kein Nest enthielt. Denn nur um letzteres ist es ihnen zu thun.

Um nun die Segler zu verscheuchen, fing ich sie einzeln vom Staarkasten weg. Ich stellte mich dabei frei an das Fenster und nahm sie, wenn sie angeflogen waren, einfach mit der Hand vom Flugloche weg; denn diese stolzen Flieger kennen keine Gefahr und scheuen den Menschen nicht im geringsten. Manchmal fing ich im Laufe weniger Stunden vier bis sechs Stück; aber ebenso viele entgingen, weil sie sich nicht niederließen, meinen Nachstellungen. Um zu sehen, ob sie den Verlust ihrer Freiheit sich zur Warnung dienen ließen, sperrte ich sie einige Zeit ein und bestrich ihnen dann den Kopf oder die Flügel mit weißer Ölfarbe. Sie kümmerten sich deshalb nicht: so lange die jungen Staare nicht herangewachsen waren, wiederholten sie ihre Versuche, des Nestes sich zu bemächtigen. Um das zu verhindern, fertigte ich, nachdem mir die Geduld ausgegangen war, einen Kragen aus Pappe und stülpte ihn einem hartnäckig wiederkehrenden Weibchen über den Kopf. Bald aber war der Kragen abgestreift, und von neuem drang der Mauersegler in den Staarkübel ein. Daß das Staarenmännchen ihm tapferen Widerstand leistete, behelligte ihn nicht. Zweimal stürzte es sich mit solcher Wuth auf den Angreifer, daß beide sich an einander festkrallten und zum Boden herabwirbelten. Auch ich unterstützte den tapferen Vertheidiger seiner Familie, indem ich mit Sand nach den ankommenden Mauerseglern warf; allein unsere gemeinschaftlichen Anstrengungen blieben fruchtlos. Der Staar hatte meine wohlwollende Absicht bald erkannt und ließ sich durch den Sandhagel nicht verscheuchen: der Mauersegler achtete desselben ebenso wenig wie der Angriffe des Nesteigenthümers. Sobald dieser oder ich nicht auf der Hut waren, drang er, immer derselbe, unverkennbar gezeichnete, in das Innere des Nistkastens ein, während andere seiner Art sich begnügten, anzufliegen, an dem Flugloche sich anzuklammern, durch dasselbe in den Nistraum zu schauen und, wenn sie hier Junge erblickten, von weiteren Übergriffen abzustehen. Da die jungen Staare beinahe erwachsen waren, tödtete das zudringliche Seglerweibchen sie zwar nicht, suchte sie aber aus dem Neste zu drängen, und wenn dann die alten Staare dazu kamen, gab es neue Kämpfe. Zuletzt war ich zum äußersten entschlossen, fertigte einen neuen, noch größeren und wasserdichten Kragen an und stülpte ihn dem zudringlichen Geschöpfe zum zweiten Male über den Kopf. Was ich hätte voraussehen können, geschah: die Last war zu schwer und zog den Segler in die unmittelbar an meinem Hause vorüberfließende Pegnitz. Von mir so schnell als möglich aus dem Wasser gezogen, erholte sich der dem Ertrinken nahe Vogel bald und vollständig wieder, wurde in Freiheit gesetzt und kehrte nunmehr nicht zurück.

Die ungewöhnliche Hartnäckigkeit dieses einen Seglers erkläre ich mir dadurch, daß derselbe, nachdem er in früheren Jahren die Staare von Nest und Brut vertrieben und, von mir ungestört, seine Brut groß gezogen hatte, ein gewohntes Anrecht auf das Nest zu haben glaubte. Andere ließen sich leicht von mir verscheuchen, dieser eine erst nach tagelanger Gegenwehr. Ihm darf ich es auch wohl zur Last legen, daß seit elf Jahren kein Staarenpärchen zur zweiten Brut gelangte.«

Im Hochgebirge, woselbst er bis über den Waldgürtel und an schönen Sommertagen bis zum höchsten Gürtel aufsteigt, kümmert sich der Mauersegler weder um alte Gebäude noch um Baumhöhlungen, weil ihm hier zahllose Spalten und Ritzen höherer Felsenwände geeignete Nistplätze in beliebiger Menge bieten; er bevorzugt dann höchstens große, trockene Höhlen anderen, minder zweckdienlichen Brutstätten und bewohnt solche oft zu hunderten. Gleichgültig oder rücksichtslos anderen Vögeln gegenüber, drängt er sich ohne Bedenken in deren Mitte. Wenn ein Pärchen einmal eine Nisthöhle sich erworben hat, kehrt es alljährlich zu derselben zurück und vertheidigt sie hartnäckig gegen jeden anderen Vogel, welcher Besitz von ihr nehmen will. Die Wiege der Jungen besteht aus Halmen, Heufaden, dürren Blättern, Zeuglappen, Haaren und Federn, welche entweder aus Sperlingsnestern weggenommen oder bei heftigem Winde aus der Luft aufgeschnappt, seltener aber vom Boden oder von den Baumästen abgerissen, ohne Auswahl zusammengelegt, dann aber gänzlich mit dem kleberigen Speichel, welcher wie bei anderen Seglern an der Luft erhärtet, überzogen werden. Zwei, höchstens drei sehr lang gestreckte, fast walzenförmige und an beiden Enden ungefähr gleichmäßig zugerundete weiße Eier bilden das Gelege. Das Weibchen brütet allein und wird währenddem von dem Männchen gefüttert, jedoch nur, wenn das Wetter günstig ist; denn bei länger anhaltendem Regen kann dieses nicht so viel Atzung herbeischaffen, als zwei Mauersegler bedürfen, und das Weibchen sieht sich dann genöthigt, selbst nach Nahrung auszugehen. Die Jungen werden von beiden Eltern geatzt, wachsen aber sehr langsam heran und brauchen mehrere Wochen, bis sie flugbar sind. Man findet die Eier frühestens Ende Mai, die eben ausgekrochenen Jungen Mitte Juni oder Anfang Juli, die ausgeflogenen Jungen erst zu Ende des Monats.

Der Mauersegler ernährt sich von sehr kleinen Kerbthieren, über welche man aus dem Grunde schwer ins klare kommen kann, als ein erlegter Vogel seine gefangene Beute größtentheils bereits verdaut, mindestens bis zur Unkenntlichkeit zerdrückt hat. Jedenfalls müssen die Arten, welche seine hauptsächlichste Nahrung bilden, in sehr hohen Luftschichten und erst nach Eintritt entschieden günstiger Witterung fliegen. Denn nur so läßt sich das späte und nach den Örtlichkeiten verschiedene Kommen und Verweilen des Mauerseglers erklären. Auch er bedarf, wie alle Arten seiner Familie, eine sehr erhebliche Menge von Nahrung, um den außerordentlichen Verbrauch seiner Kräfte zu ersetzen. Einige Beobachter haben behauptet, daß er nicht trinke; diese Angabe ist jedoch falsch, wie ich, gestützt auf eigene Beobachtungen, versichern kann. Bäder nimmt er wahrscheinlich nur, wenn es regnet; in das Wasser taucht er sich nicht ein, wie Schwalben es thun. Seine fast ununterbrochene Thätigkeit erklärt sich einzig und allein durch seinen beständigen Heißhunger; gleichwohl kann er im Nothfalle erstaunlich lange fasten: gefangene Segler, welche ohne Nahrung gelassen wurden, sollen erst nach sechs Wochen dem Hungertode erlegen sein.

Alle Seglerarten haben wenig Feinde. Bei uns zu Lande jagt höchstens der Baumfalk dem nur fliegend sich zeigenden und im Fluge so überaus raschen Vogel nach. Auf seinen Winterreisen bedrohen ihn andere Falken derselben Familie. Die Jungen mögen zuweilen von den Siebenschläfern und anderen kletternden Nagethieren heimgesucht werden, jedoch vielleicht nur dann, wenn das Nest, wie erwähnt, in Staarkübeln oder in Baumhöhlen angelegt wurde. Der Mensch verfolgt ihn bei uns zu Lande erst, seitdem, oder nur da, wo er den Staaren lästig und gefährlich wird; jeder Verständige aber würde wohl thun, ihm, wie Liebe anräth, Wohnungen, flache Kästchen zu schaffen, um dadurch ihm und mittelbar den jetzt bedrohten Staaren Schutz zu gewähren. Im Süden Europas erleidet der nützliche Vogel ohnehin Verfolgungen der ungerechtfertigtsten Art. Wie Savy berichtet, gilt dort das Fleisch der Jungen als vortrefflich und ist deshalb sehr gesucht. Um nun diese Leckerei zu erlangen, bereitet man den sehr häufigen Mauerseglern eine bequeme Wohnung, indem man in hohen Wänden oder Thürmen Brutlöcher herstellt, welche man von innen untersuchen und bezüglich ausheben kann. Vor dem Flüggwerden wird dann die Brut bis auf ein Junges ausgenommen und geschlachtet, gebraten und verzehrt. Bei Carrara hat man der Mauersegler halber ein eigenes Brutthürmchen auf einem vorspringenden Felsen gebaut.

# *Unser Wanderfalk*

Unter allen Raubvögeln gebührt meiner Ansicht nach den Edelfalken, zu welchen wir den Wanderfalk zählen dürfen, die erste Stellung. Sie sind unter den Vögeln dasselbe, was die Katzen unter den Raubthieren: die vollendetsten aller Raubvögel überhaupt. »Ihre geistigen Eigenschaften«, so habe ich früher von ihnen gesagt, »gehen mit ihren leiblichen Begabungen Hand in Hand. Sie sind Räuber der schlimmsten Art; aber man verzeiht ihnen das Unheil, welches sie anrichten, weil ihr ganzes Leben und Wirken zur Bewunderung hinreißt. Stärke und Gewandtheit, Muth und Jagdlust, edler Anstand, ja, fast möchte man sagen, Adel der Gesinnung, sind Eigenschaften, welche niemals verkannt werden können.«

Die Edelfalken zeigen das Gepräge der Raubvögel am vollkommensten. Die Fänge sind verhältnismäßig die größten und stärksten, welche Raubvögel besitzen. Der Schenkel ist stark und muskelig. Alle Erdtheile und alle Gegenden beherbergen Edelfalken. Sie finden sich von der Küste des Meeres an bis zu den Spitzen der Hochgebirge hinauf, vorzugsweise in Waldungen, kaum minder häufig aber auf Felsen und alten Gebäuden, an menschenleeren Orten ebensowohl wie in volksbelebten Städten. Sämmtliche Edelfalken sind äußerst bewegungsfähige Thiere. Ihr Flug ist sehr ausgezeichnet, weil ungemein schnell, anhaltend und im hohen Grade gewandt. Der Falk durchmißt weite Strecken mit unglaublicher Raschheit und stürzt sich beim Angriffe zuweilen aus bedeutenden Höhen mit solcher Schnelligkeit zum Boden herab, daß das Auge nicht fähig ist, seine Gestalt aufzufassen. Bei den wahren Edelfalken besteht der Flug aus schnell auf einander folgenden Flügelschlägen, welche nur selten durch kurze Zeit währendes gleitendes Schweben unterbrochen werden. Die Morgen- und die Abendstunden bilden die Jagdzeit der Edelfalken. Während des Mittags sitzen sie gewöhnlich mit gefülltem Kropfe an einer erhabenen und ruhigen Stelle regungslos und still, mit gesträubtem Gefieder, einem Halbschlummer hingegeben, um zu verdauen. Sie schlafen ziemlich lange, gehen aber erst spät zur Ruhe; einzelne sieht man noch in der Dämmerung jagen.

Geselligkeit ist den Edelfalken zwar nicht fremd, aber doch durchaus kein Bedürfnis. Während des Sommers leben die meisten von ihnen paarweise in dem einmal er-

*Falco peregrinus*
FALCONIDAE

wählten Gebiete und dulden hier kein anderes Paar der gleichen Art, nicht einmal einen anderen Raubvogel. Während ihrer Reise scharen sie sich mit anderen derselben Art und mit Verwandten zusammen, und einzelne Arten bilden dann ziemlich bedeutende Schwärme, welche, wie es scheint, wochen- und monatelang zusammenhalten. Gegen Adler und Eulen zeigen aber auch diese Scharen denselben Haß, welchen die einzelnen in ihrer Heimat an den Tag legten. Keiner dieser stärkeren Raubgesellen bleibt unangefochten.

Der Horst der Edelfalken wird verschieden angelegt, am liebsten in passenden Höhlungen steiler Felswände, auf hohen Gebäuden und auf dem Wipfel der höchsten Waldbäume; doch horsten einzelne Arten da, wo es an Bäumen und Felsen mangelt, auch auf der bloßen Erde oder erwählen sich eine geräumige Baumhöhlung zu demselben Zwecke. Sehr gern nehmen sie auch die Nester anderer großen Vögel, namentlich der verschiedenen Raben, in Besitz. Besondere Mühe geben sie sich mit dem Nestbaue nicht. Der selbst zusammengetragene Horst ist regelmäßig flach und an der Stelle der Nestmulde nur ein wenig mit feineren Würzelchen ausgekleidet. Das Gelege besteht aus drei bis sieben Eiern von sehr übereinstimmendem Gepräge. Das Weibchen brütet allein und wird, so lange es auf den Eiern sitzt, vom Männchen ernährt, welches auch für die Unterhaltung der beschäftigten Gattin Sorge trägt, indem es angesichts derselben seine Flugkünste übt. Die Jungen werden von beiden Eltern aufgefüttert, mit großer Liebe behandelt und gegen Feinde, bis zu gewissen Grade auch gegen den Menschen, muthvoll vertheidigt und nach dem Ausfliegen sorgfältig unterrichtet.

Leider gehören die stärkeren Edelfalken zu den schädlichen Vögeln und können bei uns zu Lande deshalb nicht geduldet werden; nicht einmal alle kleineren Arten sind nützliche Thiere, welche Schonung verdienen. Außer den Menschen haben sie wenig Feinde, die schwächeren Arten, wenn sie erwachsen sind, solche wohl nur in den größeren Verwandten. Den Eiern und den Jungen mögen kletternde Raubsäugethiere zuweilen verderblich werden; doch ist dies nur eine Vermuthung, nicht durch Erfahrung bestätigte Thatsache.

Dagegen sind die Edelfalken seit altersgrauer Zeit von den Menschen benutzt worden und werden es in mehreren Ländern Asiens und Afrikas noch heutigen Tages. Sie sind die »Falken« unserer Dichter, diejenigen, welche zur Baize abgerichtet worden. Lenz hat alles hierauf bezügliche so übersichtlich und gedrungen zusammengestellt, daß ich nichts besseres zu thun weiß, als ihn anstatt meiner diesen Gegenstand besprechen zu lassen: »Die Kunst, Falken zur Baize abzurichten, ist uralt. Schon ums Jahr 400 vor Christus fand sie Ktesias bei den Indern. Ums Jahr 480 nach Christus verbreitete sich die Liebhaberei dafür schon so weit, daß Jagdfalken und Jagdhunde im Jahre 506 auf der Kirchenversammlung zu Agda den Geistlichen verboten wurden. Dieses Verbot half nichts und wurde ebenso vergeblich im Jahre

517 wiederholt. Kaiser Friedrich der Zweite war selbst der geschickteste und leidenschaftlichste Falkner seiner Zeit und schrieb ein Buch darüber und ums Jahr 1270 schrieb Demetrius in griechischer Sprache ein Buch über die Falknerei. Über die Begeisterung, mit welcher auch die Damen jener Zeit die Falknerei trieben, gibt ›De la Curne de Sainte-Palaye‹ (Paris 1759) Auskunft. Kaiser Karl der Fünfte übergab die Insel Malta den Johannitern unter der Bedingung zu Lehen, daß sie jährlich einen weißen Falken liefern sollten. Nachdem den Geistlichen die Falknerei endlich erfolgreich verboten war, behaupteten doch die Barone das Recht, ihre Falken während des Gottesdienstes auf den Altar zu setzen.«

»Landgraf Ludwig der Vierte von Hessen«, so berichtet Landau nach alten Urkunden, »verbot am fünften Mai 1577 das Ausnehmen der Falkennester und das Wegfangen der Falken bei strenger Strafe. Man kennt auch noch einen Brief vom achtzehnten November 1629, an Landgraf Wilhelm den Fünften von Hessen gerichtet, worin beschrieben ist, wie man zur Einübung der Falken Reihern auf jeder Schnabelspitze ein Hollunderröhrchen befestigt hat, damit sie die Falken nicht durch Schnabelstöße beschädigen konnten, wie man ihnen ferner den Hals mit einem Leinwandfutterale verwahrt, damit sie nicht könnten erwürgt werden, und wie man sie endlich mit Gewichten an den Beinen habe fliegen lassen, damit sie sicher von den Falken erhascht werden möchten.

Im Herbste werden die Falken gefangen. Man behält in der Regel nur die Weibchen, und zwar am liebsten die vom selbigen Jahre, weil diese am besten sind; die zweijährigen galten auch noch als brauchbar; ältere läßt man aber wieder fliegen. Der Fang ist so eingerichtet: Der Falkner sitzt gut verborgen auf freiem Felde, und von ihm aus geht ein etwa hundert Meter langer Faden, an dessen Ende eine lebende Taube befestigt ist, welche übrigens frei auf der Erde sitzt. Etwa vierzig Meter vom Falkner geht der genannte Faden durch einen Ring, und neben diesem Ringe liegt ein Schlagnetzchen, von welchem ebenfalls ein Faden bis zum Falkner geht. Ist ein Falk im Anzuge, so wird der Taube mit dem Faden ein Ruck gegeben, wodurch sie emporfliegt, den Falken anlockt und von ihm in der Luft ergriffen wird. In dem Augenblicke, wo dies geschieht, zieht der Falkner die Taube und mit ihr den sie krampfhaft festhaltenden Falken allmählich bis zu dem Ringe, wo plötzlich das Schlagnetz beide bedeckt. Es kommt viel darauf an, es sogleich zu erfahren, wenn ein Falk die Gegend durchstreift, und deswegen bedient sich der Jäger eines eifrigen und scharfsichtigen Wächters, nämlich des Raubwürgers (Lanius excubitor), welcher unweit der Taube angefesselt wird und nicht verfehlt, sobald er einen Falken in unermeßlicher Ferne gewahrt, sein weit schallendes Geschrei zu erheben. Neben ihm ist eine Grube, in welche er sich verkriecht, wenn es noth thut. Der frisch gefangene Falk muß regelmäßig drei Tage hungern und wird während der Zeit und späterhin so viel wie möglich verkappt auf der Hand getragen. Schlaflosigkeit wird nicht angewendet.

Bis zum Frühjahre muß der Falk gut abgerichtet sein, und alsdann reisen die Falkenwerther Falkner nach England zum Herzog von Bedford, dem sie sich und ihre Falken auf eine bestimmte Zeit vermieten. Bei den Jagden brechen sie nicht selten, weil über Stock und Stein nachgesprengt und dabei nach oben geguckt werden muß, Hals und Bein. Ein gewöhnlicher Falk dient kaum drei Jahre.

Unser Wanderfalk (Falco peregrinus), auch wohl Berg-, Wald-, Stein-, Baiz-, Kohl-, Blau- und Tannenfalk, Schwarzbacken und Taubenstoßer genannt, ist auf der ganzen Oberseite hell schiefergrau, mit dunkel schieferfarbigen, dreieckigen Flekken bandartig gezeichnet. Die Stirne ist grau, die Kehle und die Oberbrust sind weißgelb, die Unterbrust braungelb gestrichelt und durch rundlich herzförmige Flecke gezeichnet. Die Schwingen sind schieferschwarz, auf der Innenfahne mit rostgelben, bänderartigen Flecken besetzt, die Steuerfedern hell aschgrau gebändert und an der Spitze der Seitenfedern gelblich gesäumt. Im Leben liegt ein graulicher Duft auf dem Gefieder. Das Weibchen zeigt gewöhnlich frischere Farben als das Männchen. Der Schnabel ist hellblau, an der Spitze schwarz, der Mundwinkel, die nackte Stelle ums Auge und der Fuß sind gelb. Die Länge des alten Männchens beträgt siebenundvierzig, die Breite vierundachtzig bis einhundertundvier, die Fittiglänge sechsunddreißig, die Schwanzlänge zwanzig, die Länge des bedeutend größeren Weibchens zweiundfunfzig, die Breite einhundertundzehn bis einhundertundzwanzig, die Fittiglänge zweiundachtzig, die Schwanzlänge zwanzig Centimeter.

# Der Steinadler

Der Steinadler, gemeine, schwarze, braune, ringelschwänzige, der Stock- , Berg- und Hasen- oder Rauchfußadler (Aquila fulva) ist der größte und stärkste, auch am gedrungensten gebaute unter den zunächst verwandten Arten, der »Adler« ohne weitere Nebenbezeichnung, der Baizvogel aller innerasiatischen Reitervölker, der Held der Fabel und das Urbild des Wappenthieres, das Sinnbild der Kraft und Stärke. Seine Länge beträgt achtzig bis fünfundneunzig Centimeter, die Breite zwei Meter und darüber, die Fittiglänge achtundfünfzig bis vierundsechzig, die Schwanzlänge einunddreißig bis sechsunddreißig Centimeter. Erstere Maße gelten für das Männchen, letztere für das größere Weibchen. Beim alten Vogel ist der Nacken, einschließlich des Hinterhalses, rostbraungelb, das übrige Gefieder in den ersten beiden Wurzeldrittheilen weiß, an der Spitze sehr gleichmäßig dunkelbraun, der Schwanz in seinem Wurzeldrittheil weiß, sodann schwarz gebändert oder gefleckt, in der Endhälfte schwarz. Die Hosen sind braun, die Unterschwanzdeckfedern weiß. Im Jugendkleide ist das Gefieder durchgehends lichter.

Mit vorstehenden Worten ist nur die am häufigsten vorkommende Färbung beschrieben, demgemäß hinzuzufügen, daß das Kleid dieses Adlers außerordentlich abändert. Ob alle diese Färbungsverschiedenheiten wirklich nur einer Art zustehen oder mehreren zukommen, ist zur Zeit noch nicht entschieden.

Ohne größere Waldungen zu meiden, siedelt sich der Adler doch mit entschiedener Vorliebe im Hochgebirge und an einer mehr oder minder schwer zu ersteigenden, am liebsten gänzlich unzugänglichen Felsenwand an. Das einmal erwählte Gebiet hält das vereinte Paar mit Zähigkeit fest, verläßt es, wenn der Wildreichthum der Gegend es gestattet, auch im Winter nicht, besucht um diese Zeit sogar regelmäßig die Horste, gleichsam als wolle es seine Anrechte auf dieselben wahren. Ungezwungen wandern oder streichen wohl nur junge Vögel, und sie sind es daher auch, welche bei uns zu Lande erlegt werden. Denn der Adler braucht viele, vielleicht sechs, möglicherweise zehn Jahre und darüber, bevor er im eigentlichen Sinne des Wortes erwachsen, das heißt fortpflanzungsfähig ist und durchstreift bis dahin die weite Welt, wahrscheinlich viel ausgedehntere Strecken als wir glauben. Seßhaft wird er erst, wenn er sich gepaart hat und an die Errichtung des eigenen Horstes denkt. Auch dann noch ist sein Gebiet ein sehr ausgedehntes, wie es der bedeutende Nahrungsbedarf des Vogels erfordert. Von dem Nistorte aus unternimmt das Paar tagtäglich Streifzüge, häufig in derselben Richtung. Es verläßt den Ort der Nachtruhe erst längere Zeit nach Sonnenaufgang und streicht nun in ziemlich bedeutender Höhe kreisend durch das Gebiet. Bergzüge werden in gewissem Sinne zur Straße, über welche der Adler meist verhältnismäßig niedrig dahinstreicht, wenn die Berge hoch sind, oft in kaum Flintenschußnähe über dem Boden. »Ich habe«, berichtet Girtanner, »den Steinadler und sein Weib oft ganze Alpengebiete so regelrecht absuchen sehen, daß ich in der That nicht begreifen könnte, wie diesen vier Adleraugen bei so überlegtem Vorgehen auch nur eine Feder hätte entgehen mögen.« Wehe dem nicht allzu schnellen Wilde, welches eines der vier scharfen Augen erspäht: es ist verloren, wenn nicht ein Zufall es rettet. Ebenso wie beide Adler gemeinschaftlich jagen, verzehren sie auch gemeinsam die erlegte Beute; bei der Mahlzeit geht es jedoch keineswegs immer friedlich her: ein leckeres Gericht kann selbst unter den zärtlichsten Adlergatten Streit hervorrufen. Die Jagd währt bis gegen Mittag; dann kehrt der Räuber in die Nähe des Horstes zurück oder wählt sich einen anderen sicheren Punkt, um auszuruhen. Regelmäßig geschieht dies, wenn er im Fange glücklich war. Er sitzt dann mit gefülltem Kropfe und lässig getragenem Gefieder längere Zeit auf einer und derselben Stelle und gibt sich der Ruhe und der Verdauung hin, ohne jedoch auch jetzt seine Sicherheit aus den Augen zu verlieren. Nachdem diese Ruhe vorüber, fliegt der Adler regelmäßig zur Tränke. Es ist behauptet worden, daß ihm das Blut seiner Schlachtopfer genüge: jeder gefangene Adler beweist das Gegentheil. Er trinkt viel und bedarf des Wassers noch außerdem, um sich zu baden. Bei warmem Wetter geht selten ein Tag hin, an welchem er letzteres nicht thut. Nachdem er getrunken und sich gereinigt, tritt er einen nochmaligen Raubzug an; gegen Abend pflegt er sich in der Luft zu vergnügen; mit dem Einbruche der Dämmerung erscheint er vorsichtig und ohne jedes Geschrei auf dem Schlafplatze, welcher stets mit größter Vorsicht gewählt wird. Dies ist, mit kurzen Worten geschildert, das tägliche Leben des Vogels.

Der Adler ist nur im Sitzen und im Fliegen schön und majestätisch, im Laufen dagegen so unbehülflich und ungeschickt, daß er zum Lachen reizt. Wenn er sich sehr langsam auf dem Boden fortbewegt, trägt er sich fast wagerecht und setzt dann gemächlich ein Bein um das andere vor; wenn er sich aber beeilt, sei es, daß er flugunfähig entrinnen will oder sonst in Erregung geräth, hüpft er, unter Zuhülfenahme seiner Flügel in großen, wundersamen Sprüngen dahin, keineswegs langsam zwar, im Gegentheile so rasch, daß man sich anstrengen muß, um ihn einzuholen, aber so unregelmäßig und täppisch, daß man den stolzen Vogel bedauern möchte. Um vom flachen Boden aufzufliegen, nimmt er, in ähnlicher Weise hüpfend, stets einen Anlauf und schlägt langsam und kräftig mit den Flügeln; hat er sich jedoch erst in eine gewisse Höhe aufgeschwungen, so schwebt er oft Viertelstunden lang, ohne einen einzigen Flügelschlag zu thun und nur wenig sich senkend, rasch dahin, steigt, indem er sich gegen den Wind dreht, wieder zu der etwa verlorenen Höhe empor und hilft nur ausnahmsweise durch einige langsame Flügelschläge nach. Wie von dem fliegenden Geier werden die Fittige so weit gebreitet, daß die Spitzen der einzelnen Schwungfedern sich nicht mehr berühren, wogegen die Schwanzfedern stets einander überdekken. Das Flugbild des Vogels erhält durch den gerade abgeschnittenen Schwanz etwas so bezeichnendes, daß man den Steinadler niemals mit einem Geier verwechseln kann; geübte Beobachter unterscheiden ihn sogar von dem Goldadler, dessen gestrecktere, schlankere Gestalt und längerer, minder gerade abgeschnittener Schwanz eben im Fluge besonders zur Geltung kommen soll. Beim Herabstürzen und Ergreifen des Raubes verfährt dieser wie jener Adler verschieden. Der in hoher Luft kreisende Räuber, welcher eine Beute erspäht, senkt sich gewöhnlich erst in Schraubenlinien hernieder, um den Gegenstand genauer ins Auge zu fassen, legt, wenn dies geschehen, plötzlich seine Flügel an, stürzt mit weit vorgestreckten, geöffneten Fängen, vernehmlich sausend, schief zum Boden herab, auf das betreffende Thier los und schlägt ihm beide Fänge in den Leib. Ist das Opfer wehrlos, so greift er ohne weiteres zu; ist es fähig, ihn zu gefährden, verfehlt er nie, einen Fang um den Kopf zu schlagen, um so gleichzeitig zu blenden und zu entwaffnen. Mein Vater hat an seinem gefangenen Goldadler die Art und Weise des Angriffes oft gesehen und ausgezeichnet beschrieben; seine Schilderung will ich daher, wenn auch nur im Auszuge, wiedergeben. »Beim Ergreifen der Beute«, sagt er, »schlägt er die Nägel so heftig ein, daß man es deutlich hört und die Zehen wie krampfhaft zusammengezogen aussehen. Katzen schlägt er den einen Fang um den Hals, benimmt ihnen so alle Luft und frißt sie an, noch ehe sie todt sind. Gewöhnlich greift er so, daß die Zehen des einen Fanges den Kopf einschließen. Bei einer Katze, welche ich ihm bot, hatte er mit einem Nagel das Auge durchbohrt, und die Vorderzehen lagen so um die untere Kinnlade, daß die Katze den Rachen keine Linie breit öffnen konnte. Die Nägel des anderen Fußes waren tief in die Brust eingedrückt. Um sich im Gleichgewichte zu halten, breitete der Adler die Flügel weit aus und gebrauchte sie und den Schwanz als Stützen; dabei waren seine Augen blutroth und größer als gewöhnlich, alle Federn am ganzen Körper glatt angelegt, der Rachen geöffnet und die Zunge vorgestreckt. Man bemerkte bei ihm aber nicht nur auffallende Wuth, sondern auch ungewöhnliche Kraftanstrengung, bei der Katze das ohnmächtige Streben, ihren überlegenen Feind loszuwerden. Sie wand sich wie ein Wurm, streckte aber alle vier Füße von sich und konnte weder die Nägel noch die Zähne gebrauchen. Wenn sie zu schreien anfing, faßte der Adler mit dem einen Fange weiter und schlug ihn an einer anderen Stelle der Brust ein, den zweiten Fang hielt er beinahe unbeweglich um den

Rachen geschlagen. Den Schnabel gebrauchte er gar nicht, und so kam es, daß die Katze erst nach Verlauf von dreiviertel Stunden todt war. So lange hatte der Adler mit eingeschlagenen Nägeln und ausgebreiteten Flügeln auf ihr gestanden. Jetzt ließ er sie liegen und schwang sich auf die Sitzstange. Dieses lange Leiden der Katze machte auf mich einen solchen Eindruck, daß ich ihm nie wieder eine lebend gab.« Andere Opfer hauchen unter der gewaltigen Kralle des Räubers viel eher ihr Leben aus, weil sie weit weniger als die Katze fähig sind, Widerstand zu leisten. Aber der Adler wagt sich auch an noch stärkere Thiere; man hat beobachtet, daß er selbst den bissigen Fuchs nicht verschont. »Wehe dem armen Meister Reineke«, schildert Girtanner, wohl durchaus richtig, »welchem seine Nachtjagd schlecht ausgefallen, und der, noch auf Brodreisen begriffen, in Sicht eines über ihm kreisenden Adlerpaares ein unbesorgt spielendes Steinhühnervolk auf dem Bauche kriechend überfallen wollte und dabei seine Aufmerksamkeit zu sehr auf seine erhoffte Beute richtete, wenn plötzlich mit eingezogenen Schwingen, aber weit geöffneten Fängen der König der Lüfte pfeilschnell seitwärts heransaust. Den einen Fang schlägt er dem unvorsichtigen Schelme im nächsten Augenblicke in die fletschende Schnauze und macht so auch die schärfsten Zähne unschädlich, den anderen begräbt er im Leibe seines Opfers, drückt dasselbe, durch Flügelschläge im Gleichgewichte sich haltend, mit aller Gewalt nieder und beginnt nun, grausam genug, seinen Raub zu zerfleischen, noch ehe dieser sein Leben ausgehaucht.« Daß ein solcher Kampf stattfindet, dürfte zweifellos sein und beweist schlagend den Muth, das Selbstbewußtsein des mächtigen Vogels. Man übertreibt nicht, wenn man behauptet, daß sich letzteres deutlich ausdrückt, wenn der Adler mit kühn blitzendem Auge, gesträubten Nackenfedern und halb gelüfteten Schwingen auf seiner Beute steht und, wie gewöhnlich, ein förmliches Siegesgeschrei ausstößt. Er ist in solcher Stellung ein überwältigendes Bild stolzer Schönheit und markiger Kraft, dessen Eindruck sich niemand entziehen kann. Vollbewußtsein seiner Stärke verleitet ihn zuweilen, sogar an dem Herrn der Erde sich zu vergreifen. Es ist keine Fabel, wenn erzählt wird, daß er auf kleine Kinder gestoßen und sie, falls er es vermochte, davon getragen hat; man kennt sogar verbürgte Fälle, daß er, ohne durch gerechtfertigte Abwehr oder Vertheidigung seines Horstes gezwungen zu sein, erwachsene Menschen anfiel. Nordmann erzählt hierfür ein ergötzliches Beispiel. »Ich erhielt«, sagt er, »einen Steinadler, dessen Gefangennahme mit folgenden ungewöhnlichen Umständen verknüpft war. Der hungrige und tollkühne Vogel stürzte mitten in einem Dorfe auf ein großes umhergehendes Schwein, dessen lautes Schreien die Dorfbewohner in Bewegung setzte. Ein herbeieilender Bauer verjagte den Adler, welcher seine schwere Beute nur ungern fahren ließ, von dem fetten Schweinerücken sich erhebend, sogleich auf einen Kater stieß und sich, mit demselben beladen, auf einen Zaun setzte. Das verwundete Schwein und der blutende Kater stimmten einen herzzerreißenden Zweisang an. Der Bauer wollte nun zwar auch die Katze retten, getraute sich aber nicht, dem grimmigen Vogel unbewaffnet nahe zu treten, und eilte in seine Wohnung nach einem geladenen Gewehre. Als aber der Adler seinen Mahlzeitstörer zum dritten Male wieder erblickte, ließ er die Katze fallen, packte und klammerte sich mit seinen Fängen an den Bauer, und nun schrieen alle drei, der überrumpelte Jäger, das fette Schwein und der alte Kater, um Hülfe. Andere Bauern eilten herbei, packten den Adler mit den Händen und brachten den Missethäter gebunden zu einem Freunde von mir.«

Es ist höchst wahrscheinlich, daß mindestens der größte Theil der Unthaten, welche man dem Geieradler aufgebürdet hat, auf Rechnung des kühnen Adlers zu setzen sind. In Spanien wußte man uns von seiner Frechheit viel zu erzählen, und ein Steinadler übernahm es, vor unseren Augen die Wahrheit der Erzählungen zu bestätigen. Er erhob dicht vor dem Hause, in welchem wir uns befanden, einen fetten Puter und trug denselben so eilig als möglich davon. Der Truthahn wurde ihm glücklich wieder abgejagt, war aber mehr todt als lebendig, und ich begriff nun wohl die Berechtigung des mir bisher auffallend gewesenen Gebarens der Hühner aller Gebirgsbewohner. Diese waren durch die Angriffe des Stein- und des Habichtsadlers so in Furcht gesetzt worden, daß sie beim Erscheinen des kleinsten Raubvogels, z. B. eines Thurmfalken, wie sinnlos in das Innere der spanischen Bauernhäuser gestürzt kamen und hier im Zimmer ihres Herrn ängstlich Zuflucht suchten. In allen Gebirgen, welche er bewohnt, ist das Kleinvieh stets im höchsten Grade gefährdet. Denn trotz der schärfsten Achtsamkeit der Hirten stürzt er sich, wenn der Hunger ihn treibt, auf Lämmer und Zicklein hernieder und trägt sie angesichts des viehhütenden Knaben in die Lüfte. In der Schweiz wie im Süden Europas ist den Viehbesitzern kein Vogel verhaßter, keiner auch schädigt den Bestand der Herden in empfindlicherer Weise als er. Daß er nicht nur die Lämmer unserer Hausschafe, sondern auch die weit größeren der riesigen Wildschafe schlägt, habe ich oben bereits berichtet; daß er unter dem Wildstande des Gebirges schlimmer haust als ein strenger Winter, dürfte kaum in Abrede gestellt werden können.

Viel zu weitläufig würde es sein, wenn ich alle die Thiere aufzählen wollte, auf welche der Adler jagt. Unter unseren deutschen Vögeln sind nur die Raubvögel, die Schwalben und die schnellen Singvögel vor ihm sicher, unter den Säugern, abgesehen von den großen Raubthieren, nur Wiederkäuer, Ein- und Vielhufer. Daß er die Jungen der ersteren und letzteren nicht verschont, haben wir eben gesehen; daß er kleine Thiere nicht verschmäht, ist durch hinlängliche Beobachtung festgestellt worden. Auch für unseren Adler gilt das, was ich im Eingange über die schmarotzenden Bewohner des Adlerhorstes sagte. In seinem Neste siedeln sich namentlich Sperlinge an, und sie wohnen dem Anscheine nach unbehelligt; an gutem Willen, sie abzuwürgen, fehlt es dem Adler aber nicht. Dies beweist eine Beobachtung Radde's, welcher den Steinadler Lerchen fangen sah. »Die Kalanderlerchen«, sagt er, »verfolgten ihn, sobald

ACCIPITRIDAE *Aquila chrysaetos*

er aufflog. Ließ er sich nun auf der nächsten Erhöhung nieder, so setzten sich die kleinen Vögel auf den Boden und waren gar nicht scheu. Plötzlich aber sprang der Adler in die Menge von ihnen hinein, griff blitzschnell zu, und hielt gewöhnlich eine von ihnen als Beute fest.« Aus meines Vaters Beobachtungen geht hervor, daß der Adler sich auch nicht scheut, einen Igel anzugreifen, so unangenehm ihm das Stachelkleid desselben sein mag. Ebensowenig als letzteres den Igel, schützt die eisenharte Schale die Schildkröte vor seinen Angriffen. »Die von Plinius erwähnte Sage«, bemerkt von der Mühle, »daß Äschylos durch eine von einem Adler auf seinen kahlen Kopf geworfene Schildkröte erschlagen worden sei, entbehrt durchaus nicht der Wahrscheinlichkeit. Denn häufig ergreift dieser Adler eine Landschildkröte, erhebt sich mit ihr in die Luft, läßt sie auf einen Felsen fallen und wiederholt dies so oft, bis sie zerschellt, worauf er sich daneben hinsetzt und sie verzehrt.« Viele Thiere, welche durch ihren Aufenthalt Schutz genießen, werden ihm dennoch zur Beute, weil er sie so lange jagt, bis sie ermattet sich ihm hingeben. So ängstigt er Schwimmvögel, welche sich bei seinem Erscheinen durch Tauchen zu retten suchen, bis sie nicht mehr tauchen können und nimmt sie dann ohne Umstände weg. Ungeachtet des nicht wegzuleugnenden Stolzes, welcher ihn bei allen seinen Handlungen beseelt, verschmäht er nicht, zu schmarotzen, läßt andere Räuber, beispielsweise den Wanderfalken, für sich arbeiten und zwingt sie, die eben gewonnene Beute ihm abzulassen. Zuweilen nimmt er selbst dem Jäger erlegtes Wild vor den Augen weg. In unzugänglichen Felsen in der Nähe von Astros in Griechenland hauste ein Steinadlerpaar, welches von der Mühle vier Jahre nach einander beobachtete. Unweit des genannten Ortes befindet sich ein großer Sumpf, in dessen Mitte ein See liegt, welch letzterer im Winter von unzähligen Scharen allerlei Wassergeflügels bewohnt wird. »Dorthin«, so erzählt der genannte, »begab ich mich im Winter oftmals auf die Jagd. Dabei ereignete es sich öfters, daß ein von mir erlegtes Stück weit im Teiche liegen blieb und von meinen Hunden nicht geholt wurde, daher diesen Adlern als Beute anheim fiel. Dies hatten sie sich gemerkt, und zwar so, daß sie jedesmal, wenn ein Schuß an diesem Sumpfe fiel, ihre Felsen verließen, über dem See kreisten und mit unglaublicher Kühnheit mir oft das erjagte Wild vor den Augen wegtrugen, ohne daß ich sie erlegen konnte.« Schon aus diesen Angaben geht hervor, daß der Adler keineswegs immer selbst erworbene Beute erhebt; ich will aber noch ausdrücklich hervorheben, daß er auch auf dem Aase regelmäßig sich einstellt. Allerdings bevorzugt er erst vor kurzem verendete Thiere solchen, welche bereits in Fäulnis übergegangen sind, darf jedoch in dieser Beziehung durchaus nicht als Kostverächter bezeichnet werden. Unter besonderen Umständen, vielleicht bei großem Hunger, verschlingt er sogar Pflanzenstoffe: Reichenow hat Kartoffeln in seinem Magen gefunden.

Da er wie Habichte und Edelfalken nur kleine Stücke verschlingt, bringt er mit dem Kröpfen einer halben Krähe etwa zwanzig Minuten zu. Er frißt mit größter Vorsicht, sieht sich von Zeit zu Zeit um und lauscht nach allen Seiten hin. Bei dem geringsten Geräusche hält er inne, blickt lange nach der Gegend, von welcher es herkam, und fängt erst dann wieder zu fressen an, wenn alles ruhig geworden ist. Nach der Mahlzeit putzt er sich den Schnabel sehr sorgfältig. Haare und Federn sind auch ihm dringendes Bedürfnis; sie scheinen zur Reinigung seines Magens unentbehrlich zu sein. Nach vollendeter Verdauung ballen sie sich zu einem Klumpen zusammen, und diesen, das Gewölle, speit er aus, gewöhnlich alle fünf bis acht Tage einmal. Entzieht man ihm Haare oder Federn, so würgt er Heu oder Stroh hinab. Knochen, welche er sehr gern mit verschlingt, werden vollständig verdaut.

Der Adler horstet frühzeitig im Jahre, gewöhnlich schon Mitte oder Ende März. Sein Horst steht im Gebirge, wenn auch nicht ausnahmslos so doch vorzugsweise in großen, oben gedeckten Nischen oder auf breiten Gesimsen an möglichst unersteiglichen Felswänden, in ausgedehnten Waldungen dagegen auf den Wipfelzweigen der höchsten Bäume, ist daher je nach dem Standorte verschieden. Wenn er auf einem Baume angelegt wurde, besteht er regelmäßig aus einem massigen Unterbaue von starken Knüppeln, welche der Adler entweder vom Boden aufhebt oder, indem er sich aus großer Höhe herab auf dürre Äste stürzt und sie im rechten Augenblicke mit den Fängen packt, von den Bäumen abbricht. Dünnere Zweige bilden den Oberbau, feinere Reiser und Flechten die Ausfütterung der sehr flachen Mulde. Ein solcher Horst hat 1,30 bis 2 Meter, die Mulde 70 bis 80 Centimeter im Durchmesser, wächst aber, da er lange Zeit nach einander benutzt wird, von Jahr zu Jahr, wenn auch nicht an Umfang, so doch an Höhe, und stellt so bisweilen ein wahrhaft riesiges Bauwerk dar. »Mit dem gewaltigen Reiserhaufen«, sagt Girtanner, »hat der junge Adler eigentlich nichts zu schaffen, wohl aber schützt derselbe in erster Linie das Gelege, welches hinter ihm liegt, einigermaßen vor Sturm und Wetter, gegen Kälte und vor Schaden durch Windstöße, erweist dieselbe Wohlthat auch dem brütenden Adler, welcher wohl trotzdem bei der frühen Brutzeit der Kälte, dem Schnee und allem Unwetter ausgesetzt sein mag, und bewahrt später die Jungen in Abwesenheit ihrer Eltern vor dem Sturze in die Tiefe, da sie den hohen, stacheligen Wall wohl nicht so bald zu überschreiten versuchen dürften.« Die Eier sind verhältnismäßig klein, sehr rundlich, rauhschalig und auf weißlichem oder grünlichgrauem Grunde unregelmäßig mit größeren und kleineren graulichen und bräunlichen Flecken und Punkten, welche oft zusammenlaufen, gezeichnet. Man findet ihrer zwei bis drei im Horste, selten aber mehr als zwei Junge, oft nur ein einziges. Das Weibchen brütet ungefähr fünf Wochen. Die aus dem Eie geschlüpften Jungen, welche bereits in den ersten Tagen des Mai das Licht der Welt erblicken, sind wie andere Raubvögel dicht mit graulichweißem Wollflaume bedeckt, wachsen ziemlich langsam heran und werden kaum vor der Mitte, meist erst zu Ende des Juli flugfähig. Anfänglich sitzen sie fast regungslos auf ihren Fußwurzeln, und nur der manchmal sich bewegende Kopf verräth, daß sie leben; später erheben sie sich dann und wann, nesteln sehr viel im Gefieder, welches beim Heranwachsen unbehagliches Jucken zu verursachen scheint, breiten von Zeit zu Zeit die noch stummelhaften Fittige, stellen, indem sie letztere bewegen, gewissermaßen Flugversuche an, erheben sich endlich auf die Zehen, trippeln ab und zu nach dem vorderen Rande und schauen neugierig in die ungeheure Tiefe hinab oder nach den ersehnten Eltern in die blaue Luft hinauf, bis sie endlich das Nest verlassen und sich selbst zu letzterer aufschwingen können. Beide Eltern widmen sich ihnen mit hingebender Zärtlichkeit, und namentlich die Mutter zeigt sich treu besorgt, ihre Bedürfnisse zu befriedigen. So lange sie noch klein sind, verläßt sie kaum das Nest, hudert sie, um sie zu erwärmen, trägt, wie Girtanner selbst gesehen hat, tagtäglich frische Lärchenzweige in das Nest, um die vom Kothe der Jungen beschmutzten und benetzten, welche vorher weggeschafft wurden, zu ersetzen und so den Kleinen stets ein trockenes Lager zu bereiten, und schleppt endlich mit dem Männchen im Übermaße Beute herbei, um sie vor jedem Mangel zu schützen. In der frühesten Jugend erhalten sie nur solche Atzung, welche bereits im Kropfe der Mutter vorverdaut ist; später zerlegt ihnen diese die gefangene Beute; endlich tragen beide Eltern unzerfleischten Raub in den Horst und überlassen es den Jungen, ihre Mahlzeit zu halten, so gut sie vermögen, um sie allgemach an Selbständigkeit zu gewöhnen. Damit hängt zusammen, daß beide Eltern eines Adlerpaares, mindestens das Weibchen, anfänglich sehr viel im Horste sich aufhalten, wogegen sie später, im Einklange mit der zunehmenden Entwickelung ihrer Jungen, länger und auf weiterhin sich entfernen und zuletzt, wenn sie die Brut mit Nahrung versorgt wissen, sich oft tagelang nicht mehr zu Hause sehen lassen. Gegen das Ende der Brutzeit hin ähnelt der Adlerhorst einer Schlachtbank oder einer förmlichen Luderstätte. Denn so sorgfältig die Alten auch auf Erneuerung der Niststoffe bedacht sind, so gleichgültig lassen sie die Nestvögel zwischen den faulenden, im Horste liegenden Fleischüberresten und dem in Masse herbeigezogenen und dort entstehenden Ungeziefer sitzen. Wie groß die Anzahl der Opfer ist, welche ihr Leben lassen müssen, um das zweier junger Adler zu erhalten, geht aus einer Angabe Bechsteins hervor, laut welcher man in der Nähe eines Horstes die Überbleibsel von vierzig Hasen und dreihundert Enten gefunden haben soll. Diese Schätzung ist vielleicht übertrieben: schlimm genug aber haust das Adlerpaar unter den Thieren der Umgegend, und zwar einer Umgegend im weiteren Sinne des Wortes; denn man hat beobachtet, daß es Reiher zwanzig bis dreißig Kilometer weit dem Horste zuschleppte. In einem Horste, zu welchem sich der Jäger Ragg am zweiten Juli 1877 hinabseilen ließ, lagen ein noch unberührtes und ein zu drei Viertheilen verzehrtes Gemskitz, die Reste eines Fuchses, eines Murmelthieres und von nicht weniger als fünf Alpenhasen. Dem kleineren Herdenvieh wird der

Adler während der Brutzeit zu einer wahren Geisel, dem Hirten zur schlimmsten Plage; kein Wunder daher, daß der Herdenbesitzer alles aufbietet, des so furchtbaren Räubers sich zu erwehren.

Die Jagd des Steinadlers verlangt in den meisten Fällen einen guten Bergsteiger und sehr sicheren Büchsenschützen; denn der Vogel ist einzig und allein da, wo er noch niemals Nachstellungen erfuhr, so vertrauensselig, daß er unterlaufen und ohne sonderliche Anstrengungen beschlichen werden kann, weitaus in den meisten Fällen dagegen, und zwar schon in früher Jugend, ungemein vorsichtig und scheu. Mit zunehmendem Alter steigert sich sein Mißtrauen ebenso sehr, als sein Verständnis zunimmt. Auch er unterscheidet den ihm unschädlichen Menschen von dem Jäger, raubt beispielsweise ungescheut in der Nähe des Hirten und flieht schon aus weiter Ferne den bewaffneten Mann, nimmt jedoch in der Regel das gewisse für das ungewisse und entzieht sich weitaus in den meisten Fällen rechtzeitig jeder ihm drohenden Gefahr. Selbst am Horste setzt er die ihm eigene Vorsicht selten aus den Augen, und wenn er vollends erfahren mußte, daß sein Gatte dem mörderischen Blei erlag, ist ihm gar nicht mehr beizukommen. Am leichtesten gelingt es, auf ausgelegtem Luder seiner habhaft zu werden; doch darf man sich längeres Warten in der benachbarten, wohl verdeckten Hütte nicht verdrießen lassen. Gefallenes Wild bevorzugt er allem übrigen Aase, und wenn man in der Nähe eines solchen einen lebenden Uhu aufstellt und sich nebenbei in einen wohl verdeckten Hinterhalt legt, darf man mit ziemlicher Sicherheit auf günstige Jagd rechnen. So erzählte mir Kronprinz Rudolf von Österreich, einer der eifrigsten und glücklichsten Steinadlerjäger, dessen Erfahrung in dieser Beziehung die manches alten, ergrauten Waidmannes bei weitem übertrifft. Leichter als von dem Jäger läßt sich der Adler durch Fallen berükken; ein richtig geköderter Schwanenhals führt ziemlich sicher zum Ziele; auch ein Schlaggarn leistet gute Dienste. Die Chinesen zum Beispiel gebrauchen nur das letztere, um sich unseres Vogels zu bemächtigen.

Jung aufgezogene Adler werden bald zahm und menschenfreundlich, gewöhnen sich so an ihren Gebieter, daß sie ihn vermissen, wenn er längere Zeit nicht bei ihnen war, ihn mit fröhlichem Geschrei begrüßen, wenn er wieder zu ihnen kommt, und ihm nie gefährlich werden. Mit ihresgleichen, auch mit anderen großen Raubvögeln, vertragen sie sich in der Regel gut, aber doch wohl nur dann, wenn sie sich überzeugt haben, daß sie ihren Mitgefangenen nichts anhaben können. Zu trauen ist ihnen ebensowenig wie allen übrigen Raubvögeln. Mehrere Junge namentlich dürfen ohne strenge Beaufsichtigung nicht in einem engen Raume zusammengehalten werden, weil ihnen noch genügende Erkenntnis fehlt und einer aus reinem Unverstande über den anderen herfällt, denselben vielleicht erst nach längeren Kämpfen meistert und dann mit aller Gemüthsruhe verzehrt. Bei alten hat man solche Vorkommnisse weniger zu fürchten, und wenn der Raum groß genug ist, kann man ihnen auch kleinere Raubvögel gesellen, deren Gewandtheit sie vor etwa aufkeimenden räuberischen Gelüsten schützt. Die für sie geeignetsten Genossen sind offenbar die Geier, deren Tölpelhaftigkeit ihnen gestattet, sich stets rechtzeitig eines Futterbrockens zu bemächtigen, und deren achtunggebietende Stärke sie von Hause aus vor Übergriffen bewahrt. Wind und Wetter fechten sie wenig an; doch verlangen auch sie, wenn sie sich auf die Dauer wohlbefinden sollen, einen geschützten Raum, nach welchem sie sich zurückziehen können, wenn es ihnen beliebt. Zwar sieht man sie selbst bei der strengsten Kälte oder im heftigsten Winde auf den höchsten Zweigen ihres Fluggebauers sitzen, bemerkt aber ebenso, daß sie zuweilen sich förmlich verkriechen, offenbar nur, um vor ungünstigen Witterungseinflüssen sich zu schützen. Wie unbehaglich ihnen naßkalte Witterung oder Regen ist, geht aus ihrem Betragen klar hervor. Während sie bei Sonnenschein sich bewegen, oft und viel schreien, sitzen sie bei Regenwetter lange Zeit auf einer und derselben Stelle, ohne sich zu rühren, und sehen dann ungemein verdrossen aus. An die Nahrung stellen sie geringe Ansprüche. Jede Fleischsorte ist ihnen recht, und Haare und Federn gehören wenigstens nicht zu ihren unabweislichen Bedürfnissen. Dagegen verlangen sie unter allen Umständen viel und reines Wasser, um nach Belieben trinken, und noch mehr, um sich baden zu können. Denn sie sind sehr reinlich, dulden ebensowenig an ihrem Gefieder wie an ihrem Schnabel irgend welchen Schmutz und putzen sich fortwährend. Bei einigermaßen genügender Pflege halten sie viele Jahre in der Gefangenschaft aus. »In der kaiserlichen Hofburg zu Wien«, erzählt Fitzinger, »wo nach einer alten Sitte der Regenten aus dem Hause Habsburg durch mehrere Jahrhunderte hindurch lebende Adler in der Gefangenschaft gehalten und sorgfältig gepflegt wurden, lebte ein Goldadler vom Jahre 1615 bis 1719, und in Schönbrunn starb im Jahre 1809 ein Adler derselben Art, welcher fast volle achtzig Jahre in der Gefangenschaft zugebracht hatte.«

Schon Pallas und nach ihm Eversmann haben uns berichtet, daß Stein- und Goldadler von den Baschkiren und anderen innerasiatischen Völkerschaften zur Jagd abgetragen werden. Auf unserer Reise nach Sibirien und Turkestan habe ich die riesigen Baizvögel selbst gesehen und von den Kirgisen, welche sich mit Vorliebe ihrer bedienen, das nachstehende über Abtragung und Verwendung erfahren. Alle kirgisischen Jäger, welche sich des Steinadlers als Baizvogel bedienen, entnehmen denselben so jung als möglich dem Horste und ziehen ihn mit größter Sorgfalt auf. Der junge Adler wird nur aus und auf der Hand des Falkners gekröpft, um sich von frühester Kindheit auf an seinen Pfleger zu gewöhnen, später, jedoch nicht bevor er vollständig ausgefiedert, nach dem Kröpfen auch jedesmal sorgfältig behäubt. Eine besondere Abtragung hält der Kirgise nicht für nothwendig, begnügt sich vielmehr, den Vogel auf die Faust und an den Anruf zu gewöhnen; vererbte Gewohnheit muß das fehlende ergänzen. Nachdem der Adler vollkommen flugbar geworden, zieht der Falkner mit ihm in die Steppe hinaus, um ihn zunächst auf schwaches Wild, namentlich Bobaks und Zisel, zu werfen. Da der schwere Vogel die durch einen starken Handschuh geschützte Faust bald ermüdet, hat der Reiter entweder vorn am Sattelknopfe oder im Steigbügel eine Stütze angebracht, auf welcher er seinen Vorderarm ruhen läßt. Dank der Fertigkeit aller Kirgisen, auch auf den schwierigsten Wegen zu reiten, erklimmt der berittene Falkner mit seinem Baizvogel stets eine Höhe, welche weitere Umschau gewährt, enthäubt den Vogel, wenn er für ihn geeignetes Wild erspäht hat, und wirft ihn in die Luft. Der Adler stellt sich im Anfange meist ziemlich ungeschickt an, erwirbt sich aber bald die nöthige Fertigkeit, um ein Steppenmurmelthier zu schlagen, bevor es seinen Bau erreicht. Versteht er solche Jagd, so wird er nunmehr auf den Fuchs verwendet. Letzteren scheuchen die Gehülfen des Jägers aus seinem Verstecke, verfolgen ihn zu Pferde und versuchen, ihn so zu treiben, daß er in der Nähe des Falkners vorüber kommen muß. Im geeigneten Augenblicke wirft letzterer seinen Baizvogel. Dieser erhebt sich, beschreibt ein oder zwei Kreise, stürzt sich dann in schiefer Richtung von oben auf den Fuchs herab und schlägt ihm die Fänge in den Hinterleib. Der Fuchs duckt sich augenblicklich nieder, um seinem Gegner einen tödtlichen Biß zu versetzen; dieser aber nimmt den Augenblick wahr und greift jenen im Gesichte an, seine Fänge womöglich in die Augen schlagend. Reineke versucht auch jetzt noch, seiner Haut sich zu wehren, und vereitelt, indem er sich mit dem Adler plötzlich zu Boden wirft und auf dem Rücken wälzt, auch wohl noch einen zweiten oder dritten Angriff; die Reiter aber sind ihm stets auf den Fersen und lähmen, wenn nicht seine Kraft so doch seinen Muth. Auch erkennt der Adler sehr bald, mit welchem gefährlichen Gegner er es zu thun hat, löst in demselben Augenblicke, in welchem der Fuchs sich auf den Rücken drehen will, seine Fänge, erhebt sich in die Luft und schwebt als drohende Gewitterwolke wiederum über dem armen Schelme, bereit, den furchtbaren Fang nochmals um sein Haupt zu schlagen. So wiederholt angegriffen und fortwährend bedroht, ermattet der Fuchs schneller als man annehmen möchte und läßt sich endlich ziemlich widerstandslos festhalten, bis die nacheilenden, durch jauchzenden Zuruf den Adler anfeuernden Jäger herbei kommen und jenen durch einen geschickten Schlag mit der Keule von seinen Leiden befreien. Wenn der Adler auch die Fuchsjagd genügend versteht, wirft ihn der Falkner auf den Wolf, welcher ebenso wie sein Verwandter aufgescheucht wurde. Nicht jeder Adler wagt es, dieses unverhältnismäßig stärkere Raubthier anzugreifen; ein in der Fuchsjagd wohl erfahrener Baizvogel aber thut dies unabänderlich, obwohl stets mit der größten Vorsicht, so genau auch die Art und Weise seines Angriffes der bisher geübten entspricht. Den Wolf ernstlich zu gefährden, wie es hinsichtlich des Fuchses sehr oft der Fall ist, würde für den Adler unmöglich sein; die nachjagenden Reiter aber beeifern sich jetzt mehr als je, rechtzeitig zu Hülfe zu kommen, und daher ist auch der von einem Adler angegriffene Wolf regelmäßig verloren. Ein Adler, welcher Isegrim, den verhaßten, schlägt, und dann ohne weiteres auch auf Antilopen und anderes Wild verwendet werden kann, ist den Kirgisen nicht feil; schon ein Baizvogel, welcher mäßigen Ansprüchen genügt, hat in seinen Augen den Werth von drei bis vier Stuten. Mit zwei Adlern zugleich kann man nicht jagen, weil die Eifersucht beide so erregt, daß sie sich gegen einander kehren und auf Leben und Tod bekämpfen.

Viel allgemeiner als der lebende, findet der todte Adler Verwendung. Schon unter unseren Tyrolern und den mit ihnen demselben Volksstamme angehörigen Oberbayern gelten einzelne Theile des Adlers als kostbarer Schmuck. Obenan stehen die »Adlerflaumen« oder Unterschwanzdeckfedern, welche gerne mit zwei bis fünf Gulden bezahlt werden; nächstdem werden die Krallen geschätzt. Man liebt es, an der meist aus Silber bestehenden Uhrkette die Haken des Edelhirsches, die Fangzähne des Fuchses, die Krallen des Habichtes und Uhus, als höchste Zierde aber die Klauen des Adlers zu tragen. Besonders begehrt ist die Hinterkralle, minder eine oder die andere der beiden größeren und stärkeren Vorderzehen, am wenigsten die schwache der kleinsten Zehe. Für die erstere zahlt der Gebirgsbewohner gern bis zwölf Mark unseres Geldes, und demgemäß steigert sich im Gebirge der Preis eines erlegten Steinadlers meist bis auf sechzig, ja selbst bis auf achtzig Mark. Unter den Chinesen dienen Kopf und Fänge als geschätzte Arzneimittel, die Schwingen zur Herstellung von Fächern und zur Befiederung der Pfeile. Auch bei den Burjäten stehen Schwingen und Steuerfedern hoch im Preise, und von den Mongolen werden sie als Opfergaben den Göttern dargebracht. Hiermit scheint ein Vorurtheil dieser Leute zusammenzuhängen. Man tödtet, wie Radde mittheilt, den Adler nicht gern; geschieht es aber, daß einer verletzt oder gefangen wird, so muß er so rasch wie möglich todt geschlagen werden, widrigenfalls man sich den Zorn der bösen Geister zuziehen würde.

Es ist beachtenswerth, daß unter Indianern Amerikas ähnliche Anschauungen herrschen. »Sie nehmen«, so erzählt der Prinz von Wied, »den großen Adler gern aus dem Horste, um ihn aufzuziehen, und sammeln alsdann seine Schwanzfedern, welche bei ihnen einen hohen Werth haben: eine einzelne Feder wird für den Werth eines Dollars verkauft. Die Federn sind bei allen indianischen Völkerschaften von Nordamerika Zeichen ihrer Heldenthaten, und bei den meisten derselben steckt man eine solche Feder für die Erlegung eines Feindes auf. Mit Zinnober rothgefärbte Adlerfedern, an deren Spitze die Schwanzklapper einer Klapperschlange befestigt wird, haben eine Bedeutung, welche nur in indianischen Augen ehrenvoll ist: sie bezeichnen nämlich die höchst ausgezeichnete und verdienstvolle That eines Pferdediebstahles. Die Indianer verzieren ferner ihre großen Federhauben damit, indem die Federn aufrecht in einer langen Reihe auf einem rothen Tuchstreifen befestigt werden, an welchem oben eine Federmütze angebracht ist. Hat man diese Mütze aufgesetzt, so hängt der rothe Tuchstreifen mit den kammartig aufrecht stehenden Adlerfedern bis zur Erde über den Rücken hinab. Die Mandan-Indianer nennen diesen, bei den größten Festlichkeiten gebräuchlichen Putz ›Mahehsi-akub-haschka‹, und bloß ausgezeichnete Krieger dürfen ihn tragen; auch ist er sehr kostbar, und nur gegen ein schönes Pferd würde der Besitzer einen solchen vertauschen. Ich muß hier nur bemerken, daß man in den meist idealisch zusammengesetzten Bildern des Malers Catlin bei der Bisamjagd der Indianer jene große Federhaube abgebildet sieht. Dies ist gänzlich unrichtig. Der Indianer geht ohne allen Putz zur Jagd wie zum Kriege; nur seinen Talisman wird er nie vergessen. Die große Federhaube wird auch wohl von einem berühmten Anführer in einer großen Schlacht oder einem vorherzusehenden Gefechte getragen, doch nur in seltenen Fällen, und nie auf der Jagd.

# *Der Schmutzgeier*

Die Geier (Vulturidae) sind die größten aller Raubvögel. Der Schnabel ist länger oder mindestens ebenso lang als der Kopf, gerade, nur vor der Spitze des Oberschnabels hakig herabgebogen, höher als breit, mit scharfen Schneiden und einer großen Wachshaut ausgerüstet, welche letztere ein Drittheil und bei schwächeren Arten sogar die Hälfte der Länge einnimmt.

Wir nennen die Geier unedle Raubvögel, weil ihre Begabungen als einseitige zu betrachten sind; falsch aber würde es sein, wollten wir unedel mit unvollkommen für gleichbedeutend halten. In gewisser Hinsicht müssen die Geier als sehr hochstehende Vögel angesehen werden. Ihre Begabungen sind theilweise ausgezeichnet. Sie halten sich lässig, auf dem Boden sitzend sehr niedrig, tragen die Flügel abstehend vom Leibe und ordnen das Gefieder nur selten mit einiger Sorgfalt; gehen zwar nicht anmuthig, aber ziemlich leicht, meist schrittweise und fliegen langsam, aber mit ungemeiner Ausdauer. Ihre Sinne wetteifern an Schärfe mit denen anderer gefiederten Räuber; ihr Gesicht namentlich reicht in Fernen, von denen wir kaum eine Vorstellung gewinnen; ihr Gehör, der nächstdem am höchsten entwickelte Sinn, ist sehr gut, ihr Geruch sicherlich schärfer als bei anderen Raubvögeln, obwohl durchgehends nicht so vortrefflich, wie man gefabelt hat, ihr Geschmack, ungeachtet der schmutzigen Nahrungsstoffe, welche sie zu sich nehmen, keineswegs verkümmert und ihr Gefühl, sei es, indem wir es als Empfindungs- oder indem wir es als Tastvermögen ansehen, nicht wegzuleugnen. Dagegen scheinen ihre Geistesfähigkeiten gering zu sein. Sie sind scheu, selten jedoch wirklich vorsichtig, jähzornig und heftig, aber nicht unternehmend und noch viel weniger kühn, gesellig, allein keineswegs friedfertig, bissig und böswillig, dabei aber feig; ihr Geist erhebt sich nicht einmal zur List. Sie lernen nach und nach gefährliche Menschen oder Thiere von ungefährlichen unterscheiden, gewinnen aber selten wirkliche Anhänglichkeit an ein anderes Geschöpf.

Erst wenn man die Art und Weise des Nahrungserwerbs der Geier kennt, lernt man sie verstehen. Der Name Raubvogel verliert bei ihnen einen Theil seiner Bedeutung. Wenige von ihnen und auch diese wahrscheinlich bloß ausnahmsweise, greifen lebende Thiere an, in der Absicht, sie zu tödten; für gewöhnlich sammeln sie einfach das auf, was ein günstiger Zufall ihnen überliefert. Sie bestatten die Leichen, welche sie finden, oder räumen den Unrath weg, welchen sie erspähen.

Unter allen Mitgliedern der Gruppe hat kein einziger eine so große Berühmtheit erlangt wie der Schmutzgeier, der seit uralter Zeit bekannte und beschriebene Koth- oder Maltesergeier, der Racham, Alimosch, die »Henne der Pharaonen«, und wie er sonst noch benamset worden sein mag (Neophron percnopterus). Er ist es, dessen Bildnis die altegyptischen Bauwerke zeigen, welcher von den alten Egyptern und den Hebräern als Sinnbild der Elternliebe gefeiert wurde und heutigen Tages noch wenigstens keine Mißachtung auf sich gezogen hat. Er unterscheidet sich von allen bekannten Arten seiner Familie durch seine rabenähnliche Gestalt, die langen, ziemlich spitzen Schwingen, den langen, abgestuften Schwanz und die Art und Weise der Befiederung. Der Schnabel ist sehr in die Länge gestreckt, der Haken des Oberschnabels lang herabgekrümmt, aber zart und unkräftig, der Fuß schwach, die Mittelzehe fast ebenso lang als der Lauf, der Fang mit mittellangen, schwach gebogenen Nägeln bewehrt. Im Fittige überragt die dritte Schwinge alle übrigen. Das reiche Gefieder besteht aus großen und langen Federn, welche sich im Nacken und am Hinterhalse noch mehr verlängern, zugleich auch verschmälern und zuspitzen. Gesicht und Kopf bleiben unbefiedert. Ein schmutziges Weiß, welches in der Hals- und Oberbrustgegend mehr oder weniger in das Dunkelgelbe spielt, auf Rücken und Bauch aber reiner wird, herrscht vor; die Handschwingen sind schwarz, die Schulterfedern graulich. Der Augenstern ist rothbraun oder licht erzgelb, der Schnabel an der Spitze hornblau, im übrigen wie die nackten Kopftheile und der Kropfflecken lebhaft orangegelb, die Kehlhaut etwas lichter als der Unterschnabelrand. Bei jungen Vögeln sind Schultern und Oberflügeldeckfedern stahlgrau, Hinter- und Vorderhals, Brust, Bauchseiten und Schwingen aber schwarzbraun, die Federn der Schenkel grau und schwarz gescheckt, die wolligen der Krause grau, die des Seitenhalses braun geschaftet und gespitzt, die Steuerfedern gänsegrau, Gesicht, Wachshaut und Kopf aschgrau. Die Länge des Weibchens beträgt siebzig, die Breite einhundertundsechzig, die Fittiglänge funfzig, die Schwanzlänge sechsundzwanzig Centimeter. Männchen habe ich zufällig nicht gemessen.

Der Schmutzgeier wird unter den deutschen Vögeln mit aufgezählt, weil er einige Male in unserem Vaterlande erlegt worden ist. Häufiger kommt er in der Schweiz vor, wie schon der alte Geßner angibt; in der Nähe von Genf hat sogar ein Paar gehorstet. Weiter nach Süden hin tritt er in namhafterer Menge auf. Im Süden von Frankreich ist er zwar noch nicht ansässig, als Besuchsvogel aber doch nicht allzu selten, in Italien auf das Vorgebirge Argentaro und die Nähe von Nizza beschränkt, auffallenderweise aber in Sardinien, dem bevorzugten Wohngebiete anderer Geier, nicht seßhaft, in Spanien ein überall vorkommender, wenn auch nicht gerade häufiger Vogel, in Griechenland und auf der Balkanhalbinsel überhaupt allgemein verbreitet. Hier erscheint er, laut Krüper, mehr oder weniger regelmäßig an den ersten Frühlingstagen, weshalb die Hirten den Beginn des Frühlings von seiner Ankunft an zu berechnen pflegen, ebenso wie sie ihn das »Pferd des Kukuks« nennen, weil sie glauben, daß der letztere auf seinem Rücken die Winterreise zurücklegen soll. Ausnahmsweise läßt sich einer bereits am zwölften März im Lande sehen, und ebenso kann es vorkommen, daß man sie erst zu Ende des Monats oder selbst im Anfange des April bemerkt. Von dieser Zeit an verweilt er im Lande bis zum September oder Oktober, um seine Winterreise anzutreten. Auf den Kykladen bleibt der eine oder andere während des Winters wohnen, und ebenso ist es in Spanien, woselbst wir unseren Geier noch im November und December in Andalusien und im Januar in der Umgegend von Toledo beobachteten.

Das schmutzige Handwerk, welches dieser Geier betreibt, hat Vorurtheile erzeugt, welche selbst von unseren tüchtigsten Naturforschern getheilt werden. »Es möchte schwerlich einen Vogel geben«, sagt Naumann, »dessen widerliches Äußere seinen Sitten und seiner Lebensweise so vollkommen entspräche als diesen. Das kahle Gesicht des kleinen Kopfes, der vorstehende nackte Kropf, die lockere Halsbefiederung, das stets beschmutzte und abgeriebene Gewand nebst den groben Füßen sind nicht geeignet, einen vortheilhaften Eindruck auf den Beschauer zu machen. Dazu kommt noch, daß dem lebenden Vogel häufig eine häßliche Feuchtigkeit aus der Nase trieft, der Geier überhaupt einen Geruch, ähnlich dem unserer Raben ausdünstet, welcher so stark ist, daß ihn selbst der todte Balg nach Jahren und in einem fast zerstörten Zustande nicht verliert. Er ist ein trauriger und träger Vogel.« Ich bin fest überzeugt, daß Naumann anders geurtheilt haben würde, hätte er den Schmutzgeier so oft wie ich lebend gesehen. Das Handwerk, welches der Vogel betreibt, ist widerlich, nicht er selbst. Es ist durchaus nicht meine Absicht, ihn zu einem schönen und anmuthigen oder liebenswürdigen Vogel stempeln zu wollen: eine angenehme Erscheinung aber ist er gewiß. Mir wenigstens hat er immer weit besser gefallen als die großen Arten seiner Zunft.

Der Schmutzgeier ist nur in Südeuropa scheu und vorsichtig. In ganz Afrika vertraut er dem Menschen, vorausgesetzt, daß er von der Mordsucht des Europäers noch nicht zu leiden gehabt hat. Er ist nichts weniger als ein dummer Vogel; denn er unterscheidet sehr genau zwischen dem, was ihm frommt, und dem, was ihm schadet, weiß sich auch, oft unter recht schwierigen Umständen, mit einer gewissen List sein tägliches Brod zu erwerben. Träge kann man ihn ebenfalls nicht nennen; er ist im Gegentheile sehr viel in Bewegung und gebraucht seine Schwingen oft stundenlang nur des Spieles halber. Hat er sich freilich satt gefressen, so sitzt auch er lange Zeit auf einer und derselben Stelle. Im Gehen ähnelt er unserem Kolkraben; im Fliegen erinnert er einigermaßen an unseren Storch, aber auch wieder an den Geieradler, nur daß er weit langsamer und minder zierlich fliegt als dieser. Er verläßt mit einem Sprunge den Boden, fördert sich durch einige langsame Flügelschläge und streicht dann rasch ohne Flügelbewegung dahin. Ist das Wetter schön, so erhebt er sich mehr und mehr, zuweilen, der Schätzung nach, bis in Luftschichten von tausend bis zwölfhundert Meter Höhe über dem Boden. Zu seinen Ruhesitzen wählt er sich, wenn er es haben kann, Felsen; die Bäume meidet er so lange als möglich, und in großen Waldungen fehlt er gänzlich. Ebenso häufig als auf Felsen, sieht man ihn auf alten Gebäuden fußen, in Nordafrika, Indien und Arabien auf Tempeln, Moscheen, Grabmälern und Häusern. Mit seinen Familienverwandten theilt er Geselligkeit. Einzeln sieht man ihn höchst selten, paarweise schon öfter, am häufigsten aber in größeren oder kleineren Gesellschaften. Er vereinigt sich, weil sein Handwerk es mit sich bringt, mit anderen Geiern, aber doch immer nur auf kurze Zeit; sobald die gemeinsame Tafel aufgehoben ist, bekümmert er sich um seine Verwandten nicht mehr. Im Bewußtsein seiner Schwäche ist er friedlich und verträglich, wenn auch nicht ganz so, wie der alte Geßner sagt, welcher behauptet, daß er »gantz forchtsam vnd verzagt« sei, also »daß er von den Rappen vnd anderen dergleichen Vögeln geschlagen, gejagt vnd gefangen wirt, dieweil er schwer vnd faul zu der Arbeit ist«. In Südegypten und Südnubien bemerkt man zahlreiche Flüge von ihm, welche sich stundenlang durch prächtige Flugübungen vergnügen, gemeinschaftlich ihre Schlafplätze aussuchen und auf Nahrung ausgehen, ohne daß man jemals Zank und Streit unter ihnen wahrnimmt. In Gesellschaft der großen Geier sitzt er entsagend zur Seite und schaut anscheinend ängstlich deren wüstem Treiben zu.

Der Schmutzgeier ist kein Kostverächter. Er verzehrt alles, was genießbar ist. Man nimmt gewöhnlich, aber mit Unrecht, an, daß Aas auch für ihn die Hauptspeise sei: der Schmutzgeier ist weit genügsamer. Allerdings erscheint er auf jedem Aase und versucht, soweit seine schwachen Kräfte erlauben, sich zu nähren, pickt die Augen heraus, öffnet am After eine Höhle und bemüht sich, die Eingeweide herauszuzerren, oder wartet, bis die großen Geier sich gesättigt haben, und nagt dann die Knochen ab, welche sie übrig ließen: aber ein derartiger Schmaus gehört doch zu seinen Festgerichten. Größere Ströme oder die Küste des Meeres bieten ihm schon mehr, sei es, daß sie ein Aas oder wenigstens todte Fische an den Strand schwemmen, ihn mindestens zu allerlei niederem Seegethier verhelfen. Endlich liefert ihm auch allerlei Kleingethier dann und wann eine Mahlzeit. Räuberisch überfällt er Ratten, Mäuse, kleine Vögel, Eidechsen und andere Kriechthiere; diebisch plündert er Nester mit Eiern, und geschickt fängt auch er Heuschrecken auf Wiesen und Triften. Mein Bruder beobachtete von einem gefangenen Schmutzgeier, daß er augenblicklich auf seine gezähmten Vögel losging und sie eifrigst verfolgte. Einen Fettammer, welchen er glücklich erlangte, tödtete er mit einem einzigen Schnabelhiebe, hielt ihn fest und verzehrte ihn auf der Stelle. Don Lorenzo Maurel erzählte

ACCIPITRIDAE
Neophron percnopterus

Bolle, er könne nur mit Schwierigkeit Pfauen erziehen, weil die Schmutzgeier deren frisch gelegte Eier auf das schamloseste wegholten, ja den Hennen zu diesem Behufe auf Tritt und Schritt nachschlichen.

Allein weder seine Räubereien noch seine Diebereien können für seine Ernährung besonders ins Gewicht fallen. Zum Glück für ihn weiß er sich anders zu behelfen. In ganz Afrika, ja in Südspanien schon bildet Menschenkoth seine hauptsächlichste Nahrung. Fast die ganze Bevölkerung ist gezwungen, zur Befriedigung ihrer Bedürfnisse gewisse Plätze aufzusuchen, welche für Wiedehopf und Schmutzgeier gleich ergiebig werden. Hier nun findet sich der letztere ein, unbekümmert um das Treiben der Menschen, welche in seiner baldmöglichst beginnenden Thätigkeit zwar etwas überaus verächtliches, in dem Vogel selbst aber doch einen Wohlthäter sehen. Daß es in Indien nicht anders ist, haben wir durch Jerdon erfahren. In der Nähe größerer Ortschaften Afrikas ist er ein regelmäßiger Gast bei den Schlachtplätzen, welche außerhalb der Städte zu liegen pflegen. Hier sitzt er dicht neben dem Schlachter und lauert auf Fleisch und Hautfetzen oder auf die Eingeweide mitsammt deren Inhalt, welche sein Brodgeber ihm zuwirft. Im Nothfalle klaubt er blutgetränkte Erde auf. Daß dabei zuweilen auch ein Gegenstand mit unterläuft, welcher eigentlich nicht genießbar ist, ein alter, mit Blut besudelter Lappen zum Beispiel, oder etwas ähnliches, ist gewiß begründet. Den europäischen Beobachter fesselt besonders, wahrzunehmen, wie richtig er den Menschen beurtheilt, wie genau er ihn kennt. Eines gewissen Schutzes oder, richtiger gesagt, gleichgültiger Duldung gewiß, treibt er sich unmittelbar vor den Hausthüren herum und geht seiner Nahrung mit derselben Ruhe nach wie Hausgeflügel oder mindestens wie eine unserer Krähenarten. Ich habe beobachtet, daß er, wenn wir im Zelte Vögel abbalgten, bis zu den Zeltpflöcken sich heranschlich, uns aufmerksam zusah und unter unseren Augen die Fleischstücke auffraß oder die Knochen benagte, welche wir ihm zuwarfen. Bei meinen Wüstenreisen habe ich ihn wirklich lieb gewonnen. Er ist es, welcher der Karavane tagelang das Geleite gibt; er ist nebst den Wüstenraben der erste Vogel, welcher sich am Lagerplatze einfindet und der letzte des Reisezuges, welcher ihn verläßt.

Über das Brutgeschäft sind erst in der Neuzeit sichere Beobachtungen angestellt worden. Krüper hat in Griechenland mehrere Horste bestiegen und gibt an, daß mehrere Paare selten in großer Nähe neben einander, wohl aber zuweilen in einer und derselben Gebirgswand brüten; Bolle hingegen beobachtete, daß fünf bis sechs Horste dicht neben einander in den zerklüfteten Wänden eines tiefen Thales standen. »Sie lieben es«, sagt er, »nachbarlich neben einander zu horsten. Wo eine steile Felswand ihnen bequeme Nistplätze darbietet, da siedeln sie sich an, ohne auf die größere oder geringere Wärme der Örtlichkeit besonders Rücksicht zu nehmen. Die Masse des neben und unter den Nestern sich anhäufenden Kothes macht, daß dieselben weithin sichtbar werden und dem Beobachter mit Leichtigkeit ins Auge fallen. Die Geier scheinen ihre Sicherheit durchaus nicht durch eine versteckte Lage begünstigen zu wollen, sondern sich einzig und allein auf die Unzugänglichkeit der Orte, welche sie wählen, zu verlassen.« In Spanien tritt der Vogel so einzeln auf, daß ein gesellschaftliches Brüten kaum möglich ist; in Egypten sieht man die Horste an den steilen Wänden der Kalkfelsen zu beiden Seiten des Niles, und zwar, wenn die Örtlichkeit es erlaubt, oft mehrere neben einander, regelmäßig aber an Stellen, zu denen man nur dann gelangen kann, wenn man sich an einem Seile von oben herabläßt. Das habe ich nicht gethan. Heuglin, welcher auch die Pyramiden als Standort der Nester angibt und letztere untersucht zu haben scheint, bemerkt, daß sie von dem Vogel selbst gebaut werden, ziemlich groß und dicht sind und aus dürren Reisern und Durahstengeln bestehen, wogegen Hartmann sagt, daß der große Horst aus Gras und Lumpen erbaut werde. Auch in Indien brütet der Schmutzgeier auf Felsen und Klippen, ebenso aber in großen Gebäuden, Pagoden, Moscheen, Gräbern, gelegentlich sogar auf Bäumen, baut hier wie da den Horst aus Zweigen und mancherlei Abfällen und kleidet die Mulde oft mit alten Lumpen aus. Ein besonders beliebter Brutplatz scheint, laut Alléon, die Stadt Konstantinopel zu sein, jedoch nur der von den Türken bewohnte Theil Stambuls und nicht das Fremdenviertel Pera. Dort nistet der Vogel ebenso auf den Cypressen wie auf den Moscheen, und zwar in so bedeutender Menge, daß der genannte die Anzahl der alljährlich ausfliegenden Jungen auf tausend Stück anschlägt. In Egypten fällt die Brutzeit in die Monate Februar bis April, in Griechenland, nach Krüper, etwa in die Mitte des letztgenannten Monates. Doch erhielt Krüper auch zu Ende April und im Anfange des Mai noch frische Eier. Das Gelege enthält gewöhnlich zwei Eier; dreimal fand jedoch Krüper nur ein einziges. Die Eier sind länglich, hinsichtlich des Korns und der Färbung sehr verschieden, gewöhnlich auf gilblichweißem Grunde entweder lehmfarben oder rostbraun gefleckt und gemarmelt, einzelne auch wie mit blutschwarzen größeren Flekken und Streifen überschmiert. Diese Flecke stehen zuweilen am dickeren, zuweilen am spitzeren Ende dichter zusammen. Wie lange die Brutzeit währt, ist noch nicht ermittelt; auch weiß man nicht, ob beide Geschlechter an der Bebrütung theilnehmen, obwohl sich dies erwarten läßt. Das Weibchen sitzt sehr fest auf den Eiern und verläßt sie erst, wenn der störende Mensch unmittelbar vor dem Horste angelangt ist. Die Jungen, welche anfänglich mit grauweißlichem Flaume bekleidet sind, werden aus dem Kropfe geatzt, sitzen lange Zeit am Horste und verweilen auch dann noch Monate in Gesellschaft ihrer Alten.

Jung eingefangene Schmutzgeier werden sehr zahm, folgen zuletzt ihrem Pfleger wie ein Hund auf dem Fuße nach und begrüßen ihn mit Freudengeschrei, sobald er sich zeigt. Auch alt gefangene gewöhnen sich bald ein und ertragen den Verlust ihrer Freiheit viele Jahre.

# *Unser Waldkauz*

Der Kopf unseres Waldkauzes (Syrnium aluco) ist außergewöhnlich groß und der große, zahnlose Schnabel stark und sehr gekrümmt. Die Grundfärbung des Gefieders ist entweder ein tiefes Grau oder ein lichtes Rostbraun. In Deutschland bewohnt er vorzugsweise Waldungen, aber auch Gebäude. Während des Sommers sitzt er, dicht an den Stamm gedrückt, in laubigen Baumwipfeln; im Winter verbirgt er sich lieber in Baumhöhlungen, meidet daher Waldungen mit jungen und höhlenlosen Bäumen. An einem hohen Baume, welcher sich für ihn passend erweist, hält er mit solcher Zähigkeit fest, daß man ihn, laut Altum, bei jedem Spaziergange durch Anklopfen hervorscheuchen kann; ja einzelne derartige Bäume werden so sehr von ihm bevorzugt, daß, wenn der Inwohner geschossen wird, nach einiger Zeit jedesmal wieder ein anderer Waldkauz dasselbe Versteck als Wohnung sich aussersieht. Bestimmend für seinen Aufenthalt ist außerdem größerer oder geringerer Reichthum an entsprechender Beute. Wo es Mäuse gibt, siedelt sich der Waldkauz sicherlich an, falls die Umstände einigermaßen solches gestatten; wo Mäuse spärlich auftreten, wohnt er entweder gar nicht, oder wandert er aus.

Vor dem Menschen scheut er sich nicht, nimmt daher selbst in bewohnten Gebäuden Herberge, und wenn ein Paar einmal solchen Wohnsitz erkoren, findet das Beispiel sicherlich Nachahmung. Dann sieht man ihn des Nachts auf Dachfirsten, Schornsteinen, Gartenmauern und anderen Warten sitzen und von ihnen aus sein Jagdgebiet überschauen.

Der Waldkauz, dem Anscheine nach einer der lichtscheuesten Vögel, welche wir kennen, weiß sich jedoch auch am hellen Mittage so vortrefflich zu benehmen, daß man die vorgefaßte Meinung ändert, sobald man ihn genauer kennen gelernt hat. »Ich habe ihn«, sagt mein Vater, »mehrmals bei Tage in den Dickichten gesehen; er flog aber allemal so bald auf und so geschickt durch die Bäume, daß ich ihn nie habe erlegen können.« Die Possenhaftigkeit der kleinen Eulen und Tagkäuze fehlt ihm gänzlich; jede seiner Bewegungen ist plump und langsam; der Flug, welcher unter starker Bewegung der Schwingen geschieht, zwar leicht, aber schwankend und keineswegs schnell; die Stimme, ein starkes, weit im Walde widerhallendes »Huhuhu«, welches zuweilen so oft wiederholt wird, daß es einem heulenden Gelächter ähnelt, außerdem ein kreischendes »Rai« oder wohltönendes »Kuwitt«. Daß er seinen Antheil an der »wilden Jagd« hat, unterliegt wohl keinem Zweifel, und derjenige, welchem es ergeht, wie einstmals Schacht, wird schwören können, daß ihn der wilde Jäger selbst angegriffen habe. »Einst«, so erzählt der eben genannte, »jagte mir ein Waldkauz durch sein Erscheinen nicht geringen Schrecken ein. Es war im Januar abends, als ich mich, ruhig mit der Flinte im Schnee auf dem Anstande stehend, urplötzlich von den weichen Flügelschlägen wie von Geistererscheinungen umfächelt fühlte. In demselben Augenblicke geschah es aber auch, daß ein großer Vogel auf meinen etwas tief über das Gesicht gezogenen Hut flog und daselbst Platz nahm. Es war der große Waldkauz, welcher sich das Haupt eines Menschenkindes zur Sitzstelle gewählt, um sich von hier aus einmal nach Beute umschauen zu können. Ich stand wie eine Bildsäule und fühlte es deutlich, wie der nächtliche Unhold mehrere Male seine Stellung veränderte und erst abzog, als ich versuchte, ihn für diese absonderliche Zuneigung an den Fängen zu ergreifen.«

Der Waldkauz frißt fast ausschließlich Mäuse. Naumann beobachtete allerdings, daß einer dieser Vögel nachts einen Bussard angriff, so daß dieser sein Heil in der Flucht suchen mußte, erfuhr ferner, daß ein anderer Waldkauz vor den Augen seines Vaters einen Seidenschwanz aus der Schlinge holte, und wir wissen endlich, daß die jungen Tauben in Schlägen, welche er dann und wann besucht, ebensowenig als die auf der Erde schlafenden oder brütenden Vögel verschont werden: Mäuse aber, und zwar hauptsächlich Feld-, Wald- und Spitzmäuse, bleiben doch die Hauptnahrung. »Eines Abends«, erzählt Altum, »befand ich mich an der Wienburg, eine kleine halbe Stunde von Münster. Das einstöckige Haus ist theilweise umgeben von Gärten, freien Plätzen und Nebengebäuden. Auf dem Hausboden befand sich das Nest des Waldkauzes mit Jungen. Der westliche Himmel war noch hell erleuchtet von den Strahlen der untergegangenen Sonne, als sich ein alter Kauz auf der Firste des Daches zeigte. Unmittelbar darauf nimmt der zweite auf dem Schornsteine Platz. Sie sitzen unbeweglich; doch der Kopf wendet sich ruckweise bald hierhin, bald dorthin. Plötzlich streicht der eine ab, überfliegt den breiten Hausboden und läßt sich jenseits am Rande des Gehölzes fast senkrecht zu Boden fallen, um sofort mit seiner Beute, einer langschwänzigen Maus, also wohl Waldmaus, zurückzufliegen. Kaum ist er mit derselben unter dem Dache verschwunden, so streicht auch der zweite ab und kommt mit Beute beladen sofort zurück. Von da ab aber waren sie derart mit ihrer Jagd beschäftigt, daß im Durchschnitte kaum zwei Minuten zwischen dem Herbeitragen zweier kleinen Säugethiere verstrichen. Häufig hatten sie kaum ihre Warte eingenommen, so machten sie auch schon wieder einen erneuerten Jagdflug, und ich habe auch nie gesehen, daß sie auch nur ein einziges Mal vergeblich gejagt hätten. Endlich setzte die zunehmende Dunkelheit der Beobachtung ein Ziel.« Eigenthüm-

Strix aluco
STRIGINAE

lich für den Waldkauz ist, daß er immer eine bestimmte Stelle, beziehentlich einen bestimmten Baum aufsucht, um Gewölle auszuspeien. Wahrscheinlich wirst der Waldkauz das Gewölle besonders des Nachts aus, wenn er von der Jagd auf kurze Zeit an einem ihm besonders zusagenden, ungestörten Plätzchen ausruht.

Um die Zeit, wenn im Frühjahre die Waldschnepfen streichen, um die Mitte des März also, hört man, wie Naumann sagt, im Walde »das heulende Hohngelächter« unseres Waldkauzes erschallen. Der Wald wird um diese Zeit laut und lebendig, da der Kauz selbst am Tage seine Erregung bekundet. Je nach dem Stande der Witterung und der Nahrung beginnt das Paar mit seinem Brutgeschäfte früher oder später, in den Rheinlanden zuweilen schon im Februar, in Mitteldeutschland meist im März, bei einigermaßen ungünstiger Witterung hier und selbst in Ungarn aber auch erst im April und sogar im Anfang des Mai. Eine Baumhöhle, welche dem brütenden Vogel leichten Zugang gewährt und ihn vor Regen schützt, wird zur Ablegung der Eier bevorzugt, eine passende Stelle im Gemäuer oder unter Dächern bewohnter Gebäude oder ein Raubvogelhorst, Krähen- oder Elsternest jedoch ebensowenig verschmäht. Im Neste selbst findet man zuweilen etwas Genist, Haare, Wolle und dergleichen, jedoch nur die Unterlage, welche auch der Vogel vorfand. Die zwei bis drei Eier sind rundlich, länglich oder eiförmig, rauhschalig und von Farbe weiß. Das Weibchen scheint allein zu brüten, und zwar, wie Päßler meint, sofort, nachdem es das erste Ei gelegt hat. Das Männchen hilft bei Auffütterung der Jungen, gegen welche beide Alten die größte Liebe an den Tag legen. Sobald die Jungen ihre volle Selbständigkeit erlangt haben, beginnen sie in der Gegend umherzustreichen, und wenn diese gerade arm an Mäusen ist, ziehen alle fort, wie man, laut Liebe, am sichersten an den Gewöllplätzen beobachten kann, indem man nach dem Wegzuge der Jungen auf allen alten Plätzen dieser Art frisches Gewölle, auf den neu angelegten hingegen keine mehr sieht.

Keine andere Eule hat von dem Kleingeflügel mehr zu leiden als der Waldkauz. Was Flügel hat, umflattert den aufgefundenen Unhold, was singen oder schreien kann, läßt seine Stimme vernehmen. Singdrossel und Amsel, Grasmücke, Laubvögel, Finke, Braunnelle, Goldhähnchen und wer sonst noch im Walde lebt und fliegt, umschwirrt den Lichtfeind, bald jammernd klagend, bald höhnend singend, bis dieser endlich sich aufmacht und weiter fliegt.

Gefangene können sehr zahm werden. Nach Liebe's Erfahrung eignet sich der Waldkauz unter allen Eulenarten am besten für die Aufzucht. Er scheut das Licht so wenig, daß er sich um Mittag ein warmes, sonnenbeschienenes Plätzchen auswählt und hier unter allerhand erheiternden Geberden die Sonne durch die gesträubten Federn hindurch auf die Haut scheinen läßt. Die Gesellschaft des Menschen erhält ihn den ganzen Tag über munter, zumal wenn man sich Mühe gibt, mit ihm zu spielen, wofür er wenigstens in seinen ersten Lebensjahren ersichtlich dankbar ist. Hat man ihn jung aus dem Neste gehoben und ihn beim Aufziehen alltäglich zweimal auf der Faust gekröpft, so daß er das Futter mit dem Schnabel aus der Hand nehmen muß, so gewöhnt er sich bald derartig an den Gebieter, daß er ihm alle Liebkosungen erweist, welche er sonst unter Blinzeln, Gesichterschneiden und leisem Piepen nur seinesgleichen zu theil werden läßt. Liebe hat Käuze soweit gezähmt, daß sie auf seinen Ruf herbei flogen, sich auf die Faust setzten und mit dem krummen Schnabel seinen Kopf krauten. »Vermöge der kleinen Muskeln, welche an den Federwurzeln angebracht sind«, schreibt mir der eben genannte, treffliche Beobachter, »haben die meisten Vögel ein Mienenspiel, welches sich am stärksten in der aufregenden Zeit der Paarung zeigt. Einige bringen es zu einer Fertigkeit, welche man geradezu Gesichterschneiden nennen muß. In hohem Grade ist auch der Gesichtsausdruck der Eule je nach den verschiedenen Gemüthsstimmungen veränderlich, und der Waldkauz kann das Gesicht in so außergewöhnliche Falten legen, daß man es kaum wieder erkennt. Bei schlechter Laune macht er dadurch, daß er die oberen Gesichtsfedern nach oben, die unteren nach unten streift und die Federn über den Augen zurückzieht, ein wirklich verdrießliches Gesicht, dessen Bedeutung auch dem Nichtkenner keinen Augenblick verborgen bleibt. Ist er zärtlich gestimmt, so gibt er durch Richtung der mittleren und seitlichen Gesichtsfedern nach vorn seinem Antlitze einen Ausdruck, welcher nach seiner Meinung zärtlich sein soll, durch das zugleich eintretende Blinzeln mit Augenlid oder Nickhaut jedoch etwas überaus komisches erhält. Mit seinesgleichen verträgt sich auch der gefangene Waldkauz vortrefflich, und zumal Geschwister, welche man gleichzeitig aufgezogen hat, gerathen auch dann nicht in Streit mit einander, wenn zwei gleichzeitig eine Maus ergriffen haben. Zwar zerren sie dann unter eigenthümlich zirpendem Geschrei die streitige Beute hin und her, bis sie endlich dem einen zufällt, mißhandeln sich dabei aber nicht mit Bissen oder Fanghieben. Ihre Verträglichkeit gipfelt in den Liebkosungen, welche sie sich gegenseitig gewähren, indem sie mit dem Schnabel sanft im Nacken oder hinter den Ohren des anderen krauen.« Ganz ähnliche Beobachtungen habe ich an meinen Pfleglingen gewonnen. Einmal hielt ich ihrer sieben in einem und demselben Käfige. Hier lebten sie zwei Jahre im tiefsten Frieden, und auch unter ihnen machte sich, obgleich ich mir keinerlei Mühe mit ihrer Versittlichung gegeben hatte, Futterneid nicht bemerklich. Wenn der eine fraß, schauten die anderen zwar aufmerksam, aber sehr ruhig zu und eigentliche Kämpfe um die Nahrung kamen niemals vor. Anders benahmen sie sich einem Todten oder Kranken ihrer Art gegenüber. Ersterer wurde ohne Bedenken aufgefressen, letzterer grausam erwürgt. Ein Paar meiner Pfleglinge legte vier Eier und bebrütete sie lange Zeit unter Mithülfe von zwei seiner Käfiggenossen.

# Die Nachtigallen

Unsere seit altersgrauer Zeit hochberühmte Nachtigall (Luscinia vera) kann mit wenig Worten beschrieben werden. Das Gefieder der Oberseite ist rostrothgrau, auf Scheitel und Rücken am dunkelsten, das der Unterseite licht gilblichgrau, an der Kehle und Brustmitte am lichtesten; die Schwingen sind auf der Innenfahne dunkelbraun, die Steuerfedern rostbraunroth. Das Auge ist rothbraun, der Schnabel und die Füße sind röthlich graubraun. Das Jugendkleid ist auf röthlich braungrauem Grunde gefleckt, weil die einzelnen Federn der Oberseite lichtgelbe Schaftflecken und schwärzliche Ränder haben. Die Länge beträgt siebzehn, die Breite fünfundzwanzig, die Fittiglänge acht, die Schwanzlänge sieben Centimeter. Das Weibchen ist ein wenig kleiner als das Männchen.

Über die Verbreitung der Nachtigall läßt sich das folgende sagen: sie bewohnt als Brutvogel von Großbritannien an West-, Mittel- und Südeuropa und tritt in Nord-, Mittel- und Süddeutschland häufig auf. Sie bevorzugt die Ebene, meidet aber auch bergige Gelände nicht gänzlich, vorausgesetzt, daß es hier an Laubbäumen und Gesträuchern nicht mangelt; die Ufer größerer Gewässer und Gärten, in denen es heimliche Gebüsche gibt, sind ihre Lieblingsplätze. Hier wohnt Paar an Paar, ein jedes allerdings in einem bestimmt umgrenzten Gebiete, welches streng bewacht und gegen andere muthvoll vertheidigt wird. Wo es Örtlichkeiten gibt, welche ihren Anforderungen genügen, ist sie stets häufig, bei uns zu Lande aber doch in geringerem Grade als in Südeuropa. Hier hat mich die Menge der Nachtigallen, welche einen und denselben Landestheil oder Garten bewohnen in Erstaunen gesetzt. Man sagt kaum zu viel, wenn man behauptet, daß in Spanien zum Beispiel, geeigneten Orts, in jeder Hecke oder in jedem Busche ein Nachtigallenpärchen herbergt. Ein Frühlingsmorgen auf dem Montserrat, eine abendliche Lustwandlung innerhalb der Ringmauern der Alhambra wird jedem unvergeßlich bleiben, welcher ein Ohr hat, zu hören. Man vernimmt hundert Nachtigallen zu gleicher Zeit; man hört allüberall das eine Lied. Die ganze, große, grüne Sierra Morena darf als ein einziger Nachtigallengarten angesehen werden, und solcher Gebirge gibt es noch viele. Man begreift nicht, wie es möglich ist, daß ein so kleines Stück Erde, wie hier zur Vertheilung kommt, zwei so anspruchsvolle Vögel nebst ihrer zahlreichen Brut ernähren kann. Genau dasselbe gilt nach meinen neuesten Erfahrungen auch für Südungarn, woselbst sie den früher dort häufig gewesenen Sprosser mehr und mehr zu verdrängen scheint und nicht, wie vormals, allein im Gebirge, sondern auch im Donauthale auftritt.

Der Sprosser ist größer, namentlich stärker als die Nachtigall, ihr aber sehr ähnlich. Das Verbreitungsgebiet des Sprossers begrenzt den Wohnkreis der Nachtigall im Norden und Osten. Er ist die häufigste Nachtigall Dänemarks und die einzige, welche in Skandinavien, dem östlichen Pommern und ganz Nord- und Mittelrußland gefunden wird.

Nachtigall und Sprosser stimmen unter sich in allen wesentlichen Zügen ihrer Lebensweise so vollständig überein, daß man bei einer Schilderung derselben sich fast auf eine Art beschränken kann. Auch ich werde dies im nachstehenden thun und vorzugsweise die Nachtigall ins Auge fassen. Da, wo diese köstliche Sängerin des Schutzes seitens des Menschen sich versichert hält, siedelt sie sich unmittelbar bei dessen Behausung an, bekundet dann nicht die mindeste Scheu, eher eine gewisse Dreistigkeit, läßt sich daher ohne Mühe in ihrem Thun und Treiben beobachten. »Im Betragen der Nachtigall«, sagt Naumann, dessen noch heute unübertroffener, nicht einmal erreichter Schilderung ich folgen werde, »zeigt sich ein bedächtiges, ernstes Wesen. Ihre Bewegungen geschehen mit Überlegung und Würde; ihre Stellungen verrathen Stolz, und sie steht durch diese Eigenschaften gewissermaßen über alle einheimischen Sänger erhaben. Ihre Geberden scheinen anzudeuten, sie wisse, daß ihr dieser Vorzug allgemein zuerkannt wird. Sie ist sehr zutraulich gegen die Menschen, wohnt gern in ihrer Nähe und zeichnet sich durch ein ruhiges, stilles Benehmen aus. Gegen andere Vögel zeigt sie sich sehr friedfertig; auch sieht man sie nur selten mit ihresgleichen zanken.« Gewöhnlich gewahrt man sie, niedrig über dem Boden auf Zweigen sitzend, ziemlich aufgerichtet, den Schwanz erhoben, die Flügel so tief gesenkt, daß ihre Spitzen unter die Schwanzwurzel zu liegen kommen. Im Gezweige hüpft sie selten, wenn es aber geschieht, mit großen Sprüngen umher; auf dem Boden trägt sie sich hoch aufgerichtet und springt, den Schwanz gestelzt, mit förmlichen Sätzen, wie Naumann sagt, »stolz« dahin, immer in Absätzen, welche durch einen Augenblick der Ruhe unterbrochen werden. Erregt irgend etwas ihre Aufmerksamkeit, so schnellt sie den Schwanz kräftig und jählings empor; diese Bewegung wird überhaupt bei jeder Gelegenheit ausgeführt. Ihr Flug ist schnell, leicht, in steigenden und fallenden Bogen, auf kleinen Räumen flatternd und wankend; sie fliegt aber nur kurze Strecken, von Busch zu Busch, und am Tage nie über freie Flächen. Daß sie auch sehr schnell fliegen kann, sieht man, wenn zwei eifersüchtige Männchen streitend sich verfolgen.

Die Lockstimme der Nachtigall ist ein helles gedehntes »Wiid«, dem gewöhnlich ein schnarrendes »Karr« angehängt wird. Geängstigt, wiederholt sie das »Wiid« oft nach einander und ruft nur ab und zu einmal »Karr«. Im Zorne läßt sie ein unangenehmes »Räh«, in behaglicher Gemüthsstimmung ein tief klingendes »Tak« vernehmen. Die Jungen rufen anfangs »Fiid«, später »Kroäk«. Daß alle diese Umgangslaute durch verschiedene Betonung, welche unserem Ohre in den meisten Fällen entgeht, auch verschiedene Bedeutung gewinnen, ist selbstverständlich. Der Schlag, welcher der Nachtigall vor allem anderen unsere Zuneigung erworben hat und den aller übrigen Vögel, mit alleiniger Ausnahme der Sippenverwandten, an Wohllaut und Reichhaltigkeit übertrifft, ist, wie Naumann trefflich schildert, »so ausgezeichnet und eigenthümlich, es herrscht in ihm eine solche Fülle von Tönen, eine so angenehme Abwechselung und eine so hinreißende Harmonie, wie wir in keinem anderen Vogelgesange wieder finden. Mit unbeschreiblicher Anmuth wechseln sanft flötende Strophen mit schmetternden, klagende mit fröhlichen, schmelzende mit wirbelnden; während die eine sanft anfängt, nach und nach an Stärke zunimmt und wiederum ersterbend endigt, werden in der anderen eine Reihe Noten mit geschmackvoller Härte hastig angeschlagen und melancholische, den reinsten Flötentönen vergleichbare, sanft in fröhlichere verschmolzen. Die Pausen zwischen den Strophen erhöhen die Wirkung dieser bezaubernden Melodien, sowie das in denselben herrschende mäßige Tempo trefflich geeignet ist, die Schönheit derselben recht zu erfassen. Man staunt bald über die Mannigfaltigkeit dieser Zaubertöne, bald über ihre Fülle und außerordentliche Stärke und wir müssen es als ein halbes Wunder ansehen, daß ein so kleiner Vogel im Stande ist, so kräftige Töne hervorzubringen, daß eine so bedeutende Kraft in solchen Kehlmuskeln liegen kann. Manche Strophen werden wirklich mit soviel Gewalt hervorgestoßen, daß ihre gellenden Töne dem Ohre, welches sie ganz in der Nähe hört, wehe thun«.

Der Schlag einer Nachtigall muß zwanzig bis vierundzwanzig verschiedene Strophen enthalten, wenn wir ihn vorzüglich nennen sollen; bei vielen Schlägern ist die Abwechselung geringer. Die Örtlichkeit übt bedeutenden Einfluß aus; denn da die jungen Nachtigallen nur durch ältere ihrer Art, welche mit ihnen dieselbe Gegend bewohnen, gebildet und geschult werden können, ist es erklärlich, daß in einem Gaue fast ausschließlich vorzügliche, in dem anderen hingegen beinahe nur minder gute Schläger gehört werden. Ältere Männchen schlagen regelmäßig besser als jüngere; denn auch bei Vögeln will die edle Kunst geübt sein. Am feurigsten tönt der Schlag, wenn die Eifersucht ins Spiel kommt; dann wird das Lied zur Waffe, welche jeder Streiter bestmöglichst zu handhaben sucht. Einzelne Nachtigallen machen ihren Namen insofern wahr, als sie sich hauptsächlich des Nachts vernehmen lassen, andere singen fast nur bei Tage. Während des ersten Liebesrausches, bevor noch das Weibchen seine Eier gelegt hat, vernimmt man den herrlichen Schlag zu allen Stunden der Nacht; später wird es um diese Zeit stiller: der Sänger scheint mehr Ruhe gefunden und seine gewohnte Lebensordnung wieder angenommen zu haben.

Die Lockstimme des Sprossers klingt anders, – nicht »Wiid-karr«, sondern »Glockarrr«; der Schlag kennzeichnet sich durch größere Tiefe der Töne und langsameren, mehr gehaltenen, durch längere Pausen unterbrochenen Vortrag, ist stärker und schmetternder als der der Nachtigall, die Mannigfaltigkeit seiner Strophen aber geringer; er steht jedoch demungeachtet mit dem Nachtigallenschlage vollkommen auf gleicher Höhe. Einzelne Liebhaber ziehen ihn dem Liede der Nachtigall vor und rühmen mit Recht die sogenannten Glockentöne als etwas unvergleichliches. Meiner Ansicht nach gibt Gräßner die Unterschiede zwischen Nachtigallen- und Sprosserschlag mit nachstehenden Worten am kürzesten und richtigsten wieder: »Soviel ich von Nachtigallen und Sprossern gehört habe, scheint mir festzustehen, daß die Nachtigallen, auch die größten Gesangskünstlerinnen unter ihnen, in fest gegliederten Strophen, aber in verschiedener Reihenfolge und in verschiedenem Zeitmaße schlagen, je nach Stimmung und Tageszeit, während ein guter Sprosser die ihm eigenen Strophen derart abändert, daß von einer Aufeinanderfolge bestimmter Töne kaum die Rede sein kann. Lautet der Schlag der Nachtigall wie eine bestimmte, mit verschiedenen Einschaltungen und Vertönungen verwebte Weise, so erscheint der Schlag des Sprossers wie ein Recitativ, in welchem der Tondichter dem Sänger außerordentliche Freiheiten des Vortrages gestattet hat, und von denen dieser solch ausgiebigen Gebrauch macht, daß man bei verschiedenen Wiederholungen desselben Stückes, je nach Stimmung und Gefühl vorgetragen, dieses oft gar nicht wieder erkennt: so wunderbar verändert der ausübende Künstler. Der Eindruck ist natürlich tiefer, wenn anstatt der erwarteten Töne, Takte und Strophen ganz andere, neu aus dem Tonschatze gebildete Vertönungen folgen. Und darum gebe ich dem Sprosser den Vorzug vor der Nachtigall, weil er nicht allein Sänger, sondern auch Tondichter ist, weil er die ihm verliehenen Töne selbständig je nach Stimmung verändert.«

Erdgewürm mancherlei Art und Kerbthierlarven, die des Schattenkäfers, der Ameisen z. B., oder kleine glatthäutige Räupchen und dergleichen, im Herbste verschiedene Beeren, bilden die Nahrung der Nachtigallen. Sie lesen diese vom Boden auf und sind deshalb gleich bei der Hand, wenn irgendwo die Erde aufgewühlt wird. Nach fliegenden Kerfen sieht man sie selten jagen. Fast jeder Fund wird durch ausdruckvolles Aufschnellen des Schwanzes begrüßt.

Die Nachtigallen erscheinen bei uns in der letzten Hälfte des April, je nach der Witterung etwas früher oder später, ungefähr um die Zeit, in welcher der Weißdorn zu grünen beginnt. Sie reisen einzeln des Nachts, die Männchen voran, die Weibchen etwas später. Zuweilen sieht man am frühen Morgen eine aus hoher Luft herniederstürzen, einem Gebüsche sich zuwendend, in welchem sie dann während des Tages verweilt; gewöhnlich aber bekunden sie sich zuerst durch ihren Schlag. Eine jede sucht denselben Waldestheil, denselben Garten, dasselbe Gebüsch, in welchem sie vergangene Sommer verlebte, wieder auf; das jüngere Männchen strebt, in der

Luscinia megarhynchos
TURDINAE

Nähe der Stelle sich anzusiedeln, wo seine Wiege stand. Sofort nach glücklicher Ankunft in der Heimat beginnt das Schlagen; in den ersten Nächten nach der Rückkehr tönt es ununterbrochen, wohl, um der Gattin, welche oben dahinzieht, im nächtlichen Dunkel zum Zeichen zu dienen oder in der Absicht, ein noch freies Herz zu gewinnen. Das Pärchen einigt sich nicht ohne Kampf und Sorge; denn jedes unbeweibte Männchen versucht einem anderen Gattin oder Braut abwendig zu machen. Wüthend verfolgen sich die Gegner, mit »schirkendem« Gezwitscher jagen sie durch das Gebüsch, bis zu den Wipfeln der Bäume hinauf und bis zum Boden herabsteigend; ingrimmig fallen sie über einander her, bis der Kampf entschieden und einer Herr des Platzes und wahrscheinlich auch – des Weibchens geblieben oder geworden ist. Die Nachtstunden, der frühe Morgen und der späte Abend werden jetzt von dem Männchen dem Gesange und von dem Weibchen dem Zuhören der Liebeslieder gewidmet; die Zwischenzeit füllt die Sorge um das liebe Brod aus. Zu ihr gesellt sich bald die um die Wiege der Kinder. Das Nest wird nunmehr in Angriff genommen und rasch vollendet. Es ist kein Kunstbau, um den es sich handelt. Ein Haufen dürres Laub, namentlich Eichenlaub, bildet die Grundlage, trockene Halmen und Stengel, Schilf und Rohrblätter stellen die Mulde her, welche mit feinen Würzelchen oder Hälmchen und Rispen, auch wohl mit Pferdehaaren und Pflanzenwolle ausgekleidet wird. Ausnahmsweise verwendet die Nachtigall zum Unterbaue starke Reiser, zu den Wandungen Stroh. Das Nest des Sprossers unterscheidet sich, nach Päßler, von dem der Nachtigall durch dickere Wandungen und reichlichere Ausfütterung von Thierhaaren. Das eine wie das andere steht regelmäßig auf oder dicht über dem Boden, in Erdhöhlungen, zwischen jungen Schößlingen eines gefällten Baumes oder an der Seite eines Baumstrunks, im Gestrüppe, in einem Grasbusche. Ausnahmen hiervon sind auch beobachtet worden: eine Nachtigall baute, wie Naumann erzählt, in einen Haufen dürres Laub, welcher im Inneren eines Gartenhäuschens lag; eine andere, nach Dubois, auf das Nest eines Zaunkönigs, welches etwa anderthalb Meter über dem Boden auf einem Tannenaste stand. Die vier bis sechs Eier, welche das Weibchen legt, sind zart- und glattschalig, mattglänzend und grünlich braungrau von Farbe, in der Regel einfarbig, zuweilen dunkler gewölkt.

Sobald das Gelege vollzählig ist und das Brüten beginnt, ändert das Männchen sein Betragen. Die Brut beansprucht auch seine Thätigkeit; es muß das Weibchen wenigstens auf einige Stunden, gegen Mittag, im Brüten ablösen und findet schon um deshalb weniger Zeit zum Singen. Noch schlägt es, der Gattin und sich selbst zur Freude, aber fast nur am Tage, kaum mehr des Nachts. Das Nest bewacht es sorgsam, die Gattin hält es zu eifrigem Brüten an: ein Sprosser, dessen Weibchen Päßler vom Neste jagte, unterbrach sofort seinen Gesang, stürzte sich nach der Gattin hin und führte sie »mit Zornesrufen und Schnabelbissen zur Pflicht der Häuslichkeit zurück«. Nahenden Feinden gegenüber zeigen sich die um die Brut besorgten Nachtigallen sehr ängstlich, aber auch wieder muthig, indem sie rührende und gefährliche Aufopferung bethätigen. Die Jungen werden mit allerlei Gewürm groß gefüttert, wachsen rasch heran, verlassen das Nest schon, »wenn sie kaum von einem Zweige zum anderen flattern können«, und bleiben bis gegen die Mauser hin in Gesellschaft ihrer Eltern. Diese schreiten nur dann zu einer zweiten Brut, wenn man ihnen die Eier raubte. Ihre Zärtlichkeit gegen die Brut erleidet keinen Abbruch, wenn man die Jungen vor dem Flüggewerden dem Neste entnimmt, in ein Gebauer steckt und dieses in der Nähe des Nestortes aufhängt; denn die treuen Eltern füttern auch dann ihre Kinder, als ob sie noch im Neste säßen. Schon kurze Zeit nach ihrem Eintritte in die Welt beginnen die jungen Männchen ihre Kehle zu proben: sie »dichten« oder versuchen zu singen. Dieses Dichten hat mit dem Schlage ihres Vaters keine Ähnlichkeit; der Lehrmeister schweigt aber auch bereits, wenn seine Sprößlinge mit ihrem Stammeln beginnen; denn bekanntlich endet schon um Johanni der Nachtigallenschlag. Noch im nächsten Frühlinge lernen die jugendlichen Sänger. Anfangs sind ihre Lieder leise und stümperhaft; aber die erwachende Liebe bringt ihnen volles Verständnis der herrlichen Kunst, in welcher sie später Meisterschaft erreichen.

Im Juli wechseln die Nachtigallen ihr Kleid, nach der Mauser zerstreuen sich die Familien; im September begibt sich alt und jung auf die Wanderschaft, gewöhnlich wiederum zu Familien, unter Umständen auch zu Gesellschaften vereinigt. Sie reisen rasch und weit, machen sich aber in der Fremde wenig bemerklich. Ich habe sie einzeln in den Waldungen Ostsudâns angetroffen.

Der vielen Feinde halber, welche den Nachtigallen, und zumal ihrer Brut, nachstellen, thut der vernünftige Mensch nur seine Schuldigkeit, wenn er den edlen Sängern Plätze schafft, auf denen sie möglichst geschützt leben können. In größeren Gärten soll man, wie der hochverdiente Lenz räth, dichte Hecken pflanzen, aus Stachelbeerbüschen bestehende zum Beispiel, und alles Laub, welches im Herbste abfällt, dort liegen lassen. Derartige Plätze werden bald aufgesucht, weil sie allen Anforderungen entsprechen. Das dichte Gestrüpp schützt, das Laub wird zum Sammelplatze von Würmern und Kerfen und verräth raschelnd den sich nahenden Feind. Noch mehr, als vor vierbeinigen und geflügelten Räubern, hat man die Nachtigallen vor nichtsnutzigen Menschen, insbesondere gewerbsmäßigen Fängern zu wahren und diesen das Handwerk zu legen, wo und wie man immer vermag. So klug die unvergleichlichen Sänger sind, so wenig scheuen sie sich vor Fallen, Schlingen und Netzen; auch das einfachste Fangwerkzeug berückt sie. Dann kommen alle Leiden der Gefangenschaft über sie. Alte Nachtigallen, welche eingefangen werden, wenn sie sich schon gepaart haben, sterben regelmäßig auch bei der besten Pflege, jüngere, vor der Paarung ihrer Freiheit beraubte, ertragen die Gefangenschaft nur dann, wenn ihnen die sorgsamste Wartung zu theil wird. Ich übergehe deshalb hier die Art und Weise der Pflege im Käfige: derjenige meiner Leser, welcher sich berufen fühlt, Nachtigallen zu pflegen, findet in meinen »Gefangenen Vögeln« alles, was er zu wissen nöthig hat, ausführlicher und verläßlicher dargestellt als irgend sonstwo. Wer schlagende Nachtigallen in seinem Garten, von seinem Fenster aus hören kann, braucht sie nicht im Käfige zu halten; wer dagegen durch seinen Beruf an das beengende Zimmer gebannt ist, wer keine Zeit oder keine Kraft hat, die herrliche Sängerin draußen unter freiem Himmel zu hören, und die rechte Liebe in sich fühlt, mag unbeanstandet nach wie vor seine Nachtigall pflegen.

# *Die Spottdrossel*

Die Drosseln, von denen man ungefähr dreihundertfünfundsiebzig Arten kennt, sind Weltbürger, bewohnen alle Gürtel der Höhe und Breite und ebenso die verschiedenartigsten Örtlichkeiten, obwohl die Mehrzahl von ihnen im Walde seßhaft ist. Als für sie bezeichnend mag erwähnt sein, daß die meisten viel auf dem Boden sich aufhalten, gleichviel ob derselbe von Pflanzen überdeckt oder steinig oder felsig ist, im tiefsten Schatten liegt oder von der glühenden Sonne bestrahlt wird. Hochbegabt in jeder Beziehung, gewinnen sie durch meist vorzüglichen Gesang unsere besondere Zuneigung, erweisen sich zudem nur nützlich und verdienen daher das allgemeine Wohlwollen, welches ihnen entgegengebracht wird. Kerbthiere, zumal deren Larven, allerlei Weichthiere sowie Erd- und Wassergewürm im weitesten Umfange, während der Fruchtzeit nebenbei Beeren verschiedener Art bilden ihre Nahrung; fast alle, welche höhere Breiten bewohnen, zählen daher zu den Zug- und Wandervögeln, welche früher oder später im Herbste verschwinden und entgegengesetzt im Frühjahre zurückkehren, um bald nach ihrer Ankunft zur Fortpflanzung zu schreiten. Nest und Eier sind so verschieden, daß etwas allgemein gültiges kaum gesagt werden kann; auch die Art und Weise, wie sie ihre Jungen erziehen, ändert vielfach ab.

Feinde der Drosseln sind alle Raubthiere, welche dieselben Aufenthaltsorte mit ihnen theilen. Zu ihnen gesellt sich der Mensch, welcher sie unzweifelhaft am empfindlichsten schädigt, weniger indem er alte und junge fängt, um sie im Käfige zu halten oder auch wohl zu verspeisen, weniger ebenso, indem er ihnen die Eier raubt, als indem er ihnen die zusagenden Wohnplätze schmälert. Der Forscher oder kundige Liebhaber, welcher für seine Zwecke Drosseln tödtet oder fängt, ist es nicht, welcher ihrem Bestande schadet: der Land- und Forstwirt, welcher jeden Busch, jede Hecke rodet, den Wald zu Feld oder im günstigsten Falle zu gleichförmigen Forsten umwandelt, fügt ihnen größeres Unheil zu. Drosseln gefangen zu halten, ist, falls man sie sachkundig zu pflegen versteht, nicht als Verbrechen zu bezeichnen, vielmehr durchaus gerechtfertigt; denn gerade diese Vögel gehören zu den angenehmsten Stubengenossen, welche sich der an das Zimmer gebannte Mensch erwerben kann. Rechtzeitig gefangen und sachkundig gepflegt, gewöhnen sie sich bald an den Verlust der Freiheit, befreunden sich innig mit ihrem Gebieter, geben diesem ihre Zuneigung und Anhänglichkeit in jeder Weise zu erkennen, bekunden Trauer, wenn sie ihn vermissen, jubelnde Freude, wenn sie ihn wieder erscheinen sehen, treten mit einem Worte mit dem Menschen in ein wirklich inniges Verhältnis. Aber sie wollen gepflegt, abgewartet, beobachtet und verstanden sein, wenn man zu erreichen strebt, daß sie längere Zeit im Käfige ausdauern, und deshalb soll der, welcher eine Drossel, eine Nachtigall dem Walde und seinem Mitmenschen rauben will, um sie allein zu besitzen, erst bei einem erfahrenen Vogler in die Lehre gehen, aber auch die rechte Liebe und die rechte Geduld mitbringen; denn ohne diese Liebe und Geduld wird er einem edlen Wesen nicht bloß seine Freiheit, sondern auch sein Leben nehmen. Auch in diesem Falle ist es die Unkenntnis, nicht aber verständnisvolle Liebhaberei, welche frevelt.

Die in Amerika ansässigen Spottdrosseln (Miminae) bilden eine wohlumgrenzte Unterfamilie und kennzeichnen sich durch den mittellangen Schnabel, welcher dem der Drosseln zwar ähnelt, aber beziehentlich höher und auf der Firste mehr gebogen ist, den sehr langen, aber nicht breiten Schwanz, sowie endlich durch ein weicheres und schlafferes Gefieder. Das Gefieder der Oberseite ist graubraun; Schwingen, Flügeldeck- und Steuerfedern sind dunkelbraun.

Die Vereinigten Staaten, vom vierzigsten Grade an südlich bis Mejiko, sind das Vaterland der Spottdrossel; sie ist aber im Süden häufiger als im Norden. Von hier aus wandert sie im Herbste regelmäßig in niedere Breiten; schon in Louisiana aber verweilt sie jahraus, jahrein, wenn auch nicht an demselben Orte, so doch in derselben Gegend. Sie bewohnt Buschwerk aller Art, den lichten Wald wie die Pflanzungen und Gärten, brütet ungescheut in der Nähe des Menschen, dessen Schutz sie genießt, und hält sich namentlich während des Winters in unmittelbarer Nähe der Wohnungen auf. Ihre Lieblingsplätze sind sandige Ebenen an Flußufern oder an der Küste des Meeres, welche mit niederen Bäumen oder Büschen einzeln bestanden sind. Im tieferen Walde kommt sie selten, das heißt höchstens während ihrer Wanderung vor.

Ihre Bewegungen ähneln denen der Drosseln, erinnern oft aber auch an die der Sänger. Sie hüpft auf dem Boden nach Drosselart umher, breitet aber dabei sehr häufig ihren Schwanz aus und legt ihn dann rasch wieder zusammen. Ihr Flug geschieht in kurzen Bogen, wenn sie von einem Busche zum anderen fliegt, und auch dabei wird der Schwanz bald gebreitet, bald zusammengelegt. Auf ihren Wanderungen durchzieht sie weitere Räume, streicht jedoch niemals nach Art unserer Drosseln dahin, sondern fliegt immer nur von einem Baume zum nächsten. Audubon versichert, daß der sonst so menschenfreundliche Vogel in der Fremde anfänglich sehr vorsichtig und scheu wäre und erst, wenn er wieder für längere Zeit Stand genommen habe, zutraulicher werde.

Nicht der ursprüngliche Gesang, sondern die Nachahmungsgabe der Spottdrossel ist es, welche ihr Berühmtheit verschafft und die amerikanischen Forscher zu begeisterten Beschreibungen veranlaßt hat. Wilson und Audubon stimmen in der Meinung überein, daß die Spottdrossel der König aller Singvögel genannt werden dürfe, und behaupten, daß ihr kein anderer Sänger hinsichtlich der Ausdehnung und Mannigfaltigkeit der Stimme gleichkomme. »Es ist nicht der sanfte Ton der Flöte oder irgend eines anderen Tonwerkzeuges, welches man vernimmt«, sagt Audubon, »es sind die schöneren Laute der Natur selbst. Die Tonfülle des Sanges, die verschiedene Betonung und Abstufung, die Ausdehnung der Stimme, das glänzende des Vortrages sind unerreichbar. Wahrscheinlich gibt es keinen Vogel in der Welt, welcher so viel tonkünstlerische Befähigung besitzt wie dieser von der Natur selbst geschulte König des Gesanges. Mehrere Europäer haben behauptet, daß das Lied der Nachtigall dem des Spottvogels gleichkomme; ich meinestheils habe beide oft gehört, in der Freiheit ebensowohl wie in der Gefangenschaft, und stehe nicht an, zu erklären, daß die einzelnen Töne der Nachtigall ebenso schön sind wie die, welche die Spottdrossel hervorbringt: der Nachtigall Stückwerk aber zu vergleichen mit der vollendeten Begabung des Spottvogels, ist meiner Ansicht nach abgeschmackt.« Wilson geht nicht so weit, und europäische Kenner des Vogelgesanges vollends sind ganz anderer Ansicht.

»Ihre große Berühmtheit«, sagt Gerhardt, »hat die Spottdrossel jedensfalls erlangt infolge ihrer Fertigkeit, fremde Gesänge nachzuahmen. Da man in der Neuen Welt äußerst wenig guten Vogelgesang hört, so fällt ein leidlicher schon auf, und dies ist ein Grund mehr, jene so sehr in den Himmel zu heben. Die Sache ist jedenfalls stark übertrieben: ein Kenner der europäischen Vogelgesänge würde ihr weniger dunstigen Weihrauch gestreut haben.« Die Angaben der amerikanischen Forscher über die wunderbare Gabe der Nachahmung bestätigt Gerhardt übrigens in vollem Umfange. »Am neunundzwanzigsten Juni«, erzählt er, »beobachtete ich ein singendes Männchen in unserer Nachbarschaft. Wie gewöhnlich bildete der Lockton und Gesang des amerikanischen Zaunkönigs fast den vierten Theil seines Liedes. Es begann mit dem Gesange des erwähnten Vogels, ging in den Lockruf der Purpurschwalbe über, schrie plötzlich wie ein Sperlingsfalk, flog dann von dem dürren Aste, auf welchem es bisher gesessen hatte, und ahmte während des Fluges den Lockruf der zweifarbigen Meise und der Wanderdrossel nach. Auf einer Umzäunung lief es mit hängenden Flügeln und emporgehobenem Schwanze umher und sang dabei wie ein Fliegenfänger, ein Gilbvogel und eine Tangara, lockte wie die schwarzköpfige Spechtmeise, flog hierauf in ein Brombeergebüsch, zupfte da ein paar Beeren ab und rief sodann wie der Goldspecht und wie die virginische Wachtel, gewahrte eine Katze, welche am Fuße eines Baumstummels herumschlich, stieß sofort mit großem Geschreie nach ihr, schwang sich, nachdem dieselbe die Flucht ergriffen hatte, unter Gesang

Mimus polyglottos
MIMIDAE

auf jenen abgebrochenen Ast des Baumes und begann ihr Lied von neuem.« Nach Wilson ist die Stimme des Spottvogels voll und stark und fast jeder Abänderung fähig. »Sie durchläuft von den hellen und weichen Tönen der Walddrossel an alle denkbaren Laute bis zu dem wilden Kreischen des Geiers. Der Spottvogel folgt im Zeitmaße und in der Betonung treu dem Sänger, dessen Lied er stahl, während er letzteres hinsichtlich der Lieblichkeit und Kraft des Ausdruckes gewöhnlich noch überbietet. In den Wäldern seiner Heimat kann kein anderer Vogel mit ihm wetteifern. Seine Lieder sind fast grenzenlos mannigfaltig. Sie bestehen aus kurzen Takten von zwei bis sechs Tönen, welche mit großer Kraft und Geschwindigkeit hervorquellen und zuweilen mit unvermindertem Feuer eine Stunde nach einander ertönen. Oft glaubt der Zuhörer, daß er eine Menge Vögel höre, welche sich zum gemeinschaftlichen Gesange vereinigt hätten. Der eine Sänger täuscht den Jäger und sogar andere Vögel.« Die Lieder wechseln je nach der Örtlichkeit. Im freien Walde ahmt die Spottdrossel die Waldvögel nach, in der Nähe des Menschen webt sie dem Gesange alle diejenigen Klänge ein, welche man nahe dem Gehöfte vernimmt. Dann werden nicht bloß das Krähen des Hahnes, das Gackern der Hennen, das Schnattern der Gänse, das Quaken der Enten, das Miauen der Katze und das Bellen des Hundes, das Grunzen des Schweines nachgeahmt, sondern auch das Kreischen einer Thüre, das Quieken einer Wetterfahne, das Schnarren einer Säge, das Klappern einer Mühle und hundert andere Geräusche mit möglichster Treue wiedergegeben. Zuweilen bringt sie die Hausthiere in förmlichen Aufruhr. Sie pfeift dem schlafenden Hunde so täuschend nach Art des Herrn, daß jener eiligst aufspringt, um den Gebieter zu suchen, bringt Gluckhennen zur Verzweiflung, indem sie das Gekreisch eines geängstigten Küchleins bis zur Vollendung nachahmt, entsetzt das furchtsame Geflügel durch den wiedergegebenen Schrei des Raubvogels und täuscht den verliebten Kater, indem sie die zärtliche Einladung weiblicher Katzen getreulich wiederholt. Gefangene Spottdrosseln verlieren nichts von ihren Begabungen, eignen sich im Gegentheile noch allerlei andere Töne, Klänge und Geräusche an und mischen sie oft in der drolligsten Weise unter ihre wohltönenden Weisen.

Ich habe viele Spottdrosseln gepflegt und gehört, jedoch keine einzige kennen gelernt, deren Lieder, nach meinem Empfinden, den Schlag des Sprossers oder der Nachtigall erreicht hätten. Nach Versicherung ausgezeichneter Kenner gibt es aber in der That einzelne Männchen, welche unerreichbares und unvergleichliches leisten.

Je nach der Örtlichkeit brütet der Spottvogel früher oder später im Jahre. Im Süden der Vereinigten Staaten beginnt er schon im April mit dem Bau seines Nestes, in dem nördlichen Theile seines Heimatskreises selten vor Ausgang des Mai. Hier zeitigt er gewöhnlich nicht mehr als zwei, dort, nach Audubon, in der Regel drei Bruten im Laufe eines Sommers. Das Männchen wirbt nicht bloß durch Lieder, sondern auch durch allerlei anmuthige Bewegungen um die Gunst seines Weibchens, spreizt den Schwanz, läßt die Flügel hängen und schreitet in dieser Weise stolz auf dem Boden oder auf einem Aste dahin, umfliegt, schmetterlingsartig flatternd, die Gattin, tanzt förmlich durch die Luft, sucht überhaupt seinen Gefühlen in jeder Weise Ausdruck zu geben. Das Nest wird in dichten Baumkronen oder Büschen angelegt, oft sehr nahe an den Wohnungen, oft in alleinstehenden Dornhecken des Feldes, fernab von den Ortschaften. Trockene Zweige bilden den Unterbau, dürre Ranken, Grashalme, Werch- und Wollflocken die Wandungen und ziemlich dicke Lagen von feinen, gebogenen Wurzeln die innere Ausfütterung. Das Gelege der ersten Brut enthält vier bis sechs, das der zweiten höchstens fünf, das der dritten selten mehr als drei Eier. Sie sind etwa sechsundzwanzig Millimeter lang und zwanzig Millimeter dick, rundlich und auf lichtgrünem Grunde mit dunkelbraunen Flecken und Punkten gezeichnet. Das Weibchen, welches allein zu brüten scheint, zeitigt sie in vierzehn Tagen. Die Jungen der beiden ersten Bruten wachsen rasch heran, die des dritten Geheckes aber erreichen oft erst spät im Jahre ihre volle Größe. Während das Weibchen brütet, zeigen sich beide Geschlechter ungemein besorgt um die Eier, und wenn das Weibchen findet, daß dieselben berührt oder in eine andere Lage gebracht worden sind, stößt es klagende Laute aus und ruft ängstlich nach dem Männchen. Die Amerikaner behaupten, daß das Paar seine Brut unter solchen Umständen verließe; Audubon versichert aber, daß es im Gegentheile seine Liebe und Sorgfalt verdoppele und nach trüben Erfahrungen das Nest kaum auf einen Augenblick verlasse.

Die Nahrung ist verschiedener Art. Während des Sommers bilden Kerbthiere das hauptsächlichste Futter; im Herbste erlabt sich alt und jung an mancherlei Beeren. Ganz gegen die Art der Drosseln verfolgen die Alten fliegende Schmetterlinge, Käfer, Schnaken und Fliegen bis hoch in die Luft, und ebenso lesen sie derartiges Gethier von den Blättern der Bäume ab. Im Käfige gewöhnen sie sich an Drosselfutter, sind aber anspruchsvoller als unsere Drosseln und verlangen vor allem anderen ziemlich viel Mehlwürmer und Ameiseneier. Bei guter Behandlung werden sie überaus zahm und zutraulich. Einzelne sind nach der Versicherung der amerikanischen Forscher zum Aus- und Einfliegen gebracht worden; andere, auch von mir gepflegte, haben sich in der Gefangenschaft fortgepflanzt.

Das gesammte Raubzeug Amerikas stellt den alten Spottdrosseln, Schlangengezücht besonders der Brut im Neste, nach. Der Amerikaner hat den Vogel so lieb gewonnen, daß er ihn niemals seines Fleisches halber verfolgt, vielmehr nach Kräften in Schutz nimmt und gegen Unberufene sichert. Dagegen werden viele von den so beliebten Vögeln für den Gebauer gefangen und namentlich Junge dem Neste entnommen und groß gefüttert.

# *Unser Rothkehlchen*

Es scheint, daß unser Rothkehlchen nur in Europa heimisch ist, sich wenigstens nicht weit über die Grenzen dieses Erdtheils hinaus verbreitet. In Deutschland ist es überall gemein. Jeder Wald mit dichtem Unterholze gewährt ihm Herberge, und während seiner Reisen besucht es jedes Gebüsch, jede Hecke, im Gebirge wie in der Ebene, im Felde wie im Garten, unmittelbar vor oder zwischen den Wohnungen der Menschen. Es ist ein liebenswürdiges Geschöpf, welches sein munteres, fröhliches Wesen bei jeder Gelegenheit bekundet. Auf dem Boden sitzend, trägt es sich aufrecht, die Flügel etwas hängend, den Schwanz wagerecht, auf Baumzweigen sitzend, etwas lässiger. Es hüpft leichten Sprunges rasch, meist aber in Absätzen über den Boden oder auf wagerechten Ästen dahin, flattert von einem Zweige zum anderen und fliegt sehr gewandt, wenn auch nicht regelmäßig, über kurze Entfernungen halb hüpfend, halb schwebend, wie Naumann sagt, schnurrend, über weitere Strecken in einer aus kürzeren oder längeren Bogen gebildeten Schlangenlinie, schwenkt sich hurtig zwischen dem dichtesten Gebüsche hindurch und bethätigt überhaupt große Behendigkeit. Gern zeigt es sich frei auf einem hervorragenden Zweige oder auf dem Boden; ungern aber, bei Tage wohl kaum, fliegt es in hoher Luft dahin, ist vielmehr stets mehr auf seine Sicherung bedacht, so keck es sonst auch zu sein scheint. Den Menschen fürchtet es kaum, kennt aber seine Feinde wohl und bekundet bei ihrem Erscheinen Angst oder Besorgnis. Schwachen Geschöpfen oder seinesgleichen gegenüber zeigt es einen liebenswürdigen Muthwillen, aber auch Necklust und unliebenswürdige Zanksucht, lebt deshalb nicht eben gesellig und selten in Frieden. Doch hat man andererseits auch das gute Gemüth kennen gelernt und erfahren, daß es mitleidig, ja barmherzig sein kann. Verwaiste Singvögel, welche noch nicht im Stande sind, sich durchs Leben zu helfen, haben in Rothkehlchen treue Pflegeeltern, Kranke der eigenen Art barmherzige Helfer gefunden. Zwei Rothkehlchenmännchen, welche in meinem Heimatsorte gepflegt wurden und einen und denselben Käfig bewohnten, lebten beständig in Hader und Streit, mißgönnten sich jeden Bissen, anscheinend selbst die Luft, welche sie athmeten, und bissen sich aufs heftigste, jagten sich wenigstens wüthend in dem ihnen gegönnten

Raume umher. Da geschah es, daß eins durch einen unglücklichen Zufall das Bein brach. Von Stund an war aller Kampf beendet. Das gesunde Männchen hatte seinen Groll vergessen, nahm sich mitleidig des schmerzgepeinigten Kranken an, trug ihm Nahrung zu und pflegte ihn aufs sorgfältigste. Der zerbrochene Fuß heilte, das krankgewesene Männchen war wieder kräftig wie vorher; aber der Streit zwischen ihm und seinem Wohlthäter war für immer beendet. Ein anderes männliches Rothkehlchen, von welchem Snell Kunde erhielt, wurde am Neste seiner Jungen gefangen, mit diesen in das Zimmer gebracht, widmete sich nach wie vor deren Pflege, fütterte und wärmte sie und zog sie glücklich groß. Etwa acht Tage später brachte der Vogelsteller ein anderes Nest mit jungen Rothkehlchen in das Zimmer zu dem alten Männchen, welches er zurückbehalten hatte. Und siehe da: als die Jungen hungrig wurden und laut zu werden anfingen, kam jener Vogel heran, betrachtete sie lange, eilte dann zu dem Näpfchen mit Ameisenpuppen, begann das Pflegevatergeschäft mit der größten Emsigkeit und erzog auch diese Jungen, als ob es seine eigenen gewesen wären. Naumann erfuhr ähnliches, als er einen jungen Hänfling auffüttern wollte. Der ewig hungrige Vogel schrie fortwährend und erregte dadurch die Theilnahme eines im Zimmer umherfliegenden Rothkehlchens. Es begab sich zu dem Käfige des Schreihalses und wurde von diesem um Futter gebeten. »Sogleich flog es zum Tische, holte Brodkrümchen, stopfte ihm damit das Maul und that dieses endlich so oft, als sich der verwaiste meldete.« Auch im Freien schließt das Rothkehlchen zuweilen innige Freundschaft mit anderen Vögeln. »In einem Gehölze unweit Köthen«, erzählt Päßler, »ist der merkwürdige Fall vorgekommen, daß ein Rothkehlchen mit dem Fitislaubvogel in ein Nest gelegt hat. Letzterer hat das Nest gebaut, beide haben je sechs Eier gelegt, beide haben in Eintracht zu gleicher Zeit auf den zwölf Eiern gebrütet.«

Aber das Rothkehlchen hat noch andere gute Eigenschaften. Es ist einer unserer lieblichsten Sänger. Sein Lied besteht aus mehreren mit einander abwechselnden flötenden und trillernden Strophen, welche laut und gehalten vorgetragen werden, so daß der Gesang feierlich klingt. Dieses Lied nun ist im Zimmer ebenso angenehm wie im Walde, und deshalb wird unser Vogel sehr häufig zahm gehalten. Er gewöhnt sich bald an die Gefangenschaft, verliert alle Scheu, welche er anfänglich noch zeigte, und bekundet dafür wieder seine altgewohnte Zutraulichkeit dem Menschen gegenüber. Nach einiger Zeit gewinnt er seinen Pfleger ungemein lieb und begrüßt ihn mit lieblichem Zwitschern, aufgeblasenem Kropfe und allerhand artigen Bewegungen. Bei geeigneter Pflege hält er viele Jahre lang in der Gefangenschaft aus und scheint sich vollständig mit seinem Loose auszusöhnen. Man kennt Beispiele, daß Rothkehlchen, welche einen Winter im Zimmer verlebt hatten und im nächsten Frühjahre freigelassen worden waren, im Spätherbste sich wiederum im Hause ihres Gastfreundes einfanden und diesen gleichsam baten, sie wieder aufzunehmen; man

*Erithacus rubecula*
TURDIDAE

hat einzelne zum Aus- und Einfliegen gewöhnt; einige Paare haben sich im Zimmer auch fortgepflanzt.

Das Rothkehlchen erscheint bei uns bereits im Anfange des März, falls die Witterung es irgend erlaubt, hat aber im Vaterlande, dem es den kommenden Frühling verkündet, oft noch viel von Kälte und Mangel zu leiden. Es reist des Nachts und einzeln, laut rufend, in hoher Luft dahin und senkt sich mit Anbruche des Tages in Wälder, Gebüsche und Gärten hernieder, um sich hier zu sättigen und auszuruhen. Sobald es sich fest angesiedelt hat, tönt der Wald wider von seinem schallenden Gelock, einem scharfen »Schnickerikik«, welches oft wiederholt wird und zuweilen trillerartig klingt; der erste warme Sonnenblick erweckt auch den schönen Gesang. Geht man seinen Tönen nach, so sieht man das auf dem Wipfelzweige eines der höchsten Bäume der Dickung sitzende Männchen aufgerichtet, mit etwas herabhängenden Flügeln und aufgeblasener Kehle, in würdiger, stolzer Haltung, ernsthaft, feierlich, als ob es die wichtigste Arbeit seines Lebens verrichte. Es singt bereits in der Morgendämmerung und bis zum Einbruche der Nacht, im Frühlinge wie im Herbste. Sein Gebiet bewacht es mit Eifersucht und duldet in ihm kein anderes Paar; aber der Bezirk des einen Pärchens grenzt unmittelbar an den des anderen. Inmitten des Wohnkreises, welchen eins sich erwarb, steht das Nest, stets nahe am oder auf dem Boden, in Erdhöhlen oder in ausgefaulten Baumstrunken. Ende April oder im Anfange des Mai sind die fünf bis sieben, zwanzig Millimeter langen, funfzehn Millimeter dicken, zartschaligen, auf gelblichweißem Grunde mit dunkleren, rostgelblichen Punkten über und über bedeckten Eier vollzählig; beide Eltern brüten nun abwechselnd, zeitigen sie in etwa vierzehn Tagen, füttern die Jungen rasch heran, führen und leiten sie nach dem Ausfliegen noch etwa acht Tage lang, überlassen sie sodann ihrem eigenen Geschicke und schreiten, falls die Witterung es gestattet, zu einer zweiten Brut. Wenn man sich dem Neste oder den eben ausgeflogenen Jungen nähert, stoßen die Alten ihre Lockstimme und den Warnungsruf »Sih« wiederholt aus, und geberden sich sehr ängstlich; die Jungen, deren Gezwitscher man bisher vernahm, schweigen auf dieses Zeichen hin augenblicklich still und klettern mehr, als sie fliegen, im Gezweige empor.

Anfänglich werden die Jungen mit allerlei weichem Gewürme geatzt, später erhalten sie dieselbe Nahrung, welche die Alten zu sich nehmen: Kerfe aller Art und in allen Zuständen des Lebens, Spinnen, Schnecken, Regenwürmer usw.; im Herbste erlabt sich alt und jung an Beeren der Wald- und Gartenbäume oder Sträucher. In Gefangenschaft gewöhnt sich das Rothkehlchen fast an alle Stoffe, welche der Mensch genießt.

Nach vollendeter Brutzeit, im Juli oder August, mausern die Rothkehlchen; nachdem das neue Kleid vollendet, rüsten sie sich allgemach zum Wegzuge. »Wenn man in der Zugzeit des Abends im Zwielichte in einem Walde ist«, schildert Naumann,

»hört man ihre fröhlichen Stimmen aus jedem Strauche erschallen, anfänglich nahe an der Erde, dann immer höher, bis sie die Baumwipfel erreichen. Hier verstummen sie; denn sowie der letzte Schein des Tages verschwindet, wird alles still im Walde, und man vernimmt dann ihre Stimme nur in den Lüften. An ihr kann man bemerken, daß sie vom Aufgang der Sonne gegen deren Niedergang ziehen, oder im Frühjahre umgekehrt.« Nunmehr füllt sich die Winterherberge. Da, wo man während des Sommers vergeblich nach dem Rothkehlchen aussah, lugt es jetzt aus jedem Busche hervor. Alle Hochgebirge Süd- und Mittelspaniens, jede Baumhecke, jeder Garten beherbergen es. Jedes hat sich auch hier ein bestimmtes Gebiet erworben und weiß es zu behaupten; aber jedes ist bescheidener als in der Heimat: ein einziger Busch genügt ihm, und die Gesammtheit bildet gewissermaßen nur eine einzige Familie. Zuerst sind die Wintergäste still und stumm, sobald aber die Sonne sich hebt, regt sich auch ihre Lebensfreudigkeit wieder: sie singen, sie necken sich, sie kämpfen mit einander. Leise, mehr ein Gezwitscher als ein Gesang, ist das Lied, welches man zuerst von ihnen hört; aber jeder neue Tag erhöht ihre Freudigkeit, und lange, bevor der Frühling einzog in ihrer Heimat, ist er wach geworden in ihrem Herzen. Der Anfang des Singens ist der Anfang zur Heimkehr.

# *Der Kolkrabe*

Unter den deutschen Raben gebührt unserem Kolk- oder Edelraben, welcher auch Aas-, Stein-, Kiel-, Volk- und Goldrabe, Raab, Rab, Rapp, Rave, Raue, Golker, Galgenvogel usw. heißt (Corvus corax), die erste Stelle. Er ist der Rabe im eigentlichen Sinne des Wortes; die vielen Benennungen, welche er außerdem noch führt, sind nichts anderes als unbedeutsame Beinamen. Die Färbung des Kolkraben ist gleichmäßig schwarz. Nur das Auge ist braun oder bei den jüngeren Vögeln blauschwarz und bei den Nestjungen hellgrau. Die Länge beträgt vierundsechzig bis sechsundsechzig Centimeter.

Unter allen Raben scheint der Kolkrabe, welcher überhaupt in jeder Hinsicht als das Ur- und Vorbild der ganzen Familie zu betrachten ist, am weitesten verbreitet zu sein. Er bewohnt ganz Europa vom Nordkap bis zum Kap Tarifa und vom Vorgebirge Finisterre bis zum Ural, findet sich aber auch im größten Theile Asiens vom Eismeere bis zum Punjab und vom Ural bis nach Japan und ebenso in ganz Nordamerika, nach Süden hin bis Mejiko. Bei uns zu Lande ist der stattliche, stolze Vogel nur in gewissen Gegenden häufig, in anderen bereits ausgerottet und meidet da, wo dies noch nicht der Fall, den Menschen und sein Treiben so viel als möglich. Aus diesem Grunde haust er ausschließlich in Gebirgen oder in zusammenhängenden, hochständigen Waldungen, an felsigen Meeresküsten und ähnlichen Zufluchtsorten, wo er möglichst ungestört sein kann. Gegen die Grenzen unseres Erdtheiles hin lebt er mit dem Herrn der Erde in besseren Verhältnissen, und in Rußland oder Sibirien scheut er diesen so wenig, daß er mit der Nebelkrähe und Dohle nicht allein Straßen und Wege, sondern auch Dörfer und Städte besucht, ja gerade hier, auf den Kirchthürmen, ebenso regelmäßig nistet wie hier zu Lande die Thurmdohle. Damit steht im Einklange, daß er hier noch heutigen Tages gemein genannt werden darf. Auch in Spanien, Griechenland und ebenso in Skandinavien tritt er häufig auf. Gleichwohl schart er sich selten zu zahlreichen Flügen, und solche von funfzig Stück, wie ich sie in der Sierra Nevada sah, gehören immer zu den Ausnahmen. Der Standort eines Paares ist stets vortrefflich gewählt. Der Kolkrabe bewohnt ein umfangreiches Gebiet und sieht besonders auf Mannigfaltigkeit der Erzeugnisse desselben. Gegenden, in denen Wald und Feld, Wiese und Gewässer mit einander abwechseln, sind seine liebsten Wohnsitze, weil er hier die meiste Nahrung findet.

»Der Kolkrabe«, sagt mein Vater, welcher ihn vor nunmehr fast sechzig Jahren in noch unübertroffener Weise beschrieben hat, »lebt gewöhnlich, also auch im Winter, paarweise. Die in Nähe meines Wohnortes horstenden Paare fliegen im Winter oft täglich über unsere Thäler weg und lassen sich auf den höchsten Bäumen nieder. Hört man den einen des Paares, so braucht man sich nur umzusehen: der andere ist nicht weit davon. Trifft ein Paar bei seinem Fluge auf ein anderes, dann vereinigen sich die beiden und schweben einige Zeit mit einander umher. Die einzelnen sind ungepaarte Junge, welche umherstreichen; denn der Kolkrabe gehört zu den Vögeln, die, einmal gepaart, zeitlebens treu zusammenhalten. Sein Flug ist wunderschön, geht fast geradeaus und wird, wenn er schnell ist, durch starkes Flügelschwingen beschleunigt; oft aber schwebt der Rabe lange Zeit und führt dabei die schönsten kreisförmigen Bewegungen aus, wobei Flügel und Schwanz stark ausgebreitet werden. Man sieht deutlich, daß ihm das Fliegen keine Anstrengung kostet, und daß er oft bloß zum Vergnügen weite Reisen unternimmt. Gelegentlich derselben nähert er sich auf den Bergen oft dem Boden; über die Thäler aber streift er gewöhnlich in bedeutender Höhe hinweg. Bei seinen Spazierflügen stürzt er oft einige Meter tief herab, besonders wenn nach ihm geschossen worden ist, so daß der mit dieser Spielerei unbekannte Schütze glauben muß, er habe ihn angeschossen und werde ihn bald herabstürzen sehen. Während des Winters bringt er den größten Theil des Tages fliegend zu. Der Flug ähnelt dem der Raubvögel mehr als dem anderer Krähen und ist so bezeichnend für ihn, daß ihn der Kundige in jeder Entfernung von den verwandten Krähenarten zu unterscheiden im Stande ist. Auf der Erde schreitet der Rabe mit einer scheinbar angenommenen lächerlichen Würde einher, trägt dabei den Leib vorn etwas höher als hinten, nickt mit dem Kopfe und bewegt bei jedem Tritte den Leib hin und her. Die Federn liegen fast immer so glatt an, daß er wie gegossen aussieht, werden auch nur bei Gemüthsbewegungen auf dem Kopfe und dem ganzen Halse gesträubt. Die Flügel hält er gewöhnlich etwas vom Leibe ab. Wie er hierin nichts mit seinen Verwandten gemein hat, so ist es auch hinsichtlich einer gewissen Liebe, welche die anderen Krähenarten zu einander hegen. Die Rabenkrähen leben in größter Freundschaft mit den Nebelkrähen und Elstern, die Dohlen mischen sich unter die Saatkrähen, und keine Art thut der anderen etwas zu Leide: die Kolkraben aber werden von den Verwandten gehaßt und angefeindet. Ich habe die Rabenkrähe sehr heftig auf den Kolkraben stoßen sehen, und wenn sich dieser unter einen Schwarm Rabenkrähen mischen will, entsteht ein Lärm, als wenn ein Habicht oder Bussard unter ihnen erscheine. Ein allgemeiner Angriff nöthigt den unwillkommenen Gefährten, sich zu entfernen. Auch dadurch zeichnet sich der Kolkrabe vor den anderen Arten aus, daß er an Scheu alle übertrifft. Es ist unglaublich,

Corvus corax
CORVIDAE

wie vorsichtig dieser Vogel ist. Er läßt sich nur dann erst nieder, wenn er die Gegend gehörig umkreist und weder durch das Gesicht, noch durch den Geruch etwas für sich gefährliches bemerkt hat. Er verläßt, wenn sich ein Mensch dem Neste mit Eiern nähert, seine Brut sofort und kehrt dann zu den Jungen, so innig seine Liebe zu ihnen ist, nur mit der äußersten Vorsicht zurück. Sein Haß gegen den Uhu ist außerordentlich groß, seine Vorsicht aber noch weit größer; deshalb ist dieser scheue Vogel selbst von der Krähenhütte aus nur sehr schwer zu erlegen. Die gewöhnlichen Töne, welche die beiden Gatten eines Paares von sich geben, klingen wie ›Kork kork, Kolk kolk‹ oder wie ›Rabb rabb rabb‹, daher sein Name. Diese Laute werden verschieden betont und so mit anderen vermischt, daß eine gewisse Mannigfaltigkeit entsteht. Bei genauer Beobachtung begreift man wohl, wie die Wahrsager der Alten eine so große Menge von Tönen, welche der Kolkrabe hervorbringen soll, annehmen konnten. Besonders auffallend ist eine Art von Geschwätz, welches das Männchen bei der Paarung im Sitzen hören läßt. Es übertrifft an Vielseitigkeit das Plaudern der Elstern bei weitem.«

Es gibt vielleicht keinen Vogel weiter, welcher im gleichen Umfange wie der Rabe Allesfresser genannt werden kann. Man darf behaupten, daß er buchstäblich nichts genießbares verschmäht und für seine Größe und Kraft unglaubliches leistet. Ihm munden Früchte, Körner und andere genießbare Pflanzenstoffe aller Art; aber er ist auch ein Raubvogel ersten Ranges. Nicht Kerbthiere, Schnecken, Würmer und kleine Wirbelthiere allein sind es, denen er den Krieg erklärt; er greift dreist Säugethiere und Vögel an, welche ihn an Größe übertreffen, und raubt in der unverschämtesten Weise die Nester aus, nicht allein die wehrloser Vögel, sondern auch die der kräftigen Möven, welche sich und ihre Brut wohl zu vertheidigen wissen. Vom Hasen an bis zur Maus und vom Auerhuhne an bis zum kleinsten Vogel ist kein Thier vor ihm sicher. Frechheit und List, Kraft und Gewandtheit vereinigen sich in ihm, um ihn zu einem wahrhaft furchtbaren Räuber zu stempeln. In Spanien bedroht er die Haushühner, in Norwegen die jungen Gänse, Enten und das gesammte übrige Hausgeflügel; auf Island und Grönland jagt er Schneehühner, bei uns zu Lande Hasen, Fasanen und Rebhühner; am Meeresstrande sucht er zusammen, was die Flut ihm zuwarf; in den nordischen Ländern macht er den Hunden allerlei Abfälle vor den Wohnungen streitig; in den Steppen Ostasiens wird er zum unabwendbaren Peiniger der wundgedrückten Kamele, auf Island zum Schinder der beulenbehafteten Pferde, indem er sich auf den Rücken der einen wie der anderen setzt, mit Schnabelhieben das zu seiner Nahrung ausersehene Fleisch von den Wundrändern trennt und nur dadurch, daß die gequälten Thiere sich wälzen, vertrieben werden kann. »Der Kolkrabe sucht«, wie Olafsen mittheilt, »im Winter sein Futter zwischen Hunden und Katzen auf den Höfen, geht in der warmen Jahreszeit am Strande den Fischen nach, tödtet im Frühjahre mit Schnabelhieben die neugeborenen Lämmer und verzehrt sie, verjagt die Eidergänse vom Neste, säuft ihre Eier aus und verbirgt diejenigen, welche er nicht fressen kann, einzeln in die Erde. Er folgt in kleinen Scharen dem Adler, wagt sich zwar nicht an ihn, sucht aber Überbleibsel von seiner Beute zu erschnappen. Sind wo kranke oder todte alte Kolkraben, oder junge aus dem Neste gefallene zu finden, so verzehrt er sie. Im Winter gesellt sich zu jedem Hause eine Anzahl von zwei bis zehn Kolkraben, und diese dulden dann keinen anderen mehr unter sich.« Für den unbetheiligten Beobachter ist es ergötzlich zu sehen, wie er zu Werke geht. Den schweizer Jägern folgt er, laut Tschudi, um die geschossenen Gemsen aufzunehmen; hartschalige Muscheln erhebt er, nach Fabers und Holboells übereinstimmenden Berichten, hoch in die Luft und läßt sie von hier auf einen harten Stein oder bezüglich Felsblock fallen, um sie zu zerschmettern; den Einsiedlerkrebs weiß er, nach Alexander von Homeyers Beobachtungen, geschickt zu fassen und aus seiner Wohnung, dem Schneckengehäuse, herauszuziehen: will dieses wegen gänzlichem Zurückziehen des Krebses nicht gleich gelingen, so hämmert er mit dem Gehäuse so lange hin und her, bis der Einsiedler endlich doch zum Vorscheine kommt. Er greift große Thiere mit einer List und Verschlagenheit sondergleichen, aber auch mit großem Muthe erfolgreich an, Hasen z. B. ohne alle Umstände, nicht bloß kranke oder angeschossene, wie mein Vater annahm. Graf Wodzicki hat hierüber Erfahrungen gesammelt, welche jeden etwa noch herrschenden Zweifel beseitigen. »Die Rolle, welche der Fuchs unter den Säugethieren spielt«, sagt der genannte treffliche Forscher, »ist unter den Vögeln dem Raben zuertheilt. Er bekundet einen hohen Grad von List, Ausdauer und Vorsicht. Je nachdem er es braucht, jagt er allein oder nimmt sich Gehilfen, kennt aber auch jeden Raubvogel und begleitet diejenigen, welche ihm möglicher Weise Nahrung verschaffen können. Oft vergräbt er, wie der Fuchs, die Überbleibsel, um im Falle der Noth doch nicht zu hungern. Hat er sich satt gefressen, so ruft er seine Kameraden zu dem Reste der Mahlzeit herbei. Ebenso verfährt er, wenn er sie zur Jagd braucht; denn diese betreibt er mit Leidenschaft. Im December 1847 ging ich bei hohem Schnee mit einem Gefährten auf die Hasenjagd. Obgleich wir schon einige Male geschossen hatten, erblickten wir doch an einer Schlucht des gegenüber liegenden Berges zwei Raben. Der eine saß ruhig auf dem Rande und blickte hinunter, der andere, welcher etwas niedriger stand, langte mit dem Schnabel vorwärts und sprang behend zurück. Dies wiederholte er mehrere Male. Beide waren so eifrig beschäftigt, daß sie unser Kommen nicht zu bemerken schienen. Erst als wir uns ihnen bis auf einige Schritte genähert hatten, flogen die Räuber auf, setzten sich aber in einer Entfernung von wenigen hundert Schritten wieder nieder, wie es schien, in der Hoffnung, daß auch wir, wie sonst die Bauern, vorbei gehen würden, ohne ihnen Schaden zu thun: an der Stelle nun, wo wir sie beobachtet hatten, saß in der Schneewand, etwa sechzig Centimeter tief, ein großer alter Hase. Der eine Rabe hatte denselben von vorn angegriffen, um ihn zum Aufstehen zu zwingen, der andere hatte mit Schnabel und Krallen von oben ein Loch in die Schneewand gebohrt, augenscheinlich in der Absicht, den Hasen von oben herauszujagen. Dieser aber war so klug gewesen, sitzen zu bleiben, und hatte durch Brummen und Fauchen den Raben zurückgescheucht. Im Jahre 1850 sah ich im Felde zwei Raben, welche in einer Vertiefung beschäftigt waren. Als ich an die Stelle kam, lag daselbst ein Hase mit blutendem Kopfe in den letzten Zügen. Ich folgte der Spur etwa zwanzig Schritte und fand hier sein Lager mit den deutlichen Anzeigen, daß die Raben ihn herausgetrieben hatten. Wie kurz war seine Flucht gewesen! Im December 1851 sah ich drei Raben, zwei auf dem Boden, den dritten in der Luft. Ein Hase sprang auf und lief was er laufen konnte. Alle Raben verfolgten ihn laut krächzend und stießen, Raubvögeln vergleichbar, bis auf die Erde herab. Der Hase setzte sich einmal, lief darauf weiter, setzte sich zum zweiten Male und duckte sich endlich zu Boden. Sofort stürzte der eine Rabe sich auf das Opfer, schlug die Krallen in des Hasen Rücken und hieb auf dessen Kopf los. Der andere Rabe kam bald zu Hülfe, und der dritte traf Anstalt, der Beute den Bauch aufzubrechen. Obgleich ich schnell aus dem Schlitten sprang und eiligst auf den Hasen zulief, kam derselbe doch nur noch halb lebendig in meine Hände. Im December 1855 traf ich wiederum Raben an, welche bereits mit dem Säubern eines Hasengerippes beschäftigt waren. Ich ging der Hasenspur nach und gelangte in einer Entfernung von etwa zweihundert Schritt zum Lager. Dasselbe war zweidrittel Meter tief unter dem Schnee und sehr merkwürdig angelegt; denn ein unterirdischer Gang von etwa dritthalb Meter Länge, welcher sehr rein ausgetreten war, führte zu dem eigentlichen Lager und ein ähnlicher auf der entgegengesetzten Seite wieder ins Freie. Die Spur der Raben zeigte mir deutlich, daß sich der eine der Räuber in den Gang gewagt hatte, um den Hasen dem anderen zuzutreiben. Gleich Jagdhunden folgen sie der Spur eines Hasen oft funfzehn bis zwanzig Schritt weit zu Fuße, ängstigen ihn durch Krächzen und Stoßen und bringen ihn dahin, daß er sich niederdrückt, schließlich die Besinnung verliert und ihnen dann leicht zur Beute wird.« Als Nesträuber benimmt er sich nicht minder kühn; Wodzicki sah, daß einer sogar das Ei eines Schreiadlerpaares davon trug. Im Norden ist unser Vogel der abscheulichste Nesterplünderer, welchen es geben kann. Ich bestieg in Norwegen einen Felsen, auf dem eine junge Rabenfamilie saß, welche noch von den Eltern gefüttert wurde. Hier fand ich auf einer einzigen Platte gegen sechzig ausgefressene Eier von Eidergänsen, Möven und Brachvögeln unter Hühnerbeinen, Entenflügeln, Lemmingpelzen, leeren Muschelschalen, Überresten von jungen Möven, Strandläufern, Regenpfeifern usw. Da die vier Jungen unaufhörlich nach Nahrung kreischten, trugen die Alten fortwährend neue Beute zur Schlachtbank. Kein Wunder, daß sämmtliche Möven der Nachbarschaft, sobald die Raben sich zeigten, wüthend über sie herfielen und sich nach Kräften mit ihnen herumbalgten, kein Wunder, daß auch die Bewohner der nächsten Gehöfte sie verwünschten und aufs äußerste haßten!

Auf dem Aase jeder Art ist der Rabe eine regelmäßige Erscheinung, und die vielen biblischen Stellen, welche sich auf ihn beziehen, werden wohl ihre Richtigkeit haben. »Man behauptet«, fährt mein Vater fort, »er wittere das Aas meilenweit. So wenig ich seinen scharfen Geruch in Zweifel ziehen will, so unwahrscheinlich ist mir dennoch diese starke Behauptung, welche schon durch das Betragen widerlegt wird. Bei genauerer Beobachtung merkt man leicht, daß der Kolkrabe bei seinen Streifereien etwas unstetes hat. Er durchfliegt fast täglich einen großen Raum, und zwar in verschiedenen Richtungen, um durch das Gesicht etwas ausfindig zu machen. Man sieht daraus deutlich, daß er einem Aase nahe sei oder sich wenigstens in dem Luftstriche, welcher von dem Aase herzieht, befinden muß, um es zu finden. Wäre er im Stande, Aas meilenweit zu riechen, so würde er auch meilenweit in gerader Richtung darauf zufliegen. Auch der Umstand, daß er einen Ort, auf dem er sich niederlassen will, allemal erst umkreist, beweist, daß er einen Gegenstand nur in gewisser Richtung und schwerlich meilenweit wittern kann.« Jeder, welcher den Kolkraben kennt, muß diesen Worten beistimmen, auch trotz Naumann, welcher die von meinem Vater bestrittene Ansicht vertritt. Letzterer Naturforscher stellt die Frage auf, ob wohl der Kolkrabe, wie so oft behauptet worden, auch menschliche Leichname angehe. Nach meiner Ansicht darf unbedingt mit Ja geantwortet werden: dem Raben gilt es sicherlich vollständig gleich, ob er den Leichnam eines Menschen oder das Aas eines anderen Säugethieres vor sich hat.

Es unterliegt leider keinem Zweifel, daß der Kolkrabe durch seine Raubsucht sehr schädlich wird und nicht geduldet werden darf. Auch er bringt Nutzen wie die übrigen Krähen; der Schaden aber, welchen er anrichtet, überwiegt alle Wohlthaten, welche er dem Felde und Garten zufügt. Deshalb ist es auffallend genug, daß dieser Vogel von einzelnen Völkerschaften geliebt und verehrt wird. Namentlich die Araber achten ihn hoch und verehren ihn fast wie eine Gottheit, weil sie ihn für unsterblich halten. »Als ich einst«, sagt Dr. Labouyssé, »einen Raben mit der Kugel erlegen wollte, hielt mich ein Araber zurück mit der Versicherung, daß jener als Heiliger unverwundbar sei. Ich fehlte, zur großen Genugthuung des Arabers, welcher, gläubiger als je, mich nun lebhaft verspottete.« Auch die Isländer und Grönländer scheinen nicht feindselig gegen den argen Räuber gesinnt zu sein. »Der Kolkrabe«, sagt Faber, »ist so zahm, daß er auf den Häusern und dem Rücken weidender Pferde ruht.« In Grönland darf er nach Holboells Mittheilung sogar in die Häuser kommen, obgleich er dort stiehlt wie überall. Die Hirten der Kanarischen Inseln dagegen nennen ihn den niederträchtigsten Vogel, welchen es gibt, und behaupten, daß er nur allzuoft jungen Ziegen und Lämmern die Augen aushacke, um sie dann bequemer tödten und bezüglich fressen zu können, vernichten ihn und seine Brut deshalb so viel als möglich.

Unter allen deutschen Vögeln, die Kreuzschnäbel etwa ausgenommen, schreitet der Kolkrabe am frühesten zur Fortpflanzung, paart sich meist schon im Anfange des Januar, baut im Februar seinen Horst und legt in den ersten Tagen des März. Der große, mindestens vierzig, meist sechzig Centimeter im Durchmesser haltende, halb so hohe Horst steht auf Felsen oder bei uns auf dem Wipfel eines hohen, schwer oder nicht ersteigbaren Baumes. Der Unterbau wird aus starken Reisern zusammengeschichtet, der Mittelbau aus feineren errichtet, die Nestmulde mit Baststreifen, Baumflechten, Grasstückchen, Schafwolle und dergleichen warm ausgefüttert. Ein alter Horst wird gern wieder benutzt und dann nur ein wenig aufgebessert. Auch bei dem Nestbaue zeigt der Kolkrabe seine Klugheit und sein scheues Wesen. Er nähert sich mit den Baustoffen sehr vorsichtig und verläßt den Horst, wenn er oft Menschen in dessen Nähe bemerkt oder vor dem Eierlegen von demselben verscheucht wird, während er sonst jahrelang so regelmäßig zu ihm zurückkehrt, daß ein hannöverscher Forstbeamter nach einander vierundvierzig Junge einem und demselben Horste entnehmen konnte. Das Gelege besteht aus fünf bis sechs ziemlich großen, etwa vierundfunfzig Millimeter langen, vierunddreißig Millimeter dicken Eiern, welche auf grünlichem Grunde braun und grau gefleckt sind. Nach meines Vaters Beobachtungen brütet das Weibchen allein, nach Naumanns Angaben mit dem Männchen wechselweise. Die Jungen werden von beiden Eltern mit Regenwürmern und Kerbthieren, Mäusen, Vögeln, jungen Eiern und Aas genügend versorgt; ihr Hunger aber scheint auch bei der reichlichsten Fütterung nicht gestillt zu werden, da sie fortwährend Nahrung heischen. Beide Eltern lieben die Brut außerordentlich und verlassen die einmal ausgekrochenen Jungen nie. Sie können allerdings verscheucht werden, bleiben aber auch dann immer in der Nähe des Horstes und beweisen durch allerlei klagende Laute und ängstliches Hin- und Herfliegen ihre Sorge um die geliebten Kinder. Wiederholt ist beobachtet worden, daß die alten Raben bei fortdauernder Nachstellung ihre Jungen dadurch mit Nahrung versorgt haben, daß sie die Atzung von oben auf das Nest herabwarfen. Werden einem Rabenpaare die Eier genommen, so schreitet es zur zweiten Brut, werden ihm aber die Jungen geraubt, so brütet es nicht zum zweiten Male in demselben Jahre. Unter günstigen Umständen verlassen die jungen Raben zu Ende des Mai oder im Anfange des Juni den Horst, nicht aber die Gegend, in welcher er stand, kehren vielmehr noch längere Zeit allabendlich zu demselben zurück und halten sich noch wochenlang in der Nähe auf. Dann werden sie von den Eltern auf Anger, Wiesen und Äcker geführt, hier noch gefüttert, gleichzeitig aber in allen Künsten und Vortheilen des Gewerbes unterrichtet. Erst gegen den Herbst hin macht sich das junge Volk selbständig.

Jung dem Neste entnommene Raben werden nach kurzer Pflege außerordentlich zahm; selbst alt eingefangene fügen sich in die veränderten Verhältnisse. Der Verstand des Raben schärft sich im Umgange mit dem Menschen in bewunderungswürdiger Weise. Er läßt sich abrichten wie ein Hund, sogar auf Thiere und Menschen hetzen, führt die drolligsten und lustigsten Streiche aus, ersinnt sich fortwährend neues und nimmt zu so wie an Alter, so auch an Weisheit, dagegen nicht immer auch an Gnade vor den Augen des Menschen. Aus- und Einfliegen kann man den Raben leicht lehren; er zeigt sich jedoch größerer Freiheit regelmäßig bald unwürdig, stiehlt und versteckt das gestohlene, tödtet junge Hausthiere, Hühner und Gänse, beißt Leute, welche barfuß gehen, in die Füße und wird unter Umständen selbst gefährlich, weil er seinen Muthwillen auch an Kindern ausübt. Mit Hunden geht er oft innige Freundschaft ein, sucht ihnen die Flöhe ab und macht sich ihnen sonst nützlich; auch an Pferde und Rinder gewöhnt er sich und gewinnt sich deren Zuneigung. Er lernt trefflich sprechen, ahmt die Worte in richtiger Betonung nach und wendet sie mit Verstand an, bellt wie ein Hund, lacht wie ein Mensch, knurrt wie die Haustaube usw. Es würde viel zu weit führen, wollte ich alle Geschichten, welche mir über gezähmte Raben bekannt sind, hier wieder erzählen, und deshalb muß es genügen, wenn ich sage, daß der Vogel »wahren Menschenverstand« beweist und seinen Gebieter ebenso zu erfreuen als andere Menschen zu ärgern weiß. Wer Thieren den Verstand abschwatzen will, braucht nur längere Zeit einen Raben zu beobachten: derselbe wird ihm beweisen, daß die abgeschmackten Redensarten von Instinkt, unbewußten Trieben und dergleichen nicht einmal für die Klasse der Vögel Gültigkeit haben können.

# *Die Saatkrähe*

Nützlicher noch als Raben- und Nebelkrähe erweist sich die Saatkrähe, Feld-, Hafer- und Ackerkrähe, Krahenveitel, Karechel, Kurock, Rooke, Nackt- oder Grindschnabel (Corvus frugilegus). Sie unterscheidet sich von den eigentlichen Krähen durch schlankeren Leibesbau, verhältnismäßig lange Flügel, knappes, prachtvoll glänzendes Gefieder und ein im Alter nacktes Gesicht, welch letzteres jedoch nur Folge von ihren Arbeiten im Boden ist. Ihre Länge beträgt siebenundvierzig bis funfzig Centimeter. Das Gefieder der alten Vögel ist gleichmäßig purpurblauschwarz, das der Jungen mattschwarz. Letztere unterscheiden sich von den Alten auch durch ihr befiedertes Gesicht.

Die Saatkrähe, hinsichtlich ihrer Verbreitung beschränkter als Raben- und Nebelkrähe, bewohnt die Ebenen Südeuropas und des südlichen Sibirien, Afghanistan, Kaschmir usw. Schon in Schweden ist sie selten, und in Südeuropa erscheint sie nur auf ihrer Winterreise. Abweichend von ihren Verwandten wandert sie regelmäßig, und zwar in unzählbaren Scharen, bis Südeuropa und Nordafrika. In Spanien habe ich sie während des ganzen Winters, von Ende des Oktober an bis zu Anfang des März, häufig und immer in zahlreichen Banden gesehen, in Egypten in denselben Monaten ebenso regelmäßig beobachtet. Fruchtbare Ebenen, in denen es Feldgehölze gibt, sind der eigentliche Aufenthaltsort dieser Krähe.

In ihrem Betragen hat die Saatkrähe manches mit ihren Verwandten gemein, ist aber weit furchtsamer und harmloser als diese. Ihr Gang ist ebenso gut, ihr Flug leichter, ihre Sinne sind nicht minder scharf, und ihre geistigen Kräfte in gleichem Grade entwickelt als bei den übrigen Krähen; doch ist sie weit geselliger als alle Verwandten. So vereinigt sie sich gern mit Dohlen und Staaren, überhaupt mit Vögeln, welche ebenso schwach oder schwächer sind als sie, während sie Raben- und Nebelkrähe schon meidet und den Kolkraben so fürchtet, daß sie sogar eine altgewohnte Niederung, aus welcher sie der Mensch kaum vertreiben kann, verläßt, wenn sich ein Kolkrabe hier häuslich niederläßt. Doch habe ich in Sibirien Nebel- und Saatkrähen, Dohlen und Raben gleichzeitig an einem Aase schmausen sehen. Ihre Stimme ist ein tiefes, heiseres »Kra« oder »Kroa«; im Fliegen aber hört man oft ein hohes

»Girr« oder »Quer« und regelmäßig auch das »Jack jack« der Dohle. Es wird ihr leicht, mancherlei Töne und Laute nachzuahmen; sie soll sogar in gewissem Grade singen lernen, läßt sich dagegen kaum zum Sprechen abrichten.

Wenn man die Saatkrähe vorurtheilsfrei beobachtet, lernt man sie achten. Auch sie kann da, wo sie sich fest ansiedelt und allen Bemühungen des Menschen, sie zu vertreiben, den hartnäckigsten Widerstand entgegensetzt, in Lustgärten während der Nistzeit die Wege in der abscheulichsten Weise beschmutzt oder in Gehölzen nahe menschlichen Wohnungen durch ihr ewiges Geplärre die Gehörnerven fast betäubt, sehr unangenehm werden; auch sie kann wohl ab und zu einmal ein kleines Häschen erwürgen oder ein junges, mattes Rebhuhn übertölpeln; sie kann ferner den Landmann durch Auflesen von Getreidekörnern und den Gärtner durch Wegstehlen reifender Früchte ärgern: aber derselbe Vogel bezahlt jeden Schaden, welchen er anrichtet, tausendfältig. Er ist der beste Vertilger der Maikäfer, ihrer Larven und der Nacktschnecken, auch einer der trefflichsten Mäusejäger, welchen unser Vaterland aufzuweisen hat. Bei der Maikäferjagd geht diese Krähe, wie Naumann beobachtete, regelrecht zu Werke. »Einige fliegen auf den Baum, an dessen Zweigen und jungen Blättern die Maikäfer in Menge sitzen, suchen da ab, was nicht durch die Erschütterung, welche sie durch ihr Niederlassen auf die Spitze der Zweige verursachen, herabfällt; andere lesen unter dem Baume auf, was ihnen jene herunterschütteln. In dieser Art verfahren sie mit jedem Baume nach der Reihe und vernichten so eine unschätzbare Menge dieser schädlichen Kerfe. Die dem Getreide so nachtheiligen Brachkäfer und die kleinen Rosenkäfer haben an ihnen auch sehr schlimme Feinde.« Sie lesen die Larven derselben ebenso wie die Maikäferlarven und Regenwürmer entweder auf den frischgefurchten Äckern und hinter dem Pfluge her auf, oder ziehen sie mit ihrem Schnabel aus der Erde heraus. Ihr feiner Geruch scheint ihnen das Vorhandensein einer derartigen Larve unfehlbar anzuzeigen, und sie bohren dann so lange in dem Boden, bis sie der Beute habhaft geworden sind. Ebenso eifrig, wie die Saatkrähe Kerbthiere verfolgt, jagt sie hinter den Mäusen her. »Ich habe«, sagt Naumann, »Jahre erlebt, in denen eine erschreckliche Menge Feldmäuse den grünenden und reifenden Saaten Untergang drohten. Oft sah man auf den Roggen- und Weizenfeldern ganze Striche von ihnen theils abgefressen, theils umgewühlt; aber immer fanden sich eine große Menge Raubvögel und Krähen ein, welche das Land, allerdings mit Hülfe der den Mäusen ungünstigen Witterung, bald gänzlich von den Plagegeistern befreiten. Ich schoß in jenen Jahren weder Krähen noch Bussarde, welche nicht ihren Kropf von Mäusen vollgepfropft gehabt hätten. Oft habe ich ihrer sechs bis sieben in einem Vogel gefunden. Erwägt man diesen Nutzen, so wird man, glaube ich, besser gegen die gehaßten Krähen handeln lernen und sie lieb gewinnen.«

Man sollte meinen, daß diese nun schon vor fast sechzig Jahren ausgesprochene Wahrheit bei den in Frage kommenden Leuten, namentlich bei unseren größeren

CORVIDAE
Corvus frugilegus

Gutsbesitzern, doch endlich anerkannt worden wäre; dem ist aber leider nicht so. Noch heutigen Tages wird die Saatkrähe, dieser unersetzliche Wohlthäter der Felder, gerade von diesen Gutsbesitzern in der rücksichtslosesten Weise verfolgt. Man hat in England erfahren, daß in Gegenden, in denen wirklich alle Saatkrähen vernichtet worden waren, jahrelang nach einander Mißernten kamen, und man ist dann klug genug gewesen, die Vögel zu schonen. Unsere großen oder kleinen Bauern freilich wissen davon nichts oder wollen davon nichts wissen und stellen sich durch ihr alljährlich wiederkehrendes, als Fest gefeiertes Krähenschießen ein nicht eben schmeichelhaftes Zeugnis ihres Bildungsgrades aus.

Wenn die Brutzeit herannaht, sammeln sich tausende dieser schwarzen Vögel auf einem sehr kleinen Raume, vorzugsweise in einem Feldgehölze. Paar wohnt bei Paar; auf einem Baume stehen funfzehn bis zwanzig Nester, überhaupt so viele, als er aufnehmen kann. Jedes Paar zankt sich mit dem benachbarten um die Baustoffe, und eines stiehlt dem anderen nicht nur diese, sondern sogar das ganze Nest weg. Ununterbrochenes Krächzen und Geplärre erfüllt die Gegend, und eine schwarze Wolke von Krähen verfinstert die Luft in der Nähe dieser Wohnsitze. Endlich tritt etwas Ruhe ein. Jedes Weibchen hat seine vier bis fünf, achtunddreißig Millimeter langen, siebenundzwanzig Millimeter dicken, blaßgrünen, aschgrau und dunkelbraun gefleckten Eier gelegt und brütet. Bald aber entschlüpfen die Jungen, und nun verdoppelt oder verdreifacht sich der Lärm; denn jene wollen gefüttert sein und wissen ihre Gefühle sehr vernehmlich durch allerlei unliebsame Töne auszudrücken. Dann ist es in der Nähe einer solchen Ansiedelung buchstäblich nicht zum Aushalten. Nur die eigentliche Nacht macht das Geplärre verstummen; es beginnt aber bereits vor Tagesanbruch und währt bis lange nach Sonnenuntergang ohne Aufhören fort. Wer eine solche Ansiedelung besucht, wird bald ebenso bekalkt wie der Boden um ihn her, welcher infolge des aus den Nestern herabfallenden Mistregens greulich anzuschauen ist. Dazu kommt nun die schon erwähnte Hartnäckigkeit der Vögel. Sie lassen sich so leicht nicht vertreiben. Man kann ihnen Eier und Junge nehmen, so viel unter sie schießen, als man will: es hilft nichts – sie kommen doch wieder. Mit Vergnügen erinnere ich mich der Anstrengung, welche der hochwohlweise Rath der guten Stadt Leipzig machte, um sich der Saatkrähen, welche sich auf einem Spaziergange angesiedelt hatten, zu entledigen. Zuerst wurde die bewehrte Mannschaft aufgeboten, hierauf sogar die Scharfschützen in Bewegung gesetzt: nichts wollte fruchten. Da griff man, wie es schien in Verzweiflung, zu dem letzten Mittel: man zog die blutrothe Fahne des Umsturzes auf. Buchstäblich wahr: rothe Fahnen flatterten unmittelbar neben und über den Nestern lustig im Winde, zum Grauen und Entsetzen aller friedliebenden Bürger. Aber die Krähen ließen sich auch durch das verdächtige Roth nicht vertreiben. Erst als man ihnen ebenso hartnäckig ihre Nester immer und immer wieder zerstörte, verließen sie den Ort. Solche Übelthaten sind allerdings nicht geeignet, urtheilslose Menschen mit den Saatkrähen zu befreunden; wer aber ihre Nützlichkeit würdigt, wird sie wenigstens in Feldgehölzen, welche von Wohnungen entfernt sind, gern gewähren lassen.

So groß auch die Menge ist, welche eine Ansiedelung bevölkert: mit den Massen, welche sich gelegentlich der Winterreise zusammenschlagen, kann sie nicht verglichen werden. Tausende gesellen sich zu tausenden, und die Heere wachsen umsomehr an, je länger die Reise währt. Sie verstärken sich nicht bloß durch andere Saatkrähen, sondern auch durch Dohlen. »In dem ungünstigen Frühlinge 1818«, erzählt mein Vater, »sah ich einen Schwarm dieser Krähen an der Kante eines Waldes. Er bedeckte im Umkreise mehrerer Geviertkilometer alle Bäume und einen großen Theil der Felder und Wiesen. Gegen Abend erhob sich der ganze Schwarm und verfinsterte da, wo er am dichtesten zusammengedrängt war, im eigentlichen Sinne die Luft. Die Bäume des nahen Fichtenwaldes reichten kaum hin, den unzähligen Vögeln Schlafstellen abzugeben.« Ziehende Saatkrähen entfalten alle Künste des Fluges. Über die Berge fliegt der Schwarm gewöhnlich niedrig, über die Thäler oft in großer Höhe dahin. Plötzlich fällt es einer ein, dreißig bis hundert Meter herabzusteigen; dies aber geschieht nicht langsam und gemächlich, sondern jäh, sausend, so wie ein lebloser Körper aus großer Höhe zu Boden stürzt. Der einen folgen sofort eine Menge andere, zuweilen der ganze Flug, und dann erfüllt die Luft ein auf weithin hörbares Brausen. Unten, hart über dem Boden angekommen, fliegen die Saatkrähen gemächlich weiter, erheben sich hierauf allgemach wieder in die Höhe, schrauben sich nach und nach mehr empor und ziehen kaum eine Viertelstunde später, dem Auge als kleine Pünktchen erscheinend, in den höchsten Luftschichten weiter. Im Süden Europas oder in Nordafrika sieht man selten so große Flüge der Saatkrähe wie bei uns. Das gewaltige Heer, welches sich allgemach sammelte, hat sich nach und nach wieder in einzelne Haufen zertheilt; diese aber suchen verschiedene Örtlichkeiten bestmöglichst auszubeuten. Aber es geht ihnen, namentlich in Afrika, oft recht schlimm in der Fremde. Das fruchtbare Nilthal scheint für alle eingewanderten Saatkrähen nicht Raum und Nahrung genug zu haben. Sie fliegen dann in die umliegenden Wüsten nach Futter aus, finden es nicht und erliegen zu hunderten dem Mangel. Die Mosesquellen in der Nähe von Sues werden von Palmen umgeben und letztere von den schwarzen Wintergästen zum Schlafplatze gewählt. Hier fand ich einmal den Boden bedeckt von todten Saatkrähen, buchstäblich hunderte von Leichen neben einander. Sie alle waren verhungert.

Die Feinde, welche der Saatkrähe nachstellen, sind dieselben, welche auch die verwandten Arten bedrohen. In Gefangenschaft ist sie weniger unterhaltend und minder anziehend, wird daher auch seltener im Käfige gehalten als Rabe und Dohle.

# *Die Rauchschwalbe*

Unsere Rauchschwalbe, Land-, Bauern-, Küchen-, Feuer-, Schlot-, Stall-, Stachel-, Stech- und Blutschwalbe (Hirundo rustica), vertritt die Sippe der Edelschwalben (Hirundo). Seine Länge beträgt achtzehn, die Schwanzlänge neun Centimeter. Die Obertheile und ein breiter Gürtel auf dem Kropfe sind blauschwarz, metallischglänzend, Stirn und Kehle hochkastanienbraun, die übrigen Untertheile licht rostgelb. Das Brutgebiet der Rauchschwalbe umfaßt ganz Europa diesseits des Polarkreises und ebenso West- und Mittelasien, ihr Wandergebiet außerdem Afrika und Südasien nebst den großen Eilanden im Süden des Erdtheiles. Sie ist es, welche seit altersgrauer Zeit freiwillig dem Menschen sich angeschlossen und in seinem Hause Herberge genommen hat, welche, falls der Mensch ihr gestattet, sich im Palaste wie in der Hütte ansiedelt; sie versucht selbst in der beweglichen Jurte des Wanderhirten Heimatsrechte zu gewinnen. Ihre Anhänglichkeit an das Wohnhaus des Menschen hat ihr dessen Liebe erworben, ihr Kommen und Gehen im Norden der Erde sie von Alters her als Boten und Verkündiger guter und böser Tage erscheinen lassen.

Die Rauchschwalbe trifft durchschnittlich zwischen dem ersten und funfzehnten April, ausnahmsweise früher, selten später, bei uns ein und verweilt in ihrer Heimat bis Ende des September oder Anfang des Oktober, Nachzügler selbstverständlich abgerechnet. Während der Zugzeit sieht man sie in ganz Afrika. Bis zu den Ländern am Vorgebirge der Guten Hoffnung dringt sie vor, und ebenso ist sie in allen Tiefländern Indiens, auf Ceylon und den Sundainseln Wintergast. Gelegentlich ihrer Wanderung überfliegt sie Länderstrecken, welche jahraus, jahrein verwandte Schwalben beherbergen und diesen also alle Erfordernisse zum Leben bieten müssen, ohne hier auch nur zu rasten. So sah ich sie bereits am dreizehnten September im südlichen Nubien erscheinen, so beobachtete ich sie auf ihrem Rückzuge nur wenige Tage früher, als sie bei uns einzutreffen pflegt, in Chartum, am Zusammenflusse des Weißen und Blauen Stromes, zwischen dem funfzehnten und sechzehnten Grade der nördlichen Breite. Höchst selten kommt es vor, daß im Inneren Afrikas noch im Hochsommer eine Rauchschwalbe gesehen wird, und ebenso selten begegnet man einer im Winter in Egypten oder sonstwo im Norden des Erdtheiles. Unmittelbar nach ihrer Heimkehr findet sie sich bei ihrem alten Neste ein, oder schreitet zur Erbauung eines solchen. Damit beginnt ihr Sommerleben mit all seinen Freuden und Sorgen. Es ist nicht eben ein Beweis von dichterischer Auffassung dieses Lebens, daß der thränenreiche Herloßsohn ihr die Heimat in der Ferne anweist; denn keine Schwalbe zieht »heimwärts«, wenn sie uns verläßt, sondern nothgedrungen in eine freudlose Fremde hinaus, keine singt und jubelt, keine liebt und brütet draußen.

Die Rauchschwalbe ist, wie Naumann trefflich schildert, ein außerordentlich flinker, kühner, munterer, netter Vogel, welcher immer schmuck aussieht, und dessen fröhliche Stimmung nur sehr schlechtes Wetter und demzufolge eintretender Nahrungsmangel unterbrechen kann. »Obgleich von einem zärtlichen oder weichlichen Naturell, zeigt sie doch in mancher ihrer Handlungen viel Kraftfülle: ihr Flug und ihr Betragen während desselben, die Neckereien mit ihresgleichen, der Nachdruck, mit welchem sie Raubvögel und Raubthiere verfolgt, beweisen dies. Sie fliegt am schnellsten, abwechselndsten und gewandtesten unter unseren Schwalben; sie schwimmt und schwebt, immer rasch dabei fortschießend, oder fliegt flatternd, schwenkt sich blitzschnell seit-, auf- oder abwärts, senkt sich in einem kurzen Bogen fast bis zur Erde oder bis auf den Wasserspiegel herab, oder schwingt sich ebenso zu einer bedeutenden Höhe hinauf, und alles dieses mit einer Fertigkeit, welche in Erstaunen setzt; ja, sie kann sich sogar im Fluge überschlagen. Mit großer Geschicklichkeit fliegt sie durch enge Öffnungen, ohne anzustoßen; auch versteht sie die Kunst, fliegend sich zu baden, weshalb sie dicht über dem Wasserspiegel dahinschießt, schnell eintaucht, so einen Augenblick im Wasser verweilt und nun, sich schüttelnd, weiter fliegt. Ein solches Eintauchen, welches den Flug kaum einige Augenblicke unterbricht, wiederholt sie oft mehrere Male hinter einander, und das Bad ist gemacht.« Zum Ausruhen wählt sie sich hervorragende Örtlichkeiten, welche ihr bequemes Zu- und Abstreichen gestatten; hier sonnt sie sich, hier ordnet sie ihr Gefieder, hier singt sie. »Ihr Aussehen ist dann immer schlank und munter, fast listig; der Rumpf wird dabei in wagerechter Stellung getragen. Nicht selten dreht sie die Brust hin und her und schlägt in fröhlicher Laune zwitschernd und singend die Flügel auf und nieder oder streckt und dehnt die Glieder.« Auf den flachen Boden setzt sie sich ungern, meist nur, um von ihm Baustoffe fürs Nest aufzunehmen, oder während ihrer ersten Jugendzeit; ihre Füßchen sind zum Sitzen auf dem Boden nicht geeignet und noch weniger zum Gehen; sie sieht, wenn sie das eine oder andere thut, »krank und unbehülflich aus und scheint gar nicht derselbe flüchtige Vogel zu sein, als welchen sie sich uns in ihrem kühnen, rastlosen Fluge zeigt.«

Ein zartes »Witt«, welches nicht selten in »Wide witt« verlängert wird, drückt behagliche Stimmung der Schwalbe aus oder wird als Lockton gebraucht; der Warnungs- und Kampfruf ist ein helles, lautes »Biwist«; die Anzeige drohender Gefahr

HIRUNDINIDAE

*Hirundo rustica*

geschieht durch die Silben »Dewihlik«; bei Todesangst vernimmt man ein zitternd ausgestoßenes »Zetsch«. Der Gesang, welchen das Männchen sehr fleißig hören läßt, zeichnet sich weder durch Wohlklang der einzelnen Töne, noch durch Abwechselung aus, hat aber dennoch etwas ungemein gemüthliches und ansprechendes, wozu Jahres- und Tageszeit und andere Verhältnisse das ihrige beitragen. »Kaum kündet ein grauer Streifen im Osten den kommenden Tag an«, fährt Naumann fort, »so hört man schon die ersten Vorspiele des Gesanges der von der Nachtruhe eben erwachten Rauchschwalbenmännchen. Alles Geflügel des Hofes ist noch schlaftrunken, keines läßt einen Laut hören, überall herrscht noch tiefe Stille, und die Gegenstände sind noch mit nebeligem Grau umschleiert: da stimmt hier und da ein Schwalbenmännchen sein ›Wirb, werb‹ an, jetzt noch stammelnd, durch viele Pausen unterbrochen, bis erst nach und nach ein zusammenhängendes Liedchen entsteht, welches der auf derselben Stelle sitzen bleibende Sänger mehrmals wiederholt, bis er sich endlich aufschwingt und nun fröhlich singend das Gehöft durchfliegt. Ehe es dahin kommt, ist ein Viertelstündchen vergangen, und nun erwachen auch die anderen Schläfer: der Hausröthling girlt sein Morgenliedchen vom Dache herab, die Spatzen lassen sich hören, die Tauben rucksen, und bald ist alles Geflügel zu neuem Leben erwacht. Wer sich öfters eines schönen Sommermorgens im ländlichen Gehöfte erfreute, wird beistimmen müssen, daß diese Schwalbe mit ihrem obschon schlichten, doch fröhlichen, aufmunternden Gesange viel zu den Annehmlichkeiten eines solchen beiträgt.« Der Gesang selbst fängt mit »Wirb, werb, widewitt« an, geht in ein längeres Gezwitscher über und endet mit »Wid, weid woidä zerr«. Das Volk hat ihn in Worte übersetzt und unserer edelsten Dichter einer des Volkes Stammeln im lieblichsten Gedichte verherrlicht – wer kennt es nicht, das Schwalbenlied unseres Rükkert:

»Aus der Jugendzeit, aus der Jugendzeit
Klingt ein Lied mir immerdar usw.«

dessen eine Strophe:

»Als ich Abschied nahm, als ich Abschied nahm,
War'n Kisten und Kasten schwer,
Als ich wieder kam, als ich wieder kam,
War alles leer.«

die eigentlich volksthümliche, die vom Volke selbst gedichtete ist.

Unter den Sinnen der Schwalbe steht das Gesicht obenan. Sie sieht ein kleines Kerbthier, wenn es fliegt, schon in bedeutender Entfernung und jagt nur mit Hülfe des Auges. Auch das Gehör ist wohl entwickelt, und das Gefühl, soweit es sich als Empfindungsvermögen kund gibt, gewiß nicht in Abrede zu stellen. Über Geruch und Geschmack haben wir kein Urtheil. Ihre geistigen Fähigkeiten werden vielleicht oft überschätzt; Verstand und Überlegung, wohlabgewogene Würdigung der Umstände und Verhältnisse, scharfe Unterscheidung von Freund und Feind, liebenswürdiger Übermuth gefährlichen Geschöpfen gegenüber und friedfertiges Zusammengehen mit solchen, welche erfahrungsmäßig ungefährlich sind, Eifer, anderen harmlosen Thieren irgendwie, sei es durch wohlbegründete Warnung oder durch keckes Untersuchen einer Gefahr, behülflich, dienstbar zu sein, und andere Beweise des Geistes und Züge des Wesens, welche die Schwalbe bekundet, lassen dies erklärlich scheinen.

Kleine Kerbthiere mancherlei Art, vorzugsweise Zwei- und Netzflügler, Schmetterlinge und Käfer bilden auch die Nahrung dieser Schwalbe; Immen mit Giftstacheln frißt sie nicht. Sie jagt nur im Fluge und zeigt sich unfähig, sitzende Beute aufzunehmen. Deshalb geräth sie bei länger anhaltendem Regenwetter, welches die Kerfe in ihre Schlupfwinkel bannt, oft in harte Noth und müht sich ängstlich, die festsitzenden durch nahes Vorüberstreichen aufzuscheuchen und zum Fliegen zu bringen. Je nach Witterung und Tageszeit jagt sie in höheren oder tieferen Schichten der Luft und ist deshalb dem Volke zum Wetterprofeten geworden. Gute Witterung deckt ihren Tisch reichlich und erhöht ihren frischen Muth, schlechtes Wetter läßt sie darben und macht sie still und traurig. Sie bedarf, ihrer großen Regsamkeit halber, unverhältnismäßig viel an Nahrung und frißt, so lange sie fliegend sich bewegt. Das verzehrte verdaut sie rasch; die unverdaulichen Überreste der Mahlzeit, Flügeldecken, Schilder und Beine der Kerfe, speit sie, zu Gewöllen geballt, wieder aus.

Durch Anlage und Bau des Nestes unterscheidet sich die Rauchschwalbe von ihren deutschen Verwandten. Falls es irgend möglich, baut sie das Nest in das Innere eines Gebäudes, so, daß es von oben her durch eine weit überragende Decke geschützt wird. Ein Tragbalken an der Decke des Kuhstalles oder der Flur des Bauernhauses, ein Dachboden, den die besenführende Magd meidet, oder irgend eine andere Räumlichkeit, welche eher den Farbensinn eines Malers als das Reinlichkeitsgefühl der Hausfrau befriedigt, mit kurzen Worten, alternde, verfallende, mehr oder minder schmutzige, vor Zug und Wetter geschützte Räume sind die Nistplätze, welche sie besonders liebt. Hier kann es vorkommen, daß förmliche Siedelungen entstehen. Das Nest selbst wird an dem Balken oder an der Wand, am liebsten an rauhen und bezüglich unten durch vorspringende Latten, Pflöcke und dergleichen verbesserten Stellen festgeklebt. Es ähnelt etwa dem Viertheile einer Hohlkugel; seine Wände verdicken sich an der Befestigungsstelle; der im ganzen wagerecht stehende Rand zieht sich hier meist auch etwas höher hinauf. Die Breite beträgt ungefähr zwanzig, die Tiefe zehn Centimeter. Der Stoff ist schlammige oder mindestens fette Erde, welche klümpchenweise aufgeklaubt, mit Speichel überzogen und vorsichtig angeklebt wird. Andere Stoffe verwendet sie selten; doch erhielt ich ein Nest, welches einzig und allein aus zertrümmerter Knochenkohle bestand und in üblicher Weise zusammen gekleistert worden war. Feine, zwischen die Nestwände eingelegte Halme und Haare tragen zur besseren Festigung bei; das eigentliche Bindemittel aber ist der Speichel. Bei schöner Witterung vollendet ein Schwalbenpaar das Aufmauern der Nestwandungen innerhalb acht Tagen. Hierauf wird der innere Raum mit zarten Hälmchen, Haaren, Federn und ähnlichen weichen Stoffen ausgekleidet, und die Kinderwiege ist vollendet. Ein an geschützten Orten stehendes Schwalbennest dient lange, lange Jahre, vielleicht nicht seinen Erbauern allein, sondern auch nachfolgenden Geschlechtern. Etwaige Schäden bessert das Paar vor Beginn der Brut sorgfältig aus; die innere Ausfüllung wird regelmäßig erneuert, im übrigen jedoch nichts an dem Baue verändert, so lange er besteht. Im Mai legt das Weibchen vier bis sechs, zwanzig Millimeter lange, vierzehn Millimeter dicke, zartschalige, auf reinweißem Grunde mit aschgrauen und rothbraunen Punkten gezeichnete Eier ins Nest, bebrütet sie, ohne Hülfe seines Männchens, und zeitigt bei günstiger Witterung binnen zwölf Tagen die Jungen. Bei schlechter, zumal naßkalter Witterung muß es die Eier stundenlang verlassen, um sich die ihm nöthige Nahrung zu erbeuten, und dann kann es geschehen, daß letztere erst nach siebzehn Tagen ausgebrütet werden. Die anfangs sehr häßlichen, breitmäuligen Jungen werden von beiden Eltern fleißig geatzt, wachsen unter günstigen Umständen rasch heran, schauen bald über den Rand des Nestes heraus und können, wenn alles gut geht, bereits in der dritten Woche ihres Lebens außerhalb des Eies den Eltern ins Freie folgen. Sie werden nun noch eine Zeitlang draußen gefüttert, anfangs allabendlich ins Nest zurückgeführt, später im Freien hübsch zur Ruhe gebracht und endlich ihrem Schicksale überlassen. Sodann, meist in den ersten Tagen des August, schreiten die Alten zur zweiten Brut. In manchen Jahren verspätet sich diese so sehr, daß Alte und Junge gefährdet sind; in nördlichen Ländern müssen letztere zuweilen wirklich verlassen werden. Unter günstigeren Umständen sind auch die letzten Jungen längst flügge geworden, wenn der eintretende Herbst zur Winterreise mahnt. Nunmehr sammeln sie sich im Geleite ihrer Eltern mit anderen Familien derselben Art, mit Bachstelzen und Staaren im Röhrichte der Teiche und Seen, hier Ruhe haltend, bis die eine Nacht herankommt, welche die lieben Gäste uns entführt. Eines Abends, bald nach Sonnenuntergang, erhebt sich das zahllose Schwalbenheer, welches man in den Nachmittagsstunden vorher vielleicht auf dem hohen Kirchendache versammelt sah, auf ein von mehreren Alten gegebenes Zeichen, verschwindet wenige Minuten später dem Auge und zieht davon.

Ungeachtet ihrer Gewandtheit und trotz ihrer Anhänglichkeit an den Menschen droht der Schwalbe mancherlei Gefahr. Bei uns zu Lande ist der Baumfalk der gefährlichste von allen natürlichen Feinden; in Südasien und Mittelafrika übernehmen andere seines Geschlechtes dessen Rolle. Die jungen Schwalben werden durch alle Raubthiere, welche im Inneren des Hauses ihr Wesen treiben, und mehr noch durch Ratten und Mäuse gefährdet. Zu diesen Feinden gesellt sich hier und da der Mensch. In Italien wie in Spanien werden alljährlich hunderttausende von Schwalben durch Bubenjäger vertilgt, obgleich ein Sprichwort der Spanier sagt, daß derjenige, welcher eine Schwalbe umbringe, seine Mutter tödte.

Im Käfige sieht man die Rauchschwalbe selten. Es ist nicht unmöglich, sie jahrelang zu erhalten; sie verlangt aber die größte Sorgfalt hinsichtlich ihrer Pflege und belohnt diese eigentlich doch nur in geringem Maße.

# *Die Tauben*

Die Tauben (Gyratores) sind mittelgroße, kleinköpfige, kurzhalsige, mit großen und harten Federn bekleidete Vögel. Der Schnabel ist stets kurz, bei der Mehrzahl auch schwach. Der kurze Fuß ist vierzehig, sein Lauf selten höher als die Mittelzehe lang, ausnahmsweise nur bis unter die Ferse befiedert. Der Schwanz wird regelmäßig aus zwölf, ausnahmsweise aus vierzehn bis sechzehn Federn zusammengesetzt, ist meist kurz und schwach gerundet, zuweilen aber auch lang und dann gewöhnlich seitlich verkürzt. Das derbe und feste Gefieder liegt ziemlich glatt an; die einzelnen Federn sind verhältnismäßig groß, breit abgerundet und unten dunig. Sanfte Farben sind vorherrschend, lebhafte, prachtvoll schimmernde aber keineswegs ausgeschlossen.

Man darf die Tauben oder Girrvögel wohlbegabte Geschöpfe nennen. Sie gehen gut, wenn auch nicht gerade schnell, so doch ausdauernd, nicken aber bei jedem Schritte mit dem Kopfe, weil ihre Beine niedrig sind. Einzelne Arten laufen hühnerartig und sehr rasch über den Boden dahin, andere zeigen sich auf ihm ungeschickt, um so gewandter dagegen im Gezweige der Bäume. Diejenigen, welche am besten zu Fuße sind, fliegen am schlechtesten; die große Mehrzahl aber besitzt einen sehr schnellen und kraftvollen, rascher Wendungen fähigen, gewandten Flug, welcher mit laut pfeifendem Geräusche verbunden zu sein pflegt. Daß die Tauben aus freien Stücken zuweilen schwimmen, habe ich in Egypten beobachtet; daß sie im Falle der höchsten Noth sogar tauchen, haben Naumann und Eugen von Homeyer erfahren. Die Stimme hat im allgemeinen viel übereinstimmendes, ändert bei den einzelnen Arten aber doch mannigfach ab. Die meisten Tauben »rucksen«, das heißt stoßen abgebrochene, hohlklingende, tiefe Laute aus, in denen die Silbe »ruck« oder »rucks« vorherrschend ist; andere »girren« oder lassen sanft zitternde Töne vernehmen, welche dem Klange des letztgebrauchten Zeitwortes entsprechen; einzelne Arten heulen, andere lachen; einige geben höchst klangvolle, wohlgerundete, volltönige Laute zum besten, andere knurren abscheulich. Unter den Sinnen steht unzweifelhaft das Gesicht obenan, wie dies schon das verhältnismäßig große, wohlgebaute und oft sehr schön gefärbte, ausdrucksvolle Auge vermuthen läßt; kaum minder ausgezeichnet ist das Gehör, über dessen Schärfe man leicht ein bestimmtes Urtheil gewinnen kann; verhältnismäßig sehr entwickelt dürften auch Geschmack, Geruch und Gefühl sein. Den Verstand hat man, bestochen von der mehr scheinbaren als wirklichen Anmuth des Wesens, oft erheblich überschätzt. Die Girrvögel sind regelmäßig scheu und vorsichtig, unterscheiden aber keineswegs mit derselben Schärfe, wie andere Vögel, zwischen wirklicher und vermeintlichen Gefahr, sondern nehmen stets das Gewisse für das Ungewisse und weichen deshalb dem Bauer oder Schäfer ebenso ängstlich aus wie dem Jäger. Sie wirklich zu zähmen, ist schwierig und wird, wie es scheint, erst möglich bei den Nachkommen mehrerer Geschlechter, welche bereits in Gefangenschaft gelebt haben. Ihre Beurtheilungsgabe ist gering, ihr Gedächtnis wenigstens nicht hervorragend; doch übertreffen die Girrvögel auch in geistiger Hinsicht entschieden alle eigentlichen Laufvögel.

Das Betragen hat so viel bestechendes, daß sie schon seit altersgrauer Zeit als Sinnbilder betrachtet und sogar der Ehre gewürdigt worden sind, übersinnlichen Begriffen Gestalt zu verleihen. Dem unbefangenen Auge stellt sich ihr Wesen in minder günstigem Lichte dar. Ihre Anmuth wird gewiß niemand in Abrede stellen wollen, und auch an ihrer Zärtlichkeit gegen den Gatten kann sich ein gleichgestimmtes Gemüth erfreuen, da das Schnäbeln nun einmal an unser Küssen erinnert: die gerühmte eheliche Treue der Tauben ist jedoch keineswegs über jede Mißdeutung erhaben und von einer hingebenden Anhänglichkeit gegen die Kinder wenigstens bei vielen nichts zu bemerken. Manche, jedoch keineswegs alle Girrvögel lieben die Geselligkeit und halten sich paarweise zusammen; ob aber ein Paar wirklich zeitlebens verbunden bleibt, wie man gewöhnlich annimmt, ist sehr fraglich: es liegen auch Beobachtungen vor, welche kein günstiges Zeugnis abgeben für ihre eheliche Treue. Ihr Fortpflanzungstrieb ist zwar nicht so ausgeprägt wie bei den Hühnern, immerhin aber noch sehr heftig, und wenn wir das Gebaren der verliebten Tauben im günstigsten Sinne auffassen, so vergessen wir andere, in ihrer Zärtlichkeit noch viel anmuthiger erscheinende Vögel. Wahrhaft abscheulich erscheint uns die Treulosigkeit vieler Tauben gegen ihre Brut: sie verlassen nicht bloß ihre Eier, sondern sogar die bereits ausgeschlüpften Jungen, wenn sie gestört und infolge davon mißtrauisch wurden. Auch Neid und Mißgunst kann man ihnen nicht absprechen; ihre Habgier überwiegt jede Rücksicht auf ihre Genossen: sie decken gefundenes Futter mit den Flügeln zu, während die verschrieenen Hühner, wenn sie reichliche Nahrung entdecken, andere herbeirufen. Hingebung, Selbstverleugnung zu Gunsten anderer Wesen kennen sie überhaupt nicht, schließen sich auch anderen Geschöpfen nur scheinbar an, da sie in Wirklichkeit bloß mit ihresgleichen gern verkehren. Sie betrachten die meisten Thiere mit Gleichgültigkeit oder beachten sie gar nicht; die stärkeren Geschöpfe fürchten, vielen mißtrauen sie.

Die Girrvögel, von denen man etwa vierthalbhundert Arten beschrieben hat, sind Weltbürger im weitesten Sinne des Wortes. Sie leben in allen Erdtheilen und al-

COLUMBIDAE
Columba livia

len Gürteln, in der Höhe wie in der Tiefe, immer aber vorzugsweise im Walde; denn die wenigen, welche sich auf pflanzenlosen Felswänden ansiedeln, gehören zu den Ausnahmen. Die Nähe des Wassers lieben, wasserlose Strecken meiden sie, wenn auch damit nicht gesagt sein soll, daß sie hier gänzlich fehlen, da sie ihre Flugfertigkeit in den Stand setzt, täglich fern gelegene Tränkplätze zu besuchen. Ihre größte Entwickelung zeigt die Ordnung in Oceanien oder auf den großen und kleinen Eilanden des Stillen Weltmeeres, wie überhaupt die Inseln verhältnismäßig mehr Tauben beherbergen als die großen Festlande. Die Sundainseln, Philippinen, Molukken sind reich an verschiedenartigen und prachtvollen Arten; in Neuholland und auf Neuguinea lebt eine namhafte Anzahl; in Südasien oder in Indien und Südchina werden sie kaum minder reichhaltig vertreten. In Afrika hausen zwar nicht so viele Tauben wie in Asien, die einzelnen Arten treten aber in überraschend großer Anzahl auf, und deshalb begegnet man den Mitgliedern der Ordnung allüberall, selbst noch im Inneren der Wüste. In den Waldungen der Steppe sieht man hier und da sozusagen jeden Baum von ihnen besetzt; in den Urwäldern ist ihr Rucksen, Girren, Heulen und sonstiges Lautgeben eine so gewöhnliche Musik, daß sie alle übrigen Vogelstimmen beinahe übertönt; ein einziger Brunnen, eine Wasserlache in der Steppe wird zum Sammelplatze oder wenigstens zum Stelldichein für hunderttausende dieser flüchtigen und verhältnismäßig wenig begehrlichen Vögel. Amerika, und zumal der Süden dieses Erdtheiles, beherbergt über ein Drittheil aller bis jetzt bekannten Girrvögel. »In den endlosen Urwäldern von Brasilien«, sagt Prinz von Wied, »leben viele Taubenarten. Ihr sanfter Ruf erfreut den von der Hitze des Tages ermatteten Jäger, der am Fuße eines alten Waldstammes auf weichem Moose am klar herabrauschenden Waldbache sich ausruht, während Vanille und andere Wohlgerüche ihn erquicken.« In Mittelamerika sind sie, ihrer Vorliebe für Inseln entsprechend, noch häufiger als in Brasilien. Hinsichtlich des Aufenthaltes wird bald bemerklich, daß sich die verschiedenen Arten in ihre Welt getheilt haben. Während die einen ausschließlich Baumvögel sind und höchstens, um zu trinken, zum Boden herabkommen, verbringen hier andere ihr ganzes Leben oder erheben sich doch höchstens auf kurze Zeit zu niederen Baumzweigen, und während diese den dunkeln Wald bevölkern, siedeln sich andere im lichten Gebüsche der Steppe an. Wieder andere hausen nur auf Felsen, nur in niederem, dichtem Gebüsche, ausschließlich auf kleinen Inseln usw.

Alle im Norden lebenden Arten sind Wander-, die im Süden wohnenden Strich- oder Standvögel. Diese leben höchstens in kleinen Gesellschaften, gewöhnlich aber paarweise; die übrigen vereinigen sich nur während der Wanderzeit zu starken Flügen; andere bilden jahraus, jahrein zahlreiche Verbände, und gewisse Arten scharen sich zu Massen, welche, glaublicher Schätzung nach, alle unter Vögeln sonst üblichen Vereinigungen weit überbieten. Die Reisen werden selten weit ausgedehnt;

unsere europäischen Arten z. B. ziehen höchstens bis Nordafrika hinüber, bleiben aber meistens schon in Südeuropa.

Ihre Nahrung entnehmen unsere Vögel fast ausschließlich dem Pflanzenreiche. Im Kropfe einzelner Arten hat man kleine Gehäusschnecken, Würmer und Raupen gefunden; auch weiß man, daß sie ihre eigenen Läuse fressen; der Futtertheil, welchen das Thierreich ihnen liefert, ist aber stets sehr gering. Sämereien und Wurzelknollen der verschiedensten Art bilden das Futter der Mehrheit; die Angehörigen gewisser Familien oder Unterfamilien nähren sich von Beeren und Waldfrüchten. Das Futter wird einfach aufgelesen oder abgepflückt, seltener durch Zerkleinerung der Schoten oder anderweitige Anstrengung gewonnen und noch seltener mit den Füßen ausgescharrt, eher noch mit dem Schnabel ausgegraben; ebensowenig werden die gefundenen Nährstoffe vor dem Verschlingen zerstückelt. Viele Arten lieben salzhaltige Erde und erscheinen daher regelmäßig an Stellen, welche solche enthalten, nach Snells Beobachtungen hauptsächlich während der Zeit, in welcher sie Junge haben. Diejenigen Arten, welche harte Körner genießen, nehmen zur Beförderung der Verdauung kleine Quarzstückchen und andere harte Körper, die Weibchen, wenn sie legen wollen, auch Kalk zu sich. Sie bedürfen viel Wasser, weil dieses nicht bloß zum Löschen des Durstes, sondern auch zum Aufquellen der harten Körner dienen muß.

So viel bis jetzt bekannt, brüten alle Girrvögel mehr als einmal im Jahre. Das Nest wird verschieden angelegt: im Gezweige der Bäume und Gebüsche, hoch und niedrig über dem Boden, in Felshöhlen und Baumlöchern, auf dicken Ästen oder Stammstrünken, selten auf dem flachen Boden. Es ist ein erbärmlicher Bau aus wenigen dürren Reisern, welche locker und liederlich über einander geschichtet werden und oft so lose aufliegen, daß man nicht begreift, wie er Wind und Wetter widerstehen kann. Zwei weiße Eier bilden das Gelege. Während der Paarungszeit bewirbt sich der Tauber sehr eifrig um die Gunst der Taube, ruckst, girrt, turtelt, lacht, heult, ergeht sich bückend, verneigend, drehend, vor- und zurücklaufend in sonderbaren Bewegungen, fliegt mit klatschendem Geräusche nach oben und läßt sich sanft wieder nach unten hernieder, schnäbelt sich mit der Gattin, liest ihr gelegentlich auch die Läuse ab, beweist überhaupt durch allerlei Zeichen und Geberden lebhafte Erregtheit. Am Brutgeschäfte betheiligen sich beide Eltern, der Tauber aber keineswegs ohne Murren, weil ihm das Stillsitzen höchst unangenehm und verhaßt zu sein scheint. Die Taube brütet während des ganzen Tages, mit Ausnahme der Mittagsstunden, der Tauber während dieser. Nach vierzehn- bis zwanzigtägiger Bebrütung entschlüpfen die Jungen: kleine, hülflose, blinde, mit gelbem Flaume sparsam bekleidete Geschöpfe, welche im Neste bleiben, bis sie völlig flügge geworden sind. Sie werden anfangs mit dem käseartigen Stoffe, welchen die Wandungen des Kropfes absondern, später mit aufgequellten, schließlich mit harten Sämereien gefüttert oder richtiger gestopft.

Ihre Weiterentwickelung nach dem Ausfliegen beansprucht wenig Zeit; denn die meisten Arten sind bereits nach vollendetem ersten Lebensjahre fortpflanzungsfähig.

Alle Tauben, zum mindesten diejenigen, welche bei uns zu Lande leben, sind als nützliche Vögel zu bezeichnen. Snell hat sich durch sorgfältige und mühevolle Beobachtungen überzeugt, daß sie zwar einzelne Getreidekörner, welche ohne sie verderben würden, auflesen, im allgemeinen aber sich fast ausschließlich von dem Samen verschiedener, der Landwirtschaft verderblichen Unkräuter ernähren und dadurch einen geradezu unberechenbaren Nutzen bringen. Der genannte Beobachter zählte im Kropfe einer von ihm getödteten Haustaube dreitausendfünfhundertzweiundachtzig Körner der Vogelwicke und berechnet, daß eine Taube mit einem Jungen jährlich gegen achthunderttausend dieser Körner vertilgt. Seine gewissenhaft angestellten Beobachtungen widerlegen jeden Vorwurf, welcher den Tauben bisher gemacht, jede Verdächtigung, welche auf sie geschleudert wurde, und stellen als unumstößliche Wahrheit fest, daß unser Getreidebau ohne sie arg gefährdet sein würde.

# *Der Strauß*

Der Mensch verfolgt alle Kurzflügler, die einen ihrer Federn, die anderen ihres Fleisches wegen, hält auch alle Arten in Gefangenschaft und versucht neuerdings, die wichtigsten zu Hausthieren zu machen.

Ein Vertreter dieser Familie ist der Strauß (Struthio camelus). Er kennzeichnet sich durch sehr kräftigen Leib, langen, größtentheils nackten Hals, kleinen, platten Kopf, große, glänzende Augen, deren oberes Lid Wimpern trägt, unbedeckte, offene, innen mit haarartigen Gebilden besetzte Ohren, mittellangen, an der Spitze platten Schnabel, dessen Kinnladen biegsam sind, längliche, ungefähr in der Mitte des Schnabels sich öffnende Nasenlöcher, hohe, starke, nackte Beine, ziemlich große, zum Fliegen jedoch gänzlich untüchtige Flügel, welche an Stelle der Schwingen lange, schlaffe, weiche, hängende Federn tragen. Beim Männchen sind alle kleinen Federn des Rumpfes kohlschwarz, die langen Flügel- und Schwanzfedern aber blendendweiß. Beim Weibchen ist das Kleingefieder braungrau, nur auf den Flügeln und in der Schwanzgegend schwärzlich. Die Höhe des erwachsenen männlichen Straußes beträgt ungefähr dritthalb, die Länge von der Schnabelspitze bis zum Schwanzende mindestens zwei Meter, das Gewicht etwa fünfundsiebzig Kilogramm.

Der Strauß wird von den Alten oft erwähnt. Altegyptische Wandgemälde stellen ihn als einen dem Könige dargebrachten Pflichtzoll dar, ebenso wie seine Federn unter derartigen Gaben ihre Rolle spielen oder als Zierat des Hauptes verschiedener Gottheiten, Heerführer und Krieger Verwendung finden. Die Königin Arsinoë wurde, laut Pausanias, als auf einem Strauße reitend dargestellt; die Federn des Vogels galten als Sinnbild der Gerechtigkeit. Von den Assyrern wurde er wahrscheinlich als heiliger Vogel verehrt, und seine Federn zieren die Gewänder der auf dem ältesten Bauwerke zu Nimrud dargestellten Menschen. Herodot erwähnt, daß das lybische Volk der Maken im Kriege die Häute der Strauße zum Schutze trug, Strabo, daß die Struthophagen sich in das Fell eines Straußes kleiden, um die Riesenvögel zu berükken. Xenophon, Aristoteles, Diodorus Siculus, Plinius, Älian und andere berichten über Gestalt und Wesen, Vorkommen und Lebensweise. Älius Lampridius erzählt, daß der Kaiser Heliogabal bei einem Schmause die Köpfe von sechshundert Straußen, deren Gehirn verzehrt werden sollte, auftragen ließ, Julius Capitolinus, daß bei den Jagdspielen des Kaisers Gordian dreihundert roth gefärbte Strauße erschienen, Flavius Vopiscus, daß Kaiser Probus bei einer ähnlichen Gelegenheit eintausend dieser Vögel dem Volke preisgab. Alte chinesische Werke erwähnen Straußeneier, welche Kaisern des Himmlischen Reiches geschenkt wurden. In der Bibel wird der Strauß vielfach genannt, den unreinen Thieren beigezählt und als einsam lebender, geistloser Vogel geschildert. Im Mittelalter gelangten seine Federn auch auf unsere Märkte und behaupteten sich fortan als geschätzter Schmuck der männlichen und weiblichen Kleidung.

Steppen und Wüsten Afrikas und Westasiens beherbergen den Strauß. In früheren Zeiten ist er unzweifelhaft viel häufiger gewesen als gegenwärtig, hat auch Örtlichkeiten, Gegenden und Länder bevölkert, in denen er jetzt ausgerottet ist: ein Wüstenvogel aber war er von jeher.

Sandige Strecken der Wüste, denen aller Pflanzenwuchs mangelt, können Strauße selbstverständlich nicht ernähren; man begegnet ihnen innerhalb des Wüstengürtels daher nur in Niederungen, in denen ein wenn auch spärlicher Pflanzenwuchs den Boden deckt; wohl aber sieht man, wie Heuglin richtig hervorhebt, auch auf gänzlich pflanzenlosen Strecken, sogenannten Hammadas, nicht allzuselten die Fährten des Vogels, welcher, von einer Niederung zur anderen ziehend, solche Sandmeere durchwandert. Selbst in den reichen Steppen, deren endlose Graswälder, mit Buschwald bestandene Einsenkungen und Felder jahraus jahrein Nahrung gewähren, führen die Strauße, ohne eigentlich Zugvögel zu sein, ein Wanderleben und schweifen, so lange sie die Brut nicht an eine bestimmte Stelle bindet, in engeren oder weiteren Grenzen umher.

Einige Reisende, unter ihnen Lichtenstein, sprechen von sehr ansehnlichen Straußenherden, welche sie von ihrem Wege aus gesehen haben, und auch Heuglin erwähnt, daß er im Herbste des Jahres 1854 Trupps von meist jungen Vögeln begegnet sei, deren Anzahl wohl funfzig bis sechzig betragen mochte. Regel ist dies nicht, vielmehr immer nur Ausnahme. Gewöhnlich lebt der Strauß im Süden wie im Norden des Erdtheiles in kleinen Trupps von fünf bis sechs Stück oder selbst in Familien, in denen man dann meist mehr Hennen als Hähne bemerkt. Eine solche Familie scheint ein ziemlich ausgedehntes Weidegebiet zu haben und an demselben mit einer gewissen Zähigkeit festzuhalten. Die erste Bedingung, welche der Vogel an seinen Aufenthalt stellt, ist Vorhandensein von Wasser. Da, wo solches reichlich vorhanden und nicht überall von Menschen in Besitz genommen wurde, stößt man jederzeit, wenn auch nicht auf Strauße selbst, so doch auf unverkennbare Anzeichen ihres Vorkommens, auf ihre Fährten, welche nicht verwechselt werden können, Lichtenstein beobachtete, daß sie nach den Quellen, aus welchen sie zu trinken pflegen, immer auf einem und demselben Wege gehen, so daß dadurch gerade

Bahnen ausgetreten werden, welche in den unbewohnten Gegenden oft auf die Vermuthung führen, daß man Fußsteige von Menschen vor sich habe. Da, wo der Unterschied der Jahreszeiten und ihre Einwirkung auf die Pflanzenwelt nicht so groß ist, daß der Strauß zum Wandern gezwungen wird, behält er das einmal gewählte Gebiet wahrscheinlich jahraus, jahrein bei und entfernt sich selten über die Grenzen desselben.

Das tägliche Leben des Straußes verläuft ziemlich regelmäßig. In den Früh- und Nachmittagsstunden sind alle Mitglieder eines Trupps mit der Weide beschäftigt. Hierbei wandeln sie, gemächlich schreitend, etwas von einander getrennt, durch ihr Gebiet, von einer genießbaren Pflanze zur anderen sich wendend. Gegen die Mittagszeit hin haben sie ihren Magen gefüllt und ruhen nun entweder einige Stunden, bald auf den Fußwurzeln hockend, bald auf dem Bauche liegend, oder tummeln sich munter und übermüthig umher, führen die wunderlichsten Tänze aus, indem sie wie toll in einem engen Kreise hin- und herlaufen, die Flügel heben und zitternd schwingen, als ob sie versuchen wollten, in die Luft sich zu erheben. Die drückendste Sonnenhitze scheint sie nicht im mindesten zu belästigen, ebensowenig als der glühende Sand sie behelligt. Später gehen sie vielleicht zur Tränke, nehmen sogar, wie Heuglin beobachtete, ein Bad im Meere, indem sie auf Sandbänken in das Wasser waden und hier, oft weit vom Ufer entfernt, bis an den Hals eingetaucht, längere Zeit stehend verweilen. Nachmittags weiden sie wiederum, und gegen Abend suchen sie an irgend einer geeigneten Stelle ihr Nachtlager, legen sich mit zusammengeknickten Beinen auf den Bauch und schlafen, ohne jedoch auch jetzt noch ihre Sicherung zu vernachlässigen. Vor drohenden Gewitterstürmen legen sie sich ebenfalls nieder; im allgemeinen aber lieben sie Bewegung mehr als Ruhe.

Die starken und behenden Läufe ersetzen dem Strauße zwar nicht das Flugvermögen anderer Vögel, verleihen ihm aber doch eine Bewegungsfähigkeit, welche wahrhaft in Erstaunen setzt. Bei meiner Reise durch die Bahiuda überritt ich eine sandige Stelle, auf welcher Straußenfährten in allen Richtungen sich kreuzten. Man konnte an ihnen deutlich erkennen, ob der Vogel behaglichen Schrittes gegangen oder trabend gelaufen war. Im ersteren Falle waren die Fußstapfen ein bis anderthalb, im letzteren zwei bis drei Meter von einander entfernt. Anderson versichert, daß der Strauß, gejagt und auf geringe Entfernung hin, die englische Meile vielleicht in einer halben Minute durchlaufen könne, weil seine Füße den Boden kaum zu berühren scheinen und jeder Schritt nicht selten vier bis fünfthalb Meter weit sei. Diese Angabe ist gewiß übertrieben, wohl aber ist es richtig, daß der Vogel mit einem Rennpferde an Schnelligkeit nicht nur wetteifert, sondern es überholt; das Wort der Bibel: »Zur Zeit, wenn er hoch fähret, erhebt er sich und verlachet beide, Roß und Mann«, enthält also die vollständige Wahrheit. Bei sehr eiligem Laufe breitet der Strauß seine Flügel, vielleicht weniger, um sich im Gleichgewichte zu halten, als infolge der Erregung, welche sich seiner unter solchen Umständen bemächtigt, und welche er auch sonst in derselben Weise zu bekunden pflegt.

Als den am besten entwickelten Sinn des Straußes hat man unzweifelhaft das Gesicht anzusehen. Das Auge ist wirklich schön und seine Sehkraft erstaunlich groß. Alle Beobachter stimmen darin überein, daß man aus dem Gebaren des Riesenvogels deutlich wahrnehmen kann, wie er auf Meilen hin sein nacktes Gebiet beherrscht. Nächstdem sind Gehör und Geruch am meisten entwickelt, Gefühl und Geschmack aber wohl sehr stumpf; wenigstens läßt das Gebaren des Vogels hierauf schließen. Über die geistigen Fähigkeiten lautet das Urtheil verschieden; denn während einige Forscher mit der Bibel übereinstimmen, welche sagt, daß Gott ihm die Weisheit genommen und keinen Verstand zuertheilt habe, rühmen andere die Klugheit, namentlich die Vorsicht und Scheu des Vogels. Ich habe jahrelang mit Straußen verkehrt und muß ebenfalls der Bibel beipflichten. Meiner Ansicht nach gehört der Strauß zu den dümmsten, geistlosesten Vögeln, welche es gibt. Daß er sehr scheu ist, unterliegt keinem Zweifel: er flieht jede ihm ungewohnte Erscheinung mit eiligen Schritten, würdigt aber schwerlich die Gefahr nach ihrem eigentlichen Werthe, weil er sich auch durch ihm unschädliche Thiere aus der Fassung bringen läßt. Daß er unter den klugen Zebraherden lebt und sich deren Vorsicht zu Nutze zu machen scheint, spricht keineswegs für seinen Verstand; denn die Zebras schließen sich ihm an, nicht er ihnen, und ziehen aus dem schon durch seine Höhe zum Wächteramte berufenen Vogel, welcher davon stürmt, sobald er etwas ungewohntes sieht, bestmöglichsten Vortheil. Das Betragen gefangener Strauße läßt auf einen beschränkten Geist schließen. Sie gewöhnen sich allerdings an den Pfleger und noch mehr an eine gewisse Örtlichkeit, lassen sich aber zu nichts abrichten und folgen augenblicklichen Eingebungen ihres schwachen Gehirnes blindlings nach. Empfangene Züchtigungen schrecken sie zwar für den Augenblick, bessern sie aber nicht: sie thun dasselbe, wegen dessen sie bestraft wurden, wenige Minuten später zum zweiten Male: sie fürchten die Peitsche, so lange sie dieselbe fühlen. Andere Thiere lassen sie gewöhnlich gleichgültig; während der Paarungszeit aber, oder wenn sie sonst in Erregung gerathen, versuchen sie, an denselben ihr Müthchen zu kühlen und mißhandeln sie ohne Grund und Ursache, oft auf das abscheulichste. Ein männlicher zahmer Strauß, welchen wir besaßen, verwundete ein Weibchen, ehe er sich an dasselbe gewöhnt hatte, mit den scharfen Nägeln seiner Zehen gefährlich. Er schlug dabei immer nach vorn aus und zwar mit solcher Kraft und Sicherheit, daß er jedesmal die Brust der bedrängten Straußin entsetzlich zerfleischte. Uns fürchtete er ebensowenig wie die Thiere, und wenn er sich gerade in Aufregung befand, durften wir uns ohne die Nilpferdpeitsche in der Hand nicht auf den ihn beherbergenden Hof wagen. Niemals haben wir bemerkt, daß er zwischen uns oder Fremden unterschieden hätte; doch will ich damit nicht behaupten, daß er nicht nach und nach sich an eine bestimmte

Persönlichkeit gewöhnen könne. Gern stimme ich mit Heuglin überein, wenn er sagt, daß sein ganzes Wesen das Gepräge von Hast und Eile trage, obschon er zuweilen auch längere Zeit wie träumend und gedankenlos ins weite starre; entschieden aber muß ich meinem verstorbenen Freunde widersprechen, wenn er das Wesen auch als friedlich bezeichnet.

Pflanzenstoffe bilden die hauptsächlichste, jedoch nicht ausschließliche Nahrung des Straußes. In der Freiheit weidet er nach Art des Truthahnes, indem er Gras, Kraut und Laub abbeißt oder Körner, Kerbthiere und kleine Wirbelthiere vom Boden aufliest; in der Gefangenschaft würgt er alles ihm erreichbare hinab. Er scheint einen unwiderstehlichen Hang zu besitzen, nach allem, was nicht niet- und nagelfest ist, zu hacken und es womöglich aufzunehmen und in den Magen zu befördern. Ein ihm vorgeworfener Ziegelbrocken, eine bunte Scherbe, ein Stein oder ein anderer ungenießbarer Gegenstand erregt seine Aufmerksamkeit und wird ebenso gut verschlungen, als ob es ein Stück Brod wäre. Daß Strauße zu Selbstmördern werden können, indem sie ungelöschten Kalk fressen, steht mit meinen Beobachtungen im Einklange. Wenn wir in Chartum etwas verloren hatten, welches für eine Straußenkehle nicht zu umfangreich und für den kräftigen Magen nicht zu schwach war, suchten wir regelmäßig zuerst im Straußenkothe nach dem vermißten Gegenstande und sehr oft mit Glück. Mein ziemlich umfangreicher Schlüsselbund hat den angegebenen Weg, wenn ich nicht irre, mehr als einmal gemacht. Berchon fand bei Zergliederung eines Straußes in dem Magen Gegenstände im Gewichte von 4,228 Kilogramm vor: Sand, Werch und Lumpen im Gewichte von 3,5 Kilogramm und drei Eisenstücke, neun englische Kupfermünzen, eine kupferne Thürangel, zwei eiserne Schlüssel, siebzehn kupferne, zwanzig eiserne Nägel, Bleikugeln, Knöpfe, Schellen, Kiesel usw. Kleinere Wirbelthiere werden gern verzehrt. Meine gefangenen Strauße in Chartum fraßen einige Küchlein, welche sich unvorsichtig in ihre Nähe gewagt hatten; Methuen beobachtete dasselbe. »Eine Ente hatte eine hoffnungsvolle Schar Junge zur Welt gebracht und führte sie mit mütterlichem Stolze im Hühnerhofe hin und her. Hier trafen sie auf den Strauß, welcher mit feierlichen Schritten auf und ab ging, und dieser verschluckte alle jungen Enten, eine nach der anderen, als wären es ebenso viele Austern gewesen.« Heuglin zählt, gewiß nicht mit Unrecht, allerlei Kriechthiere, junge Vögel und Wüstenratten zu seinen Nährstoffen.

Gefräßig kann man den Strauß gleichwohl nicht nennen; denn die Nahrungsmenge, welche er verzehrt, steht keineswegs außer Verhältnis zu seiner Größe. Für seine Genügsamkeit spricht schon sein Aufenthalt in Gegenden, welche so arm sind, daß man es oft nicht begreift, wie sich der große Vogel überhaupt ernähren kann. Sein Gebaren beim Fressen erscheint gierig, ohne es eigentlich zu sein. Dagegen nimmt er tagtäglich eine bedeutende Wassermenge zu sich. Es ist wahrscheinlich, daß auch er, wie das Kamel, mehrere Tage lang dursten kann; in der Regel aber findet er sich tagtäglich an Quellen oder Wasserlachen ein und vergißt, wenn ihn arger Durst quält, sogar die ihm sonst eigene Scheu. »Wenn Strauße an einer Quelle trinken«, sagt Anderson, »scheinen sie weder zu hören, noch zu sehen. Während unseres Aufenthaltes an einer solchen, wo ich in kurzer Zeit acht dieser prächtigen Vögel tödtete, erschienen sie regelmäßig jeden Mittag, und, obwohl ich mich nicht an sie heranschleichen konnte, ohne von ihnen gesehen zu werden, ließen sie mich doch in Schußweite kommen und zogen sich nur Schritt für Schritt zurück.« Genau dasselbe haben mir die Araber erzählt, und nach Beobachtungen an gefangenen scheint mir die Angabe glaubwürdig. Ob mit dieser Menge von Getränk in Verbindung steht, daß der Strauß harnt, wie es sonst kein anderer Vogel thut, lasse ich dahingestellt sein.

Über die Fortpflanzung sind wir erst durch die Beobachtungen, welche an gefangenen Straußen angestellt werden konnten, aufgeklärt worden. In früheren Berichten vermischen sich Wahrheit und Dichtung. Sparrmann ist der erste Naturforscher, welcher aus eigener Anschauung eine wahrheitsgetreue Schilderung gibt; aber auch er läßt sich durch Mittheilungen der Eingeborenen beirren. »Heute«, so erzählt er, »scheuchten wir einen Strauß, und zwar ein Männchen, vom Neste, welches er mitten auf dem freien Felde hatte, das indessen aus nichts weiter bestand, als aus dem Erdboden, auf dem die Eier lose und frei lagen. Der Strauß läßt also seine Eier nicht liegen, damit sie von der Sonne allein ausgebrütet werden, sondern er sitzt sie aus, zum wenigsten thut er dies in diesem Theile von Afrika. Es erhellt aus jenem Umstande, daß Männchen und Weibchen abwechselnd brüten. Die eigentliche Anzahl der Eier, welche die Strauße jedesmal legen, getraue ich mir nicht genau zu bestimmen. Derjenigen, welche wir jetzt antrafen, waren nur elf; sie waren alle frisch und sollten vermuthlich mit verschiedenen vermehrt werden; denn ein anderes Mal jagten zwei meiner Hottentotten wieder einen Strauß auf und nahmen vierzehn Eier aus dem Neste, von denen sie mir die meisten brachten, die übrigen aber liegen ließen, weil sie solche nicht für frisch hielten. Wahrscheinlich legt also der Strauß sechzehn, achtzehn oder zwanzig Eier.«

Lichtenstein beschreibt das Brutgeschäft ausführlicher. Nachdem er angegeben hat, daß während der Brutzeit nie mehr als vier bis fünf Strauße, ein Hahn und drei bis vier Hennen, beisammen leben, sagt er: »Alle die Hennen legen ihre Eier in ein und dasselbe Nest, welches aus nichts weiter besteht als aus einer runden Vertiefung in dem etwas aufgelockerten Thonboden, welche so groß ist, daß sie diese beim Brüten eben bedecken können. Rund umher scharren sie mit den Füßen eine Art von Wall, gegen welchen sich die Eier im äußersten Kreise anlehnen. Jedes Ei im Neste steht auf der Spitze, damit ihrer die größtmöglichste Zahl Platz finde. Sobald zehn bis zwölf Eier in dem Neste sind, fangen sie an zu brüten und zwar abwechselnd, indem am Tage sich die Hennen einander ablösen; bei Nacht aber brütet das Männchen allein, um die Angriffe des Schakals und der wilden Katzen, welche den Eiern gierig nachstellen, abwehren zu können. Indessen legen die Hennen während des Brütens immer fort, und nicht nur bis das Nest voll ist, welcher Fall eintritt, sobald dreißig Eier darin sind, sondern auch nachher. Diese später gelegten Eier liegen unordentlich um das Nest herum und scheinen von der Natur dazu bestimmt, die Raubsucht der oben genannten Feinde zu befriedigen, denen sie lieber diese frischen Eier, als die schon bebrüteten preisgeben will. Indessen haben sie noch eine wichtigere Bestimmung, die nämlich, den jungen Straußen, welche, wenn sie ausgekrochen sind, schon die Größe eines gewöhnlichen Hahnes haben, und deren zarte Magen doch nicht gleich das harte Futter der Alten vertragen, zur ersten Nahrung zu dienen. Die Alten selbst zertreten ihnen eines dieser Eier nach einander und bringen sie durch dieses nahrhafte Futter in kurzer Zeit so weit, daß sie selbst im Stande sind, sich im Felde ihre Nahrung zu suchen. Besonders sorgfältig suchen die Strauße den Ort zu verheimlichen, wo sie ihr Nest angelegt haben. Sie laufen nie gerade darauf zu, sondern pflegen es erst in weiten Bogen zu umkreisen. Ferner lösen sich die Weibchen im Brüten entweder nicht unmittelbar ab, und entfernen sich erst beide aus der Gegend des Nestes, damit man nicht gewahr werde, wo sie sich legen, oder sie wechseln so schnell, daß der etwaige Späher nie beide zugleich zu sehen bekommt. Am Tage verlassen sie das Nest auch wohl ganz und überlassen der Sonne das Geschäft des Brütens. Sobald sie bemerken, daß ihr Nest entdeckt ist und daß ein Mensch oder ein Raubthier dabei gewesen, die Lage der Eier verändert, oder wohl gar davon mitgenommen, zerstören sie es augenblicklich selbst, zertreten alle Eier und legen an einem anderen Orte ihr Nest an. Wenn daher die Ansiedler ein Nest finden, pflegen sie sich mit einem oder ein paar der umherliegenden, noch nicht bebrüteten Eier zu begnügen, scharren mit einem Strauche die Spuren ihrer Fußtritte wieder zu und können auf diese Art ein solches Nest zu einer wahren Vorrathskammer eines sehr angenehmen Nahrungsmittels machen, aus welcher alle zwei bis drei Tage soviel geholt werden kann, als die Haushaltung davon bedarf. In den Wintermonaten (Juli, August, September) findet man die Straußennester am häufigsten, und dann taugen die Federn, die beim Brüten viel auf der Erde abgestoßen und beschädigt werden, am wenigsten. Indessen habe ich zu allen Jahreszeiten Nester und bebrütete Eier gefunden.«

Dieser Bericht, welcher sich theils auf eigene Beobachtung, zum größeren Theile aber wohl auf die Erzählung der Südafrikaner gründet, findet sich nicht nur in den meisten Reisebeschreibungen wieder, sondern ist auch in alle Naturgeschichten übergegangen, enthält aber, wie wir jetzt wissen, viel unrichtiges. Auch Hartmanns Angabe, daß das Weibchen zweimal im Jahre zwölf bis zwanzig, mitunter sogar dreißig, Eier lege, ist offenbar falsch.

Versucht man, die Spreu vom Weizen zu sondern, so ergibt sich, daß allerdings mehrere Hennen in ein und dasselbe Nest legen, daß aber in der Regel nicht sie sit-

*Struthio camelus*

zen, sondern daß der Strauß brütet, und jene höchstens ausnahmsweise an diesem Geschäfte sich betheiligen. Je nach der Gegend tritt die Brutzeit früher oder später ein, immer und überall aber kurz vor Beginn des Frühlings, welcher das Weidegebiet der jungen Brut ergiebig macht. Der Hahn umtanzt die Henne mit gehobenen und zitternden Flügeln und unter allerlei Sprüngen und Geberden, wie dies später noch ausführlicher geschildert werden wird, und betritt sie dann in sitzender Stellung. Nach geraumer Zeit legt das Weibchen sein erstes Ei und die übrigen in Zwischenräumen von je zwei Tagen nach, bis das Gelege vollständig ist. Nunmehr beginnt die Bebrütung, und zwar zumeist von Seiten des Männchens, welches unter Umständen die Henne überhaupt nicht zuläßt oder ihr doch nur dann zu sitzen gestattet, wenn es sich zeitweilig entfernen muß, um die nöthige Äsung aufzunehmen. In kühleren Gegenden werden die Eier während des Tages ebenso regelmäßig bebrütet wie während der Nacht, im Inneren Afrikas dagegen bei Tage ohne Schaden für sie stundenlang verlassen, dann aber gewöhnlich mit Sand zugedeckt. Letzteres wurde mir von den Beduinen erzählt und durch Tristram selbst beobachtet. »Einmal, aber auch nur einmal«, sagt dieser verläßliche Forscher, »hatte ich das Glück, ein Straußennest auszunehmen. Mit Hülfe unserer Ferngläser beobachteten wir zwei Vögel, welche längere Zeit auf einer und derselben Stelle standen, und fühlten uns veranlaßt, dahin zu reiten. Nachdem wir die schwer zu verfolgende Fährte aufgefunden hatten, ritten wir zur Stelle, auf welcher wir die Strauße hatten stehen sehen, und fanden dort den Sand niedergetrampelt. Zwei Araber begannen mit ihren Händen zu wühlen und brachten bald vier frische Eier aus einer Tiefe von ungefähr sechzig Centimeter unter der Oberfläche zum Vorscheine.« Die Eier selbst sind verschieden groß, erklärlicherweise aber die größten von allen Vögeleiern. Ihre Länge schwankt zwischen einhundertundvierzig bis einhundertfünfundfunfzig, ihr Durchmesser an der dicksten Stelle zwischen einhundertundzehn bis einhundertsiebenundzwanzig Millimeter; die Gestalt ist schön eiförmig, an beiden Enden fast gleich abgerundet, die glänzende Schale sehr hart und dick, die Färbung gilblichweiß mit hellgelblicher, marmorartiger Zeichnung. Das Gewicht beträgt nach Hardy's Untersuchung im Durchschnitte eintausendvierhundertzweiundvierzig Gramm, ebensoviel wie das von vierundzwanzig Eiern des Haushuhnes. Der Dotter ist schmackhaft, obschon bei weitem weniger mild als der des Haushuhnes. Die Eier, welche man ums Nest herum findet, haben gewiß nicht den Zweck, welchen ihnen Lichtenstein zuschreibt, sondern werden nachträglich noch von dem oder jenem Weibchen abgelegt, während das Männchen bereits brütet. Es ist erklärlich, daß eine solche Ansicht über ihre Verwendung entstehen konnte, aber schwer begreiflich, wie ein Naturforscher, welcher doch über die erste Nahrung junger hühnerartigen Vögel unterrichtet sein muß, jener Meinung Glauben beimessen konnte. Nach einer zwischen fünfundvierzig bis zweiundfunfzig Tagen schwankenden Brutzeit entschlüpfen die Jungen und werden sofort, nachdem sie abgetrocknet, vom Neste weg und zur Weide geführt. Über sie kann ich aus eigener Erfahrung berichten, da ich einmal zu gleicher Zeit zehn von ihnen besessen, gepflegt und beobachtet habe. Nach Versicherung der Sudâner, welche sie mir brachten, waren sie höchstens einen Tag alt; zum mindesten behaupteten die Leute, es sei unmöglich, ältere zu fangen. Es sind allerliebste Thierchen, welche aber sonderbar aussehen, da sie eher einem Igel als einem Vogel gleichen. Ihre Bedekkung besteht nämlich nicht aus Federn, sondern aus steifen, dem Igel ähnlichen Horngebilden, welche in allen Richtungen vom Körper abstehen. Der Scheitel ist, nach Heuglin, welcher eine Beschreibung von ihnen genommen hat, lebhaft roströthlich mit wenigen schwarzen Tigerflecken. Ihr Betragen ist das junger Trappen oder Hühner. Sie laufen sofort nach dem Auskriechen ebenso behend und gewandt als diese umher und sind geschickt genug, ihre Nahrung zu erbeuten. Nachdem meine gefangenen ungefähr vierzehn Tage alt geworden waren, benahmen sie sich so selbständig, daß wir annehmen durften, sie vermißten die Führung ihrer Eltern nicht. Gleichwohl wissen wir, daß diese oder mindestens der Vater ihnen sorgfältige Pflege angedeihen läßt. Schon der brütende Strauß bethätigt warme Liebe zu den Eiern, tritt verhältnismäßig starken Feinden kühn gegenüber und nimmt zu allerlei Kunstgriffen seine Zuflucht, wenn er meint, einen unwillkommenen, ihm zu starken Gegner loswerden zu können. Anderson erzählt von einem Zusammentreffen mit einer Straußenfamilie, auf welche Jagd gemacht wurde. »Sobald die älteren Vögel unsere Absicht bemerkten, begannen sie eine eilige Flucht, das Weibchen voran, hinter ihm die Jungen und zuletzt das Männchen, welches in einiger Entfernung von den übrigen die Flucht schloß. Es lag etwas wahrhaft rührendes in der Sorge, welche die Eltern für ihre Jungen an den Tag legten. Als sie sahen, daß wir ihnen immer näher kamen, ließ das Männchen plötzlich in seinem Laufe nach und änderte seine Richtung; da wir aber doch von unserem Vorhaben nicht abstanden, beschleunigte es wieder seinen Lauf, ließ die Flügel hängen, so daß sie fast den Boden berührten, und sprang um uns herum, erst in weiteren und dann in engeren Kreisen, bis es uns auf Pistolenschußweite nahe kam. Jetzt warf es sich plötzlich auf den Boden, ahmte die Bewegung eines schwer verwundeten Vogels nach und stellte sich, als müsse es mit aller Kraft arbeiten, um wieder auf die Beine zu kommen. Ich hatte bereits nach ihm geschossen und glaubte wirklich, daß es verwundet sei, eilte deshalb zu ihm hin, mußte aber bald erfahren, daß sein Betragen nur eine Kriegslist von ihm war; denn sobald ich ihm näher kam, stand es langsam auf und rannte in entgegengesetzter Richtung dem Weibchen zu, welches mit den Jungen schon einen bedeutenden Vorsprung erlangt hatte.«

Mit dem Alter von zwei Monaten verlieren sich die Stachelfedern der jungen Strauße und machen dem unscheinbaren, grauen Gewande der Weibchen Platz. Dieses tragen beide Geschlechter bis zu ihrem zweiten Lebensjahre. In diesem sieht das

Männchen schon schwarz aus, erst im dritten Jahre aber ist es ausgewachsen, ausgefärbt und zeugungsfähig.

Der Strauß erträgt, falls er genügenden Raum zu freier Bewegung hat, die Gefangenschaft ohne Kummer, läßt sich auch, wie schon angedeutet, so an einen gewissen Ort gewöhnen, daß er nach Belieben umherschweifen darf, ebenso hüten und auf Reisen mitnehmen. Duveyrier sah auf dem Wege nach Rhat im Lande der Tuareks einen zahmen Strauß einer Karawane folgen. Dem Vogel wurden, wenn er sich sonst überlassen blieb, Fesseln an die Füße gelegt, wie sie die Kamele auf der Weide tragen, damit er sich nicht verlaufen möge; im übrigen beaufsichtigte man ihn nicht, und er erschien auch regelmäßig wieder mit den Kamelen, denen er dann fessellos folgte. Auch Heuglins gezähmte Strauße wurden mit den Pferden und Kamelen frei auf die Weide getrieben oder durften sich nach Belieben in den Straßen der Ortschaften bewegen. Im Inneren Afrikas pflegen alle wohlhabenden und vornehmen Leute, sehr häufig aber auch die Dorfbewohner der Steppe, zu ihrem Vergnügen Strauße zu halten. In der Ortschaft Haschâba in Kordofân fand ich zwei Strauße, welche in einem halbwilden Zustande lebten, nach freiem Ermessen im Dorfe oder der es umgebenden Steppe umherliefen, von uns erkauft und in einer Anwandlung von kindischer Ruhmsucht schließlich todtgeschossen und abgebalgt wurden. In Chartum schauten über die Mauern der größeren Höfe regelmäßig ein Paar Straußenköpfe weg; in anderen Ortschaften fanden wir dieselbe Liebhaberei bethätigt. Es bedurfte eines einzigen Wortes, d. h. nur des Rühmens der Vögel, um glücklicher Besitzer von Straußen zu werden. Im Sudân dachte niemand daran, letztere zu Hausthieren zu stempeln, beziehentlich sie in irgend einer Weise zu benutzen; man hielt sie einzig und allein des Vergnügens wegen und gab sich nicht die geringste Mühe, sie zu züchten, ebensowenig als man darauf ausging, ihre Federn zu verwerthen. Erst der neuesten Zeit gebührt das Verdienst, die Züchtung versucht und Erfolge erzielt zu haben.

Die ersten Strauße wurden in Algier gezüchtet. In Ham hielt man, laut Hardy, seit zehn Jahren in einem ziemlich engen Raume der dortigen Baumschule zahme Strauße. Es waren zufällig viel mehr Männchen als Weibchen vorhanden. Die Männchen bekämpften sich beständig, und die Weibchen legten nicht, sei es nun, daß sie zu jung waren, oder daß die Örtlichkeit nichts taugte. Nachdem viele weggeschenkt worden, blieben zwei Männchen und zwei Weibchen übrig. Diese sperrte man nun im Jahre 1852 in ein kreisförmiges Gehege von funfzehn Meter Durchmesser ein. Die Paare schienen sich bald gewählt zu haben; aber die beiden Männchen bekämpften sich fortwährend, bis endlich eines sich zum Alleinherrscher aufwarf. Es war um die Paarzeit, welche sich auch äußerlich bei dem Männchen durch verschiedene Zeichen kundgibt: die nackte Haut der Schenkel färbt sich lebhaft roth; das Gefieder prangt in seiner schönsten Schwärze. Der Hahn sucht seine Liebe durch eigenthümliche Geberden und Tänze auszudrücken und läßt fremdartige, heisere, tiefe Laute ertönen. Er hockt sich vor dem Weibchen auf die Fußwurzel nieder, bewegt Hals und Kopf in regelmäßiger Weise, zittert am ganzen Körper und schlägt mit den Flügeln. Beim Schreien wirft er den Hals zurück, schließt den Schnabel und stößt nun durch krampfhafte, aber willkürliche Bewegungen des ganzen Körpers die in der Lunge enthaltene Luft hervor, wobei er seine Kehle außerordentlich aufbläht. Die dreimal drei Töne, welche er oft wiederholt, erinnern an das Brüllen des Löwen, aber auch an ein dumpfes Trommeln. Der zweite ist um einige Töne höher als der erste, der dritte viel tiefer und gedehnt, gegen das Ende hin allmählich verschwächt. Es wurde ein Nest gegraben, und unmittelbar darauf begann das Weibchen zu legen. Männchen und Weibchen arbeiteten am Neste, faßten die Erde mit dem Schnabel und warfen sie so aus dem Kreise heraus, welchen sie graben wollten. Während dieser Arbeit wurden die Flügel niedergebeugt und zitternd bewegt. Der Boden war voll Schuttsteine und Kiessand, welche zusammen eine feste Masse bildeten; dennoch wurde die etwa ein Meter im Durchmesser haltende Grube nur mit dem Schnabel ausgetieft, auch ein größerer Stein mit ihm herausgefördert. Trotz dieser Vorkehrungen legten die Hennen ihre Eier nicht in die gegrabenen Nester, vielmehr bald dahin, bald dorthin.

Am achtzehnten Januar begann die Straußin wieder zu legen und zwar genau in derselben Weise wie früher. Nachdem zwölf Eier im Neste waren, schickte sie sich zu Anfang des März zum Brüten an, indem sie über Mittag bald längere, bald kürzere Zeit darauf saß. Vom zwölften März ab blieb sie fest auf den Eiern sitzen; dann, namentlich bei Nacht, theilte der Strauß das Brutgeschäft mit ihr, harrte immer länger aus, und gegen das Ende der Brütezeit hin saß er mehr als die Straußin selbst. Jedesmal, wenn sich beide ablösten, untersuchte dasjenige, welches sich zu setzen im Begriffe war, die Eier eines nach dem anderen, indem es sie umdrehte und einzeln an einen anderen Ort rollte. Bei Regenwetter legte sich derjenige Strauß, welcher nicht auf den Eiern saß, dem anderen an die Seite, um ihm im Schutze der Eier beizustehen. Schon in den ersten Tagen des Brütens war ein Ei aus dem Neste geworfen worden. Es blieb unberührt und wurde von den Straußen nicht zertrümmert. Am elften Mai sah man einige kleine Strauße den Kopf unter den Flügeln des brütenden Alten hervorstrecken, am Morgen des dreizehnten Männchen und Weibchen das Nest verlassen und eine Herde von neun Jungen anführen. Die kleinsten wankten noch mit unsicheren Schritten, die ältesten liefen schon rasch umher und pflückten die zarten Kräuter ab. Vater und Mutter wachten über ihnen mit großer Sorgfalt; insbesondere der Vater bekundete die wärmste Zärtlichkeit gegen sie und nahm sie bei Nacht unter seine Flügel.

Nach Hardy's Beobachtungen in Algier sollte die Bebrütung sechsundfunfzig bis sechzig Tage, je nach der Luftwärme, in Anspruch nehmen. Zu meiner großen Überraschung benachrichtigte man mich aber schon am dritten Juni am Mittage, daß man glaube, ein Junges im Neste bemerkt zu haben. Nach langem Beobachten und indem wir einen Augenblick benutzten, in welchem das Männchen das Nest verließ, überzeugten wir uns vollkommen von dem Dasein des Jungen. Alle anderen Eier waren noch ganz. Die Nacht machte unseren Beobachtungen ein Ende; aber am anderen Morgen verfügte ich mich voller Erwartung nach dem Parke, weil ich fürchtete, daß der Alte das Nest verlassen möchte, um das Junge zu führen. Im Laufe des Tages wurde uns die Freude, nicht weniger als elf ausgeschlüpfte Sträußlein zu zählen. Zwei Eier hatten die Alten am Abende vorher herausgeworfen, ohne daß wir wußten warum. Von dem Tage an gerechnet, an welchem das Männchen die Brut übernahm, waren nur fünfundvierzig Tage verflossen.

Am Morgen verließ die ganze Gesellschaft das Nest und lief im Parke umher. Beide Alten führten die Jungen; der Vater aber zeigte für sie eine regere Sorgfalt als die Mutter. Obgleich die Jungen schon kräftig waren, schlugen sie doch noch häufig Purzelbäume auf den Sandhügelchen. Eines von ihnen blieb immer zurück, fiel auch oft, und da ich glaubte, daß sein schwächlicher Zustand ihm nicht gestattete, mit den anderen zu leben, so versuchte ich, es durch die Planken zu erhaschen; allein, das gelang nicht, und ich mußte flüchten, weil der Alte mit einer solchen Wuth auf mich stürzte, daß ich fürchtete, er würde die eigenen Jungen zertreten. Einige Stunden später starb der schwächliche Strauß, und die Gesellschaft bestand nun aus zehn Stück.

Von dem Augenblicke des Ausschlüpfens an hatte ich, obgleich ich wußte, daß schon jetzt Nahrung nicht nöthig war, dennoch an die Wand ein Gemenge von Salat, hart gesottenen Eiern und Brodkrumen gestellt; aber einige Tage lang wurde diese Nahrung gänzlich verschmäht. Die Jungen wühlten nach dem Beispiele ihres Vaters im Sande und warfen sich zu meinem großen Erstaunen auf den Koth der Alten. Endlich begannen sie das Grüne zu fressen, und es mußte diese Nahrung täglich mehrmals erneuert werden. Die harten Eier dagegen fraßen sie niemals mit Begierde, und schon nach einigen Tagen zogen sie die ganzen Salatblätter allem anderen vor. Niemals haben wir bemerkt, daß die Alten für ihre Jungen die Sorge und Aufmerksamkeit einer Henne bekunden. Sie zeigen ihnen die Nahrung nicht, nahmen im Gegentheile das beste davon für sich. Die Jungen wuchsen rasch heran, liefen bald dahin, bald dorthin, selbst aus dem Pferche heraus, und machten auf Kerbthiere und Sämereien Jagd. Leider verloren sie den Vater, welcher, ihnen nachgehend, die Umzäunung sprengte und, anstatt die Familie zurückzuführen, sich mit ihr in dem Walde verlor. Man hoffte auf seine Zurückkunft, bis man ihn nach langem Suchen todt fand am Fuße eines Felsens, von welchem er herabgestürzt war. Die Erziehung der Küchlein verlief nun unter Leitung der Mutter auf das beste. Es mußte jedoch das für jene bestimmte Futter vor dieser gesichert werden, da sie mit Ausnahme des Schutzes, welchen sie den Kleinen während der Nacht gewährte, in keiner Weise für ihre Jungen Sorge trug. Man war erstaunt über die rasche Entwickelung der jungen Strauße. Nach Verlauf eines Monates hatten sie schon das Ansehen einer Trappe. Der Hals hatte sich entwickelt, der Körper bedeutend erhoben und das Gefieder ausgebildet.«

Als bemerkenswerth hebt Suquet noch hervor, daß die beiden Eier, welche einige Tage vor dem Ausschlüpfen aus dem Neste geworfen worden waren und zwölf Tage ohne bebrütet zu werden auf dem Sande gelegen hatten, zwei vollständig ausgebildete Keimlinge enthielten, welche noch Lebenszeichen von sich gaben. »Ich sehe mich deshalb genöthigt, zu glauben«, sagt er, »daß das Ausschlüpfen der Eier auf natürlichem Wege stattgefunden hätte, wenn sie unversehrt geblieben wären, und es scheint mir dies in der That ein Beweis für die Möglichkeit der so viel bestrittenen Ausbrütung durch die Sonne. Während der zwölf Tage war die Hitze eine sehr bedeutende, mit der Nordafrikas übereinstimmende.«

Die von den genannten erzielten Erfolge eiferten zur Nachahmung an. In Grenoble züchtete Bouteille, in Madrid Graells; in einzelnen Thiergärten, beispielsweise in Berlin, hatte man wenigstens die Freude, Strauße zum Legen und zum Brüten schreiten zu sehen. Von außerordentlichem Einflusse waren die gewonnenen Ergebnisse für das Kapland. Hier hatte man auf Hühnerhöfen und Landgütern von jeher Strauße gehalten, einzelne von ihnen auch wohl vor leichte Wagen gespannt oder selbst zu Reitthieren verurtheilt; hier faßte man jetzt den Entschluß, die Zucht im großen zu versuchen. Im Jahre 1865 wurden im Kaplande die ersten Strauße in Gefangenschaft gezüchtet, vier Jahre später eine zweite Zucht glücklich groß gezogen. Ein Besitzer von neunundzwanzig Stück, unter denen funfzehn Männchen waren, begann, seine gefangenen Strauße zu rupfen und erlöste aus den gewonnenen Federn jedes männlichen Vogels nicht weniger als acht Pfund Sterling jährlich. Dies gab den Anstoß zu der gegenwärtig in ganz Kapland bestehenden und blühenden Straußenzucht. Nach einer Zählung, welche im Jahre 1865 vorgenommen wurde, gab es in den Ansiedelungen nicht mehr als achtzig gezähmte Strauße; zehn Jahre später, im Jahre 1875 also, hatte sich der Bestand auf zweiunddreißigtausend und einige hundert Stück gehoben, und heutzutage bildet die Straußenzucht einen der wichtigsten Erwerbszweige ganz Südafrikas, soweit es von Europäern bevölkert ist.

Um Strauße zu züchten, umgibt man zunächst ausgedehntere Flächen leichten, womöglich kalkhaltigen Bodens mit einer aus Steinen zusammengetragenen oder aus Eisendraht hergestellten Umzäunung, säet innerhalb dieses Raumes Luzerne an und überläßt da, wo der Boden selbst alles erforderliche enthält, die Strauße möglichst sich selbst, wogegen man an anderen Orten zur künstlichen Fütterung schreiten, auch wohl unter das Futter zertrümmerte Knochen und Kalksteine mengen muß. Hat man über hinreichenden Raum zu verfügen, so läßt man die Vögel selbst brüten; ist dies nicht der Fall, so sondert man wenigstens die alten, brutlustigen Paare oder doch Männchen und Weibchen ab und sammelt die von letzteren gelegten Eier, um sie in besonderen, eigens für diese Zucht eingerichteten Brutmaschinen zu zeitigen. Die auf diese Weise erbrüteten Strauße bedürfen zwar in den ersten Tagen einer ebenso sorgsamen Pflege wie mutterlose Küchlein, gewöhnen sich aber besser als die von den eigenen Eltern erbrüteten und geführten an den Menschen und lassen sich später von eingeborenen dunkelhäutigen Knaben oder, wenn erwachsen, von berittenen Hirten wie Truthühner auf die Weide treiben, also auch außerhalb der eingehegten Grundstücke verwenden. Einzelne Ansiedler, welche eine glückliche Hand besitzen und sich die nöthige Erfahrung erworben haben, ziehen die künstliche Ausbrütung der natürlichen vor und züchten gegenwärtig nicht allein für den eigenen, sondern ebenso für fremden Bedarf, versichern auch, daß ihre Pfleglinge den unter der Brust der eigenen Eltern groß gewordenen Jungen vollständig gleichen.

Die erwachsenen Strauße beraubt man binnen je acht Monaten einmal ihrer Federn. Bevor man hinreichende Erfahrungen gesammelt hatte, rupfte man diese einfach aus, indem man eine Herde in einem bestimmten engen Raume zusammenpferchte und damit allen Widerstand der Vögel lähmte; das gewaltsame Ausziehen frisch entwickelter Federn wirkte jedoch oft sehr ungünstig und zog selbst Todesfälle nach sich. Aus diesen Gründen schneidet man gegenwärtig alle Federn hart über der Haut ab und entfernt etwa sechs Wochen später die Spulreste, welche in dieser Zeit noch nicht ausgestoßen wurden. Strauße, welche zur Brut schreiten sollen, dürfen selbstverständlich nicht gerupft werden; alle übrigen aber, auch die Weibchen, erleiden in den angegebenen Zeitabständen dieses Schicksal, da man Mittel gefunden hat, alle Federn zu bleichen und beliebig zu färben. Infolge der massenhaften Erzielung brauchbarer Federn sinkt der Preis derselben allerdings von Jahr zu Jahr; dafür ist man aber auch im Stande, der mehr und mehr sich steigernden Nachfrage gerecht zu werden, ohne wie vormals durch rücksichtslose Jagd die Gefahr der Ausrottung der Vögel heraufzubeschwören.

Die Straußenjagd wird in ganz Afrika mit Leidenschaft betrieben. Den Beduinen gilt sie als eines der edelsten Vergnügen; denn gerade in der Schwierigkeit, welche sie verursacht, liegt für Menschen dieses Schlages ein besonderer Reiz. Die Araber Nordostafrikas unterscheiden den Strauß nach seinem verschiedenen Geschlechte und Alter genau. Der erwachsene männliche Vogel heißt »Edlím« (der Tiefschwarze), das Weibchen »Ribéda« (die Graue), der junge Vogel »Ermud« (der Bräunliche). Da Erbeutung der Federn das hauptsächlichste Ziel der Jagd ist, verfolgt man vorzugsweise, ja fast ausschließlich den »Edlím«; aber gerade dadurch schadet man der Vermehrung besonders empfindlich. Aus Tristrams Bericht ersehe ich, daß man in der nördlichen Sahara genau in derselben Weise jagt wie in der Bahiuda oder in der Steppe Kordofâns. Auf flüchtigen Pferden oder ausgezeichneten Dromedaren reiten die Jäger in die Wüste oder Steppe hinaus und suchen eine Straußenherde auf. Einige mit Wasserschläuchen belastete Kamele folgen in gewisser Entfernung; ihre Treiber halten sich auch während der Jagd stets in möglichster Nähe der Verfolger. Wenn diese ihr Wild entdeckt haben, reiten sie so lange auf den Trupp der Vögel zu, bis ein vorsichtiger »Edlím« durch sein Beispiel das Zeichen zur Flucht gibt. Je zwei oder drei Jäger wählen sich jetzt ein Männchen aus und reiten in gestrecktem Galoppe hinter ihm her; während einer von ihnen dem Vogel auf allen Krümmungen seines Laufes folgt, sucht der andere dieselben abzuschneiden, übernimmt, wenn es ihm gelang, die Rolle des ersteren und läßt diesen die kürzere Strecke durchreiten. So wechseln sie mit einander ab, bis sie den mit aller ihm möglichen Schnelligkeit dahin eilenden Strauß ermüdet haben. Gewöhnlich sind sie schon nach Verlauf einer Stunde dicht hinter ihm her, zwingen ihre Pferde zu einer letzten Anstrengung und versetzen dem Vogel schließlich einen heftigen Streich über den Hals oder auf den Kopf, welcher ihn sofort zu Boden wirft. Unmittelbar nach dem Falle des Wildes springt der eine Jäger vom Pferde, schneidet ihm unter Hersagen des üblichen Spruches: »Im Namen Gottes des Allbarmherzigen, Gott ist größer«, die Halsschlagader durch und steckt, um Beschmutzung der Federn durch das Blut zu verhüten, den Nagel der langen Zehe eines Fußes in die Wunde. Nachdem sich der Strauß verblutet hat, zieht ihm der Jäger das Fell ab, dreht es um und benutzt es gleich als Sack, um in ihm die Schmuckfedern aufzubewahren. Von dem Fleische schneidet er soviel ab, wie er braucht; das übrigbleibende hängt er an einen Baum zum Trocknen und für etwa vorüberziehende Wanderer auf.

In den Steppen am Euphrat tödtet man den Strauß, wie Wetzstein mittheilt, mit seltenen Ausnahmen immer über seinen Eiern. »Die Henne, welche gegen Ende der Brutzeit nicht mehr flieht, duckt sich bei Ankunft des Jägers, neigt den Kopf auf die Seite und schaut ihren Feind regungslos an. Mehrere Beduinen haben mir gesagt, daß man ein hartes Herz haben müsse, um zu schießen. Ist das Thier getödtet, so verscharrt der Jäger das Blut, legt die Henne wieder auf die Eier, gräbt sich in einiger Entfernung in den Sand und wartet bis zum Abende, wo der Hahn kommt, diesmal, um neben seinem Weibchen erschossen zu werden. Wird die Henne von den Eiern verscheucht, so sucht sie stets mit lautem Geschreie den Hahn auf, welcher sie dann, wie die Jäger einstimmig behaupten, mit Gewalt zum Neste zurückbringt; daher sein arabischer Name ›Salím‹, der Gewaltige. Für Dummheit mag es gelten, daß sich das Thier bei Windstille reitenden Jägern gegenüber, statt zu fliehen, gern hinter Hügeln und in Bodeneinsenkungen zu verstecken sucht; unterstützt ihn aber der Luftzug, so spannt der fliehende Strauß die Federn des Flügels und des Schwanzes gleich Segeln aus und entkommt unter beständigem Rudern und ausgebreiteten Flügeln seinen Verfolgern mit Leichtigkeit.«

Anderson erzählt, daß in gewissen Gegenden Südafrikas der Strauß von einigen Jägern zu Fuße gejagt wird, und daß er am Ngamisee Buschmänner bei dieser Gelegenheit habe beobachten können. Diese umzingelten meistentheils eine ganze Herde, worauf die erschreckten Vögel gewöhnlich unter Geschrei und Lärmen ins Wasser getrieben wurden. Außerdem lauern dieselben Jäger dem Strauße an seinem Neste oder am Wasser auf, sollen auch, wie Moffat angibt, um sich unter die Herden der weidenden Vögel zu begeben, ein flaches Doppelkissen mit Stroh ausstopfen, es ungefähr wie einen Sattel formen, mit Federn bekleiden, außerdem den abgetrennten Hals und Kopf eines Straußes vorrichten, indem sie das Fell über einen mit Stroh umwickelten Stock ziehen und sich die Beine weiß anmalen. Der Jäger soll hierauf den mit Federn besteckten Sattel auf den Kopf, den Untertheil des Straußenhalses fest in die rechte, den Bogen in die linke Hand nehmen und der Straußenherde zugehen, den Kopf wie ein sich umschauender Strauß drehen, den Sattel mit den Federn schütteln und die Strauße zuweilen so täuschen, daß einzelne von ihnen auf den vermeintlichen Vogel zugehen und mit ihm Streit anfangen wollen.

Am Vorgebirge der Guten Hoffnung ist die Straußenjagd seit dem Jahre 1870 durch ein Gesetz geregelt, welches Zuwiderhandeln mit hohen Strafen belegt und nicht allein die Vögel selbst, sondern auch deren Nester und Eier zu schützen sucht, eine je nach der Gegend verschiedene Schonzeit feststellt, die Jagd selbst an besondere Bedingungen knüpft und Eier und junge Strauße als unverletzlich hinstellt. Man hofft, durch strenge Aufrechterhaltung dieses Gesetzes das ganze Kapland allmählich wieder ebenso mit Straußen zu bevölkern, wie es dies vor Zeiten war.

Der Preis der Federn ist je nach der verschiedenen Örtlichkeit erheblichen Schwankungen unterworfen; auch liefern nicht alle Gegenden gleichgeschätzte Waare, weil die Beschaffenheit des Bodens und der Witterung ihre Reinheit erhöht oder mindert. Als die besten gelten die sogenannten Aleppofedern, welche von den in der syrischen Wüste lebenden Straußen stammen; auf sie folgen der Reihe nach die Berber-, Senegal-, Nil-, Mogador-, Kap- und Jemenfedern, welche in der Sahara, den Steppen am Senegal, den Nilländern, Marokko, Südafrika und Südarabien gewonnen werden. Zahmen Straußen entnommene sind immer weniger werth als von wilden Vögeln herrührende. Im Norden Afrikas wird ein Fell mit den Federn bis zu hundert spanischen Thalern bezahlt; im Inneren des Erdtheiles kann man es gelegentlich ziemlich billig kaufen. Ein Kilogramm weißer Flügelfedern bester Güte wird schon im Sudân mit tausend bis zwölfhundert Mark unseres Geldes bezahlt, wogegen die kleineren weißen Schwingen- und Bürzelfedern kaum den vierten Theil jener Summe eintragen und ein Kilogramm schwarzer Rückenfedern selten über funfzig Mark kostet. Die Eier werden von allen Süd- und Mittelafrikanern ebenfalls vielfach, hauptsächlich als Gefäße, gebraucht. Man umgibt sie mit leichtem Flechtwerke, hängt sie gefüllt in den Hütten auf oder nimmt sie auch auf Reisen mit. In Kordofân benutzt man sie, um die Spitze der runden, kegelförmigen Strohhütten zu schmücken; in den koptischen Kirchen dienen sie zur Verzierung der Schnüre, welche die Lampen tragen. Eier und Fleisch werden von allen Innerafrikanern gegessen. Nach Burchell ist die unter den Hottentotten übliche Art, erstere zu kochen, höchst einfach. Man bohrt an dem einen Ende ein kleines rundes Loch durch die Schale und quirlt das Innere vermittels einer biegsamen Astgabel wohl durcheinander, setzt das Ei auf das Feuer, quirlt von Zeit zu Zeit den Inhalt durch und fährt in dieser Arbeit fort, bis das Eiweiß geronnen ist. Lichtenstein erzählt, daß unter den von ihm aufgefundenen Straußeneiern nur wenige waren, welche noch zum Essen taugten, weil die meisten bereits ausgewachsene Küchlein enthielten. »Unsere Hottentotten verschmähten indessen auch diese nicht und brieten sie sich in den Schalen mit Hammelfett. Ich habe in der Folge die nach unseren Begriffen wohl ekelhafte Kost selbst versucht und in der That sehr schmackhaft gefunden.« Junge Strauße haben ein höchst zartes, wohlschmeckendes Fleisch; das älterer ist härter, dem Rindfleische ähnlich.

# *Das Auerhuhn*

Das größte und edelste aller Hühner ist das Auer- oder Urhuhn, Wald-, Gurgel-, Riedhuhn, Bergfasan usw. (Tetrao urogallus), einer der größten Landvögel Deutschlands, die Zierde der Wälder, die Freude des Waidmanns.

In früheren Zeiten hat das Auerhuhn unzweifelhaft alle größeren und zusammenhängenden Waldungen Nordasiens und Europas bewohnt; gegenwärtig ist es in vielen Gegenden gänzlich ausgerottet. Im Norden findet man den Vogel noch heutigen Tages in allen Hoch- und Mittelgebirgen: so längs der ganzen Alpenkette und auf den Karpathen, auf dem Jura, in der Hardt, dem Odenwalde, dem Fichtelgebirge, Erzgebirge und Riesengebirge, dem Böhmer und Thüringer Walde und im Harze, überall aber einzeln, nirgends häufig. In Deutschland geht sein Bestand in demselben Maße zurück, wie der forstwirtschaftliche Betrieb der Waldungen sich hebt: die neuzeitliche Bewirtschaftung der Forsten, insbesondere wohl deren Entsumpfung, rottet es, trotz aller ihm gewährten Schonung, sicher und unaufhaltsam aus.

Bei gewöhnlichem Verlaufe der Dinge hält es sich übertages auf dem Boden auf und wählt sich, wenn es sein kann, solche Stellen, welche die ersten Strahlen der Morgensonne empfangen und kleine offene Weideplätze besitzen. Hier läuft es umher, durchkriecht das Gestrüpp und das niedere Gesträuch, sucht seine Nahrung und erhebt sich nur, wenn ihm etwas auffallendes begegnet. Gegen Abend steht es auf; Hahn und Henne trennen sich, und beide treten mit Einbruch der Nacht zu Baume, um hier ihre Nachtruhe zu halten. Sie erheben sich fast nie zum Wipfel, sondern bleiben regelmäßig in der Mitte des Baumes stehen, schlafen und steigen mit Anbruch des Morgens wieder ab. Auf seinen beliebtesten Stand- und Schlafplätzen benehmen sie sich zuweilen ganz anders als sonst, lassen sich beispielsweise von Hunden verbellen und gestatten, ihre ganze Aufmerksamkeit dem Hunde zuwendend, dem Jäger, sie zu unterlaufen. Bei tiefem Schnee und strenger Kälte schläft übrigens auch das Auerwild im Schnee, indem es sich eine Höhle von anderthalb bis zwei Meter Länge ausscharrt und im blinden Ende derselben ruht. Merkt es Gefahr, so kehrt es nicht zum Ausgange zurück, sondern wirft beim Aufstehen die Schneedecke einfach ab und zur Seite. So erfuhr ich von erfahrenen Jägern des Ural.

Die Äsung des Auerwildes besteht in Baumknospen, Blättern oder Nadeln, Klee- und Grasblättern, Waldbeeren, Sämereien und Kerbthieren. Der Hahn nimmt mit gröberer Nahrung vorlieb als die Henne oder die Jungen. »Es ist mir«, sagt mein Vater, »wegen der gänzlichen Verschiedenheit im Geschmacke des Wildprets des Hahnes und der Henne höchst wahrscheinlich, daß ersterer meist Knospen von Fichten, Tannen und Kiefern verzehrt, während die letztere sich gewöhnlich von zarteren Gewächstheilen nährt. Daher mag es wohl auch kommen, daß das Fleisch des alten Auerhahnes hart, zähe, strohern und bei gewöhnlicher Zubereitung kaum genießbar, das der Henne dagegen sehr zart und wohlschmeckend ist.«

Unter den mir bekannten Beschreibungen der Eigenschaften unseres Wildes halte ich die von meinem Vater im Jahre 1822 veröffentlichte immer noch für die ausführlichste und beste. Ich werde sie deshalb hier folgen lassen und nur hier und da einige Worte einschieben, wobei ich namentlich die »Auerhahnbalze« meines werthen Freundes, des Forstmeisters Dominik Geyer, eines leidenschaftlichen Auerhahnjägers, zu berücksichtigen habe. »Das Auerwaldhuhn«, sagt mein Vater, »ist ein plumper, schwerfälliger und scheuer Vogel. Sein Gang ist geschwind, jedoch lange nicht so schnell wie der der Feldhühner, Trappen, Regenpfeifer und Läufer. Es trägt den Leib fast wagerecht, nur wenig nach hinten gesenkt und den Hals etwas vorgelegt. Der Flug ist schwerfällig, rauschend, durch schnelle Schwingenschläge beschleunigt, fast geradeaus und nicht anhaltend. Hahn und Henne fliegen nur kurze Strecken und stellen sich dann stets auf die Bäume. Beim Aufschwingen des Auerwildes von der Erde auf einen Baum ist das Getöse der rauschenden Schwingen sehr stark. Hahn und Henne sind in der Regel ungemein scheu. Ihr Gesicht und Gehör, nicht aber ihr Geruch, sind äußerst scharf, und sie benutzen diese Feinheit ihrer Sinne, um einer Gefahr von weitem zu entgehen.« Geyer sagt genau dasselbe und fügt zum Belege folgendes hinzu: »Um mich von der Feinheit der Geruchswerkzeuge zu überzeugen, habe ich während der Balze Auerhähne unter allen möglichen Winden angesprungen, ohne jemals bemerkt zu haben, daß sie mich mittels des Windes wahrgenommen hätten; hieraus schloß ich also, daß ihre Geruchswerkzeuge weniger ausgebildet sein müssen«. In seinem Wesen zeigt sich das Auerwild als echtes Huhn. Der Hahn ist ein unverträglicher, jähzorniger, streitsüchtiger Vogel, welcher, falls man von gefangenen auf freilebende schließen darf, jahraus jahrein mit anderen seines Geschlechtes im Streite liegt und deshalb nothwendigerweise ein einsiedlerisches Leben führen muß. Er zeigt sich aber auch den Hennen gegenüber herrschsüchtig und zornwüthig; denn so liebestoll er sich während der Paarungszeit geberdet, so gleichgültig scheint er außerdem gegen seine Gattin zu sein. Gefangene haben mich belehrt, daß es gefährlich sein kann, ein Paar Auerhühner zusammenzuhalten, weil der Hahn manchmal, ohne erklärliche Veranlassung, über die Henne herfällt und sie in abscheulicher Weise mißhandelt.

Die Balze geschieht folgendermaßen: Mit Beginn derselben sammeln sich die Auerhähne, welche vorher sich vereinzelt hatten, auf bestimmten Waldplätzen. Hier finden sich auch die Hennen aus der Umgegend ein, in der löblichen Absicht, den ihnen zu Ehren stattfindenden Liebesspielen beizuwohnen. Beide Geschlechter kommen abends gegen sieben Uhr stumm gestrichen und schwingen sich auf einzelne Bäume unter starkem Geprassel ein. Bleibt alles ruhig, so gibt der Hahn gewöhnlich unter sonderbarem Halsbewegen einen Laut von sich, welchen man mit dem Ausdruck »Worgen« oder »Kröpfen« bezeichnet, mit dem Grunzen eines jungen Schweines vergleicht und als ein gutes Zeichen für die nächstmorgige Balze hält. Damit ist jedoch noch nicht gesagt, daß diese am nächsten Morgen auch wirklich stattfinden wird; denn der Hahn beweist, wie alle selbst beobachtenden Jäger behaupten, ein außerordentliches Vorgefühl für kommende Witterung. »Man bemerkt nicht selten«, sagt Geyer, »während der Zeit der Balze, daß oft beim schönsten Morgen, an welchem dem Jäger ohnehin schon das Herz vor Freude lacht und er seiner Sache sicher zu sein glaubt, eine arge Täuschung der gehegten Erwartungen folgt, nämlich, daß kein Hahn sich meldet. Tritt ein solcher Fall ein, so kann man überzeugt sein, binnen vierundzwanzig Stunden schlechtes Wetter zu haben. Namentlich scheint der Hahn das Herannahen von Schnee zu wittern.«

Die Balze hebt mit dem sogenannten »Schnalzen« oder »Schnappen« an, »und von jetzt steigert sich die Aufmerksamkeit des Jägers, bis der erste Schlag hörbar wird, welcher für so viele Sphärenmusik ist und jedem, der die Balze kennt, die Pulsschläge beschleunigt«, sagt mein Vater. »Der erste Schlag«, sagt Geyer, »ist vergleichbar mit dem Ausrufe ›Töd‹; dann folgt ›Töd, töd, töd, töd‹ und endlich immer schneller ›Töd öd öd öd öd öd‹ usw., bis der sogenannte Hauptschlag, welcher ungefähr wie, ›Glack‹ klingt und stärker hörbar als die vorhergehenden ist, geschieht. Dann beginnt das fabelhafte Schleifen, Wetzen, Einspielen, auch das ›Vers- oder sogenannte Gesetzelmachen‹ benannt, welches bis jetzt, trotz aller möglichen Versuche und Bemühungen, keinem Sterblichen auch nur annäherungsweise nachzuahmen gelang und wahrscheinlich nie gelingen wird. Es dauert ungefähr drei und eine halbe, aber nie über vier Sekunden, läßt sich einigermaßen mit dem Wetzen eines langen Tischmessers an einer Sense vergleichen und klingt etwa wie ›Heide heide heide heide heide heide heide heiderei‹.« Ich will meinen alten Freund Geyer nicht des Irrthums zeihen, muß aber doch sagen, daß die von Lloyd gegebene Übertragung der Laute des Einspielens: »Pellöp, pellöp, pellöp« usw. und des Hauptschlages »Klikop« mir besser zusagt als die seinige, bemerke dazu jedoch ausdrücklich, daß die Laute, welche man als Gaumenlaute bezeichnen darf, durch Schriftzeichen überhaupt nicht wiedergegeben werden können.

Die ungewöhnliche Aufregung, in welcher sich der Vogel während der Balze befindet, läßt es einigermaßen erklärlich erscheinen, daß er zuweilen die unglaublichsten Tollheiten begeht. So berichtet Wildungen von einem Auerhahne, welcher sich plötzlich auf sägende Holzmacher stürzte, sie mit den Flügeln schlug, nach ihnen biß und sich kaum vertreiben ließ. Ein anderer flog, nach Angabe desselben Schriftstellers, sogar auf das Feld heraus, stellte sich den Pferden eines Ackersmannes in den Weg und machte diese scheu; ein dritter nahm jedermann an, welcher sich seinem Standorte näherte, versuchte sogar mit den Pferden der Forstleute anzubinden. »Vor mehreren Jahren«, erzählt mein Vater, »lebte in der Nähe meines Wohnortes ein Auerhahn, welcher die allgemeine Aufmerksamkeit auf sich zog. Für abergläubische Menschen war dieser Vogel ein furchtbares Thier. Da er oft Holzdiebe überraschte, so ging in der ganzen Gegend die Sage, die Jäger hätten einen bösen Geist in den Auerhahn gebannt und zwängen ihn, immer da zu erscheinen, wo sie sich nicht selbst einfinden könnten. Dieser Wahn erhielt unserem Vogel, welcher eine ganz besondere Kampflust gegen die Menschen zu haben schien, mehrere Monate das Leben, bis er verschwand, ohne daß man wußte, auf welche Weise. Wahrscheinlich hat ihn ein starker Geist, deren es in unserer Gegend auch gibt, ergriffen und getödtet.«

In der Regel versteigt sich der Muth des Auerhahnes nicht so hoch; eine gewisse Kampflust aber zeigt er während seiner Balze unter allen Umständen.

In der dritten oder vierten Woche der Balze streichen die befriedigten Hähne nach ihren gewohnten, von den Balzplätzen oft weit entfernten Standorten zurück, und die Hennen schreiten nunmehr zum Nestbaue. Jede von ihnen wählt hierfür einen passenden Platz und trennt sich von anderen ihres Geschlechtes. Das Nest ist eine seichte Vertiefung neben einem alten Baumstocke oder einer einzeln stehenden, buschigen, kleinen Fichte, zwischen Heidekraut oder im Beerengesträuch, und wird höchstens mit etwas dürrem Reisige ausgekleidet. Junge Hennen legen selten mehr als sechs bis acht Eier, ältere deren zehn bis zwölf. Die Eier sind im Verhältnisse zum Vogel klein, nur sechzig bis siebzig Millimeter lang und achtundvierzig bis zweiundfunfzig Millimeter breit, länglich, oben zugerundet, wenig bauchig, unten stumpfspitzig, ziemlich dünn- und glattschalig, glänzend, mit wenig bemerkbaren Poren und auf gelbgrauem oder schmutziggelbem, seltener graubräunlichgelbem Grunde dichter oder spärlicher mit graugelben, braun schmutziggelben, hellen und kastanienbraunen Flecken und Punkten gezeichnet, zuweilen auch dunkler gewässert. Die Brutzeit währt durchschnittlich siebenundzwanzig Tage, bei günstiger Witterung vielleicht einen weniger, bei ungünstiger einen mehr. Die Eier werden von der Mutter mit einer Hingabe bebrütet, welche wahrhaft ergreifend ist. So kann man z. B., laut Geyer, die Henne, wenigstens in der letzten Zeit der Bebrütung, mit den Händen von ihrem Neste aufheben und sie wieder hinsetzen, ohne daß sie irgend eine Furcht zeigt oder ihr Nest durch Wegfliegen verläßt. »Es ist somit die Möglichkeit geboten, alle jene Nester, welche größerer Gefahr ausgesetzt sind, zu schüt-

Tetrao urogallus
TETRAONINAE

zen, indem man eine Art Einzäunung oder Einfriedigung ringsum zieht und für die Aus- und Einkehr der Henne einen Raum offen läßt, welcher gerade zum Durchschlüpfen genügt. Dieses Verfahren wird mit dem Ausdrucke ›Hudern‹ bezeichnet und seitens der Henne ohne Anstand geduldet.

Sind die Jungen einmal ausgefallen, so laufen sie nach Verlaufe einiger Stunden, nachdem sie gehörig abgetrocknet, mit der Mutter weg und werden von jetzt an mit einer ungewöhnlichen Liebe und Sorgfalt behütet. Es ist rührend zu sehen, wenn man so unverhofft unter eine Kette kommt, mit welchem Geschrei und Lärm die Alte einen empfängt. Im Nu sind alle Jungen verschwunden, und sie wissen sich so gut zu verstecken, daß es wirklich schwer hält, eines von ihnen zu entdecken. Dies verdanken sie hauptsächlich ihrer Färbung. Trauriger sieht es freilich mit einer Kette aus, wenn Herr Reineke mit seiner unfehlbaren Nase dahinter kommt. Glückt die allbekannte List der Mutter, immer drei bis vier Schritte vor dem Fuchse dahin zu laufen und dahin zu flattern, sich zu stellen, als wäre sie an den Flügeln gelähmt, und Reineke so aus dem Bereiche der Jungen zu führen, so steht sie plötzlich auf, streicht nach dem Platze, wo sie zuletzt ihre Jungen ließ, und gibt durch wohlbekannte Töne ›Gluck, gluck‹ kund, daß die Gefahr vorüber ist, worauf sie sich mit ihnen in entgegengesetzter Richtung eiligst auf und davon macht; gelingt dies aber nicht, so sieht es leider oft traurig aus, und nicht selten bleibt keines der Jungen übrig.«

Im günstigsten Falle wachsen die Küchlein unter dem treuen Geleite der Mutter rasch heran. Ihre Nahrung besteht fast nur in Kerbthieren. Die Alte führt sie an geeignete Stellen, scharrt versprechenden Boden auf, lockt sie mit dem zärtlichen »Back, back« herbei, legt ihnen eine Fliege, einen Käfer, Larve, Raupe, einen Wurm, eine kleine Schnecke und dergleichen auf den Schnabel und gewöhnt sie so zum Fressen. Eine Lieblingsnahrung von ihnen sind die Puppen aller deutschen Ameisenarten. Die Alte läuft oft mit den Jungen an die Ränder des Waldes, um die auf den Wiesen und Rainen stehenden Ameisenhaufen aufzusuchen. Findet sie einen, dann scharrt sie, bis die Larven zum Vorscheine kommen, und lockt nun das ganze Volk zusammen, welches eilig die gute Mahlzeit verschlingt. Wenn die Jungen heranwachsen, fressen sie fast alles, was die Mutter selbst verzehrt. Schon nach wenigen Wochen sind sie so weit befiedert, daß sie bäumen oder wenigstens flattern können; ihr eigentliches Federkleid erhalten sie aber erst viel später.

Außer dem Fuchse und dem Habichte stellen noch viele Feinde dem Auerhuhne nach. Die alten Hähne sind freilich vor den meisten Raubthieren gesichert, dank ihrer Vorsicht und ihres Baumlebens; die zarten Jungen hingegen und noch mehr die Eier werden von allerlei Raubgezüchte hart mitgenommen und auch die schwächeren Hennen größeren Raubthieren, so namentlich dem Adler und Uhu, öfters zur Beute. Die Eier sind von sämmtlichen Raubsäugethieren und außerdem noch von

Krähen bedroht, fallen auch leider oft genug rücksichtslosen Menschen in die Hände: mancher Hirt, mancher Holzhauer erlabt sich abends an einem Eierkuchen, welchen er seinen Haushennen nicht verdankt. Da, wo die Jagd von zünftigen Grünrökken gehandhabt wird, verfährt man überall mit der nöthigen Schonung. Kein Waidmann erlegt eine Auerhenne: die Jagd gilt ausschließlich dem Hahne, und auch ihm nur während der Zeit seiner Balze. Das begreift derjenige, welcher, und wäre es auch nur einmal, selbst hinausgegangen ist in früher Morgenstunde, um den balzenden Auerhahn zu belauschen und womöglich zu erlegen. Es ist dies ein Jagdstück; denn der Hahn bleibt auch während seiner Liebestollheit in der Regel noch vorsichtig und läßt sich nur von dem geübten Jäger berücken. Aber gerade die Schwierigkeit erhöht die Jagdfreude. Ein Hauptreiz der Jagd liegt in der Zeit und Örtlichkeit. »Beim Mondschein vor Tage«, schildert von Kobell, »geht es in die waldigen Gründe, oder im Falle der Himmel trüb, zündet man eine Fackel an, bis man in die Nähe des Balzplatzes kommt. Da geht der Weg oft zwischen alten Bäumen hindurch, welche sich in der Beleuchtung der brennenden Späne phantastisch ausnehmen, oder er führt in einen Filzgrund mit verkrüppeltem Krummholze, welches einen in seltsamen Gestalten anschaut, und die Stimmung wird eine mehr und mehr gespannte. Von Zeit zu Zeit lauscht man in die Nacht hinein nach dem Balzrufe, nach dem sich der Jäger vielleicht noch mehr sehnt als die Henne, welcher er gilt. Dabei taucht mancherlei Besorgnis auf, daß der Hahn etwa nicht Lust habe zu balzen, wie es öfters geschieht. Sowie nun aber aus der dunklen Wildnis das Schnalzen ertönt und das leise Wetzen, da rührt sich das Jägerblut, da ist alle Aufmerksamkeit auf das Anspringen während des Wetzens oder Schleifens gerichtet.« Das Anspringen selbst will geübt sein; denn eine einzige unbedachtsame Bewegung reicht hin, den Hahn zu verscheuchen, während dieser dem geübten Jäger fast regelmäßig zum Opfer fällt. »Nach einem jedesmaligen Hören des Hauptschlages, bezüglich des sogenannten Einspielens«, lehrt Geyer, »nähert sich der Jäger mit zwei oder drei Sprüngen oder großen Schritten, und er wartet dann wieder ruhig den Vers ab, ohne aber nebenbei alle mögliche Vorsicht aus den Augen zu lassen. Auf diese Art wird das Anspringen fortgesetzt, bis man aus dem Balzen des Auerhahnes wahrnimmt, daß man sich demselben bis auf Schußweite genähert. Hat man endlich den Vogel erblickt, so spannt man den Hahn des Gewehres, schlägt während des Einspielens an, erwartet ruhig den nächsten Vers und schießt ihn herab.« Das klingt, als ob die ganze Jagd recht einfach wäre, während ich aus eigener Erfahrung versichern muß, daß solches keineswegs der Fall ist. Das Jagdfieber bemächtigt sich auch des ruhigsten Schützen; es wird diesem schwer, den lauten Herzschlag zu dämpfen, das Maß der Schritte einzuhalten, ruhig bis zum nächsten Einspielen zu warten. Gar häufig kommt es vor, daß man das Stillstehen kaum aushalten kann; nicht selten geschieht es, daß der Hahn den Schützen auch trotz der größten Vorsicht, welche dieser beobachtet, rechtzeitig erspäht und davonfliegt, während der Jäger ihn bereits in seiner Gewalt wähnt. Und selbst wenn man glücklich bis unter den Baum gelangte, hat man meist noch seine Noth, den großen Vogel zu sehen; denn die Morgendämmerung ist kaum erst eingetreten, wenn die rechte Zeit zur Jagd erschienen, und es hält trotz der Größe des Hahnes schwer, ihn in der dunklen Krone einer Fichte zu unterscheiden, noch schwerer, ihn mit Sicherheit aufs Korn zu nehmen. »Wenn aber der Schuß glückt, wenn er fallend herunterrauscht durch das Gezweige und schwer auf den Boden plumpt, wenn man ihn hat, den mächtigen Vogel, und der erste Morgenstrahl ihn beschauen läßt als einen federweichen, alten Pechvogel, dann ist es wohl lustig, und man steckt gern die schönen schwarzen, am Ende weiß gesprenkelten Schaufelfedern auf den Hut.«

Die norwegischen Bauern jagen den Auerhahn fast nur in der angegebenen Weise, weil es selbst unter ihnen als Unrecht gilt, Schlingen und Netze zu stellen, wie es freilich oft genug noch geschieht. Im Berner Oberlande war, laut Tschudi, die Auerhahnjagd bis auf die neueste Zeit sehr drollig und eigenthümlich. »Der Jäger pflegt ein weißes Hemd über den Kopf zu ziehen und wadet auf seinen Schneeschuhen, bis er das Kollern des balzenden Hahnes vernimmt. Während dieser singt und zugleich im Schnee oder auf dem Aste seine possirlichen Sprünge mit radförmig ausgebreitetem Schweife macht, wandelt der Schütze gerade auf das Thier los; in den Pausen steht er ganz still; der Hahn starrt ihn an, wenn er ihn gewahrt, und fährt dann zu balzen fort, bis der Schuß geht.«

# *Der Hausstorch*

Mit Ausnahme der hochnordischen Länder fehlt der Storch, Adebar, Ebeher, Honoter oder Klapperstorch (Ciconia alba) keinem Theile Europas. Er besucht unter anderen England gegenwärtig nur noch selten, und ebenso hat er sich aus Griechenland mehr oder weniger zurückgezogen, weil die Bewohner der Morea ihn, den heiligen Vogel der Türkei, gänzlich verscheucht haben. »Da, wo die türkische Herrschaft sich länger erhielt und der griechische Aufstand nicht alles dem Erdboden gleichgemacht hatte«, sagt Lindermayer, »blieben auch die Störche in dem ungeschmälerten Besitze ihrer Paläste, wie z. B. auf der Insel Euböa; da aber, wo das Hellenenthum schon nach den ersten Tagen der Revolution frisch emporwuchs, verminderten sich oder verschwanden auch die Störche. Auf seinem Winterzuge durchstreift er ganz Afrika und Indien. In Mittel- und Norddeutschland erscheint er zwischen dem letzten Februar und ersten April, einige Vorläufer und Nachzügler ausgenommen. Er bevorzugt ebene, flache und tiefe Gegenden, welche reich an Wasser und insbesondere an Sümpfen und Morästen sind, verlangt aber Gelände, in denen der Mensch zur Herrschaft gekommen ist. Zwar siedeln sich viele Hausstörche auch fern von den menschlichen Wohnungen in Wäldern an und gründen hier auf starken Bäumen ihren großen Horst; die Mehrzahl aber nistet im Gehöfte der Bauern oder wenigstens auf Dächern.

Wenn man besonderes Glück hat, kann man die Ankunft des beliebten Dachgastes beobachten und sehen, daß sich das Paar, welches im vorigen Jahre im Gehöfte nistete, plötzlich aus ungemessener Höhe in Schraubenlinien herabläßt auf den Dachfirst, und nun vom ersten Augenblicke an so heimisch thut, als wäre es nie verreist gewesen. Sofort nach der Ankunft beginnt das gewöhnliche Treiben. Er fliegt vom Neste, welches wirklich zu seinem Hause wird, weg, auf Feld und Wiesen, nach Sümpfen und Morästen hinaus, um seiner Jagd obzuliegen, kehrt in den Mittagsstunden gewöhnlich wieder zurück, unternimmt nachmittags einen zweiten Ausflug, kommt vor Sonnenuntergang nach Hause, klappert und schickt sich schließlich zum Schlafen an. So treibt er es, bis die Fortpflanzungszeit eintritt, und nunmehr die Sorge um die Brut eine gewisse Abweichung von der gewohnten Lebensweise bedingt.

Das Betragen erscheint uns würdevoll. Sein Gang ist langsam und gemessen, seine Haltung aufgerichtet, sein Flug, welcher durch wenige Sprünge eingeleitet wird, verhältnismäßig langsam, aber doch leicht und schön, namentlich durch prachtvolle Schraubenlinien ausgezeichnet. Im Stehen pflegt er den Hals etwas einzuziehen und den Schnabel mit der Spitze nach unten zu richten; niemals aber nimmt er eine so häßliche Stellung an wie die meisten Reiher, und selbst in der tiefsten Ruhe sieht er anständig aus. Selten steigert er seinen Gang bis zum Rennen; diese Bewegung scheint ihn auch bald zu ermüden, während er, in seiner gewöhnlichen Weise dahinwandelnd stundenlang in Thätigkeit sein kann. Der Flug ermüdet ihn nicht; er bewegt die Flügel selten und auch nicht oft nach einander, weiß aber den Wind oder jeden Luftzug so geschickt zu benutzen, daß er schwebend nach Belieben steigt und fällt, und versteht sein Steuer so trefflich zu handhaben, daß er jede Wendung auszuführen vermag. Sein Verstand ist ungewöhnlich ausgebildet. »Er weiß sich«, sagt Naumann, »in die Zeit und in die Leute zu schicken, übertrifft darin fast alle übrigen Vögel, und ist keinen Augenblick darüber in Zweifel, wie die Menschen an diesem oder jenem Orte gegen ihn gesinnt sind. Er merkt gar bald, wo er geduldet und gern gesehen ist, und der wenige Tage früher in einer fremden Gegend angekommene, schüchterne und vorsichtige, dem Menschen ausweichende, allem mißtrauende Storch hat nach der Einladung, welche ein zur Grundlage seines zukünftigen Nestes auf ein hohes Dach oder auf einen Baumkopf gelegtes Wagenrad ist, sofort alle Furcht verloren, und nachdem er Besitz von jenem genommen, ist er nach wenigen Tagen schon so zuthunlich geworden, daß er sich furchtlos aus der Nähe begaffen läßt. Bald lernt er seinen Gastfreund kennen und von anderen Menschen, oder die ihm wohlwollenden überhaupt von mißgünstigen und gefährlichen Personen unterscheiden. Er weiß, ob man ihn liebt und gern sieht, oder ob man ihn nur mit Gleichgültigkeit betrachtet; denn er beobachtet aufmerksam und macht keine Erfahrung umsonst.« Sein Betragen richtet sich stets nach den Umständen. Fern vom Neste zeigt sich der Storch ebenso scheu wie alle seine Verwandten. Er kennt die Bauern, Hirten und Kinder sehr gut als ungefährliche Menschen, meidet aber doch jede Annäherung und erschwert dem Jäger, welcher ihn erlegen will, schußgerecht anzukommen. Noch viel vorsichtiger und scheuer zeigt er sich auf dem Zuge oder überhaupt, wenn er mit anderen seiner Art sich vereinigt.

Gewöhnlich betrachtet man den Storch als einen harmlosen und gutmüthigen Vogel; diese Eigenschaften besitzt er jedoch durchaus nicht. »Seine Art, sich zu ernähren«, sagt Naumann, »macht ihm das Morden zur Gewohnheit, und diese kann sogar zu Zeiten auf seinesgleichen übergehen. Man hat Beispiele, daß Störche von anderswo herkamen, das Nest stürmten, über die Jungen herfielen und, trotz der verzweifelten Gegenwehr ihrer Eltern, sie endlich doch ermordeten, dies auch bei mehreren in der Gegend so machten.« Der gezähmte Storch geht, gereizt, seinem Widersacher unter Umständen zu Leibe. »Sonderbar genug herrscht unter den Störchen eine große Verschiedenheit der Gesinnung. Manche sind gegen andere verträglich, leiden sie auch nistend in der Nähe, während andere in einem gewissen Kreise mit störrischer Beharrlichkeit die Alleinherrschaft behaupten. Einerlei Ziel, Zweck und Mittel, auch wohl Furcht vor Gefahren, machen ihn auf seinen Reisen gesellig oder veranlassen ihn, in größeren Vereinen zu reisen. Nur gegen seinesgleichen kann der Storch gesellig sein, gegen andere nie; der vereinzelte schließt sich nie einer anderen Art an, nicht einmal seinem nächsten Verwandten.« Wenn Eifersucht ins Spiel kommt, kämpft er auf Leben und Tod, und kleinen Thieren gegenüber bleibt er immer gefährlich.

Der einzige Stimmlaut, welchen der Storch hervorbringen kann, ist ein heiseres, unbeschreibliches Zischen. Man vernimmt dies selten, am öftersten noch von gezähmten, welche besondere Freude an den Tag legen wollen. Gewöhnlich drückt er seine Gefühle durch Klappern mit dem Schnabel aus, und er versteht dieses sonderbare Werkzeug wirklich kunstgerecht zu handhaben, klappert bald länger, bald kürzer, bald schneller, bald langsamer, bald stärker, bald schwächer, klappert aus Freude oder aus Kummer, wenn er hungrig ist, und nachdem er sich gesättigt hat, macht seinem Weibchen klappernd seine Liebeserklärung und liebkost klappernd seine Jungen. Diese lernen die merkwürdige, aber keineswegs arme Sprache ihrer Eltern, noch ehe sie flugbar werden, und drücken, sobald sie klappern können, ihre Gefühle ebenfalls dadurch aus, während man früher von ihnen Laute vernahm, welche zwar ebensowenig klangvoll sind wie die ihrer Eltern, aber doch als Laute bezeichnet und ein Gewinsel oder Gezwitscher genannt werden dürfen.

Thiere der verschiedensten Art bilden die Nahrung des Storches. Er ist ein Räuber in der vollsten Bedeutung des Wortes. Es scheint, daß Lurche, Kerbthiere und Regenwürmer von ihm bevorzugt werden, wohl aber nur, weil sie sich am leichtesten fangen lassen. Bei seinen gewöhnlichen Jagdgängen trifft er am häufigsten Frösche, Mäuse und Kerbthiere an, und sie werden zuerst mitgenommen; aber er tödtet auch Eidechsen, Blindschleichen, Nattern, selbst Giftschlangen, ist nach Fischen ebenso begierig wie nach Fröschen, stellt ihnen gelegentlich im trüben Wasser eifrig nach und verschluckt solche bis zur Länge einer Manneshand. Große Nattern bearbeitet er, laut Lenz, bevor er sie faßt, oft lange mit Schnabelhieben, bis sie ganz ohnmächtig geworden sind, und schluckt sie dann, wie er sie gerade packt, hinab, entweder den Schwanz oder den Kopf vorweg, gleichviel ob sie schon todt sind oder sich noch fest um seinen Schnabel ringeln, so daß er genöthigt ist, sie durch eine heftige Bewegung wieder herauszuschleudern, oder sie mit einem Fuße herauszukratzen, worauf er sie von neuem zu verschlingen sucht. Bei großer Gier schluckt er kleinere Schlangen oft, ohne sie vorher im geringsten zu bearbeiten; sie toben noch lange im Halse herum, huschen auch leicht, wenn er sich rasch bückt, um eine neue Beute zu grei-

CICONIIDAE
Ciconia ciconia

fen, wieder heraus, so daß, wenn er auf freiem Boden mehrere Schlangen vor sich hat, recht lustige Jagden entstehen. Auch die giftigen Kreuzottern sind ihm eine Lieblingsspeise; er haut sie aber, so oft es ans Schlucken geht, so oft und so derb auf den Kopf, daß ihnen Hören und Sehen vergeht. Verfährt er einmal zu rasch und unvorsichtig, und wird von einer Otter gebissen, so leidet er einige Tage sehr, erholt sich dann aber gänzlich. Die Eier aller Bodenbrüter nimmt er aus; junge Vögel, auch Rebhühner, tödtet er ohne Gnade, schleppt seinen Jungen sogar volle Vogelnester zu; den Mäusen lauert er auf Feld und Wiesen vor ihren Löchern auf; die Maulwürfe spießt er im Aufstoßen, junge Hasen nimmt er der Mutter trotz muthiger Verteidigung weg. Auf blumigen Wiesen treibt er eifrig Kerbthierfang und ergreift nicht allein die sitzenden und kriechenden, sondern bemüht sich auch, die umherschwirrenden noch im Fluge wegzuschnappen. Kröten ekeln ihn an; er haßt sie so, daß er sie tödtet, rührt sie aber niemals an.

Da der Storch, wie aus vorstehendem zu ersehen, der Jagd schadet, auch durch Wegfangen von Bienen sich Übergriffe erlauben soll, zählen ihn Jäger und Imker zu den schädlichen Vögeln und wollen ihn ausgerottet wissen. Einzelne Naturforscher stellen sich auf jener Seite, rechnen ihm alle Frösche nach, welche er vertilgt, und wollen glauben machen, daß er Flur und Feld veröde. Daß solche Behauptungen arge Übertreibungen sind, bedarf kaum des Beweises. Selbst, wenn man seine Schädlichkeit in jagdlicher Beziehung im vollen Umfange zugesteht, wird man sich besinnen müssen, bevor man ihm das Verdammungsurtheil spricht. Hasen, Rebhühner, Singvögel, Frösche und Fische rottet er nicht aus, schmälert ihren Bestand nicht einmal in nennenswerther Weise, und dem Land- und Forstwirte schadet er auch nicht. Es ist neuerdings gebräuchlich geworden, mit anderen Augen zu sehen, als unsere Altmeister der Vogelkunde sahen, und jede, nach Ansicht der betreffenden Beobachter schadenbringende Thätigkeit eines Thieres ins ungeheuerliche aufzubauschen: kein Wunder daher, daß auch der Storch darunter leiden muß.

Die Anhänglichkeit des Vogels an den Menschen bekundet sich vorzugsweise während der Paarungszeit. »Man muß erstaunen«, sagt Naumann, »daß Störche, welche in einer fremden Gegend groß wurden, bei allem angeborenen Mißtrauen sogleich erkennen, daß man sie gern sieht, die Anstalten, mit denen man ihnen entgegen kommt, verstehen und den Wünschen der Menschen folgen. Welches der Grund dieser Zuneigung zum Menschen sei, bleibt jedenfalls räthselhaft; daß aber doch wohl die Sicherheit, die ihnen aus allgemeiner Zuneigung der Mensch in seiner Nähe gewährt, sowie der sichere, feste Stand des Nestes sowohl für alt wie jung wenigstens nicht Nebensache dabei sind, mag schwerlich geleugnet werden können. Das Vertrauen auf menschliche Hülfe ist bei ihnen so groß, daß selbst solche Störche, welche die Absicht verrathen, ihr Nest auf einem Baume zu bauen, es sogleich annahmen, wenn man ihnen aufs Gerathewohl, auf dem ersten besten eine Grundlage machte, Stangen oder Stäbe annagelte, und Reisigbündel befestigte, worauf sie sogleich ihren Bau begannen.« Noch auffallender erscheint mir, daß bei uns zu Lande eben nur der Hausstorch, nicht aber auch sein ihm höchst ähnlicher Verwandter, der Waldstorch, sich so mit dem Menschen befreundet.

Der einmal begründete Horst wird alle Jahre zum Brüten benutzt: man kennt einzelne, welche seit hundert Jahren jeden Sommer bewohnt waren. Wie viele Jahre nach einander ein und dasselbe Paar das Nest benutzt, weiß man nicht, nimmt aber, und gewiß mit Recht, an, daß die Lebensdauer der Vögel eine sehr lange und demgemäß Wechsel der Nesteigenthümer selten ist. In der Regel erscheint der Storch ein paar Tage früher als die Störchin, gewöhnlich benimmt er sich aber so, daß man an seiner Eigenschaft als Besitzer gar nicht zweifeln kann. Kommt, wie es zuweilen geschieht, nur einer der Störche zurück, so währt es oft lange Zeit, bevor er sich einen Gatten gefreit, und in der Regel entstehen dann heftige Kämpfe um das Nest, indem sich wahrscheinlich junge Paare einfinden, welche gemeinschaftlich über den früheren Inhaber herfallen, ihn zu vertreiben suchen und auch oft genug vertreiben oder sogar umbringen. Unter solchen Umständen wird der Mensch zuweilen genöthigt, einzugreifen, um den Frieden zu erhalten. Aus allen Beobachtungen darf man folgern, daß die Ehe eines Storchpaares für die Lebenszeit geschlossen wurde und beide Gatten sich in Treue zugethan sind. Über jeden Zweifel erhaben ist diese Treue zwar nicht; denn man kennt Fälle, daß eine Störchin fremden Störchen Gehör gab, will sogar beobachtet haben, daß ein unbeweibter Storch plötzlich über den neben seinem Neste Wache haltenden Gatten herfiel und ihn mit einem wohlgezielten Schnabelstoße tödtete, nichtsdestoweniger aber von der brütenden Störchin ohne weiteres angenommen wurde; man spricht auch von Auftritten, welche leider gerechtfertigte Eifersucht der männlichen Störche unverkennbar bekundeten. Solchen Ausnahmen kann man andere Züge entgegenstellen, welche für die Treue des Storchpaares sprechen. Ein Storch blieb drei Jahre lang zurück und suchte an Quellen und Bächen Nahrung, oder während der grimmigsten Kälte unter Stalldächern Schutz. Jedes Jahr kam sein Gatte zurück, und sie brüteten wie gewöhnlich. Der zuerst zurückbleibende war das Weibchen. Vom vierten Herbste an blieb nun aber auch das Männchen in Gesellschaft seines Weibchens während des Winters in der Heimat und dies drei Jahre hinter einander. Beide wurden endlich von bösen Menschen getödtet, und es ergab sich, daß das Weibchen durch eine früher erhaltene Wunde reiseunfähig geworden war. Genau dasselbe habe ich in Afrika erfahren. Hier sah ich zwei Störche, welche in der Winterherberge zurückgeblieben waren, ließ beide erlegen und fand denselben Grund für ihr Verweilen. Eugen von Homeyer verbürgt mir folgende, wahrhaft rührende Geschichte. Von einem auf seinem Hause nistenden Storchpaare wurde durch einen Schießjäger das Männchen erlegt. Im nächsten Jahre erscheint das Weibchen ohne Gatten auf dem alten Neste, wird viel umworben, weist jedoch alle Freier mit wüthend geführten Schnabelhieben ab, bessert am Horste wie in früheren Jahren und wahrt sein Hausrecht. Im Herbste zieht es mit den anderen weg, erscheint im nächsten Frühjahre wieder und treibt es wie vorher. So verfährt es elf Jahre nach einander. Im zwölften Jahre wird ihm das Nest durch ein anderes Paar abgenommen. Jenes bleibt während des ganzen Sommers aus; als jedoch das Paar abgezogen, findet es sich am Neste ein, verweilt hier einige Tage und tritt dann erst seine Reise an. Wie mein Gewährsmann später erfährt, hat es alle diese Sommer in der Nachbarschaft, jedoch funfzehn Kilometer vom Neste entfernt, verbracht, offenbar aber das letztere ebenso treu im Auge wie den ersten Gatten in seiner Erinnerung behalten. Unter dem Namen »Einsiedler« war diese Störchin zuletzt in der ganzen Gegend bekannt geworden.

Bleibt das Paar ungestört, so beginnt es bald nach Ankunft mit der Ausbesserung des Horstes, indem es neue Prügel und Reiser herbeiträgt und über den alten mehr oder weniger verrotteten aufschichtet, auch eine neue Nestmulde herstellt. Demzufolge nimmt der Horst von Jahr zu Jahr an Höhe und Schwere zu, und dies kann so weit gehen, daß die Unterlage ihn nicht mehr zu tragen vermag, und der Mensch wiederum helfen muß. Der Bau selbst gehört keineswegs zu den ausgezeichneten. Daumenstarke Reiser und Stäbe, Äste, Dornen, Erdklumpen und Rasenstücke bilden die Grundlage, feineres Reisig, Rohrhalme und Schilfblätter eine zweite Schicht, dürre Grasbüschelchen, Mist, Strohstoppeln, Lumpen, Papierstücke, Federn die eigentliche Nestmulde. Alle Baustoffe werden von beiden Gatten im Schnabel herbeigetragen; das Weibchen ist aber, wie gewöhnlich, der Baumeister. Beide arbeiten so eifrig, daß ein neues Nest innerhalb acht Tagen vollendet, die Ausbesserung aber schon in zwei bis drei Tagen geschehen ist. Sowie der Bau beginnt, regt sich das Mißtrauen im Herzen der Besitzer, und einer von den Gatten pflegt regelmäßig Wache beim Neste zu halten, während der andere ausfliegt, um Niststoffe zu sammeln. Dabei wird selbstverständlich auf die mannigfaltigste Weise, man möchte sagen, in allen Ton- und Taktarten, geklappert, überhaupt die Freude über den glücklich gegründeten, bezüglich wieder aufgeputzten Herd deutlich kund gethan. Um die Mitte oder zu Ende des April legt die Störchin das erste Ei, und wenn sie zu den älteren gehört, im Verlaufe von wenigen Tagen die drei oder vier anderen hinterher.

Die Brutzeit währt achtundzwanzig bis einunddreißig Tage. Beide Geschlechter brüten abwechselnd; dem Weibchen fällt jedoch der Haupttheil an dieser Beschäftigung zu. Dafür sorgt der Storch wiederum für die Sicherheit seiner Gattin. Sind die Jungen ausgeschlüpft, so verdoppelt sich die Sorge der Eltern um die Brut und mit der Sorge auch die Wachsamkeit; denn niemals entfernen sich beide zu gleicher Zeit von den Jungen. Anfänglich erhalten diese hauptsächlich Gewürm der verschiedensten Art und Kerbthiere, Regenwürmer, Egel, Larven, Käfer, Heuschrecken und dergleichen, später kräftigere Kost. Die nöthige Wassermenge schleppen die Alten mit der Nahrung im Kehlsacke herbei und speien es mit dieser vor. Bei großer Hitze sollen sie die Jungen auch überspritzen, ebenso wie sie sich zwischen diese und die Sonne stellen, um ihnen Schatten zu verschaffen oder, im Gegentheile, bei kalter und regnerischer Witterung sie mit dem eigenen Leibe decken. Das Familienleben gewährt jederzeit ein unterhaltendes, nicht immer aber ein angenehmes Schauspiel. Nicht bloß das Dach wird abscheulich beschmutzt, sondern auch eine Masse von Nahrungsstoffen herabgeschleudert, so daß sie unten verfaulen und Gestank verbreiten. Gar nicht selten geschieht es auch zum Entsetzen der Hausfrau, daß der alte Storch mit einigen frisch gefangenen, noch halb lebenden Blindschleichen, Nattern und anderem Ekel oder Furcht einflößenden Ungeziefer ankommt und seine Jungen damit atzen will, einige von den Schlangen aber verliert und diese nun über das Dach in den Hof herabrollen läßt. Doch ist das Vergnügen an der Familie größer als aller Ärger, den sie verursacht. Die Jungen sitzen in den ersten Tagen ihres Lebens auf den Fersen, stellen sich später im Neste auf, werden auch von erfahrenen Eltern gegen das Herabfallen durch Anbringung neuer Stäbe und Reiser noch besonders geschützt, lernen bald die Gegend kennen und beweisen, daß ihr Auge von Anfang an vortrefflich ist; denn sie erspähen den mit Futter beladenen Alten, welcher herbeikommt, schon aus weiter Ferne und begrüßen ihn zuerst durch Geberden, später durch Schnabelgeklapper, so ungeschickt dasselbe anfänglich auch sein mag. Ihr Wachsthum währt mindestens zwei volle Monate. Gegen das Ende dieser Zeit hin beginnen sie ihre Schwingen zu proben, stellen sich auf den Nestrand, schlagen mit den Flügeln und unternehmen endlich das Wagestück, vom Neste aus bis auf den First des Daches zu fliegen. Vermögen sie ihren Fittigen zu vertrauen, so unternehmen sie mit den Alten Spazierflüge, kehren aber anfänglich noch jeden Abend zum Neste zurück, um hier die Nacht zu verbringen. Doch verliert sich diese Anhänglichkeit an die Wiege immer mehr; denn die Zeit naht nunmehr heran, in welcher alt und jung zur Wanderung aufbricht.

Absichtlich bin ich auf die zahllosen Geschichten, welche man von der Eifersucht, Gewaltthätigkeit, Grausamkeit des brütenden Storches gegenüber der Gattin und Kinder erzählt, nicht eingegangen. Ich glaube nicht an die Wahrheit der Erzählung, laut welcher ein Storch mit Hülfe herbeigeholter anderer Männchen seine Gattin umbrachte, weil man deren Eier mit solchen von Enten oder Gänsen vertauscht, und der Storch infolge dessen jene als verbotenen Umganges schuldig gerichtet haben soll; ich halte ebensowenig die Behauptung für begründet, daß die Eltern ihre eigenen Kinder aus dem Neste werfen sollen, wenn diese ihnen lästig fallen, usw. Thierisches Leben und Handeln richtig zu beobachten und zu beurtheilen, ist schwer und will geübt sein; der ungeübte Beobachter aber pflegt nur allzu gern seiner Einbildung die Zügel schießen zu lassen.

Vor dem Wegzuge versammeln sich alle Storchfamilien einer Gegend auf bestimmten Plätzen, gewöhnlich weichen, sumpfigen Wiesen. Die Anzahl der Zusammenkommenden mehrt sich von Tag zu Tag und die Versammlungen währen immer länger. Um Jakobi, also zu Ende des Juli, pflegen letztere vollzählig zu sein, und bald darauf bricht das ganze Heer zur Reise auf, hebt sich, nachdem es vorher noch lebhaft geklappert, in die Höhe, kreist noch einige Zeit lang über der geliebten Heimat und zieht nun in südwestlicher Richtung rasch seines Weges dahin, wahrscheinlich unterwegs noch andere aufnehmend und sich so mehr und mehr verstärkend. Naumann spricht von Storchflügen, deren Anzahl sich auf zwei- bis fünftausend belaufen mochte, und ich kann ihm nur beistimmen, da diejenigen Scharen, welche ich noch im Inneren Afrikas während ihres Zuges sah, zuweilen so zahlreich waren, daß sie weite Flächen längs des Stromufers oder in der Steppe buchstäblich bedeckten und, wenn sie aufflogen, den Gesichtskreis erfüllten.

Der Storch gewöhnt sich, namentlich wenn er jung aus dem Neste genommen wurde, leicht an die Gefangenschaft und an einen bestimmten Pfleger, wird so zahm, daß man ihm freies Aus- und Einfliegen gestatten darf, begrüßt seine Bekannten durch Schnabelgeklapper und Ausbreiten der Flugwerkzeuge, erkennt ihm angethane oder zugedachte Wohlthaten und Freundlichkeiten dankbar an, befreundet sich ebenso mit größeren Hausthieren, läßt sich, schwächeren gegenüber, freilich auch Ausschreitungen zu Schulden kommen und kann Kindern gefährlich werden. Hält man ihn paarweise, und gewährt man ihm eine gewisse Freiheit, so schreitet er auch wohl zur Fortpflanzung. Auch paart er sich mit einem freilebenden, zieht mit diesem vielleicht sogar im Winter weg, kehrt im nächsten Frühjahre zurück und benimmt sich wie vorher.

Man hat erfahren, daß der Hausmarder zuweilen junge Störche überfällt und umbringt, kennt aber kein Raubthier, welches alten gefährlich sein könnte, die größeren Katzenarten und Krokodile, welche in der Winterherberge einen und den anderen wegnehmen, vielleicht ausgenommen. Gleichwohl vermehren sich die Störche anscheinend nicht; es müssen also viele von ihnen zu Grunde gehen. Der Mensch verfolgt sie glücklicherweise noch nirgends in dem Maße, wie von einzelnen Heißspornen gewünscht zu werden scheint.

# Der Kranich

Der Kranich (Grus cinerea), dessren Kennzeichen in dem bloß theilweise nackten Kopfe, den verlängerten und gekräuselten Oberflügeldeckfedern zu suchen sind, ist aschgrau, in der Kehlgegend und auf dem Vorderscheitel schwarz, an den Halsseiten weißlich; die Schwungfedern sind schwarz; die Länge beträgt 140, die Breite 240, die Fittiglänge 65, die Schwanzlänge 21 Centimeter.

Unser deutscher Kranich, auf dessen Lebensschilderung ich mich beschränken muß, erscheint im Sudân scharenweise im Oktober und bezieht hier größere Sandbänke in den Strömen, welche über den Wasserspiegel hervorragen. In Indien trifft er ebenfalls zu derselben Zeit in namhafter Anzahl ein und bewohnt dann ähnliche Örtlichkeiten. Durch Deutschland sieht man ihn im Anfange des Oktober und zu Ende des März, regelmäßig in zahlreichen Gesellschaften, welche in hoher Luft fliegen, die Keilordnung streng einhalten und nur zuweilen kreisend in wirre Flüge sich auflösen, vielleicht auch hier und da auf den Boden herabsenken, um sich zu äsen, nirgends aber längere Zeit aufhalten, seines Weges dahinziehen. Diese Züge halten eine gewisse Richtung, vor allem die bekannten Heerstraßen der Vögel, alljährlich ein und lassen sich nur durch ungewöhnliche Erscheinungen ablenken: so beobachtete mein Vater, daß eine Kranichherde durch das brennende Dorf Ernstroda in Thüringen herbeigezogen wurde und längere Zeit über den Flammen kreiste, durch lautes Geschrei das Rufen der Arbeiter, die Klagen der Abgebrannten, das Brüllen des Viehes, das Prasseln des Feuers und das Krachen der Gebäude noch übertönte und in der Seele des damaligen Knaben einen Eindruck zurückließ, welcher vor dem geistigen Auge des Greises noch in voller Frische stand. Vor dem Herbstzuge gesellen sie sich, wie die Störche, auf bestimmten Örtlichkeiten, von denen sie sich eines Tages unter großem Geschreie erheben, und fliegen nun rastlos, Tag und Nacht reisend, ihrer Winterherberge zu. Hier angelangt, senken sie sich tief herab und suchen nun nach einer ihren Anforderungen entsprechenden und von anderen Wanderscharen noch nicht besetzten Insel. Solange ihr Aufenthalt in der Fremde währt, halten sie sich stets in zahlreichen Massen zusammen und nehmen auch verwandte Arten, in Afrika die Jungfernkraniche, in Indien die Antigone-, in Südchina und Siam außer letzteren auch die Weißnacken- und Schneekraniche, unter sich auf. Mit ihnen fliegen sie gemeinsam jeden Morgen auf die Felder hinaus, um hier Nahrung zu suchen, kehren in den Vormittagsstunden zurück und verweilen nun Tag und Nacht auf den Inseln, zeitweilig mit verschiedenen Spielen sich vergnügend und beständig im Gefieder putzend und ordnend, da die jetzt stattfindende Mauser derartige Sorgfalt nöthig macht. Scharenweise brechen sie auch auf, und vereinigt noch kommen sie an in der Heimat; hier aber lösen sich die Heereshaufen bald in kleinere Trupps und diese in Paare auf, und jedes Paar bezieht nun eine zur Fortpflanzung geeignete Örtlichkeit, welche sich von der Winterherberge wesentlich unterscheidet. In Indien oder im Sudân ist der Kranich Strandvogel, im Norden Europas oder Asiens wird er zum vollendeten Sumpfvogel.

Jede Bewegung des Kraniches ist schön, jede Äußerung seiner höheren Begabungen fesselnd. Der große, wohlgebaute, bewegungsfähige, scharfsinnige und verständige Vogel ist sich seiner ausgezeichneten Fähigkeiten wohl bewußt und drückt solches durch sein Betragen aus, so verschiedenartig dieses auch sein mag. Mit leichten, zierlichen, aber doch abgemessenen Schritten, gewöhnlich ruhig und würdevoll, nur im Falle der Noth eilend und rennend, geht er seines Weges dahin; ohne Mühe erhebt er sich nach einem oder nach zwei Sprüngen vom Boden, mit wenigen, weit ausholenden Schlägen der kräftigen Flügel gewinnt er die nöthige Höhe, und nunmehr fliegt er, Hals und Beine gerade von sich gestreckt, stetig und ohne Eile zu verrathen, aber doch schnell und fördernd dahin, mit Entschiedenheit einem bestimmten Ziele zustrebend. Aber derselbe Vogel ergötzt sich auch, wenn ihn die Laune anwandelt, durch lustige Sprünge, übermüthige Geberden, sonderbare Stellungen, Verneigungen des Halses, Breiten der Flügel und förmliches Tanzen oder dreht sich fliegend in prachtvollem Reigen längere Zeit über einer und derselben Stelle umher. Wie im Übermuthe nimmt er Steinchen und Holzstückchen von der Erde auf, schleudert sie in die Luft, sucht sie wieder aufzufangen, bückt sich rasch nach einander, lüftet die Flügel, tanzt, springt, rennt eilig hin und her, drückt durch die verschiedensten Geberden eine unendliche Freudigkeit des Wesens aus: aber er bleibt immer anmuthig, immer schön. Wahrhaft bewunderungswürdig ist seine Klugheit. Früher als jeder andere Stelzvogel lernt er die Verhältnisse beurtheilen oder würdigen und richtet nach ihnen seine Lebensweise ein. Er ist nicht scheu, aber im allerhöchsten Grade vorsichtig und läßt sich deshalb sehr schwer überlisten. Der einzelne denkt stets an seine Sicherheit; eine Herde stellt regelmäßig Wachen aus, denen die Sorge für die Gesammtheit obliegt; die beunruhigte Schar sendet Späher und Kundschafter, bevor sie den Ort wieder besucht, auf welchem sie gestört wurde. Mit wahrem Vergnügen habe ich in Afrika beobachtet, wie vorsichtig die Kraniche zu Werke gehen, sobald sie auch dort die Tücke des Menschen kennen gelernt haben: wie sie zunächst einen Kundschafter aussenden, dann mehrere, wie diese sorgsam spähen und lauschen, ob etwas verdächtiges sich noch zeige, wie sie sich erst nach den eingehendsten Untersuchungen beruhigen, zurückfliegen, die Gesammtheit benachrichtigen, dort noch immer nicht Glauben finden, durch Gehülfen unterstützt werden, nochmals auf Kundschaft ausziehen und nun endlich die Herde nach sich ziehen. Und doch lernt man den Kranich während seines Freilebens nie vollständig kennen, muß ihn vielmehr zum Gesellschafter erworben haben, wenn man über ihn urtheilen will. So vorsichtig er dem Menschen ausweicht, so lange er frei ist, so innig schließt er sich ihm an, wenn er in dessen Gesellschaft kam. Mit Ausnahme der klügsten Papageien gibt es keinen Vogel weiter, welcher in gleicher Weise wie er mit dem Menschen verkehrt, jede menschliche Handlung verstehen und begreifen lernt und sich so gut, wie es ihm möglich, verständlich und nützlich zu machen weiß. Er sieht in seinem Gebieter nicht bloß den Brodherrn, sondern auch den Freund und bemüht sich, dies kund zu geben. Leichter als jeder andere Vogel gewöhnt er sich an das Gehöft, an das Haus seines Pflegers, lernt hier jedes Zimmer, jeden Raum kennen, die Zeit abschätzen, die Verhältnisse würdigen, in denen andere Leute oder Thiere zum Gastfreunde stehen, bekundet bewunderungswerthes Verständnis für Ordnung, duldet auf dem Geflügelhofe keinen Streit, hütet, ohne dazu aufgefordert zu werden, gleich dem verständigsten Hunde, das Vieh, straft durch scheltendes Geschrei oder empfindliche Schnabelhiebe und belohnt durch freundliches Gebaren, Verneigungen und Tanzen, befreundet sich mit wohlwollenden Menschen und drängt sich in deren Gesellschaft, läßt sich aber nichts gefallen und trägt ungebührliche Beleidigungen monate-, ja jahrelang nach, kurz, zeigt sich als ein wahrer Mensch im Federkleide. Es liegen über seinen Verstand so viele Beobachtungen vor, daß ich kein Ende finden könnte, wollte ich sie hier anführen.

Mit anderen Mitgliedern der Familie, auch wohl mit verwandten Vögeln, lebt der Kranich in gutem Einvernehmen; in ein Freundschaftsverhältnis tritt er aber nur mit ebenbürtigen Geschöpfen. Geselligkeit scheint ihm Bedürfnis zu sein; aber er wählt sich seine Gesellschaft. Dem Gatten gegenüber beweist er unwandelbare Treue; gegen seine Kinder bekundet er die wärmste Zärtlichkeit; gegen seine Art-, Sippschafts- und Familienverwandten legt er eine gewisse Hochachtung an den Tag. Demungeachtet kommt es vor, daß sich Kraniche in Sachen der Minne, während des Zuges oder gelegentlich anderer Zusammenkünfte erzürnen und wüthend bekämpfen. Man hat beobachtet, daß mehrere über einen herfielen und ihm durch Schnabelhiebe so zusetzten, daß er zur Weiterreise unfähig ward, ja, man will gesehen haben, daß solche Missethäter wirklich umgebracht wurden; wir haben außerdem in Thiergärten mehr als einmal erfahren, daß verschiedenartige Kraniche sich mit bitterem Hasse befehdeten, und daß einer den anderen tödtete. Doch gehören solche Vorkommnisse zu den Ausnahmen; denn eigentlich sind die Kraniche wohl necklustig und muthig, nicht aber boshaft, tückisch und hinterlistig.

GRUINAE
Grus grus

Unser Kranich frißt Getreide und Saat, Grasspitzen und Feldpflanzen, sehr gern Erbsen, nimmt auch einzelne Früchte auf oder erbeutet Würmer und Kerbthiere, insbesondere Käfer, Heuschrecken, Grillen und Libellen, fängt auch ab und zu einen Thaufrosch oder einen anderen Wasserlurch. Die erwähnten Scharen, welche im Sudân überwintern, fliegen kurz vor Sonnenaufgang in die Durrahfelder der Steppe hinaus, füllen Magen und Speiseröhre bis zum Schlunde mit Körnern an, kehren zum Strome zurück, trinken und verdauen nun die eingenommene Nahrung im Laufe des Tages. Der geringsten Schätzung nach verbrauchen die am Weißen und Blauen Nile überwinternden Kraniche gegen hunderttausend Hektoliter Getreide. Dieser Verbrauch fällt dort keineswegs ins Gewicht, und wohl niemand mißgönnt den Vögeln das Futter; anders dagegen ist es in dem dicht bevölkerten Indien, wo das gereifte Korn höheren Werth hat: hier werden die überwinternden Kraniche mit vollem Rechte als sehr schädliche Vögel betrachtet und demgemäß mit scheelen Augen angesehen, auch nach Kräften verfolgt und vertrieben. In der Gefangenschaft gewöhnt sich der Kranich an die verschiedensten Nahrungsstoffe, läßt sich aber mit dem einfachsten Körnerfutter jahrelang erhalten. Er zieht Erbsen und Bohnen dem Getreide vor, sieht im Brode einen Leckerbissen, nimmt aber auch gern gekochte Kartoffeln oder klein geschnittene Rüben, Kohl, Obst und dergleichen zu sich, verschmäht ein Stückchen frisches Fleisch keineswegs, läßt auch keine Gelegenheit vorübergehen, Mäuse und Kerbthiere zu fangen.

Sofort nach seiner Ankunft in der Heimat nimmt das Kranichpaar Besitz von dem Sumpfe, in welchem es zu brüten gedenkt, und duldet innerhalb eines gewissen Umkreises kein zweites Paar, obwohl es jeden vorüberreisenden Zug mit lautem Rufen begrüßt. Erst wenn die Sümpfe grüner werden und das Laub der Gebüsche ausschlägt, beginnt es mit dem Nestbaue, trägt auf einer kleinen Insel oder Seggenkufe, einem niedergetretenen Busche oder einem anderen erhabenen Orte dürre Reiser zusammen und schichtet auf ihnen bald mehr, bald weniger trockene Halme und Rohrblätter, Schilf, Binsen und Gras zusammen, ohne sich dabei sonderliche Mühe zu geben. Auf die seichtvertiefte Mitte dieses Baues legt das Weibchen seine zwei großen fast glanzlosen Eier. Beide Geschlechter brüten abwechselnd und vertheidigen gemeinschaftlich die Brut gegen einen nahenden Feind, falls derjenige, welcher gerade nicht brütet, aber die Wache hält, allein nicht fertig werden sollte. An gefangenen Kranichen, welche brüten, kann man beobachten, daß der Wächter mit Wuth auf jedes Thier stürzt, welches sich dem Neste nähert und, da er an den Anblick des Menschen gewöhnt ist, diesen ebenfalls rücksichtslos angreift; die freilebenden hingegen fliehen letzteren, ihren schlimmsten Feind, auch während sie brüten, ängstlich. Ihr Nest verrathen sie nie, bethätigen im Gegentheile bewunderungswürdige Geschicklichkeit, während der Brutzeit sich zu verbergen oder doch im Brüten dem Auge des Beobachters zu entziehen. »Der auffallende, große Vogel«, sagt Naumann, »läßt den Beobachter nur ahnen, in dem Sumpfe müsse er irgendwo sein Nest haben; aber die Stelle selbst weiß er jenem dadurch stets zu verbergen, daß er sich von weitem her jederzeit nur zu Fuße in gebückter Stellung und unter dem Schutze hoher Pflanzen und des Gebüsches nähert, daß der auf dem Neste sitzende bei annähernder Störung sich von demselben ebenso versteckt davonschleicht und weit vom Neste aus dem freien Sumpfe erst auffliegt und sichtbar wird, oder auch wohl, wenn ihm der Lärm nicht gar zu nahe kommt, gar nicht herausfliegt. Es läßt sich daher das Plätzchen so schwer ausmitteln, als es, wenn dies durch besonderen Zufall geglückt wäre, mühsam ist, sich ihm, des tiefen Morastes wegen, zu nähern.« Gleichzeitig gebraucht der Kranich noch ein anderes Mittel, um sich unkenntlich zu machen. »Eines Tages«, erzählt Eugen von Homeyer, »lag ich in sicherem Verstecke neben einem Moore, in welchem ein Kranichpaar seinen Stand hatte, und beobachtete die beiden klugen Vögel und ihre anmuthigen Bewegungen, als das Weibchen, sich ganz unbeachtet wähnend, die doppelte Scheu des Vogels und des Weibes beseitigend, begann, seine Putzkünste zu entwickeln. Es nahm von der Moorerde in den Schnabel und salbte damit den Rücken und die Flügeldecken, so daß diese Theile das schöne Aschgraublau verloren und ein düsteres erdgraubraunes Ansehen erhielten. Der Wissenschaft zu Liebe erlegte ich das schöne Thier und fand das Gefieder des Oberkörpers gänzlich von dem Farbstoffe durchdrungen, so daß ich außer Stande war, bei der sorgfältigsten Waschung denselben wieder zu entfernen; so fest, vielleicht durch den Einfluß des Speichels, hatte derselbe sich mit dem Gefieder vereinigt.« »Hiermit«, fügt Homeyer später hinzu, »war in einem Augenblicke erklärt, wonach ich jahrelang getrachtet: die eigenthümliche Färbung des Kraniches während der Brutzeit. Nur während dieser nimmt der Vogel diese Umfärbung vor; denn späterhin ausfallende und nachwachsende Federn behalten ihre natürliche Färbung, woher es kommt, daß wir unter all den nordischen Kranichen, welche durch Deutschland ziehen, keinen Rost sehen. Sie haben bereits das Kleingefieder vermausert.« Diese Beobachtungen Homeyers wurden durch chemische Untersuchung, welche Mewes anstellte, durchaus bestätigt.

Wie lange die Brutzeit dauert, weiß ich nicht; wohl aber sind wir über das Jugendleben der ausgeschlüpften Kraniche einigermaßen unterrichtet. An gefangenen Geschwistern hat man beobachtet, daß sie sich zuweilen wie Tauben schnäbeln, und deshalb angenommen, daß die Jungen anfänglich wohl von den Alten geatzt werden mögen; sehr junge Kraniche aber, welche ich erhielt, pickten ohne weiteres das ihnen vorgehaltene Futter aus der Hand und benahmen sich so geschickt und selbständig, daß ich sie unbedingt für entschiedene Nestflüchter halten muß. Trotz ihrer dikken Beine laufen sie sehr gut und wissen sich in dem dichten Riede oder Binsichte vortrefflich zu verbergen. Die Alten verrathen sich nicht, beschäftigen sich nur, wenn sie sich ganz unbeachtet glauben, mit ihnen und führen sie, falls sie Gefahr befürchten, oft weit weg, beispielsweise auf Felder hinaus, um sie hier im Getreide zu verstecken. Aber sie behalten sie fortwährend im Auge und sehen auch dann noch nach ihnen, wenn sie gefangen und in einem der Brutstelle nicht sehr entlegenen Gehöfte untergebracht wurden. Unangenehm werden die niedlichen Thiere durch das ununterbrochene wiederholte Ausstoßen der einzelnen Silbe »Piep«; diese Untugend legen sie auch erst ab, wenn sie vollkommen erwachsen sind. Wer aber in dem Kraniche nicht bloß einen unterhaltenden Hofvogel, sondern einen wahren Freund, ich möchte sagen, einen gefiederten Menschen erziehen will, muß wohl oder übel jene Unannehmlichkeiten ertragen; denn nur derjenige Vogel, welcher von Jugend auf in der Gesellschaft des Menschen lebte, bekundet später die volle Bildungsfähigkeit seines Geistes.

Alte Kraniche werden nur von einem früher verbreiteten, den Vögeln also nicht mehr auffallenden Verstecke aus mit einiger Sicherheit erlegt, übrigens bloß durch Zufall erbeutet, vorausgesetzt, daß nicht besondere Umstände, beispielsweise drükkende Hungersnoth, sie das ihnen sonst eigene Wesen vergessen lassen. Wie vorsichtig sie sind, habe ich am besten in der Winterherberge erfahren, in welcher doch alle Vögel leichter als sonst erlegt werden können. Nur wenn wir uns nachts auf jene Sandinseln begaben, dort ruhig niederlegten, das Boot wieder wegfahren ließen und so den Vögeln glauben machten, daß die Störung eine zufällige gewesen sei, durften wir auf ein günstiges Jagdergebnis rechnen. Sonst brachte bloß die weittragende Büchse einen oder den anderen in unsere Gewalt und dies auch bloß dann, wenn wir uns von einem der Ufer aus im Walde bis auf Schußweite anschleichen konnten. Eine Störung, und noch mehr der Verlust eines Gefährten, macht die übrigen dem Jäger geradezu unnahbar. Das Fleisch haben wir gern gegessen, gewöhnlich aber zur Bereitung einer vortrefflichen Suppe benutzt. In früheren Zeiten schätzte man es höher: Kranichwildpret durfte bei großen Gastmählern auf den Tafeln der reichen Jagdherren nicht fehlen. In Asien baizt man die dortigen Arten mit Falken und verfolgt sie auch in anderer Weise eifrig, um ihre Federn zu verwenden.

# *Die Schwäne*

Auch wenn man von dem Ruhme absieht, welchen Dichtung und Sage den Schwänen verliehen, diesen stolzen und majestätischen Vögeln die erste Stelle unter allen Verwandten zugestehen. Ihr Hals ist sehr lang, der etwa kopflange Schnabel gerade und vorn abgerundet; die Hinterzehe klein und schwächlich, auch so hoch eingelenkt, daß sie beim Gehen den Boden nicht berührt; die Schwimmhäute zeichnen sich aus durch ihre Größe. In den Flügeln erscheint das Verhältnis zwischen den Armknochen und Schwungfedern bemerkenswerth; erstere sind sehr lang, letztere etwas kurz. Die Befiederung ist sehr reich, das Kleingefieder ungemein dicht, weich und glanzlos, am Kopfe und Halse sammetig, an der Unterseite dick und pelzartig, auf der Oberseite großfederig, dabei überall reich an Dunen.

Mit Ausnahme der Gleicherländer bewohnen die Schwäne, von denen zehn Arten beschrieben wurden, alle Gürtel der Erde, am häufigsten den gemäßigten und kalten der Nordhälfte. Das Verbreitungsgebiet jeder Art ist ein sehr ausgedehntes, und die regelmäßigen Reisen der Schwäne erstrecken sich auf weite Entfernungen. Alle Arten wandern, nicht aber unter allen Umständen; denn einzelne verweilen nicht selten während des Winters im Lande oder streichen hier wenigstens nur innerhalb eines kleinen Gebietes auf und nieder. Süßwasserseen und wasserreiche Sümpfe bilden ihre Wohnsitze, Gewässer aller Art ihren Aufenthalt. Ihr Nest legen sie regelmäßig im Binnenlande an; nach der Brutzeit dagegen halten sie sich im Meere auf. Sie sind nur bei Tage thätig und benutzen die Nacht nicht einmal zu ihrer Wanderung. Ihr Gebiet ist das Wasser; auf dem Lande bewegen sie sich ungern. Die weit hinten eingelenkten Beine erschweren das Gehen, und ihr Lauf erscheint deshalb schwerfällig und wankend; der Flug, insbesondere das Auffliegen vom Wasser, erfordert anscheinend erhebliche Anstrengung, fördert aber, nachdem einmal eine gewisse Höhe gewonnen, sehr schnell. Sie sind kaum im Stande, vom Festlande sich aufzuschwingen, und dürfen es nicht wagen, auf dasselbe sich niederzulassen. Vor dem Aufstehen schlagen sie mit den Flügeln und treten zugleich mit den breiten Sohlen auf die Oberfläche des Wassers, bewegen sich so, halb laufend, halb fliegend, funfzehn bis zwanzig Meter weit unter schallendem Geplätscher und haben nun erst genügenden Anstoß zum Fliegen gewonnen. Jetzt strecken sie den langen Hals gerade vor, spannen die Flügel zu ihrer vollen Breite aus und schlagen mit kurzen Schwingungen kräftig die Luft, ein weit hörbares Sausen hervorbringend, welches in der Nähe nicht eben angenehm, in der Ferne aber wohllautend klingt und einigermaßen an verhallendes Glockengeläute erinnert. Beim Niederlassen gleiten sie ohne Flügelschlag allmählich aus der Luft hernieder, schräg gegen die Wasserfläche sich bewegend, berühren dieselbe endlich und schießen hierauf noch ein Stück auf ihr fort oder stemmen die vorgestreckten Füße gegen sie, um den Anprall zu mildern. Von einigen Arten vernimmt man selten einen Laut, in der Regel einen trompetenähnlichen Ton, welcher dem des Kraniches einigermaßen ähnelt, gewöhnlich aber nur ein starkes Zischen oder ein dumpfes Gemurmel; andere Arten hingegen besitzen eine starke und kräftige, auch einigermaßen abwechselnde Stimme, welche, wenn sie von fern vernommen wird, wohllautend in das Ohr klingt. Die Männchen schreien stärker, volltönender und öfter als die Weibchen; die Jungen beider Geschlechter piepen wie junge Gänse. An geistigen Fähigkeiten stehen sie nicht hinter den übrigen Zahnschnäblern zurück. Sie sind klug und verständig, richten sich nach den Verhältnissen und nach dem Benehmen des für sie in Frage kommenden Menschen, legen aber doch selten die ihnen eigenthümliche Scheu und Zurückhaltung ab. In ihrem Wesen sprechen sich Selbstbewußtsein und Gefühl der eigenen Würde, aber auch eine gewisse Herrschsucht aus, welche dem gleichen Geschlechte gegenüber als Rauflust, schwächeren Vögeln gegenüber als Herrschsucht sich äußert. Nur die Schwäne einer und derselben Art bilden größere Gesellschaften, welche dann unter sich keinen anderen Vogel dulden und auch den Verwandten sich nicht anschließen; selbst der verirrte Schwan treibt sich lieber einsam umher, als daß er sich mit anderen Schwimmvögeln vereinigt. Gegen schwächeres Geflügel zeigen sie sich unfreundlich und hämisch, und es scheint fast, als ob ihnen die unbedingte Oberherrschaft, welche sie sich bald zu erwerben wissen, noch nicht genüge; denn nicht selten verfolgen sie andere Schwimmvögel unablässig, greifen sie wüthend an und tödten sie ohne alle Ursache, gleichsam um das Übermaß ihrer Kraft an ihnen zu bethätigen. Um die Braut streiten die Männchen heftig. Neben dieser hochmüthigen Herrschsucht machen sich tadelnswerther Neid und gewisse Heimtücke bemerklich. Dagegen hängen die Gatten eines Paares einander mit treuer Liebe an, und eine einmal geschlossene Ehe gilt für das ganze Leben. Beide Gatten eines Paares lieben sich zärtlich, kosen oft mit einander, umschlingen sich gegenseitig mit den Hälsen, schnäbeln sich und stehen sich bei Gefahr gegenseitig bei. Ebenso zärtlich zeigen sich die Eltern ihrer Brut gegenüber; denn wenn auch das Männchen sich nicht am Ausbrüten der Eier selbst betheiligt, so behält es doch das Weibchen fortwährend unter treuer Obhut und bleibt beständig in seiner Nähe, jeder Gefahr gewärtig, oder begibt sich zu ihm auf das Nest und unterhält es durch seine Gegenwart. Bei Erbauung des Nestes, welches das Weibchen besorgt, hilft es wenigstens durch Zuführung der Niststoffe, welche es im Schnabel herbeischleppt oder von ferne her haufenweise herbeiflößt. Das Nest selbst ist ein sehr großer, kunstloser Bau, welcher aus allerlei Wasserpflanzen gegründet und mit trockenem Schilfe und dergleichen vollendet und ausgekleidet wird. Da, wo kleine, sichere Inselchen sich finden, benutzt das Weibchen diese zur Anlage des Nestes; außerdem schleppt es Pflanzen herbei, bis es einen Haufen gebildet hat, welcher schwimmend beide Gatten tragen kann. Sechs bis acht starkschalige Eier von schmutzigweißer oder schmutzig blaßgrüner Färbung bilden das Gelege; aus ihnen schlüpfen nach fünf- bis sechswöchentlicher Bebrütung die Jungen, höchst zierliche, in ein dichtes Dunenkleid gehüllte Küchlein, welche, nachdem sie ungefähr einen Tag lang noch im Neste durchwärmt und abgetrocknet wurden, auf das Wasser geführt, zum Aufsuchen der Nahrung angeleitet, oft von der Mutter auf den Rücken, nachts unter die Flügel genommen, bei Gefahr muthig beschützt und überhaupt mit wärmster Zärtlichkeit behandelt werden, bis sie vollständig ausgefiedert sind und aller Pflege und Leitung entbehren können. Nunmehr trennen sie sich von den Eltern für das ganze Leben; denn wenn sie im nächsten Jahre wieder auf dem Brutplatze erscheinen sollten, steht ihnen abseiten der Alten dieselbe Behandlung bevor wie allen anderen, welche es wagen sollten, das von einem Paare gewählte Gebiet zu betreten.

Pflanzenstoffe, welche im Wasser oder im Sumpfe wachsen, Wurzeln, Blätter und Sämereien derselben, Kerbthiere und deren Larven, Würmer, Muscheln, kleine Lurche und Fische bilden die Nahrung der Schwäne. Diese erwerben sie sich durch Gründeln, indem sie den langen Hals in die Tiefe des Wassers hinabsenken, hier Pflanzen sich pflücken oder den Schlamm durchschnattern und alles genießbare abseihen. In tieferen Wässern können sie nur da, wo kleinere Thiere in unendlicher Menge die oberen Schichten bevölkern, zeitweilig sich erhalten. Gefangene gewöhnen sich an die verschiedensten Nahrungsmittel, ziehen aber auch jetzt Pflanzenstoffe den thierischen entschieden vor.

Die Seeadler und die großen Edeladler vergreifen sich zuweilen an alten, öfter an jungen Schwänen; im übrigen haben die stolzen und wehrfähigen Vögel vom Raubzeuge wenig zu leiden. Der Mensch verfolgt sie des Wildpretes und der Federn, insbesondere der Dunen wegen. Im Norden betreibt man ihre Jagd vom Boote aus, indem man bei scharfem Winde gegen die schwimmenden Vögel an- oder ihnen den Wind absegelt, das heißt das Fahrzeug so steuert, daß es mit dem Winde auf sie zuläuft. Der Jäger darf dann hoffen, daß die sich erhebenden Schwäne, welche am liebsten gegen den Wind fliegen, sich ihm zuwenden müssen und ihm Gelegenheit zum Schusse geben. In Algerien stellen ihnen die Araber in der Weise nach, welche ich gelegentlich der Beschreibung des Flammings erwähnte, oder schlagen an den Ufern der Buchten des Sees Pflöcke ein, befestigen an ihnen einen Faden Kamelgarn und an dessen Ende Angeln, welche mit zusammengeknetetem Brode, Fleische oder Fischen geködert werden. »Hat nun der Schwan«, berichtet Buvry, »den Bissen verschlungen, so bleibt der Haken im Halse hängen, und das Thier muß ruhig verweilen, bis es der Jäger aus seiner traurigen Lage befreit.« Jung eingefangene Schwäne lassen sich bei einigermaßen sorgfältiger Behandlung leicht groß ziehen und werden dann ebenso zahm wie diejenigen, welche in der Gefangenschaft gezüchtet wurden. Einzelne gewinnen warme Anhänglichkeit an ihren Pfleger; ihre Liebkosungen pflegen jedoch so stürmischer Art zu sein, daß man sich immerhin vorsehen muß, wenn man sich näher mit ihnen beschäftigen will. Demungeachtet wirbt ihnen die Schönheit der Gestalt und die Anmuth ihrer Bewegungen noch heutigentages jedermann zum Freunde: man sieht in ihnen die größte Zierde des Weihers.

Der zahme Schwan unserer Weiher ist der Höckerschwan (Cygnus olor), welcher noch heutigentages im Norden unseres Vaterlandes oder Nordeuropa überhaupt und in Ostsibirien als wilder Vogel lebt. Wenn man den kopflangen, roth gefärbten, durch einen schwarzen Höcker ausgezeichneten Schnabel als Hauptmerkmal festhält, wird man ihn mit keiner anderen Art verwechseln können. Sein Gefieder ist reinweiß, das der Jungen grau oder weiß. Von dem Höckerschwane unterscheidet sich der Singschwan (Cygnus musicus) durch gedrungene Gestalt, etwas kürzeren und dickeren Hals und den höckerlosen, an der Spitze schwarzen Schnabel. Die dritte Schwanenart, welche in Europa und Nordasien lebt, der Zwergschwan (Cygnus minor), unterscheidet sich hauptsächlich durch die geringe Größe.

Nach vorstehenden Mittheilungen darf ich mich auf eine Lebensschilderung des Singschwanes beschränken. Er ist im Norden Europas nicht selten und findet sich ebenso in ganz Nord- und Mittelasien bis zur Beringsstraße, kommt auch in Amerika vor. Auf seinen Wanderungen berührt er allwinterlich Nordafrika und zwar Egypten ebensowohl wie den Nordwesten dieses Erdtheiles, also die Seen von Marokko, Algerien und Tunis. In Spanien kommt er selten, jedoch mindestens ebenso häufig vor wie seine Verwandten. Nach Osten hin tritt er in größerer Anzahl auf: so findet er sich im mittleren Rußland auf allen geeigneten Seen in namhafter und während des Winters um die Mündungen der südrussischen Ströme oder an den salzigen Seen Südeuropas oder Mittelsibiriens in erheblicher Menge. Von Island aus wandern wenige der dort brütenden Schwäne weg, weil die Meeresbuchten durch den Golfstrom und auch manche Binnengewässer durch die vielen heißen Quellen eisfrei erhalten werden; aus Rußland hingegen verschwinden alle, noch ehe die Eisdecke an ihrem Nahrungserwerbe sie hindert. Die von hier stammenden erscheinen sodann auf der Ost- und Nordsee oder dem Schwarzen Meere oder reisen flugweise noch weiter nach Südwesten hinab. An der Ostseeküste treffen sie schon im Oktober ein; das mittlere Deutschland durchreisen sie im November und December auf dem Hinzuge und im Februar oder März auf dem Rückzuge.

An Anmuth und Zierlichkeit steht der Singschwan seinem erstbeschriebenen Verwandten entschieden nach. Er legt seinen Hals selten in so gefällige Windungen wie letzterer, sondern streckt ihn steiler und mehr gerade empor, gewährt jedoch schwimmend immerhin ein sehr schönes Bild. Dagegen unterscheidet er sich sehr zu seinem Vortheile durch die lauttönende und verhältnismäßig wohlklingende Stimme, welche man übrigens von fern her vernehmen muß, wenn man sie, wie die Isländer, mit Posaunentönen und Geigenlauten vergleichen will. Naumann übersetzt den gewöhnlichen Schrei sehr richtig durch die Silben »Killklii« oder den sanften Laut durch »Ang«. Diese beiden Töne haben in der Nähe wenig angenehmes, klingen vielmehr rauh und etwas gellend ins Ohr; es mag aber sein, daß sie wohlklingender werden, wenn man sie von fern her vernimmt und eine größere Gesellschaft von Singschwänen gleichzeitig sich hören läßt. »Seine Stimme«, sagt Pallas, »hat einen lieblichen Klang, wie den von Silberglocken; er singt auch im Fluge und wird weithin gehört, und das, was man vom Gesange des sterbenden erzählt hat, ist keine Fabel; denn die letzten Athemzüge des tödtlich verwundeten Singschwanes bringen seinen Gesang hervor.«

»Den Namen musicus«, meint Faber, »verdient er zu behalten. Wenn er nämlich in kleinen Scharen hoch in der Luft einherzieht, so läßt er seine wohlklingende melancholische Stimme wie fernher tönende Posaunen vernehmen.« »Ihr Singen in den langen Winternächten«, schreibt Olafsen, »wenn sie haufenweise die Luft durchstreifen, ist das allerangenehmste zu hören und ähnelt den Tönen einer Violine.« »Gewiß ist«, versichert Arman, »daß die Stimme des Singschwanes einen helleren Silberklang hat als die irgend eines anderen Thieres, daß sein Athem nach der Verwundung den singenden Ton hervorbringt, daß seine Stimme in russischen Volksliedern vielfach gefeiert wird.« »Ihr Gesang«, so gibt Öfel an, »ist zweitönig, sehr laut, wird, von ganzen Scharen ausgestoßen, auf zwei bis drei englische Meilen weit gehört.«

»Nun endlich«, berichtet Alexander von Homeyer, »habe ich auch vom Singschwane Töne vernommen. Es saßen wohl acht bis zehn dieser Vögel ungefähr hundert Schritt vom Ufer entfernt auf der Grabow und stießen laute, vollklingende Töne aus. Eine Melodie war nicht vernehmbar; es waren eben nur einzelne, lang gezogene, wohlklingende Töne; doch da die einen tiefer, die anderen höher lagen, so nahm sich die Tonweise nicht übel aus, und bildete dieselbe gewissermaßen ein harmonisches Ganze. Trotz der großen Entfernung wurde der Schall sehr deutlich über die ruhige See bis zu meinem Ohre getragen.« Ausführlicher spricht sich Schilling aus. »Der Singschwan entzückt den Beobachter nicht bloß durch seine schöne Gestalt, das aufmerksame, kluge Wesen, welches sich bei ihm im Vergleiche mit dem stummen Schwane sehr vortheilhaft in seiner Kopfbewegung und Haltung ausdrückt, sondern auch durch die lauten, verschiedenen, reinen Töne seiner Stimme, welche er bei jeder Veranlassung als Lockton, Warnungsruf und, wenn er in Scharen

CYGNUS
Cygnus cygnus

vereinigt ist, wie es scheint, im Wettstreite und zu seiner eigenen Unterhaltung fortwährend hören läßt. Wenn bei starkem Frostwetter die Gewässer der See außerhalb der Strömungen nach allen Seiten mit Eis bedeckt und die Lieblingsstellen des Singschwanes, die Untiefen, ihm dadurch verschlossen sind, diese stattlichen Vögel zu hunderten in dem noch offenen Wasser der Strömung versammelt liegen und gleichsam durch ihr melancholisches Geschrei ihr Mißgeschick beklagen, daß sie aus der Tiefe das nöthige Futter nicht zu erlangen vermögen: dann habe ich die langen Winterabende und ganze Nächte hindurch diese vielstimmigen Klagetöne in stundenweiter Ferne vielmals vernommen. Bald möchte man das singende Rufen mit Glockenlauten, bald mit Tönen von Blaswerkzeugen vergleichen; allein sie sind beiden nicht gleich, sondern übertreffen sie in mancher Hinsicht, eben weil sie von lebenden Wesen herrühren und unseren Sinnen näher verwandt sind als die Klänge des todten Metalles. Dieser eigenthümliche Gesang verwirklicht in Wahrheit die für Dichtung gehaltene Sage vom Schwanengesange, und er ist oftmals auch in der That der Grabgesang dieser schönen Thiere; denn da diese in dem tiefen Wasser ihre Nahrung nicht zu ergründen vermögen, so werden sie vom Hunger derart ermattet, daß sie zum Weiterziehen nach milderen Gegenden die Kraft nicht mehr besitzen und dann oft, auf dem Eise angefroren und verhungert, dem Tode nahe oder bereits todt gefunden werden. Aber bis an ihr Ende lassen sie ihre klagenden und doch hellen Laute hören.« Nach diesen Angaben läßt sich die Sage vom Schwanengesange auf ihr rechtes Maß zurückführen. Sie wurzelt auf thatsächlich vorhandenem Grunde, ist aber durch die Dichtung zum Märchen umgestaltet worden. Eigentliche Lieder hat auch der sterbende Schwan nicht mehr; aber sein letztes Aufröcheln ist klangvoll wie jeder Ton, welchen er von sich gibt.

Unter seinen Verwandten ist der Singschwan vielleicht der heftigste und zanksüchtigste; wenigstens habe ich beobachtet, daß diejenigen, welche ich mit Höckerschwänen auf einem Weiher zusammenbrachte, letztere regelmäßig vertrieben, d. h. nach länger währenden Kämpfen in die Flucht schlugen. Zu seinem Vortheile zeichnet er sich aus durch seine Klugheit, welche er im Freileben wie in der Gefangenschaft bekundet. Den Nachstellungen des Jägers weiß er sich mit vielem Geschicke zu entziehen; seine Jagd ist demgemäß unter allen Umständen sehr schwierig. »Unter vielen anderen Beispielen«, erzählt Schilling, »will ich nur eines anführen. Ein Singschwan wurde auf einem Binnengewässer flügellahm geschossen, flüchtete zu seiner Rettung über Land einem großen Teiche zu und mischte sich hier unter die zahmen Schwäne. Wenn in der Folge auf ihn Jagd gemacht wurde, schwamm er jedesmal unter sie, obgleich er sie sonst mied, und so wußte er sich immer zu sichern.« Jung aufgezogene werden sehr zahm, und wenn man sich mit ihnen beschäftigt, ungemein zugethan. Ein Männchen, welches ich pflegte, lernte mich bald von allen übrigen Menschen unterscheiden, antwortete mir, wenn ich es anrief, und kam zu mir heran, wenn ich dies wünschte, gleichviel, ob es sich in der Nähe befand oder erst den ziemlich breiten Weiher durchschwimmen mußte. Sobald es meine Stimme vernahm, richtete es sich hoch auf, streckte den Hals fast senkrecht in die Höhe, schlug mit beiden Flügeln und ließ die laute Stimme oft nach einander hören. Nachdem es in dieser Weise meinen Gruß beantwortet hatte, ging es auf mich zu und zwar regelmäßig in höchst sonderbarer Stellung. Es bog nämlich den langen Hals gekrümmt zum Boden herab, so daß die Schnabelspitze letzteren berührte, lüftete die Flügel ein wenig und watschelte nun langsam gegen mich heran. Mußte es, um zu mir zu gelangen, den Weiher durchschwimmen, so tauchte es den ebenso gebogenen Hals tief in das Wasser und schwamm in dieser höchst eigenthümlichen Stellung mehrere Sekunden nach einander fort. In meiner Nähe angekommen, richtete es sich wieder auf und schrie unter lebhafter Flügelbewegung minutenlang, stieß aber immer nur sein »Killklii« hervor. Es unterlag für mich keinem Zweifel, daß dieses Benehmen mir die Freude und Anhänglichkeit meines Pfleglinges ausdrücken sollte; gleichwohl durfte ich es nicht wagen, das uns trennende Gitter zu überschreiten; denn dann wurde ich regelmäßig mit so lebhaften Flügelschlägen begrüßt, daß ich eher eine Bestrafung als eine Liebkosung empfing. Hielt ich mich im Inneren des Geheges in angemessener Entfernung von meinem Pfleglinge, so folgte mir dieser überall wie ein Hund auf dem Fuße nach und zwar stets in jener sonderbaren Haltung. Seines Gesanges wegen hält man ihn in Rußland und achtet dagegen den Höckerschwan wenig.

In den Sümpfen Finnlands, des nördlichen Rußland und des mittleren Sibirien, auch wohl Nordamerikas und Islands, nistet der Singschwan in ziemlicher Anzahl. Auf Island läßt er sich, laut Faber, gegen Ende des Februar auf den kleinen süßen Teichen sehen und verweilt hier bis zu Ende des April; dann ziehen die meisten den höher gelegenen Bergebenen zu, um in den dort liegenden Teichen zu brüten, während einzelne auch in den Thälern verweilen. Nach Radde bleiben nur wenige von den im Frühjahre am Tarai-Nor ankommenden Singschwänen hier während des Sommers; die Mehrzahl zieht den waldbedeckten Gegenden Mittelsibiriens zu und sucht hier die einsam liegenden Seen zum Brüten auf. In Deutschland nistet zuweilen auch wohl ein Pärchen, immer aber als Ausnahme von der Regel. Jedes Paar grenzt sich, wenn es nicht einen kleineren See für sich allein haben kann, ein bestimmtes Gebiet ab, gestattet keinem anderen, dasselbe zu betreten, und kämpft mit jedem, welcher dies wagen sollte, bis auf das äußerste. Das große, bald auf Inselchen feststehende, bald schwimmende Nest wird namentlich von Binsen und anderen Wasserpflanzen, also auch von Rohr, Schilf und dergleichen, gebaut und seine Mulde leicht mit Dunen ausgefüttert. Zu Ende des April oder im Anfange des Mai legt die Schwanin ihre fünf bis sieben, etwa einhundertundfunfzehn Millimeter langen, fünfundsiebzig Millimeter dicken, gelblichweißen, grünlichen oder bräunlichgelben Eier; in den ersten

Tagen des Juli begegnet man den ausgeschlüpften Jungen. Das zärtliche Männchen sitzt, laut Faber, oft neben dem brütenden Weibchen auf dem breiten Neste, ohne jedoch die Eier zu wärmen. Um die Mitte des Oktober sieht man die Eltern mit den erwachsenen Jungen schwimmen.

Alle nördlichen Völkerschaften stellen den Schwänen eifrig nach. Eine schlimme Zeit tritt für diese ein, wenn sie sich in voller Mauser befinden und den größten Theil ihrer Schwungfedern verloren haben. Dann schlägt man sie vom Boote aus mit Stökken todt. Alte und Junge sind um diese Zeit sehr fett, und namentlich die letzteren geben einen vortrefflichen Braten.

Unter den ausländischen Arten steht der Schwarzhalsschwan (Cygnus nigricollis) an Schönheit obenan. Ihm eigenthümlich sind die kurzen Flügel, welche kaum die Schwanzwurzel erreichen, und der nur aus achtzehn Federn gebildete Schwanz. Sein Gefieder ist weiß; der Kopf, mit Ausnahme eines weißen Brauenstreifens, und der Hals bis zur Mitte hinab sind schwarz. Die Länge beträgt etwa einhundert, die Fittiglänge vierzig, die Schwanzlänge zwanzig Centimeter. Die Jungen kommen in einem weißen Dunenkleide zur Welt, wachsen ungemein rasch heran und ähneln schon im ersten Herbste ihres Lebens den Alten so, daß man sie kaum noch unterscheiden kann.

Der Verbreitungskreis beschränkt sich auf die Südspitze von Amerika, vom Süden Perus an bis zu den Falklandsinseln, und von hier aus der Ostküste entlang bis nach Santos in Brasilien. In seinem Wesen und seinen Gewohnheiten unterscheidet er sich, so viel wir bis jetzt wissen, wenig von den nordischen Verwandten; seine Haltung ist jedoch eine minder zierliche als die des Höckerschwanes: er trägt den Hals im Schwimmen und im Gehen mehr gerade und erinnert dadurch einigermaßen an die Gänse. Der Flug soll leicht und schön sein.

Seit Beginn der funfziger Jahre gelangen Schwarzhalsschwäne lebend in unsere Thiergärten, halten sich hier, bei geeigneter Pflege, recht gut. Sie benehmen sich wie Singschwäne, lassen jedoch nur selten ihre schwache Stimme vernehmen. Hier und da haben sie sich fortgepflanzt.

Eine dem Höckerschwane an Schönheit der Gestalt und Anmuth der Bewegungen nicht nachstehende Art ist der Trauerschwan oder Schwarzschwan (Cygnus atratus). Die Färbung des Kleingefieders, ein fast einfarbiges Bräunlichschwarz, welches nur an den Rändern der Federn in Schwarzgrau übergeht und auf der Unterseite etwas lichter wird, sticht von dem blendenden Weiß aller Handschwingen und des größten Theiles der Armschwingen prachtvoll ab. Das Auge ist scharlachroth, der Zügel nelkenroth, der Schnabel lebhaft karminroth; ein Band vor der Spitze des Oberschnabels und die Spitzen beider Schnabelhälften selbst sind weiß, die Füße schwarz. Cook fand den schon seit dem Jahre 1698 bekannten Schwarzschwan oft an der von ihm besuchten Küste Neuhollands.

In seinem Wesen und Betragen hat der Trauerschwan mit dem stummen Verwandten viele Ähnlichkeit, doch ist er lauter, d. h. schreilustiger; zumal gegen die Paarungszeit hin läßt er seine sonderbare Stimme oft vernehmen. Letztere erinnert einigermaßen an dumpfe Trompetentöne, läßt sich also mit Worten schwer beschreiben. Auf einen tiefen, wenig vernehmbaren Laut folgt ein höherer pfeifender, ebenfalls nicht besonders lauter und unreiner, welcher kaum bezeichnet werden kann. Jeder einzelne Doppellaut scheint mit Anstrengung hervorgebracht zu werden; wenigstens legt der schreiende Schwan seinen Hals der ganzen Länge nach auf das Wasser, so daß der Schnabel die Oberfläche desselben fast berührt, und gibt nun die Laute zu hören. Gegen seinesgleichen zeigt er sich ebenso kampflustig, schwächeren Thieren gegenüber ebenso herrschsüchtig wie die übrigen Verwandten. Schon im Schwimmen ziert er ein Gewässer in hohem Grade; seine eigentliche Pracht aber zeigt er erst, wenn er in höherer Luft dahinfliegt und nun auch die blendend weißen, von dem Gefieder scharf abstechenden Schwingen sehen läßt. Ihrer mehrere bilden eine schiefe Reihe oder sogenannte Schleife, strecken die langen Hälse weit vor und begleiten das sausende Fuchteln der Schwingen oft mit dem Locktone, welcher in der Ferne ebenfalls klangvoll wird. In stillen Mondscheinnächten fliegen sie von einer Lache zur anderen und rufen sich dabei beständig gegenseitig zu, zur wahren Freude des Beobachters.

Leider stellt man den schönen Thieren in Australien rücksichtslos nach, nimmt ihnen in der Brutzeit die Eier weg, sucht sie während der Mauser, welche auch sie zeitweilig unfähig zum Fliegen macht, in den Sümpfen auf und erlegt sie nicht selten aus schändlichem Muthwillen. Gould hörte, daß die Boote eines Walfischfängers in eine Flußmündung einliefen und nach kurzer Zeit mit Trauerschwänen angefüllt zum Schiffe zurückkehrten. Der Weiße wird dem Vogel zum Verderben; da, wo er sich fest angesiedelt, muß dieser weichen oder unterliegen. Schon heutigentages ist er in vielen Gegenden, welche er früher zu tausenden bevölkerte, ausgerottet worden.

Für unsere Weiher eignet sich der Trauerschwan ebensogut wie irgend ein anderes Mitglied seiner Familie. Die Strenge unseres Winters ficht ihn wenig an, und seine Anforderungen an die Nahrung sind gering. Alljährlich pflanzt er sich in der Gefangenschaft fort: ein einziges Paar, welches Bodinus erkaufte und in seine bewährte Pflege nahm, hat mehr als funfzig Junge erzeugt und die Weiher anderer Thiergärten bevölkert.

# *Die Möven*

Raben des Meeres« nenne ich die Möven (Larinae); denn jenen Vögeln entsprechen sie in ihrem Sein und Wesen. Sie bilden eine nach außen hin wohl abgegrenzte Unterfamilie und sind gut gebaute, kräftige Vögel von sehr verschiedener Größe, da die kleinsten Arten eine Dohle an Leibesumfang kaum übertreffen, während die größeren hierin einem Adler ungefähr gleichkommen. Der Leib ist kräftig, der Hals kurz, der Kopf ziemlich groß, der Schnabel mittellang, der Fuß mittelhoch, schlankläufig, mit wenigen Ausnahmen vierzehig und vorn schwimmhäutig, der Flügel groß, lang, breit, jedoch schmal zugespitzt, das Kleingefieder sehr dicht, auf der Unterseite pelzartig, aber weich und sanft, die Färbung eine zarte und ansprechende, im ganzen sehr übereinstimmende, nach Jahreszeit und Alter meist verschiedene.

Die Möven, von denen man über sechzig Arten unterschieden hat, verbreiten sich über alle Theile unserer Erde und beleben alle Meere. Wenige Arten entfernen sich weit vom Lande und kehren, wenn sie es thun, immer wieder bald zu ihm zurück, so daß man sie eigentlich als Küstenvögel bezeichnen muß. Für den Schiffer sind sie die sichersten Boten des Landes: wenn sie erst wieder ein Fahrzeug umkreisen, ist die Küste nicht mehr fern. Eher noch als auf die hohe See hinaus fliegen sie in das Innere des Binnenlandes, dem Laufe größerer Ströme folgend oder von einem Gewässer zu dem anderen sich wendend. Einzelne Arten bevorzugen übrigens Binnengewässer, wählen sie wenigstens während der Fortpflanzungszeit zu ihrem Aufenthaltsorte. Viele Arten gehören zu den Zugvögeln, erscheinen in der nordischen Heimat im Frühlinge, brüten und begeben sich im Spätherbste wieder auf die Reise, andere wandern oder streichen. Diese Ortsveränderungen hängen aufs engste mit der Ernährung zusammen. Für alle Möven ohne Ausnahme bilden Fische eine beliebte Nahrung; viele von ihnen aber gehören zu den eifrigsten Kerbthierjägern, und gerade sie sind es, welche zu regelmäßigem Ziehen gezwungen werden, während die übrigen da, wo das Meer nicht vereist, auch im Winter noch offenen Tisch haben. Neben diesen beiden Hauptnahrungsstoffen erbeuten sie alle kleineren Thiere, welche das Meer beherbergt, oder alle thierischen Stoffe überhaupt. Sie fressen Aas wie die Geier, jagen nach lebender Beute wie Raubvögel und lesen am Strande zusammen wie Tauben oder Hühner, bethätigen überhaupt dieselbe Vielseitigkeit wie die Raben, sind jedoch gieriger und gefräßiger als letztere; denn auch sie scheinen von einem beständigen Heißhunger geplagt zu werden und geradezu unersättlich zu sein.

Ansprechend sind Gestalt und Färbung, anmuthig die Bewegungen der Möven, anziehend ist ihr Treiben. Ihre Stellung auf festem Boden nennen wir eine edle, weil sie einen gewissen Stolz bekundet; ihr Gang ist gut und verhältnismäßig rasch. Ihre Schwimmfertigkeit übertrifft die der meisten Verwandten im engeren Sinne: sie liegen leicht wie Schaumbälle auf den Wogen und stechen durch ihre blendenden Farben von diesen so lebhaft ab, daß sie dem Meere zum wahren Schmucke werden. Ihr Flug geschieht mit langsamen Flügelschlägen; diese wechseln aber oft mit anhaltendem, leichtem und schönem Schweben ab, welches an das der breitflügeligen Raubvögel erinnert und mit spielender Leichtigkeit ausgeführt wird. Im Stoßtauchen stehen sie hinter den Verwandten zurück, stürzen sich jedoch immer noch so heftig auf die Wellen herab, daß sie den leichten Leib etwa einen halben Meter tief unter die Oberfläche des Wassers zwängen. Widerlich ist die Stimme, welche bald aus stärker, bald aus schwächer schallenden, kreischenden und krächzenden Lauten besteht und zum Überdrusse ausgestoßen wird, falls sich irgend eine Erregung des Gemüthes bemächtigt. Unter den Sinnen stehen Gesicht und Gehör entschieden obenan; das Empfindungsvermögen scheint ebenfalls wohl entwickelt zu sein; einen gewissen Geschmack bekunden sie durch die Auswahl der besseren Nahrungsmittel bei voller Tafel; über den Geruch läßt sich wohl kaum ein Urtheil fällen. Alle Möven sind kluge, verständige Vögel, welche die Verhältnisse wohl zu würdigen und ihr Benehmen danach einzurichten wissen; alle sind muthig anderen Geschöpfen gegenüber, selbstbewußt und etwas herrschsüchtig, ihren Gatten und ihrer Brut in treuer Liebe zugethan, lieben auch die Gesellschaft mit anderen ihrer Art: aber alle zeigen sich ebenso neidisch, mißgünstig und unfreundlich gegen andere Vögel und opfern ihrer Freßgier die scheinbar bestehende Freundschaft ohne Bedenken. Um andere Meervögel bekümmern sie sich nur soweit als eben nöthig, entweder weil sie dieselben fürchten, oder weil sie aus ihnen irgend welchen Nutzen zu ziehen hoffen. Sie leben und brüten unter anderen Schwimmvögeln; aber nur der Ort, nicht die Gesellschaft scheint sie zu fesseln, und wenn sie es vermögen, stehen sie nicht an, die Mitbewohner eines Brutberges zu bestehlen und zu berauben. Dem Menschen mißtrauen sie aller Orten und unter allen Umständen; gleichwohl erscheinen sie immer und immer wieder in seiner Nähe, besuchen jeden Hafen, jede Ortschaft an der Küste, umkreisen jedes Schiff, welches in See geht oder dem Lande sich nähert, soweit es eben zulässig erscheint, weil sie durch Erfahrung gelernt haben, daß aus dem menschlichen Haushalte immer etwas brauchbares für sie abfällt. Nach längerer Beobachtung lernen sie nicht bloß die Örtlichkeit, sondern auch einzelne Personen un-

LARIDAE
Larus ridibundus
W
E

terscheiden, zeigen sich demgemäß da, wo sie oft und ungestört Beute machen durften, äußerst zutraulich oder richtiger dreist, während sie eine ihnen zugefügte Unbill nicht sogleich vergessen. Eine irgendwie geschädigte Möve pflegt allen anderen Mittheilung zu geben, wie denn überhaupt unter ihnen das beste Einvernehmen herrscht, sobald es gilt, einer gemeinschaftlichen Gefahr zu begegnen, einem gemeinschaftlichen Feinde zu widerstehen. Außer der Brutzeit kann es geschehen, daß man auch einzelne alte Möven sieht; während der Brutzeit aber vereinigen sich alle Arten zu Gesellschaften, welche nicht selten zu unzählbaren Scharen anwachsen. Schon im nördlichen Deutschland gibt es Mövenberge, welche von mehreren hundert Paaren bewohnt werden; weiter oben im Norden kann man Ansiedelungen sehen, deren Anzahl keine Schätzung zuläßt. Auch hier halten sich die größeren Arten der Familie minder eng zusammen als die kleineren; diese aber bedecken im buchstäblichen Sinne des Wortes ganze Felswände oder Berge, benutzen jeden Raum, welcher sich darbietet, und legen ein Nest so dicht neben dem anderen an, daß die brütenden Alten sich drängen. Die Nester sind je nach dem Standorte verschieden, da, wo es an Baustoffen nicht mangelt, einigermaßen ausgebaut, d. h. aus trockenen Wasser- und Strandflechten locker und kunstlos errichtet, da, wo solche Stoffe fehlen, so einfach wie möglich hergerichtet. Zwei bis vier große, eigestaltige, starkschalige, grobkörnige, auf schmutzig- oder braungrünlichem oder grünbräunlichem Grunde aschgrau und schwarzbraun gefleckte Eier bilden das Gelege und werden vom Männchen und Weibchen wechselweise drei bis vier Wochen lang, bei schlechtem Wetter anhaltender als bei gutem, bebrütet. Beide Eltern zeigen außerordentliche Anhänglichkeit an die Brut und vergessen, wenn sie dieselbe gefährdet sehen, jede Rücksicht. Die Jungen kommen in einem dichten, gefleckten Dunenkleide zur Welt und verlassen das Nest da, wo sie dies können, schon in den ersten Tagen, fortan am Strande sich umhertreibend und nöthigenfalls zwischen Bodenerhebungen sich verbergend oder im Wasser Zuflucht suchend; diejenigen aber, welche auf den Gesimsen steiler Felswände erbrütet wurden, müssen hier ausdauern, bis ihnen die Schwingen gewachsen sind. Anfänglich erhalten die Jungen halb verdaute Nahrung von den Alten vorgewürgt, später werden sie mit frisch gefangenen oder aufgelesenen thierischen Stoffen geatzt. Nach dem Ausfliegen verweilen sie noch einige Zeit in Gesellschaft ihrer Eltern, verlassen nunmehr aber die Brutplätze und zerstreuen sich mit jenen nach allen Seiten hin.

Im hohen Norden der Erde zählt man die Möven nicht bloß zu den schönsten, sondern auch zu den nützlichsten Vögeln und hegt und pflegt sie ebenso wie die übrigen Kinder des Meeres, welche alljährlich auf den Vogelbergen erscheinen. Möveneier bilden für einzelne Grundbesitzer Norwegens einen wesentlichen Theil des Ertrages ihres Gutes, werden von den Landeigenthümern gern gegessen, weit versandt und verhältnismäßig theuer verwerthet, und Mövenfedern müssen den ärmeren Nordländern die Eiderdunen und Gänsefedern, welche die reicheren zur Füllung ihrer Betten benutzen, ersetzen. An dem Fleische alter Möven finden nur die Mongolen des Nordens Geschmack; junge hingegen werden auch von den Helgoländern, Isländern und Grönländern gern gegessen und geben, geschickt zubereitet, wirklich ein erträgliches Gericht; doch schätzt man Eier und Federn überall höher als das Wildpret. In einigen Gegenden werden alljährlich große Jagden auf Möven abgehalten, mehr aus Mordlust, als um die Vögel wirklich zu nutzen; im höheren Norden hingegen verfolgt man sie nicht. Ein weißes Taschentuch, in die Luft geworfen, genügt, um eine Möve herbeizuziehen; und hat man sie erst erlegt, so lockt man auch bald noch viele andere zu sich heran; denn jede, welche einen weißen Gegenstand aus hoher Luft herab auf das Wasser stürzen sieht, meint, daß dort guter Fang zu machen sei und kommt neidisch zur Stelle, um sich hiervon zu überzeugen. Der Fang wird auf verschiedene Weise bewerkstelligt: man legt Schlingen auf Sandbänke, ködert Netze mit Fischen, wirft bespickte Angelhaken aus und erreicht durch dieses oder jenes Mittel in der Regel seinen Zweck. Gefangene lassen sich leicht erhalten, sind aber etwas kostspielige Pfleglinge des Thierliebhabers, weil man ihnen Fische oder Fleischnahrung reichen muß, wenn man ihren Bedürfnissen genügen will. Geschieht letzteres, so finden sie sich bald in ihr Schicksal, gewöhnen sich an den Ort und den Pfleger, unterscheiden ihn sehr genau von anderen Menschen, begrüßen ihn mit fröhlichem Geschreie, wenn er sich sehen läßt, antworten auf den Anruf und können fast in demselben Grade gezähmt werden wie ein Kolkrabe oder eine Krähe, pflanzen sich auch, falls man ihnen einen größeren Raum anweist, in der Gefangenschaft fort.

# *Die Pinguine*

Betrachten wir die Flossentaucher (Spheniscidae), diejenigen Vögel, welche den Übergang von den Vögeln zu den Fischen zu vermitteln scheinen. Ihre Gestalt kann in gewissem Sinne kegelförmig genannt werden, der Schnabel ist ungefähr kopflang und der Fuß höchst eigenthümlich, weil seine vier Zehen, von denen drei durch eine Schwimmhaut verbunden sind, sämmtlich nach vorn sich richten, der Flügel so verkümmert, daß er wirklich eher einer Flosse als einem Fittige gleicht, da seine Federn sich fast zu Schuppen umgebildet haben. Auch das Gefieder erinnert durch die Bildung und dachziegelartige Lage der Federn an die Schuppen der Fische, und somit darf man die Flossentaucher in der That Fischvögel nennen.

Der innere Bau entspricht den äußeren Eigenthümlichkeiten. Alle Knochen weichen von denen anderer Vögel wesentlich dadurch ab, daß sie sehr hart, dicht und schwer sind, keine die Luft zulassende Öffnungen besitzt, und daß selbst die Röhrenknochen öliges Mark enthalten.

Die Flossentaucher oder Pinguine, von denen etwa achtzehn Arten beschrieben wurden, sind nur auf der südlichen Halbkugel zu Hause, leben im Meere zwischen dem dreißigsten und fünfundsiebzigsten Grade der südlichen Breite und besuchen das Land während ihrer Fortpflanzungszeit. Hinsichtlich ihrer Lebensweise unterscheiden sich die einzelnen Arten in mancher Beziehung; demungeachtet läßt sich, unbeschadet wissenschaftlicher Genauigkeit, ein Gesammtbild der Familie entwerfen.

Die Flossentaucher sind den Delfinen zu vergleichen: sie führen nicht bloß eine entsprechende Lebensweise, sondern ähneln diesen räuberischen Walthieren auch in ihren Bewegungen, einzelne Arten kleineren Braunfischen bis zum Verwechseln. Ihr Leibesbau weist sie dem Meere zu; in ihm aber bewegen sie sich mit einer unvergleichlichen Gewandtheit. Wegen der Schwere und der Dichtigkeit ihres Gefieders schwimmen sie, wie Gould bemerkt, sehr tief im Wasser, so daß nur der Kopf und der Hals, seltener der Oberrücken herausragt. Ihre Kraft, in der Tiefe fortzukommen, ist bewunderungswürdig. Sie bedienen sich hierbei ihrer kurzen Flügel und ihrer Beine zugleich und schwimmen so kräftig, daß sie mit größter Leichtigkeit die

Wogen des stürmischen Meeres bewältigen und selbst während des heftigsten Sturmes auf- und niedertauchen. Die Sprungtaucher schnellen sich durch einen kräftigen Ruderstoß bis über das Wasser empor, zeigen sich auf Augenblicke frei in der Luft und verschwinden wieder unter den Wellen. In welche Tiefen sie hinabtauchen können, weiß man nicht, ist jedoch berechtigt, anzunehmen, daß sie hierin den ausgezeichnetsten Fuß- und Flügeltauchern nicht nachstehen. Auch auf dem Lande bewegen sie sich mit überraschendem Geschicke. Die Stellung ihrer Beine zwingt sie zu aufrechtem Gange; da sie nun nur kurze Schritte machen können, müssen sie dabei einen Fuß über den anderen wegsetzen, drehen sich also gleichzeitig beständig hin und her und kommen nur langsam von der Stelle; werden sie jedoch erschreckt und zu schnellerer Bewegung genöthigt, so legen sie sich auf die Brust nieder und rutschen nun, die Flossenflügel und die Füße zugleich gebrauchend, so rasch dahin, daß ein gehender Mensch Mühe hat, sie einzuholen.

Über steile Felsenwände werfen sie sich halb rutschend, halb rollend herab, und wenn sie erst einmal wieder das Wasser erreicht haben, sind sie geborgen. Vom Schiffe aus sieht man sie in mehr oder minder zahlreichen Gesellschaften in einer bestimmten Richtung ihres Weges fortschwimmen, stets rascher als das schnellste Fahrzeug die Wogen durchschneidend. Der ganze Zug ist dabei in beständig wechselnder Bewegung; der eine und der andere taucht in die Tiefe und erscheint weiter vorn in der Wegrichtung wieder, ist währenddem von den nicht tauchenden, sondern nur schwimmenden überholt worden und sucht nun seinerseits das versäumte einzubringen. In dieser Weise schwimmen heißt bei ihnen auch jagen; denn sie tauchen eben nur in der Absicht, um Beute zu gewinnen. Letztere besteht aus Fischen der verschiedensten Art und mancherlei Schal- und Weichthieren, welche sie von den Korallenriffen ablesen oder zwischen den Seegewächsen suchen. Einzelne Arten scheinen sich nur auf Fische zu beschränken. Daß sie schwimmend alle übrigen Tagesgeschäfte abmachen, schwimmend auch schlafen, bedarf kaum der Erwähnung; wohl aber glaube ich anführen zu müssen, daß sie weniger Zeit als andere Vögel mit der Instandhaltung ihres Gefieders verlieren, weil ihre Haut ungemein fettig ist und beständig eine ölige Flüssigkeit ausschwitzt, welche zur Einfettung des Gefieders dient.

Einen großen Theil des Jahres bedürfen die Flossentaucher zu ihrer Fortpflanzung, und das sonderbare dabei ist, daß während der Brutzeit auch die nicht brutfähigen Vögel auf dem Lande leben. Auf den altgewohnten Brutplätzen treffen sie zu einer ganz bestimmten Zeit des Jahres ein, auf den Falklandsinseln, nach Abott, gegen Ende des September, auf anderen Eilanden früher oder später, und nunmehr beginnt ein überaus reges Leben. Bennett, welcher die Macquarisinseln im südlichen Stillen Weltmeere besuchte, gibt eine lebendige Schilderung von diesem Treiben. »Die Anzahl der Flossentaucher«, sagt er, »welche sich auf dieser einen Stelle vereinigen, ist unglaublich groß, und es erscheint als reine Unmöglichkeit, abzuschätzen, wie viele ungefähr versammelt sein mögen, weil Tag und Nacht hindurch beständig etwa dreißig- bis vierzigtausend Stück landen und ebenso viele zu Wasser gehen. Die am Lande befindlichen, welche ein noch weit zahlreicheres Heer bilden, sind geordnet wie ein Regiment Soldaten, und zwar nicht bloß in Reihen, sondern auch nach dem Alter. Die Jungen finden sich an einem Orte, die mausernden an einem anderen, die brütenden Weibchen an einem dritten und die freien Männchen an einem vierten. Die Aufstellung wird auch so streng inne gehalten, daß jeder nicht zu einem Haufen gehörige, also nicht berechtigte Fetttaucher keine Aufnahme findet.« Ein Leutnant Liardet, welcher längere Zeit auf den Falklandsinseln verweilte, bestätigt Bennetts Bericht in allen Einzelheiten und schildert den überraschenden Eindruck, welchen die Bewegung der auf einen engen Raum zusammengedrängten tausende auf den Beschauer macht. An schönen Abenden erheben sie, wenn die Abenddämmerung eintritt, ihre Stimme und schreien dann unaufhörlich, eine wahrhaft fürchterliche Musik hervorbringend, welche in gewisser Entfernung Ähnlichkeit mit dem verworrenen Getöne einer zahlreichen Volksmasse hat. Vom Wasser aus bilden sie während der Brutzeit gerade Wege durch das Gras, welche von allen Steinen und Pflanzentheilen gereinigt und so glatt und nett ausgetreten werden, daß man sie für Menschenwerk hält. Solche Wege führen, nach Abotts Beobachtung, auf den Falklandsinseln hier und da meilenweit in das Land.

Einzelne Arten graben sich zur Aufnahme ihrer Eier tiefe Höhlen. Hierzu wählen sie sich einen ebenen Platz, unterwühlen ihn nun in lauter Vierecke, weil die Linien ihrer Fußsteige sich so viel wie immer möglich rechtwinklig durchschneiden. Jedes Viereck dient als Niststelle und wird ausgehöhlt. Das Nest besteht aus einer backofenförmigen Röhre von verschiedener, jedoch nicht unbeträchtlicher, zwischen sechzig und neunzig Centimeter schwankenden Tiefe. Der Eingang ist ziemlich weit, aber sehr niedrig, die Höhle im Inneren mit dem benachbarten unterirdischen Gange verbunden, so daß sie sich also in der Tiefe gegenseitig Besuche abstatten können. Besondere Wege führen um den Brutplatz herum und sind so eben und glatt wie die Seitenwege und Straßen in unseren Städten. Jedes Paar behauptet seine Röhre, und alle, welche einen und denselben Brutplatz bewohnen, bilden eine Familie und gehorchen der gesellschaftlichen Ordnung. Das Männchen sitzt neben dem brütenden Weibchen und schlüpft, wenn dieses das Nest verläßt, selbst hinein, um fortzubrüten, so daß das Ei niemals von beiden Gatten zugleich verlassen wird. Dies aber scheint auch nöthig zu sein, weil die Flossentaucher sich gegenseitig um die Eier bestehlen. Größere Arten treiben ihre Bemutterungssucht so weit, daß sie den schwächeren die Eier mit Gewalt wegnehmen. Es kann geschehen, daß man Junge von allen Arten in einem und demselben Neste findet. Die Eier ähneln denen unserer Gänse und sind auf grünlichem Grunde braun gefleckt. Alle Pinguine brüten mit

Hingebung und verlassen das Nest nicht, wenn ein Mensch sich nähert, sondern wenden unter den sonderbarsten und lächerlichsten Bewegungen den Kopf von der einen Seite zur anderen, um den Feind abzutreiben, bedienen sich aber auch ihres Schnabels, wenn dies nichts helfen will. Beim Brüten nehmen die Weibchen das Ei, nach Bennetts Versicherung, zwischen die sich fast berührenden und mit der Bauchhaut verwachsenen Oberschenkel und klemmen es hier so fest ein, daß sie, erschreckt, es oft ziemlich weit mit sich fortschleppen. Die Männchen gehen währenddem beständig ab und zu, d. h. nach dem Meere und wieder zurück, um für das Weibchen und später für die Familie die nöthige Nahrung herbeizuschaffen, widmen sich dieser Aufgabe auch mit so viel Eifer und Erfolg, daß sie Gattin und Kind förmlich mästen. Einzelne Arten brüten in seichten Mulden auf dem Boden und dicht neben einander: Abott z. B. fand einen Brutplatz, welcher bei höchstens fünfhundert Meter Länge nur funfzig Meter Breite einnahm; auf ihm aber lagen die Eier so dicht, daß es unmöglich war, dazwischen zu gehen, ohne einzelne zu zerbrechen. »Ich habe mich«, fügt er hinzu, »gewundert, daß die Vögel, wenn sie aufgeschreckt werden, ihr Nest wieder finden, aber dies ist der Fall; denn sie gehen gerade nach ihrem Eie zu und bringen es mit der größten Sorgfalt wieder zwischen ihre Füße, gerade unter den Brutfleck.« Auf einzelnen Nistplätzen brüten Scharben mitten unter den Flossentauchern und stehlen ihnen auch wohl die wenigen Neststoffe weg, welche sie sich zusammengeschleppt haben; auf anderen Inseln mischen sich Sturmtaucher unter sie und leben anscheinend in Frieden mit ihnen; auch mit Seerobben halten sie gute Freundschaft. Ob alle Arten unter Umständen sich Nisthöhlen graben, oder ob dies nur einzelne thun, scheint mir zur Zeit noch nicht genügend aufgeklärt zu sein.

Die Jungen kommen in einem wolligen, grauen Dunenkleide zur Welt und erhalten so viel Nahrung, daß sie bald heranwachsen. »Ihre Eltern«, so schildert Fitzroy, »stellen sich auf eine kleine Erhöhung, bringen ein lautes Geräusch hervor, ein Mittelding zwischen Brüllen und Quaken, heben den Kopf in die Luft, als ob sie der ganzen Flossentaucherei eine Rede aus dem Stegreife halten wollten, und das Junge steht dicht dabei, aber ein klein wenig niedriger. Nachdem der alte Vogel etwa eine Minute lang geschnattert hat, neigt er sein Haupt herab, öffnet sein Maul so weit wie möglich; das Junge steckt seinen Kopf da hinein, und es sieht nun aus, als ob es ein oder zwei Minuten lang sauge. Das Geplärre wiederholt sich, das Junge wird von neuem geatzt, und so spinnt sich der Vorgang ungefähr zehn Minuten lang fort.« Nachdem die Jungen eine gewisse Größe erreicht haben, d. h. etwas mehr als halbwüchsig geworden sind, wendet sich alles dem Meere zu, und die Brutstätte verödet bis auf wenige Nachzügler, welche sie sich zum Ruheplatze erkoren haben. Solche zurückbleibende Fetttaucher beobachtete wenigstens Abott auf den Falklandsinseln.

Außer dem Menschen dürfte es wenige Geschöpfe geben, welche den Fetttau-

Spheniscus humboldti
SPHENISCIDAE

chern feindlich entgegentreten und sie ernstlich gefährden können. Die kleineren Arten mögen dann und wann in dem Rachen eines Raubfisches ihr Grab finden, die größeren durch räuberische Seevögel ihrer Eier und kleinen Jungen beraubt werden; erhebliche Verluste aber erleidet beider Bestand gewiß nicht. Der Mensch verfolgt auch sie, ebensowohl um Fleisch und Thran zu benutzen als um ihre Häute zu verwenden, ganz abgesehen von der Mordsucht roher Schiffer, welche ihnen zuweilen förmliche Schlachten liefern.

Wie es zugeht, wenn sich Menschen unter brütenden Flossentauchern einfinden, haben uns Lesson und Garnot beschrieben. Das Schiff »Urania«, welches unsere Forscher trug, scheiterte an den Maluinen, und die Mannschaft, welche Mangel an Lebensmitteln litt, wurde ausgeschickt, solche zu suchen. Sie betraten auch die Pinguininsel, einen Brutplatz, welcher ungefähr zweihunderttausend Flossentaucher beherbergte, in der Hoffnung, dort Seehunde zu finden. Bei ihrer Annäherung, welche noch in der Nacht erfolgte, scholl ihnen ein furchtbares Geschrei entgegen; als es Tag wurde, sahen sie tausende von Vögeln am Ufer stehen, welche alle mit einem Male aus vollem Halse schrien. Jeder einzelne hat eine Stimme, welche der des Esels an Stärke kaum nachsteht; man mag sich also das Geschrei vorstellen, welches diese tausende hervorbrachten. Als die Schiffer das Land betreten hatten, entflohen die Flossentaucher so eilig wie möglich und verschwanden theilweise im hohen Grase, theilweise in ihren Röhren. Man bemerkte bald, daß sie nur auf ihren Wegen fortliefen, stellte sich dort auf und konnte sie nunmehr leicht ergreifen. Die Jagd wurde mit Stöcken betrieben und so oft wiederholt, wie nöthig schien, um sich mit Lebensmitteln zu versorgen. Acht bis zehn Mann wurden abgeschickt, schritten still vorwärts, besetzten die Wege und schlugen die Vögel mit kurzen Stöcken zu Boden. Aber man mußte ihnen den Kopf entzwei schlagen, wenn sie nicht wieder aufstehen und entfliehen sollten. Wenn sie sich überrascht sahen, erhoben sie ein herzzerreißendes Geschrei, vertheidigten sich auch mit furchtbaren Schnabelhieben. Beim Gehen traten sie so hart auf, daß man hätte glauben können, kleine Pferde traben zu hören. Nach und nach lernte man die Jagd ausgiebig betreiben, und in fünf bis sechs Stunden wurden gewöhnlich sechzig bis achtzig Stück erlegt. Sie gewährten der Schiffsmannschaft jedoch nur für zwei Tage Lebensmittel oder Nahrung. Jeder Vogel wog zwar fünf bis sechs Kilogramm; davon aber kam ein großer Theil auf die Eingeweide, und außerdem mußte beim Abziehen der Haut alles Fett entfernt werden, so daß kaum mehr als zwei Kilogramm Fleisch von einem Vogel übrig blieben. Ohne die eiserne Noth würde man übrigens gegen die unschuldigen Vögel keinen Krieg geführt haben, denn das Fleisch ist ein sehr schlechtes Nahrungsmittel.

Jung eingefangene Flossentaucher lassen sich leicht zähmen, werden zutraulich und folgen ihrem Herrn wie ein Hund; die Alten dagegen bleiben stets wild und bissig, gehen schreiend und mit dem Flügel klappend selbst auf die größten Hausthiere los und suchen mit ihrem Schnabel so viel wie möglich Unfug zu stiften. Ein Schiffsführer erzählte mir, daß er einmal zwei Flossentaucher sechs Wochen lang auf seinem Schiffe gehalten und mit Speck und Salzfleisch ernährt habe. An diese unnatürliche Nahrung hatten sich die gefangenen so gewöhnt, daß unser Kapitän die beste Hoffnung hatte, sie lebend nach Europa zu bringen. Eines schönen Tages aber fanden die beiden Pinguine bei ihrem Spaziergange auf dem Verdecke eine Luke offen, sahen sehnsüchtig auf das Meer hinab und ehe der besorgte Besitzer zur Stelle kam, schwammen und tauchten beide lustig in ihrem wahren Elemente umher. Erst in der jüngsten Zeit gelang es, lebende Pinguine in unsere Käfige zu liefern; ich habe jedoch zufällig noch keinen gefangenen Vogel dieser Art gesehen und bin daher außer Stande, über ihr Betragen zu berichten.

# *Kriechthiere*

# *Die Suppenschildkröte*

Die Suppenschildkröte (Chelone viridis), ein sehr großes Thier von mehr als 2 Meter Länge und über 500 Kilogramm Gewicht, kennzeichnet sich durch den vorn nicht hakig gekrümmten und vorgezogenen, sondern abgestumpften, übrigens aber scharfen, fein gezähnelten Kiefer, durch die neben, nicht über einander liegenden Platten ihres Rückenschildes und ein einziges Schilderpaar zwischen den Nasenlöchern und dem Stirnschilde. Alle übrigen Merkmale ändern so vielfach ab, daß sie zur Aufstellung von etwa zehn verschiedenen Arten Veranlassung gegeben haben. Die ebensowenig beständige Färbung der Oberseite ist in der Regel ein düsteres Bräunlichgrün, die der Unterseite ein vielfach bläulich und röthlich geädertes Schmutzigweiß.

Mit Ausnahme des Mittelmeeres, in welchem sie durch andere Seeschildkröten vertreten wird, bewohnt die Suppenschildkröte alle Meere des heißen und gemäßigten Gürtels, scheint hier auch überall häufig zu sein. Man hat sie beobachtet von den Azoren an bis zum Vorgebirge der Guten Hoffnung, längs der ganzen afrikanischen Küste und auf allen zu diesem Erdtheile gehörigen Inseln, an der atlantischen Küste Amerikas vom vierunddreißigsten Grade nördlicher Breite an bis zur Mündung des Platastromes, im Stillen Weltmeere aber von Peru an bis Kalifornien und auf den Schildkröteninseln, ebenso endlich im Indischen Weltmeere und den dazu gehörigen Theilen und Straßen, von den Maskarenen und dem Kanal von Mosambik an bis ins Rothe Meer, an allen Gestaden Ostindiens, an den Sundainseln und Philippinen sowie endlich an den Gestaden Australiens. Einzelne verschlagene Stücke sind auch im Nordosten Amerikas und an den europäischen Küsten gefangen worden.

Die Suppenschildkröten sind, wie ihre sämmtlichen Verwandten, vollendete Meerthiere. Sie halten sich vorzugsweise in der Nähe der Küste auf, finden sich nicht allzu selten vor oder in der Mündung größerer Flüsse oder Ströme ein, werden aber doch oft auch sehr weit von dieser, manchmal mitten im Meere gefunden. Hier sieht man sie nahe der Oberfläche umherschwimmen, zuweilen auch wohl, anscheinend schlafend, auf ihr liegen, bei der geringsten Störung aber sofort in der Tiefe verschwinden. »Die Landschildkröten«, meint Lacépède, »galten von jeher als Wahrzeichen der Langsamkeit; die Seeschildkröten dürfen das Sinnbild der Vorsicht genannt werden.« In der That stimmen alle Berichte darin überein, daß diese Thiere, so lange sie wach oder nicht durch überwältigende Triebe in einen Zustand des Selbstvergessens versetzt worden sind, vor dem Menschen ängstlich flüchten; schwerlich aber ist man berechtigt, ihnen deshalb eine höhere Begabung als anderen Ordnungsverwandten zuzuschreiben. Nicht der erkannte Feind, sondern der ungewohnte Gegenstand schreckt sie. Dies bekundet immer noch etwas, aber herzlich wenig Verstand, jedenfalls nicht mehr als andere Schildkröten auch bethätigen. Ihre geistigen Fähigkeiten sind ebenso gering als ihre leiblichen erheblich. Man sagt ihnen nach, daß sie auf dem Lande mit so vielen Männern, als auf ihrem Rückenschilde Fuß fassen können, große mit vierzehn Mann, fortzukriechen vermögen; ihre wahre Beweglichkeit entfalten sie aber doch nur in dem Wasser. Sie erinnern, wenn sie hier sich tummeln, auf das allerlebhafteste an fliegende große Raubvögel, z. B. Adler; denn sie schwimmen wundervoll, mit ebensoviel Kraft als Schnelligkeit, mit ebenso unwandelbarer Ausdauer als Anmuth; sie schwimmen gleich ausgezeichnet in verschiedener Tiefe und nehmen im Wasser alle denkbaren Stellungen an, indem sie bald mehr, bald weniger die wagerechte Lage verändern. Da, wo sie häufig sind, sieht man manchmal förmliche Herden von ihnen, wie sie überhaupt sehr gesellig zu sein scheinen. »Da sie«, sagt Lacépède, »an den Küsten, welche sie besuchen, stets hinlängliche Nahrung finden, so streiten sie mit einander niemals um das Futter, welches sie in Überfluß haben; da sie außerdem, wie alle Kriechthiere, Monate, selbst Jahr und Tag fasten können, so herrscht ein ewiger Friede unter ihnen. Sie suchen einander nicht, aber sie finden sich ohne Mühe zusammen und bleiben ohne Zwang bei einander. Sie versammeln sich nicht in kriegerische Haufen, um sich einer schwer zu erlangenden Beute leichter zu bemächtigen, sondern einerlei Trieb führt sie an den nämlichen Ort, und einerlei Lebensart hält ihre Herden in Ordnung. An ihren Gewohnheiten halten sie ebenso fest, als ihr Schild hart ist. Sie leiden mehr, als sie handeln, und ihre Begierden sind nie sehr heftig. Sie sind vorsichtig, nicht aber muthig, vertheidigen sich selten thätig, sondern suchen jederzeit so viel und so rasch als möglich in Sicherheit zu gelangen, strengen auch alle Kräfte an, um dieses Ziel zu erreichen.« Ich glaube, daß man mit dieser Schilderung einverstanden sein kann, mit anderen Worten, daß sie im großen ganzen naturgemäß ist. Geselligkeit und Friedfertigkeit sind hervorragende Eigenschaften vieler Schildkröten, der Seeschildkröten aber ganz besonders.

Abweichend von der verwandten Karette, welche ein zünftiges Raubthier ist, frißt die Suppenschildkröte, wenigstens zeitweilig, hauptsächlich Seepflanzen, insbesondere Tange, und verräth sich, da wo sie häufig ist, durch die von ihr abgebissenen Theile dieser Pflanzen, welche auf der Oberfläche des Meeres umherschwim-

Chelonia mydas
CHELONIIDAE
juv

men. So gibt, übereinstimmend mit fast allen Berichterstattern, auch Holbrook an und fügt, Audubons Mittheilungen wiederholend, hinzu, daß sie die zartesten Theile einer Seepflanze, welche geradezu Schildkrötengras genannt werde, allen übrigen Meergewächsen vorziehe. Auch die Gefangenen soll man, wie er bemerkt, ausschließlich mit Pflanzenstoffen, und zwar mit Portulak füttern. Ich bin nicht im Stande, diesen Angaben zu widersprechen, muß jedoch bemerken, daß nicht allein meine gefangenen Karette, sondern auch die in demselben Becken untergebrachten Suppenschildkröten Fischfleisch begierig fraßen.

Zu gewissen Zeiten verlassen die weiblichen Suppenschildkröten das hohe Meer und steuern bestimmten, altgewohnten Plätzen zu, um auf ihnen ihre Eier abzulegen. Sie erwählen hierzu sandige Stellen des Strandes unbewohnter Inseln oder vom menschlichen Getriebe entfernte Küstenstrecken und suchen einen und denselben Legeplatz, wenn nicht Zeit ihres Lebens, so doch während eines gewissen Abschnittes desselben immer wieder auf, auch wenn sie hunderte von Seemeilen durchwandern müßten. Die Männchen folgen, laut Dampier, ihren Weibchen auf dieser Reise, gehen aber, wenn diese legen, nicht mit ihnen ans Land, sondern bleiben, in der Nähe verweilend, im Meere zurück. Vorher hatten sich beide Geschlechter begattet, welches Geschäft nach Catesby mehr als vierzehn Tage in Anspruch nehmen soll. Villemont sagt, daß das Männchen während der Begattung auf dem Rücken des Weibchens sitze und gleichsam reite; Lacépède dagegen, auf handschriftliche Mittheilungen Fougeroux' sich stützend, daß beide die Brustschilder gegen einander kehren und das Männchen sich mit den Nägeln der Vorderfüße an der schlaffen Halshaut des Weibchens festhalte. Beide, insbesondere aber die Männchen, sollen, so lange die Paarung währt, ihre sonstige Scheu vollständig vergessen. »Ich habe«, versichert Dampier, »Männchen während der Begattung gefangen. Sie sind dann gar nicht scheu und leicht zu erlangen. Das Weibchen wollte beim Anblicke des Bootes entfliehen, aber das Männchen hielt es mit den beiden Vorderflossen fest. Will man sich paarende Schildkröten erbeuten, so braucht man nur das Weibchen zu tödten; denn das Männchen hat man dann sicher.« Wie viele Zeit nach der Paarung vergeht, bis die ersten Eier legereif sind, weiß man nicht. In der Nähe des Strandes angekommen, wartet die Schildkröte ihre Zeit ab und begibt sich dann abends mit großer Vorsicht ans Land. Schon am Tage sieht man sie, nach Beobachtung des Prinzen von Wied, unweit der Küste umherschwimmen, wobei sie den dicken, runden Kopf allein über dem Wasser zeigt, den Rückenpanzer aber eben nur an die Oberfläche des Wassers bringt. Hierbei untersucht sie die selten beunruhigten Küsten auf das genaueste. Audubon, welcher sie von einem Versteckplatze aus beobachtete, versichert, daß sie, ehe sie ans Land steigt, noch besondere Vorsichtsmaßregeln ergreift, namentlich einen pfeifenden Laut ausstößt, welcher etwa versteckte Feinde verscheuchen soll. Das geringste Geräusch veranlaßt sie, sich augenblicklich in die Tiefe des Meeres zu versenken und einen anderen Platz aufzusuchen; ja, nach St. Pierre's Versicherung soll ein Schiff, welches einige Stunden in der Nähe einer Brutinsel ankert, die vorsichtigen Geschöpfe tagelang aus der Nähe des Eilandes vertreiben und ein Kanonenschuß sie so ängstigen, daß sie erst nach Wochen wieder in der Nähe der Küsten erscheinen. Bleibt alles ruhig und still, so nähert sich die Schildkröte endlich langsam dem Strande, kriecht auf das Trockene heraus und mit hoch erhobenem Haupte bis in eine Entfernung von dreißig oder vierzig Schritte jenseit der Flutwelle, schaut sich hier nochmals um und beginnt nunmehr ihre Eier zu legen. Hierbei hat sie der Prinz von Wied beobachtet und uns darüber nachstehendes mitgetheilt. »Unsere Gegenwart störte sie nicht bei ihrem Geschäfte; man konnte sie berühren und sogar aufheben (wozu aber vier Mann nöthig waren); bei all den lauten Zeichen unseres Erstaunens und den Berathschlagungen, was man wohl mit ihr anfangen sollte, gab sie kein anderes Zeichen von Unruhe als ein Blasen, wie etwa die Gänse thun, wenn man sich ihrem Neste nähert. Sie fuhr mit ihren flossenartigen Hinterfüßen langsam in der einmal begonnenen Arbeit fort, indem sie gerade unter ihrem After ein cylinderförmiges, etwa fünfundzwanzig Centimeter breites Loch in dem Sandboden aushöhlte, warf die herausgegrabene Erde äußerst geschickt und regelmäßig, ja gewissermaßen im Takte zu beiden Seiten neben sich hin und begann alsdann sogleich ihre Eier zu legen. Einer unserer beiden Soldaten legte sich nun seiner ganzen Länge nach neben die Versorgerin unserer Küche auf die Erde nieder, griff in die Tiefe des Erdloches hinab und warf die Eier beständig heraus, sowie die Schildkröte sie legte. Auf diese Art sammelten wir in einer Zeit von etwa zehn Minuten an hundert Eier. Man berathschlagte nun, ob es zweckmäßig sei, dieses schöne Thier unseren Sammlungen einzuverleiben; allein das große Gewicht der Schildkröte, für welche man ein besonderes Maulthier einzig und allein hätte bestimmen müssen, und überdies die Schwierigkeit, die ungefüge Last aufzuladen, bestimmten uns, ihr das Leben zu schenken und mit ihrem Zoll an Eiern uns zu begnügen. Als wir nach einigen Stunden an den Strand zurückkehrten, fanden wir sie nicht mehr vor. Sie hatte ihr Loch verdeckt und ihre breite Spur im Sande zeigte, daß sie ihrem Elemente wieder zugekrochen war.«

In seinen »Beiträgen zur Naturgeschichte Brasiliens« fügt der Prinz dem eben mitgetheilten noch einiges hinzu: »Soviel weiß ich aus der Erfahrung, daß diese Thiere in der Zeit des brasilianischen Sommers, der Monate December, Januar und Februar, sich in Menge den Küsten nähern, um daselbst ihre Eier in den von den glühenden Strahlen der Sonne erhitzten Sand zu verscharren. Hierin kommen alle Meerschildkröten mit einander überein, und die Erzählung der Art und Weise dieses Geschäftes, von welchem ich Augenzeuge war, gilt für alle diese durch gleichartigen Bau und Lebensweise verwandten Thiere. Zum Eierlegen ist ihnen in den von mir bereisten Gegenden die unbewohnte Strecke besonders günstig, welche sich in einer

Ausdehnung von achtzehn Meilen zwischen der Mündung des Rio Doce und des St. Matthäus befindet, ferner die zwischen dem eben genannten Flusse und dem Mucuri sowie mehrere andere Gegenden des Strandes, welche nicht durch hohe steile Küsten, an denen die Wogen des Meeres sich brechen, unzugänglich gemacht werden. Der Reisende findet in der Legezeit häufig Stellen im Sande der Küste, auf denen zwei gleichlaufende Rinnen den Weg anzeigen, welchen die Schildkröten genommen, als sie das Land bestiegen. Diese Furchen sind die Spuren, welche die vier Flossenfüße hinterlassen; zwischen ihnen bemerkt man alsdann eine breite Schleife, welche der Unterpanzer des schweren Körpers eindrückt. Folgt man dieser Spur etwa dreißig bis vierzig Schritte weit auf die Höhe des Sandufers, so kann man das schwere, große Thier finden, wie es unbeweglich in einem flachen, wenig vertieften, durch ein kreisförmiges Herumdrehen gebildeten Kessel dasitzt, mit der Hälfte des Körpers darin verborgen. Sind die sämmtlichen Eier in der beschriebenen Weise gelegt, so scharrt das Thier von beiden Seiten den Sand zusammen, tritt ihn fest und begibt sich, ebenso langsam als es gekommen, auf derselben Spur wieder in sein Element zurück.«

Tennent erfuhr, im Gegensatze hierzu, daß man an den Küsten von Ceylon eine gewisse List der eierlegenden Schildkröte beobachtet habe. Sie sollen ihr Nest dadurch zu verbergen suchen, daß sie ihren Weg in weiten Bogen ausführen und an einer ganz verschiedenen Stelle wieder zum Meere zurückkehren. Die Singalesen seien deshalb genöthigt, die ganze Spur abzusuchen und den Boden vermittels eines Stockes zu prüfen, weil sie niemals wissen könnten, wo das Nest sich befinde.

Das erste Gelege scheint den Vorrath der befruchteten Eier eines Weibchens nicht zu erschöpfen, dieses vielmehr nach Ablauf geraumer Zeit wieder zu derselben Stelle zu kommen, um eine ähnliche Anzahl inzwischen gereifter Eier der mütterlich waltenden Erde zu übergeben, so daß sich die gesammte Anzahl aller Eier eines erwachsenen Weibchens auf drei-, vielleicht vierhundert belaufen mag. Ältere und neuere Schriftsteller, welche Gelegenheit hatten, Suppenschildkröten an ihren Legestellen zu beobachten oder hier, an ihrer Wiege, Nachrichten über sie einzuziehen, stimmen in der Angabe überein, daß die Thiere alljährlich mehr als einmal, und zwar in Zwischenräumen von je vierzehn Tagen bis drei Wochen, auf den Brutstätten erscheinen und jedesmal eine mehr oder weniger gleiche Anzahl von Eiern ablegen. Zurückkehren bestimmter Weibchen zu den Legeplätzen konnte mit Sicherheit festgestellt werden. Auf den Tortugasinseln, einem der bevorzugten Brutplätze Mittelamerikas, waren, laut Strobel, verschiedene Suppenschildkröten gefangen und gezeichnet, sodann nach Key West gebracht und hier in einem Gehege eingeschlossen worden. Ein Sturm zerstörte die Umhegung und befreite die Gefangenen. Wenige Tage später wurden sie auf derselben Stelle, also unter gleichen Umständen wie das erste Mal, gefangen.

Je nach der Gegend ist die Legezeit verschieden. Die Brutdauer soll ungefähr drei Wochen betragen, je nach der Wärme des Brutplatzes mehr oder weniger.

Auf den Inseln des Grünen Vorgebirges sollen die jungen Schildkröten am dreizehnten Tage nach dem Legen auskommen. Sie kriechen nun sofort dem Meere zu, können aber nicht sogleich untertauchen, und viele werden den Möven, Reihern, Raubvögeln und Raubfischen zur Beute. Ihr Panzer ist anfänglich mit einer weißen, durchsichtigen Haut überzogen, wird aber bald hart, dunkel und theilt sich dann auch rasch in die einzelnen Platten. Einige Naturforscher meinen, daß das Wachsthum sehr schnell vor sich gehe; diese Behauptung steht jedoch mit Beobachtungen, welche an Sumpfschildkröten gemacht wurden, nicht im Einklange, und jedenfalls dürfte die Angabe Villemonts, daß ein Eingeborener von San Domingo eine gefangen gehalten habe, welche in Monatsfrist fast um einen Fuß gewachsen, keinen Glauben verdienen.

Während des Eierlegens sind auch die außerdem ziemlich gesicherten Suppenschildkröten arg gefährdet. Große Raubthiere und Menschen bemächtigen sich jetzt der wehrlosen Geschöpfe. Von den sie überfallenden Wildhunden habe ich bereits gesprochen; diese Hunde aber dürfen, trotz der Metzeleien, welche sie verüben, nicht als die gefährlichsten Feinde der Seeschildkröten bezeichnet werden. Ärger als jene haust unter diesen der Mensch, und zwar der Weiße nicht minder rücksichtslos als der Farbige. Nur an wenigen Orten jagt man auf die werthvollen Thiere in vernunftgemäßer oder anziehender Weise. An den Küsten Guayanas stellt man weitmaschige, durch Schwimmer in den oberen Wasserschichten festgehaltene Netze, untersucht dieselben von Zeit zu Zeit und löst die in den Maschen verwickelten Seeschildkröten aus; im Mittelmeere, insbesondere in der Nähe der Kykladen, betreibt man die Jagd noch in ähnlicher Weise wie in alten Zeiten. Ein Boot, welches bei vollkommener Windstille mit leisem Ruderschlage langsam durch das blaue Wasser des Kykladenmeeres zieht, stößt, laut Erhard, mehrere Seemeilen von der nächsten Insel, oft genug auf eine ganz an der Oberfläche schlafend hingleitende Seeschildkröte (in der Regel die dem Mittelmeere angehörige Kaguana), welche in der Ferne einem umgestürzten Kahne ähnelt. Kann man sich ihr nahen, ehe sie erwacht, so wird sie von erfahrenen Fischern an einem Beine gepackt, durch hastiges Umdrehen leicht auf den Rücken gelegt und ist dann hülflos, obwohl jene auch jetzt noch sich hüten, einem Bisse des Thieres sich auszusetzen, denn ein solcher schneidet zwei Centimeter starke Stäbe morsch entzwei. In der Regel freilich ist das Gehör der Schildkröte feiner als ihr Schlaf tief, und wenn sie rechtzeitig erwacht, sinkt sie vor den Augen der getäuschten Feinde langsam, fast ohne Bewegung in die blaue Tiefe hinab, »in welcher sie nach zehn Minuten noch, zuletzt wie ein grünverlöschender Stern dem Auge des Menschen sichtbar ist.« Weniger glaublich als diese durch Erhard verbürgte Mittheilung erscheint mir eine Angabe Ansons, welche ich Lacépède's Werke entnehme. »Ein geschickter Taucher wirft sich (in der Südsee) in einiger Entfernung von der Stelle, wo während der Tageshitze Schildkröten oben liegen und schlafen, in die See, taucht unter und dicht neben einer Schildkröte wieder auf, packt sie in der Gegend des Schwanzes am Schilde und zieht sie mit dem Hintertheile ins Wasser. Die Schildkröte wacht davon auf, arbeitet vorn mit den Schwimmfüßen und hält so sich und den Taucher über Wasser, bis die Gefährten des letzteren herbeikommen und beide auffischen.« Weder die eingeborenen noch die eingewanderten Amerikaner betreiben die Jagd auf Seeschildkröten in ähnlicher Weise: sie lauern diesen auf, wenn sie, um zu legen, an das Land kommen. Die menschenleeren, wilden Küsten Brasiliens, welche von den Schildkröten zum Legen benutzt werden, werden nur selten von Reisenden betreten, in der Legezeit aber von allen in der Nachbarschaft wohnenden Indianern besucht. »Diese Indianer«, sagt der Prinz, »sind die grausamsten Feinde der Schildkröten; sie finden täglich mehrere Thiere dieser Art, welche im Begriffe sind, ihre Eier zu legen, und tödten sie sogleich, da die schweren, langsamen Geschöpfe auf dem Lande ebenso unbehülflich als im Wasser geschickt im Schwimmen sind. Überall geben daher die traurigen, öden, nichts als Sand und nach dem Lande hin nichts als finstere Urwälder zeigenden Küsten, welche von den tobenden Wogen des Weltmeeres bespült werden, ein Bild der Zerstörung und der Vergänglichkeit alles Lebens; denn die Knochenschädel, Panzer, ja ganze Gerippe dieser, gerade in der Zeit ihrer Vermehrung aufgeriebenen Thiere liegen überall in Menge umher, nachdem sie von den Rabengeiern des letzten Restes von Fleisch beraubt worden sind. Die Indianer tödten die Meerschildkröten des Öles wegen, welches in ihrem Fleische enthalten ist, kochen dasselbe und sammeln die zahlreichen Eier, welche in dem Sande oder noch in dem Leibe des Thieres enthalten sind, in großen Körben, um sie zu Hause zu verzehren. In dieser Zeit der Schildkröteneier begegnet man den mit den genannten Schätzen beladenen Familien der Indianer oft an dieser Küste; auch erbauen sie sich wohl Hütten von Palmenblättern, um mehrere Tage und Wochen sich am Strande niederzulassen und täglich das Geschäft des Einsammelns zu betreiben.« In ähnlicher Weise wird den nutzbringenden Thieren allerorten, an allen Küsten, welche sie zum Eierlegen besuchen, nachgestellt. Und dennoch würde die sehr bedeutende Vermehrung der Suppenschildkröten die durch Wegfangen der alten Weibchen verursachten Verluste ausgleichen, wollte man sich mit den Weibchen selbst begnügen und nicht auch die Brutstätten plündern, tausende und hunderttausende von Eiern rauben. Durch den rücksichtslosen Eierraub, erwächst dem Bestande der Art die größte Gefahr; hieran aber denkt der rohe, selbstsüchtige Schildkrötenjäger nicht. Wenn die Zeit des Eierlegens der Thiere naht, rottet sich allerlei Gesindel zusammen, um möglichst reiche und lohnende Beute zu gewinnen. Die Jäger nahen sich in kleinen Booten vorsichtig dem Strande der unbewohnten Inseln oder vom Lande her den Legeplätzen an bewohnten Küsten, verbergen sich in der Nähe, verhalten sich still und warten, bis die ängstlichen Thiere an das Land gekrochen sind und sich hinlänglich weit vom Wasser entfernt haben. Erheben sich die Jäger zu früh, so eilen die Schildkröten sofort dem Meere zu, und da, wo der Strand einigermaßen abschüssig ist, gelingt es ihnen oft, sich zu retten, indem sie sich schnell herumdrehen und dann über den Sand hinabgleiten lassen; kommen jene rechtzeitig zur Stelle, so sichern sie sich ihre Beute dadurch, daß sie dieselbe umwenden, das heißt auf den Rücken wälzen. Keine Seeschildkröte ist im Stande, aus dieser Lage sich zu befreien, obgleich sie, um dies zu ermöglichen, wüthend mit den Flossen um sich und auf ihren Panzer schlägt, mit der Zeit auch derartig sich quält, daß ihre Augen mit Blut unterlaufen und weit aus dem Kopfe heraustreten. Nicht allzu selten geschieht es, daß die Fänger grausam genug sind, mehr Schildkröten umzuwenden, als sie gebrauchen können, einzelne von ihnen in der hülflosen Lage liegen und elendiglich verschmachten lassen. Sehr große und schwere werden vermittels Hebebäume umgewälzt, viele mit Hülfe von Netzen gefangen, andere mit dem Wurfspeere erbeutet. Audubon lernte einen Schildkrötenfänger kennen, welcher im Laufe eines Jahres nicht weniger als achthundert Stück »gesichert« hatte: eine den Fortbestand der Art gefährdende Anzahl, da es sich fast ausschließlich um fortpflanzungsfähige Weibchen handelt. Man jagt immer während der Nacht und schreitet am nächsten Morgen zum Einsammeln der Gefangenen, welche nun zunächst entweder in eigens für sie bereitete Behälter oder auf die Schiffe gebracht und von hier aus versandt werden. In den Zwingern, welche selbstverständlich mit Seewasser angefüllte Becken sind, sieht man sie langsam umherschwimmen und oft ihrer drei oder vier sich über einander lagern. Auf trockenem Boden frei gelassen, kriechen sie lebhaft umher und geben ihre Unbehaglichkeit von Zeit zu Zeit durch Schnauben zu erkennen. An das Fressen gehen die Gefangenen selten, magern deshalb bald ab und verlieren an Werth. Diejenigen, welche man auf europäische Märkte bringt, kommen meist aus Westindien, namentlich aus Jamaika. Man legt sie an einer passenden Stelle des Verdeckes auf den Rücken, befestigt sie mit Stricken, breitet ein Tuch über sie und begießt dasselbe so oft mit Seewasser, daß es beständig naß oder wenigstens feucht bleibt, steckt den armen Schelmen ein Stück mit Seewasser getränktes Weißbrod in das Maul und vertraut im übrigen auf ihre außerordentliche Lebenszähigkeit. In den europäischen Seestädten hält man sie in großen Kübeln, welche alle zwei bis drei Tage einmal mit Wasser angefüllt werden, schlachtet sie dann, indem man ihnen den Kopf abhackt, und hängt sie nun einen oder zwei Tage lang so auf, daß alles Blut ablaufen kann. Erst dann hält man das Fleisch für geeignet zur Bereitung jener köstlichen Suppen.

Zu gewissen Zeiten wird hier das Fleisch der Schildkröte wegen seiner schädlichen Wirkung gemieden. Zu Pantura im Süden von Colombo wurden achtundzwanzig Leute, welche im Oktober des Jahres 1840 Schildkrötenfleisch gegessen hatten, bald nach dem Genusse schwer krank, und achtzehn von ihnen starben in der nächsten Nacht. Die Überlebenden versicherten, daß sich das Fleisch anscheinend nur durch größere Fettigkeit von genießbarem unterschieden habe. Worin die Ursache der Schädlichkeit liegt, ist noch nicht ermittelt worden.

# Das Nilkrokodil

Das Nilkrokodil (Crocodilus vulgaris) soll eine Länge von zehn Meter erreichen können; doch glaube ich, daß diese Angabe nur auf Schätzung beruht und eine Länge von sieben Meter wohl das höchste ist, welches dem Nil- und jedem anderen Krokodile überhaupt in Wahrheit zugesprochen werden darf. Von dem ihm sehr nahe verwandten Sumpfkrokodile (Crocodilus palustris) aus Südasien und dem ihm ebenso nahe stehenden Siamkrokodile (Crocodilus siamensis) unterscheidet es sich vornehmlich durch die Beschaffenheit der Haut des Halses und der Seiten, welche bei ihm mit glatten Horntäfelchen, bei jenen mit stark gewölbten Höckern bedeckt ist. Ein dunkles Bronzegrün, welches auf dem Rücken kleine schwarze Flecken zeigt, bildet die Grundfärbung, geht an den Seiten des Rumpfes und Halses in unregelmäßig stehende dunklere Flecken und auf der unteren Fläche des Körpers in Schmutziggelb über, scheint aber vielen Abänderungen unterworfen zu sein.

Wahrscheinlich gehören alle Krokodile, welche das Festland von Afrika und Madagaskar bewohnen, nur dieser einen Art an; die von einzelnen Forschern angegebenen Unterschiede zwischen dem Krokodile des oberen und unteren Niles oder denen des göttlichen Stromes und anderen Flüssen Afrikas haben sich wenigstens nicht als stichhaltig erwiesen. Angenommen, daß es nur eine Art gibt, haben wir als Heimat derselben alle größeren Gewässer Afrikas anzusehen. Ungemein häufig tritt es nicht allein im oberen Nilgebiete, sondern auch im Dschub, Zaire, Niger und Senegal auf, und nicht minder zahlreich kommt es in größeren Binnenseen vor. In der neuesten Zeit will man es auch in Palästina beobachtet haben; die Berichte lauten jedoch sehr unbestimmt, so daß hierüber noch genauere Feststellungen erwartet werden müssen, bevor man letzteres Land in sein Verbreitungsgebiet aufnehmen darf. Verschweigen will ich nicht, daß Wetzstein, mündlichen Mittheilungen zufolge, ein Krokodil sah, welches, nach Angabe seines Besitzers, in einem der kleinen Küstenflüßchen Palästinas erlegt worden sein sollte.

In Egypten ist das Krokodil gegenwärtig fast ausgerottet. Die Pfeile und Schleudersteine, von denen in Hiob zu lesen, konnten es freilich nicht verjagen: die Büchsen- und Flintenkugeln haben es doch gethan. Unser Leviathan ist zwar nicht vor ihnen zurückgewichen, sondern hat standhaft ausgehalten wie ein Held; aber er hat das Leben lassen müssen vor dem Menschen der Neuzeit. Seine Urweltstage sind hier größtentheils dahin, seine Zeit ist erfüllt, seitdem die neueren Jagdgeschosse seines Panzers spotten, seitdem ein Kind den Riesen zwingen kann. Schon heutzutage ist der muthige Ichneumon, der Held der Sage, zum Spotte, sein Thun zum zweifelhaften geworden. Er braucht jetzt dort keine Krokodileier mehr zu fressen, keinem Krokodile in den Rachen zu kriechen, um ihm das Herz abzufressen; denn die wenigen überlebenden Panzerechsen dieser Art, welche ich noch in Egypten sah, werden inzwischen wohl unter den Kugeln reiselustiger Engländer gefallen sein, und der Ichneumon muß nun jedenfalls ausschließlich Hühnereier fressen, wie er es, meiner festen Überzeugung nach, immer gethan.

Meine erste Bekanntschaft mit dem Leviathan belehrte mich, daß in Egypten seine Zeit um sei. Zur Bekehrung der Heiden des Weißen Flusses nach dem Sudân reisende Jesuiten, in deren Gesellschaft ich das erstemal nach dem Inneren Afrikas aufbrach, erhoben eines Tages ein höchst ungeistliches Jagdgeschrei und griffen eiligst nach ihren Büchsen. Sechs Läufe knallten, nur der meiner eigenen Büchse nicht mit; denn ich hatte auf den ersten Blick gesehen, daß das so dreist zur Schau sich bietende Krokodil bereits todt, von vorausgegangenen Reisenden meuchlings gemordet worden war. Nun hätte das Thier freilich auch leben können; denn von den sechs nach seinem Panzer gerichteten Kugeln traf keine einzige: aber es wurde mir aus dieser Jagdwuth, welche selbst die »Diener der Kirche« außer Athem setzte, doch sofort klar, welch schweren Stand das gehetzte Urweltsthier in unseren Tagen dem Menschen gegenüber hat. Ich selbst habe mich später bestrebt, diese Wahrheit ihm gründlich zu beweisen.

Dies ist der Grund, weshalb man in Egypten jetzt nur noch in Maabdeshöhlen Krokodile zu tausenden, aber – als Mumien antrifft. Anders ist es im Ost-Sudân oder im Inneren Afrikas überhaupt, überall da, wo das Feuergewehr die uralten Waffen der Eingeborenen noch nicht verdrängt hat, wo das alte Wort noch gilt: »Wenn du deine Hand an ihn legest, so gedenke, daß ein Streit sei, den du nicht ausführen wirst«, insbesondere an allen denjenigen Strömen, deren Ufer vom Urwalde in Besitz genommen wurden. Hier darf man mit aller Sicherheit darauf zählen, auf jeder größeren Sandbank wenigstens ein großes Krokodil und wohl ein halbes Dutzend kleinere von verschiedenem Alter und entsprechender Länge zu finden; hier und an den Brüchen, Seen und Sümpfen kann man die schönsten Ungeheuer mit der größten Bequemlichlichkeit beobachten. Im Sudân sind des hebräischen Dichters Worte heutigentages noch in ihrem vollen Werthe gültig; denn dort gibt es kein einziges Dorf, dessen Bewohner nicht von einer Unglücksgeschichte zu erzählen wüßten, keinen einzigen Menschen, welcher nicht die Stärke des »Timsach« bewundert, ihn selbst aber verflucht. Zu letzterem haben die Sudâner auch wirklich alle Ursache; denn sie sind dem Krokodile gegenüber so gut wie ohnmächtig, müssen es sich widerstandslos gefallen lassen, wenn der furchtbare Räuber ihre Angehörigen und Hausthiere in die Tiefe des Wassers zieht: sie können ihn nicht bekämpfen, nicht verjagen. Ich glaube annehmen zu dürfen, daß im Blauen Flusse heutigentages noch mindestens fünfhundert, im Weißen Strome dagegen mehr als zweitausend große und hier wie dort wohl viermal soviel kleinere Krokodile leben; denn ich habe sie überall gesehen: ich habe während der Fahrt eines Tages in Asrakh deren über dreißig und auf einer einzigen Sandbank allein achtzehn gezählt. Darunter waren Riesen, deren Länge ich auf nicht weniger als fünf Meter schätzen durfte, Thiere, welche gewiß ein Alter von mehreren hundert Jahren haben mochten. Ich muß hierbei bemerken, daß man über die Länge eines außerhalb des Wassers sich sonnenden oder in ihm sich bewegenden Krokodiles ebenso leicht sich täuscht wie über die Länge einer Schlange. Ein Krokodil, welches fünf Meter mißt, ist ein riesiges Ungethüm, erscheint aber dem ungeübten Auge noch viel länger, als das Maß ergibt. Ein Krokodil von fünf Meter Länge darf als ausgewachsen gelten, nimmt jedoch noch immer, obschon fortan äußerst langsam, an Größe zu, wächst vielleicht bis an sein Ende, welches unter den gewöhnlich günstigen Umständen sicherlich erst nach einer außerordentlich langen Reihe von Jahren eintritt.

Eine Sandbank, auf welcher das Krokodil behaglich sich sonnen kann, ist Haupterfordernis zur Wahl seines Standortes. Rauschende Stellen im Strome liebt es nicht; in den Stromschnellen findet man es höchst selten. Den einmal gewählten Standort behauptet es mit großer Beharrlichkeit und Zähigkeit. Wir wurden stets im voraus auf die krokodilreichen Stellen des Stromes aufmerksam gemacht, und greise Männer versicherten uns, daß sie schon seit ihrer Kindheit ein und dasselbe Krokodil auf einer bestimmten Sandbank gesehen hätten. In der Regenzeit unternimmt es jedoch zuweilen kleine Reisen landeinwärts, freilich nur in Regenströmen oder den unter Wasser gesetzten Urwäldern.

Man ist geneigt zu glauben, daß das Krokodil nicht gewandt wäre, irrt sich jedoch hierin vollständig. Im Wasser zeigt es sich höchst behend, schwimmt und taucht mit großer Schnelligkeit in jeder Wassertiefe und zertheilt die Fluten wie ein Pfeil die Luft. Sein ungemein kräftiger Schwanz bildet ein vortreffliches Ruder, und die wohlentwickelten Schwimmhäute an den Hinterfüßen unterstützen es wesentlich in jeder von ihm beabsichtigten Bewegung oder jeder ihm erwünschten Lage im Wasser. Wenn es hier ruhen will, senkt es den hinteren Theil seines Leibes in schiefer Richtung in die Flut, so daß nur sein Kopf der ganzen Länge nach wagerecht auf der Oberfläche liegt, und erhält sich von Zeit zu Zeit, anscheinend halb unbewußt, durch schwache Ruderstöße in derselben Lage, kann aber auch regungslos verweilen, falls es die Lungen mehr als sonst voll Luft gepumpt hat; wenn es auf den Boden eines Gewässers sich niederlassen will, entleert es rasch die Luftwege und stürzt sich nun kopfüber in die Tiefe, wobei es, athmenden Delfinen vergleichbar, einen Theil des Rückens und meist auch die Schwanzspitze zeigt; wenn es schnell eine Strecke durcheilen will, schwingt es den Schwanz seitlich hin und her und rudert gleichzeitig mit den Hinterfüßen, welche, wie es scheint, vorzugsweise zum Steuern benutzt werden. Erzürnt oder im Todeskampfe peitscht es das Wasser so heftig, daß man den alten Dichter kaum der Übertreibung zeihen kann, wenn er sagt: »Er macht, daß das tiefe Meer siedet wie ein Topf und rührt es in einander, wie man eine Salbe menget«. Auch auf dem Lande bewegt es sich durchaus nicht ungeschickt, obgleich es hier nur ausnahmsweise weitere Strecken zurücklegt. Wenn es auf die Sandbänke herauskriecht, geschieht dies in der Regel sehr langsam: es bewegt einen Fuß um den anderen und trägt den Leib, welcher hinten mehr als vorn erhoben wird, dabei so tief, daß er auf dem Sande schleppt; befindet es sich aber am Lande in einiger Entfernung vom Flusse, so stürzt es, aufgeschreckt, sehr rasch dem Wasser zu, und ebenso schnell schießt es aus dem Wasser auf das Land heraus, wenn es eine hier erspähte Beute wegnehmen will. Auf einer seiner Reisen störte mein Freund Penney ein Krokodil auf, welches sich in einem größtentheils mit dürrem Laube ausgefüllten Regenstrome versteckt hatte. Bei Ankunft der Berittenen entfloh es und eilte schnurstracks dem ungefähr zehn Kilometer entfernten Strome zu; das geschah aber so eilig und rasch, daß man es mit den schnellsten Reitkamelen nicht einholen konnte. Daß die alte bekannte Geschichte, welche erzählt, die Krokodile könnten sich nicht im Zickzacklaufe bewegen, eben nur eine Fabel ist, wird jedem Beobachter klar, welcher auch nur ein einziges Krokodil aus dem Wasser herauf, auf den Sand und wieder in das Wasser zurückkriechen sah, weil es bei diesem kurzen Wege einen Kreis zu beschreiben pflegt, dessen Durchmesser kaum mehr als die halbe Länge seines Leibes beträgt.

Über die höheren Fähigkeiten des Krokodiles läßt sich schwer ein Urtheil fällen. Herodot ist über den Gesichtssinn unrecht berichtet worden: denn das Thier sieht unter Wasser vorzüglich scharf und auf dem Lande gut genug; der Vater der Geschichte gelangt jedoch zu seinem Rechte, wenn man ihn so verstehen will, daß man das Gesicht nicht als den schärfsten aller Sinne bezeichnet. Als solcher muß das Gehör angesehen werden. Das Krokodil hört jedenfalls besser als andere, möglicherweise als alle übrigen Kriechthiere, vernimmt, wie man sich bei versuchten Jagden leicht überzeugen kann, das unbedeutendste Geräusch und dankt bei Gefahr seinem scharfen Gehöre weitaus in den meisten Fällen Rettung oder Sicherung. Unentwikkelt, um nicht zu sagen stumpf, dagegen erscheinen uns Geruch, Geschmack und Gefühl, wie aus einigen Mittheilungen, welche ich weiter unten geben werde, erhellen dürfte. Einen gewissen Grad von Verstand kann man ihm nicht absprechen. Es vergißt erlittene Verfolgungen nicht und sucht sich denselben später vorsichtig zu entziehen. Alle Krokodile, welche noch in Egypten leben oder zur Zeit meines Aufenthaltes dort lebten, krochen bei Ankunft eines Schiffes stets in das Wasser, und zwar immer so rechtzeitig, daß man ihnen mit Sicherheit nicht einmal eine Büchsenkugel zusenden konnte, wogegen die in den Strömen des Sudân lebenden Fahrzeuge viel näher an sich herankommen lassen und regelmäßig von diesen aus geschossen werden können. Alte Thiere, welche schon seit vielen Jahren eine und dieselbe Sandbank bewohnen, verlassen diese, wenn sie hier wiederholt gestört wurden, und wählen sich dann, immer mit gewissem Geschicke, ein anderes Plätzchen, um auf ihm behaglich schlafen und sich sonnen zu können, und ebenso merken sie sich die Stellen, welche ihnen mehrfach Beute lieferten, beispielsweise die zum Ufer herabführenden Wege, welche von den Herdenthieren oder den wasserschöpfenden Frauen begangen werden, sehr genau und lungern und lauern beständig in deren Nähe. Doch unterscheiden sie nicht zwischen Menschen, welche ihnen gefährlich werden können, und solchen, vor denen sie sich nicht zu fürchten brauchen, nehmen vielmehr stets das Gewisse für das Ungewisse und ziehen sich in das Wasser zurück, wenn sie überhaupt Menschen gewahr werden. Beim Angriffe auf ihre Beute beweisen sie entschiedene List; diese kann jedoch mit der Schlauheit eines Säugethieres oder Vogels nicht verglichen werden: das Plumpe und Rohgeistige, der geringe Verstand des Thieres macht sich auch hierbei geltend. Das Wesen zeigt sich verschieden, je nach den Umständen. Auf dem Lande ist das Krokodil erbärmlich feig, im Wasser vielleicht nicht gerade muthig, aber doch dreist und unternehmend: es scheint der Sicherheit, welche ihm sein heimisches Element gewährt, vollkommen sich bewußt zu sein und darnach sein Gebaren zu regeln. Mit seinesgleichen lebt es in geselligem Einvernehmen, außer der Paarungszeit mit gleich großen in Frieden, während es kleineren der eigenen Art stets gefährlich bleibt; denn wenn sich der Hunger regt, vergißt es jede Rücksicht. Um andere Thiere bekümmert es sich nur insofern, als es sich darum handelt, eines von ihnen zu ergreifen und zu verspeisen; denjenigen, welche es nicht erhaschen kann, gestattet es, sich in seiner unmittelbaren Nähe umherzutreiben: daher denn auch die scheinbare Freundschaft zu dem früher von mir geschilderten Vogel, seinem Wächter.

Das Krokodil ist fähig, dumpfbrüllende Laute auszustoßen, läßt seine Stimme aber nur bei größter Aufregung vernehmen. Ich halte es für möglich, daß man es monatelang beobachten kann, ohne einen Laut von ihm zu hören; wird das Thier aber plötzlich erschreckt oder ihm eine Wunde beigebracht, so bricht es in dumpfes Gemurr und selbst in lautes Gebrüll aus. Bei einer Reiherjagd am Weißen Nile näherte ich mich vorsichtig einer steilen Uferstelle und sah anstatt des erstrebten Vogels dicht unter mir ein Krokodil, welchem ich den für den Reiher bestimmten Schrotschuß auf den Schädel jagte. Es erhob sich wüthend aus dem Wasser, knurrte laut und verschwand dann unter den Fluten. Auch dasjenige, welches Penney aufstörte, gab seinen Schreck durch Gebrülle zu erkennen. Wenn es erzürnt wird, hört man

CROCODYLIA
Crocodylus niloticus

blasendes oder dumpfzischendes Schnauben von ihm. Junge, vor kurzem erst dem Eie entschlüpfte Krokodile lassen einen eigenthümlich quakenden, an das behagliche Knarren der Frösche erinnernden Laut vernehmen.

Gewöhnlich entsteigt das Thier gegen Mittag dem Strome, um sich zu sonnen und tief zu schlafen. Letzteres kann im Wasser aus dem Grunde nicht wohl geschehen, weil es bei nicht geregelter oder überwachter Athmung in die Tiefe sinkt und dann durch Lufthunger bald erweckt werden muß; einem Halbschlummer aber können auch in der angegebenen Weise auf dem Wasser lagernde Krokodile sich hingeben: so wenigstens haben meine Gefangenen mich belehrt. Zu seinem Mittagsschläfchen kriecht es höchst langsam und bedächtig auf eine seichte Sandbank, schaut mit seinen meergrünen Augen vorsichtig in die Runde und legt sich nach längerem Beobachten der Umgebung zum Schlafen zurecht, indem es sich mit einemmale schwer auf den Bauch herabfallen läßt. Fast immer liegt es gekrümmt, mit der Schnauze und der Schwanzspitze dem Uferrande zugekehrt; häufig wird letztere noch vom Wasser überspült. Nachdem es sich zurecht gelegt, öffnet es die Deckel, welche seine Nasenhöhlen verschließen, schnaubt, gähnt und sperrt endlich den zähnestarrenden Rachen auf, so weit es kann. Von nun an bleibt es unbeweglich auf einer und derselben Stelle liegen, scheint auch bald in Schlaf zu fallen; doch kann man nicht sagen, daß dieser ein sehr tiefer wäre, weil jedes nur einigermaßen laute Geräusch es erweckt und ins Wasser zurückscheucht. Mit Hülfe meines guten Fernrohres und von einer auf derselben Sandbank errichteten Erdhütte aus habe ich dieses Zubettgehen des Krokodiles so genau beobachtet, daß ich jedes der vorstehenden Worte verbürgen kann.

Ungestört verweilt das Thier bis gegen Sonnenuntergang auf dem Lande, unter Umständen in zahlreicher Gesellschaft von seinesgleichen. Zuweilen liegen mehrere theilweise über einander, gewöhnlich jedes einzelne etwas von dem anderen geschieden; namentlich die Jungen halten sich in achtungsvoller Entfernung von den älteren. Mit Eintritt der Dämmerung haben sie alle Inseln geräumt; nunmehr beginnt die Zeit der Jagd, welche während der ganzen Nacht, vielleicht auch noch in den Morgenstunden fortgesetzt wird und vorzugsweise den Fischen im Strome gilt. Daß auch große schwerleibige, anscheinend unbehülfliche Krokodile diese behenden Wasserbewohner zu fangen verstehen, unterliegt keinem Zweifel, weil Fische die eigentliche, um mich so auszudrücken, natürliche Nahrung aller Panzerechsen bilden. Nächst ihnen fängt das Krokodil jedoch auch alle unvorsichtig zur Tränke an den Fluß kommenden größeren und kleineren Säugethiere, ja sogar Sumpf- und Wasservögel. Es naht sich den Tränk- oder Ruhestellen seiner Beute mit großer Vorsicht, versenkt sich vollkommen unter das Wasser, schwimmt langsam und geräuschlos herbei und steckt beim Athmen eben nur die Nasenlöcher aus dem Wasser heraus; beim Angriffe dagegen schießt es, wie ich mehrfach beobachten konnte, blitzschnell und in gerader Richtung auf das Ufer herauf. Niemals denkt es daran, eine verfehlte Beute auf dem Lande zu verfolgen: mit wahrem Vergnügen sahen wir eine trinkende Antilope plötzlich mit zwei gewaltigen Sätzen die Uferhöhe gewinnen und bis zu deren Hälfte in demselben Augenblicke ein Krokodil emporschießen. Vögel täuscht es durch seine scheinbare Ruhe oder Unachtsamkeit und Unbeweglichkeit, thut, als bekümmere es sich gar nicht um deren Treiben und fährt dann, urplötzlich vorwärts schießend, mitten unter sie oder nähert sich ihnen anfänglich äußerst langsam, Zoll um Zoll, und geht erst, wenn es in die ihm genügend erscheinende Entfernung gelangte, zum Angriffe über. »Ich bin beständig Zeuge«, sagt Baker, »wie es die dichten Schwärme kleiner Vögel angreift, welche sich in den Büschen am Rande des Wassers zusammenscharen. Diese Vögel kennen ihre Gefahr vollständig und fliehen vor dem Angriffe, wenn es ihnen möglich ist. Das Krokodil liegt nun ruhig und unschuldig auf dem Wasser, als ob es dort bloß zufällig erschiene. Auf diese Weise erregt es die Aufmerksamkeit der Vögel und rudert, ihrem Blicke ausgesetzt, langsam auf eine beträchtliche Entfernung davon. Von dem Betrüger getäuscht, glauben die Vögel, daß die Gefahr vorüber ist, fliegen wieder in den Busch und tauchen ihre durstigen Schnäbel ins Wasser. Mit dem Löschen ihres Durstes beschäftigt, bemerken sie nicht, daß ihr Feind nicht mehr auf der Oberfläche ist. Ein jähes Plätschern, das Hervorschießen eines mächtigen Paares von Kinnbacken unter dem Busche und das Verschlingen einiger Dutzend Schlachtopfer, ist das unerwartete Zeichen der Wiederkehr des Krokodiles, welches listig untergetaucht und unter dem Schutze des Wassers zurückgeschwommen ist. Ich habe die Krokodile diese Jagdweise beständig ausführen sehen; sie täuschen durch einen verstellten Rückzug und greifen dann von unten an.« Ich zweifle nicht im geringsten an der buchstäblichen Wahrheit der Mittheilung Bakers, daß auch Vögel von Finkengröße einem erwachsenen Krokodile zum Opfer fallen, da Day in den von ihm untersuchten Magen des unserer Art sehr ähnlichen Sumpfkrokodiles nicht allein Fischotter-, Vögel-, Schlangen-, auch Giftschlangen-, sondern sogar Wasserkäferreste fand. Seine Jagd gilt selbst großen Säugethieren: es reißt Esel, Pferde, Rinder und Kamele in die Tiefe des Stromes hinab. An beiden Hauptadern des Niles verlieren die Hirten regelmäßig mehrere ihrer Schutzbefohlenen im Laufe des Jahres; am Blauen Flusse sahen wir ein geköpftes Rind liegen, dessen Eigenthümer uns jammernd erzählte, daß vor wenigen Minuten ein »Sohn, Enkel und Urenkel des von Allah Verfluchten« das trinkende Thier erfaßt und ihm den Kopf abgebissen habe. Wie das Raubthier mit seinen spröden, gleich Glas abspringenden Zähnen solches zu thun im Stande ist, vermag ich noch heute nicht zu begreifen, weil ich mir ungeachtet der furchtbaren Bewaffnung des Rachens eine so gewaltige Kraftäußerung kaum erklären kann. Bald nach meiner ersten Ankunft im Ost-Sudân erzählte man mir eine andere Geschichte, an deren buchstäblicher Wahrheit man nicht zweifelte. Ein Kamel kommt in den Abendstunden zum

Flusse, um zu trinken. Auf dem steilen Uferrande liegt ein Löwe sprungfertig, im Wasser lauert ein Krokodil auf das durstige Thier. Beide, Löwe und Krokodil, ergreifen es in demselben Augenblicke; ersterer hat ihm seine Pranken in den Rücken geschlagen, das Krokodil es am Halse erfaßt. Jeder Räuber will die Beute sich zueignen; sie ringen um dieselbe, keiner gibt nach, jeder verdoppelt seine Anstrengung: da reißt das Kamel mitten entzwei, und Löwe und Krokodil erhalten jedes seine Hälfte. Sicherlich ist diese Erzählung aus der Luft gegriffen; aber sie beweist, was die Araber dem Krokodile zutrauen. Kleinere Herdenthiere, Rinder, Pferde, Esel, Schafe und Ziegen tränkt man niemals im Strome, sondern in neben demselben aufgedämmten Becken und Teichen, welche die Hirten erst mühselig mit Wasser füllen müssen, oder bildet aus dichten Dornenhecken im Flusse einen gegen dessen Mitte abgeschlossenen, vor den gefürchteten Räubern gesicherten Tränkplatz.

Gefährlicher als durch den Schaden, welchen es an den Herden anrichtet, wird das Krokodil durch seinen Menschenraub. Im ganzen Sudân gibt es nicht ein einziges Dorf, aus welchem durch die Krokodile nicht schon Menschen geraubt worden wären; alljährlich geschehen Unglücksfälle, und wenn die Reisenden nicht viel davon zu erzählen wissen, so erklärt sich dies dadurch, weil sie sich nicht besonders danach erkundigen. Dem Fremden, welcher fragt, wissen die alten Leute zu erzählen, daß das Krokodil den und den, Sohn des und des, Nachkommen von dem und dem, außer ihm aber noch verschiedene Pferde, Kamele, Maulthiere, Esel, Hunde, Schafe, Ziegen in die trüben Fluten hinabgezogen und gefressen oder ihnen wenigstens ein Glied abgerissen habe. Die meisten Menschen werden der Panzerechse Opfer, wenn die Eingeborenen in den Fluß waten, um Wasser zu schöpfen. Höchst selten kommt es vor, daß die einmal erfaßte Beute sich rettet; denn alle Angriffe des Krokodiles geschehen so plötzlich, daß ein Entrinnen kaum möglich ist. Selbst an den Wasserplätzen großer Ortschaften und Städte treiben sich die gefährlichen Raubthiere umher: während meines Aufenthaltes in Chartum wurde ein Knabe wenige Schritte vom Hause seiner Eltern geraubt, ertränkt, nach der mitten im Strome liegenden Sandbank geschleppt und hier vor den Augen meiner Diener verschlungen. Die grenzenlose Furcht der Sudâner ist leider vollkommen gerechtfertigt.

Alle klügeren Thiere kennen das Krokodil und seine Angriffsweise. Hunde, welche in den Dörfern am Strome groß geworden sind, fallen dem Krokodile selten zum Opfer. Sie nähern sich, wenn sie trinken wollen, stets mit äußerster Vorsicht dem Wasserspiegel, beobachten denselben genau, trinken einige Tropfen, kehren eilig zum Uferrande zurück, bleiben längere Zeit hier stehen, sehen starr auf das Wasser herab, nahen sich wiederum unter Beobachtung derselben Vorsichtsmaßregeln, trinken nochmals und fahren so fort, bis sie ihren Durst gestillt haben. Ihr Haß gegen das Krokodil offenbart sich, wenn man ihnen eine größere Eidechse zeigt: sie weichen vor einer solchen zurück wie Affen vor einer Schlange und bellen wüthend.

Jede von meiner Hand abgesendete Büchsenkugel, welche während meiner zweiten Reise im Sudân die Panzerhaut eines dieser Ungethüme durchbohrt hat, war nur ein Werkzeug meiner Rache. Chartum gegenüber hatte ich mein Zelt aufgeschlagen, einige Tage lang gejagt und einmal gegen Abend einen Seeadler angeschossen, welcher noch bis zum Strome flatterte und hier auf das Wasser fiel. Der mir damals werthvoll erscheinende Vogel trieb mit den Wellen dicht am Ufer hin und näherte sich einer nach der Mitte sich wendenden Strömung, welche mir ihn entführt haben würde. Da erschien ein Araber, und ich bat ihn, den Vogel für mich zu fischen. »Bewahre mich der Himmel, Herr«, antwortete er mir, »hier gehe ich nicht in das Wasser; denn hier wimmelt es von Krokodilen. Erst vor wenig Wochen haben sie zwei Schafe beim Tränken erfaßt und in die Wellen gerissen; einem Kamele bissen sie ein Bein ab; ein Pferd entrann ihnen mit genauer Noth.« Ich versprach dem Manne reiche Belohnung, schalt ihn Feigling und forderte ihn auf, als Mann sich zu zeigen. Er erwiderte ruhig, daß er, wenn ich ihm »alle Schätze der Welt« geben könne, diese nicht verdienen wolle. Unwillig entkleidete ich mich selbst, sprang in den Strom und watete und schwamm auf meinen Vogel zu. Laut auf schrie der Araber: »Herr, um der Gnade und Barmherzigkeit Allahs willen, kehre um, ein Krokodil!« Erschrocken eilte ich nach dem Ufer zurück. Von der anderen Seite des Stromes her kam ein riesiges Krokodil, die Panzerhöcker über der Oberfläche des Wassers zeigend; schnurgerade schwamm es auf meinen Vogel zu, tauchte dicht vor ihm in die Tiefe, öffnete den Rachen, welcher mir groß genug erschien, auch meinerseits darin Platz zu finden, nahm mir die Beute vor den Augen weg und verschwand mit ihr in den trüben Fluten. Ein zweites schwamm später schnurstracks auf einen Nimmersatt zu, dessen sich mein Diener von der anderen Seite her bemächtigen wollte, und würde möglicherweise anstatt des Vogels, Jagd auf den Mann gemacht haben, hätte ich ihm nicht rechtzeitig durch eine wohlgezielte Kugel diesen und alle ferneren Angriffe verleidet. Andere ließen sich nicht einmal durch Schüsse von ihrer bereits ins Auge gefaßten Beute abbringen. Zuweilen vergreifen sie sich sogar an ungenießbaren Dingen, welche im Strome treiben, nehmen sich also nicht einmal Zeit, den vermeintlichen Bissen vor dem Verschlingen zu untersuchen. Ein mit Luft oder Wasser gefüllter Lederschlauch, wie die Sudâner ihn verwenden, kann ihnen, laut Baker, unter Umständen als Beutestück erscheinen und dem Träger des Schlauches das Leben retten.

Mit der frechen Dreistigkeit, welche das Krokodil bethätigt, so lange es sich im Wasser befindet, steht die erbärmliche Feigheit, welche es auf dem Lande zeigt, im geraden Gegensatze. Höchst selten entfernt es sich weiter als hundert Schritte vom Flußufer, und regelmäßig stürzt es diesem bei anscheinender Gefahr schnurgerade wieder zu. Beim Erscheinen eines Menschen ergreift es stets mit größter Eile die Flucht; niemals denkt es daran, einen Menschen landeinwärts zu verfolgen. Hundertmal habe ich mir den Spaß gemacht, Krokodile plötzlich zu überraschen, und stets gesehen, daß sie sich, ganz wie bei uns zu Lande die Frösche, mit ängstlicher Hast in den Fluß stürzten.

Wahrscheinlich unternimmt das Krokodil Ausflüge über Land nur des Nachts, vielleicht in der Absicht, ein anderes Gewässer aufzusuchen. Um zu jagen, verläßt es, wie bemerkt, den Fluß gewiß nicht; wenigstens habe ich nie das Gegentheil beobachtet oder davon gehört. Während der Regenzeit folgt es den Regenströmen, welche bald darauf versiegen, und geht in ihnen zuweilen so weit, daß es infolge der rasch eintretenden Dürre von seinem Hauptstrome abgeschnitten und genöthigt wird, sich so gut wie möglich zu verbergen und die nächsten Regen abzuwarten. Anfänglich wandert es von einer Lache zur anderen; später hält es sich wochenlang in derjenigen auf, welche noch etwas Wasser hat, gleichviel ob dieselbe zu seiner Größe im Einklange steht oder nicht, so daß man zuweilen in einer unbedeutenden seichten Pfütze wahre Riesen bemerkt; endlich, wenn auch hier das Wasser vertrocknet, gräbt es sich in den Schlamm ein. Dr. Penney überschritt als Begleiter einer Sklavenjagd mit seinen Leuten einen Regenstrom, dessen Mündung noch etwa zwanzig Kilometer vom Blauen Flusse entfernt war. Wegen Wassermangels wurde in dem jetzt trockenen Bette des Regenstromes ein Schacht ausgetieft, welcher das nothwendige Wasser zu liefern versprach. Als die Arbeiter etwa zwei und einen halben Meter tief gegraben hatten, sprangen sie entsetzt aus der Tiefe empor und riefen den alles wissenden Oberstabsarzt zu Hülfe, weil sich in der Grube ein »graues Ding« hin und her bewege. Die genauere Untersuchung stellte heraus, daß man es mit der Schwanzspitze eines lebenden, sehr großen Krokodiles zu thun habe. Der Regenstrom heißt infolge dieser Begebenheit noch heutigentages »Chor el Tim sach« oder Krokodilregenstrom.

Krokodile von drei und einem halben Meter Länge sind bereits fortpflanzungsfähig; Weibchen dieser Größe legen aber weniger und kleinere Eier als die vollkommen ausgewachsenen, welche eine Länge von fünf bis sechs Meter erreichen. Während der Paarungszeit verbreiten die Krokodile, hauptsächlich wohl die männlichen, einen so starken Moschusgeruch, daß man unter Umständen von ihrem Vorhandensein durch die Nase eher unterrichtet wird als durch das Auge, oder den Moschusdunst auf Inseln noch dann wahrnehmen kann, wenn die Thiere letztere bereits wieder verlassen haben. Von etwaigen Kämpfen zwischen verliebten Männchen habe ich nichts vernommen, dagegen wiederholt erzählen hören, daß die Begattung auf Sandinseln erfolge und das Weibchen dabei vom Männchen erst auf den Rücken gewälzt und später wieder umgedreht werde. Die Anzahl der Eier, welche in Gestalt und Größe Gänseeiern ähneln, jedoch durch ihre weiche, rauhe Kalkschale sich von diesen unterscheiden, schwankt zwischen zwanzig und neunzig Stück; ihrer vierzig bis sechzig mögen im Mittel ein Gelege bilden. Sie werden von dem Weibchen auf

Sandinseln in eine tiefe Grube gelegt und vermittels des Schwanzes mit Sand bedeckt. Es soll alle Spuren seiner Arbeit so sorgfältig verwischen, daß man die Eiergrube nur an den über ihr sich sammelnden Fliegen zu erkennen im Stande ist. Auch die Sudâner behaupten, daß die Krokodilmutter ihre Eier bewache und den auskriechenden Jungen behülflich sei, ihnen aus dem Sande heraushelfe und sie dem Wasser zuführe: wie viel hieran wahr ist, vermag ich nicht zu sagen. Die Jungen haben beim Ausschlüpfen eine Länge von ungefähr zwanzig Centimeter und nehmen im Laufe ihres ersten und zweiten Lebensjahres etwa um je zehn Centimeter, in jedem nachfolgenden Jahre dagegen um funfzehn bis zwanzig Centimeter zu, bis sie eine Gesammtlänge von vielleicht drei Meter erreicht haben; von dieser Zeit an scheint ihr Wachsthum sich je länger, je mehr zu verlangsamen, so daß man, einer auf die Angaben der Eingeborenen begründeten Schätzung nach, das Alter fünf bis sechs Meter langer Thiere wohl auf hundert Jahre veranschlagen darf. Wie alt sie überhaupt werden, läßt sich nicht bestimmen.

In früheren Zeiten wurden, wie uns Herodot mittheilt, Krokodile von den Unteregyptern in Gefangenschaft gehalten. »Manche Egypter«, sagt der Vater der Geschichte, »sehen in den Krokodilen heilige Thiere, andere ihre schlimmsten Feinde; jene wohnen um den See von Möris, diese um Elefantine. Erstere nähren ein Krokodil und zähmen es in so hohem Grade, daß es sich betasten läßt. Man bemüht sich, ihm ein prächtiges Leben zu verschaffen, hängt ihm Ringe von geschliffenen Steinen und Gold in die Ohren, ziert seine Vorderfüße mit goldenen Armbändern und füttert es mit Mehlspeisen und Opferfleisch. Nach dem Tode wird es einbalsamirt und in ein geweihtes Grab gesetzt. Solche Begräbnisse befinden sich in den unterirdischen Gemächern des Labyrinths am See Möris, nicht weit von der Krokodilstadt.« Strabo vervollständigt diese Angaben. »Die Stadt Arsinoë in Egypten wurde in früheren Zeiten Krokodilstadt genannt, weil in dieser Gegend das Krokodil hoch geehrt wird. Man hält hier in einem See ein einzelnes Krokodil, welches gegen die Priester durchaus zahm ist. Es heißt Suchos. Die Fütterung besteht in Fleisch, Brod und Wein, und solches Futter bringen die Fremden, welche es sehen wollen, immer mit. Mein Gastwirt, ein sehr geachteter Mann, welcher uns die dortigen heiligen Dinge zeigte, ging mit uns an den See. Er hatte einen kleinen Kuchen, gebratenes Fleisch und ein Fläschchen Honigwein mitgenommen. Wir fanden das Thier am Ufer liegend. Die Priester gingen zu ihm hin, öffneten ihm den Rachen, einer steckte den Kuchen hinein, dann das Fleisch und goß den Wein hinterher. Nun sprang das Thier in den See und schwamm ans jenseitige Ufer. Unterdessen kam wieder ein anderer Fremder, welcher eine gleiche Gabe brachte. Die Priester nahmen das neue Futter, gingen um den See herum und gaben es dem Thiere auf dieselbe Art.« Wie Plutarch noch mittheilt, kennen die Krokodile nicht bloß die Stimme, welche sie zu rufen pflegt, sondern lassen sich auch die Zähne putzen und mit einem Stücke Leinwand abreiben. Diodorus Siculus endlich gibt uns den Grund an, weshalb das Thier heilig gehalten und ihm göttliche Ehre erwiesen wurde. »Es wird gesagt, daß sowohl die Größe des Nils wie die Menge der in ihm hausenden Krokodile die arabischen und libyschen Räuber abhält, über den Strom zu schwimmen. Andere erzählen, einer von den alten Königen, Namens Menas, sei von seinen eigenen Hunden verfolgt worden und in den See Möris geflüchtet, woselbst er wunderbarerweise von einem Krokodile aufgenommen und auf die andere Seite getragen worden sei. Um nun diesem Thiere für seine Rettung den gebührenden Dank abzustatten, habe er in der Nähe des Sees eine Stadt gebaut und sie Krokodilstadt genannt, auch den Einwohnern geboten, die Krokodile als Götter zu verehren. Er auch sei es gewesen, welcher hier eine Pyramide und das Labyrinth errichtet habe. Übrigens gibt es Leute, welche ganz andere Ursachen der Vergötterung dieser Thiere angeben.«

Wie innig die Verehrung des Thieres gewesen sein soll, geht aus einer Erzählung von Maximus Tyrius hervor: »In Ägypten zog einst ein Weib ein Krokodil auf und ward deshalb wie der Gott selber hoch verehrt. Ihr Kind, ein Knabe, lebte und spielte mit dem Krokodile, bis dieses, größer und stärker geworden, endlich den Spielgenossen auffraß. Das unglückselige Weib aber pries fortan das Glück ihres Sohnes, weil er von einem Gotte verspeist worden war.«

Gegenwärtig denkt in den Nilländern niemand mehr daran, Krokodile zu zähmen; mit altgefangenen hat dies auch besondere Schwierigkeiten. Am 20. Juli 1850 kaufte ich in Chartum ein drei und einen halben Meter langes lebendes Krokodil, welches sich in Fischernetzen verwickelt hatte, zum Preise von einer Mark unseres Geldes, um es zu beobachten. Die Fischer hatten ihm den Rachen fest zugebunden, da sie vor seinen Bissen gesichert sein wollten; trotzdem fuhr es, als wir uns ihm näherten, mit einem so ungestümen und raschen Satze auf uns los, daß wir erschrokken zurücktraten. Wenn wir es stießen, schnaubte es dumpf blasend und fauchend; im allgemeinen aber schien es höchst unempfindlich zu sein. Wir streuten ihm Schnupftabak in die Nase, legten ihm glühende Kohlen auf die Haut und quälten es sonst noch, ohne daß es das geringste Unbehagen gezeigt hätte. Nur Tabakrauch schien es nicht vertragen zu können: als mein Gefährte, Dr. Bierthaler, ihm seine brennende Pfeife unter die Nase hielt, wurde es überaus wüthend. Ein in der nächsten Nacht fallender Regen kam ihm sehr zu statten, weil er eine ziemlich tiefe und ausgedehnte Grube vor unserem Hause in eine Lache verwandelte, welche ihm nunmehr zur Herberge angewiesen wurde. Hier schien es sich sehr wohl zu befinden, hielt sich jedoch stets auf dem Grunde des Gewässers auf und kam selten und immer nur mit den Nasenlöchern zum Vorscheine, um zu athmen, während es, so lange es auf trockenem Lande gewesen war, ununterbrochen Luft gewechselt hatte. Für die Bewohner der Hauptstadt wurde unser Krokodil ein Gegenstand der köstlichsten Unterhaltung. Groß und Klein umlagerte die Lache, in welcher dieser »Sohn des

Hundes« sich aufhielt. Um sein Entfliehen nach dem nicht allzu entfernten Blauen Flusse zu verhüten, hatte ich es an einer Leine anbinden lassen; jeder Vorübergehende zog nun das wehrlose Thier an der Schnur auf das trockene Land heraus, betrachtete es genau und ließ es unter Flüchen und Schimpfreden, welche wohl auch mit Steinwürfen gewürzt wurden, wieder los; sogar kleine Buben machten sich das seltene Vergnügen, einmal ein Krokodil zu mißhandeln. Um die Quälgeister zu schrekken, ließ ich die Stricke zerschneiden, mit denen die Schnauze zugebunden worden war; aber auch das fruchtete wenig. Man holte lange Stöcke herbei, schlug das Krokodil damit auf den Rücken und hielt ihm, wenn man es hinlänglich gereizt hatte, den dicken Stock zum Beißen vor; es erfaßte das Marterwerkzeug auch stets und mit solcher Wuth, daß es sich an ihm hin- und herschleifen ließ, ohne loszulassen. Dabei brachen gewöhnlich einige seiner Zähne aus; aber selbst dann versuchte es festzuhalten. Dank den unendlichen Bemühungen der Einwohnerschaft Chartums hatte es nach wenigen Tagen seinen »verruchten Geist« aufgegeben.

Jung eingefangene Krokodile werden bald ebenso zahm wie Eidechsen, lassen sich nach einiger Zeit berühren oder in die Hand nehmen, ohne zu blasen oder zu fauchen, gewöhnen sich an einen bestimmten Ruf, nehmen ihnen vorgehaltenes Futter aus der Hand und sind dann sehr niedlich. Daß sorgsam aufgezogene, gewissermaßen erzogene Thiere auch im höheren Alter so mild und freundlich bleiben, als einem Krokodile überhaupt möglich, läßt sich mit Bestimmtheit annehmen, und die Erzählungen der Alten sind daher sicherlich weder übertrieben noch ausgeschmückt.

Die erwähnten vier Moschusdrüsen sind es, welche den heutigen Sudânern als der größte Gewinn erscheinen, den sie aus dem Leichname eines erlegten Krokodiles zu ziehen wissen. Man verkaufte sie zur Zeit meines Aufenthaltes zu vier bis sechs Speciesthalern, einer Summe, für welche man sich damals in derselben Gegend zwei halberwachsene Rinder erwerben konnte. Denn vermittels dieser Drüsen verleihen die Schönen Nubiens und Sudâns ihrer Haar- und Körpersalbe den Wohlgeruch, welcher sie so angenehm macht in den Augen, bezüglich den Nasen der Männer und sie in der That sehr zu ihrem Vortheile auszeichnet vor den Frauen der mittleren Nilländer, welche das wollige Gelock ihres Hauptes mit Ricinusöl salben und deshalb mindestens dem Europäer jede Annäherung auf weniger als dreißig Schritte verleiden. Diese Moschusdrüsen geben dem ganzen Krokodile einen so durchdringenden Geruch, daß es unmöglich ist, das Fleisch älterer Thiere zu genießen. Ich habe mehrmals Krokodilwild versucht, jedoch nur von dem jungen Thier einige Bissen hinabwürgen können. Die Eingeborenen freilich denken anders; ihnen erscheinen Fleisch und Fett der Panzerechsen als besondere Leckerbissen. Ein Krokodil, welches ich vom Schiffe aus kurz vor unserer Ankunft im Städtchen Wolled-Medineh tödtete und mit mir nahm, fand ich bei meiner Rückkunft von einem Jagdausfluge bereits zerlegt, denn die Matrosen hatten es nicht über sich vermocht, dem Anblicke dieses köstlichen Leckerbissens zu widerstehen, sondern bereits eine, wie sie sagten, vortreffliche Mahlzeit gehalten. Am folgenden Tage wurde mit zwei Viertheilen des Beutevorraths der Markt von Wolled-Medineh bezogen und das Fleisch dort in überraschend kurzer Zeit theils verkauft, theils in Merisa (ein bierähnliches Getränk) umgetauscht. Abends gab es ein Fest in der Nähe der Barke. Gegen Zusicherung eines Gerichtes Krokodilfleisches hatten sich ebensoviele Töchter des Landes, als unser Schiff Matrosen zählte, willig finden lassen, an einer Festlichkeit theilzunehmen, welche erst durch die Reize der holden Mägdlein und Frauen Bedeutung und Schmuck erhalten sollte. Über drei großen Feuern brodelte in mächtigen, kugelrunden Töpfen das seltene Wildpret, und um das Feuer, um die Töpfe bewegten sich die braunen Gestalten in gewohntem Tanze. Lieblich erklang die Tarabuka oder Trommel der Eingeborenen; lieblich dufteten die Schönen, denen die höflichen Anbeter vermittels einer geopferten Drüse köstliche Salbe bereitet; Liebesworte wurden gespendet und zurückgegeben, und der gute Mond und ich gingen still ihres Weges, um die Festfreude nicht zu stören. Bis spät in die Nacht hinein erklang die Trommel, bis gegen den Morgen hin währte der Tanz; man speiste vergnügt ein Gericht Krokodil und trank köstliche Merisa dazu, bot auch mir von beiden an und wunderte sich nicht wenig, daß ich das erstere so entschieden verschmähte.

Im Alterthume wurde auch aus dem erlegten Krokodile mancherlei Arznei gewonnen. Sein Blut galt als ein vortreffliches Mittel gegen Schlangengift, vertrieb auch Flecken auf den Augen; die aus der Haut gewonnene Asche sollte Wunden heilen, das Fett außerdem gegen Fieber, Zahnweh, Schnakenstiche schützen, ein Zahn, als Amulet am Arme getragen, noch besondere Kräfte verleihen. Auch hiervon hört man heutigentages nichts mehr. Gewissen Theilen des Krokodiles schreibt man aber allgemein noch eine Stärkung derjenigen Kräfte zu, welche alle in Vielweiberei lebenden Männer für die wünschenswerthesten ansehen und deren Erhaltung sie mit den verschiedenartigsten Mitteln zu erreichen streben.

Nicht alle Krokodile wurden von den alten Egyptern mit so großen Ehren bestattet wie diejenigen, deren Mumien man in den Gräbern von Theben findet, und an denen man, laut Geoffroy, sogar noch die Löcher bemerkt, in denen sie Ringe trugen; diejenigen, welche wir in der Höhle von Maabde bei Monfalut untersuchten, waren einfach in Pech durchtränkte Leinentücher gehüllt. Jene Höhle liegt am rechten Nilufer auf der ersten Hochebene, welche man betritt, nachdem man die Uferberge erstiegen. Ein kleiner, von einem mächtigen Felsblocke überdachter Schacht von drei bis vier Meter Tiefe, vor dessen Eingang Knochen, Muskeln und Leinwandfetzen von Krokodilen und Mumien zerstreut umherliegen, bildet den Eingang und geht bald in einen längeren Stollen über, welchen der wißbegierige Forscher auf Händen und Füßen durchkriechen muß. Der Gang führt in eine weite und geräumige Höhle, in welcher tausende und aber tausende von Fledermäusen ihre Herberge aufgeschlagen haben. In einem der größeren Grottengewölbe bemerkt der Besucher einen ziemlich hohen Hügel und erfährt bei genauerer Besichtigung, daß derselbe aus Menschenleichnamen besteht. Etwas weiter nach hinten, in einem zweiten, noch größeren Gewölbe, liegen die Mumien der Krokodile, tausende über tausende geschichtet, solche von allen Größen, die Mumien von riesenhaften Ungeheuern und eben ausgeschlüpften Jungen, selbst eingetrocknete mit Erdpech getränkte Eier. Alle größeren Krokodile sind mit Leinwand umhüllt und insofern besonders behandelt worden, als man sie einzeln beisetzte, während die kleineren zwar mit derselben Sorgsamkeit eingepackt, aber zu sechzig bis achtzig Stück in langen, an beiden Enden zugespitzten und zusammengebundenen Körben aus Palmzweigen hereingebracht und aufbewahrt wurden. Wenn man diese Berge von Leichnamen der heiligen Thiere betrachtet, kommt der Gedanke ganz von selbst, daß es mit der Heilighaltung der Krokodile eine eigenthümliche Bewandtnis haben mußte, daß die alten Egypter die Krokodile eher fürchteten als verehrten und sie auf jede Weise zu vermindern suchten. Alle die Ungeheuer, deren Leichname man hier liegen sah, waren gewiß nicht eines natürlichen Todes verblichen, vielmehr getödtet und dann einbalsamirt worden, gleichsam um sie wegen des Mordes zu versöhnen. In welcher Beziehung die Menschenmumien zu den Krokodilen standen, dürfte schwer zu sagen sein; möglicherweise hatte ihnen das Geschäft obgelegen, die Krokodile zu jagen und ihre Leichname einzubalsamiren.

# *Die Smaragdeidechse*

Unter den in Deutschland lebenden Echsen steht, infolge ihrer Größe und Schönheit, die Smaragd- oder Grüneidechse (Lacerta viridis) oben an. Sie erreicht hierorts vierzig, im Süden bis fünfundsechzig Centimeter an Länge, wovon nur ein Drittel auf Kopf und Leib zu rechnen ist; sie erscheint, des langen Schwanzes halber, sehr schlank, ist aber in Wahrheit kräftig gebaut. Die Färbung des Männchens ist ein lebhaftes, oft schimmerndes Grün in verschiedenen Abstufungen, von Bläulich- durch Smaragd- bis zu Seladongrün, welches auf der Unterseite in Grünlichgelb übergeht. Perlweiße und ebenso schwarze Punkte, erstere am Kopfe, schmücken die Oberseite, wogegen die Unterseite, mit Ausnahme der oft blau gefärbten Kehle und Unterkiefer, stets einfarbig ist. Das Weibchen trägt ein mehr oder weniger ins Braune spielendes, mit weißlichen, schwarzgesäumten Fleckenlängsreihen geziertes Kleid. Junge Thiere haben vorherrschend lederbraune Färbung.

Als die eigentliche Heimat der Smaragdeidechse haben wir die Länder im Osten und Norden des Mittelmeeres anzusehen. Sie ist häufig in Portugal, nicht selten in Spanien, dringt in Frankreich bis Paris vor, findet sich in Italien, bewohnt ebenso die Donauländer, Südrußland, die Krim, Kleinasien, Syrien und Palästina. Zu ihren Aufenthaltsorten dienen ihr, vorausgesetzt, daß der Untergrund aus Kalk oder Buntsandstein besteht, die verschiedensten Örtlichkeiten, gleichviel, ob es sich um Ebenen, Hügelgelände oder Gebirge handelt. Vom Meeresgestade an bis zu tausend Meter unbedingter Höhe, im Eggenthale noch höher, hat man sie in jeder Höhenschicht wahrgenommen. Wo sie häufig ist, begegnet man ihr überall: so, laut Gredler, in Tirol an Felsen oder steinigen, von der Sonne durchglühten Stellen längs der Straßen, Feldwege und Flußufer, in Vorbergen und Gebüschen, spärlicher in der Ebene oder in Weinbergen, so, nach Bedriaga, in Italien auf Kalkbergen, welche hier und da mit niederem Gestrüppe bewachsen sind, so, laut Erber, in dem felsigen Dalmatien an allen Orten. »In einer Gruppe von Gesträuchern«, sagt Bedriaga, »hat ein Pärchen von Smaragdeidechsen sein Versteck. Die Thiere sonnen sich stets in einer gewissen Entfernung von ihrem Schlupfwinkel, damit auch nicht der geringste Schatten, durch das Gesträuch verursacht, auf sie falle; sie liegen auf irgend einem Steine ihrer ganzen Länge nach, und ihre grelle Färbung sticht in auffallender Weise vom Felsen ab.« Recht gern besteigt die Smaragdeidechse auch Sträucher, um sich zu sonnen, ebenso Bäume, um größere Sicherheit zu genießen.

Ihre Bewegungen sind wundervoll, ebenso schnell als gewandt, ebenso zierlich als anmuthig. »Dem Blitze vergleichbar, kreuzt sie die Wege«, singt Dante von ihr; »beim Sprunge«, sagt Leydig, »schießt sie, mit gestrecktem Schwanze, pfeilähnlich, in geradester Richtung über ganze Flächen, und oft noch über das Ziel hinaus«. Verfolgt man sie, so sucht sie, laut Erber, auf Bäumen Zuflucht. Beunruhigt man sie auch hier noch, so entrinnt sie oft durch ungeheuere Sätze auf den Boden herab, und verkriecht sich unter Steinen oder in Erdlöchern. »Welche Wichtigkeit für die eilige, geradlinige Bewegung der lange Schwanz hat«, bemerkt Leydig, »kann uns klar werden, wenn wir zufällig Thieren begegnen, welche am Schwanze verstümmelt sind. Solche, obgleich sich in die Flucht stürzend, können nicht die pfeilschnellen Bewegungen gewinnen, sondern suchen durch einfachen Lauf, unter zahlreichen, raschen Schlängelungen des Leibes, zu entkommen.«

Alle übrigen Begabungen der Smaragdeidechse stehen hinter denen ihrer Artgenossen nicht zurück. Sie ist ebenso scheu als lebhaft, ebenso klug als beweglich. Hat man, laut Leydig, ein altes, meist für sich einsam lebendes Männchen mehrmals hinter einander aufgesucht, ohne seiner habhaft werden zu können, so lenkt das sich sonnende Thier immer um so früher seinem Schlupfwinkel zu, je öfter man in seine Nähe kommt. Und was das beachtenswertheste: die Smaragdeidechse unterscheidet und beurtheilt gar wohl einen schwer belasteten Landmann und läßt ihn, ohne ihre Lage zu ändern, an sich vorübergehen, während sie bei ansichtigwerden des Städters schon aus weiter Ferne sich zurückzieht. Im Käfige gibt sie fast tagtäglich Beweise ihres Verstandes: sie zählt unbedingt zu den klügsten Arten ihres Geschlechtes. Nur wenn sie, wiederholt gejagt, endlich unter einem locker liegenden Steine Zuflucht sucht und dieser aufgehoben wird, ergibt sie sich, ohne ferner zu flüchten, in ihr Schicksal; ebenso bleibt sie zuweilen, wenn man nach ihr schlug, ohne sie zu treffen, erschrocken sitzen und läßt dann leicht sich ergreifen. Doch wehrt sie jetzt sich durch Beißen, welches freilich dem Finger niemals gefährlich werden kann. Anders verhält es sich, wenn sie mit Artgenossen in Streit geräth. Gesellig, wie alle Eidechsen, lebt sie zwar mit ihresgleichen für gewöhnlich in leidlichem Frieden, macht jedoch schwächeren Arten gegenüber ihr Übergewicht geltend und verfährt zuweilen wohl ebenso auch gegen jüngere Thiere ihres eigenen Geschlechtes.

Ihre gewöhnliche Nahrung besteht aus Kerbthieren, deren Larven, Schnecken und Würmern; doch bedroht auch sie Eier und Nestjunge der Vögel oder verzehrt ebenso kleinere Eidechsen ohne Bedenken, thut letzteres mindestens, wie Simons erfahren mußte, in der Gefangenschaft. Unter dem kleinen Geflügel kann sie während der Brutzeit in bedenklicher Weise hausen; denn ihre Kletterkünste kommen ihr

*Lacerta viridis*

LACERTIDAE

beim Nestplündern sehr zu statten, und ihre Stärke ist immerhin so bedeutend, daß die kleinen Vögel ihr gegenüber waffenlos sind. Die Araber Syriens und Palästinas, welche sie und ihre Räubereien beobachtet haben, glauben und behaupten, daß die Vögel, welche Schlangenhaut in die Wände ihrer Nester verweben, dies nur aus dem Grunde thun, um sie, deren Todfeindin die Schlange ist, vom Neste abzuschrekken. Um eine so große Beute, wie eine Zaun- oder Mauereidechse, verschlingen zu können, packt sie dieselbe, laut Simons, in der Mitte des Leibes, zieht sie, kauend, mehrere Male vom Kopfe bis zum Schwanze durch das Maul, quetscht sie zusammen und verschlingt sie, ohne loszulassen, mit einer für Eidechsen überraschenden Leichtigkeit. Wie gefräßig sie ist, erfuhr Erber, welcher ihr, wie allen von ihm gepflegten Kriechthieren, die zur Ernährung bestimmten Kerbthiere zuzählte: eine einzige Smaragdeidechse verzehrte vom Februar bis zum November über dreitausend Stück größere Kerfe, darunter allein zweitausendundvierzig Mehlwürmer.

Südlich der Alpen zieht sich die Smaragdeidechse im November, in Deutschland fast einen Monat früher, zum Winterschlafe zurück; im Süden Griechenlands und Spaniens bleibt sie in manchen Wintern beinahe immer in Thätigkeit. Bei uns zu Lande schläft sie bis zum April; in Südtirol zeigt sie sich schon im März. Im Mai oder Juni beginnen die jetzt im vollsten Farbenschmucke, im Hochzeitskleide, prangenden Männchen erbitterte Kämpfe mit gleich ihnen paarungslustigen Nebenbuhlern, und nicht selten büßt dabei ein oder das andere, zuweilen auch jeder der verbissenen Kämpen, seine Hauptzierde, den Schwanz, ein. Um die genannte Zeit geschieht die Paarung; einen Monat später, in der Schweiz oder Deutschland nicht vor dem Juli, legt das Weibchen fünf bis acht bohnengroße, fast kugelrunde Eier von schmutzig weißer Farbe an einem passenden Orte ab, ungefähr wiederum einen Monat später, also im August, schlüpfen die Jungen aus und treiben es bald ebenso wie die Alten.

Von allen den oben genannten Feinden hat die Smaragdeidechse viel, von strengen Wintern und naßkalten Sommern noch mehr zu leiden. Charpentier erzählt, daß sie vor dem harten Winter von 1829 auf 1830 bei Bex sehr häufig war, nachher aber längere Zeit nur noch selten gesehen wurde, weil unzweifelhaft der größte Theil des Bestandes in den nicht genügend tiefen Löchern durch eindringenden Frost sein Ende gefunden hatte.

# *Die Blindschleiche*

Der schlangenähnliche Leib, das Fehlen der Vorder- und Hintergliedmaßen, das versteckte Ohr und die Bekleidung, welche aus kleinen, sechsseitigen, in Längsreihen geordneten, glatten, glänzenden Schuppen besteht, sind die äußerlichen – das echsenähnliche Geripp, spitzige Zähne, eine platte, vorn seicht eingeschnittene Zunge und zwei wohlentwickelte Lungen die innerlichen Kennzeichen der Blindschleiche (Anguis fragilis). Die Färbung der Oberseite ist gewöhnlich ein schönes Bleigrau, welches an den Seiten in Röthlichbraun, auf dem Bauche in Bläulichschwarz übergeht und hier durch gelbweiße Punkte geziert wird; es gibt jedoch kaum zwei Blindschleichen, welche sich vollständig in der Färbung ähneln. Lenz versichert, daß er einmal in Zeit einer halben Stunde dreiunddreißig dieser Thiere in einem Umkreise von ungefähr sechshundert Schritt gefangen, unter ihnen aber nicht zwei gefunden habe, welche vollkommen gleich gefärbt und gezeichnet gewesen wären. Erwachsene erreichen eine Länge von ungefähr 40 Centimeter, wovon auf den Schwanz etwas mehr als die Hälfte kommt.

Die Blindschleiche bewohnt fast ganz Europa von Südschweden an bis Griechenland und Spanien, sie lebt auf feuchtem Grunde lieber als auf trockenem, und kommt auf den verschiedensten Örtlichkeiten vor, am meisten da, wo dichtes Buschwerk und hohes Gras den Boden bedecken oder wenigstens lockeres Gestein aufliegt. Je nach des Ortes Gelegenheit wählt sie sich ihre Behausung an verschiedenen Stellen. In dem lockeren Boden gräbt sie sich eine Höhle von mehr oder weniger Tiefe; an Stellen, welche mit Moos oder Gras bedeckt sind, verbirgt sie sich zwischen den Pflanzen, im Gebüsch unter dem Gewurzel, auf steinigen Gehängen unter großen flachliegenden Steinen, welche sie überhaupt sehr gern zu haben scheint. Da sie die Ameisen nicht scheut, haust sie oft mit diesen zusammen unter Steinen, ja selbst in Ameisenhaufen, trotz der unruhigen Kerbthiere, welche sonst doch über jedes Thier herfallen.

Mitte oder Ende Oktober verkriecht sich die Blindschleiche in vorgefundene oder selbst gegrabene Löcher unter der Erde, um in ihnen Winterschlaf zu halten. Alle Winterherbergen, welche Leydig untersuchen konnte, waren hinsichtlich ihrer Lage sorgfältig gewählt, derart, daß sie nicht bloß genau nach Süden sich richteten, sondern vor Nord- und Ostwinden Schutz hatten. Die Höhlungen graben sich die Thiere selbst aus, und zwar durch bohrende Bewegungen mit ihrem Kopfe. Mitunter findet man sie in ganz engen Löchern sieben bis dreißig Centimeter tief unter der Erde, mitunter in einem gegen einen Meter langen, gekrümmten Stollen, welcher von innen mit Gras und Erde verstopft wurde, hier dann gewöhnlich auch zwanzig bis dreißig Stück bei einander, alle in tiefer Erstarrung, theils halb zusammengerollt, theils in einander verschlungen, theils gerade gestreckt. Zunächst am Ausgange liegen die Jungen, auf sie folgen immer größere Stücke, und zu hinterst haben ein altes Männchen und Weibchen ihr Winterbett aufgeschlagen. Einmal fand Leydig auch eine Jachschlange, die Todfeindin aller schwächeren Echsen, in der Winterherberge der Blindschleichen. Alle liegen bei kaltem Wetter regungslos, als ob sie schlaftrunken wären, ermuntern sich aber, wenn man sie allmählich in die Wärme bringt. Zwanzig Stück, mit denen Lenz Versuche anstellte, waren bei anderthalb bis zwei Grad Wärme ziemlich steif, rührten sich aber doch noch, wenn sie angegriffen wurden; einzelne krochen auch, nachdem sie wieder in ihre Kiste gelegt worden waren, langsam umher. Alle hatten die Augenlider fest geschlossen, und nur zwei öffneten sie ein wenig, während sie in die Hand genommen wurden, die anderen schlossen sie sofort wieder, wenn man sie ihnen gewaltsam öffnete. Als sich die Wärme bis auf drei Grad unter Null vermindert hatte, lagen alle starr in der sie schützenden Kleie; keine einzige aber erfror, während mehrere echte Schlangen, welche denselben Aufenthalt zu theilen hatten, der Kälte erlagen. Bei noch härterem Froste gehen jedoch auch die Blindschleichen unrettbar zu Grunde. Im Frühlinge erscheinen sie bei gutem Wetter bereits um die Mitte des März.

Die Nahrung der Blindschleiche besteht fast ausschließlich in Nacktschnecken und Regenwürmern; nebenbei nimmt sie auch glatte Raupen zu sich, ist aber außer Stande, irgend ein schnelleres Thier zu erbeuten. An Gefangenen beobachtete Lenz, daß sie dem ihr vorgeworfenen Wurme sehr langsam sich nähert, ihn meist erst mit der Zunge befühlt, sodann langsam den Rachen aufsperrt und das Opfer endlich packt. Der Wurm windet sich nach Leibeskräften; sie wartet, bis er sich ziemlich abgemattet hat und verschluckt ihn dann nach und nach, den Kopf bald rechts, bald links biegend und so mit den Zähnen vorwärts greifend. An einem einzigen Regenwurme, welchen sie verschluckt, arbeitet sie fünf bis sechs Minuten, hat auch an einem oder zwei mittelgroßen für eine Mahlzeit genug. Wasser trinkt sie ebenso oft und in gleicher Weise wie die Eidechsen.

Es mag sein, daß sie bei Tage ein ihr vor das Maul kommendes Beutestück ergreift und hinabwürgt; in der Regel aber geht sie erst nach Sonnenuntergang auf Jagd aus. Übertages liegt sie, wie andere Kriechthiere, stundenlang im Sonnenscheine, gewöhnlich mit auf den Boden gesenktem Kopfe, behaglich der ihr wohlthuenden

Wärme sich hingebend. Doch zeigt sie sich in heißen, trockenen Tagen selten oder nicht, wogegen sie sofort erscheint, wenn Regenwetter im Anzuge ist. »Wenn sie«, sagt Leydig, »schon in aller Frühe herumkriecht, deutet es entschieden auf eine Veränderung der Atmosphäre zum Regen.« Auch Gredler bezeichnet sie als einen ziemlich zuverlässigen Wetteranzeiger und bemerkt, wahrscheinlich mit vollstem Rechte, daß ihr Erscheinen unmittelbar vor oder während eines Witterungswechsels mit dem gleichzeitigen Höhengange der Regenwürmer, ihrer Lieblingsnahrung, im Zusammenhange stehen möge.

Die Bewegungen der Blindschleiche sind langsam und weder denen der Eidechsen, noch denen der Schlangen ähnlich. Da nämlich, wie Leydig bemerkt, die Haut durch wirkliche Kalktafeln gepanzert ist, so geschehen ihre Bewegungen nicht in kurzen Wellenlinien, wie solches bei den Schlangen in hohem Maße eintreten kann, sondern, unter gewöhnlichen Umständen, auf dem Boden, in weiteren Biegungen. Nur wenn sie sich im Steingeröll und Pflanzengewirr durchzudrücken hat, vermag sie engere Krümmungen anzunehmen; auch diese aber haben etwas starres an sich, recht im Gegensatze zu denen der Schlangen. Bergab läuft sie mit einiger Schnelligkeit, auf ebenem Boden so gemäßigt, daß man mit ruhigem Schritte bequem nebenher gehen kann, bergauf noch viel langsamer. Legt man sie auf eine Glasscheibe, so wird es ihr sehr schwer, von der Stelle zu kommen; doch hilft sie sich nach und nach durch ihre seitlichen Krümmungen fort. In das Wasser geht sie freiwillig nicht; wirft man sie hinein, so schwimmt sie, indem sie sich seitlich krümmt, recht flink, gewöhnlich so, daß das Köpfchen über die Oberfläche erhoben wird, zuweilen jedoch auch auf dem Rücken; immer aber sucht sie bald das Trockene wieder zu gewinnen. Unter ihren Sinnen steht unzweifelhaft der des Gesichtes obenan, trotz des schwer begreiflichen Volksnamens, welcher dem Thiere geworden ist. Sie hat zwei hübsche Augen mit goldgelber Regenbogenhaut und dunklem Stern, mit welchen sie gut sieht. Gredler bemäkelt diese Angabe, weil er an gefangenen Blindschleichen niemals beobachtete, daß sie in gerader Richtung auf den ihnen vorgehaltenen Fraß losgestürzt wären, gesteht aber andererseits zu, daß junge die Annäherung der Hand außerhalb des Glaskäfigs auf ziemliche Entfernung gar wohl wahrnahmen, bringt überhaupt nichts vor, was dagegen spräche, daß ein Thier mit seinen zwei hellen Augen nicht sehen sollte. Ob die Blindschleiche aber auch in hellem Sonnenlichte sieht, ist eine andere Frage. Die gelbrothe Färbung ihres Augenringes spricht weder dafür noch dagegen, das täppische Betragen des Thieres im Sonnenscheine aber wohl für schlechtes Sehen. Versuche an gefangenen Blindschleichen lassen glauben, daß das Gehör hinter dem Gesicht wenig oder nicht zurücksteht; ein bestimmtes Urtheil hierüber zu fällen, ist aber schwer. Über die Entwickelung der übrigen Sinne, mit Ausnahme des Tastsinnes, läßt sich solches noch schwieriger erlangen; man kann wohl annehmen, daß die Zunge feine Empfindung besitzt, wird aber schwerlich so

ANGUINAE
Anguis fragilis

leicht über den Geruch- und Geschmacksinn ins klare kommen. Von ihrer geistigen Begabung scheint Leydig eine hohe Meinung gewonnen zu haben. Ihr Gebaren weicht in vielen Stücken von dem der Eidechsen ab. »Vor allem ist sie um vieles ruhiger und nachdenklicher in ihrem ganzen Wesen, und es mag deshalb daran erinnert werden, daß die Lappen des großen Gehirns bei unserem Thiere, in Anbetracht des Mittelhirns, entschieden größer sind als bei den Eidechsen«. Ich kann nicht sagen, daß ich jemals hervorragende geistige Fähigkeiten an ihr wahrgenommen hätte, habe mich aber freilich auch niemals so eingehend mit ihr beschäftigt, so viel mit ihr abgegeben, als es derjenige thun kann, welcher nur eine geringe Anzahl solcher Gefangener zu pflegen hat. Sie zeigt sich nicht scheu und noch viel weniger listig und entgeht den meisten Feinden gewöhnlich bloß dadurch, daß sie, ergriffen, sich heftig, ja unbändig bewegt und dabei meist ein Stück ihres Schwanzes abbricht. »Während nun das abgebrochene Stück«, sagt Lenz, »noch voll Leben herumtanzt und von dem Feinde ergriffen wird, findet sie Gelegenheit, sich aus dem Staube zu machen. Dies kann man leicht beobachten, wenn man verschiedene Thiere mit Blindschleichen füttert.« Gewöhnlich läßt sie sich fangen, ohne sich irgendwie zu vertheidigen; ausnahmsweise macht sie jedoch von ihrem Gebisse Gebrauch, selbstverständlich ohne dadurch irgend einen ihrer Gegner abschrecken zu können. Im Verlaufe der Zeit fügt sie sich in die veränderten Umstände, so in die Gefangenschaft und in ihren Pfleger. »Ist sie«, nach Lenz, »einmal an den Menschen gewöhnt, so läßt sie sich recht gern in die Hand nehmen, schmiegt sich darin, vorzüglich zwischen die Finger mit dem Kopfe und dem Schwanzende und scheint somit ein Versteck zu suchen.« Mit verschiedenen Schlangen, Fröschen und Eidechsen verträgt sie sich sehr gut, aus dem einfachen Grunde, weil sie herzlich froh zu sein scheint, wenn ihr kein anderes Thier zu Leibe geht.

Gleich anderen Kriechthieren besitzt sie eine auffallende Zählebigkeit. »Wenn man sie der Länge nach aufschneidet, das Herz und alle Eingeweide herausnimmt, so schließt sie den aufgeschnittenen Bauch wieder und kriecht noch stundenlang umher oder schwimmt auch, in das Wasser geworfen, noch lange, doch nicht so gut, als wenn sie unversehrt ist.« Tabakssaft, welcher Schlangen leicht umbringt, tödtet sie nicht. Lenz gab zwei Blindschleichen an drei auf einander folgenden Tagen Tabakssaft ein; sie wurden zwar anfangs betäubt, erholten sich aber dann wieder. Eine, welche Steinöl einnehmen mußte, wurde zwar sehr unruhig und bewegte sich so heftig, daß ihr Schwanz abbrach, zeigte aber nicht einmal Spuren von Betäubung und blieb am Leben.

»Sie gebären lebendige junge, welches die erfahrung offtermals bewiesen und an den tag gegeben«, bemerkt schon der alte Geßner hinsichtlich der Fortpflanzung der Blindschleiche. Doch scheint es, als ob sie nicht vor dem vierten Jahre zur Vermehrung ihres Geschlechtes heranreift, da Lenz zur Entwickelung gelangte Eier nur bei erwachsenen oder fast erwachsenen fand. Die Begattung geschieht im Mai und zwar, laut Meyer, nach Art sich paarender Eidechsen. Das Männchen packt das Weibchen mit den Zähnen so derb am Hinterkopfe, daß hierdurch eine Verletzung der Schuppen stattfindet, nähert sich hierauf mit dem Hintertheile dem After des Weibchens und verbleibt, nachdem es sich geschlechtlich vereinigt, mehrere Stunden neben dem Weibchen liegen, ohne sich mit ihr zu verschlingen. Die Geburt der Jungen fällt in die zweite Hälfte des August oder in die erste Hälfte des September; die Eier werden in Zwischenräumen von mehreren Minuten gelegt, und die Jungen winden sich sogleich aus der häutigen, dünnen, durchsichtigen Eischale los. Ihre Färbung ist weißlich, auf Kopf und Bauch ins Bläuliche spielend; längs der Rückenmitte verläuft eine bläuliche Linie. Bei manchen Weibchen erfolgt die Entwickelung übrigens erst später.

Lenz sagt, daß er mehr als hundert Junge von seinem gefangenen Weibchen bekommen habe, dieselben jedoch in Zeit von einer bis sechs Wochen sämmtlich verhungert seien. Andere Liebhaber, namentlich Erber, waren glücklicher, denn es gelang ihnen, die kleinen Thierchen aufzuziehen. Doch ist dies in der That nicht leicht, da die jungen Blindschleichen nur die allerzartesten Kerfe bewältigen können, und man nicht immer im Stande ist, diese zu beschaffen. Alt eingefangene gehen gewöhnlich ohne Widerstreben ans Futter, lassen sich daher bei geeigneter Behandlung ohne besondere Schwierigkeit jahrelang erhalten. In einem theilweise mit Erde ausgefüllten, theilweise mit Steinen und Moos verzierten Käfige finden sie alle Erfordernisse, welche sie an einen derartigen Raum stellen, nehmen sich hier auch niedlich aus. Mit Recht kann man sie jedermann empfehlen.

Noch heutigentages gilt die Blindschleiche in den Augen der ungebildeten Menschen als ein höchst giftiges Thier und wird deshalb rücksichtslos verfolgt und unbarmherzig todtgeschlagen, wo immer sie sich sehen läßt, während man sie im Gegentheile schonen, insbesondere in Gärten hegen und pflegen sollte.

# *Die Schlangen*

Die Schlangen (Ophidia) haben eine eigenthümliche Gestalt. Ihre Einfachheit und Gleichmäßigkeit wird bedingt durch den Bau des Knochengerüstes. Dasselbe besteht nämlich bloß aus dem Schädel, der Wirbelsäule und den Rippen. Der wichtigste Theil des Knochengerüstes ist der Schädel. Mehr noch als die geringe Größe des hirntragenden Theiles fällt dabei die freie Beweglichkeit des Kiefergerüstes auf. An den Schädel schließt sich der Leib unmittelbar an, da eine Sonderung der Hals-, Brust-, Lenden-, Kreuz- und Schwanzwirbeln bei den Schlangen nicht durchzuführen ist. Sie sind durch wirkliche Kugelgelenke mit einander verbunden, derart, daß der Gelenkknopf des vorhergehenden in einer runden Pfanne des nachfolgenden spielt, und tragen Rippen, welche ebenso durch Kugelgelenke mit den Wirbelkörpern zusammenhängen. Die Rippen erlangen insofern eine besondere und überaus wichtige Bedeutung, als sie den Schlangen die fehlenden Glieder ersetzen. Nicht minder beachtenswerth als die Knochen des Gerippes sind die Zähne, welche je nach den verschiedenen Familien wichtige Unterschiede zeigen und zur Aufstellung von Unterordnungen benutzt worden sind. Zähne stehen nicht allein auf dem Ober- und Unterkiefer, sondern auch auf dem Zwischenkiefer, den Gaumen- und Flügelbeinen. Sie sind stets dem sie tragenden Knochen angewachsen und werden durch neue, hinter oder neben ihnen sich entwickelnde und mit ihnen in eine Schleimhautfalte eingeschlossene ersetzt, wenn dies nöthig sein sollte. »Nach dieser Beschaffenheit der Zähne«, bemerkt Karl Vogt, »richtet sich auch der Bau des Oberkieferapparats. Bei den ungefährlichen Schlangen mit massigen Zähnen sind die Oberkiefer sehr lang und mit einer ununterbrochenen Reihe von Zähnen besetzt. Bei den Giftnattern und Seeschlangen ist der Oberkiefer nur kurz und trägt hinter den großen, geschlitzten Giftzähnen einige kleine, massige Hakenzähne; bei den Ottern endlich ist der Oberkiefer auf ein ganz kurzes Knöchelchen verkümmert und nur mit hohlen und geschlitzten Giftzähnen besetzt.«

Im hohen Grade bedeutsam für das Leben der Schlangen sind die Drüsen, welche bei den giftigen Arten der Ordnung besonders sich entwickeln. Diese Drüsen haben begreiflicherweise zu genauen Untersuchungen Veranlassung gegeben. Nach Mekkels Befund sind im Kopfe der Schlangen fünf Drüsenpaare vorhanden, von denen zwar nicht alle, wohl aber mehrere zugleich vorkommen: die Zungendrüse, die Thränendrüse, die untere und die obere Backen- oder Lippendrüse, sowie endlich die Giftdrüse. Letztere, hinter und unter den Augen über dem Oberkiefer sich befindend, ist sehr groß, länglich, hat ein blätteriges Gewebe, im Inneren eine ansehnliche Höhle und unterscheidet sich außerdem von allen übrigen durch den langen Ausführungsgang, welcher an der äußeren Fläche des Oberkiefers bis nach vorn verläuft und hier vor und über dem Giftzahne in die diesen umgebende häutige Scheide so sich öffnet, daß ihre Absonderung in den Zahn einfließen kann. Ein sehr starker Muskel umhüllt sie und dient mit dem Kaumuskel dazu, sie zusammenzudrücken.

Die seit alten Zeiten verschrieene Zunge, in welcher Unkundige noch heutigentages das Angriffswerkzeug der Schlangen sehen, dient wahrscheinlich gar nicht zum Schmecken, sondern ausschließlich zum Tasten, wird aber gerade deshalb für das Thier von ungewöhnlicher Bedeutung. Sie ist sehr lang, dünn, vorn in zwei langspitzige Hälften gespalten. Das Geruchswerkzeug, äußerlich an den Nasenlöchern erkennbar, welche jederseits zwischen Auge und Spitze der Oberkinnladen entweder seitlich oder oben auf der Schnauze sich öffnen und bei gewissen Arten geschlossen werden können, scheint weit hinter Tastsinn und Gesicht zurückzustehen. Von dem Gehörwerkzeuge nimmt man erst dann etwas wahr, wenn man die Schuppen an den Kopfseiten entfernt, da die kurzen Gehörgänge gänzlich unter der Haut verborgen liegen. Eine eigentliche Trommelhöhle fehlt und ebenso das Trommelfell, die Schnecke aber ist vorhanden und im wesentlichen der der Vögel ähnlich.

Die Bewegungen sind vielseitiger, als der Unkundige gewöhnlich annimmt. Allerdings verdienen die Schlangen den Namen Kriechthiere mehr als die meisten übrigen Klassenverwandten; sie kriechen aber keineswegs allein auf ebenem Boden fort, sondern auch bergauf und bergab, an Bäumen empor und durch das Gezweige, auf der Oberfläche des Wassers und unter derselben hin: sie kriechen, klettern, schwimmen und tauchen also, und sie thun alles annähernd mit derselben Behendigkeit und Gewandtheit. Ihre zahlreichen, nach unten freien Rippen kommen beim Kriechen zur Geltung: jede einzelne Rippe wird, wie bemerkt, zu einem Fuße, zu einer Stütze und zu einem Hebel, welcher den Leib nicht bloß trägt, sondern auch fortbewegt. Die kriechende Bewegung geschieht jedoch anders, als Unkundige anzunehmen und unerfahrene Maler abzubilden pflegen, nämlich nicht in senkrechten Bogenwindungen, sondern in seitlichen Wellenlinien. Alle Wirbel lassen sich sehr leicht in seitlicher Richtung biegen, die Rippen ebenso leicht von vorn nach hinten ziehen. Will nun die Schlange sich vorwärts bewegen, so spannt sie abwechselnd diese, abwechselnd jene Rippenmuskeln an, krümmt dadurch den Leib in eine wagerecht liegende Wellenlinie, zieht die Rippen soweit vor, daß sie fast oder ganz senkrecht stehen und bringt sie bei der nächsten Krümmung in eine schiefe Richtung von vorn nach hinten, bewegt sie also wirklich in ähnlicher Weise wie andere Thiere ihre Füße. Die scharfen Ränder der nach unten gerichteten Schilder oder Schuppen vermitteln den Widerstand am Boden, da sie wohl eine Bewegung nach vorn ermöglichen, nicht aber auch ein Ausgleiten nach hinten zulassen. So lange das Thier auf freiem Boden sich fortschlängelt, geschieht seine Bewegung mit großer Leichtigkeit: der ganze Leib ist dann in Thätigkeit.

Nur sehr wenige Schlangen sind im Stande, das vordere Drittheil ihres Leibes aufzurichten; Abbildungen, welche das Gegentheil vorstellen wollen, dürfen also ohne Bedenken als falsch bezeichnet werden. Die meisten Schlangen erheben ihren Kopf nicht mehr als dreißig Centimeter über den Boden. Wenige, beispielsweise die Brillenschlange, machen hiervon eine Ausnahme; viele sind nicht einmal im Stande, wenn man sie am Schwanze packt und frei hängen läßt, so sich zu krümmen, daß sie mit dem Kopfe die Hand oder den Arm erreichen.

Die Athmung der zu vollem Leben erwachten und thätigen Schlangen geschieht unter deutlicher Bewegung der abwechselnd sich hebenden und senkenden Rippen ununterbrochen, ist jedoch im allgemeinen wenig lebhaft und steigert sich nur bei zunehmendem Zorne mehr und mehr. Heiseres, langanhaltendes und nur auf Augenblicke unterbrochenes Zischen, welches die fehlende Stimme vertritt, gibt solcher Stimmung entsprechenden Ausdruck. Eine in Afrika lebende Schlange soll, nach Livingstone's Angabe, ihr Zischen so oft unterbrechen, daß es wie das Meckern einer Ziege klingt.

Mit Ausnahme des Gefühls sind alle Sinne der Schlangen stumpf und schwach, und das Gefühl selbst ist eben auch nur als Tastsinn entwickelt. Wir stimmen ebenfalls ein in die allgemeine Würdigung der Schlangenzunge, obgleich wir sehr wohl wissen, daß ihre Bedeutung eine ganz andere und in der That weit wichtigere ist, als die Alten wähnten. Unter den Arabern, welche nicht Schlangenbeschwörer oder erfahrene Schlangenfänger sind, herrscht die ja auch unter unserem Volke verbreitete Meinung, daß die Zunge das Werkzeug tödtlicher Verwundungen sei; sehr begreiflich daher, daß sie dieselbe einfach wegzuschneiden pflegen, in der Zuversicht, vor ihrem Gifte dadurch sich zu schützen. Derartig verstümmelte, oft gänzlich unschuldige Schlangen gelangen nicht selten in unsere Käfige. Sie leben hier freilich noch geraume Zeit, bewegen sich und die Stummel ihrer, niemals wieder nachwachsenden Zunge auch ganz ähnlich wie andere, ganzzüngige ihresgleichen; aber sie fressen nie, sie trinken nie, zeigen sich theilnahmloser als jede andere Schlange, bekümmern sich, so weit ersichtlich, weder um die Nahrung, noch um andere Gegenstände überhaupt und gehen unbedingt und elendiglich zu Grunde. Nach meinen Beobachtungen und Erfahrungen kann die Schlange ohne Zunge nicht gedeihen, nicht leben. Thatsache ist, daß jede Schlange, wenn sie nicht gerade ruht, unaufhörlich züngelt und dabei nach allen Richtungen hin arbeitet, um die Gegenstände, welche sich vor ihr befinden, zu erforschen, daß sie niemals trinkt oder ins Wasser steigt, bevor sie die Oberfläche desselben mit der Zunge berührt hat, daß sie nicht allein die bereits getödtete Beute vor dem Verschlingen, sondern, falls das Opferthier ihr dazu Zeit läßt, sogar vor dem Erwürgen oder Vergiften in gleicher Weise untersucht und, wenn sie fürchtet, daß der ins Auge gefaßte Gegenstand ihrer Jagdbegier entrinnen könnte, vor dem Angriffe wenigstens durch häufiges Züngeln die Absicht bekundet, die übliche Untersuchung an ihm vorzunehmen.

Im Vergleiche zur Tastfähigkeit der Zunge zeigt sich das Empfindungsvermögen der Schlangen schwach. Aus Erfahrung wissen wir, daß ihnen, trotz der dicken Bekleidung, selbst eine leise Berührung zum Bewußtsein gelangt, und ebenso, daß sie mit anderen Kriechthieren die Vorliebe für die Wärme theilen, da ja auch diejenigen, welche nur des Nachts thätig sind, bei Tage ihren Schlupfwinkel verlassen, um sich das Hochgefühl der Besonnung zu verschaffen; trotz alledem irrt man schwerlich, wenn man annimmt, daß im allgemeinen starke Reize erforderlich sind, um das Gefühl zu erregen. Viel eher als von Empfindungsvermögen, darf man von Empfindungslosigkeit reden. Auch die Schlangen bekunden die Zählebigkeit anderer Kriechthiere, ertragen Martern, welche höher entwickelten Wesen unbedingt tödtlich werden, und überraschen bei Verwundungen, ja sogar Theilungen selbst den, welcher die gegenseitige Unabhängigkeit ihrer Nervenmittelpunkte kennt.

Nicht viel anders verhält es sich mit den übrigen Sinnen. Sehr richtig ist der Ausspruch Lincks, daß die Empfänglichkeit der Zunge nicht hinreicht, um das Auge vollständig zu ersetzen, obgleich diese Zunge der Schlange, gleich dem Stabe des Blinden, nicht bloß zur Unterstützung, sondern zum Ersatze des Sehvermögens dient. Mit der Schönheit und Beweglichkeit des Auges steht seine Fähigkeit nicht im Einklange. Alle Beobachtungen sprechen dafür, daß das Gesicht schwach und unbedeutend, daß die Meinung, zu welcher sein Glanz veranlaßt, eine falsche ist.

Leichter als über alle anderen Sinnesthätigkeiten, mit Ausnahme des Tastsinnes, vermögen wir über den Geschmackssinn zu urtheilen, weil wir dreist behaupten dürfen, daß derselbe durchaus verkümmert ist. Hierauf deutet die Untersuchung der Zunge, hierauf die Beobachtung der lebenden Schlangen. Aristoteles behauptet freilich, daß die Zunge bloß deshalb doppelt getheilt sei, damit die leckerhafte Schlange die Freuden des Schmauses doppelt genießen könne; aber in dieser Zunge hat man noch keine Geschmacksdrüsen entdeckt, und an jeder Beute hinabwürgenden Schlange kann man beobachten, daß sie die Zunge während des Verschlingens in die Zungenscheide zurückzieht. Wenn man nun auch andererseits wahrnehmen mußte, daß sie zwischen verschiedenartiger Beute wohl einen Unterschied macht, so ist man doch nicht berechtigt, diese Thatsache zu Gunsten des Geschmackssinnes zu deuten, sondern sie höchstens auf Rechnung des Gefühls zu stellen. Die Behauptung des im übrigen so trefflichen Beobachters Aristoteles, daß die Schlangen unter den

Thieren die ärgsten Leckermäuler seien, ist ebenso falsch als seine Angabe, daß sie im Genusse des Weines weder Maß noch Ziel kennen und sich betrinken sollen.

»Seid klug wie die Schlangen und ohne Falsch wie die Tauben« – dieser Ausspruch ist in doppelter Hinsicht unrichtig, am unrichtigsten aber, soweit er sich auf den Verstand der Schlangen bezieht; denn dieser ist so überaus gering, daß sich außer dem bereits im allgemeinen mitgetheilten kaum noch etwas besonderes hierüber sagen läßt. Wahrscheinlich thut man den Schlangen nicht Unrecht, wenn man annimmt, daß sie unter den tiefstehenden Kriechthieren die am tiefsten stehenden sind. Bei ihrer Jagd legen sie eine gewisse List an den Tag, und Feinden gegenüber benehmen sie sich ebenfalls zuweilen scheinbar verständig, gegen ihren Pfleger einigermaßen zuthunlich; unter keinen Umständen aber zeigen sie ein höheres Maß von Verstand als andere Kriechthiere: sie sind nicht bloß stumpfsinnig, sondern, wie bemerkt, auch stumpfgeistig.

Abgesehen von reichlicher Nahrung, verlangen die Schlangen passende Versteck- und Zufluchtsorte, meiden daher Gegenden, welche letztere ihnen nicht gewähren. Mit Befremden bemerkte Schweinfurth, daß es im Bongolande keine oder doch sehr wenige Schlangen gibt, und erhielt auf Befragen eine Erklärung, welcher er beistimmen mußte. Es fehle, sagte man, in jenem steinigen Gelände an der schwarzen Erde, welche in der Zeit der Dürre tief sich spaltet und den Schlangen die zu ihrer Ruhe und noch mehr bei Steppenbränden unerläßlichen Schlupfwinkel bietet. Ähnliches kann man auch bei uns zu Lande wahrnehmen. So ist die Kreuzotter in der Umgegend Berlins stellenweise ungemein häufig und fehlt an anderen Orten gänzlich, weil sie dort Schlupfwinkel, hier aber keine findet. Im allgemeinen gilt auch für die Schlangen, daß sie um so häufiger auftreten, je wechselreicher eine Gegend ist. Gänzliches Fehlen derselben gehört zu den Ausnahmen; denn sie hausen in der Wüste ebensowohl wie im Walde, im Gebirge ebensogut wie in der Tiefebene. Wärme und Feuchtigkeit sagen ihnen mehr zu als Hitze und Trockenheit; doch können auch sie in letzterer Hinsicht unglaubliches ertragen. Ungeachtet ihrer Fußlosigkeit wissen sie sich einzurichten, die einen auf ebenem Boden, die anderen an steilen Gehängen, diese im Sumpfe, jene im Wasser der Seen, Flüsse, selbst des Meeres, einzelne sogar unter der Erde, nicht wenige im Gezweige der Bäume. An dem einmal gewählten Aufenthaltsorte scheinen sie beharrlich festzuhalten, also, mit anderen Worten, nur ein sehr kleines Gebiet zu durchstreifen. In beschränktem Grade wandern auch sie; denn sie übersetzen Flüsse und andere Gewässer, um sich am jenseitigen Ufer oder auf Inseln anzusiedeln, kommen aus dem Walde, aus der Steppe in Dörfer und Städte herein usw.; im allgemeinen aber lieben sie das Umherstreifen nicht, sondern wählen sich einen Standort, womöglich einen solchen, welcher ein passendes Versteck enthält, und lauern in der Nähe desselben auf Beute. Nicht ganz unwahrscheinlich ist, daß sie freiwillig überhaupt nur während der Paarungszeit und gegen den Winter hin Streifzüge antreten. Zum Auswandern gezwungen werden sie, wenn ein Platz, welchen sie bewohnen, derartig sich verändert, daß ihnen der Schlupfwinkel und die Nahrung oder die Möglichkeit, behaglich sich zu sonnen, entzogen wird. In der Regel findet man auch sie fern von menschlichen Behausungen, dies aber nur deshalb, weil sie der Mensch in der Nähe der Ortschaften verfolgt und vertreibt; denn sie selbst fürchten die Nähe ihres Erzfeindes keineswegs, drängen sich ihm vielmehr oft in höchst unerwünschter Weise auf. Auch bei uns begegnet man nicht selten Schlangen in solchen Gärten, welche inmitten von Städten liegen, ohne daß man eigentlich begreift, wie sie dahin gelangten; in südlichen Ländern empfängt man häufig ihre unerwünschten Besuche in den Häusern, und namentlich die Nachtschlangen, also gerade die gefährlichsten, werden hier manchmal höchst unangenehm. Mehr als einmal ist es mir begegnet, in den Behausungen, welche ich während meines Aufenthaltes in Afrika bewohnte, auf Schlangen zu stoßen, sie sogar auf meiner Lagerstätte, unter den Teppichen zu finden. Ähnliches erfuhren alle Reisenden, welche die Gleicherländer besuchten. Wallace wurde von ihnen nicht allein auf festem Lande, sondern auch an Bord seines Schiffes heimgesucht und entging einmal nur durch glücklichen Zufall der Gefahr, von einer Giftschlange gebissen zu werden, welche auf seinem Bette sich zusammengerollt hatte. In Indien sind derartige Besuche an der Tagesordnung, und nicht wenige von den zwanzigtausend Menschen, welche innerhalb der Britischen Besitzungen alljährlich ihr Leben durch Schlangen verlieren, werden von diesen im Inneren ihrer Häuser gebissen.

Gegenden, welche jahraus, jahrein mehr oder weniger dasselbe Gepräge zeigen, bieten den Schlangen beständig annähernd dieselben Annehmlichkeiten: hinlängliche Nahrung, behagliche Wärme, Wasser zum Baden usw. Natürliche Folge davon ist, daß sie sich jahraus, jahrein so ziemlich in gleicher Weise betragen. Anders verhält es sich da, wo der merkliche Wechsel der Jahreszeiten eine verschiedene Lebensweise bedingt. In allen Gegenden, welche einen kalten oder heißen, trockenen Winter haben, sind die Schlangen genöthigt, sich gegen die Einwirkungen der Kälte oder bezüglich der Trockenheit zu schützen. Sämmtliche Arten, welche den nördlichen Theil unseres gemäßigten Gürtels bewohnen, ziehen sich mit Beginn des Winters in tiefe Schlupfhöhlen zurück und verbringen in ihnen die ungünstige Jahreszeit in einem Zustande der Erstarrung. Dasselbe findet in den Ländern unter den Wendekreisen statt, beschränkt sich hier aber vielleicht auf diejenigen Arten, welche wenn nicht im Wasser, so doch in feuchten Gegenden leben und durch die Dürre belästigt werden. Einzelne Arten scheinen sich während des Winterschlafes zu gesellen, möglicherweise nur deshalb, weil entsprechende Schlupfwinkel schwer zu finden sind und somit Zusammendrängen mehrerer, über ein gewisses Gebiet zerstreuter Schlangen nöthig wird. So behauptet man in Nordamerika allgemein, daß die Klapperschlange während des Winters hier und da dutzendweise ein und dasselbe Winterbett beziehe, und hat ähnliches ebenso von unserer Kreuzotter und der Viper beobachtet; jene Angabe erscheint auch, wie aus dem folgenden hervorgehen wird, durchaus glaublich. Über den Winterschlaf selbst, d. h. über die Zeit, in welcher die Erstarrung eintritt, über die Zeitdauer derselben usw. lassen sich im Freien genügende Beobachtungen unmöglich anstellen; wer also etwas erfahren will, muß verfahren wie Lenz, welcher einige dreißig Schlangen mit annähernd ebensoviel Schuppenechsen überwinterte. Aus seinen Beobachtungen unseres Forschers geht also zur Genüge hervor, daß die Schlangen, wie andere winterschlafende Thiere auch, während der Zeit ihrer Erstarrung an Orten sich aufhalten müssen, welche vor dem Froste vollständig geschützt sind.

Bei warmem, stillem Wetter bemerkt man in Mitteldeutschland schon im März wieder Schlangen im Freien, welche ihre Winterherberge verlassen haben, um sich zu sonnen, abends aber wahrscheinlich wieder nach demselben Schlupfwinkel zurückkehren. An Jagd und Fortpflanzung denken sie dann jedoch noch nicht; denn ihr eigentliches Sommerleben beginnt erst anfangs April. Wenn sie im Herbst zur Ruhe gehen, sind sie fett; wenn sie im Frühling wieder zum Vorschein kommen, ist etwa die Hälfte ihres Fettes verbraucht.

Weitaus die meisten giftlosen Schlangen sind Tag-, fast alle Giftschlangen dagegen Nachtthiere. Die ersteren ziehen sich mit Beginn der Dunkelheit nach ihrem Schlupfwinkel zurück, verbringen hier in träger Ruhe die Nacht und erscheinen erst geraume Zeit nach Sonnenaufgang wieder; die Giftschlangen zeigen sich übertages zwar oft genug, jedoch nur im Zustande schläfriger Ruhe: denn ihre Thätigkeit beginnt erst nach Eintritt der Abenddämmerung. Wer an solchen Orten, wo Giftschlangen häufig sind, nachts ein Feuer anzündet, wird bald wahrnehmen, daß das Otterngezücht zu den Nachtthieren gehört. Durch den Schein des Feuers angezogen, kriecht es von allen Seiten herbei, und der Fänger, welcher übertages vergeblich sich bemühte, an derselben Stelle eine einzige Kreuzotter, Sand- oder Hornviper zu fangen, wird nachts reiche Beute gewinnen können. Wenn wir in den afrikanischen Steppen übernachten mußten, sind wir durch die Hornviper oft ungemein belästigt worden, und mehr als einmal haben wir mit einer Zange in der Hand stundenlang gewacht, um das herankriechende Gewürm sofort zu packen und ins Feuer zu schleudern. Effeldt fing in der Umgegend Berlins die Kreuzotter, in Illyrien die Sandviper in ähnlicher Weise, indem er entweder ein Feuer anzündete und seine Lieblinge dadurch herbeilockte oder aber mit der Laterne in der Hand zur Jagd auszog. Auch er fand dann auf Stellen, welche er übertages vergeblich abgesucht hatte, zuweilen viele Kreuzottern, bezüglich Sandvipern vor ihren Löchern liegen. Alle, welche Giftschlangen gefangen halten, erfahren, daß diese, wenn nicht ausschließlich, so doch in der Regel nur des Nachts fressen, daß sie freiwillig bloß während der Dunkelheit thätig sind und auf Raub ausgehen.

Mit alleiniger Ausnahme der javanischen Warzenschlange, in deren Magen man unverdaute Früchte gefunden hat, nähren sich Schlangen, über deren Lebensweise man unterrichtet ist, von anderen Thieren und zwar hauptsächlich, jedoch nicht ausschließlich von solchen, welche sie selbst gefangen und getödtet haben. Die Art und Weise, wie sie ihr tägliches Brod gewinnen, ist sehr verschieden, wie man leicht wahrnehmen kann, wenn man allerlei Schlangen in größerer Anzahl gefangen hält. Wohl die meisten von ihnen lauern auf eine in der Nähe ihres Lagerplatzes vorübergehende Beute, überfallen dieselbe plötzlich und bringen ihr den tödtlichen Biß bei oder ergreifen und verschlingen sie, entweder sofort, oder nachdem sie das Opferthier erst erwürgt haben. Über die Jagdweise der Giftschlangen fehlen zur Zeit noch genügende Beobachtungen, wie sich einfach daraus erklärt, daß diese Thiere größtentheils nur des Nachts thätig sind, wir sie also in den meisten Fällen am Tage, im Zustande ihrer Ruhe, nicht aber, während ihrer eigentlichen Thätigkeit, demgemäß höchstens sehr unvollständig kennen lernen. Wahrscheinlich deshalb erscheint uns die Trägheit jener, verglichen mit der Beweglichkeit der giftlosen, welche überwiegend Tagschlangen sind, weit größer, als sie thatsächlich ist, womit allerdings keineswegs gesagt sein soll, daß die giftige mit der giftlosen Schlange an Schnelligkeit und Gewandtheit wetteifern könne. Jene bedarf nicht des Aufwandes an Kraft wie diese. Ihre Waffen sind so furchtbarer Art, daß gleichsam nur die Berührung ihres Opfers und thatsächlich ein kaum mehr als millimetertiefes Einhauen ihrer Giftzähne genügt, dasselbe in ihre Gewalt zu bringen, während die giftlose Schlange zwar ebenfalls lauert wie sie, jedenfalls aber viel öfter und regelmäßiger verfolgend jagt als irgend welche Giftschlange und, wenn sie eine beabsichtigte Beute glücklich erreicht, auch außerdem sich anstrengen muß, um dieselbe festzuhalten. Dafür kommen ihr aber ihre Begabung, ihr gestreckter Bau, ihre im Verhältnis zu dem einer Giftschlange stets beträchtliche Leibeslänge und die hiermit im Einklang stehende Beweglichkeit und Gelenkigkeit zu gute.

Wenn man verschiedene Schlangen in entsprechender Weise pflegt, ihnen vor allem die nöthige Wärme gewährt, benehmen sie sich im Käfige wahrscheinlich im wesentlichen nicht viel anders als in der Freiheit. Unnützes Umherstreifen behagt ihnen nicht, weit mehr ruhiges Verharren auf einer und derselben Stelle. Einige liegen stundenlang mehr oder minder unbeweglich in oder auf dem Sande, zwischen Steinen, welche ihnen passende Schlupfwinkel darbieten, auch wohl im Wasser; andere ruhen verknäuelt, mehr hängend als liegend, auf dem für sie bestimmten Geäst, und alle scheinen sich, so lange sie nicht gestört werden, in der behaglichsten Stimmung zu befinden, im übrigen aber um die ganze Außenwelt nicht im geringsten sich zu kümmern. Da naht der nahrungspendende Wärter und schüttet seine Gabe von oben hinab in die Käfige der gefangenen Schlangen, je nach Art und Bedürfnis derselben, in diesen Käfig eine Ladung Frösche, in jenen eine gewisse Anzahl von Fischen, in die mit Riesenschlangen und großen Giftschlangen besetzten je ein lebendes Kaninchen, eine Taube oder sonst ein warmblütiges Wirbelthier. Die Giftschlangen kümmern sich auch jetzt noch manchmal stundenlang kaum um die gebotenen Opfer, blasen sich höchstens, augenscheinlich erzürnt über den ihre Ruhe störenden Eindringling, in der vielen von ihnen eigenthümlichen Weise auf, züngeln vielleicht auch einige Male, erheben drohend den Kopf und lassen es zunächst dabei bewenden. Riesenschlangen und Nattern dagegen verlieren, wenn sie einigermaßen hungrig sind, keinen Augenblick, sondern beginnen sofort die Verfolgung der in ihren Bereich gelangenden Beute: die einen, indem sie sich mit Anstrengung aller Kräfte so eilig als möglich auf jene stürzen, die anderen, indem sie bedächtig, langsam, regelrecht das Opfer zu beschleichen suchen. Noch bevor der in den Käfig geworfene Frosch in Erfahrung gebracht hat, in welcher Gesellschaft er sich befindet, ist er von einer behenden Natter bereits an einem Hinterbeine gepackt worden und arbeitet mit den übrigen Gliedern vergeblich, sich loszuringen, wandert vielmehr langsam und sicher weiter und weiter in den Schlund der Natter, hierbei mit kläglich erscheinenden Bewegungen seiner Vorderfüße gleichsam der schnöden Welt Ade sagend. Nicht viel besser ergeht es dem Kaninchen, der Taube, dem Huhne, welches einer Riesenschlange vorgesetzt wurde, nur daß dieses vorher in später zu schildernder Weise erwürgt wird. Im Laufe der Nacht findet gewöhnlich auch das einer Giftschlange gebotene Thier sein Ende; sehr häufig aber bemerkt man, daß die Schlange ihr Opfer trotzdem nicht weiter berührte. Man darf wohl den Schluß wagen, daß das boshafte Geschöpf jenes einzig und allein aus Ingrimm und Ärger über die verursachte Störung getödtet hat.

Beachtenswerth ist, daß alle Schlangen sehr genau wissen, wie sie mit ihrer Beute umzugehen haben. Frösche und Fische werden ohne weiteres, d. h. bei lebendigem Leibe, verschlungen, Eidechsen dagegen ebenso wie Säugethiere und Vögel erst erwürgt. Und nicht eher als bis die Schlange von ihrem Tode sich überzeugt hat, löst sie ihre Schlingen, um solche Beute nunmehr nach gewohnter Art zu verzehren.

Obwohl aus vorstehendem klar genug hervorgegangen sein dürfte, daß alle Beute ganz verschlungen wird, will oder muß ich doch noch ausdrücklich betonen, daß keine Schlange im Stande ist zu zerstückeln, einen mundrechten Bissen von einem größeren Thiere abzutrennen. Nicht ohne Scham ob des heutigen Zustandes unserer naturwissenschaftlichen Bildung las ich vor geraumer Zeit in hervorragenden deutschen Zeitungen eine von irgend einem Yankee erdachte Schauergeschichte, in welcher erzählt wurde, wie nordamerikanische Schlangen, angesichts des grausenerfüllten, jedoch glücklicherweise geborgenen Reiters, ein Pferd überfallen und diesem bei lebendigem Leibe einen Bissen nach dem anderen aus dem Fleische reißen, bis es endlich, nachdem sein entsetzliches Brüllen in Stöhnen sich verwandelt, den Unthieren erliegt. Die Geschichte wurde anstandslos weiter und weiter verbreitet und fand ihren Weg auch in die Spalten solcher Blätter, welche in anderen Dingen sehr richtig urtheilen. Jeder Schulknabe, welcher die Anfangsgründe der Thierkunde in sich aufgenommen, hätte wissen müssen und wahrscheinlich auch gewußt, daß die ganze Erzählung vom Anfange bis zum Ende erlogen, weil unmöglich war.

Je nach Art und Größe der Schlangen ist die Beute, welcher sie nachstellen, eine höchst verschiedene. Die Riesen der Ordnung sollen wirklich Thiere bis zur Größe eines Rehes verschlingen können; die übrigen begnügen sich mit kleineren Geschöpfen, namentlich Nagethieren, kleinen Vögeln, Kriechthieren aller Art (vielleicht mit Ausnahme der Schildkröten) und Fischen, während die niedere Thierwelt bloß von den Wurm- und Zwergschlangen und vielleicht den Jungen verschiedener Arten, welche im Alter Wirbelthieren nachjagen, bedroht wird. Unsere Beobachtungen über die Nahrung sind zur Zeit noch sehr dürftig und mangelhaft; soviel aber dürfen wir behaupten, daß jede Schlangenart mehr oder weniger eine bestimmte Thierart bevorzugt. »Alle Wassernattern«, schreibt mir Effeldt, auf Grund seiner langjährigen Beobachtungen, »als da sind Ringel-, Würfel-, Viper- und amerikanische Natter, fressen nur Fische und Frösche, und zwar von Fröschen ausschließlich den braunen Grasfrosch, schaudern aber zurück, wenn man ihnen den grünen Wasserfrosch gibt, und lassen denselben, obwohl sie anbeißen, selbst bei großem Hunger sofort wieder fahren. Die glatte Natter frißt nur graue Eidechsen, die gelbgrüne, wie die Eidechsennatter nur Smaragdeidechsen, die trügerische Natter graue, Zaun- und Mauereidechsen; die Äskulapschlange, die vierstreifige und die Hufeisennatter, die gebänderte und algerische Natter nehmen warmblütige Thiere, wie Mäuse und Vögel, zu sich; die Leopardennatter verzehrt nur Mäuse. Letzteren stellen alle Giftschlangen, welche ich beobachtete, nach, beispielsweise die Kreuzotter, Sand- und Hornviper, Aspisschlange und andere; eine Ausnahme aber macht die Wasserviper, deren gewöhnliche Nahrung zwar Fische sind, welche jedoch auch Frösche und selbst Schlangen, giftige nicht ausgenommen, frißt, und auch wiederum warmblütige Thiere, wie Mäuse und Vögel, nicht verschmäht.« Höchst wahrscheinlich würde man zu ähnlichen Ergebnissen gelangen, wenn man außereuropäische Schlangen ebenso sorgfältig beobachten wollte, als dies mit den europäischen geschehen konnte. Daß einzelne Schlangen Vogeleier fressen, weiß schon Plinius, theilt uns auch mit, in welcher Weise dies geschieht: »Die Schlangen«, sagt er, »mästen sich von Eiern, und man muß dabei wirklich ihre Kunst bewundern; denn sie verschlingen sie entweder, wenn nur der Rachen sie faßt, ganz und zerbrechen sie dann im Bauche durch Krümmungen des Körpers, oder umschlingen, wenn sie selbst noch zu jung und klein sind, das Ei mit ihrem Leibe und schnüren es allmählich so kräftig zusammen, daß sie einen Theil wie mit einem Messer abschneiden und, während sie das übrige festhalten, den Inhalt austrinken. Im ersteren Falle speien sie die Schalen aus, ebenso wie sie die Federn der ganz verschluckten Vögel mit Anstrengung wieder hervorwürgen.«

Der Glaube an das wunderbare und unnatürliche hat eine sonderbare, noch heute in manchen Köpfen spukende Meinung erzeugt. Bis in die neueste Zeit haben sich sogar Naturforscher nicht gescheut, die Worte »Zauberkraft der Schlangen« auszusprechen, und sie in Verbindung zu bringen mit der Art und Weise, wie die Schlangen Beute gewinnen. Man hat nämlich beobachtet, daß manche Thiere, Mäuse und Vögel z. B., sich ohne Furcht Schlangen näherten, welche sie später abfingen und verschlangen, und hat ebenso gesehen, daß Vögel mit höchster Besorgnis Schlangen umflatterten, welche ihre Brut oder sie selbst bedroheten, schließlich sich versahen und ebenfalls ergriffen wurden. Da nun, so scheint man gefolgert zu haben, der Naturtrieb, welcher das Thier ohne weiteres über alle ihm drohenden Gefahren belehrte, in beiden Fällen sich nicht bewährte, die arme Maus, den beklagenswerthen Vogel also schmählich im Stiche ließ, konnte nur noch Annahme einer anderen, übernatürlichen Kraft etwaige Zweifel lösen. Wollte man den unzähligen Berichten, welche über die Zauberkraft der Schlangen uns von verschiedenen Reisenden gegeben worden sind, unbedingten Glauben schenken, so müßte man sich allerdings ebenfalls zu der von ihnen ausgesprochenen Ansicht bekennen. Man gelangt jedoch zur unbedingten Verwerfung der letzteren, sowie man sich darüber klar geworden ist, daß wohl die Beobachtungen an und für sich richtig sein mögen, die Schlußfolgerungen aber falsch sind. Nach meinen, unzählige Male wiederholten Wahrnehmungen verhält sich die Sache einfach so, daß die nach Ansicht jener Reisenden verzauberten Thiere die Schlange, welche sie bedroht, nicht als das furchtbare Raubthier erkennen, welches sie ist. Lichtenstein erzählt, daß er gelegentlich eines seiner Ausflüge in Südafrika eine Schlange beobachtete, welche auf eine große Erdmaus jagte: »Das arme Thierchen war dicht vor seinem Loche eingeholt und blieb nun plötzlich, ohne von der Schlange berührt zu werden, wie vom Schrecken gelähmt, stehen. Die Schlange hatte den Hals gegen sie hinaufgebogen, den Rachen geöffnet und schien sie anzustarren. Beide rührten sich eine zeitlang nicht. So wie aber die Maus eine Bewegung machte, wie zum entfliehen, folgte der Kopf der Schlange schnell dieser Bewegung, als wollte sie den Ausweg abschneiden. Dieses Spiel dauerte so nahe an vier Minuten, bis meine Annäherung ein Ende machte. Die Schlange schnappte rasch zu und entfloh mit der Beute in das nahe Gebüsch, wohin ich vergeblich nachsetzte, um sie zu tödten. Da ich von der bezaubernden Gewalt der Schlange über die kleineren Säugethiere schon so vieles gehört hatte, so war es mir sehr wichtig, ein Beispiel davon mit eigenen Augen gesehen zu haben. Ich lasse es übrigens dahingestellt sein, ob der giftige Hauch des Thieres auf die verfolgte Maus eine lähmende Wirkung hat oder ob der bloße Anblick und die Gewißheit des unvermeidlichen Todes die Ursache davon ist.« Lichtensteins Mittheilung spiegelt die Zeit (anfangs unseres Jahrhunderts) wider, in welcher sie gegeben wurde. Weder der giftige Hauch, noch die Gewißheit des unvermeidlichen Todes, sondern einfach Neugier bestimmte die Maus, so zu handeln wie geschehen. Hiervon habe ich mich durch meine Beobachtungen an gefangenen Schlangen auf das unzweifelhafteste überzeugen können. Weder das Säugethier, sei es nun ein unkluges Kaninchen oder eine alte erfahrene Ratte, noch irgend ein Vogel, und wäre es selbst der mißtrauische, durch vielfache Schicksale gewitzigte Sperling, wissen, was eine Schlange ist. Falls sie ihr überhaupt Beachtung schenken, nähern sie sich ihr plump neugierig, betrachten oder beschnüffeln sie, lassen es sich gefallen, daß die Schlange sie bezüngelt und prallen nur dann ein wenig zurück, wenn die Zunge sie an irgend einer empfindlichen Stelle kitzelt. Alte, kräftige Ratten, welche man zu großen Schlangen setzt, bekunden vor diesen nicht nur nicht Furcht, sondern bethätigen die ihnen eigene Dreistigkeit manchmal in gänzlich unerwarteter Weise. Eine von ihnen, welche ich gefangenen Klapperschlangen als Opferthier anbot, kümmerte sich nicht im geringsten um das bedrohliche Rascheln und Zischen der Schlange, sondern fraß, als sie Hunger bekam, ein Loch in den Leib des Giftwurmes, an welchem dieser elendiglich zu Grunde ging. Daß nun vollends an den Gifthauch irgend welcher Schlange nicht gedacht werden kann, bedarf keiner längeren Auseinandersetzung. Viele Schlangen, insbesondere die Giftschlangen, riechen allerdings nicht gerade nach Ambra und Weihrauch, verbreiten, namentlich wenn sie gefressen haben und verdauen, im Gegentheile sehr unangenehme Düfte; daß aber solche ein Säugethier betäuben könnten, muß als gänzlich unmöglich erachtet werden. Anders, aber ebenso leicht, erklärt sich das von obengedachten Reisenden beobachtete ängstliche Gebaren verschiedener Vögel am Neste angesichts einer diesem sich nähernden Schlange. In solchen Fällen nehmen, wie jedem Beobachter bekannt, schwächere Vögel gern zu Verstellungskünsten ihre Zuflucht, um die Aufmerksamkeit des erkannten Feindes von ihrer Brut ab und sich zuzulenken: sie schreien kläglich, nähern sich scheinbar sinnbethört dem Feinde, flattern und hinken auf dem Boden dahin, als ob ihnen Flügel und Beine gelähmt wären, lassen sich wie todt von der Höhe der Zweige hinab ins Gras fallen usw, täuschen auch dadurch regelmäßig jeden nicht besonders gewitzten Feind, den weisen Menschen nicht ausgeschlossen. Solche Fälle mögen es gewesen sein, welche jenen Beobachtern vorgelegen haben. Es kann aber auch vorkommen, daß ein vor den Augen derselben auffallend sich gebarendes Thier bereits von der Schlange ergriffen wurde, ohne daß jene letzteres wahrnahmen. So bemerkte Russel mit Erstaunen, daß ein Huhn, welches er zu einer Baumschlange gebracht hatte, plötzlich sich geberdete, als ob es dem Tode nahe sei, untersuchte die Sache näher und fand, daß die Baumschlange mit dem Ende ihres Schwanzes eine Schlinge um den Hals des Huhnes gelegt und letzteres dem Erstickungstode nahe gebracht hatte. Wie immer so auch in diesem Falle erbleicht das Wunderbare vor dem Lichte der Erkenntnis.

SERPENTES

Da die Schlangen alle Nahrung unzerstückelt und zuweilen Bissen verschlingen, welche doppelt so dick sind als ihr Kopf, erfordert das Hinabwürgen bedeutenden Kraftaufwand und geht nur langsam vor sich. Mit seltenen Ausnahmen packen sie die Beute stets vorn am Kopfe, halten sie mit den Zähnen fest, schieben die eine Kopfseite vor, haken die Zähne wiederum ein, schieben die der anderen Kopfseite nach, und greifen so abwechselnd bald mit dieser, bald mit jener Zahnreihe weiter, bis sie den Bissen in den Rachen gefördert haben. Infolge des bedeutenden Druckes sondern die Speicheldrüsen sehr reichlich ab und erleichtern den Durchgang desselben durch die Maulöffnung, welche allmählich bis auf das äußerste ausgedehnt wird. Während des Verschlingens sehr großer Beutestücke erscheint der Kopf unförmlich auseinandergezerrt und jeder einzelne Knochen des Kiefergerüstes verrenkt; sobald jedoch der Bissen durchgegangen ist, nimmt er seine vorige Gestalt rasch wieder an. Es kommt vor, daß Schlangen Thiere packen und zu verschlingen suchen, welche selbst für ihr unglaublich dehnbares Kiefergerüst zu groß sind; dann liegen sie stundenlang mit der Beute im Rachen auf einer und derselben Stelle, die Luftröhre soweit vorgestoßen, daß die Athmung nicht unterbrochen wird, und mühen sich vergeblich, die Masse zu bewältigen, falls es ihnen nicht glückt, die Zähne aus ihr herauszuziehen und sie durch Schütteln mit dem Kopfe wieder herauszuwerfen; die Angabe aber, daß die Schlange des einmal gepackten und verschlungenen Beutestückes nicht wieder sich entledigen könne und unter Umständen an einem zu großen Bissen ersticken müsse, ist gänzlich falsch. Giftschlangen packen ihr Opfer erst, nachdem es verendet ist, und dann mit einer gewissen Vorsicht, um nicht zu sagen Zartheit. Sie gebrauchen beim Verschlingen ihre Giftzähne nicht, sondern legen dieselben soweit zurück als möglich und bringen dafür die Unterkinnlade hauptsächlich in Wirksamkeit. Die Verdauung geht langsam vor sich, ist aber sehr kräftig. Zuerst wird derjenige Theil der Beute, welcher im unteren Magen liegt, zersetzt, und so geschieht es, daß ein Stück bereits aufgelöst und in den Darmschlauch übergegangen ist, ehe noch der andere Theil von der Verdauung angegriffen wurde. Werden mehrere Thiere verschluckt, so liegen diese, falls sie nicht sehr klein sind, nicht neben, sondern stets hinter einander, und ist der Magen voll, so müssen die übrigen in der Speiseröhre verharren, bis sie nachrücken können. Die unverdaulichen Theile oder Speisereste, insbesondere Federn und Haare, werden durch den After entleert, ausnahmsweise und wohl nur von nicht kräftigen oder ungesunden Schlangen als Gewölle ausgespieen, wie solches mit wenig verdauten Beutestücken geschehen kann, wenn die betreffende Schlange erschreckt oder überhaupt belästigt wird. Der Nahrungsverbrauch ist von der Witterung abhängig und steigert sich mit der Wärme; eigentlich gefräßig aber kann man die Schlangen nicht nennen. Sie verschlingen zwar viel auf einmal, können jedoch auch dann auf Wochen, ja selbst monatelang ohne jegliche Nahrung ausdauern.

Wichtiger noch als für das Leben des Vogels die Mauser, ist für das Leben der Schlangen die Häutung, eines der ersten Geschäfte, welches das eben dem Eie entschlüpfte Junge vornimmt, und eines, welches von dem erwachsenen Thiere im Laufe des Jahres mehrmals wiederholt wird. Die Häutung beginnt mit Ablösen der feinen, wasserhellen Oberhaut an den Lippen, wodurch eine große Öffnung entsteht. Es bilden sich nun zwei Klappen, die eine am Oberkopfe, die andere an der Unterkinnlade, welche sich zurückschlagen und nach und nach weiter umgestülpt werden, so daß schließlich der innere Theil nach außen gekehrt wird. Im Freien benutzen die Schlangen Moos, Heide- und andere Pflanzen, oder überhaupt Rauhigkeiten, um sich ihres Hemdes zu entledigen, und können die Häutung in sehr kurzer Zeit vollenden; im Käfig bemühen sie sich oft lange vergeblich, um denselben Zweck zu erreichen, lösen auch nur selten die ganze Haut unzerrissen ab. Unmittelbar vor der Häutung sind alle Schlangen ruhig, nach derselben aber sofort um so munterer.

Wenige Tage nach der ersten Frühjahrshäutung beginnt die Fortpflanzung. Sie erregt auch die Schlangen in einem gewissen Grade, keineswegs aber in einem so hohen, als man gefabelt hat. Es ist sehr wahrscheinlich, daß einzelne Arten während der Paarungszeit zu größeren Gesellschaften sich vereinigen und längere Zeit zusammen verweilen: von einigen Giftschlangen wenigstens hat man beobachtet, daß sie gerade während der Begattung zu einem förmlichen Knäuel sich verschlingen und in dieser sonderbaren Vereinigung stundenlang verharren. Die Alten, welche solche Verknäuelungen mehrerer Schlangen gesehen zu haben scheinen, erklärten sich die Ursache in abergläubischer Weise, nannten den Knäuel ein Schlangenei und schrieben ihm die wunderbarsten Kräfte zu. In der Regel findet man Männchen und Weibchen der sich paarenden Schlangen innig umschlungen auf den beliebtesten Lagerstellen ruhend, im Sonnenscheine stundenlang auf einer und derselben Stelle liegend, ohne sich zu regen. Die Vereinigung beider Geschlechter ist aus dem Grunde eine sehr innige, als die walzenförmigen Ruthen des Männchens, welche bei der Paarung umgestülpt werden, an der inneren Seite mit harten Stacheln besetzt sind und daher fest in den Geschlechtstheilen des Weibchens haften. Wie lange die Paarung dauert, weiß man noch nicht; wohl aber darf man annehmen, daß sie mehrere Stunden beansprucht: Effeldt fand ein Dutzend verknäuelte Kreuzottern, welche er am Abend aufgespürt hatte, noch am folgenden Tage in derselben Lage vor. »Wenn die Schlangen einmal zusammenhängen«, sagt Lenz, »kann man sie, falls man sich ruhig verhält, aus mäßiger Ferne recht gut beobachten, ohne sie zu verscheuchen; sobald man jedoch nahe hinzutritt oder gar nach ihnen schlägt, suchen sie Reißaus zu nehmen. Das geht aber so leicht nicht, weil sie um einander geschlungen und somit zum Kriechen unfähig sind. Erst versuchen sie, vereinigt und umschlungen zu entwischen; sehen sie aber, daß das nicht geht, so wickeln sie sich theilweise oder ganz von einander ab und kriechen nun fort. Da sie nun durch die Stacheln des Männchens noch fest verbunden sind, und jede ihren eigenen Weg einschlagen will, so zerren sie eine wie die andere, und die kleinste muß der größten folgen. Eine solche Flucht geht dann natürlich sehr langsam. Schlägt man tüchtig auf sie los oder tritt auf sie, so reißen sie sich endlich durch einen gewaltsamen Ruck von einander los.« Nach etwa vier Monaten sind die Eier, sechs bis vierzig an der Zahl, legereif und werden nun von der Mutter in feuchtwarmen Orten abgelegt, falls die Art nicht zu denjenigen gehört, welche soweit entwickelte Eier zur Welt bringen, daß die Jungen sofort nach dem Ablegen des Eies oder schon im Mutterleibe die Eihülle sprengen. Hierbei leistet die Mutter keine Hülfe, wie sie sich überhaupt um die ausgeschlüpften Jungen wenig oder nicht bekümmert. Letztere wachsen außerordentlich langsam, möglicherweise aber bis ans Ende ihres Lebens fort, in höheren Jahren selbstverständlich ungleich langsamer als in jüngeren. Sie mögen außerordentlich alt werden.

Die Bedeutung der Schlangen der übrigen Thierwelt gegenüber ist so gering, daß man wohl behaupten darf, das »Gleichgewicht der Natur« werde auch ohne jene nicht verändert werden. Allerdings nützen einige von ihnen durch Wegfangen von Mäusen und anderen schädlichen Nagethieren; der Vortheil jedoch, welchen sie dem Menschen hierdurch bringen, wird, wie ich bereits gesagt habe, mehr als aufgewogen durch den Schaden, welchen sie, mindestens die giftigen Arten unter ihnen, verursachen: der Haß, unter welchem die ganze Ordnung zu leiden hat, darf deshalb gewiß nicht als unberechtigt bezeichnet werden. Es gereicht dem Menschen zur Ehre, wenn er die ungiftigen Schlangen nicht der giftigen halber verdammt, verfolgt und tödtet; zur Unterscheidung dieser und jener gehört aber eine so genaue Kenntnis des ganzen Gezüchtes, daß man schwerlich wohlthut, dem Laien Schonung desselben anzurathen. Bei uns zu Lande hält es allerdings nicht schwer, die einzige Giftschlange, welche wir haben, von den giftlosen Arten zu unterscheiden; schon im südlichen Europa hingegen kommt eine Natter vor, welche dieser Kreuzotter so ähnlich sieht, daß selbst der schlangenkundige Dumeril sich täuschen und anstatt gedachter Natter eine Kreuzotter aufnehmen konnte, deren Biß ihn in Lebensgefahr brachte. Und in allen übrigen Erdtheilen werden Schlangen gefunden, von denen man, ungeachtet unserer vorgeschrittenen Kenntnis, noch heutigentages nicht weiß, ob sie giftig oder ungiftig sind. Wer also Schonung der Schlangen predigen will, muß sich wenigstens streng auf Deutschland beschränken, damit er nicht etwa Unheil anrichte. Ich meinestheils bin weit entfernt, den Schlangen das Wort zu reden, und wäre es auch nur, weil unsere ungiftigen Arten hauptsächlich solche Thiere fressen, welche uns unzweifelhaft mehr nützen als ihre Räuber. Wer alle Schlangen tödtet, deren er habhaft werden kann, richtet dadurch, ich wiederhole es, kein Unheil an; wer ein einzigesmal eine giftige Schlange mit einer ungiftigen verwechselt, kann dies mit Leben und Gesundheit zu büßen haben.

Der Aufgeklärte, welcher sich darüber klar geworden ist, daß den Rückständigen das Böse stets wichtiger erschienen ist als das Gute, der Teufel wichtiger als die Gottheit, wird es sehr begreiflich finden, daß die Schlangen von jeher in den Sagen wie im Glauben der Völker eine bedeutende Rolle gespielt haben. Nicht bloß die jüdisch-christliche, sondern die Sage eines jeden Volkes überhaupt gedenkt ihrer, bald mit Furcht und Abscheu, bald mit Liebe und Verehrung. Schlangen galten als Sinnbilder der Geschwindigkeit, der Schlauheit, der ärztlichen Kunst, selbst als solche der Zeit; Schlangen wurden, wie es heutigentages noch unter den rohen Völkern geschieht, bereits im grauen Alterthume angebetet, von den Indiern als Sinnbild der Weisheit, von anderen Völkern als solches der Falschheit, Tücke und Verführung, von anderen wiederum, wie z. B. von den Juden, als Götzen, wie denn ja auch Moses eine Schlange aufrichtete, um durch dieselbe das »Volk Gottes« von einer Plage zu befreien. Daß die Römer den Schlangen göttliche Ehre erwiesen, geht aus den Mittheilungen ihrer Schriftsteller klar hervor: »Der Stadt Rom«, sagt Valerius Maximus, »haben die Götter schon oft Beweise ihrer besonderen Gnade gegeben. Einstmal wurde die Stadt drei Jahre lang von einer Seuche heimgesucht und weder Götter noch Menschen halfen der schweren Noth ab. Endlich befragten die Priester die Sibyllinischen Bücher und fanden darin, daß nur dadurch der frühere Gesundheitszustand erlangt werden könnte, wenn der Gott Äskulap von Epidaurus geholt würde. Es wurde eine Gesandtschaft abgeschickt, Trost und Hülfe zu suchen. Die Epidaurier nahmen die Römer freundlich auf und führten die Gesandtschaft in den Tempel des Äskulap. Auch der Gott selbst offenbarte durch Zeichen seine himmlische Gnade. Man hatte bei Epidaurus zuweilen eine Schlange gesehen, deren Erscheinung der Stadt jedesmal besonderen Segen brachte, und welche ebenso hoch verehrt wurde wie Äskulap selbst. Während der Anwesenheit der Römer zeigte sich nun diese Schlange und bewegte sich langsam, sanft umherschauend, durch die besuchtesten Theile der Stadt. Dies wiederholte sie drei Tage lang, währenddem sie von dem Volke andächtig angeschaut wurde. Die Sehnsucht nach einem würdevolleren Wohnsitze gab ihrem Wesen offenbar den Eindruck heiterer Lebendigkeit. So nahm sie dann endlich wirklich die Richtung nach dem römischen Kriegsschiffe. Dort gerieth die von ihr überraschte Mannschaft in gewaltigen Schrecken; sie aber kroch ohne weiteres in die Kajüte des Gesandten Ogulnius und ringelte sich dort mit der größten Behaglichkeit zusammen. Jetzt sahen die Sendboten mit eigenen Augen, daß sie sich im Besitze des Gottes befänden, ließen sich über die Art, wie ihm die gebührende Ehre zu erweisen sei, belehren, dankten höflich und herzlich und segelten frohen Muthes von dannen. Nach einer glücklichen Fahrt landete das Schiff in Antium. Dort kroch die Schlange, welche vorher an allen Landungsplätzen im Schiffe geblieben war, aus ihm hervor, begab sich nach der Vorhalle des Äskulaptempels, woselbst ein ästereicher Myrtenbaum stand und wand sich dann um eine hohe Palme. Hier rastete sie drei Tage, und es wurde ihr die gewöhnliche Nahrung vorgesetzt. Die Gesandten fürchteten, sie möchte wohl nicht auf das Schiff zurückkehren; indeß verließ sie freiwillig den Baum und begab sich wieder auf das Fahrzeug. Endlich landeten die Gesandten am Ausflusse der Tiber. Dort schwamm die Schlange auf eine Insel und auf ihr wurde ihr ein Tempel erbaut. Mit ihrer Ankunft war auch Rom von der Seuche befreit.«

Solche Anschauungen haben sich bis in spätere Jahrhunderte erhalten und leben heutigentages noch unter verschiedenen Völkern Europas, Asiens und Afrikas. Daß Schlangen Glück und Segen bringen, ist ziemlich allgemein verbreiteter Aberglaube; daß ihre Tödtung Unheil nach sich zieht, die feste Überzeugung der Indier und Malaien. Wer eine Riesenschlange tödtet, bemerkt Martens, soll bald darauf selbst sterben, sagt der Aberglaube auf Amboina, obwohl der schon für seine Zeit hinreichend aufgeklärte Prediger Valentyn keinen anderen Schaden danach verspürt zu haben bezeugt, als die Zunahme der Ratten im eigenen Hause, in welchem er eine Riesenschlange umgebracht hatte. Aber auch diese Thatsache wußte der Aberglaube sich zurecht zu legen: Der Geist der Schlange, so sagte man, habe über die Prediger keine Macht. Nach Krapf sehen die Galla die Schlange als Mutter des Menschengeschlechtes an und zollen ihr hohe Verehrung. Als Heuglin eine afrikanische Riesenschlange in der Nähe eines Gehöftes der Dinkaneger erlegte, waren diese sehr ungehalten und sprachen klagend dahin sich aus, daß der gewaltsame Tod ihres Ahnherren, welcher schon so lange in Frieden bei ihnen gewohnt habe, ihnen Unheil bringen werde. Schlangen sind, wie Schweinfurth bestätigend und ergänzend bemerkt, die einzigen Thiere, denen von den Dinka- sowohl wie von den Schilluknegern des Weißen Flusses eine Art göttlicher Verehrung gezollt wird. Die Dinka nennen sie ihre Brüder und betrachten Tödtung derselben als ein Verbrechen. Verschiedene Gewährsmänner, welche Schweinfurth um Auskunft anging, erzählten, daß einzelne Schlangen dem Hausbesitzer, in dessen Behausung sie sich eingenistet, persönlich bekannt seien, daß er sie bei Namen nenne und daß er mit ihnen wie mit Hausthieren verkehre. In den Gegenden am Nianzasee gilt es, laut Livingstone, als ein Verbrechen, eine Schlange zu tödten, und ob sie auch der Einwohnerschaft durch Räubereien lästig werden sollte. Einzelne arabisch redende Handelsleute, welche jene Gegenden durchziehen, behaupten sogar, daß auf Inseln des gedachten Sees Schlangen leben, welche die Gabe der Rede besitzen und nach Ansicht der wackeren Leute von jener Erzschlange abstammen, welche unsere würdige Urmutter Eva verführte. Wer versucht sein sollte, die rohen Völker zu belächeln, mag zuerst der Sardinier gedenken; denn die Ansichten dieser sind von denen jener nicht wesentlich verschieden. »In den Versammlungen der Frauen«, sagt Cetti, »werden von unseren Schlangen Wunderdinge erzählt. Sie sollen ehedem Wahrsagerinnen und der Zukunft kundig gewesen sein. Ich glaube gern, daß solche Märchen von unseren gebildeten Frauen nur zum Scherze erzählt werden; viele unserer Landleute aber sehen in den Schlangen einen ihrer vollsten Zuneigung und Hochachtung würdigen Gegenstand. Wenn eine in die Hütte des Bauern oder Hirten kommt, zeigt sie bevorstehendes Glück an; und wenn jemand sich einfallen lassen sollte, ihr übel zu begegnen, würde man dies für ebenso thöricht halten, als wenn er das seinem Hause nahende Glück von sich abweisen wollte. Daher lassen alle Frauen auf dem Lande es sich angelegen sein, die Schlange zu behalten und tragen ihnen täglich mit besonderer Sorgfalt Futter vor die Höhle, welche letztere sich zum Wohnsitze erwählte. Ich kenne eine Frau, welche solchen Dienst zwei Jahre lang ausgeübt hat.« Die russischen und die thüringer oder süddeutschen Bauern denken nicht anders als die Sarden: auch in ihren Augen gilt die in das Gehöft kommende Schlange als Botschaft des freundlich sich nahenden Glückes.

Kein Wunder, daß derartige Anschauungen schon in frühester Zeit dahin führen mußten, in den Schlangen ganz andere Thiere zu erblicken, als sie wirklich sind. Alle denkbaren Eigenschaften wurden ihnen angedichtet, gute und böse, und so mußten sie bald die Stelle eines Gottes, bald die eines Teufels vertreten. Und nicht bloß Eigenschaften, welche sie nicht besitzen, schrieb man ihnen zu, sondern ebenso Flügel, Beine und andere Glieder, kronenartigen Kopfputz und dergleichen, weil sich mit ihnen die Einbildungskraft mehr beschäftigt hat als wirkliche Beobachtung. Für die Priester oder, damit ich den Begriff dieses Wortes nicht entweihe, für die Pfaffen waren sie lange Zeit eine Quelle reicher Einnahmen, weil sie leichter als jedes andere Wesen zur Bethörung der blindgläubigen Menge sich benutzen ließen; und da sich Pfaffen und Quacksalber von jeher gern die Hände gereicht haben, beschäftigte sich die »ärztliche Wissenschaft« bald ebenso eifrig mit ihnen, wie früher oder gleichzeitig Pfaffentrug und Gauklerkunst. Ich unterlasse eine Aufzählung der von Plinius und anderen römischen wie auch von griechischen Schriftstellern aufgeführten Heil-, Zauber- und sonstigen Mittel, welche man aus dem Leibe und einzelner Leibestheile verschiedener Schlangen zu gewinnen wähnte und beschränke mich darauf, anzugeben, daß wir den Römern und Griechen jene aus Vipern bereiteten Arzneien verdanken, welche das Mittelalter noch lange überdauert haben. Noch in den letzten Jahrhunderten sind hunderttausende von verschiedenen zum Otterngeschlechte gehörigen Schlangen in Europa, vorzüglich in Italien und Frankreich, für die Apotheke gesammelt worden; ja, es ging, weil man mit den europäischen noch nicht ausreichte, soweit, daß man egyptische Giftschlangen in Unzahl aufkaufte. Schon Antonius Musa, der berühmte Arzt des Kaisers Octavianus Augustus, hatte Vipern als Arzneimittel verwendet; allein erst der Leibarzt des Kaisers Andromachus aus Kreta erfand den »Theriak«, welcher noch im vorigen Jahrhunderte in fast allen Apotheken Europas unter Aufsicht der Physiker und Ärzte, welche alle dazukommenden Dinge untersuchen mußten, bereitet wurde. Besonders berühmt, des Theriaks wegen, war Venedig, kaum weniger Rom, woselbst ihn die Jesuiten zubereiteten und von Obrigkeitswegen gegen mißgünstige Nachahmungen geschützt wurden. Der Theriak wurde verordnet als Mittel zur Reinigung des Blutes bei Flechten, Aussatz, Krätze, Skrofeln, Kropf, als Gegenmittel bei Vergiftungen usw., und besaß genau dieselben Heilkräfte, welche den Wundermitteln unserer Tage beigelegt werden. Außerdem verordneten die Ärzte gesottene und gebratene Ottern, Suppe, Gallerte, Sirup, Pulver aus Herz und Leber, in Weingeist aufgelöste oder durch solchen ausgezogene Körpertheile gegen Fieber, Pocken, Fallsucht, Lähmung, Schlagfluß, Zahnfäule. Das Fett galt als ein vortreffliches Mittel bei Quetschungen und Wunden, bei Augenkrankheiten usw., wurde auch von Schwindsüchtigen eingenommen und von gefallsüchtigen Närrinnen ins Gesicht geschmiert, um Runzeln zu vertreiben und die Hautfarbe zu verbessern. Noch bis in die späteste Zeit hat sich der Glaube an die Heilkräftigkeit des Otternfettes erhalten, und selbst ein so vorurtheilsfreier Mann, wie unser Lenz, konnte sich desselben, wenigstens in früheren Jahren, nicht gänzlich entschlagen. Jedenfalls hatte dieser Wahn, wie jeder andere, auch eine gute Folge: er trug wesentlich dazu bei, das Otterngezücht zu vermindern. Heutigen Tages glaubt kein vernünftiger Mensch mehr an derartige Heilmittel vergangener Jahrhunderte und Jahrzehnte, weil sich der Segen der naturwissenschaftlichen Bildung unserer Tage am allerglänzendsten in der Arzneiwissenschaft gezeigt hat; gerade deshalb aber erscheint es um so mehr geboten, die natürlichen Feinde der Schlangen gewähren, d. h. ihnen unseren Schutz im vollsten Maße zu Theil werden zu lassen.

Zur Beruhigung aller derer, welche sich vor den Schlangen fürchten, und zur Freude aller Gegner des gefährlichen oder doch furchterregenden Gezüchtes ist das Heer seiner Feinde sehr zahlreich. Bei uns zu Lande stellen Katzen, Füchse, Marder, Iltisse, Wiesel, Igel, Wild- und Hausschweine, in südlicheren Gegenden die Schleichkatzen und namentlich die Mangusten den Schlangen eifrig nach, und ebenso verfolgen sie nachdrücklichst Schlangen- und Schreiadler, Bussarde, Raben, Elstern und Heher, Störche und andere Sumpfvögel sowie die betreffenden Vertreter dieser Vögel in heißen Ländern. Als der ausgezeichnetste aller Schlangenvertilger gilt der Kranichgeier oder Sekretär; doch leisten auch andere Ordnungsverwandte: Edel-, Zahn-, Sing- und Schlangenhabicht, Sperberadler, Gaukler, Geierfalk, Königs- und Rabengeier erkleckliches, ganz abgesehen noch von manchen Leichtschnäblern, Scharr- und Stelzvögeln, deren Wirksamkeit wir bereits kennen gelernt haben. Sie alle verdienen die Beachtung und den Schutz der Verständigen; denn der größte Theil von ihnen vernichtet nicht allein die Schlangen, sondern ersetzt auch ihre Leistungen vollständig.

Zähmung oder wenigstens Gefangenhaltung der Schlangen ist uralt. Schon die alten Egypter sollen solche, und unter ihnen auch die furchtbare Uräusschlange in ihren Wohnungen gepflegt haben. Daß Gaukler dieselbe Schlange genau ebenso benutzten, wie noch heutigen Tages geschieht, manchmal auch tödtlich gebissen wurden, wie es gegenwärtig ebenfalls vorkommt, erfahren wir durch Älian, daß Frauen zuweilen kalte Schlangen um ihren Hals legten, durch Martial. Kaiser Tiberius besaß, wie Suetonius mittheilt, eine Schlange, welche er sehr lieb hatte und aus der Hand zu füttern pflegte; Kaiser Heliogabal ließ, nach Angabe des Älius Lampridius, zuweilen viele Schlangen sammeln und an Tagen, welche das Volk zu den öffentlichen Spielen versammelten, vor Sonnenaufgang ausschütten, um sich an dem Entsetzen der geängstigten Menschen, von denen viele durch Bisse oder im Gedränge umkamen, zu weiden. An den Höfen der indischen Fürsten waren, wenn wir den alten Schriftstellern vollen Glauben schenken wollen, gefangene Schlangen etwas durchaus gewöhnliches.

Die meisten Schlangen gewöhnen sich leicht an die Gefangenschaft und dauern in ihr Jahre oder doch wenigstens Monate aus. Altgefangene Vipern gehen nicht immer ans Futter, wahrscheinlich jedoch bloß deshalb, weil man ihnen ihren Aufenthalt nicht entsprechend herrichtet. Zu ihrer Behaglichkeit ist Wärme, und zwar feuchte Wärme unbedingtes Erfordernis; namentlich darf ihrem Käfige ein Wasserbehälter zum Baden nicht fehlen. Um sie ans Futter zu gewöhnen, muß man ihnen zuerst lebende Thiere reichen; haben sie sich einmal herbeigelassen, diese zu ergreifen und zu verschlingen, so kann man dann auch zu todten und später selbst zu Fleischstücken übergehen.

# *Lurche*

# *Unser Laubfrosch*

Unser Laubfrosch (Hyla arborea), für uns das Urbild der Familie und Vertreter der verbreitetsten, seinen Namen tragenden Sippe (Hyla), das kleinste Mitglied seiner gesammten Verwandtschaft in Europa, erreicht eine Leibeslänge von drei Centimeter und ist auf der Oberseite schön blattgrün, auf der Unterseite graulichweiß gefärbt. Ein schwarzer, oben gelbgesäumter Streifen, welcher an der Nase anfängt und bis zum Hinterschenkel verläuft, scheidet beide Hauptfarben. Wenig wärmebedürftig, wie er zu sein scheint, läßt er sich bereits anfangs April, in guten Frühjahren auch wohl schon Ende März vernehmen und hält bis zum späten Herbste im Freien aus. Doch nimmt man in der Regel wenig von ihm wahr: denn nur während der Paarungszeit gesellt er sich im Wasser zu ansehnlichen Scharen; bald nach ihr besteigt er das Gelaube von Gebüschen, Sträuchern und Bäumen und treibt hier, meist ungesehen, sein Wesen. Er ist einer der niedlichsten Lurche, welche wir kennen, gewandter als alle übrigen, welche bei uns vorkommen, gleich befähigt, im Wasser oder auf ebenem Boden wie im Blattgelaube der Bäume sich zu bewegen. Im Schwimmen gibt er dem Wasserfrosche wenig nach, im Springen übertrifft er ihn bei weitem, im Klettern ist er Meister. Jedermann weiß, wie die letztere Bewegung geschieht, keineswegs schreitend nämlich, sondern ebenfalls springend. Wer jemals einen Laubfrosch in dem bekannten, weitmündigen Glase gehalten hat, wird bemerkt haben, daß derselbe jede Ortsveränderung außerhalb des Wassers springend bewerkstelligt, und daß er, wenn er gegen senkrechte Flächen springt, an ihnen, und wären es die glättesten, augenblicklich festklebt. Bei dem in einem Glase gehaltenen Laubfrosche kann man auch deutlich wahrnehmen, in welcher Weise dies ausgeführt wird. Von einem zähen Schleime, welcher anleimt, bemerkt man nichts, vielmehr nur auf der unteren Seite des Polsters eine hellgefärbte Fläche, wie eine Blase, über welcher der obere, scharfe Rand der Fußkolben hervortritt. Drückt er nun den Ballen an, so legt sich die blasige Fläche dicht an den Gegenstand, an welchem sie haften soll; die äußere Luft preßt den Rand auf und hält, da alle Zehenkolben gleichzeitig wirken, ihn fest. Nöthigenfalls gebraucht er noch die Kehlhaut zur Unterstützung, indem er auch diese gegen die betreffende Fläche drückt, und so wird es ihm nie schwer, in seiner Lage sich zu erhalten. Ein aus dem Wasser anspringender Laubfrosch glitscht anfänglich allerdings von einer glatten Fläche ab, sicherlich aber nur, weil das an den Zehenballen haftende Wasser ihm verwehrt, zwischen diesen und der Anhaftungsfläche einen luftleeren Raum herzustellen. In dieser Weise also besteigt unser Frosch die Bäume, von Blatt zu Blatt emporspringend, auf niederem Gebüsche beginnend, von diesem aus zu höheren Sträuchern aufklimmend und endlich bis zur Krone sich erhebend.

Hier in der luftigen Höhe verlebt er behaglich den Sommer, bei schönem Wetter auf der Oberseite, bei Regen auf der Unterseite des Blattes sitzend, falls solche Witterung nicht allzu lange anhält und ihm so unangenehm wird, daß er sich vor dem Regen ins – Wasser flüchtet. Wie trefflich seine Färbung mit dem Blattgrün im Einklange steht, erfährt derjenige, welcher ihn auf einem niederen Busche schreien hört und sich längere Zeit vergeblich bemüht, ihn wahrzunehmen. Jener Gleichfarbigkeit ist er sich wohl bewußt und sucht sie bestmöglichst auszubeuten. Er weiß, daß Springen ihn verräth: deshalb zieht er vor, bei Ankunft eines Feindes oder größeren, ihm gefährlich dünkenden Wesens überhaupt sich fest auf das Blatt zu drücken und, die leuchtenden Äuglein auf den Gegner gerichtet, bewegungslos zu verharren, bis die Gefahr vorüber. Erst im äußersten Nothfalle entschließt er sich zu einem Sprunge; derselbe geschieht dann aber so plötzlich und wird mit so viel Geschick ausgeführt, daß er ihn meistens rettet.

Die Nahrung des Laubfrosches besteht in mancherlei Kerbthieren, namentlich Fliegen, Käfern, Schmetterlingen und glatten Raupen. Alle Beute, welche er verzehrt, muß lebendig sein und sich regen; todte oder auch nur regungslose Thiere rührt er nicht an. Sein scharfes Gesicht und, wie es scheint, ebenfalls recht wohl entwickeltes Gehör geben ihm Kunde von der heransummenden Mücke oder Fliege; er beobachtet sie scharf und springt nun plötzlich mit gewaltigem Satze nach ihr, weitaus in den meisten Fällen mit Erfolg und immer so, daß er ein anderes Blatt beim Niederspringen erreicht. Zur Unterstützung der herausschnellenden und fangenden Zunge benutzt er auch wohl die Zehen eines seiner Vorderfüße und führt mit ihnen, wie mit einer Hand, die dargebotene Speise zum Munde: so beobachtete Gredler wenigstens an Gefangenen, wenn ihnen größere Fliegen dargeboten wurden, dasselbe Günther auch an australischen Verwandten unserer einheimischen Art. Während des Sommers beansprucht der Laubfrosch ziemlich viel Nahrung, liegt deshalb auch während des ganzen Tages auf der Lauer, obgleich auch seine Zeit erst nach Sonnenuntergang beginnt.

Man hält den Laubfrosch allgemein für einen guten Wetterprofeten und glaubt, daß er Veränderung der Witterung durch Schreien anzeige. Diese Ansicht ist wenigstens nicht unbedingt richtig. Besonders eifrig läßt der Laubfrosch seine laute Stimme während der Paarungszeit ertönen, schweigt aber auch während des Sommers

Hyla arborea
HYLIDAE

nicht und ruft mit aufgeblasener Kehle sein fast wie Schellengeläute klingendes, an den sogenannten Gesang der Cikaden erinnerndes »Kräh, kräh, kräh« die halbe Nacht hindurch fast ohne Unterbrechung in die Welt, aber bei trockener und beständiger Witterung ebensowohl als kurz vor dem Regen. Nur vor kommendem Gewitter schreit er mehr als sonst, während des Regens selbst oder bei nassem Wetter verstummt er gänzlich.

Gegen den Spätherbst hin verläßt er die Baumkronen, kommt auf den Boden herab, hüpft dem nächsten Wasser zu und verkriecht sich wie seine Ordnungsverwandten im Schlamme. In ihm verbringt er in todähnlichem Schlafe den Winter, in der Regel wohl, ohne vom Froste erreicht zu werden. Doch wenn auch das Gegentheil stattfinden sollte, dürfte er noch keineswegs in allen Fällen unbedingt verloren sein. Seine Lebenszähigkeit ist eine ganz außerordentliche und läßt ihn Gefahren überstehen, welche anderen, höher entwickelten Thieren unbedingt das Leben kosten müßten. Ein Beobachter, welcher seinen Namen nur angedeutet hat, vergaß, wie er erzählt, seinen als Wetterprofeten dienenden Gefangenen bei Eintritt strenger Kälte in einen warmen Raum zu bringen und bemerkte endlich, daß der beklagenswerthe Geselle, welcher sein Behältnis nicht hatte verlassen können, mit ausgestreckten Beinen mitten in dem Eise, welches sich im Glase gebildet hatte, eingefroren war. Das Gefäß wurde jedoch in ein lauwarmes Zimmer gebracht, und in ihm schmolz langsam das Eis, der größte Theil desselben erst über Nacht. Als man am folgenden Morgen nachsah, saß der vollkommen wieder belebte Laubfrosch hoch oben am Glase, als ob nichts geschehen sei. Ähnlich dürfte es ihm auch im Freien ergehen, und eine gleiche Widerstandsfähigkeit wird dann ihn retten. Daß er nicht empfindlich gegen die Kälte ist, beweist er durch sein frühes Erscheinen. Eher als andere Froschlurche ist er im Frühlinge wieder da und denkt nun zunächst an die Fortpflanzung. Hierzu wählt er womöglich solche Teiche, deren Ufer von Gebüschen und Bäumen umsäumt werden, wahrscheinlich deshalb, weil es ihm schwer wird vom Wasser aus seiner Liebesbegeisterung schreiend Ausdruck zu geben. Gewöhnlich verlassen die Männchen Ende April ihre Winterherberge, in guten Jahren früher, in kalten etwas später, immer aber eher als die Weibchen, welche sich erst sechs oder acht Tage nach ihnen zeigen. Unmittelbar nach ihrem Erscheinen geht die Paarung vor sich. Das Männchen umfaßt das Weibchen unter den Achseln und schwimmt nun mit ihm zwei bis drei Tage im Wasser umher, bis die Eier abgehen und von ihm befruchtet werden können. Das Eierlegen selbst währt gewöhnlich kurze Zeit, zwei Stunden etwa, zuweilen auch viel länger, sogar bis achtundvierzig Stunden; dann aber bekommt es das Männchen satt, verläßt das Weibchen, und die nunmehr gelegten Eier bleiben unbefruchtet. Etwa zwölf Stunden nachdem letztere den Leib der Mutter verlassen haben, ist der sie umhüllende Schleim so voll Wasser gesogen und aufgebläht, daß er sichtbar wird. Man bemerkt dann in ihm das eigentliche Ei, welches etwa die Größe eines Senfkornes hat, und um dasselbe die Hülle, welche in der Größe mit einer Wicke ungefähr gleichkommt. Der Laich bildet umförmliche Klumpen und bleibt auf dem Boden des Wassers liegen, bis die jungen Larven ausgeschlüpft sind. Wie bei den übrigen Lurchen beansprucht die Zeitigung der Eier und die Entwickelung der Jungen geringe Zeit. In Eiern, welche am siebenundzwanzigsten April gelegt wurden, bemerkte man schon am ersten Mai den Keim mit Kopf und Schwanz, welche aus dem Dotter hervorwachsen; am vierten Mai bewegte er sich in dem schleimigen Eiweiße; am achten kroch er aus, schwamm umher und fraß gelegentlich vom zurückgelassenen Schleime; am zehnten zeigten sich die Augen und hinter dem Munde zwei Wärzchen, welche dem werdenden Thierchen gestatten, sich an Gras und dergleichen anzuhängen, sowie die Schwanzflosse, am zwölften die Kiemenfaden, hinter jeder Kopfseite einer, welche sich bald wieder verlieren, und Flecke, welche ihn gescheckt erscheinen lassen; am funfzehnten waren Mund und Nase entwickelt, und die Kaulquappe fraß schon tüchtig; am achtzehnten bekamen ihre schwarzen Augen eine hochgelbe Einfassung; am zwanzigsten war der After entwickelt und der Leib mit einer zarten, mit Wasser angefüllten Haut umgeben, welche sich am neunundzwanzigsten verlor. Die Thierchen waren nun anderthalb Centimeter lang und benagten Wasserlinsen. Am neunundzwanzigsten Juni sproßten die Hinterfüße hervor; am sechzehnten Juli waren die Kaulquappen fast ausgewachsen und etwa zwei Centimeter lang, die fünf Zehen gespalten, am fünfundzwanzigsten auch die Ballen entwickelt und die Spuren der Vorderfüße, welche am dreißigsten hervorbrachen, bereits sichtbar. Ihr Rücken war grünlich, der Bauch gelblich. Sie kamen schon häufig an die Oberfläche, um Luft zu schöpfen. Am ersten August war der Schwanz um die Hälfte kleiner, wenige Tage darauf vollends eingeschrumpft, das Fröschchen nunmehr fertig und zu seinem Landleben befähigt. Dennoch erreicht es erst mit dem vierten Jahre seine Mannbarkeit; früher quakt es nicht und begattet sich auch nicht. Nach Fischers Erfahrungen ist er in der Gegend von Petersburg, wo er nicht ursprünglich lebt, im Freien fortpflanzungsfähig, und die von ihm dort gezeugten Jungen gewöhnen sich so vortrefflich ein, daß es leicht sein dürfte, ihn im Norden Rußlands einzubürgern.

Der Laubfrosch ist so anspruchslos, daß man ihn jahrelang in dem erbärmlichsten Käfige, einem einfachen Glase, am Leben erhalten kann, falls man ihm das nöthigste Futter reicht. Im übrigen braucht man sich wenig um ihn zu sorgen; denn er übersteht nicht bloß, wie wir eben gesehen haben, Kälte und Frost, sondern auch Wärme und Trockenheit in geradezu bewunderungswürdiger Weise. Ein Laubfrosch, welchen Gredler pflegte, war eines Tages aus seinem Wasserbecken verschwunden und fand sich erst nach mehreren Tagen, in eine Spalte gezwängt, völlig vertrocknet und scheinbar todt vor. Ins Becken zurückgeworfen, um später mit dessen Wasser ausgeschüttet zu werden, schwamm er nach etlichen Stunden wiederum so behäbig umher, als er je gewesen. Auch an die Nahrung stellt er wenig Ansprüche. Zu seinem Futter wählt man Fliegen und Mehlwürmer, weil man diese am leichtesten erlangen kann, darf aber auch andere Kerfe, selbst solche bis zu bedeutender Größe, reichen, da sie alle verzehrt werden. Während des Sommers muß man kräftig füttern, damit der Gefangene leichter den Winter übersteht; aber auch während dieser Zeit mag man nicht verabsäumen, ihn mit einem Mehlwurm, einer Spinne, einer Fliege zu atzen. Bei längerer Gefangenschaft lernt er nicht bloß seinen Pfleger, sondern auch den Mehlwurmtopf kennen, oder es verstehen, wenn man ihm zu Gefallen eine Fliege fängt. Ein Freund meines Vaters bemerkte, daß sein gefangener Laubfrosch sich jedesmal heftig bewegte, wenn er seine Stubenvögel fütterte und sich nach der betreffenden Seite kehrte, reichte dem verlangenden Thiere einen Mehlwurm und gewöhnte es binnen kurzer Zeit so an sich, daß der Frosch nicht bloß ihm, sondern jedermann die ihm vorgehaltene Speise aus den Fingern nahm und zuletzt sogar die Zeit der Fütterung kennen lernte. Um ihm das Herauskommen aus seinem Glase zu erleichtern, wurde ein kleines Bretchen an vier Faden aufgehangen; an diesem kletterte der Laubfrosch in die Höhe und hielt sich hängend so lange fest, bis er seinen Mehlwurm erhalten hatte. Griff man oben mit dem Finger durch das Loch, um ihn zu necken, so biß er in den Finger. Wenn sein Glas geöffnet wurde, verließ er es, stieg an den Wänden der Stube auf und ab, hüpfte von einem Stuhle auf den anderen oder seinem Freunde auf die Hand und wartete ruhig, bis er etwas bekam; dann erst zog er sich in sein Glas zurück, bewies also deutlich, daß er Unterscheidung und Gedächtnis besaß. Auch Glaser, ein fleißiger und verständnisvoller Beobachter, spricht dem Laubfrosche verhältnismäßig bedeutenden Verstand zu. Ein Gefangener, welcher drei Jahre lang in üblicher Weise gehalten wurde, hatte sich zuletzt an den Pfleger vollständig gewöhnt, erkannte dessen Absicht, wenn er sich näherte, und nahm dann schon im voraus die nöthige Stellung ein, um das ihm angebotene Kerbthier sofort zu verschlingen, hob bei gutem Wetter die Papierdecke ab oder zwängte sich durch das Futterloch, um ins Freie zu gelangen, saß dann den Tag über stundenlang am Rande des Glases, neugierig die Umgebung betrachtend und mit funkelnden Augen jeder Bewegung folgend, auch wohl nach einer in der Nähe sich niederlassenden Fliege haschend, oder trat bei Nacht förmliche Wanderungen an. Während er sich im gewohnten Gefäße ohne Scheu in die Hand nehmen ließ, pflegte er, sobald er seinen Weg ins Freie angetreten hatte, sich der nach ihm greifenden Hand zu entziehen, als wisse er, daß er auf verbotenen Wegen wandle, von denen er sich aber nicht zurückweisen lassen möchte. Eines Morgens wurde bemerkt, daß der Laubfrosch wieder aus dem Glase entwichen war. Nirgends in der Stube konnte man ihn auffinden, mußte daher annehmen, er habe sich während der Nacht unter der etwas abstehenden Stubenthüre hinaus ins Freie geschoben und sei entkommen. Nichtsdestoweniger blieb das Glas auf seinem Platze, dem kalten Ofen, stehen. Da bemerkte an dem darauf folgenden Morgen eines der Kinder, daß der Frosch das Glas wieder aufgesucht hatte. Bei näherer Betrachtung erschien der Flüchtling hier und da geschwärzt und auch etwas geritzt, so daß man sehr bald ergründen konnte, wo er den Tag und die Nacht über zugebracht haben mußte. Er hatte sich nämlich auf das hohe, oben geknickte Ofenrohr begeben und sich hier während des Suchens den Blicken entzogen, später jedoch nach Wasser gesehnt, den Rückweg angetreten und sich durch das Papierloch in das ihm wohlthuende Element zurückgezogen. Seitdem sah man das Thier öfter durch das Papierloch sowohl aus dem Glase heraus als wieder freiwillig zurück hineinsteigen, und die Kinder hegten keine Besorgnis mehr, daß er entweichen werde. Einzelne Gefangene hat man acht bis zehn Jahre am Leben erhalten.

# *Die Geburtshelferkröte*

Die Geburtshelferkröte (Alytes obstetricans) ein kleines Thier von etwa fünfunddreißig Millimeter Länge. Sie hat einen plumpen Leib, kurze, kräftige Glieder, dicke Schwimmhäute, warzige Drüsenhaut und eine feiste, am Grunde festgewachsene Zunge.

Soweit die bisherigen Beobachtungen reichen, hat man die Geburtshelferkröte nur in Mitteleuropa gefunden. Sie ist gemein in Frankreich, insbesondere in der Umgebung von Paris, ebenso in Italien, kommt aber auch in der Schweiz, hier und da in den Rheinlanden, insbesondere in Nassau, und endlich in Westfalen vor; aus letztgenannter Provinz habe ich sie durch Effeldt lebend erhalten. Ihre Aufenthaltsorte sind Höhlungen an schattigen Orten, unter Steinen, alten Baumwurzeln, Weinstökken oder auch einfache Erdlöcher. Agassiz fand bei Neuenburg einen halben Meter unter der Oberfläche in einer Aushöhlung des Mergels etwa dreißig Stück nahe beisammen, ohne einen Eingang zu dem Kessel entdecken zu können, und nimmt deshalb, wahrscheinlich mit Recht, an, daß die Thiere besser als ihre Verwandten zu graben verstehen. Zu anderen Zeiten bemerkt man sie in offenen Höhlen, gegen Abend, bei regnerischem Wetter auch wohl in den Nachmittagsstunden, vor dem Eingange, am häufigsten in der Nähe von Gewässern. Die Bewegungen sind langsam und schwerfällig wie die unserer gemeinen Kröte. Die Stimme klingt angenehm wie ein helles Glasglöckchen.

Ihren Namen trägt die Geburtshelferkröte mit Fug und Recht. Demours legte bereits im Jahre 1778 der französischen Akademie Beobachtungen über ihr Fortpflanzungsgeschäft vor, welche allgemeines Erstaunen erregten und später durch Brongniart und Agassiz vollkommen bestätigt wurden. Erstgenannter Naturforscher traf im Pflanzengarten zu Paris zwei in der Paarung begriffene Geburtshelferkröten und sah zu seinem nicht geringen Erstaunen, daß das Männchen, welches auf dem Rükken des Weibchens saß, das erste der in eine Schnur gereihten Eier mit den beiden mittleren Zehen des einen Hinterfußes ergriff, diesen ausstreckte und so die Eierschnur herauszog, hierauf den zweiten Fuß ansetzte und so abwechselte, bis die ganze Schnur abgegangen war. Gleichzeitig mit dem Herausziehen wickelt sich das

Männchen diese Schnur, nachdem es die Eier befruchtet, in mehrere durcheinander geschlungene, der Zahl 8 ähnelnde Kreise um die Schenkel und trägt nun diesen Knäuel tagelang mit sich herum. Die Gallertmasse, welche die Eier verbindet, trocknet zusammen, so daß die Eier in Abständen von durchschnittlich einem Centimeter wie in einem häutigen Schlauche stecken, welcher zwischen jenen wie zu einem Faden zusammengedorrt erscheint. Die Eier sind, laut Agassiz, anfangs klein und dottergelb; oben stehen zwei schwarze Punkte wie Nadelstiche. Mit dieser zukünftigen Nachkommenschaft an den Hinterfüßen vergräbt sich die Geburtshelferkröte in die Erde und verweilt hier mehrere Tage, bis die Eier eine gewisse Entwickelung erreicht haben. Das Dottergelb wird dunkler und spielt bald ins Gelbbraune; am dritten Tage bereits kann man am Keime Kopf, Rumpf und Schwanz unterscheiden; die Bewegungen werden lebhafter; man sieht deutlich den Herzschlag, Hebungen der Kiemen usw. Gegen den elften Tag hin ist die Entwickelung so weit gediehen, daß der treue Vater sich seiner Bürde entledigen kann. Um dies zu bewerkstelligen, geht er ins Wasser, schwimmt und kriecht in demselben eilfertiger als sonst hin und her und bewirkt wahrscheinlich dadurch das Auslaufen der Eier. Nachdem er die Jungen abgeschüttelt, streift er die Eihüllen von den Schenkeln los und verfügt sich wiederum auf das Trockene, ohne sich um die Larven weiter zu bekümmern. Letztere unterscheiden sich hinsichtlich ihrer Gestalt wenig oder nicht von den Kaulquappen anderer Froschlurche und entwickeln sich fortan in der regelrechten Weise.

In der neuesten Zeit hat L'Isle die Beobachtungen über das Fortpflanzungsgeschäft der Geburtshelferkröte wieder aufgenommen und in ebenso umständlicher als weitschweifiger Weise hierüber berichtet. Ich will versuchen, das wichtigste seiner Mittheilungen hier wiederzugeben. Tschudi fand sechs Monate nach der Legezeit ein Männchen mit Eischnüren und glaubte deshalb, daß die Geburtshelferkröte zweimal im Jahre Eier lege: nach L'Isle's Beobachtungen aber währt der Zeitraum des Fortpflanzungsgeschäftes überhaupt sechs Monate, vom März bis zum August nämlich. Ein vollkommen ausgewachsenes Weibchen beginnt im März zu legen, fährt bis zum Mai damit fort und hat zu Ende des letztgenannten Monats nur noch den letzten Satz im Eierstocke. Jüngere Weibchen legen nur dreimal. Die Anzahl der Sätze hängt übrigens nicht allein von dem Zustande der Reife des Weibchens, sondern auch von der Nahrung, dem Klima und anderen Umständen ab. Eine Folge des in solchen Zeiträumen stattfindenden Eierlegens ist die ungleichmäßige Entwikkelung der Jungen. Die, welche den im März, April und Mai gelegten Eiern entkommen, sind von Ende Juli bis zu Beginn des Oktober verwandelt.

Nach ungefähr sechsmonatlichem Schweigen erhebt die männliche Geburtshelferkröte in den letzten Tagen des Februar wiederum ihre Stimme, und von nun an vernimmt man dieselbe sechs Monate nacheinander bis zu Ende August. Anfänglich

*Alytes obstetricans*

schwach und verhalten, tönt der Gesang bald laut und kaum unterbrochen. Um dieselbe Zeit beginnt auch, in der Umgegend von Nantes wenigstens, das Legen der Eier, und zwar werden im Frühjahre immer mehr Eier gelegt als später. Die eigentliche Legezeit ist zwischen die Monate März und Juni zu setzen; wenigstens findet man vom März bis zum August die meisten mit Eiern beladenen Männchen und vom Juni bis zum September bereits die Larven in vollem Zustande der Entwickelung. Die Eier werden in zwei gleichzeitig erscheinenden, rosenkranzähnlichen Schnüren abgelegt. Jede dieser Schnüre hat eine Länge von achtzig bis einhundertundsiebzig Centimeter, läßt sich aber, ohne zu zerreißen, bis zum doppelten ausdehnen. Die Eier liegen in Zwischenräumen von vier bis sieben Centimeter, und ihre Anzahl schwankt zwischen achtzehn bis vierundfunfzig. Der Eierstock enthält ihrer einhundertundzwanzig bis einhundertundfunfzig, welche in dem einen Jahre zur Reife kommen.

Während der Legezeit streiten sich die Männchen heftig um die Weibchen. Einmal sah L'Isle ihrer vier eines an das andere geklammert. Diejenigen, welche sich des Weibchens nicht bemächtigen können, weil sie keinen Platz auf dessen Rücken finden, klammern sich, so gut sie können, an der Seite an. Zurückgeworfen durch einen achtsamen Nebenbuhler, hüpfen sie zuweilen zur Seite, führen jedoch bald neue Angriffe aus. Der glücklichste oder gewandteste umarmt in der bei Fröschen überhaupt üblichen Weise das Weibchen. Nachdem dies Vorspiel ungefähr eine halbe Stunde gewährt, preßt es plötzlich den Leib des Weibchens zusammen und damit, wie bei anderen Froschlurchen auch, die Eier heraus. Gleichzeitig bildet es durch Zusammenfaltung seiner Hinterfüße einen Raum zur Aufnahme der letzteren und befruchtet sie, sobald sie zu Tage getreten sind.

L'Isle beschreibt nun in umständlichster Weise, wie das Männchen die bis auf seinen Fersen liegenden Eischnüre zusammendrückt und sie hier ebenfalls noch sich zurecht legt und dann mit seiner Bürde das Weibchen verläßt, was ungefähr eine Stunde nach Beginn der Begattung zu geschehen pflegt. Im Gegensatze zu früheren Beobachtern versichert er, daß das Männchen keineswegs unter der Erde sich verberge, vielmehr mit seiner Bürde nach Belieben umherschweife und den Eiern auf dem Rücken durch Anstreifen im thaunassen Grase die nöthige Feuchtigkeit zuführe. Die Last auf dem Rücken hindert es in keiner seiner Verrichtungen, weder im Laufen und Springen, noch im Erbeuten seiner Nahrung, noch auch in anderen Geschäften. Da, wo viele Geburtshelferkröten vorkommen, entbindet ein Männchen auch wohl zwei oder selbst drei Weibchen und belastet sich mit deren Eiern. L'Isle fand mehrmals Männchen, welche sich um die Weibchen stritten, und beobachtete, daß beide bereits mit Eiern bebürdet waren, ja, daß einzelne sogar schon einen neuen Packt hinter dem alten trugen. Die Entwickelung der Larven richtet sich nach der Witterung, nimmt daher verschiedene Zeit in Anspruch, so daß ihre Dauer zwischen drei bis sieben Wochen währen kann. Zwischen dem vierten und sechsten Tage bemerkt man die erste Grundlage zum Aufbau des Knochengerüstes; zwischen dem siebenten und neunten zeigen sich Anschwellungen da, wo die Kiemen erscheinen sollen; zwischen dem neunten und dreizehnten Tage sind die Kiemen bereits entwickelt, und vom siebzehnten Tage an die jungen Thierchen reif zum Ausschlüpfen. Wenn der rechte Zeitpunkt gekommen, begibt sich der sie schleppende Vater in das Wasser, und die Jungen verlassen nun mit außerordentlicher Schnelligkeit, binnen wenigen Minuten nämlich, ihre Eihüllen, welche sie durch einige Bewegungen des Schwanzes sprengen, und schwimmen nach Art anderer Quappen im Wasser frei umher, bis ihre weitere Entwickelung erfolgt. Das Männchen streift die leeren Eihüllen von sich ab und verlebt den Rest des Sommers in der Weise anderer Froschlurche.

# *Der Riesensalamander*

Als einen Zeugen der Sint- oder, wie man zu schreiben pflegt, der Sündflut, dürfen wir wahrscheinlich den Riesensalamander (Cryptobranchus maximus) betrachten, ein überaus unförmliches, plumpes, massiges Geschöpf von 1,4 bis 1,6 Meter Länge, dessen Merkmale die folgenden sind: Der große, überhaupt sehr breite Kopf, der Schwanz, welcher etwa ein Drittel der Leibeslänge einnimmt, kurz und, entgegengesetzt von Leib und Kopf, seitlich zusammengedrückt ist, so daß er ein breites Ruder bildet; an den plumpen, stämmigen Füßen sitzen vorn vier, hinten fünf wohl ausgebildete Zehen; die Nasenlöcher liegen vorn an der Schnauze, sehr nahe aneinander, die überaus kleinen, lidlosen Augen hingegen werden fast durch die ganze Breite des Kopfes von einander getrennt. Sehr kleine Zähne bewaffnen die Kiefer, eine zweite mit ihnen gleichlaufende Reihe den Gaumen; die Zunge ist ringsum angewachsen. Ein trübes, schwer zu bestimmendes Hellgraubraun, welches durch dunklere Stellen mehr gewölkt als gefleckt wird, bildet die Färbung der Obertheile und geht nach unten in Lichtgrau über.

Siebold entdeckte diesen größten aller jetzt lebenden Lurche in den zwanziger Jahren auf der Insel Nippon und erfuhr, daß er daselbst in Gebirgsbächen und tiefen, stillen Gewässern, namentlich in den gefüllten Kratern gewesener Vulkane lebt, von den Japanesen gejagt und auf den Märkten als beliebtes Wildpret verkauft wird, konnte aber im übrigen über Lebensweise und Fortpflanzung nichts weiter feststellen. Auch die Eröffnung Japans und die Heranziehung vieler wissenschaftlich gebildeter Fremder in japanische Dienste hat uns bisher zu keiner besseren Kenntnis des Wohnortes und der Lebensweise sowie der Entwickelungsart des Riesensalamanders verholfen, so daß wir in dieser Hinsicht bis auf die neueste Zeit auf die Siebold'schen Mittheilungen beschränkt waren. Siebold hat jedoch, wie Rein und Roretz bemerken, das Thier nie an seinem Wohnorte aufgesucht, sondern erhielt seine Nachrichten durch seine japanische Umgebung und so konnte es nicht fehlen, daß auch den im ganzen richtigen Angaben Siebolds einige nicht zu unterschätzende Irrthümer unterlaufen. Aus allen diesen Gründen haben wir den letztgenannten Forschern warm zu danken, daß sie während ihres Aufenthaltes in Japan es sich angelegen sein ließen, das Thier aus eigener Anschauung kennen zu lernen. »Sowohl nach den Siebold'schen Mittheilungen als nach eingezogenen Erkundigungen«, so berichten uns die beiden Reisenden, »kommt der Riesensalamander nur in der Südhälfte der Hauptinsel von Nippon vor. Man kennt ihn in Iga unter dem Namen ›Haze-Koi‹.« Es gelang ihnen daselbst, ein Dutzend lebende und drei eingesalzene Stücke käuflich zu erwerben, unter Führung eines erfahrenen Fängers die Aufenthaltsorte zu besuchen und dem Fange eines derselben zuzusehen. Was hierbei in Erfahrung gebracht und außerdem noch durch zuverlässige Eingeborene erfahren wurde, läßt sich in folgendem kurz zusammenfassen.

Man findet die Thiere stets in kaltem, klarem, fließendem Wasser, zwei- bis sechshundert, an der Grenze von Hida aber tausend bis funfzehnhundert Meter über dem Meere. Hier lebt er in den kleinen, klaren Quellbächen, da, wo sie kaum einen drittel Meter breit wie Überrieselungsgräben die grasigen Bergabhänge durchschneiden und der unterwaschene Rasen von beiden Seiten her die jungen Bächlein fast ganz überdeckt. Nach Aussage der Leute verlassen sie die gewählten Wohnorte nur selten und bloß während der Nacht und gehen nie ans Land. Würmer und Kerbthiere, Fische und Frösche bilden ihre Nahrung.

Gefangen werden die Riesensalamander, indem man entweder das Wasser ableitet und sie dann unter den Steinen und aus den Löchern hervorzieht, oder aber sich der Angel bedient. Letztere besteht aus einem gewöhnlichen Fischhaken, welcher an einem dünnen Seile befestigt und mit einem Regenwurme beködert wird; die freibleibende Spitze des Hakens wird in das offene Ende eines etwa anderthalb Meter langen Bambusstockes gesteckt und das Seil mehrmals locker um denselben gewunden, die auf diese Weise zugerichtete Angel sodann unter langsamem Hin- und Herbewegen vor alle Löcher und Gruben geschoben, in denen man Salamander vermuthet. Schnappt ein solcher nach dem Wurme, so fällt der Haken vom Stocke und bleibt in seinem Rachen hängen. Man fängt den Riesensalamander ebenso wegen seines wohlschmeckenden Fleisches, dem man auch arzneiliche Wirkungen zuschreibt, als um ihn zur Reinhaltung des Wassers in Brunnen zu setzen, ganz ebenso wie man bei uns zu Lande mit den einheimischen Molchen verfährt. Die größten Stücke bringt man nach Kioto, Osaka und Kobe, wo sie in Thierbuden häufig zu sehen sind. Ihr Versand geschieht wie der der Aale in mit Laubwerk überdeckten und zeitweise angefeuchteten Körben.

Ich habe diesen wichtigen Angaben nur das eine noch hinzuzufügen, daß Böttcher durch Untersuchung mehrerer jungen Riesensalamander das Vorhandensein äußerer Kiemenöffnungen festgestellt hat. Dieselben bestehen in feinen Spalten, welche an derselben Stelle wie bei dem nordamerikanischen Verwandten in der Längsrichtung des Thieres sich hinziehen und zwischen der Ansatzstelle der Vordergliedmaßen und den Mundwinkeln an den beiden Seiten des Halses liegen.

Siebold nahm im Jahre 1829 zwei lebende Riesensalamander von Japan mit, um sie nach Europa überzuführen. Zu ihrer Ernährung hatte er japanesische Flußfische bestimmt, welche auch aufgezehrt wurden; als jedoch die Nahrung zu mangeln begann, fraß der männliche Salamander sein Weibchen auf. Sodann hungerte er bis zur Ankunft in Europa, wie sich später ergab, ohne allen Schaden. Man richtete nun in Leyden für ihn ein Becken mit Süßwasser ein und setzte kleine Fische zu ihm, welche von ihm auch zeitweilig angenommen wurden. Bei seiner Ankunft betrug seine Länge dreißig Centimeter, sechs Jahre später schon einen Meter, seitdem hat er langsam zugenommen und wächst wohl auch noch immer fort; denn er lebt heutigentages noch im Thiergarten zu Amsterdam.

Später, namentlich im letzten Jahrzehnt, sind mehrere dieser ungeschlachten Geschöpfe lebend zu uns gelangt, und gegenwärtig kann man sie im Pflanzengarten zu Paris, in den Thiergärten zu London, zu Berlin und ebenso zu Frankfurt und anderen Orten sehen. Ich habe mehrere Gefangene längere Zeit beobachten können und gefunden, daß sie ohne Ausnahme höchst langweilige Geschöpfe und deshalb auch in keiner Weise geeignet sind, den Beschauer zu fesseln. Eine treffliche Schilderung ihres Wesens hat Weinland gegeben. »Bei den meisten Lurchen hält es bekanntlich sehr schwer, sie zum Fressen zu bringen; wir waren daher, nicht ohne ängstliche Sorge, darauf bedacht, dem werthvollen Salamander eine möglichst angenehme Kost vorzusetzen. Kaum war er in seinem Wasserbecken untergebracht, so wurde ihm ein langer Regenwurm vorgehalten, und wirklich – nachdem dieser einige Minuten lang auf das verführerischste vor seiner Schnauze herumgezappelt, schnappte der Molch heftig zu. Mit dem ersten raschen Bisse war etwa das erste Drittel des Wurmes, mit einem zweiten, unmittelbar darauf folgenden, das zweite, mit einem dritten der ganze Wurm verschwunden; dann sah man das Zungenbein in der Kehlgegend noch einige drückende Bewegungen machen, offenbar um die Beute durch den Schlund in den Magen hinabzudrängen. An diesem Tage verzehrte er nur noch einen Wurm, an dem darauf folgenden ihrer sechs, am dritten ihrer neun und zwar immer in derselben Weise in Absätzen und mit der nachfolgenden kräftigen Schluckbewegung. Damit war die berechtigte Hoffnung gegeben, daß wir den Riesenmolch am Leben erhalten würden; es schien jedoch räthlich, ihm kräftigere Nahrung vorzusetzen. Ein etwa funfzehn Centimeter langer Weißfisch wurde ins Becken gebracht und zwar lebend, da schon bei der Fütterung mit Würmern bemerkt worden war, daß der Riesensalamander bloß zuschnappte, wenn jene sich oberhalb seiner Schnauze bewegten, er sie also mit seinen kleinen, ganz nach oben liegenden Augen sehen konnte, während er um diejenigen, welche man auf den Boden fallen ließ, sich nicht weiter bekümmerte. Sobald der Fisch seinem Kopfe entgegensprang, schnappte er mit einer, von solchem trägen Thiere ganz unerwarteten, pfeilschnellen Seitenbewegung des Kopfes nach ihm, wobei er den Rachen wenigstens zwei

Centimeter weit aufriß, ganz so wie Haifische von der Seite her nach ihrer Beute schnappen; der Fisch entkam ihm aber, obgleich der Salamander, als sein erster Biß fehlte, noch zwei Mal aufs gerathewohl in blinder, heißhungeriger Wuth ins Wasser biß, wo der Fisch zuvor geschwommen. Offenbar war der letztere zu stark und die Zähnchen des Salamanders zu schwach, um ihn festzuhalten; denn mit dem ersten Bisse schon war er in der That in der Mitte des Leibes gepackt worden. Wir entfernten daher den Weißfisch und versuchten es, da ein tauglicher kleinerer nicht vorhanden, mit einem Frosche, und zwar mit einem fast ausgewachsenen Teichfrosche. Auch jetzt machte der Molch seinen Angriff, faßte aber den Frosch ungeschickter Weise an einem Vorderbeine, und da bei seinen kleinen, offenbar nur zum Erfassen und Festhalten der Beute dienenden Zähnchen vom Abbeißen des Gliedchens keine Rede sein konnte, mußte er nach langem Hin- und Herzerren des gewaltig arbeitenden Frosches diesen wieder frei lassen. Der Frosch hüpfte in eine Ecke des Beckens und der Salamander watschelte, wie mir schien, ganz zufällig in dieselbe Ecke. Jener wurde zum zweiten Male erfaßt, diesmal aber am Kopfe, und schon nach einer Viertelstunde war er mit sammt seinen langen Hinterbeinen in dem Rachen des Molches verschwunden. Freilich verursachte dieses Mal das Hinabschlucken mehr Mühe; nicht nur stemmte der Salamander seine Vorderbeine kräftig gegen den Boden des Beckens, sondern er drückte auch noch seine Schnauze fest auf, um vermittels dieser dreifachen Stütze für die Schluckbewegung Anhaltspunkte zu gewinnen. Darauf begab er sich hinter einen Stein zur Ruhe. Die Regel, daß Raubfische und Raublurche ihre Beute stets beim Kopfe fassen, bekümmert unseren Molch, wie es scheint, nicht viel; wenigstens wurde beobachtet, daß er einen Fisch von hinten packte und ihn so, den Schwanz voran, den Kopf zuletzt, gegen die Schuppen und gegen die Kiemendeckel verschlang.

Die Art der Ernährung ausgenommen, läßt sich übrigens wenig an diesem trägen, und wie es scheint, sinnesstumpfen Thiere bemerken. Alle seine Bewegungen sind äußerst langsam, außer wenn er nach Nahrung schnappt; immer liegt er ruhig auf dem Grunde des Beckens und zwar an dessen dunkelstem Platze; fällt Licht dahin, so geht er an den nächst dunkelsten. Von Zeit zu Zeit, etwa alle zehn Minuten, streckt er zur Athmung die Schnauze aus dem Wasser; sobald er durch die Nasenlöcher Luft eingenommen, sinkt er wieder ruhig hinab. Außerdem sieht man ihn zuweilen wohl eine Viertelstunde lang regelmäßige, seitlich schwingende, ein wenig vorwärts und rückwärts wiegende Bewegungen mit seinem Rumpfe machen, ähnlich wie man es von Elefanten, Bären usw. in Gefangenschaft beobachtete. Eine Häutung wurde kurz nach seiner Ankunft beobachtet; hierbei fiel die Oberhaut in großen Fetzen ab.«

Die Erfahrung hat gelehrt, daß auch der Riesensalamander zu den zählebigen Lurchen zählt. Einer von denen, welche ich kennen lernte, kroch einmal über den Rand

*Andrias japonicus*
CRYPTOBRANCHIDAE

seines Beckens und fiel etwa anderthalb Meter tief auf den Boden herab, wurde hier auch am anderen Morgen fast bewegungslos gefunden, erholte sich aber, ins Wasser zurückversetzt, bald wieder. Von anderen erfuhr man, daß bedeutende Kälte ihnen vielleicht ebensowenig schadet als unseren Teichmolchen: das Becken der Gefangenen im Amsterdamer Thiergarten mußte einmal vom Eise befreit werden, ohne daß sie darunter litten. Zwei Gefangene, welche ich pflegte, verlor ich an einer und derselben Krankheit. Ihre Haut bedeckte sich mit einem Pilze, welcher anfänglich nur in kleinen Flecken auftrat, außerordentlich rasch aber sich verbreitete und zuletzt über das ganze Thier erstreckte, so daß dasselbe wie mit Reif überzogen aussah. Vom ersten Tage der Verpestung an, verlor jeder der Salamander alle Freßlust, blieb auf einer und derselben Stelle liegen, rührte sich nicht mehr und wurde endlich in derselben Lage, welche er eingenommen und tagelang festgehalten, todt gefunden. An eine Zerstörung des Pilzes, dessen Entstehung ich auf das weiche Wasser der Wohnungsbecken zurückführen muß, war aus erklärlichen Gründen nicht zu denken und jedes von der Schmarotzerpflanze befallene Thier rettungslos verloren.

Abgesehen von solchen Zwischenfällen, welche wohl nur unter besonders ungünstigen Umständen vorkommen dürften, braucht man mit dem Riesensalamander wenig Umstände zu machen. Er geht leicht an alle Nahrung, welche sich regt, und seine Ernährung verursacht dementsprechend keinerlei Schwierigkeiten. Hat er sich erst mehrere Male nacheinander satt gefressen, so bekümmert er sich zuweilen wochenlang nicht um die zu seiner Ernährung bestimmten Fische in seinem Wasserbecken; plötzlich aber schnappt er mehrmals nacheinander zu und frißt eine erkleckliche Anzahl. Trotzdem scheint es, als ob er sehr wohl einen Unterschied zwischen der einen und anderen Beute zu machen wisse; denn er zieht manche Fische, beispielsweise Forellen, minder schmackhaften vor.

Obgleich wahrscheinlich mehr Nacht- als Tagthier, benimmt er sich in der Dunkelheit kaum anders als während des Tages, gibt seine erstaunliche Trägheit auch nach Einbruch der Nacht nicht auf. Zuweilen verläßt er das dunkle Versteck, welches er sich erwählte und kriecht langsam auf einen Vorsprung heraus, vielleicht in der Absicht, freier zu athmen; es können aber Wochen vergehen, ohne daß er seine Lage wechselt. Treibt man ihn gewaltsam aus seinem Schlupfwinkel, so kehrt er gelassen dahin zurück; verdirbt man ihm sein Lager, indem man Steine oder groben Kies darauf streut, so scharrt er alles wieder weg und stellt sich das Lager wieder her, wie es war. Wiederholte Störungen erregen schließlich seinen Zorn; er versucht dann sich zu wehren, beißt auch heftig in einen ihm vorgehaltenen Stock und läßt nicht sogleich wieder los. Seinen Wärter unterscheidet er schwerlich von anderen Leuten.

In Amsterdam lebt der mehrfach erwähnte Riesensalamander gegenwärtig in Gesellschaft eines zweiten, wie man annimmt, weiblichen Stückes seiner Art, und hofft man dort, beide Thiere noch zur Fortpflanzung zu bringen.

# *Fische*

# *Der Menschenhai*

Gefürchteter als alle übrigen Haifische sind die Menschenhaie (Carchariidae); gewaltige und kühne, raubgierige und freßwüthige Geschöpfe, der Schrecken der Schiffer und Anwohner aller wärmeren Meere, von denen man ungefähr siebzig Arten unterschieden hat. Der Kopf ist flach, der vordere Theil der Schnauze weit vorgezogen; ihr Auge besitzt eine Nickhaut; Spritzlöcher fehlen wenigstens bei den Alten. Große dreieckige, spitzige und schneidende, meistens am Rande gesägte Zähne ordnen sich in mehrere Reihen und bewehren den weiten Rachen.

Unter den Menschenhaien im engeren Sinne, für welche die Familienmerkmale Gültigkeit haben, ist der Blauhai (Carcharias glaucus) einer der bekanntesten. Er erreicht eine Länge von drei bis vier Meter, vielleicht noch darüber. Seine Schnauze ist sehr spitzig; die Zähne der Oberkiefer stehen in vier schiefen Reihen. Ein schönes Schieferblau färbt die Oberseite des Kopfes, Rückens einschließlich der Rückenflossen und den größten Theil des Schwanzes, auch die obere Fläche der Brust- und Bauchflossen, wogegen die Unterseite des Leibes und der unteren Flossen weiß aussieht.

Vom Mittelmeere aus, welches als die eigentliche Heimat dieses Menschenhaies angesehen wird, verbreitet er sich über einen großen Theil des Atlantischen Weltmeeres, nach Norden hin bis an die Küsten Großbritanniens und Skandinaviens, besucht diese wenigstens während des Sommers ziemlich regelmäßig.

Alle größeren Menschenhaie gleichen sich in ihrer Lebensweise. Sie halten sich vorzugsweise, jedoch keineswegs ausschließlich, in der Nähe der Küsten auf und treiben sich regelmäßig in den oberen Schichten des Wassers umher. Gewöhnlich erblickt man sie schon aus ziemlicher Entfernung, weil sie so hoch zu schwimmen pflegen, daß die Rückenflosse noch um ein gutes Stück aus dem Wasser hervorragt, und daß man, wie ich oft gethan, mit gutem Erfolge eine Büchsenkugel auf sie abgeben kann. So lange sie nicht eine bestimmte Beute vor Augen haben, schwimmen sie gleichmäßig und ziemlich rasch dahin; beim Verfolgen eines Thieres aber steigern sie die Schnelligkeit ihrer Bewegung in so hohem Grade, daß sie den Delfinen kaum etwas nachgeben. An Gelenkigkeit stehen sie allerdings hinter anderen Fischen weit zurück, vermögen beispielsweise nicht, jähe Wendungen auszuführen, sind jedoch viel gewandter, als man gewöhnlich annimmt, und ersetzen durch die jähe Schnelligkeit ihres Angriffes, was ihnen an Gelenkigkeit wirklich abgeht. Ihre Sinne scheinen wohl entwickelt zu sein; jedenfalls steht so viel fest, daß sie sehr gut sehen, und läßt sich mit ziemlicher Sicherheit annehmen, daß auch ihr Geruch feiner ist als der anderer Fische. Mehrere Beobachter wollen geradezu im Geruche den höchst entwickelten ihrer Sinne erkannt haben und behaupten, daß sie von stark riechenden Körpern mehr angezogen werden als von anderen. Ob auch ihr Gehör als scharf bezeichnet werden kann, steht dahin.

Aus dem Gebaren der Haifische geht mit unbestreitbarer Gewißheit hervor, daß ihre geistigen Fähigkeiten ausgebildeter sind als bei allen übrigen Fischen, so oft auch ihre ungestüme Raubsucht und Unbedachtsamkeit beim Anblicke einer Beute dem zu widersprechen scheint. Auf ersteres deuten die Planmäßigkeit ihrer Jagden, welche sie ausführen, die Regelmäßigkeit, mit welcher sie bestimmte Plätze besuchen, das Gedächtnis, welches sie bei solchen Gelegenheiten bekunden, ja, in gewissem Sinne auch ihr Verhältnis zum Lotsenfische, dessen Dienste sie sich zu Nutzen machen, die Hartnäckigkeit, mit welcher sie Schiffe begleiten, von denen immer etwas für sie abfällt, die Liebe, welche sie gegen ihre Jungen bethätigen, zum mindesten bethätigen sollen, und anderes mehr. Aber freilich, ihr unersättlicher Heißhunger, ihre unglaubliche Freßgier stellt jene Eigenschaften oft tief in Schatten und läßt sie geradezu sinnlos handeln. Gefräßigkeit darf als eine der hauptsächlichsten Eigenschaften aller Fische bezeichnet werden; unter dem gefräßigen Heere aber sind sie unbedingt die gefräßigsten. Wenn von ihrer Unersättlichkeit gesprochen wird, muß dies buchstäblich verstanden werden. Es quält sie wirklich ein niemals zu stillender Heißhunger. Alle Nahrungsmittel, welche sie verschlingen, gehen nur halbverdaut wieder ab, und deshalb sind sie genöthigt, den fortwährend rasch sich entleerenden Magen immer von neuem zu füllen. Sie fressen alles genießbare, ja sogar alles, was genießbar scheint; denn man hat oft auch unverdauliche Gegenstände aus ihnen herausgeschnitten. Der Magen eines Weißhaies enthielt einen halben Schinken, einige Schafbeine, das Hintertheil eines Schweines, das Haupt und die Vorderbeine eines Bulldoggen, eine Menge von Pferdefleisch, ein Stück Sackleinen und einen Schiffskratzer. Andere Haie sah man die verschiedenartigsten Dinge verschlingen, welche man ihnen vom Schiffe aus zuwarf, Kleidungsstücke ebensowohl wie Speck oder Stockfisch und dergleichen, pflanzliche Stoffe mit gleicher Gier wie thierische, wirklich nährfähige. Bennett vergleicht sie mit dem Strauße und meint, man müsse annehmen, daß ihrer Verdauungsfähigkeit nichts unmöglich sei, da sie die Zinnkannen, welche sie verschlucken, doch wieder los werden müßten; Cetti versichert, daß man in den Tonaren Thiere dieser Art fange, welche anderthalb- bis zweitausend Kilogramm wiegen, und setzt hinzu, daß allerdings auch ein sehr großer Körper erforderlich sei, um acht bis zehn Tunfische auf einmal zu verschlucken, wie diese Haie es im Stande sind. Die Besitzer der Tonaren werden durch sie ununterbrochen in Furcht gehalten, weil die Haifische unter den Tunen entsetzlich hausen und, wenn sie gefangen werden, durch den Gewinn, welchen sie abwerfen, den Fischern die ausgestandene Angst doch nur mäßig vergüten. Auf hohem Meere füllen sie sich den Wanst mit dem verschiedenartigsten Seegethiere, welches ihnen vorkommt. Einer, welcher auf hoher See gespießt und von Bennett untersucht wurde, hatte den Magen zum Platzen mit kleinen Fischen der verschiedensten Art, Kalmars und anderen Tintenfischen, vollgestopft, zur Verwunderung unseres Forschers, welcher anfänglich nicht begreifen konnte, wie es dem Riesen möglich, derartige behende Beute in solchen Massen zu fangen, und erst später zu dem Schlusse geführt wurde, daß der Hai keineswegs, wie man gewöhnlich annimmt, sich auf die Seite wälzt, um eine Beute aufzunehmen, sondern auch mit aufgesperrtem Maule durch die Wellen zieht und alles verschlingt, was sich bei dieser Gelegenheit fängt.

Das einstige Glück des Propheten Jonas wird Menschenkindern unserer Tage äußerst selten und niemals in gleichem Umfange zu theil. Ein ähnlicher Fall soll verbürgt, ein Matrose nämlich, welcher von einem Haifische verschlungen worden war, wieder ausgespieen worden sein, als der Führer des Schiffes den Räuber mit einer glücklich treffenden Kanonenkugel zum Tode verwundet hatte. Ich gebe diese Mittheilung, ohne sie zu vertreten, da sie mir durchaus nicht glaublich erscheint. Dagegen dürfte es begründet sein, daß der Hai zuweilen einen von ihm ergriffenen Menschen wieder losläßt, und ebenso, daß schwimmende Männer mit Erfolg einen Kampf mit ihm bestehen. Es wird noch heutigen Tages behauptet, daß es an der Westküste Afrikas Neger geben soll, welche, mit einem scharfen Messer in der Hand, den Hai im Meere angreifen und ihm den Bauch aufschlitzen. Auf die vielen Fälle, welche mit solchen Abenteuern in geradem Widerspruche stehen, brauche ich nicht weiter einzugehen, weil fast jeder Reisende, welcher längere Zeit zur See war, von solchen zu berichten weiß. Schon Geßner erzählt, daß man in einzelnen Haifischen ganze Menschen gefunden haben soll; die neueren Fischkundigen könnten von hundert und mehr ähnlichen Geschichten berichten. Ein Mensch, welcher selbst im Mittelmeere vom Schiffe aus in die See fällt, findet regelmäßig sein Grab im Magen der Haifische, und wenn letztere einmal Menschen verschlungen haben, werden sie unglaublich frech. Während meines Aufenthaltes in Alexandria war es unmöglich, im Meere zu baden, weil ein Haifisch kurz nach einander unmittelbar an den Häusern der Stadt Menschen weggeholt hatte. Im südlichen Rothen Meere strandete eines der Ungeheuer bei der Verfolgung eines Badenden, welcher noch rechtzeitig des Feindes ansichtig geworden, so eilig wie möglich auf das Land sprang und von diesem bis dahin verfolgt wurde.

Auch Dr. Alexander wurde bei Singapore, als er knietief im Wasser stand, um Muscheln zu suchen, von Haifischen überfallen und verlor dabei den rechten Stiefel, das halbe rechte Hosenbein und ein Stück Haut vom Schienbeine, würde auch unzweifelhaft selbst zum Opfer gefallen sein, hätte ein herbeigeeiltes Boot die Fische nicht in die Flucht geschlagen. Bei längeren Seereisen gewähren die dem Schiffe folgenden, von ihren Lotsen begleiteten Haie dem Beobachter angenehme Unterhaltung; wenn aber das gelbe Fieber auf dem Schiffe haust und in kurzen Zwischenräumen eine Leiche nach der anderen ins Meer geworfen werden muß, sind sie wohl geeignet, auch ein muthiges Herz mit Angst und Schrecken zu erfüllen. Während der Seeschlacht bei Abukir sah man die Haifische zwischen den Schiffen beider Flotten umherschwimmen und auf die ihnen vom Borde zufallenden Kämpfer lauern; sie ließen sich also nicht einmal durch den furchtbaren Kanonendonner zurückschrecken.

Über die Fortpflanzung weiß man noch immer nichts bestimmtes. Hinsichtlich der Begattung stimmen die Berichte ziemlich überein. Eine solche soll nämlich wirklich geschehen, die Haifische sich dem Ufer nähern, mehrere Männchen um die Weibchen streiten und beide Geschlechter während der Begattung selbst nahe der Oberfläche des Wassers dahinschwimmen. Die dreißig bis funfzig Eier entwickeln sich im Leibe der Mutter; die Jungen werden als reife, ernährungsfähige Wesen geboren, sollen jedoch noch eine geraume Zeit von der Mutter geführt und geschützt werden, nöthigenfalles auch im Maule oder Magen derselben eine Zuflucht finden. Daß man lebende Junge in dem Magen großer Haifische gefunden hat, unterliegt keinem Zweifel; die außerordentliche Lebenszähigkeit der Thiere läßt jedoch auch eine andere Deutung zu, als sie die alten Schriftsteller gegeben haben und die Schiffer unserer Tage zu geben belieben.

Zur Vertilgung der Haie erweisen sich handliche Schußwaffen fast unwirksam. Wenn einer von ihnen durch eine Büchsenkugel verwundet wird, entfernt er sich mit rasender Eile, und man bleibt im Zweifel, ob ihm der Schuß tödtlich geworden oder nicht. Netze lassen sich nicht wohl zu seinem Fange verwenden, weil er sie gewöhnlich entweder zerreißt oder mit seinem furchtbaren Gebisse zerschneidet und sich so befreit; doch geschieht es, daß einer oder der andere auf diese Weise gefangen wird. Am wirksamsten ist eine starke Angel, welche an einer Kette befestigt sein muß. Der Köder kann in einem Fische oder in einem Speckstücke, nöthigenfalles auch in einem Bündel Werch bestehen; denn das Ungethüm schnappt eben nach allem, was vom Schiffe aus ihm zugeworfen wird. Als Heuglin im südlichen Rothen Meere reiste, erlegte er einen Tölpel, welchen ihm der gefällige Bootsmann zu bringen gedachte, deshalb ins Meer sprang, den Vogel auch wirklich holte und mit ihm das Schiff erreichte. Kaum aber saß »die alte Mumie«, vom Seewasser noch triefend, wieder am Steuer, als am Hintertheile des Schiffes ein Hai erschien und, nach Beute

Prionace glauca
CARCHARHINIDAE

suchend, rechts und links am Kiele vorübersauste. »Raschid, der Bootsmann, war sprachlos vor Schrecken und machte mich bloß durch Zeichen auf den ungebetenen Gast aufmerksam. Währenddem erschien schnell wie ein Pfeil ein zweiter und gleich darauf ein dritter Hai, der letztere von erstaunlicher Größe. Einstimmig beschloß man, eine Jagd auf diese ›Hiänen‹ des Meeres zu veranstalten. Ein etwa dreißig Centimeter langer eiserner Angelhaken sammt verhältnismäßiger Kette ward hervorgeholt, ein halbgeräucherter Seefisch als Köder daran gehängt, das ganze an ein Tau befestigt und vom Hintertheile des Fahrzeuges aus dem gefräßigen Ungethüme dargereicht. Noch war der Köder keinen halben Faden unter Wasser, als schon der kleinste der Fische in gerader Linie darauf zuschwamm, sich halb seitwärts neigte und anbiß. Der Matrose, welcher das Angeltau führte, zog an, aber einen Augenblick zu früh; denn der Hai ließ los, obschon nur, um gleich wieder besser und vollständiger zu fassen. Im Triumphe wurde er nunmehr an das Vordertheil des Schiffes gezogen, das Tau um eine Rolle geschlagen, die Last mit vereinten Kräften über Bord gehoben und das gefangene Ungeheuer dort mit einem Hagel von Schlägen mittels Bootshaken, Beilen und Prügeln behandelt und betäubt. Ein neuer Köder wurde auf die Angel gegeben, und fünf Minuten später meldete sich der zweite Gast am Borde, woselbst ihm kein besseres Schicksal als seinem Kameraden blühte. Indeß war der größte außer Sicht gekommen, und erst nach einiger Zeit erschien er wieder. Vergeblich boten wir ihm ein Stück Hammelfleisch dar; er umkreiste es ruhig, scheinbar ohne sich darum zu kümmern. Nun tauchte man die Angel tiefer und tiefer. Bedächtig näherte sich der Hai nochmals und biß ebenfalls an. Ihn lebend aufs Deck zu bringen, wagte man nicht, sondern schoß ihm, während er zwischen Himmel und Erde schwebte, erst zwei Kugeln durch den Schädel, führte in eine der Wunden einen Bootshaken ein und warf ihn nunmehr mit Mühe und Anstrengung vollends auf das Schiff. Er maß gegen drei Meter, und die Leute schätzten sein Gewicht auf mindestens zweihundert Kilogramm.

Unmittelbar nachdem ein Hai die Angel spürt, geberdet er sich wie rasend. Zuweilen dreht er sich mit wunderbarer Schnelligkeit so lange um die eigene Ache, daß er das Tau zerschleist oder sich so in ihm verfitzt, daß man nicht im Stande ist, ihn ohne Zerschneidung des Seiles herauszulösen. Von kleinen Booten aus darf man den Fang größerer Haie nicht betreiben, weil ein schwach bemanntes Fahrzeug dieser Art nicht im Stande ist, der Kraft des Fisches zu begegnen.

Das Fleisch ist, wie Geßner sagt, »fest, harter däuwung, gebirt viel wust, vnd ein melancholisch Blut«. Ungefähr ebenso spricht sich Bennett aus: »Als einen Nahrungsgegenstand«, meint er, »kann man den Hai nicht betrachten, und auf den Tisch eines Epikuräers gehört er nicht; denn das Fleisch ist hart, geschmacklos und unverdaulich; doch behaupten manche Leute, daß sie junge Haie den Tunarten noch vorziehen«.

Über das Betragen der zu unserer Familie zählenden Haie in der Gefangenschaft ist mir noch keine Kunde geworden; ich erinnere mich nur, gelesen zu haben, daß man in Amerika in einem riesenhaften Becken derartige Fische eine Zeitlang am Leben erhalten hat.

# *Unser Karpfen*

Die Karpfen (Cyprinus) kennzeichnen sich durch endständiges Maul und fünf Schlundzähne, welche derartig in drei Reihen stehen, daß auf jedem Schlundknochen der ersten und zweiten Reihe je einer, in der dritten Reihe sich deren drei befinden, und die sehr stark nach rückwärts gezähnelten Knochenstrahlen, mit denen Rücken- und Afterflosse beginnen.

Der seit uralter Zeit bekannte und gepflegte Karpfen, Karpf, Teich- oder Flußkarpfen (Cyprinus carpio), erreicht, abgesehen von einzelnen Riesen, welche anderthalb Meter lang, sechzig Centimeter breit und fünfunddreißig Kilogramm schwer geworden sein sollen, eine Länge von etwa einem Meter und ein Gewicht von funfzehn bis zwanzig Kilogramm. Das Maul ist weit, mit dicken Lippen und starken, langen Bärteln umgeben, die Schwanzflosse tief halbmondförmig ausgeschnitten, der starke Knochenstrahl der Rücken- und Afterflosse gezähnelt, die Färbung wie die Gestalt sehr verschieden, vom Goldgelben ins Blaugrüne spielend. Rücken und Flossen sehen gewöhnlich grau, Lippen und Bauch gelblich aus; die Flossen haben röthlichen Anflug; die Schuppen tragen in ihrer Mitte oft einen dunkeln Fleck, auch nicht selten am Hinterrande einen schwärzlichen Saum. In der Rückenflosse stehen drei oder vier unvollkommene und siebzehn bis zweiundzwanzig vollkommene, in der Brustflosse ein stacheliger und funfzehn bis sechzehn weiche, in der Bauchflosse zwei harte und acht bis neun weiche, in der Afterflosse drei harte und fünf weiche, in der Schwanzflosse siebzehn bis neunzehn Strahlen, welche sämmtlich gegliedert und nach oben hin verbreitert sind.

Der Fisch war bereits den alten Griechen und Römern bekannt, wurde aber von ihnen minder geschätzt als von uns. Einzelne Forscher haben hieraus den Schluß gezogen, daß er vom südlichen Europa her in Deutschland und Frankreich eingebürgert worden sei; es läßt sich jedoch ebenso gut annehmen, daß er unsere größeren Ströme, mindestens die Donau, von jeher bewohnt haben möge. Nach Pallas findet er sich im Kaspischen Meere und seinen Zuflüssen in beträchtlicher Menge, da er auch in den salzreichsten Sümpfen aushält; nicht minder häufig kommt er in den Flüssen des Schwarzen Meeres, seltener in diesem selbst vor. Während des Sommers hält er sich massenhaft in den seichten Gewässern zwischen den Watten auf; im Herbste steigt er vom Meere aus in den Flüssen zu Berge, um hier zu überwintern. Im nördlichen Rußland soll er fehlen; in Sibirien haben wir ihn als Bewohner des Obgebietes, insbesondere des Irtisch, kennen gelernt, und ebenso tritt er in denjenigen Flüssen Sibiriens auf, welche sich nach Osten hin in die betreffenden Theile des Großen Weltmeeres ergießen. Daß er im nördlichen Europa eingeführt und bezüglich weiter verbreitet worden ist, unterliegt keinem Zweifel. In Altpreußen soll er erst um das Jahr 1769 angesiedelt, nach den Ostseeprovinzen Rußlands noch später gebracht worden sein. Von Deutschland und Dänemark aus hat man ihn auch in England und Schweden eingebürgert, in ersterem Königreiche um das Jahr 1496 oder, wie andere wollen, 1521. Gegenwärtig fehlt er kaum einem einzigen unserer mitteleuropäischen Seen und Flüsse; seine eigentliche Bedeutung liegt jedoch in dem Umstande, daß er sich ebenso leicht oder leichter als irgend ein anderer Fisch züchten läßt.

Seichte, schlammige, möglichst wenig beschattete, hier und da mit Wasserpflanzen dicht bestandene Teiche oder Seen sagen ihm am besten zu; nicht minder gedeiht er in dem Altwasser der Flüsse oder in diesen selbst, wenn sie ruhig fließen und schlammigen Grund haben; schnell strömende, klare Gewässer meidet er gänzlich. Er verlangt zu seinem Weidegebiete schlammigen Grund und gedeiht nur dann, wenn sein Wohngewässer möglichst viel den Strahlen der Sonne ausgesetzt ist und weiche Zuflüsse hat. Während des Sommers und nach der Fortpflanzungszeit mästet er sich für den Winter und durchzieht zu diesem Zwecke, meist in dichten Scharen, die seichteren Stellen seiner Wohngewässer, zwischen den Wasserpflanzen nach Kerbthieren und Gewürme sowie nach Pflanzenstoffen verschiedener Art umherspähend oder den Schlamm nach ähnlichen Stoffen durchwühlend. Seine hauptsächlichste Nahrung besteht wohl in kleinem Gethiere, namentlich in Würmern, Larven von Kerbthieren oder selbst Lurchen und ähnlichen Wasserbewohnern; er beschränkt sich jedoch keineswegs auf diese Nahrung, sondern frißt auch sehr gern Pflanzenstoffe, vermoderte Theile der Wasserpflanzen selbst, faulige Früchte, gekochte Kartoffeln oder Brod usw. In den Zuchtteichen pflegt man ihn mit Schafmist zu füttern, was, streng genommen, so viel sagen will, daß man durch den Mist Kerbthiere und Gewürm herbeilockt; denn diese, nicht aber der Mist, welchen er freilich auch mit verschluckt, geben ihm die geeigneten Nahrungsstoffe. Beim Wühlen im Schlamme nimmt er erdige Bestandtheile mit auf, ja, diese scheinen für seine Verdauung nothwendige Bedingung zu sein. Im Meere nährt er sich wahrscheinlich hauptsächlich von Würmern und kleinen Muschelthieren.

Bei genügender Nahrung wird der Karpfen schon im dritten Jahre seines Lebens fortpflanzungsfähig. Im fünften Lebensjahre legt, nach Blochs Untersuchungen, das Weibchen bereits gegen dreihunderttausend Eier ab; diese Anzahl kann sich aber

CYPRININAE
*Cyprinus carpio*

später mehr als verdoppeln. Während der Laichzeit entwickeln sich bei den Männchen in dem schleimigen Hautüberzuge auf Scheitel, Wangen und Kiemendeckeln viele kleine, unregelmäßig zerstreute weißliche Warzen, welche in der Regel auch auf der inneren und vorderen Seite der Brustflossen sich zeigen. Sobald der Karpfen dieses Hochzeitskleid anlegt, wird er wanderlustig und versucht, so weit ihm möglich, im Flusse aufwärts zu steigen, überwindet dabei auch oft bedeutende Hindernisse. Zum Laichen erwählt er seichte, mit Wasserpflanzen dicht bestandene Stellen, und nur wenn er solche findet, hat die Fortpflanzung einen für den Züchter erwünschten Erfolg. Nicht alle Karpfen aber zeigen die erstaunliche Fruchtbarkeit, welche sie vormals würdig erscheinen ließen, der Liebesgöttin geheiligt zu werden; viele bleiben gelte, und zwar, wie man annimmt, ihr Leben lang. Schon Aristoteles kannte diese Thatsache und wußte, daß diese gelten Karpfen an Fettigkeit und Güte ihres Fleisches alle übrigen übertreffen. Die Schriftsteller des Mittelalters nennen sie »Müßiggänger« und heben ausdrücklich hervor, daß sie vor allen zu loben seien. Über die Ursache der Unfruchtbarkeit waren sie übrigens verschiedener Meinung: »In etlichen Weyern«, sagt Geßner, »sollen Karpffen gefangen werden, in welchen kein vnderscheid deß geschlechts, Röglings oder Milchlings mag gespürt werden. Solche werden ohn zweiffel die seyn, so von jnen selbs wachsen und geschaffen werden.« In England zerstört man Samengefäße und Eierstöcke, um solche Geltfische künstlich zu erzeugen und zarteres Fleisch zu erzielen. Das Kilogramm des letzteren werthet in Deutschland von sechzig Pfennigen an bis zwei Mark und darüber.

In den Seen und in den Flüssen fängt man die Karpfen mit Zuggarnen, Netzen und Reusen, ködert wohl auch vorher gewisse Stellen mit gekochten Erbsen oder legt mit Würmern, kleinen Fleischstückchen oder dürrem Obste bespickte Grundangeln. Im Kaspischen Meere pflegt man sie zu stechen. Doch hat dieser freie Fang nirgends eigentliche Bedeutung, am wenigsten bei uns zu Lande, woselbst der Karpfen als der für die Teichwirtschaft wichtigste Fisch betrachtet werden muß.

Zur Karpfenzucht bedarf man mindestens zweierlei Teiche, flacherer und tieferer nämlich, sogenannter Zucht- oder Streckteiche und Winterungs- oder Kaufgutteiche. Erstere müssen eine kesselartige Austiefung haben, in denen die Fische, ohne vom Froste zu leiden, den Winter zubringen können, dürfen im übrigen aber nicht über zwei Meter tief sein. Noch flachere, mit Grase bestandene Stellen sind unumgänglich nothwendig, weil auf ihnen die Zuchtkarpfen ihre Eier absetzen sollen. Regelmäßiger Zufluß von weichem Wasser ist ebenfalls Bedingung; denn in Teichen mit kaltem Wasser gedeiht der Karpfen nicht, am wenigsten in solchen, welche starke Quellen besitzen oder den Zufluß von solchen empfangen. Hat man mehrere Teiche, so wählt man die flachsten unter ihnen zu Laichteichen, die tieferen und größeren zu sogenannten Streckteichen; immer aber ist darauf zu sehen, daß in jedem einzelnen Teiche tiefe Stellen sich finden, welche unter allen Umständen frostfrei bleiben, weil man sonst genöthigt ist, gegen den Winter hin die Karpfen umzusetzen. Auf einen Brutteich von zweihundert Ar Fläche rechnet man gewöhnlich fünf vier- bis zwölfjährige Streichkarpfen, einen Milchner und vier Roggener, soll aber, wie auch leicht erklärlich, bessere Erfolge erzielen, wenn man das Verhältnis der Geschlechter mehr ausgleicht, also annähernd ebenso viele Milchner als Roggener einsetzt. Ungeachtet der außerordentlichen Vermehrungsfähigkeit gewinnt man doch nur unter günstigen Umständen zwanzig bis fünfundzwanzig Schock Brut von einem Laichkarpfen, wahrscheinlich deshalb, weil man bisher noch immer zu wenig Rücksicht auf Herrichtung geeigneter Laichplätze nimmt. Erfahrene Teichwirte, welche aus Weiden geflochtene Matten oder Hürden zwanzig Centimeter tief unter den Wasserspiegel wagerecht legten und auf der Oberseite mit sehr vielen kleinen Büscheln aus Fichtenzweigen versahen, erfuhren, daß die Karpfen diese Vorrichtungen zum Ablegen ihres Laiches benutzten, daß weit mehr von den Eiern befruchtet wurden und der Ertrag sich bedeutend vermehrte. Während der Brutzeit muß das Wasser des Zuchtteiches möglichst auf demselben Stande erhalten werden, damit die Eier nicht zeitweilig bloßliegen und verderben. Nach dem Ausschlüpfen der jungen Brut hat man sein Augenmerk hauptsächlich auf Abhalten der verschiedenen Fischfeinde zu richten. Bei günstiger, namentlich warmer Witterung wächst die Brut im ersten Sommer zu acht bis zwölf Centimeter Länge heran; im nächsten Jahre kann sie, falls nicht die Teiche mit zu vielen Fischen besetzt oder letztere genügend gefüttert werden, dreißig Centimeter und darüber an Länge erreichen; vom dritten Sommer an nennt man sie Kaufgut, bringt sie in die Haupt- oder Fettteiche und läßt sie hier noch einen oder zwei Monate stehen. Den jüngeren Fischen gibt man gegen den Winter hin ältere bei, damit sie jenen das Winterlager bereiten.

In den letztvergangenen Jahren hat man Karpfen in Kalifornien eingeführt und dort überraschende Erfolge erzielt, indem sie einerseits und wohl hauptsächlich infolge des milden Klimas, anderseits infolge reichlicher Fütterung unvergleichlich schneller wuchsen, dementsprechend auch früher zur Fortpflanzung schritten als bei uns zu Lande.

Unter den Feinden der Karpfen sind Fischotter, Fischadler und Reiher aller Art als die schlimmsten zu bezeichnen; aber auch Wasserspitzmäuse und Wasserratten, schwarze Störche, Enten, Taucher, selbst Frösche usw. werden ihnen gefährlich, von Raubfischen der verschiedensten Art selbstverständlich abgesehen. In den meisten Karpfenteichen pflegt man einen oder mehrere Hechte mit einzusetzen, von denen man annimmt, daß sie die trägen Karpfen in Regsamkeit erhalten und dadurch zu ihrem Gedeihen beitragen. Man hat sich aber bei der Wahl dieser Aufwiegler sehr vorzusehen, weil ein Hecht, welcher im Teiche reichliche Nahrung findet, binnen kurzem so heranwächst, daß er unter den Karpfen entsetzliche Verheerungen anrichten kann. Viele Züchter sehen streng darauf, daß außer den Karpfen keine anderen Fische im Teiche sich befinden, weil sie mit Recht behaupten, daß solche jenen immerhin einen Theil der Nahrung wegnehmen; sie befehden aus demselben Grunde auch die Wasserfrösche und sorgen durch Herauswerfen des Laiches dieser Lurche nach Kräften für deren Verminderung. Karpfen, welche in kleineren Parkteichen gehalten und regelmäßig gefüttert werden, gewöhnen sich bald an ihre Futterstellen und an ihren Pfleger, lernen es, einem ihnen gegebenen Rufe oder Zeichen zu folgen, schwimmen zum Beispiele auf das Läuten einer kleinen Glocke oder auf einen gewissen Pfiff herbei und umstehen dann die Futterstelle, der voraussichtlich gespendeten Nahrung harrend.

# *Unser Goldfisch*

Der King-Jo, unser Gold- oder Silberfisch hat ungefähr die Gestalt des Karpfens, erreicht eine Länge von fünfundzwanzig bis dreißig, höchstens vierzig Centimeter und zeigt auf zinnoberrothem Grunde einen prachtvollen Goldglanz. Es kommen jedoch sehr viele Spielarten vor, ja, man kann durch fortgesetzte Zucht mehr oder weniger ständige Rassen erzeugen, wie die Chinesen, hierin Meister, es schon seit Jahrhunderten thun.

Das Thierchen gelangte von China aus wahrscheinlich zuerst nach Portugal und verbreitete sich, nachdem er hier sich eingebürgert, allgemach weiter über Europa. Das Jahr der Einführung wird verschieden angegeben. Einzelne Schriftsteller nennen 1611, andere 1691, wieder andere 1728. Gewiß ist, daß das Fischchen zur Zeit der berüchtigten Pompadour bereits in Frankreich vorhanden war, weil bestimmte Angaben vorliegen, daß man ihr Goldfischchen als etwas außerordentliches schenkte. Gegenwärtig hat er sich über die ganze Erde verbreitet, so weit dieselbe von gebildeten Menschen bewohnt wird.

Du Halde berichtet in seiner Geschichte Chinas ausführlich über den kleinen Fisch. Die Fürsten und Großen des Himmlischen Reiches lassen in ihren Gärten für ihn eigene Teiche graben oder halten ihn in prachtvollen Porzellanvasen, welche zwei- bis dreimal wöchentlich mit frischem Wasser angefüllt werden. Mit dem Ansehen der artigen Bewegungen, mit der Fütterung und Zähmung dieser Fische verbringen die langzopfigen Herren viele Zeit in einer für sie höchst angenehmen Weise, wie denn überhaupt die Chinesen warme Thierfreunde sind.

Gezüchtet wird er gegenwärtig auch hier und da in Deutschland, insbesondere im Königreiche Preußen sowie in Oldenburg durch Christian Wagner, welcher alljährlich gegen dreimalhunderttausend Stück in den Handel bringt und besondere Zuchtrassen erzielt hat. Die Zucht geschieht im allgemeinen ebenso wie die des Karpfens, nur daß sie mehr und kleinere Teiche benöthigt und strengere Aufsicht erfordert. Durch geschickte Behandlung bringt man die Goldfische dahin, im Laufe des Sommers drei-, selbst viermal zu laichen, sehr frühzeitig sich zu färben und ihre Färbung innerhalb gewisser Grenzen zu verändern. Glückliche Zucht bringt in jedem Falle

Carassius auratus
CYPRININAE

mehr ein als Karpfenzucht. Mit der Verbreitung des Goldfisches wächst die Liebhaberei für denselben, und wenn auch der Großflosser geeignet erscheint, ihm nach und nach die Gunst vieler Liebhaber zu schmälern, gewinnt seine Schönheit ihm wiederum neue Freunde.

Im Zimmer hält man den Goldfisch gewöhnlich in halbkugeligen Gläsern, besser aber in größeren Glasbecken, welche reichlich mit Wasserpflanzen ausgestattet und ausgeschmückt wurden. Als Futter wirft man täglich einige zerriebene Ameisenpuppen, Semmelkrumen oder Oblatenstückchen ins Wasser, darf jedoch des guten nicht zu viel thun, weil das wenige Wasser, welches ein Goldfischchenglas enthält, ohnehin bald so schlecht wird, daß minder begehrliche und zärtlichere Fische unmöglich in ihm aushalten würden, Übermaß an Futter aber einen selbst den Goldfischen unerträglichen Schleim erzeugt. Um die Fische längere Zeit am Leben zu erhalten, ist es unbedingt nothwendig, das Wasser von Zeit zu Zeit zu wechseln und täglich mehrmals mittels eines kleinen, mit einer feinen Spitze versehenen Blasebalges Luft ins Wasser zu treiben. Letzteres ist in einem größeren, mit Pflanzen bestandenen Bekken aus dem Grunde nicht so nöthig, weil die Pflanzen selbst Sauerstoff absondern. Vor Berührung oder Störung der Fische muß man sich übrigens hüten, weil sie solche nicht vertragen; auch empfiehlt es sich sehr, in einem Glase mindestens zwei oder drei, in einem größeren Becken mehrere von ihnen zusammenzuhalten, weil sie Geselligkeit lieben und den Verlust gewohnter Gefährten gewöhnlich nicht lange überleben. Bei sorgfältiger Pflege gewöhnen sie sich bald an den Gebieter, und wenn dieser sonst geschickt ist, kann er sie ebenso weit bringen wie die Chinesen die ihrigen, daß sie das vorgehaltene Futter aus der Hand nehmen oder, wenn sie in größeren Becken, Springbrunnen, kleinen Teichen gehalten werden, auf ein Zeichen mit der Glocke herbeikommen.

# *Der Häring*

Die Bedeutsamkeit der Fische für den Haushalt des Menschen läßt sich mit dem einzigen Worte Häring verständlich genug ausdrücken. Ohne den Stockfisch kann man leben; von den Schollen und den meisten anderen Seefischen haben meist nur die Küstenbewohner Genuß und Gewinn; die Fische des süßen Wassers gehören zu den selteneren Gerichten auf dem Tische des Binnenländers: der Häring und seine Verwandten aber bringen den Segen der Ernte des Meeres bis in die entlegenste Hütte. Wenn irgend ein Fisch es verdient, Speisefisch des Armen genannt zu werden, so ist es dieser, welcher, auch dem Dürftigsten noch käuflich, in gar vielen Häusern die Stelle des Fleisches vertreten muß. Es gibt keinen, welcher uns unentbehrlicher wäre als er.

Die ihm zu Ehren benannten Häringe oder Heringe (Clupeidae), eine über zweihundert Arten zählende Familie bildend, sind beschuppte Fische ohne Fettflossen, deren Maul in der Mitte vom Zwischenkiefer, an den Seiten vom Oberkiefer eingefaßt wird, und deren Kiemen besonders entwickelt sind, indem nicht allein die Kiemenöffnungen durch ihre Weite, sondern auch die Kiemenstrahlen durch ansitzende, seitlich wiederum verzweigte zahnartige Äste, welche einen trefflichen Seiher bilden, auffallen.

Nicht alle Häringe herbergen im Meere; die Familie hat auch Glieder, welche vom Meere aus regelmäßig in den Flüssen aufwärts gehen, um hier zu laichen. Dementsprechend ändert die Lebensweise ab. Außer der Laichzeit halten sie sich in großen Tiefen auf; der Fortpflanzungstrieb bewegt sie, zu den oberen Schichten emporzusteigen. Alle, ohne Ausnahme, scheinen Raubfische zu sein, welche sich nicht bloß an kleinem Wassergethiere, sondern auch an Fischen vergreifen. Die Vermehrung ist nicht sehr bedeutend, ihre Anzahl jedoch außerordentlich groß, demgemäß auch die jährliche Zunahme beträchtlich. Dieser Zunahme entspricht jedoch ebenso dem Abgang, und schon jetzt hat man alle Ursache, darauf zu denken, wie der Mensch dem maßlosen Verbrauche dieser Fische gegenüber zur Vermehrung beitragen könne; denn nicht bloß leichtfertig ausgesprochen, sondern wohl begründet ist die Furcht, daß das Meer, dem wir seit Jahrhunderten eine Ernte nach der anderen abgewonnen, verarmen kann, ja, wenn wir so fortfahren, wie wir es getrieben, verarmen muß. Auch den Häringen, welche ihren Namen haben von den Heeren, die sie bilden, werden wir eine Schonzeit gönnen, Gelegenheit zu ungestörter Vermehrung gewähren müssen, wollen wir uns selbst nicht in der empfindlichsten Weise schaden.

Bei der Sippe der Häringe, also der Häringe im engeren Sinne (Clupea), ist der Leib stark zusammengedrückt, an der Bauchkante sägenartig gezähnt, indem hier die Schuppen zackig vortreten, der Oberkiefer breit, sein Außenrand schwach gebogen, die Bezahnung reich und mannigfaltig, weil zwischen Ober- und Unterkiefer viele sehr kleine Zähne stehen.

Der Häring oder Hering (Clupea Harengus) erreicht, wie allbekannt, selten eine größere Länge als dreißig Centimeter, hat kleine, schmale Brust- und Bauchflossen, tief gegabelte Schwanzflosse, große, sieht auf der Oberseite schön meergrün oder grünblau, auf der Unterseite und auf dem Bauche silberfarben aus und glänzt, je nach dem einfallenden Lichte, in verschiedenen Schattirungen.

Der nördliche Theil des Atlantischen Weltmeeres, einschließlich der Nord- und Ostsee, und ebenso das Eismeer sind die Heimat des Härings. Früher glaubte man allgemein, daß er von letzterem aus alljährlich eine Reise antrete, welche ihn in unsere Gewässer führe. Andersson stellte diese Annahme als Lehrsatz auf und schrieb dem Fische seine Reisestraße auf das genaueste vor, theilte der gelehrten und fischenden Welt mit, daß ein ungeheuerer Schwarm von dort aufbreche, sich dann theile, Island und Großbritannien umschwimme, hier durch Kattegat und Sund in die Ostsee eindringe, dort den Kanal oder die britischen Gewässer durchwandere, längs der holländischen und französischen Küste seinen Weg fortsetze usw. Schon Bloch gewann eine andere Anschauung, bezweifelte, daß die Häringe vom Frühjahre bis zum Herbste eine so ungeheuere Reise auszuführen im Stande seien, hob hervor, daß sie im hohen Norden weit seltener sind als in der Nord- und Ostsee, daß man sie in letzterer während des ganzen Jahres fange, und nahm an, der Fisch steige aus großen Tiefen zu den oberen Wasserschichten empor. Andere Forscher traten ihm bei; auch in England erkannte man endlich die Wahrheit, und gegenwärtig unterliegt es keinem Zweifel mehr, daß Bloch vollkommen richtig geurtheilt hat. »Auffallend ist es«, sagt Karl Vogt, »in welch sonderbarer Weise die Naturgeschichte des Härings, dieses in der Nordsee so allgemein verbreiteten Fisches, von Fischern und Romanschreibern verbrämt und verfälscht worden ist. Das plötzliche Erscheinen von ungeheueren Häringsschwärmen an den nördlichen Küsten Europas und Amerikas, das Auftreten dieser Schwärme zu einer bestimmten Zeit im Jahre, das geheimnisvolle Verschwinden von einzelnen Stellen, wo sie früher in Menge sich aufhielten, hat zu Fabeln Veranlassung gegeben, welche trotz der gründlichsten Beleuchtung von Seiten der Naturforscher noch immer in volksthümlichen Schriften und Schulbüchern gang und gäbe sind.

Der Häring lebt weder vorzugsweise im Polarmeere, noch macht er weite Reisen. Er bewohnt die Tiefen derjenigen Meere, an deren Küsten er laicht, wird dort zu allen Zeiten vereinzelt gefangen, namentlich mit solchen Geräthschaften, welche in die größeren Tiefen reichen, und hebt sich aus diesen Tiefen nur zur Laichzeit empor, um der Küste zuzusteuern, an welcher er seine Eier absetzt. So fischt man unmittelbar an der Küste, z. B. im Molde-Fjord, den Häring das ganze Jahr hindurch, hat dort selbst den Hauptfang im Juli, zu welcher Zeit der Fisch außerordentlich fett ist, und weder Eier noch Milch in seinem Inneren entwickelt sich zeigen.

Die Laichzeit, während welcher der bedeutendste Fang geschieht, fällt in die Wintermonate, scheint aber je nach der Witterung und anderen, ziemlich unbekannten Einflüssen oft um Wochen und Monate abzuändern. Die Fischer haben verschiedene Anzeichen, aus welchen sie das Herannahen der Häringsschwärme beurtheilen; doch sind dieselben so ungenau, daß die Holländer sagen, sie gäben mit Vergnügen eine Tonne Goldes für ein sicheres Merkzeichen der Zeit und des Ortes, wann und wo die Häringe erscheinen sollen. Auch sind die Jahre sehr verschieden. In einem Winter erscheinen an einem gewissen Orte ungeheuere Massen, während im nächsten Winter nur einzelne Fische in die Netze gerathen.

Der Beweis gegen die angenommenen großen Wanderungen der Häringe vom Polarmeere aus ist leicht zu führen und wohl unwiderleglich. Unter den Häringen unterscheidet man auch viele Rassen. Wenn die Behauptung der wandernden Schwärme von einem gemeinschaftlichen Mittelpunkte im Eismeere aus ihre Richtigkeit hätte, wie wäre es dann möglich, daß die verschiedenen Schwärme sich so genau nach Größe, Gestalt und inneren Eigenschaften abtrennen würden, daß sie wie Regimenter und Bataillone eines Heeres an ihren Sammelplätzen zu bestimmter Zeit sich einstellen, ohne daß die alles bezwingende Liebe eine Vermischung der Schwärme bedingt hätte? Was aber vollends dem Fasse den Boden ausschlägt, ist einerseits die verhältnismäßige Seltenheit in den nördlichen Gegenden, andererseits der Zeitunterschied in der Erscheinung an den verschiedenen Orten. Um Grönland herum, wo doch der eine Hauptstrom nach Amerika vorüberziehen soll, ist der Häring so selten, daß viele Naturforscher ihn gar nicht unter den Fischen des Landes aufführen. An den Küsten von Island, an denen der ganze Zug sich spalten soll, ist der Häring zwar bekannt, aber niemals so häufig, daß eine besondere Fischerei auf ihn angestellt würde, und das gleiche ist der Fall in den Finnmarken Norwegens, wo so wenige Häringe gefangen werden, daß man sich nicht einmal die Mühe gibt, sie zu salzen, während in der südlichen Hälfte, zwischen Trondhjem und Kap Lindesnäs, namentlich aber in der Umgegend vom Stavanger und Molde-Fjorde, der Häringsfang fast die einzige Lebensquelle der Küstenbewohner bildet. Wie wäre eine solche Vertheilung möglich, wenn der Häring vom Norden käme, wie behauptet wird? Wie wäre es auch möglich, daß er an den südlichen Küsten bei Holland und Stavanger früher erscheint als an den schottischen und irischen Küsten, wie dies doch häufig beobachtet wurde, wenn er in der That aus Norden käme? Wie wäre es endlich möglich, daß man Häringe von allen Größen an den Küsten fängt zu allen Zeiten des Jahres, wenn sie nicht in der Nähe dieser Küste geboren würden, auswüchsen und stürben?«

Ungeachtet dieses wichtigsten Fortschrittes ist die Lebenskunde des Härings noch immer in vieler Hinsicht dunkel und unklar. Sein Erscheinen in den oberen Wasserschichten und an der Küste hat, wie gesagt, wenig regelmäßiges, und nicht immer sind es Scharen fortpflanzungslustiger Fische, welche sich zeigen, sondern es kommen auch alljährlich große Heere sogenannter Jungfern- oder, wie die Holländer sagen, Matjes-Häringe aus ihrer heimatlichen Tiefe empor. Über das Leben in den tieferen Gründen wissen wir so gut wie nichts, und erst neuerdings hat festgestellt werden können, daß er, dem Wale vergleichbar, mehr oder weniger ausschließlich von kleinen, dem unbewaffneten Auge zum Theile unsichtbaren Krebsthierchen sich nährt, sie aber in kaum berechenbarer Menge verzehrt. Eine bestimmte Laichzeit hat er nicht. Mit Ausnahme des Juni und December fängt man in allen übrigen Monaten Stücke mit strotzenden Hoden und Eierstöcken. Die richtige Erklärung dieser Thatsache kann wohl nur darin gefunden werden, daß ältere und jüngere Fische nicht zu derselben Zeit laichen; doch können die Untersuchungen hierüber durchaus nicht als abgeschlossen gelten. Verschiedene Ursachen, Witterungseinflüsse und Strömungsänderungen zum Beispiele, können bewirken, daß sie in einzelnen Jahren auf bestimmten Stellen gänzlich ausbleiben, und ebenso zeigen sie sich gegen Veränderungen ihrer Laichplätze höchst empfindlich, meiden solche Plätze insbesondere dann oft jahrelang gänzlich, wenn die sie bekleidenden Tange und sonstigen Wasserpflanzen zerstört, oder wenn hier allzu viele von ihnen weggefangen wurden. Hieraus erhellt, daß die Laichplätze wie die laichenden Fische zeitweilig unbedingter Schonung bedürfen.

Die Hauptmasse aller Häringe, welche in den oberen Schichten beobachtet und bezüglich gefangen wird, erscheint hier unzweifelhaft in der Absicht, zu laichen. Die fortpflanzungslustigen Thiere erheben sich in unschätzbaren Massen, treiben sich zwei oder drei Tage lang nahe der Oberfläche des Meeres umher, drängen sich im bunten Durcheinander zu dichten Haufen, namentlich wenn stürmische Witterung herrscht, eilen vorwärts und lassen währenddem Eier und Samen ins Wasser fallen. Zuweilen wird Laich und Milch in solcher Menge ergossen, daß das Meer sich trübt und die Netze mit einer Kruste oder Rinde sich überziehen, daß ein widriger Geruch entsteht und auf weithin sich verbreitet, daß buchstäblich die obere Schicht des Wassers so mit Samen geschwängert ist, um den größten Theil der Eier befruchten zu können.

Von den Häringszügen macht sich der Binnenländer schwerlich eine Vorstellung, weil ihm die Berichte der Augenzeugen übertrieben und unglaublich zu sein scheinen. Aber die Augenzeugen stimmen so vollständig überein, daß wir nicht wohl zweifeln können. »Sachkundige Fischer«, sagt Schilling, »welche ich zum Fange begleitete, zeigten mir in der starken Dämmerung Züge von meilenweiter Länge und Breite nicht etwa auf der Meeresfläche, sondern am Widerscheine der durch sie erhellten Luft. Sie ziehen dann so gedrängt, daß Boote, welche dazwischen kommen, in Gefahr gerathen; mit Schaufeln kann man sie unmittelbar ins Fahrzeug werfen, und ein langes Ruder, welches in diese lebende Masse gestoßen wird, bleibt aufrecht stehen.« Ähnlich sprechen sich andere Beobachter aus; einzelne versichern sogar, die Boote würden durch die wimmelnden Fische, deren Zug jene kreuzen, in die Höhe gehoben. Schilling glaubt annehmen zu dürfen, daß die Häringe von kleinen Leitzügen geführt und diese von Wind, Strömung und Wetter bestimmt werden, ihre jedesmalige Richtung zu nehmen. Andere scheinen hieran nicht zu glauben, obwohl sie, wie Schilling, das unregelmäßige Erscheinen der Häringe betonen.

Je nach der Wärme des Wassers schlüpfen die Jungen früher oder später aus; im Mai vielleicht nach vierzehn bis achtzehn, im August nach sechs bis acht Tagen. Die durchsichtigen und daher kaum erkennbaren Jungen haben beim Verlassen des Eies eine Länge von etwa sieben Millimeter, zehren innerhalb acht bis zehn Tagen den Inhalt ihres Dottersackes auf, beginnen dann sich zu bewegen und erfüllen, zu Myriaden geschart, noch lange Zeit die Gewässer ihrer Geburtsstätte. Man beobachtet sie während des ganzen Jahres in der Nähe der Küste, je nach dem Alter in verschiedener Tiefe, die noch ganz kleinen Fische, laut Schilling, im Brackwasser der in sie ausmündenden Flüsse oder mit ihr zusammenhängenden Binnengewässer, die größeren im Wasser des äußeren Strandes, kann also ein bestimmtes Vorrücken nach der Tiefe zu unmittelbar nachweisen. Im ersten Monate ihres Lebens erreichen sie, laut Widegren, durchschnittlich eine Länge von funfzehn, im zweiten von fünfundzwanzig, im dritten von siebenunddreißig Millimeter; nach Ablauf eines Jahres sind sie ungefähr neun, noch ein Jahr später funfzehn bis achtzehn Centimeter lang geworden; im dritten Jahre werden sie, bei einer Länge von etwa zwanzig Centimeter, fortpflanzungsfähig.

Unzählbar wie die Heere der Häringe ist auch die Anzahl der Feinde, welche ihnen folgen. So lange sie in den oberen Wasserschichten sich umhertreiben, nähren sich alle hier lebenden Raubfische, alle Meervögel und fast sämmtliche Meersäugethiere ausschließlich von ihnen. Die Norweger erkennen ihre Ankunft durch die sich sammelnden Wale, und nicht wenige von den dortigen Fischern glauben, in letzteren die Herbeitreiber der Fische erkennen zu müssen, genau ebenso, wie sie von Häringskönigen und anderen die Züge begleitenden Raubfischen reden. Wie groß der Verlust ist, welchen die Räuber der See den Häringszügen beibringen, läßt sich selbstverständlich auch nicht einmal annähernd schätzen; wohl aber dürfen wir dreist behaupten, daß er in keinem Verhältnisse steht zu den Verheerungen, welche der Mensch unter jenen anrichtet.

*CLUPEIDAE* *Clupea harengus*

Bis in das frühe Mittelalter zurück reicht die Kunde der Häringsfischerei. Altenglische Urkunden erwähnen ihrer, alte Gesetze regeln sie. Nachdem man gelernt oder wiederum erlernt hatte, den bisher mehr oder weniger dem Verderben preis gegebenen Seefisch zu salzen und dergestalt ins Innere der Binnenländer zu versenden, gewann sie rasch außerordentlichen Aufschwung. Zuerst waren es die Holländer, welche sie in großartiger Weise betrieben; später nahmen die Hanseaten und Norweger an ihr theil; aber erst seit etwa zweihundert Jahren begannen die Engländer, welche gegenwärtig alle übrigen Völkerschaften überflügelt haben, auch ihrerseits Schiffe auf den Häringsfang zu senden.

Zur Fischerei bedient man sich in Norwegen außer den gewöhnlichen besonderer Netze, Wate genannt, welche dazu dienen, Fjorde und Buchten abzusperren, nachdem die Häringe in sie eingedrungen sind, und erbeutet dann oft unglaubliche Massen mit einem Male. »Die Ausländer«, sagt Pontoppidan, »werden es kaum glauben können; allein ich, der ich dieses schreibe, habe ganz Bergen zum Zeugen, daß mit einem einzigen Auswurfnetze im Sundfjorde so viele Häringe sind gefangen worden, daß sie hundert Jachten, einige sagen hundertundfunfzig, aber ich will lieber die geringste Zahl rechnen, jede Jacht zu hundert Tonnen gerechnet, angefüllt haben. In den Buchten bleiben die Häringe, welche man eingeschlossen hat, so lange stehen, bis man sie nach und nach bergen und einsalzen kann, worüber der Fisch doch zuletzt ganz ausgezehrt und verdorben wird. Oft bleibt der Häring wegen seiner Menge zwei bis drei Wochen eingeschlossen, da denn viele sich auszehren und viele umkommen, wodurch dann die Bucht mit Gestanke angefüllt wird, welcher verursacht, daß die Häringe dieselbe Gegend drei bis vier Jahre scheuen, da sie sich sonst am liebsten daselbst eingefunden hatten. Im Jahre 1748 trug es sich im Kirchspiele Svanöe zu, daß die Bauern eine unzählige Menge von Frühlingshäringen auf obige Art eingeschlossen hatten. Ein Bürger hier aus Bergen kaufte sie für hundert Reichsthaler und eine Tonne Branntwein, worauf er, wie man sagt, achtzig Jachten voller Häringe aufzog und noch viel mehr auf dem Grunde umkommen ließ.« Heutzutage betreibt man in Norwegen, und zwar vorzugsweise längs der ganzen Küste zwischen Trondhjem und Lindesnäs, den Fang regelmäßiger, stellt große Netze aus, in denen man eine bis anderthalb Millionen Stück erhält, wendet aber immer noch mit Vorliebe die Wate an und sperrt, laut Blom, zuweilen noch mehrere tausend Tonnen Fische ab, zu vierundzwanzigtausend Stück jede einzelne gerechnet. Gegenwärtig werden etwa anderthalb Millionen Tonnen jährlich ausgeführt, weil man endlich gelernt hat, die Häringe zweckmäßig zuzubereiten. Überhaupt zeigt es sich gerade beim Häringsfange, daß, mit Ausnahme der Deutschen, alle übrigen Völker gelernt und ihre Einrichtungen verbessert haben, während die Deutschen, streng genommen, eigentlich erst beginnen zu lernen. »Die Fischerei auf Häringe, Pilchards und Sprotten«, berichtet Bertram aus England, »währt mit kurzer Unterbrechung fast das ganze Jahr hindurch; die eigentliche Fangzeit des erstgenannten Fisches aber geschieht während des Herbstes vom August bis zum Oktober. Dann ist das Meer an den schottischen, irischen und englischen Küsten bedeckt mit Booten, und jeder Meerbusen rund um die Küste hat seine kleine Flotte, jede Bucht ihre Fischerei, während sich auf den hauptsächlichsten Plätzen sehr bedeutende Flotten vereinigen. Die Sulzer besitzen in den jenen Plätzen benachbarten Städten weite Lagerräume und Höfe, welche angefüllt sind mit Tonnen, Salz und anderweitigem Zubehöre. An der Küste selbst schlagen andere, minder begüterte Sulzer ihre Werkstätte auf, und da, wo dies geschehen, sammelt sich bald eine mehr oder minder zahlreiche Flotte im Meere und ein Haufen des allergemischtesten Volkes auf dem Lande: Salzhändler, Faßdaubenverkäufer, Böttcher, Landmädchen, Hochlandsleute und andere, welche ihnen ihre Hände anbieten. Landstreichende Prediger, Wiedererwecker und anderweitige Seelenhirten finden sich ebenfalls ein, die Kraft ihrer Worte hier zu erproben; selten auch fehlt es ihnen an einigen hunderten mehr oder minder gläubigen Zuhörern. Wenn die wirkliche Fischzeit beginnt, bemächtigt sich eine Art von Wahnsinn aller Versammelten: alles spricht, alles denkt, alles arbeitet ausschließlich vom Häringe. Alte Leute erscheinen auf dem Platze, um die Vorbereitungen zu besichtigen, und erzählen mit neu auflebender Begeisterung, wie es der Alten Art, von zwanzig und mehr Jahre zurückliegenden Zeiten; die jüngeren besichtigen Boote, Segel und Netze; Frauen und Bräute, wenigstens Schätze, machen alte Netze aussehend wie neue, Katechu-Sieder bieten ihren braunen Saft, welcher die Netze und Segel erhalten soll, allmänniglich an usw. Längs der ganzen Küste sieht man überall dieselben Auftritte; alles vereinigt sich zu demselben Zwecke, alle in derselben Hoffnung auf eine glückliche Fischerei. Junge Herzen beten für den Erfolg der Boote ihrer Geliebten, weil dieser Erfolg ihnen des Herzens größtes Sehnen, den Ehering und die Haube, bringen soll; aus des Sulzers Augen leuchten gehobene Stimmung und große Hoffnung hervor; die Besitzer noch unbenutzter Boote scheinen glücklich zu sein; kleine Kinder selbst nehmen an der Erregung vollen Antheil: auch sie sprechen von nichts als vom Häringe. Es wird verglichen und gediftelt, geweißagt und gewettet, geflucht und gebetet, gezweifelt und gehofft. ›Fische diesen Morgen!‹ ist der Gruß, welchen der Nachbar dem Nachbar spendet, ›Wenige, oder viele Fische!‹ der Dank, die Antwort. Die einheimische Bevölkerung der Küstenstädte vermehrt sich bald um tausende. Mit den seelenweckenden Predigern ziehen Landstreicher ein; auf dem Markte schlagen Kaufleute ihre Buden auf, und das Genäsel der Straßenprediger wird würdig begleitet von verstimmten Drehorgeln.

Ein geringer Theil von denen, welche mit hinaus auf die See fahren, um zu fischen, gehört der eigentlichen Fischerkaste an; die große Mehrzahl besteht aus ›geheuerten Händen‹, einer Mischung von Bauern, Handwerkern, Matrosen und Landstreichern: daher denn auch die vielen Unfälle, welche während jeder Fischerei sich ereignen.«

Ein Berichterstatter schildert einen Besuch unter den Häringsfischern. Mit einigen Gefährten verließ er in einer ungewöhnlich dunklen und warmen, windstillen Nacht den Strand und ruderte in die See hinaus, der Fischereiflotte zu, von deren Vorhandensein man zuerst durch den Gesang der Fischer Kunde erhielt. Die Annäherung war einigermaßen schwierig, weil die Netze auf weithin sich ausbreiteten und das Boot durch das Wirrsal von Netzen und Leinen kaum durchzukommen vermochte; warnende Rufe der Fischer regelten den Lauf des Fahrzeuges, bis dieses endlich sich im Mittelpunkte der Flotte befand. Hier war bereits alles voller Leben und Thätigkeit, weil einzelne Netze schon mit Fischen sich angefüllt hatten, während andere nur einige von den Nachzüglern des Heeres gefangen zu haben schienen. Das Erscheinen der Fremden schien den Fischern viel Vergnügen zu gewähren. Man beeiferte sich allseitig, sie mit Häringen zu beschenken. Dies schien mit einiger Absichtlichkeit in so freigebiger Weise zu geschehen, daß das Boot bald überfüllt war, die Fremden buchstäblich zwischen Häringen sitzen und zuletzt flehentlich bitten mußten, weitere Gaben zu unterlassen.

In Deutschland betreibt gegenwärtig einzig und allein die Häringsfischereigesellschaft zu Emden den Fang nach Art der Engländer. Die Fischer der gedachten Gesellschaft erbeuten jährlich etwa sechstausend Tonnen im Werthe von je vierzig Mark, erzielen jedoch noch keineswegs zusagenden Gewinn, verzinsen mindestens die Anlagekosten noch nicht genügend, decken in manchen Jahren, infolge entstehender Verluste an Booten und Netzen, kaum die Verbrauchskosten, obgleich die Emdener Häringe, dank der sorgfältigen Behandlung, welche den Fischen zu theil wird, an Güte alle anderen übertreffen. Die in der Ostsee gefangenen Häringe werden größtentheils geräuchert, zum Theil auch frisch verzehrt oder eingemacht. An den Nordseeküsten bezahlt man das Kilogramm frischgefangener Häringe mit zwanzig bis dreißig, an den Ostseeküsten mit dreißig bis vierzig Pfennigen.

Man vergleicht die Häringsfischerei treffend mit einem Glücksspiele. In einem Jahre bringt sie reichen Gewinn, in einem anderen deckt sie die Unkosten nicht. Jahre nach einander erscheinen die Häringe in einer und derselben Bucht, an einer und derselben Stelle zu Milliarden; plötzlich bleiben sie aus, und die Fischer, welche auf sie stellten, kehren mit leeren Booten heim.

In Gefangenschaft läßt sich der Häring nur, wenn er noch sehr jung ist, einige Tage am Leben erhalten. Alt eingefangene und in engeren Gewahrsam gebrachte Häringe verlieren sofort den größten Theil ihrer Schuppen und sterben binnen wenigen Stunden.

# *Der Zitteraal*

Der Zitteraal (Gymnotus electricus) gehört der Familie der Nacktaale an und vertritt die Sippe der Drillfische (Gymnotus). Ihre Merkmale gibt Johannes Müller mit folgenden Worten: »Das Maul wird vorne vom Zwischenkiefer, an den Seiten vom Oberkiefer begrenzt: der Schultergürtel ist am Kopfe selbst aufgehängt; sie haben Blinddärme, und ihr After liegt an der Kehle; die Eierstöcke sind schlauchartig, die Hoden mit Samengängen«. Dem dürfen wir noch hinzufügen, daß die Rükkenflosse fehlt, aber eine sehr lange Afterflosse vorhanden ist und zwei durch Luftgänge vereinigte Schwimmblasen sich finden. Die Drillfische unterscheiden sich von den übrigen Mitgliedern der Familie durch das Fehlen der Schuppen, die mit einer dicken Haut überzogene Brust- und Afterflosse und das Gebiß, welches aus sehr vielen feinen, spitzigen Zähnen in den Kiefern, einer kleinen Reihe solcher am vorderen Gaumen und zwei Reihen hinter den vorderen des Unterkiefers besteht.

Der Zitteraal kann eine Länge von zwei Meter und ein Gewicht von funfzehn bis zwanzig Kilogramm erreichen. Ein mehr als meterlanger Fisch, welchen Humboldt untersuchte, wog fünf Kilogramm. Die Färbung der Oberseite ist, laut Sachs, ein schönes, vielfach dunkler schattirendes Olivengrün, die der Unterseite ein schönes Orangeroth; zwei oder mehrere Reihen kirschengroßer, hellgelber Flecke, welche gleichständig über den Rücken vom Kopfe bis zum Schwanzende verlaufen, schmükken den Rücken und die Seiten; die lange Afterflosse ist schieferfarbig und weiß, bei einzelnen Stücken aber roth gesäumt. Jeder der erwähnten Flecke umschließt eine Ausführungsröhre, und die Haut des Thieres ist auch beständig mit einem Schleime überzogen, welcher, wie Volta gezeigt hat, die Elektricität zwanzig- bis dreißigmal besser leitet als reines Wasser. Die fleischige Zunge ist mit gelben Wärzchen bedeckt, der Magen schwielig, die ungewöhnlich große, achtzig Centimeter lange Schwimmblase läuft weit über das Ende des Darmes hinaus, neben den Rückenmuskeln fort, wogegen der Mastdarm dicht am Kopfe, im ersten Funfzehntel der Leibeslänge, mündet. Etwa vier Fünftheile der letzteren werden von den elektrischen Organen eingenommen. Diese, ihrer vier an der Zahl, liegen an den Bauchseiten des Fisches und reichen von dem hinteren Ende der Leibeshöhle bis zur Schwanzspitze,

Electrophorus electricus
ELECTROPHORIDAE

wiegen daher ein volles Drittheil des Gesammtgewichtes. Sie bilden eine hell röthlichgelbe, weiche, durchscheinende, gallertartige Masse und bestehen aus Längsbündeln, welche ihrerseits aus einer großen Anzahl häutiger, nahe an einander liegender, fast wagerechter Plättchen zusammengesetzt und durch Längshäute in Zellen getheilt sind. Über die Wirkungen haben die früheren Beobachter manches richtige mitgetheilt. Sehr bald erkannte man, daß es vollkommen in der Willkür des Fisches liegt, Schläge auszutheilen. Bajon berührte einen Zitteraal mit dem Finger, ohne etwas zu empfinden, bekam aber kleine Schläge, wenn er den Finger auf den Rücken legte. Als derselbe Fisch beim Wechseln des Wassers auf den Boden gefallen war und kein Neger ihn aufheben wollte, ergriff er ihn selbst am Schwanze, bekam aber einen so fürchterlichen Schlag, daß er fast umfiel und sein Kopf eine Zeitlang eingenommen war. Eine Katze, welche einen fast todten Zitteraal anbeißen wollte, sprang mit heftigem Geschreie zurück; ein Hund, welcher einen anderen beleckte, desgleichen. Walsh brachte ein Metallplättchen auf eine Glasscheibe, spaltete sie in der Mitte von einander, reizte den Fisch, mit welchem er das Metallplättchen in Verbindung brachte, und machte so einen Funken sichtbar. Hält man, laut Humboldt, zwei Leiter, aber nur einen Centimeter von einander, an den feuchten Leib, so empfängt bald der eine, bald der andere einen Schlag; der Aal hat mithin jeden Theil des Leibes in seiner Gewalt, ist also nicht mit einer elektrischen Maschine zu vergleichen. Trennt man durch Abschneiden des Kopfes Hirn und Herz vom Leibe, so endigt die elektrische Wirkung wie die Muskelbewegung, während die Schlangen und der Flußaal beim geringsten Reize in Krämpfe gerathen. Das ausgeschnittene Herz des Zitteraales schlug eine Viertelstunde lang, beim Galvanisiren nach zwanzig Minuten aufs neue; der ausgeschnittene Kopf bewegte zehn Minuten lang die Kiefer, rührte sich aber ebensowenig wie irgend ein anderer Leibestheil bei der Anwendung von Zink und Silber. Bei anderen Thieren pflegen die Erscheinungen umgekehrt zu sein. Man hat geglaubt, man müsse, um einen Schlag zu fühlen, eine Kette bilden, also mit zwei Punkten des Fisches in Berührung kommen; allein man empfängt den Schlag, auch wenn man auf einem Nichtleiter steht und den Fisch nur an einer Stelle berührt. Thut man dies vermittels trockenen Holzes, so fühlt man nichts; stellt man sich auf dieses nichtleitende Holz und reizt man ihn mit einem Drahte, so empfindet man die Schläge im Arme und im Knie, ohne daß man den Durchgang durch die Schenkel merkt. Hierdurch unterscheiden sich also die Aale vom Zitterrochen. Hält man diesen auf eine Metallplatte, so fühlt man nichts, wohl aber, sobald man mit der anderen Hand sein elektrisches Organ berührt. Glas, Siegellack, Schwefel oder trokkenes Holz leiten nicht, Zink am besten, Gold, Eisen, Silber, Kupfer, der Reihenfolge nach, schwächer. Berühren sich zwei Personen, so fühlen oft beide die schwachen Ströme, einen starken aber nur diejenigen, welche mit dem Fische in Verbindung stehen. »Der Schlag geht nicht durch das Wasser, wenn man auch den Finger bis einen

Millimeter dem Fische nähert.« Frühere Beobachter sagen gerade das Gegentheil. Van der Lot erzählt, ein Mensch habe nahe an dem Ende eines mit Wasser gefüllten Nachens, in welchem ein Zitteraal sich befand, seine Finger gesteckt und, als Lot den etwa sechs Meter von jenem entfernten Zitteraal berührt, einen Schlag gefühlt. Auch Bancroft versichert, erfahren zu haben, daß der Schlag auf drei Meter weit im Wasser wirke. Humboldt erklärt den scheinbaren Widerspruch durch die Annahme: alles hängt vom Belieben des Thieres ab. Einen ihm genäherten Draht fühlt der Aal nicht, sieht aber wohl die Fische und schickt ihnen durch das Wasser eine Ladung zu, wenn ihm danach gelüstet. Mehrere Zitteraale, in einen Raum gesperrt, vertragen sich gut, können einander auch nichts anhaben, wie man erfährt, wenn man vermittels eines Drahtes den Schlag des einen auf den anderen überführt. Steckt man eine Zinkplatte in einen Einschnitt der Brustflosse und berührt man die Spitze der Platte mit Silber, so geräth das ganze Thier in Krämpfe, ohne daß der Mensch, durch welchen der Strom geht, selbst etwas empfindet; mithin muß die Elektricität des Thieres unendliche Male größer sein als die fremde Elektricität, welche seine Muskeln in Bewegung setzt. Der Schmerz des Thieres muß dabei groß sein, weil es sich so gewaltig krümmt und selbst den Kopf aus dem Wasser herausstreckt. Sachs, welcher, hauptsächlich um den Zitteraal zu beobachten, Südamerika bereiste, ist durch jähen Tod leider verhindert worden, die hierüber gewonnenen Ergebnisse seiner Beobachtungen zu veröffentlichen, und läßt so noch manche Lücke offen, welche auszufüllen er sicherlich in hohem Grade befähigt war.

Der Zitteraal ist über einen großen Theil Südamerikas, namentlich über ganz Nordostbrasilien, Guayana und Venezuela, verbreitet, hält sich aber nur in Gewässern auf, welche eine Wärme von sechsundzwanzig bis siebenundzwanzig Grad haben, meidet daher Gebirge, in deren kälterem Wasser seine Kraft bedeutend abnehmen soll, so gut wie gänzlich. Sein Wohngebiet scheint sich mehr oder weniger auf die Gewässer der Llanos zu beschränken. Laut Sachs sind schmale, schlammige, in dunklem Schatten gelegene Bäche oder Lachen Lieblingsplätze von ihm. Hier liegt er, wenigstens übertages, auf dem Grunde des Gewässers, steigt jedoch in Zwischenräumen von durchschnittlich einer halben Minute zur Oberfläche empor, streckt die Mundöffnung aus dem Wasser heraus, schluckt mit hörbarem Geräusche Luft ein und taucht sofort wieder unter, wobei die verbrauchte Luft durch die Kiemenspalten entweicht. Wirkliche Kiemenathmung findet, nach eingehenden Beobachtungen des genannten, niemals statt; die Eingeborenen erkennen daher das Vorhandensein eines Zitteraales gerade an diesem deutlich vernehmbaren Athemschöpfen. Mit Eintritte der Dunkelheit beginnt unser Fisch sich zu regen und zu jagen. Seine elektrische Batterie stempelt ihn zu einem weit furchtbareren Feinde seiner geschuppten Klassengenossen, als der gefräßigste Raubfisch ist. Er frißt alle für ihn verschlingbare Beute, welche in das von ihm bewohnte Gewässer geräth, Fische wie Krabben oder in das Wasser fallende Kerbthiere. Unter wellenförmig schlängelnden Bewegungen seiner weichhäutigen, dem Kiele eines Schiffes vergleichbaren Afterflosse und mit Unterstützung seiner kurzen Brustflossen schwimmt er entweder geradeaus oder in sanftem Bogen dahin, zierlicher als irgend ein anderer Fisch und mit gleicher Meisterschaft rückwärts wie vorwärts, indem er die Wellen auf erstgenannter Flosse ebenso gut von hinten nach vorne wie von vorne nach hinten laufen lassen kann. In der Nähe eines von ihm verfolgten Opfers angelangt, entladet er einen seiner lähmenden Schläge, und die Wirkung desselben ist eine so heftige, daß einen Augenblick später alle Fische und Krabben innerhalb des Bereiches jenes Schlages sofort umgewendet und regungslos umhertreiben. Nunmehr wählt er ein ihm zusagendes Opfer und verschluckt es mittels einer heftigen Saugbewegung, welche knallähnliches Geräusch hervorruft. Mit Beginne der Trockenheit wühlt er sich, wie neuerdings auch Bates beobachtete, tiefe, runde Löcher in den Schlamm, indem er sich beständig im Kreise herumdreht. In diese Löcher zieht er sich zurück, wenn das Wasser seines Wohnortes zu versiegen droht, und es ihm nicht möglich war, rechtzeitig auszuwandern. Letzteres thut er, falls er kann, jedesmal; denn er ist nicht befähigt, über Land zu wandern, nicht einmal im Stande, im feuchten Schlamme zu entrinnen, geht vielmehr ebenso gut wie andere Fische zu Grunde, wenn er von anderen Tümpeln abgeschnitten wurde.

Über die Fortpflanzung konnte Sachs ebensowenig wie seine Vorgänger Beobachtungen anstellen oder sammeln. Als bemerkenswerth hebt er hervor, daß die Zitteraale die Neigung haben, unter Umständen je nach dem Geschlechte in Banden sich zu vereinigen; einmal wenigstens fing unser Gewährsmann nur Männchen, ein anderes Mal ausschließlich Weibchen. Bei letzteren fand er im Februar legreife Eier von einem bis zwei Millimeter Durchmesser vor. Sachs spricht die Vermuthung aus, daß diese zeitweilige Absonderung der Geschlechter in Beziehung zum Laichgeschäfte stehen möge; es ist jedoch nicht recht einzusehen, inwiefern dies der Fall sein könnte, falls nicht die Angabe der Eingeborenen Guayanas, der Zitteraal bringe lebende Junge zur Welt, trotz des Befundes von Sachs dennoch auf Wahrheit beruht.

Von den Eingeborenen wird der Zitteraal gefürchtet und gehaßt. Das ungemein grätenreiche Muskelfleisch schmeckt zwar nicht besonders gut, jedoch auch nicht ganz schlecht; das elektrische Organ aber ist schmierig und hat einen unangenehmen Geschmack; man sondert es daher vorsichtig von dem übrigen ab und wirft es weg. Um so sorgsamer bewahrt man die Wirbelsäule des Fisches auf; denn ihr, beziehentlich einem aus ihr bereiteten Pulver, schreibt man geburtbefördernde Wirkungen zu und verfehlt nie, bei schweren Entbindungen dieses Mittels sich zu bedienen. Gehaßt wird der Zitteraal, wie Humboldt uns belehrt, weil man es ihm vorzüglich zuschreibt, daß die Sümpfe und Teiche der Llanos so fischarm sind. Ein Zitteraal tödtet ihrer viel mehr, als er verzehrt. Die Indianer erzählen, wenn man in sehr starken Netzen junge Krokodile und Zitteraale zugleich fange, so sei an letzteren nie eine Verletzung zu bemerken, weil jene die Krokodile lähmen, ehe sie ihnen etwas anhaben können. Alle Bewohner der Gewässer fliehen die Gesellschaft dieser Fische: Eidechsen, Schildkröten und Frösche suchen Sümpfe auf, in denen sie vor ihnen sicher sind. Bei Uritucu mußte man einer Straße eine andere Richtung geben, weil die Zitteraale in einem Flusse sich so vermehrt hatten, daß alle Jahre eine Menge Maulthiere, welche mit ihrer Last durch den Fluß zu waden hatten, umkamen. Frösche, Schildkröten und andere Lurche oder Kriechthiere, welche man zu gefangenen Zitteraalen setzt, versuchen so eilig wie möglich aus der gefährlichen Nachbarschaft zu entrinnen. Auch Sachs fand in einem Tümpel einzig und allein Zitteraale, keinen anderen Fisch weiter, und folgert gewiß mit Recht, daß jene sämmtlich diesen zum Opfer gefallen sein mußten.

Über gefangene Zitteraale liegen viele Berichte vor, da sie nicht allein von reisenden Forschern in ihrer Heimat beobachtet, sondern lebend auch nach Europa gebracht, namentlich im Londoner Thiergarten gepflegt worden sind. Ich will mich auch bei Besprechung dieses Gegenstandes auf Sachs berufen. Der Fang selbst geschieht heute nicht mehr wie zu Humboldts Zeiten, sondern mit Netzen, gegen welche die Fische getrieben werden. Man rechnet auf ihre Neugierde, wirft Steinchen ins Wasser, um sie herbeizulocken, sperrt hierauf mittels eines Netzes einen Theil des Flüßchens oder Baches ab und schleppt ein weiter flußaufwärts eingesenktes, unten mit bleiernen Gewichten beschwertes Netz dem ersten zu. »Vergebens«, schildert Sachs, »schleudert jetzt der zornige Zitteraal seine Donnerkeile; doch todte Fische und Frösche, welche plötzlich auf der Oberfläche erscheinen, sowie mancher Ach- und Wehruf der im Wasser stehenden Fischer verkünden die Kraft seiner elektrischen Schläge. Er ist umringt, wird zwischen den beiden Netzen aus dem Wasser gehoben und zappelt auf dem Sande.« Hier wälzt er sich lebhaft schlängelnd umher und sucht nach dem Wasser zu entkommen. In ein enges Gefäß gebracht, schwimmt er unruhig im Kreise herum und versucht, über den Rand hinweg zu entschlüpfen, was ihm auch nicht selten gelingt. Sobald er aber in ein weites, bequemes Becken versetzt ist, ergibt er sich in sein Schicksal, streckt sich geradlinig aus und verharrt in der Regel während des ganzen Tages, abgesehen von seinen Athembewegungen, unthätig am Boden, sucht hier auch die dunkelsten Stellen auf. Mit Beginne der Nacht wird er lebendig. Plötzliche Erleuchtung seines Beckens versetzt ihn jetzt in höchste Erregung. Obwohl im Stande, wochenlang zu hungern, zeigt er sich doch ungemein gefräßig, falls er über eine beliebige Menge von Nahrung verfügen kann. Wenn Sachs seinen Pfleglingen junge Fische oder Krebse in ihr Becken warf, begann sofort eine ergötzliche Jagd. Meist reichte ein einziger Schlag hin, die Opfer zu lähmen; mitunter jedoch gelang es den verfolgten Thieren, sich im Sprunge über die Wasserfläche zu erheben; dann schwang sich nicht selten auch der Verfolger blitzschnell aus dem

Wasser und erhaschte seine Beute im Sprunge, um sie sodann wie üblich mit Stumpf und Stiel zu verschlingen. Daß die Schläge eines Zitteraales seine Artgenossen vollständig gleichgültig lassen, stellte auch Sachs durch eingehende Beobachtungen unumstößlich fest.

Wie viel wir noch in der Thierkunde zu lernen haben, beweist schlagend einer unserer verbreitetsten und gemeinsten Flußfische, der Aal. Seit Aristoteles' Zeiten zerbrach man sich den Kopf über seine Fortpflanzung, und noch heutigen Tages hat diese Frage nicht vollständig gelöst werden können. So hat man geglaubt, daß Pferdehaare, welche ins Wasser geworfen würden, nach und nach aufschwellen und junge Aale hervorbringen sollten, und ähnliches mehr. »Schneidet«, sagt Helmont, »zwei mit Maithaue benäßte Rasenstücke aus, legt eines auf das andere, die begrasten Seiten einwärts, gebt sie der Sonnenhitze preis, und in wenigen Stunden wird eine große Anzahl junger Aale erzeugt worden sein.« Selbstverständlich belächeln wir heutzutage derartige Sagen. Allerdings kennen wir die Art und Weise noch immer nicht, wie die Aale sich fortpflanzen, weil wir hierüber noch keine Beobachtungen anstellen konnten; wohl aber wissen wir so viel, daß auch sie Eier legen, und dürfen getrost annehmen, daß ihre Erzeugung sich von der vieler anderen Fische wenig oder nicht unterscheiden wird.

*Insekten*

# *Der Mistkäfer*

Wie wir überall Ausnahmen von der Regel finden, so kommen Käfer und Larven vor, welche sich von Aas ernähren. Abgesehen von den zahlreichen Sippen und Untersippen, lassen sich die Blatthörner in zwei Horden bringen, in die Mistkäfer und Laubkäfer, wenn wir eine annähernde deutsche Bezeichnung von der Lebensweise der Thiere entlehnen wollen. Um nicht zu ausführlich zu werden, übergehen wir die Unterschiede zwischen diesen beiden Horden, welche umständlich auseinandergesetzt werden müßten.

Die Mistkäfer im engeren Sinne (Coprophaga) bestehen zum größten Theile aus kleinen oder mittelgroßen Kerfen, welche, wie ihre Larven, im Miste und zwar vorzugsweise dem der Hufsäugethiere leben, durch ihren scharfen Geruchssinn aus weiter Ferne jede frische Bezugsquelle wittern, sofort herbeigeflogen kommen und in kürzester Zeit eine solche Stätte bevölkern. Die unter dieser entstehenden größeren oder kleineren Löcher deuten an, daß der Boden von ihren Gängen unterminirt und die Nester für ihre Brut angelegt wurden, welche von gewissen Arten hier in der Erde, mit Nahrung von oben her versorgt, ihren Aufenthalt angewiesen bekommt, von anderen in dem Düngerhaufen selbst.

Der heilige Pillendreher (Ateuchus sacer) ist ein in biologischer wie in archäologischer Hinsicht höchst interessanter Käfer, welcher die Mittelmeerländer bewohnt und in dem Thierkultus der alten Egypter eine Rolle gespielt hat. Sie fanden nämlich im Treiben und in der Gestalt des Käfers das Bild der Welt, der Sonne und des muthigen Kriegers, so daß sie ihn auf Denkmälern darstellten und, in kolossalem Maßstabe aus Stein gehauen (die sogenannten »Scarabäen«), in ihren Tempeln aufstellten. Älian sagt: »Die Käfer (cantharos nennt er sie) sind sämmtlich männlichen Geschlechts; sie bilden aus Mist Kugeln, rollen sie fort, bebrüten sie achtundzwanzig Tage, und nach deren Ablauf kriechen die Jungen aus«, während Plinius von ihnen erzählt: »Sie machen ungeheure Pillen aus Mist, rollen sie rückwärts mit den Füßen fort und legen kleine Würmchen (sind Eier gemeint) hinein, aus denen neue Käfer ihrer Art entstehen sollen, schützen sie auch vor der Kälte des Winters«.

Gegen das viertägige Fieber soll man, wie er an einer anderen Stelle anführt, neben verschiedenen anderen Mitteln, welche die klinische Heilkunde vorschreibt, auch den Käfer, welcher Pillen dreht, an sich binden. Dergleichen kindliche Vorstellungen hatten die Alten von der Entwickelungsgeschichte eines Mistkäfers!

Wir können uns nach Angabe jener Faseleien nicht versagen, unseren Lesern dieses Wunderthier nun in seiner natürlichen Gestalt und in seiner richtig gewürdigten Lebensweise vorzuführen, und bemerken in Bezug auf erstere, daß der halbkreisförmige Kopf mit tief sechszähnigem Vorderrande, das vollständig in eine obere und untere Hälfte getheilte Auge jederseits, die neungliederigen Fühler, die seitlich nicht ausgebuchteten Flügeldecken, welche sich hinten abstutzen und den Steiß freilassen, der Mangel der Füße an den fingerförmig gezähnten Vorderschienen, der eine Enddorn an den übrigen sehr schlanken und die sechs Bauchringe die Gattung charakterisiren, dagegen zwei Höckerchen an der Stirn, die innen an der Wurzel gekerbten Vorderschienen, die glatte Steißplatte, schwache Längsriefen der Flügeldecken, schwarze Fransen an Kopf, Halsschild und Beinen, rothbraune an den weiblichen Hinterschienen und die schwach glänzende schwarze Farbe des platten Körpers die genannte Art. Sie, wie alle Pillendreher, haben ihren Namen von den pillenähnlichen Kugeln erhalten, welche sie für ihre Nachkommen anfertigen. Wie bei den Todtengräbern beide Geschlechter für deren Unterkommen Sorge tragen, nicht bloß das Weibchen, so auch hier. Zuerst wird von einem der beiden Ehegatten der zur Pille bestimmte Theil des Mistes, besonders Kuhdüngers, mittels des strahligen Kopfschildes vom Haufen abgetragen, mit Hülfe der Beine geballt, von dem Weibchen mit einem Eie inmitten beschenkt und nun gewälzt, indem der eine Käfer mit den Vorderbeinen zieht, der andere mit dem untergestemmten Kopfe nachschiebt.

Durch diese Behandlung wird nach und nach das anfangs weiche und unebene Stück zu einer festen und glatten Kugel von nahezu fünf Centimeter Durchmesser. Kleinere Arten drehen kleinere Pillen. Sodann graben die Käfer eine tiefe Röhre, in welche sie die fertige Kugel versenken. Das Zuwerfen der Röhre beschließt die mühevolle Arbeit, welche nöthig war, um einem Nachkommen seine Stätte zu bereiten. Ein zweites, drittes Ei usw. bedingt dieselbe Arbeit, mit welcher die kurze Lebenszeit ausgefüllt wird. Entkräftet von der Arbeit bleiben die Käfer zuletzt am Schauplatze ihrer Thaten liegen und verenden.

In der vergrabenen Kugel erblüht neues Leben, das Ei wird zur Larve, und diese findet den hinreichenden Vorrath, um dadurch zu ihrer vollen Größe heranzuwachsen. Diese Larve bedarf mehrere Monate zu ihrer Entwickelung. Im nächsten Frühjahre arbeitet sich der fertige Käfer aus seiner Geburtsstätte hervor, und die jungen Pärchen, dem Beispiele ihrer Eltern folgend, das sie ihnen nicht mit eigenen Augen ablauschen konnten, drehen Pillen in gleicher Weise und gleicher Absicht, wie jene. Es können aber auch Thätigkeiten anderer Art vorkommen. Höchst interessant ist

*Geotrupes stercorarius* SCARABAEIDAE

die Mittheilung eines deutschen Malers. Derselbe beobachtete bei seinen ländlichen Streifzügen in Italien einen Käfer (die Art wird nicht näher bezeichnet), welcher auf etwas unebenem Untergrunde mit dem Rollen seiner Kugel beschäftigt war. Unglücklicherweise gerieth dieselbe hierbei in eine Grube, die alle Anstrengungen des Käfers, jene wieder herauszurollen, scheitern ließ. Derselbe, im Bewußtsein seiner Ohnmacht, begab sich nach einem benachbarten Dunghaufen, verschwand in demselben, kam aber bald wieder hervor – in Begleitung von drei anderen seinesgleichen. Alle vier Käfer arbeiteten nun mit gemeinsamen Kräften, um die Hindernisse hinwegzuräumen, und es gelang ihnen endlich, die Kugel aus der Versenkung herauszufördern. Kaum waren ihre Bemühungen mit dem gewünschten Erfolge gekrönt, so verließen die drei Gehülfen den Ort und begaben sich in dem ihnen eigenen steifbeinigen Marsche nach ihrer Wohnstätte zurück. Können wir auch hierin, wie etwa in dem angeborenen Pillendrehen, eine bloße Naturnothwendigkeit, einen »Instinkt« erkennen, oder zeugt diese Handlungsweise nicht von bewußtem, eine gewisse Überlegung voraussetzendem Handeln? Man erinnere sich jener Todtengräber, welche den Stab umwühlten, an dem der Maulwurf hing und daher nicht einsinken wollte; man denke an jenen Laufkäfer, der zur Bewältigung eines Maikäfers sich ebenfalls einen Gefährten herbeiholte, und man sieht, daß jene Beobachtung an den Pillendrehern nicht vereinzelt dasteht.

Livingstone erzählt von einer Art aus Kuruman, in der Volkssprache »Skanvanger-Beete« genannt, wahrscheinlich auch ein Ateuchus, welcher die Dörfer rein und sauber erhält, indem er den frischen Mist sofort zu Kugeln verarbeitet, nicht selten von der Größe eines Billardballes, und vergräbt. Wahrscheinlich auch ein Ateuchus, hieß es; denn es gibt noch mehrere andere Gattungen, welche eine gleiche Sorgfalt für ihre Nachkommen an den Tag legen und zum Schutze und zur Nahrung der Larve Pillen drehen, wie der langbeinige, Kalkboden liebende Sisyphus Schäfferi und andere. Ich besitze eine solche Pille, welche mir ein Freund aus Spanien mitgebracht hat; dieselbe ist nach und nach an der Luft vollkommen ausgetrocknet und so fest, daß sie durchgesägt werden mußte, um unter Erhaltung ihres Baues das Innere untersuchen zu können. Der Durchmesser beträgt 34 Millimeter, eine Schicht von 5,5 Millim. ist vollkommen dicht und bildet eine Kugelrinde, die Ausfüllung dagegen läßt das lockere und faserige Gefüge des Düngers sehr wohl unterscheiden, und hat sich durch das Eintrocknen von der festen Schale gleichfalls in Form einer Kugel etwas abgelöst. Um das Ganze nicht weiter zu zerstören, mochte ich keine Gewalt anwenden, ohne welche nicht weiter vorzudringen ist. In der sehr hart gewordenen, faserigen Innenkugel befindet sich wahrscheinlich das vertrocknete Ei oder die in ihrer Jugend zu Grunde gegangene Larve, welche zu ihrer vollkommenen Entwickelung ohne Zweifel die ganze Innenkugel aufgezehrt haben würde, während die Kugelrinde der Puppe gleich einem Gehäuse zum Schutze gedient hätte.

# *Die Ameisen*

Die Familie der Ameisen (Formicina) gehört zu den geselligen Aderflüglern, deren Gesellschaften sich zu gewissen Zeiten aus dreierlei Ständen zusammensetzen, den geflügelten Weibchen und Männchen und den stets ungeflügelten Arbeitern oder verkümmerten Weibchen. Die Ameisenstaaten sind, wie die der Honigbiene, mehrjährig.

Der Kopf der Ameise ist verhältnismäßig groß bei den Arbeitern, klein bei den Männchen. An ihm fallen die kräftigen Kinnbacken am meisten in die Augen; die Zunge gelangt nicht zu der Entwickelung wie bei den übrigen geselligen Immen.

Der Hinterleib besteht aus sechs, beim Männchen aus sieben Ringen und ist immer in einer Weise gestilt, daß man bei seiner Formbestimmung den Stiel für sich und den Hinterleib für sich, jenen also für ein besonderes Mittelgebilde zu betrachten pflegt, welches dem Hinterleibe entschieden eine große Beweglichkeit verleiht. Durch diese Theile, durch den kleinen Kopf, längere und dünnere Beine, schmälere Kinnbacken und der vermehrten Gliederzahl unterscheiden sich die Männchen leicht von ihren Weibchen, verlieren auch nach dem Schwärmen die Flügel nie, wie diese. Die weiblichen und arbeitenden Ameisen, bissige Geschöpfe, lassen eine kräftige, nach ihnen benannte Säure in die Wunde fließen und zwar aus der zu diesem Zwecke nach vorn gebogenen Hinterleibsspitze, andere führen, wie die Stechimmen, einen Stachel und wehren sich mit diesem. In beiden Fällen erzeugt die der Wunde mitgetheilte Ameisensäure Brennen und schwache Entzündung.

Die wurmförmigen, fußlosen, durchaus unselbständigen Larven können sich nicht von der Stelle bewegen und müssen gefüttert werden. Sie sind in ihrer ersten Jugend von allen Ständen übereinstimmend und unterscheiden sich nur später durch unbedeutende Formveränderungen, auffälliger aber durch die Größenverhältnisse. Mag der Unterschied zwischen Männchen und Weibchen im Eie verborgen liegen, der zwischen Weibchen und Arbeitern in ihren verschiedenen Formen bildet sich wahrscheinlich erst im Larvenstande aus, durch welche Verhältnisse aber, wissen wir nicht; denn daß es durch veränderte Kost sei, wie bei der Honigbiene, läßt sich darum nicht annehmen, weil diese immer nur in Flüssigkeitstropfen der fütternden Arbeiter besteht: die reife Larve fertigt bei den einen ein längliches, schmutzig weißes oder bräunliches Gespinst, in welchem sie zu einer gemeiselten Puppe wird. Diese eingehüllten Puppen bilden unter dem falschen Namen der »Ameiseneier« als beliebtes Futter für gewisse Stubenvögel einen Handelsartikel. Andere spinnen niemals und wieder andere halten insofern die Mitte zwischen beiden, als sich nackte und eingehüllte Puppen beisammen im Neste finden. In einem solchen Falle ist die Spinnfähigkeit der Larven erwiesen, und anzunehmen, daß diejenigen, welche nicht spinnen, durch die Fütterung oder durch sonstige Verhältnisse nicht hinreichenden Spinnstoff in ihren Drüsen zur Entwickelung bringen konnten.

Wie alle Aderflügler, so ernähren sich auch die Ameisen nur von süßen Flüssigkeiten, welche ihnen die verschiedensten Gegenstände, Obst, Pflanzensäfte aller Art, Fleisch, saftige Thierleichen, in erster Linie aber die Blatt- und Schildläuse in ihren Exkrementen und erstere außerdem aus den sogenannten Honigröhren liefern. Daher finden sich Ameisen auch immer zahlreich da ein, wo die Blattläuse hausen, und gehen ihnen nach, wo sie sich auf Pflanzen einstellen. Ebenso füttern sie nur mit wasserhellen Tropfen, welche sie aus dem Munde treten lassen, die Larven, die Männchen und Weibchen ihres Nestes, oder einen anderen Arbeiter ihrer Gesellschaft, der sie anbettelt. Vorräthe tragen sie daher nicht ein, wie die Honigbienen und andere gesellige Blumenwespen. Außer der bezeichneten Nahrung bedürfen sie einen gewissen Feuchtigkeitsgrad zu ihrem Gedeihen, und dieser bestimmt auch den Ort ihrer Nestanlage.

Die meisten Ameisennester finden sich in der Erde. Je kleiner die Gesellschaft, desto einfacher das Nest; je größer, desto mehr Gänge und Hohlräume dehnen sich in der Ebene und in Stockwerken über einander aus und bilden ineinander verlaufende Irrgänge, welche durch Wände, Pfeiler, Stützen der stehen gebliebenen oder hier und da aufgebauten Stoffe (Erde, Holz) von einander getrennt und gestützt werden. Bestimmte Wege führen nach außen, oft in weitere Entfernungen, und stellen die Verbindung des Nestes mit den Weideplätzen der Bewohner her. Nicht selten findet man größere Bodenflächen mit zahlreichen Nestern einer und derselben Art besetzt, welche alle unter einander in Verbindung stehen, während umgekehrt unter einem Steine zwei bis drei Arten von Ameisen in so naher Nachbarschaft leben, daß sich die Gänge der einen zwischen die der anderen winden und dennoch Scheidewände die einzelnen Baue vollkommen von einander abschließen.

Nicht nur das Bauen und Erhalten der Nester, sondern auch die häuslichen Geschäfte fallen den Arbeitern anheim, und diese sind, wie wir sogleich sehen werden, hinsichtlich der Fürsorge für die Brut wahrlich keine leichten. Bei denjenigen Ameisen, deren Arbeiter in verschiedenen Formen auftreten, scheint bis zu einem gewissen Grade Arbeitstheilung einzutreten, wenigstens hat man beobachtet, daß die großköpfigen, sogenannten Soldaten, welche bei den Streifzügen nicht die Vertheidiger, sondern mehr die Ordner und Führer bilden, mit ihren größeren Kinnbacken das Fleisch und die sonstige Beute zerschroten und die zarter gebauten Arbeiter dadurch in die Lage versetzen, ihren Kräften entsprechende Stückchen wegschleppen zu können. Überdies können wir oft genug beobachten, daß da, wo für den einzelnen Arbeiter die Kraft nicht ausreicht, ein zweiter und dritter zu Hülfe kommt und mit vereinten Kräften oft unmöglich scheinendes erreicht wird. In der Vereinigung fühlt sich die Ameise überhaupt nur stark und zeigt nur dann ihren vollen Muth und ihre Kampfeslust, wenn sie auf Beihülfe von ihresgleichen rechnen kann; als einzelne oder fern vom Neste weicht sie jedem Zusammenstoße gern aus.

Die Brutpflege erstreckt sich hier auf Eier, Larven und Puppen. Erstere, frisch gelegt, sind länglich, weiß oder lichtgelb, schwellen aber vor dem Ausschlüpfen an, biegen sich an dem einen Ende etwas und werden glasig. Nachdem sie vom Weibchen in einer Kammer auf ein Häufchen gelegt worden sind, werden sie von den Arbeitern wieder aufgenommen, fleißig beleckt, wie es scheint, hierdurch mit einer nährenden Feuchtigkeit versehen, in ein oberes Stockwerk des Hauses aufgehäuft, wenn es warm wird, oder tiefer geschafft, wenn die Witterung rauh und unfreundlich ist. Dasselbe wiederholt sich mit den Larven, die außerdem mit den ausgebrochenen Tropfen gefüttert, beleckt und von dem anhaftenden Schmutze gereinigt werden. Auch die Puppen werden den ihrem Gedeihen entsprechenden Witterungsverhältnissen nach umgebettet, hier- und dorthin getragen, und wer hätte nicht schon gesehen, wie beim Aufheben eines Steines, unter welchem sie während des Sonnenscheines an der Oberfläche des Baues liegen, die sorgsamen Pflegerinnen sogleich heraufgestürzt kommen, eine ergreifen und damit eiligst im Inneren der Gänge verschwinden, um sie vor der Störung von außen zu schützen und in Sicherheit zu bringen. Als Trage dienen bei diesen Arbeiten die Kinnbacken; in der Eile wird auch einmal eine Bürde verloren, und da sind es die Fühler, welche allein nur das Wiederauffinden vermitteln. Selbst dann noch, wenn die junge Ameise im Begriffe steht, ihre Puppenhülle zu verlassen, sind die Schwestern hülfreich bei der Hand, zerreißen das Gespinst und unterstützen das Befreiungswerk, welches in allen anderen Fällen dem neugeborenen Kerbthiere allein überlassen bleibt. Somit erreicht bei den Ameisen die Brutpflege den höchsten Grad der Entwickelung unter allen gesellig lebenden Hautflüglern. Bedenken wir nun, daß ohne Beihülfe von Flügeln die eigene Nahrung und durch sie der Überschuß für die Brut zu bestimmten Zeiten für die zahlreichen Weibchen und Männchen herbeigeschafft werden muß, die alle nicht selbst für ihre Erhaltung sorgen, daß die Anlage, Erweiterung und Erhaltung des Nestes, alle diese mühsamen Verrichtungen dem Arbeiterstande zufallen, so ist es eben nur durch dessen Emsigkeit möglich, den schweren Pflichten nachzukommen, und er würde schließlich der Arbeit unterliegen, wenn nicht durch das Schwärmen der

FORMICOIDEA

Überfüllung des Nestes und einer Überbürdung der Arbeiter von der Natur vorgebeugt worden wäre; doch hiervon später.

Im weiteren Verlaufe einer allgemeinen Schilderung des Ameisenlebens können wir uns nur an einzelne, besonders auffällige Erscheinungen halten, da es sich nicht nur bei einer und derselben Art je nach den äußeren Verhältnissen (Örtlichkeit, Jahreszeit, Witterungsverhältnisse usw.), sondern in noch viel höherem Maße bei den verschiedenen Arten außerordentlich mannigfach gestaltet und, wollen wir ehrlich sein, zum großen Theile nur stückweise und noch sehr unvollkommen zu unserer Kenntnis gelangt ist. Die Lebensdauer einer vollendeten Ameise läßt sich am schwierigsten feststellen, allenfalls vergleichungsweise behaupten, daß die der Männchen, welche nur der auf bestimmte Zeiten fallenden Fortpflanzung dienen, die kürzeste und die der befruchteten Weibchen länger als die der sich aufreibenden Arbeiter sein werde. Man nimmt an, daß die Stammmütter bis wenig mehr als ein Jahr ihr Leben fristen können. Dieselben leben öfters in Mehrzahl in einem Neste, da sie die Eifersucht der Bienenköniginnen nicht kennen, geflügelte, also noch nicht befruchtete Weibchen und Männchen finden sich meist nur zu bestimmten Zeiten.

Zunächst wird es den Männchen, die zu Luftthieren geboren sind, in den unterirdischen Räumen zu eng, sie lustwandeln auf der Außenfläche des Haufens umher, besteigen Gräser und andere Pflanzen in der nächsten Nachbarschaft und verrathen große Unruhe. Zwischen ihnen erscheinen Arbeiter, fassen sie mit den Zangen und suchen sie in das Nest zurückzubringen. Diese Aufregung währt einige Tage, dann aber bietet sich dem Blicke des Beobachters ein überraschendes Schauspiel, eine Hochzeit der Ameisen dar. Nichts Menschliches gibt einen Begriff von dem wirbelnden Aufbrausen, von dem man nicht weiß, ob es Liebe, ob es Wuth bedeute. Zwischen dem Volke wilder Brautpaare, welche von nichts zu wissen scheinen, irren Ungeflügelte umher und greifen besonders die an, welche sich am meisten verwickelt haben, beißen sie, zerren sie so stark, daß man meinen sollte, sie wollten sie vernichten. Das ist aber nicht ihre Absicht, sie wollen sie vielmehr zum Gehorsam, zu sich selbst zurückbringen. Diese Jungfrauen überwachen also die Liebenden und führen eine strenge Aufsicht über die Vorfeier der Hochzeit, dieses wahre Volksfest. Jetzt grenzt die Wildheit an Raserei: in taumelndem Wirbel erheben sich die Männchen, nach ihnen die Weibchen und in wechselndem Auf- und Absteigen gelangen sie zu bedeutenden Höhen. Die Männchen stürzen sich auf ein Weibchen, von den kleineren bisweilen mehrere gleichzeitig, und verbinden sich mit ihm. Ein höherer Gegenstand dient ihnen gewissermaßen als Wahrzeichen bei diesem Gaukelspiele: ein Baumgipfel, eine Thurmspitze, ein Berggipfel, selbst ein einzelner Mensch in einer ebenen Gegend. So geschah es Huber, dem wir so viel über die Sitten der Ameisen verdanken, daß ein Schwarm sich über seinem Haupte langsam mit ihm fortbewegte. Wie lästig sie bei dieser Gelegenheit werden können, erfuhr ich 1869 in Gesellschaft einiger Damen. Als wir die dunkle Treppe in dem Aussichtsthurme des Kynast hinaufkrochen, warnten herabkommende Reisende wegen eines Ameisenschwarmes vor dem weiteren Vordringen. Wir wollten jedoch den herrlichen Blick auf das Hirschberger Thal von jenem Punkte aus kennen lernen und gingen muthig weiter. Die Tausende von Ameisen, welche sich an uns setzten, namentlich an eine lichtgekleidete Dame, verkümmerten uns den Aufenthalt da oben ungemein; denn hier und da, wo sie auf die bloße Haut kamen, zwickten sie in das Fleisch und bewiesen in jeder Hinsicht eine ungewöhnliche Aufgeregtheit. Dergleichen Erfahrungen kann man ab und zu in der beliebten Reisezeit auf allen Aussichtsthürmen machen. Am 4. August 1856 regnete es bei St. Saphorin in der Schweiz Myriaden schwarzer, geflügelter Ameisen. Am 10. August, abends 5 Uhr 20 Minuten bis 6 Uhr, wurde von Wattwyl bis Liechtenstein, der Thur entlang, eine von Südwest nach Nordost ziehende Wolke geflügelter Ameisen von schwarzbrauner Farbe in etwa dreihundert Fuß Höhe beobachtet. Zwischen beiden Orten löste sie sich auf und zertheilte sich auf Bäume, Häuser und Gräser. Im September 1814 berichtet ein englischer Chirurg vom Bord eines Schiffes, daß eine acht bis zehn Fuß breite Kolonne von sechs Zoll Höhe, bestehend aus großen Ameisen, das Wasser auf eine Strecke von fünf bis sechs (englischen) Meilen bedeckt habe. Auch die alten Chroniken erzählen von dergleichen Dingen. Am 2. August 1687, um 3 Uhr nachmittags, schwärmte eine solche Menge von Ameisen über dem Thurme der Elisabethkirche zu Breslau, daß das Volk sie für Rauch ansah und einen Brand fürchtete. Kurz darauf wiederholte sich dieselbe Erscheinung um die übrigen Thürme; es dauerte aber kaum eine Stunde, so fielen sie zu Boden, daß man sie hätte haufenweise aufraffen können. Am 19. Juli 1679, gegen 2 Uhr, ist eine Wolke großer Ameisen über Preßburg geflogen und nach einer Viertelstunde so dicht heruntergefallen, daß man auf dem Markte keinen Fuß vorsetzen konnte, ohne einige Dutzend zu zertreten; sie hatten alle die Flügel verloren, schlichen langsam umher und waren nach zwei Stunden gänzlich verschwunden. Genug der Beispiele. Legen wir uns jetzt die zwei Fragen vor: Wie sieht es während der Schwärmzeit im Neste aus, und was wird aus den Schwärmern?

Bei den schon einige Tage vor dem Schwärmen bemerkbaren Bemühungen der Arbeiter, unter dem geflügelten Volke Ruhe und Ordnung wieder herzustellen, gelingt es doch, ein oder das andere Weibchen und Männchen zurückzuhalten, welche sich in der nächsten Nestnähe paaren. Eins oder einige solcher Weibchen sind es, die sie in das Nest zurückbringen, ihnen die Flügel abreißen, denselben alle Fürsorge erweisen, sie belecken, füttern und in gleicher Weise behandeln, wie Bienen es tun. Diese Stammmutter sorgt nun durch Eierlegen für das Fortbestehen des Nestes. Die Schwärmer gelangen entfernt vom Geburtsneste, wie wir bereits sahen, schließlich wieder auf die Erde, tausende und aber tausende werden eine Beute anderer Kerfe oder solcher Thiere höherer Ordnungen, welche Geschmack an ihnen finden, oder die Männchen sterben nach wenigen Tagen planlosen Umherirrens einen natürlichen Tod, während die nicht verunglückten Weibchen Gründerinnen neuer Nester werden, sicher auf verschiedene Weise bei den verschiedenen Arten, auf welche aber, ist bisher noch bei keiner durch unmittelbare Beobachtung festgestellt worden. Zunächst entledigt sich das befruchtete Weibchen mit Hülfe seiner Beine der Flügel, gräbt sich an einem ihm passenden Plätzchen ein und legt Eier. Es liegt nun nahe, anzunehmen, daß es, wie die Wespen-, die Hummelmutter, für deren Entwikkelung zu Arbeiterameisen Sorge trage und diesen die Nestanlage und alles weitere überlasse, für sich selbst nur das Eierlegen in Anspruch nehmend. Nie hat man aber eine vereinzelte Ameisenmutter mit Puppen angetroffen und nie hat es bei den verschiedensten Versuchen in der Gefangenschaft gelingen wollen, durch Vermittelung eines befruchteten Weibchens Arbeiterameisen zu erhalten. Infolge dieser Erfahrungen hat man gemeint, daß Arbeiter derselben Art ein »herabgeregnetes«, befruchtetes Weibchen aufgriffen und mit ihm eine neue Kolonie ins Leben riefen. Hierauf bezügliche Versuche sind aber gleichfalls mißglückt und jenes meist als fette Beute von Arbeitsameisen verzehrt worden. Somit bliebe die Frage über die Entstehung neuer Nester noch eine offene, und es wird bei der Gründung ebensowenig an der größten Vielgestaltigkeit fehlen, wie im übrigen Leben der so höchst interessanten kleinen Wesen. Aus diesem noch einige Züge mitzutheilen, ziehen wir für unsere Zwecke einer Unterscheidung zahlreicher Ameisenarten vor, wollen aber auch die folgenden Mittheilungen nur als eine Skizze betrachtet wissen. Es darf nicht Wunder nehmen, daß auch in den Ameisennestern fremde Einwohner vorkommen. Dieselben stehen in sehr verschiedenen Verhältnissen zu den Ameisen, aber entschieden in anderen als Schmarotzer.

Zunächst wohnen verschiedene Ameisenarten in einem Neste, eine Erscheinung, welche man mit dem Namen der gemischten Kolonien bezeichnet hat. In denselben sind zwei wesentlich von einander verschiedene Fälle auseinander zu halten. Entweder nämlich lebt die eine Art in ihren drei Formen in dem Neste der anderen und bildet ihren Gast, oder es finden sich nur Arbeiter einer anderen Art vor, welche von den Arbeitern des Nestes im Larven- oder Puppenstande aus einem anderen Neste geraubt worden sind, weshalb man die letzteren Raubameisen genannt hat.

Die Ameisenfreunde sind weitere Bewohner der Ameisennester. Mehrere Forscher haben diesen Gegenstand mit besonderer Vorliebe verfolgt und lange Verzeichnisse von diesen Thieren angefertigt, auch das Verhalten der Ameisen zu ihnen zu ermitteln sich bemüht. Hiernach lassen sich dieselben in drei Gruppen ordnen: 1. Ameisenfreunde, welche nur als Larven oder Puppen geduldet werden. 2. Ameisenfreunde, welche in ihrem vollkommenen Zustande in den Nestern anzutreffen sind, hier aber nicht ausschließlich. Dahin gehören beispielsweise diejenigen Blattläuse, welche nicht freiwillig, sondern, von den Ameisen hineingetragen, bei ihnen als

»Milchkühe« leben müssen. Sie betasten dieselben mit ihren Fühlern, belecken sie und wissen ihnen durch allerlei Liebkosungen auch Saft aus den Honigröhren zu entlocken, sie zu »melken«, wie man dieses Verfahren kurz bezeichnet hat. Um dies bequemer haben zu können, entführen sie die wehrlosen, schwachen Thierchen in ihre Nester und legen dabei weniger mütterlichen Sinn, als ganz gemeine Selbstsucht an den Tag. 3. Ameisenfreunde, welche auf allen ihren Lebensstufen ausschließlich in den Nestern bestimmter Ameisen leben, ohne welche sie überhaupt nicht bestehen würden. Hierher gehört der gelbe Keulenkäfer.

Das geschäftige Treiben der Ameisen hat ihnen vor tausenden anderer Kerfe von jeher die regste Theilnahme derer abgenöthigt, welche überhaupt Sinn für solche Dinge haben, wie uns die zum Theil treffenden Bemerkungen der griechischen und römischen Naturforscher aus dem grauen Alterthume beweisen. Das Leben der Ameisen ist nach Plutarch gewissermaßen der Spiegel aller Tugenden: der Freundschaft, der Geselligkeit, Tapferkeit, Ausdauer, Enthaltsamkeit, Klugheit und Gerechtigkeit. Kleanthes behauptet zwar, die Thiere hätten keine Vernunft, erzählt aber doch, er habe folgendes gesehen: Es wären Ameisen in die Nähe eines fremden Ameisenhaufens gekommen und hätten eine todte Ameise getragen. Aus dem Haufen wären nun dem Leichenzuge Ameisen wie zur Unterredung entgegengekommen, dann wieder zurückgegangen. Dies wäre zwei- bis dreimal geschehen. Endlich hätten die Ameisen aus dem Haufen einen Wurm hervorgeschleppt und hätten ihn den Trägern der Leiche übergeben, um letztere von ihnen loszukaufen. Diese hätten den Wurm angenommen und die Leiche dagegen abgelassen. – Jedenfalls bemerkt man überall bei sich begegnenden Ameisen, wie sie die Tugend der Bescheidenheit üben, indem alle, die leer gehen, den Beladenen ausweichen; wie sie ferner Dinge, die nicht gut fortzuschaffen sind, weislich theilen, so daß die Last dann auf mehrere vertheilt werden kann. Sie schützen mit außerordentlich kluger Berechnung die Körner vor dem Verderben: Volle Sicherheit vor Nässe können sie denselben nicht geben, und die natürliche Folge davon ist, daß sie weich werden und keimen wollen. Dem Keimen beugen sie dadurch vor, daß sie aus jedem Korne den Keim herausbeißen. – Es ist zwar unrecht, wenn man einen Ameisenhaufen öffnet und durchsucht, wie wenn man ihn anatomiren wollte, allein Leute, welche dies dennoch gethan, versichern, vom Eingange aus gehe kein gerader Weg in die inneren Gemächer, durch welchen dann auch andere Thiere hineinkriechen könnten; der Weg führe vielmehr vielfach gekrümmt und gebrochen in die drei Gemächer. Von diesen sei das eine die gemeinsame Wohnung, das zweite die Vorrathskammer, das dritte die Todtenkammer.

Plinius schreibt: »Wie groß ist ihre Anstrengung bei der Arbeit, wie anhaltend ihr Fleiß! Und weil sie, ohne von einander zu wissen, aus verschiedenen Gegenden Waaren zusammentragen, so haben sie bestimmte Markttage, an welchen allgemeine

Musterung gehalten wird. Dann wimmelt's und grimmelt's und die einander Begegnenden befragen und besprechen sich mit großer Sorgfalt. Man sieht Steine, in welche sie nach und nach Wege getreten haben und man erkennt hieraus, wie viel selbst die Emsigkeit schwacher Geschöpfe vermag. Die Ameisen sind, außer dem Menschen, die einzigen Thiere, welche die Todten begraben. In Sicilien gibt es nur ungeflügelte«.

Abgesehen von dem Begraben der Todten, welcher Irrthum möglicherweise dadurch entstanden ist, daß jede lahme oder hülfsbedürftige Ameise von den ihr begegnenden Schwestern in das Nest geschleppt und verpflegt wird, ist das Wesen der Ameisen schon von Alters her richtig erkannt und gewürdigt worden, vor allem ihre große Arbeitsamkeit, Klugheit und das Vermögen, Mittheilungen unter sich auszutauschen. Es sind in dieser Hinsicht in späteren Zeiten allerlei Ansichten laut geworden, eine Zeichensprache an verschiedenen Beispielen nachgewiesen und ziemlich allgemein angenommen, namentlich aber die Fühlhörner als das wichtigste Werkzeug zu der Aufnahme der Eindrücke von außen angesehen worden. Neuerdings meint Landois den Beweis geliefert zu haben, daß den Ameisen außerdem eine wirkliche Tonsprache zukomme, welche allerdings für das menschliche Ohr meist nicht warnehmbar sei.

# Die Gallwespe

Die schönen rothbäckigen, kugelrunden Auswüchse, welche manchmal zu halben Dutzenden an der Unterseite eines Eichenblattes hängen, kennt jedermann unter dem Namen der »Galläpfel«; man nennt diese und hunderterlei andere Mißbildungen an Pflanzen ganz allgemein Gallen und will damit sagen, daß es krankhafte Wucherungen des Zellgewebes seien, welche unter thierischem Einflusse entstanden und dazu bestimmt sind, der Brut des Erzeugers Nahrung und Obdach zu gewähren. Die Zahl der Kerfe ist nicht gering, welche Gallen hervorbringen: Fliegen, einige Käfer, Blattläuse, Blatt- und Gallwespen kommen auf das Verzeichnis. Da kein Pflanzentheil von der Wurzel bis zum Zweige, dem Blatte bis zur Blüte und Frucht, vor Gallenbildung gesichert ist, so dürfen wir uns nicht wundern, wenn wir eine über alle Erwartung große Mannigfaltigkeit unter diesen Gebilden finden. Der interessante Gegenstand, noch lange nicht hinreichend erschöpft, hat neuerdings die Aufmerksamkeit einiger Forscher auf sich gelenkt und bezieht sich auf die Gallwespen (Cynipidae), welche die vollkommensten Gallen erzeugen.

Indem dieses kleine Wesen an der bestimmten Stelle, welche ihm der Naturtrieb anweist, eine ganz bestimmte Pflanze mit seinem Bohrer ansticht und ein Ei in der Wunde zurückläßt, wird in wunderbarer Weise diese veranlaßt, als Kugel, Zapfen, Kegel, Hörnchen, zottiger »Rosenkönig« oder in wer weiß welcher Form auszuwachsen und so lange fortzuwuchern, als das Insekt dessen bedarf. Dann erst, wenn der Insasse nicht mehr wächst, ist auch die Galle »reif« geworden. Man sieht also sehr wohl die Ursache und ihre Wirkung, begreift aber nicht recht die Art der Wirkung. Zunächst ist die vollkommene Lebensfähigkeit des betreffenden Pflanzentheiles und die Möglichkeit, sich an der Mutterpflanze weiter zu entfalten, Vorbedingung. Denn jede Galle geht ein, sobald man den sie tragenden Pflanzentheil abschneidet, mag man ihn auch noch so lange durch Einsetzen in Wasser frisch erhalten können. Eine zweite Bedingung ist die Verwundung des gesunden Pflanzentheiles durch die Eier legende Gallwespe. Dieselbe besitzt einen sehr feinen Bohrer, der im Leibe verborgen ist, aber weit vorgestreckt und in den Pflanzenkörper eingestochen werden kann, wenn durch ihn das Ei in die Wunde gelangen soll. Mit dem Eie hat die Pflanze

*Cynips quercusfolii* CYNIPIDAE

einen fremdartigen Körper aufgenommen und wird, wie jeder Organismus, dagegen reagiren, um so mehr, als auch dieser nicht unverändert bleibt, sondern sich weiter entwickelt. Zunächst handelt es sich um den Anstoß zu dem nun erfolgenden Wachsthume. Der Bildungssaft der Pflanze mag hierbei von wesentlichem, aber nicht von ausschließlichem Einflusse sein. Hier muß noch etwas anderes wirken, als der Bildungsstoff und der bloße Reiz, es muß der jeder Gallwespe eigenartige Saft, das »Gallwespengift«, sein. Eine fernere Bedingung zum Gedeihen der Galle liegt endlich in der Entwickelung und fressenden Thätigkeit der Wespenlarve im Inneren jener. Auf solche wunderbare Weise wird die Galle zu einem Schmarotzer der Pflanze, welcher nicht mehr ihr, sondern dem thierischen Einwohner dient. Das Gallinsekt gewinnt mithin eine Herrschaft über die Pflanze, wie kein anderes Insekt weiter, wie der Mensch mit seinen Veredelungsversuchen nimmermehr. Die von den Gallwespen erzeugten Gallen sind vollkommen geschlossen und öffnen sich nicht von selbst, wie viele andere Gallen, sondern werden von den vollendeten Wespen durchnagt, wenn diese schließlich dem Freiheitsdrange alles Lebenden folgen. Eine Raupe, welche im Blattfleische minirt, ein Holzwurm, welcher schrapend alte Breter ausarbeitet, sie beide haben eine gewisse Freiheit; sie werden zwar beengt durch den Nahrungsstoff in ihrer Umgebung, können ihn aber da fortschaffen, wo es ihnen gefällt, und hierdurch ihre Wohnung beliebig erweitern. Anders verhält es sich mit der Made der Gallwespe. Dieselbe liegt in einem festeren, steinartigen Kerne, der sogenannten Larvenkammer, gleich dem Samen der Kirsche oder Pflaume in ihrem Steinkerne. Auf diese enge Klause ist sie beschränkt, diese und die weitere Umhüllung, mehr fleischiger oder holziger Natur, hat der Kerf zu durchbrechen, wenn die Verwandlung vollendet ist.

Das Studium der Gallinsekten kann hauptsächlich nur durch die Zucht derselben gefördert werden, welche aber Geduld erfordert, vornehmlich aus zwei Gründen. Sammelt man die Gallen zu einer Zeit, welche ihrer Reife noch zu fern liegt, so vertrocknen sie und die Larven darin natürlich auch; sie in Wasser zu setzen, schützt wenig vor dem Mißlingen. Trifft man aber den günstigen Zeitpunkt der Reife, so folgt noch lange nicht daraus, daß man nun auch Bekanntschaft mit ihren Erzeugern werde machen müssen. Dieselben werden nämlich zu häufig von Schmarotzern bewohnt, um nicht deren verhältnismäßig mehr zu erziehen als jene. Neben der Geduld wird daher auch große Um- und Vorsicht nöthig, wenn die Wissenschaft in Wahrheit gefördert werden soll.

Alle Gallwespen selbst stellen sich uns als unscheinbare, kleine Thierchen von durchschnittlich 4,5 Millimeter Länge vor. Der Kopf ist klein, fast kreisrund und steht tief unten, weil sich der Mittelleib hoch wölbt und buckelig erhebt, trägt auf dem Scheitel drei Nebenaugen und hat mäßig entwickelte Mundtheile. Die Legröhre ist eine feine, zum Theil sehr lange, im Innern des Leibes gewundene Borste, welche in der Ruhe nicht herauszutreten pflegt. Das Thierchen ist am Hinterleibe glänzend schwarz, hat rauhhaarige Fühler und Beine und eine kleine, borstig bewimperte letzte Bauchschuppe. Zur Zeit, wo die Knospen aller Bäume noch schlafen, kriecht das Wespchen träge an den noch völlig unentwickelten Knospen umher und sticht eine und die andere an, um bei jedem Stiche ein Ei zu legen. Ist seine Arbeit vollendet, so stirbt es, und wer daher den »holden« Mai und das frische Grün abwartet, ehe er den Wald besucht, bekommt es im Freien nicht zu sehen. Die von ihm getroffenen Blätter sind es, welche im Sommer und besonders im Herbste uns durch jene rothbäckigen, etwas höckerigen Äpfel in die Augen fallen. Sie waren mit der Made in ihrem Mittelpunkte entstanden und reifen mit ihr. Im Herbste kann man beim Öffnen bereits die fertige Fliege darin finden, welche für gewöhnlich aber erst im nächsten Jahre sich herausarbeitet. Eingeschrumpfte, noch am Strauche hängende Galläpfel sind von Schmarotzern bewohnt, zu denen unter anderen ein goldiggrüner, in sehr vielen Gallen schmarotzender Pteromaline gehört, welcher den schon halbwüchsigen Gallapfel mit seinem langen Bohrer ansticht.

Es ist bekannt, daß schon die Alten sich eine Gallwespe, die Cynips Psenes, zu Nutze machten, um saftigere und wohlschmeckendere Feigen zu erlangen, und noch heutigen Tages verwendet man in Griechenland große Sorgfalt darauf, die »Kaprifikation« der Feigen an den veredelten Bäumen durch dieses Thier zu bewirken. Es lebt in den wilden Feigen und ist zu der Zeit, wo diese noch unreif sind, Ende Juni vollkommen entwickelt, würde auch noch darin bleiben, wenn man es nicht störte. So aber pflückt man diese Feigen, verbindet je zwei durch einen langen Binsenhalm mit einander und wirft sie auf die Zweige der edlen Feigenbäume, sie möglichst gleichmäßig zwischen deren Früchten vertheilend; das Austrocknen und Zusammenschrumpfen der wilden Feigen veranlaßt die Insekten, aus diesen herauszukommen, eine (abnorme) zweite Brut zu bilden und die veredelten Feigen für diese als Wohnung zu wählen. Ehe dieselbe zur Entwickelung gelangt, werden die Feigen geerntet; sie geht daher zu Grunde, nachdem sie durch ihre Anwesenheit den Saftreichthum der Frucht vermehrt hat.

# *Die Schmetterlinge*

Die Schmetterlinge sind die bunten Lieblinge unserer naturforschenden Jugend. Die drei vollkommen verwachsenen Brustringe, der frei davor sitzende Kopf mit seinen geraden, immer deutlich bemerkbaren Fühlern, der durchweg mit Chitinmasse gepanzerte Körper und die vier Flügel, welche ihre Inhaber befähigen, den feuchten, unsaubern Erdboden zu verlassen und im lustigen Gaukelspiele die würzigen Lüfte zum gewöhnlichen Aufenthalte zu wählen, dies alles, aber auch außerdem das Verlangen nach Süßigkeit und nach den Perlen des Thaues, um das kurze Leben zu fristen, und die scharf geschiedenen drei Entwickelungsstufen haben die Schmetterlinge mit den Aderflüglern gemein.

Die Mundtheile sind saugende. Wie schon früher bemerkt, bildet hier der Unterkiefer, auf der Innenseite jeder Hälfte halbröhrenförmig ausgehöhlt, einen längeren oder kürzeren, aufrollbaren Saugapparat, die sogenannte Rollzunge, welche Bezeichnung freilich die Wissenschaft nicht billigen kann.

Die vier Flügel, deren vordere die hintersten an Größe in den meisten Fällen bedeutend übertreffen, werden in ziemlich gleichmäßiger Weise vorherrschend von Längsadern durchzogen.

Der »Naturselbstdruck«, in welchem auf verschiedenen Gebieten bisher die Wiener Staatsdruckerei das Beachtenswertheste im großen geleistet hat, wurde längst schon auf sehr einfache, aber wesentlich verschiedene Weise zum Übertragen von Schmetterlingen auf Papier angewendet. Dieses Verfahren hat gelehrt, daß in sehr vielen Fällen die Rückseite der Flügelschüppchen mit ihrer Oberseite übereinstimmt. Selbstverständlich kann man nur die Flügel auf Papier übertragen, den Leib mit den Fühlern und Beinen muß man mit dem Pinsel ergänzen. Wer sich ein Schmetterlings-Bilderwerk auf diese Weise selbst beschaffen will, merke folgendes. Eine nicht zu flüssige Lösung von recht reinem Gummi arabicum mit einem geringen Zusatze von Trachantgummi, welches jenem den Glanz benimmt, wird als Bindemittel benutzt. Man bestreicht nun, annähernd in der Form, welche etwa die vier Flügel eines gut ausgebreiteten Schmetterlings einnehmen würden, mit dieser Lösung das Papier in dünner Schicht, muß aber wegen des raschen Trocknens die Flügel, welche abgedruckt werden sollen, in Bereitschaft halten. Ein frisch gefangener Schmetterling eignet sich dazu am besten, ein alter muß auf feuchtem Sande erst aufgeweicht werden, weil seine Schuppen fester sitzen, als bei jenem. Mit Vorsicht gibt man nun, natürlich ohne zu schieben, den Flügeln auf dem Gummi die Lage, welche sie einnehmen sollen, läßt für den nachzutragenden Mittel- und Hinterleib den nöthigen Zwischenraum zwischen der rechten und linken Seite, legt dann ein Stück glattes Papier über die Flügel und reibt mit dem Fingernagel vorsichtig, damit keine Verschiebung möglich, unter mäßigem Drucke über die abzuklatschenden Flügel, alle ihre einzelnen Theile berücksichtigend. Ist alles in Ordnung, so muß man beim nachherigen Abheben der Flügel das Bild derselben auf dem Papier, keine Schuppe mehr auf der Innenseite dieser finden. Die über die Ränder hinausstehenden, das Auge möglicherweise verletzenden Fleckchen des Bindemittels lassen sich durch Wasser und Pinsel ohne Mühe entfernen. Dieses Verfahren kann man durch Umbrechen des Papiers, wenn man Vorder- und Rückseite zugleich haben will, in Kleinigkeiten abändern, wird aber bei Beachtung der Hauptsache und bei einiger Übung immer den gewünschten Erfolg haben.

Außer Mundtheilen und Flügeln, als den Trägern des Ordnungscharakters, verdienen auch die übrigen Stücke des Körpers eine wenigstens flüchtige Beachtung. Am zottig behaarten oder gleichfalls beschuppten Kopfe nehmen den größten Theil der Oberfläche die halbkugelig vortretenden, großen Netzaugen ein. Die vielgliederigen Fühler sind in den meisten Fällen borsten- oder fadenförmig und werden für die Tagfalter durch eine knopfähnliche Anschwellung an der Spitze zu einem Erkennungszeichen. Auch hier sind es wieder die Männchen, welche durch einfache oder doppelte Reihen einfacher oder doppelter Kammzähne vor den Weibchen etwas voraus haben und hierdurch, wie zum Theil durch das lebhaftere Farbenspiel, durch schlankere, mehr Ebenmaß herstellende Gestalt des Hinterleibes für gewisse Fälle das Streben der Natur andeuten, dieses Geschlecht vor dem weiblichen zu bevorzugen.

Die Larven oder Raupen der Schmetterlinge kennt man vollständiger als diejenigen irgend einer anderen Kerfordnung, weil sich nirgends mehr, wie hier, die Laien der Erforschung unterzogen haben. Wir haben allen Grund, die einen ebenso wegen ihrer Schönheit zu bewundern, wie die anderen um ihrer Gefräßigkeit willen zu fürchten. Jede Raupe besteht außer dem hornigen Kopfe aus zwölf fleischigen Leibesgliedern. An dem Leibesende stehen mit wenigen Ausnahmen zwei fleischige und ungegliederte Füße nach hinten hervor, die sogenannten Nachschieber. Eine Raupe kann höchstens sechzehn, aber auch nur zehn, in sehr seltenen Fällen sogar nur acht Füße haben, ein Mehr kennzeichnet sie als Afterraupe einer Blattwespe. In Südamerika soll es indeß Schmetterlingsraupen mit zwanzig Beinen geben. Wo nur ein oder zwei Paare am Bauche vorkommen, wird der Gang ein eigenthümlicher, den Raum durchspannender, die Raupe streckt sich lang aus, und wenn sie mit dem Vordertheile Fuß gefaßt hat, zieht sie den Hinterkörper, die Mitte in eine Schleife biegend, nach, setzt die vordersten Bauchfüße hinter die hintersten der Brust, läßt letztere los, streckt den Vorderkörper lang vor und kommt auf diese Weise sehr schnell von der Stelle. Man nennt diese Raupen Spannraupen und ihre Schmetterlinge Spanner. Bei den einen ist die Haut nackt, oder so gut wie nackt, weil nur sehr vereinzelte Haare hier und da kaum bemerkbar sind, bei den anderen verdeckt ein dichtes Haarkleid den Untergrund, ein Haarkleid, welches, abgesehen von der Färbung, den verschiedensten Eindruck auf das Auge des Beschauers machen kann, je nach der Vertheilung, der Gedrängtheit und der Länge der Haare. Nicht selten stehen sie in Büscheln, welche auf diesem und jenem Gliede lang über die anderen hervorragen. Wir werden mit der Zeit einen Begriff von der unendlichen Mannigfaltigkeit bekommen, welche in Bezug auf die Gestalt und die äußere Erscheinung der Raupen überhaupt herrscht, und begnügen uns jetzt mit diesen kurzen Andeutungen, und fügen nur noch eins hinzu: der Kopf, welchen im wesentlichen zwei seitliche Hornschalen zusammensetzen, hat vollständig entwickelte beißende Mundtheile, und eine mikroskopische Öffnung in der Unterlippe, aus welcher der in den beiden Spinndrüsen sich entwickelnde Spinnstoff in Form feiner Fäden entleert wird, da fast jede Raupe spinnen kann. An der vorderen Ecke jeder Schale steht eine Gruppe von fünf bis sechs Äugelchen und davor ein aus wenigen zapfenartigen Gliedern zusammengesetzter Fühler.

Auch in Ansehung der Lebensweise kommen größere Unterschiede vor, als man denken sollte. Die einen finden sich immer nur einzeln, weil die Eier vereinzelt wurden, die anderen für kürzere oder längere Zeit gesellschaftlich bei einander, mit oder ohne gemeinsames Gespinst, in welchem sie wohnen. Die meisten leben auf den Blättern der verschiedensten Pflanzen. Wie sie sich auf ihren Blättern einrichten, ist eine andere Frage, deren Beantwortung je nach der Art sehr verschieden ausfällt. Beim Fressen pflegt eine jede wenigstens mit dem vorderen Körpertheile auf dem Blattrande zu reiten, weil die Schmetterlingsraupen, sobald sie die ersten Tage zarter Jugend hinter sich haben, nur vom Rande her die Blätter abweiden, sie nicht durchlöchern, wie manche Afterraupen, Käferlarven und die blätterfressenden Käfer selbst; daher ist der Raupenfraß als solcher immer leicht zu erkennen. Die Unterschiede in den Gewohnheiten beziehen sich also auf die Ruhe. Die einen pflegen derselben auf dem Blatte selbst, an einer beliebigen Stelle der Fläche oder lang ausgestreckt auf der Mittelrippe, oben oder auf der schattigen Unterseite, andere verlassen das Blatt und kriechen auf den benachbarten Stengel, bei Bäumen an den Stamm, zwischen die Risse der Rinde, oder unter die Futterpflanze auf die Erde, von den Wurzelblättern jener bedeckt, auch flach unter die Erde, wie besonders die an Gras und anderen niedrigen Pflanzen bloß im Dunkeln fressenden Raupen vieler

Nachtschmetterlinge. Diese ziehen mit wenigen Fäden einen Theil des Blattrandes über sich und sitzen in der dadurch gebildeten Höhlung, oder verwandeln das ganze Blatt in eine Röhre, in welcher sie mit gleicher Gewandtheit rück- und vorwärts kriechen, um sich vor feindlichen Angriffen zu schützen; jene wieder kleben zwei Blätter mit ihren Flächen an einander und betten sich zwischen dieselben, oder sie fertigen ein verschieden geartetes Säckchen aus den Abnagseln der Futterpflanze, in welchem sie leben, wie die Schnecke in ihrem Hause. Es gibt aber auch zahlreiche Raupen, welche sich für immer unseren Blicken entziehen, weil sie entweder im Holze oder in den Stengeln krautartiger Gewächse, besonders der Gräser, in Früchten, Blättern oder Wurzeln leben und das Tageslicht scheuen. Dergleichen Raupen sehen meist bleich, schmutzigweiß aus und jede hat wieder ihre besondere Art, wie sie minirt oder bohrt, und verräth dadurch ihre Gegenwart.

Manche Raupen gelten dem gemeinen Manne für giftig und werden darum oft mehr gefürchtet, als wegen des Schadens, den sie an Kulturpflanzen anrichten. Giftorgane hat keine Raupe, bei manchen aber sind die Haare oder die fleischigen, mit beweglichen Seitenästen reichlich versehenen Zapfen hohl, enthalten sehr verdichtete Ameisensäure und nesseln daher beim Abbrechen der Spitzen. So haben wenigstens einige Larven ein Schutzmittel, während auch nicht ein Schmetterling im Stande ist, sich zu vertheidigen, sondern bei drohender Gefahr durch seine Schwingen einzig auf schleunige Flucht angewiesen ist, oder durch Herabfallen von seinem erschütterten Ruheplatze und Erheucheln des Todes auf dem Boden seine Verfolger zu täuschen sucht.

Unter mehreren Häutungen, mit welchen häufiger ein Farben- als ein Formenwechsel verbunden ist, wachsen die Raupen in kürzerer oder längerer Zeit, welche nicht selten einen Winter in sich schließt, heran und werden reif zur Verpuppung. Die Puppe ist hier mehr verwahrt, als bei jedem anderen Kerbthiere; denn die einzelnen Glieder hüllen sich nicht nur in die zarten Häute, welche wir auch anderwärts finden, sondern werden außerdem noch von einer gemeinsamen, gegliederten Chitinschale umschlossen, weshalb man die Puppe eine bedeckte genannt hat. Sie athmet durch die ihr an jeder Seite bleibenden neun Luftlöcher, deren hintere sich mit der Zeit schließen, und läßt auf dem Rücken meist neun Ringel unterscheiden, mithin drei weniger als die Raupe hatte, indem die vordersten zum künftigen Brustkasten verwachsen sind. An der Bauchseite sind die Flügel, Fühler, Augen und der Rüssel, mehr oder weniger deutlich auch die Beine zu unterscheiden. In Ansehung der Form und Farbe, welch letztere sich manchmal nach dem Alter verändert, der Bekleidung und Bildung der Afterspitze (Kremaster) sowie der Art der Anheftung kommen wieder eine Menge Unterschiede vor, welche theilweise auf die Sippe schließen lassen, welcher der künftige Schmetterling angehört. Die Puppen der meisten Spinner stecken in einem besonderen Gehäuse, welches sie zwischen Blätter

# LEPIDOPTERA

oder an Zweige befestigen; andere ruhen mit oder ohne solchem in der Erde. Wenn zuletzt die Zeit der Entwickelung gekommen ist, so löst sich im Nacken die Naht, welche hinter den Fühlerscheiden hinläuft, und mit ihr die Gesichtsseite der Puppe bis zu den Flügelscheiden, der Rücken des Mittelleibes spaltet sich von oben her der Länge nach, und der Schmetterling kommt heraus, früh am Morgen, wenn er den Tag und die Sonne liebt, gegen Abend, wenn er zur Nachtzeit seine Thätigkeit entfaltet. Hat er erst Fuß gefaßt, so sitzt er vollkommen still und ruht von den gehabten Anstrengungen aus. Die zu erwartenden Flügel stehen auf dem Rücken wie ein Paar gekrümmte, zarte Läppchen, mit den Außenseiten gegen einander gekehrt. Man kann sehen, wie sie wachsen. In einer halben Stunde bei Schmetterlingen gewöhnlicher Größe, in etwas längerer Zeit bei den größten Arten, haben sie ihre volle Entwickelung erreicht, die Zeichnung war schon beim Auskriechen deutlich vorhanden, indem die bunten Schuppen sich sehr früh in der Puppe entwickeln. Die Flügel verharren noch kurze Zeit in dieser Lage, dann bringt sie der Schmetterling in die seiner Art eigenthümliche und beweist damit, daß er nun vollständig entwickelt sei. Aber auch jetzt noch sind sie zart und weich und erhärten erst an der austrocknenden Luft. Nach wenigen Stunden können sie ihre Thätigkeit übernehmen, bei den kleinen Faltern früher als bei den großen.

Speyer schätzt die Anzahl sämmtlicher Schmetterlinge auf zweihunderttausend, welche in gewissen Arten beinahe überall auf der Erde vertreten, im wesentlichen aber von der Pflanzenwelt, als der Ernährerin ihrer Raupen, abhängig sind. Wegen ihrer Zartheit konnten sich fossile Überreste schwieriger erhalten, als von anderen Kerfen und kommen daher auch seltener vor; indessen haben wir aus dem Tertiärgebirge mehrere wohl erhaltene Schwärmer und als Einschluß in Bernstein kleinere und zartere Formen.

An der Spitze stehen die Tagfalter, Tagschmetterlinge (Diurna). Die Raupe derer heftet mittels eines Endhäkchens die Spitze ihres Hinterleibes einem feinen Polster auf, welches sie an eine Planke, einen Ast, Baumstamm usw. spinnt, krümmt sich bogenförmig, streift durch Windungen ihres Körpers die Haut ab und erscheint nun als eine mit dem Kopfe nach unten gerichtete Puppe, oder stützt sich vorher durch einen Gürtel um den Leib und ruht senkrecht oder wagerecht mit der Bauchseite auf ihrer Unterlage; in selteneren Fällen findet man die Puppe auch unter Steinen, nie aber hat sie weder ein geschlossenes Gehäuse noch loses Gespinst um sich. Abgesehen davon, daß einige Raupen in ihrer Jugend ein Nest fertigen, welches ihnen besonders für den Winter als Schutz dient, haben sie wenig Veranlassung zu spinnen, darum bleibt auch das dazu dienende Organ ziemlich unentwickelt.

Hinsichtlich des Verhaltens der Tagschmetterlinge zu dem Winter läßt sich wenigstens für die deutschen Arten der Entwickelungsstand angeben, auf welchem sich eine jede während dieser Zeit befindet. Nach Werneburg stellt sich heraus, daß von hundert nur neun als Ei, etwa eine gleiche Zahl als Schmetterling, neunundfunfzig als Raupe und achtundzwanzig als Puppe überwintern.

Welchen Einfluß Licht und Wärme gerade auf die Glieder dieser Familie ausüben, ersieht man aus der örtlichen Verbreitung und der Farbenpracht, welche nur solchen im vollen Maße zukommt, die unter fast immer senkrechten Sonnenstrahlen heimisch sind, wo sie stellenweise in solchen unglaublichen Massen vorkommen, daß sie den Mangel an Blüten im Urwalde reichlich ersetzen. In den nördlicheren Breiten, für welche der vierundsiebzigste Grad die äußerste Grenze des Schmetterlingslebens bildet, und auf höheren Gebirgen, deren Schmetterlingsgrenze je nach den Breitengraden zwischen zweitausendachthundertundzwölf und viertausendundachtzig Meter schwanken kann, werden jene Grenzen von den Tagfaltern meist nicht erreicht. Während in Deutschland nicht volle zweihundert Arten von Tagfaltern angetroffen werden, in ganz Europa, einschließlich der asiatischen, in dieser Beziehung nicht wohl zu trennenden Grenzländer, kaum vierhundert, fliegen bei Pará in Brasilien sechshundert Arten. Dies eine Beispiel wird genügen, um ihren vorwaltenden Reichthum in den Gleichergegenden erkennen zu lassen. Die Annahme von fünftausend Tagfalterarten dürfte daher eher zu niedrig, als zu hoch gegriffen sein. Dieser Reichthum erschwert die Auswahl der wenigen Arten, welche hier zur Besprechung kommen können, wesentlich.

Der große Kohlweißling (Pieris brassicae) zunächst zeichnet sich durch die schwarze Spitze der Vorderflügel und den schwarzen Wisch am Vorderrande der hinteren Flügel aus. Dieser schlichte »Sommervogel«, welcher im weiblichen Geschlechte bis 6,5 Centimeter spannt, treibt sich vom Juli ab auf Feldern, Wiesen und in Gärten umher, in welch letzteren er die etwa vorhandenen Kohlpflanzen, Levkojen und spanische Kresse vorzugsweise umflattert, wenn es sich um das Ablegen der Eier handelt; kommt es ihm dagegen auf den Honig an, so sind ihm natürlich alle Blumen genehm. Gleich weißen Papierschnitzeln, welche der Wind hin und her weht, beleben sie selbst, besonders im August, das laute Menschengetümmel auf den Straßen und freien Plätzen der Städte, vorausgesetzt, daß es in der Nähe nicht an Blumenfenstern und Gärten fehlt, wo sie Nahrung und Brutplätze finden; ja, man sieht sie bisweilen die längste Zeit vor einem geschlossenen Fenster hin- und herflattern, hinter welchem bunte Blumen ihr Verlangen nach Honig erweckt haben. Verweilen wir einige Zeit bei einem Gartenbeete, auf welchem Kohlrabi oder Kopfkohl wächst, und sehen dem munteren Treiben zu, aber vorurtheilsfrei und unbekümmert um den Schaden, welchen dieses Geziefer veranlaßt. Da ist ein Weibchen, welchem wir an dem schäbigen Kleide ansehen, daß es schon länger zwischen den großen Blättern umhergeflattert ist. Eben kommt es unter einem solchen hervor. Sehen wir uns dieses an. Mehr denn hundert gelbe Eierchen stehen dicht bei einander, wie eine kleine Insel auf der grünen Fläche. An anderen Blättern finden sie sich auf der

Oberfläche, auch in geringerer Anzahl, jedoch immer zu mehreren bei einander. Bemerken wir ein einzelnes, so rührt es vom kleinen Kohlweißlinge her, welcher in Gesellschaft des großen ebenfalls hier ist und sich in seinem Betragen lediglich durch das vereinzelte Legen der Eier unterscheidet. An einem anderen Blatte in der Nähe der Mittelrippe sitzen dicht gedrängt beisammen gelbe, schwarz gefleckte Raupen, deren Größe ihr noch jugendliches Alter verräth, während die Löcher in der Blattfläche beweisen, daß sie ihre Freßlust schon befriedigt haben. Hier fesselt ein anderes Gebilde unsere Aufmerksamkeit: kahle Rippen starren in die Luft, ihr zartes Fleisch ist verschwunden, und wo noch eine Spur davon in den Winkeln zu erblicken, da sitzt eine wohlgenährte Raupe von eben jener Färbung und rauh durch kurze Haare, welche damit beschäftigt ist, auch diese letzte Blattähnlichkeit zu verwischen. So kann es geschehen, daß wir in Weißlingsjahren, d. h. solchen, welche besonders reich an diesen Faltern sind, Eier, Raupen jeder Größe, Schmetterlinge und auch Puppen neben einander finden. Ein seltener Fall, alle Stände eines Kerbthieres zu derselben Zeit beisammen zu haben. Die Puppen sitzen indessen schwerlich an einer der Pflanzen. Die erwachsene Raupe hat nämlich die Gewohnheit, diese zu verlassen und an einer benachbarten Wand, an einem Baumstamme in die Höhe zu kriechen und hier ihre Verwandlung zu bestehen. Mit der vorgerückten Jahreszeit mehren sich die gelben, schwarz gefleckten Puppen und kleben untermischt mit noch unverwandelten Raupen an den benachbarten Wänden, Planken und anderen etwas hervorragenden Gegenständen, die Bauchseite der Unterlage zugekehrt, den Kopf nach oben gerichtet, wenn sie nicht unter einem Wetterdache zur Abwechselung eine wagerechte Richtung einnehmen. Viele Raupen liegen auch gebettet auf gelben Gehäusen (nicht Eiern, wie der Unkundige meint) und werden nimmermehr zu Puppen, weil ihnen eine kleine Schlupfwespe ein Leid anthat, deren Larven jetzt das Sterbebett der Raupe gesponnen haben. Die gesunden Puppen überwintern. Aus ihnen schlüpfen im April oder Mai des nächsten Jahres die Schmetterlinge, welche zu dieser Zeit nur einzeln fliegen, und nicht so in die Augen fallen, wie die zweite Brut, deren Treiben eben geschildert wurde. In einem warmen Sommer, dem sich ein schöner Herbst anschließt, sind deren drei zwar möglich, obschon nur zwei Bruten die Regel bilden; denn die Raupen wachsen schnell und überstehen ihre vier Häutungen glücklich, wenn nicht gerade viel Nässe während einer derselben eintritt.

Der Landmann hat einen Begriff von der Menge, in welcher diese Schmetterlinge bisweilen vorhanden sind, und kann sie am besten beurtheilen nach dem Schaden, welchen ihm die Raupen zufügten. Jene Begriffe übersteigen aber noch einige Aufzeichnungen, welche sich in entomologischen Werken finden. Dohrn erzählt von einem Eisenbahnerlebnisse, welches ihm 1854 zwischen Brünn und Prag begegnete. Der Zug hatte eben einen kleinen Tunnel hinter sich, als er plötzlich auffallend langsamer ging, ohne daß doch an das gewöhnliche Langsamfahren vor einer Haltestelle zu denken war. Aus der langsamen wurde sofort eine schleppende Fahrt, und gleich darauf hielt der Zug vollständig still. Natürlich sah alles aus den Fenstern; einige Reisende stiegen aus und begaben sich zu den Eisenbahnbeamten, welche vorn neben der Maschine deren Räder prüfend beobachteten, unter ihnen auch der Berichterstatter. »Da sah ich denn«, fährt dieser fort, »den allerdings ebenso unvermutheten als unglaublichen Grund der Lähmung eines Eisenbahnzuges in voller Fahrt. Was einem Elefanten, einem Büffel nicht gelingen würde – etwa den Fall ausgenommen, daß ihre zerschmetterte Leiche den Zug aus den Schienen gebracht hätte – das hatte die unbedeutende Raupe von Pieris brassicae durchgesetzt. Auf der linken Seite des Schienenstranges befanden sich nämlich einige Felder, an deren abgefressenen Kohlstrünken die Leistungen besagter Raupe deutlich genug zu erkennen waren. Da sich nun in einiger Entfernung rechts von den Schienen noch einige Kohlbeete wahrnehmen ließen, deren Pflanzen noch im vollen Blätterschmucke prangten, so war offenbar kurz vorher in einer Raupen-Volksversammlung einstimmig beschlossen worden, nach der Regel ubi bene ibi patria das enge Vaterländchen des Kleinherzogthums Linksstrang mit dem Großherzogthum Rechtsstrang zu vertauschen. Infolge dessen waren gerade im Augenblicke, als unser Zug mit voller Geschwindigkeit heranbrauste, die Schienen auf mehr denn zweihundert Fuß Länge mit den Kohlraupen dicht bedeckt. Daß auf den ersten sechzig bis achtzig Fuß die unglücklichen Fuß- und Afterfußwanderer durch die tölpischen Räder der Maschine in einer Sekunde zerquetscht waren, das war natürlich – aber die schmierige Masse der tausende von kleinen Fettkörpern legte sich auch gleich mit solcher Kohäsion an die Räder, daß diese in den nächsten Sekunden nur mit Schwierigkeit noch Reibung genug besaßen, um vorwärts zu kommen. Da aber jeder Schritt vorwärts durch neues Raupenquetschen neues Fett auf die Räder schmierte, so versagten diese vollständig den Dienst, noch ehe die marschirende Kolonne der Pieris-Larven durchbrochen war. Es dauerte länger als zehn Minuten, ehe mit Besen die Schienen vor der Lokomotive gekehrt und mit wollenen Lappen die Räder der Lokomotive und des Tenders so weit geputzt waren, daß der Zug wieder in Bewegung gesetzt werden konnte.« Die anderen Beweise von massenhaftem Auftreten beziehen sich auf unermeßliche Züge des Schmetterlings. Gegen Ende des Sommers 1846 ward ein solcher bei Dover beobachtet, welcher aus dem großen und kleinen Kohlweißlinge bestand und von Deutschland gekommen sein sollte. Wahrscheinlich von denselben Schmetterlingen sah Pastor Kopp am 26. Juli 1777 nachmittags 3 Uhr bei Culmbach einen gewaltigen Heereszug. Die Schmetterlinge flogen in solcher Anzahl, daß man sie überall sah, wo man das Auge hinwendete. Sie flogen weit und breit, nicht in einerlei Höhe, theils so hoch, daß man sie kaum bemerken konnte, in der Höhe des Kirchthurmes, theils auch niedriger, ohne sich niederzulassen, in gerader Richtung, als wollten sie eine weite Reise machen, beeilten sich aber nicht zu sehr dabei, da ihr Flug bekanntlich kein eben lebhafter ist. Bald kam ein einzelner, bald ein Trupp von zwanzig, dreißig, hundert und noch mehr. So ging es ein paar Stunden fort in der Richtung von Nordost nach Südwest. Die Luft war heiß und windstill. Man hat dergleichen Züge auch anderwärts beobachtet, so auch im heurigen (1876) heißen Sommer, kann aber nicht angeben, was die Schmetterlinge dazu veranlaßt haben mag.

Daß der kleine Kohlweißling (Pieris rapae) ein getreuer Begleiter des großen ist, wurde bereits erwähnt. Er spannt durchschnittlich 5 Centimeter und gleicht dem vorigen sehr in der Färbung. Dagegen unterscheidet sich die Raupe wesentlich. Sie ist schmutziggrün, infolge dichter und kurzer Behaarung etwas sammetartig und auf dem Rücken und an den Seiten mit je einer feinen, bisweilen etwas unterbrochenen, gelben Längslinie, gezeichnet.

Der allbekannte Citronenfalter (Rhodocera Rhamni) gehört gleichfalls der Sippe an, obgleich Flügelschnitt und Lebensweise abweichen. Das blaßgelbe, befruchtete Weibchen überwintert. Man kann es bei der Frühlingsfeier am blühenden Weidenbusche zwischen Bienen und Hummeln, welch letztere mit ihm in gleicher Lage sind, und zwischen manchen anderen Kerfen theilnehmen sehen, freilich ohne Sang und Klang, sondern stumm wie alle Tagfalter. Von da sucht es einen eben sprossenden Kreuzdorn (Rhamnus) auf, um seine Eier einzeln abzusetzen. Die Raupen, welche aus denselben entstehen, nähren sich von den Blättern und sind grün. Sie verwandeln sich in eckige, grüne, seitwärts hellgelb gestreifte und rostbraun gefleckte Puppen mit stumpfkantig heraustretenden Flügelscheiden. Der Falter fliegt im Juli und August; das Männchen zeichnet sich durch citronengelbe Färbung vor dem blasseren Weibchen aus.

Allbekannt sind die Perlmutterfalter (Argynnis), welche der Unterseite der Hinterflügel ihren Namen verdanken. Hier stehen in mehreren Reihen Flecke oder Striemen von dem Silberglanze der Perlmutter, während schwarze, damenbretähnliche Zeichnungen den orangerothen Grund auf der Oberseite bedecken. Sie sind Bewohner des Waldes und dessen Umgebungen. Einzelne Arten oder mehrere, untermischt mit anderen Sommervögeln, besuchen das blühende Heidekraut, den Rasen des rothen Quendels auf freien Waldplätzen oder dürren Triften. Im heißen Sonnenscheine umflattern sie die genannten und andere Honigquellen, daß man, wenn ihrer viele vorhanden, manchmal den Flügelschlag vernehmen kann. An den tausenden von Blütchen löst einer den anderen ab, um jenen die Süßigkeiten zu entlocken. Spielend und tändelnd fliegt dieser jenem nach; weit ab vom reichen Weideplatze schwinden sie unserem Blicke. Bald ist der eine von dieser, der andere von jener Seite wieder da, verjagt eine gleichfalls durstige Fliege, einen anderen Kameraden von der Blüte, auf welche er sich niederläßt, oder kehrt auf den Blättern eines benachbarten Eichengebüsches die volle Fläche seiner Schwingen der Sonne zu, welche sie als Gold zurückstrahlt. In diesem bunten Durcheinander gibt es weder Ruhe noch Rast, denn jenes Liebäugeln mit der Sonne ist eben auch nur ein Spiel von kurzer Dauer. Und doch, welch ein Gegensatz zwischen dieser Geschäftigkeit und der der emsigen Biene, der streitbaren Wespe, der sorgsamen Wegwespe und anderer Aderflügler, welche an solchen Stellen nicht minder vertreten sind! Jetzt verbirgt sich die Beherrscherin des Tages hinter einer dicken Wolke. Plötzlich sitzt alles still, es sei denn, daß allzu große Nähe eine kleine Balgerei zur Folge hat. Verweilen wir etwas näher bei dieser und jener Erscheinung.

Unser größter Perlmutterfalter ist der Silberstrich oder Kaisermantel (Argynnis paphia), der mindestens 6 Centimeter spannt. Die orangerothen Flügel führen im Saumfelde drei Reihen schwarzer Flecke, die vorderen im Wurzelfelde nahe dem Vorderrande eine Zeichnung, aus welcher man rechts mehr oder weniger deutlich die Zahl 1556 herauslesen kann – auf dem linken Flügel folgen natürlich die Ziffern in umgekehrter Reihe. Auf der grünen Unterseite der Hinterflügel schimmern vier Perlmutterstreifen violett. Die gelb bedornte braune Raupe lebt an Veilchen, Nesseln, Himbeergesträuch in Wäldern, besonders der Ebene. Sie überwintert ziemlich jung. Europa hat mit den Perlmutterfaltern im ganzen fünfundzwanzig Arten, von denen achtzehn in Deutschland vorkommen und Namen wie Niobe, Daphne, Lathonia und ähnliche führen.

Der große Eisvogel oder Aspenfalter (Limenitis populi) zählt zu den stattlichsten europäischen Tagschmetterlingen, denn solche von sieben Centimeter Flügelspannung gehören noch nicht zu den größten. Ein Bewohner der Wälder – denen des nordwestlichen Deutschland scheint er zu fehlen – beherrscht er die höheren Luftschichten und hält es unter seiner Würde, sich auf den Blumen unter das kleine Gesindel zu mischen. Man sieht ihn besonders die Pfützen der Waldwege aufsuchen, wo er eifrig saugt und, obschon sonst sehr scheu, sich leicht fangen läßt. Ich sah vor Zeiten Mitte Juni, denn nur zu dieser Zeit fliegt der Schmetterling einige Wochen, eines der viel selteneren und von den Sammlern gesuchten Weibchen hoch oben in den Lüften über eine Lichtung im Walde herbeigeflogen kommen und neben einem Bache förmlich einfallen, als wenn es von weitem das Wasser gewittert hätte. In diesem Zuge und Fluge lag etwas ganz anderes, als man für gewöhnlich bei den Schmetterlingen beobachtet und welches in Worte übersetzt etwa so lauten würde: »Ich habe gar nichts zu versäumen; komme ich heute nicht hierher, so ist morgen auch noch ein Tag, und komme ich morgen nicht, so liegt wenig daran, das Wohin bleibt sich ja ganz gleich, wenn ich nur meine Zeit in gemächlicher Bewegung verbringe«. Jenes Weibchen wußte, wohin es wollte, die Ausführung seines Willens gereichte ihm freilich zum Verderben; denn es gerieth in die Gewalt des Jägers, bedeckt mit dem Netze, war es um seine Freiheit, um sein Leben geschehen. Bei ihm wird die tiefbraune Oberfläche der am Saume etwas geschwungenen Flügel durch eine weiße Fleckenbinde, die quer über die Hinterflügel läuft, unterbrochen, auf den vorderen durch einzelne weiße Flecke, deren mittlere sich gleichfalls zu einer schrägen Querbinde ordnen. Im Vergleiche zu dieser eintönigen, mehr düsteren Färbung überrascht die lebhafte und bunte Färbung der Unterseite. Die Raupe lebt im Mai und anfangs Juni von der ersten Brut und dann wieder im Juli und August auf hohen Zitterpappeln, und hängt sich zur Verpuppung gern an den Blättern auf. Die gelbliche, braun und schwarz gefleckte Puppe ist am Kopf und Brustrücken höckerig und hat an letzterem einen henkelartigen Auswuchs; die der ersten Brut kriecht schon nach acht bis neun Tagen aus.

Das große Ochsenauge, Sandauge, der Riedgrasfalter oder gemeine Wiesenvogel (Epinephele Janira), beweist durch seine vielen Namen, daß er einer der gemeinsten und bekanntesten Äugler ist; und in der That treibt er sich vom Juni ab ein Vierteljahr auf allen Wiesen umher und bietet hinreichende Gelegenheit, seine unbedeutende Persönlichkeit kennen zu lernen. Männchen und Weibchen unterscheiden sich hier mehr als bei mancher anderen Art. Jenes ist oben dunkelbraun. Der augenlose Hinterflügel trägt sich hier graubraun und deutet das Streben an, nach dem Saume hin eine lichte Binde zu bilden. Das Weibchen sieht bedeutend lichter aus und hat einen rothen Fleck um das weiß gekernte Auge auf der Oberseite der Vorderflügel. Die grüne oder gelblichgrüne Raupe hat einen weißen Längsstreifen über den Füßen und kurze, gekrümmte Härchen über den ganzen Körper. Sie frißt verschiedene Gräser, besonders Wiesenrispengras.

Der Mauerfuchs, Mauer- oder Bandargus (Pararge Megaera), liebt es, sich mit halb offenen Flügeln an Lehmmauern, an steile Wände der Hohlwege oder Gräben, in Steinbrüche oder auf die nackte Erde zu setzen und legt somit wenig Sinn für das Grün des Wiesenteppichs oder Laubdaches und für bunte Blumen an den Tag; denn er fliegt auch nur an jenen Stellen, wo er ausruht, auf und ab in schlaffer Haltung seiner rothgelben, schwarz bandirten und gefleckten Schwingen und läßt sich höchst selten auf Blumen betreffen. Die behaarten Augen unterscheiden die Scheckenäugler (Pararge) von den Ochsenaugen (Epinephele), mit welchen sie die an der Wurzel schwielig verdickte Vorderrandsrippe und innere Mittelrippe gemein haben. Der Mauerfuchs fliegt in mehreren Bruten vom Frühjahre bis tief in den Herbst hinein; verspätete Schmetterlinge sollen auch überwintern, wie bei der Raupe Regel ist. Dieselbe lebt an allerlei Gräsern, ist sammetartig behaart, blaßgrün von Farbe; an den Seiten, über die dunklen Luftlöcher hinweg, läuft ein weißer, vorn allmählich verschwindender Streifen. Die schwärzlichgrüne Puppe trägt zwei Reihen heller Knöpfchen auf dem Rücken.

Die eigentlichen Bläulinge (Lycaena) haben ihren Namen von der schön blau gefärbten Oberseite der männlichen Flügel; auf denen der Weibchen herrscht Dunkelbraun vor, und Blau bleibt nur an der Wurzel oder als Schiller übrig. Einige Arten, welche früh im Jahre an Buschwerk fliegen, haben je ein zartes Schwanzspitzchen am Hinterflügel, welches den meisten übrigen fehlt. Man kennt mehrere hundert Arten aus allen Welttheilen, welche sämmtlich aus Asselraupen entstehen. Alle diese kleineren Falter treiben ihr munteres Spiel überall im Hochsommer auf den Blumen der Wiesen und Felder, der Wälder und dürren Heideflächen, scheinen aber weitere Ausflüge nicht zu unternehmen.

Der schöne Argus, Adonis (Lycaena Adonis), ist entschieden der prächtigste unserer deutschen Bläulinge, denn das Blau seiner Flügel wird in Feuer und Glanz von keinem anderen erreicht; in Jahren, welche ihn zahlreich erzeugten, kommen auch Weibchen vor, deren sonst braune Flügel reich in Blau erglänzen. Der Falter hat zwei Bruten und lebt als Raupe auf Klee und anderen Schmetterlingsblümlern, scheint aber nur strichweise vorzukommen; dem nördlichen Tieflande fehlt er. Bei Halle und im Saalthale weiter aufwärts findet er sich dagegen häufig.

Die Dickköpfe (Hesperidae) unterscheiden sich leicht von allen anderen Tagfaltern durch die in der deutschen Benennung ausgesprochene Eigenschaft und durch zwei Sporenpaare, welche bei den meisten die Hinterschienen bewehren. Ihre Raupen leben zwischen zusammengezogenen Blättern. Es gibt hunderte von Arten, deren meiste wiederum Südamerika bewohnen, von denen viele durch kräftigere Gestalt, lebhafte Farben, lichte Fensterflecke, lange Schwänze an den Hinterflügeln und andere Eigenthümlichkeiten ausgezeichnet sind. Die Europäer erreichen etwa die mittlere Größe der Bläulinge, sind aber untersetzter und eintöniger in den Farben. In ziemlich raschem und straffem Fluge erscheint der Dickkopf auf einer Blume, an der er saugt, oder auf dem Erdboden, sperrt die Hinterflügel weit auseinander, während er die vorderen in die Höhe richtet. So schnell wie er kam, so schnell verschwindet er wieder. Alle seine Bewegungen weisen auf eine gewisse Federkraft im Körper und Bestimmtheit wie Keckheit im Willen hin. Statt aller werde hier das Strichfalterchen (Hesperia comma) genannt, welches sich im Juli und August überall zeigt und bis zu den höchsten Alpen hinaufgeht.

# *Die Heuschrecken*

Es folgt jetzt das große Heer der springenden Geradflügler, welche die Volkssprache unter den verschiedensten Namen, wie Heuschrecken, Graspferde, Grashüpfer, Heupferde, Sprengsel, Grillen und anderen zu bezeichnen pflegt. Sie alle ernähren sich vorzugsweise von Pflanzen, und manche können durch ihr massenhaftes Auftreten zeitweilig der menschlichen Wirtschaft im höchsten Grade verderblich werden, verschmähen jedoch in ihrer Gefräßigkeit weder ihres Gleichen noch andere Kerfe. Als unermüdliche Musikanten beleben sie im Hochsommer und Herbste Wald und Feld und Wiese, die eine auf die eine, die andere auf eine andere Art und eine andere Weise geigend. Daher der Name »Schrecke«; denn schrecken heißt ursprünglich schreien, schwirren, knarren. Sie sind, wie wir erwarten können, aus den ältesten Zeiten bekannt, natürlich aber vielfach mit einander vermengt worden, wie aus den Mittheilungen eines Aristoteles hervorgeht, denn dieser erzählt, daß sie ihr Zirpen durch Reiben mit den Springbeinen hervorbringen, die Eier vermittels einer Legröhre unter die Erde bringen, wo sich die Jungen entwickeln. »Kommt die junge Heuschrecke aus der Erde hervor, so ist sie klein und schwarz, bald aber zerspringt die Schale und sie wird größer.« Die heutigen Entomologen vertheilen alle Schrecken auf die drei Familien der Feld-, Laub- und Grabheuschrekken, und von diesen wollen wir uns zwei Arten später genauer ansehen.

Alle Grashüpfer, deren deutlich gegliederte Fühler die halbe Länge des gestreckten Körpers nicht überholen, deren durchaus gleich gebildete Füße aus drei Gliedern bestehen und deren hinterste Beine infolge des verdickten Schenkels und der langen Schiene zum Sprunge befähigen, gehören zu den Feldheuschrecken (Acridiodea) oder den Heuschrecken im engeren Sinne des Wortes. Sie sind die besten Springer in der Familie und schnellen sich, wie der Floh, ungefähr um das Zweihundertfache der eigenen Länge fort. Nebenaugen fehlen nur wenigen und häufig bemerkt man wenig von den ungemein kräftigen Kauwerkzeugen. Am Hinterleibe unterscheidet man sicherer als anderswo Männchen und Weibchen; mit den Schenkeln der Hinterbeine geigen die Männchen, aber nur diese, an den Flügeldecken und bringen dadurch die schrillenden, wenig anhaltenden Töne hervor. Die Innenseite jener ist nämlich mit einer ringsum laufenden Leiste versehen, deren unterer Theil sich vorzugsweise erhebt. Unter dem Mikroskope zeigt dieselbe an ihrem Wurzeltheile eine Reihe lanzettförmiger stumpfer Zähnchen, eingesenkt in Grübchen. An den Flügeldecken springen die Längsadern, besonders eine, kantig hervor. Durch sehr rasche Reibung der Schenkel an den Flügeldecken werden diese als dünne Häute in schwirrende Bewegung gesetzt und tönen nach denselben Gesetzen, wie die mit dem Bogen gestrichene Saite. Beim Zirpen halten die Thiere ihre Flügeldecken etwas lose, wodurch der Ton heller wird. Seine Höhe richtet sich nach der Größe und Dicke der Flügeldecken, größere Schrecken tönen tiefer als kleinere, und auf die Klangfarbe wirkt wesentlich die größere und geringere Anzahl der Adern im Flügel ein. Die verschiedenen der sehr zahlreichen Arten geigen ihre eigene Weise, so daß ein auf dergleichen Dinge geübtes Ohr eine und die andere wenigstens an ihrem Geigen erkennt. Die besten Musikanten müssen demnach diejenigen sein, deren Organe am meisten entwickelt sind. Bei den Weibchen sitzen in der Regel die Zähnchen der Schenkelleiste zu tief, als daß sie musiciren könnten.

Eine andere, höchst interessante Eigenthümlichkeit besteht ferner in der von einem Hornringe umgebenen und mit einer zarten Haut überspannten Grube, welche sich beiderseits am Hinterleibe vorfindet. Zwischen zwei Fortsätzen liegt ein zartes Bläschen, welches mit Flüssigkeit gefüllt ist und mit einem aus dem dritten Nervenknoten der Brust ausgehenden Nerv in Verbindung steht, der hier einen neuen Knoten bildet und in seine Nervenstäbchen endigt. Nach den Untersuchungen von I. Müller, weiter ausgeführt von von Siebold, läßt sich diese Einrichtung nur auf das Gehörwerkzeug der Heuschrecken deuten.

Die Entwickelung aller Feldheuschrecken, der europäischen wenigstens, stimmt überein und läßt sich kurz in folgende Sätze zusammenfassen. Im Herbste werden vom befruchteten Weibchen die Eier theils an Grashalme, theils flach unter die Erde gelegt; die größeren Arten scheinen die letztere Versorgungsweise der ersteren vorzuziehen. Die Mutter stirbt, ihre Eier überwintern, nur in südlicheren Gegenden können die Larven vorher noch ausschlüpfen. Für gewöhnlich geschieht das aber erst im nächsten Frühlinge. Durch unbestimmte Farben, den Mangel der Flügel und etwas plumpere, kürzere Fühler unterscheiden sie sich außer der geringen Größe von der vollkommenen Schrecke, reifen aber unter mehrmaligen Häutungen Ende Juli oder im August zu solcher heran. Zu dieser Zeit beginnt ihr Gesang, welcher ihre Hochzeitsfeier ankündigt. Nur die Feldheuschrecken sind es, welche sich bisweilen so ungeheuer vermehren, daß sie in Schwärmen erscheinen und zur Geisel größerer oder kleinerer Länderstrecken werden.

Afrika scheint den Verwüstungen seitens dieser Thiere, von welchen schon die Bibel, Plinius und Pausanias berichten, von jeher besonders ausgesetzt gewesen zu sein. Als Adanson 1750 am Senegal angekommen war, erschien, während er sich noch auf

*Locusta migratoria*
ACRIDIDAE

der Rhede befand, früh 8 Uhr ein dickes Gewölk, welches den Himmel verfinsterte. Es war ein Schwarm Heuschrecken, welche ungefähr zwanzig bis dreißig Toisen, also sechsmal so viel Fuß, über der Erde schwebten und eine Strecke von etlichen Meilen Landes bedeckten, nachdem sie wie ein Wolkenbruch herabgefallen waren. Hier ruheten sie aus, fraßen und flogen weiter. Diese Wolke wurde durch einen ziemlich starken Ostwind herbeigeführt und zog den ganzen Morgen in der Gegend umher. Nachdem die Thiere das Gras, die Früchte und das Laub der Bäume abgefressen hatten, ließen sie selbst das Rohr nicht verschont, mit dem die Hütten gedeckt waren, so dürr es auch sein mochte. – Gegen Ende März 1724 zeigten sich in der Berberei die ersten Heuschrecken, nachdem längere Zeit Südwind geweht hatte. Mitte April hatte sich ihre Zahl derartig vermehrt, daß sie Wolken bildeten, welche die Sonne verfinsterten. Vier Wochen später breiteten sie sich in den Ebenen von Metidja und der Nachbarschaft aus, um ihre Eier abzulegen. Im folgenden Monate sah man die junge Brut hunderte von Quadratruthen bedecken. Indem sie ihren Weg geradeaus nahmen, erklommen sie die Bäume, Mauern und Häuser und vernichteten alles Laub, das ihnen in den Wurf kam. Um sie aufzuhalten, zogen die Einwohner Gräben und füllten sie mit Wasser, oder errichteten eine Linie von Holzhaufen und anderen Brennstoffen, dieselben anzündend, aber alles war vergeblich. Die Gräben füllten sich mit den Leichnamen an, die Feuer erloschen. Nach einigen Tagen folgten neue Scharen eben erst ausgekrochener Heuschrecken nach. Sie zernagten die kleinen Zweige und die Rinde der Bäume, von denen ihre Vorläufer die Früchte und Blätter gefressen hatten. So verlebten die Plagegeister ungefähr einen Monat, bis sie völlig erwachsen waren, wurden noch gefräßiger und beweglicher, doch zerstreuten sie sich nun und legten Eier.

Ein Bericht aus neuester Zeit bezieht sich auf die südafrikanische Wanderheuschrecke (Gryllus devastator Lichtensteins), welcher um so interessanter erscheint, weil er Aufschluß über die Lebensverhältnisse dieser in gewissen Zwischenräumen stets wiederkehrenden Landplage gibt. Fritsch sagt: »Die Eier der Wanderheuschrekken werden, etwa zu je dreißig bis sechzig an Zahl, eingehüllt in einen braunen, maschigen Überzug, von dem Weibchen in kleine runde Erdlöcher versenkt. Diese Röhrchen finden sich stets in großer Anzahl vereinigt an dem Abhange eines unbedeutenden Hügels oder auf einer sanften Bodenerhebung, wahrscheinlich um die Eier vor dem schädlichen Einflusse plötzlicher Regengüsse zu schützen, und geben dem Platze ein siebartiges Ansehen. Die Löcher werden wieder zugescharrt, verwehen auch, und der Boden schließt sich dicht über den länglichen Eiklumpen, welche so mehrere Jahre liegen können, ohne die Entwickelungsfähigkeit zu verlieren. Sie liefern aber auch schon nach einigen Monaten die Jungen, so daß die Gegend, welche sich kaum von den Zerstörungen dieser gefräßigen Insekten erholt hat, aufs neue überflutet wird. Die Feuchtigkeit scheint bei ihrer Entwickelung von wesentlicher Bedeutung zu sein; denn in einer Reihe von trockenen Jahren hört man nichts von den Wanderheuschrecken. Der Schafzüchter, welcher durch Wassermangel vielleicht den größten Theil seiner Herden verloren hat, begrüßt alsdann das Wiedererscheinen der Heuschrecken mit einer gewissen Freude, als ein Zeichen besserer Zeiten, in denen die periodische Trockenheit vorüber ist, und opfert lieber den geflügelten Plünderern seinen kleinen, mühsam gepflegten Garten, wenn nur die Herden gedeihen und die versiegten Quellen der Farm wieder hervorbrechen.

Im Jahre 1863 endigte eine mehrjährige Periode von Trockenheit in Südafrika, während welcher sich nirgends Heuschrecken gezeigt hatten. Von 1862 bis 1863 drohte der furchtbarste Wassermangel alles Leben zu vernichten, und weit und breit war kein Insekt auf dem tennenartigen Boden zu entdecken; trotzdem brachen am Ende des Jahres 1863, als die Regen in ungewöhnlicher Stärke einsetzten, die Heuschrecken in so zahllosen Massen hervor, wie sie kaum je vorher beobachtet worden waren, und bedeckten als Larven große Länderstrecken. Diese haben im Jugendzustande schwarze Zeichnungen auf braunrothem Grunde, erscheinen daher bunt und werden vom Bör ›Rooi Batjes‹, das heißt Rothröcke oder ›Vötganger‹, Fußgänger, genannt, weil sich bei ihnen schon in der Jugend der Wandertrieb unverkennbar ausspricht. Die erste Benennung enthält zugleich eine feine Anspielung auf die roth uniformirten englischen Soldaten, ein dem afrikanischen Bör besonders verhaßtes Geschlecht, und die Vergleichung wird um so treffender, als die jungen Heuschrekken sich ebenfalls zu Zügen ordnen und geschlossen über die Gegend marschiren. In ihnen günstigen Jahren sieht man ganze Armeen derselben auf dem Marsche, die meist eine bestimmte Richtung einhalten und dieselbe nicht gern aufgeben. Kommen die Thiere an stehendes Wasser, so pflegen sie hindurchzugehen, indem die Nachgänger ihren Weg über die Leichen der Vorgänger fortsetzen, fließendes Wasser dagegen scheuen sie. Am Abend machen die Reisenden Halt, lassen sich auf den Gesträuchen der Nachbarschaft nieder und vertilgen alles Grün. Sieht der Farmer, daß die heranrückenden Scharen eine Richtung verfolgen, welche seinem Garten gefährlich werden könnte, so sucht er dieselben von ihrem Laufe abzulenken, indem er zu Pferde von hinten her in dieselben hineinsprengt und dabei nach rechts und links ein großes Tuch schwenkt. Bei jedem Durchreiten dreht eine Anzahl der Feinde um, und jenes läßt sich so oft wiederholen, bis der ganze Schwarm abgelenkt ist. Reitet man von vorn her in den Zug hinein, so springen sie wohl zur Seite, aber die Nachfolgenden drängen die Vordermänner und es schließt sich der Strom hinter dem Reiter von neuem.

Unter mehrfachen Häutungen wachsen die ›Rothröcke‹ schnell heran, bis sie endlich bei der letzten Häutung ihre bekannte grauröthliche Färbung und die Flügel bekommen, durch welche sie ihrer Reiselust in noch viel befriedigenderer Weise Rechnung tragen können. Im vollkommenen Zustande nennt sie der Bauer ›Springhaaner‹ und schaut ängstlich nach ihnen aus, falls ihm irgend sein Garten lieb ist; denn er weiß, daß ihr Erscheinen Verderben über den Schmuck der Felder bringt. Sieht er die düsteren Wolken der Springhaaner am Horizonte auftauchen, so greift er zum letzten, verzweifelten Hülfsmittel: er zündet um seinen Garten möglichst viele Feuer an, um durch den Rauch die Heuschrecken davon abzuhalten; doch ist auch dieses Mittel häufig nur von geringem Erfolge. Weht der Wind frisch, so ziehen sie hoch und frei und können sicher bedeutende Strecken zurücklegen; denn sie lassen sich dann vollständig treiben, während sie bei mäßiger Luftströmung mehr oder weniger dagegen steuern. Bei Windstille ist ihr Flug nur ein langsames Schwärmen ohne bedeutende Erhebung vom Boden, indem sich aus den vorderen Gliedern stets ein Theil niederläßt und sich hinten wieder anschließt. Das ewige Auf- und Niedersteigen, das Schwirren der Tausende von Flügeln und das Knirschen der gefräßigen Kinnbacken am Boden verursacht ein eigenthümliches, schwer zu beschreibendes Geräusch, welches sich mit dem Rauschen eines starken Hagelschauers noch am besten vergleichen läßt. Auch die Folgen ihres Auftretens gleichen den furchtbaren Wirkungen der eben erwähnten Naturerscheinung«. Um diesen kolossalen Verlust an pflanzlichen Stoffen wieder etwas auszugleichen, bewahrheitet man an den Zerstörern den biblischen Ausspruch: »Speise ging aus von dem Fresser«, indem Menschen und Thiere dieselben als Nahrungsmittel verwerthen. Die Eingeborenen rösten die Heuschrekken schwach am Feuer und verspeisen sie in unglaublichen Mengen, Hinterbeine und Flügel oder gar nichts übrig lassend. Der Geschmack ist widerlich und die ernährende Kraft sehr gering. Bei Pferden schlagen sie jedoch besser an; denn diese werden fett davon und fressen sie auch gern; merkwürdigerweise ist der Bör ganz allgemein der Ansicht, daß der Genuß von denjenigen Weibchen, welche ihre Eier abgelegt haben, für die Pferde giftige Wirkungen hervorbringe. Schon dem Diodorus Siculus (zu Zeiten des Julius Cäsar) war diese Verwendung der Heuschrecken bekannt; denn er erzählt: »Die Heuschreckenesser sind ein afrikanischer Negerstamm an den Grenzen der Wüste, kleine, magere, außerordentlich schwarze Leute. Im Frühlinge führen ihnen die starken West- und Südwestwinde zahllose Heuschreckenschwärme aus der Wüste zu. Diese Thiere sind außerordentlich groß und ihre Flügel haben eine schmutzige Farbe. Sie geben den Eingeborenen das ganze Jahr hindurch reichliche Nahrung und werden auf folgende Art gefangen: Ein großes Thal wird mit wildem Holze, woran im Lande großer Vorrath, bedeckt. Sobald nun die Heuschreckenschwärme kommen, wird es in Brand gesetzt, wodurch ein so gewaltiger Rauch entsteht, daß die über das Thal hinfliegenden Heuschrecken zu Boden fallen. So fährt man mehrere Tage lang fort, bis sich große Haufen von Heuschrecken am Boden gesammelt haben. Diese werden nun eingesalzen und hierdurch vor Fäulnis geschützt; das Land ist nämlich sehr salzreich. Die genannten Leute besitzen weder Vieh, noch andere Nahrungsmittel als Heuschrecken«.

Auch Amerika, besonders das südliche, ist nicht frei von jener Landplage. »Gegen Abend«, erzählt Temple in seiner peruanischen Reise, »hatten wir in einiger Entfernung von uns auf der Fläche des Landes einen ungewöhnlichen Anblick: statt der grünen Farbe des Grases und der Baumblätter in allen Schattirungen bemerkten wir eine gleichförmige rothbraune Masse, so daß einige von uns glaubten, es sei Heide, auf welche die Sonne scheine; in der Wirklichkeit waren es aber – Heuschrecken. Dieselben bedeckten buchstäblich Erde, Bäume und Sträucher so weit das Auge reichte. Die Zweige der Bäume bogen sich unter ihrer Menge wie bei starkem Schneefalle, oder wenn sie mit Früchten überladen sind. Wir passirten mitten durch den von ihnen eingenommenen Raum und brauchten eine volle Stunde, ehe wir an das Ende kamen, während wir mit unserer gewöhnlichen Schnelligkeit reisten –.« Ein Engländer besaß zu Conohos in Südamerika beträchtliche Tabakpflanzungen. Da er bei seiner Niederlassung in jener Gegend gehört hatte, daß sich dann und wann verheerende Heuschreckenschwärme in derselben gezeigt hatten, so vereinigte er alle Tabakpflanzen, vierzigtausend Stück an der Zahl, bei seinem Hause, um sie besser schützen zu können. Hier wuchsen und grünten sie vortrefflich und hatten etwa die Höhe von dreißig Centimeter erreicht, als eines Mittags der Ruf erscholl: »Die Heuschrecken kommen!« Der Pflanzer eilte vor das Haus und sah sie in eine dichte Wolke rund um dasselbe geschart. Der Schwarm verdichtete sich unmittelbar über dem Tabakfelde, fiel plötzlich in dasselbe und bedeckte es so, als wenn ein brauner Mantel darüber gebreitet worden wäre. In etwa zwanzig Sekunden, also nach keiner halben Minute, erhob sich der Schwarm ebenso plötzlich wie er gekommen war und setzte seinen Flug fort. Von den vierzigtausend Tabakpflanzen sah man aber keine Spur mehr. Keine Schilderung von der Erscheinung und den Verwüstungen dieser schrecklichen Kerfe ist so treffend und erhaben als die, welche der Prophet Joel gibt, und die dort nachzulesen einem jeden überlassen bleibt.

Nicht nur die alten Chroniken berichten aus Europa, besonders aus dessen Süden und Südosten, wiederholte Heuschreckenverwüstungen, welche sich bis Deutschland erstreckt haben, sondern jedes Jahr bringen die Zeitungen neue Klagen. Für das südliche Rußland allein wurden aus diesem Jahrhundert folgende Jahre angemerkt: 1800, 1801, 1803, 1812–16, 1820–22, 1829–31, 1834–36, 1844, 1847, 1850, 1851, 1859–61. Überall spielt hier die Wander- oder Zugheuschrecke (Pachytylus migratorius) die Hauptrolle.

Wenn man so unerhörte Dinge über die Heuschrecken vernimmt, so könnte man vielleicht geneigt sein, mit Plinius zu glauben, es seien Thiere von drei Fuß Länge und von solcher Stärke, daß die Hausfrauen die Beine derselben als Sägen gebrauchten, oder Thiere, denen die Araber in ihrer bilderreichen Sprache die Augen des Elefanten, den Nacken des Stieres, das Geweih des Hirsches, die Brust des Löwen, den Bauch des Skorpions, die Flügel des Adlers, die Schenkel des Kamels, die Füße des

Straußen und den Schwanz der Schlange zugeschrieben haben. Von alledem finden wir aber höchstens den Kopf so gestellt wie beim Pferde, worauf einige der oben erwähnten Namen hindeuten.

Die Paarung dauert zwölf bis vierundzwanzig Stunden. Sieben Tage später wird das Weibchen unruhig, frißt nicht mehr und sucht ein Plätzchen, wo es seine Eier ablegt, meist neununddreißig Millimeter tief in die Erde, welche natürlich ziemlich locker sein muß, wenn es so tief indringen soll. Ein Eiklümpchen enthält sechzig bis hundert Stück, der Eierstock im Durchschnitte hundertundfunfzig. Daraus schon geht hervor, daß es wenigstens zwei Pakete daraus machen muß, wenn es alle seine Eier unterbringen will, und es wird dies beabsichtigen, wenn unfreundliche Witterung oder Mangel an Futter nicht hinderlich in den Weg treten. Im Frühjahre erfolgt das Ausschlüpfen. Nach dieser Zeit breitet sich die Gesellschaft mehr und mehr aus und wird auch durch ihre Wirkungen in dem Maße bemerklicher, in welchem sie heranwächst, was unter noch zweimaliger Häutung ziemlich schnell geschieht. Etwa vierzehn Tage nach der vierten, mit welcher die Flügelstumpfe recht stattlich auftreten, kriechen sie an Halmen in die Höhe, hängen sich an den Hinterbeinen auf, und binnen zwanzig bis vierzig Minuten weicht das letzte Gewand und die Flügel entfalten sich. Es mag in den meisten Fällen scheinen, als wenn Futtermangel die Heuschrecken zum Abziehen nöthigte, dieser dürfte aber nicht den alleinigen Grund dazu abgeben, sondern ihnen, wie manchen anderen Kerfen, der Wandertrieb aus noch unerklärten Ursachen angeboren sein.

Das Heimchen oder die Hausgrille (Gryllus domesticus), kleiner und zierlicher ist als die vorige, von lederbrauner Farbe, an den Beinen und dem Kopfe lichter, mehr gelb, trägt auf letzterem eine braune Querbinde und auf dem Halsschilde zwei dreieckige, braune Flecken. Im geselligen Beisammensein, in den nächtlichen Ausbrüchen aus seinen Verstecken, dem Aufsuchen der Wärme und derselben Nahrungsmittel erinnert das Heimchen lebhaft an die Küchenschabe, in deren Gesellschaft es nicht selten in Backhäusern, Mühlen, Brauereien, Kasernen, wo es mitunter als »kleine Krebse« die langen Brühen der Suppen würzt, in Hospitälern und anderen ähnlichen Örtlichkeiten zu finden ist. Ein einzelnes unterbricht mit seinem melancholischen Gezirpe die nächtliche Ruhe auf nicht unangenehme Weise, die vielstimmigen Konzerte können aber diejenigen zur Verzweiflung bringen, welche sie allnächtlich mit anhören müssen. Die Töne werden von den Männchen in derselben Weise hervorgebracht wie von der Feldgrille, nur sind sie schwächer und höher infolge der geringen Größe des Musicirenden und der dichter stehenden Stege an der Schrillader.

Nie in meinem Leben hatte ich bessere Gelegenheit, die Heimchen in ihrem Treiben zu beobachten, als in meiner Kindheit, wenn ich die Hundstagsferien bei den Großeltern verbrachte. Die düstere Küche der alten Pfarrwohnung in Großgörschen war für die Heimchen eine wahre Residenz. Durch sie nahm ich dann und wann meinen Weg mit der Großmutter, wenn wir uns zur Nachtruhe begeben wollten. Tausende von Heimchen tummelten sich hier, manche noch nicht so groß wie eine Stubenfliege, kleinere und größere bis zu vollkommen Erwachsenen, je nach den verschiedenen Altersstufen. Aus allen Winkeln zirpte es. Hier füllte das Mauerloch ein dicker Kopf aus, dessen lange Fühlfäden sich scharf gegen das verrußte Gestein abgrenzten, zog sich aber scheu zurück, sobald das Licht in die Nähe kam; dort spazierte eine Herde Junge, nach Nahrung suchend, keck umher, verrieth aber bald, daß Furchtsamkeit jedem einzelnen angeboren ist. Mit den Händen eins der frei umherschweifenden Thierchen zu erhaschen war beinahe ein Ding der Unmöglichkeit, und gelang es ja, so war der blinde Zufall dabei im Spiele, welcher bei der großen Menge einmal eins zwischen die Finger trieb, auf welches es nicht abgesehen gewesen war. Sie werden in dieser Hinsicht mehr durch ihre große Gewandtheit und Schnelligkeit im Laufen geschützt, als durch das Springvermögen, welches sie natürlich auch zu Hülfe nehmen, wobei man ihnen aber ansieht, daß der feiste Körper ihnen hinderlich ist und größere Sätze ihnen sauer werden. Eine Stelle ward ausgemittelt, wo der Fang keine Schwierigkeiten hatte. Im Herde war nämlich ein kupferner Kessel eingemauert und mit einem schlecht schließenden Holzdeckel versehen. Wenn nun zu irgend einem wirtschaftlichen Zwecke hier einmal den Tag über Wasser heiß gemacht worden war, von welchem immer auf dem Boden etwas zurückblieb, nebst einer behaglichen Wärme in der Umgebung, so saßen die Heimchen in solchen Mengen im Grunde des Kessels, aus welchem sie natürlich nicht wieder heraus konnten, daß man sie mit den Händen greifen konnte. Ich verschaffte mir manchmal das Vergnügen und sperrte die auf solche Weise in meine Gewalt gekommenen über Nacht in ein Zuckerglas, welches oben wohl verwahrt wurde. Am anderen Morgen war ein heiles Heimchen eine Seltenheit. Gewöhnlich fehlten Beine, Fühler, ja selbst Stücke aus dem Leibe. Die Springbeine, welche sich die Schrecken in der Gefangenschaft leicht abstrampeln, und andere Glieder waren größtentheils verschwunden. In ihrer Gefräßigkeit und dem Ärger über das unfreiwillige enge Zusammensein hatten sie sich einander angenagt. Hätte ich damals gewußt, was ich später erfahren, so hätte ich selbst die Behauptungen anderer prüfen können: die Heimchen sollen nämlich, wie die Krebse, beschädigte oder ganz fehlende Glieder wieder aus sich heraus ersetzen können, so lange sie noch in der Häutung begriffen sind. Da meine Küchengänge und Heimchenjagden in den Juli fielen, so kann ich nach dem, was ich sah und eben erzählte, den Ansichten derjenigen nicht beipflichten, welche meinen, in diesem und dem folgenden Monate allein würden die Eier gelegt, sondern nehme an, daß es in der ganzen Zeit geschieht, während welcher sich das lebhafte Zirpen vernehmen läßt. Die Paarung erfolgt in derselben Weise wie bei der Feldgrille. Mittels seiner dünnen, geraden Legröhre bringt das Weibchen die gelblichen, länglichen Eier im Schutte, Kehrichte oder in dem lockeren Erdreiche innerhalb seiner Verstecke unter, aus ihnen schlüpfen schon nach zehn bis zwölf Tagen die Lärvchen. Sie häuten sich viermal und überwintern in ihrem unvollkommenen Zustande. Nach der dritten Häutung erscheinen die Flügelstumpfe und bei den Weibchen kurze Legröhren. Man nimmt an, daß die Lebensdauer ein Jahr nicht überschreite, während dessen das Weibchen sicherlich mehrere Male Eierhäufchen absetzt und stirbt, wenn der Vorrath im Eierstocke erschöpft ist.

# *Unsere Stubenfliege*

Kein Thier – das kann wohl ohne Übertreibung behauptet werden – ist dem Menschen ohne sein Zuthun und ohne ihn selbst zu bewohnen, ein so treuer, in der Regel recht lästiger, unter Umständen unausstehlicher Begleiter, als die Stubenfliege (Musca domestica). Sie versteht es ebenso gut, sich im kalten Lappland häuslich einzurichten, wie die Annehmlichkeiten der Länder unter dem heißen Erdgürtel zu würdigen. Wir alle kennen ihre schlimmen Eigenschaften, die Zudringlichkeit, Naschhaftigkeit und die Sucht, alles und jedes zu besudeln; eine Tugend wird niemand von ihr zu rühmen wissen. Besonders gegen Ende des Sommers, wo sie die kühlen Nächte und Morgen massenhaft in die Häuser treiben, wird sie in den Zimmern am lästigsten, doch für den Nordländer und Bewohner des mittleren Europa noch nicht in dem Maße wie für den Südländer. »Ich traf«, erzählt A. Young in seiner interessanten Reise durch Frankreich, »zwischen Pradelles und Thuytz Maulbeeren und Fliegen zugleich. Unter dem Ausdrucke ›Fliegen‹ meine ich jene Myriaden, welche den unangenehmsten Umstand des südlichen Klimas ausmachen. Sie sind die vorzüglichsten Qualen in Spanien, Italien und den Olivendistrikten Frankreichs, nicht, weil sie beißen, stechen oder verletzen, sondern weil sie summen und necken. Mund, Augen, Ohren und Nase werden einem voll davon, sie schwärmen über alles Eßbare, Obst, Zucker, Milch. Jedes Ding wird von ihnen in solchen zahllosen Heeren angefallen, daß es unmöglich ist, eine Mahlzeit zu halten, wenn sie nicht von jemandem, der nichts anderes zu thun hat, unablässig vertrieben werden. Auf zubereitetem Papiere und mittels anderer Erfindungen werden sie mit solcher Leichtigkeit und in solcher Menge gefangen, daß es bloße Nachlässigkeit ist, wenn sie so unglaublich überhand nehmen. Wenn ich in diesen Gegenden Landwirtschaft triebe, so würde ich vier bis fünf Morgen alljährlich mit todten Fliegen düngen.« Obgleich später im Jahre eine Zeit kommt, in welcher sie verschwunden sind, erhält sich doch die eine oder andere auch während des Winters in unseren Zimmern, noch mehr aber in den warmen Ställen, und es bedarf nur einiger schönen Tage im jungen Jahre, so lassen sie sich hier und da auch im Freien von der Frühlingssonne bescheinen. Eine ganz eigenthümliche Todesart unter ihnen fällt einmal mehr, das andere Mal weni-

MUSCIDAE
Musca domestica
Fannia canicularis

ger in die Augen: mit ausgespreizten Beinen trifft man sie an den Wänden oder draußen an beliebigen Gegenständen, der Hinterleib ist ihnen angeschwollen, die Verbindungshaut seiner Glieder tritt als leistenartiger Schimmelstreifen auf, so daß der Hinterleib braun und weiß geringelt erscheint. Beim Öffnen findet man denselben hohl und gleichfalls schimmelig. Selbst die Stelle, an welcher sie sitzen, ist mit einem Anfluge jenes Pilzes überzogen, welcher den Leichnam festhält.

Die Stubenfliege hat eine bis zur Spitze beiderseits gefiederte Fühlerborste. Schwarze, roth behaarte Backen, rothgelbe Taster, schwarze Beine und ein stark weißer Schimmer am blauen Hinterleibe und an dem schwärzlichen Untergesichte machen diese kenntlich.

Wer sollte sie nicht schon gesehen und gehört haben, jene große Brummfliege, welche sich sofort einstellt, wenn sie aus weiter Ferne Fleisch wittert, um ihre Eier (Schmeiß) daran zu legen, und in unseren Wohnzimmern unter beständigem Räsonniren gegen die Fensterscheiben rennt, als wollte sie sich den Kopf einstoßen. Die Fruchtbarkeit beider Arten erreicht eine außerordentliche Höhe durch die Menge der Eier, welche die Weibchen absetzen, und durch die Schnelligkeit, mit welcher die Brut sich entwickelt. Die Stubenfliege legt deren in Klümpchen von sechzig bis siebzig Stück in Zeit einer Viertelstunde. Von Gestalt sind sie fast walzenförmig, nur vorn, wo die Made herauskommt, etwas spitzer, ihre zarte Haut glänzt wie Perlmutter. Die der Schmeißfliege haben die etwas gekrümmte Form einer Gurke und an der eingebogenen Seite eine Längsleiste, in welcher sich die Schale öffnet; auch sie werden zu zwanzig bis hundert auf ein Häuflein gelegt, bis zweihundert von jedem Weibchen, vorzugsweise an Fleisch, die der Stubenfliege besonders an Mist, jedoch sind beide Mütter nicht gerade wählerisch; die Stubenfliege verschmäht das Fleisch nicht, legt ihre Eier auch an verdorbenes Brod oder Getreide, Melonenschnitte, todte Thiere, in nicht rein gehaltene Spucknäpfe, ja an den Schnupftabak in den Dosen, wenn man sie ihr offen stehen läßt; die Schmeißfliege geht an alten Käse – die springenden Maden desselben gehören aber nicht ihr, sondern zu Piophila casei –, an Aas, irre geleitet durch ihren sehr scharfen Geruchssinn an die sonderbaren Blüten der Aaspflanzen (Stapelia) und dergleichen. In höchstens vierundzwanzig Stunden kriechen die Maden aus; sie sind weiß, kegelförmig von Gestalt, hinten gestutzt, beide aber an ihren Enden von verschiedenem Ansehen. Der flüssige Unrath, welchen die Maden von sich geben, scheint die Fäulnis ihrer Nahrung, besonders des Fleisches, zu beschleunigen. Bald sind die von ihnen bewohnten Gegenstände durchwühlt; denn, obgleich ohne Augen, fliehen sie das Licht und arbeiten sich daher schnell in jene hinein. Ein Beobachter ließ eine Schmeißfliege ihre Eier an einen Fisch legen. Am zweiten Tage nach dem Ausschlüpfen waren die Maden schon noch einmal so groß, aber immer noch klein genug, daß ihrer fünfundzwanzig bis dreißig zusammen kaum einen Gran wogen, am dritten Tage wog jede für sich schon sieben

Gran, war also binnen vierundzwanzig Stunden gegen zweihundertmal schwerer geworden.

In England trug sich vor Zeiten eine grauenhafte Geschichte zu, welche von verschiedenen glaubhaften Seiten bestätigt wird, und anderwärts haben ähnliche Erfahrungen den Beweis für das schnelle Wachsthum solchen Ungeziefers und seiner Gefährlichkeit geliefert. Ein Almosenempfänger, welcher infolge seines unruhigen Wesens nicht Lust hatte, im Arbeitshause seiner Pfarrei zu bleiben, sondern es vorzog, in den benachbarten Dörfern bettelnd umherzustrolchen, erhielt milde Gaben, meist aus Brod und Fleisch bestehend. Wenn er seinen Hunger gestillt hatte, pflegte er das Übrigbleibende, besonders das Fleisch, zwischen Haut und Hemd zu stecken und auf der Brust zu tragen. Nachdem er einst einen beträchtlichen Vorrath davon gesammelt hatte, fiel er in eine Unpäßlichkeit und legte sich auf einem Feldwege nieder, wo von der Sonnenhitze jener Jahreszeit – es war Mitte Juni – das Fleisch bald in Fäulnis überging und voll Fliegenlarven wurde. Diese fuhren nicht nur fort, die unbelebten Fleischstücke zu verzehren, sondern auch der lebende Körper blieb nicht verschont. Als der Unglückliche zufällig von einigen Vorübergehenden gefunden wurde, war er so von den Maden angefressen, daß sein Tod unvermeidlich schien. Nachdem man, so gut es gehen wollte, dieses ekelhafte Geziefer entfernt hatte, führten ihn die barmherzigen Samariter in ihre Heimat und holten sogleich einen Wundarzt herbei, welcher erklärte, der Körper befände sich in solchem Zustande, daß er den Verband nur einige Stunden überleben würde. Wirklich starb der Unglückliche, angefressen von Fliegenmaden. Da die Zeit nicht angegeben ist, wie lange er dagelegen hatte, und nicht anzunehmen, daß es mehrere Tage gewesen, so dürfte hier keine der beiden Musca-Arten in Betracht kommen, sondern eine lebendig gebärende Sarcophaga. In Paraguay sind Fälle vorgekommen, wo Leute von heftigem Kopfweh nach Nasenbluten während des Schlafes befallen wurden und nicht eher Erleichterung fanden, bis sie einige Fliegenmaden herausgenießt hatten. Fieberkranke auf Jamaica müssen mit größter Sorgfalt beobachtet werden, damit ihnen nicht eine große blaue Fliege ihre Eier in die Nase oder an das Zahnfleisch lege, von wo aus einzelne Maden schon bis zum Gehirne gelangt sind und dem Unglücklichen einen entsetzlichen Tod gebracht haben. Lassen wir dahingestellt sein, ob die verderblichen Fliegenlarven gerade die hier besprochenen Arten sind, da es noch sehr viele andere gibt, welche ganz ebenso leben. Erwiesen ist z. B., daß die Maden von Sarcophaga latifrons aus Ohrgeschwüren herausgeschnitten worden sind; ich besitze deren zwei, welche durch Behandlung mit Benzin aus einem sehr schmerzhaften Ohrgeschwüre eines Knaben herausgekommen sind, und in einem anderen Falle war es mit großer Wahrscheinlichkeit eine Fleischfliegenlarve, welche den inneren Augenwinkel eines anderen Knaben, der im Freien eingeschlafen war, in einer Weise verletzt hatte, daß er die Sehkraft verlor. Unter allen Umständen geht aus den angeführten Beispielen hervor, wie gefährlich es ist, während der warmen Jahreszeit im Freien zu schlafen, da die von Seiten an sich harmloser Geschöpfe uns drohenden Gefahren größere Bedeutung haben, als wir zu glauben geneigt sind.

Vor Zeiten hat es nicht an Leuten gefehlt, welche behaupteten, dergleichen Maden entständen von selbst an faulenden Gegenständen und die einen Todten aufzehrenden sogenannten »Leichenwürmer« seien nichts weiter als die sichtlichen Zeichen seines sündhaften Lebens. Heutzutage glaubt kein vernünftiger Mensch solchen Unsinn mehr, sondern weiß, daß diese oder andere Fliegen ihre Eier an den Leichnam absetzten, wenn es auch niemand mit angesehen hat.

Je nach den Umständen: günstige Witterung und nahrhafte reichliche Kost, sind die Maden in acht bis vierzehn Tagen erwachsen. Nach durchschnittlich vierzehn Tagen hat sich im Tönnchen die Fliege so weit entwickelt, daß sie durch Aufblähen ihres Kopfes dasselbe sprengt und daraus hervorkommt, was stets am Tage, nie des Abends oder Nachts geschieht. Es versteht sich von selbst, daß die im Spätherbste erst erwachsenen Maden als Puppen überwintern, daß sie aber in milden Wintern sehr zeitig die Fliegen liefern, dürfte weniger bekannt sein, wenigstens war ich im höchsten Grade überrascht, als ich am 15. Januar 1874 früh neun Uhr in meinem Hofe eine Schmeißfliege antraf, deren noch zusammengeschrumpfte Flügel darauf hinwiesen, daß sie eben der Puppe entschlüpft sein müsse. Diese Voraussetzung wurde zur Gewißheit, als ihr, der in die warme Stube Mitgenommenen, bis Mittag die Flügel vollkommen ausgewachsen waren. Weiter geht aus dem Gesagten hervor, daß bei mehreren Bruten im Jahre das Fliegenvolk zu einer unermeßlichen Zahl heranwachsen müßte, wenn Thiere und Menschen ihm nicht aufsässig wären.

# *Die Skorpione*

Es findet sich wohl kaum unter den Gliederfüßlern ein zweiter, über welchen von Alters her so viel gefabelt worden ist, wie über den Skorpion. Er ist seinem ganzen Wesen nach unstreitig dazu angethan, als Sinnbild giftsprühender Tücke und Boshaftigkeit zu gelten und dem bösen Genius Typhon in der altegyptischen Mythologie zur Seite gestellt zu werden. Einige der griechischen Philosophen lassen die Skorpione aus faulenden Krokodilen entstehen, Plinius aus begrabenen Seekrebsen, aber nur dann, wenn die Sonne durch das Zeichen des Krebses geht; nach der Lehre des Paracelsus werden sie aus faulenden Skorpionen wieder erzeugt, weil sie sich selbst tödten sollen; es ging nämlich die Sage, daß ein von einem Kreise glühender Kohlen umgebener Skorpion, wenn er die nicht zu vermeidende Wirkung der Hitze merkt, sich lieber mit seinem Stachel todtsticht, als jener zu unterliegen. Bestimmte, über diesen Gegenstand von späteren Forschern angestellte Versuche haben das Unsinnige dieser Ansicht zur Genüge bewiesen. Weiter werden von zum Theile späteren Schriftstellern Skorpione mit mehr als sechs Schwanzgliedern, ja mit zwei Schwänzen erwähnt, von Moufet sogar einer mit Flügeln abgebildet. In vielen Schriften spielt der Gebrauch von Basilienkraut eine große Rolle, um todte Skorpione wieder lebendig zu machen, so daß der berühmte A. von Haller in der ersten Hälfte des vorigen Jahrhunderts, um dergleichen Thorheiten zu geiseln, meint, es sei jemandem durch den vielen Gebrauch des Basilienkrautes ein Skorpion im Hirne gewachsen. Diese und ähnliche Ansichten vom Skorpione und der Umstand, daß man ihn sogar unter den Sternbildern erblickt, beweisen die große Theilnahme, welche ihm von jeher seitens der Menschen zu theil ward, die ihn jedoch nie liebten und nie lieben lernen werden, sondern nur fürchten, theilweise allerdings mit Übertreibung, wie die zahlreich angestellten Versuche und Erfahrungen mit der Zeit nachgewiesen haben. Die Skorpione führen in dem gekrümmten Stachel an ihrer Hinterleibsspitze eine für Geschöpfe ihresgleichen unfehlbar tödtliche Giftwaffe, die für größere Thiere und den Menschen nur in besonderen Fällen nachhaltige schlimme Wirkungen oder wohl auch den Tod herbeiführen kann. Bei Montpellier gibt es zwei Arten, den kleinen Hausskorpion (Scorpio europaeus), von welchem die Leute im südlichen und mittleren Frankreich häufig gestochen werden, ohne nachtheilige Folgen, indem das »huile de Scorpion« den Schaden schnell heilt. Der Feldskorpion (Buthus occitanus) ist weit größer und bedeutend gefährlicher. Man ließ von ihm einen Hund viermal am Bauche stechen. Eine Stunde nachher schwoll er, fing an zu wanken und gab seinen ganzen Mageninhalt, weiter einen klebrigen Stoff von sich. Endlich bekam er Krämpfe, schleppte sich auf den Vorderfüßen hin, biß in die Erde und verendete fünf Stunden nach der Vergiftung. Ein anderer Hund wurde sechsmal gestochen, schrie jedesmal auf, blieb aber gesund; vier Stunden nachher ließ man ihn von mehreren Skorpionen zehnmal stechen, er befand sich wohl, nahm Nahrung zu sich und kam immer wieder, wenn man ihm etwas anbot, obschon er wußte, daß er gestochen werden würde. Bei einem weiteren Versuche brachte man drei Skorpione mit einer Maus zusammen. Sie ward gestochen, quikte, biß die Skorpione todt und starb – nicht. In einem anderen Falle war ein Mann von derselben Art achtzehn Stunden früher, als der Arzt herbeikam, in den Daumen gestochen worden. Der Arm war so stark angeschwollen, wie sein Bein, die Haut roth und entzündet. Heftige Krämpfe peinigten den Verwundeten, er phantasirte, brach häufig und fiel aus einer Ohnmacht in die andere. Nach fünf Tagen besserte sich der Zustand, doch dauerte es lange Zeit, ehe vollkommene Genesung erfolgte. Guyon berichtet von fünf Fällen, wo der Tod zwölf Stunden nach dem Stiche, seitens größerer Arten von einem, wo er sofort erfolgte. Das Gift ist eine wasserhelle, leicht eintrocknende, sauer reagirende Flüssigkeit. Es ist in Wasser löslich, nicht löslich im absoluten Alkohol und Äther.

Die Skorpione halten sich wie die Tausendfüßler unter Steinen, im faulen Holze, in Mauerlöchern und ähnlichen dunklen Verstecken auf; da sie aber die Wärme ungemein lieben, so dringen sie auch häufig in die menschlichen Wohnungen ein, verkriechen sich in die Betten, in Kleider und Fußbedeckung, welche sie vorfinden. Wenn eine Reisegesellschaft beim Übernachten im Freien das unvermeidliche Feuer angezündet hat, erscheinen außer anderen nächtlichen Gliederfüßlern immer auch Skorpione, deren man sich auf die eine oder andere Art zu erwehren hat. Auf diese Weise oder bei gewissen Beschäftigungen im Freien kann ihnen der Mensch unbemerkt zu nahe kommen, und dann pflegt ein Stich ihrerseits unvermeidlich zu sein, denn sie meinen sich vertheidigen zu müssen. Der Stich ist ungemein schmerzhaft und brennend, erzeugt örtliche Entzündung, Lähmung, Fieber, Ohnmacht und Übelkeit, je nach der Größe des Thieres, durch welche ein kräftigerer Stich und mehr Gift bedingt wird, je nach der Reizbarkeit des Verwundeten und je nach den Witterungsverhältnissen der Gegend; denn bekanntlich nehmen alle Entzündungen in heißen Ländern einen bösartigeren Charakter an als in gemäßigten Gegenden. Die europäischen Arten verwunden am schwächsten, die afrikanischen und asiatischen, vielleicht wegen ihrer bedeutenderen Größe, am heftigsten. Sonst pflegte man das sogenannte Skorpionöl, Olivenöl, worin man einige Skorpione hat sterben lassen, zum Bestreichen der Wunde zu verwenden und man verwendet es da noch, wo Hausmittel überhaupt mehr als ärztliche Verordnungen gelten. Alkalische Heilmittel, wie Ammoniak, Tabaksasche, lindern den Schmerz und die Geschwulst am besten, wie eine geringe Gabe von Ipecacuanha die Übelkeiten. Die Eingeborenen Afrikas, welche weit und breit vom Stiche des Felsenskorpions (Scorpio afer) zu leiden haben, legen eine Binde fest um die Wunde und sich selbst als Kranke nieder, bis sie sich wieder wohler fühlen. Merkwürdig ist die Erfahrung, daß sich der menschliche Organismus mit der Zeit an das Gift des Skorpions gewöhnt. Eine zweite Verletzung wirkt weniger heftig und nachhaltig als die erste und eine dritte abermals schwächer als die zweite. Es wird erzählt, daß jemand, der diese Erscheinung an sich selbst abprobiren wollte, es bald dahin brachte, daß er nur den durch den Stich verursachten, vorübergehenden Schmerz und nichts weiter empfand.

In einem anderen Verhältnisse stehen die Skorpione zu Insekten aller Art und Spinnen, ihrer Lieblingsspeise, welchen sie auf ihren nächtlichen Beuteumzügen begegnen. Sie laufen dabei sehr schnell und gewandt, manchmal auch seitwärts und rückwärts, halten den Schwanz nach oben und vorn über den Rücken gebogen, um jederzeit die Waffe zum Stoße bereit zu haben, und ergreifen von diesen Thieren mit ihren Scheren, was sich greifen läßt. Hierauf wird die Beute trotz allen Zappelns und Widerstrebens emporgehoben, mit den nach oben gerichteten Augen besehen und durch einen sicheren, von hinten kommenden Stich in die Brust widerstandslos gemacht. Einige krampfhafte Zuckungen, und das Opfer ist todt; es wird nach dem Maule geführt und ausgesogen oder unter Umständen auch zerkleinert und vollständig verzehrt.

Die Skorpione leben vorzugsweise in heißen Ländern und in den wärmeren Theilen der gemäßigten Erdstriche; weiter als bis zum 45. Grade nördlicher Breite dringen sie nicht vor, fehlen daher in Deutschland gänzlich.

Eine der gemeinsten südeuropäischen, in Frankreich, Spanien, der Berberei, überhaupt in allen Mittelmeerländern lebenden Arten, der Feldskorpion (Buthus occitanus), möge statt aller den nicht zu verkennenden Körperbau der Familienglieder vergegenwärtigen. Die beiden großen Krebsscheren stellen die Taster des Unterkiefers, ihr kurzes, dickes Grundglied, welches von oben her unsichtbar bleibt, diesen selbst vor. Das zweite Kieferpaar erscheint als vorderste Beine, deren plattenartige Hüfte nebst der des folgenden, echten Beinpaares einen Fortsatz nach vorn als Unterlippe entsenden. Diese beiden ersten Paare stoßen in der Mittellinie des Körpers zusammen, während die noch übrigen zwei Paare auseinandergerückt sind und ein bei den verschiedenen Arten sehr verschieden gestaltetes Brustbein zwischen sich aufnehmen. Sie alle acht laufen in je zwei Klauen aus. Wenn die Scheren auf den ersten Blick lebhaft an die der Krebse erinnern, so unterscheiden sie sich doch von diesen

SCORPIONIDAE
Pandinus imperator

wesentlich dadurch, daß der äußere Finger gegen den mit der Hand verwachsenen inneren durch ein Gelenk beweglich ist, nicht wie dort umgekehrt der innere Finger gegen den festgewachsenen äußeren. Die beiden Spitzchen, welche die Begrenzung vor dem Vorderrande des Kopfbruststückes bilden, sind die dreigliederigen, an der Spitze gleichfalls scherenförmig endenden Kieferfühler. Der Rumpf des Skorpions zerfällt in ein viereckiges, nach hinten etwas breiter werdendes ungetheiltes Kopfbruststück und in einen dreizehngliederigen, von diesem nicht abgesetzten Hinterleib, dessen sechs letzten Ringe einen knotigen, in den gebogenen Giftstachel auslaufenden Schwanz bilden. Die doppelte Öffnung des die Giftdrüsen bergenden Stachels ist mikroskopisch fein. An der Bauchseite des ersten Hinterleibsgliedes liegen, von zwei Platten bedeckt, die Geschlechtsöffnungen, am Ende des nächsten Gliedes die sogenannten Kämme. Es sind dies an mehrgliederige schmale Platten, einem Kamme ähnlich gereihete Zähne, deren Anzahl nach den Arten und dem Alter einer und derselben Art mehrfach schwankt. Dieselben enden am äußeren Rande saugnapfartig und sind an oder zwischen ihren Wurzeln aus- und inwendig durch dreieckige, kegelförmige oder kugelige Knöpfchen gestützt. Ihre eigentliche Bedeutung kennt man noch nicht; von den aufgestellten Vermuthungen haben die beiden, sie möchten bei der Paarung verwendet werden, oder zum Drehen des Körpers und zum Festhalten an steilen, glatten Wänden, somit zur Unterstützung der Füße dienen, noch den größten Schein der Wahrheit für sich. Die Leibesbedeckung besteht aus harten Chitinschildern; als Farben kommen Blaßgelb durch Braun hindurch bis zum tiefsten Schwarz und höchstens schwarze Zeichnungen auf lichtem Grunde vor. Die weiblichen Fortpflanzungswerkzeuge liegen als drei enge, durch Querröhren verbundene Längsschläuche im Hinterleibe und dienen nicht nur den an einander gereiheten Eiern, sondern auch den Jungen zur Entwickelungsstätte. Es gebären nämlich, wie schon Aristoteles wußte, die Skorpione lebendig. In den ersten Wochen scharen sich die weichhäutigen und blonden Jungen um die Mutter, ohne daß man sie sich ernähren sieht. Jene magert immer mehr ab und stirbt, sobald sich diese in größerer Selbständigkeit zerstreuen. Es gewährt einen ganz eigenthümlichen Anblick, eine Mutter an allen ihren Körpertheilen von ihrer zahlreichen Familie (zwanzig bis funfzig) in den verschiedensten Stellungen besetzt zu sehen und das friedliche Beisammensein von Thieren zu beobachten, deren innerster Natur im übrigen jede Geselligkeit widerstrebt.

Man hat die verschiedensten Versuche angestellt, um die Zwischenräume zwischen den Häutungen und die Lebensdauer der Skorpione zu ermitteln, aber immer erfolglos, weil sie sich in der Gefangenschaft mit der Zeit trotz reichlichen Futters nicht wohl befinden. Füßly hatte einige schweizerische Skorpione, die er ihres dikken Leibes wegen für befruchtete Weibchen hielt, sorgfältig gepflegt. Vier Monate hatte er vergeblich gewartet, als er zu Anfang des August das eine über und über mit weißen, an der Schwanzspitze und um die Augen etwas bräunlichen jungen Skorpionen, etwa zwanzig an der Zahl, besetzt fand, die bis auf die hellere Farbe und die geringere Größe der Mutter vollkommen gleich gebildet waren. Sie saßen fest an ihr, die einen erschienen bald auf dem Rücken, bald wieder am Bauche, und nie sah er einen losgehen, so munter sie umherkrochen; vielleicht eine Wirkung der Kämme. Ungefähr zwölf Tage nach ihrer Geburt häuteten sie sich zum ersten Male und bekamen eine etwas dunklere Farbe, fingen nun an, die Mutter zu verlassen und sich überall im Glase zu zerstreuen, in welchem bei mulmigem Holze die Familie gefangen gehalten wurde. Die Alte starb alsbald sehr abgemagert; ebenso ging es einer anderen, die nur vier Kinder geboren hatte, obgleich sie reichlich mit Kellerasseln versorgt wurde, bei welchem Futter sie sich sechs Monate lang sehr wohl befunden hatte. Die jungen Thiere blieben munter, ihre Zahl verminderte sich aber, wahrscheinlich durch gegenseitiges Auffressen, obwohl ihnen andere Nahrung nicht fehlte. Es ließen sich keine abgestreiften Häute entdecken. Nach acht Monaten war keins über die Hälfte größer geworden, die Farbe noch eben dieselbe, nur an den Scheren mehr in Roth verwandelt. Daß die Skorpione sehr langsam wachsen und für einen Gliederfüßler ziemlich lange leben, geht aus diesen und anderen Versuchen zur Genüge hervor.

Die Skorpione unterscheiden sich äußerlich durch die gestrecktere oder gedrungene Form der Scheren, durch die Schlankheit oder Dicke des Schwanzes und durch die hellere oder dunklere Farbe des glätteren oder rauheren Körpers. Obgleich die bisher bekannt gewordenen Arten die Zahl hundert noch nicht erreichen, wurden sie doch schon früher von Ehrenberg in mehrere Gattungen zerlegt, von denen Scorpio die sechsäugigen, Buthus die achtäugigen, Centrurus die Arten mit zehn und Androctonus die mit zwölf Augen umfassen. Einige dieser Gattungen zerfallen nach der gegenseitigen Stellung der Seitenaugen oder dem Vorhandensein oder Mangel der Kiele auf den Schwanzknoten in einige Untergattungen.

Beispielsweise der Bücherskorpion (Chelifer cancroides) der in Ansehung der Größe, der Färbung und der allgemeinen Umrisse des stark flachgedrückten Körpers an die Bettwanze erinnert. Nicht nur der Mangel der Kämme am Grunde des Bauches und der Giftdrüsen an irgend einer Stelle ihres Körpers unterscheidet diese Afterskorpione von den echten Skorpionen, sondern auch der allerdings noch nicht vollständig untersuchte innere Bau. Sie athmen nicht durch Lungen, sondern vermittels Luftröhren, welche von zwei seitlichen Luftlöchern am ersten Hinterleibsringe als kurze, weite Stämme ausgehen und sich durch den ganzen Körper fein verästeln. Der Darm verläuft gleichfalls nicht gerade, wie dort, sondern bildet vor dem sackartig erweiterten Mastdarme eine Schlinge; überdies besitzen die Afterskorpione Spinndrüsen, welche nahe bei den Geschlechtsöffnungen am Bauche des zweiten Hinterleibsgliedes münden; sie stehen in ihrem inneren Baue überhaupt den Milben viel näher als den Skorpionen, mit denen sie später schwerlich verbunden bleiben werden.

Der Bücherskorpion hält sich in alten Häusern, zwischen staubigen Büchern, den Mappen von Herbarien und in den Kästen der Insektensammlungen auf, den Staubläusen, Milben sowie anderen kleinen Insekten nachgehend und mithin in letzteren durchaus keinen Schaden anrichtend, sondern vielmehr des Hegens und Pflegens werth. Einen sonderbaren Anblick gewährt es beim Öffnen eines solchen Kastens, dieses Thierchen in einem der Winkel umherkrebsen zu sehen; denn es bewegt sich rückwärts und seitwärts mit eben solcher Leichtigkeit wie vorwärts, telegraphirt mit seinen Scherentastern bald rechts, bald links und ist gegen die ihn etwa fassenden Fingerspitzen vollkommen wehrlos.

*Niedere Thiere*

# *Die Krebse*

Innerhalb des großen Kreises der Gliederthiere, zu welchen auch die Insekten, Tausendfüßer und Spinnen gehören, nehmen die Krebse einen wohl bestimmten Platz ein. Mit jenen die durchgehende Gliederung des Körpers theilend und in der Anlage und Lagerung der Körpertheile im wesentlichen mit ihnen übereinstimmend, sind ihre Eigenthümlichkeiten im allgemeinen solche, welche dem Leben im Wasser entsprechen. Wenn viele Insektenlarven lange Zeit unter Wasser leben, einige ausgebildete Insekten, Spinnen und Milben wenigstens zeitweilig unter Wasser gehen können, so verleugnen sie dabei ihre Natur als Luftthiere nicht, ihre Athmungswerkzeuge bleiben dem Schema der Luftathmungswerkzeuge getreu, und manche Käfer und Spinnen nehmen sich sogar eine Portion Luft mit unter Wasser, um davon ihr Athmungsbedürfnis zu bestreiten, während sie dem gasförmigen Elemente Lebewohl gesagt haben. Nicht so die Krebse: sie sind Wasserathmer und zu diesem Zwecke mit Kiemen versehen, die wir vorläufig mit den Kiemen der Fische vergleichen können, später aber etwas specieller betrachten müssen.

Nicht wenige Krebse, namentlich aus den Gruppen der Asseln und Krabben, haben sich jedoch im Laufe der Jahrtausende dem Landleben angepaßt und athmen Luft, obschon ihre Athmungswerkzeuge ein kiemenartiges Aussehen bewahrt haben.

Ein zweites Merkmal aller ausgebildeten und nicht durch Schmarotzerleben verkümmerten Krebse ist, daß sie mehr als vier Paar Beine besitzen. Es ist also nichts leichter, als wenigstens oberflächlich zu konstatiren, daß ein uns in die Hände kommendes Gliederthier ein Krebs ist. Mit drei Paar Beinen ist es ein Insekt, mit vieren eine Spinne. Die Verwechselung mit einem Tausendfuß liegt bei der Wurmähnlichkeit dieses letzteren und dem Mangel äußerer Kiemen auch fern. Die Hautbedekkungen aller Gliederthiere und mithin auch die der Krebse, bestehen aus einem mikroskopisch und chemisch sich eigenthümlich verhaltenden Stoffe, dem Chitin, während bei vielen Krebsen dieser Hautpanzer durch Zwischenlagerung von kohlensaurem Kalk eine größere Stärke und Widerstandsfähigkeit erhält. Damit dürfte alles gesagt sein, was die Krebse als Gesammtheit betrifft. Denn, so mannigfaltig die Insekten sind, in der Verschiedenheit ihres Baues und der Lebensweise werden sie weit von den Krebsen übertroffen. Im offenen Meere gleich heimisch wie an den Küsten, halten sie sich zugleich in den verschiedensten, dem thierischen Leben überhaupt zuträglichen Tiefenzonen auf. Eine Reihe hat sich dem süßen Wasser akkommodirt, dem fließenden und stehenden, mit guten und faulenden Substanzen erfüllten. Aus ihrem eigentlichen Elemente hervortretend, leben diese unter Steinen und Gesträuchen, während andere weite Reisen über sandige Flächen unternehmen und einzelne Krabben auf die Palmen klettern, um deren süße Früchte für sich zu pflücken. Meist frei ihrem Raube nachgehend, dazu durch ihre scharfen Sinneswerkzeuge, starke Kiefern, Scheren und robusten Gliedmaßen befähigt, haben sie auch zahlreiche Genossen unter sich, bei welchen die anfänglich viel versprechende Gliederung beim weiteren Wachsthume ins Stocken geräth, und die nun einem Schmarotzerthume auf Fischen, Krebsen, wohl auch auf Würmern, verfallen, in welchem sie zu scheinbar leblosen Säcken verkümmern.

Das unumgänglich nothwendige Kapital von anatomischen Kenntnissen, mit welchem wir ausgerüstet sein müssen, um die Merkmale der Klasse zu verstehen, eignen wir uns wohl am leichtesten an, wenn wir den allen zugänglichen gemeinen Flußkrebs einer genaueren äußeren und inneren Besichtigung unterziehen. Diejenigen Leser, welche sich schon mit den Insekten und Spinnen vertraut gemacht, werden mit um so größerer Leichtigkeit sich auch hier orientiren, zumal wenn sie die Mühe sich nicht verdrießen lassen, an einem wirklichen Exemplare des Krebses das im Texte Gesagte sich zur Anschauung zu bringen.

Der Flußkrebs erscheint, besonders wenn man ihn von oben betrachtet, aus zwei Hauptkörperabschnitten gebildet. Das Vorderende des Rückenschildes läuft in den Stirnstachel aus, an dessen Grunde die zwei Augen liegen. Letztere sind auf beweglichen Stielen, können nach verschiedenen Richtungen gestellt oder in ein Paar schützende Halbrinnen zurückgelegt werden. Schon mit scharfen Augen, besser mit einer mäßig vergrößernden Lupe, überzeugt man sich, daß die Oberfläche der Augen nicht glatt, wie unsere eigene Hornhaut, sondern gefeldert, facettirt ist, in vollständiger Harmonie mit den ebenso beschaffenen Augen der Insekten. Wir müssen es uns leider versagen, auf die nähere Beschaffenheit solcher Gesichtswerkzeuge einzugehen, da es ohne die allerfeinsten Einzelheiten nicht möglich wäre. Nur so viel, daß der Flußkrebs mit Hülfe derselben ohne Zweifel vollständig gut sieht, und daß er sowie die ähnlich gebauten Kruster sowohl seine Feinde als seine Beute aus ziemlicher Entfernung erkennt. Nach ein- und abwärts von den Augen befinden sich die großen äußeren Fühler.

Zur Orientirung über diese höchst merkwürdigen, allgemein interessanten Organe des Flußkrebses und seiner Klassengenossen im allgemeinen muß ich mir eine Einschaltung erlauben. Wie jedes Sinneswerkzeug, bestehen auch die Gehörwerkzeuge aus einem die äußeren Eindrücke aufnehmenden und leitenden Apparate, der geradezu mit einem für einen bestimmten Zweck gebauten physikalischen Instrumente verglichen werden kann, und aus einem Nerv, auf welchen jene Eindrücke – Lichtwellen, Schallwellen usw. – übertragen und von dem sie dem Gehirne zu weiterer Verarbeitung übermittelt werden. Der physikalische Apparat des Gehörorgans muß geeignet sein, durch die Schallwellen leicht in Zitterungen versetzt zu werden, und wird um so künstlicher und vollkommener, auf je feinere Unterschiede der Wellen er in verschiedener Weise seinerseits antworten kann, und je mehr auch die feinsten Formbestandtheile des Nervs diesen Nüancen des aufnehmenden Apparates entsprechen. Der genaue Beobachter dieser Verhältnisse, Professor Hensen, sah, wie ein kleiner Seekrebs sich seine Ohren voll feinen Kies stopfte und somit die verloren gegangenen Gehörsteine ergänzte.

Geht man an der Unterseite von den inneren Fühlern weiter nach abwärts, so gelangt man an die von zahlreichen beweglichen Theilen umgebene Mundöffnung. Da ist der starke, mit einem beweglichen Taster versehene Oberkiefer, der Unterkiefer und ein zweiter Unterkiefer, welcher, obschon vollständig getheilt, der Unterlippe der Insekten entspricht. Dann kommen die sogenannten Hülfskiefer oder Kieferfüße, ihrer Entstehung und Lage nach Beine, welche aber nicht im Dienste der Ortsbewegung sind, sondern mit den beiden Unterkieferpaaren zum Festhalten, Betasten und Zurechtlegen der Nahrung verwendet werden, während die Oberkiefer die vorläufige Zerkleinerung der Nahrung vornehmen. Ich sage die vorläufige, indem die weitere Zerlegung, das eigentliche Zerbeißen durch die sonderbaren Magenzähne geschieht. Auf die Hülfskiefer folgen fünf Paar Beine, von denen die drei vorderen mit Scheren endigen. Die Ringe des Nachleibes tragen fußartige Anhänge, an und zwischen welchen beim Weibchen die gelegten Eier angeheftet werden. Am letzten Ringe, an dessen Unterseite sich der Darmkanal öffnet, haben diese Anhänge die Form breiter Flossen angenommen. Und so zeigt der Flußkrebs von den Oberkiefern an bis zu diesen Flossen ein und dasselbe Grundorgan in der verschiedenartigsten Form und Verwendung.

Zu den bisher abgehandelten Körperanhängen kommen noch die Kiemen. Sie erscheinen am Grunde der Beine befestigt, wenn man die unten freien Seitenblätter des Panzers abschneidet. Das Wasser tritt neben den Mundwerkzeugen zu ihnen ein und kann nach unten und hinten abfließen, indem durch die fortwährende Bewegung der Hülfskiefertaster für beständige Erneuerung gesorgt ist. Das Wedeln der Taster und der übrigen Theile der Hülfskiefer ersetzt hier also das »Athemholen« der mit inneren Lungen versehenen höheren Thiere.

Gleich fast sämmtlichen übrigen Krustern ist unser Flußkrebs getrennten Geschlechtes. Ohne auf die inneren Organe der Fortpflanzung einzugehen, kann man sich leicht von den äußeren Geschlechtsverschiedenheiten überzeugen. Bei den Männchen ist gleichsam zu einer äußeren Fortsetzung der inneren Samengänge der erste Fuß des Nachleibes (Schwanzes) umgeformt. Die Öffnungen der Eileiter befinden sich am Grunde des dritten Fußpaares. Der Flußkrebs kommt in einem Stadium der Ausbildung aus dem Eie, daß er eine Verwandlung, wie so viele Insekten und sehr viele andere Kruster, nicht zu bestehen hat. Jedoch erinnert seine jährliche Häutung an die mit Häutungen verbundene Insektenmetamorphose. Alle sich nicht häutenden Gliederthiere sind nach ihrer Verwandlung und nachdem ihr Hautskelett eine gewisse Starrheit und Festigkeit erlangt, an eine bestimmte Größe gebunden: sie wachsen nicht mehr. Die sich periodisch häutenden Krebse haben damit die Fähigkeit erlangt, zeitlebens zu wachsen. Man betrachte einige hundert Maikäfer: ihre geringen Größenunterschiede haben sie aus ihrem Puppenzustande ererbt, und während ihrer kurzen Schwärmzeit gleichen sie sich nicht aus.

Ein kleiner Krebs hat aber die Hoffnung, ein großer zu werden, wenn nicht eine unkluge Nationalökonomie ihn schon als Jüngling der Küche überliefert. Das Erstaunen über die Möglichkeit, wie der Krebs sich seines starren Panzers alljährlich entledigen könne, wird vermehrt, wenn man sieht, wie auch die feineren Organe, Fühlhörner, Augen, Kiemen dabei ihrer Hüllen ledig werden, ja, daß auch der Darmkanal an der Häutung theilnimmt.

Bedenkt man, daß auch die Magenhaut und die Magenzähne wechseln, so begreift man, daß der Krebs einige Tage vor der mit großen Unbequemlichkeiten und Unbehaglichkeiten verbundenen Häutung keinen großen Appetit verspürt. Wer könnte viel ans Essen denken, wenn ihm alle Zähne wackeln? Bald darauf wird der Krebs unruhig. Er reibt die Beine gegen einander, dann wirft er sich auf den Rücken, arbeitet mit dem ganzen Körper, und es gelingt ihm, die Haut zu zerreißen, welche am Rükken den Panzer des Kopfbruststückes mit dem Schwanz verbindet. Damit hebt sich das große Rückenschild. Auf die ersten Anstrengungen folgt eine Ruhe. Bald beginnt der Krebs wieder seine Beine und alle Körpertheile zu bewegen, und man sieht nun, wie der Panzer des Kopfbruststückes sich mehr und mehr hebt und sein Abstand von den Beinen größer wird. In weniger als einer halben Stunde hat sich der Krebs aus seiner Haut gezogen, indem er erst, mit dem Kopftheil sich nach hinten stemmend, Augen und Fühler frei macht und dann seine Beine aus ihren engen Etui's herauszwängt. Das letztere macht ihm die größten Schwierigkeiten, und mitunter verliert er dabei das eine und andere Bein. Der eben aus seiner Hülle gekrochene Krebs (Butterkrebs) hat eine weiche Hautbedeckung, welche jedoch schon nach einigen Tagen durch reichliche Ablagerung von Chitin und Kalk die Festigkeit des alten Hautskelettes erlangt. Die Periode der Neubildung und Erhärtung dauert bei den kurzschwänzigen Krebsen oder Krabben bedeutend länger; sie ziehen sich während der Zeit zurück, indem sie sich in Felsritzen oder unter Steinen oder auch in Erdlö-

ASTACIDAE
Astacus astacus

chern verbergen. Bei dem »freiwilligen« Abwerfen des Stummels nach Verwundungen findet zugleich die die Verblutung verhindernde Unterbindung und Verstopfung statt. Die Heilung nach solchen natürlichen Amputationen besteht in dem Hervorsprossen eines anderen Beines, während oft Verblutung eintritt, wenn nach einer leichteren Beschädigung keine Amputation erfolgt ist.

Die Krabben- und Hummerfischer behaupten, daß das Thier, an einem Beine gepackt, dieses abwerfe, um zu entkommen. Namentlich sollen auch die Hummern bei Gewitter und Kanonendonner aus Schreck ihre Beine verlieren. Das sind eben Fischergeschichten.

Betrachten wir nun die Familie der Krebse im engeren Sinne (Astacina), zu welcher auch unser Flußkrebs gehört.

Wir erkennen sie an dem seitlich etwas zusammengedrückten Kopfbruststücke. Das erste Fußpaar trägt stets große Scheren; auch das zweite und dritte Fußpaar sind bei einigen Gattungen mit kleinen Scheren versehen.

Da der gemeine Flußkrebs (Astacus fluviatilis) nach seinen anatomischen Verhältnissen schon oben ausführlich beschrieben ist, holen wir hier nur einige Mittheilungen über seine Lebensweise und Verbreitung nach. Er hält sich am liebsten in fließenden Gewässern auf, besonders an solchen Steilufern, wo er zwischen den Wurzeln hart am Wasser stehender Bäume bei Tage sich verkriechen kann. Daß er jedoch auch an flachen Uferstellen unter Steinen lebt, ist allen bekannt, welche in der schönen Jugendzeit heimlich die Stiefeln auszuziehen und zu krebsen pflegten. Ein wenig heikliger Fresser, zieht der Krebs das Aas frischem Fleische vor, und ist allen, welche sich an einem Gerichte gesottener Krebse erlaben, sehr anzuempfehlen, die Mägen derselben möglichst unberührt zu lassen. Wie alle dem Aase und anderen unreinen Genüssen nachgehenden Gliederthiere, scheint auch der Flußkrebs mit einem scharfen Geruchssinne begabt zu sein; wenigstens werden sie von dem als Köder in den Reusen und Netzen ausgestellten faulen Fleische angezogen. Die gewöhnliche Nahrung besteht jedoch in Muscheln, Schnecken, Insektenlarven und gelegentlich in kleinen Fischen. Die im Leben schwarzgrünen Krebse werden an der Sonne oder beim Kochen gleich vielen anderen ihrer Brüder roth. Von den in ihren Hautbedeckungen vorhandenen zwei Farbstoffen, einem rothen und einem bräunlichen, wird nur der letztere durch die Hitze zerstört, und es kommt der andere allein zur Geltung.

Die noch jetzt beim Volke als heilbringend geltenden Kalkkonkremente aus den Wandungen des Magens, die »Krebsaugen«, figurirten als lapides oder oculi cancri astaci unter den vielen hundert, nunmehr ganz ausgemerzten oder halb vergessenen Mittelchen der älteren Heilkunst. So bildeten sie einen Bestandtheil des berühmten Stahl'schen Beruhigungspulvers. Sie thun in Pulverform dieselbe aufsaugende Wirkung wie eine Reihe anderer pulverförmigen und leichter zu beschaffenden Mittel,

z. B. kohlensaure Magnesia. Sie sind hier und da noch in den Apotheken vorräthig und wurden ehemals besonders von Astrachan bezogen. In der Wolga kommen nämlich die Krebse in solchen Mengen vor, daß man sie in großen Haufen am Ufer faulen ließ und zur Versorgung der russischen Apotheken wohl noch faulen läßt, um später die »Augen« leicht aus dem Rückstande herauszulesen. Der gemeine Flußkrebs verbreitet sich fast über ganz Europa. Seine südliche Grenze geht bis in die Kerka und den Zirknitzer See in Krain, bis Nizza, das ganze Pogebiet und Neapel. Im südlichen Rußland kommt er bei Nikolajew im Buggebiete vor. Die Flußkrebse des Dniester, Dnieper und der Wolga, der Krim und des Kaukasus sowie einiger anderen südrussischen Gebiete, welche als drei besondere Arten beschrieben wurden, sind so wenig streng von unserem gemeinen Flußkrebse unterschieden, daß sie als bloße Abarten gelten dürfen.

Im Süden unseres Welttheiles findet sich eine durch braungelbe Färbung und eine Reihe von Merkmalen vom Flußkrebse abweichende Art, der Steinkrebs (Astacus saxatilis). Das Vorkommen desselben in dem einsamen und abgeschlossenen Vranasee der istrischen Insel Cherso wurde von dem Breslauer Zoologen Grube bestätigt. Der höher als das Meer liegende, rings von Bergen umgebene See erwies sich als sehr wenig bevölkert: mit einer Abart der Plötze und einigen Hechten fanden sich nur zahlreiche Steinkrebse. Später wurde auch noch aus der Tiefe von 57 Meter ein kleiner Ringelwurm heraufgeholt. Man fragt vielleicht, wie wohl der Krebs und seine übrigen Genossen in dieses öde, aller Zuflüsse entbehrende Wasser anfänglich gelangt sei, eine Frage, welche bei allen isolirten Thiergebieten wiederkehrt und eigentlich nur im Zusammenhange mit den allgemeinen Gesetzen der geographischen Verbreitung der Lebewesen und der sie beeinflussenden Naturerscheinungen und Naturgewalten genügend gelöst werden kann. In unserem Falle können wir uns vorläufig darauf berufen, daß die istrischen und dalmatinischen Inseln in nicht allzu ferner Vorzeit durch gewaltige Erdbeben vom Festlande losgerissen wurden und ihre jetzige Gestaltung und Niveauverhältnisse erhielten, wobei, was von fast allen nicht fliegenden Land- und Süßwasserbewohnern aller Inseln gilt, eine Reihe der Thiere des festen Landes mit isolirt wurde.

Auch der Hummer (Astacus marinus, Homarus vulgaris) unterscheidet sich vom Flußkrebse durch so geringfügige Merkmale, daß man, systematisirend, eigentlich kaum nöthig hat, ihn in eine andere Gattung zu versetzen. So hat er einen schmaleren Stirnfortsatz, und die am Grunde der äußeren Fühler stehende Schuppe, welche blattförmig ist bei den Flußkrebsen, ist bei den Hummern schmal und zahnartig. Der gemeine Hummer der europäischen Meere findet sich von der norwegischen Küste an bis in das Mittelmeer, ist jedoch hier nicht besonders häufig, während seine eigentliche Heimat die britannischen, vor allen aber die norwegischen Gestade sind. Dort findet er sich mit vielen anderen Seethieren vorzugsweise auf der ungeheueren

Terrasse oder Bank, die sich neben dem Festlande hinzieht und von welcher aus ein jäher Absturz in den Ocean erfolgt.

Auch um England herum sind felsige Küsten die Fangplätze, und zwar bedient man sich meist ähnlicher Körbe, wie für den Fang der Krabben, oder auch länglicher Netze mit trichterförmigem Eingange. In diese Fallen kriechen sie bei nächtlicher Weile. In keinem Lande Europas ist der Verbrauch von Hummern so groß wie in England. Schon vor zwanzig Jahren kamen von Schottland und den britannischen Inseln etwa hundertundfunfzigtausend Stück jährlich nach London. Die bei weitem größte Zufuhr war und ist noch von Norwegen, von wo wenigstens sechshunderttausend vermittels kleiner, schnell segelnder Schiffe mit doppeltem, als Hummerbehälter dienendem Boden nach London geliefert werden. Der Hauptkonsum geschieht vom März bis August.

Nach den Beobachtungen des Fischhändlers Saunder, welche Bell mittheilt, dürfte der Hummer sich nicht weit von seinem Geburtsorte entfernen, und der praktische Mann versicherte, er könne aus der Farbe und dem Aussehen des Hummers bestimmen, von wo er stamme. Die Fortpflanzung des europäischen Hummers stimmt mit derjenigen des amerikanischen, wovon Näheres unten, überein. Merkwürdigerweise unterscheiden sich die Larven beider Arten schärfer von einander als die erwachsenen Thiere.

Wenn man den Verbrauch von Hummern für Nordeuropa auf fünf bis sechs Millionen jährlich veranschlagt, so steht damit die außerordentliche Fruchtbarkeit dieses Thieres im Einklange. Das Weibchen legt über zwölftausend Eier und trägt dieselben, an dem Hinterleibe und seinen Anhängen angeheftet, bis unmittelbar vor dem Auskriechen der Jungen mit sich umher. Es ist klar, daß nur ein kleiner Bruchtheil der Gefahr, von den zahlreichen, ihnen auflauernden Feinden, vor allen den Raubfischen, gefressen zu werden, entgeht, trotzdem sie von der Mutter beschützt werden. Sie flüchten nämlich unter ihren Leib, und nach der Aussage glaubwürdiger Fischer führt das alte Hummerweibchen wenigstens einen Theil der Schar seiner Jungen. Pöppig erzählt, nach Pennant, daß man zu jeder Jahreszeit, besonders häufig im Winter, Weibchen mit Eiern beladen einfange, die jedoch in den kalten Monaten nicht zur Entwikkelung gelangen, und durch welche ungeregelte Fortpflanzung der Hummer unter den Krustern und überhaupt unter allen Gliederthieren eine merkwürdige Ausnahme machen würde. Auch fügt der englische Beobachter hinzu, daß die Häutung nicht in demselben Jahre und auf das Eierlegen folge, was sonst bei allen Krebsen Regel ist; auch schließt man aus dem Umstande, daß auf dem Bruststücke sehr großer Hummern mitunter Muscheln und Rankenfüßer festsitzen, daß im reifen Alter der Panzer entweder gar nicht oder doch nur in großen Zwischenräumen abgestreift werde.

Nach den neueren sorgfältigen Beobachtungen über Vorkommen und Fortpflanzung des nordamerikanischen Hummers (Homarus americanus) findet die Vermehrung, je nach der Lage der Küsten, zwischen April und September statt, und scheinen zu diesem Zwecke die Weibchen sich auf seichteren Grund zu begeben. Die Jungen schwimmen nicht nur unmittelbar nach dem Auskriechen frei umher, sondern auch noch dann, wenn sie schon das Aussehen der Alten und eine Länge von dreiviertel Zoll erreicht haben. Da sie also wehrlos in Schwärmen umherziehen, werden ihre Reihen von den ihnen folgenden Fischen außerordentlich gelichtet.

Der Verbrauch des Hummers in Nordamerika übersteigt weit den europäischen Konsum: in Boston allein werden jährlich etwa eine Million verkauft. Der Fang an den amerikanischen Küsten geschieht fast ausschließlich in den Körben, wie in England (Colster-pots), in welche sie durch verschiedene Köder gelockt werden.

# *Der Regenwurm*

Eine neue Welt des Lebens thut sich vor uns auf, aber nur vor den Augen derjenigen, welche eifrig suchen. Das Vorhandensein der Säuger, Vögel, Fische, Insekten, theilweise auch der Krebse ist so aufdrängerisch, es ist so unmöglich, ihnen nicht zu begegnen, daß ihre Mannigfaltigkeit als etwas Selbstverständliches hingenommen wird. Der Name des Wurmes wird gebraucht, um etwas Verächtliches, Ärmliches, nicht Beachtenswerthes zu bezeichnen, und jedermann denkt dabei an den sich hülflos im trockenen Staube krümmenden Regenwurm, wenn die aus dem täglichen Leben geschöpften Erfahrungen nicht etwa noch die nicht angenehme Erinnerung an Blutegel, eine Trichinenepidemie und finniges Fleisch mit sich bringen. Das sind unschöne, zum Theile widerliche Eindrücke, die man da empfängt; sie laden nicht gerade ein zu näherer Bekanntschaft.

Mit dem Worte Wurm verbindet jedermann die Vorstellung eines seitlich symmetrischen, mehr oder weniger gestreckten Körpers, welcher bald walzenförmig ist, wie beim Regenwurm, bald eine ausgeprägtere, platte Bauchseite hat, wie beim Egel, bald völlig platt ist, wie wir an den Bandwurmgliedern sehen. Im allgemeinen sind die Hautbedeckungen von weicher Beschaffenheit, und sehr allgemein sind wenigstens in einer gewissen Lebensperiode gewisse Stellen der Oberfläche mit Flimmerhärchen versehen. Der Mangel dieser mikroskopischen Organe bei allen Insekten, Spinnen, Tausendfüßern und Krebsen gegenüber den so reichlich damit ausgestatteten Würmern ist sehr bemerkenswerth. Unmittelbar mit der Haut pflegt ein zusammenhängender Schlauch der Quere und Länge nach sich kreuzender Muskeln verbunden zu sein. Die Zusammenziehungen des Körpers, die schlängelnden Schwimmbewegungen, die Bewegungen einzelner Körperabschnitte, werden von diesem Hautmuskelschlauche und seinen Theilen besorgt, und es beruht die Möglichkeit dieser Bewegungen darin, daß nicht, wie bei den Gliederthieren, die Hautbedeckungen zu einem Skelette verhornen. Daß ein Wurm keine Beine hat, mit diesem wichtigen Charakter ist auch der Laie befreundet. In Abwesenheit derselben schlängelt eben der Körper, einige Würmer mit horizontalen Wellenbiegungen, gleich den Schlangen, andere, z. B. die Egel, mit vertikalen. Auch bedienen sich viele

Würmer beim Kriechen stummelartiger Hervorragungen der Haut und des Hautmuskelschlauches, in welche einzelne Borsten oder ganze Borstenbündel eingepflanzt sind. Endlich treten Saugnäpfe als Hülfsbewegungsorgane bei parasitischen und freilebenden Würmern auf.

Das Nervensystem der höheren Würmer ist von demjenigen der Gliederthiere nicht zu unterscheiden, sobald man nur von jenem äußersten Zusammenziehen der Bauchganglienkette absieht, welche mit der Koncentration des Körpers bei Krabben, Spinnen usw. Hand in Hand geht. Zahlreiche niedere Würmer besitzen nur einen oder zwei Nervenknoten in der Nackengegend. Die Sinneswerkzeuge, namentlich die Augen, sind in dem Maße entwickelt, wie die Lebensweise der betreffenden Würmer eine mehr oder weniger freie und umherschweifende ist. Wie bei den Höhlen bewohnenden Käfern und Krebsen eine Verkümmerung des Gesichtes Platz griff, haben auch die in das Innere anderer thierischen Organismen sich zurückziehenden Würmer mit dem Bedürfnis den normalen Bestand der Sinneswerkzeuge verloren.

Die zoologischen Merkmale unserer Regenwürmer sind die zahlreichen, kurzen Segmente, ein kegelförmiger, eine Oberlippe bildender Kopflappen und die Hakenborsten. Außer jener sogenannten, die Körperspitze bildenden Lippe haben die Regenwürmer keine besonderen Sinneswerkzeuge, namentlich weder Augen noch Ohren, gleichwohl sind sie für Lichtreiz empfänglich. Hören wir, was W. Hoffmeister, welcher die Regenwürmer Deutschlands in einer Monographie geschildert hat, hierüber sagt: »Wer sich mit der Beobachtung der Lebensweise dieser Thiere beschäftigt hat, wird ein mächtiges Hindernis für die Beobachtung in der großen Empfindlichkeit der Würmer gegen Lichtreiz gefunden haben. Eine noch so vorsichtig genäherte Flamme treibt sie schnell in ihre Höhle zurück; doch scheint es immer erst einer gewissen Zeit zu bedürfen, bis der Eindruck percipirt wird. Denn im ersten Momente pflegen sie ihre Bewegungen, trotz der Lichtflamme, fortzusetzen, dann halten sie plötzlich inne, gleichsam um zu lauschen, und dann erst ziehen sie sich mit einem schnellen Rucke in ihre Löcher zurück. Ist der Eindruck einmal aufgenommen, dann kann ein rasches Fortnehmen des Lichtes den eiligen Rückzug nicht aufhalten, scheint ihn im Gegentheile durch den Kontrast noch zu beschleunigen. Nicht der ganze Körper, wie begreiflich, empfindet den Eindruck, sondern nur die zwei ersten Ringe, an denen die vom Schlundringe ausgehenden Nervenbündel liegen. Ein Wurm, der mit dem Kopfe in das Loch eines Nachbars gedrungen oder unter einem Stückchen Holze versteckt war, vertrug die allerstärkste Annäherung der Flamme, verschwand aber sogleich, sobald er den Kopf erhoben hatte. Versucht man bei Sonnenlicht die Mundtheile eines Wurmes zu zeichnen und setzt ihn zu dem Ende in eine Schale mit Wasser, so wird man allezeit finden, daß er stets nach der dem Lichte abgekehrten Seite sich wendet.«

LUMBRICIDAE
Lumbricus terrestris

Die meisten Regenwürmer füllen ihren weiten Darmkanal ähnlich wie die Sandwürmer, nehmen jedoch nur darum die großen Portionen humusreicher Erde zu sich, um die darin enthaltenen, in der Zersetzung begriffenen thierischen und vegetabilischen Stoffe zu ihrer Nahrung zu verwenden. Von dem Lumbricus agricola, der größten und stärksten Art Deutschlands, welche in üppigem Boden, bei nicht zu starker Dehnung, nicht selten die Länge von etwa 40 Centimeter erreicht, sagt unser Gewährsmann: »Die humusreiche Erde genügt ihnen nicht allein; sie suchen nach vermoderten Vegetabilien, und wenn sie diese nicht finden, so präpariren sie sich ihren Fraß, indem sie, was ihnen vorkommt, in ihre Löcher hinunterziehen. Jedermann weiß, daß die Strohhalme, Federn, Blätter, Papierstreifen, welche man des Morgens auf den Höfen und in den Gärten in der Erde stecken sieht, als wären sie von Kindern hingepflanzt, während der Nacht von Regenwürmern verschleppt werden. Wenige jedoch werden gesehen haben, wie mit so schwachen Werkzeugen ein Wurm im Stande ist, so große Gegenstände zu überwältigen. Wenn man jedoch den Widerstand erprobt hat, den der Wurm dem entgegensetzt, der ihn aus dem Loche hervorzuziehen versucht, so wird man sich über die Muskelkraft eines nur aus Muskeln und Haut bestehenden Thieres nicht so sehr verwundern. Ein starker Strohhalm wird in der Mitte gefaßt und so scharf angezogen, daß er zusammenknickt, und so ins Loch hinabgezogen; eine breite Hühnerfeder mit der Fahne war ohne Schwierigkeit in ein enges Loch gezerrt; ein an der Spitze gefaßtes grünes Blatt von einer Himbeerstaude wurde abgerissen«.

Die Sinnesthätigkeiten des Regenwurmes haben uns veranlaßt, schon auf seine Lebensweise einzugehen. Wir kehren jedoch nochmals zu seinen anatomischen Eigenschaften zurück, welche vielleicht mancher Leser sich von einem befreundeten Arzt oder Naturforscher an einem frischen Thiere darstellen läßt. Was wir oben über die Blutgefäße gesagt haben, erläutert sich an kleineren, weniger gut genährten Individuen unserer Regenwürmer sehr gut. Mit bloßem Auge sieht man durch die Haut die oben auf dem Darmkanale verlaufende Hauptader und ihren röthlichen Inhalt durchschimmern. Trotz seines rothen Blutes hat der Regenwurm fast zweitausend Jahre im Systeme unter den »blutlosen« Thieren figurirt, bis ihm Linné eine Stelle unter den Thieren »mit weißlichem kalten Blute und einem Herzen mit Kammer, aber ohne Vorkammer«, einräumte. So will alle Erkenntnis, auch die scheinbar nächstliegende, gezeitigt sein. Jenem Rückengefäße korrespondirt am Bauche ein zweites Hauptgefäß, mit dem ersten durch eine Reihe von Querschlingen verbunden. Eine Menge kleiner Adern kann man an einem schnell in starkem Weingeiste getödteten und geöffneten großen Regenwurme aus den Stammgefäßen ihren Ursprung nehmen sehen, um in feinsten Vertheilungen den Körper zu durchtränken und zu ernähren. Als Athmungsorgane treten die Hautbedeckungen ein. Die Regenwürmer und Verwandte sind Zwitter. Nicht alle Gattungen der Lumbricina besitzen den drüsigen Gürtel von weißlicher oder gelblicher Farbe, welcher etwa mit dem fünfundzwanzigsten bis neunundzwanzigsten Ringe anfängt und sich vier bis zehn Glieder weit erstreckt. Er dient zum gegenseitigen Festhalten während der Begattung.

Der gemeine Regenwurm verlebt den Winter, einzeln oder mit seinesgleichen zu langem Schlafe zusammengeballt, sechs bis acht Fuß unter der Erde. Die Frühlingswärme weckt auch ihn und lockt ihn wieder empor. Er ist des Tages Freund nicht, aber in der Früh- und Abenddämmerung und bis tief in die Nacht hinein, besonders nach warmem, nicht heftigem Regen, verläßt er seinen Schlupfwinkel, theils um seiner Nahrung nachzugehen, theils um mit einem der Freunde und Nachbarn ein intimes Bündnis zu schließen.

Bei dieser Friedfertigkeit und Bescheidenheit lauert tausendfacher Tod auf die armen Regenwürmer. Unterdrückten kann man sie vergleichen, denen man selbst ihre nächtlichen, geräuschlosen Zusammenkünfte nicht gönnt. »Der Regenwurm«, sagt sein Biograph, »gehört zu den Thieren, die den meisten Verfolgungen ausgesetzt sind. Der Mensch vertilgt sie, weil er sie beschuldigt, die jungen Pflanzen unter die Erde zu ziehen. Unter den Vierfüßern sind besonders die Maulwürfe, Spitzmäuse und Igel auf sie angewiesen. Zahllos ist das Heer der Vögel, das auf ihre Vertilgung bedacht ist, da nicht bloß Raub-, Sumpf- und Schwimmvögel, sondern selbst Körnerfresser sie für raren, leckeren Fraß halten. Die Kröten, Salamander und Tritonen lauern ihnen des Nachts auf, und die Fische stellen den Flußufer- und Seeschlammbewohnern nach. Noch größer ist die Zahl der niederen Thiere, die auf sie angewiesen sind. Die größeren Laufkäfer findet man beständig des Nachts mit der Vertilgung dieser so wehrlosen Thiere beschäftigt, die ihnen und noch mehr ihren Larven eine leichte Beute werden. Ihre erbittertsten Feinde scheinen aber die größeren Arten der Tausendfüßer zu sein. Diesen zu entgehen, sieht man sie oft am hellen Tage aus ihren Löchern entfliehen, von ihrem Feinde gefolgt.«

# *Die Kopffüßer*

Zu den unauslöschlichen Eindrücken einer italienischen Reise gehört nicht nur der erste Anblick der Borromäischen Inseln, der Florentiner Bauten, des Kolosseums, des Vesuvs im Hintergrunde des Golfes, der Tempelruinen von Pästum – auch der erste Besuch eines italienischen größeren Fischmarktes, wie er täglich in Triest, Genua, Livorno, Neapel usw. abgehalten wird, hat etwas Überwältigendes. Da sind sie angehäuft, die Schätze des Meeres, auf Reihen von Tischen, hinter denen die Verkäufer in Hemdsärmeln und mit der hohen rothen Mütze stehen, ihre Waare mit einem betäubenden Geschrei anpreisend. Alles ist sortirt nach Größe und Gattung. Um die feineren Speisefische drängen sich die nobleren Köchinnen, und mancher fein gekleidete Herr, dessen Hausfrau sich noch zu Hause im Bette dehnt, besorgt seinen Einkauf selbst. Auf besonderen Fleischbänken liegen die Tunfische. Weiterhin folgen die Buden, wo die Geschlechter der greulichen Rochen und Haie für die minder verwöhnten Gaumen ausliegen; der Zitterrochen ist dabei, der Meerengel und andere Unthiere. Mit großer Geschicklichkeit wird ihnen die rauhe Haut abgezogen, und das Fleisch sieht nun appetitlicher aus, als es nachher schmeckt. Aber wir verweilen heute nicht bei den zum Theile sehr schön gefärbten Fischen, eilen auch an den vielen Körben der Verkäuferinnen von Muscheln, Schnecken und anderen »frutti di mare« vorüber und halten bei ein paar Tischen, deren Vornehmheit durch das Schattendach angezeigt wird, und von welchen uns eine ganz fremdartige Waare entgegenglänzt. »Calamari! Calamari! O che bei Calamari! Seppe! Seppe! Delicatissime Sepiole!« so dröhnen die unermüdlichen Stentorstimmen in unser Ohr. Schon hat einer der Schreier uns ins Auge gefaßt. Er glaubt, daß wir unsere Küche besorgen wollen. Einige Lungerer werden fortgejagt, um uns Platz zu machen. Wir treten heran und der Fischer hebt an den polypenartigen Armen einen fußlangen, schlanken Calamaro empor. »É tutto fresco!« Und um zu beweisen, daß das Thier noch frisch, und wenn auch nicht mehr ganz, doch noch halb lebendig, versetzt er ihm mit der Messerspitze einen leisen Stich. Was war das? Wie ein Blitz fuhr ein Farbengewölk von Gelb und Violett über die auf weißem Grunde regenbogenfarbig schillernde und fein gefleckte Haut hin. Weil wir unschlüssig stehen, wird der Calmar wieder zu dem Haufen seiner Genossen geworfen, und unter Fortsetzung seiner Anpreisung wendet sich der Händler zu einer anderen Sorte seiner Waare, den Sepien. Aus einem Fasse, welches an der Erde steht, nimmt er Stück für Stück heraus, löst mit einem Schnitte den weißglänzenden Rückenschulp aus, entfernt, das beutelförmige Wesen umkrempelnd, einen Theil der Eingeweide mit dem Dintenbeutel, spült das so ausgenommene Thier ab und legt es auf den Verkaufstisch. Wir sind längst als fremde Naturforscher erkannt und müssen die ausgewählten Exemplare, die wir im Gasthause nach unseren Büchern bestimmen und untersuchen wollen, ungefähr mit dem vierfachen Marktpreise bezahlen.

Unter den für unsere Studien mitgenommenen Werken befindet sich das Buch des Herrn Verany in Nizza über die Kopffüßer oder Cephalopoden des Mittelmeeres, worin alle im Mittelmeere vorkommenden Arten nach den jahrelangen Beobachtungen dieses Naturforschers nach Form und Lebensweise in französischer Sprache beschrieben und in meisterhafter Weise farbig abgebildet sind. Darunter ist denn auch die kleine Sepiola Rondeletii, an welcher wir uns jetzt über den Körper und die äußeren Organe der Kopffüßer orientiren wollen. Den Namen haben diese Weichthiere davon, daß ihr Körper deutlich in Rumpf und Kopf zerfällt, an welchem letzteren ein Kreis von Anhängen steht, welche als Greif- und Bewegungsorgane gebraucht werden. Der Rumpf ist von einem Mantel umgeben, der an der Rückenseite sich unmittelbar in die Hautbedeckungen des Kopfes fortsetzt, am Bauche aber einen offenen Beutel bildet, aus welchem das enge Ende eines trichterförmigen Organes herausragt. Auch daran ist die Rückenseite zu erkennen, daß nach ihr zu die beiden großen Augen einander genähert sind. Alle diese Regionen und Theile erheischen aber eine noch nähere Betrachtung, da auf ihren Abweichungen die Eigenthümlichkeiten der verschiedenen Gruppen und Gattungen unserer Klasse beruhen. Die den Mund umgebenden Arme sind von sehr fester, muskulöser Beschaffenheit, dehnbar und sehr beweglich; ihr Spiel bei den größeren Arten gleicht den Windungen eines Haufens mit einander verflochtener Schlangen. Bei allen lebenden Kopffüßern, mit Ausnahme des Nautilus, sind sie mit Saugnäpfen besetzt, wodurch ihr Zweck, die Beute fest zu halten oder bei den Kriechbewegungen zur Dirigirung des Körpers zu dienen, in ausgezeichneter Weise erfüllt wird. Gewöhnlich sitzen sie auf einem kurzen muskulösen Stiele. Ihr Umkreis besteht aus einem knorpeligen Ringe, der von Muskelfasern ausgefüllt ist. Legt sich nun der Ring an einen flachen Gegenstand an, und zieht sich die Muskelfüllung etwas aus ihm heraus, so entsteht ein Raum mit verdünnter Luft, der den Napf so fest haften macht, daß man bei den Bemühungen, ein lebendes und frisches Thier frei zu bekommen, oft einzelne dieser Organe abreißt, und daß, wenn eine Anzahl zugleich wirkt, das Thier eher den ganzen Arm als den ergriffenen Gegenstand fahren läßt; bei manchen Gattungen werden sie unterstützt durch hornige Haken und Spitzen. »Die Bewegungen der Saug-

CEPHALOPODA
Octopus vulgaris

näpfe«, sagt Collmann, »bestehen aber nicht nur im Festhalten und Loslassen, sie strecken sich auch vor und ziehen sich zurück, ohne daß eine Beute gefaßt wird. Sie schließen sich und haben dann das Aussehen einer Knospe, und öffnen sich wieder zur Hälfte oder ganz, auf der einen Seite mehr als auf der anderen, je nach der Laune des Thieres. Jeder Saugnapf hat, ausgerüstet mit einem besonderen Muskelapparat und mit besonderen, nur für seinen Bereich bestimmten Nerven, einen hohen Grad von Selbständigkeit. Während die einen sich festklammern, bleiben die übrigen frei.«

Die Arme stehen vollkommen symmetrisch und man zählt sie vom Rücken aus, indem man vom ersten, zweiten, dritten und vierten Paare spricht, welches letztere rechts und links neben der Mittellinie des Bauches sich befindet. Am Grunde sind die Arme durch eine Haut verbunden, die bei einigen Arten sich sogar bis zur Spitze der Arme erstreckt. Diese Haut dient, wie es scheint, vorzugsweise dazu, über der von den Armen umstrickten Beute eine allseitig schließende Höhle zu bilden, in welcher das Opfer, während es von den Zähnen gefaßt wird, eher verenden muß.

Breitet man die Arme auseinander, so kommt gerade in der Mitte ihres Kreises die von mehreren kreisrunden Lippen umgebene Mundöffnung zum Vorscheine. In ihr liegen die beiden schwarzbraunen Kiefer, dem Raubthiercharakter unserer Thiere entsprechend, groß, fest, spitz und scharf. Der Unterkiefer ist breiter und tritt mehr hervor als der Oberkiefer, der in der Ruhe und beim Kauen zwischen die Seitenblätter jenes hineingleitet. Wir werden sehen, wie die Thiere im Stande sind, damit den Kopf größerer Fische bis zum Gehirne zu durchnagen. Unterhalb des Kranzes der Arme ist der Kopf an beiden Seiten und mehr nach dem Rücken zu kugelig aufgetrieben. Es ist die Stelle, an welcher im Inneren eine Art von Hirnschale und als unmittelbare Fortsetzungen derselben die beiden napfförmigen knorpeligen Augenkapseln liegen. Diese Augen erscheinen unverhältnismäßig groß und glänzen und funkeln mit unheimlichem Feuer.

An der Rückenseite des Rumpfes ist für die allgemeine Beschreibung nichts Auffälliges. An den Seiten trägt unsere Sepiola ein paar blattförmige, abgerundete Hautlappen, Flossen, welche sowohl zur stetigen Fortbewegung, als zur Regulirung der Haltung und Stellung dienen. An der Unterseite sehen wir den freien Rand des Mantels, über welchen das sich verschmälernde Ende des sogenannten Trichters hervorragt. Das Thier macht davon einen sehr wichtigen Gebrauch. Indem es den Mantelsack mit Entfernung des Randes vom Leibe öffnet, läßt es Wasser in den Grund desselben eintreten. Darauf schließt es erst die Mantelwand, wobei ein paar knorpelige Knöpfe desselben in Vertiefungen der gegenüberliegenden Leibeswand passen, und preßt alles Wasser mit großer Kraft und mit einem Ruck in die weite Mündung des Trichters, so daß es in einem Strahl aus der engen Öffnung des Trichters herausschießen muß. Der Stoß reicht hin, um die schlankeren Arten der Kopffüßer mit pfeilartiger Geschwindigkeit, das Hinterende voran, schwimmen zu lassen. Wir haben uns bei dieser Gelegenheit auch von der Lage der Athmungswerkzeuge, der Kiemen, zu überzeugen. Zu diesem Behufe ist das freie Mantelblatt der Bauchseite aufzuschneiden und zur Seite zu legen. Wir sehen dann seitlich in der offenen Höhle ein krauses Organ, in welchem das Blut die Athmungsveränderungen erfährt. Außer dem Darmkanal mündet bei den meisten Kopffüßern noch der Ausführungsgang eines anderen wichtigen Organes in den Trichter – der des Tintenbeutels, einer Drüse, welche eine schwarz-braune Masse absondert. Dieselbe wird willkürlich entleert, und nur eine kleine Quantität gehört dazu, um das Thier in eine dunkle Wolke zu hüllen, wodurch es den Augen seiner Verfolger urplötzlich entzogen wird. Es versteht sich, daß der Name der Tintenschnecken, fälschlich auch »Tintenfische«, hiervon herrührt. In der Malerei ist der Stoff als »Sepia« bekannt. Er ist selbst von vorweltlichen Arten erhalten.

Selbst noch an vielen Exemplaren, welche in den Museen in Weingeist aufbewahrt sind, nimmt man eine feine violette und bräunliche Sprenkelung der Haut wahr. Allein dies gibt natürlich keine Idee von dem wunderbaren Farbenspiele, welches die lebenden Thiere zeigen. Je nach den Zuständen, in welchen sie sich befinden, je nach der Beleuchtung, der sie ausgesetzt sind, je nachdem sie selbst angreifen oder angegriffen und gereizt werden, sind sie einem fortwährenden Wechsel brillanter Färbungen unterworfen. Der im Grunde weißlich glänzende, an den dünneren Stellen transparente Körper kann in der Ruhe und Abspannung ganz erbleicht sein, mit einem bloß röthlichen, gelblichen oder violetten Schimmer. Plötzlich, bei einer neuen Erregung, ballt sich da und dort eine Farbenwolke zusammen, intensiv braun oder violett im Centrum, flockig und durchsichtiger an den Rändern. Die Farbenwolken und Farbenstreifen fliegen über den Körper hin, vereinigen sich, breiten sich aus und sind in der Regel mit einem allgemeinen Aufglitzern und blitzartigen Erglänzen und Irisiren der gesammten Haut verbunden, – man hat ein brillantes Ungewitter des Zornes und der nervösen Aufregung vor sich. Der mechanischen Ursachen dieses ungemein schönen Farbenspiels sind zwei. In der Haut liegen Zellen, welche mit höchst fein zertheiltem Farbstoffe gefüllt sind. Wenn die Zellen im Zustande der Ruhe durch die Elasticität ihrer Hülle das kleinste Volumen angenommen haben, färbt der in kleine Klümpchen zusammengezogene Farbstoff die Oberfläche nur wenig. Durch zahlreiche, strahlenförmig an die Zellen sich ansetzende Muskelfasern können dieselben aber breit gezogen werden, mit ihnen die Farben. Zu dieser Farbstoffarbe kommen aber die Glanz- und Regenbogenfarben. Dieselben werden durch feine, dicht über einander liegende und unter den Farbzellen befindliche Blättchen hervorgerufen nach physikalischen Gesetzen, welche die Lehre von der Interferenz des Lichtes erläutert. Von der Pracht dieser Färbungen geben die Farbenlithographien von Verany eine annähernde Vorstellung. Es erhellt, daß man eigentlich die Färbung der Kopffüßer nicht beschreiben kann; doch herrschen bei den einzelnen Arten gewisse Töne vor und zeichnen sich diese vor jenen durch besonderen Glanz, Zartheit oder Beweglichkeit der Farben aus. Erst neuerdings, seit man in einigen größeren Aquarien auch Kopffüßer hält, ist auch dem Publikum dieses Schauspiel geboten.

Die Kopffüßer sind ausschließlich Meeresbewohner, wie sie es zu allen Zeiten der Erde waren. Viele Arten leben gesellig, und gerade diese machen Wanderungen, wobei sie sich aus den tieferen Meeresgründen und dem hohen Meere den Küsten zu nähern pflegen. Verany hat jedoch darauf aufmerksam gemacht, daß der Umstand, daß man gewisse Arten nur in bestimmten Monaten auf den Fischmärkten anträfe, nicht von ihrer Wanderung, sondern von dem Gebrauche gewisser, nur in jenen Monaten zur Anwendung kommender Netze abhänge. Man erhält z. B. die Histioteuthis Rüppeli, welche in den größten Tiefen sich aufhält, nur im Mai und September, wo man zum Fange eines Fisches (des Sparus centrodontus) das Grundnetz in Tiefen von zweitausendvierhundert Fuß hinabläßt.

Alle Kopffüßer sind, wie wir schon erwähnten, räuberische Fleischfresser und vernichten eine Menge Fische, Krebse, Schnecken und Muscheln. Sie sind sogar so gefräßig, daß sie sich auf die an der Angel gefangenen Thiere ihres eigenen Geschlechtes stürzen und sich mit ihnen an die Oberfläche ziehen und ergreifen lassen. Den in der Nähe des Landes auf den Felsen und zwischen den Tangen herumkriechenden und auf Beute lauernden Arten dienen mancherlei fadenförmige Anhänge, welche sie spielen lassen, zur Anlockung ihrer Opfer. Glücklicherweise wird dieser Schaden dadurch ausgeglichen, daß eine Reihe sehr wichtiger Thiere, z. B. mehrere Wale, der Potwal, die Kabeljaus fast ausschließlich oder vorzugsweise von Kopffüßern leben, und daß mehrere Arten auch dem Menschen als Nahrungsmittel dienen.

# *Die Lungenschnecken*

Alle Landschnecken und der größte Theil der die süßen Gewässer bewohnenden Schnecken athmen Luft. Der Mantel bildet in der Nackengegend eine Höhle, in welche durch eine Öffnung die Luft eintritt, und an deren oberer Wandung sich ein dichtes Netz von Blutgefäßen ausbreitet. Man sieht diese Lungenöffnung bei jeder ungestört kriechenden Schnecke. Sie verengt sich und verschwindet, wenn man das Thier berührt und ins Gehäuse treibt; es dauert aber nicht lange, nachdem es sich zurückgezogen, so erscheint die Öffnung wieder in der Nähe des Spindelrandes. Natürlich müssen die im Wasser lebenden Lungenschnecken zum Athmen an die Oberfläche kommen, sonst ersticken sie wie die Landschnecken, wenn man sie ihr Athembedürfnis nicht auf diese Weise befriedigen läßt. Die Athemnoth tritt bei den unter Wasser gehaltenen Thieren bald ein und sie schnappen unter Aufsperren des Lungeneinganges nach Luft, was bei den Wasser-Lungenschnecken nicht so bald erfolgt.

Um die Übereinstimmung der äußeren Körpertheile bei scheinbar höchst verschiedenen Gliedern dieser Ordnung zu erkennen, stelle man ein Exemplar einer Nacktschnecke (Limax) mit einer gehäustragenden Garten- oder Weinbergsschnecke (Helix) zusammen. Die abgebrühten Gehäuseschnecken kann man, indem der Spindelmuskel sich losgelöst hat, leicht aus dem Gewinde herausdrehen. Man nimmt dann die Zergliederung unter Wasser vor, und auch der Laie wird, wenn er dieses einfache Hülfsmittel reichlich anwendet, nach einigen vergeblichen Versuchen sich über die wichtigsten Verhältnisse des inneren Baues Rechenschaft geben können. Wir brauchen bei diesem Beginnen eine bestimmte systematische Reihenfolge der Organe nicht inne zu halten, sondern fangen so an, wie es uns an der aus der Schale genommenen Weinbergsschnecke am bequemsten scheint. Eine feine Schere und zwei kleinere Pincetten reichen aus. Da wir schon am lebenden Thier das Athemloch kennen gelernt, gehen wir von ihm aus, und schneiden die Lungenhöhle auf. Verfolgt man den dicken Gefäßstamm nach der linken Seite hinüber, so gelangt man zum Herzen. Am lebenden Thiere kann man leicht und ohne Quälerei, wovon wir durchaus kein Freund sind, ein Stück Schale so abbrechen, daß man das Herz schlagen sieht.

Die vom Herzen ausgehenden Blutgefäße verfolgen wir nicht weiter, nachdem wir uns nur überhaupt überzeugt haben, daß das Herz das Blut aus dem Athemorgan empfängt und in den Körper weiter befördert. Man nennt ein solches Herz, welches alle Weichthiere haben, ein arterielles, während das Fischherz, durch welches das aus dem Körper gekommene Blut in das Athemorgan getrieben wird, ein venöses heißt. Im Grunde der Mundhöhle liegt ein sehr komplicirtes Organ, die Zunge, deren nähere und schwierige Zergliederung nicht hierher gehört. Sehr leicht aber wird auch der Ungeübte aus einer daran haftenden Scheide eine helle, durchscheinende Platte, die Reibeplatte, herausnehmen können, welche unter dem Mikroskope einen der zierlichsten Anblicke gewährt. Sie ist nämlich mit zahlreichen Querreihen von Zähnchen besetzt, zum größten Theile aus Chitin. Sämmtliche Schnecken haben eine solche Reibeplatte, von deren Vorhandensein und Gebrauch man sich übrigens am besten bei unseren Wasserschnecken überzeugt. Hält man einige derselben in einem Glase, an dessen Wand sich nach einigen Tagen mikroskopische grüne Pflänzchen angelegt haben, so sind die Schnecken fast immer beschäftigt, mit der Zunge, welche sie aus- und einstülpen, diese ihre Nahrung abzulecken oder vielmehr abzureiben. Den Akt des Fressens beschreibt Johnston näher. Wenn ein pflanzenfressender Bauchfüßer mit Fressen beschäftigt ist, so treibt er die Stachelzunge vorwärts und entfaltet sie bis zu einer gewissen Ausdehnung, indem er zugleich die Lippe auf jeder Seite vorschiebt, wodurch die Zunge zusammengedrückt und löffelförmig wird. Das Futter wird nun mit den Lippen ergriffen, vorwärts geschoben, mit der Stachelzunge gehalten und zugleich gegen den Oberkiefer gepreßt, wodurch ein Stückchen zuweilen mit hörbarem Geräusche abgebissen wird. Die einzelnen Bissen gleiten dann der Zunge entlang, werden durch deren scharfe Zähnchen zerrieben und zerfeilt und gelangen durch die Bewegung des Organs in den Magen. Diese Beschreibung paßt nicht nur auf unsere Lungenschnecken, sondern auch auf die Pflanzenfresser der folgenden Ordnungen, deren fleischfressende Mitglieder meist mit einem eigenthümlich organisirten, die Zunge enthaltenden Rüssel versehen sind. Die Wichtigkeit dieses Organes für das Leben der Schnecken liegt auf der Hand. Beim Aufschneiden einer eben getödteten Schnecke fallen zwei auf dem Magen aufliegende weiße und etwas unregelmäßige Lappen auf, die Speicheldrüsen, deren ebenfalls sehr deutliche Ausführungsgänge sich in die Mundhöhle öffnen. Gleich hinter dem Magen wird der Darm von einer grünlichen Masse, der Leber, umhüllt, in deren Substanz er einige Windungen macht, um dann, sich nach vorn und zur Rechten wendend, neben der Lungenhöhle in den Mastdarm überzugehen und neben dem Athemloche zu münden. Dort befindet sich auch die Mündung des Ausführungsganges der Niere, welche, von stumpf dreiseitiger oder bohnenförmiger Gestalt, neben dem Herzen liegt. Wie man sieht, sind die Apparate, durch welche die Schnecken das Glück stillvergnügter Gastronomen genießen, in schönster Ausbildung vorhanden.

Den wichtigsten Theil des Nervensystems, den Schlundring, legt man bloß, wenn man den Schlundkopf und Schlund sich zur Anschauung bringt. Man kann ihn beim Präpariren sehr grob behandeln, indem die an sich zarte Nervensubstanz von sehr festen Scheiden umgeben ist. »Unseren Landschnecken«, sagt Martens, »können zwar von vergleichend anatomischer Seite die Augen nicht abgesprochen werden, aber ihre Sehkraft muß sich auf einen sehr geringen Grad beschränken und der allgemeinen Tastempfindung sehr nahe stehen, da sie an jedem Gegenstande mit ihren Augen anstoßen müssen, um Notiz davon zu nehmen; nie konnte ich an einer unserer Schnecken wahrnehmen, daß sie einen Gegenstand auch nur auf einige Entfernung gesehen hätte, selbst einem Limax rufus, den ich dicht neben einer beschatteten Stelle dem Sonnenscheine aussetzte, gelang es nicht, diese aufzufinden, obgleich er anfangs verschiedene Richtungen einschlug und wieder aufgab, offenbar einen ihm passenderen Aufenthalt suchend.« Auch Gehörwerkzeuge besitzt unser Musterthier, zwei Bläschen auf dem unteren Theile des Schlundringes.

Alle Lungenschnecken sind Zwitter, in denen die männlichen und weiblichen Organe in auffälligster Weise mit einander verflochten und verbunden sind. Am merkwürdigsten ist die Zwitterdrüse, ein traubiges, in den obersten Windungen in der Leber verborgenes Organ, in welchem in ein und denselben Drüsenabtheilungen sowohl die Eier wie der Same erzeugt werden. Die Geschlechtsöffnung befindet sich auf der rechten Seite des Halses unweit des großen Fühlers. Unter den gleich hinter ihr liegenden Theilen fällt ein dickwandiges sackförmiges Organ auf, der Pfeilsack, in dessen Innerem sich ein kalkiges Werkzeug in Gestalt eines Pfeiles, Dolches oder Stilettes bildet: der Liebespfeil. Von seinem Gebrauche unten mehr. Sie sind bei den einzelnen Species von so charakteristischer Form, daß sie ein schätzbares Kennzeichen für die Systematik abgeben. Bei den meisten unserer Lungen-Zwitterschnecken findet eine gegenseitige Begattung und, wie man wohl annehmen muß, da die beiden Thiere sich durchaus gleich verhalten, auch gegenseitige Befruchtung statt. Es fehlt aber noch die direkte Beobachtung, ob beide Schnecken nach der gegenseitigen Begattung fruchtbare Eier legen. Warum eine innere Selbstbefruchtung nicht stattfindet, läßt sich auch nicht beantworten, denn die Antwort, daß eine Befruchtung nur auf dem Gegensatze der Individuen und der von ihnen gelieferten Stoffe beruhe, erklärt nichts, sondern ist eine Umschreibung der Thatsache. Nur bei der Gattung Limnaeus der Wasser-Lungenschnecken fungirt das eine Individuum als Männchen, das andere als Weibchen, und sitzt ersteres auf diesem. Nicht selten aber wird während dieser Gelegenheit das erste Männchen für ein drittes Individuum zum Weibchen, und so fort, so daß sechs bis acht Individuen kettenartig vereinigt sind, wo dann das unterste bloß als Weibchen, das oberste bloß als Männchen, die mittleren in beiden Richtungen fungiren.

*Lymnaea stagnalis*
LYMNAEIDAE

Wir werden zu erwarten haben, daß die Wasser-Lungenschnecken und die Land-Lungenschnecken hinsichtlich ihrer Lebensweise ähnliche durchgreifende Verschiedenheiten zeigen. Es liegt in der Natur gerade der Landschnecken, daß wir den Thatsachen und den Gesetzen ihrer Verbreitung eine besondere Aufmerksamkeit schenken. Es ist schon hier einiges Allgemeine über jene Punkte mitzutheilen.

»Auch die Landschnecken bedürfen alle eines ziemlich hohen Grades von Feuchtigkeit zum thätigen Leben. Schutzlosere, wie die Nacktschnecken und die Arten der nur unvollständig bedeckten Gattungen, gehen in der Trockenheit bald zu Grunde, z. B. in einer Pappschachtel die kleineren Arten schon in vierundzwanzig Stunden. Überhaupt scheinen alle Arten mit glänzenden, durchscheinenden Schalen sehr viel Feuchtigkeit zu bedürfen. Auch alle behaarten Schnecken lieben die Nässe. Umgekehrt besitzen diejenigen Landschnecken, welche große Trockenheit auszuhalten haben, eine undurchsichtige, matte, fast oberhautlose Schale.«

Wir werden unten einige Beispiele anführen, wie die von der Feuchtigkeitsmenge geregelte Lebensweise der Lungenschnecken in bestimmtem Verhältnisse zur Schalenform und Mündungsweite steht. Hier dagegen ist das Nähere beizubringen über die Vorkehrungen der Thiere zum Überstehen trockener, heißer Zeiten. Wir folgen einem jüngeren, sehr aufmerksamen Beobachter, Döring. »Bevor das Thier«, heißt es in seiner Doktorschrift, »sich in diesen Ruhezustand begibt, sondert es an seiner noch mit der Luft in Berührung stehenden Körperfläche ein schleimiges Sekret ab, dessen äußere Fläche beim Verdunsten des Wassers ein zartes Häutchen, das sogenannte falsche Epiphragma bildet, welches anfangs mit einer Öffnung versehen ist und nach dem Verschlusse derselben sich in Form einer zarten durchsichtigen Membran quer in die Mündung des Gehäuses legt und dadurch den inneren Raum von der äußeren Luft abtrennt. Fast nach der Vollendung dieses häutigen Gebildes, für welches wir den Namen Pneumophragma vorschlagen, entleert sich das Thier allmählich des größten Theiles seines in der Respirationshöhle aufgespeicherten Luftvorrathes und zieht sich weiter nach innen zurück, den Umfang seines Körpers mehr und mehr zusammenziehend. Hierdurch entsteht in der Schale ein mit Feuchtigkeit geschwängerter Luftraum zwischen dem Pneumophragma und dem Körper des Thieres. Wie sehr nun das Pneumophragma auch zweckentsprechend durch Dichtigkeit und Stärke ausgebildet sein mag, in keinem Falle wird es einen hermetischen Verschluß zwischen der Luftschicht im Inneren des Gehäuses und dem äußeren Medium herstellen. Durch Feuchtigkeitsverdunstung an seiner äußeren Fläche und durch das Wiederersetztwerden derselben durch den Wassergehalt der inneren Luftschicht entsteht ein stetig fortschreitender, wenn auch auf gewisse Grenzen beschränkter Feuchtigkeitsaustausch nach außen. Dieser wird durch die Säfte des Thieres unterhalten und verkleinert das Volumen desselben immer mehr. Man beobachtet daher, daß sich sein Körper immer mehr in die inneren Windungen der

Schale zurückzieht, während dem entsprechend die innere Luftschicht an Volumen zunimmt. In dem gleichen Maße vermindert sich die vitale Thätigkeit des Thieres, indem sie den Charakter eines tiefen Schlafes annimmt. Die Bewegung des Herzens verringert sich sehr rasch, und die Thätigkeit der auf ein kleines Volumen zusammengedrängten Lungenhöhle ist auf ein Minimum beschränkt.

In diesem Zustande zu verharren ist das Thier so lange gezwungen, als in dem Wassergehalte der Atmosphäre keine Änderung eintritt. Sobald aber die Spannung des Wasserdampfes wieder zunimmt, wie dies gewöhnlich bei bevorstehendem Regen mit einem tiefen Barometerstande parallel zu gehen pflegt, zeigt sich sehr bald eine gesteigerte Lebensthätigkeit des für derartige Erscheinungen höchst empfindlichen Organismus. Die durch Diffusion nach außen beständig austretende Feuchtigkeitsmenge wird in diesem Falle auf ein geringeres Maß reducirt werden, allmählich ganz aufhören und schließlich in eine entgegengesetzte Strömung umschlagen. Man bemerkt alsdann, daß der in die tieferen Windungen des Gehäuses zurückgezogene Körper des Thieres sich vergrößert und mehr und mehr nach der Mündung des Gehäuses sich vorschiebt, indem das Thier seine Lungenhöhle erweitert und, die in der Schale befindliche Luftschicht darin aufnehmend, sein Volumen vergrößert, bis es, mit seiner Körperfläche vor das Pneumophragma gelangend, dieses abstößt und aus dem Gehäuse hervortritt.«

Die Wärme ist den Schnecken im allgemeinen soweit zuträglich, als sie nicht austrocknend wirkt. In einzelnen warmen Quellen kommen einige Arten noch bei vierzig und mehr Grad Réaumur vor, andere sind im Ertragen des anderen Extrems ausgezeichnet. »Viele Schnecken«, sagt von Martens weiter, »können einen bedeutenden Kältegrad ertragen; am Kesselberge beim Kochelsee in Oberbayern fand ich am 24. December Helix rupestris und Clausilia parvula frei der Luft ausgesetzt an den nur durch ihre senkrechte Lage von Schnee freien Felswänden, auf gefrorenem Boden stehend, während ein Wasserfall daneben in seinen Eismassen das Bild eines Gletschers zeigte.« Wie sich nun im kalten und im gemäßigten Klima die Schnecken dem lebenfeindlichen Einflusse des Winters durch Bedeckelung und Vergraben entziehen, so verfallen die Landschnecken der trockenen Tropengegenden in einen Sommerschlaf, gleich vielen Reptilien und Insekten. Auch um diesen abzuhalten, graben sie sich ein oder suchen die Unterseite bergender Steine und Äste auf.

Das Licht ist von geringerem Einflusse als Feuchtigkeit. Besonders interessant ist der abändernde Einfluß, den Licht und Wärme zusammen auf die Färbung der Landschnecken ausüben. »Nur wo das Licht zu grell und stark einwirkt, bleicht es, wie sonst nur die leeren Schalen, die Schnecken bei lebendigem Leibe. So finden sich an sehr sonnigen Stellen nicht selten ganz weiße, glanzlose Exemplare lebend.« Aus diesen und vielen anderen Beispielen geht hervor, daß die Landschnecken besonders geeignet sind zu zeigen, wie die Färbung direkt unter dem Einflusse des Lichtes steht.

Es finden sich aber unter ihnen auch zahlreiche Beispiele für eine andere, auch in anderen Thierklassen beobachtete Thatsache, nämlich die Gleichfarbigkeit des Thieres mit seiner unmittelbaren Umgebung. Die Landschnecken sind vorherrschend erdbraun, die Vitrinen und Arion hortensis unter den nassen modernden Blättern sind so schwarz und glänzend wie diese. Unser Gewährsmann sagt dazu, daß man die Gleichfarbigkeit vieler Thiere mit ihren Umgebungen auch daraus erklären könne, daß gerade die so gefärbten leichter als die durch ihre Farbe abstechenden Individuen ihren Feinden entgehen müssen; es fände also fortwährend eine Ausmerzung der bunten Varietäten, eine Zuchtwahl der mit der Umgebung übereinstimmend gefärbten Exemplare statt, und damit eine allmähliche natürliche Erziehung der durch die Färbung am meisten geschützten und bevorzugten Varietät.

Da alle Schneckengehäuse kalkig sind, dieser Kalk sich nicht im Organismus aus anderen Elementen erzeugt, sondern als Kalk von außen eingeführt werden muß, so folgt von selbst, daß da, wo es absolut an Kalk fehlt, Gehäusschnecken nicht existiren können. Diese Abhängigkeit vom Kalke ist natürlich auch bei den Landschnekken am auffallendsten. Für die Verbreitung, Massenhaftigkeit der Individuen, Festigkeit, Dicke und Dünne der Schalen sind daher der Kalkboden und die Kalkgebirge von höchster Bedeutung. »Die zur Bildung der Perlmutterschicht nöthige Kalkmenge«, sagt Döring, »wird nicht nur aus der aufgenommenen Nahrung entnommen, sondern gleichzeitig von dem Thiere durch Benagen von kalkhaltigen Gesteinen oder, wo diese fehlen, von Gehäusen anderer Individuen derselben Art aufgenommen und resorbirt. Wo es nun, wie im Gebiete der granitischen Quarzgesteine, an leicht resorbirbaren Kalkverbindungen fehlt, findet das Thier nicht die Gelegenheit, reichliche Kalkmengen in seinen Körper aufzunehmen und kann daher die innere (Perlmutter-)Schicht nicht in derselben Stärke aufbauen, wie die Individuen der kalkreichen Formationen.«

Über die Art, wie die Landschnecken ihren Aufenthalt wählen, und wie und wo man sie zu suchen hat, lassen wir einen der Altmeister der Konchyliologie, den sinnigen Roßmäßler, sprechen. »Manche kriechen vorzugsweise an den Pflanzen umher, an denen die Unterseite der Blätter und die Astwinkel ihre Lieblingsplätzchen sind, andere ziehen es vor, auf und unter dem abgefallenen Laube sich aufzuhalten, noch andere führen ihr verborgenes Leben unter der dichten Moosdecke, welche Steine und Baumstämme überzieht, einige finden sich selbst unter großen Steinen in Gesellschaft der Regenwürmer und Tausendfüßer, wo man dann oft nicht begreifen kann, wie ein so zartes Thier mit seinem zerbrechlichen Hause unter die Last eines oft sehr großen Steines gelangen konnte. Ja manche Schnecken scheinen sich hier noch nicht völlig sicher geglaubt zu haben und führen ein in der That völlig unterirdisches Leben.«

# *Die Auster*

Kaum ein anderes Muschelthier hat eine solche nationalökonomische Bedeutung, setzt so viele Hände in Bewegung und bringt solche Summen in Umlauf, als die Auster (Ostrea). Es gibt Austern in allen Meeren, alle folgenden näheren Mittheilungen werden sich aber nur auf die gemeine Auster (Ostrea edulis) der europäischen Küsten beziehen. Wer je der Auster seine Aufmerksamkeit geschenkt, wird mehrere bezeichnende Eigenschaften des Gehäuses bemerkt haben. Die Schalen sind unregelmäßig und ungleich. Zu so vielen anderen äußerlich schön geglätteten Schalen bilden sie durch ihre unregelmäßig blätterige Struktur und schilferige Oberfläche einen rechten Gegensatz; auch ist ihr Inneres sehr unregelmäßig, indem sich mit Wasser gefüllte Räume finden und überhaupt die ganze Schalensubstanz poröser, durchdringbarer ist, als bei den meisten Muscheln. Hiermit hängt wohl die Eigenschaft der Auster zusammen, mit ihrer dickeren Schale leicht an den verschiedensten Gegenständen anzuwachsen, was nur so erklärt werden kann, daß die Schale vermittels einer sie durchdringenden und mit dem Kalke sich innig mischenden, vom Thiere ausgeschiedenen Substanz an die Unterlage angeleimt und angekittet wird. In dem Maße, als die Muschel wächst, schwitzt im Umkreise des angekitteten Schalenstückes neue Klebmaterie aus. Zähne sind gar nicht vorhanden.

Das Öffnen der Auster, um sie zur Tafel zu bringen, geschieht bekanntlich mittels eines zwischen die Schalen eingebrachten Spatels, den man längs der inneren glatten Deckelfläche bis zum Schließmuskel vorschiebt, um diesen abzulösen. Sobald er durchschnitten, klafft das Gehäuse, und es macht keine besondere Schwierigkeit, das Ligament abzureißen.

Wir haben nun das Austerthier in seiner selbstgefertigten Schüssel liegen und wissen, anfangs uns nur sehr schwer zurecht zu finden. Da der Mantel ganz gespalten ist, und nur am Rücken die beiden Blätter in einander übergehen, ist für die Erkenntnis von unten und oben, vorn und hinten, ein Anfang gemacht, und wir entdecken beim Zurückschlagen des vorderen Zipfels den tief verborgenen Mund. Der empfindliche und zusammenziehbare Mantel wird gewöhnlich so weit zurückgezogen, daß unter ihm die Kiemenblätter hervortreten. Eine wesentliche Abweichung der Auster von den anderen Muscheln besteht in der gänzlichen Verkümmerung des Fußes, welche eintritt, sobald die jungen Thiere sich festgesetzt haben. Ostrea gehört zu den wenigen hermaphroditischen Muscheln. Der im Thierreiche sonst so stark ausgeprägte Gegensatz der Geschlechter und der tief innerlichen physiologischen Geschlechtsthätigkeit ist bei ihr, wie bei manchen Schnecken, in dem Maße unentwickelt, daß die Eier- und Samenfädchen erzeugenden Blindsäckchen ganz durch einander liegen und sogar ein und dasselbe Drüsensäckchen halb männlich und halb weiblich sein kann. Es scheint jedoch, daß bei manchen Individuen das eine oder das andere Geschlecht bis zu einer fast gänzlichen Unterdrückung des anderen vorwalten kann, ein Fingerzeig, daß in der Natur die Trennung der Geschlechter nicht geschaffen wurde, sondern der natürlichen Züchtung und Varietätenbildung überlassen blieb. Die Doppelgeschlechtigkeit der Auster tritt jedoch, wenigstens nach den Beobachtungen von Möbius, nie in der Weise auf, daß zu gleicher Zeit im selben Individuum Eier und Same vorhanden sind, also eine Selbstbefruchtung stattfinden könnte, sondern erst nach der Eierträchtigkeit entwickelt sich der Same. Die Zahl der von einer Auster jährlich producirten Eier ist eine enorme. Aus dem Berichte, welchen Professor Möbius in Kiel über die Zustände der Austernproduktion und Austernzucht im Jahre 1870 dem preußischen Minister für die landwirtschaftlichen Angelegenheiten abstattete, entnehmen wir, daß ältere Austern zwar über eine Million Junge zeugen, jüngere dreijährige aber viel weniger. »Angenommen«, sagt Möbius, »es laichten in einem Sommer nur zehn Procent der Austern einer Bank, auf welcher hunderttausend Austern lagern, und jede laichende Auster brächte nur tausend Junge hervor, so producirten die zehn Procent Mutteraustern zusammen doch schon zehn Millionen Junge. Wenn alle diese auf der Mutterbank oder in deren Nähe Platz nähmen, so müßten sich von nun an zehn Millionen Austern dieselbe Menge Nahrung theilen, die vorher hunderttausend Austern zur Verfügung stand. Eine jede der kleinen würde zwar viel weniger Nahrung einziehen, als eine erwachsene, aber ihrer großen Zahl wegen würden sie sich sowohl gegenseitig, wie auch den erwachsenen Austern eine sehr starke Konkurrenz machen, selbst in dem großen Meere.« Die weitere Verfolgung dieser Betrachtung lehrt, daß durch die Ernährungsverhältnisse eine ziemlich enge Grenze der Vermehrung der Austern auf einer gegebenen Meeresstrecke bestimmt ist, und daß bei Zunahme der Menge der Individuen die einzelnen leiden und an Werth verlieren. Die Entwickelung, über deren Einzelheiten wir auffallenderweise noch keine genaueren Nachweise besitzen, geschieht innerhalb der Mantelhöhle des alten Thieres, welche die Jungen erst dann verlassen, wenn ihre Schale soweit ausgebildet ist, daß sie sogleich sich ankitten können. Schon nach einigen Monaten sollen sie wieder fortpflanzungsfähig sein, was wohl stark zu bezweifeln ist.

Wir haben nun das Vorkommen der Auster und ihre geographische Verbreitung an den europäischen Küsten, näher ins Auge zu fassen. Es ist nicht gut möglich, die künstlich angelegten Bänke und Zuchten dabei gänzlich unberücksichtigt zu lassen. Gehen wir vom Adriatischen Meere aus, in welchem die Auster überall wenigstens vereinzelt, an verschiedenen Stellen massenhaft, das heißt in Bänken lebt. Im äußersten, sehr flachen Winkel der Bucht von Muggia in Triest siedeln sich die Austern auf den in den Schlamm gesteckten Pfählen an. Seit Jahrhunderten hegt man sie auch in den Kanälen und Bassins des Arsenales in Venedig. Wir sehen das Thier also auf der östlichen und der westlichen Seite des großen Golfes von Venedig unter sehr verschiedenen Bedingungen gedeihen, dort, bei Muggia, in einem durch keinerlei oder nicht nennenswerthen Zufluß von süßem Wasser gemischten Salzwasser, hier in der Lagune. Sehr schöne große Austern habe ich im Becken von Sebenico aufgezogen. Die Lage dieser kleinen, von den dortigen Fischern nur gelegentlich ausgebeuteten Bank ist aber insofern lehrreich, als auch sie zeigt, daß entweder Flutströmungen oder, wie es dort der Fall ist, unterseeische Strömungen, welche dem hülflosen Thiere Nahrung zuführen, zuträglich und nothwendig sind. Aus einer Vergleichung der Triester und dieser Lokalität geht auch schon hervor, daß die Auster bei sehr verschiedenen Wohntiefen ihre volle Lebensthätigkeit entfalten kann, ein physiologischer Zug, der für die praktische Austernzucht von der allergrößten Bedeutung ist. Weiter unten finden sich auf der italienischen Seite schon im Alterthume berühmte Austernlager in der Nähe von Brindisi und im Golfe von Tarent. Von da zieht sich die Auster durch den ganzen östlichen und westlichen Theil des Mittelmeeres, ohne sich, wie es scheint, massenhaft anzusammeln; sie ist auch ins Schwarze Meer eingedrungen und da und dort einzeln an der Südküste der Krim angesiedelt, ein Beweis ihrer großen Akkommodationsfähigkeit.

Natürlich beherbergt auch der westliche Theil des Mittelmeeres die Auster überall da, wo Strömungs- und Bodenverhältnisse es gestatten, jedoch haben sich nirgends sehr bedeutende Bänke gebildet. Sowohl an den französischen, wie an den britischen Küsten, der Nordsee und des Atlantischen Oceans finden sich zahlreiche natürliche Austernbänke, und an der norwegischen Küste reicht die Auster bis zum fünfundsechzigsten Grade hinauf. Sie kommt im südlichen Norwegen an manchen Strecken in solchen Mengen vor, daß sie mit Brod und Butter als selbstverständlicher Nachtisch à discretion aufgetragen wird. Als ich nach einer Seefahrt von den Färöerinseln nach dem an der norwegischen Südküste gelegenen Städtchen Kragerö im dortigen Gasthause meine erste Mahlzeit hielt, machte ich diese angenehme gastronomische Entdeckung.

Zu einem sehr verbreiteten Mißverständnisse hat der Ausdruck »Holsteinische« oder »Flensburger« Austern Veranlassung gegeben. Diesen Namen führen die Austern, welche vorzugsweise in Norddeutschland bis Leipzig, Magdeburg und Berlin und weiter südlich, ferner längs der ganzen Ostseeküste bis Petersburg versandt und verzehrt werden, und deren Heimat man gewöhnlich an die holsteinische Ostseeküste verlegt. In der ganzen Ostsee lebt jetzt – früher war es anders, wie wir sehen werden – keine Auster. Die sogenannten Flensburger Austern stammen alle von der Westküste, der Strecke von Husum bis Tondern gegenüber zwischen den Inseln Sylt, Föhr usw., wo tiefe Wasserrinnen den flachen Meeresboden durchziehen. Während der Ebbe werden meilenweite Strecken des Bodens bloßgelegt, während der Flut ragen nur jene Inseln hervor. Man nennt dieses Gebiet die Watten. »Die Austernbänke liegen an den Abhängen der tiefen Rinnthäler des Wattenmeeres, in welchen die Hauptströme des Flut- und Ebbewassers mit einer Geschwindigkeit von vier bis sechs Fuß in der Sekunde laufen, also ungefähr ebenso schnell, wie der Rhein vor Bonn vorbeifließt. Auf den besten Bänken leben neben den Austern gewisse Thiere, von welchen ich (Möbius) als charakteristisch nur die Seehand, den Dreikantenwurm und den grünen Seeigel nennen will. Wo viele Miesmuscheln, Seepocken und Sandwürmer auftreten, da gedeihen die Austern weniger gut, ja sie verschwinden, wo diese Thiere die Oberherrschaft gewinnen, gänzlich.« (Möbius.) Noch schlimmer ist die Versandung und Verschlickung der Bänke, wie z. B. eine Bank bei der Insel Amrum von Jahr zu Jahr mehr unter dem überlaufenden Sande begraben worden ist.

Von hohem Interesse ist die erst vor kurzem stattgefundene natürliche Ansiedelung der Auster im Limfjord. In einer der wichtigsten Untersuchungen über die Lebensbedingungen dieses Thieres, die wir dem Altmeister der deutschen Naturwissenschaft, E. von Baer, verdanken, heißt es darüber: »Im Jahre 1825 wurde nämlich ein Uferwall durchbrochen, und dieser Durchbruch hat sich erhalten. Er ist auf den neueren Karten unter dem Namen des Agger-Kanales sichtbar. Durch die neue Kommunikation mit der Nordsee und den Wechsel von Flut und Ebbe in derselben, der zweimal täglich Seewasser eintreibt und ebenso oft das im Fjord diluirte Seewasser wieder abfließen läßt, ist der Limfjord jetzt ein Salzwasserbecken geworden. Es sind Seefische und Austern eingewandert.«

Der Hauptgrund, warum die Auster nicht mehr in der Ostsee fortkommt, liegt offenbar in dem zu geringen Salzgehalte dieses wenigstens in seinen nördlichen und östlichen Theilen schon fast zu einem süßen Binnensee gewordenen Gewässers. Am fettesten und schmackhaftesten wird die Auster bei 20 bis 30 per Mille, daher man, abgesehen von den mittelmeerischen, auch an den Küsten des Atlantischen Oceans und der Nordsee die beliebtesten Austern an Stellen findet, wo der Salzgehalt des Meeres entweder durch einen größeren Fluß, der ins offene Meer geht, oder durch kleinere Flüsse, die sich in eine Bucht ergießen, gemildert wird: so die Austern von Havre, im Cancale-Busen, bei der Insel Ré, bei Rochelle, an den Küsten der Grafschaft Kent, im Bereiche des Themsewassers, bei Colchester, Ostende. Die Römer, die der Gastronomie so sehr huldigten, daß eine Mißachtung derselben als Mangel an Urbanität galt, holten sich die Austern aus den verschiedensten Weltgegenden und setzten sie in die Lukrinische Bucht, die damals wohl weniger ausgefüllt war, als jetzt, oder in andere, künstlich ausgegrabene Behälter, deren es in der späteren Zeit viele gab. Lassen wir die vielen Äußerungen der Alten über die Feinschmeckerei und Schlemmerei in Bezug auf die Austern ganz bei Seite, so bleibt immer beachtenswerth, daß Plinius, der sich auf solche Dinge verstand, die Austern aus der offenen See für klein und schlecht erklärt und für gute Austern den Zufluß von süßem Wasser für nöthig hält.

Wir sind aus der Naturgeschichte der Auster schon in das Austern-Essen und Pflege und Zucht der Austern hineingekommen, ein Kapitel, worüber gerade im letzten Jahrzehnte so unendlich viel sowohl in wissenschaftlichen wie in populären Werken und Zeitschriften geschrieben wurde. König Jakob von England soll oft, wenn er sich Austern gut schmecken ließ, gesagt haben, es müsse ein muthiger Mann gewesen sein, der zuerst eine Auster gegessen habe. Keineswegs. Zu den Austern und vielen anderen auch nicht appetitlicher aussehenden Meeresfrüchten griff der Mensch, als er kaum schon diesen Namen verdiente und das Aussehen des Eßbaren ihm gewiß den geringsten Kummer machte. Den Beweis, daß schon vor Jahrtausenden die Auster ein wichtiges Nahrungsmittel eines die Küsten bewohnenden Theiles der Ureinwohner Europas gebildet, liefern die sogenannten »Küchenreste«, welche in ungeheueren Anhäufungen längs der Ostküste Jütlands und an den dänischen Inseln bis zu den Eingängen der Ostsee hin sich befinden und von den dänischen Gelehrten mit großem Scharfsinne untersucht worden sind. Sie geben zugleich, beiläufig gesagt, einen der sichersten Belege dafür, daß wenigstens der ganze südliche Theil des Kattegats, in welchem die Auster jetzt wegen des geringen Salzgehaltes nicht mehr fortkommt, damals, als dem Gedeihen der Auster sehr zuträglich, viel salzreicher gewesen sein muß, ein Umstand, der mit anderen zu höchst interessanten Schlüssen über die damalige Gestaltung Schwedens und vielleicht auch Finnlands geleitet hat.

Wenn einer nun aber meint, eine künstliche Befruchtung sei bei den Austern gar nicht erforderlich und könnte nur zerstörend wirken, da die Austern hermaphroditisch seien, so erinnern wir an die schon oben gemachte Bemerkung, daß Same und Eier sich nicht gleichzeitig in demselben Thiere entwickeln, eine Selbstbefruchtung also schon deshalb nicht stattfinden kann. Gleichwohl ist eine künstliche Befruchtung weder nothwendig, noch dürfte sie im großen durchführbar sein.

Die Austernpflege ist aber schon zwei Jahrtausende alt. Plinius sagt sehr bestimmt, daß Sergius Orata, ein Mann, der vor dem Marsischen Kriege, also wohl ein Jahrhundert vor Christo lebte, die ersten Austernbassins angelegt habe, und zwar in großem Maßstabe, um sich zu bereichern. Es wäre möglich, daß die Austernzucht noch älter ist; denn schon in den Werken des Aristoteles wird einer Versetzung von Austern erwähnt, wie einer bekannten Erfahrung, doch ohne darauf Gewicht zu le-

Ostrea edulis
OSTREIDAE

gen und nur im Vorbeigehen. Dagegen war in der Zeit der römischen Kaiser die Austernzucht ein wichtiger und vielbesprochener Gegenstand der Ökonomie.

Seit den Zeiten der Römer ist die Austernzucht wahrscheinlich nie verloren gegangen, obgleich wir aus dem Mittelalter wenige Nachrichten darüber haben. Das kommt eben daher, daß die Naturwissenschaften sehr vernachlässigt wurden, und man nur etwa von großen Jagdthieren gelegentlich sprach. Die Schriftsteller waren zum großen Theile Geistliche, welche außer den Schicksalen der Kirche auch die Thaten der Fürsten oder einbrechender Feinde beschrieben. Aber die Mönche waren dabei sehr eifrige Verpflanzer von Thieren, welche zur Fastenzeit als Nahrung dienen konnten.

Die Austernparks erfüllen einen doppelten Zweck: sie sind Mastställe und Magazine. Einen Weltruf behaupten seit vielen Jahren die von Ostende, Marennes unweit Rochefort und Cancale im Norden Frankreichs. Die Austern, welche in den Pensionen von Ostende ihre höhere Erziehung erhalten sollen, kommen sämmtlich von den englischen Küsten. Die gemauerten oder gezimmerten, am Boden mit Bretern belegten Räume, in welchen sie sorgfältig überwacht werden, hängen durch Schleusen mit dem Meere zusammen und werden alle vierundzwanzig Stunden gereinigt. Etwa funfzehn Millionen Austern gelangen jährlich aus den drei Parks von Ostende auf den Markt. Die Parks von Marennes und Latremblade mit ihren berühmten grünen Zöglingen werden »Claires« genannt und nur zur Zeit der Springfluten, bei Neu- und Vollmond, mit frischem Wasser versehen. Nach den Angaben von Clavé in der »Revue des Deux Mondes«, denen wir folgen, wechselt ihr Flächeninhalt zwischen zweihundertundfunfzig bis dreihundert Quadratmeter, und sie sind gegen das Meer durch einen Damm geschützt, der mit einer Schleuse zur Regulirung der Wasserhöhe versehen ist. Man läßt zuerst das Wasser längere Zeit in den Abtheilungen, damit der Boden sich gehörig mit Salz sättige. Dann, nachdem das Wasser abgeflossen und alle sich angesetzt habenden Tange und Algen entfernt sind, wird der Boden wie eine Tenne geschlagen, aber mit erhöhter Mitte, wo die Austern liegen. Nun kommen die Austern hinein, welche von den benachbarten Bänken eingesammelt werden. Das geschieht vom September an. Sie werden aber nicht unmittelbar in die Claires versetzt, sondern erst in eine Art von Sammellokalen, die sich dadurch von den Claires unterscheiden, daß sie dem täglichen Flutwechsel unterliegen. Schon von hier aus werden die größten und schönsten Austern unmittelbar in den Handel gebracht, während die jüngeren und noch nicht fetten zur Mästung in die Claires wandern, wo, wie gesagt, nur zweimal des Monates das Wasser gewechselt wird. Ihre Abwartung verlangt von Tag zu Tag die größte Sorgfalt. Die Austernzüchter, denen mehrere Claires zur Disposition stehen, versetzen ihre Zöglinge aus einer Claire in die andere, um die entleerten zu reinigen. Wo dies nicht geschehen kann, werden die Austern einzeln aus ihren Behältern genommen und vom Schlamme befreit. Die im Alter von zwölf bis vierzehn Monaten in die Claires gekommenen Austern sind nach zwei Jahren reif, um den Delikatessenhändlern und deren Gästen sich vorzustellen. Sie haben in Marennes während dieser Zeit auch eine grüne Farbe angenommen, die ihnen bei Feinschmeckern besonderen Ruf und Beliebtheit verschafft hat. Man ist noch nicht vollständig im Reinen darüber, woher diese Färbung stamme; am wahrscheinlichsten daher, daß bei dem längeren ruhigen Verweilen des Wassers in den Claires diese sich sehr rasch mit grünen mikroskopischen Pflänzchen und Thierchen füllen, welche als Nahrung der Austern ihren Farbstoff auf letztere übertragen. Das ist jedoch nicht so zu verstehen, als ob der grüne Stoff als das Chlorophyll der Algen, Diatomeen und Infusorien sich direkt in der Auster ablagere, sondern er geht aus der assimilirten Nahrung, also aus den Blutbestandtheilen, hervor.

Der Verbrauch der Austern, welcher sich z. B. in Paris auf fünfundsiebzig Millionen jährlich beläuft, würde an sich kaum eine merkliche Verringerung der Bänke herbeiführen können. Wenn nichtsdestoweniger sowohl an den französischen Küsten als anderwärts, z. B. an der Westküste Holsteins, ein Eingehen der Austernbänke und eine sehr auffallende Verminderung des Nachwuchses bemerkt wurde, so haben hierzu eine Reihe von Ursachen beigetragen. Die Auster hat sehr viele natürliche Feinde; sie schmeckt nicht bloß den Menschen, sondern aus fast allen Thierklassen stellen sich zahlreiche Gourmands auf den Austernbänken ein. Zahllose Fische schnappen die allerdings noch viel zahlloseren jungen Austern auf; Krebse passen auf den Augenblick, wo die arme Auster ihren Deckel lüftet, um an dem süßen Fleische sich zu laben; die Seesterne wissen sie auszusaugen; mehrere Schnekken bohren mit dem Rüssel sehr geschickt Löcher in die Schalen und gehen auf diese Weise ihrer Beute zu Leibe. An anderen Stellen haben sich die Miesmuscheln in solchen Mengen auf den Austerbänken angesiedelt, daß letztere dadurch gleichsam erstickt werden; und neuerdings ist noch ein anderes Thier, welches die Franzosen Maërle nennen, wahrscheinlich ein Röhrenwurm aus der Gattung Sabellaria, als Zerstörer des kostbaren Schalenthieres aufgetreten. Doch alle diese Feinde, gewiß auch der Maërle, haben so lange schon auf Unkosten der Austern existirt, als diese selbst. Wenn sie nicht das ihrige in dem Vernichtungskriege gegen die Austern gethan, wenn nicht Milliarden von jungen, eben ausgeschlüpften Austern vom Wogenschwalle erfaßt und erdrückt oder vom Sande und Schlamme erstickt würden, so würden die Meere längst zu bloßen vollgefüllten Austernbassins geworden sein. Den größten, wirklich empfindlichen Schaden haben die Austernbänke offenbar durch die durch Menschenhände hervorgebrachte Erschöpfung gelitten und durch die Folgen eines unzweckmäßigen, mit großen Zerstörungen verbundenen Einsammelns. Wo die Bänke nicht so seicht liegen, daß man zur Ebbe die Austern mit der Hand »pflücken« kann, bedient man sich eines Netzes mit einem schweren eisernen Rahmen, dessen eine am Boden schleppende Kante mit Zähnen, gleich einer Egge, bewehrt ist. Segel und Ruder der kleinen, aber doch mit fünf bis sechs Leuten bemannten Boote werden so gestellt, daß das Fahrzeug nur ganz langsam vorwärts kommt, und das Schleppnetz, das am Seile nachgezogen wird, sich gemächlich und tief einwühlen kann. Dadurch werden förmlich tiefe Löcher und Furchen in die Bänke gerissen, und der größte Nachtheil entsteht nun, indem diese Vertiefungen in kurzer Zeit mit Schlamm ausgefüllt werden, welcher nicht nur eine fernere Ansiedelung an diesen Stellen unmöglich macht, sondern auch die umliegenden, von dem Schleppnetze verschont gebliebenen Thiere tödtet.

Wenn es gelänge, dachte Professor Coste in Paris, nur einen Theil von den unzählbaren Millionen junger Austern, welche vom Oceane verschlungen werden, ehe sie sich zu dem einen Zwecke ihres Daseins, gegessen zu werden, auch nur vorbereiten können, dadurch für dieses höhere Ziel zu retten, daß man ihr Festsetzen erleichtert, befördert und behütet, so würde man die Auster in Bälde zu einem der gemeinsten und wohlfeilsten Lebensmittel machen können. Man zählte um 1864 in den Parks von Arcachon fünfunddreißig Millionen Austern jeder Größe, welche, das Tausend zu vierzig Franken gerechnet, ein Kapital von 1 400 000 Franken repräsentirten. Auch berechnete man, daß der jährliche Ertrag sich auf sechs Millionen Austern und auf 240 000 Franken belaufen würde.

Wie Hüningen für die Süßwasser-Fischzucht, so sollte Arcachon die Musteranstalt für die Produktion der eßbaren Seethiere sein, und was die Austern betrifft, so fanden sich auch bald viele Unternehmer, welche die französische Regierung um Koncessionen zur Anlage von Zucht- und Mastparks angingen. Es hat damit in Frankreich eine eigene Bewandtnis. Das ganze Meeresgestade, welches bei der Ebbe bloßgelegt wird, also der einzige Ufergürtel, welcher sich für die Austernzuchten eignet, ist Staatseigenthum, und ferner werden alle Personen, welche sich mit irgend einer Gattung von Seefischerei beschäftigen, in die Konskriptionslisten der Marine eingetragen. Wer also in Frankreich Austern züchten will, muß erstens ein Mann von bewährter Gesinnung sein und zweitens gewärtig, daß er von seinen Austern weg zum Flottendienste einberufen wird. Es hat sich gezeigt, daß die von Konskriptionspflichtigen und bloßen Spekulanten unternommenen Austernzuchten den gewünschten Erfolg nicht hatten, indem diese Leute theils kein wirkliches Interesse an der Sache hatten, theils ohne sonderliche Mühe in kurzer Zeit viel Geld zu machen hofften. Aber nur solche Fischer und Küstenbewohner eignen sich zu Austernzüchtern, welche jahraus jahrein täglich ihren ganzen Fleiß den Austern widmen, solche, welche einen Lebensberuf daraus machen und die Koncession nicht durch irgend welchen Gesinnungswechsel zu verlieren fürchten müssen, also arbeitsame und freie Menschen.

# Die Röhren- oder Staatsquallen

Wer zu dem Glauben neigt, daß die Natur, diese undefinirbare Macht, oder die schöpferische Gottheit, zur Veränderung auch mitunter Schnörkeleien hervorbringen müsse, wird gewiß zu den Röhrenquallen greifen, dem bizarrsten belebten Spielwerke, welches die Phantasie kaum zu erdenken vermöchte. Ist es doch den Forschern schwer genug geworden, der Natur, um mit Herder und Goethe zu reden, den Gedanken nachzudenken, der ihr – so drückte die alte Schule sich aus – bei Schaffung dieser Thiere vorschwebte.

Wir wählen eine der noch minder komplicirten Formen und beschreiben sie gleich nach ihren Einzelheiten, weil allgemeines ohne solche specielle Anschauung völlig unverständlich wäre: Der zweireihige Blasenträger (Physophora disticha) steht als ein Gebilde vor uns, für dessen verschiedene Theile und Anhänge eine oben mit einer Blase beginnende Röhre die centrale Axe bildet. Die Blase enthält Luft und erhält daher das Ganze in aufrechter oder schräger Stellung. Der ganze obere Theil der Röhre wird von zwei Reihen Schwimmglocken eingenommen, denen die Fortbewegung des Ganzen übertragen ist. Sie besitzen in Form und Thätigkeit, indem sie durch ruckweises Zusammenziehen das Wasser aus ihrer Höhlung ausstoßen, eine unverkennbare Ähnlichkeit mit Schirmquallen. Unter ihnen folgt zunächst ein Kranz äußerst beweglicher Fühler, und zwischen diesen erblickt man zwei ebenfalls hohle, aber auch am Ende offene Theile, Saugröhren oder Magen, deren jeder für sich zu bewältigen und zu verdauen trachtet, was durch die langen Senkfäden mit ihren Behängen und Nesselorganen namentlich an kleinen Krustern ihnen zugeführt wird. Was sie an farblosem Blute und Nahrungssafte bereiten, kommt ebenfalls dem Ganzen zu gute. Das Ergebnis der Verdauung gelangt in jene Röhre, von der wir ausgingen, und von da in die verschiedenen Anhänge zu deren Ernährung. Die Fortpflanzungsorgane sind bei der Sippe Physophora in Form von Trauben vorhanden, in anderen als Kapseln, gleich denen der Quallenpolypen, in noch anderen endlich, und das ist für die Auffassung dieses so komplicirten Organismus von höchster Wichtigkeit, in Gestalt wirklicher Scheibenquallen, die sich sogar loslösen und ein selbständiges Leben führen können.

SIPHONOPHORAE
Physophora hydrostatica

Ist die beschriebene Physophora ein Einzelthier oder eine Kolonie, ein Thierstock? Es vertrüge sich an ihr alles übrige mit dem Wesen eines Einzelthieres, außer den zwei, in anderen Fällen drei, vier und mehr mit selbständigen Mundöffnungen und überhaupt selbständiger Thätigkeit begabten Mägen. Dieselben sind denn auch von älteren Beobachtern kurz »Polypen« genannt worden, zum Zeichen, daß man zwar den anderen Theilen der Physophora und anderer Sippen nicht den Werth von Individuen beilegen wolle, jedenfalls aber sich des Eindruckes nicht erwehren könne, wenigstens in diesen Mägen oder Saugröhren unvollständige Individualitäten vor sich zu sehen. Nimmt man nun hierzu jene Fälle, wo die Fortpflanzung durch die sich ablösenden Quallenindividuen besorgt wird, so muß man Leuckart beistimmen, der die Röhrenquallen für polymorphe Kolonien erklärt hat.

Das soll so viel bedeuten. Die Theile, aus welchen jene zusammengesetzt sind, haben insofern die Bedeutung von Theilen eines Organismus, als sie sich durch ihre Gegenseitigkeit und die Verschiedenartigkeit ihrer Leistungen bedingen. Alle zusammen bilden in physiologischem Sinne ein Ganzes, sie gehören zu einem Leben. Jedenfalls sind aber einzelne dieser sogenannten Organe so selbständig und im Falle sie Quallenform annehmen, so hoch entwickelt, daß sie fast den Rang von Einzelwesen, von Individuen einnehmen. Und hiervon ausgehend läßt sich die Röhrenqualle als eine Kolonie von unvollständigen Individuen betrachten, verschieden ausgeprägt an Form und Leistung; denn dies ist die Bedeutung von »polymorph«. »Wie mithin sonst«, sagt Bronn, »in der aufsteigenden Thierreihe zum Zwecke der Arbeitstheilung die Organe sich immer zahlreicher und vollständiger differenciren (scheiden und ausbilden), so thun es hier die verschiedenen zu einer Familie gehörigen und unter sich zusammenhängenden Individuen, analog den Verhältnissen in den Ameisen- und Bienenstöcken, wo diese Individuen jedoch nicht mit einander verwachsen sind. Aber die Differencirung ist so weit und die Arbeitstheilung so ausschließlich gediehen, daß diese Individuen in der Regel nicht genügende Organe zur selbständigen Fortdauer besitzen, obwohl sie oft rasch durch Knospung einen Verlust oder Mangel zu ersetzen im Stande sind.«

# *Nachwort*

Dass die Natur schön ist, schön, dramatisch, erschütternd, auch reizend, betörend oder komisch, dass ihre Vielfalt phantastisch anmutet und ihr Einfallsreichtum bizarr, dass man sie empfinden können muss, um ihr wirklich nahe zu sein, das alles weiß die Naturwissenschaft. Aber es ist nicht ihr Thema, sucht sie doch das wissenschaftsfähige Gesicht der Natur, das Mess-, Zähl- und kausallogisch Beschreibbare, konzentriert sie sich doch auf die Rationalität im Kosmos, auf seine Funktionalität, seine Systematik.

Wenn wir Nicht-Wissenschaftler an die Beschreibung der Natur gehen, beherrscht uns dagegen oft ein Staunen, eine Bewunderung, die sich in Schwärmerei niederschlagen kann oder in Ehrfurcht, wo wir an ihre Erklärung gehen. Zunächst fühlen wir sie, und gerne schreiben wir ihr Gefühle zu, die eigentlich die unseren sind, behandeln Tiere wie Handschmeichler, und die Landschaft, als habe sie sich genau diesen Faltenwurf gegeben, um schön mit unserem Innenleben zu korrespondieren.

Ähnlich hat man in der Geschichte die Natur lange nicht gewusst, sondern erträumt, hat sie vermenschlicht und, zwischen Schöpfungsmythen und Schöpfungstheorien schwankend, die Vergangenheit der Tierwelt in Monstern und mythischen Fabelwesen gesehen. Ja, in jedem Kulturraum finden wir noch heute die Vorstellung von Zwischenwesen oder animalischen, vorgeschichtlichen Giganten, die im Verborgenen auf der Erde oder in der Tiefe der See gegenwärtig sind. Zum Schönen in der Natur gehört also auch die Vorstellung des Erhabenen, des latenten Schreckens, der ihr innewohnenden Zerstörung, und diese Vorstellung bestimmt auch die Zoologie.

Es ist nicht leicht, einen Künstler zu finden, den – wie Michelangelo – die Natur nicht interessiert. Ebenso wenig leicht ist es, einen zu finden, der – wie Leonardo – die Naturerforschung zur Basis seines künstlerischen Arbeitens erhebt. Aber in der Differenzierung der Anschauung und in der Vertiefung des Eindrucks der Natur wurde die Kunst zu einer Art Komplement der Naturwissenschaft. Bis ins 16. Jahrhundert galt es als Idol der Anstrengungen um das Kunstschöne, die Naturschönheit zu wiederholen.

Zwischen diesen beiden Sphären einer naturwissenschaftlichen Erforschung auf der einen und der staunenden ästhetischen Unterwerfung unter die Macht der Schöpfung auf der anderen Seite klafft lange eine Lücke. Auf der einen Seite des Spektrums geht es um die Anhäufung des Wissens mit dem weitläufigen Zweck der Naturbeherrschung. Auf der anderen Seite geht es um die subjektive Anverwandlung der Natur mit der Folge poetischer, künstlerischer Hervorbringungen.

In die Lücke fällt, was man ein ganzheitliches Bild des Naturerkennens nennen könnte, ein Bild, das vom Wissensartigen ebenso geprägt ist wie vom Eindrücklichen, vom empirisch Belegten wie von der individuellen Erfahrung. Es sollten also eigentlich zwei gleichberechtigte Formen sein, sich dem Gegenstand zu nähern, wenn man einen Orang-Utan einerseits als Pongo pygmäus und Pflanzenfresser, denselben andererseits als »melancholisch« und »einsam« bezeichnet. Nur ein zoologischer »Gegenstand« sollte er eigentlich nicht sein können, das lebende Tier nicht wie etwas Totes behandelt werden.

Die Vermischung aus dem Faktischen und dem durch Erfahrung Anverwandelten gilt bis heute als populärwissenschaftlich, auch wenn es wohl stimmt, dass sich jeder Mensch die Natur am ehesten in dieser Form erschließt. Doch das Interdisziplinäre daran erscheint suspekt. Die Vermischung des Nachprüfbaren mit dem Subjektiven, ja, dem Ausdruckshaften, Gefühlten unterliegt dem schärfsten Verdikt, das die Forschung kennt, dem Verdikt des Unwissenschaftlichen.

Alfred Edmund Brehm ist der seltene Fall eines Populärwissenschaftlers, der nicht von seiner Zeit allein, sondern von jeder folgenden geliebt wurde, und diese Liebe spricht Bände. Er ist ein Klassiker, der sich offen dazu bekannte, seine »allgemeine Thierkunde« als das »volksthümliche Buch« anzulegen, das der Zoologie immer gefehlt hatte, und sein Erfolg ist so abrupt wie anhaltend: In zahlreichen Auflagen und Neuausgaben ist er erschienen. In alle Weltsprachen wurde er übersetzt, und man muss sich vergegenwärtigen: Überall auf der Welt sahen und sehen Menschen die Tierwelt durch seine Brille.

Doch welcher Forscher vor ihm hätte sich auch getraut, den »Naturgenuß« ins Zentrum der eigenen Anstrengungen zu stellen, samt dem Versprechen: »Naturgenuß wächst mit dem Verständnisse der Natur«? Wer hätte sich getraut, schon im ersten großen Wurf unbotmäßig aufzutreten gegen »Pfaffenthum und Weltweisheit«, gegen »Schreibstubengelehrte in ihrer hohen und hohlen Weisheit«? Wer hätte nicht Angst gehabt, die hehre Wissenschaftlichkeit seiner Ermittlungen könne in ihrer Wirkung Schaden erleiden unter all dem Exklamatorischen und Expressiven, auch Spöttischen und Polemischen? Wer hätte nicht Sorge getragen, neben der Seriosität der Forschungsergebnisse jenen Ausdruck zu unterdrücken, den man mit dem Staunen des Kindes verbindet und der den Forscher Brehm so sympathisch charakterisiert?

Ja, es war ein unüblicher, man würde inzwischen sagen, ein ganzheitlicher Ansatz, der Brehms Verständnis der Zoologie prägte. Statt unbestimmter Eindrücke und poetisch-diffuser Gefühle kultivierte er ein Begreifen durch Anschauung und Einfühlung. Er rang nicht um die romantisierte Natur, sondern um die reale, und diese ist von Kampf, Überlebenshunger und Gewalt ebenso bestimmt wie durch die Poesie der Erscheinung, der Metamorphosen, der Fortpflanzungsriten oder die Dramen des Überlebens und Sterbens. Brehm arbeitete sich auf bisher ungekannte Weise in die Lebensbedingungen der Tiere ein und übernahm damit auf seinem Gebiet eine Pionierrolle.

Im Grunde korrigierte er so auch die Auswüchse der Wissenschaftlichkeit vorhandener Tierbetrachtung. Weil Forscher vor allem Wissenschaftler sein wollten, erkennen sie nur innerhalb der Parameter ihrer Disziplin und stellen so nicht zuletzt ihre Wissenschaft selbst infrage. »Wenn ich die Definition eines Säugetiers mache«, schreibt Nietzsche zu Brehms Zeit, »und dann erkläre nach der Besichtigung eines Kamels: ›Siehe, ein Säugetier!‹, so wird damit eine Wahrheit zwar ans Licht gebracht, aber sie ist von geringem Wert«. Das heißt, »sie enthält keinen einzigen Punkt, der ›wahr an sich‹, wirklich und allgemeingültig, abgesehen von dem Menschen wäre«.

So bringt denn Wissenschaft manchmal mehr zum Verschwinden als zur Erscheinung. Sie hat kein Sensorium etwa für das Possierliche, Psychologische, Attraktive, Abstoßende, und in Nietzsches Sinne verlangt das Wissen geradezu nach dem »Populärwissenschaftlichen«, um die Grenzen des Naturerkennens erweitern zu können. Brehm geht es in diesem Sinn um das Wesen des Tieres, und das verteidigt er nicht zuletzt gegen das »tote, ausgestopfte oder in Weingeist aufbewahrte«, das nur entseelt zum Objekt der Forschung werden konnte.

Natürlich besitzt auch Brehm in dieser Hinsicht Vorläufer, auf die er sich zum Teil ausdrücklich beruft. Grundlegend ist für ihn Carl von Linné, »der Altvater der Thierkunde (...) einer der größten Naturforscher aller Zeiten«. Dieser gliederte die Fauna in Gruppen, deren Grundeinheit die Art bildet. Je weiter sich die Klassifizierung von der Einheit »Art« entfernt, desto weitläufiger erscheint der Verwandtschaftsgrad, und umso unähnlicher sind sich die Tiere.

Gemäß der Übereinstimmung ihrer Merkmale werden Arten entsprechend zu Gattungen und diese zu Familien zusammengefasst. Verwandte Familien ergeben Ordnungen; diese bilden Klassen, die in einem gemeinsamen Stamm zusammengefasst sind. Aus der Gesamtheit aller Stämme bildet sich schließlich das Tierreich. So erfasst auch Brehm alle Lebewesen des Tierreichs in Kategorien, vom höher entwickelten Säugetier bis hin zum Einzeller.

Ganz gemäß dieser von Linné systematisierten Tierkunde war schon für Humboldt und Goethe der Zusammenhang aller Wesen des Kosmos zum Ausdruck eines

Naturgefühls geworden, und jede Kreatur erschien als eine Emanation solcher Einheit.

Brehm hat das Linné'sche System bis auf eine Revision weitgehend übernommen. Unter »Kerbthiere und Würmer« nämlich versammelte Linné so viele unterschiedliche Arten, dass er in diesem Punkt schon von dem großen Klassifizierer, dem Naturforscher George Cuvier, korrigiert worden war, der die Unterscheidung von »Wirbeltieren« und »Wirbellosen« einführte. Diese übernimmt Brehm noch selbst. Seine Nachfolger, die zahlreichen Überarbeiter von »Brehms Thierleben«, haben in den Neuauflagen dann weitergehend aktuelle Erkenntnisse aus der Biologie verwendet, waren doch mittlerweile neue Tierarten entdeckt und andere ausgerottet worden. Hinzu kamen Erkenntnisse in der Verhaltensforschung und bezüglich der stammesgeschichtlichen Entwicklung der Arten.

Zu den Vorbereitern von »Brehms Tierleben« muss man auch Georges-Louis Buffon zählen, dessen Naturgeschichte zwar systematisch-analytisch vorgeht, zugleich aber solchen Reiz der Prosa besitzt, dass ihr ein literarischer Eigenwert zukommt. Diesen besitzt auch »Brehms Tierleben« in hohem Maße. Ja, ein so feinhöriger und kritischer Revisor deutscher Prosa wie Hugo von Hofmannsthal zählte »Brehms Tierleben« zu den Meisterwerken deutscher Wissenschaftsliteratur, und wirklich, keine Seite, auf der man als Leser nicht durch die Zähne pfeifen möchte angesichts der Treffsicherheit der Wortfindungen, der Raffinesse des syntaktischen Baus, des Reichtums im bildnerischen Sprechen und der Komik der Wiedergabe.

Wir haben es also zweifellos mit einem sprachbildnerisch so originellen wie versierten Autor zu tun, und mit einem umfassend gebildeten. War Brehms Vater für die Ausbildung der naturkundlichen Interessen seines Sohnes verantwortlich, so muss man dem mütterlichen Einfluss die Liebe zur Sprache zuschreiben. Die Mutter las dem Jungen früh klassische Dichtung vor und förderte seine literarische Bildung so sehr, dass er den erstaunten Reisebegleitern auf seiner Sibirienreise von 1876 aus dem Kopf Goethes »Faust« rezitieren konnte.

Brehms Prosa ist weniger wissenschaftlich als literarisch und ungewöhnlich reich an poetischen Mitteln, expressiven, auch metaphorischen Elementen. Sie besitzt nicht nur eigenen Fluss, sondern geradezu einen Sog, so nuancenreich und anschaulich, ja, manchmal sogar musikalisch und rhythmisch sie sich organisiert.

Auch auf Jan Swammerdam, den holländischen Biologen aus dem 17. Jahrhundert, bezieht sich Brehm, da jener auch die vermeintlichen Ekeltiere wie Fliegen, Schnecken und Ratten in ihrer Eigenart liebenswert porträtierte, getragen von dem Wunsch, den Schöpfer auch in seinen elenden Kreaturen zu verherrlichen. Bis ins 20. Jahrhundert hinein trägt »Brehms Tierleben« diese Vorstellung einer Vereinbarkeit von Naturforschung und Naturliebe.

Wie folgenreich andererseits Brehms Ansatz für die Tierbetrachtung war, kann ermessen, wer etwa Remy de Gourmonts »Physik der Liebe«, seine schöne Untersuchung über das Sexualverhalten der Tiere aus den ersten Jahren des 20. Jahrhunderts, liest. Geradezu rührend erscheint es hier, wie sich der Autor professoral, aber warmherzig in das Liebesleben der Tiere einfühlt und etwa als das wahre Alter Ego des Maulwurfweibchens das finstere Erdreich durchwühlt.

Ohne Brehms Bresche für eine populärwissenschaftliche Zoologie ist auch das publizistische Werk Bernhard Grzimeks kaum denkbar, auch wenn dieser in der Ausmalung der tierischen Psychologie manchmal weiter gegangen ist, als es die junge Wissenschaft der Tierpsychologie guten Gewissens erlaubt hätte. Komplementär dazu entfaltete der bemerkenswerte Horst Stern seine fesselnde Beobachtung der nicht-exotischen Tiere.

Während also die früheren Verfasser das Hauptaugenmerk auf die innere und äußere Anatomie gelegt hatten, gibt Brehm seinen Tieren Leben und natürliche Umgebung. Wo sich die Vorgänger auf die äußere Erscheinung konzentrierten, gibt er den Kreaturen Innenwelt, ja ein Gefühlsleben, und die staunende Leserschaft begegnet bei ihm dem empfindenden, plausibel agierenden Tier.

Doch woher bezieht es diese Plausibilität? Von Brehm selbst, aus seinem ganzheitlichen zoologischen Verständnis, das Empathie mit Empirie mischt, historische Quellen auswertet, Beobachtungen sammelt, kulturelle Zusammenhänge ausleuchtet, ist doch für ihn auch das Verständnis eines Tieres, so wie es sich historisch herausbildete, Teil zoologischen Begreifens. Man wird sich bei unserem Verfasser also auch nicht über einen Exkurs zur kulturellen Bedeutung des Mantelpavians für die ägyptische Kultur wundern.

Brehms Blick auf die Gattungen und Arten bündelt in der Regel die folgenden Elemente: die phänomenologische Beschreibung des Tieres in seinem Habitat, samt der Erfassung seiner Maße; die Versammlung von Beobachtungen zum Leben des Tieres in der Natur durch Reisende aus allen Zeiten; die verhaltensbiologische Rekonstruktion seiner Praxis in Fortpflanzung, Nahrungssuche, Verhalten im Rudel, Gemeinschaftsleben; schließlich die kulturelle Bedeutung des Tieres, auch in Bereichen der Religion, des Kultus oder Aberglaubens.

Er streift sogar die Nutzbarkeit der von Tieren hergestellten Produkte, wozu auch Sekrete oder Körperrückstände, selbst Tierteile gehören, die vor allem in der Naturmedizin eine große Rolle spielen. Er widmet sich dem Geruchs- und Geschmackssinn bei Tieren, nicht nur der klassischen Witterung, er spekuliert selbst über den Geruchssinn von Fischen, die, wirft man ein Stück Aas ins Wasser, sich diesem stets aus einer Richtung nähern und deshalb also, Brehm zufolge, das Fleisch im Wasser geruchlich fixiert haben müssen.

Dazu besitzt dieser leidenschaftliche Erkenntnissucher bereits einen geschärften

Blick für Ökosysteme, und auch wenn das Artensterben bei ihm noch keine wesentliche Rolle spielt, weiß er doch bereits um die bisweilen fatale Wirkung importierter Tiere in einem artfremden Lebensraum. (Ein jüngeres und verheerendes Beispiel dafür wäre jene »Cane Toad« genannte Kröte, die vor Jahren als – übrigens wirkungsloser – Schädlingsbekämpfer in wenigen Exemplaren auf dem australischen Kontinent eingeführt wurde, und nun das Land als die Plage eines Allesfressers überzieht, ohne natürliche Feinde und somit ohne Korrektiv der Vermehrung.)

Für Brehms Methodik ist die ausführliche Einarbeitung von Fremdmaterial unverzichtbar. Er ist ein unersättlicher Materialsammler, bedient sich fremder Quellen, wo immer sie ihm authentisch erscheinen, aber er spart auch nicht an Skepsis. So schälen sich, gerade wo er ungläubig vor einer Quelle scheut, unwillentlich die Grenzen seines zoologischen Wissens heraus.

Mitunter trifft seine Skepsis nämlich gerade Reiseberichte, die sich inzwischen als authentisch erwiesen haben. Du Chaillus 1867 veröffentlichte, atemberaubende und grausame Berichte von der Gorillajagd in Afrika etwa enthalten eine Fülle von präzisen Verhaltensbeobachtungen, die heute als gesicherte Erkenntnisse gelten und die Brehm noch allzu unwahrscheinlich erscheinen.

Dennoch zitiert er diesen und andere Berichte in extenso, einerseits in der Annahme, dass auch Vermutungen über ein Tier zu seinem Verständnis beitragen können, andererseits wehrlos vor den Fakten, da es zu Brehms Zeiten in ganz Europa und auch nur für kurze Zeit einen einzigen lebenden Gorilla gegeben haben soll. Ohne Ausflüge in die Reiseliteratur hätte er sich also wie die Forschung nur auf den Balg oder das Feuchtpräparat beschränken können.

Bleiben wir einen Augenblick bei den Affen. Denn gerade in der Beobachtung der Menschenaffen vermenschlicht sich auch der Forscher. Er bewundert, er bestaunt sie, und doch sind sie ihm ebenso unheimlich. Charaktermerkmale schreibt er ihnen großzügig zu, die wenigsten davon sind schmeichelhaft. Doch traut er sich allenfalls behutsam, der Missbilligung des Affen durch andere Forscher entgegenzutreten.

Der 1779 geborene Naturforscher und -philosoph Lorenz Oken schrieb noch: »Es gibt keine einzige Tugend, welche man einem Affen zuschreiben könnte, und noch weniger irgend einen Nutzen, den sie für die Menschen hätten. Wachestehen, Aufwarten, verschiedene Dinge holen, thun sie bloß so lange, bis sie die Narrheit anwandelt. Sie sind nur die schlechte Seite des Menschen, sowohl in leiblicher wie in sittlicher Hinsicht.«

Wir würden uns spontan dem Maßstab einer Beurteilung des Menschenaffen im Vergleich zum Menschen widersetzen, doch Brehm folgert zunächst abwägend: »Es läßt sich nicht leugnen, dass diese Schilderung im Wesentlichen nicht unrichtig ist.« Andererseits ist ihm diese Form der Verurteilung zumindest nicht geheuer, und er schließt nach einer Aufzählung aller auszumachenden Eigenschaften: »der Affe in seiner sinnlichen Liebe ist ein Scheusal; er kann aber in seiner sittlichen Liebe manchem Menschen ein Vorbild sein!« Und dieses Vorbild wird leuchtender, wo sich der Affe vergeistigt, was, wie Brehm bemerkt, traurigerweise erst der Fall ist, wo er alt oder krank wird. Da endlich zeigt »die edlere Seite seines Geistes (...) sich heller«.

Man sieht, noch in dessen Leiden und Sterben reserviert Brehm dem Affen ein besonderes, von dessen Menschenähnlichkeit gewecktes Mitgefühl. Wo aber die Beschreibungen anderer Forscher zu anthropomorph klingen, begegnet er ihnen mit besonderer Skepsis.

Man muss das verstehen. Noch im 18. Jahrhundert hatte man in zoologischen Publikationen lesen können, Orang-Utans seien der menschlichen Sprache mächtig, sprächen diese nur niemals öffentlich aus Angst, man könne sie zur Arbeit zwingen.

Und noch bei Linné wird die Klasse der so genannten Troglodyten beschrieben, Zwitterwesen zwischen Mensch und Tier, denen man lauter verborgene Kräfte zuschrieb, mittels deren sie eines Tages die Herrschaft über die Menschheit anstreben könnten.

Bei Brehm werden solche Theorien zwar nicht zitiert, und er wendet auch keine Mühe auf, sie zu widerlegen. Die fließende Grenze zwischen dem Menschlichen und dem Tierischen fasziniert auch ihn.

1859 war ja Charles Darwins Hauptwerk »Ursprung der Arten« erschienen und hatte der entwicklungsgeschichtlichen Betrachtung der Tierwelt neue Impulse gegeben. Der Widerhall dieser Schrift ist bei Brehm vielfach vernehmbar. Er verteidigt die Darwin'sche Evolutionstheorie, wird dafür von der katholischen Kirche und der Presse heftig angegriffen, und er interessiert sich augenfällig besonders für Metamorphosen, Veränderungen oder Zurückbildungen, etwa die »durch Nichtgebrauch der natürlichen Kräfte und Anlagen eintretende Versimpelung« in den zoologischen Formen.

1872 war dann die Erste Ausgabe von Darwins »Der Ausdruck der Gemütsbewegungen bei dem Menschen und den Tieren« erschienen, voller einleuchtender Beispiele für eine übereinstimmende Übersetzung seelischer Regungen durch mimische Bewegungen: Wir schürzen Lippen beim Konzentrieren oder spannen die Muskeln um unsere Augen an; in der Empfindung von Spannung entblößen wir die Eckzähne und ziehen die Luft ein; wir kosen das Gegenüber, indem wir sein Gesicht berühren; wir geben uns Riechküsse und beißen liebevoll.

In mancher Hinsicht wird also Brehm selbst zur Quelle seiner eigenen Naturbeobachtungen und sein Tierleben ein Nebentrakt der Selbsterforschung. Er studiert die Psychologie im Blick der Tiere, er sucht den Nachweis ihres Verstandes und freien Willens und verfolgt in der Kritik des menschlichen Umgangs mit den Tieren die kühne, doch plausible These: Die Menschen haben die Tiere niedrig gehalten und als niedrige Wesen verstehen wollen, damit ihre eigene Macht uneingeschränkt bleibe und die wahren Ähnlichkeiten den eigenen Überlegenheitsgedanken nicht gefährdeten. »Alles Thier ist im Menschen«, zitiert er Scheitlins »goldene Worte«, »aber nicht aller Mensch ist im Thiere!«

Welche heidnische Forscher-Genugtuung also, der Krone der Schöpfung und Gottes Ebenbild eine wissenschaftliche Position einzuräumen, den Homo sapiens zu degradieren als: »Erste Ordnung, erste Familie, einzige Sippe: Mensch!« Dicht gefolgt von Gorilla und Orang-Utan: »Die Naturwissenschaft kennt keine Rücksichten.«

So wenig Pietät, so wenig christliche Demut vor Gottes Ebenbild Brehm damit auch bewiesen haben mag, der Mensch ist eben unter dem Blick des Naturforschers »wirklich nichts mehr und nichts minder als ein Säugethier oder ein lebendes, fühlendes Wesen mit rothem, warmem Blute, welches lebendige Junge gebiert und sie großsäugt«.

Was der Forscher hier korrigiert, sind gleichermaßen die Dogmen aus Glauben und Aberglauben und die von ihnen geleitete eingeschränkte Kenntnis von den Geschöpfen. Das von Brehm versammelte Wissen allein ließ die Thesen von der Krone der Schöpfung so haltlos erscheinen, wie es ehemals die Unterstellung gewesen war, das Universum drehe sich um die Erde.

Jetzt wird so manchem Schöpfungsmythos der Boden entzogen. Den Menschen als beatmeten Erdkloß gibt es nicht mehr. An seine Stelle treten weniger märchenhafte Konzepte der Genealogie und der Entwicklungsbiologie – lauter Arsenale von Argumenten gegen die »hochmüthige Vergötterung des Menschen«.

Gewiss ist Brehm nicht der Erste, der im Sinne der Gleichordnung zwischen den Kreaturen auftritt. Aber niemand hatte diese Überzeugung je so massenwirksam vermittelt, niemand sie so volkstümlich und zugleich maßgeblich vorgetragen wie Brehm, der auch dadurch gravierenden Einfluss hatte auf das Bild, das man sich in und außerhalb der Wissenschaft von der natürlichen Ordnung machte.

Gerade im Dienste solcher Gleichordnung konzentriert er sich immer wieder auf die Ähnlichkeiten zwischen Mensch und Tierwelt. So wirkt die Grenze zwischen den Sphären durchlässig, wenn nicht fließend, und so manches tierische Verhalten, findet Brehm, blamiert die menschliche Moral.

Gestützt auf Reiseberichte erscheinen plötzlich Tiere intelligent, geschickt, mitfühlend, während Menschen solche Attribute oft weniger verdienen. Und es ist ja wahr: Es gibt Tiere, die die Ehe wichtiger nehmen als der Mensch, die treuer sind und fürsorglicher, es gibt solche, die Werkzeuge gebrauchen, ihr Essen gekocht genießen, sich gerne in Kleider hüllen, Schamgefühl kennen, die Familie ehren, ja, selbst solche, die differenzierte Kommunikation kennen oder Selbstmord verüben.

Zwei Wege sind es, auf denen Brehm Mensch und Tier einander annähert: Das Tier wirkt nicht mehr im herkömmlichen Sinn animalisch, der Mensch nicht mehr menschlich, und dies geschieht nicht allein im Geiste positiver Diskriminierung: Auch das Tier ist feige, furchtsam, tapfer, heuchlerisch, stolz, bescheiden, misstrauisch, gesellig oder streitlustig, und es unterliegt, so Brehm, gleich dem Menschen, den formenden Einflüssen seiner Sozialisation: »Der Erzieher übt einen unendlichen Einfluß auf das Thier aus.« Aber: »Nur Männer können Thiere erziehen; dies beweisen oder bewiesen alle Mopse, dies zeigen die Hunde und Katzen einsamstehender Frauen oder Jungfrauen: sie sind regelmäßig verzogen, nicht erzogen. Das Thier verlangt Ernst und Festigkeit von dem, welcher es lehrt, nicht aber zu große Milde und Wankelmuth.«

Man sieht: Die Emanzipation des Tieres vom Menschen ist so wenig abgeschlossen, wie die der Frau vom Manne. Schwimmende Grenzen, wohin man blickt, und es ist nicht zuletzt dieser gemeinschaftliche Raum, der die Lektüre von »Brehms Tierleben«, ungeachtet seiner wissenschaftlichen Substanz, so reizvoll macht.

Die Zoologie erscheint hier als eine große Analogie zum Humanen, und als solche ist sie in der Kulturgeschichte oft bemüht worden. Menschen geben sich in der Liebe wie im Zorn am liebsten Tiernamen. Sie haben seit dem Mittelalter in so genannten Bestiarien Zeitgenossen, Künstler, Dichter in tierischem Gewand verspottet und gefeiert, haben politische Geschehnisse auf tierische Verhältnisse übertragen und in der Karikatur wie in der literarischen Satire das Tierische als ein Arsenal von symbolischen Formen geplündert.

Brehms Tierleben steckt voller solcher Analogien, und dabei sichert nicht zuletzt die Vermenschlichung der Natur dem Werk besondere Popularität. Hören wir nur zum Beispiel, wie sich Brehm dem Thema der Musikalität in der Natur widmet. Im Vergleich zum leichtsinnigen Leben der Vögel in der Luft, heißt es da, lebt das Säugetier »bedächtiger und schwerfälliger«. Es existiert in einer »Lebensbehaglichkeit« von ernsthafter Größe, scheut deshalb die sinnlose Vergeudung seiner leiblichen Kräfte und erscheint allenfalls im Kindesalter übermütig. Deshalb besitzt »kaum ein einziges Säugethier (...) eine Stimme, welche unser Ohr befriedigen oder gar entzücken könnte«. Sein Brüllen ist vielmehr Ausdruck schwerblütigen, der Erde verhafteten Lebens. Der Esel zum Beispiel ist ein »verabscheuungswürdiger Tonverderber«.

Die Vögel dagegen, die freiesten Tiere, jagen in ihrer »Lebensfröhlichkeit« »jauchzend umher«, »Lieblinge des Lichts«, die »am liebsten die ganze Nacht zum Tage machen,« um ihrer »ewigen Regsamkeit volles Genüge zu leisten«. Das kleine Herz des Vogels »schlägt schneller, sein Blut jagt stürmischer durch seine Adern, seine Glieder scheinen gelenker, gestählter zu sein, als es bei den Säugethieren der Fall ist«.

Und so gilt im Vergleich: »Welch ein Unterschied ist zwischen dem Liebesgesang einer Nachtigall und dem einer Katze! Hier wird jeder Ton zerquetscht, verunstaltet und gemishandelt, jeder Naturlaut wird zum quälenden, ohrenzerreißenden Missklange umgewandelt: dort wird der Hauch zur Musik, die Musik zu dem herrlichsten und reichsten Liebesgedichte in Klängen und Tönen.« Was also könnte den Gesang des Menschen schließlich doch noch über den des Federviehs heben? Seine subjektive Innerlichkeit, denn: »Der Vogel singt ohne alle und jede persönliche Teilnahme.«

Das Beispiel belegt, wie reizvoll Brehm zwar das Faktische versammelt, es aber dem höheren Zweck überstellt, die Natur nur desto präziser und origineller fühlbar zu machen. Naturwissenschaftliche Methodik verlangte zwar auch schon zu Brehms Zeiten »Objektivität«, also einen von Gefühlen befreiten Operationsraum. Ja, die Subjektivität des Forschers musste ausgemerzt und nicht nachweisbar erscheinen, aber hier erscheint nun ein Mann, dem man die Wissenschaftlichkeit seiner Untersuchungen so wenig absprechen konnte wie die Aufrichtigkeit seines Empfindens. Man unterschätze also nicht, was Brehm für die Fühlbarkeit der Tierwelt getan hat. Nicht zuletzt ist sein Kompendium ja auch ein Denkmal der Tierliebe.

Darin verbirgt sich ein Akt der Befreiung eigener Art, der Emanzipation vom Bann der Naturgewalt. Solange der Mensch der Natur ausgesetzt, ihr unterworfen ist und von ihr bedroht wird, kann er sie in der Darstellung allenfalls objektivieren und damit bannen. Je abstrakter seine Zeichen für die überlegenen Naturmächte sind – so hat Wilhelm Worringer dargestellt –, desto ohnmächtiger unterwirft sich der Mensch ihrer Gewalt, die er als Kreis, als Keil oder Schlangenlinie symbolisiert.

Die anschauliche und »naturgetreue« Abbildung dagegen setzt eine gewisse Souveränität gegenüber dem dargestellten Objekt voraus. Man könnte also argumentieren, dass sich in »Brehms Tierleben« zwar einerseits eine Naturbetrachtung verrät, die sich noch nicht an der eigenen Macht und Unterwerfung berauscht, dass sie aber andererseits auch noch nicht vollends souverän auftritt.

Denn bei aller Liebe zur Kreatur steckt noch mehr Abwehr in Brehm, als wir vielleicht erwarten würden. Er findet manche Spezies durchaus hässlich, feige, tückisch, grausam, er kann sie noch nicht alle gleichermaßen lieben, und das trotz seines Bemühens auch um die »niedere Thierwelt« der Käfer und der Wirbellosen, der Zoologie auch am Meeresboden.

Gerade die Letztere wurde um die Jahrhundertwende durch die Entstehung von Beobachtungsstationen und Aquarien, durch die Meereserkundungen mit der »Challenger« oder William Beebes 1928 unternommener Tiefseeexpedition, dem »Arcturus-Abenteuer« der New Yorker Zoologischen Gesellschaft, von einer Woge des Interesses erfasst. Brehm scheint sie fremder zu bleiben.

Ein Kind seiner Zeit, beklagt er Tierquälerei, die Herabwürdigung von edlen Kreaturen im Dienst von Menschen, auch die Ausbeutung der Arten zu unserem Vergnügen und Luxus. Doch sein Bericht entstammt einer Epoche, in der die Vielfalt groß und das Unerforschte und Unentdeckte grenzenlos schienen. Jener Zeit erschien es selbstverständlich, im Dienste der Wissenschaft zu töten, was man liebte, und dieser Geist prägte die Zeit und die Erziehung, die der Junge genoss.

Alfred Brehms Vater, der Pfarrer Christian Ludwig Brehm, war ein namhafter Ornithologe und Mitbegründer der deutschen Vogelkunde. Seine zahlreichen Veröffentlichungen besitzen für die Fachwelt noch heute eigentlich höhere Bedeutung als des Sohnes populärwissenschaftliche Werke. Von klein auf zog Brehm mit dem Vater durch die Wälder, beobachtete und jagte und wurde vom Senior zu allen Arten von Pflanzen und Tieren befragt und belehrt.

Schon dem achtjährigen Sohn drückt der Vater eine Flinte in die Hand. Mit ihr erlegt er seinen ersten Singvogel, eine Goldammer, die der neuntausend ausgestopfte Vögel umfassenden ornithologischen Sammlung des Vaters hinzugefügt wird. Der junge Brehm wuchs also gewissermaßen in einem Leichenschauhaus der europäischen Vogelwelt auf und lernte so, den Zusammenhang von Forschen und Töten als etwas Selbstverständliches zu erachten.

Zu seiner Zeit mag das Erlegen eines Tieres, seine Vivisektion und Beobachtung post mortem noch wissenschaftlich gerechtfertigt gewesen sein. Man gelangt so etwa zu Resultaten wie dem, dass das Herz eines im Schlafe enthaupteten Murmeltiers noch drei Stunden nach seiner Tötung fortschlägt, »anfangs sechzehn und siebzehnmal in der Minute, dann seltener«. Aber inzwischen verbietet nicht nur der Artenschutz, sondern eine ethische Formulierung der Würde des Tiers solche skrupellosen Tieropfer im Dienste der Wissenschaft, und wir sehen fassungslos, wie sich etwa Jean-Jacques Cousteau in seinen Dokumentarfilmen noch in der jüngeren Vergangenheit beim Dynamitfischen filmen ließ.

Ungeachtet der Forschungen seines Vaters und des eigenen Interesses an der Zoologie wollte der 1829 im thüringischen Unterrenthendorf geborene Alfred Edmund Brehm übrigens eigentlich Architekt werden. Zur Vorbereitung erlernte er das Maurerhandwerk und zog Ende 1846 nach Dresden, um Architektur zu studieren.

Bereits nach zwei Semestern brach er das Studium ab, um den namhaften Vogelkundler Johann Wilhelm von Müller auf dessen Afrika-Expedition als Sekretär zu begleiten. Ganze fünf Jahre lang sollte Brehm mit dem Baron von Müller in Ägypten, im Sudan, im Gebiet um den Blauen Nil und auf die Sinaihalbinsel unterwegs sein, eine Reise, die bedeutende wissenschaftliche Ergebnisse zeitigte.

1855 hat Brehm seine umgearbeiteten Tagebücher der Afrikaexpedition in drei Bänden herausgebracht. Obwohl ursprünglich Reiseberichte, wurden sie als Dissertation anerkannt, und man versteht die hohe Wertschätzung, die Brehm zeit seines Lebens den Berichten von Expeditionen und Fernreisen entgegenbrachte. Seine Kommilitonen an der Universität in Jena, wo er nach seiner Rückkehr das Studium der Naturwissenschaften aufgenommen hatte, adelten ihn mit dem Spitznamen »Pharao«.

In den folgenden Jahren trat der junge Wissenschaftler gleich mehrere längere Reisen an. Allein zwei Jahre verbrachte er mit seinem Bruder Reinhold in Spanien. In dieser Zeit schreibt er an Freunde und Eltern zum ersten Mal, er plane die Niederschrift einer »Allgemeinen Thierkunde«. Die Ermunterung ist allgemein. Später folgte eine Expedition, die ihn durch Skandinavien bis hoch zum Nordkap führte. Die Notizen verraten, dass sich der Plan bereits festgesetzt hatte.

Inzwischen in Leipzig als freier Schriftsteller niedergelassen, finanzierte er seine Exkursionen durch Vorschüsse seines Verlegers Ernst Keil, der mit der »Gartenlaube« das bekannteste, auch populärwissenschaftliche Periodikum herausbrachte. Zahlreiche Beiträge für die »Gartenlaube« etablierten Brehm als Autor allgemeinverständlicher, wenn nicht volkstümlicher Texte, die er bald auch in der »Frankfurter Zeitung« und den »Mittheilungen aus der Werkstatt der Natur« veröffentlichte.

Unmittelbaren Niederschlag fand seine Skandinavienreise übrigens in der 1861 erschienenen Buchpublikation mit dem Titel »Das Leben der Vögel. Dargestellt für Haus und Familie«. Hier konzentriert er sich im Geist des Vaters nicht allein auf Aussehen und Körperbau, sondern auch auf das Verhalten der Vögel.

1861, im Jahr der Heirat mit seiner Cousine Mathilde Reiz, mit der er fünf Kinder haben sollte, arbeitete Brehm als Lehrer für Geographie und Naturkunde in Leipzig. Schon bald aber packt ihn erneut das Reisefieber, und so begleitet er 1863 Herzog Ernst II. von Sachsen-Coburg und Gotha auf seiner Reise nach Äthiopien.

Bis zu seinem Lebensende hat Brehm den afrikanischen Kontinent mehrfach bereist, aber auch Westsibirien, Spanien und Portugal sowie, zu einer ausgedehnten Vortragsreise, Nordamerika, und so beruft er sich nicht ohne Stolz im Vorwort von »Brehms Thierleben« auf sein »langjähriges Wanderleben im Norden und Süden«.

Noch zweimal hat Brehm feste Ämter bekleidet: 1862 wird er zum ersten Direktor des Zoologischen Gartens in Hamburg berufen, nach Streitereien und Versuchen, seine Kompetenzen zu beschneiden, dort aber im Jahre 1867 entlassen.

1869 fungiert er als Planungschef und später Leiter des neu gegründeten Berliner Aquariums, tritt aber 1874, ebenfalls nach einem Streit, von diesem Posten zurück.

Natürlich haben beide Positionen dem leidenschaftlichen Tierbeobachter Gelegenheit gegeben, Tiere ungestört zu studieren, und unter ihnen auch zahlreiche Arten, die er bisher noch nie in Freiheit hatte erleben können.

Brehms Frau stirbt im September 1878 bei der Geburt des fünften Kindes. Der Tod seines geliebten jüngsten Sohnes, der der Diphtherie erliegt, wird dem Forscher nach seiner Ankunft in Nordamerika gemeldet. Die Nachwirkungen von Malaria und anderen Tropenkrankheiten, die Anfeindungen aus der Presse und der wissenschaftlichen Welt und die Belastung als allein erziehender Vater machen dem Naturforscher zu schaffen. Schwer krank kehrt er 1884 von seiner Amerikareise zurück, die er nur angetreten hatte, um der Vertragsstrafe zu entgehen und auch, weil er seit geraumer Zeit von seinen Vorträgen (etwa über »Die Liebe und Ehe der Vögel«) lebte. Am 11. November desselben Jahres ist er in seinem Heimatdorf Renthendorf gestorben.

Es waren seine Aufsätze und Reiseberichte, die den Verleger veranlassten, Brehm mit der Abfassung eines vielbändigen, volksnahen Werkes über das Tierreich zu beauftragen. Das 1864 zuerst unter dem Titel »Illustrirtes Thierleben« erschienene, später als »Brehms Tierleben« berühmte Kompendium wurde ein verlegerischer Meilenstein, ein einzigartiger Erfolg, wie er sich in der Geschichte des deutschen Buchhandels nicht oft eingestellt hat. Innerhalb kurzer Zeit wurde der Name des Werkes zum festen Begriff. Keine noch so kleine Bibliothek, die ihn nicht eingestellt hätte, kein noch so entfernter Winkel zunächst des deutschen Sprachraums, dann der Welt, in dem man nicht gelernt hätte, die Tierwelt mit Brehms Augen zu sehen.

Seit er mit 18 Jahren auf seine erste Afrikareise gegangen war, hatte er sich darin geübt, seine Eindrücke in Tagebüchern festzuhalten. Er war in jenen Aufzeichnungen eher Reiseschriftsteller als Zoologe, hat auch mehrere Reisebücher veröffentlicht und besaß damals vielleicht sogar eher literarische Ambitionen. Später haben sich diese Aufzeichnungen als schier unerschöpfliche Quelle für das »Thierleben« bewährt.

Ungewöhnlich genug, dass ein Naturforscher auf so zahlreiche Eigenbeobachtungen zwischen Sibirien und Afrika verweisen konnte. Brehm aber hat zusätzlich Gesprächsprotokolle und literarische Exzerpte versammelt. Seine Ergebnisse waren reichhaltig, und sie überzeugten Geldgeber immer wieder, ihn zu Forschungsreisen einzuladen oder ihm durch finanzielle Unterstützung Studien auf anderen Kontinenten zu ermöglichen. Es waren nicht zuletzt diese Geldgeber, die ihn, den ehemaligen Lehrer in Leipzig, schließlich nötigten, seine Ergebnisse eher allgemeinverständlich und »volksbildend« denn fachspezifisch zu formulieren. So hat Brehm seit 1858 weniger für Fachzeitschriften und häufiger für volkstümliche Periodika geschrieben.

Der große Naturforscher Alfred Russell Wallace wurde Anfang des 20. Jahrhunderts einmal zu einer Audienz beim Papst empfangen. »Was«, wollte der Heilige Vater wissen, »haben Ihnen Ihre jahrelangen Studien der Natur über die Seele Gottes verraten?« »Über die Seele Gottes habe ich nichts erfahren«, erwiderte Wallace, »aber eines ist sicher: Er hat eine große Vorliebe für Käfer.«

In Brehms Enzyklopädie nehmen Säugetiere und Vögel zwar den größten Raum ein. Schon die ursprünglich sechs Bände aber enthalten eine weitgehend vollständige Darstellung der wichtigsten Vertreter der Tierwelt, so weit sie damals bekannt war.

Doch damit nicht genug: Seit seinem ersten Erscheinen hat »Brehms Thierleben« über zweihundert Ausgaben allein in Deutschland erlebt. Der Maxime der Anschaulichkeit und Allgemeinverständlichkeit folgend, haben Forscher aus allen Zeiten an der Korrektur und Erneuerung des Werkes gearbeitet. Es ist »work in progress« geblieben, und es existieren selbst Ausgaben, in denen sich kein originaler Satz des alten Brehm mehr befinden soll.

Natürlich haben die Neuauflagen aktuelle Erkenntnisse aus der Biologie berücksichtigen müssen. Neue Tierarten sind inzwischen entdeckt, andere sind ausgerottet worden. Die Verhaltensforschung hat neue Erkenntnisse geliefert und manchen sensiblen Einfühlungsakt Alfred Brehms überholt, manches unterstellte Gefühl haltlos erscheinen lassen.

Auch haben stammesgeschichtliche Forschungsresultate manche Revision nötig gemacht. Man betonte jetzt mehr die Entwicklung von den niederen zu den höheren Tieren, konzentrierte sich wieder mehr auf die Anatomie, die Lage und Funktion der Organe und räumte der noch jungen Wissenschaft der Tierpsychologie mehr Bedeutung ein. Dabei wurde das Fühlen der Tiere, von dem Brehm noch mit schwelgerischen Worten fabulieren konnte, entweder enger auf das Wirken des Instinkts bezogen oder weiter ins Ungewisse geschoben.

In diesem Sinne waren einige der vornehmsten Forscher jeder Zeit mit der Aktualisierung und Korrektur des Vorhandenen beschäftigt, und keine Zeit hat sich von dieser Arbeit abhalten lassen. So unterschreibt der Herausgeber Zur Strassen sein Vorwort zur vierten Auflage mit »im Felde, den 20. September 1918«.

Zugleich hat jede Zeit beherzigt, dass dies ein illustriertes Kompendium sein sollte, und einen »Tiermaler in Worten« nennt schon Brehm-Forscher Jörg Hitzing den großen Zoologen. Doch während Brehm noch Wert auf die Feststellung legte, dass er nur die besten Zeichner und Maler beschäftigt und dass er sie nach Erscheinung des Tieres in der freien Natur, bisweilen auch nach Präparaten oder Fotografien habe arbeiten lassen, ist unsere Zeit durch fotografisches und tierfilmdokumentarisches Material so anschaulich informiert, dass es Zeit ist für eine engere Korrespondenz zwischen Brehms subjektivem Ansatz und einer auch im Zeichnerischen persönlicheren Sicht des Tiers.

Klaus Ensikat hat deshalb für diese Ausgabe den Tieren wieder jenen »Charakter« zurückgegeben, den sie in Brehms Prosa besitzen, oft merkwürdig, skurril, reizend oder komisch, oft eingebunden in amüsante Erzählungen und Mutmaßungen. Es kann dieser Ausgabe so wenig um zoologisches Fachwissen allein gehen, wie es Brehm darum zu tun war. Es geht auch um die Schönheit von Geschichten und um die Liebe im Blick des Betrachters.

Dank des ganzheitlichen Ansatzes, der Zugänglichkeit der Darstellung, dem literarischen Reiz seiner Prosa und der Präzision seiner Beobachtung hat »Brehms Tierleben« ehemals eine Welle der Begeisterung ausgelöst für das unabschließbare Wissen von den Kreaturen im Einzelnen und der Naturkunde im Ganzen. So bleibe es.

*Roger Willemsen*

# *Danksagung*

Ich danke Anke Wülpern und Eva Köster
für ihre so kluge wie begeisterte redaktionelle Arbeit.

R.W.